건축설비산업기사 필기시험 완벽대비

동영상 강의
www.inup.co.kr

핵심이론 및 과년도문제 해설
건축설비산업기사 4주완성

부록 : 실전모의고사 5회분 수록
▶ 출제경향분석 및 건축설비 기초 특강 무료동영상

| 남 재 호 저 |

2025 대한민국 고객만족지수 1위

2025 대한민국 고객만족지수 1위 : 온라인 교육(자격증)
주최 : KPBA 한국프리미엄브랜드진흥원(2025년 6월 17일)

2026 3차개정

전용홈페이지를 통한
2026/365일 학습질의응답 관리

2026 시험대비솔루션

- 첫째, 새로운 국가자격시험 출제기준에 따라 핵심이론 내용을 정리하였습니다.
- 둘째, 핵심 PLUS를 두어 요약정리 및 핵심 기출문제 유형을 정리하였습니다.
- 셋째, 각 단원별 기출문제를 통해 스스로 출제경향을 파악할 수 있도록 하였습니다.
- 넷째, SI 단위계에 의한 이론정리 및 해설을 하였으며, 건축설비관련법규는 최근 개정된 현행법에 따른 해설을 하였습니다.
- 다섯째, 매회 기출문제에 대한 중복 해설로 중요도의 파악과 이해력을 도모하였습니다.

2026 CBT 시험대비 최고의 적중률!
10개년 기출문제 분석, 과목 단원별 분류 수록

제1권
- 1과목 건축설비계획
- 2과목 건축설비설계

HANSOL ACADEMY
한솔아카데미
www.inup.co.kr

한솔아카데미가 답이다!
건축설비산업기사 4주완성 인터넷 강좌

한솔과 함께라면 빠르게 합격 할 수 있습니다.

강의수강 중 학습관련 문의사항, 성심성의껏 답변드리겠습니다.

건축설비산업기사 4주완성 동영상 강의

구 분	과 목	담당강사	강의시간	동영상	교 재
필 기	건축설비계획	남재호	약 20시간		
	건축설비설계	남재호	약 20시간		
	건축설비관련법규	남재호	약 13시간		

- 신청 후 필기강의 4개월 / 실기강의 4개월 동안 같은 강좌를 **5회씩 반복수강**
- 할인혜택 : 동일강좌 재수강시 **50% 할인**, 다른 강좌 수강시 **10% 할인**

건축설비산업기사 4주완성
본 도서를 구매하신 분께 드리는 혜택

※ [도서구매 후 인증절차] 건축설비산업기사 4주완성 ①권 뒷표지에서 인증번호 확인

1. 출제경향분석 및 건축설비 기초 무료동영상 제공

최근 출제문제를 중심으로 분석한 출제빈도와 설비 기초 중요내용 특강

2. 시험 2주 전 모의고사

CBT 실전모의고사는 시험 2주 전에 실시하는 자가진단 실전모의고사

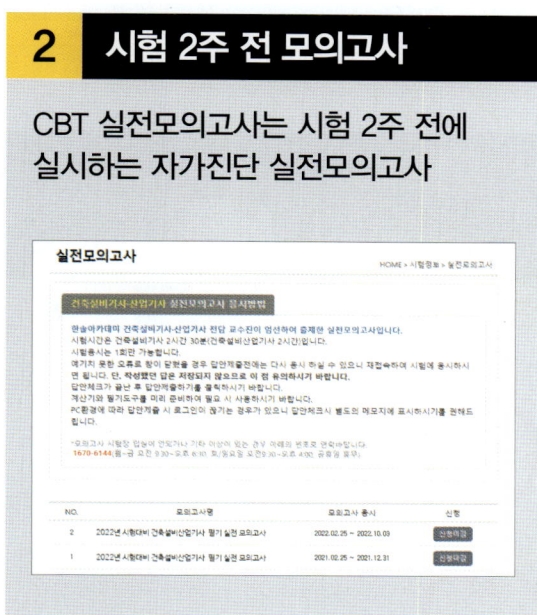

3. CBT대비 실전테스트

CBT(컴퓨터 기반)대비 6회 실전테스트
- 2024년 · 2025년 과년도 4회분
- 실전모의고사 2회분

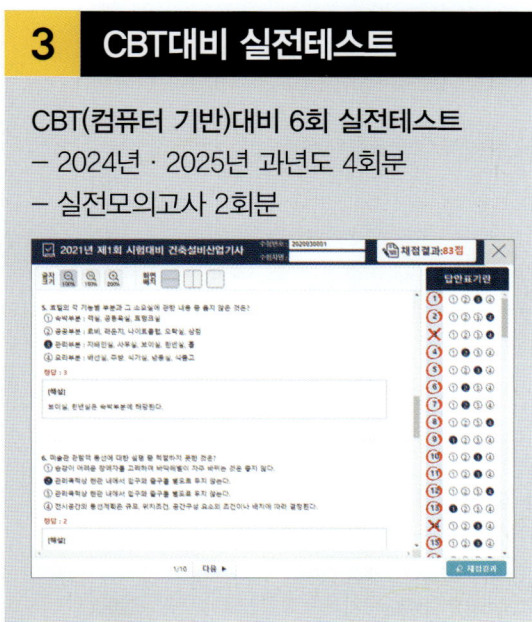

4. 학습 Q&A 게시판

전용 홈페이지를 통한 365일 학습질의응답 관리

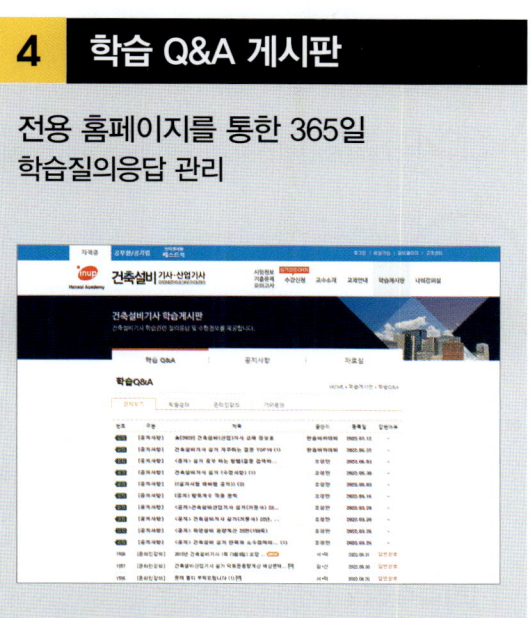

교재 인증번호 등록을 통한 학습관리 시스템

❶ 건축설비산업기사 출제경향분석 ❷ 시험 2주 전 모의고사
❸ CBT대비 실전테스트 ❹ 학습 Q&A 게시판

 **01 사이트 접속**
인터넷 주소창에 https://www.inup.co.kr 을 입력하여 한솔아카데미 홈페이지에 접속합니다.

 **02 회원가입 로그인**
홈페이지 우측 상단에 있는 **회원가입** 또는 아이디로 **로그인**을 한 후, [건축설비] 사이트로 접속을 합니다.

 **03 나의 강의실**
나의강의실로 접속하여 왼쪽 메뉴에 있는 [쿠폰/포인트관리]-[쿠폰등록/내역]을 클릭합니다.

 **04 쿠폰 등록**
도서에 기입된 **인증번호 12자리** 입력(-표시 제외)이 완료되면 [나의강의실]에서 학습가이드 관련 응시가 가능합니다.

■ 모바일 동영상 수강방법 안내

❶ QR코드 이미지를 모바일로 촬영합니다.
❷ 회원가입 및 로그인 후, 쿠폰 인증번호를 입력합니다.
❸ 인증번호 입력이 완료되면 [나의강의실]에서 강의 수강이 가능합니다.

※ 인증번호는 표지 ①권 뒷면에서 확인하시길 바랍니다.
※ QR코드를 찍을 수 있는 앱을 다운받으신 후 진행하시길 바랍니다.

머리말

국제화·세계화의 시대적 흐름 속에서 우리 건축설비 분야에도 대외 개방 및 다양한 변화를 요구하고 있으며, 특히 건축설비기술자들에 대한 사회적 기대와 책무는 한층 더 크다고 할 수 있다.

이에 맞추어 건축설비산업기사 분야의 우수한 기술 인력을 배출하고자 자격제도가 시행되고 있으며 특히 2023년부터 새로운 출제기준을 적용하여 종전의 4과목에서 3과목으로 통폐합되어 다양한 새로운 문제가 출제될 것으로 예상된다.

이에 본서는 건축설비산업기사 시험과목인 건축설비 계획, 건축설비 설계, 건축설비관련법규 등의 광범위한 내용을 보다 체계적으로 정리하여 건축설비산업기사 시험에 대비한 지침서로서 최대한 효과를 얻을 수 있도록 알차게 꾸미고자 노력하였다.

1. 2023년 전면 개정된 출제기준에 따라 핵심이론을 체계적으로 정리하였으며, 기출문제의 정확한 분석과 해설을 수록하였다.
2. 각 과목별 방대한 이론을 쉽게 이해할 수 있도록 간단명료하게 체계적으로 핵심정리를 하였고, 또한 그림과 도표 및 예제·개념정리·학습포인트를 통하여 기본이론을 알기 쉽게 이해할 수 있도록 하였다.
3. 각 과목 핵심사항에 따른 상세한 기출문제 해설로 많은 학습 분량을 단기간에 쉽게 공부할 수 있도록 하였다.
4. 최근 20년간의 핵심기출문제를 각 단원별로 수록하여 출제경향을 쉽게 파악할 수 있도록 하였으며, 상세한 해설로 다양한 문제의 유형에도 쉽게 적응 능력을 향상시킬 수 있도록 하였다.

교재에 오류가 있다면 신속히 보완하여 더욱 좋은 책으로 거듭날 수 있도록 최선을 다하겠으며, 항상 조언을 부탁드립니다.

끝으로 본서를 통해서 건축설비산업기사 및 건축설비 관련시험의 지침서로서 수험생 여러분의 학습에 도움이 되기를 기대하며, 아울러 출판에 도움을 주신 한솔아카데미 한병천 사장님, 이종권 전무님과 편집부 임직원 여러분께 감사를 드린다.

저자 남 재 호

■ 출제경향에 따른 교재 특징

　건축설비산업기사 시험의 출제과목은 크게 건축설비 계획, 건축설비 설계, 건축설비관련법규로 구성되어 있으며 그 범위가 광범위하여 수험생들에게 많은 부담을 주고 있습니다.

　이러한 점을 감안하여 본 교재에서는 각 과목의 단원별 핵심이론정리 및 기출문제 상세해설로 다양한 문제의 유형에도 쉽게 적응 능력을 향상시킬 수 있도록 하여 시간이 부족한 분 또는 한번 정도 공부를 한 수험생이 재학습을 할 때 효과적으로 학습할 수 있도록 하여 단기간에 최대의 효과를 거둘 수 있도록 구성하였습니다.

이 책의 특징을 정리하면 다음과 같다.

- 각 과목별 방대한 이론을 쉽게 이해할 수 있도록 간단명료하게 체계적으로 핵심정리를 하고, 또한 그림과 도표 및 예제·개념정리·학습포인트를 통하여 기본이론을 알기 쉽게 이해할 수 있도록 구성하였다.
- 교재의 좌·우측 핵심 PLUS에 추가 핵심이론 및 모델형 핵심기출문제를 수록하여 최근 출제되는 유형을 바로 확인할 수 있도록 하였다.
- 최근 20년간의 핵심기출문제를 각 단원별로 수록하여 출제경향을 쉽게 파악할 수 있도록 하였으며, 상세한 해설로 다양한 문제의 유형에도 쉽게 적응 능력을 향상시킬 수 있도록 하였다.
- 최근의 건축법, 기계설비법, 에너지 및 녹색건축 관련법 등 현행법에 따른 해설을 하였다.

새로운 방식의 체계적인 학습전략 3단계

- 제1단계 : 핵심이론을 정리하면서 핵심 PLUS 및 모델형 출제문제 바로 확인하기
- 제2단계 : 제1단계 학습 후 각 단원별 핵심기출문제 풀이로 완벽한 실력 다지기
- 제3단계 : 최종 마무리 점검용 부록편의 과년도 출제문제 및 실전모의고사 풀이로 실전 다지기
  - ■ 시간이 부족한 수험생은 제1단계 학습으로도 시험대비 가능!

새로운 출제경향에 따른 2026년 완벽대비서

변화하는 최신 출제경향을 신속히 반영하여 보기편리하고 이해가 쉽도록 편집되었고, 전략수립을 위한 단순한 직감이 아니라 풍부한 data를 바탕으로 다른 책들보다 우수한 분석을 제시합니다.

출제기준

자격종목 : 건축설비산업기사 필기

직무분야	건설	자격종목	건축설비산업기사	적용기간	2026. 1. 1. ~ 2028. 12. 31.

- 직무내용 : 건축물의 조건에 적합하게 열원설비, 공기조화설비, 환기설비 및 위생설비 등의 설계, 시공, 유지관리및 에너지계획을 수행하는 직무이다.

필기과목	출제문제수	주요항목	세부항목	세세항목
건축설비계획	20	1. 건축설비 기초지식	1. 건축환경에 관한 기초지식	1. 열환경 2. 빛 환경 3. 공기 환경 4. 음 환경
			2. 열역학에 대한 기초지식	1. 열역학의 기초사항 2. 열역학의 기본법칙
			3. 유체역학에 대한 기초지식	1. 유체의 물리적 성질 2. 유체 역학의 기초사항
		2. 설비설계 계획	1. 설비조건 검토	1. 공기조화설비 설계조건 2. 환기설비 설계조건 3. 위생설비 설계조건
			2. 설비시스템 계획	1. 설비시스템 공간계획 2. 조닝계획
			3. 공기조화설비 계획	1. 현열부하와 잠열부하 2. 습공기선도 3. 냉난방부하의 종류 4. 냉난방부하량 산정
			4. 환기설비 계획	1. 건축물의 실내공기질 2. 오염물질의 종류 및 기준농도 3. 건축물의 필요환기량

필기과목	출제문제수	주요항목	세부항목	세세항목
건축설비계획	20	3. 설비시스템 검토	1. 열원시스템 검토	1. 열원방식의 특성 2. 건물의 용도 및 조닝별 열원방식
			2. 공기조화시스템 검토	1. 냉난방방식의 특성 2. 건물의 용도 및 조닝별 공기 조화방식
			3. 환기시스템 검토	1. 환기방식의 특성 2. 건물의 용도 및 조닝별 환기방식
			4. 급배수시스템 검토	1. 수원 및 수질 2. 급수방식의 특성 3. 급탕방식의 특성 4. 오배수, 통기시스템의 특성
			5. 설비자재 검토	1. 배관 및 덕트재료 2. 배관 및 덕트 부속기기 3. 배관 및 덕트의 이음, 접합방법
		4. 설계도서작성	1. 설비도서 작성	1. 설비도서의 종류 2. 설비설계도면의 작도법
			2. 제도 통칙 및 표시방법 이해	1. KS제도 통칙 2. 도면의 표시방법
		5. 설비적산	1. 열원, 공조 및 환기설비 적산	1. 열원설비 적산 2. 공기조화설비 적산 3. 환기설비 적산
			2. 위생설비 적산	1. 급수설비 적산 2. 급탕설비 적산 3. 오배수·통기설비 적산
건축설비설계	20	1. 열원설비 설계	1. 열원시스템 설계	1. 냉동기 2. 보일러 3. 냉온수기 4. 열펌프 5. 냉각탑 6. 지역냉난방시스템
		2. 공기조화설비설계	1. 공조시스템 설계	1. 공기조화기 2. 펌프 3. 송풍기 4. 배관 및 덕트
		3. 환기설비설계	1. 환기시스템 설계	1. 환기시스템 2. 열교환기기

필기과목	출제문제수	주요항목	세부항목	세세항목
건축설비설계	20	4. 위생설비 설계	1. 급수시스템 설계	1. 급수량 및 배관설계 2. 기기용량 산정 3. 급수 구성기기
			2. 급탕시스템 설계	1. 급탕량 및 배관설계 2. 기기용량 산정 3. 급탕 구성기기
			3. 오배수시스템 설계	1. 오배수량 및 배관설계 2. 기기용량 산정 3. 통기배관설계 4. 트랩
			4. 위생기구 선정하기	1. 위생기구의 종류 2. 위생기구 설치방법
건축설비관련법규	20	1. 관련법규 검토	1. 건축법, 시행령, 시행규칙	1. 총칙 2. 건축물의 건축 3. 건축물의 구조 및 재료 등 4. 건축설비 5. 보칙
			2. 기타 규칙	1. 건축물의 설비기준 등에 관한 규칙 2. 건축물의 피난·방화구조 등의 기준에 관한 규칙
			3. 기계설비법, 시행령 및 시행규칙	1. 총칙 2. 기계설비 안전관리를 위한 조치 등 3. 기계설비 유지관리 등 4. 기계설비성능점검업

필기과목	출제문제수	주요항목	세부항목	세세항목
건축설비 관련법규	20	2. 에너지계획 수립	1. 에너지 관련 설계기준	1. 건축물의 에너지절약 설계기준 2. 건축물의 냉방설비에 대한 설치 및 설계기준
			2. 제로 에너지건축물 인증에 관한 규칙	1. 제로 에너지건축물 인증에 관한 규칙 2. 제로 에너지건축물 인증기준
			3. 녹색건축 인증에 관한 규칙	1. 녹색건축 인증에 관한 규칙 2. 녹색건축 인증기준
			4. 지능형건축물의 인증에 관한 규칙	1. 지능형건축물의 인증에 관한 규칙 2. 지능형건축물 인증 기준

Contents

제 1 권

I. Subject | 건축설비계획   1-1

01. 건축설비의 기초 ──────────────────────── 1-3
  1. 건축환경(열환경, 공기환경) ························· 1-4
    ■ 핵심기출문제 ···································· 1-24
  2. 건축환경(빛환경, 음환경) ························· 1-31
    ■ 핵심기출문제 ···································· 1-45
  3. 열 및 유체역학 ···································· 1-52
    ■ 핵심기출문제 ···································· 1-66

02. 설비설계 계획 ──────────────────────── 1-75
  1. 설비조건 검토 ···································· 1-76
    ■ 핵심기출문제 ···································· 1-81
  2. 설비시스템 계획 ···································· 1-83
    ■ 핵심기출문제 ···································· 1-90
  3. 공기조화설비 계획 ·································· 1-95
    ■ 핵심기출문제 ···································· 1-118
  4. 환기설비 계획 ···································· 1-131
    ■ 핵심기출문제 ···································· 1-138

03. 설비시스템 검토 ──────────────────────── 1-141
  1. 공기조화 및 열원시스템 검토 ······················· 1-142
    ■ 핵심기출문제 ···································· 1-157
  2. 환기시스템 검토 ···································· 1-165
    ■ 핵심기출문제 ···································· 1-169
  3. 급배수시스템 검토 ·································· 1-173
    ■ 핵심기출문제 ···································· 1-187
  4. 설비자재 검토 ···································· 1-205
    ■ 핵심기출문제 ···································· 1-216

Contents

04. 설계도서작성 ——————————————————— 1-225
   1. 설비도서 작성 ··· 1-226
      ■ 핵심기출문제 ·· 1-237
   2. 건축제도통칙 ··· 1-239
      ■ 핵심기출문제 ·· 1-245
   3. 도면의 표시방법 ·· 1-250
      ■ 핵심기출문제 ·· 1-259

05. 설비적산 ——————————————————————— 1-265
   1. 견적, 공사비 ·· 1-266
      ■ 핵심기출문제 ·· 1-268
   2. 수량 산출 적산 기준 ·· 1-271
      ■ 핵심기출문제 ·· 1-273
   3. 적산 ·· 1-275
      ■ 핵심기출문제 ·· 1-280

II Subject | 건축설비설계   2-1

01. 열원설비 설계 —————————————————————— 2-3
   1. 보일러 ··· 2-4
      ■ 핵심기출문제 ·· 2-11
   2. 냉동기 ··· 2-16
      ■ 핵심기출문제 ·· 2-22
   3. 열펌프 ··· 2-28
      ■ 핵심기출문제 ·· 2-32
   4. 냉각탑 ··· 2-34
      ■ 핵심기출문제 ·· 2-39

5. 축열시스템 ··· 2-42
　　■ 핵심기출문제 ··· 2-45
6. 지역냉난방시스템 ·· 2-46
　　■ 핵심기출문제 ··· 2-50

02. 공기조화설비 설계 ─────────────── 2-53
1. 공기조화기 ·· 2-54
　　■ 핵심기출문제 ··· 2-59
2. 펌프 ·· 2-64
　　■ 핵심기출문제 ··· 2-73
3. 송풍기 ··· 2-80
　　■ 핵심기출문제 ··· 2-86
4. 배관 및 덕트 ··· 2-90
　　■ 핵심기출문제 ··· 2-111

03. 환기설비 설계 ──────────────────── 2-127
1. 열교환기 ··· 2-128
2. 폐열회수장치 ··· 2-131
3. 전열교환기 ·· 2-132
　　■ 핵심기출문제 ··· 2-134

04. 위생설비 설계 ──────────────────── 2-139
1. 급수시스템 설계 ·· 2-140
　　■ 핵심기출문제 ··· 2-147
2. 급탕시스템 설계 ·· 2-152
　　■ 핵심기출문제 ··· 2-160
3. 오배수시스템 설계 ·· 2-166
　　■ 핵심기출문제 ··· 2-174
4. 위생기구 선정 ··· 2-183
　　■ 핵심기출문제 ··· 2-185

Contents

제 2 권

Ⅲ Subject | 건축설비관련법규 — 3-1

- 01. 건축법 ———————————————————————— 3-3
  - 1. 총칙 ————————————————————— 3-4
    - ■ 핵심기출문제 ——————————————— 3-19
  - 2. 건축물의 건축 ————————————————— 3-29
    - ■ 핵심기출문제 ——————————————— 3-35
  - 3. 건축물의 구조 및 재료 ————————————— 3-41
    - ■ 핵심기출문제 ——————————————— 3-63
  - 4. 건축설비 등(설비규칙, 피·방규칙 포함) ————— 3-80
    - ■ 핵심기출문제 ——————————————— 3-88
  - 5. 보칙 ————————————————————— 3-103
    - ■ 핵심기출문제 ——————————————— 3-113
- 02. 건축물의 에너지절약 및 냉방설비의 설치와 설계기준 ——— 3-119
  - 1. 건축물의 에너지절약 설계기준 —————————— 3-120
  - 2. 건축물의 냉방설비의 설치와 설계기준 ——————— 3-125
    - ■ 핵심기출문제 ——————————————— 3-129
- 03. 녹색건축 인증에 관한 규칙 및 기준 ————————— 3-139
  - ■ 핵심기출문제 ——————————————————— 3-148
- 04. 건축물 에너지효율등급 인증 및 제로에너지건축물 인증에 관한 규칙 — 3-151
  - ■ 핵심기출문제 ——————————————————— 3-162
- 05. 지능형건축물의 인증에 관한 규칙 및 기준 ——————— 3-163
  - ■ 핵심기출문제 ——————————————————— 3-173
- 06. 기계설비법 ——————————————————— 3-175
  - ■ 핵심기출문제 ——————————————————— 3-188

Ⅳ Subject | 과년도 출제문제 4-1

01. 2023년 제1회 시행 —————————————————— 4-2
02. 2023년 제2회 시행 —————————————————— 4-15
03. 2023년 제4회 시행 —————————————————— 4-28
04. 2024년 제1회 시행 —————————————————— 4-42
05. 2024년 제2회 시행 —————————————————— 4-55
06. 2024년 제3회 시행 —————————————————— 4-68
07. 2025년 제1회 시행 —————————————————— 4-81
08. 2025년 제2회 시행 —————————————————— 4-94
09. 2025년 제3회 시행 —————————————————— 4-108

Ⅴ Subject | 실전 모의고사 5-1

01. 제1회 실전 모의고사 [온라인TEST] ——————————— 5-2
02. 제2회 실전 모의고사 ————————————————— 5-15
03. 제3회 실전 모의고사 [온라인TEST] ——————————— 5-27
04. 제4회 실전 모의고사 ————————————————— 5-41
05. 제5회 실전 모의고사 ————————————————— 5-54

Contents

▶ CBT 대비 실전테스트 | 온라인 TEST |

홈페이지(www.bestbook.co.kr)에서 일부 모의고사 문제를 온라인 TEST로 체험하실 수 있습니다.

01. CBT 실전테스트 제1회(2024년 제1회)
02. CBT 실전테스트 제2회(2024년 제3회)
03. CBT 실전테스트 제3회(2025년 제1회)
04. CBT 실전테스트 제4회(2025년 제3회)
05. CBT 실전테스트 제5회(제1회 실전 모의고사)
06. CBT 실전테스트 제6회(제3회 실전 모의고사)

PART 1

건축설비계획

section 01 건축설비의 기초
section 02 설비설계 계획
section 03 설비시스템 검토
section 04 설비도서작성
section 05 설비적산

건축설비의 기초

제1편 건축설비의 기초
01 건축환경(열환경, 공기환경)
02 건축환경(빛환경, 음환경)
03 열 및 유체역학

01 건축환경(열환경, 공기환경)

제1과목 건축설비계획 | 제1편 건축설비의 기초

핵심 PLUS

예 인체의 열쾌적에 영향을 미치는 요소를 물리적 변수와 개인적 변수로 분류할 때 물리적 변수에 속하지 않는 것은? [17, 23 산]
① 기온
② 습도
③ 활동량
④ 기류

답 : ③

1 열환경

1. 인체의 온열 감각에 영향을 주는 열적 요소

1) 물리적 변수(physical variables, 열환경의 4요소)
   ① 온도(DBT)
      건구온도의 쾌적범위 16~28[℃]
   ② 습도(RH)
      쾌적온도 범위 내에서의 쾌적 습도 범위 : 55±15[%](40~70[%])
   ③ 기류(m/sec)
      기류는 대류에 의한 열손실에 증가시키고, 증발을 증가시켜 생리학적으로 인체를 냉각시킨다.
      ※ 기류속도에 따른 인체의 반응
         ㉠ 0.25[m/sec] 이하 : 느끼지 못함
         ㉡ 0.25~0.5[m/sec] : 쾌적함
         ㉢ 0.5~1.0[m/sec] : 공기의 움직임을 느낌
         ㉣ 1.0~1.5[m/sec] : 냉각효과를 느낌
   ④ 복사열(MRT : Mean Radiant Temperature)
      ㉠ 평균복사온도(MRT)는 온도(DBT)보다 온열감에 2배 이상의 영향을 미친다.
      ㉡ 온도 1[℃]의 변화는 MRT 0.5~0.8[℃] 변화한다.
      ㉢ 온도보다 2[℃] 높은 MRT의 상태에서 인체가 가장 쾌적하다.

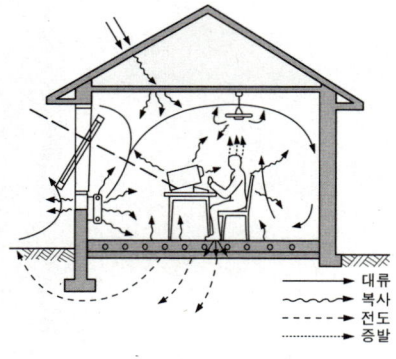

[그림] 인체의 열교환

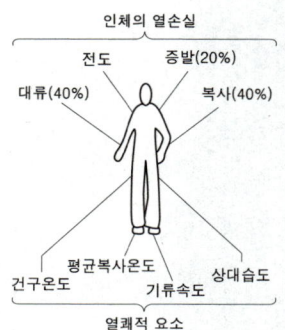

[그림] 인체열손실과 열쾌적 요소

2) 개인적(주관적) 변수(personal variables) : 주관적이며 정량화할 수 없는 요소
   ① 착의 상태(clothing)
      ㉠ 인체에 단열 재료로 작용하고 쾌적한 온도 유지를 도와준다. 인체의 피부 표면 온도유지에 직접 관계되며, 쾌적성에 큰 영향을 미친다.
         의복의 단열성능을 측정하는 무차원단위 : clo(cloths)
      ㉡ 1[clo]의 조건
         ㉠ 기온 21.2[℃], 상대습도 50[%], 기류 0.1[m/s]의 실내에서 착석, 휴식 상태의 쾌적 유지를 위한 의복의 열저항을 1[clo]로 하고 있다.
         ※ 1[clo] = 6.5[W/m²℃](5.6[Kcal/m²h℃])의 열관류율 값 (또는 0.155[m²℃/W]의 열관류저항 값)에 해당하는 단열성능을 나타낸다.
      ㉢ 실온이 약 6.8[℃] 내려갈 때마다 1[clo]의 의복을 겹쳐 입는다.
         나체 : 0 [clo]
         반바지 : 0.1 [clo]
         반바지와 짧은 소매셔츠 : 0.2 [clo]
         양복 정장 : 약 1.0 [clo]
      ㉣ 착의량의 총 clo값은 각각의 clo값을 합산한 후 0.82를 곱한 값이 된다.
         착의량의 총 clo = 0.82×∑(각 의복의 clo)
   ② 활동량(activity) : 나이가 많을수록 감소하며 성인 여자는 남자에 비해 약 85[%] 정도이다.
   ③ 기타
      ㉠ 환경에 대한 적응도   ㉡ 신체 형상 및 피하 지방량
      ㉢ 음식과 음료   ㉣ 연령과 성별
      ㉤ 건강 상태   ㉥ 재실 시간

> **학습포인트**
>
> **열쾌적 범위**
> ① 온도 : 건구 온도의 쾌적범위는 16~28[℃]이다.
> ② 습도 : 낮을수록 더욱 춥게 느껴지며 여름에는 40~70[%]이며, 겨울에는 40~50[%] 이다.
> ③ 기류 : 쾌적한 기류속도는 0.25~0.5[m/s]이며, 더운 경우는 1.0[m/s]까지 쾌적하다.
> ④ 복사열 : 복사온도(MRT)가 기온보다 2[℃] 정도 높을 때 가장 쾌적하다.
>
> ■ 실내 쾌적 온열환경조건
>
> | | 건구온도 | 상대습도 | 기 류 |
> | --- | --- | --- | --- |
> | 여 름 | 25~27[℃] | 50~55[%] | 0.3[m/s] |
> | 겨 울 | 20~22[℃] | 50~55[%] | 0.3[m/s] |

핵심 PLUS

예 다음 중 인체의 열적 쾌적감에 영향을 미치는 환경 요소에 속하지 않는 것은? [09, 12, 21, 25 기]
① 기온
② 공기의 청정도
③ 기류
④ 습도

답 : ②

2. 인체의 온열 조건

(1) 인체의 열생산

1) 인체의 대사작용

음식물을 통한 에너지 섭취는 80[%] 이상이 열로 전환된다. 20[%] 미만이 인체활동의 에너지원이 된다. 기초대사와 근육대사의 생화학적 과정을 거친다.

2) 에너지대사(일반적으로 kJ, J로 표시)

① 기초 대사량

전날 저녁식사로부터 10시~18시쯤 경과한 공복 상태에 있을 때의 에너지 대사, 보통 깨어있을 때의 최저 에너지 대사

② 안정시 대사량

작업 자세로 안정하고 있을 때의 소비 칼로리이며 대개 식사 후 2시간 이상 경과 했을 때의 상태로서 대략 상온에서의 기초 대사량보다 20[%] 정도 증가

③ 작업시 대사량

㉠ 어떤 작업을 하고 있을 때의 노동에 소비되는 열량 측량법

㉡ 호흡기에서 배출되는 탄산가스를 모두 흡수하는 장치를 사용하여 간접적으로 소비열량을 계산하는 방법

④ met

㉠ 대사의 양은 주로 met 단위로 측정

㉡ 1[met]는 조용히 앉아서 휴식을 취하는 성인 남성의 신체 표면적 1[m²]에서 발생되는 평균 열량으로 58.2[W/m²](50[kcal/m²h])에 해당한다.

㉢ 작업강도가 심할수록 met 값이 커진다.

⑤ 에너지 대사율(RMR : Relative Metabolic Rate)

㉠ 일정한 작업을 수행하기 위해 소비된 O_2 소비량이 기초 대사량의 몇 배인지를 나타낸다.

㉡ 산소호흡량을 측정하여 에너지 소모량을 결정하는 방식

$$\therefore \text{RMR} = \frac{M-1.2B}{B} \qquad M : \text{생산열량} \quad B : \text{기초대사}$$

㉢ 여러 작업에 대한 그 강도에 해당하는 에너지 대사를 나타내는 지수가 된다.

㉣ 작업강도의 구분
- 輕 작 업 : 0~2 RMR
- 中 작 업 : 2~4 RMR
- 重 작 업 : 4~7 RMR
- 超重작업 : 7 RMR 이상

(2) 인체의 열손실

피부를 통한 수증기의 환산작용, 땀분비 작용, 호흡, 복사, 대류 등에 의한 열손실이 이루어진다.

① 인체의 열손실 : 복사(45[%]), 대류(30[%]), 증발(25[%])
  ㉠ 피부 확산에 의한 열손실
  ㉡ 땀분비 작용에 의한 열손실
  ㉢ 호흡에 의한 열손실
  ㉣ 복사에 의한 열손실
  ㉤ 대류에 의한 열손실
② 착의 상태로부터 대류 열손실은 인체의 표면과 주위 공기의 온도차에 비례하여 또한 대류 열전달률에도 좌우된다.

(3) 인체의 열평형

① 인체는 주로 복사(Radiation), 대류(Convection) 및 증발(Evaporation)의 열전달 과정을 통해 열을 외부로 배출한다.
② 증발은 땀과 호흡으로 발산되는 수증기의 잠열을 이용한 것
③ 실내온도가 높아질수록 증발을 통한 열손실이 많게 된다.

※ Fanger의 열평형 방정식

$\Delta S = M - W - E + (R + C)$

ΔS : 인체의 열저장량(+ : 체온상승, - : 체온하강, 0 : 생리적 균형)
  M : 인체의 대사량(rate of metabolism)
  W : 운동에 의해 소비되는 열량(rate of work)
  E : 증발열손실량(evaporative heat loss)
(R + C) : 현열교환량(dry heat exchange) (R : 복사, C : 대류)

※ Fanger의 열쾌적 방정식 8가지 요소
  ㉠ 대사량   ㉡ 피부온도
  ㉢ 땀분비량   ㉣ 착의 상태(옷의 단열치, clo)
  ㉤ 평균복사온도   ㉥ 기온
  ㉦ 인체유효표피면적비 ㉧ 수증기압

※ 1[clo]의 열저항값 0.155[m²℃/w]

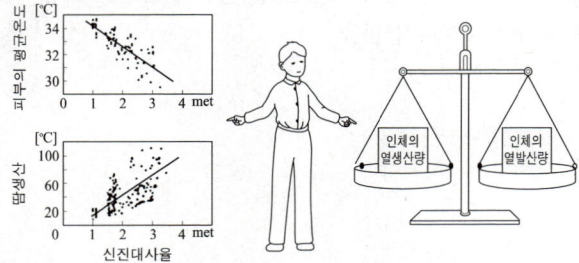

[그림] 인체의 열평형

핵심 PLUS

예 다음 중 유효온도의 구성요소로 옳은 것은? [18 산]
① 온도, 습도, 복사열
② 온도, 습도, 기류
③ 온도, 습도, 착의량
④ 온도, 기류, 복사열

답 : ②

3. 온열환경의 쾌적지표

① 유효온도(체감온도, 감각온도, Effective Temperature : ET)
  ㉠ 유효온도는 온도(또는 흑구온도), 기류, 습도를 조합한 감각 지표로서 감각온도, 실효온도 또는 체감온도라고도 한다.
  ㉡ 1923년 미국에서 Hougton과 Yaglou에 의해 처음 창안되어 공기조화(덕트식 냉난방)시의 평가에 널리 사용되었다.
  ㉢ 이것은 기온 θ, 상대습도 ϕ, 기류속도 v인 실내에서의 온감각과 같은 온감각을 주는 상대습도 100[%]이고, 풍속 v = 0[m/sec]인 방의 실공기 온도이다.
  ㉣ 복사열이 고려되지 않음

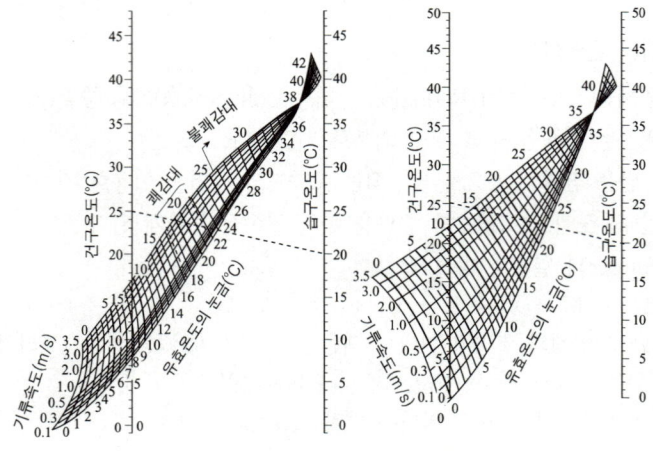

[그림] 유효온도선도

② 수정유효온도(CET)
  ㉠ 글로브 온도를 건구온도 대신에 사용하고, 상당 습구온도를 습구온도 대신에 사용하여 유효온도(ET)를 구하는 쾌적지표
  ㉡ 온도, 습도, 기류, 복사열의 영향을 동시에 고려한 지표
③ 작용온도 (OT : Operative Temperature)
  ㉠ 체감에 대한 기온과 주벽의 복사열 및 기류의 영향을 조합시킨 지표
  ㉡ 습도에 대하여 고려하지 않음

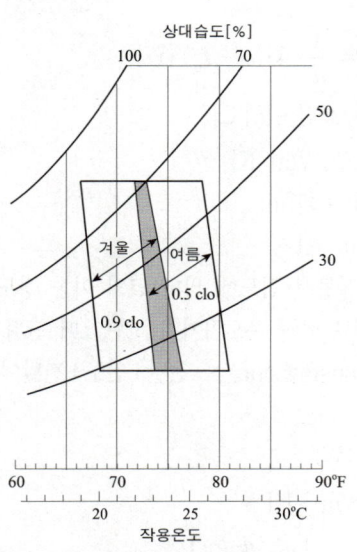

◇ 쾌적영역(comfort zone) : ASHRAE가 제안한 열환경 쾌적영역
 → 80[%]의 사람이 만족하는 범위

[그림] ASHRAE의 쾌적 영역

4. 전열이론

열은 고온측에서 저온측으로 이동하며 전도, 대류, 복사에 의해 전달되며, 건물 내에서의 전열과정은 전달, 전도, 관류로 나타난다.

① 열전달(heat transfer) : 유체(공기)와 벽체와의 전열 상황(전도, 대류, 복사가 조합된 상태)이다.(고체와 유체사이의 열교환)

$$Q_1 = \alpha \cdot A \cdot (t_i - t_o) \,[W]$$

A : 벽면적[m²]
t_o : 고체 표면온도[℃]
t_i : 유체온도[℃]
α : 열전달률[W/m²·K]

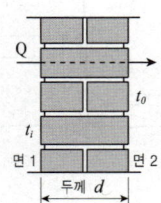

※ 열전달률 α [W/m²·K]
- 벽 표면과 유체간의 열의 이동 정도를 표시
- 벽 표면적 1[m²], 벽과 공기의 온도차 1[℃]일 때 단위 시간 동안에 흐르는 열량

② 열전도(heat conduction) : 열전도 있어서 온도차를 $\theta_1 > \theta_2$ 로 하면 정상 상태의 경우 평행한 등질의 평면벽에 직각으로 흐르는 경우의 열량이다. (고체 자체 내에서의 열이동)

핵심 PLUS

예 기온, 기류 및 주벽면온도의 3요소의 조합과 체감과의 관계를 나타내는 열환경 지표는? [10 기]
① 유효온도
② 불쾌지수
③ 등온지수
④ 작용온도

답 : ④

예 벽체의 크기가 4[m]×5[m], 두께가 200[mm]인 콘크리트벽의 실내측 표면온도가 20[℃], 실외측 표면온도 10[℃] 일 때 실내 공기와 실내측 표면 사이의 전달열량은?
(단, 실내온도는 22[℃], 실외온도 5[℃], 내표면 열전달률 $\alpha_i = 8$[W/m²·K], 외표면열전달률 $\alpha_0 = 20$[W/m²·K]이다.) [13, 24, 25 산]
① 320[W]
② 640[W]
③ 1,600[W]
④ 3,200[W]

해설 구조체를 통한 열전달량
$Q = 8 \times (4 \times 5) \times (22-20)$
$= 320[W]$

답 : ①

핵심 PLUS

예 단위 표면적을 통해 단위 시간에 고체벽의 양측 유체가 단위 온도차일 때 한쪽의 유체에서 다른 쪽 유체로 전달되는 열량을 의미하는 것은? [17 기]
① 열전도율
② 열관류율
③ 열전도저항
④ 온도구배

답 : ②

예 전열에 관한 다음의 설명 중 틀린 것은? [03, 20, 23 기]
① 고체와 이에 접하는 유체 사이의 열이동을 열관류라 한다.
② 복사는 열이 고온의 물체표면으로부터 저온의 물체표면으로 공간을 통하여 전달되는 현상을 말한다.
③ 열전도는 열에너지가 주로 고체 속을 고온부에서 저온부로 이동하는 현상이다.
④ 물체내부를 전도로 전달되는 열량은 전열면적, 온도차, 시간에 비례한다.

답 : ①

예 다음 중 열관류율의 단위로 옳은 것은? [20 산]
① kcal/kg·℃
② m·℃/kcal
③ W/m·℃
④ W/m²·K

답 : ④

$$Q_2 = \lambda \frac{\theta_1 - \theta_2}{d} A = \frac{\lambda}{d} \cdot A \cdot (t_i - t_0) \, [\text{W}]$$

θ_1, θ_2 : 재료의 표면온도[℃]
λ : 열전도율[W/m·K]
d : 재료의 두께[m]

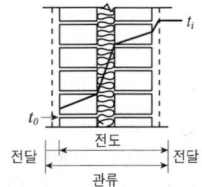

※ 열전도율 λ [W/m·K]
- 물체의 고유 성질로서 전도에 의한 열의 이동 정도를 표시
- 두께 1[m]의 재료 양쪽 온도차가 1[℃]일 때 단위 시간 동안에 흐르는 열량

③ 열관류(heat transmission) : 전달+전도+전달이 동시에 복합적으로 일어나는 현상

$$Q = KA(t_i - t_0) \, [\text{W}]$$

K : 열관류율[W/m²·K]

열관류 저항 : $\dfrac{1}{K} = \dfrac{1}{\alpha_1} + \dfrac{d}{\lambda} + \dfrac{1}{\alpha_2}$

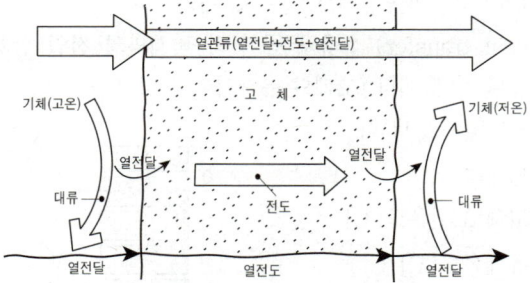

[그림] 벽체의 열관류

※ 열관류율 K [W/m²·K]
- 전달+전도+전달이 동시에 복합적으로 일어나는 열의 이동 정도를 표시
- 벽표면적 1[m²], 단위 시간당 1[℃]의 온도차가 있을 때 흐르는 열량

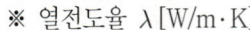

> 💡 **학습포인트**
>
> **열단위의 의미**
> ㉠ 열전달률(α) : 고체 벽에서 이에 접촉하는 공기층으로의 이동 [W/m²·K]
> ㉡ 열전도율(λ) : 고체 내부에서 고온측으로부터 저온측으로의 이동 [W/m·K]
> ㉢ 열관류율(K) : 고체 벽을 사이에 둔 양 유체 사이의 열 이동 즉, 전달+전도+전달의 과정[W/m²·K]

㉣ 열관류저항 : 열관류율의 역수값[m²·K/W]
$\lambda_1, \lambda_2, \lambda_3$: 재료의 열전도율[W/m·K]
d_1, d_2, d_3 : 재료의 두께[m]
α_o, α_i : 외, 내표면의 열전달율[W/m²·K]

열관류율$(K) = \dfrac{1}{\dfrac{1}{\alpha_o} + \Sigma\dfrac{d}{\lambda} + \dfrac{1}{\alpha_i}}$

핵심 PLUS

예 건물 에너지 절약을 위하여 고려하여야 할 사항으로 옳지 않은 것은?
　　　　　　　　　　[19, 24, 25 산]
① 고기밀·고단열 창호의 적용
② 주광을 적극적으로 이용하는 조명 방식
③ 열전도율이 높은 단열재 사용
④ 자연 에너지의 이용

해설 열전도율이 낮은 것, 열전도저항이 큰 것으로 사용하는 것이 열적으로 유리하다.

　　　　　　　　　　답 : ③

 예제

1. 크기가 2[m]×0.8[m], 두께 40[mm], 열전도율이 0.14[W/m·K]인 목재문의 내측표면 온도가 15[℃], 외측표면 온도가 5[℃]일 때 문을 통하여 1시간 동안에 흐르는 열량은?
① 20.16[KJ]　　② **201.6[KJ]**　　③ 2,016[KJ]　　④ 20,160[KJ]

▶ 열전도열량(Q_c) 계산

　$Q = \dfrac{\lambda}{d} \cdot A \cdot \Delta t$ 에서

　　λ : 열전도율[W/m·K]　　　　d : 두께[m]
　　A : 표면적[m²]　　　　　　　　Δt : 두 지점간의 온도차

　∴ $Q_c = \dfrac{\lambda}{d} \cdot A \cdot \Delta t = \dfrac{0.14}{0.04} \times (2 \times 0.8) \times (15-5) = 56$[W]

　※ 1[W] = 3.6[KJ]이므로 56[W] × 3.6[KJ] = 201.6[KJ]

2. 다음과 같은 벽체의 열관류율은?

(보기) ① 내표면 열전달률 : 8[W/m²·K]
　　　　② 외표면 열전달률 : 20[W/m²·K]
　　　　③ 재료의 열전도율 [W/m·K]
　　　　　: 콘크리트 1.2, 유리면 0.036, 타일 1.1

① 약 0.9[W/m²·K]　　② **약 1.05[W/m²·K]**
③ 약 1.2[W/m²·K]　　④ 약 1.35[W/m²·K]

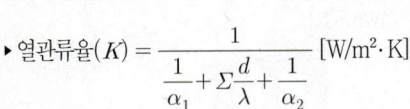

▶ 열관류율$(K) = \dfrac{1}{\dfrac{1}{\alpha_1} + \Sigma\dfrac{d}{\lambda} + \dfrac{1}{\alpha_2}}$ [W/m²·K]

　α : 열전달률[W/m²·K]　λ : 열전도율[W/m·K]
　d : 두께[m]

∴ 열관류율$(K) = \dfrac{1}{\dfrac{1}{\alpha_1} + \Sigma\dfrac{d}{\lambda} + \dfrac{1}{\alpha_2}} = \dfrac{1}{\dfrac{1}{8} + \left(\dfrac{0.25}{1.2} + \dfrac{0.02}{0.036} + \dfrac{0.01}{1.1}\right) + \dfrac{1}{20}}$

　　　　　　$= \dfrac{1}{0.965} = 1.05$ [W/m²·K]

핵심 PLUS

💡 예제

3. 다음과 같이 구성된 구조체에서 1[m²]당 관류열량은? (단, 실내온도 25[℃], 외기온도 10[℃], 내표면 열전달률 8[W/m²·K], 외표면 열전달률 20[W/m²·K] 임)

재 료	열전도율[W/m²·K]	두 께[mm]
석 고	0.1	10
콘크리트	1.3	150
모르타르	1.1	15

① 15.66[W]　② 21.36[W]　③ 25.36[W]　**④ 37.13[W]**

▶ 열관류율(K)을 먼저 구하고 관류열량을 계산한다.

① 열관류율$(K) = \dfrac{1}{\dfrac{1}{\alpha_1} + \dfrac{d}{\lambda} + \dfrac{1}{\alpha_2}}$ [W/m²·K]

$= \dfrac{1}{\dfrac{1}{8} + \left(\dfrac{0.01}{0.1} + \dfrac{0.15}{1.3} + \dfrac{0.015}{1.1}\right) + \dfrac{1}{20}} = 2.48$ [W/m²·K]

α : 열전달률[W/m²·K], λ : 열전도율[W/m·K], d : 두께[m]

② 관류열량 $Q = K \cdot A \cdot (t_i - t_o) = 2.48 \times 1 \times (25 - 10) = 37.2$ [W]

K : 열관류율[W/m²·K]　　A : 표면적[m²]
Δt : 두 지점간의 온도차($t_i - t_o$)

4. 다음과 같은 조건에서 두께 20[cm]인 콘크리트 벽체를 통과한 손실열량은?

- 실내공기온도 : 20[℃]　　　・실외온도 : 2[℃]
- 내표면 열전달률 : 11[W/m²·K]　・외표면 열전달률 : 22[W/m²·K]
- 콘크리트의 열전도율 : 1.56[W/m·K]

① 약 45[W/m²]　② 약 58[W/m²]　**③ 약 68[W/m²]**　④ 약 75[W/m²]

▶ 열관류율(K)을 먼저 구하고 관류열량을 계산한다.

① 열관류율$(K) = \dfrac{1}{\dfrac{1}{\alpha_1} + \dfrac{d}{\lambda} + \dfrac{1}{\alpha_2}}$ [W/m²·K]

$= \dfrac{1}{\dfrac{1}{11} + \dfrac{0.2}{1.56} + \dfrac{1}{22}} = 3.8$ [W/m²·K]

α : 열전달률[W/m²·K], λ : 열전도율[W/m·K], d : 두께[m]

② 관류열량 $Q = K \cdot A \cdot (t_i - t_o) = 3.8 \times 1 \times (20 - 2) = 68.4 ≒ 68$ [W]

K : 열관류율[W/m²·K]　　A : 표면적[m²]
Δt : 두 지점간의 온도차($t_i - t_o$)

예제

5. 상온에서 열전도율이 높은 순서로 옳은 것은?

① 알루미늄 – 구리 – 철 – 공기 – 목재
② 알루미늄 – 구리 – 철 – 물 – 목재
③ 구리 – 철 – 알루미늄 – 공기 – 물
❹ **구리 – 알루미늄 – 철 – 물 – 공기**

▶ 열전도율(λ)이란 두께 1[m]의 물체 두 표면에 단위 온도차가 1[℃]일 때 재료를 통한 열의 흐름을 와트[W]로 측정한 것으로 단위는 W/m·K이다.
※ 열전도율 크기 순서 : 구리(386) – 알루미늄(164) – 철(43) – 콘크리트(1.4) – 외부벽돌(0.84) – 내부벽돌(0.62) – 물(0.6) – 목재(0.14) – 공기(0.025)

학습포인트

용어와 단위

① 열전달률(α) : W/m²·K(kcal/m² h℃)
② 열전도율(λ) : W/m·K(kcal/mh℃)
③ 열관류율(K) : W/m²·K(kcal/m² h℃)
④ 난방도일 : ℃·day
⑤ 비   열 : kJ/kg·K(kcal/kg℃)
⑥ 절대습도 : kg/kg′ 또는 kg/kg[DA]
⑦ 상대습도 : %   ⑧ 비교습도 : %
⑨ 엔 탈 피 : kJ/kg(kcal/kg)   ⑩ 수증기압 : kPa(mmHg)
[주] 열량에 대한 SI기본단위는 K(켈빈온도, 절대온도)이며, ℃(섭씨온도)와 눈금크기는 동일하다.

5. 단열공법

1) 내단열

① 내단열은 열용량이 작기 때문에 빠른 시간에 더워지므로 간헐난방을 필요로 하는 강당이나 집회장과 같은 곳에 유리하나 실온변동의 폭은 외단열에 비해 크며 타임 랙도 짧다.
② 표면결로는 발생하지 않으나, 한쪽의 벽돌벽이 차가운 상태로 있기 때문에 내부결로가 발생하기 쉽다.
③ 모든 내단열 방법은 고온측에 방습막을 설치하는 것이 좋다.
④ 내단열에서는 칸막이나 바닥에서의 열교현상에 의한 국부열손실을 방지하기 어렵다.

핵심 PLUS

예 단열에 관한 설명 중 옳지 않은 것은? [10, 16 기]
① 일반적으로 열전도율이 작은 재료를 사용하는 것이 단열효과가 좋다.
② 공기층은 기밀성이 떨어져도 단열효과에는 영향이 없다.
③ 단열재에 수분이 침투하면 단열성이 매우 나빠진다.
④ 10cm 공기층을 1개층 설치하는 것보다 5cm 공기층을 2개층 설치하는 것이 단열에 유리하다.

해설 벽체의 단열에서 밀폐된 공기층이 있는 경우 벽체의 단열효과는 공기층의 두께가 두꺼워지면 대류가 일어나므로 단열효과는 감소된다. (공기층의 두께와 반비례 관계)

답 : ②

2) 외단열

① 내부측의 열용량이 커서 연속난방에 유리하며, 실온변동의 폭은 작아지며, 타임 랙도 길다.
② 전체 구조물의 보온에 유리하며, 내부결로의 위험도 감소시킬 수 있다.
③ 외단열은 벽체의 습기 뿐만 아니라 열적 문제에서도 유리한 방법이다.
④ 외단열은 단열재로 건조한 상태로 유지시켜야 하고, 내구성과 외부 충격에 견딜 뿐 아니라 외관의 표면처리도 보기 좋아야 한다.

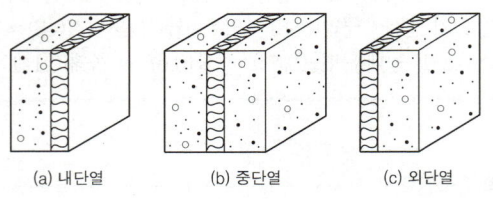

[그림] 단열재의 설치 위치

6. 열교현상

① 벽이나 바닥, 지붕 등의 건축물부위에 단열이 연속되지 않은 부분이 있을 때, 이 부분이 열적 취약부위가 되어 이 부위를 통한 열의 이동이 많아지며, 이것을 열교(heat bridge) 또는 냉교(cold bridge)라고 한다.
② 열교현상이 발생하면 구조체의 전체 단열성이 저하된다.
③ 열교는 구조체의 여러 형태로 발생하는 데 단열구조의 지지 부재들, 중공벽의 연결철물이 통과하는 구조체, 벽체와 지붕 또는 바닥과의 접합부위, 창틀 등에서 발생한다.
④ 열교현상이 발생하는 부위는 표면온도가 낮아지며 결로가 발생되므로 쉽게 알 수 있다.
⑤ 열교현상을 방지하기 위해서는 접합 부위의 단열설계 및 단열재가 불연속됨이 없도록 철저한 단열시공이 이루어져야 한다.
⑥ 콘크리트 라멘조나 조적조 건축물에서는 근본적으로 단열이 연속되기 어려운 점이 있으나 가능한 한 외단열과 같은 방법으로 취약부위를 감소시키는 설계 및 시공이 요구된다.

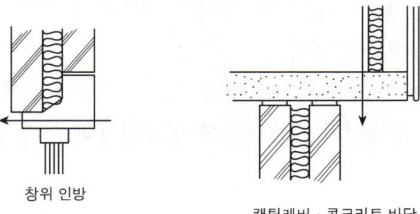

[그림] 열교현상

예 다음 중 열교(thermal bridge) 현상에 관한 설명으로 옳지 않은 것은?
[11 기]
① 벽이나 바닥, 지붕 등의 건축물 부위에 단열이 연속되지 않는 부분이 있을 때 생긴다.
② 열교현상을 줄이기 위해서는 콘크리트 라멘조의 경우 가능한 한 내단열로 시공한다.
③ 열교현상이 발생하는 부위는 표면온도가 낮아져서 결로가 쉽게 발생한다.
④ 열교현상이 발생하면 전체 단열성이 저하된다.

답 : ②

7. 결로

결로는 공기 중의 수증기에 의해서 발생하는 습윤상태를 말한다.

1) 결로의 원인

다음의 여러 가지 원인이 복합적으로 작용하여 발생한다.

① 실내외 온도차 : 실내외 온도차가 클수록 많이 생긴다.
② 실내 습기의 과다발생 : 가정에서 호흡, 조리, 세탁 등으로 하루 약 12kg의 습기 발생
③ 생활 습관에 의한 환기부족 : 대부분의 주거활동이 창문을 닫은 상태인 야간에 이루어짐
④ 구조체의 열적 특성 : 단열이 어려운 보, 기둥, 수평지붕
⑤ 시공불량 : 단열시공의 불완전
⑥ 시공직후의 미건조 상태에 따른 결로 : 콘크리트, 모르타르, 벽돌

※ 열전달률, 열전도율, 열관류율이 클수록 결로현상은 심하다.

2) 결로의 발생

① 표면 결로 : 건물의 표면온도가 접촉하고 있는 공기의 포화온도(노점온도)보다 낮을 때 그 표면에 발생한다.
② 내부 결로 : 실내가 외부보다 습도가 높고 벽체가 투습력이 있으면 벽체 내에 수증기압 구배가 생기고, 또한 외부 온도가 내부 온도보다 낮으면 온도 구배가 발생한다. 벽체 내부의 수증기압이 포화 수증기압보다 높을 때, 그리고 벽체 내부의 노점온도가 건구온도보다 높을 때 내부 결로가 발생한다.

3) 결로방지 대책

① 실내 습기 방지책 : 실내 공기의 수증기압이 포화 수증기압보다 적도록 계획한다.
  ㉠ 환기 계획을 잘 할 것
  ㉡ 난방에 의한 수증기 발생을 제한할 것
  ㉢ 부엌 및 욕실에서 발생하는 수증기를 외부로 배출시킬 것
② 벽체의 열관류 저항을 크게 할 것
③ 열교 현상이 일어나지 않도록 단열 계획 및 시공을 완벽히 할 것
④ 실내측 벽의 표면온도를 실내 공기의 노점온도보다 높게 설계할 것
⑤ 벽에 방습층을 둘 것 (방습층을 설치할 경우 고온측인 실내측에 가깝게 시공)

핵심 PLUS

예 결로의 원인으로 보기 어려운 것은? [18, 20 산]
① 생활습관에 의한 잦은 환기 실시
② 시공직후 콘크리트, 모르타르 등의 미건조 상태
③ 실내와 실외의 큰 온도차
④ 실내 습기의 과다 발생

답 : ①

예 실내의 표면 결로 방지법으로 옳지 않은 것은? [18 산]
① 벽체를 내단열로 시공한다.
② 벽체 내부에 방습층을 설치한다.
③ 벽체표면을 환기시킨다.
④ 실내의 온도를 상승시킨다.

답 : ①

예 내부결로의 방지대책으로 옳지 않은 것은? [17, 19, 24, 25 산]
① 단열재를 가능한 한 벽의 내측에 설치
② 벽체 내부온도를 그 부분의 노점온도보다 높게 할 것
③ 실내의 수증기 발생 억제
④ 벽체 내부의 수증기압을 포화수증기압보다 작게 할 것

해설 내부결로를 방지하기 위해서 단열공법은 열적으로 유리한 외단열공법으로 시공하고, 단열재는 저온측인 외부에 두며, 방습재는 고온측 내부에 둔다.

답 : ①

핵심 PLUS

예 태양으로부터 방사되는 전 에너지 중 46[%]를 차지하며, 파장이 약 380~760[mm] 범위에 있는 것은? [18 산]
① 가시광선
② 자외선
③ 적외선
④ X선

답 : ①

예 일사 계획에 대한 설명 중 옳지 않은 것은? [10, 15 기]
① 일사량을 줄이려면 동서축이 길고 급경사 박공지붕을 가진 건물형이 유리하다.
② 건물 주변에 활엽수보다는 침엽수를 심는 것이 유리하다.
③ 겨울철의 난방 부하를 줄이기 위해 직달일사를 최대한 도입해야 한다.
④ 난방 기간 중에 최대의 일사를 받기 위해서는 남향이 유리하다.

해설 하기(여름철)에 일사량을 줄이려면 동서축이 길고 급경사의 박공지붕을 가진 건물형이 유리하고, 건물 주변에 침엽수보다는 활엽수를 심는 것이 유리하다.

답 : ②

8. 일조 및 일사

1) 균시차

진태양시와 평균태양시와의 차이다.
① 진태양시 : 어느 지방에서 남중시에서 다음 남중시까지 1일
② 평균태양시 : 그 지방에서 남중에서 남중까지 24시간인 것처럼 가상의 태양

2) 일조와 위생

① 적외선 : 780~3,000[nm], 열환경효과, 기후를 지배하는 요소, '열선'이라고 함
② 가시광선 : 380~780[nm], 채광의 효과, 낮의 밝음을 지배하는 요소
③ 자외선 : 200~380[nm], 보건위생적 효과, 건강효과 및 광합성의 효과, '화학선'이라고 함
   290~320[nm] (2,900~3,200[Å]) – 도르노선(건강선)
※ 1[nm] = 10[Å]

3) 일조율

일조시수를 주간시수로 나눈 값

$$일조율 = \frac{일조시간}{가조시간} \times 100[\%]$$

① 일조시간 : 실제로 직사광선이 지표를 조사한 시간
② 가조시간 : 장애물이 없는 장소에서 청천시에 일출부터 일몰까지의 시간

4) 벽의 방위별 가조시간

벽의 방위	하 지	춘·추분	동 지
남면	7시간 0분	12시간 0분	9시간 32분
남동면	8시간 4분	8시간 0분	8시간 6분
동면, 서면	7시간 14분	6시간 0분	4시간 46분
북면	3시간 44분	0분	0분
북동, 북서면	6시간 24분	4시간 0분	1시간 26분
남서면	8시간 4분	8시간 0분	8시간 6분

※ 벽면에 대한 가조시간이 가장 긴 것은 춘·추분의 남면벽이다.

5) 남북간 인동간격 결정 요소

① 계절 : 겨울철 동지때 일조(4시간 이상의 일조 확보)
② 방위각 : 정남 – 태양의 고도(방위각, 일적위), 그 지방의 위도, 일영(그늘의 길이)
③ 지형 : 대지의 경사도, 대지의 경사 방향
④ 전면 건물의 높이
⑤ 개구부의 높이

6) 루버의 종류

① 수직루버 : 동면과 서면에 좋고 태양의 방위각에 의한 조절이 좋다.
② 수평루버 : 남면과 북면에 좋고 태양의 고도 변화에 양호하다.
③ 격자루버 : 수직과 수평의 혼합한 형태로 가장 효과적인 차양방법이다.
④ 가동루버 : 태양의 위치에 따라 일조량이 변화한다.

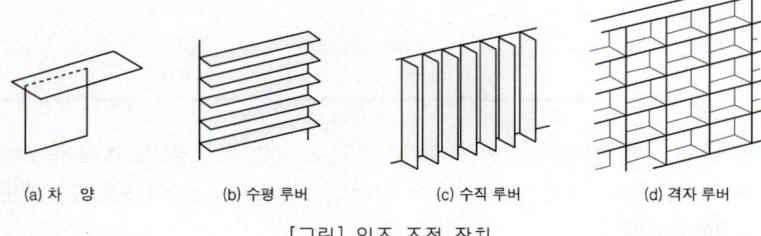

(a) 차 양   (b) 수평 루버   (c) 수직 루버   (d) 격자 루버

[그림] 일조 조정 장치

2 공기환경

1. 공기의 구성

공기는 질소, 산소, 아르곤, 탄산가스, 수증기 등의 혼합물로서 지상 부근의 대기의 성분 비율은 수증기를 제외하면 거의 일정하며, 표와 같은 성분으로 이루어지고 있다.

■ 공기의 성분(지상 부근의 대기의 기준치)

성 분	N_2	O_2	Ar	CO_2
용적 조성[%]	78.09	20.95	0.93	0.03
중량 조성[%]	75.53	23.14	1.28	0.05

2. 습도의 표시

① 절대습도(SH)
  ㉠ 공기 중에 포함된 수분의 량
  ㉡ 건공기 1[kg]을 포함하는 습공기 중의 수증기량 x[kg]을 말한다.
  ㉢ 단위 : kg/kg′ 또는 kg/kg[DA] (기상학 : g/m³, kg/m³)

핵심 PLUS

예 건축물에 설치하는 루버장치의 주된 역할로 옳은 것은? [18 산]
① 외관상의 변화를 준다.
② 자연환기를 돕는다.
③ 태양광선의 직사를 피한다.
④ 비와 눈을 막아준다.

해설 건축물에 루버(louver)를 설치하는 가장 주된 이유는 태양의 직사광선을 막기 위함이다.

답 : ③

예 건조공기의 조성 중 질소(N_2), 산소(O_2) 다음으로 많은 성분은? [09, 11 기]
① 아르곤
② 탄산가스
③ 네온
④ 헬륨

답 : ①

예 다음 중 건조공기 1kg을 포함한 습공기 중의 수증기량을 의미하는 것은? [09, 13 기]
① 절대습도
② 수증기 분압
③ 노점온도
④ 상대습도

답 : ①

핵심 PLUS

예 습도의 표시 중 공기의 습한 정도의 상태를 말하는 상대습도를 나타내는 식으로 옳은 것은? [18, 23, 25 산]

① $\dfrac{현재수증기량}{건공기량} \times 100[\%]$

② $\dfrac{현재수증기량}{포화수증기량} \times 100[\%]$

③ $\dfrac{건공기량}{현재수증기량} \times 100[\%]$

④ $\dfrac{포화수증기량}{현재수증기량} \times 100[\%]$

답 : ②

② 상대습도(RH)
  ㉠ 공기의 습한 정도의 상태(습공기가 함유하고 있는 습도의 정도를 나타내는 지표)
  ㉡ 어느 온도에서 공기 1[m³]에 포함할 수 있는 최대 수증기 양과 현재 온도에서 포함하고 있는 수증기 양과의 비[%] → 단위: %
  ㉢ 상대습도 = $\dfrac{현재수증기압}{포화수증기압} \times 100$

> **예제**
>
> 건구온도 21[℃], 상대습도 50[%]의 공기를 건구온도 30[℃]로 가열했을 때 상대습도는? (단, 21[℃] 공기의 포화 수증기압은 18.7[mmHg]이고, 30[℃] 공기의 포화 수증기압은 31.7[mmHg]이다.)
>
> ① 29.5[%] ② 36.0[%] ③ 43.5[%] ④ 50.5[%]
>
> ▶ 상대습도 = $\dfrac{현재수증기압}{포화수증기압} \times 100$
>
> 현재(21[℃]) 수증기압(x) ⇒ $50[\%] = \dfrac{x}{18.7} \times 100$
>
> $x = 9.35$ [mmHg]
>
> 30[℃] 상대습도 = $\dfrac{9.35}{31.7} \times 100 = 29.5[\%]$

예 습윤공기의 상태에 대한 설명 중 옳은 것은? [05, 15 기]
① 공기를 가열하면 상대습도는 높아진다.
② 공기의 습구온도는 건구온도보다 높다.
③ 공기를 냉각하면 절대습도는 낮아진다.
④ 건구온도와 습구온도가 동일하면 상대습도는 100[%]가 된다.

해설
① 공기를 가열하면 상대습도는 낮아진다.
② 공기의 습구온도는 건구온도보다 낮다.
③ 공기를 노점온도 이상에서 냉각하면 절대습도는 변하지 않으나, 노점온도 이하로 냉각하면 절대습도는 감소한다.
④ 건구온도, 습구온도, 노점온도가 동일하면 상대습도는 100[%]가 된다.

답 : ④

3. 습공기 선도

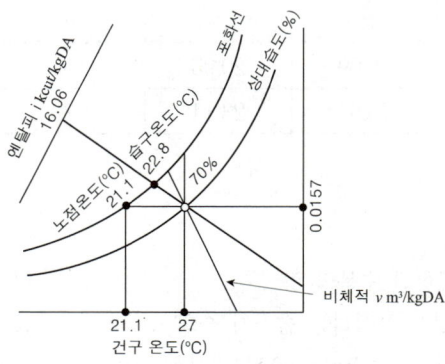

[그림] 습공기 선도 보는 법

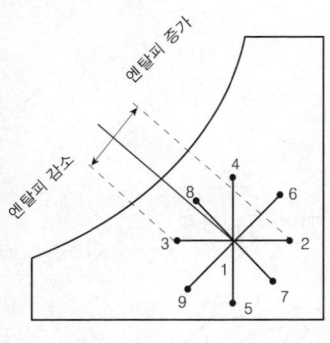

1→2 : 현열 가열(sensible heating)
1→3 : 현열 냉각(sensible cooling)
1→4 : 가습(humidification)
1→5 : 감습(dehumidification)
1→6 : 가열 가습(heating and humidifyin)
1→7 : 가열 감습(heating and dehumidifying)
1→8 : 냉각 가습(cooling and humidifying)
1→9 : 냉각 감습(cooling and dehumidifying)

[그림] 공기조화의 각 과정

① 습공기 선도를 구성하는 요소들 : 건구온도, 습구온도, 노점온도, 절대습도, 상대습도, 수증기 분압, 비용적, 엔탈피, 현열비 등
② 습공기 선도를 구성하는 있는 요소들 중 2가지만 알면 나머지 모든 요소들을 알아낼 수 있다.
③ 공기를 냉각 가열하여도 절대습도는 변하지 않는다.
④ 공기를 냉각하면 상대습도는 높아지고 공기를 가열하면 상대습도는 낮아진다.
  - 절대습도의 변화(×)
⑤ 습구온도와 건구온도가 같다는 것은 상대습도가 100[%]인 포화공기임을 뜻한다.
⑥ 습구온도가 건구온도보다 높을 수는 없다.
  ※ 참고 $i-x$ 선도(Mollier 선도) : 공조설비에서 이용되는 공기선도
       $p-i$ 선도(Mollier 선도) : 냉동기에서 이용되는 선도
       $t-x$ 선도(Carrier 선도) : 냉동기에서 이용되는 선도

4. 실내환기의 목적
① 호흡에 필요한 산소의 적절한 공급(인체 등에 적극적으로 신선한 공기 공급)
② 오염공기에 의한 감염 위험의 감소(실내를 정화하고 쾌적한 환경 유지)
③ 건물 내부의 결로방지(실내에서 발생된 열이나 수분 제거)
※ 공기조화의 목적 : 주어진 실내온도, 습도, 환기, 청정 및 기류 등을 함께 조절하여 실내의 사용목적에 알맞은 상태로 유지하기 위하여

5. 실내에서 발생하는 오염물질
인체에 유익하지 않은 각종 유해물질이 실내에서 발생하여 산소 등을 공급하기 위하여 신선한 외기와 교환이 필요하다.

핵심 PLUS

[예] 실내환기의 주된 목적이 아닌 것은?
[03, 05, 12, 18 기]
① 적절한 산소공급
② 습기제거
③ 기류속도 조정
④ CO_2 제거
답 : ③

핵심 PLUS

예 신축 공동주택의 실내공기질 권고 기준에 포함되지 않는 물질은? [20 기]
① 벤젠
② 폼알데하이드
③ 오존
④ 스티렌

해설 신축 공동주택(100세대 이상인 경우)의 실내공기질 측정 주요 항목은 미세먼지, 이산화탄소, 포름알데히드, 총부유세균, 일산화탄소, 휘발성 유기화합물(벤젠, 에틸벤젠, 톨루엔, 자일렌, 스틸렌, 라돈) 등이 있다.
답 : ③

예 만약 실내공기 중의 CO_2 농도가 1,000[ppm]이라 하면 실내의 공기 중에 CO_2가 차지하는 비율은 몇 [%]에 해당하는가? [18 기]
① 0.01[%]
② 0.1[%]
③ 1[%]
④ 10[%]

해설 단위환산
$1[\%] = 1/100[m^3/m^3] = 0.01[m^3/m^3]$
$100[\%] = 1[m^3/m^3]$
$1[ppm] = 1/1,000,000[m^3/m^3]$
$= 10^{-6}[m^3/m^3]$
답 : ②

예 실의 용적이 5,000[m³]이고 필요 환기량이 10,000[m³/h]일 때, 환기 횟수는 시간당 몇 회 인가?
① 0.5회 [17, 20 기]
② 1회
③ 2회
④ 4회

해설
$Q = nV$
$n = \dfrac{Q}{V} = \dfrac{10,000}{5,000} = 2회$
답 : ③

① 호흡에 필요한 산소의 부족
② CO_2 가스의 증가
③ 실내에서 열이 발생
④ 실내에서 수증기 발생
⑤ 분진 및 유해가스의 발생
⑥ 인체 및 실내에서 발생되는 각종 냄새(배기, 끽연 등) 발생
⑦ 쾌적한 환경조성에 필요한 적절한 기류
⑧ CO, 라돈가스 등의 발생

※ 탄산가스의 함유량에 비례해서 다른 오염원의 정도가 변화되므로 실내 공기의 오염정도를 판단하는 척도로 탄산가스 농도를 사용한다.

6. 필요 환기량

$Q = nv$
Q : 환기량[m²/h] n : 환기횟수[회/h] v : 실용적[m²]

또한 $Q = \dfrac{M}{P_i - P_o}$

Q : 필요 환기량
M : 실내에서의 CO_2 발생량[m³/h]
P_i : CO_2 허용 농도[m³/m³]
P_o : 신선공기 CO_2 농도[m³/m³]

> **예제**
>
> 1. 300명을 수용하는 강당이 있다. 천장고는 10[m]이고, 1인당 바닥면적은 1.5[m²]이다. 이 강당의 환기횟수로 적당한 것은? (단, 1인당 CO_2 발생량은 0.02[m³/h], 외기 중 CO_2량은 0.03[%], 실내의 CO_2 허용 한도량은 0.07[%] 이다.)
> ① 2.5[회/h]   ② 3.3[회/h]   ③ 4.5[회/h]   ④ 5.3[회/h]
>
> ▶ 필요 환기량 $Q = nV$
> Q : 환기량[m³/h] n : 환기횟수[회/h] V : 실용적[m³]
>
> 또한 $Q = \dfrac{M}{P_i - P_o}$
>
> Q : 필요 환기량 M : 실내에서의 CO_2 발생량[m³/h]
> P_i : CO_2 허용 농도[m³/m³] P_o : 신선공기 CO_2 농도[m³/m³]
>
> 환기량 $Q = \dfrac{M}{P_i - P_o} = \dfrac{300 \times 0.02}{0.0007 - 0.0003} = 15,000[m^3]$
>
> 실용적(v) $= 300 \times 1.5 \times 10 = 4,500[m^3]$
>
> 환기회수 $= \dfrac{Q}{V} = \dfrac{15,000}{4,500} = 3.33[회]$

예제

2. 다음과 같은 조건에서 실내 CO_2 허용한도를 0.15[%]로 하려면 필요 환기량은?

(보기) ① 재실자 1인당 탄산가스 배출량 $0.03[m^3/h]$
② 외부 신선 공기의 CO_2 함유량 0.02[%]
③ 실내 재실자 30명

① $90[m^3/h]$　　② $231[m^3/h]$　　❸ $692[m^3/h]$　　④ $1,059[m^3/h]$

▶ $Q = \dfrac{M}{P_i - P_o}$

Q : 필요 환기량　　M : 실내에서의 CO_2 발생량$[m^3/h]$
P_i : CO_2 허용 농도$[m^3/m^3]$　　P_o : 신선공기 CO_2 농도$[m^3/m^3]$

※ $M = 0.03 [m^3/h] \times 30$명 $= 0.9 [m^3/h]$
$P_i = 0.15 [\%] \rightarrow 0.0015 [m^3/m^3]$　　$P_o : 0.02 [\%] \rightarrow 0.0002 [m^3/m^3]$

∴ $Q = \dfrac{0.9}{0.0015 - 0.0002} = 692.3 [m^3/h]$

핵심 PLUS

예 실내 환기 횟수의 정의로 옳은 것은?　　[17, 19, 23 산]
① 환기량$[m^3/h] \times$ 실용적$[m^3]$
② 환기량$[m^3/h] \times$ 실용적$[m^3] \times 2$
③ $\dfrac{\text{환기량}[m^3/h]}{\text{실용적}[m^3]}$
④ $\dfrac{\text{실용적}[m^3]}{\text{환기량}[m^3/h]}$

답 ③

---

7. 환기의 종류

실내공간에서 이루어지는 자연환기는 공기의 온도차, 압력차, 밀도차에 의한 환기로 이루어진다.

1) 온도차에 의한 환기(중력환기)

건물의 실내외부에 온도차에 있으면 공기밀도의 차이로 압력차가 발생하고 이에 따라 자연배기가 발생

- 상부 : 실내공기 배출
- 하부 : 외기 유입
- 중성대 : 실내외 압력차가 0 (공기의 유출입이 없는 면)
- 고층건물 : 건물높이의 50~70[%] 지점
- 일반주택 : 천정높이의 중앙부위
- ※ 굴뚝효과(stack effect) : 고층건물의 엘리베이터실과 계단실 등은 천정이 매우 높기 때문에 큰 압력차가 생겨 강한 바람이 발생

2) 풍압차에 의한 환기

① 바람에 의해 건물 전체에 압력차가 발생한다.
② 극간풍(infiltration) : 창문이 닫혀 있을 경우에도 압력차가 크면 환기 발생
③ 풍압차에 의한 환기량

예 실내외의 온도차에 의하여 발생하는 환기는?　　[17 산]
① 중력 환기
② 개별 환기
③ 송풍 환기
④ 기계 환기

답 : ①

$$Vs = \alpha A \sqrt{\frac{2g}{\rho} \Delta P} \text{ 에서}$$

α : 통기율 $\qquad A$: 개구 면적[m²]
ρ : 공기의 밀도(1.2[kg/m³]) $\qquad g$: 중력 가속도(9.8[m/sec²])
ΔP : 압력차[kg/m²]

> **예제**
>
> 동일 벽면에 각각 3[m²]면적인 창이 2개 있을 때 이들을 통과하는 풍량의 합은 얼마인가? (단, 공기의 밀도 : 1.2[kg/m³], 유량계수 : 각각 0.7, 실내·외 압력차 : 0.5[kg/m³])
> ① 8.0[m³/s] ② 9.0[m³/s] ③ 11.0[m³/s] ❹ 12.0[m³/s]
>
> ▶ 풍압차에 의한 환기량
>
> $$Vs = \alpha A \sqrt{\frac{2g}{\rho} \Delta P} \text{ 에서}$$
>
> α : 통기율 $\qquad A$: 개구 면적[m²]
> ρ : 공기의 밀도(1.2[kg/m³]) $\qquad g$: 중력 가속도(9.8[m/sec²])
> ΔP : 압력차[kg/m²]
>
> $\alpha A = \alpha_1 A_1 + \alpha_2 A_2 = 2 \times 0.7 \times 3 = 4.2$
>
> $\therefore Vs = 4.2 \sqrt{\frac{2 \times 9.8}{1.2} \times 0.5} = 12 \text{ [m³/s]}$

8. 풍속에 의한 환기량 계산

환기량은 풍속에 비례하므로 풍속에 의한 환기량은 다음과 같다.

$Q = EAv$

Q : 환기량[m³/h] $\qquad A$: 유입구 면적[m³]
v : 유속[m/s]
E : 개구부의 효율, 개구부에 직각으로 바람이 부는 경우 : 0.5~0.6
    개구부에 45° 경사지게 부는 경우 : 위값의 50[%]

> **예제**
>
> 어느 건물의 풍속 3[m/s]의 맞바람을 받고 있다. 유입구와 유출구의 면적이 4[m²]로 서로 같을 때 환기량은? (단, 개구부의 효율 E = 0.6)
> ① 1.8[m³/s] ② 2.4[m³/s] ❸ 7.2[m³/s] ④ 12.5[m³/s]
>
> ▶ 풍압에 의한 환기량(Q)
> 유입구와 유출구의 면적이 같은 경우
> $Q = E \cdot A \cdot v \text{ [m³/s]} = 0.6 \times 4 \times 3 = 7.2 \text{ [m³/s]}$
> 여기서, E : 개구부의 효율 $\qquad A$: 유입구의 면적[m²]
> v : 풍속[m/s]

9. 환기 방식

구 분	설 치 방 법	용 도
제 1종 환기(병용식)	강제송풍+강제배풍	병원 수술실, 거실, 지하극장, 변전실
제 2종 환기(압입식)	강제송풍+자연배풍	무균실, 반도체공장, 식당, 창고
제 3종 환기(흡출식)	자연송풍+강제배풍	화장실, 욕실, 주방, 흡연실, 자동차차고
제 4종 환기(자연환기)	자연송풍+자연배풍	

① 제 1종 환기 : 설비비, 운전비가 비싸다. 실내외의 압력차가 없어서 가장 양호한 환기법
② 제 2종 환기 : 실내의 압력이 정압(+), 다른 실에서의 공기 침입이 없다. 가장 많이 사용한다. 일반실에 적합하다.
③ 제 3종 환기 : 실내의 압력이 부압(-), 실내의 냄새나 유해 물질을 다른 실로 흘려보내지 않는다. 방, 화장실, 유해가스 발생장소에 사용한다.

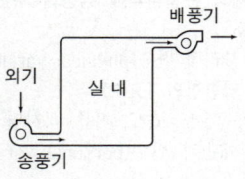

제1종 환기방식 :
설비비, 운전비가 비싸다.
가장 안전한 환기

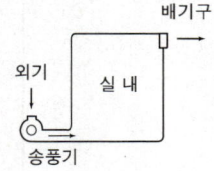

제2종 환기방식 :
실내의 압력이 정(+)압,
다른 실에서의 공기 침입이 없다.

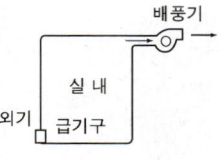

제3종 환기방식 :
실내의 압력이 부(+)압,
실내의 냄새나 유해물질을 다른 실로 흘려 보내지 않는다. 주방, 화장실, 유해가스 발생 장소

[그림] 기계 환기 방식

핵심 PLUS

예 화장실 및 호텔의 주방에 일반적으로 채용 되는 환기방식은?
[19, 25 산]
① 자연 급기 - 강제 배기
② 자연 급기 - 자연 배기
③ 강제 급기 - 자연 배기
④ 강제 급기 - 강제 배기

답 : ①

핵심기출문제

01. 열환경, 공기환경

■■■ 1. 열환경

1. 건축의 성립에 영향을 미치는 요소들에 대한 설명으로 옳지 않은 것은?

[11, 15 ㉮]

① 자연조건이 비슷한 여러 나라가 서로 다른 건축형태를 갖는 것은 기후 및 풍토적 요소 때문이다.
② 지붕의 형태, 경사 등은 기후 및 풍토적 요소의 영향 때문이다.
③ 건축 재료와 이를 구성하는 기술적인 방법에 따라 건물형태가 변화하는 것은 기술적 요소에서 기인한다.
④ 봉건시대에 신을 위한 건축이 주류를 이루고 민주주의 시대에 대중을 위한 학교, 병원 등의 건축이 많아진 것은 정치 및 종교적 요소 때문이다.

2. 실내에 있는 사람이 느끼는 온열감각에 영향을 미치는 물리적 열환경 요소를 조합한 것으로 가장 옳은 것은?

[04, 07, 14 ㉮]

① 열관류율, 열전도, 대류열, 복사열
② 온도, 습도, 기류, 복사열
③ 온도, 습도, 기류, 대류열
④ 열관류율, 열전도, 기류, 복사열

3. 인체의 쾌적한 환경에 영향을 미치는 물리적 온열요소에 속하지 않는 것은?

[08, 13 ㉮]

① 기온　　　　② 습도
③ 복사열　　　④ 열전도

4. 온도, 기류 및 복사열의 조합과 체감과의 관계를 나타내는 열환경 지표는?

[08 ㉮]

① 유효온도　　② 불쾌지수
③ 등온지수　　④ 작용온도

해설

해설 1
자연 조건이 비슷한 여러 나라가 서로 다른 건축형태를 갖는 것은 사회적·기술적 요소 때문이다.

해설 2, 3
인체의 온열감각에 영향을 주는 열적 요소
㉠ 물리적 변수(physical variables, 열환경의 4요소)
  - 온도, 습도, 기류, 복사열
㉡ 개인적 변수(personal variables)
  - 주관적
  - 활동량, 착의량, 나이, 성별

해설 4
① 유효온도
  (ET : effective temperature)
  ㉠ 기온, 습도, 기류(풍속)의 3요소가 체감에 미치는 총합효과를 단일지표로 나타낸 것
  ㉡ 복사열에 대한 영향은 고려 안됨
  ※ CET : 복사열에 대한 영향을 고려한 수정유효온도
② 작용온도
  (OT : Operative Temperature)
  ㉠ 체감에 대한 기온과 주벽의 복사열 및 기류의 영향을 조합시킨 지표
  ㉡ 습도에 대하여 고려하지 않음

정답　1. ①　2. ②　3. ④　4. ④

5. 물체의 상태가 고체에서 액체로 또는 액체에서 기체로 변화할 때 온도의 변화 없이 흡수되는 일정한 양의 열은? [04 ㉮]
① 복사열 ② 비열
③ 잠열 ④ 현열

6. 온열 환경에 대한 인체의 쾌적성을 평가하는 PMV(예상온열감)를 산출하는데 필요한 요소가 아닌 것은? [08 ㉮]
① 일사량 ② 공기온도
③ 기류속도 ④ 수증기 분압

7. 열의 전달에 관한 기본 3가지 형태에 속하지 않는 것은? [17, 23, 25 ㉔]
① 전도 ② 대류
③ 복사 ④ 증발

해설 **전열의 형식**
① 전도 : 물체에 온도가 있을 때 온도가 높은 곳에서 낮은 곳으로 그 물체를 통하여 이동되는 현상으로 온도차가 있으면 반드시 생긴다.
② 대류 : 유체의 흐름에 의해서 열이 이동되는 것을 총칭한다. 유체의 흐름은 펌프나 송풍기 등에 의하여 강제적으로 일으키는 경우(강제대류)와 온도차에 의해서 생기는 밀도차로 인하여 자연적으로 일어나는 경우(자연대류)가 있다.
유체(기체와 액체)가 고체와 접촉하고 있을 때 온도차가 있으면 열이동이 일어나게 되는데, 이것은 대류만에 의한 것이 아니고 열전도를 동반하면서 일어나는 현상으로 이를 열전달이라 한다.
③ 복사 : 열복사는 열에너지가 전자파의 형태로 물체로부터 방출되며, 이것이 다른 물체에 도달하여 흡수되면 열로 변하게 되는 현상으로 중간 물질을 필요로 하지 않는다. 이 열복사에너지가 물체에 도달하면 그 일부는 표면에서 반사되며, 일부는 흡수되고 나머지가 투과된다.

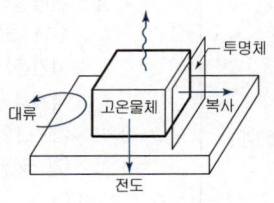

[그림] 전열의 형식

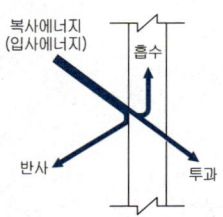

[그림] 복사에너지의 분산

해설 **5**
현열과 잠열
㉠ 현열 : 온도 변화에 따라 출입하는 열
 - 온도 측정가능, 온도의 상승이나 강하의 요인이 되는 열량(현열량), 온수난방에 이용
㉡ 잠열 : 상태 변화에 따라 출입하는 열
 - 습도의 변화를 주는 열량(잠열량), 온도는 일정, 증기난방에 이용

해설 **6**
PMV(예상온열감)
㉠ 온열환경에 대한 인체의 쾌적성을 평가하는 지표로 온도, 습도, 기류 등의 요소를 평가한다.
㉡ 쾌적한 환경조건인 '0'을 기준으로 (-)값은 추운 정도, (+)값은 더운 정도를 나타낸다.

정답 5. ③ 6. ① 7. ④

핵심기출문제

01. 열환경, 공기환경

해설

8. 건물에서의 열전달에 관련된 용어의 단위 중 옳지 않은 것은? [10, 13, 22 ㉮]

① 열전도율 : W/(m²·K)
② 대류열전달률 : W/(m²·K)
③ 열저항 R : (m²·K)/W
④ 열관류율 K : W/(m²·K)

해설 8
열전도율이란 두께 1[m]의 물체 두 표면에 단위 온도차가 1[℃]일 때 재료를 통한 열의 흐름을 와트[W]로 측정한 것으로 단위는 W/m·K이다. kcal/m·h로 표시할 경우 1[W/m] = 0.86[kcal/m·h]이다. 즉, kcal/h 대신 W를 쓰면 된다.

9. 두께 20[cm]인 콘크리트벽에서 내벽표면온도 18[℃], 외벽표면온도 −2[℃] 일 때 벽체의 통과 열량은?(단, 콘크리트의 열전도율 = 1.63[W/mK]) [07 ㉮]

① 42[W/m²K]
② 46.5[W/m²K]
③ 163[W/m²K]
④ 419[W/m²K]

해설 9
$q = \dfrac{d}{\lambda} \Delta t = \dfrac{1.63}{0.2} \times \{18 - (-2)\}$
$= 163 [W/m^2 K]$

10. 다음과 같은 조건에서 실내측 벽면의 표면온도는? [08, 15, 17, 21 ㉮]

- 벽체의 크기 : 1[m] × 1[m]
- 벽체의 두께 : 100[mm]
- 외기 온도 : 12[℃]
- 실내공기온도(평균치) : 20[℃]
- 벽체 열관류율 : 2.0[W/m²·K]
- 실내 열전달률 : 8[W/m²·K]

① 18[℃]
② 19[℃]
③ 20[℃]
④ 21[℃]

해설 10
벽체의 열관류열량과 실내측 표면 열전달량은 같다.
열통과량과 실내측 표면 열전달량은 같으므로 다음과 같은 평행식을 세울 수 있다.
㉠ 구조체를 통한 열손실량
  즉, 열관류량 $Q = K \cdot A \cdot (t_i - t_0)$
㉡ 열전달량 $Q = \alpha \cdot A \cdot (t_i - t_s)$
  여기서,
  Q : 열관류량[W]
  K : 열관류율[W/m²·K]
  α : 열전달률[W/m·K]
  A : 전열면적[m²]
  t_i : 실내 온도[℃]
  t_0 : 외기온도[℃]
  t_s : 벽체의 실내표면온도[℃]
$Q = 2 \times 1 \times (20 - 12)$
$= 8 \times 1 \times (20 - t_s)$
$\therefore t_s = 18[℃]$

11. 단열에 관한 설명 중 옳지 않은 것은? [07, 10, 16 ㉮]

① 일반적으로 열전도율이 작은 재료를 사용하는 것이 단열효과가 좋다.
② 공기층은 기밀성이 떨어져도 단열효과에는 영향이 없다.
③ 단열재에 수분이 침투하면 단열성이 매우 나빠진다.
④ 10[cm] 공기층을 1개층 설치하는 것보다 5[cm] 공기층을 2개층 설치하는 것이 단열에 유리하다.

해설 11
공기층은 기밀성이 감소하면 단열효과도 감소한다.

정답 8. ① 9. ③ 10. ① 11. ②

12. 다음 중 결로 현상의 원인과 가장 거리가 먼 것은? [03, 10 ②]

① 환기 회수의 증가
② 구조재의 열적 특성
③ 실내 습기의 과다 발생
④ 실내외의 과다한 온도차

13. 다음 중 결로 발생의 원인과 가장 관계가 먼 것은? [07, 11, 15 ②]

① 실내외의 온도차
② 실내 습기의 부족
③ 구조체의 열적 특성
④ 생활습관에 의한 환기부족

14. 결로에 관한 설명 중 부적합한 것은? [03, 13 ②]

① 결로의 발생원인은 건물의 표면온도가 접촉하고 있는 공기의 노점온도보다 높을 경우 그 표면에 발생한다.
② 일시적 결로는 절대습도가 표면온도 조건에 비해서 급속히 증가하는 경우에 발생한다.
③ 내부 결로의 방지책 중에 하나는 벽체 내부의 수증기압을 포화 수증기압보다 작게 한다.
④ 결로의 발생원인 중 하나는 단열시공 불완전과 시공 직후 미건조에 의한다.

15. 벽체의 표면결로방지 대책으로 맞는 것은? [04 ②]

① 난방에 의한 수증기 발생을 제한한다.
② 실내의 습도를 높인다.
③ 실내의 환기회수를 줄인다.
④ 벽체의 표면온도를 실내 공기의 노점온도보다 낮게 한다.

해설

해설 12, 13, 14

결로는 건물의 표면온도가 접촉하고 있는 공기의 노점온도보다 낮을 경우 그 표면에 발생한다.
※ 다음의 여러 가지 원인이 복합적으로 작용하여 발생한다.
㉠ 실내외 온도차 : 실내외 온도차가 클수록 많이 생긴다.
㉡ 실내 습기의 과다발생 : 가정에서 호흡, 조리, 세탁 등으로 하루 약 12[kg]의 습기 발생
㉢ 생활 습관에 의한 환기부족 : 대부분의 주거활동이 창문을 닫은 상태인 야간에 이루어짐
㉣ 구조체의 열적 특성 : 단열이 어려운 보, 기둥, 수평지붕
㉤ 시공불량 : 단열시공의 불완전
㉥ 시공직후의 미건조 상태에 따른 결로 : 콘크리트, 모르타르, 벽돌
※ 열전달률, 열전도율, 열관류율이 클수록 결로현상은 심하다.

해설 15, 16, 17

표면 결로
① 벽체 표면온도가 공기의 포화절대 습도가 노점온도보다 낮게 될 때 초과 수증기량이 벽체 표면에서 응축되어 발생하는 현상
② 표면 결로 방지대책
㉠ 실내의 환기량을 늘인다.
㉡ 벽체 표면온도를 접촉하고 있는 공기의 노점온도보다 높게 한다.(벽체의 실내측 표면온도를 높인다.)
㉢ 실내의 벽이나 천장을 방습층으로 시공한다.
㉣ 구조재의 단열이 취약한 부분을 없도록 한다.

정답 12. ① 13. ② 14. ① 15. ①

핵심기출문제
01. 열환경, 공기환경

16. 실내 표면결로 현상을 방지하기 위한 대책으로 적합하지 않은 것은? [09 ㉎]
① 실내에서 수증기의 발생을 억제한다.
② 적절한 환기를 통해 실내절대습도를 낮게 한다.
③ 외벽의 실내측 표면 온도를 실내공기의 노점온도보다 낮게 한다.
④ 비난방실 등으로의 수증기 침입을 억제한다.

17. 주택의 쾌적성을 유지하기 위한 표면결로방지에 관한 설명 중 옳은 것은? [03, 12 ㉎]
① 벽이나 천장의 실내측 표면온도를 내려 실내외 온도차를 없앤다.
② 외벽의 단열강화로 실내측 표면온도를 상승시킨다.
③ 각 실을 될 수 있는 한 넓게 잡고 실내의 열용량을 크게 한다.
④ 외벽을 될 수 있는 한 통기성이 없는 구조로 하여 외기로부터의 습기를 차단한다.

18. 다음 중 결로 발생의 방지 방법으로 옳지 않은 것은? [03, 07, 11, 17, 20 ㉎]
① 실내에서 수증기 발생을 억제한다.
② 비난방실 등으로의 수증기 침입을 억제한다.
③ 적절한 투습저항을 갖춘 방습층을 단열재의 저온측에 설치한다.
④ 벽체의 표면온도를 실내공기의 노점온도보다 크게 한다.

해설 18
내부결로를 방지하기 위해서 단열공법은 열적으로 유리한 외단열공법으로 시공하고, 단열재는 저온측인 외부에 두며, 방습재는 고온측 내부에 둔다.
※ 건물의 에너지 절약대책상 단열재는 투습성이 적은 것을 사용한다.

19. 일영계획에 관한 설명 중 옳지 않은 것은? [10, 16 ㉎]
① 일영은 태양의 방위와 반대방향에 생긴다.
② 일영곡선은 해당지역의 위도, 시간별 태양고도에 따라 다르다.
③ 일영의 길이는 태양의 고도에 의하여 결정된다.
④ 일영이 생기는 방향은 계절이 바뀌어도 변함이 없다.

해설 19
일영(그림자)이 생기는 방향은 계절에 따라 바뀐다.

정답 16. ③ 17. ② 18. ③ 19. ④

20. 일사량에 대한 설명 중 옳지 않은 것은? [12 ㉮]

① 일사량은 지면부근의 수평 평면에 입사하는 태양에너지의 단위면적당 양이다.
② 전천일사량은 단위면적의 수평면에 입사하는 태양복사의 총량이며, 직달일사, 천공의 전방향에서 입사하는 산란일사 및 구름에서의 반사일사를 합한 것이다.
③ 직달일사량은 단위면적의 수평면에 입사하는 태양복사 중 산란광 및 반사광만을 포함한 일사량이다.
④ 산란일사량은 단위면적의 수평면에 입사하는 태양복사 중 직달일사를 제외하고, 대기 중에서 공기분자, 수증기, 에어로졸 등으로 산란된 빛의 에너지량이다.

■■■ 2. 공기환경

21. 실내 공기 오염의 원인이 아닌 것은? [16, 23, 25 ㉯]

① 온도의 상승   ② 산소의 증가
③ 먼지의 증가   ④ 이산화탄소의 증가

[해설] 실내에서 발생하는 오염물질
㉠ 호흡에 필요한 산소의 부족
㉡ CO_2 가스의 증가
㉢ 실내에서 열이 발생
㉣ 실내에서 수증기 발생
㉤ 분진 및 유해가스의 발생
㉥ 인체 및 실내에서 발생되는 각종 냄새(배기, 끽연 등) 발생
㉦ 쾌적한 환경조성에 필요한 적절한 기류
㉧ CO, 라돈가스 등의 발생

22. 환기횟수의 의미를 옳게 설명한 것은 [18 ㉯]

① 한 시간 동안에 창문을 여닫는 횟수를 의미한다.
② 하루 동안에 공조기를 작동하는 횟수를 의미한다.
③ 하루 동안의 환기량을 창의 면적으로 나눈 것을 의미한다.
④ 한 시간 동안의 환기량을 실의 용적으로 나눈 것이다.

해설 20

일사량
① 일사는 태양으로부터 받는 열의 강함을 표현한다. (단위 : W/m^2)
② 전일사량=직달일사량+확산일사량 (천공일사량)
  ㉠ 직달일사(direct solar radiation) : 태양으로부터 복사로 지구 대기권외(大氣圈外)에 도달하여 대기를 투과해서 직접 지표에 도달한 것을 직달 일사라 하고, 일사량은 수증기와 먼지 등에 의해 영향을 받는다.
  ㉡ 천공일사(sky radiation) : 일사가 대기 중의 입자에 의해 산란되어 천공 전체로부터 복사하여 지면에 도달하는 것을 천공일사 혹은 확산일사라 한다. 수평면 천공 일사량은 태양 고도와 대기 혼탁도에 따라 달라진다.
  ㉢ 반사일사(reflected radiation) : 직달일사와 천공일사가 지면으로부터 반사되어 다시 지면으로 받는 일사를 반사일사 또는 역일사라 한다.
③ 지표면에 도달하는 일사량은 직달일사량 25[%], 천공일사량 26[%] 이다. 직달일사량과 천공일사량의 합계를 전일사량(51[%])이라 하고, 보통 일사량은 전일사량 값을 의미한다.

해설 22
환기량(Q)
$Q = nV$
  Q : 환기량[m^3/h]
  n : 환기회수[회/h]
  V : 실용적[m^3]
$n = \dfrac{Q}{V}$ 이므로 환기회수는 환기량[m^3/h]을 실용적[m^3]으로 나눈 값이다.

정답 20. ③ 21. ② 22. ④

핵심기출문제

01. 열환경, 공기환경

해설

23. 환기 설비 중 후드를 설치해야 하는 장소는? [18 ④]

① 다용도실 ② 욕실
③ 부엌   ④ 안방

[해설] 환기 방식

구 분	설 치 방 법	용 도
제 1종 환기 (병용식)	강제송풍+강제배풍	병원 수술실, 거실, 지하극장, 변전실
제 2종 환기 (압입식)	강제송풍+자연배풍	클린룸, 무균실, 반도체공장, 식당, 창고
제 3종 환기 (흡출식)	자연송풍+강제배풍	화장실, 욕실, 주방, 흡연실, 자동차고

※ 주방, 화장실, 욕실, 오염원이 있는 실 등에는 배기(배풍)를 위주로 설계하며 실내의 압력이 부압(-압)으로 유지되도록 한다.(제3종 환기법=자연송풍+강제배풍)

24. 자연환기에 관한 다음 기술 중에서 틀린 것은? [05 ⑦]

① 실내에 바람이 없을 때 실내외의 온도차가 클수록 환기량도 커진다.
② 일반적으로 환기는 실내외 온도차에 의한 것보다 압력차에 의해 더 많이 발생한다.
③ 하나의 창을 한쪽 벽에 배치하는 것이 절반 크기의 두 개의 창을 마주보게 배치하는 것보다 환기에 효과적이다.
④ 외부의 풍속이 클수록 환기량은 더 많아진다.

[해설] 24
하나의 창을 한쪽 벽에 배치하는 것보다 두 개의 창을 마주보게 배치하는 것이 공기의 유입구나 유출구의 통로를 형성하게 되므로 환기에 효과적이다.

25. 자연환기에 관한 설명으로 옳은 것은? [18 ⑦]

① 실외의 풍속이 적을수록 환기량이 많아진다.
② 실내외의 온도차가 적을수록 환기량은 많아진다.
③ 일반적으로 목조주택이 콘크리트조 주택보다 환기량이 적다.
④ 한쪽에 큰 창을 두는 것보다 절반크기의 창 2개를 서로 마주치게 설치하는 것이 환기계획상 유리하다.

[해설] 25
① 풍력환기의 경우 실외의 풍속이 커지면 환기량은 많아진다.
② 실내공간에서 이루어지는 자연환기는 공기의 온도차, 압력차, 밀도차에 의한 환기로 이루어진다. 실내외의 온도차가 적을수록 환기량은 작아진다.
③ 일반적으로 목조주택이 콘크리트조 주택보다 환기량이 많다.

정답 23. ③ 24. ③ 25. ④

02 건축환경(빛환경, 음환경)

제1과목 건축설비계획 | 제1편 건축설비의 기초

1 빛환경

1. 빛의 측정

1) 광속
   ① 광원으로부터 발산되는 빛의 양
   ② 균일한 1[cd]의 점광원이 단위 입체각(1[sr])내에 방사하는 光量
   ③ 단위 : 루멘(lumen, lm)

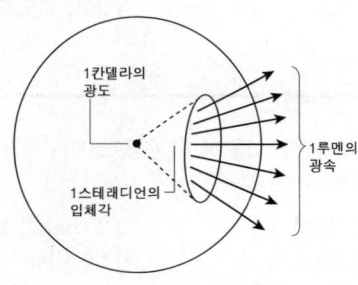

[그림] 광속

2) 광도
   ① 단위면적당 표면에서 반사 또는 방출되는 광량
   ② 단위 : 칸델라(candela, cd)
   ③ 대부분 표시장치에서 중요한 척도가 된다.
   ※ 1[cd] : 점광원을 중심으로 하여 1[m^2]의 면적을 뚫고 나오는 광속이 1[lumen]일 때 그 방향의 광도
   [주] 100[W] 전구의 평균 구면광도는 약 100[cd]

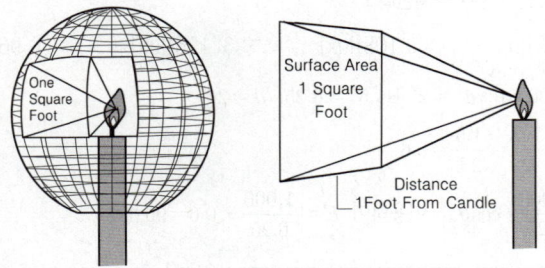

[그림] 광도

핵심 PLUS

예 다음에서 설명하는 빛의 단위는?
[19 산]

"빛 에너지가 단위 입체각을 통과하는 비율로서, 단위는 루멘(lm)을 사용한다."

① 조도
② 광도
③ 광속
④ 휘도

답 : ③

핵심 PLUS

예 다음 중 조도에 관한 설명으로 옳은 것은? [05, 07, 15 기]
① 빛을 발하는 점에서 어느 방향으로 향한 단위 입체각당의 발산광속을 말한다.
② 빛의 방향과 수직인 면의 빛의 조도는 광원의 광도에 비례하고 거리의 제곱에 반비례한다.
③ 어느 면의 조도는 광도를 그 면의 겉보기 면적으로 나눈 값이다.
④ 조도의 측정단위는 루멘이다.

답 : ②

3) 조도

① 표면에 도달하는 광의 밀도($1[m^2]$당 $1[lm]$의 광속이 들어 있는 경우 $1[Lux]$)
② 단위 : 룩스(lux, lx)
③ 조도 = $\dfrac{광도}{(거리)^2}$

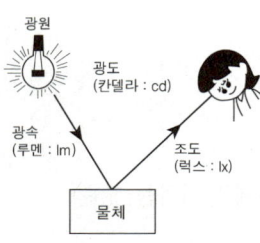

[그림] 광속, 광도, 조도

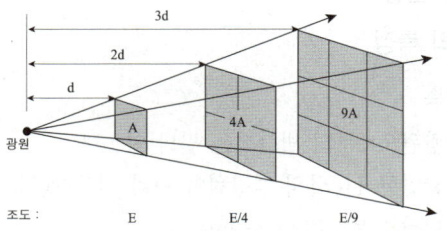

[그림] 조도의 역자승 법칙

예 광속이 3,000[lm]인 백열전구로부터 1[m] 떨어진 책상에서 조도가 400[lx]로 측정되었다. 이 책상을 백열전구로부터 2[m] 떨어진 곳에 놓았을 때 조도는? [20, 24, 25 산]
① 200[lx] ② 100[lx]
③ 50[lx]   ④ 40[lx]

해설 $E = \dfrac{I}{d^2} = \dfrac{400}{2^2} = 100[lx]$

답 : ②

💡 예제

1. 실내에 1,000[cd]의 전등이 있을 때 이 전등으로부터 각각 2[m], 4[m] 떨어진 두 곳의 표면 조도가 옳게 계산된 것은?

① 250[lux], 62.5[lux]
② 250[lux], 125[lux]
③ 500[lux], 250[lux]
④ 1,000[lux], 500[lux]

▸ $E = \dfrac{I}{d^2}[lx]$

$I = 1,000[cd]$, $d_1 = 2[m]$, $d_2 = 4[m]$

$E = \dfrac{I}{d_1^2} = \dfrac{1,000}{2^2} = 250[lx]$

$E = \dfrac{I}{d_2^2} = \dfrac{1,000}{4^2} = 62.5[lx]$

2. 지름이 4[m]인 원형탁자 중심 바로 위 1.5[m]의 위치에 1,000[cd]의 백열등이 설치되어 있을 때 이 탁자 끝 부분의 조도로 맞는 것은? (단, 백열등을 점광원으로 가정하여 반사광은 무시한다.)

① 112[lux]   ② 108[lux]   ③ 126[lux]   ④ 96[lux]

▸ $I = 1,000[cd]$, $d^2 = 2^2 + 1.5^2 = 6.25$, $d = 2.5$

$\cos\theta = \dfrac{1.5}{d} = \dfrac{1.5}{2.5} = 0.6$

$E = \dfrac{1,000}{6.25} \cdot \cos\theta$를 이용하여 $E = \dfrac{1,000}{6.25} \times 0.6 = 96[lx]$

4) 휘도
① 빛을 방사할 때의 표면밝기의 척도
② 단위 : cd/cm^2 (보조단위 : apostilb, sb), cd/m^2 (니트, nit, nt)
③ 시각 환경 밝기의 분포를 나타낸다.
④ 휘도의 분포는 시대상의 잘 보임이나 시작업상에 큰 영향을 준다.

5) 광속발산도(Luminance)
① 단위면적당 표면에서 반사 또는 방출되는 빛의 광속
② 단위 Lambert(L), Foot-Lambert(FL), Nit(cd/m^2)

■ 측광량의 단위

용 어	기 호	단 위	정 의
광속(光速)	F	루 멘(lm)	광의 양
광도(光度)	I	칸 델 라(cd)	광의 강도
조도(照度)	E	럭 스(lx)	장소의 명도
휘도(輝度)	B	스 틸 브(sb)	반짝임
광속발산도	R	래드럭스(rlx)	물체의 명도

2. 자연채광
① 전천공일사 = 직달일사 + 천공일사(천공복사)
② 직달일사
  ㉠ 수평면 직달 일사량은 최대가 되는 것은 여름철의 서쪽면이다.
  ㉡ 남향 수직면의 일사량은 여름철이 적고, 겨울철이 많아진다.
  ㉢ 동(서)향 또는 남동(남서)향 수직면에서는 일사량이 여름철에 많아지고, 겨울철에 적어진다.
③ 천공 복사량은 태양광이 도중에서 난반사되어 지상에 도달하는 일사량이다.

3. 주광률(Daylight factor : DF)
① 실내의 조도를 채광에 의해서 얻는 경우 야외의 주광 조도는 시시각각으로 변화하므로 실내의 조도도 이에 따라 변한다. 채광 설계에 있어서 이와같이 변화하는 조도를 실내밝기의 기준으로 하는 것은 불합리하므로 이에 대신하는 것으로서 주광률이 사용된다.
② 자연 채광에 의한 건축 설계의 기초로 실내의 최소 조도를 규정한다.
③ 주광은 광량(광속, 조도, 휘도)에 의한 방법과 상대치(주광률)에 의한 방법에 의해 정량화 할 수 있다.

핵심 PLUS

▣ 다음 중 광속을 표시하는 단위는?
[09, 11 기]
① lumen
② Candela/m^2
③ Candela
④ lux

답 : ①

▣ 실내의 조도가 옥외 조도의 몇 퍼센트에 해당하는가를 나타내는 값으로 실내의 밝기 정도를 표시하는 것은?
[16 산]
① 반사율   ② 광속
③ 주광률   ④ 휘도

답 : ③

④ 천공의 상대적인 휘도 분포, 창과 수조점의 기하학적인 관계, 실의 형태와 마감 등에 의해서 결정되며, 천공의 휘도치 그 자체의 영향을 받지 않는다. 따라서 천공의 상대적인 휘도 분포를 선정하면 주광률은 기하학적인 수치로써 결정되며, 채광 계산의 지표로 사용될 수 있다.

⑤ 주광률은 실내의 조도가 옥외의 조도 몇 %에 해당하는가를 나타내는 값으로 식은 다음과 같다.

$$DF = \frac{실내\ 한\ 지점의\ 작업면\ 조도(E)}{실외의\ 수평면\ 조도(설계용\ 전천공\ 조도)(E_s)} \times 100\,[\%]$$

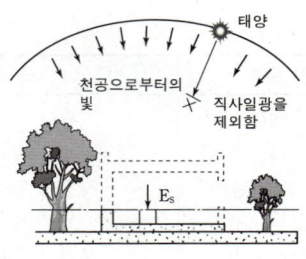

[그림] 전천공조도

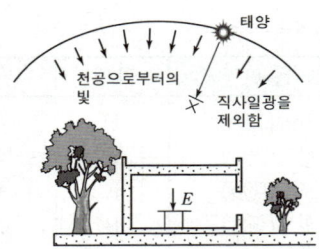

주광률 : $D = \dfrac{E}{E_s} \times 100\,[\%]$

E_s : 전천공 조도
E : 실내의 조도

[그림] 주광률

> **예제**
>
> 초등학교 교실의 채광 설계에서 200럭스[lux]의 조도를 얻을 수 있는 주광률은? (단, 실외 천공광 기준 조도 = 5,000럭스[lux]
>
> ① 0.4[%] ② 2.5[%] ❸ 4[%] ④ 25[%]
>
> ▶ 주광률 = $\dfrac{실내\ 채광조도}{실외\ 전천공광\ 기준조도} \times 100\,[\%] = \dfrac{200}{5,000} \times 100 = 4\,[\%]$

4. 균제도(均制度)

① 휘도나 조도, 주광률 등의 분포를 나타내는 지표
② 휘도나 조도, 주광률 등의 평균치에 대한 최소치의 비
③ 균제도 = $\dfrac{가장\ 어두운\ 주광율}{가장\ 밝은\ 주광율}$

※ 실내면 반사율의 추정치
천장 80~90[%] 〉 벽 40~60[%] 〉 탁상, 작업대, 기계 25~45[%] 〉 바닥 20~40[%]

5. 자연채광 형식

1) 정광창 형식(top light)
지붕 또는 천장의 중앙에 천창을 통한 채광 방식
① 전시실 중앙을 밝게 하여 조도 분포가 균일하지만 폐쇄된 분위기가 된다.
② 천창의 직접 광선을 막기 위해 천창 부분에 루버를 설치하거나 2중으로 한다.
③ 구조, 시공, 빗물처리 등이 어렵다.
④ 채광량이 많아(측창의 3배 정도) 조각품 전시에 적합하고, 유리창 내의 공예품 전시에는 부적합하다.

2) 측광창 형식(side light)
벽면에 수직으로 낸 측창을 통한 채광 방식
① 실 깊이에 제한을 받으며 주변 상황에 영향을 받는다.
② 개폐와 조작이 용이하고 청소, 보수가 용이하다.
③ 광선의 확산, 광량의 조절, 열전열 설비를 병용하는 것이 좋다.
④ 전시실 채광 방식 중 가장 불리한 방식으로 소규모 전시실 이외는 부적합하다.

3) 고측광창 형식(clerestory)
지붕면에 있는 수직창에 의한 채광 방식으로 정광창식, 측광창식의 절충 방식
① 중앙부는 어둡게 하고 전시실 벽면 조도는 충분하다. 광량이 약할 우려가 있다.
② 미술관에서 벽면 조도를 크게 할 경우, 공장 등에 이용되는 방식이다.

4) 정측광창 형식(top side light monitor)
관람자가 서 있는 위치 상부에 천장을 불투명하게 하여 측벽에 가깝게 채광하는 방식
① 관람자의 위치(중앙부)는 어둡고 전시 벽면의 조도가 밝은 이상적인 형식으로 미술관 등의 채광방식으로 적당하다.
② 천장이 높기 때문에 측광창의 광선이 약할 우려가 있다.
③ 천창보다 구조가 간단하고 빗물, 시공, 개보수가 손쉽고 조망과 개방감이 좋다.

5) 특수채광 형식
천창은 상부에서 경사 방향으로 빛을 도입하여 벽면을 주로 비치게 하는 방법

핵심 PLUS

[예] 전시장의 자연채광 방법 중 지붕을 통해 들어온 자연광을 지붕과 천장사이에서 조정하여 실내전체를 조명하는 형식은? [19, 23, 25 산]
① 측광 형식
② 정광형 형식
③ 고측광 형식
④ 정측광 형식
　　　　　　　　답 : ②

[예] 측창채광에 관한 설명으로 옳지 않은 것은? [17 산]
① 구조와 시공이 용이한 편이다.
② 조도분포가 균열하여 넓은 실에 유리하다.
③ 통풍 및 차열에 유리하다.
④ 개패와 조작이 용이하다.
　　　　　　　　답 : ②

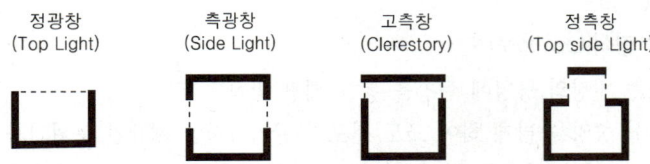

※ 그림은 건물의 수직단면상태를 나타낸 것임

예 조명 설계에서 연색성이 의미하는 것으로 옳은 것은? [20 산]
① 인공광원의 빛의 세기
② 인공광원의 눈부심
③ 인공광원의 명암
④ 사물의 색에 대한 인공광원의 구현능력

해설 연색성
광원에 의해 조명되어 나타나는 물체의 색을 연색이라 하고, 태양광(주광)을 기준으로 하여 어느 정도 주광과 비슷한 색상을 연출을 할 수 있는가를 나타내는 지표를 연색성이라 한다. 백열전구나 메탈 할라이트등, 할로겐등은 연색성이 좋다.

답 : ④

6. 광원의 종류와 특징

구분	백열등	형광등	수은등	나트륨등	메탈 할라이드등	할로겐등
효율[lm/W]	10~20	50~90	40~65	95~145	70~95	20~22
수명[h]	1,000	7,000	10,000	6,000	9,000	2,500
연색성	좋다.			좋지 않다.	좋다.	
휘도	높다.	저휘도	높다.	높다.	높다.	높다.
용도	장식,국부 조명	옥내 전반 조명	높은 천정 조명, 경기장, 도로	터널, 도로	은행, 백화점, 가구점	높은 천정, 단관형은 영사기용
색상	적색 부분 많다	광색 조절이 용이	청백색	황등색	자연색에 가깝다.	주광색에 가깝다.
기타	열방사 많다. 점등이 빠르다. 온도 높을수록 주광색에 가깝다.	열방사 적다 점등에 시간이 걸린다. 주위 온도에 영향	1등당 큰 광속을 얻는다. 수명이 가장 길다.			

※ 광원의 효율
나트륨등 95~145 [lm/W] 〉 메탈할라이드등 70~95 [lm/W] 〉 형광등 50~90 [lm/W] 〉 수은등 45~65 [lm/W] 〉 백열등 10~20 [lm/W]

예 다음 중 건축화 조명의 종류에 속하지 않는 것은? [12, 16 기]
① 광천장조명
② 밸런스조명
③ 코오브조명
④ 국부조명

해설 국부조명 : 작고 정해진 공간에 높은 조도로 조명하기 위해 조명기구를 사용하며 특별히 조명을 집중시키는데 국부 작업조명과 액센트 조명으로 구분된다. 전반조명으로 휘도대비가 저하되어 잘 보이지 않을 때 이용한다.

답 : ④

7. 건축화 조명

① 천장, 벽, 기둥 등의 건축 부분에 광원을 만들어 실내를 조명하는 방식
② 눈부심이 적은 장점이 있는 반면, 조명 효율은 직접 조명에 비해 떨어진다.
  ㉠ 다운 라이트 : 천장에 작은 구멍을 뚫어 그 속에 광원을 매입한 방법
  ㉡ 루버 조명 : 천장면에 루버를 설치하고 그 속에 광원을 배치하는 방법
  ㉢ 광천정 조명 : 천장면 전체에서 발광되도록 한 것
  ㉣ 코퍼 조명 : 천장면에 빛을 반사시켜 간접 조명하는 방법
  ㉤ 코니스 조명 : 벽면에 빛을 반사시켜 간접 조명하는 방법

8. 조명 설계

1) 조명 설계 순서
① **소**요 조도 결정　　② **전**등 종류 결정
③ **조**명 방식 및 조명기구 선정　　④ **광**속의 계산
⑤ 광원의 크기와 그 **배**치

2) 광속계산

$$F = \frac{A \cdot E \cdot D}{N \cdot U}$$

　F : 광원 1개당 광속[lm]　　　　N : 광원의 개수
　U : 조명율　　　　　　　　　　A : 실의 면적 – 실지수[K]
　E : 소요조도[lx]　　　　　　　D : 감광보상율

※ 실지수[K] : 방의 크기와 형태를 나타내는 지수로서 광원에서 작업면에 직접 도달하는 빛은 실의 바닥면적에 대하여 천장의 높이가 낮을 때는 많고, 천장의 높이가 높을 때는 적어진다.

> **예제**
>
> 면적이 100[m²]인 방에 백열 전구 10개를 점등하였다. 평균 조도는 대략 얼마인가?
> (단, 전구 1개당 광속은 1,000[lm], 조명률 0.6, 감광보상률 1.3임)
>
> ① 35[lx]　　② 40[lx]　　③ **45[lx]**　　④ 60[lx]
>
> ▶ $F = \dfrac{A \cdot E \cdot D}{N \cdot U}$
>
> 　F : 광원 1개당 광속(1,000[lm])　　N : 광원 개수(전구 10개)
> 　U : 조명율(0.6)　　　　　　　　　A : 방의 면적(100[m²])
> 　E : 평균조도[lx]　　　　　　　　D : 감광보상율(1.3)
>
> 따라서, $1,000 = \dfrac{100 \times E[\text{lx}] \times 1.3}{10 \times 0.6}$　　$E = 46.15\,[\text{lx}]$

3) 광원의 크기와 배치
① $S \leq 1.5H$
② $S_w \leq \dfrac{H}{2}$ (벽측에서 작업을 하지 않을 때)
③ $S_w < \dfrac{H}{3}$ (벽측에서 작업을 할 때)
　S : 광원간의 거리
　S_w : 광원과 벽과의 거리
　H : 작업면(바닥위 85[cm])에서 광원까지 높이

핵심 PLUS

예 다음 중 실내조명설계 순서에서 가장 먼저 수행해야 하는 것은? [08 기]
① 조명기구의 배치 결정
② 소요 조도의 결정
③ 조명방식의 결정
④ 기구 대수의 산출

답 : ②

예 실내조명설계에서 설계순서가 맞는 것은? [03 기]
① 소요조도결정 – 광원선정 – 조명방식결정 – 조명기구배치
② 소요조도결정 – 조명방식결정 – 광원선정 – 조명기구배치
③ 소요조도결정 – 광원선정 – 조명기구배치 – 조명방식결정
④ 소요조도결정 – 조명방식결정 – 조명기구배치 – 광원선정

답 : ①

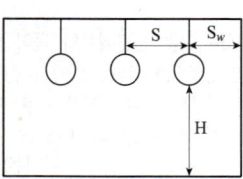

[그림] 광원의 배치

2 음환경

1. 가청범위

① 지각 가능한 소리의 주파수 및 음압 수준(SPL : Sound Pressure Level)의 범위

② 가청범위는 각 주파수의 순음에 대한 최소 가청치와 최대 가청치를 연결한 곡선으로 둘러싸인 범위로 표시된다.

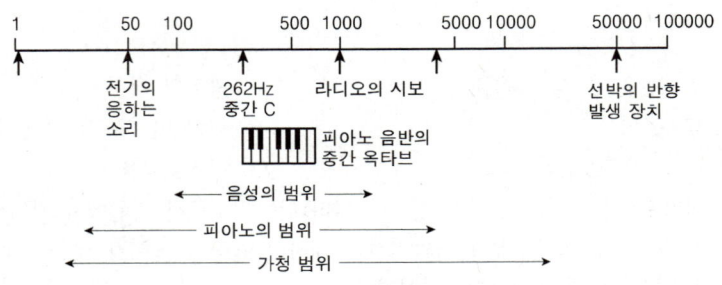

[그림] 음파의 주파수 범위

③ 인간이 감지할 수 있는 음의 가청주파수 범위는 20~20,000[Hz]이다.

※ 주파수 : 음이 1초간에 진동하는 횟수, 단위는 cycle/sec 또는 Hz

㉠ 초저주파 : 20[Hz] 이하
㉡ 가청주파 : 20~20,000[Hz]
㉢ 초고주파 : 20,000[Hz] 이상

2. 표준음

1) 대표적인 음 : 63, 125, 250, 500, 1,000, 2,000, 4,000, 8000의 사이클의 순음(純音)

① 저음 : 125
② 중음 : 500(실내 혹은 재료 등의 음향적 성질을 표시할 때의 표준음)
③ 고음 : 2,000

2) 1,000[cycle] : 청각을 고려한 표준음

3. 음의 성질

① 회절(diffraction) : 음이 진행 중에 장애물이 있으면 파동은 직진하지 않고 그 뒤쪽으로 되돌아오는 현상. 칸막이(장벽) 뒤의 소리가 들리는 것은 회절현상에 의한 것이다.

예 서로 다른 음원에서의 음이 중첩되면 합성되어 음은 쌍방의 상황에 따라 강해지거나 약해지는데 이와 같은 현상을 무엇이라 하는가?

[12 기]

① 음의 간섭(interference)
② 음의 반사(reflection)
③ 음의 회절(diffraction)
④ 음의 굴절(refraction)

답 : ①

② 간섭(interference) : 2개 이상의 음파가 동시에 어떤 점에 도달하면 서로 강화하거나 약화시키는 현상
③ 울림(echo) : 진동수가 조금 다른 두 음의 간섭에 의해 생기는 현상
④ 공명 : 입사음의 진동수가 벽이나 천장 등의 진동수와 일치되어 같이 소리를 내는 현상
⑤ 반사(reflection) : 음은 흡수, 반사, 투과 또는 반사의 성질을 갖고 있으며 각각의 비율은 재료에 따라 다르다. 또한 입사각과 반사각은 같다.
⑥ 확산(diffusion) : 음파가 요철 표면에 부딪쳐 여러 개의 작은 파형으로 나뉘는 것
⑦ 공진(resonance) : 한 진동체가 다른 진동체에 이끌리어 그와 같은 진동수로 진동하는 현상
⑧ 은폐(masking) : 2가지음이 동시에 귀에 들어와서, 한쪽의 음 때문에 다른 쪽의 음이 작게 들리는 현상
⑨ 감쇠(damping) : 시간이 지남에 따라 진동의 진폭이 차츰 작아져 가는 현상
⑩ 정재파(定在波, standing wave) : 진행되는 음파가 반사면에 부딪칠 때 반대방향으로 되돌아오는 음파의 중첩으로 음압의 변동이 중복되면서 실내에 머물러있는 상태를 말한다.

4. 음의 크기와 음의 크기레벨

1) 음의 크기
① 청각의 감각량으로서 음의 감각적 크기를 보다 직접적으로 표시하기 위해 사용한다.
② 단위 : 손[sone]
③ sone값을 2배로 하면 음크기는 2배로 감지된다.

2) 음의 크기레벨
① 귀의 감각적 변화를 고려한 주관적인 척도이다.
② 단위 : 폰[phone]
③ 1손[sone]은 40폰[phone]에 해당되며 손[sone]값을 2배로 하면 10 [phone]씩 증가한다.
※ 손[sone]값을 2배로 하면 음의 크기는 2배로 감지된다.(1[손] = 40[phone], 2[손] = 50[phone], 4[손] = 60[phone] ···)

핵심 PLUS

예 2가지 음이 동시에 귀에 들어와서 한쪽의 음 때문에 다른 쪽의 음이 작게 들리는 현상을 무엇이라 하는가? [19, 24 산]
① 명료도
② 정재파 현상
③ 마스킹 효과
④ 반향
　　　　　　답 : ③

■ 음의 단위
① dB : 음압측정비교
② phon : 음크기레벨
③ W/m² : 음의 세기
④ N/m² : 음압

예 음의 세기 단위는? [04 기]
① Hz　　② dB
③ N/m²　④ W/m²
　　　　　　답 : ④

예 음의 세기의 레벨(sound intensity level)의 단위는? [03 기]
① Hz　　② N/m²
③ W/m²　④ dB
　　　　　　답 : ④

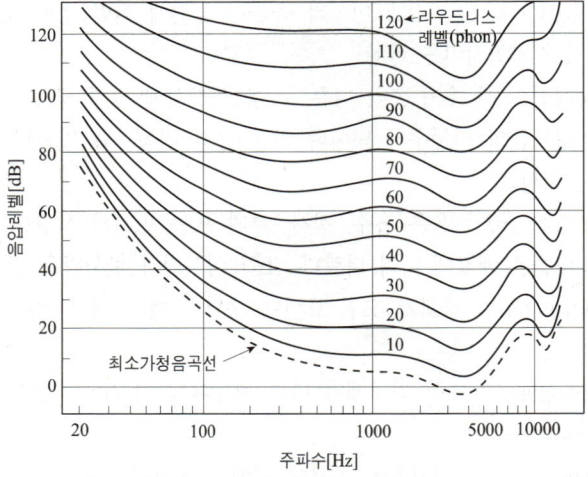

[그림] 등감도곡선(Loudness curve)

5. 명료도와 요해도

① 명료도(clarity) : 사람이 말을 할 때 어느 정도 정확하게 청취할 수 있는가를 표시하는 기준을 백분율로 나타낸 것이다. 음성레벨이 80[dB], 잔향시간이 0초, 음성레벨과 소음 레벨의 차가 50[dB]일 때 최대명료도값(96[%])을 갖는다.

명료도(PA) = 96 × Ke × Kr × Kn

여기서 Ke : 음의 세기에 의한 명료도의 저하율
      Kr : 잔향시간에 의한 명료도의 저하율
      Kn : 소음에 의한 명료도의 저하율

② 요해도(intelligibility) : 언어의 명료도에 의해서 말의 내용이 얼마나 이해되느냐 하는 정도를 백분율로 나타낸 것을 요해도(了解度)라고 한다. 각 음절의 전부를 확실히 들을 수는 없어도 말의 내용이 이해되는 경우가 있으므로 요해도는 명료도보다 높은 값을 갖게 된다.

6. 잔향시간

① 정의 : 실내의 일정한 세기의 음을 내어 정상상태로 한 후 이것을 멈추어 실내의 평균 에너지밀도와 처음의 $1/10^6$(일백만분의 일), 음압으로서 1/1,000이 될 때까지의 시간으로서 실내의 평균 레벨이 60[dB] 감소하는 데 필요한 시간을 말한다.

② 요소 : 실용적, 실내 표면적, 실의 평균 흡음률

③ 실내음의 잔향시간은 실용적이나 실내 흡음력 외에 음원과 수음점의 거리나 반사면의 위치 등에 관계된다.

핵심 PLUS

[예] 건축 음향에 대한 설명 중 잘못된 것은? [04, 07 기]
① 명료도는 소음이 증가하면 저하한다.
② 명료도는 잔향시간이 증가하면 증대한다.
③ 음의 세기에 의한 명료도는 음압레벨이 70~80[dB]에서 가장 좋다.
④ 폰[phon]척도는 귀의 감각적 변화를 고려한 주관적인 척도이다.

[해설] 잔향시간이 길면 언어의 명료도가 저하된다.
답 : ②

[예] 다음 중 언어의 명료도에 관한 설명으로 옳지 않은 것은? [08 기]
① 명료도는 잔향시간이 길어지면 좋아진다.
② 요해도는 명료도보다 비교적 높은 값을 갖게 된다.
③ 주위의 소음이 적으면 명료도는 증가한다.
④ 실용적에 따라 명료도는 달라질 수 있다.

답 : ①

④ 잔향시간은 음원의 위치, 측정의 위치와 무관하다.

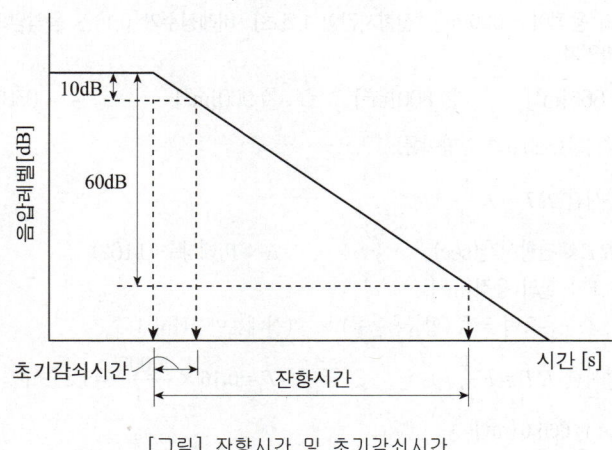

[그림] 잔향시간 및 초기감쇠시간

⑤ 흡음재료의 위치와도 무관하다는 사실을 발견하고 $RT = K\dfrac{V}{A}$ 의 식을 유도했다.

RT : 잔향시간

K : 비례상수(0.162)

V : 실의 용적[m³]

A : 흡음력 = $\overline{\alpha}$(평균흡음률) × S(실내표면적) [m²]

잔향시간은 실용적에 비례하고 실내 흡음력에 반비례한다.

7. Sabine의 잔향이론

① $RT = K\dfrac{V}{A}$ 의 식에서

RT : 잔향시간[sec]

K : 비례상수(0.162)

V : 실의 용적[m³]

A : 흡음력 = $\overline{\alpha}$(평균흡음률) × S(실내표면적) [m²]

잔향시간은 실용적에 비례하고 실의 흡음력에 반비례한다.

② 요소 : 실용적, 실내 표면적, 실의 평균 흡음률

③ 잔향시간은 음원의 위치, 측정의 위치, 흡음재료의 위치와 무관하다.

핵심 PLUS

예 잔향시간이란 음원으로부터 발생되는 소리가 정지했을 때 음에너지량이 몇 [dB] 감쇠하는 데 소요되는 시간인가? [03, 08, 10 기]
① 40[dB]
② 50[dB]
③ 60[dB]
④ 70[dB]

답 : ③

예 다음 중 잔향시간 계산에 필요한 인자가 아닌 것은? [09 기]
① 실용적
② 실내 전 표면적
③ 음원의 음압
④ 실의 평균 흡음률

답 : ③

예 Sabine의 잔향식에 관한 설명으로 옳지 않은 것은? [19 기]
① 잔향 시간은 실내 흡음량에 비례한다.
② 잔향 시간은 실용적에 비례한다.
③ 비례상수는 0.16이다.
④ 잔향 시간은 흡음 재료의 설치 위치와는 무관하다.

답 : ①

예 실내 음환경에서 잔향 시간에 관한 설명으로 옳은 것은?
 [18, 20, 24 산]
① 음향 청취를 목적으로 하는 공간에서의 잔향 시간은 음성 전달을 목적으로 하는 공간에서의 잔향 시간보다 짧아야 한다.
② 음의 잔향 시간은 실의 용적에 비례하며 벽면의 흡음력에 따라 결정된다.
③ 실의 형태를 변경하면 잔향 시간은 조정이 가능하다.
④ 영화관은 전기 음향 설비가 주가 되므로 잔향 시간은 길수록 좋다.

답 : ②

핵심 PLUS

예 실표면의 총 흡음량이 160[m²]이고, 실의 크기가 10[m]×18[m]×4[m]인 학교 교실에서 세이빈(Sabine)의 공식을 이용하여 구한 잔향시간은?
[19, 25 산]

① 0.42[초] ② 0.52[초]
③ 0.62[초] ④ 0.72[초]

[해설] $RT = 0.16 \times \dfrac{(10 \times 18 \times 4)}{160}$
$= 0.72$ [초]

답 : ④

예제

1. 홀의 용적이 5,000[m³], 잔향시간이 1.2[초], 비례상수가 0.16인 음악당의 흡음력은 얼마인가?

① 666[m²]   ② 800[m²]   ③ 960[m²]   ④ 1,050[m²]

▶ 잔향시간(Sabin의 잔향이론)

잔향시간 $RT = K\dfrac{V}{A}$ 에서

RT : 잔향시간(sec) K : 비례상수(0.162)
V : 실의 용적[m²]
A : 흡음력 = $\overline{\alpha}$(평균흡음률) × S(실내표면적)[m²]

잔향시간 $RT = K\dfrac{V}{A}$ $T = 0.16 \times \dfrac{5,000}{A} = 1.2$ [초]

∴ $A = 666.6$ [m²]

2. 다음과 같은 조건을 가진 강의실의 잔향시간으로 맞는 것은? (단, 강의실 크기 : 10×18×4.5[M] (가로×세로×높이) 500[Hz]에서의 흡음률 : 벽 0.3, 천장 0.04, 바닥 0.1)

① 1.03[초]   ❷ 1.29[초]   ③ 1.34[초]   ④ 1.62[초]

▶ $RT = K\dfrac{V}{A}$ 의 식에서

비례상수 K : 0.162
실용적 $V = 10 \times 18 \times 4.5 = 810$ [m²]
실내총흡음력 A = 실내표면적 × 평균흡음률
A_1 천장 : $(10 \times 18) = 180$ [m²]에서 $180 \times 0.04 = 7.2$
A_2 벽 : $(2 \times 10 \times 4.5) + (2 \times 18 \times 4.5) = 252$ [m²]에서
$252 \times 0.3 = 75.6$
A_3 바닥 : $10 \times 18 = 180$에서 $180 \times 0.1 = 18$ [m²]

∴ $RT = \dfrac{0.162 \times 810}{(7.2 + 75.6 + 18)} = 1.29$ [초]

■ 실내 음향 상태를 표현하는 표준
① 명료도
② 잔향시간
③ 소음레벨
④ 음압분포

8. 최적잔향시간(Optimun reverberation time)

① 잔향시간은 그 방의 사용 목적에 따라 적당한 길이를 필요로 하고, 또 같은 용도의 방이라도 용적이 클수록 긴 것이 좋다. 오디토리움에서 강연할 때 최적잔향시간은 1초이다.

② 강연이나 연극 등 언어를 주사용 목적으로 할 경우 잔향시간은 비교적 짧게 하여 음성의 명료도를 제일 조건으로 한다.

③ 음악(종교음악)은 좋은 음질과 적당한 여운, 풍부한 음량이 요구되므로 다소 긴 잔향시간이 필요하다.
④ 짧은 것에서 긴 것 순서 : 강연, 연극 – 실내악 – 종교음악

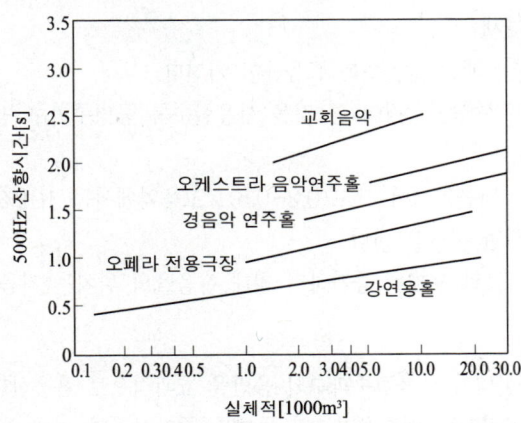

[그림] 실의 용도 및 체적별 잔향시간

9. 음향상 장애가 되는 현상

① 에코(echo) : 진동수가 조금 다른 두 음의 간섭에 의해 생기는 현상
② 플러터 에코(flutter echo)현상 : 박수소리나 발자국 소리가 천장과 바닥면 및 옆벽과 옆벽 사이에서 왕복반사하여 독특한 음색으로 울리는 경우를 말한다.
③ 속삭임의 회랑 : 음원으로부터 나온 음이 커다란 요철면을 따라 반사를 되풀이하므로써 속삭임과 같은 작은 소리라도 먼 곳까지 들리는 현상
④ 음의 집점과 사점
  ㉠ 음파가 그 파장보다 큰 요철면에서는 반사한 음선에 의해 집점이 생기고, 그 점의 음압도 커지는 경우가 있다.
  ㉡ 반대로 다른 점에서 상대적으로 음압이 작아진다고 생각할 수 있고, 이와 같이 음의 분포가 불균일한 장소를 사점이라 한다.

핵심 PLUS

예 장소별 최적의 잔향시간에 관한 설명으로 옳지 않은 것은?
[17, 19, 23, 25 산]
① 실의 사용목적과 실 용적에 의하여 최적의 잔향시간을 결정한다.
② 강연이나 연극이 이루어지는 실에서는 잔향시간을 비교적 짧게 한다.
③ 음향설비를 이용하는 경우에는 잔향시간을 최적치보다 짧게 한다.
④ 오케스트라나 뮤지컬 등 음악 감상이 이루어지는 실에서는 잔향시간을 비교적 짧게 하여 명료도를 높인다.

해설 명료도는 사람이 말을 할 때 어느 정도 정확하게 청취할 수 있는가에 대해 표시하는 기준을 백분율로 나타낸 것이다.

답 : ④

예 홀 형태의 건축음향설계와 관련된 설명 중 옳지 않은 것은? [09, 11 기]
① 직접음이 약한 부분을 1차 반사음이 보강할 수 있도록 한다.
② 실내 전체에 대한 음압 분포가 균일해야 한다.
③ 실 전체에 음에너지를 확산시키도록 계획한다.
④ 에코현상을 최대한 유도하도록 설계한다.

해설 에코(반향, echo) : 음원으로부터의 직접음과 벽체 등에서 반사된 소리가 그 시간차 때문에 한 소리가 둘 이상으로 들리는 현상
※ 콘서트 홀의 음향설계에서는 에코나 플러터 에코와 같은 음향장애가 발생하지 않도록 한다.

답 : ④

10. 흡음재료의 특성

1) 다공성 흡음재
중·고주파수에서의 흡음률이 크지만, 저주파에서는 흡음률이 급격히 저하한다.

2) 판진동 흡음재
① 판진동 흡음재는 얇을수록 흡음률이 커진다.
② 판진동 흡음재는 중량이 큰 것을 사용할수록 공명주파수 범위가 저음역으로 이동한다.
③ 흡음률은 저음역에서 크고(0.2~0.5), 고음역에서는 10[%] 내외를 흡음하므로 반사판 구실을 한다.
④ 배후 공기층의 두께를 증가하면 최대 흡음율의 위치는 저음역으로 이동한다.

3) 공동공명기
① 단일공동공명기는 특정주파수의 음만을 효과적으로 흡음한다.
② 천공판 공명기는 배후공기층의 두께를 증가시키면 최대 흡음률은 저음역에서 생긴다.
③ 공동공명기는 공명에 의해 특정 주파수의 음만을 효과적으로 흡음한다.
※ 가변흡음구조는 실의 용도에 따라 잔향시간을 조절할 수 있으므로 다목적용 오디토리엄에 적당하다.

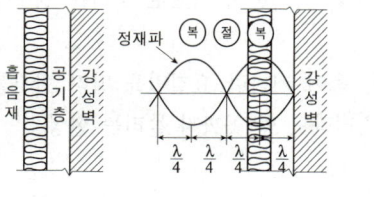 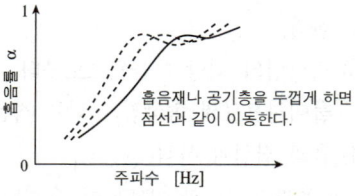

(a) 다공질 흡음재의 부착법   (b) 흡음특성(중·고음역에 大)

[그림] 연속기포 다공질재의 흡음

핵심기출문제

02. 빛환경, 음환경

■■■ 1. 빛환경

1. 다음 빛의 단위 중 광속을 나타내는 것은? [12 ㉮]

① lux　　　　　　　② candela
③ nit　　　　　　　④ lumen

[해설] **1, 2, 3** 조명관련 용어의 의미와 단위

측광량		정의	단위	단위약호
광속		단위 시간당 흐르는 광의 에너지량	lumen	lm
광속의 면적밀도	조도	단위 면적당의 입사광속	lux	lx
발산광속의 입체각 밀도	광도	점광원으로부터 단위 입체각당의 발산광속	candela	cd
광도의 투영면 적 밀도	휘도	발산면의 단위 투영면적당 발산광속	candela/m²	cd/m²

2. 다음 중 빛의 단위로 옳지 않은 것은? [17 ㉝]

① 광속 : W/m·K　　　② 조도 : lx
③ 광도 : cd　　　　　④ 휘도 : cd/m²

3. 다음 중 용어와 단위가 잘못 짝지어진 것은? [10 ㉮]

① 음압 : Pa　　　　　② 소음레벨 : dB
③ 광속 : lx　　　　　④ 열관류율 : W/m²·K

4. 광도 1,200[cd]인 전등으로부터 2[m] 떨어진 면에서 조도를 측정하였더니 300[lx]이었다. 이 면을 전등으로부터 4[m] 떨어진 곳에 놓으면 그 면에서의 조도는? [18, 23 ㉝]

① 100[lx]　　　　　② 75[lx]
③ 50[lx]　　　　　 ④ 25[lx]

[해설] **4**
조도(거리 역제곱의 법칙)
㉠ 표면에 도달하는 광의 밀도(1[m²]당 1[lm]의 광속이 들어 있는 경우 1[lux])
㉡ 단위 : 룩스(lux, lx)
㉢ 조도 = 광도/(거리)²
조도(E)는 광도(I)에 비례하고 거리(d)의 제곱에 반비례의 관계를 가진다.

$$\therefore E = \frac{I}{d^2} = \frac{1,200}{4^2} = 75\,[\text{lx}]$$

정답 1. ④　2. ①　3. ③　4. ②

핵심기출문제

02. 빛환경, 음환경

5. 인공 광원의 광질 및 특색에 대한 설명 중 옳지 않은 것은? [09, 11, 18 ㉮]
① 백열전구는 일반적으로 휘도가 높고 열방사가 많다.
② 할로겐 램프는 고휘도이고 광색은 적색부분이 비교적 많은 편이다.
③ 형광등은 저휘도이고 수명이 백열전구에 비해 길다.
④ 수은등은 고휘도이고 점등시간이 매우 짧다.

6. 실내 어느 1점에서 수평면조도를 측정하니 220[lx]이었다. 옥외 전천공 수평면 조도를 20,000[lx]로 할 때 실내 이점의 주광률을 구하면? [11 ㉮]
① 1.1[%]   ② 2.1[%]
③ 3.1[%]   ④ 4.1[%]

7. 천창채광방식에 관한 설명으로 옳지 않은 것은? [18, 24 ㉯]
① 통풍과 차열에 불리하다.
② 조도 분포가 균일하다.
③ 채광량면에서 매우 우수하다.
④ 구조와 시공이 용이하며, 빗물처리에 탁월한 효과가 있다.

8. 눈부심(glare)의 방지 방법으로 옳지 않은 것은? [16 ㉯]
① 휘도가 낮은 광원을 사용한다.
② 플라스틱 커버가 장착된 조명기구를 사용한다.
③ 글레어 존(glare zone)에 광원을 설치한다.
④ 광원 주위를 밝게 한다.

해설

해설 5
수은등
㉠ 고휘도로 배광제어가 용이하다.
㉡ 광색은 청백색의 특성이 있으나 형광수은 램프 및 전구 병용으로 해결이 가능하다.
㉢ 수명이 가장 길다. (10,000시간)
㉣ 저압 수은등은 살균용으로, 고압 수은등은 공장, 가로등, 청사진 인화용으로, 초고압 수은등은 영화촬영, 영사등에 쓰인다.

해설 6
주광률(DF)은 실내의 조도가 옥외의 조도 몇 %에 해당하는가를 나타내는 값
$$DF = \frac{220[lx]}{20,000[lx]} \times 100 = 1.1[\%]$$

해설 7
천창 채광(top lighting) 형식은 건물의 지붕부분에 채광 또는 환기를 목적으로 수평면이나 약간의 경사면을 두어 상부 채광하는 형태로 최소의 크기로 최대의 빛을 받아들이는데 효과적이다. 천창 채광은 조도 분포가 균일하지만, 폐쇄된 분위기가 되며 통풍 및 차열에 불리하며 구조, 시공, 빗물처리 등이 어렵다.

해설 8
글레어(현휘, 눈부심)를 방지하기 위한 방법
㉠ 휘도가 낮은 광원(형광램프)을 사용하든가, 또는 플라스틱 커버가 되어 있는 조명기구를 선정한다.
㉡ 시선을 중심으로 해서 30° 범위 내의 글레어 존에는 광원을 설치하지 않는다.
㉢ 광원 주위를 밝게 한다.
※ 글레어는 시선에서 30° 이내의 시야 내에서 생기기 쉬우며, 이 범위를 글레어존(glare zone)이라고 부른다.

정답 5. ④ 6. ① 7. ④ 8. ③

Industrial Engineer Building Facilities

해설

9. 건축화조명에 대한 설명 중 옳지 않은 것은? [05, 11 ㉮]
① 조명기구를 천장, 벽 등의 실 구성면 중에 장치하여 건축 내장의 일부와 같이 취급을 한 조명방식을 말한다.
② 조명기구로 인한 위화감을 없애고 실내의장에 통일성을 갖도록 하기 위해 사용된다.
③ 광천장은 천장 전면에 루버를 갖고, 그 뒤쪽에 광원을 배치한 것이다.
④ 벽면조명으로는 코니스 조명이 있다.

해설 9
광천장 조명은 확산투과선 플라스틱판이나 루버로 천장을 마감하여 그 속에 전등을 넣은 방법이다. 그림자 없는 쾌적한 빛을 얻을 수 있다. 마감 재료의 설치방법에 변화 있는 인테리어 분위기를 연출할 수 있다.

10. 다음 중 실내조명 설계순서에서 가장 우선적으로 고려해야 할 사항은? [10 ㉮]
① 조명방식의 선정
② 소요조도의 결정
③ 조명기구의 배치결정
④ 조명기구의 선정

해설 10, 11, 12
조명설계 순서[소→전→조→광→배]
㉠ 소요조도 결정
㉡ 전등 종류 결정
㉢ 조명방식 및 조명기구 선정
㉣ 광속의 계산
㉤ 광원의 크기와 그 배치

11. 다음 중 실내조명설계의 순서에서 가장 먼저 이루어지는 것은? [05 ㉮]
① 조명기구의 배치결정
② 소요조도의 결정
③ 조명방식의 결정
④ 소요전등의 결정

12. 다음 중 실내조명 설계에서 가장 우선적으로 이루어져야 하는 것은? [08, 14, 16 ㉮]
① 개략적인 조명계산을 실시한다.
② 소요조도를 결정한다.
③ 소요전등의 개수를 결정한다.
④ 조명방식 및 조명기구를 선정한다.

13. 다음 중 실의 크기 결정 요소가 아닌 것은? [10 ㉮]
① 실내 조명의 방식과 위치
② 실내 가구의 종류와 모양
③ 실내 가구의 배치상태
④ 실내 통행을 위한 여유공간

해설 13
실내 조명의 방식과 위치는 조명설계 시 관계되는 요소이고 실의 크기 결정 요소와는 관계가 없다.

정답 9. ③ 10. ② 11. ②
12. ② 13. ①

제1과목 건축설비계획 1-47

핵심기출문제

02. 빛환경, 음환경

14. 점광원으로 가정할 수 있는 평균 구면광도 2,000[cd]의 램프가 반지름 1.5[m]인 원형탁자 중심 바로 위 2[m]의 위치에 설치되어 있다. 이 탁자 모서리 끝 부분의 조도[lx]는? [08 ㉮]

① 128　　　② 256
③ 384　　　④ 512

15. 유리블록의 사용시 효과에 해당되지 않는 것은? [04 ㉮]

① 단일창에 비해 열손실은 크지만 충분한 주광(晝光)을 받을 수 있다.
② 유리블록 표면을 분광처리함으로써 실내로 입사하는 빛의 방향을 조절할 수 있다.
③ 확산표면으로 처리된 유리블록이나 다른 내용물을 사용하면 현휘를 감소시킬 수 있다.
④ 확산유리블록은 실내의 조명수준을 증대시킨다.

■■■ 2. 음환경

16. 여러 음이 혼합적으로 들리는 경우에서도 대화 상대의 소리만을 선택적으로 들을 수 있는 것과 관련된 현상은? [08, 11, 15 ㉮]

① 칵테일파티 효과　　② 마스킹 효과
③ 간섭효과　　　　　④ 코인시던스 효과

17. 음환경에서 정의하는 음압(sound pressure)의 단위로 옳은 것은? [18, 20, 23 ㉯]

① 폰(phon)　　　② 데시벨(dB)
③ 주파수(Hz)　　④ 손(sone)

해설

해설 14

탁자 모서리 끝부분의 조도 조도의 코사인 법칙에 의해

$$E = \frac{I}{d^2}\cos\theta$$

$E = ?$　$I = 2,000$ [cd]
$d^2 = 2^2 + 1.5^2 = 6.25$
그러므로 $d = 2.5$ [m]

$$\cos\theta = \frac{2}{d} = \frac{2}{2.5} = 0.8$$

$$\therefore E = \frac{I}{d^2} \cdot \cos\theta$$
$$= \frac{2,000}{2.5^2} \times 0.8 = 256 \text{ [lx]}$$

해설 16

① 칵테일파티 효과 : 여러 음이 혼합적으로 들리는 경우에서도 대화 상대의 소리만을 선택적으로 들을 수 있는 것
② 매스킹(masking) 효과 : 큰 소리에 의해 작은 소리가 들리는 것이 방해되는 현상으로 가까운 주파수, 비슷한 음원 사이에서 많이 일어난다.
③ 간섭(interference) : 2개 이상의 음파가 동시에 어떤 점에 도달하면 서로 강화하거나 약화시키는 현상
④ 코인시던스(coincidence) 효과 (일치효과) : 소리가 일치하는 현상

해설 17

음의 크기를 정하는 3가지 단위
㉠ 데시벨(dB) : 음압 측정 비교
㉡ 폰(phon) : 청각의 감각량으로서 음의 크기 레벨의 단위(주관적인 척도)
㉢ 손(sone) : 청각의 감각량으로서 음의 감각적 크기를 보다 직접적으로 표시하기 위한 단위

정답 14. ②　15. ①　16. ①　17. ②

18. 건축 음환경의 명료도에 대한 설명으로 옳지 않은 것은?　[12②]
① 명료도는 사람이 말을 할 때 어느 정도 정확하게 청취할 수 있는가에 대해 표시하는 기준을 백분율로 나타낸 것이다.
② 명료도는 잔향시간이 증가하면 증대된다.
③ 음의 세기에 의한 명료도는 음압레벨이 70~80[dB]에서 가장 좋다.
④ 명료도는 소음이 증가하면 저하한다.

19. 실내음향에 대한 설명으로 옳지 않은 것은?　[11, 13, 18②]
① 음의 계속시간이 길어지면 높이 감각은 둔해진다.
② 직접음은 전파경로가 가장 짧으므로 수음점에 최초로 도래한다.
③ 계획상 멀리 전달되게 하기도 하고 가까이에서 소멸되도록 하기도 한다.
④ 청중이 많을수록 흡음력이 커서 잔향시간이 적어진다.

20. 다음 중 실내의 잔향시간과 가장 관계가 먼 것은?　[05②]
① 실용적　　　　② 실내 표면적
③ 실의 평균 흡음률　④ 실의 형태

21. 잔향시간은 실내에 일정한 세기의 음을 공급하여 정상상태가 된 후, 음원을 정지시킨 후 실내의 평균에너지 밀도가 처음 값에서 얼마 감쇠하는데 소요되는 시간으로 규정되는가?　[04, 16②]
① 40[dB]　　　　② 50[dB]
③ 60[dB]　　　　④ 70[dB]

해설

해설 18
명료도와 요해도
㉠ 명료도(clarity) : 사람이 말을 할 때 어느 정도 정확할 수 있는가를 표시하는 기준을 백분율로 나타낸 것이다.
㉡ 요해도(intelligility) : 언어의 명료도에 의해서 말의 내용이 얼마나 이해되느냐 하는 정도를 백분율로 나타낸 것이다. 각 음절의 전부를 확실히 들을 수는 없어도 말의 내용이 이해되는 경우가 있으므로 요해도는 명료도보다 높은 값을 갖게 된다.
※ 잔향시간이 길면 언어의 명료도가 저하된다.

해설 19
음의 높이(Pitch)란 심리적 감각의 음청각 성질로서 저주파수음은 낮게, 고주파수음은 높게 감지된다. 음의 계속시간이 짧아지면 높이 감각은 둔해진다.
※ 음의 3요소 : 음의 고저(높이), 음의 세기(강약), 음색(음조)

해설 20
잔향시간(Sabine의 잔향이론)
㉠ $RT = K\dfrac{V}{A}$ 의 식에서
　RT : 잔향시간[sec]
　K : 비례상수(0.162)
　V : 실의 용적[m³]
　A : 흡음력 = $\bar{\alpha}$(평균흡음률) × S(실내표면적) [m²]
잔향시간은 실용적에 비례하고 실의 흡음력에 반비례한다.
㉡ 요소 : 실용적, 실내 표면적, 실의 평균 흡음률
㉢ 잔향시간은 음원의 위치, 측정의 위치, 흡음재료의 위치와 무관하다.

해설 21
잔향시간이란 실내의 일정한 세기의 음을 내어 정상상태로 한 후 이것을 멈추어 실내의 평균 에너지밀도와 처음의 $1/10^6$(일백만분의 일), 음압으로서 $1/1,000$이 될 때까지의 시간으로서 실내의 평균 레벨이 60[dB] 감소하는 데 필요한 시간을 말한다.

정답　18. ②　19. ①　20. ④　21. ③

핵심기출문제
02. 빛환경, 음환경

22. 음의 잔향시간에 관한 설명 중 옳지 않은 것은? [04, 08, 12 ㉮]
① 실내 벽면의 흡음률이 높으면 잔향시간은 짧아진다.
② 잔향시간이 짧으면 짧을수록 모든 실내 음향 환경에는 유리하다.
③ 잔향시간은 실의 용적이 클수록 길어진다.
④ 실내의 음향적 성상 즉, 음환경을 나타내는 중요한 요소이다.

23. Sabine의 잔향시간(RT)을 구하는 식으로 옳은 것은? (단, V : 실의 용적, A : 실내 총 흡음력) [18 ㉴]
① $0.16\dfrac{A}{V}$ [초]
② $0.16\dfrac{V}{A}$ [초]
③ $1.6\dfrac{A}{V}$ [초]
④ $1.6\dfrac{V}{A}$ [초]

24. 홀 용적 5,000[m³], 잔향시간 1.6[초]인 실에서 잔향시간을 1초로 만들기 위해 추가적으로 필요한 흡음력은? [09, 17, 21 ㉮]
① 250[m³]
② 275[m³]
③ 300[m³]
④ 450[m³]

25. 홀 형태의 건축음향설계와 관련된 설명 중 옳지 않은 것은? [09, 11 ㉮]
① 직접음이 약한 부분을 1차 반사음이 보강할 수 있도록 한다.
② 실내 전체에 대한 음압 분포가 균일해야 한다.
③ 실 전체에 음에너지를 확산시키도록 계획한다.
④ 에코현상을 최대한 유도하도록 설계한다.

[해설] 콘서트 홀의 음향설계
① 모든 관객석에서 충분한 직접음·초기반사음을 확보한다.
② 기본설계 단계에서 실의 크기나 치수비 등의 결정시에 음향적으로도 충분한 검토가 필요하다.
③ 에코나 플러터 에코와 같은 음향 장애가 발생하지 않도록 한다.
④ 반향 등의 음향장애가 발생하지 않도록 실내 각 부재의 크기·형상·마감을 검토한다.

해설

[해설] 22
잔향시간은 실의 용적에 비례하고 흡음력에 반비례한다. 사용목적에 따라 적당한 실의 용적을 가져야만 일반적으로 양호한 잔향시간을 가질 수 있으나, 하나의 공간을 여러 용도로 사용하기 위해서는 각 용도에 적당하도록 잔향시간을 조절해야 한다.

[해설] 23
잔향시간(Sabine의 잔향이론)
㉠ $RT = K\dfrac{V}{A}$ 의 식에서
  RT : 잔향시간[sec]
  K : 비례상수(0.162)
  V : 실의 용적[m³]
  A : 흡음력 = $\bar{\alpha}$(평균흡음률) × S
  (실내표면적) [m²]
  잔향시간은 실용적에 비례하고 실의 흡음력에 반비례한다.
㉡ 요소 : 실용적, 실내 표면적, 실의 평균 흡음률
㉢ 잔향시간은 음원의 위치, 측정의 위치, 흡음재료의 위치와 무관하다.

[해설] 24
잔향시간(Sabine의 잔향이론)
잔향시간 $RT = K\dfrac{V}{A}$ 에서
  RT : 잔향시간[sec]
  K : 비례상수(0.162)
  V : 실의 용적[m³]
  A : 흡음력 = $\bar{\alpha}$(평균흡음률) × S
  (실내표면적) [m²]
㉠ $RT_1 = 1.6$초 $= 0.16 \times \dfrac{5,000}{A_1}$
  $A_1 = \dfrac{0.16 \times 5,000}{1.6} = 500$ [m²]
㉡ $RT_2 = 1.0$초 $= 0.16 \times \dfrac{5,000}{A_2}$
  $A_2 = \dfrac{0.16 \times 5,000}{1.0} = 800$ [m²]
추가로 필요한 흡음력(A)
∴ $A = A_2 - A_1 = 800 - 500 = 300$ [m²]

정답 22. ② 23. ② 24. ③ 25. ④

26. 다음 중 음에 관한 설명으로 옳은 것은? [03, 07, 13 ㉮]
① 발음체의 진동수와 같은 음파를 받게 되면 자기도 진동하여 음을 내는 현상을 잔향이라 한다.
② 잔향시간은 실흡음력이 클수록 길어지고, 실용적이 클수록 짧아진다.
③ 60[폰]의 음을 70[폰]으로 높이면 10[폰]의 증가에 의해 사람은 음의 크기가 대략 2배 커진 것으로 지각한다.
④ 외부공간에서 음의 전달은 온도, 습도, 바람 등의 외부 기후조건과 무관하다.

27. 흡음재료 및 구조의 특성을 설명한 내용으로 옳은 것은? [03 ㉮]
① 공명형 흡음재들은 특정주파수 대역의 흡음을 목적으로 하는 경우에 사용된다.
② 다공성 흡음재는 특히 저주파 대역에서 높은 흡음률을 나타낸다.
③ 섬유계열의 흡음재들은 그 두께를 증가시킬수록 저주파 대역의 음에 대한 흡음력이 감소된다.
④ 판진동 흡음재들은 일반적으로 고주파 대역의 음에 대한 높은 흡음력을 나타낸다.

28. 음에 관한 설명으로 옳지 않은 것은? [21 ㉮]
① 음의 높이는 음의 주파수에 따라 달라진다.
② 음의 크기는 진폭이 큰 음의 진폭이 작은 음 보다 크게 느껴진다.
③ 음의 크기를 객관적인 물리적 양의 개념으로 표현하기 위한 단위로 손[sone]이 있다.
④ 큰 소리와 작은 소리를 동시에 들을 때 큰 소리만 들리고 작은 소리는 들리지 않는 현상을 마스킹 효과(masking effect)라고 한다.

해설

해설 26
① 발음체의 진동수와 같은 음파를 받게 되면 자기도 진동하여 음을 내는 현상을 공진이라 한다.
② 잔향시간은 실흡음력이 클수록 작아지고, 실용적이 클수록 길어진다.
④ 외부공간에서 음의 전달은 온도, 습도, 바람 등의 외부 기후조건에 영향을 받는다.

해설 27
② 다공성 흡음재는 중·고주파수에서의 흡음률은 크지만 저주파수에서는 급격히 저하된다.
③ 섬유계열의 흡음재들은 그 두께를 증가시킬수록 저고주파 대역의 음에 대한 흡음력이 증가된다.
④ 판진동 흡음재들은 일반적으로 저주파 대역의 음에 대한 높은 흡음력을 나타낸다.

해설 28
음의 크기를 정하는 3가지 단위
㉠ 데시벨[dB] : 음압 측정 비교
㉡ 폰[phon] : 청각의 감각량으로서 음의 크기 레벨의 단위(주관적인 척도)
㉢ 손[sone] : 청각의 감각량으로서 음의 감각적 크기를 보다 직접적으로 표시하기 위한 단위
※ 손[sone]값을 2배로 하면 음의 크기는 2배로 감지된다.(40[폰]의 값은 1[손]의 값과 똑같은 기준점이 된다.)
1손[sone]은 40폰[phon]에 해당되며 손[sone]값을 2배로 하면 10[phone]씩 증가한다.
(1[손]=40[phon], 2[손]=50[phon], 4[손]=60[phon] …)

정답 26. ③ 27. ① 28. ③

03 열 및 유체역학

제1과목 건축설비계획 | 제1편 건축설비의 기초

핵심 PLUS

■ 실용상 공기의 평균 비체적과 밀도
  · 비체적 : 0.83 [m³/kg]
  · 밀도 : 1.2 [kg/m³]
  (액체의 밀도는 일정하다고 생각하면 좋으나 기체의 밀도는 온도나 압력에 따라 크게 변한다.)

1 열역학

1. 열역학에서의 여러 물리량

1) 비체적(Specific volume, v)

   단위 질량당의 체적으로 정의

   $$v = \frac{V}{m} = \frac{1}{\rho} \, [\text{m}^3/\text{kg}]$$

2) 비중량(Specific weight, γ)

   단위 체적당의 중량으로 정의하며 즉, 비중량[r] = 중량[G] / 체적[V]으로 단위는 [N/m³]이고 밀도와의 관계는 다음과 같다.

   $$\gamma = \frac{G}{V} = \frac{m \cdot g}{V} = \rho \cdot g$$

   여기서, G : 무게(중량) [N]
   m : 질량 [kg]
   ρ : 밀도 [kg/m³]
   g : 중력가속도 [9.8m/sec²]

3) 밀도(Density, ρ)

   단위 체적당의 질량으로 정의

   $$\rho = \frac{m}{V} \, [\text{kg/m}^3]$$

   여기서, m : 질량[kg]
   V : 체적[m³]

   물의 경우 1 [atm] 4 [℃]일 경우 1,000 [kg/m³] = 1 [kg/l] 이다.

4) 비중(Specific gravity)

대기압하에서 어떤 물질의 밀도(또는 비중량)와 4[℃]에서 물의 밀도(또는 비중량)의 비로 정의하며 기호는 S로 표시한다. 비중은 무차원수이며 물의 비중 $S = 1$ 이다.

$$S = \frac{\rho}{\rho_w} = \frac{\gamma}{\gamma_w}$$

여기서, ρ_w = 물의 밀도
γ_w = 물의 비중량

※ 임의의 물질 비중량은 그 비중에 물의 비중량을 곱해 주면 된다.
$\gamma = s \times 1,000 \,[kg \cdot f/m^3] = s \times 9,800 \,[N/m^3]$

2. 열량과 비열

어느 물질을 가열하거나 냉각할 때 출입하는 열량은 그 물질의 질량 및 온도 변화에 비례한다. 예를 들어 질량 m[kg]의 물질의 온도를 Δt[K]만큼 변화시켰을 때 필요한 열량 q[J]은

$$q = m \cdot c \cdot \Delta t$$

이다.

여기서, 비례정수 c는 물질의 종류에 따라서 다른 값을 같고 비열이라 한다.

비열은 물질 1[kg]의 온도를 1[K] 변화 시키는데 필요한 열량[kJ]을 말하며 [kJ/kg·k]의 단위로 표시한다. 물의 비열은 4.186(=4.2)[kJ/kg]이다.

여기서 어느 물질의 온도를 1[K] 만큼 변화시키는데 필요한 열량을 그 물체의 열 용량[kJ/k]이라 한다.

$$C = m \cdot c$$

C = 열용량[kJ/K]
m = 질량[kg]
c = 비열[kJ/kg·K]

- 정압비열[C_p] : 압력을 일정하게 유지하고 가열 할 때의 비열(개방계에 적용)
- 정적비열[C_v] : 체적을 일정한 상태에서 가열 할 때의 비열(밀폐계에 적용)

비열비 : 정압비열을 정적 비열로 나눈 값
$k = C_P / C_v$ ($C_P > C_v$으로 $k > 1$ 이다.)

핵심 PLUS

■ 열량 단위의 상호관계
1 [kcal]
= 3.968 [BTU]
= 2.2052 [CHU]
= 4.186 [kJ]

■ $C_P - C_v = R$
$C_P > C_v$
$C_v = \frac{1}{k-1} R$
$C_P = \frac{k}{k-1} R$

핵심 PLUS

3. 현열, 잠열

1) 현열(Sensible heat)

물질의 상태변화 없이 온도 변화에 이용되는 열량

$$q_s = m \cdot c \cdot \Delta t \, [kJ] \quad - \text{현열식}$$

2) 잠열(Latent heat)

물질의 온도변화 없이 상태를 변화시키는데 소요된 열량

$$q_L = m \cdot r \, [kJ] \quad - \text{잠열식}$$

r (잠열량)
① 0[℃] 얼음의 융해 잠열 : 335 [kJ/kg]
② 0[℃] 물의 증발 잠열 : 2,501 [kJ/kg]
③ 100[℃] 물의 증발 잠열 : 2,256 [kJ/kg]

3) 전열량

가열로부터 증발 또는 융해에 이르기까지 필요한 총열량

$$q = q_s + q_L = m \cdot c \cdot \Delta t + m \cdot r \, [kJ]$$

4) 물질의 3태

모든 물질은 3개의 상(고체, 액체, 기체)으로 존재한다.

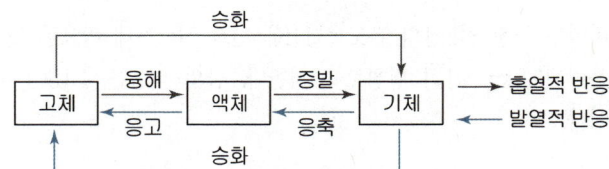

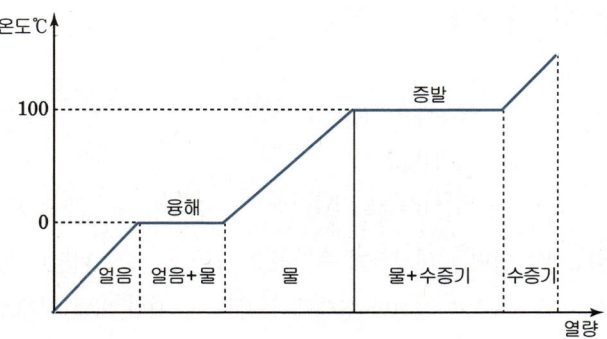

[그림] 물에 대한 열량과 온도의 변화

4. 온도

물체의 온, 냉의 정도를 표시한 것으로 물체의 분자 운동에 의한 것이다.

1) 섭씨온도(Celsius temperature)

표준대기압 하에서 순수한 물의 어는점을 0° 끓는점을 100°라 하여 이 두 점 사이를 100 등분하여 그 1/100을 1°로 하며 단위는 [℃]로 표시한다.

2) 화씨온도(Fahrenheit temperature)

표준대기압 하에서 물의 어는점을 32° 끓는점을 212°로 하여 그 사이를 180 등분하여 1/180을 1°로 정한 온도로 단위는 [°F]로 한다.

$$℃ = \frac{5}{9}(°F - 32)$$

3) 절대온도(absolute temperature)

이론적으로 도달 할 수 있는 최저온도를 기점으로 하여 측정된 온도로 이 온도를 절대온도라 하고 섭씨온도 t 와 구별하기 위해 T로 표시하며 단위는 K(켈빈)을 사용한다.

$$T = t(℃) + 273.15 [K]$$
$$T = t(°F) + 460 [R]$$

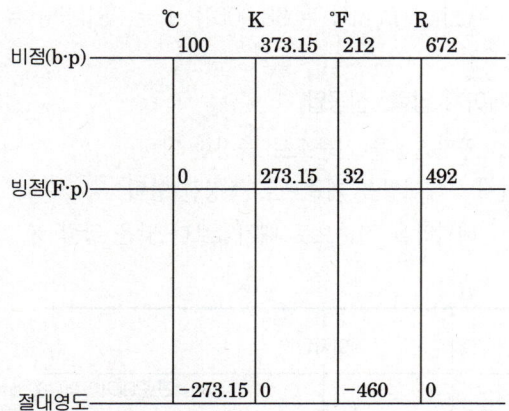

[그림] 각 온도와의 관계

5. 압력(Pressure)

압력은 단위면적당 작용하는 힘으로 압력의 단위는 [N/m²]인데 이 유도(조립) 단위는 [Pa]로 표시하고 파스칼[Pascal]로 읽는다.

압력의 기본적인 단위는 [Pa]인데 비교적 낮은 압력을 표시하기 위해 수주나 수은주가 사용된다.

$$1[mH_2O] = 9.807 \times 10^3 [Pa] = 9.807[kPa] \fallingdotseq 9.81[kPa]$$

$$1[mHg] = 133.3 \times 10^3 [Pa] = 133.3[kPa]$$

1) 표준 대기압(atm)

대기압은 날마다 변화하는데 수은주 760[mm]때를 표준적인 대기압으로 할 것을 정하였다.

$$1[atm] = 760[mmHg] = 10.33[mmH_2O] = 1.0332[kg \cdot f/cm^2]$$
$$= 101325[Pa] = 101.325[kPa] = 0.101325[MPa]$$
$$\fallingdotseq 0.1[MPa] = 1.01325[bar]$$
$$1[bar] = 10^5[Pa]$$

2) 공학 기압(at)

공학단위 [kg·f/cm²]가 사용되는데 이를 공학기압이라고 하고 [at]로 나타낸다.

$$1[at] = 1[kg \cdot f/cm^2] = 98,000[Pa] = 98[kPa] = 10[mH_2O]$$

3) 절대압력, 게이지 압력, 진공압

① 절대압력 : 완전진공을 기준으로 측정한 압력
② 게이지 압력 : 대기압을 기준으로 측정한 압력
③ 진공압력 : 대기압을 기준으로 대기압보다 낮은 압력

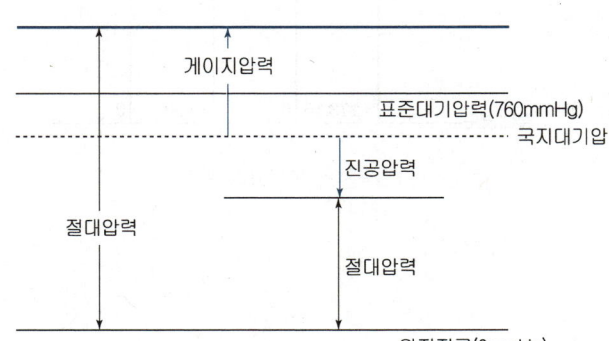

예 공조용 송풍기의 국소 대기압이 500[mmHg]이고 계기압력이 0.5[kgf/cm²]일 때, 절대압력[kgf/cm²]은 얼마인가?
① 1.08   ② 1.18
③ 2.08   ④ 2.18

해설 절대압력＝게이지압력＋대기압
$$= 0.5 + \frac{500}{760} \times 1.0332$$
$$= 1.18[kgf/cm^2]$$

답 : ②

> **학습포인트**
>
> 절대압력[MPa] = 게이지압력[MPa] + 대기압[0.1MPa]
> 절대압력[MPa] = 대기압[MPa] − 진공압[MPa]
> 게이지 압력[MPa] = 절대압력[MPa] − 대기압[0.1MPa]
>
> 진공도 [%] = $\dfrac{진공압}{대기압} \times 100$

6. 열역학의 제법칙

1) 열역학 제0의 법칙(열평형의 법칙)

열은 온도가 높은 곳에서 낮은 곳으로 온도가 같아질 때까지 흐르고 열의 평형 상태에서는 더 이상 열의 이동은 없다.

2) 열역학 제1의 법칙(에너지 보존의 법칙, 제1종 영구기관 제작 불가능 법칙)

① 열은 본질적으로 일과 동일한 에너지의 한 형태로 열을 일로 변화 시킬 수 있고 그 반대로도 가능하다. 그러나 그 비는 일정하다.
② 에너지는 결코 생성될 수 없고 그 존재가 완전히 없어 질 수도 없으며, 다만 한 형태로부터 다른 형태로 바뀌어질 뿐이다.
※ 제1종 영구기관 : 외부로부터 에너지를 공급하지 않고 영구히 운동을 계속하는 장치

3) 열역학 제2의 법칙(에너지의 방향성 법칙, 제2종 영구기관 제작 불가능 법칙)

① 자연계에 어떤 변화도 남기지 않고 어느 열원의 열을 계속하여 일로 변화시키는 것은 불가능하다. 열을 전부 일로 변화시킬 수는 없다. 즉, 열효율 100[%]의 열기관은 없다.(Kelvin Plank)
② 열은 고온 물체로 부터 저온 물체로 이동하는데 그 자체로 외부에서 어떤 일이나 열에너지를 가하지 않고 저온부에서 고온부로 열을 이동시킬 수 없다.(Clausius)
※ 제2종 영구기관 : 열효율 100[%]의 열기관 (외부에 어떤 변화도 남기지 않고 열의 전부를 일로 변화시킬 수 있는 기관)

핵심 PLUS

예 두 물체가 제3의 물체와 온도가 같을 때는 두 물체도 역시 서로 온도가 같다는 것을 말하는 법칙으로 온도 측정의 기초가 되는 것은? [24 산]
① 열역학의 제0법칙
② 열역학의 제1법칙
③ 열역학의 제2법칙
④ 열역학의 제3법칙

답 : ①

예 다음 중 열역학 제1법칙은 어느 것인가? [25 산]
① 열평형에 관한 법칙이다.
② 이상 기체에만 적용되는 법칙이다.
③ 에너지 변환에서 에너지 보존 법칙을 설명한다.
④ 이론적으로 유도 가능한 법칙이며 엔트로피의 뜻을 설명한다.

답 : ③

4) 열역학 제3의 법칙

한 계(系) 내에서 물체의 상태를 변화시키지 않고 절대온도, 즉, 0 [K]로 도달할 수 없다. 절대온도 0 [K]에서는 모든 완전한 결정 물질의 절대 엔트로피는 0이다.

 학습포인트

열역학의 법칙
- 열역학의 제0법칙 : 열평형의 법칙(온도계의 원리)
- 열역학의 제1법칙 : 에너지보존의 법칙(엔탈피의 법칙, 제1종 영구기관 제작 불가능의 법칙)
- 열역학의 제2법칙 : 냉동기(히트펌프)의 원리, 에너지의 방향성, 가역과 비가역, 엔트로피의 원리, 제2종 영구기관 제작 불가능의 법칙
- 열역학의 제3법칙 : 네른스트의 법칙(엔트로피의 절대값, 절대온도 0[K]의 원리)

2 유체역학

1. 물의 성질

1) 비체적(Specific volume, v)

단위질량이 갖는 체적으로 정의

$$v = \frac{V}{m} = \frac{1}{\rho} \; [\text{m}^3/\text{kg}]$$

2) 비중량(Specific weight, γ)

단위체적이 갖는 무게(중량)으로 정의

$$\gamma = \frac{W}{V} \; [\text{N}/\text{m}^3] = \frac{m \cdot g}{V} = \rho \cdot g$$

표준 대기압하에서 4[℃] 순수한 물의 비중량 9,800[N/m³]

3) 밀도(density, ρ)

단위체적이 갖는 질량으로 정의

$$\rho = \frac{m}{V} \; [\text{kg}/\text{m}^3]$$

   여기서 m : 질량 [kg]
       V : 체적 [m³]

1[atm] 하여서 4[℃] 순수한 물의 밀도 1,000[kg/m³]

4) 비중

물의 밀도(ρ)와 단위중량의 부피(V) 및 비중량(γ)의 관계는

$$\rho = \frac{\gamma}{g} [\text{kg} \cdot \text{sec}^2/\text{m}^4]$$

$$v = \frac{V}{\gamma} [\text{m}^3/\text{kg}]$$

   γ : 비중량 (1[g/cm³] = 1[kg/ℓ] = 1,000[kgf/m³] = 1[ton/m³])
   g : 중력 가속도 (9.8[m/sec²])
   V : 물의 부피

핵심 PLUS

예 4[℃]의 물 800[ℓ]를 100[℃]로 가열하면 체적의 약 몇 [ℓ] 팽창하는가? (단, 물의 밀도는 4[℃]일 때 1[kg/ℓ], 100[℃]일 때 0.958634 [kg/ℓ]임)

해설 $\Delta v = \left(\dfrac{1}{\rho_2} - \dfrac{1}{\rho_1}\right)v$

$= \left(\dfrac{1}{0.958634} - \dfrac{1}{1}\right) \times 800$

$= 34.4 ≒ 35[\ell]$

■ 수압(P, MPa)과 수두(H, mAq)와의 관계식
수압 P=0.01H[MPa] 또는
수두 H=100P[m]

■ 1[MPa]=10[kgf/cm²]=100[mAq]
1[MPa]=1,000[kPa]=1,000,000[Pa]

예 수압 0.1[MPa]은 수두 얼마에 해당하는가? [07 기]
① 0.1[mAq]
② 1[mAq]
③ 10[mAq]
④ 15[mAq]

해설 수압(P)과 수두(H)와의 관계식 :
P=0.01H[MPa]
H=100P[m]이므로
H=100×0.1=10[m]

답 : ③

5) 물의 팽창

순수한 물은 1기압하에서 4[℃]일 때 밀도가 최대가 되며, 4[℃]의 물의 밀도는 1[kg/ℓ]이지만 100[℃]까지 상승하면 0.958634[kg/ℓ]가 되므로 그 사이에 팽창한 체적의 비율은 $\left(\dfrac{1}{0.958634} - \dfrac{1}{1}\right) \times 100 = 4.315[\%]$이다. 또한 100[℃]의 물에서 100[℃]의 증기로 변하면 약 1,700배의 체적팽창이 일어난다.

$$\Delta v = \left(\dfrac{1}{\rho_2} - \dfrac{1}{\rho_1}\right)v$$

Δv : 온수의 팽창량 [ℓ]
ρ_1 : 온도 변화 전의 물의 밀도 [kg/ℓ]
ρ_2 : 온도 변화 후의 물의 밀도 [kg/ℓ]
v : 장치 내의 전수량 [ℓ]

2. 수 압

물의 단위용적당 중량 W=1,000[kgf/m³], 수심 H[m]라고 할 때
정수압 [P] = WH = 1,000[kgf/m³] × H[m]
$= 1,000$H[kgf/m²] = 0.1H[kgf/cm²] 이므로

수압(P)과 수두(H)와의 관계식

$P = 0.1H = \dfrac{H}{10}$ [kgf/cm²] = 0.01H[MPa] 또는 H=100P[m]

이 식에서 W는 물의 단위용적당 중량(W=1,000[kgf/m³]), H는 수두(head) 또는 정수두, 압력수두라고 하며, 기호로는 mAq를 쓴다.

※① 1표준기압 1[atm] = 760[mmHg] (0[℃])
                $= 1.033$[kgf/cm²] = 10.33[mAq] = 0.1013[MPa]
② 1공학기압 1ata = 735.6[mmHg] (0[℃])
                $= 1$[kgf/cm²] = 10[mAq] = 0.1[MPa]
③ 수주(水柱) 1[mmAg] = 0.0001[kgf/cm²] = 1[kgf/m²]

3. 유량과 유속

단면적을 $A\,[\text{m}^2]$, 유속을 $v\,[\text{m/s}]$, 유량을 $Q\,[\text{m}^3/\text{s}]$라면

$Q = A_1 v_1 = A_2 v_2 \cdots\cdots$ 일정

또 관경을 $d\,[\text{m}]$라 하면 단면적

$A = \dfrac{\pi d^2}{4}$ 이므로 관의 지름 d를 구할 수 있다.

$\dfrac{Q}{v} = \dfrac{\pi d^2}{4} \qquad \therefore\ d = \sqrt{\dfrac{4Q}{v\pi}}\,[\text{m}]$

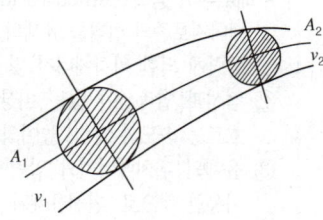

[그림] 유량과 유속

핵심 PLUS

예 내경 50[mm]인 급수관에 물이 1.5[m/sec]로 흐르고 있을 때 유량은?
[14, 23, 25 산]
① 약 152[L/min]
② 약 177[L/min]
③ 약 194[L/min]
④ 약 212[L/min]

해설 $Q = Av = \dfrac{\pi d^2}{4} \times v$

$= \dfrac{3.14 \times 0.05^2}{4} \times 1.5$

$= 0.0029\,[\text{m}^3/\text{s}]$

$= 0.1766\,[\text{m}^3/\text{min}]$

$≒ 177\,[\text{L/min}]$

답 : ②

예제

1. 내경이 50[mm]인 급수배관에 물이 1.5[m/s]의 속도로 흐르고 있을 때 체적유량은?
[11, 22 기]

① $0.09\,[\text{m}^3/\text{min}]$　② $0.18\,[\text{m}^3/\text{min}]$　③ $0.24\,[\text{m}^3/\text{min}]$　④ $0.36\,[\text{m}^3/\text{min}]$

▶ 유량과 유속
단면적을 $A\,[\text{m}^2]$, 유속을 $v\,[\text{m/s}]$, 유량을 $Q\,[\text{m}^3/\text{s}]$라면

$Q = A_1 v_1 = A_2 v_2 \cdots\cdots$ 일정

또 관경을 $d\,[\text{m}]$라 하면 단면적 $A = \pi d^2/4$ 이다.

$\therefore\ Q = Av = \dfrac{\pi d^2}{4} \times v = \dfrac{3.14 \times 0.05^2}{4} \times 1.5$

$= 0.00294\,[\text{m}^3/\text{s}] = 0.18\,[\text{m}^3/\text{min}]$

2. 직경 100[mm]의 강관에 2.4[m³/min]의 물을 통과시킬 때 강관 내의 평균 유속은?
[09, 14, 21 기]

① 2.4[m/s]　② 4.2[m/s]　③ 5.1[m/s]　④ 7.2[m/s]

▶ $Q = Av$ 에서 $v = \dfrac{Q}{A}$　$A = \pi d^2/4$ 이므로

단면적 : $A\,[\text{m}^2]$, 유속 : $v\,[\text{m/s}]$, 유량 : $Q\,[\text{m}^3/\text{s}]$

$v = \dfrac{Q}{\dfrac{\pi d^2}{4}} = \dfrac{0.04}{\dfrac{3.14 \times 0.1^2}{4}} = 5.1\,[\text{m/s}]$

핵심 PLUS

🔍 학습포인트

■ **베르누이 정리**(Bernoulli's theorem, 1738년)
① 에너지보존의 법칙을 유체의 흐름에 적용한 것으로서 유체가 갖고 있는 운동에너지, 중력에 의한 위치에너지 및 압력에너지의 총합은 흐름 내 어디에서나 일정하다.
② 점성과 압축성이 없는 이상적인 유체가 규칙적으로 흐르는 경우에 대해 유체가 흐르는 속도와 압력, 높이의 관계를 수량적으로 나타낸 법칙이다.
③ 유체의 위치에너지와 압력에너지와 운동에너지의 합이 항상 일정하다는 성질을 이용한 것으로, 완전유체가 규칙적으로 흐르는 경우에 대해 정리한 것이다.

■ **베르누이 정리의 가정조건**
㉠ 비압축성 유체이다.
㉡ 비점성 유체이다.
㉢ 외력으로는 중력만이 작용한다.
㉣ 정상유동이다.
※ 베르누이 방정식
   압력수두, 속도수두, 위치수두의 합은 일정하다.
   압력에너지 + 속도에너지 + 위치에너지 = 0
   $$\frac{P_1}{\gamma} + \frac{V_1}{2g} + Z_1 = \frac{P_2}{\gamma} + \frac{V_2}{2g} + Z_2 [\text{m}]$$

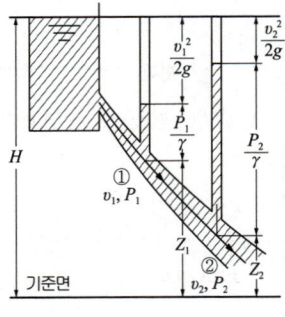

[그림] 베르누이의 정리

■ **레이놀즈 수**(Reynold's Number)
$$\text{Re} = \frac{Vd}{v}$$
Re : 레이놀즈 수
V : 유체의 속도(m/s)
d : 관경, 배관의 안지름(m)
v : 유체의 동점성계수(m/s)
※ 유체의 속도, 관경에 비례하고, 동점성계수에 반비례한다.
① 유체의 동점성계수 V는 유체의 성질을 나타내는 요소 중 하나인 점성계수(μ)를 그 유체의 밀도(ρ)를 나눈 값을 의미한다.($v = \frac{\mu}{\rho}$)
② 배관 내에 흐르는 유체의 경우 : 레이놀즈 수에 의한 층류, 난류 등의 판단 기준
③ 일반적으로 공기조화에서 다루게 되는 유체의 흐름은 난류가 된다.
   (Re < 2,000 : 층류역, 2,000 < Re < 4,000 : 천이구역, Re > 4,000 : 난류역)

4. 마찰손실수두(H_f)와 마찰손실압력(P_f)

$$H_f = \lambda \cdot \frac{\ell}{d} \cdot \frac{v^2}{2g} \text{ [mAq]} \qquad P_f = \lambda \cdot \frac{\ell}{d} \cdot \frac{v^2}{2} \cdot \rho \text{ [Pa]}$$

H_f : 길이 1[m]의 직관에 있어서의 마찰손실수두[mAq]
P_f : 길이 1[m]의 직관에 있어서의 마찰손실압력[Pa]
λ : 관마찰계수(강관 0.02)
g : 중력가속도(9.8[m/sec²])
d : 관의 내경[m]
ℓ : 직관의 길이[m]
v : 관내 평균 유속[m/s]
ρ : 물의 밀도(1,000[kg/m³])

※ 관의 길이에 비례, 관경에 반비례한다.

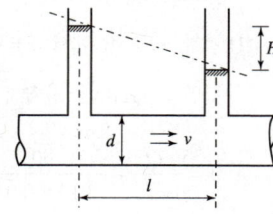

[그림] 마찰손실수두

핵심 PLUS

■ 마찰손실수두(H_f)는 관마찰계수(λ), 관의 길이(ℓ) 및 유속(v)의 제곱에 비례하고, 관의 내경(d) 및 중력가속도(g)에 반비례한다.

■ 1[mAq]=9.8[kPa]
1[mmAq]=9.8[Pa]

예 내경 40[mm], 길이 20[m]인 급수관에 유속 2[m/s]로 물을 보내는 경우 마찰손실수두는?(단, 관마찰계수는 0.02이다.) [07 기]
① 0.5[mAq]　② 1.0[mAq]
③ 1.5[mAq]　④ 2.0[mAq]

해설 $H_f = \lambda \cdot \frac{\ell}{d} \cdot \frac{v^2}{2g}$

여기서, H_f : 길이 1m의 직관에 있어서의 마찰손실수두[mAq]
λ : 관마찰계수
g : 중력가속도(9.8[m/sec²])
d : 관의 내경[m]
ℓ : 직관의 길이[m]
v : 관내 평균 유속[m/s]

$H_f = 0.02 \times \frac{20}{0.04} \times \frac{2^2}{2 \times 9.8}$
　　$= 2.04 \text{ [mAq]}$

답 : ④

핵심 PLUS

> 💡 **예제**

1. 길이 30[m], 내경 50[mm]인 급수관으로 200[L/min]의 물을 송수할 경우 마찰손실 수두는? (단, 관마찰계수는 0.04) [08, 12 기]

   ① 2.04[m] ② 2.54[m] ③ 3.04[m] ❹ 3.54[m]

▶ 마찰손실수두(H_f) 계산

① 먼저, $Q = Av$ 에서 $v = \dfrac{Q}{A}$ $A = \dfrac{\pi d^2}{4}$ 이므로

   단면적 : A[m²], 유속 : v[m/s], 유량 : Q[m³/s]

$$v = \dfrac{Q}{\dfrac{\pi d^2}{4}} = \dfrac{\dfrac{0.2}{60}}{\dfrac{3.14 \times 0.05^2}{4}} = 1.7 \text{[m/s]}$$

② $H_f = \lambda \cdot \dfrac{\ell}{d} \cdot \dfrac{v^2}{2g}$

여기서, H_f : 길이 1[m]의 직관에 있어서의 마찰손실수두[mAq]
   λ : 관마찰계수(강관 0.02) g : 중력가속도(9.8[m/sec²])
   d : 관의 내경[m] ℓ : 직관의 길이[m]
   v : 관내 평균 유속[m/s]

$$H_f = 0.04 \times \dfrac{30}{0.05} \times \dfrac{1.7^2}{2 \times 9.8} = 3.54 \text{[m]}$$

2. 내경 40[mm]인 매끈한 관을 통하여 물을 2[m/s]의 속도로 보내려고 한다. 이 때 관마찰계수가 0.030이고, 관의 길이가 200[m]인 경우, 압력강하는? [05 기]

   ① 0.1[MPa] ② 0.2[MPa] ❸ 0.3[MPa] ④ 0.4[MPa]

▶ 압력강하 = 압력손실(P_f)

$$P_f = \lambda \cdot \dfrac{\ell}{d} \cdot \dfrac{\rho v^2}{2} \text{ [Pa]}$$

여기서, P_f : 길이 1[m]의 직관에 있어서의 마찰손실수두[Pa]
   λ : 관마찰계수(강관 0.02) d : 관의 내경[m]
   ℓ : 직관의 길이[m] v : 관내 평균 유속[m/s]
   ρ : 물의 밀도(1,000[kg/m³])

$\therefore P_f = \lambda \cdot \dfrac{\ell}{d} \cdot \dfrac{v^2}{2} \cdot \rho$ [Pa]

$$= 0.03 \times \dfrac{200}{0.04} \times \dfrac{2^2}{2} \times 1,000 = 300,000 \text{ [Pa]} = 300 \text{ [kPa]} = 0.3 \text{ [MPa]}$$

예 내경 25[mm], 관길이 15[m]인 매끈한 관을 통하여 물을 1.5[m/s]의 속도로 보낼 때, 압력손실은? (단, 관마찰계수는 0.03 이다.) [19, 23 산]

① 20.25[Pa] ❷ 20.25[kPa]
③ 40.5[Pa]   ④ 40.5[kPa]

해설 압력강하(압력손실, P_f)

$P_f = \lambda \cdot \dfrac{\ell}{d} \cdot \dfrac{v^2}{2} \cdot \rho$ [Pa]

여기서, P_f : 길이 1[m]의 직관에 있어서의 마찰손실수두[Pa]
λ : 관마찰계수(강관 0.02)
d : 관의 내경[m]
ℓ : 직관의 길이[m]
v : 관내 평균 유속[m/s]
ρ : 물의 밀도(1,000[kg/m³])

$\therefore P_f = \lambda \cdot \dfrac{\ell}{d} \cdot \dfrac{v^2}{2} \cdot \rho$ [Pa]

$= 0.03 \times \dfrac{15}{0.025} \times \dfrac{1.5^2}{2}$
$\quad \times 1,000$
$= 20,250 \text{[Pa]} = 20.25 \text{[kPa]}$

답 : ②

5. 물의 상태 변화

물은 응고하면 얼음으로, 기화하면 수증기로 변화한다.

100[℃]의 물 1[kg]을 100[℃]의 수증기로 만들려면 2,257[kJ]의 증발열이 흡수되며 100[℃]의 수증기 1[kg]이 100[℃]의 물로 변하려면 2,257[k]J의 응축열을 방출해야 한다. 그러므로 물 1[kg]의 보유열량은 419[kJ]이고, 100[℃]의 수증기 1[kg]의 보유열량은 2,676(419+2,257)[kJ]이다.

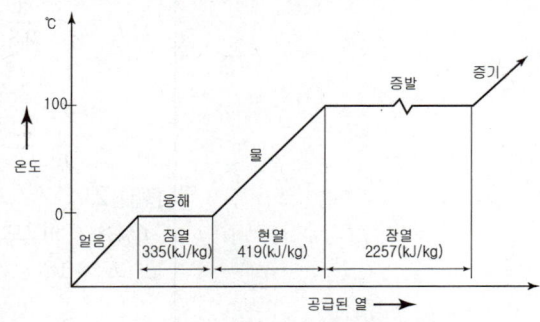

[그림] 순수한 물의 상태변화도

 예제

10[℃]의 물 100[kg]을 80[℃]로 가열할 경우의 필요한 열량은?

▶ 열량[Q] = 질량[kg]×비열[kJ/kg·K]×온도차[℃ 또는 K]
  = 100×4.2×(80−10) = 29,400[kJ]
※ 물의 비열 = 4.2[kJ/kg℃]

핵심 PLUS

예 80[℃]의 물 50[kg]을 100[℃]의 증기로 만들려면 필요한 열량은?(단, 표준기압)

해설 ① 80[℃]의 물을 100[℃]의 물로 만드는 데 필요한 열량
Q = 50[kg]×(100−80)
　　×4.19[kJ/kg]
　 = 4,190[kJ]
② 100[℃]의 물을 100[℃]의 수증기로 만드는 데 필요한 열량
Q = 50[kg]×2,257[kJ/kg]
　 = 112,850[kJ]
∴ ①+② = 4,190+112,850
　　　　 = 117,040[kJ]

■ 현열과 잠열
① 현열 : 온도 변화에 따라 출입하는 열−온도 측정가능, 온도의 상승이나 강하의 요인이 되는 열량(현열량), 온수난방에 이용
② 잠열 : 상태 변화에 따라 출입하는 열−습도의 변화를 주는 열량(잠열량), 온도는 일정, 증기난방에 이용

■ SI 단위계에서 열량의 단위는 J 또는 kJ이며 1[kJ] ≒ 0.24[kcal], 1[kcal] ≒ 4.19[kJ] ≒ 4.2[kJ]이다. 순수한 물의 비열은 약 4.2[kJ/kg·K]이다.

■ 열량[Q] = 질량[kg]×비열[kJ/kg·K]
　　　　　×온도차[K]
　　　　 = m·c·Δt[kJ]
Q : 열량[kJ]
m : 질량[kg]
c : 비열[kJ/kg℃]

핵심기출문제

03. 열 및 유체역학

■■■ 1. 열역학

1. 체적 500[L]인 용기에 무게 1.5[N]의 가스가 들어있다. 이 가스의 밀도는 몇 [kg/m³]인가?

① 0.306
② 0.206
③ 1.306
④ 1.206

해설 1

비중량[γ] = $\dfrac{1.5}{0.5}$ = 3 [N/m³],

$\gamma = \rho g$ 에서

∴ $\rho = \dfrac{\gamma}{g} = \dfrac{3}{9.8} = 0.306$ [kg/m³]

2. 다음 중 가스의 비열비($K = C_p/C_p$)의 값은?

① 0 이다.
② 언제나 1보다 작다.
③ 언제나 1보다 크다.
④ 1보다 크기도 하고 작기도 하다.

해설 2

$C_P > C_v$ 이므로 $K = C_p/C_v$

∴ $K > 1$

3. 실제 가스의 비열비(C_p/C_p)의 값은 일반적으로 온도가 올라가면 어떻게 되는가? (단, C_p=정압비열 C_p=정적비열)

① 증가한다.
② 일정하다.
③ 감소한다.
④ 증가할 수도 있고 감소할 수도 있다.

해설 3

정압비열과 정적비열은 온도의 함수이다. 따라서 비열비도 온도의 함수이다. 그러나 정압 비열과 정적 비열의 차는 항상 일정하다. 따라서 온도가 상승하여도 비열비는 일정하다.

4. 5[kg]의 물을 20[℃]에서 60[℃]로 올리는데 필요한 열량 값은?(단, 물의 비열은 4.2[kJ/kg·℃]이다.) [19, 23 ㉑]

① 420[kJ]
② 630[kJ]
③ 840[kJ]
④ 1,050[kJ]

해설 4

열량[Q] = 질량[kg] × 비열[kJ/kg℃] × 온도차[℃]
= m·c·Δt [kJ]

Q : 열량[kJ]   m : 질량[kg]
c : 비열[kJ/kg·℃]
Δt : 온도차(℃ 또는 K)

∴ 열량[Q]
= 5[kg] × 4.2[kJ/kg·℃]
× (60−20)[℃]
= 840[kJ]

정답 1. ① 2. ③ 3. ② 4. ③

Industrial Engineer Building Facilities

해설

5. 2[kW]의 전열기로 30[℃]의 물 10[kg]을 90[℃]까지 가열하는 데 소요되는 시간은 얼마인가? (단, 가열효율은 100[%]이다.)

① 약 25분 ② 약 30분
③ 약 21분 ④ 약 11분

6. 소비전력 3[kW]의 전기온수기로 온도 20[℃]의 물 20L를 60[℃]로 가열하는데 필요한 시간(분)은? (단, 전기온수기의 효율은 95[%]이며, 물의 비열은 4.19 [kJ/kg·℃]이다.) [16 ②]

① 약 10 ② 약 20
③ 약 37 ④ 약 74

7. 섭씨 온도와 화씨 온도의 관계식을 옳게 나타낸 것은?

① $t_F = t_C + 32$ ② $t_F = \dfrac{9}{5} t_C + 32$
③ $t_F = \dfrac{5}{9} t_C + 32$ ④ $t_F = \dfrac{9}{5} t_C - 32$

8. 1[mAq]는 몇 파스칼[Pa] 인가?

① 980 ② 9,800
③ 98,000 ④ 980,000

9. 다음은 대기압을 나타낸 것이다. 압력의 크기가 다른 것은?

① 10,132.5[Pa] ② 1,013.25[mbar]
③ 76[cmHg] ④ 10.332[mAq]

해설 5
㉠ 물의 가열량
$Q = m \cdot c \cdot \Delta t = 10[\text{kg}] \times 4.2[\text{kJ/kg·K}] \times (90-30)[\text{K}]$
$= 2,520[\text{kJ}]$
㉡ 전열기의 열량
$[\text{kJ}] = 2 \times 3,600[\text{kJ/h}] = 7,200[\text{kJ/h}]$
※ 1[kW] = 1[kJ/s] = 3,600[kJ/h]
∴ 가열시간 = $\dfrac{\text{물가열량}}{\text{전열기 열량}}$
$= \dfrac{2,520[\text{kJ}]}{7,200[\text{kJ/h}]}$
$= 0.35[\text{h}] = 21[\text{min}]$

해설 6
㉠ 물의 가열량
$Q = m \cdot c \cdot \Delta t = 20[\text{kg}] \times 4.19[\text{kJ/kg·℃}] \times (60-20)[℃]$
$= 3,352[\text{kJ}]$
㉡ 전열기의 열량
$[\text{kJ}] = 3 \times 3,600\text{kJ/h} = 10,800[\text{kJ/h}]$
※ 1[kW] = 1[kJ/s] = 3,600[kJ/h]
∴ 가열시간 = $\dfrac{\text{물가열량}}{\text{전열기열량} \times \text{효율}}$
$= \dfrac{3,352[\text{kJ}]}{10,800[\text{kJ/h}] \times 0.95}$
$= 0.3267[\text{시간}] = 19.6[\text{분}]$
≒ 20[분]

해설 7
$℃ = \dfrac{5}{9}(℉ - 32) \rightarrow F = \dfrac{9}{5}℃ + 32$

해설 9
1[atm] = 760[mmHg]
= 10.33[mmH₂O]
= 1.0332[kg·f/cm²]
= 101325[Pa]
= 101.325[kPa]
= 0.101325[MPa]
≒ 0.1[MPa]
= 1.01325[bar]
1[bar] = 10⁵[Pa]

정답 5. ③ 6. ② 7. ② 8. ②
9. ①

핵심기출문제

03. 열 및 유체역학

해설

10. 다음 중 열역학 제 0법칙은?
① 질량보존의 법칙이다.
② 에너지 보존의 법칙이다.
③ 엔트로피 증가에 관한 법칙이다.
④ 열평형에 관한 법칙이다.

해설 10
열역학의 법칙
• 열역학의 제0법칙 : 열평형의 법칙 (온도계의 원리)
• 열역학의 제1법칙 : 에너지보존의 법칙(엔탈피의 법칙, 제1종 영구기관 제작 불가능의 법칙)
• 열역학의 제2법칙 : 냉동기(히트펌프)의 원리, 에너지의 방향성, 가역과 비가역, 엔트로피의 원리, 제2종 영구기관 제작 불가능의 법칙
• 열역학의 제3법칙 : 네른스트의 법칙 (엔트로피의 절대값, 절대온도 0[K]의 원리)

11. 다음 중 열역학 제 0법칙의 설명이 맞는 것은? [24②]
① 열은 고온에서 저온으로 한 방향으로만 전달된다.
② 인위적인 방법으로 어떤 계를 절대온도 0도에 이르게 할 수 없다.
③ 전체 사이클에 걸친 열의 합이 전체 사이클의 일의 합과 같다는 것을 의미한다.
④ 두 물체의 온도가 제3의 물체의 온도와 같으면 두 물체의 온도는 동일하다.

해설 11
① : 열역학 제2법칙
② : 열역학 제3법칙
③ : 열역학 제1법칙

12. 열역학 제1법칙은 어떤 과정에서 성립하는가?
① 가역과정에서만 성립한다.
② 비가역과정에서만 성립한다.
③ 가역 등온과정에서만 성립한다.
④ 가역이나 비가역 과정을 막론하고 성립한다.

해설 12
열역학의 제1법칙 : 에너지보존의 법칙(엔탈피의 법칙, 제1종 영구기관 제작 불가능의 법칙)으로 가역이나 비가역 과정을 막론하고 성립한다.

13. 다음 중 열역학 제1법칙과 관계가 먼 것은? [24②]
① 밀폐계가 임의의 사이클을 이룰 때 열전달의 합은 이루어진 일의 총합과 같다.
② 열은 본질적으로 일과 같은 에너지의 일종으로서 일을 열로 변환할 수 있다.
③ 어떤 계가 임의의 사이클을 겪는 동안 그 사이클에 따라 열을 적분한 것이 그 사이클에 따라서 일을 적분한 것에 비례한다.
④ 두 물체가 제3의 물체와 온도의 동등성을 가질 때는 두 물체도 역시 서로 온도의 동등성을 갖는다.

해설 13
④의 경우는 열역학의 제0법칙 : 열평형의 법칙(온도계의 원리)에 대한 설명이다.

정답 10. ④ 11. ④ 12. ④ 13. ④

2. 유체역학

14. 물의 성질에 관한 설명으로 옳지 않은 것은? [22 ㉑]

① 물은 비압축성 유체로 분류한다.
② 물은 1기압 4[℃]에서 비체적이 가장 작다.
③ 4[℃] 물을 가열하여 100[℃] 물이 되면 그 부피가 팽창한다.
④ 4[℃] 물을 냉각하여 0[℃] 얼음이 되면 그 부피가 수축한다.

15. 저수조에 물이 5[m] 높이까지 채워져 있을 경우, 수조바닥면에서 받는 압력은?
[17, 24, 25 ㉑]

① 약 0.5[kPa] ② 약 5[kPa]
③ 약 50[kPa]   ④ 약 500[kPa]

16. 유체의 흐름에 있어서 유속, 유량을 각각 V, Q라고 할 때 관경(d)을 구하는 식을 올바르게 나타낸 것은? [09 ㉑]

① $d = \sqrt{\dfrac{4Q}{V\pi}}$ ② $d = \sqrt{\dfrac{V\pi}{Q}}$

③ $d = \sqrt{\dfrac{V\pi}{4Q}}$ ④ $d = \sqrt{\dfrac{Q}{V\pi}}$

17. 관내 유량을 구하는 공식 $Q = \dfrac{\pi d^2}{4} v$ 에서 d가 의미하는 것은? [17 ㉑]

① 관경   ② 유속
③ 관 길이   ④ 마찰손실

해설

해설 14
4[℃] 물을 냉각하여 0[℃] 얼음이 되면 그 부피가 팽창한다.
대기압 하에서 0[℃]의 물이 0[℃]의 얼음으로 될 경우 체적이 9[%] 팽창한다.
☞ 순수한 물은 1기압 하에서 4[℃]일 때 밀도가 최대가 되며, 4[℃]의 물의 밀도는 1[kg/L]이지만 100[℃]까지 상승하면 0.958634[kg/L]가 되므로 그 사이에 팽창한 체적의 비율은 (1/0.958634 − 1/1) × 100 = 4.315[%]이다.

해설 15
※ 1[MPa] = 10[kgf/cm²] = 100mAq
  1[MPa] = 1,000[kPa] = 1,000,000[Pa]
※ 1[mAq] = 10[kPa]
∴ 5[m] = 5[mAq] = 50[kPa]

해설 16
유량과 유속
단면적을 A[m²], 유속을 v[m/s], 유량을 Q[m³/s]라면
$Q = A_1 v_1 = A_2 v_2$ …… 일정
또 관경을 d[m]라 하면
단면적 $A = \dfrac{\pi d^2}{4}$ 이다.
$Q = Av = \dfrac{\pi d^2}{4} \times v$ 에서
$d = \sqrt{\dfrac{4Q}{v\pi}} = 1.13\sqrt{\dfrac{Q}{v}}$

해설 17
유량과 유속
단면적을 A[m²], 유속을 v[m/s], 유량을 Q[m³/s]라면
$Q = A_1 v_1 = A_2 v_2$ …… 일정
또 관경을 d[m]라 하면 단면적
$A = \dfrac{\pi d^2}{4}$ 이다.
㉠ $Q = Av = \dfrac{\pi d^2}{4} \times v$
㉡ $d = \sqrt{\dfrac{4Q}{v\pi}}$

정답 14. ④ 15. ③ 16. ① 17. ①

핵심기출문제

03. 열 및 유체역학

18. 호칭경 20[A](내경 : 21.9[mm])인 관내를 흐르는 유체의 평균유속이 2[m/sec]일 때, 체적유량은? [16 ④]

① 6.28[L/min]
② 7.5[L/min]
③ 37.68[L/min]
④ 45.18[L/min]

19. 단면적이 214[cm²]인 배관에 매분 4.5[m³]의 물이 흐를 경우, 물의 속도를 계산하면 얼마인가? [11, 15, 23 ③]

① 0.00024[m/sec]
② 0.014[m/sec]
③ 3.5[m/sec]
④ 4.5[m/sec]

20. 지하의 수조에서 매시간 27[m³]의 물을 고가수조로 양수할 때 유속을 1.5[m/s]로 하면 필요한 양수 펌프의 구경은? [12, 18 ④]

① 50[mm]
② 60[mm]
③ 70[mm]
④ 80[mm]

21. 다음 그림과 같이 관경이 각각 d_A=100[mm], d_B=200[mm]일 때 유량이 3.0[m³/min]이라면 A, B 지점에서의 유속[m/s]은 각각 얼마인가?

① A : 0.5[m/s], B : 0.25[m/s]
② A : 0.75[m/s], B : 0.375[m/s]
③ A : 3.57[m/s], B : 1.38[m/s]
④ A : 6.37[m/s], B : 1.59[m/s]

[해설] 유량과 유속

단면적을 A[m²], 유속을 v[m/s], 유량을 Q[m³/s]라면

$Q = Av$ 에서 $v = \dfrac{Q}{A}$

또 관경을 d[m]라 하면 단면적 $A = \dfrac{\pi d^2}{4}$ 이다.

㉠ $v_A = \dfrac{Q}{\dfrac{\pi d^2}{4}} = \dfrac{\dfrac{3}{60}}{\dfrac{3.14 \times 0.1^2}{4}} = 6.37$[m]

㉡ $v_B = \dfrac{Q}{\dfrac{\pi d^2}{4}} = \dfrac{\dfrac{3}{60}}{\dfrac{3.14 \times 0.2^2}{4}} = 1.59$[m/s]

해설

[해설] 18

유량과 유속

단면적을 A[m²], 유속을 v[m/s], 유량을 Q[m³/s]라면

$Q = A_1 v_1 = A_2 v_2$ …… 일정

또 관경을 d[m]라 하면 단면적

$A = \dfrac{\pi d^2}{4}$ 이다.

∴ $Q = Av = \dfrac{\pi d^2}{4} \times v$

$= \dfrac{3.14 \times 0.0219^2}{4} \times 2$

$= 0.000753$[m³/s]
$= 0.04518$[m³/min]
$= 45.18$[L/min]

[해설] 19

$Q = Av$ 에서 $v = \dfrac{Q}{A}$

단면적 : A[m²], 유속 : v[m/s],
유량 : Q[m³/s]

$v = \dfrac{Q}{A} = \dfrac{\dfrac{4.5}{60}}{\dfrac{214}{10,000}} = 3.5$[m/s]

[해설] 20

양수량(Q)

$Q = \dfrac{\pi}{4} v d^2$

Q : 양수량[m³/sec]
v : 펌프의 관 속을 흐르는 유체의 속도[m/sec]
d : 펌프의 구경 $d = \sqrt{\dfrac{4Q}{v\pi}}$

∴ $d = \sqrt{\dfrac{4Q}{v\pi}} = \sqrt{\dfrac{4 \times 27/3,600}{1.5 \times 3.14}}$

$= 0.080$[m] $= 80$[mm]

정답 18. ④ 19. ③ 20. ④ 21. ④

22. 다음과 가장 관계가 깊은 것은? [15 ④]

> 에너지보존의 법칙을 유체의 흐름에 적용한 것으로서 유체가 갖고 있는 운동에너지, 중력에 의한 위치에너지 및 압력에너지의 총합은 흐름 내 어디에서나 일정하다.

① 줄의 법칙
② 파스칼의 원리
③ 베르누이의 정리
④ 뉴턴의 점성법칙

23. 다음 중 베르누이 방정식과 관계없는 것은? [13, 25 ④]

① 압력수두
② 속도수두
③ 중량수두
④ 위치수두

24. 베르누이의 정리에 따른 전압, 정압 및 동압에 관한 설명으로 옳은 것은? [19, 24 ④]

① 동압에서 정압을 뺀 것이 전압이다.
② 압력수두에서의 압력은 전압을 의미한다.
③ 배관의 관경이 증가하면 동압은 감소한다.
④ 배관 내 마찰저항이 증가하면 정압은 증가한다.

25. 유체의 흐름에 관한 설명으로 옳지 않은 것은? [11, 17, 20 ②]

① 난류는 유체분자가 불규칙하게 서로 섞이는 혼란된 흐름이다.
② 일반적으로 층류에서 난류로 천이할 때의 유속을 임계 유속이라 한다.
③ 레이놀즈 수에 의해 관내의 흐름이 층류인지 난류인지를 판별할 수 있다.
④ 관내의 유체가 흐를 때, 어느 장소에서의 흐름의 상태가 시간에 따라 변화하는 흐름을 정상류라 한다.

[해설] 관내의 유체가 흐를 때, 어느 장소에서의 흐름의 상태가 시간에 따라 변화하지 않는 흐름을 정상류라 하며, 흐름의 상태가 시간에 따라 변화하는 흐름을 비정상류라고 한다.
※ 배관 내에 흐르는 유체의 경우 레이놀즈 수에 의한 층류, 난류 등의 판단 기준이 된다. 레이놀즈 수는 유체의 속도, 관경에 비례하고, 동점성계수에 반비례한다.

해설

[해설] 22, 23
베르누이 정리 [Bernoulli's theorem, 1738년]
점성과 압축성이 없는 이상적인 유체가 규칙적으로 흐르는 경우에 대해 유체가 흐르는 속도와 압력, 높이의 관계를 수량적으로 나타낸 법칙이다. 유체의 위치에너지와 운동에너지의 합이 항상 일정하다는 성질을 이용한 것으로, 완전유체가 규칙적으로 흐르는 경우에 대해 정리한 것이다.

※ 베르누이 방정식
압력수두, 속도수두, 위치수두의 합은 일정하다.
압력에너지+속도에너지+위치에너지 = 0

$$\frac{P_1}{\gamma} + \frac{V_1^2}{2g} + Z_1 = \frac{P_2}{\gamma} + \frac{V_2^2}{2g} + Z_2 \text{[m]}$$

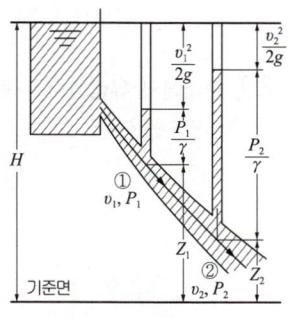

[그림] 베르누이의 정리

[해설] 24
① 동압에서 정압을 더한 것이 전압이다.
② 압력수두에서의 압력은 정압을 의미한다.
④ 배관 내 마찰저항이 증가하면 정압은 감소한다.
※ 베르누이 정리
에너지보존의 법칙을 유체의 흐름에 적용한 것으로서 유체가 갖고 있는 운동에너지, 중력에 의한 위치에너지 및 압력에너지의 총합은 흐름 내 어디에서나 일정하다.

정답 22. ③ 23. ③ 24. ③ 25. ④

핵심기출문제

03. 열 및 유체역학

26. 직관 내의 마찰손실수두와 관련된 다르시-와이스바하의 식에서 유체의 흐름이 층류일 경우 마찰계수 λ는? [08, 17, 21 ㉮]

① λ=32/Re
② λ=64/Re
③ λ=Re/32
④ λ=Re/64

27. 관내유동에서 층류와 난류를 판단하는 기준이 되는 것은? [10, 17 ㉮]

① 마하(Mach)
② 레이놀즈(Reynolds) 수
③ 프란틀(Prandtl) 수
④ 그라쇼프(Grashof) 수

28. 관내에서 유량을 Q, 관의 직경을 d, 유체의 동점성계수를 v라고 할 때 레이놀즈수는? [13 ㉯]

① $\dfrac{4Q}{vd}$
② $\dfrac{\pi Q}{4vd}$
③ $\dfrac{Qd}{v}$
④ $\dfrac{4Q}{\pi vd}$

29. 배관의 마찰저항에 관한 설명으로 옳지 않은 것은? [20 ㉰]

① 마찰저항은 유속에 반비례한다.
② 마찰저항은 관길이에 비례한다.
③ 마찰저항은 관내경에 반비례한다.
④ 마찰저항은 관마찰계수에 비례한다.

[해설] 마찰손실수두(H_f)

$H_f = \lambda \cdot \dfrac{\ell}{d} \cdot \dfrac{v^2}{2g}$ [mAq]

여기서, H_f : 길이 1[m]의 직관에 있어서의 마찰손실수두[mAq]
  λ : 관마찰계수(강관 0.02) g : 중력가속도(9.8[m/sec²]) d : 관의 내경[m]
  ℓ : 직관의 길이[m] v : 관내 평균 유속[m/s]

※ 마찰손실수두(H_f)는 관마찰계수(λ), 관의 길이(ℓ) 및 유속(v)의 제곱에 비례하고, 관의 내경(d) 및 중력가속도(g)에 반비례한다.

해설

[해설] 26
다르시-와이스바하의 식
유체 흐름이 층류일 경우 마찰계수
$\lambda = \dfrac{64}{Re}$ 이며 레이놀즈수에 반비례관계를 가진다.

[해설] 27
레이놀즈 수(Reynold's Number)
$Re = \dfrac{Vd}{v}$
  Re : 레이놀즈 수
  V : 유체의 속도[m/s]
  d : 관경, 배관의 안지름[m]
  v : 유체의 동점성계수[m²/s]
※ 유체의 속도, 관경에 비례하고, 동점성계수에 반비례한다.
㉠ 유체의 동점성계수 v는 유체의 성질을 나타내는 요소 중 하나인 점성계수(μ)를 그 유체의 밀도(ρ)를 나눈 값을 의미한다.($v = \dfrac{\mu}{\rho}$)
㉡ 배관 내에 흐르는 유체의 경우 : 레이놀즈 수에 의한 층류, 난류 등의 판단 기준
㉢ 일반적으로 공기조화에서 다루게 되는 유체의 흐름은 난류가 된다. (Re < 2,000 : 층류역, 2,000 < Re < 4,000 : 천이구역, Re > 4,000 : 난류역)

[해설] 28
레이놀즈 수(Reynold's Number)
$Re = \dfrac{Vd}{v}$
  Re : 레이놀즈 수
  V : 유체의 속도[m/s]
  d : 관경, 배관의 안지름[m]
  v : 유체의 동점성계수[m/s]

$Re = \dfrac{Vd}{v} = \dfrac{\dfrac{4Q}{\pi d^2} \times d}{v} = \dfrac{4Q}{\pi vd}$

정답 26. ② 27. ② 28. ④ 29. ①

30. 배관 내에 흐르고 있는 유체에 발생하는 마찰 저항에 관한 설명으로 옳은 것은?

① 유량이 증가하면 마찰저항은 감소한다.
② 관의 길이가 증가하면 마찰저항은 증가한다.
③ 관의 직경이 증가하면 마찰저항은 증가한다.
④ 관내를 흐르는 유체의 평균유속이 증가하면 마찰저항은 감소한다.

31. 내경 500[mm], 길이 50[m]인 주철관에 1.7[m/s]의 유속으로 물이 흐를 때 마찰손실수두는? (단, 마찰계수 λ = 0.03이다.)

① 0.44[m]
② 0.52[m]
③ 0.78[m]
④ 0.97[m]

32. 내경이 25[mm]인 매끈한 관을 통하여 물을 1.5[m/s]의 속도로 보내는 경우, 마찰손실압력은? (단, 관마찰계수 0.03, 관의 길이 40[m]인 경우)

① 5.4[kPa]
② 54[kPa]
③ 540[kPa]
④ 5.4[MPa]

해설

해설 30
관의 길이에 비례, 관경에 반비례한다.
☞ 유체의 밀도가 클수록 관로의 마찰 손실은 커진다.

해설 31
마찰손실수두(H_f)

$$H_f = \lambda \cdot \frac{\ell}{d} \cdot \frac{\nu^2}{2g} \text{[mAq]}$$

여기서,
 H_f : 길이 1[m]의 직관에 있어서의 마찰손실수두[mAq]
 λ : 관마찰계수(강관 0.02)
 g : 중력가속도(9.8[m/sec^2])
 d : 관의 내경[m]
 ℓ : 직관의 길이[m]
 ν : 관내 평균 유속[m/s]

$$H_f = \lambda \cdot \frac{\ell}{d} \cdot \frac{\nu^2}{2g}$$

$$= 0.03 \times \frac{50}{0.5} \cdot \frac{1.7^2}{2 \times 9.8} ≒ 0.44\text{[m]}$$

해설 32
압력손실(압력강하, P_f)

$$P_f = \lambda \cdot \frac{\ell}{d} \cdot \frac{\rho\nu^2}{2} \text{[Pa]}$$

여기서,
 P_f : 길이 1[m]의 직관에 있어서의 마찰손실수두[Pa]
 λ : 관마찰계수(강관 0.02)
 d : 관의 내경[m]
 ℓ : 직관의 길이[m]
 ν : 관내 평균 유속[m/s]
 ρ : 물의 밀도(1,000[kg/m^3])

$$\therefore P_f = \lambda \cdot \frac{\ell}{d} \cdot \frac{\rho\nu^2}{2} \text{[Pa]}$$

$$= 0.03 \times \frac{40}{0.025} \times \frac{1,000 \times 1.5^2}{2}$$

$$= 54,000\text{[Pa]} = 54\text{[kPa]}$$

정답 30. ② 31. ① 32. ②

설비설계 계획

02 section

제2편 설비설계 계획
- 01 설계조건 검토
- 02 설비시스템 계획
- 03 공기조화설비 계획
- 04 환기설비 계획

01 설계조건 검토

제1과목 건축설비계획 | 제2편 설비설계 계획

핵심 PLUS

■ 에너지 절약 실내온습도 설계조건
- 냉방(여름) : 건구온도 28℃, 상대습도 55%
- 난방(겨울) : 건구온도 18℃, 상대습도 35%

1 공기조화설비 설계조건

1. 실내 쾌적조건

재실자가 느끼는 쾌감의 척도로서 유효온도가 사용되며 유효온도란 실내의 건습구 온도와 인체에 미치는 기류의 영향을 종합적으로 나타낸 쾌감의 지표로서 포화공기온도를 말한다.

미국공기조화냉동학회(ASHRAE)가 사람에게 적합한 온습도를 구하기 위해 한 방에서 3시간 이상 의자에 앉아서 사무를 보는 것과 같은 경작업을 하는 사람들에 대한 방안 온습도의 변화체감을 물어서 유효선도를 만들었다.

■ 쾌적공조의 온습도 조건

항목	여름		겨울	
	DB	RH	DB	RH
외 기	32~33	60~70	-2~3	40 정도
실 내	25~27	50 정도	20~22	50 정도

💡 **학습포인트**

■ 중앙관리 방식의 공기조화설비의 기능

1. 부유 분진량	공기 1[m³]당 0.15[mg] 이하
2. CO 함유율	10[ppm] 이하
3. CO_2 함유율	1,000[ppm] 이하
4. 온 도	17[℃] 이상 28[℃] 이하
5. 상대습도	40[%] 이상 70[%] 이하
6. 기류	0.5[m/s] 이하

2. 냉방부하 계산의 설계 조건

1) 실내 조건

냉방부하 계산에 있어서 실내 온습도는 매우 중요한 설계 조건의 하나이다. 왜냐하면 실의 사용 목적에 따라 그 조건이 각기 다르며, 또한 사람의 경우에 있어서도 쾌적온도의 범위가 서로 다르기 때문이다.

■ 실내의 온습도 조건

조건 \ 계절	여름	겨울
온도	25~27[℃]	20~22[℃]
습도	50~55[%]	50~55[%]

2) 외기 조건

최대 냉방부하는 가장 불리한 상태일 때의 조건으로 구한 부하로, 냉방장치 용량을 결정하는데 도움을 주지만, 부하가 최대일 때를 위한 장치 용량이므로 매우 비경제적이 되기 쉽다. 그래서 ASHRAE의 TAC(Technical Advisory Committee)에서는 위험률 2.5~10[%] 범위 내에서 설계 조건을 삼을 것을 추천하고 있다. 위험률 2.5[%]의 의미는 어느 지역의 냉방시간이 2,000시간이라면, 이 기간 중 2.5[%]에 해당하는 50시간은 냉방 설계 외기 조건을 초과할 수 있다는 것을 의미한다.

3. 난방부하 계산의 설계 조건

1) 외기 온도 조건

난방부하 계산에서 가장 중요한 요소는 시시각각으로 변하는 외기 온도 기준을 어떻게 삼을 것이냐 하는 것이다. 물론 가장 불리한 조건을 설계 기준으로 삼는 것이 가장 안전하다고 할 수 있겠으나, 이것을 실제 설계용으로 취할 경우에는 필요 이상의 난방설비 용량의 증대를 가져오게 될 것이다.

난방장치 용량을 계산하기 위한 외기 설계 조건은 전 난방기간(12월~3월)에 위험률* 2.5%(TAC*의 추천)을 기준으로 적용한다.

※ 위험률 : 실제 외기는 가장 추운 달의 외기 평균 온도보다 더 추워지는 정도가 2.5[%] 더 강하할 수 있다는 뜻이다.

※ TAC : ASHRAE(미국공기조화냉동공학회)의 기술지도위원회(Technical Advisory Committee)

핵심 PLUS

예 ASHRAE의 TAC에서는 외기온도 조건의 기준을 위험률 몇 [%] 범위 내에서 삼을 것을 권장하고 있는가?
① 1.5~2.0[%]
② 2.5~10[%]
③ 10~15[%]
④ 15~20[%]

답 : ②

예 서울지방의 TAC 위험율 2.5[%]에 상당하는 난방설계용 외기온도는 -11[℃]이다. 실제 외기온도가 이 온도 이하로 내려갈 수 있는 총 시간은?(단, 난방시기는 12월부터 3월까지이다.) [04, 11 기]
① 72.6시간
② 102.4시간
③ 204.8시간
④ 365.7시간

해설 ASHRAE의 TAC(Technical Advisory Committee)에서는 위험률 2.5~10[%] 범위 내에서 설계 조건을 삼을 것을 추천하고 있다. 위험률 2.5[%]의 의미는 어느 지역의 난방시간이 4개월이라면, 이 기간 중 2.5[%]에 해당하는 72시간은 난방 설계 외기 조건을 초과할(낮을) 수 있다는 것을 의미한다.[추울 수 있다]

※ (121일×24시간)×0.025=72.6시간

답 : ①

2 환기설비 설계조건

1. 냉난방 공조시스템
채택된 냉난방 시스템으로 형성된 기류, 온도분포와 개별난방기구에 의한 국소적인 오염물질의 발생 등을 고려하여 이에 대응하는 환기방식의 종류를 검토하여야 한다.

2. 실내환기 조건
대상공간의 환경유지를 위해 환경조건을 명확하게 한다. 온도, 상대습도, 기류 외의 실내공기질에서는 일산화탄소, 이산화탄소 및 분진농도를 실내환경기준으로 정하고 있다.

■ 중앙관리 방식의 공기조화설비의 기능

1. 부유 분진량	공기 1[m^3]당 0.15[mg] 이하	4. 온 도	17[℃] 이상 28[℃] 이하
2. CO 함유율	10[ppm] 이하	5. 상대습도	40[%] 이상 70[%] 이하
3. CO_2 함유율	1,000[ppm] 이하	6. 기류	0.5[m/s] 이하

3. 실의 사용조건
거주자의 행동과 생활에 관련한 오염물질의 종류, 발생량 등을 명확히 하기 위하여 재실인원, 흡연 유무, 연소기구의 설치장소와 사용상태, OA 기기와 건축자재 등으로부터 오염물질 발생 유무 등을 확실히 검토하여야 한다.

4. 건물의 열적성능
건물의 단열성능과 기밀성능은 환기부하량의 증대, 실내공기분포, 환기시스템의 성능 등에 큰 영향을 미친다. 따라서 환기에 의한 열부하의 처리, 외기냉방 시 환기량의 정확한 예측 및 주택 등에서 집중 환기시스템의 성능파악을 위해서는 건물의 기밀성능을 사전에 파악해 두어야 할 필요가 있다.

5. 건물주변 환경
자연환기량의 정확한 예측, 외벽면에서 급배기구의 위치 결정 및 필요환기량 산정을 위한 오염물질의 초기 농도를 설정하기 위해서는 건물 주변의 풍향·풍속과 외기의 공기질 이외에 주변의 도로와 건물의 상황을 사전에 조사할 필요가 있다.

3 위생설비 설계조건

1. 위생설비 계획에서 검토해야 할 대상
① 급수설비 및 펌프 : 먹은 물 등의 공급 및 수질관리
② 급탕설비 : 따뜻한 물 공급 및 관리
③ 위생기구 및 배수·통기설비 : 물의 사용과 배수 및 통기의 악취관리
④ 오수정화설비 : 오수의 정화 및 수질환경 관리
⑤ 소방설비 : 화재예방 및 진압·대피·구조설비 관리
⑥ 가스설비 : 가스의 공급 및 폭발·화재·공급중단 관리
  ㉠ 액화석유가스(L.P.G) 설비
  ㉡ 도시가스설비

2. 위생설비 설계조건 검토

1) 수도의 설치
수도법이 정하는 바에 따라 수도를 설치하여야 한다.

2) 급수용 배관
급수용 배관은 콘크리트 구조체 안에 매설하여서는 아니된다.

3) 급수전
공동주택에는 세대별 수도계량기 및 세대마다 2개소 이상의 급수전을 설치하여야 한다. (주택건설기준 등에 관한 규정)

4) 지하양수시설 또는 지하저수조시설을 설치
먹는 물 관리법에 의한 먹는 물의 수질기준에 적합한 비상용수를 공급할 수 있는 지하양수시설 또는 지하저수조시설을 설치하여야 한다.
① 지하양수시설
  ㉠ 1일에 해당 주택단지의 매 세대당 0.2톤(시·군지역은 0.1톤) 이상의 수량을 양수할 수 있을 것
  ㉡ 양수에 필요한 비상전원과 이에 의하여 가동될 수 있는 펌프를 설치할 것
  ㉢ 해당 양수시설에는 매 세대당 0.3톤 이상을 저수할 수 있는 지하저수조를 함께 설치할 것
② 지하저수조
  ㉠ 고가수조저수량(매 세대당 0.5톤까지 산입)을 포함하여 매 세대당 1.5톤(시·군지역은 1톤, 독신자용 주택은 0.5톤) 이상의 수량을 저수할 수 있을 것

ⓒ 50세대(독신자용 주택은 100세대)당 1대 이상의 수동식펌프를 설치하거나 양수에 필요한 비상전원과 이에 의하여 가동될 수 있는 펌프를 설치할 것
ⓒ 규정에 의한 기준에 적합하게 설치할 것
② 먹는 물을 해당 저수조를 거쳐 각 세대에 공급할 수 있도록 설치할 것
③ 저수조의 설치기준
㉠ 저수조의 윗부분은 건축물(천정 및 보 등)으로부터 100[cm] 이상 떨어져야 하며, 그 밖의 부분은 60[cm] 이상의 간격을 띄울 것
㉡ 물의 유출구는 유입구의 반대편 밑부분에 설치하되, 바닥의 침전물이 유출되지 아니하도록 저수조의 바닥에서 띄워서 설치하고, 물칸막이 등을 설치하여 저수조 안의 물이 고이지 아니하도록 할 것
㉢ 각 변의 길이가 90[cm] 이상인 사각형 맨홀 또는 지름이 90[cm] 이상인 원형 맨홀을 1개 이상 설치하여 청소를 위한 사람이나 장비의 출입이 원활하도록 하여야 하고, 맨홀을 통하여 먼지나 그 밖의 이물질이 들어가지 아니하도록 할 것

예외 $5[m^3]$ 이하의 소규모 저수조의 맨홀은 각 변 또는 지름을 60[cm] 이상으로 할 수 있다.

㉣ 침전찌꺼기의 배출구를 저수조의 맨 밑부분에 설치하고, 저수조의 바닥은 배출구를 향하여 1/100 이상의 경사를 두어 설치하는 등 배출이 쉬운 구조로 할 것
㉤ $5[m^3]$를 초과하는 저수조는 청소·위생점검 및 보수 등 유지관리를 위하여 1개의 저수조를 둘 이상의 부분으로 구획하거나 저수조를 2개 이상 설치하여야 하며, 1개의 저수조를 둘 이상의 부분으로 구획할 경우에는 한쪽의 물을 비웠을 때 수압에 견딜 수 있는 구조일 것
㉥ 저수조의 물이 일정 수준 이상 넘거나 일정 수준 이하로 줄어들 때 울리는 경보장치를 설치하고, 그 수신기는 관리실에 설치할 것

핵심기출문제

01. 설계조건 검토

1. 다음은 에너지 절약을 위한 실내온습도 설계조건이다. 가장 적당한 것은? [03 ㉑]

① 난방용 실내온도를 26[℃]로 유지한다.
② 냉방용 실내온도를 24[℃]로 유지한다.
③ 난방용 실내 상대습도를 40[%]로 유지한다.
④ 냉방용 실내 상대습도를 45[%]로 유지한다.

2. 냉·난방 설계용 외기온도를 결정할 때 냉·난방기간 중 외기 설정온도 밖으로 벗어나는 비율[%]로 정한 온도는? [18, 24 ㉔]

① 표준온도　　　　　② 유효온도
③ TAC온도　　　　　④ 상당외기온도

3. TAC 온도에 관한 설명으로 옳지 않은 것은? [12, 25 ㉔]

① 기간부하를 계산할 경우에 이용한다.
② 에너지 효율적 이용을 위한 것이다.
③ TAC는 Technical Advisory Committee의 약자이다.
④ 위험률 2.5[%]란 확률적으로 2.5[%]에 해당하는 시간은 설계용 외기온도를 벗어난다는 것을 의미한다.

4. 다음 중 냉난방 설계용 외기온도 설정 시 TAC 온도를 적용하는 이유와 가장 관계가 먼 것은? [19 ㉔]

① 에너지 절약
② 합리적 적용
③ 과대 장치용량 지양
④ 혹한기나 혹서기 대비

해설

해설 1
보건용 공기조화의 기준에 의하면 상대습도는 40[%] 이상 70[%] 이하 정도를 권장하고 있다. 난방의 경우 실내 상대습도를 40[%] 정도는 적당하나, 냉방의 경우 실내 상대습도를 45[%] 정도 유지는 에너지 소비가 다소 많은 편이다.

해설 2,3,4
TAC온도 : 냉·난방 설계용 외기온도를 결정할 때 냉·난방기간 중 외기 설정온도 밖으로 벗어나는 비율[%]로 정한 온도

※ 위험률(TAC)
　열원설비의 용량을 산정하기 위해서는 냉·난방부하계산을 하여야 하며 이를 위해서는 설계용 외기온도가 필요하다. 연중 가장 더운 시간 또는 추운 시간의 외기온도를 부하계산에 적용하면 설비용량이 과대해질 우려가 있으므로 부하계산에서는 최고 또는 최저온도의 피크값을 일정비율 제외한 외기온도를 사용하게 되는데, 피크 값을 제외시키는 비율을 위험률(TAC)이라고 한다.

정답 1. ③　2. ③　3. ①　4. ④

핵심기출문제
01. 설계조건 검토

5. 다음 중 냉난방 설계용 외기온도 설정 시 TAC 온도를 적용하는 이유와 가장 관계가 먼 것은? [11, 24 ㉑]
① 과대 장치용량 지양
② 에너지 절약
③ 위험성 축소
④ 합리적 적용

6. 냉난방 부하계산 시 최저 또는 최고 기온을 적용하지 않고 TAC온도를 적용하는 가장 주된 이유는? [18, 24, 25 ㉑]
① 대수분리 제어
② 과대용량 억제
③ 비정상 부하계산
④ 계산의 용이성 확보

7. 설계 외기조건을 선정하기 위한 위험률(TAC)에 관한 설명으로 옳지 않은 것은? [14, 17 ㉑]
① 위험률을 크게 잡으면 장치용량도 커진다.
② 요구조건이 엄격한 건물일수록 위험률은 작게 한다.
③ 위험률 5[%]는 위험률 2.5[%] 보다 설계 외기기준 온도를 벗어나는 시간이 2배이다.
④ 위험률은 난방 또는 냉방기간의 총 시간에 대한 온도 출현 빈도분포로부터 구한다.

[해설] 위험률(TAC)
열원설비의 용량을 산정하기 위해서는 냉·난방부하계산을 하여야 하며 이를 위해서는 설계용 외기온도가 필요하다. 연중 가장 더운 시간 또는 추운 시간의 외기온도를 부하계산에 적용하면 설비용량이 과대해질 우려가 있으므로 부하계산에서는 최고 또는 최저온도의 피크 값을 일정비율 제외한 외기온도를 사용하게 되는데, 피크 값을 제외시키는 비율을 위험률(TAC)이라고 한다.
예를 들어, 위험률이 2.5[%]일 경우 냉(난)방 3,000시간 가동하면 외기조건을 초과하는 시간이 75시간이면 3,000-75 = 2,925시간이 냉(난)방 적용시간이 되고, 또한 위험률이 10[%]일 경우 냉(난)방 3,000시간 가동하면 외기조건을 초과하는 시간이 300시간이면 3,000-300 = 2,700시간이 냉(난)방 적용시간이 된다. 따라서 위험률이 낮아지면 초과하는 시간은 작아지므로 제외시키는 시간이 작아지고 실제 적용되는 냉(난)방시간은 길어지므로 기기용량이 커지게 된다.

해설

[해설] **5**
냉난방 설계용 외기온도 설정 시 TAC 온도를 적용하면 과대 장치용량을 지양하게 되므로 에너지 절약으로 공조설비는 축소되어 합리적 적용이 가능하나, 그에 따른 적정온도 유지가 곤란하게 되어 위험성은 증가한다.
※ ASHRAE의 TAC(Technical Advisory Committee, 온도위험률)에서는 위험률 2.5~10[%] 범위 내에서 설계 조건을 삼을 것을 추천하고 있다. 예를 들어 위험률 2.5[%]의 의미는 어느 지역의 난방시간이 4개월이라면, 이 기간 중 2.5[%]에 해당하는 72시간은 난방 설계 외조건을 초과할(낮을) 수 있다는 것을 의미한다.[추울 수 있다]

[해설] **6**
냉난방 설계용 외기온도 설정 시 TAC 온도를 적용하면 과대 장치용량을 지양하게 되므로 에너지 절약으로 공조설비는 축소되어 합리적 적용이 가능하나, 그에 따른 적정온도 유지가 곤란하게 되어 위험성은 증가한다.
☞ 위험률[TAC(Technical Advisory Committee, 초과확률)]

정답 5. ③ 6. ② 7. ①

02 설비시스템 계획

제1과목 건축설비계획 | 제2편 설비설계 계획

1 설비시스템 공간계획

1. 설비시스템 공간계획

건축설비시스템 공간이란 크게 장비의 점유공간과 설치된 장비가 그 기능을 수행하기 위해 연결되는 배관과 덕트 등이 차지하는 공간, 그리고 유지관리를 위한 공간으로 나눌 수 있다.

적절한 설비공간의 확보는 시공의 편리성으로 공사의 확실성을 기할 수 있고 보수 및 점검 등 유지관리가 편리하여 건물의 기능을 향상시키는데 도움을 준다. 그러나 과다한 공간점유는 건축 공사비의 증가와 건축 유효면적을 감소시킴으로써 건축공간의 효율성을 떨어뜨린다.

따라서 제기능을 다 할 수 있는 적절한 실내공간이 필요한데 이는 건물에 따른 설비시스템, 평면 형태와 샤프트(shaft)의 위치, 장비 및 시설물의 효율적 배치 및 시공 결과에 따라 영향을 받는다.

핵심 PLUS

(1) 기계실과 전기실

1) 기계실

① 급수와 급탕의 공급, 냉난방을 위한 냉·온열원 공급과 방재를 위한 소화시설 등을 집중적으로 설치하는 공간이다.
② 쾌적한 실내환경을 조성하기 위해서는 매우 중요한 실이나 실의 크기 및 위치는 건물별 설비시스템과 평면구성에 따라 매우 다르게 나타난다.
③ 기계실 면적은 냉동기·보일러·공조기 등을 이용한 공조방식인 경우는 연면적의 약 4~6[%], 급수·급탕·화장실 난방·소화시설만 설치할 경우는 약 2[%] 정도이다.
④ 기계실 설치 시의 고려사항
  ㉠ 샤프트(PS, DS)와 인접하여 배관이 단순해야 한다.
  ㉡ 주거실과 격리되어 소음과 진동을 차단해야 한다.
  ㉢ 관리실과 인접하여 사고를 미연에 방지하고 유지관리를 편리하게 한다.
  ㉣ 장비의 반출입을 위한 공간 및 통로를 확보할 수 있는 곳이어야 한다.
  ㉤ 연소공기공급 및 환기가 용이한 위치이어야 한다.

2) 전기실

① 전기실은 변전실이라고도 하며 특별고압 또는 고압으로 수전하여 변압기로 고압 또는 저압으로 낮추는 실이다. 중앙관제실 및 발전기실을 일반적으로 전기실과 분리시킨다.

② 변전을 위한 소요면적은 연면적의 약 1[%]를 차지하고 있다. 연면적 약 1,500~2,000[m²] 미만인 경우는 저압으로 직접 수전하여 사용할 경우는 전기실을 설치하지 않기도 한다.

③ 층고는 변압기 상부에서 최소 1.0[m] 이상을 확보해야 하며 일반적으로 기계실 층고와 동일하게 계획된다.

④ 전기실은 중앙통제실 또는 관리실, 발전기실, 기계실, 출입구 및 장비반입, 유지관리공간 및 환기 등을 고려하여 결정한다.

⑤ 전기실의 위치 고려사항
  ㉠ 수전에 편리하고 배전하기 쉬운 장소일 것
  ㉡ 가능한 부하의 중심에 가깝고 배전에 편리한 장소일 것
  ㉢ 외부로부터의 전원인입이 쉬운 곳일 것
  ㉣ 기기의 반입·반출이 용이할 것
  ㉤ 고온·고습이 되지 않는 장소이고 환기가 잘 되는 장소일 것
  ㉥ 천정 높이가 충분할 것
    • 고   압 : 보 아래 3.6[m] 이상(천정에 배관, 덕트 통할시 : 3.0[m] 이상)
    • 특고압 : 보 아래 4.5[m] 이상(폐쇄형 : 3.6[m] 이상)
  ㉦ 기타 전기설비기기와 인접한 장소일 것

(2) 각종 소요면적

1) 수직설비 공간

① 샤프트(shaft)는 인위적인 실내환경을 조성하기 위해 필요한 열원이나 물, 전기 등을 필요개소에 공급하기 위한 배관, 덕트, 전기배선 등을 설치하는 입상 공간이다. 일반적으로 배관 샤프트(PS), 덕트 샤프트(DS), 배연용 샤프트, 전기 샤프트(EPS)로 나누어진다.

② 크기는 건물의 용도가 다양하고 중앙공급식 공조방식이며 시스템이 복잡할수록 커지고(각층 바닥면적의 2~3[%]), 수배관에 의한 냉난방(방열기, FCU)이거나 층별 또는 개별식과 같은 간단한 시스템은 크기가 작다(각층 바닥면적의 1[%] 전후).

③ 위치는 일반적으로 코어 부근에 화장실용 샤프트가 설치되고 공조용은 평면 구성에 따라 겸용하거나 별도로 설치한다. 샤프트 위치는 화장실이나 거실 쪽으로 쉽게 접할 수 있어야 하며 특히 계단, 엘리베이터실 등 콘크리트 옹벽에 둘러싸여 구석에 위치한 경우는 덕트나 배관을 실내 쪽으로 연결하기가 어려운 경우가 있다.

2) 천장 공간
① 천장 공간은 배관이나 덕트가 통과하기 위한 슬래브 밑의 설비공간을 말하며 일반적으로 설비용 유효공간은 보 밑과 천장 마감재까지의 높이를 말한다. 보가 없는 내부공간도 덕트의 겹침 또는 배관연결 등을 위하여 유용하게 이용된다.
② 공간의 보 밑 유효높이는 공조시스템의 종류, 샤프트의 위치 및 개수, 바닥면적의 부하에 따른 소요풍량 등에 영향을 받는다.
③ 일반사무실에서 덕트에 의한 공조방식인 경우는 보통 500~600[mm] 전후가 되며, 공조시스템이 단순하고 증기나 물에 의한 냉난방방식인 경우는 보통 300[mm]가 된다.

3) 발전기실
정전시 최소한의 보안전력을 확보하기 위한 설비로서 발전기가 설치된다.
① 변전실에 가깝고, 침수의 우려가 없는 곳이어야 한다.
② 환기설비를 해야 하며 지하실인 경우 드라이 에어리어(dry area)가 필요하며 우리나라 경우 공냉식을 주로 사용하고 있다.
③ 기기의 반출입 및 운전, 보수 면에서 편리한 위치가 좋다.
④ 크기는 약 30[m²]로서 길이방향으로 드라이 에어리어(dry area)에 면하는 것이 좋다.
⑤ 내화구조로 방음, 방진을 고려한다.

4) 엘리베이터 기계실
① 전동기, 제어기, 제어반 등이 설치되어 있는 실로서 보수, 점검을 위한 공간이 필요하다.
② 일반사무소 경우 일반적인 넓이는 다음과 같다.
   기계실 면적 AEA=0.0043 A×6[m²]
   단, A : 건축 연면적[m²]

5) 공조실
① 공기조화기(AHU)를 설치하는 실로서 일반적으로 지하, 옥상, 각층 또는 몇 개층에 하나씩 설치한다.

② 실의 넓이는 풍량에 따른 공기조화기의 크기와 보수, 점검을 위한 공간을 고려하여 결정한다.
③ 형태상 수직형, 수평형, 복합형으로 구분되며 층고가 높고 면적이 좁을 때는 수직형을 사용하고 층고가 낮을 때는 수평형을 사용한다.
④ 공조실이 많이 협소하여 기성품 공기조화기 설치가 불가능한 경우에는 공조실 자체를 공조기 유닛으로 하여 팬, 코일, 필터를 내장시키는 방법을 사용한다.

6) 물탱크실
① 물탱크는 지하저수조 및 고가수조가 있으며 용량은 실제 사용량 및 비상용수 등을 고려하여 결정한다.
② 일반적으로 비상용수 및 소화용수는 지하저수조에 저장하고, 고가수조는 실제 사용량의 2시간 정도의 용량을 저장하고 있다.
③ 물탱크는 주위 오염물의 인입 및 유지관리의 편리성을 위해 주위를 일정 간격이상 띄워야 한다.
  현행 건축법상 설치기준에 의하면 바닥 및 주위 벽에서 60[cm], 상부는 100[cm]를 확보하도록 규정하고 있다.
④ 물탱크는 건축물 구조체를 이용하여 저장할 수 없고 별도로 제작 설치해야 한다.
⑤ 물탱크의 재질은 내식성이어야 한다. (스테인리스스틸, 섬유보강플라스틱 등)
⑥ 탱크는 정기적으로 청소할 수 있는 구조로 한다.

2 조닝계획

1. 공기조화설비의 조닝(zoning)
① 대략 같은 조건의 구역(zone)마다 건물을 구획하고 공기조화를 하는 것
② 조닝의 종류에는 부하별 조닝, 용도별 조닝, 사용시간별 조닝, 방위별 조닝이 있다.
  ㉠ 부하별 조닝 : 외기온도의 영향에 따라 건물의 외부 존과 내부 존을 나누거나 층별로 구분하는 방법
  ㉡ 용도별 조닝 : 각 실의 사용용도를 고려하여 조닝하는 방법
  ㉢ 사용시간별 조닝 : 각 실의 사용 시간대를 검토하여 사용시간별로 조닝하는 방법
  ㉣ 방위별 조닝 : 일사, 일조조건이 다른 동, 서, 남, 북측 방위별로 조닝하는 방법
③ 공기조화방식, 열원방식, 열원공급방식을 결정하는데 중요 요인이 된다.
④ 특징

핵심 PLUS

예 공기조화설비의 조닝계획에 관한 설명으로 옳은 것은? [20, 23 산]
① 조닝계획은 실 사용시간과는 무관하다.
② 조닝을 세분화할수록 에너지 소비가 많아진다.
③ 조닝을 세분화할수록 공사비를 감소시킬 수 있다.
④ 조닝계획은 별도의 공조계통을 구분하고자 하는 것이다.
답 : ④

예 다음 중 외부존의 공조 조닝의 종류에 속하는 것은? [16, 25 산]
① 방위별 조닝
② 현열비별 조닝
③ 부하 특성별 조닝
④ 용도에 따른 시간 조닝
해설 건축의 페리미터존(perimeter zone, 외부존)은 방위에 따라 부하의 특성이 다르므로 방위별 조닝을 하는 것이 좋다.
답 : ①

㉠ 에너지 절약에 유리
㉡ 효율적인 운전관리
㉢ 부하변동에 쉽게 대응
㉣ 실내 열환경조절에 유리
㉤ 구역의 세분화로 설비비 증가

> **학습포인트**
>
> 공기조화설비의 에너지 절약방안
> ① 건물의 zoning : 각 존별로 온도제어
> ② 에너지절약형 공기조화방식 채택 : 가변풍량방식(VAV 방식)
> ③ 열회수장치 : 전열교환기, Heat Pipe, Heat Pump System
> ④ 외기냉방(economizer cycle) : 중간기에 환기만으로 냉방
> ⑤ 외기부하 감소(극간풍 방지, 유리창을 통한 열손실 방지)
> ⑥ 실내온습도조건 완화 적용
> ⑦ 열원기기 등은 고효율 운전이 가능한 것으로 선정
> ⑧ 심야전력 활용

2. 초고층건물의 급수조닝

1) 초고층 건물의 급수 배관법[급수설비의 조닝(Zoning)]

① 초고층 건축물에서는 압력의 문제(워터해머링, 소음, 진동 등)를 해결하기 위하여 급수조닝

② 목적 : 초고층 건축물에서 저층부에 지나친 급수압이 걸리는 것 방지하고 적절한 수압을 유지하기 위하여

③ 종류
  ㉠ 층별식(세퍼레이트 방식)
  ㉡ 중계식(부스터 방식)
  ㉢ 압력조정(조압)펌프식[감압밸브에 의한 조닝]
    – 20층 정도의 건물에 자주 사용
    – 상층존은 그대로 두고 하층존은 감압밸브에 의해 감압시켜 급수
    – 설비비는 저렴
    – 중량 증가로 구조적 보강
  ㉣ 압력탱크식

④ 급수압의 한도
  ㉠ 호텔, 아파트, 병원 : 0.3~0.4[MPa] → 3~4[kgf/cm^2] (30~40[mAq])
  ㉡ 사무소 건물 : 0.4~0.5[MPa] → 4~5[kgf/cm^2] (40~50[mAq])

핵심 PLUS

예 다음 중 고층건물에서 급수설비의 조닝 목적과 가장 관계가 먼 것은?
① 공사비의 절감   [11, 14 기]
② 소음과 진동의 방지
③ 배관의 적절한 수압유지
④ 기구 부속품의 파손 방지
답 : ①

예 다음 중 초고층 건물의 급수배관에 대한 설명으로 옳지 않은 것은?
① 급수계통에 조닝(Zoning)이 필요하다.
② 중간수조방식은 수압이 일정하다.
③ 중간수조방식은 중간수조실, 양수펌프 등이 필요하다.
④ 감압밸브방식에서는 감압밸브가 고장 나더라도 높은 수압이 기구에 작용하지 않는다.
답 : ④

핵심 PLUS

예 고가수조를 설치하는 경우의 조닝 방법 중 중간수조를 설치하는 방법에 관한 설명으로 옳지 않은 것은? [12, 24 산]
① 급수압이 일정하다.
② 정밀한 조닝이 용이하다.
③ 세퍼레이트 방식이 일반적이다.
④ 중간수조실, 양수펌프 등이 필요하다.

해설 중간수조방식으로 하면 감압밸브 방식에 비해 정밀한 조닝이 어렵다.
답 : ②

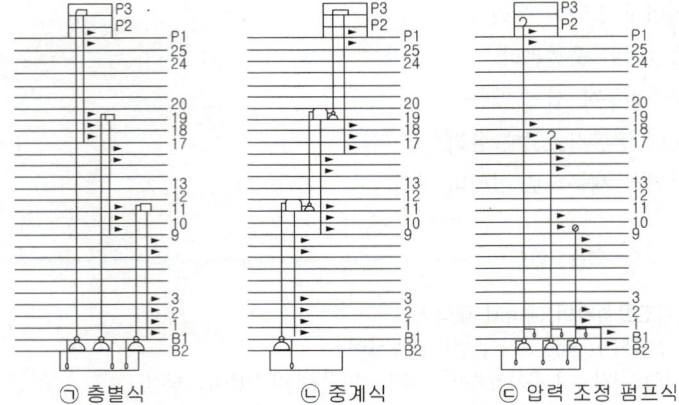

㉠ 층별식 ㉡ 중계식 ㉢ 압력 조정 펌프식

3. 초고층건물의 급탕조닝

1) 급탕 조닝

급탕의 필요압력 혹은 최고압력에 관해서는 급수압력과 동일하지만, 냉온수 혼합수전이나 샤워 등과 같이 물과 탕을 혼합하는 기구에 있어서는 급수압력과 급탕압력은 가능한 한 같게 하는 것이 좋다. 고층건물에서 수압을 일정하게 유지하기 위해 급수설비에서와 마찬가지로 과대한 급탕압력으로 인하여 수격현상(water hammer)과 같은 문제가 발생하기 쉬우므로 급탕 조닝(zoning)이 필요하다.

① 계통별로 조닝하는 방법
② 감압밸브를 설치하는 방법

2) 급탕방식

초고층 건물인 경우에는 가열장치의 설치위치에 따른 집중식과 분산식이 있다.

① 집중식
  ㉠ 유지관리측면에서는 용이하지만 상층계통의 저탕조에 높은 압력이 걸리며, 배관길이도 길게 되기 때문에 설비비가 많이 든다.
  ㉡ 순환펌프의 설치위치에 따라 압입 양정이 높아지게 되기 때문에, 기종 선정에 상당히 주의해야 한다.

② 분산식
각 계통의 상부측은 하부 부근에 기기를 설치하기 때문에 기기에 과대한 압력이 걸리지 않으며, 배관길이도 짧게 된다.

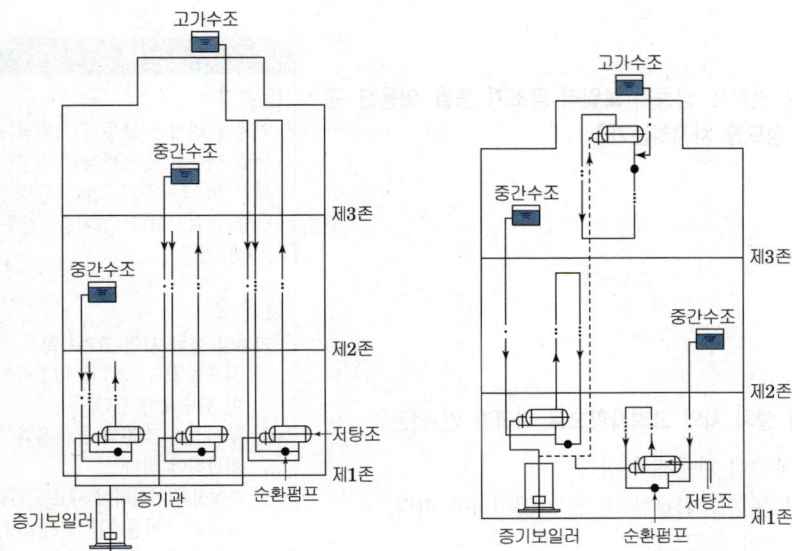

[그림] 분산식

핵심기출문제

02. 설비시스템 계획

1. 설비시스템 공간계획에서 기계실 면적은 냉동기·보일러·공조기 등을 이용한 공조방식인 경우 연면적의 몇 [%] 정도를 차지하는가?

① 약 2[%] 정도
② 약 3[%] 정도
③ 약 5[%] 정도
④ 약 7[%] 정도

2. 설비시스템 공간계획에서 기계실 설치 시의 고려사항으로 거리가 먼 것은?

① 샤프트(PS, DS)와 인접하여 배관이 단순해야 한다.
② 장비의 반출입을 위한 공간 및 통로를 확보할 수 있는 곳이어야 한다.
③ 굴뚝과의 거리는 떨어져 있는 것이 유리하다.
④ 주거실과 격리되어 소음과 진동을 차단해야 한다.

3. 설비시스템 공간계획에서 변전을 위한 소요면적은 연면적의 몇 [%] 정도를 차지하는가?

① 약 1[%] 정도
② 약 2[%] 정도
③ 약 3[%] 정도
④ 약 4[%] 정도

4. 설비시스템의 수직설비 공간계획에 관한 설명으로 옳지 않은 것은?

① 샤프트(shaft)는 인위적인 실내환경을 조성하기 위해 필요한 열원이나 물, 전기 등을 필요개소에 공급하기 위한 배관, 덕트, 전기배선 등을 설치하는 입상 공간이다.
② 일반적으로 배관 샤프트(PS), 덕트 샤프트(DS), 배연용 샤프트, 전기 샤프트(EPS)로 나누어진다.
③ 크기는 건물의 용도가 다양하고 중앙공급식 공조방식이며 시스템이 복잡하면 커진다.
④ 공간의 위치는 일반적으로 코어 부근에 화장실용 샤프트가 설치되고 공조용은 평면구성에 따라 별도로만 설치한다.

해설

해설 1
기계실 면적은 냉동기·보일러·공조기 등을 이용한 공조방식인 경우는 연면적의 약 4~6[%], 급수·급탕·화장실 난방·소화시설만 설치할 경우는 약 2[%] 정도이다.

해설 2
기계실 설치 시의 고려사항
㉠ 샤프트(PS, DS)와 인접하여 배관이 단순해야 한다.
㉡ 주거실과 격리되어 소음과 진동을 차단해야 한다.
㉢ 관리실과 인접하여 사고를 미연에 방지하고 유지관리를 편리하게 한다.
㉣ 장비의 반출입을 위한 공간 및 통로를 확보할 수 있는 곳이어야 한다.
㉤ 연소공기공급 및 환기가 용이한 위치이어야 한다.
☞ 굴뚝과 인접해야 한다.

해설 3
변전을 위한 소요면적은 연면적의 약 1[%]를 차지하고 있다. 연면적 약 1,500~2,000[m²] 미만인 경우는 저압으로 직접 수전하여 사용할 경우는 전기실을 설치하지 않기도 한다.

해설 4
수직설비 공간의 위치는 일반적으로 코어 부근에 화장실용 샤프트가 설치되고 공조용은 평면구성에 따라 겸용하거나 별도로 설치한다. 샤프트 위치는 화장실이나 거실 쪽으로 쉽게 접할 수 있어야 하며 특히 계단, 엘리베이터실 등 콘크리트 옹벽에 둘러싸여 구석에 위치한 경우는 덕트나 배관을 실내 쪽으로 연결하기가 어려운 경우가 있다.

정답 1. ③ 2. ③ 3. ① 4. ④

Industrial Engineer Building Facilities

해설

5. 설비시스템의 공조실 공간계획에 관한 설명으로 옳지 않은 것은?

① 실의 넓이는 풍량에 따른 공기조화기의 크기와 보수, 점검을 위한 공간을 고려하여 결정한다.
② 공기조화기(AHU)를 설치하는 실로서 일반적으로 지하, 옥상, 각층 또는 몇 개층에 하나씩 설치한다.
③ 공조실이 많이 협소하여 기성품 공기조화기 설치가 불가능한 경우에는 공조실 자체를 공조기 유닛으로 하여 팬, 코일, 필터를 내장시키는 방법을 사용한다.
④ 형태상 수직형, 수평형, 복합형으로 구분되며 층고가 높고 면적이 좁을 때는 수평형을 사용하고 층고가 낮을 때는 수직형을 사용한다.

해설 5
공조실은 형태상 수직형, 수평형, 복합형으로 구분되며 층고가 높고 면적이 좁을 때는 수직형을 사용하고 층고가 낮을 때는 수평형을 사용한다.

6. 설비시스템에서 물탱크는 주위 오염물의 인입 및 유지관리의 편리성을 위해 주위를 일정 간격이상 띄워야 한다. 설치기준에 의하면 바닥 및 주위는 벽에서 얼마를 확보하도록 규정하고 있는가?

① 50[cm]
② 60[cm]
③ 70[cm]
④ 100[cm]

해설 6
물탱크는 주위 오염물의 인입 및 유지관리의 편리성을 위해 주위를 일정 간격이상 띄워야 한다.
현행 건축법상 설치기준에 의하면 바닥 및 주위 벽에서 60[cm], 상부는 100[cm]를 확보하도록 규정하고 있다.

7. 다음 중 공조시스템을 조닝(zoning) 하는 이유와 가장 거리가 먼 것은?
[15, 25 ④]

① 설비비 절감
② 에너지 절감
③ 방위별 대응
④ 실내 열환경 제어 용이

8. 다음 중 공기조화 설비계획에서 일반적으로 사용되는 조닝 방법과 가장 거리가 먼 것은?
[20, 24 ④]

① 층별 조닝
② 방위별 조닝
③ 계절별 조닝
④ 부하 특성별 조닝

해설 7, 8
공기조화설비의 조닝(zoning)
① 대략 같은 조건의 구역(zone)마다 건물을 구획하고 공기조화를 하는 것
② 부하별 조닝, 용도별 조닝, 사용시간별 조닝, 방위별 조닝이 있다.
③ 공기조화방식, 열원방식, 열원공급방식을 결정하는데 중요 요인
※ 특징
• 에너지 절약에 유리
• 효율적인 운전관리
• 부하변동에 쉽게 대응
• 실내 열환경조절에 유리
• 구역의 세분화로 설비비 증가

정답 5. ④ 6. ② 7. ① 8. ③

제1과목 건축설비계획 **1-91**

핵심기출문제
02. 설비시스템 계획

9. 공조조닝의 종류 중 내부존의 조닝에 속하지 않는 것은? [16 ①]

① 방위별 조닝
② 현열비별 조닝
③ 부하 특성별 조닝
④ 용도에 따른 시간별 조닝

해설 9
건축의 내부 존(interior zone)은 부하가 적어 실내 기류가 정체되어 있는 느낌을 받는 곳으로 부하특성별 조닝, 용도에 따른 사용시간별 조닝, 온·습도 설정별 조닝 방법으로 하며, 건축의 페리미터존(perimeter zone, 외부존)은 방위에 따라 부하의 특성이 다르므로 방위별 조닝을 하는 것이 좋다.

10. 다음 중 공기조화 설비계획 시 외부 존의 조닝 방법으로 가장 적합한 것은? [17 ②]

① 소음별 조닝
② 방위별 조닝
③ 공기의 청정도별 조닝
④ 관리에 따른 시간별 조닝

해설 10
건축의 페리미터존(perimeter zone, 외부존)은 방위에 따라 부하의 특성이 다르므로 방위별 조닝을 하는 것이 좋다.

11. 방위별 조닝을 한 대형 사무소 건물에서 재열부하가 발생하기 가장 쉬운 곳은? [13 ④]

① 추분의 건물 남쪽 존(zone)
② 동지의 건물 북쪽 존(zone)
③ 하지의 건물 남쪽 존(zone)
④ 장마철의 건물 북쪽 존(zone)

해설 11
재열부하 : 장치의 결로와 습도 상승에 대비하여 공조기 내에서 냉각된 공기를 공조기내 또는 덕트 내에서 가열하여 실내로 취출하는 경우가 있는데, 이때 부하를 재열부하라고 하며 순수한 현열부하이다.
☞ 재열부하는 여름철 냉방시 부하로서 장마철의 건물 북쪽 존(zone)에서 발생하기 쉽다.

12. 고층건물에서는 급수압이 고르게 될 수 있도록 급수 조닝(zoning)을 할 필요가 있다. 다음 중 급수 조닝방식에 속하지 않는 것은? [12, 16 ①]

① 순환식   ② 층별식
③ 중계식   ④ 감압밸브식

해설 12
초고층 건물의 급수배관법(급수 Zoning)
㉠ 층별식(세퍼레이트 방식)
㉡ 중계식(부스터 방식)
㉢ 압력조정(조압)펌프식(감압밸브에 의한 조닝)
 • 20층 정도의 건물에 자주 사용
 • 상층존은 그대로 두고 하층존은 감압밸브에 의해 감압시켜 급수
 • 설비비는 저렴
 • 중량 증가로 구조적 보강
㉣ 압력탱크식

정답 9. ① 10. ② 11. ④ 12. ①

13. 다음 중 초고층건물의 급수방식 선정시 층수에 따라 수직적인 구획을 하는 가장 주된 이유는? [15, 23 ④]
① 시설비를 감소하기 위해서
② 수압의 과다를 막기 위해서
③ 필요한 수량을 확보하기 위해서
④ 정전 등으로 인한 단수를 막기 위해서

14. 고층건물에서 급수 계통을 조닝(zoning)하는 가장 주된 이유는? [15 ④]
① 급수의 역류를 방지하기 위하여
② 저층부의 수압을 줄이기 위하여
③ 배관의 크로스 커넥션을 방지하기 위하여
④ 배관의 보수점검을 용이하게 하기 위하여

15. 고층건물의 급수시스템을 저층건물과 같이 단일계통으로 할 경우의 문제점과 가장 거리가 먼 것은? [19, 24 ④]
① 저층부 수질 저하
② 저층부 소음 증대
③ 저층부 수압 과대 작용
④ 저층부 워터 해머 발생

16. 다음 중 고층건물에서 급수조닝을 하지 않을 경우 생길 수 있는 현상과 가장 거리가 먼 것은? [20 ㉠]
① 수격작용 발생
② 크로스 커넥션 발생
③ 물 흐르는 소리에 의한 소음 발생
④ 배관이나 기구에 큰 압력이 가해져 배관과 기구의 수명 단축

해설

[해설] 13, 14
초고층 건축물의 급수 조닝(Zoning)
① 초고층 건축물에서는 압력의 문제(워터해머링, 소음, 진동 등)를 해결하기 위하여 급수조닝
② 목적 : 초고층 건축물에서 저층부에 지나친 급수압이 걸리는 것 방지하고 적절한 수압을 유지하기 위하여
③ 종류 : 층별식(세퍼레이트 방식), 중계식(부스터 방식), 조압펌프식, 압력탱크식, 감압밸브병용식
④ 급수압의 한도
  ㉠ 호텔, 아파트, 병원 : 0.3~0.4[MPa]
  → 3~4[kg/cm^2] (30~40[mAq])
  ㉡ 사무소 건물 : 0.4~0.5[MPa]
  → 4~5[kg/cm^2] (40~50[mAq])

[해설] 15, 16
고층건물의 급수시스템을 저층건물과 같이 단일계통으로 할 경우 저층부 수압 과대 작용, 저층부 워터 해머 발생, 저층부 소음 증대 등의 문제점이 발생한다.

정답 13. ② 14. ② 15. ① 16. ②

핵심기출문제

02. 설비시스템 계획

17. 급수설비의 조닝방식 중 중간수조방식에 관한 설명으로 옳은 것은? [18④]

① 정밀한 조닝이 용이하다.
② 중간수조실 및 양수펌프가 필요 없다.
③ 수압이 일정하지 않고 변화가 심하다.
④ 감압밸브 방식에 비해 에너지 절약을 꾀할 수 있다.

18. 다음 중 급탕설비의 급탕배관시 고려사항으로 옳지 않은 것은?

① 배관 길이가 30[m]를 초과하는 중앙식 급탕설비에서는 환탕관과 순환펌프를 설치하여 배관의 열손실을 보상한다.
② 탕비기 주위 등의 급탕배관은 가능한 짧게 하고 공기가 체류하지 않도록 균일한 구배로 한다.
③ 급탕계통에는 유지 관리를 위해 용이하게 조작할 수 있는 위치에 개폐밸브를 설치한다.
④ 고층 건축물에서 급탕압력을 일정압력 이하로 제어하기 위해 감압밸브를 설치하는 경우 순환계통에 설치하도록 한다.

해설

해설 17
중간수조방식
㉠ 중간수조를 많이 둘수록 수압이 일정하다.
㉡ 감압밸브 방식에 비해 에너지 절약을 꾀할 수 있다.
㉢ 수조의 위치에 따라 수압차가 생기므로 정밀한 조닝이 어렵다.
㉣ 중간수조방식은 중간수조실 및 양수펌프가 필요하다.

해설 18
고층 건축물에서 급탕압력을 일정압력 이하로 제어하기 위해 감압밸브를 설치하는 경우 급탕(공급관) 계통에 설치하도록 한다.
※ 급탕설비에 감압밸브를 설치하면 플래시현상(증발)의 가능성이 있으므로 감압밸브를 하고 급탕조닝을 통하여 급탕압력을 일정압력 이하로 조정한다.

정답 17. ④ 18. ④

03 공기조화설비 계획

제1과목 건축설비계획 | 제2편 설비설계 계획

1 습공기

1. 습공기의 성질

공기는 질소, 산소, 아르곤, 탄산가스, 수증기 등의 혼합물로서 지상 부근의 대기의 성분 비율은 수증기를 제외하면 거의 일정하며, 표와 같은 성분으로 이루어지고 있다.

■ 공기의 성분(지상 부근의 대기의 기준치)

성분	N_2	O_2	Ar	CO_2
용적 조성[%]	78.09	20.95	0.93	0.03
중량 조성[%]	75.53	23.14	1.28	0.05

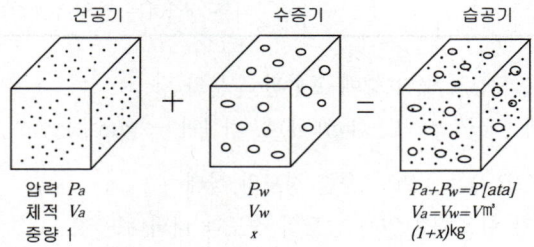

[그림] 습공기의 조성

$P_a + P_w = P$(low of Do Hon's partial pressure)

P_a : 건공기의 분압(partial pressure of dry air)

P_w : 수증기의 분압(partial pressure of wet air)

P : 습공기의 전압(total pressure of moist air)

핵심 PLUS

예 다음의 습공기에 대한 설명 중 옳지 않은 것은?
① 건공기와 수증기의 혼합기체로 구성되어 있다.
② 습공기를 가습할 경우 엔탈피와 비체적은 커진다.
③ 비오는 날의 공기는 습공기, 맑은 날의 공기는 건공기이다.
④ 건구온도, 습구온도, 노점온도, 비체적, 엔탈피 등의 상태량을 가지고 있다.

[해설] 비오는 날의 공기와 맑은 날의 공기는 습공기(건공기+수증기)이며 습도의 차이가 있다.

답 : ③

2. 습도의 표시방법

■ 습도의 표시법

구 분	기호	단 위	정 의
절대습도	x	kg/kg(DA)	건조공기 1[kg]을 포함하는 습공기 중의 수증기량 [kg]
수증기분압	h p	mmHg kPa	습공기 중의 수증기 분압
상대습도	ϕ	%	수증기 분압 h(또는 p)와 동일한 온도의 포화공기의 수증기 분압 h_s(또는 p_s)와의 비를 백분율로 나타낸 것 $$\phi = 100\left(\frac{p}{p_s}\right) = 100\left(\frac{h}{h_s}\right)$$
비교습도	ψ	%	절대습도 x와 동일한 온도의 포화공기의 절대습도 x_s와의 비를 백분율로 표시한 것 $$\psi = 100\left(\frac{x}{x_s}\right)$$
습구온도	t'	℃	습구 온도계에 나타나는 온도
노점온도	t''	℃	습공기를 냉각하는 경우 포화상태로 되는 온도

① 절대습도(SH) : 공기 중에 포함된 수분의 량
→ 단위 : kg/kg′ 또는 kg/kgDA, 기상학 – g/m³, kg/m³

② 상대습도(RH) : 공기의 습한 정도의 상태
(습공기가 함유하고 있는 습도의 정도를 나타내는 지표)
어느 온도에서 공기 1[m³]에 포함할 수 있는 최대 수증기 양과 현재 온도에서 포함하고 있는 수증기 양과의 비[%] → 단위 : %

$$상대습도 = \frac{현재수증기압}{포화수증기압} \times 100$$

핵심 PLUS

예 습공기가 냉각될 때 어느 정도의 온도에 다다르면 공기 중에 포함되어 있던 수증기가 작은 물방울로 변화하는데, 이때의 온도를 무엇이라 하는가? [07, 09 기]
① 노점온도
② 상대온도
③ 엔탈피
④ 유효온도

답 : ①

예 상대습도 60[%]인 습공기의 건구온도(a), 습구온도(b), 노점온도(c)의 크기 관계가 옳은 것은? [15, 19 기]
① a > b > c
② b > a > c
③ b > c > a
④ c > b > a

해설 포화상태 공기가 아닌 일반상태 공기의 건구온도(t_1), 습구온도(t_2), 노점온도(t_3)의 관계식 = 건구온도(t_1) > 습구온도(t_2) > 노점온도(t_3)
→ 습구온도는 포화공기에 있어서는 증발이 일어나지 않으므로 건구온도가 같아지지만 포화되지 않는 공기에서는 습구온도가 건구온도보다 낮으며 습도가 낮을수록 증발량이 많기 때문에 그 차이가 크게 나타나고 노점온도는 습구온도보다 낮다.

답 : ①

예 건구온도 30[℃], 수증기 분압 1.69[kPa]인 습공기의 상대습도는? (단, 30[℃] 포화공기의 수증기 분압은 4.23[kPa]이다.) [10 기]
① 20[%] ② 30[%]
③ 40[%] ④ 50[%]

해설
$$상대습도 = \frac{현재수증기압}{포화수증기압} \times 100$$
$$= \frac{1.69}{4.23} \times 100 = 39.9 = 40[\%]$$

답 : ③

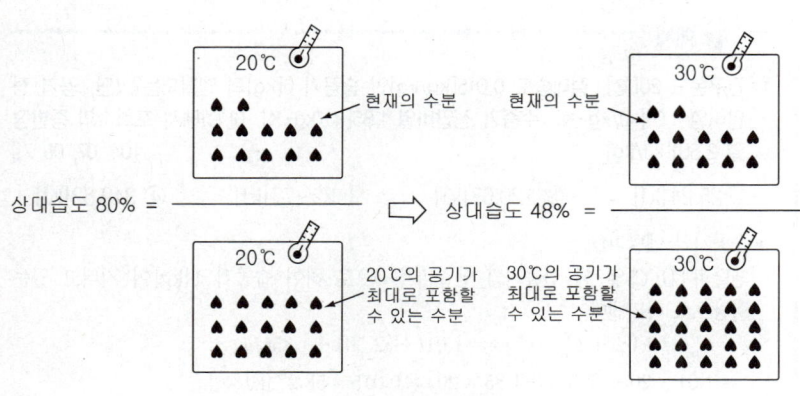

[그림] 상대습도의 의미

3. 엔탈피

건조공기가 그 상태에서 가지고 있는 열량(현열)과 동일 온도에서 수증기가 갖고 있는 열량(잠열)과의 합

① 현열 : 온도의 변화에 따라 출입하는 열 → 온도측정 가능
② 잠열 : 상태의 변화에 따라 출입하는 열 → 온도는 일정
③ 엔탈피 : 0[℃]일 때 건공기의 엔탈피를 0으로 하여 습공기 1[kg]이 지니고 있는 열량으로 나타낸다.

$$i = C_{pa} \cdot t + (\gamma_0 + C_{pw} \cdot t) \cdot x$$
$$= 1.01t + (2,501 + 1.85t)x$$

- i : 엔탈피[kJ/kg(DA)]
- t : 온도[℃]
- x : 절대습도[kg/kg′]
- C_{pa} : 건공기의 정압비열(1.01[kJ/kg·K])
- C_{pw} : 수증기의 정압비열(1.85[kJ/kg·K])
- γ_0 : 0[℃] 포화수의 증발잠열(2,501[kJ/kg])

핵심 PLUS

예 습공기의 엔탈피에 관한 설명으로 옳지 않은 것은? [17, 24 산]
① 현열은 온도의 변화에 따라 출입하는 열로 공기의 정압비열에 온도를 곱해서 구한다.
② 잠열은 상태의 변화에 따라 출입하는 열로 수증기의 증발잠열에 절대습도를 곱해서 구한다.
③ 20[℃]일 때 건공기의 엔탈피를 100으로 하여 습공기 1[kg]이 지니고 있는 열량으로 나타낸다.
④ 건조공기가 그 상태에서 가지고 있는 현열과 동일한 온도에서 수증기가 갖고 있는 잠열과의 합이다.

해설 습공기 엔탈피는 공기가 갖는 전열량으로 현열$[C_{pa} \cdot t]$과 잠열$[(\gamma_0 + C_{pw} \cdot t) \cdot x]$의 합이다.

답 : ③

예 건구온도 20[℃], 절대습도 0.015[kg/kg′]인 습공기의 엔탈피는? (단, 건공기의 정압비열 1.01[kJ/kg·K], 수증기의 정압비열 1.85[kJ/kg·K], 0[℃]에서 포화수의 증발잠열 2,501[kJ/kg]) [17 산]
① 23.15[kJ/kg] ② 35.24[kJ/kg]
③ 58.27[kJ/kg] ④ 67.36[kJ/kg]

해설 습공기의 엔탈피(i)
$i = C_{pa} \cdot t + (\gamma_0 + C_{pw} \cdot t) \cdot x$
$= 1.01t + (2,501 + 1.85t)x$
$= 1.01 \times 20 + (2,501 + 1.85 \times 20) \times 0.015$
$= 58.27[kJ/kg]$

답 : ③

핵심 PLUS

예 다음 중 엔탈피가 0[kJ/kg]인 공기는? [16 산]

① 건구온도 0[℃]인 건공기
② 건구온도 0[℃]인 습공기
③ 노점온도 0[℃]인 습공기
④ 건구온도 0[℃]인 포화공기

해설 엔탈피가 0[kJ/kg](DA)인 공기는 0[℃]이면서 절대습도가 0인 건구온도 0[℃]인 건공기를 의미한다.

답 : ①

예 건구온도 32[℃], 절대습도 0.025[kg/kg′]인 습공기의 엔탈피는? (단, 건공기 정압비열 1.01[kJ/kg], 수증기 정압비열 1.85[kJ/kg·K], 0[℃]에서 포화수의 증발잠열 2,501[kJ/kg]이다.) [10 기]

① 71.12[kJ/kg]
② 96.33[kJ/kg]
③ 140.62[kJ/kg]
④ 182.52[kJ/kg]

해설 습공기의 엔탈피(i)

엔탈피 : 0[℃]일 때 건공기의 엔탈피를 0으로 하여 습공기 1[kg]이 지니고 있는 열량으로 나타낸다.

$= 1.01t + (2,501 + 1.85t)x$
$= 1.01 \times 32 + (2,501 + 1.85 \times 32) \times 0.025$
$= 96.33[kJ/kg]$

답 : ②

예제

1. 건구온도 20[℃], 절대습도 0.015[kg/kg]인 습공기 6[kg]의 엔탈피는? (단, 공기 정압비열 1.01[kJ/kg·K], 수증기 정압비열 1.85[kJ/kg·K], 0[℃]에서 포화수의 증발잠열 2,501[kJ/kg]) [04, 07, 09 기]

① 25.24[kJ] ② 120.67[kJ] ③ 228.77[kJ] ❹ 349.62[kJ]

▶ 습공기의 엔탈피(i)

엔탈피 : 0[℃]일 때 건공기의 엔탈피를 0으로 하여 습공기 1[kg]이 지니고 있는 열량으로 나타낸다.

$i = C_{pa} \cdot t + (\gamma_0 + C_{pw} \cdot t) \cdot x = 1.01t + (2,501 + 1.85t)x$
$\quad = 1.01 \times 20 + (2,501 + 1.85 \times 20) \times 0.015 = 58.27 [kJ/kg]$

∴ 전체 엔탈피 $= 6[kg] \times 58.27[kJ/kg] = 349.62[kJ]$

학습포인트

공기의 정압비열(C_p)
$= 0.24[kcal/kg \cdot K] \times 4.2[kJ/kcal]$
$= 1.008[kJ/kg \cdot K] ≒ 1.01[kJ/kg \cdot K]$

공기의 정적비열(C_v)
$= 0.71[kJ/kg \cdot K]$

2 습공기 선도

1. 습공기 선도의 구성

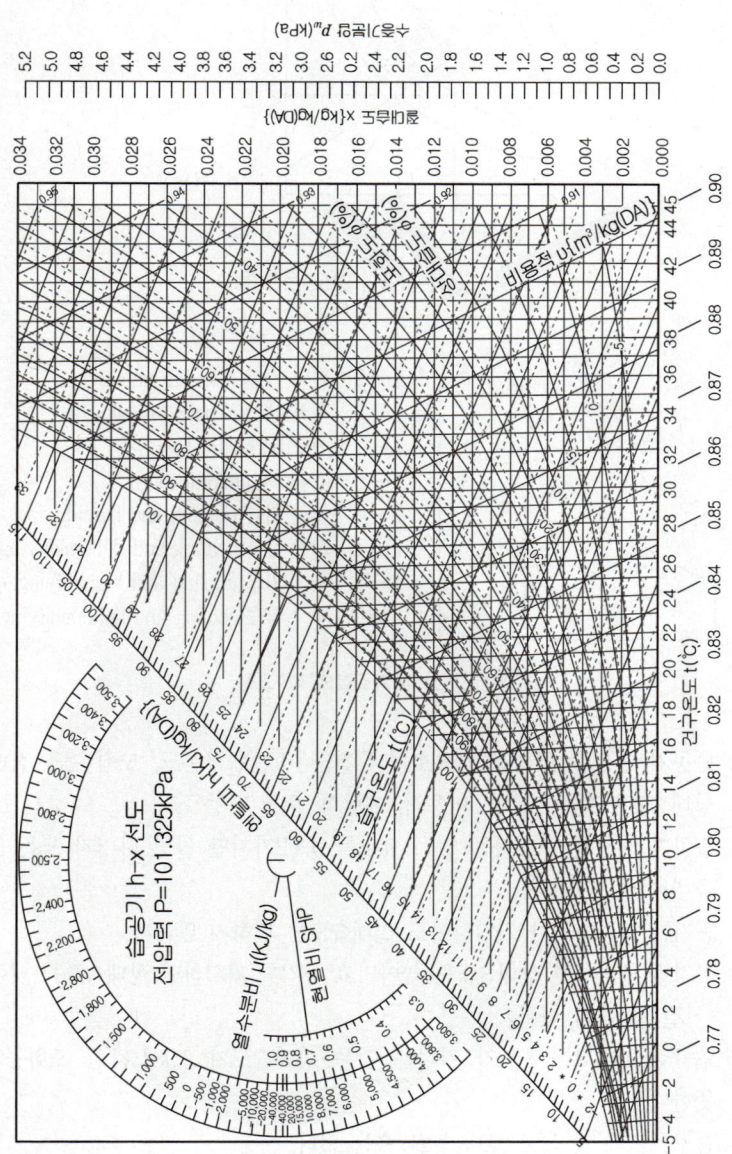

[그림] 습공기 선도

핵심 PLUS

■ 습구온도선을 이용하여 엔탈피의 값을 읽도록 되어 있는 공기선도는? [07 기]
① λ-Re 선도
② t-x 선도
③ t-p 선도
④ p-i 선도

[해설] t-x 선도
① 엔탈피와 습구온도가 평행하게 습구온도선을 이용하여 엔탈피의 값을 읽도록 되어 있는 공기선도이다.
② t-x 선도(Carrier 선도)는 주로 냉동기에서 이용되는 선도이다.
※ 공조설비에서 주로 이용되는 습공기선도는 i-x 선도(Mollier 선도)이다.

답 : ②

■ 다음 중 습공기선도상에 나타나 있지 않은 것은? [15, 17, 23 산]
① 현열비   ② 엔탈피
③ 엔트로피   ④ 수증기분압

답 : ③

■ 다음 공기의 성질 중 가열했을 때 변하지 않는 것은? [15 산]
① 건구온도   ② 습구온도
③ 절대습도   ④ 상대습도

[해설] 공기를 냉각하면 상대습도는 높아지고, 공기를 가열하면 상대습도는 낮아진다. → 절대습도의 변화는 없다.

답 : ③

■ 습공기선도에 관한 설명으로 옳은 것은? [13, 17, 24, 25 산]
① 습공기의 상태변화에 따른 열량변화를 파악할 수 있다.
② 습공기의 상태변화에 따른 유속변화를 파악할 수 있다.
③ 습공기의 상태변화에 따른 소요환기횟수를 파악할 수 있다.
④ 습공기의 상태변화에 따른 공기조화기의 크기를 파악할 수 있다.

답 : ①

핵심 PLUS

예 그림과 같은 습공기 선도에 표시된 P점의 상태량이 옳지 않은 것은?
[12, 18, 24, 25 산]

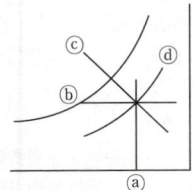

① ⓐ : 건구온도
② ⓑ : 노점온도
③ ⓒ : 엔탈피
④ ⓓ : 절대습도

해설 ⓓ : 상대습도

답 : ④

예 습공기에 관한 설명으로 옳은 것은?
[16, 17 산]
① 습공기를 가열하면 비체적은 감소한다.
② 습공기를 가열하면 엔탈피는 감소한다.
③ 습공기를 가열하면 상대습도는 증가한다.
④ 습공기를 가열해도 절내습도는 일정하다.

해설
㉠ 습공기를 가열 : 상대습도는 감소, 엔탈피와 비체적은 증가, 절대습도는 일정
㉡ 습공기를 냉각 : 상대습도는 증가, 엔탈피와 비체적은 감소, 절대습도는 일정(과냉각시 절대습도는 감소)
※ 습공기를 냉각하여 노점온도 이하가 되면(과냉각) 절대습도는 감소한다.

답 : ④

예 습공기의 건구온도와 습구온도를 알 때 습공기선도상에서 알 수 없는 것은?
[19 산]
① 엔탈피 ② 상대습도
③ 복사온도 ④ 절대습도

답 : ③

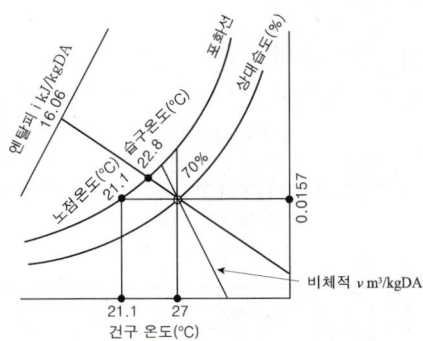

[그림] 습공기 선도 보는 법

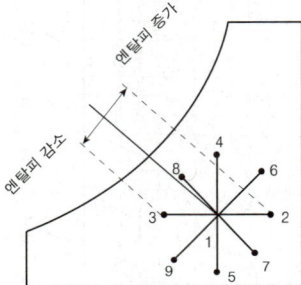

1→2 : 현열 가열(sensible heating)
1→3 : 현열 냉각(sensible cooling)
1→4 : 가습(humidification)
1→5 : 감습(dehumidification)
1→6 : 가열 가습(heating and humidifying)
1→7 : 가열 감습(heating and dehumidifying)
1→8 : 냉각 가습(cooling and humidifying)
1→9 : 냉각 감습(cooling and dehumidifying)

[그림] 공기조화의 각 과정

① 습공기 선도를 구성하는 요소들 : 건구온도, 습구온도, 노점온도, 절대습도, 상대습도, 수증기 분압, 비용적, 엔탈피, 현열비 등
② 습공기 선도를 구성하는 있는 요소들 중 2가지만 알면 나머지 모든 요소들을 알아낼 수 있다.
③ 공기를 냉각하거나 가열하여도 절대습도는 변하지 않는다.
④ 공기를 냉각하면 상대습도는 높아지고 공기를 가열하면 상대습도는 낮아진다.
→ 절대습도의 변화(×)
⑤ 습구온도와 건구온도가 같다는 것은 상대습도가 100[%]인 포화공기임을 뜻한다.
⑥ 습구온도가 건구온도보다 높을 수는 없다.

💡 학습포인트

· i-x 선도(Mollier선도) : 공조설비에서 이용되는 공기선도
· p-i 선도(Mollier선도) : 냉동기에서 이용되는 선도
· t-x 선도(Carrier선도) : 냉동기에서 이용되는 선도

2. 송풍량과 송풍온도 결정

1) 송풍량과 실의 현열부하(A)

$$q_s = GC(t_i - t_o)\,[\text{kJ/h}]$$

q_s : 실의 현열부하[W]
G : 송풍량[kg/h]
$C(C_p)$: 공기의 정압비열(1.01[kJ/kg·K])
t_i : 실내 공기온도[℃]
t_o : 송풍 공기온도[℃]

2) 송풍량과 실의 현열부하(B)

$$q_s = \rho QC(t_i - t_o)\,[\text{kJ/h}] = 0.34Q(t_i - t_o)\,[\text{W}]$$

q_s : 실의 현열부하[W]
ρ : 공기의 밀도[1.2kg/m³]
Q : 송풍량[m³/h]
$C(C_p)$: 공기의 정압비열(1.01[kJ/kg·K])
t_i : 실내 공기온도[℃]
t_o : 송풍 공기온도[℃]

[주] ※ $G[\text{kg/h}] = \rho(1.2[\text{kg/m}^3]) \cdot Q[\text{m}^3/\text{h}] = 1.2Q[\text{kg/h}]$
   ※ $1[\text{W}] = 1[\text{J/s}] = 3,600[\text{J/h}] = 3.6[\text{kJ/h}]$
   ※ 송풍량
   $G[\text{kg/h}] = \gamma(1.2[\text{kg/m}^3]) \cdot Q[\text{m}^3/\text{h}] = 1.2Q[\text{kg/h}]$
   $G[\text{kg/h}] = \rho(1.2[\text{kg/m}^3]) \cdot Q[\text{m}^3/\text{h}] = 1.2Q[\text{kg/h}]$
   공기의 비중량은 γ로 표기하고, 공기의 밀도는 ρ로 표기한다. 그 값은 1.2로 동일하다.

3) 실내 온도를 일정하게 유지하기 위한 필요 송풍량

단위환산계수 $0.34[\text{W}\cdot\text{h/m}^3\cdot\text{K}]$를 이용하면

$$Q = \frac{q_s}{0.34(t_i - t_o)}\,[\text{m}^3/\text{h}]$$

[주] 실내외 온도차(Δt) = ㉠ 난방시 : $(t_i - t_o)$, ㉡ 냉방시 : $(t_o - t_i)$

핵심 PLUS

■ 단위
0.34 = 공기의 비열 × 밀도
　　　× 1,000[J/KJ] ÷ 3,600[s/h]
　　= 1.01[kJ/kg·K] × 1.2[kg/m³]
　　　× 1,000[J/KJ] ÷ 3,600[s/h]
　　= 0.336[W·h/m³·K]
　　= 0.34[W·h/m³·K]

예 실내 취득 현열량이 50,000[W] 일 때, 실내의 온도를 26[℃]로 유지하기 위해 실내에 공급하여야 할 풍량은? (단, 공기의 비열은 1.01[kJ/kg·K], 공기의 밀도는 1.2[kg/m³]이고 실내에 공급되는 공기의 온도는 14.1[℃]이다.)　　[18, 24 산]

① 약 9,250[m³/h]
② 약 10,450[m³/h]
③ 약 12,480[m³/h]
④ 약 15,115[m³/h]

해설 $q_s = \rho QC(t_i - t_o)\,[\text{kJ/h}]$

$$Q = \frac{q_s}{\rho C(t_i - t_o)}\,[\text{m}^3/\text{h}]$$

$$Q = \frac{q_s}{\rho C(t_i - t_o)}$$

$$= \frac{50,000 \times 3.6}{1.2 \times 1.01 \times (26 - 14.1)}$$

$$= 12,480.2\,[\text{m}^3/\text{h}]$$

※ $1[\text{W}] = 1[\text{J/s}] = 3,600[\text{J/h}] = 3.6[\text{kJ/h}]$

답 : ③

예 실내 손실 현열량이 20,000[W]일 때, 실내의 온도를 19[℃]로 유지하기 위한 취출공기의 온도는? (단, 공기의 비열은 1.01[kJ/kg·K], 취출 공기량은 10,000[kg/h]이다.)
　　[13, 24 산]

① 21.3[℃]　② 23.2[℃]
③ 26.1[℃]　④ 28.6[℃]

해설 취출공기의 온도
$q_s = GC(t_d - t_i)\,[\text{kJ/h}]$

$$\therefore t_d = \frac{q_s}{GC} + t_i$$

$$= \frac{20,000 \times 3.6}{10,000 \times 1.01} + 19$$

$$= 26.1\,℃$$

답 : ③

제1과목 건축설비계획 | 제2편 설비설계 계획

핵심 PLUS

[예] 건구온도 33[℃], 절대습도 0.021[kg/kg′]의 공기 20[kg]과 건구온도 25[℃], 절대습도 0.012[kg/kg′]의 공기 80[kg]을 단열혼합하였을 때, 혼합공기의 건구온도와 절대습도는?
[04, 10 기]

① 건구온도 : 26.6[℃],
　절대습도 : 0.0138[kg/kg′]
② 건구온도 : 26.6[℃],
　절대습도 : 0.0192[kg/kg′]
③ 건구온도 : 31.4[℃],
　절대습도 : 0.0138[kg/kg′]
④ 건구온도 : 31.4[℃],
　절대습도 : 0.0192[kg/kg′]

[해설] 단열혼합 혼합공기 온도

$$tm = \frac{G_1 t_1 + G_2 t_2}{G_1 + G_2}$$

$$= \frac{20 \times 33 + 80 \times 25}{20 + 80}$$

$$= 26.6[℃]$$

혼합공기 절대습도

$$Xm = \frac{G_1 x_1 + G_2 x_2}{G_1 + G_2}$$

$$= \frac{20 \times 0.021 + 80 \times 0.012}{20 + 80}$$

$$= 0.01[kg/kg′]$$

답 : ①

3. 열량 및 수분의 양 계산

공조장치에서 출입된 열량 및 물질(수분)의 양에 관한 계산식은 공조계산에 기초가 된다.

① 냉·난방장치에서 열평형식과 물질평형식

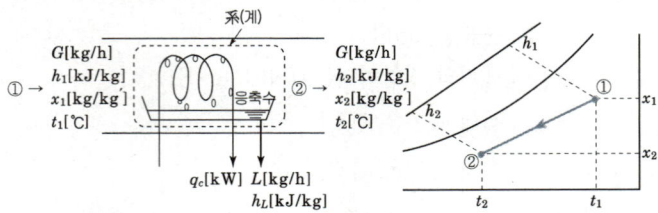

[그림] 냉방장치의 습공기선도상에서의 상태 변화 과정

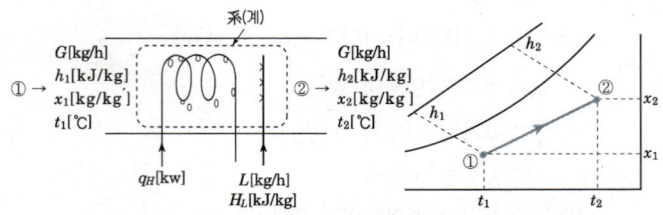

[그림] 난방장치의 습공기선도상에서의 상태 변화 과정

G : 유체의 유량(공기량)
h : 엔탈피
x : 절대습도
t : 건구온도
q_H : 가열코일의 가열량
L : 수분의 양
h_L : 수분의 엔탈피

② 단열혼합(외기와 실내공기와의 혼합)

㉠ 혼합공기온도 $tm = \dfrac{G_1 t_1 + G_2 t_2}{G_1 + G_2}$ [℃]

㉡ 혼합공기 절대습도 $Xm = \dfrac{G_1 x_1 + G_2 x_2}{G_1 + G_2}$ [kg/kg′]

㉢ 혼합공기 엔탈피 $im = \dfrac{G_1 i_1 + G_2 i_2}{G_1 + G_2}$ [kJ/kg]

핵심 PLUS

예 건구온도 26[℃], 상대습도 50[%]인 공기 1,000[m³]과 건구온도 32[℃]인 공기 500[m³]를 혼합하였을 때, 혼합공기의 건구온도는? [19 산]
① 27.2[℃]　② 27.6[℃]
③ 28.0[℃]　④ 28.3[℃]

해설 단열혼합
혼합공기 온도
$t_m = \dfrac{G_1 t_1 + G_2 t_2}{G_1 + G_2}$
$= \dfrac{1000 \times 26 + 500 \times 32}{1000 + 500}$
$= 28.0$ [℃]

답 : ③

예제

1. 10[℃]의 공기 20[kg]과 50[℃]의 공기 80[kg]을 혼합했을 때 혼합공기의 온도는? [12 기]

① 15[℃]　② 25[℃]　❸ 42[℃]　④ 46[℃]

▶ 혼합공기 온도 $tm = \dfrac{G_1 t_1 + G_2 t_2}{G_1 + G_2} = \dfrac{20 \times 10 + 80 \times 50}{20 + 80} = 42$ [℃]

2. 건구온도 35[℃], 절대습도 0.022[kg/kg]인 외기와 건구온도 26[℃], 절대습도 0.0105[kg/kg] 실내공기를 3:7로 혼합할 경우 혼합공기의 건구온도 및 절대습도는? [12 기]

① 29.4[℃], 0.015[kg/kg]　❷ 28.7[℃], 0.014[kg/kg]
③ 27.5[℃], 0.016[kg/kg]　④ 26.6[℃], 0.017[kg/kg]

▶ 단열혼합
혼합공기 온도 $tm = \dfrac{G_1 t_1 + G_2 t_2}{G_1 + G_2} = \dfrac{3 \times 35 + 7 \times 26}{3 + 7} = 28.7$ [℃]

혼합공기 절대습도
$Xm = \dfrac{G_1 x_1 + G_2 x_2}{G_1 + G_2} = \dfrac{3 \times 0.022 + 7 \times 0.0105}{3 + 7} = 0.01395 = 0.014$ [kg/kg′]

③ 가열량(qh) $= G \cdot C \cdot \Delta t$ [kJ/h]
$\qquad\qquad = \rho \cdot Q \cdot C \cdot \Delta t$ [kJ/h]

여기서, qh : 가열량[kJ/h]
　　　　G : 공기량[kg/h]
　　　　Q : 체적량[m³/h]
　　　　ρ : 공기의 밀도(1.2[kg/m³])
　　　　C : 공기의 정압비열(1.01[kJ/kg·K])
　　　　t : 가열 전후온도차

※ G[kg/h] $= \rho(1.2$[kg/m³]$) \cdot Q$[m³/h] $= 1.2 Q$[kg/h]

핵심 PLUS

예 건구온도 25[℃]의 공기 1,000[m³]를 32[℃]로 가열하기 위해 필요한 열량은? (단, 공기의 비열은 1.01[kJ/kg·K]이고, 공기의 밀도는 1.2[kg/m³]이다.) [18 산]
① 7,070[kJ] ② 8,484[kJ]
③ 9,642[kJ] ④ 9,854[kJ]

해설 가열량(qs) = $\rho \cdot Q \cdot C \cdot \Delta t$
= 1.2×1,000×1.01×(32−25)
= 8,484[kJ]

답 : ②

 예제

공기 2,000[kg/h]를 증기코일로 가열하는 경우, 코일을 통과하는 공기의 온도차가 25.5[℃], 증기온도에서 물의 증발잠열이 2,229.52[kJ/kg]일 때 가열에 필요한 증기량은? (단, 공기의 정압비열은 1.01[kJ/kg·K]이다.) [08, 10, 12, 16, 19기]

① 18.2[kg/h] ② 23.1[kg/h] ③ 40.2[kg/h] ④ 50.2[kg/h]

▶ 가열량(qh) = $G \cdot C \cdot \Delta t = \rho \cdot Q \cdot C \cdot \Delta t$
여기서, qh : 가열량[kJ/h]
G : 공기량[kg/h]
Q : 체적량[m³/h]
ρ : 공기의 밀도(1.2[kg/m³])
C : 공기의 정압비열(1.01[kJ/kg·K])
Δt : 가열(냉각)전후온도차

① 가열량(qh) = $G \cdot C \cdot \Delta t$ = 2,000×1.01×25.5 = 51,510 [kJ/h]

② 증기량(가습량) $L = \dfrac{\text{가열량}}{\text{증발잠열}} = \dfrac{51,510[kJ/h]}{2,229.52[kJ/kg]} = 23.1\,[kg/h]$

④ 냉각량(qc) = $G \cdot C \cdot \Delta t$ [kJ/h] = $\rho \cdot Q \cdot C \cdot \Delta t$ [kJ/h]
여기서, qc : 냉각량[kJ/h]
G : 공기량[kg/h]
Q : 체적량[m³/h]
ρ : 공기의 밀도(1.2[kg/m³])
C : 공기의 정압비열(1.01[kJ/kg·K])
Δt : 냉각전후온도차

※ G[kg/h] = ρ(1.2[kg/m³])·Q[m³/h] = 1.2Q[kg/h]

예 36[℃]의 건조공기 2,000[kg/h]를 14[℃]로 냉각할 때 냉각열량은? (단, 공기의 정압비열 1.01[kJ/kg·K]이다.) [11, 24 산]
① 8.8[kW] ② 10[kW]
③ 11.2[kW] ④ 12.3[kW]

해설 냉각량(qc) = $G \cdot C \cdot \Delta t$
= 2,000×1.01×(36−14)
= 44,440[kJ/h] = 12.3[kW]

답 : ④

 예제

건구온도 26[℃]인 습공기 1,000[m³/h]를 14[℃]로 냉각시키는데 필요한 열량은? (단, 현열만에 의한 냉각이며, 공기의 정압비열은 1.01[kJ/kg·K], 공기의 밀도는 1.2[kg/m³]이다.) [10 기]

① 8,642[kJ/h] ② 12,510[kJ/h] ③ 14,544[kJ/h] ④ 18,862[kJ/h]

▶ 냉각량(qc) = $G \cdot C \cdot \Delta t = \rho \cdot Q \cdot C \cdot \Delta t$
여기서, qc : 냉각량[kJ/h]
G : 공기량[kg/h]
Q : 체적량[m³/h]
ρ : 공기의 밀도(1.2[kg/m³])
C : 공기의 정압비열(1.01[kJ/kg·K])
Δt : 냉각전후온도차

※ G[kg/h] = ρ(1.2[kg/m³])·Q[m³/h] = 1.2Q[kg/h]

∴ 냉각열량 = $\rho \cdot Q \cdot C \cdot \Delta t$ = 1.2×1,000×1.01×(26−14) = 14,544[kJ/h]

⑤ 응축수량(L) = $G \cdot \Delta x$ [kJ/h]
= $\rho \cdot Q \cdot \Delta x$ [kJ/h]

여기서, L : 응축수량[kg/h]
G : 공기량[kg/h]
Q : 체적량[m³/h]
ρ : 공기의 밀도(1.2[kg/m³])
Δx : 냉각전후습도차(x_2, x_1=절대습도[kg/kg′])

※ G[kg/h]=ρ(1.2[kg/m³])·Q[m³/h]=1.2Q[kJ/h]

핵심 PLUS

예 공기량 300[kg/h], 절대습도 0.006[kg/kg′]인 공기를 0.012[kg/kg′]까지 가습하는 경우 필요한 공급 수량은? [15 산]

① 0.9[kg/h] ② 1.8[kg/h]
③ 2.7[kg/h] ④ 3.6[kg/h]

해설 가습수량(L)
= $G \cdot \Delta x$ = $\rho \cdot Q \cdot \Delta x$ [kg/h]
= 300×(0.012−0.006)
= 1.8[kg/h]

답 : ②

💡 **예제**

건구온도 30℃, 절대습도 0.0134[kg/kg′]인 공기 5,000[m³/h]를 표면온도가 10℃인 냉각코일로 냉각감습할 경우 응축수분량은 얼마인가? (단, 습공기의 밀도=1.2[kg/m³], 10℃ 포화습공기의 절대습도=0.0076[kg/kg′]냉각코일의 바이패스 팩터=0.1) [04 기]

① 29.24[kg/h] ❷ 31.32[kg/h] ③ 34.80[kg/h] ④ 37.23[kg/h]

▶ 응축수량(L)=$G \cdot \Delta x$
= $\rho \cdot Q \cdot \Delta x$ [kg/h]

여기서, L : 응축수량[kg/h]
G : 공기량[kg/h]
Q : 체적량[m³/h]
ρ : 공기의 밀도(1.2[kg/m³])
Δx : 냉각전후습도차

※ G[kg/h]=ρ(1.2[kg/m³])·Q[m³/h]=1.2Q[kg/h]

∴ 응축수량(L)
=$\rho \cdot Q \cdot \Delta x$=1.2×5,000×(0.0134−0.0076)×0.9=31.32[kg/h]
(단, BF가 0.1이므로 감습량 90[%]를 적용한다.)

⑥ 열수분비(U) : 열 평형식과 물질 평형식에서 장치에 출입된 공기의 엔탈피 변화량($h_2 - h_1$)과 절대습도의 변화량($x_2 - x_1$)의 비율을 열수분비(U)라 한다.

$$U = \frac{h_2 - h_1}{x_2 - x_1} = \frac{q}{L} + h_L$$

■ 어떤 상태변화 과정에서 열수분비를 알면 습공기선도상에서 변화되는 방향을 알 수 있고, 열수분비 값으로 가습 방향을 추적할 수 있다.

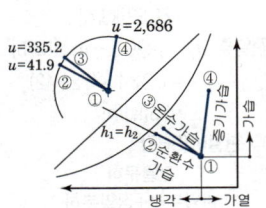

[그림] 가습과정(순환수, 온수, 증기)

핵심 PLUS

예 습공기의 상태변화 성분을 절대습도 변화량에 대한 전열량의 변화량 비율로 나타낸 것은? [14, 16 산]
① 현열비 ② 잠열비
③ 열수분비 ④ 바이패스비

해설 열수분비(U) : 습공기를 가습할 경우 상태변화 과정을 나타내는 요소로 엔탈피(전열량) 변화량과 절대습도의 변화량에 대한 비를 말한다.
답 : ③

■ 현열비(SHF)
: 전열 변화량에 대한 현열 변화량의 비 공기에 주어진 전체열량 → 공조부하에 대한 SHF를 알면 공급공기의 성질을 판단
ⓐ 현열량이 없으면 : SHF=0 → (공기선도상) 수직선상의 변화
ⓑ 잠열량이 없으면 : SHF=1 → (공기선도상) 수평선상의 변화

예 다음과 같은 조건에서 코일로 제거되는 전열량에 대한 현열량의 비는? [17 기]

[조건]
㉠ 코일 입구공기의 온도 t_1 = 35[℃]
㉡ 코일 입구공기의 엔탈피 h_1 = 72[kJ/kg]
㉢ 코일 출구공기의 온도 t_2 = 17[℃]
㉣ 코일 출구공기의 엔탈피 h_2 = 42[kJ/kg]
㉤ 공기의 비열 1.01[kJ/kg·K]

① 0.606 ② 0.701
③ 0.806 ④ 0.901

해설 ㉠ 같은 조건이므로
현열량 $q_s = \rho Q C(t_i - t_o)$ [kJ/h]
= 1.2×1×1.01×(35-17)
= 21.82[kJ/h]
전열량 $q_T = \rho Q(h_1 - h_2)$ [kJ/h]
= 1.2×1×(72-42)
= 36[kJ/h]
㉡ 현열비(SHF)
= 현열부하 / (현열부하+잠열부하)
= 현열부하 / 전열부하 = 21.82/36 = 0.606
답 : ①

예제

습공기가 120[℃]의 수증기로 가습될 때 열수분비[kJ/kg]는? (단, 0[℃]에서 포화수의 증발잠열=2,501[kJ/kg], 수증기의 정압비열=1.85[kJ/kg·K]) [08 기]
① 502 ② 1620 ③ 2478 ④ 2723

▶ 열수분비 = $\gamma_0 + C_{pw} \cdot t$
γ_0 : 0[℃] 포화수의 증발잠열(2,501[kJ/kg])
C_{pw} : 수증기의 비열(1.85[kJ/kg·K])
t : 온도[℃]
∴ 열수분비 = $\gamma_0 + C_{pw} \cdot t$ = 2,501+1.85×120 = 2,723[kJ/kg]

⑦ 현열비(SHF) : 전열변화량($q_s + q_c$)에 대한 현열변화량(q_s)의 비

$$SHF = \frac{q_s}{q_s + q_L}$$

예제

어떤 실내의 취득열량 중 현열이 35,000[W]이고, 잠열이 9,000[W]였다. 실내의 공기조건을 25[℃], 50[%](RH)로 유지하기 위해서 취출온도 10[℃]로 송풍하고자 한다. 이때 현열비는?
① 0.6 ② 0.8
③ 1.9 ④ 3.9

▶ 현열비(SHF) : 전열 변화량에 대한 현열 변화량의 비
∴ 현열비(SHF) = 현열부하 / (현열부하+잠열부하) = 35,000 / (35,000+9,000)
= 0.795 ≒ 0.8

4. By-pass Factor(BF)

냉각 또는 가열 코일과 접촉하지 않고 그대로 통과하는 공기의 비율을 말하며, 완전히 접촉하는 공기의 비율을 Contact Factor라고 한다.

$$BF = 1 - CF$$

냉각 또는 가열 코일을 통과한 공기는 포화상태로는 되지 않는다. 이상적으로 포화되었을 경우 의 상태로 되나 실제로는 2의 상태로 된다.

$$BF = \frac{2-s}{1-s} \qquad CF = \frac{1-2}{1-s}$$

$$\therefore t_2 ≒ t_1 \times BF + t_s \times (1-BF)$$

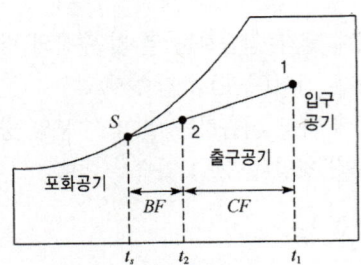

[그림] 냉각코일에서의 By-Pass

예제

30[℃]의 외기 40[%]와 23[℃]의 환기 60[%]를 혼합하여 냉각코일로 냉각감습하는 경우 바이패스 팩터가 0.2이면 코일의 출구 온도는? (단, 코일 표면온도는 10[℃]이다.)

[09, 12, 17, 22 기]

① 12.16[℃] ❷ 13.16[℃] ③ 14.16[℃] ④ 15.16[℃]

▶ 혼합공기 온도 $tm = \dfrac{G_1 t_1 + G_2 t_2}{G_1 + G_2} = \dfrac{2 \times 30 + 3 \times 23}{2 + 3} = 25.8\,[℃]$

코일출구온도 = 코일온도 + (입구온도 − 코일온도) × BF

∴ 코일출구온도 = 10 + (25.8 − 10) × 0.2 = 13.16[℃]

핵심 PLUS

예 냉·난방 부하 계산시 유의할 사항에 대한 설명 중 옳지 않은 것은?
① 난방시의 틈새바람에 의한 부하는 보통 현열부하만을 산정한다.
② 난방부하일 때는 내부발생열은 난방부하를 경감시키는 요소이므로 일반적으로 계산하지 않는다.
③ 부하계산의 결과 열손실이 너무 큰 경우 그것을 건축적인 수법으로 해결하지 말고 공조장치로 처리하도록 한다.
④ 건물의 종류 및 용도에 따라 부하의 요소는 차이가 많이 난다.

[해설] 부하계산의 결과 열손실이 너무 큰 경우에는 단열, 건물의 형태, 개구부의 크기, 건축재료의 선정 등 건축적인 수법을 통하여 계획하는 것이 바람직하다.

답 : ③

3 냉난방부하

① 냉방부하 : 냉방시에 냉각·감습하는 열 및 수분의 량
 → 현열(온도) ; 냉각, 잠열(습도) ; 감습
② 난방부하 : 난방시에 가열·가습하는 열 및 수분의 량
 → 현열(온도) ; 가열, 잠열(습도) ; 가습

1. 냉방부하

1) 냉방부하의 종류

여름에 실내의 온·습도를 설계치로 유지하려면 밖에서 침입해 들어오는 열량과 실내에서 발생하는 열량을 제거해야 하는데, 이 열량을 현열부하라 한다. 또 설계치 이상의 수분을 제거해야 하는데 이 때 수분의 잠열부하를 합쳐 냉방부하로 한다. 냉방부하는 다음과 같이 분류한다.

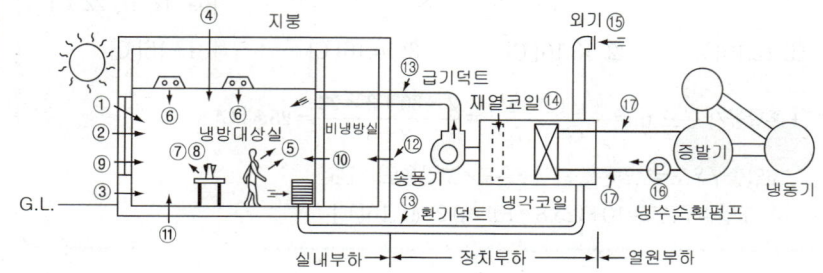

예 다음의 냉방부하 중 실내 취득열량에 해당하지 않는 것은?
 [12, 24, 25 산]
① 인체의 발생열량
② 유리로부터의 취득열량
③ 극간풍에 의한 취득열량
④ 외기의 도입으로 인한 취득열량

[해설] 외기의 도입으로 인한 취득열량 (외기부하) 실내 공기의 오염을 희석시키기 위하여 공조기로 도입되는 외기로 인하여 발생하는 부하이다.

답 : ④

■ 냉방부하의 종류와 발생 요인

구 분	부하의 발생 요인		현 열	잠 열	그림의 기호
실내취득열량	벽체로부터의 취득열량		○		③④⑩⑪
	유리로부터의 취득열량	직달일사에 의한 것	○		①
		전도대류에 의한 것	○		②
	극간풍에 의한 취득열량		○	○	⑨
	인체의 발생열량		○	○	⑤
	기구로부터의 발생열량		○	○	⑥⑦⑧
장치로부터의 취득 열량	송풍기에 의한 취득열량		○		⑫
	덕트로부터의 취득열량		○		⑬
재열 부하	재열기의 가열량(취득열량)		○		⑭
외기 부하	외기의 도입으로 인한 취득열량		○	○	⑮

▶ 냉방부하를 계산할 때 현열과 잠열을 동시에 계산해 주어야 할 부하 요소
① 극간풍에 의한 취득열량
② 인체의 발생열량
③ 기구로부터의 발생열량
④ 외기의 도입으로 인한 취득열량

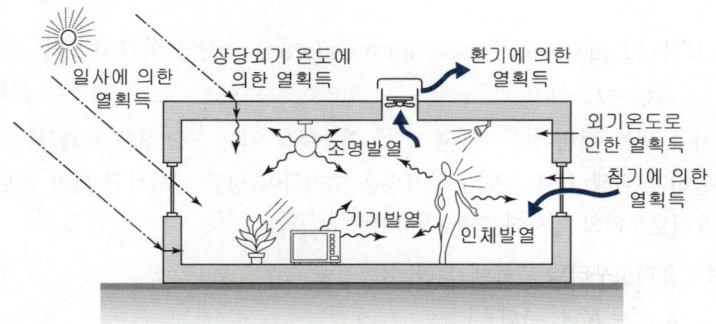

[그림] 건물의 열획득

2) 냉방부하의 기기 용량

실내 취득열량은 송풍기의 용량 및 송풍량을 산출하는 요인이 된다. 여기서 장치부하와 재열부하 및 외기부하를 합하면 냉각코일의 용량을 결정할 수 있다. 또한 냉동기의 증발기와 공조기의 냉각코일에 접속되는 냉수 배관도 주위로부터 현열을 얻게 되는데 이 부하를 배관부하라고 하며, 냉각코일 용량에 배관까지 합하면 냉동기 용량이 된다.

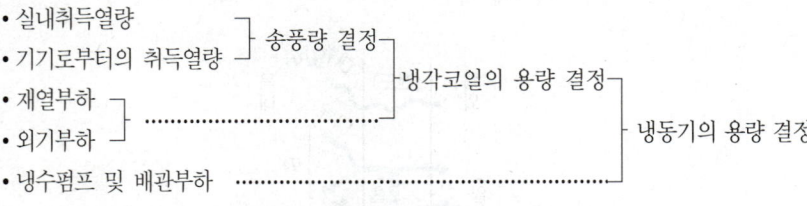

[그림] 냉방부하와 기기용량과의 관계

3) 냉방부하의 계산식

① 벽체로부터의 취득열량 q_w [W]

㉠ 일사의 영향을 무시할 때

$$q_w = K A \Delta t \text{ [W]}$$

Δt : 인접실과의 온도차[℃]

핵심 PLUS

예 냉방부하의 종류 중 현열과 잠열을 동시에 보유하고 있지 않은 것은? [14, 17 산]
① 인체부하 ② 외기부하
③ 조명기구부하 ④ 틈새바람부하
답 : ③

예 냉방부하 계산 시 잠열을 계산하지 않아도 되는 것은? [19 산]
① 인체의 발생열량
② 유리로부터의 취득열량
③ 극간풍에 의한 취득열량
④ 외기의 도입으로 인한 취득열량
답 : ②

■ 재열부하 : 장치의 결로와 습도 상승에 대비하여 공조기 내에서 냉각된 공기를 공조기내 또는 덕트 내에서 가열하여 실내로 취출하는 경우가 있는데, 이때 부하를 재열부하라 한다.

예 냉방부하 중 송풍기 풍량의 산출 요인과 관계가 없는 것은? [12, 18 산]
① 인체의 발생열량
② 벽체로부터의 취득열량
③ 극간풍에 의한 취득열량
④ 외기의 도입으로 인한 취득열량
답 : ④

예 다음 설명 중 (   )안에 들어갈 말로 가장 알맞은 것은? [11 산]

> 외기에 접하고 있는 벽이나 지붕으로부터의 취득열량은 건물 내외의 온도차에 의해 전도의 형식으로 전달된다. 그런데 외벽의 온도는 일사에 의한 복사열의 흡수로 외기온도보다 높게 되는데 이 온도를 (   )라고 한다.

① 건구온도 ② 일사온도
③ 효과온도 ④ 상당외기온도
답 : ④

핵심 PLUS

예 다음 중 유리창에 의한 일사 냉방 부하 산정과 가장 관계가 먼 것은?
[10 기]
① 위도
② 창의 유리 면적
③ 차폐의 종류
④ 열관류율

해설 열관류율(K, W/m²·K) : 전달+전도+전달이 동시에 복합적으로 일어나는 열의 이동 정도를 표시한다.
답 : ④

예 유리창을 통한 일사취득량을 줄이기 위한 방법으로 옳지 않은 것은?
[17, 23 산]
① 입사각을 작게 한다.
② 투과율을 작게 한다.
③ 반사유리를 사용한다.
④ 차폐계수를 작게 한다.

해설 유리창을 통한 취득열량을 줄이기 위해서 열관류율이 적고 반사율이 큰 것이 유리하며, 차폐계수 및 투과율이 작은 것이 취득열량이 적어 유리하다.
답 : ①

예 어느 유리창의 일사에 의한 흡수율이 5.3[%]이고, 반사율은 10.9[%]이다. 일사량이 300[W/m²]일 때 투과량은?
[16, 25 산]
① 251.4[W/m²]
② 293.3[W/m²]
③ 323.6[W/m²]
④ 353.9[W/m²]

해설 유리창을 투과되는 일사열량(It)은 전체 일사량(I) 중에서 반사량(Ir)과 흡수량(Is)을 제외한 량이 되므로
∴ 유리창 투과 일사량(It)= 전체 일사량(I) × {1−반사량(Ir)−흡수량(Is)}
= 300 × (1−0.109−0.053)
= 251.4[W/m²]
답 : ①

ⓛ 일사의 영향을 고려할 때
$$q_w = K\,A\,ETD\,[\text{W}]$$
K : 구조체의 열관류율[W/m²·K]
A : 구조체의 면적[m²]
ETD : 상당 온도차[℃]

※ ETD : Equivalent Temperature Difference : 상당 외기 온도차
$$\Delta t_e = t_e - t_r$$
일사를 받는 외벽이나 지붕과 같이 열용량을 갖는 구조체를 통과하는 열량을 산출하기 위해 외기 온도나 일사량을 고려하여 정한 근사적인 외기 온도이다.

② 유리로부터의 일사에 의한 취득열량 q_G[W]
㉠ 유리로부터의 관류에 의한 취득열량
$$q_{GT} = K\,A_g\,\Delta t\,[\text{W}]$$
A_g : 유리창의 면적(새시 포함) [m²]
Δt : 실내외 온도차[℃]

㉡ 유리로부터 일사취득열량
$$q_{GR} = I_{gr}\,A_g\,k_s\,[\text{W}]$$
I_{gr} : 유리를 통해 투과 및 흡수의 형식으로 취득되는 표준 일사 취득열량[W/m²·k]
A_g : 유리창의 면적(새시 포함) [m²]
k_s : 전차폐 계수

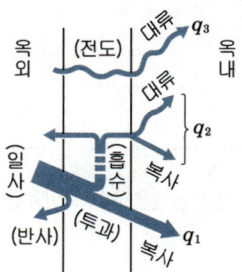

[그림] 유리창을 통한 열취득

③ 극간풍(틈새바람)에 의한 취득열량 q_I[W]
㉠ 현열량
$$q_{IS} = GC(t_0 - t_i)\,[\text{kJ/h}] = \rho QC(t_0 - t_i)\,[\text{kJ/h}]$$
$$= 0.34\,Q(t_0 - t_i)\,[\text{W}]$$

ⓒ 잠열량

$$q_{IL} = GL(x_0 - x_i)\,[\text{kJ/h}] = \rho QL(x_0 - x_i)\,[\text{kJ/h}]$$
$$= 834Q(x_0 - x_i)\,[\text{W}]$$

q_{IS} : 틈새바람에 의한 현열취득량[W]
q_{IL} : 틈새바람에 의한 잠열취득량[W]
C : 공기의 정압비열(1.01 [kJ/kg·K])
ρ : 공기의 밀도(1.2 [kg/m³])
$G_I,\ Q_I$: 틈새바람의 양[kg/h, m³/h]
$t_0,\ t_i$: 외기 및 실내 온도[℃]
$x_0,\ x_i$: 외기 및 실내의 절대습도[kg/kg′]
L : 0℃에서 물의 증발잠열(2,501 [kJ/kg])

[주] ※ G[kg/h]=ρ(1.2 [kg/m³])·Q[m³/h]=1.2Q[kg/h]
※ 1 [W]=1 [J/s]=3,600 [J/h]=3.6 [kJ/h]

예제

다음과 같은 조건에서 바닥면적이 600[m²]인 사무소 공간의 환기에 의한 외기부하는?
[09 기]

[조건]
· 환기량 = 3,000[m³/h]
· 실내공기의 설계온도 = 26[℃]
· 실내공기의 절대습도 = 0.0105[kg/kg′]
· 외기의 온도 = 32[℃]
· 외기의 절대습도 = 0.0212[kg/kg′]
· 공기의 밀도 = 1.2[kg/m³]
· 공기의 정압비열 = 1.01 [kJ/kg·K]
· 0[℃]에서 물의 증발잠열 = 2,501 [kJ/kg]

① 6.06[kW] ② 26.76[kW] ❸ 32.82[kW] ④ 59.58[kW]

▶ ① 현열부하(q_S)= $\rho QC\Delta t$ [kJ/h]
  = 1.2×3,000×1.01×(32−26) = 21,816 [kJ/h] = 6.06 [kW]
② 잠열부하(qL)= $\rho QL\Delta x$ [kJ/h]
  = 1.2×3,000×2,501×(0.0212−0.0105) = 96,339 [kJ/h]
  = 26.76 [kW]
∴ 외기부하 = 현열부하+잠열부하
  = 6.06+26.76 = 32.82 [kW]
※ 1 [kW] = 1,000 [W] = 860 [kcal/h] = 1 [kJ/s] = 3,600 [kJ/h]

핵심 PLUS

▶ 단위환산계수
※ 0.34 : 단위환산계수
 = 공기의 비열 × 밀도 × 1,000(J/KJ)÷3,600(s/h)
 = 1.01kJ/kg·K × 1.2kg/m³ ×1,000(J/KJ)÷3,600(s/h)
 = 0.336W·h/m³·K
 ≒ 0.34W·h/m³·K

※ 834 : 단위환산계수(0℃에서 물의 증발잠열 γ = 2,501kJ/kg 적용)
 = 1.2kg/m³ × 2,501kJ/kg × 1,000(J/KJ)÷3,600(s/h)
 ≒ 834W·h/m³

▶ 열량의 단위 환산
1kw=1,000w=860kcal/h
1w=0.86kcal/h
1w=1J/s=3,600J/h=3.6kJ/h
1kJ=0.24kcal=240cal

예 틈새바람량의 산정 방법에 속하지 않는 것은? [17 산]
① 틈새법   ② 풍압법
③ 면적법   ④ 환기횟수법

해설 외부로부터의 틈새바람량(극간풍량)을 계산할 경우 틈새의 길이, 외부의 풍속, 틈새의 통기특성 등을 고려하여야 하며, 열류의 방향은 틈새바람의 열량을 계산할 경우 고려할 사항에 해당된다. 틈새바람량(극간풍량)의 산출 방법에는 환기횟수법, 창문틈새길이법, 창문면적법이 있다.
답 : ②

핵심 PLUS

예제

환기회수가 2[회/h], 실의 체적 2,000[m³]인 경우 환기에 의한 현열부하는?(단 외기 상태 0[℃], 절대습도 0.002[kg/kg], 실내 상태 24[℃], 절대습도 0.010[kg/kg]) [08 기]

① 16,320[W] ② 2,668[W] ❸ 32,320[W] ④ 5,932[W]

▶ ① 환기량 $Q = nV = 2 \times 2,000 = 4,000 [m^3/h]$

② 현열부하 $q_S = 1.01[kJ/kg \cdot K] \times 1.2[kg/m^3] \times Q \times (t_0 - t_i) \times 1,000[J/kJ] \div 3,600[s/h]$

$$= \frac{1.01 \times 1.2 \times Q \times (t_0 - t_i) \times 1,000[J/kJ]}{3,600[s/h]}$$

$$= \frac{1.01 \times 1.2 \times 4000 \times (24-0) \times 1,000}{3,600}$$

$$= 32,320[W]$$

※ 1[kW] = 1,000[W] = 860[kcal/h] = 1[kJ/s] = 3,600[kJ/h]
1[W] = 1[J/s] = 3,600[J/h] = 3.6[kJ/h]
0.24[kcal] = 1.01[kJ] ≒ 1[kJ]

예제

다음과 같은 조건에서 틈새바람에 의한 냉방부하는? [10 기]

- 틈새공기량 : 50[kg/h]
- 외기의 상태 : $t_0 = 30[℃]$, $X_0 = 0.016[kg/kg]$
- 실내공기의 상태 : $t_i = 25[℃]$, $x_i = 0.010[kg/kg]$
- 공기의 정압비열 : 1.01[kJ/kg·K]
- 0[℃]에서 물의 증발잠열 : 2,501[kJ/kg]

① 502.8[kJ/h] ② 670.4[kJ/h]
❸ 1,002.8[kJ/h] ④ 1,131.3[kJ/h]

▶ ① 현열부하(q_S) = $GC\Delta t$ [kJ/h]
$= 50 \times 1.01 \times (30-25) = 252.5 [kJ/h]$

② 잠열부하(qL) = $GL\Delta x$ [kJ/h]
$= 50 \times 2,501 \times (0.016 - 0.010) = 750.3 [kJ/h]$

∴ 외기부하 = 현열부하 + 잠열부하
$= 252.5 + 750.3 = 1,002.8 [kJ/h]$

④ 인체로부터의 취득열량 q_H [W]

$$q_H = q_{HS} + q_{HL}$$

㉠ 현열량

$$q_{HS} = n H_s$$

㉡ 잠열량

$$q_{HL} = n H_L$$

n : 재실 인원수[명]
H_s : 1인당 인체 발생현열량[W·인]
H_L : 1인당 인체 발생잠열량[W·인]

⑤ 조명 및 기기로부터 취득열량 q_E [W]
 ㉠ 조명기구의 발생열량
  • 백열등 : $q_E = W \cdot f$ [W]
  • 형광등 : $q_E = W \cdot f \times 1.2$ [W]
  여기서, q_E : 조명기구로부터의 취득열량
    W : 조명기구의 소비전력[W]
    f : 조명기구의 사용률(점등률)
    1.2 : 형광등인 경우 안정기 발열량 20[%] 할증
 ㉡ 동력에 의한 부하(전동기는 실내에 있고, 기계는 실외에 있는 경우)

$$q_E = P \cdot f_e \cdot f_o \cdot f_k = P \cdot f_e \cdot f_o \cdot \frac{1-\eta}{\eta}$$

  여기서, P : 전동기의 정격출력[kW]
    f_e : 전동기에 대한 부하율(모터출력/정격출력)
    f_o : 전동기 사용률
    f_k : 전동기와 기계의 사용상태 $[f_k = \frac{1-\eta}{\eta}]$

⑥ 재열부하 q_R

$$q_R = 0.34 Q(t_2 - t_1)$$

  t_2, t_1 : 재열기 출구 및 입구 공기의 온도[℃]

⑦ 외기 부하 q_F [W]

$$q_F = q_{FS} + q_{FL} = G_F(h_0 - h_r)$$
$$q_{FS} = 0.34(t_0 - t_r)$$
$$q_{FL} = 834 Q_F(x_0 - x_r)$$

핵심 PLUS

예 면적이 300[m²]인 호텔의 커피숍을 냉방하고자 한다. 이 때의 인체 발생현열량은? (단, 재실인원 0.6[인/m²], 1인당 발생현열량 49[W])
[20 산]
① 8,820[W] ② 9,250[W]
③ 100,00[W] ④ 11,450[W]

해설 ∴ 현열량 $q_{HS} = n H_s$
= 300[m²]×0.6[인/m²]×49[W]
= 8,820[W]

답 : ①

예 다음과 같은 조건에서 교실면적이 480[m²]인 경우 조명기구(형광등)로부터의 취득열량은? [17, 23 산]

[조건]
실의 단위면적당 소비전력: 13[W/m²]
점등율 : 0.5
안정기 발열량 20[%]를 가산

① 3,372[W] ② 3,744[W]
③ 3,925[W] ④ 4,120[W]

해설 $q_E = W \cdot f \times 1.2$
$= W \cdot f \times 1.25 = 13 \times 480 \times 0.5 \times 1.2$
$= 3,744 W$[W]

답 : ②

■ 재열부하는 가열되는 열량만큼 냉각코일에서 더 냉각시켜야 하므로 냉방부하에 속한다.

h_0, h_r : 실외, 실내의 엔탈피[kJ/kg]

t_0, t_r : 실외, 실내 온도[℃]

x_0, x_r : 실외, 실내의 절대습도[kg/kg′]

G_F, Q_F : 외기량[kg/h, m³/h]

⑧ 송풍기와 덕트로부터의 취득열량 q_B[W]

- 기기 내 열취득

송풍기에서의 열취득	실내 취득열량의 5~13[%]
덕트에서의 열량	실내 취득열량의 3~7[%]
합 계	8~20[%]

4 난방부하

1) 난방부하의 종류

난방부하의 요소들은 표와 같으며, 냉방부하의 발생 요인보다는 아주 간단하게 취급된다. 그 원인은 냉방부하 때에 고려한 일사(日射)의 영향이나 조명기구를 포함한 실내 기구, 재실(在室) 인원 등으로부터의 발생열량은 난방부하를 경감시키는 요인들이며, 일반적인 경우에는 부하 계산에 포함시키지 않기 때문이다.

■ 난방부하의 종류와 발생 요인

종류	부하의 발생 요인	현열	잠열
실내손실열량	외벽, 창유리, 지붕, 내벽, 바닥	○	
	극간풍	○	○
기기손실열량	덕트	○	
외기부하	환기극간풍	○	○

[주] • 현열 : 온도의 변화에 따라 발생하는 열. 온도 측정 가능 → 현열량 : 온도의 상승이나 강하의 요인이 되는 열량
  • 잠열 : 상태의 변화에 따라 발생하는 열. 온도 일정 → 잠열량 : 습도의 변화를 주는 열량

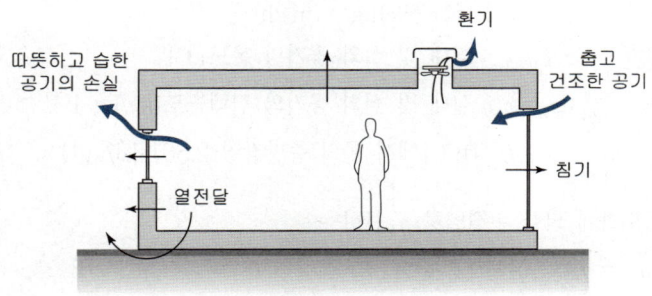

[그림] 건물의 열손실

2) 난방부하의 계산식

① 벽체로부터의 손실열량 q_w [W]

$$q_w = K \cdot A(t_i - t_0)k$$

q_w : 구조체를 관류하는 열량 [W]
K : 구조체를 통한 열관류율 [W/m²·K]
A : 구조체 면적 [m²]
t_i : 실내 온도 [℃]
t_0 : 실외 온도 [℃]
k : 방위 계수

핵심 PLUS

예 난방부하 계산 시 일반적으로 고려하지 않는 것은? [12, 19 산]
① 인체부하
② 외벽을 통한 관류부하
③ 틈새바람에 의한 외기부하
④ 도입외기에 의한 외기부하

답 : ①

예 다음과 같은 조건에 있는 어느 건물의 외벽이 북측에 접할 때 난방시 이 벽체를 통한 관류부하는? [16 산]

[조건]
㉠ 외벽의 면적 : 120 [m²]
㉡ 외벽의 열관류율 : 2.87 [W/m²·K]
㉢ 실내온도 22 [℃], 외기온도 −3 [℃]
㉣ 상당온도차 : 6.7 [℃]
㉤ 방위계수(북) : 1.2

① 2,307 [W] ② 2,769 [W]
③ 8,610 [W] ④ 10,332 [W]

해설 관류에 의한 열손실 계산
[구조체를 통한 열관류열량(Q)]
$Q = K \cdot A \cdot (t_i - t_o) \cdot k$
= 2.87×120×{22−(−3)}×1.2
= 10,332 [W]

답 : ④

예 난방부하 계산시 각 외벽을 통한 손실열량은 방위에 따른 방위계수에 의해 값을 보정하는데, 계수의 값이 큰 것부터 차례로 된 것은?
① 북 > 동, 서 > 남
② 북 > 남 > 동, 서
③ 동 > 남, 북 > 서
④ 남 > 북 > 동, 서

답 : ①

핵심 PLUS

예 다음과 같은 조건에 있는 실의 난방부하 산정 시 틈새바람에 의한 외기현열부하는? [17, 25 산]

[조건]
- 실의 체적 : 300[m³]
- 환기횟수 : 1[회/h]
- 실내온도 : 20[℃]
- 외기온도 : −10[℃]
- 공기의 비열 : 1.01[kJ/kg·K]
- 공기의 밀도 : 1.2[kg/m³]

① 1,040[W] ② 2,430[W]
③ 3,030[W] ④ 4,120[W]

해설 환기(틈새바람)에 의한 열손실

$H = \rho QC(t_i - t_0)$
$\quad = \rho n VC(t_i - t_0)$ [kJ/h]

ρ : 공기의 밀도[1.2kg/m³]
Q : 환기량[m³/h]
n : 환기횟수[회/h]
V : 실용적[m³]
C : 공기의 정압비열[1.01 kJ/kg·K]
$t_i - t_0$: 실내외 온도차[℃]

$\therefore H = \rho QC(t_i - t_0)$
$\quad = \rho n VC(t_i - t_0)$
$\quad = 1.2 \times 1 \times 300 \times 1.01$
$\quad \quad \times \{20 - (-10)\}$
$\quad = 10,908$[kJ/h] $= 3,030$[W]

※ 1[kW] = 1,000[W] = 860[kcal/h]
$\quad = 1$[kJ/s] $= 3,600$[kJ/h]
1[W] = 3.6[kJ/h]

답 : ③

예 난방시에 극간풍량이 1,200[m³/h]에 대한 현열손실량 q_{IS}[W] 및 잠열손실량 q_{IL}[W]를 구하면? (단, 외기의 온도 및 습도는 t_0 : −2[℃], x_0 : 0.002[kg/kg′], 실내공기의 온도 및 습도는 t_i : 24[℃], x_i = 0.010[kg/kg′]이다.)

해설 ㉠ 현열부하 :
$q_{IS} = 0.34 Q(t_i - t_0)$
$\quad = 0.34 \times 1,200 \times \{24 - (-2)\}$
$\quad = 10,608$[W]

㉡ 잠열부하 :
$q_{IL} = 834 Q(x_i - x_0)$
$\quad = 834 \times 1,200 \times (0.010 - 0.002)$
$\quad = 8,006.4$[W]

※ 방위계수(k : 보정계수)
  ㉠ 일사와 바람의 영향을 고려하여 구조체의 방위와 위치에 따라 다르게 적용한다.
  ㉡ 구조체를 통한 열손실 계산시 곱해 주는 값

	남	북	동·서	남동·남서	지붕	바람이 센 곳
방위계수	1.0	1.2	1.1	1.05	1.2	1.2

② 틈새바람(극간풍)에 의한 손실열량 q_I[W]

$q_I = q_{IS} + q_{IL}$

㉠ 현열부하 : $q_{IS} = GC(t_i - t_0)$ [kJ/h] $= \rho QC(t_i - t_0)$ [kJ/h]
$\quad = 0.34 Q(t_0 - t_i)$ [W]

㉡ 잠열부하 : $q_{IL} = GL(x_0 - x_i)$ [kJ/h] $= \rho QL(x_0 - x_i)$ [kJ/h]
$\quad = 834 Q(x_0 - x_i)$ [W]

C : 공기의 정압비열(1.01 [kJ/kg·K])
ρ : 공기의 밀도(1.2 [kg/m³])
G, Q : 극간풍량[kg/h, m³/h]
t_0, t_i : 실내 및 실외 공기의 온도[℃]
x_0, x_i : 실내 및 실외 공기의 절대습도[kg/kg′]
L : 0[℃]에서 물의 증발잠열(2,501 [kJ/kg])

③ 외기부하에 의한 손실열량 q_F[W]

$q_F = q_{FS} + q_{FL}$

㉠ 현열부하 : $q_{FS} = \rho QC(t_i - t_0)$ [kJ/h]
$\quad = 0.34 Q(t_i - t_0)$ [W]

㉡ 잠열부하 : $q_{FL} = \rho QL(x_i - x_0)$ [kJ/h]
$\quad = 834 Q(x_i - x_0)$ [W]

④ 기기에서의 손실열량 q_B[W]

공조기의 체임버나 덕트의 외면 등으로부터의 손실부하와 여유 등을 총괄해서 계산한다.

5 공기조화부하 계산방법

1) 최대부하 계산방법
어떤 건물의 실에 대하여 최대 냉방부하 또는 최대 난방부하를 계산하는 방법이다.
① 송풍량이나 장치 용량 산출(공조설비 용량 추정)
② 설계 외기 조건을 일정 기간 동안을 정상 주기로 가정하므로 겨울철 열용량이 있는 벽을 관류하는 열량으로 계산하는데 정상 상태에서만 성립하는 식을 쓸 수 있으며, 여름철에 대해서는 상당 외기 온도차를 도입하여 같은 식으로 계산이 가능하다.

2) 기간부하 계산방법
1년간 또는 어떤 일정 기간에 걸쳐 시시각각으로 변하는 외기 및 실내 조건 등에 대응하여 정확한 부하 계산이 가능한 방법이다.
① 난방 도일법(heating degree day method)
주로 건물의 난방 기간 동안의 부하를 구하는 데 이용된다.

$$H_{SH} = t \cdot k \cdot HD \, [\text{kJ/기간}]$$

H_{SH} : 기간 난방부하[kJ/기간]
t : 1일 평균 난방시간[h/d]
k : 열관류율[W/m²·K] × 면적 m² [W/K]
HD : 난방 도일[℃·day/기간]

② 확장 도일법(extended degree day method)
㉠ 난방 도일법이 내외의 온도차만을 고려하여 계산한 데 비하여, 일사 및 내부 발생열 등을 고려하고 냉방을 포함한 연간 열부하 계산 방법이다.
㉡ 연간 열부하 Hr[kcal/년]는 기간난방부하 HSH와 기간냉방부하 HSC의 합으로 표시된다.

$$H_{SH} = 24 \cdot k_H \cdot k \cdot HD \, [\text{kJ/기간}]$$
$$H_{SC} = 24 \cdot k_C \cdot k \cdot CD \, [\text{kJ/기간}]$$

k_H, k_C : 지역별 보정 계수
(사무실 건물 k_H=0.5~0.8, k_C=1.0)
CD : 냉방 도일[℃·day/기간]

㉢ 연간 총 공조부하는 연간 열부하에 내부 발열부하와 기타 도입 외기부하 등을 합하면 된다.

핵심 PLUS

예 다음 중 송풍량이나 장비용량 결정을 주된 목적으로 하는 부하계산법은? [17 기]
① 표준 bin법
② 냉난방도일법
③ 최대부하계산법
④ 동적열부하계산법

답 : ③

■ 공조설비의 평가지표
① PAL(Perimeter Annual Load : 연간 열부하 계수) : 건물의 외피구조의 단열성능 평가의 지표
② CEC(Coefficient of Energy Consumption : 공조에너지 소비 계수) : 공조설비의 에너지 이용효율 평가의 지표

예 냉·난방부하 계산에 관한 설명으로 옳지 않은 것은? [15, 21 기]
① 투습으로 인한 열부하는 매우 작기 때문에 일반적으로 부하계산에서 제외한다.
② 유리창 종류와 블라인드 유무에 따라 달라지는 차폐계수는 그 최대값이 1.00이다.
③ 작업상태가 동일한 경우 인체로부터의 발생열량은 실내건구온도가 높을수록 현열량과 잠열량 모두 커진다.
④ 태양으로부터의 일사 열부하는 냉방부하 계산에서는 포함되나, 난방부하 계산에서는 제외되는 것이 일반적이다.

해설 인체에서는 인체와 실내공기의 온도차에 의한 현열과 호흡 또는 땀에 의한 잠열이 발생하여 실내의 온도·습도를 높이는 원인이 된다. 일반적으로 난방부하에서는 무시하고 주로 냉방부하에서 계산하며 실내온도가 높아질수록 수분의 발생이 많아 잠열량이 증가하고, 재실자의 작업상태가 활발할수록 발생열은 증가한다.

답 : ③

핵심기출문제

03. 공기조화설비 계획

■■■ 1. 습공기

1. 습공기에 관한 설명으로 옳은 것은? [18 ④]
① 수증기 함유량이 많을수록 엔탈피는 작아진다.
② 노점온도가 낮을수록 공기 중의 수증기 함유량은 많아진다.
③ 습공기 중의 수증기 함유량이 많을수록 수증기 분압이 커진다.
④ 동일온도에서는 수증기 함유량이 많을수록 건구온도와 습구온도의 차이는 커진다.

해설 1
① 수증기 함유량이 많을수록 엔탈피는 커진다.
② 노점온도가 낮을수록 공기 중의 수증기 함유량은 작아진다.
④ 동일온도에서는 수증기 함유량이 많을수록 건구온도와 습구온도의 차이는 작아진다.

2. 건구온도 및 습구온도에 관한 설명으로 옳은 것은? [16, 20 ④]
① 습구온도는 항상 건구온도보다 높다.
② 포화공기는 건구온도와 습구온도가 같다.
③ 습구온도는 공기 중에 수분이 많을수록 낮다.
④ 건구온도와 습구온도의 차가 클수록 공기 중의 상대습도는 높다.

해설 2
① 불포화공기의 경우 건구온도는 습구온도보다 항상 높다.
② 포화공기의 경우 건구온도와 습온도와 노점온도가 같다.
③ 습구온도는 공기 중에 수분이 많을수록 높다.
④ 건구온도와 습구온도의 차가 클수록 공기 중의 상대습도는 낮다.

3. 여름철 실내에 위치한 냉장고 안의 습도는 어떤 상태인가? [18 ④]
① 상대습도는 높고 절대습도는 낮다.
② 상대습도는 높고 절대습도도 높다.
③ 상대습도는 낮고 절대습도는 높다.
④ 상대습도는 낮고 절대습도도 낮다.

해설 3
여름철 실내에 위치한 냉장고 안은 온도가 낮으므로 노점온도의 상태에 되어 결로가 발생하고, 상대습도는 높고 절대습도는 낮다.

4. 건구온도 27[℃]이며 건공기 1[kg]에 수증기 0.014[kg]을 포함하고 있는 습공기의 절대습도는? [11 ④]
① 0.014[kg/kg′]
② 1.4[%]
③ 71.43[kg/kg′]
④ 71.43[%]

해설
절대습도(SH)는 건공기 1[kg]을 포함하는 습공기 중의 수증기량 x[kg]을 말한다.
절대습도(SH) = $\frac{0.014}{1}$ = 0.014[kg/kg′]
※ kg′는 습공기 중의 절대적인 값 1kg을 포함하고 있는 건조공기의 질량을 의미한다. 즉, 1[kg′]라는 의미는 습공기 (1+x)[kg] 중에 들어있는 건조공기는 1[kg]이며, 이때 건조공기 1[kg]의 표현을 1[kg′] 또는 1kg[DA]로 표현한다.

정답 1. ③ 2. ② 3. ① 4. ①

Industrial Engineer Building Facilities

5. 건구온도 20[℃], 절대습도 0.01[kg/kg′]인 습공기 10[kg]의 엔탈피는? (단, 건공기의 정압비열은 1.01[kJ/kg·K], 수증기의 정압지열은 1.85[kJ/kg·K], 0[℃]에서 포화수의 증발잠열은 2,501[kJ/kg]이다.)   [19 ㉑]

① 201.6[kJ]   ② 254.5[kJ]
③ 369.6[kJ]   ④ 455.8[kJ]

■■■ **2. 습공기선도**

6. 습공기선도에 표현되지 않은 상태값은?   [20, 25 ㉑]

① 엔탈피   ② 비체적
③ 열용량   ④ 수증기분압

7. 다음의 습공기 선도에서 ㉠의 상태에 있는 공기의 노점온도를 구하는 방법은?   [12, 23 ㉑]

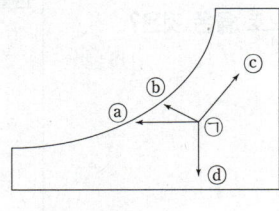

① ⓐ   ② ⓑ
③ ⓒ   ④ ⓓ

[해설]
노점온도는 포화공기(상대습도 100[%])선에 있으며 절대습도와 같은 평행선상에 있다.
※ 노점온도 : 습공기가 어느 한계까지 냉각되면 그 속에 있던 수증기는 이슬방울로 응축되기 시작하는데, 이때의 온도를 노점온도라 한다.

해설

[해설] **5**
습공기의 엔탈피(i)
엔탈피 : 0[℃]일 때 건공기의 엔탈피를 0으로 하여 습공기 1[kg]이 지니고 있는 열량으로 나타낸다.
$i = C_{pa} \cdot t + (\gamma_0 + C_{pw} \cdot t) \cdot x$
$= 1.01t + (2,501 + 1.85t)x$

i : 엔탈피[kJ/kg(DA)]
t : 온도[℃]
x : 절대습도[kg/kg′]
C_{pa} : 건공기의 정압비열
 (1.01[kJ/kg·K])
C_{pw} : 수증기의 정압비열
 (1.85[kJ/kg·K])
γ_0 : 0℃ 포화수의 증발잠열
 (2,501[kJ/kg])

먼저 $i = C_{pa} \cdot t + (\gamma_0 + C_{pw} \cdot t)x$
$= 1.01t + (2,501 + 1.85t)x$
$= 1.01 \times 20 + (2,501 + 1.85 \times 20) \times 0.01$
$= 45.58[kJ/kg]$
∴ 전체 엔탈피 $= 10kg \times 45.58[kJ/kg]$
$= 455.8[kJ]$

[해설] **6**
습공기 선도(Mollier 선도 : i-x 선도)
㉠ 습공기 선도를 구성하는 요소들 : 건구온도, 습구온도, 노점온도, 절대습도, 상대습도, 수증기 분압, 비체적, 엔탈피, 현열비 등
㉡ 습공기 선도를 구성하는 있는 요소들 중 2가지만 알면 나머지 모든 요소들을 알아낼 수 있다.
㉢ 습공기의 상태변화에 따른 열량변화를 파악할 수 있다.

정답 5. ④ 6. ③ 7. ①

핵심기출문제

03. 공기조화설비 계획

8. 겨울철 ㉠ 상태의 외기가 공기조화기에서 환기(return air)와 혼합되면서 상태량이 변하는 과정을 습공기 선도에 올바르게 나타낸 것은? [15 ⑱]

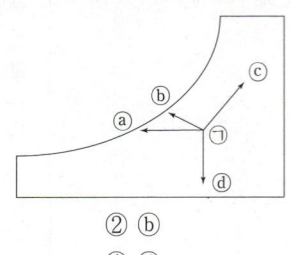

① ⓐ　　② ⓑ
③ ⓒ　　④ ⓓ

9. 습공기를 현열만으로 가열할 경우 감소되는 것은? [18 ⑱]

① 엔탈피　　② 건구온도
③ 습구온도　　④ 상대습도

10. 전기히터를 사용하여 습공기를 가열할 경우에 관한 설명으로 옳은 것은? [19 ⑱]

① 습구온도와 절대습도가 낮아진다.
② 건구온도는 높아지고 엔탈피는 일정하다.
③ 절대습도는 일정하고 상대습도는 낮아진다.
④ 절대습도는 높아지고 상대습도는 일정하다.

11. 실내취득 현열량이 48,800[W]일 때 실내의 온도를 26[℃]로 유지하려면 실내에 공급하여야 할 풍량은?(단, 공기의 비열은 1.01[kJ/kg·K], 공기의 밀도는 1.2[kg/m³], 실내에 공급되는 공기의 온도는 12[℃]이다.) [13 ⑱]

① 1,984[m³/h]　　② 10,354[m³/h]
③ 12,455[m³/h]　　④ 13,250[m³/h]

해설

해설 8
습공기선도상에서 ㉠에서 ㉢과정은 현열가열에 잠열가습 과정으로 겨울철 난방시의 상태를 나타낸다.

해설 9
습공기를 가열하면 절대습도는 일정하고, 상대습도는 감소하고 엔탈피와 비체적은 증가한다.
※ 습공기를 가열하면 상대습도는 낮아지고, 습공기를 냉각하면 상대습도는 높아진다. → 절대습도의 변화는 없다.

해설 10
습공기를 가열하면 상대습도는 낮아지고, 습공기를 냉각하면 상대습도는 높아진다. → 절대습도의 변화는 없다.
※ 습공기선도상에서 건구온도가 일정할 경우 상대습도가 높을수록 절대습도는 높아진다.

해설 11
$q_s = \rho Q C(t_i - t_o)$ [kJ/h]
q_s : 실의 현열부하[W]
ρ : 공기의 비중량(1.2[kg/m³])
Q : 송풍량[m³/h]
C : 공기의 정압비열(1.01[kJ/kg·K])
t_i : 실내 공기온도[℃]
t_o : 송풍 공기온도[℃]

$Q = \dfrac{q_s}{\rho C(t_i - t_o)}$

$= \dfrac{48,800 \times 3.6}{1.2 \times 1.01 \times (26-12)}$

$= 10,354$ [m³/h]

※ 1[W]=1[J/s]=3,600[J/h]=3.6[kJ/h]

정답 8. ③　9. ④　10. ③　11. ②

Industrial Engineer Building Facilities

12. 어떤 실의 난방부하를 계산한 결과 현열부하 q_s=15[kW], 잠열부하 q_L=3[kW]였다. 실내 송풍량을 10,000[kg/h]라 하면 이때 필요한 취출공기의 온도는? (단, 실내조건은 실내온도 20[℃], 상대습도 50[%]이며, 공기의 정압비열은 1.01[kJ/kg·K]이다.) [12, 23 산]

① 25.3[℃] ② 26.3[℃]
③ 27.5[℃] ④ 29.2[℃]

13. t_1=10[℃]인 습공기 1,000[m³/h]를 t_2=28[℃]까지 가열할 경우, 가열량은? (단, 공기의 비열은 1.01[kJ/kg·K], 밀도는 1.2[kg/m³]이다.) [16 산]

① 6,060[W] ② 6,060[kW]
③ 21,816[W] ④ 21,816[kW]

14. 건구온도 30[℃], 엔탈피 63[kJ/kg]인 습공기 3,200[m³/h]를 바이패스팩터 0.18인 냉각코일로 냉각감습하는 경우 냉각되는 전열량은? (단, 습공기의 밀도는 1.2[kg/m³], 냉각코일의 표면온도는 10[℃], 10[℃] 포화습공기의 엔탈피는 29.4[kJ/kg]이다.) [14, 25 산]

① 약 20.2[kW] ② 약 29.4[kW]
③ 약 32.8[kW] ④ 약 38.4[kW]

[해설]
냉각열량(qc) = $G \cdot \Delta h$ [kJ/h]
          = $\rho \cdot Q \cdot \Delta h$ [kJ/h]
여기서, qc : 냉각량[kJ/h]
     G : 공기량[kg/h]
     Q : 체적량[m³/h]
     ρ : 공기의 밀도(1.2[kg/m³])
     Δh : 냉각전후 엔탈피차
※ G[kg/h]=$\rho \cdot Q$[m³/h]=$1.2Q$[m³/h]
냉각열량(qc)=$\rho \cdot Q \cdot \Delta h$=1.2×3,200×(63-29.4)=129,024[kJ/h]=35.84[kW]
BF가 0.18이므로 감습량 82[%]를 적용한다.(BF=1-CF)
∴ 감습량을 적용한 냉각열량(qc)=35.84×0.82=29.39≒29.4[kW]

[참고] ※ 1[kW]=1,000[W]=860[kcal/h]=1[kJ/s]=3,600[kJ/h]
     1[W]=1[J/s]=3,600[J/h]=3.6[kJ/h]
     0.24[kcal]=1.01[kJ]≒1[kJ]

해설

[해설] **12**
송풍량과 송풍온도 결정
$q_s = GC(t_d - t_i)$ [kJ/h]
q_s : 실의 현열부하[kJ/h]
G : 송풍량[kg/h]
C : 공기의 정압비열(1.01[kJ/kg·K])
t_d : 취출공기온도[℃]
t_i : 실내공기온도[℃]
∴ $t_d = \dfrac{q_s}{GC} + t_i = \dfrac{15 \times 3,600}{10,000 \times 1.01} + 20$
    = 25.3
[주] ※ G[kg/h]=ρ(1.2[kg/m³])·
           Q[m³/h]
         =1.2Q[kg/h]
※ 1[W]=1[J/s]=3,600[J/h]
       =3.6[kJ/h]

[해설] **13**
가열량(qh) = $G \cdot C \cdot \Delta t$
        = $\rho \cdot Q \cdot C \cdot \Delta t$ [kJ/h]
여기서, 가열량(qh) : kJ
     G : 공기량[kg/h]
     Q : 체적량[m³/h]
     ρ : 공기의 밀도(1.2[kg/m³])
     C : 공기의 정압비열
         (1.01[kJ/kg·K])
     Δt : 가열(냉각) 전후온도차
가열량(qh)=$\rho \cdot Q \cdot C \cdot \Delta t$
       =1.2×1,000×1.01
        ×(28-10)
       =21,816[kJ/h]=6,060[W]
※ G[kg/h]=$\rho \cdot Q$[m³/h]=$1.2Q$[m³/h]
※ 1[W]=3.6[kJ]

정답 12. ① 13. ① 14. ②

제1과목 건축설비계획 **1-121**

핵심기출문제

03. 공기조화설비 계획

15. 다음 그림과 같은 냉각장치에서 30[℃] 공기 1,000[kg/h]가 20[℃]로 냉각되어 나간다면 냉각 열량은? (단, 공기의 비열은 1.01[kJ/kg·K]이다.) [17 ④]

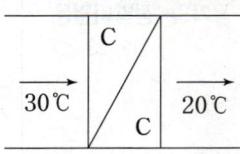

① 2,245.3[W]
② 2,805.6[W]
③ 3,366.7[W]
④ 4,256.8[W]

16. 다음과 같은 조건에서 재실인원이 20명인 실내의 냉방에 요구되는 외기부하량은? [19 ④]

[조건]
- 실내공기의 엔탈피 : 55.4[kJ/kg](DA)
- 외기의 엔탈피 : 84.8[kJ/kg](DA)
- 1인당 필요외기량 : 25[m³/h]
- 공기의 밀도 : 1.2[kg/m³]

① 3.4[kW]
② 4.2[kW]
③ 4.9[kW]
④ 5.7[kW]

17. 열수분비를 올바르게 표현한 것은? [12 ④]

① $\dfrac{\text{엔탈피의 변화량}}{\text{절대습도의 변화량}}$

② $\dfrac{\text{절대습도의 변화량}}{\text{엔탈피의 변화량}}$

③ $\dfrac{\text{현열량의 변화량}}{\text{절대습도의 변화량}}$

④ $\dfrac{\text{절대습도의 변화량}}{\text{현열량의 변화량}}$

해설

해설 15

냉각량$(q_c) = G \cdot C \cdot \Delta t$
$= \rho \cdot G \cdot C \cdot \Delta t$ [kJ/h]

여기서, q_c : 냉각량[kJ/h]
G : 공기량[kg/h]
Q : 체적량[m³/h]
ρ : 공기의 밀도(1.2[kg/m³])
C : 공기의 정압비열 (1.01[kJ/kg·K])
Δt : 냉각전후온도차

∴ 냉각량$(q_c) = G \cdot C \cdot \Delta t$
$= 1,000 \times 1.01 \times (30-20)$
$= 10,100$[kJ/h]
$= 2,805.6$[W]

※ G[kg/h]$= \rho(1.2$[kg/m³]$) \cdot Q$[m³/h]
$= 1.2Q$[kg/h]

※ 1[kW] = 1,000[W]
$= 860$[kcal/h] $= 1$[kJ/s]
$= 3,600$[kJ/h]

해설 16

냉각열량 계산
냉각열량 = 공기량 × 엔탈피차
냉각열량$(q_c) = G(h_1 - h_2)$
$= \rho \cdot Q(h_1 - h_2)$

여기서, q_c : 냉각열량[kJ/h]
G : 공기량[kg/h]
Q : 체적량[m³/h]
ρ : 공기의 밀도(1.2[kg/m³])
$h_1 - h_2$: 냉각전후엔탈피차(Δh)

※ G[kg/h]$= \rho(1.2$[kg/m³]$) \cdot Q$[m³/h]
$= 1.2Q$[kg/h]

냉각열량$(q_c) = \rho \cdot Q(h_1 - h_2)$
$= 1.2 \times 25 \times 20$
$\times (84.8 - 55.4)$
$= 17,640$[kJ/h] $= 4.9$[kW]

※ 1[kW] = 1,000[W]
$= 860$[kcal/h] $= 1$[kJ/s]
$= 3,600$[kJ/h]

해설 17

열수분비(U) : 습공기를 가습할 경우 상태변화 과정을 나타내는 요소로 엔탈피 변화량과 절대습도의 변화량에 대한 비를 말한다.

정답 15. ② 16. ③ 17. ①

18. 공기의 상태변화 중 열의 출입이 없는 단열 변화에 속하는 것은? [13, 17 ④]
① 가열가습 ② 냉각감습
③ 증발냉각 ④ 가습포화

19. 다음의 가습방법 중 열수분비가 가장 큰 경우는 [13, 17 ④]
① 5[℃]의 온수가습 ② 50[℃]의 증기가습
③ 100[℃]의 온수가습 ④ 100[℃]의 증기가습

[해설] 열수분비(U)
습공기를 가습할 경우 상태변화 과정을 나타내는 요소로 엔탈피 변화량과 절대습도의 변화량에 대한 비를 말한다.
㉠ 온수가습 열수분비 = $C \cdot t$
 C : 물의 비열(4.19[kJ/kg·K])
 t : 온수온도[℃]
㉡ 증기가습 열수분비 = $\gamma_0 + C_{pw} \cdot t$
 γ_0 : 0[℃] 포화수의 증발잠열(2,501[kJ/kg])
 C_{pw} : 수증기의 비열(1.85[kJ/kg·K])
 t : 증기온도[℃]

① 50[℃]의 온수가습 = 4.19×50 = 209.5[kJ/kg]
② 100[℃]의 온수가습 = 4.19×100 = 419[kJ/kg]
③ 50[℃]의 증기가습 = 2,501+1.85×50 = 2,593.5[kJ/kg]
④ 100[℃]의 증기가습 = 2,501+1.85×100 = 2,686[kJ/kg]
※ 열수분비(U) : 증기 > 온수 > 순환수(단열) → 열수분비는 온도가 높고 증기일수록 그 값은 크다.

20. 현열비(SHF)를 바르게 나타낸 것은? (단, 현열량은 q_S, 잠열량은 q_L이다.) [12 ④]

① $SHF = \dfrac{q_S + q_L}{q_L}$ ② $SHF = \dfrac{q_S + q_L}{q_S}$

③ $SHF = \dfrac{q_S + q_L}{q_L}$ ④ $SHF = \dfrac{q_L}{q_S + q_L}$

해설

[해설] 18
열수분비(U) : 습공기를 가습할 경우 상태변화 과정을 나타내는 요소로 엔탈피 변화량과 절대습도의 변화량에 대한 비를 말한다.

열수분비(U) = $\dfrac{엔탈피의 \ 변화량}{절대습도의 \ 변화량}$

※ 열수분비(U) : 증기 > 온수 > 순환수 (단열)

☞ 순환수 분무가습(증발냉각) : 물을 순환 분무하면 수온은 입구공기의 습구온도와 같아지고 냉각가습 상태가 된다. 이 경우 엔탈피의 증감이 없는 단열변화가 된다.

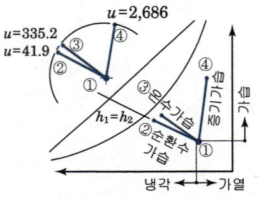

[그림] 가습과정(순환수, 온수, 증기)

[해설] 20
현열비(SHF)
㉠ 전열 변화량에 대한 현열 변화량의 비
 현열비(SHF) = $\dfrac{현열부하}{현열부하 + 잠열부하}$
㉡ 공조부하에 대한 SHF를 알면 공급공기의 성질을 판단할 수 있다.

18. ③ 19. ④ 20. ③

핵심기출문제

21. 여름철 건물 내 어떤 실의 취득 현열량이 25,000[W]이고 잠열량이 7,000[W]일 경우, 현열비는? [19②]

① 0.52
② 0.64
③ 0.78
④ 0.90

22. 냉각코일의 입구공기온도 t_1, 출구공기온도 t_2, 냉각코일표면온도가 t_s일 때 바이패스팩터(BF)를 바르게 표기한 것은? [18②]

① $BF = \dfrac{t_1 - t_2}{t_1 - t_s}$
② $BF = \dfrac{t_2 - t_s}{t_1 - t_s}$
③ $BF = \dfrac{t_2 - t_s}{t_1 - t_2}$
④ $BF = \dfrac{t_1 - t_s}{t_2 - t_s}$

23. 다음 그림에서 ① 외기, ② 실내공기, ⑤ 취출 공기의 상태일 경우 공조장치에서 상태변화 과정으로 옳은 것은? [13②]

① 혼합-가습-가열
② 가열-혼합-가습
③ 예열-가습-취출
④ 혼합-가열-가습

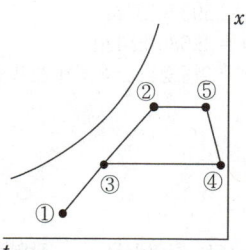

해설

해설 21
현열비(SHF) : 전열 변화량에 대한 현열 변화량의 비
∴ 현열비(SHF)
$= \dfrac{\text{현열부하}}{\text{현열부하}+\text{잠열부하}}$
$= \dfrac{25,000}{25,000+7,000} = 0.78$

해설 22
By-pass Factor(BF)
냉각 또는 가열 코일과 접촉하지 않고 그대로 통과하는 공기의 비율을 말하며, 완전히 접촉하는 공기의 비율을 Contact Factor라고 한다.
냉각코일의 입구공기온도 t_1, 출구공기온도 t_2, 냉각코일표면온도가 t_s일 때 바이패스팩터(BF)는
$BF = \dfrac{t_2 - t_s}{t_1 - t_s}$

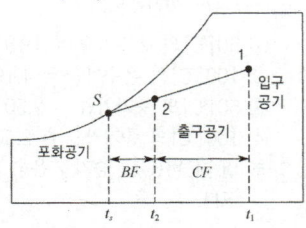

[그림] 냉각코일에서의 By-Pass

해설 23
저온저습①과 고온고습②을 혼합③하여 가열④하여 가습⑤한 상태의 변화 과정이다.

정답 21. ③ 22. ② 23. ④

■■■ 3. 냉난방부하

24. 다음의 냉방부하 중 현열부하만 발생하는 것은? [15]

① 인체의 발생열량
② 유리로부터의 취득열량
③ 극간풍에 의한 취득열량
④ 실내 기구로부터의 발생열량

25. 냉방부하의 종류 중 현열과 잠열로 구성된 것은? [16]

① 인체의 발생열량
② 유리로부터의 취득열량
③ 벽체로부터의 취득열량
④ 덕트로부터의 취득열량

26. 냉방부하 계산시 잠열을 고려하여야 하는 요소는? [15]

① 조명부하
② 외기부하
③ 일사부하
④ 재열부하

27. 다음 설명에 알맞은 공기조화부하와 관련된 용어는? [14, 24]

> 환기를 위해 외기를 공조기로 도입하여 실내의 온·습도 상태까지 냉각·감습하거나 가열·가습하는데 필요한 열량을 말한다.

① 외기부하
② 열원부하
③ 공조기부하
④ 예냉/예열부하

해설

해설 24, 25, 26
냉방부하 계산
① 현열 부하만 계산 : 벽체로부터의 취득열량, 유리로부터의 취득열량, 조명 및 기기로부터의 취득열량, 재열부하, 송풍기와 덕트로부터의 취득열량
② 현열과 잠열을 동시에 계산해 주어야 할 부하요소
 ㉠ 극간풍(틈새바람)에 의한 취득열량
 ㉡ 인체의 발생열량
 ㉢ 기구로부터의 발생열량
 ㉣ 외기의 도입으로 인한 취득열량

해설 27
외기부하
실내 거주자에 의한 호흡이나 담배연기 등에 의하여 실내공기가 오염되어 있으므로 일정한 양의 외기를 도입하여 환기시켜야 하는데 이때 도입되는 외기의 온도나 습도는 실내공기와는 차이가 나므로 온도차이에 의한 현열과 습도차에 의한 잠열의 부하가 필요로 하게 되는데, 이 2가지를 합한 부하를 외기부하라 한다.
[외기부하= 현열과 잠열의 합]

정답 24. ② 25. ① 26. ② 27. ①

핵심기출문제

28. 공조부하에 관한 설명으로 옳지 않은 것은? [14 ④]
① 공조기부하는 공기 냉각기나 가열기 등에서 처리해야 할 열부하를 말한다.
② 현열부하는 공기의 건구온도를 변화시키기 위하여 가열 또는 냉각하는 열부하를 말한다.
③ 최대열부하는 공조기부하에 펌프 및 배관 등의 열부하를 더한 것으로 냉동기나 보일러 용량을 결정하는데 이용된다.
④ 외기부하는 환기를 위해 외기를 공조기로 도입하여 실내의 온·습도 상태까지 냉각·감습하거나, 가열·가습하는데 필요한 열량을 말한다.

[해설] **28, 29** 냉방부하의 기기 용량
- 실내취득열량 ┐
- 기기로부터의 취득열량 ┘→ 송풍량 결정
- 재열부하 ┐
- 외기부하 ┘→ 냉각코일의 용량 결정
- 냉수펌프 및 배관부하 → 냉동기의 용량 결정

※ 열원부하는 장치부하에 열원기기를 기준으로 한 요소, 즉 열원기기와 공조기를 연결하는 배관에서의 열손실과 열원기기에서 만들어진 냉온수를 공조기에 보내는 역할을 하는 펌프에서의 발열까지 포함시킨 것을 말한다.

29. 공조기부하에 펌프 및 배관 등의 열부하를 더한 것으로서 냉동기나 보일러 용량을 결정하는데 이용되는 부하는? [19, 25 ④]
① 외기부하   ② 열원부하
③ 기간부하   ④ 현열부하

30. 외기온도 $t_0 = -10[℃]$, 실내온도 $t_i = 20[℃]$일 때, 벽체 면적 $10[m^2]$를 통하여 손실되는 열량은? (단, 벽체의 열관류율 $K=0.5[W/m^2·K]$) [19 ④]
① 50[W]   ② 100[W]
③ 150[W]   ④ 200[W]

해설

[해설] **30**
관류에 의한 열손실 계산
[구조체를 통한 열관류열량(Q)]
$Q = K·A·(t_i - t_o)$
여기서, K : 열관류율$[W/m^2·K]$
A : 표면적$[m^2]$
$t_i - t_o$: 실내외 온도차$[K]$
∴ $Q = K·A·(t_i - t_o)$
$= 0.5 × 10 × \{20-(-10)\}$
$= 150[W]$

정답 28. ③ 29. ② 30. ③

31. 유리창으로 통한 취득열량을 줄이기 위한 방법으로 옳지 않은 것은? [19④]
① 반사율이 큰 유리 사용
② 열관류율이 큰 유리 사용
③ 투과율이 작은 유리 사용
④ 차폐계수가 작은 유리 사용

해설 31
유리창을 통한 취득열량을 줄이기 위해서 열관류율이 적고 반사율이 큰 것이 유리하며, 차폐계수 및 투과율이 작은 것이 취득열량이 적어 유리하다.

32. 다음 중 공기조화부하 계산에 사용되는 유리의 차폐계수가 가장 큰 것은? (단, 내부 블라인드가 없는 경우) [14, 18④]
① 두께 3[mm] 보통유리
② 두께 3[mm] 흡열유리
③ 두께 5[mm] 보통유리
④ 두께 5[mm] 흡열유리

해설 32
유리의 일사부하계산 시 두께 3[mm] 보통유리를 차폐계수 기준값 1로 본다.
※ 차폐계수 : 일사를 차단하는 정도
☞ 차폐계수(K_s) : 보통유리 1, 중간색 블라인드 설치 0.75, 밝은 색 블라인드 설치 0.65, 반사유리(복층) 0.5 정도

33. 어떤 유리창의 일사에 대한 반사율이 0.41, 흡수율이 0.29이다. 유리면에 닿는 일사량이 300[W/m²]일 때 유리면적 10[m²]를 통해 투과되는 일사열량은? [15④]
① 80[W]
② 87[W]
③ 900[W]
④ 1,230[W]

해설 33
유리창을 투과되는 일사열량(I_t)은 전체 일사량(I) 중에서 반사량(I_r)과 흡수량(I_s)을 제외한 량이 되므로
∴ 유리창 투과 일사량(I_t)
  = 전체 일사량(I)×{1−반사량(I_r)−흡수량(I_s)}
  = 300×10×(1−0.41−0.29)
  = 900[W]

34. 다음과 같은 조건에서 실의 환기량이 2,500[m³/h]인 경우, 환기에 의한 잠열부하는? [16, 19④]

[조건]
㉠ 실내공기상태 $t_r = 24$[℃], $x_r = 0.012$[kg/kg′]
㉡ 외기상태 $t_0 = -5$[℃], $x_0 = 0.003$[kg/kg′]
㉢ 0℃에서 물의 증발잠열 2,501[kJ/kg]
㉣ 공기의 밀도 1.2[kg/m³]

① 10.93[kW]
② 14.19[kW]
③ 18.76[kW]
④ 23.73[kW]

해설 34
잠열부하(q_L) = $GL\Delta x$[kJ/h]
 = $\rho QL\Delta x$[kJ/h]
 = 1.2×2,500×2,501×(0.012−0.003)
 = 67,527[kJ/h]
 = 18.76[kW]
※ G[kg/h]=ρ(1.2[kg/m³])·Q[m³/h]
   =1.2Q[kg/h]
※ 1[kW]=3,600[kJ/h]

정답 31. ② 32. ① 33. ③ 34. ③

핵심기출문제
03. 공기조화설비 계획

35. 20×30[m]인 사무소 공간에서 인체로부터 발생되는 전열량은? [16 ④]

[조건]
㉠ 실내온도 : 26[℃]
㉡ 1인당 면적 : 5[m²/인]
㉢ 1인당 현열부하 : 62.8[W/인]
㉣ 1인당 잠열부하 : 68.6[W/인]

① 14,884[W] ② 15,768[W]
③ 17,127[W] ④ 17,441[W]

36. 용량 15[kW]의 전동기로 작동되는 기계가 있다. 전동기는 실내에 있고 기계는 실외에 있을 경우 실내취득열량은? (단, 전동기에 대한 부하율(모터출력/정격출력)은 0.8, 전동기 효율은 0.86이며, 기타 주어 지지 않은 조건은 무시한다.) [19, 24 ④]

① 12.9[kW] ② 12[kW]
③ 10.32[kW] ④ 1.95[kW]

37. 다음 중 실내 현열비(Sensible Heat Factor)가 가장 클 것으로 예상되는 실은? (단, 기타 조건은 동일한 것으로 가정한다.) [16 ④]

① 재실인원이 10명인 실
② 백열등이 10개 설치된 실
③ 틈새공기량이 10[m³/h]인 실
④ 환기를 위한 외기량이 10[m³/h]인 실

[해설] 현열비(SHF) : 전열 변화량에 대한 현열 변화량의 비

현열비(SHF) = 현열부하 / (현열부하 + 잠열부하)

※ 냉방부하 계산
① 현열 부하만 계산 : 벽체로부터의 취득열량, 유리로부터의 취득열량, 조명 및 기기로부터의 취득열량, 재열부하, 송풍기와 덕트로부터의 취득열량
② 현열과 잠열을 동시에 계산해 주어야 할 부하요소
  ㉠ 극간풍(틈새바람)에 의한 취득열량
  ㉡ 인체의 발생열량
  ㉢ 기구로부터의 발생열량
  ㉣ 외기의 도입으로 인한 취득열량

해설

[해설] **35**
인체로부터의 취득열량 q_H[W]
$$q_H = q_{HS} + q_{HL}$$
㉠ 현열량 $q_{HS} = nH_s$
㉡ 잠열량 $q_{HL} = nH_L$
  n : 재실 인원수[명]
  H_S : 1인당 인체 발생현열량[W·인]
  H_L : 1인당 인체 발생잠열량[W·인]
㉠ 현열량 $q_{HS} = nH_s$
  $= (20 \times 30 \div 5) \times 62.8 = 7,536$[W]
㉡ 잠열량 $q_{HL} = nH_L$
  $= (20 \times 30 \div 5) \times 68.6 = 8,232$[W]
∴ 전열량 = 현열량 + 잠열량
  $= 7,536 + 8,232 = 15,768$[W]

[주의] 재실인원수(n)는 인/m²이므로
  (20×30)[m²] $\div 5$[m²/인]
  $= 120$[인]이다.

[해설] **36**
동력에 의한 부하(전동기는 실내에 있고, 기계는 실외에 있는 경우)
$$q_E = P \cdot f_e \cdot f_o \cdot f_k$$
$$= P \cdot f_e \cdot f_o \cdot \frac{1-\eta}{\eta}$$
여기서
  P : 전동기의 정격출력[kW]
  f_e : 전동기에 대한 부하율
    (모터출력/정격출력)
  f_o : 전동기 사용률
  f_k : 전동기와 기계의 사용상태
    $[f_k = \frac{1-\eta}{\eta}]$
$q_E = P \cdot f_e \cdot f_o \cdot \frac{1-\eta}{\eta}$
$= 15 \times 0.8 \times 1 \times \frac{1-0.86}{0.86} = 1.95$[kW]

정답 35. ② 36. ④ 37. ②

38. 사무실의 북측 외벽이 다음과 같은 조건에 있을 때, 난방 시 이 벽체로부터의 손실열량은? [20 ]

[조건]
- ㉠ 벽체의 면적 : 50[m²]
- ㉡ 벽체의 열관류율 : 0.4[W/m²·K]
- ㉢ 실내온도 : 21[℃], 외기온도 : -4[℃]
- ㉣ 방위계수(북쪽) : 1.1
- ㉤ 대기복사에 대한 외기온도의 보정은 무시

① 500[W] ② 550[W]
③ 600[W] ④ 650[W]

해설 38
관류에 의한 열손실 계산
[구조체를 통한 열관류열량(Q)]
$Q = K \cdot A \cdot (t_i - t_o) \cdot \kappa$
여기서, K : 열관류율[W/m²·K]
A : 표면적[m²]
$t_i - t_o$: 실내외 온도차[K]
κ : 방위계수(보정계수)
∴ $Q = K \cdot A \cdot (t_i - t_o) \cdot \kappa$
　 $= 0.4 \times 50 \times \{21-(-4)\} \times 1.1$
　 $= 550[W]$
[주] 방위계수(κ, 보정계수)
㉠ 일사와 바람의 영향을 고려 구조체의 방위와 위치에 따라 다르게 적용한다.
㉡ 구조체를 통한 열손실 계산시 곱해 주는 값

39. 다음과 같은 조건에 있는 사무실의 환기에 의한 손실 열량(현열)은? [13, 18 ㉳]

[조건]
- 사무실의 크기 : 7[m]×5[m]×3.5[m]
- 실내온도 : 20[℃]
- 외기온도 : 5[℃]
- 사무실의 환기횟수 : 2[회/h]
- 공기의 밀도 : 1.2[kg/m³]
- 공기의 정압비열 : 1.01[kJ/kg·K]

① 842.01[W] ② 1,075.78[W]
③ 1,237.25[W] ④ 4,274.03[W]

해설 39
손실열량$(H) = \rho \cdot Q \cdot C_p \cdot (t_i - t_o)$
　　　　　$= 1.2 \times 2 \times (7 \times 5 \times 3.5)$
　　　　　　$\times 1.01 \times (20-5)$
　　　　　$= 4,454.1[kJ/h]$
　　　　　$= 1,237.25[W]$
※ 환기량 $Q = n \cdot V$
※ 1[W] = 1[J/s] = 3,600[J/h] = 3.6[kJ/h]
　1[kW] = 1,000[W] = 1[kJ/s] = 3,600[kJ/h]

정답 38. ② 39. ③

핵심기출문제

40. 다음과 같은 조건에서 난방 시 외기에 의한 현열부하는? [19 산]

[조건]
㉠ 외기량 : 500[kg/h]
㉡ 외기
 • 건구온도 5[℃]
 • 절대습도 : 0.002[kg/kg′]
㉢ 실내공기
 • 건구온도 : 24[℃]
 • 절대습도 : 0.009[kg/kg′]
㉣ 공기의 비열 : 1.01[kJ/kg·K]

① 2.67[kW] ② 3.17[kW]
③ 3.68[kW] ④ 4.12[kW]

해설 40
외기에 의한 냉방부하
= 현열부하 + 잠열부하
여기에서는 현열부하만을 구하는 것이므로
현열부하 $q_{FS} = GC(t_0 - t_i)$ [kJ/h]
$\qquad = \rho QC(t_0 - t_i)$ [kJ/h]
$\qquad = 500 \times 1.01 \times (24-5)$
$\qquad = 9,595$ [kJ/h]
$\qquad ≒ 2.67$ [kW]

41. 난방부하에 관한 설명으로 옳지 않은 것은? [13 산]

① 현열부하와 잠열부하로 나눌 수 있다.
② 외벽과 내벽의 부하계산 시는 방위계수를 고려한다.
③ 덕트에서 발생하는 손실열량은 현열만을 고려한다.
④ 일반적으로 일사영향, 조명기구, 재실자의 발생열량은 고려하지 않는다.

해설 방위계수(보정계수)
㉠ 일사와 바람의 영향을 고려 구조체의 방위와 위치에 따라 다르게 적용한다.
㉡ 구조체를 통한 열손실 계산시 곱해 주는 값

	남	북	동·서	남동·남서	지붕	바람이 센 곳
방위계수	1.0	1.2	1.1	1.05	1.2	1.2

※ 난방부하에서 외벽, 지붕의 부하계산 시는 방위계수(보정계수)를 고려한다.

정답 40. ① 41. ②

04 환기설비 계획

제1과목 건축설비계획 | 제2편 설비설계 계획

1 실내공기질(IAQ : Indoor Air Quality)

실내의 부유분진 뿐만 아니라 실내온도, 습도, 냄새, 유해가스 및 기류 분포에 이르기까지 사람들이 실내의 공기에서 느끼는 모든 것을 말한다.

1. 신축 공동주택의 실내공기질 권고 기준

① 신축 공동주택(30세대 이상인 경우)의 실내공기질 측정 주요 항목은 미세먼지, 이산화탄소, 포름알데히드, 총부유세균, 일산화탄소, 휘발성유기화합물(벤젠, 에틸벤젠, 톨루엔, 자일렌, 스틸렌, 라돈) 등이 있다.

② 신축공동주택의 시공자가 실내공기질을 측정하는 경우에는 환경오염공정시험기준에 따라 30세대의 경우 3개의 측정 장소에서 실내공기질 측정을 실시하여야 하며, 30세대를 초과하는 경우 3개의 측정 장소에 초과하는 30세대마다 1개의 측정 장소를 추가하여 실내공기질 측정을 실시하여야 한다.

③ 신축 공동주택의 실내공기질 측정항목
- 포름알데히드
- 벤젠
- 톨루엔
- 에틸벤젠
- 자일렌
- 스틸렌
- 라돈

④ 공동주택의 실내공기질 권고기준(30분 이상 환기, 5시간 밀폐 후 측정)
- 포름알데히드 210[$\mu g/m^3$] 이하
- 벤젠 30[$\mu g/m^3$] 이하
- 톨루엔 1000[$\mu g/m^3$] 이하
- 에틸벤젠 360[$\mu g/m^3$] 이하
- 자일렌 700[$\mu g/m^3$] 이하
- 스틸렌 300[$\mu g/m^3$] 이하
- 라돈 200[$\mu g/m^3$] 이하

> **핵심 PLUS**
>
> 예 신축 공동주택의 실내공기질 권고 기준에 포함되지 않는 물질은?
> ① 벤젠　　② 폼알데하이드
> ③ 오존　　④ 스틸렌
> 　　　　　　　　답 : ③

핵심 PLUS

예 다음 중 새집증후군(sick house syn-drome)의 원인과 가장 관계가 먼 것은? [07, 12 기]
① 건물의 기밀성 증대로 인한 환기 부족 현상
② 건자재, 시공재에서 화학물질 사용의 증가
③ 생활용품으로 화학제품 사용의 증가
④ 시공결함으로 인한 침기(침입공기)의 증가

답 : ④

2. 새집 증후군(SHS : Sick House Syndrome)

① 새로 지은 주택이나 건물에 입주하였을 때, 실내오염물질을 배출하면서 인체에 각종 자극을 일으키고 혹은 두통을 유발하거나 아토피성 피부염이나 급성폐렴등을 유발하는 현상을 통칭하며 즉, 집안의 공기 오염에 의한 반응 중 화학물질에 의한 반응을 말한다.

② 새집 증후군의 원인
- 건물의 기밀성 증대로 인한 환기부족 현상
- 건자재, 시공재의 화학물질사용 증가
- 생활용품으로 화학제품 사용의 증가

③ 새집 증후군의 방지책
- 강화된 기준치를 법령화한다
- 화학물질의 접촉 최소화한다.
- 물리적 방법 : 식물 기르기, 환기, 공기강제배출기, 공기청정기, 난방(Baking Out)
- 화학적 방법 : 광촉매 도포, 숯 사용, 제올라이트 사용

2 실내공기질 관리법 관련 규정

■ 실내공기질 관리법 시행규칙 [별표 1] 〈개정 2019. 2. 13.〉

【오염물질(제2조 관련)】

1. 미세먼지(PM-10)
2. 이산화탄소(CO_2 ; Carbon Dioxide)
3. 폼알데하이드(Formaldehyde)
4. 총부유세균(TAB ; Total Airborne Bacteria)
5. 일산화탄소(CO ; Carbon Monoxide)
6. 이산화질소(NO_2 ; Nitrogen dioxide)
7. 라돈(Rn ; Radon)
8. 휘발성유기화합물(VOCs ; Volatile Organic Compounds)
9. 석면(Asbestos)
10. 오존(O_3 ; Ozone)
11. 초미세먼지(PM-2.5)
12. 곰팡이(Mold)
13. 벤젠(Benzene)
14. 톨루엔(Toluene)
15. 에틸벤젠(Ethylbenzene)
16. 자일렌(Xylene)
17. 스티렌(Styrene)

■ 실내공기질 관리법 시행규칙 [별표 2] 〈개정 2020. 4. 3.〉
【실내공기질 유지기준(제3조 관련)】

오염물질 항목 다중이용시설	미세먼지 (PM-10) [μg/m³]	미세먼지 (PM-2.5) [μg/m³]	이산화 탄소 [ppm]	폼알데 하이드 [μg/m³]	총부유 세균 [CFU/m³]	일산화 탄소 [ppm]
가. 지하역사, 지하도상가, 철도역사의 대합실, 여객자동차터미널의 대합실, 항만시설 중 대합실, 공항시설 중 여객터미널, 도서관·박물관 및 미술관, 대규모 점포, 장례식장, 영화상영관, 학원, 전시시설, 인터넷컴퓨터게임시설제공업의 영업시설, 목욕장업의 영업시설	100 이하	50 이하	1,000 이하	100 이하	–	10 이하
나. 의료기관, 산후조리원, 노인요양시설, 어린이집, 실내 어린이놀이시설	75 이하	35 이하		80 이하	800 이하	
다. 실내주차장	200 이하	–		100 이하	–	25 이하
라. 실내 체육시설, 실내 공연장, 업무시설, 둘 이상의 용도에 사용되는 건축물	200 이하	–	–	–	–	–

[비고]
1. 도서관, 영화상영관, 학원, 인터넷컴퓨터게임 시설제공업 영업시설 중 자연환기가 불가능하여 자연환기설비 또는 기계환기설비를 이용하는 경우에는 이산화탄소의 기준을 1,500[ppm] 이하로 한다.
2. 실내 체육시설, 실내 공연장, 업무시설 또는 둘 이상의 용도에 사용되는 건축물로서 실내 미세먼지(PM-10)의 농도가 200[μg/m³]에 근접하여 기준을 초과할 우려가 있는 경우에는 실내공기질의 유지를 위하여 다음 각 목의 실내공기정화시설(덕트) 및 설비를 교체 또는 청소하여야 한다.
  가. 공기정화기와 이에 연결된 급·배기관(급·배기구를 포함한다)
  나. 중앙집중식 냉·난방시설의 급·배기구
  다. 실내공기의 단순배기관
  라. 화장실용 배기관
  마. 조리용 배기관

핵심 PLUS

■ 실내공기질 관리법 시행규칙 [별표 3] 〈개정 2020. 4. 3.〉

【실내공기질 권고기준(제4조 관련)】

다중이용시설 \ 오염물질 항목	이산화질소 [ppm]	라돈 [Bq/㎥]	총휘발성유기화합물 [μg/㎥]	곰팡이 [CFU/㎥]
가. 지하역사, 지하도상가, 철도역사의 대합실, 여객자동차터미널의 대합실, 항만시설 중 대합실, 공항시설 중 여객터미널, 도서관·박물관 및 미술관, 대규모점포, 장례식장, 영화상영관, 학원, 전시시설, 인터넷컴퓨터게임시설제공업의 영업시설, 목욕장업의 영업시설	0.1 이하	148 이하	500 이하	—
나. 의료기관, 산후조리원, 노인요양시설, 어린이집, 실내 어린이놀이시설	0.05 이하		400 이하	500 이하
다. 실내주차장	0.30 이하		1,000 이하	—

3 환기량 산출

■ 환기량 계산법

점검 사항	점검 내용	산출방법 (Q_f : 필요 환기량 [m³/h])	비 고
발열량	① 인체로부터의 발열량 ② 실내 열원으로부터의 발열량	$Q_f = \dfrac{H_s}{C_p \cdot \rho(t_i - t_o)}$ $= \dfrac{H_s}{0.34(t_i - t_o)}$	H_s : 발열량(현열) [W] C_p : 건공기의 비열 　　(1.01[kJ/kg·K]) ρ : 공기의 밀도(1.2[kg/m³]) t_i : 허용 실내 온도[℃] t_0 : 신선공기온도[℃] 0.34 : 단위환산계수
CO_2 농도	① 인체의 호흡으로 배출되는 CO_2 발생량 ② 실내 연소물에 의한 CO_2 발생량	$Q_f = \dfrac{K}{P_i - P_o}$ (정상시)	K : 실내에서의 CO_2 발생량 [m³/h] P_i : CO_2 허용 농도[m³/m³], 사람뿐일 때 0.0015[m³/m³], 실내 연소 기구가 있을 때 0.005[m³/m³] P_0 : 외기 CO_2 농도 0.0003[m³/m³]
수증기 량	• 인체로부터의 수증기 발생량 • 실내 연소물로부터의 수증기 발생량 • 기타 취사 등에 의한 발생량	$Q_f = \dfrac{W}{\rho(G_i - G_0)}$ $= \dfrac{W}{1.2(G_i - G_0)}$	W : 수증기 발생량[kg/h] ρ : 공기의 밀도(1.2[kg/m³]) G_i : 허용 실내 절대습도 [kg/kg 건공기] G_0 : 신선공기 절대습도 [kg/kg 건공기]

핵심 PLUS

예 1,800[m³]의 실용적을 갖는 사무실에서 시간당 0.5회의 환기를 할 때 환기량은? [19 산]

① 750[m³/h]　② 750[m³/min]
③ 900[m³/h]　④ 900[m³/min]

해설 환기량

$Q = nV$

Q : 환기량[m³/h]
n : 환기횟수[회/h]
V : 실용적[m³]

$Q = 0.5회/h \times 1,800[m³] = 900[m³/h]$

답 : ③

예 다음과 같은 조건에 있는 실의 필요 환기량은? [20, 24, 25 산]

- 실내 발열량 300,000[W]
- 실내온도 33[℃], 외기온도 27[℃]
- 공기의 비열 1.21[kJ/m³·K]

① 124,420[m³/h]
② 148,760[m³/h]
③ 182,624[m³/h]
④ 196,640[m³/h]

해설 발열량에 의한 환기량 계산

$Q = \dfrac{H_s}{C_p \times \rho \times (t_i - t_0)}$ 에서

먼저,
1[W]=1[J/s]=3,600[J/h]=3.6[kJ/h]
이므로
300,000[W]×3.6[kJ/h]=10,440

$\therefore Q = \dfrac{H_s}{C_p \times \rho \times (t_i - t_0)}$

$= \dfrac{1,080,000 kJ/h}{1.01 kJ/kg \cdot K \times 1.2 kg/m^3 \times (36-28)K}$

$= 148,760 m^3/h$

답 : ②

핵심 PLUS

예 외기 CO_2 농도는 350[ppm] 이며, 실내 CO_2의 허용농도를 1,000[ppm]으로 할 때, 호흡시의 1인당 CO_2 배출량이 0.02[m³/h] 일 경우 1인당 요구되는 필요 환기량은?
[14, 19 산]

① 24.9[m³/h·인] ② 27.5[m³/h·인]
③ 30.8[m³/h·인] ④ 35.6[m³/h·인]

[해설] 환기량

$$Q = \frac{K}{P_i - P_o}$$

Q : 필요환기량[m³/h]
K : 실내에서의 CO_2 발생량[m³/h]
P_i : CO_2 허용 농도[m³/m³]
P_o : 신선공기 CO_2 농도[m³/m³]

$$\therefore Q = \frac{K}{P_i - P_o}$$
$$= \frac{0.02}{(1,000 - 350) \times 10^{-6}}$$
$$= \frac{0.02 \times 10^6}{650}$$
$$= 30.76 ≒ 30.8[m³/h]$$

※ 1ppm=10^{-6}[m³/m³]

답 : ③

예 외기의 이산화탄소(CO_2) 함유량이 300[ppm], 사람의 호흡 시 1인당 CO_2 배출량이 0.017[m³/h]인 경우, 1인당 필요한 환기량은? (단, CO_2의 실내허용농도는 1,000[ppm]이다.)
[19, 23 산]

① 24.3[m³/h·인] ② 25.9[m³/h·인]
③ 26.7[m³/h·인] ④ 28.3[m³/h·인]

[해설] 필요 환기량

$Q = nV$ Q : 환기량[m³/h]
             n : 환기회수[회/h]
             V : 실용적[m³]

또한 $Q = \dfrac{K}{P_i - P_o}$

Q : 필요환기량[m³/h]
K : 실내에서의 CO_2 발생량[m³/h]
P_i : CO_2 허용 농도[m³/m³]
P_o : 신선공기 CO_2 농도[m³/m³]

$$\therefore Q = \frac{K}{P_i - P_o}$$
$$= \frac{0.017}{(1,000 - 300) \times 10^{-6} \text{ppm}}$$
$$= \frac{0.017 \times 10^6}{700} = \frac{17,000}{700}$$
$$= 24.3[m³/h·인]$$

※ 1ppm=10^{-6}[m³/m³]

답 : ③

예제

1. 체적이 3,000[m³]인 실의 환기회수가 3[회/h]인 경우 환기량은? (단, 공기의 밀도는 1.2[kg/m³]이다.)
[12 기]

① 3,000[kg/h] ② 3,600[kg/h] ③ 9,000[kg/h] ④ 10,800[kg/h]

▶ 환기량
$Q = nV$

Q : 환기량[m³/h]
n : 환기회수[회/h]
V : 실용적[m³]

$Q = 3[\text{회/h}] \times 3,000[m³] = 9,000[m³/h]$
$\therefore 9,000[m³/h] \times 1.2[kg/m³] = 10,800[kg/h]$

2. 실용적 3,000[m³], 재실자 350인의 집회실이 있다. 다음과 같은 조건에서 실내온도 $t_i = 19[℃]$로 하기 위한 필요 환기량은?
[09, 11, 16 기]

- 외기온도 $t_0 = 15[℃]$
- 재실자 1일당의 발열량 = 80[W]
- 실의 손실열량 = 4,000[W]
- 공기의 밀도 = 1.2[kg/m³]
- 공기의 정압비열 = 1.01[kJ/kg·K]

① 2,400[m³/h] ② 4,950.50[m³/h] ③ 17,821.8[m³/h] ④ 21,600[m³/h]

▶ 발열량에 의한 환기량 계산

$$Q = \frac{H_s}{C_p \times \rho \times (t_i - t_0)} \text{에서}$$

먼저, 발열량(H_s) = $(350 \times 80 - 4,000) \times 3.6[kJ/h] = 86,400[kJ/h]$

※ 1[W] = 1[J/s] = 3,600[J/h] = 3.6[kJ/h]

$$\therefore Q = \frac{H_s}{C_p \times \rho \times (t_i - t_0)} = \frac{86,400[kJ/h]}{1.01[kJ/kg·K] \times 1.2[kg/m³] \times (19-15)[K]}$$
$$= 17,821.8[m³/h]$$

예제

3. 어느 사무실이 다음과 같은 조건에 있을 때, 요구되는 환기량은? [10, 14, 20 기]

- 재실인원 : 70[인]
- 실내 CO_2 허용농도 : 1,000[ppm]
- 재실자 1인당 CO_2 발생량 : 0.02[m³/h]
- 외기 중의 CO_2 농도 : 0.03[%]

① 500[m³/h] ② 1,000[m³/h] ③ 1,500[m³/h] ❹ 2,000[m³/h]

▶ 필요환기량

$$Q = \frac{K}{P_i - P_o}$$

Q : 필요환기량[m³/h]
K : 실내에서의 CO_2 발생량[m³/h]
P_i : CO_2 허용 농도[m³/m³]
P_o : 신선공기 CO_2 농도[m³/m³]

※ K = 70명 × 0.02[m³/h] = 1.4[m³/h]
P_i = 1,000[ppm] = 0.1[%] → 0.001[m³/m³]
P_o = 0.03[%] → 0.0003[m³/m³]

∴ 환기량 $Q = \dfrac{K}{P_i - P_o} = \dfrac{70 \times 0.02}{0.001 - 0.0003} = 2,000$[m³/h]

※ 1[ppm] = 10^{-6}[m³/m³]

4. 실의 크기가 7[m]×8[m]×3[m]인 회의실에 84명이 있다. 1인당 수증기 발생량이 50[g/h]이고 실내의 절대습도가 0.0081[kg/kg], 외기의 절대습도가 0.0046[kg/kg]일 때 수증기 배출에 요구되는 환기회수는? (단, 공기의 밀도는 1.2[kg/m³]이다.) [04, 12 기]

① 3[회/h] ② 4[회/h] ③ 5[회/h] ❹ 6[회/h]

▶ $Q_f = \dfrac{W}{\rho(G_i - G_0)} = \dfrac{W}{1.2(G_i - G_0)}$

W : 수증기 발생량[kg/h]
ρ : 공기 밀도
G_i : 허용 실내 절대습도[kg/kg 건공기]
G_0 : 신선공기 절대습도[kg/kg 건공기]

$Q_f = \dfrac{W}{\rho(G_i - G_0)} = \dfrac{W}{1.2(G_i - G_0)} = \dfrac{0.05 \times 84}{1.2(0.0081 - 0.0046)}$

= 1,000
$Q = nV$에서 1,000 = $n \times (7 \times 8 \times 3)$
∴ n = 5.95 ≒ 6[회]

핵심 PLUS

예 사무실의 크기가 10[m]×10[m]×3[m]이고 재실자가 25명, 가스 난로의 CO_2 발생량이 0.5[m³/h]일 때, 실내평균 CO_2 농도를 1,000[ppm]으로 유지하기 위한 최소 환기회수는?(단, 재실자 1인당의 CO_2 발생량은 18[L/h], 외기 CO_2 농도는 500[ppm]이다.) [14 기]

① 약 3.68[회/h]
② 약 4.52[회/h]
③ 약 5.38[회/h]
④ 약 6.33[회/h]

[해설] 필요 환기량

$Q = nV$

Q : 환기량[m³/h]
n : 환기회수[회/h]
V : 실용적[m³]

또한 $Q = \dfrac{K}{P_i - P_o}$

Q : 필요환기량[m³/h]
K : 실내에서의 CO_2 발생량[m³/h]
P_i : CO_2 허용 농도[m³/m³]
P_o : 신선공기 CO_2 농도[m³/m³]

먼저, 실내에서의 CO_2 발생량[m³/h]
= (25×18)[ℓ/h]×1[m³]/1,000[ℓ]
  + 0.5[m³/h]
= 0.95[m³/h]

환기량 $Q = \dfrac{K}{P_i - P_o}$

$= \dfrac{0.95}{0.001 - 0.0005} = 1,900$[m³]

실용적(v) = 10×10×3 = 300[m³]

∴ 환기회수 = $\dfrac{Q}{V} = \dfrac{1,900}{300}$

= 6.33[회]

답 : ④

핵심기출문제

04. 환기설비 계획

1. 실내공기오염의 종합적 지표로 사용되는 오염 물질은?
① 미세먼지　　　　② 이산화탄소
③ 포름알데히드　　④ 휘발성 유기화합물

[해설] 1
이산화탄소(CO_2)의 함유량에 비례해서 다른 오염원의 정도가 변화되므로 실내 공기의 오염정도를 판단하는 척도로 이산화탄소[탄산가스(CO_2)] 농도를 사용한다.

2. 다중이용시설 등의 실내공기질관리법령에 따른 실내공간 오염물질에 속하지 않는 것은?
① 오존　　　　　② 포름알데히드
③ 일산화질소　　④ 라돈

[해설] 2
다중이용시설 등의 실내공기질관리법의 실내공기질 유지기준(제3조 관련 [별표2])에서 신축된 30세대 이상의 아파트는 오염물질이 CO_2인 경우 1,000[ppm] 이하로 규정하고 있다.
※ 신축 공동주택(30세대 이상인 경우)의 실내공기질 측정 주요 항목은 미세먼지, 이산화탄소, 포름알데히드, 총부유세균, 일산화탄소, 휘발성 유기화합물(벤젠, 에틸벤젠, 톨루엔, 자일렌, 스틸렌) 등이 있다.
※ 실내공기 중의 유해오염물질과 발생 근원
　㉠ 일산화탄소(CO) – 가스레인지
　㉡ 라돈 – 콘크리트
　㉢ 포름알데히드(HCHO) – 접착제
　㉣ 벤젠, 나프탈렌 – 방충제, 살충제

3. 이산화탄소의 실내공기질 유지기준으로 옳은 것은? (단, 다중이용시설 중 실내주차장의 경우)
① 200[ppm] 이하　　② 500[ppm] 이하
③ 1,000[ppm] 이하　　④ 2,000[ppm] 이하

[해설] 중앙관리방식의 공기조화설비의 기능[실내공기의 성능기준]

1. 부유 분진량	공기 1[m³]당 0.15[mg] 이하	4. 온 도	17[℃] 이상 28[℃] 이하
2. CO 함유율	10[ppm] 이하	5. 상대습도	40[%] 이상 70[%] 이하
3. CO_2 함유율	1,000[ppm] 이하	6. 기류	0.5[m/s] 이하

4. 실내공기 중에 부유하는 직경 10[μm] 이하의 미세먼지를 의미하는 것은?
[24 산]
① VOC10　　② PMV10
③ PM10　　　④ SS10

[해설] 4
PM 10(Particulate Matter Less than 10[μm])
입자의 크기가 10[μm] 이하인 먼지를 말한다. 국가에서 환경기준으로 연평균 50[μg/m³], 24시간 평균 100[μg/m³]를 기준으로 하고 있다. 인체의 폐포까지 침투하여 각종 호흡기 질환의 직접적인 원인이 되며, 인체의 면역기능을 악화시킨다. 미세먼지(Particulate Matter, PM) 또는 분진이란 아황산가스, 질소 산화물, 납, 오존, 일산화탄소 등과 함께 수많은 대기오염물질을 포함하는 대기오염물질을 말한다.

5. 지하역사의 경우 미세먼지(PM10)의 실내 공기질 유지 기준은?
① 100[μg/m³] 이하　　② 150[μg/m³] 이하
③ 200[μg/m³] 이하　　④ 250[μg/m³] 이하

[해설]
실내공기질(IAQ)관리법 기준에 의하면 지하철 역사인 경우 미세먼지(PM10)는 100[μg/m³] 이하, HCHO는 100[μg/m³] 이하, CO_2 함유율은 1,000[ppm] 이하로 규정하고 있다.

정답 1. ② 2. ③ 3. ③ 4. ③ 5. ①

Industrial Engineer Building Facilities

6. 신축 공동주택의 실내공기질 측정항목 및 권고기준이 맞는 것은?
① 에틸벤젠 210[μg/m³] 이하
② 벤젠 50[μg/m³] 이하
③ 톨루엔 1,000[μg/m³] 이하
④ 포름알데히드 360[μg/m³] 이하

7. 사무실의 체적이 1,000[m³]이고, 공기가 1시간에 40회 비율로 틈새바람에 의해 자연환기될 때 풍량 Q[m³/min]은? [13 ㉛]
① 444[m³/min]   ② 480[m³/min]
③ 667[m³/min]   ④ 725[m³/min]

8. 10[m]×8[m]×3[m]의 크기의 강의실의 환기회수가 1.2[회/h]일 때, 이 실의 환기량은? (단, 공기의 밀도는 1.2[kg/m³]이다.) [11 ㉛]
① 240.0[kg/h]   ② 288.0[kg/h]
③ 345.6[kg/h]   ④ 468.8[kg/h]

9. 사무실에 시간당 9,000[kJ]의 열을 방출하는 복사기가 있다. 실내온도를 22[℃]로 유지하기 위한 환기량은? (단, 외기온도 10[℃], 공기의 밀도 1.2[kg/m³], 공기의 정압비열 1.01[kJ/kg·K], 열관류율은 무시한다.) [11, 13, 25 ㉛]
① 618.8[m³/h]   ② 678.4[m³/h]
③ 720.2[m³/h]   ④ 754.6[m³/h]

[해설] 발열량에 의한 환기량 계산
$H_s = \rho Q C(t_i - t_o)$ [kJ/h]
H_s : 실의 현열부하[kJ/h]
ρ : 공기의 밀도[1.2kg/m³]
Q : 환기량[m³/h]
C : 공기의 정압비열[1.01kJ/kg·K]
t_i : 실내 공기온도[℃]
t_o : 송풍 공기온도[℃]
$Q = \dfrac{H_s}{\rho C(t_i - t_o)} = \dfrac{9,000}{1.2 \times 1.01 \times (22-10)} = 618.8$ [m³/h]

해설

[해설] 6
공동주택의 실내공기질 권고기준(30분 이상 환기, 5시간 밀폐 후 측정)
· 포름알데히드 210[μg/m³] 이하
· 벤젠 30[μg/m³] 이하
· 톨루엔 1,000[μg/m³] 이하
· 에틸벤젠 360[μg/m³] 이하
· 자일렌 700[μg/m³] 이하
· 스틸렌 300[μg/m³] 이하
· 라돈 200[μg/m³] 이하

[해설] 7
환기량
$Q = nV$
Q : 환기량[m³/h]
n : 환기회수[회/h]
V : 실용적[m³]
∴ $Q = nV = 40$[회] × 1,000[m³]
= 40,000[m³/h] = 667[m³/min]

[해설] 8
환기량
$Q = nV$
Q : 환기량[m³/h]
n : 환기회수[회/h]
V : 실용적[m³]
$Q = 1.2$[회/h] × (10×8×3) [m³]
= 288[m³/h]
∴ 288[m³/h] × 1.2[kg/m³]
= 345.6[kg/h]

6. ③ 7. ③ 8. ③ 9. ①

핵심기출문제

10. 5,000[W]의 열을 발산하는 기계실의 온도를 26[℃]로 유지시키기 위한 필요 환기량[m³/h]은? (단, 외기온도 6[℃], 공기의 밀도 1.2[kg/m³], 공기의 정압비열 1.01[kJ/kg·K], 기계실의 열전달 손실은 무시한다.) [18, 24 ㉘]

① 225.0[m³/h]　　② 396.8[m³/h]
③ 594.1[m³/h]　　④ 742.6[m³/h]

11. 실용적 5,000[m³], 재실자 500명인 강당이 있다. 실내온도를 20[℃]로 하기 위한 필요한 환기량은?(단, 환기온도 15[℃], 재실자 1인당의 발열량 81[W], 실의 손실열량 4,070[W], 공기의 밀도 1.2[kg/m³], 공기의 정압비열 1.01[kJ/kg·K]이다.) [11 ㉘]

① 18,875[m³/h]　　② 21,642[m³/h]
③ 25,624[m³/h]　　④ 28,422[m³/h]

12. 다음과 같은 조건이 있는 사무실의 필요환기량은? [13, 15 ㉘]

[조건]
- 재실인원 : 12[인]
- 1인당 CO_2 배출량 : 0.02[m³/h]
- 실내 CO_2 허용한도 : 1,000[ppm]
- 외기 중의 CO_2 농도 : 200[ppm]

① 100[m³/h]　　② 186[m³/h]
③ 300[m³/h]　　④ 386[m³/h]

해설 필요환기량

$Q = \dfrac{K}{P_i - P_o}$

Q : 필요환기량[m³/h]
K : 실내에서의 CO_2 발생량[m³/h]
P_i : CO_2 허용 농도[m³/m³]
P_o : 신선공기 CO_2 농도[m³/m³]

$\therefore Q = \dfrac{K}{P_i - P_o} = \dfrac{12 \times 0.02}{(1,000-200) \times 10^{-6}} = \dfrac{0.24 \times 10^6}{800} = \dfrac{200,000}{800} = 300\,[\text{m}^3/\text{h}]$

※ 1[ppm] = 10^{-6}[m³/m³]

해설

해설 10
발열량에 의한 환기량 계산
$H_s = \rho Q C(t_i - t_o)\,[\text{kJ/h}]$
　H_s : 실의 현열부하[kJ/h]
　ρ : 공기의 밀도(1.2[kg/m³])
　Q : 환기량[m³/h]
　C : 공기의 정압비열(1.01[kJ/kg·K])
　t_i : 실내 공기온도[℃]
　t_o : 송풍 공기온도[℃]

$Q = \dfrac{H_s}{\rho C(t_i - t_o)}$

$= \dfrac{5,000 \times 3.6}{1.2 \times 1.01 \times (26-6)} = 742.6\,[\text{m}^3/\text{h}]$

해설 11
발열량에 의한 환기량 계산
$H_s = \rho Q C(t_i - t_o)\,[\text{kJ/h}]$
　H_s : 실의 현열부하[kJ/h]
　ρ : 공기의 밀도(1.2[kg/m³])
　Q : 환기량[m³/h]
　C : 공기의 정압비열(1.01[kJ/kg·K])
　t_i : 실내 공기온도[℃]
　t_o : 송풍 공기온도[℃]

$Q = \dfrac{H_s}{\rho C(t_i - t_o)}$

$= \dfrac{[(81 \times 500) - 4,070] \times 3.6}{1.2 \times 1.01 \times (20-15)}$

$= 21,641.58 \doteq 21,642\,[\text{m}^3/\text{h}]$

정답 10. ④　11. ②　12. ③

설비시스템 검토

03 section

제3편 설비시스템 검토
01 공기조화 및 열원시스템 검토
02 환기시스템 검토
03 급배수시스템 검토
04 설비자재 검토

01 공기조화 및 열원시스템 검토

제1과목 건축설비계획 | 제3편 설비시스템 검토

핵심 PLUS

■ 현열과 잠열
· 현열 : 온도 변화에 따라 출입하는 열. 온도 측정가능, 온도의 상승이나 강하의 요인이 되는 열량(현열량), 온수 난방에 이용
· 잠열 : 상태 변화에 따라 출입하는 열. 습도의 변화를 주는 열량(잠열량), 온도는 일정, 증기 난방에 이용

1 난방시스템

1. 난방방식

1) 난방 방식의 분류

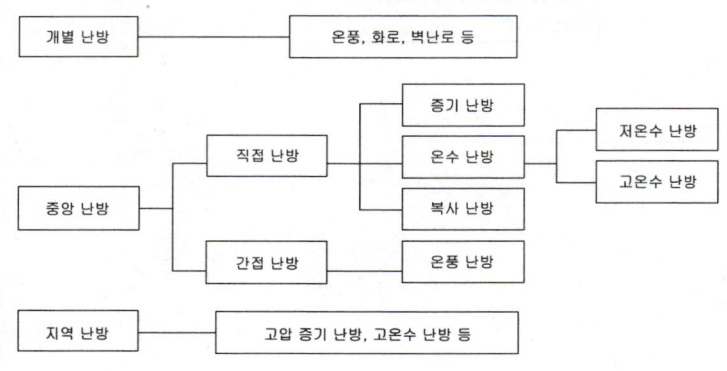

[그림] 난방 방식의 분류

2) 난방 방식의 비교

■ 각종 난방 방식의 비교

구 분		증기 난방	온수 난방	복사 난방	온풍 난방
열매·사용온도		증기 100~110[℃]	온수 70~90[℃]	온수 40~60[℃]	공기 30~50[℃]
열원		보일러	보일러 또는 열교환기		온풍기
방열체		방열기	방열기	패널	없음
순환동력기계		진공급수펌프	온수 순환 펌프		송풍기
설비비	대규모	소	중	대	중
	중소규모	소	중	대	소
연료비		대	중	소	소
유지관리의난이		약간 곤란	용이	용이	약간곤란
자동제어의난이		곤란	용이	약간곤란	용이
많이 적용되는 건물		대규모의 사무소, 공장	주택, 아파트, 병원, 중규모의 사무소	주택, 은행의 영업실, 교회	사무소, 공장

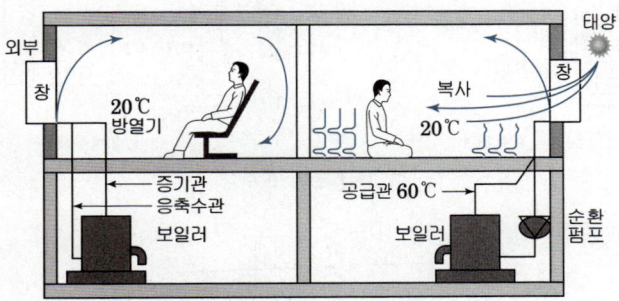

[그림] 증기난방과 온수난방

[그림] 대류난방과 복사난방

2. 난방 방식의 특징

1) 증기난방(steam heating)

- 잠열을 이용한 난방방식
- 사무소, 백화점, 학교, 극장, 일반공장

① 장단점

㉠ 장점
- 증발 잠열을 이용하므로 열의 운반능력이 크다.
- 예열시간이 짧고 증기의 순환이 빠르다.
- 방열면적과 관경이 작아도 된다.
- 설비비, 유지비가 싸다.

㉡ 단점
- 난방의 쾌감도가 나쁘다.
- 소음(steam hammering)이 많이 난다.
- 방열량 조절이 어렵고 화상의 우려(102℃의 증기 사용)가 있다.
- 보일러 취급에 기술을 요한다.

핵심 PLUS

[예] 온수난방과 비교한 증기난방의 특징으로 옳은 것은? [09 기]
① 예열시간이 짧다.
② 소요방열면적과 배관경이 크므로 설비비가 높다.
③ 부하변동에 따른 실내방열량의 제어가 용이하다.
④ 한랭지에서 동결의 우려가 크다.

[해설] 증발 잠열을 이용하므로 열의 운반능력이 크고, 예열시간이 온수난방에 비해 짧고 증기의 순환이 빠르다. 또한 방열온도가 높아서 방열면적 및 배관경이 작으므로 설비비, 유지비가 싸다.

답 : ①

[예] 증기난방에 관한 설명으로 옳지 않은 것은? [18, 24, 25 산]
① 온수난방에 비해 열용량이 크다.
② 한랭지에서 동결의 우려가 적다.
③ 방열면적을 온수난방보다 작게 할 수 있다.
④ 증발잠열을 이용하기 때문에 열의 운반능력이 크다.

답 : ①

핵심 PLUS

예 다음 중 증기난방의 응축수 환수방식에 속하지 않는 것은?
① 중력식
② 상향식
③ 기계식
④ 진공식

답 : ②

예 진공환수식 증기난방에 관한 설명 중 틀린 것은?
① 방열기 설치 위치가 제한된다.
② 환수관의 관경을 줄일 수 있다.
③ 환수배관의 구배를 줄일 수 있다.
④ 환수도중 입상부분이 있어도 문제되지 않는다.

[해설] 진공환수식 증기난방은 증기의 순환이 가장 빠르며 방열기 및 보일러의 설치 위치에 제한을 받지 않는다.

답 : ①

예 온수난방과 증기난방을 비교 설명한 내용 중 옳지 않은 것은? [03 기]
① 온수난방이 취급하기 용이하다.
② 쾌적성은 증기난방이 유리하다.
③ 온수난방이 증기난방에 비해 설비비가 비싸다.
④ 증기난방은 예열 및 냉각이 빠르고 동결위험이 작다.

[해설] 증기난방은 난방부하의 변동에 따라 방열량 조절이 곤란하다.

답 : ②

예 온수난방에 관한 설명으로 옳은 것은? [18, 24 산]
① 온수순환펌프는 반드시 진공펌프를 사용한다.
② 증기난방보다 열용량이 적으므로 예열시간이 짧다.
③ 증기난방에 비하여 난방부하 변동에 따른 온도 조절이 어렵다.
④ 보일러 정지 후에도 여열이 남아 있어 실내 난방이 어느 정도 지속된다.

답 : ④

② 증기난방의 응축수 환수방식

구분	특징
중력 환수식	방열기 설치 위치에 제한(방열기를 보일러보다 높게)
진공 환수식	진공펌프를 쓰는 방식으로 응축수 및 증기의 순환이 가장 빠른 방식
기계 환수식	환수관 보일러와 사이에 순환펌프 설치(보일러 바로 전에 설치)

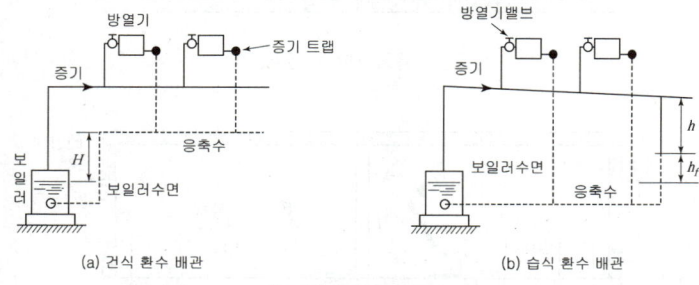

[그림] 중력 환수식

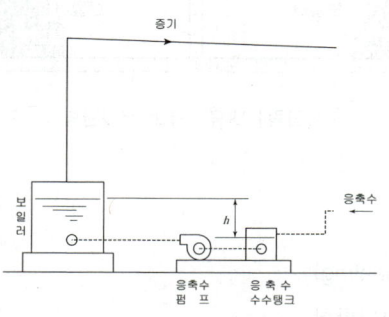

[그림] 기계 환수식

2) 온수난방
- 현열을 이용한 난방방식
- 병원, 주택, 아파트

① 장단점
㉠ 장점
- 난방부하의 변동에 따라 온수온도와 온수의 순환량 조절이 쉽다.
- 현열을 이용한 난방이므로 증기난방에 비해 쾌감도가 높다.
- 방열기 표면 온도가 낮으므로 표면에 붙은 먼지의 연소에 의한 불쾌감이 없다.
- 난방을 정지하여도 난방효과가 지속된다.
- 보일러 취급이 용이하고 안전하다.

ⓒ 단점
- 예열시간이 길다.
- 증기난방에 비해 방열면적과 배관경이 커야 하므로 설비비가 많다.
- 열용량이 크므로 온수 순환 시간이 길다.
- 한랭시, 난방 정지시 동결이 우려된다.

② 온수 온도에 따른 분류
㉠ 저온수식(보통온수식) : 100[℃] 미만(65~85[℃]), 주철제 보일러, 개방식 ET, 건축의 일반 난방용
ⓒ 고온수식 : 100[℃] 이상(보통100~150[℃]), 강판제 보일러, 밀폐식 ET, 지역난방에 적합. 여러 종류의 고압기기 필요, 취급관리가 곤란. 고압으로 인하여 생기는 결점(water hammer 현상), 별로 사용안함

■ 증기난방과 온수난방의 비교

구분	증기	온수
표준방열량	0.756[kW/m²]	0.523[kW/m²]
방열기면적	작다	크다
이용열	잠열	현열
예열시간	짧다	길다
관경	작다	크다
설치유지비	싸다	비싸다
쾌감도	작다	크다
온도조절(방열량조절)	어렵다	쉽다
열매온도	102[℃] 증기	65~85[℃](보통온수) 100~150[℃](고온수)
고유설비	증기트랩 (방열기트랩, 플로우트트랩, 벨로우즈트랩)	팽창탱크 보통온수 : 주로 개방식 고온수 : 밀폐식
공통설비	공기빼기 밸브, 방열기 밸브	

학습포인트

난방 방식 비교
- 방열량조절 : 온풍(쉽다) > 온수 > 증기 > 복사(어렵다)
- 예열 시간 : 복사(길다) > 온수 > 증기 > 온풍(짧다)
- 쾌감도 : 복사(가장 우수) > 온수 > 증기 > 온풍
- 설치비 : 복사(많다) > 온수 > 증기 > 온풍(작다)

핵심 PLUS

※ 간헐난방 : 일시적으로 하는 난방으로서 간헐적으로 열을 공급하는 증기, 온풍 등의 난방방식에 적당하다. 복사난방은 구조체를 덥히게 되므로 예열 시간이 길어져 일시적으로 쓰는 방에는 부적당하다.

예 고온수 난방방식에 대한 설명으로 옳지 않은 것은?
① 공급과 환수의 온도차를 크게 할 수 있으므로 열수송량이 크다.
② 공업용과 같이 고압증기를 다량으로 필요로 할 경우에는 부적당하다.
③ 배관은 상하구배가 가능하고 지형이나 건물의 상황에 의한 높이의 변화가 가능하다.
④ 지역난방에는 이용할 수 없으며 높이가 높고 건축면적이 넓은 단일건물에 주로 이용된다.

답 : ④

예 온수난방에 사용되는 팽창 탱크의 기능에 대한 설명 중 옳지 않은 것은?
① 밀폐식 팽창 탱크에 있어서는 장치내의 주된 공기배출구로 이용되고, 온수 보일러의 통기관으로도 이용된다.
② 운전 중 장치내의 온도상승으로 생기는 물의 체적팽창과 그의 압력을 흡수한다.
③ 운전 중 장치 내를 소정의 압력으로 유지하고, 온수온도를 유지한다.
④ 팽창된 물의 배출을 방지하여 장치의 열손실을 방지한다.

답 : ①

핵심 PLUS

예 복사난방에 관한 설명으로 옳지 않은 것은? [13, 15, 19 산]
① 실내 상하의 온도차가 작다.
② 증기난방에 비하여 쾌적감이 높다.
③ 열용량이 작아 간헐난방에 적합하다.
④ 외기 침입이 있는 곳에서도 난방감을 얻을 수 있다.

해설 복사난방은 구조체를 가열하므로 열용량이 커서 방열량 조절이 어려우며, 간헐난방에는 부적합하다.
답 : ③

예 다음 중 천장 높이가 높거나 외기에 자주 개방되는 공간에 가장 적합한 난방방식은? [07 기]
① 증기난방
② 복사난방
③ 온수난방
④ 온풍난방
답 : ②

예 다음의 각종 난방방식에 관한 설명 중 옳지 않은 것은?
① 증기난방은 잠열을 이용한 난방이다.
② 온풍난방은 간접 난방방식에 속한다.
③ 온수난방은 온수의 현열을 이용한 난방이다.
④ 복사난방은 열용량이 작으므로 간헐난방에 적합하다.

해설 복사난방은 구조체를 덥히게 되므로 예열시간이 길어져 일시적으로 쓰는 방에는 부적당하다.
답 : ④

3) 복사난방

- 주로 건축 일부의 천장 높이가 높은 경우
- 주택, 학교, 은행 영업실
- MRT(Mean Radiant Temperature : 평균복사온도) : 인체에 대한 쾌감상태를 나타내는 기준이 되는 온도

① 장점
  ㉠ 방을 개방하여도 난방효과가 있다.
  ㉡ 천장이 높아도 난방 가능하다.
  ㉢ 실온이 낮아도 난방 효과가 있다.
  ㉣ 평균온도가 낮기 때문에 동일 방열량에 대해 손실 열량이 작다.
  ㉤ 바닥의 이용도가 높다.
  ㉥ 실내의 온도분포가 균등하여 쾌감도가 높다.

② 단점
  ㉠ 외기 급변에 따른 방열량 조절이 어렵다.
  ㉡ 구조체를 덥히게 되므로 예열시간이 길어져 일시적으로 쓰는 방에는 부적당하다.
  ㉢ 시공이 어렵고 수리비, 설비비가 비싸다.
  ㉣ 매입 배관이므로 고장요소 발견이 어렵다.

4) 온풍난방

① 극장, 강당, 공장
② 특징
  ㉠ 예열 시간이 짧고 누수, 동결 우려 적다.
  ㉡ 설비비가 저렴하다.
  ㉢ 온습도 조정이 쉽다.
  ㉣ 쾌감도가 나쁘다.
  ㉤ 소음이 많다.

2 공기조화시스템

1. 공기조화방식

1) 공기조화 방식의 분류

구분	열운반방식	공기조화방식		대상건축물
중앙식	공기식	단일 덕트 방식	정풍량 방식(CAV)	저속 : 일반 건축물
			변풍량 방식(VAV)	고속 : 고층 건축물
		이중 덕트 방식		고층 건축물(고급 사무소)
		멀티존 유닛 방식		중규모 건축물
		각층 유닛 방식		중·고층의 건축물
	공기·물식	유인 유닛 방식		중간 규모 이상의 방이 많은 건물(사무실, 호텔, 아파트, 병원)
		팬 코일 유닛 방식 (외기 덕트 병용)		사무소, 호텔, 병원 등
		복사 냉난방 방식 (외기 덕트 병용 패널제어 방식)		고층 건축물 (고급 사무소 등)
	물식	팬 코일 유닛 방식		호텔의 객실, 병실, 아파트, 주택, 사무실
		복사 냉난방 방식		고층 사무소 (고급 사무소 등)
개별식	냉매식	패키지형 공조 방식		연면적 3,000[m²] 이하의 중·소 건축물 (레스토랑, 다방, 점포)
		세퍼레이트형 공조 방식		소건축물(주택 등)

핵심 PLUS

예 다음의 공조방식 중 중앙공조방식에 속하는 것은? [17 산]
① 룸쿨러 방식
② 패키지 방식
③ 팬코일 유닛 방식
④ 멀티 유닛형 룸쿨러 방식
　　　　　　　　답 : ③

예 다음의 공기조화방식 중 전공기방식에 속하지 않는 것은?
① 단일덕트방식 [15, 25 산]
② 이중덕트방식
③ 유인유니트방식
④ 멀티존유니트방식
　　　　　　　　답 : ③

예 다음의 공기조화방식 중 전수방식에 속하는 것은? [16 산]
① 멀티 유닛방식
② 각층 유닛방식
③ 팬코일 유닛방식
④ 멀티존 유닛방식
　　　　　　　　답 : ③

핵심 PLUS

예 중앙공기조화방식 중 전공기 방식의 일반적 특징으로 옳지 않은 것은?
[18, 24 산]
① 덕트 스페이스가 필요 없다.
② 중간기에 외기냉방이 가능하다.
③ 실내에 배관으로 인한 누수의 우려가 없다.
④ 외기도입이 가능하여 실내 공기의 오염이 적다.

답 : ①

예 중앙식 공기조화방식 중 전수방식의 일반적 특징으로 옳지 않은 것은?
[20, 24 산]
① 덕트 스페이스가 필요 없다.
② 팬코일 유닛방식 등이 있다.
③ 실내의 배관에 의해 누수될 우려가 있다.
④ 송풍 공기량이 많아서 실내 공기의 오염이 적다.

답 : ④

2) 열운반 방식(열매)에 따른 분류와 특징

열운반방식	공기조화방식	장점	단점
전공기 방식 (all air system)	· 단일덕트방식 · 이중덕트방식 · 멀티존유닛방식 · 각층유닛방식	· 실내공기오염이 적다. · 외기냉방이 가능하다. · 실내유효면적 증가 · 실내에 배관으로 인한 누수의 염려가 없다.	· 큰 덕트 스페이스가 필요 · 팬의 동력(반송동력)이 크다. · 공조실이 넓어야 한다.
공기-수 방식 (air-water system)	· 유인유닛방식 · 팬코일유닛방식 (외기덕트병용) · 복사냉난방방식 (외기덕트병용)	· 덕트 스페이스가 작다. · 존의 구성이 용이하다. · 수동으로 각 실의 온도 제어를 쉽게 할 수 있다. · 열운반 동력이 전공기 방식에 비해 작다.	· 실내공기 오염(전공기 방식에 비하여) · 실내배관의 누수 염려 · 유닛의 방음 방진에 유의 · 유닛의 실내 설치로 인한 건축계획상의 지장
전수방식 (all water system)	· FCU(Fan Coil Unit) 방식 · 복사냉난방방식	· 덕트 스페이스가 필요 없다. · 열운반 동력이 작다. · 개별제어가 쉽다.	· 실내공기의 오염 (실내 공기의 재순환) · 실내 배관에 의한 누수 염려 · 유닛의 방음, 방진에 유의 · 유닛의 실내설치로 인한 건축계획상 지장

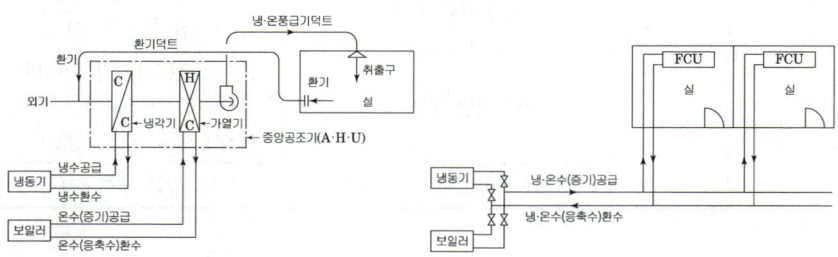

[그림] 전공기 방식   [그림] 전수방식(FCU : 코일유닛)

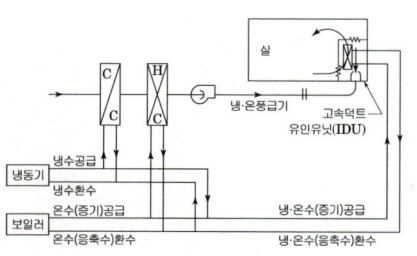
[그림] 공기·수방식(IDU : 유인 유닛)

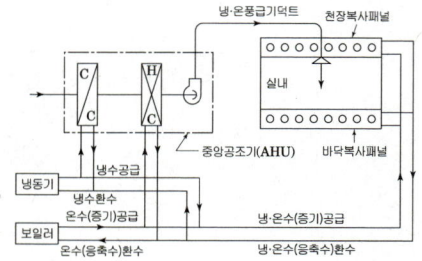
[그림] 공기·수방식(덕트병용 복사냉난방)

2. 공기조화 방식의 특징

(1) 단일 덕트 방식(single duct system)

건물 전체의 공조를 1대의 공기조화기와 1계통의 덕트를 써서 냉풍 또는 온풍을 송풍하는 방식으로, 풍속에 따라 고속(16~25[m/sec])과 저속(15[m/sec] 이하)으로 분류한다.

항상 일정량의 풍량을 보내는 정풍량 방식(CAV 방식)과 열부하에 따라 송풍량을 변화시킴으로써 실내의 온·습도를 조절하는 변풍량 방식(VAV 방식)이 있으며, 바닥면적이 크고 천장이 높은 곳에 적합하다.

1) 정풍량 방식(constant air volume system)

공조기에서 1개의 주덕트를 통하여 냉·온풍을 각 실로 보낼 때 송풍량은 항상 일정하며, 열부하에 따라서 송풍 온·습도만을 변화시켜 실내의 온습도를 조절하는 가장 기본적인 공조 방식이다.

① 특징
  ㉠ 장점
  - 실내에 송풍량이 가장 많이 취해져 외기의 취입이나 중간기의 환기에 적합하다.
  - 설치비가 싸고 보수 관리도 용이하다.
  - 운전 관리가 용이하고 효율이 좋은 필터를 설치하여 쾌적한 실내 환경을 만들 수 있다.
  ㉡ 단점
  - 큰 덕트가 필요해 천장 속에 충분한 덕트 공간이 요구된다.
  - 각 실에서의 온도 조절이 곤란하다.

② 용도
바닥면적이 크고 천장이 높은 곳에 적합하다.(중·소규모 건물, 극장, 공장 등)

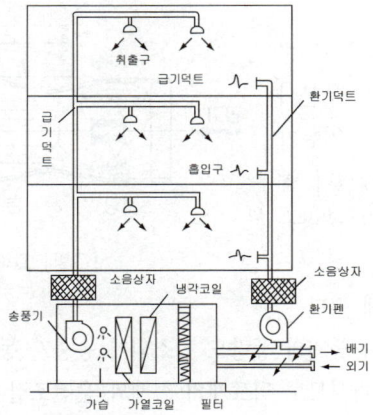

[그림] 정풍량 단일 덕트 방식

핵심 PLUS

예 다음 중 강당에서 가장 적합한 공기조화 방식은? [09 기]
① 단일덕트 방식
② 팬코일유니트 방식
③ 복사냉난방 방식
④ 유인유니트 방식

해설 대공간(극장, 영화관, 강당, 체육관, 백화점의 판매장)의 공조에는 단일덕트방식이 적합하다.

답 : ①

예 단일덕트방식에 관한 설명으로 옳지 않은 것은? [19, 25 산]
① 전공기방식의 특성이 있다.
② 냉풍과 온풍을 혼합하는 혼합상자가 필요 없다.
③ 각 실이나 존의 부하변동에 즉시 대응할 수 있다.
④ 2중덕트방식에 비해 덕트 스페이스를 적게 차지한다.

해설 단일덕트방식은 각 실이나 존의 부하변동에 즉시 대응하기가 곤란하므로 부하특성이 다른 여러 개의 실이나 존이 있는 건물에는 부적당하다.

답 : ③

예 공기조화 방식 중 단일덕트 변풍량방식의 구성기기에 속하지 않는 것은? [09 기]
① 냉온풍 혼합 상자
② 송풍량 조절기기
③ 실내 써모스탯
④ VAV Unit

해설 이중덕트방식(double duct system) : 냉풍, 온풍의 2개의 덕트를 만들어, 말단에 냉온풍 혼합상자(unit)에서 열부하에 알맞은 비율로 혼합하여 송풍함으로써 실온을 조절하는 방식이다.

답 : ①

예 가변풍량방식에서 VAV유니트의 개폐작동은 다음 중 무엇에 의하여 이루어지는가? [04 기]
① CO_2센서
② 상대습도
③ 실내온도
④ 실내압력검출기

답 : ③

핵심 PLUS

예 단일덕트 변풍량 방식에 관한 설명으로 옳지 않은 것은? [20 산]
① 전공기방식의 특성이 있다.
② 실내부하가 적어지면 송풍량이 줄어든다.
③ 각 실이나 존의 온도를 개별제어할 수 없다.
④ 일사량 변화가 심한 페리미터 존에 적합하다.

해설 변풍량(VAV)방식 : 토출공기 온도는 일정하게 하며 송풍량을 실내 부하의 변동에 따라 변화시키는 것으로 운전비는 감소하고 개별제어가 용이하며 에너지 절약형 공조방식이다.

답 : ③

2) 가변 풍량 방식(variable air volume system)

단일 덕트로 공조를 하는 경우에 덕트의 관말에 가깝게 터미널 유닛을 삽입하여 송입 공기온도를 일정하게 하고, 송풍량을 실내 부하의 변동에 따라서 변화시키는 방식으로, 에너지 절약형이다.

① 특징
㉠ 장점
- 부하 변동을 정확히 파악하여 실온을 유지하기 때문에 에너지 손실이 적다.
- 저부하시 풍량이 감소되어 송풍기를 제어함으로써 동력을 절약할 수 있다.
- 전폐형 유닛을 사용함으로써 사용하지 않는 실의 송풍을 정지할 수 있다.
- 개별 제어가 가능하다.

㉡ 단점
- 환기량 확보 문제와 송풍량을 변화시키기 위한 기계적인 문제점이 있다.
- 가변 풍량 유닛의 단말장치, 덕트 압력 조정을 위한 설비비가 고가이다.

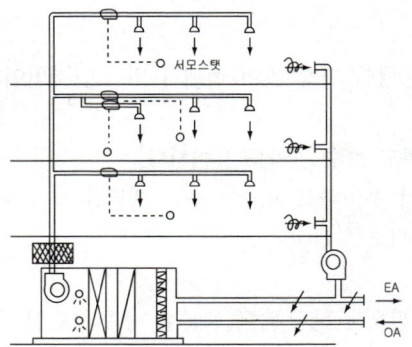

[그림] 가변 풍량 방식

■ **변풍량 유닛(VAV unit)의 종류**

1) 교축형(슬롯형)

부하가 감소하면 내부의 콘(cone)이라 불리는 부분이 좌우로 이동하면서 기류가 통과하는 통로를 넓혔다 좁혔다 하는 작용으로 풍량을 조절하는 형식이다.

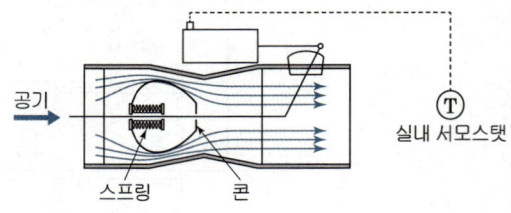

[그림] 교축형 VAV유닛

① 풍량이 감소하게 되면
그와 연동되어 송풍기의 풍량도 감소되어 송풍기 동력도 절감된다.
② 정풍량 기능을 가지므로 덕트계의 설계와 운전조절이 용이하다.
③ 덕트의 정압변화에 대응할 수 있는 정압제어가 필요하다.

2) 바이패스형

송풍공기 중 취출구를 통해 실내에 취출되고 남은 공기는 천장 속 또는 환기덕트로 바이패스 시키는 방식으로 급기팬은 항상 정풍량 운전을 한다.

① 유닛의 소음발생이 적다.
② 송풍덕트 내의 정압제어가 불필요하다.(송풍기 용량 제어를 위한 부속기기류의 설치가 불필요)
③ 덕트 계통의 증설이나 개설에 대한 적응성이 적다.
④ 천장 내의 조명으로 인한 발생열을 제거할 수 있다.
⑤ 전체 풍량은 동일하므로 부하변동에 따른 동력용 에너지 절약을 별로 기대할 수 없다.

[그림] 바이패스형 VAV유닛

3) 유인형

저온의 고압 1차 공기 또는 팬으로 고온의 실내 또는 천장내 공기를 유인하여 부하에 따른 혼합비로 변화시켜 공급하는 방식이다.

① 다른 방식에 비하여 덕트 치수가 작아지고, 난방시에는 실내발생열을 열원으로 이용할 수 있다.
② 고압의 송풍기가 필요하고, 적용범위가 제한되며, 실내의 오염물 제거 성능이 낮다.

[그림] 유인형 VAV유닛

(2) 이중 덕트 방식(double duct system)

냉·온풍 2개의 덕트를 설비하여 말단에 혼합 유닛으로 실온을 조절하는 방식이다.

① 장점
  ㉠ 개별 조절이 가능하다.
  ㉡ 냉·난방을 동시에 할 수 있으므로 계절마다 냉·난방의 전환이 불필요하다.
  ㉢ 전공기 방식이므로 냉·온수관이나 전기 배선을 실내에 설치하지 않아도 된다.
  ㉣ 공조기가 중앙에 설치되므로 운전 보수가 용이하다.
  ㉤ 칸막이나 공사 계획의 증감에 따라 환기 계획의 융통성이 있다.
  ㉥ 중간기나 겨울철에도 외기에 따라 조절이 가능하다.

핵심 PLUS

예 공기조화방식 중 변풍량 방식에 사용되는 변풍량 유닛에 관한 설명으로 옳지 않은 것은? [14 산]
① 바이패스형은 천장 내의 조명으로 인한 발생열을 제거 할 수 있다.
② 유인형은 고압의 송풍기가 필요하고 실내의 오염물 제거 성능이 낮다.
③ 슬롯형은 송풍덕트 내의 정압제어가 필요 없고, 유닛의 소음 발생이 적다.
④ 바이패스형은 송풍동력의 절감이 어렵고, 덕트 계통의 증설이나 개설에 대한 적응성이 적다.

답 : ③

예 다음의 공기조화방식 중 에너지 절약측면에서 가장 불리한 것은? [10 기]
① 단일덕트방식
② 각층유닛방식
③ 유인유닛방식
④ 이중덕트방식

해설 이중덕트방식(double duct system)은 냉풍, 온풍의 2개의 덕트를 만들어, 말단에 혼합 유닛(unit)에서 열부하에 알맞은 비율로 혼합하여 송풍함으로써 실온을 조절하는 전공기식의 조절방식이다. 냉·온풍의 혼합으로 인한 혼합손실이 있어서 에너지 다소비형 방식이다.

답 : ④

핵심 PLUS

예 공기조화방식 중 2중 덕트방식에 관한 설명으로 옳지 않은 것은?
　　　　　　　　　　　[13, 23 산]
① 혼합상자에서 소음과 진동이 생긴다.
② 열매가 공기이므로 실온변화에 대한 응답이 느리다.
③ 부하특성이 다른 다수의 실이나 존에도 적용할 수 있다.
④ 냉·온풍의 혼합에 의한 혼합손실이 있어서 에너지 소비가 많다.

[해설] 2중덕트방식은 열매가 공기이므로 실온변화에 대한 응답이 빠르다. 냉·온풍의 혼합으로 인한 혼합손실이 있어서 에너지 다소비형 방식이다.
　　　　　　　　　　답 : ②

예 냉풍과 온풍을 냉·난방부하에 따라 혼합상자에서 혼합하여 취출시키는 공기조화 방식은? [12 산]
① 패키지 방식
② 단일덕트 방식
③ 이중덕트 방식
④ 팬코일 유니트 방식
　　　　　　　　　　답 : ③

예 다음 중 에너지 손실이 가장 큰 공조방식은? [09 기]
① 단일 덕트방식
② 2중 덕트방식
③ 각층 유니트 방식
④ 팬코일 유니트 방식

[해설] 에너지 多소비형 공조방식 : 2중덕트방식, 멀티존유닛방식, 터미널리히팅방식(관말제어방식, 1대의 공조기로 냉난방을 동시에 할 수 있는 공조방식)
　　　　　　　　　　답 : ②

---

② 단점
　㉠ 설비비, 운전비가 많이 든다.
　㉡ 덕트가 이중이므로 덕트의 차지 면적이 넓다.
　㉢ 습도의 완전한 조절이 어렵다.
　㉣ 혼합 상자가 고가이다.
③ 용도
　㉠ 개별 제어가 필요한 건물
　㉡ 냉·난방 부하 분포가 복잡한 건물
　㉢ 전풍량 환기가 필요한 곳
　㉣ 장래 대폭적인 변경 가능성이 많은 건물

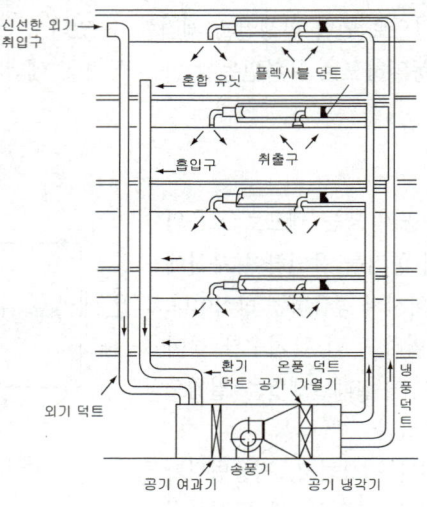

[그림] 2중 덕트 방식

(3) 멀티존 유닛 방식(multi zone unit system)

공조기 내에 가열 코일과 냉각 코일을 병렬로 설치하고, 이들이 만든 별도의 온풍과 냉풍을 출구의 혼합 댐퍼로 혼합시킨 후, 이것과 각기 접촉하는 여러 덕트를 통해 각 구역으로 혼합공기를 공급하는 방식이다.

① 특징
　㉠ 장점
　　여름, 겨울의 냉·난방시 에너지 혼합 손실이 적다.
　㉡ 단점
　　• 중간기에 혼합 손실이 생겨 에너지 손실이 크다.
　　• 풍향의 밸런스가 깨어지는 결점이 있다.
② 용도
　비교적 작은 규모(2,000[m²] 이하)의 공조 면적을 더욱 작은 존으로 나누는 장소

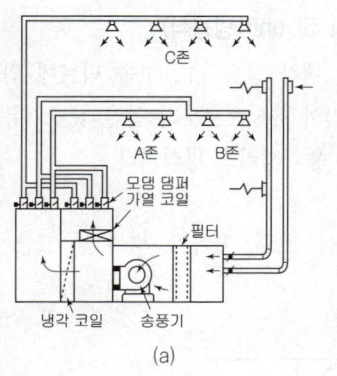
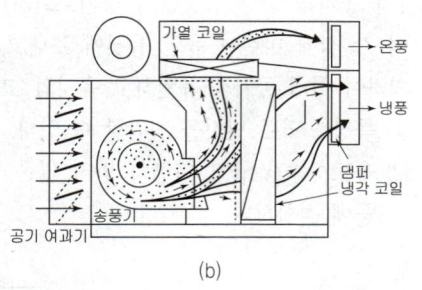

[그림] 멀티존 유닛 방식

(4) 각층 유닛 방식(zone unit방식)

각층에 1대 혹은 여러 대의 공조기를 배치하는 방법으로, 1, 2차 공조기를 별도로 설치하여 1차 조화기(중앙 유닛)를 건물의 옥상, 지하 등의 기계실에 설비하고, 실내의 소요 신선 공기(1차 공기)만을 취입시켜 온습도를 조정한 후, 고속 또는 저속 덕트에 의해 건물의 존마다 마련된 2차 조화기(각층 유닛)로 보낸다. 2차 조화기에서는 각 존마다 재순환 공기를 1차 공기와 혼합 분출한다.

① 특징
  ㉠ 각 층마다 부하 및 운전 시간이 다른 경우 적합하며, 층별 존 제어가 가능하다.
  ㉡ 큰 덕트를 설치할 필요가 없다.
  ㉢ 공조기가 분산 배치되므로 보수 관리가 복잡하다.
  ㉣ 공조기 수가 많이 들며 설비비가 크다.
② 용도 : 방송국, 신문사, 백화점 등의 대형 건물

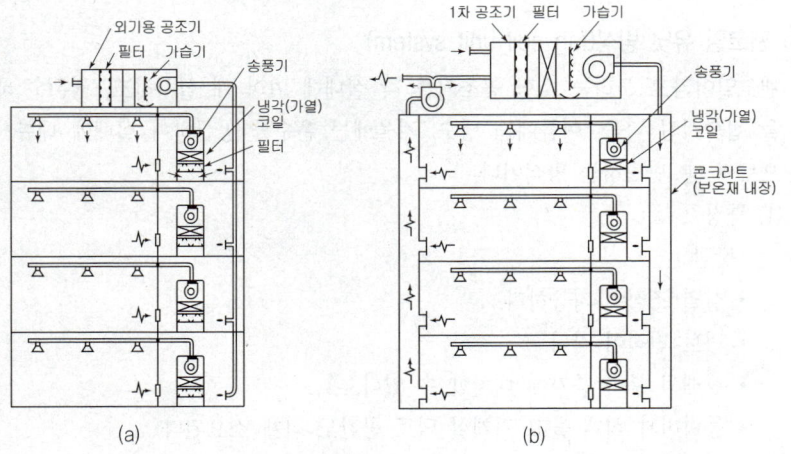

[그림] 각층 유닛 방식

핵심 PLUS

예 다음 중 대형 백화점의 공기조화 방식으로 가장 적합한 것은? [04 기]
① 각층유닛방식
② 유인유닛방식
③ 팬코일유닛방식
④ 이중덕트방식

답 : ①

예 공기조화방식 중 각층 유닛 방식에 대한 설명으로 옳지 않은 것은? [08 기]
① 각층의 공조기로부터 소음 및 진동이 있다.
② 각층마다 부하변동에 대응할 수 있다.
③ 환기덕트가 필요 없거나 작아도 된다.
④ 공조기의 관리는 용이하나 각 층마다 부분운전이 불가능하다.

답 : ④

예 공기조화방식 중 각층유닛방식에 관한 설명으로 옳지 않은 것은? [15 기]
① 환기덕트가 필요 없거나 작아도 된다.
② 외기용 공조기가 있는 경우에는 습도제어가 쉽다.
③ 각 층에 수배관을 설치해야 하므로 누수의 우려가 있다.
④ 공조기가 중앙기계실에 집중되어 있으므로 관리가 용이하다.

답 : ④

핵심 PLUS

예 유인유닛방식에 관한 설명으로 옳지 않은 것은? [15 산]
① 유인유닛에는 동력(전기)배선이 필요없다.
② 각 유닛에는 배관이 시공되지 않아 누수의 우려가 없다.
③ 각 유닛마다 제어가 가능하므로 개별실 제어가 가능하다.
④ 중앙공조기는 1차 공기만 처리하므로 규모를 작게 할 수 있다.

답 : ②

■ 유인비(R)

$= \dfrac{1차공기량 + 2차공기량}{1차공기량}$

$= \dfrac{전공기량}{1차공기량}$

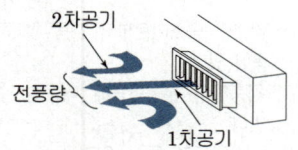

[그림] 1차 공기와 2차 공기

예 취출공기의 이동과 관련된 유인비를 옳게 나타낸 것은? [12, 20 기]
① $\dfrac{1차공기량}{전공기량}$
② $\dfrac{전공기량}{1차공기량}$
③ $\dfrac{1차공기량}{2차공기량}$
④ $\dfrac{2차공기량}{1차공기량}$

해설 유인비(K)

$= \dfrac{1차공기량 + 2차공기량}{1차공기량}$

$= \dfrac{전공기량}{1차공기량}$

답 : ②

예 다음 중 호텔의 객실에 가장 적합한 공조방식은? [16 기]
① 유닛히터방식
② 각층 유닛방식
③ 팬코일 유닛 방식
④ 정풍량 단일덕트방식

답 : ③

(5) 유인 유닛 방식(induction unit system, duct 및 unit 병용식)

1차 공기는 중앙 유닛(1차 공기조화기)에서 냉각 감습되고, 고속 덕트에 의하여 각 실에 마련된 유인 유닛에 보내고, 여기서 유닛으로부터 분출되는 기류에 의하여 실내 공기를 유인하고 유닛의 코일을 통과시키는 방식이다.

① 특징 : 덕트 면적을 절감할 수 있다.
② 용도 : 중간 규모 이상의 방이 많은 사무실, 호텔, 아파트, 병원 등 고층 건물에 적합하다.

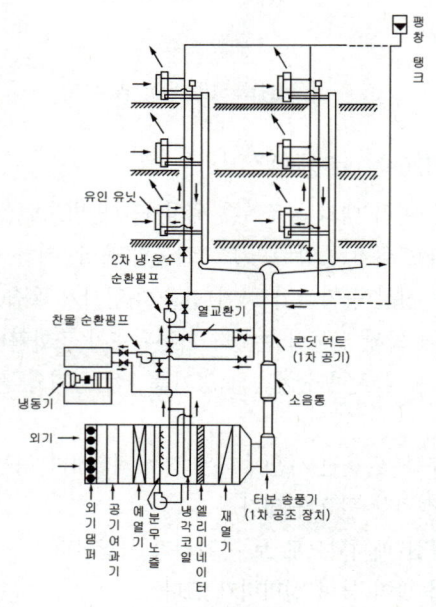

[그림] 유인 유닛 방식

(6) 팬코일 유닛 방식(fan coil unit system)

팬코일이라고 불리는 소형 공조기를 각 실내에 여러 개 설치하고, 냉온수 배관을 접속시킨 다음, 여름에는 냉수, 겨울에는 온수를 공급하여 실내에 대류시킴으로써 냉·난방하는 방식이다.

① 특징
  ㉠ 장점
  • 실별 조절이 가능하다.
  • 덕트 면적이 작다.
  • 장래의 부하 증가에 대처할 수 있다.
  • 동력비가 적게 들고 기계실 덕트 공간도 적게 소요된다.

ⓒ 단점
- 외기 공급의 장치를 별도로 설비한다.
- 계획적인 면에서 실내 유닛에 대한 고려가 필요하다.
- 보수 관리가 어렵다.
- 중간기나 겨울철의 외기 냉방이 힘들다.
- 송풍 능력이 적으므로 고도의 공기 처리는 불가능하다.

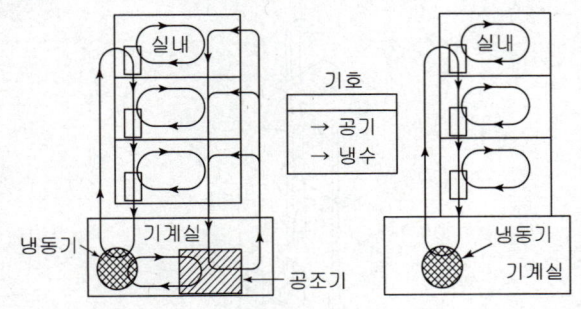

[그림] 팬코일 유닛 덕트 병용 방식   [그림] 팬코일 유닛방식

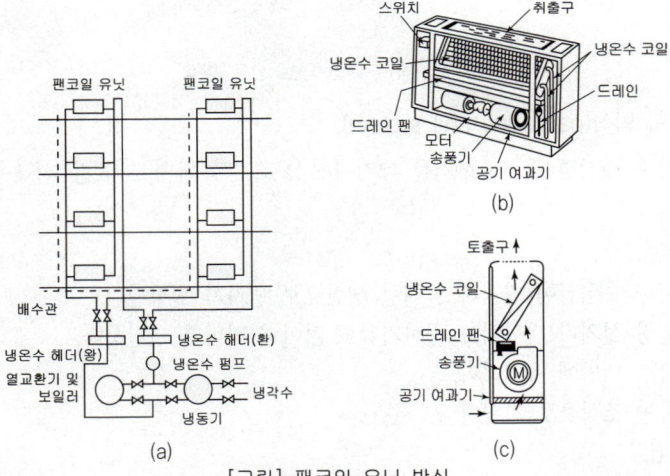

[그림] 팬코일 유닛 방식

(7) 복사 패널 방식(panel air system)
바닥 또는 천장 안에 설치한 파이프 코일 속으로 온수 또는 냉수를 보내는 넓은 면의 복사로서, 냉·난방하는 방식으로 외기 도입을 위한 덕트 방식과 병용시키는 것이 일반적이다.
① 특징
 ㉠ 장점
  - 여름과 겨울 구별 없이 모두 쾌감도가 높다.
  - 유닛을 배치할 필요가 없으므로 바닥의 이용도가 높다.
  - 전기 발열과 같은 현열부하가 많은 경우에 유리하다.

핵심 PLUS

예 공기조화방식 중 팬코일 유닛방식에 관한 설명으로 옳지 않은 것은?
[14, 23, 25 산]
① 각 실에 수배관으로 일한 누수의 우려가 있다.
② 팬코일 유닛 내에 있는 팬으로부터의 소음이 있다.
③ 유닛을 창문 밑에 설치하면 콜드 드래프트(cold draft)를 줄일 수 있다.
④ 개별제어가 불가능하므로 부하특성이 다른 여러 개의 실이나 존이 있는 건물에 적용하기가 곤란하다.

해설 팬코일 유니트방식은 개별제어가 가능하며, 부하특성이 다른 여러 개의 실이나 존이 있는 건물에 적용한다.
답 : ④

예 공기조화방식 중 전수방식으로 덕트 샤프트나 스페이스가 필요 없거나 작아도 되나 외기량이 부족하여 실내공기의 오염이 심할 수 있는 방식은?
① 단일덕트방식
② 각층유닛방식
③ 멀티존 유닛방식
④ 팬코일유닛방식

해설 외주부에 설치하여 콜드 드래프트를 방지하며, 개별제어가 가능하다. 외기공급 및 가습, 제습장치가 별도로 필요하며 누수의 염려가 있고, 보수 및 점검 개소가 증가한다.
답 : ④

제1과목 건축설비계획 | 제3편 설비시스템 검토

핵심 PLUS

예 다음의 공기조화방식에 대한 설명 중 옳은 것은? [11 기]
① 각층 유닛방식은 단일 덕트방식보다 유지관리가 쉽다.
② 팬코일 유닛방식에서 유닛을 창문 밑에 설치하면 콜드 드래프트를 줄일 수 있다.
③ 이중 덕트방식은 에너지 절약형 공기조화 방식이다.
④ 유인유닛방식은 전공기(全空氣)방식의 일종이다.

해설
① 각층 유닛방식은 단일 덕트방식보다 유지관리가 어렵다.
③ 이중 덕트방식은 에너지가 소비가 많은 공기조화 방식이다.
④ 유인유닛방식은 수공기(水空氣)방식의 일종이다.

답 : ②

■ 에너지 절약형 공조방식
· 변풍량(VAV)방식
· 외기냉방방식
· 전열교환기 설치
· 히트펌프 시스템

■ 에너지 多소비형 공조방식
· 2중덕트방식
· 멀티존유닛방식
· 터미널 리히팅방식(관말제어방식, 1대의 공조기로 냉난방을 동시에 할 수 있는 공조방식)

■ 개별제어가 가능한 공조방식
· 변풍량(VAV)방식
· 이중덕트방식
· 각층유닛방식
· 팬코일유닛방식

ⓒ 단점
  · 설비비가 많이 든다.
  · 중간기의 냉동기 운전을 필요로 한다.
  · 가동시간이 길고 물 배관 설비가 많기 때문에 누수의 위험과 수리가 곤란하다.
② 용도 : 고층 건축물의 고급 사무실

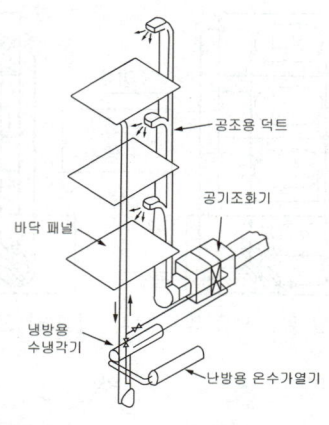

[그림] 복사 패널 덕트 병용 방식

(8) 패키지 방식(packaged unit system)

냉동기를 내장한 공기조화기를 패키지형 공조기라 하며, 이것을 실내에 설치한 방식이다.

① 장점
  ㉠ 시공과 취급이 간단하고 대량 생산으로 원가가 절감된다.
  ㉡ 현장 설치가 간단하고 공사기간도 짧아 설비비가 저렴하다.
  ㉢ 국부 냉방에 유리하다.
  ㉣ 자동 조작으로 간편하다.
② 단점
  ㉠ 대용량에는 부적당하다.   ㉡ 소음이 크다.

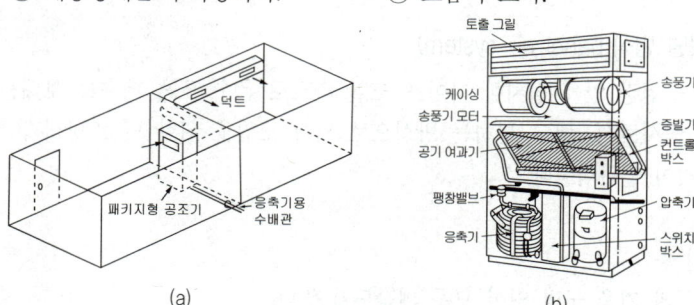

[그림] 패키지형 공기조화 방식

핵심기출문제

01. 공기조화 및 열원시스템 검토

■■■ 1. 난방시스템

1. 증기난방에 관한 설명으로 옳지 않은 것은? [18 ④]
① 방열면적을 온수난방보다 작게 할 수 있다.
② 부하변동에 따른 실내 방열량의 제어가 용이하다.
③ 증발잠열을 이용하기 때문에 열의 운반 능력이 크다.
④ 예열시간이 온수난방에 비해 짧고 증기의 순환이 빠르다.

2. 온수난방에 대한 설명으로 옳은 것은? [11 ④]
① 온수순환펌프는 반드시 진공펌프를 사용한다.
② 증기난방보다 열용량이 적으므로 예열시간이 짧다.
③ 증기난방과는 달리 배관의 신축은 고려하지 않아도 된다.
④ 증기난방에 비하여 난방부하 변동에 따른 온도조절이 용이하다.

3. 온수난방에 관한 설명으로 옳지 않은 것은? [15, 25 ④]
① 증기난방에 비하여 예열시간이 길다.
② 한냉지에서는 동결의 위험성이 있다.
③ 일반적으로 증기난방에 비하여 방열기의 크기가 작다.
④ 증기난방에 비하여 난방부하 변동에 따른 온도조절이 비교적 용이하다.

4. 복사난방에 관한 설명으로 옳지 않은 것은? [16, 24 ④]
① 실내 상하의 온도차가 적다.
② 열용량이 작기 때문에 간헐난방에 적합하다.
③ 천정고가 높은 공간에서도 난방감을 얻을 수 있다.
④ 실내에 방열기를 설치하지 않으므로 바닥이나 벽면을 유용하게 이용할 수 있다.

[해설]
복사난방은 구조체를 가열하므로 열용량이 커서 방열량 조절이 어려우며, 간헐난방에는 부적합하다.
※ 간헐난방 : 일시적으로 하는 난방으로서 간헐적으로 열을 공급하는 증기, 온풍 등의 난방방식에 적당하다. 복사난방은 구조체를 덥히게 되므로 예열시간이 길어져 일시적으로 쓰는 방에는 부적당하다.

해설

[해설] **1**
증기난방(steam heating)
증기의 잠열을 이용한 난방방식으로 사무소, 백화점, 학교, 극장, 일반공장 등에 이용한다.
① 장점
  ㉠ 증발 잠열을 이용하므로 열의 운반능력이 크다.
  ㉡ 예열시간이 온수난방에 비해 짧고 증기의 순환이 빠르다.
  ㉢ 방열면적은 온수난방보다 작게 할 수 있으며, 관경이 가늘어도 된다.
  ㉣ 설비비와 유지비가 싸다.
② 단점
  ㉠ 방열기의 표면온도가 높아 난방의 쾌감도가 낮다.
  ㉡ 난방부하의 변동에 따라 방열량 조절이 곤란하다.
  ㉢ 소음이 많이 난다.
  (steam hammering)
  ㉣ 보일러 취급에 기술을 요한다.

[해설] **2,3**
온수난방
현열을 이용한 난방방식으로, 100[℃] 이상은 고온수난방, 이하는 보통온수난방으로 한다.
① 장점
  ㉠ 난방부하의 변동에 따라 온수온도와 온수의 순환량 조절이 쉽다.
  ㉡ 현열을 이용한 난방이므로 증기난방에 비해 쾌감도가 높다.
  ㉢ 방열기 표면 온도가 낮으므로 표면에 붙은 먼지의 연소에 의한 불쾌감이 없다.
  ㉣ 난방을 정지하여도 난방효과가 지속된다.
  ㉤ 보일러 취급이 용이하고 안전하다.
② 단점
  ㉠ 예열시간이 길다.
  ㉡ 증기난방에 비해 방열면적과 배관경이 커야 하므로 설비비가 많다.
  ㉢ 열용량이 크므로 온수 순환 시간이 길다.
  ㉣ 한랭시, 난방 정지시 동결이 우려된다.

정답 1. ② 2. ④ 3. ③ 4. ②

핵심기출문제

01. 공기조화 및 열원시스템 검토

해설

5. 복사난방에 대한 설명 중 옳지 않은 것은? [11 산]

① 쾌적감이 높다.
② 매립코일이 고장 나면 수리가 어렵다.
③ 열용량이 작아 방열량이 조절이 용이하며 간헐난방에 적합하다.
④ 천장고가 높은 공장이나 외기침입이 있는 곳에서도 난방감을 얻을 수 있다.

해설 5, 6
간헐난방 : 일시적으로 하는 난방으로서 간헐적으로 열을 공급하는 증기, 온풍 등의 난방방식에 적당하다. 복사난방은 구조체를 덥히게 되므로 예열시간이 길어져 일시적으로 쓰는 방에는 부적당하다.

6. 바닥복사난방에 관한 설명으로 옳지 않은 것은? [12, 19 산]

① 증기난방에 비해 쾌적감이 높다.
② 예열시간이 짧기 때문에 간헐난방에 적합하다.
③ 천장고가 높은 경우에도 난방감을 얻을 수 있다.
④ 실내에 방열기를 설치하지 않으므로 바닥이나 벽면을 유용하게 이용할 수 있다.

■■■ 2. 공기조화시스템

7. 다음이 공기조화방식 중 전공기방식에 해당하는 것은? [14, 24 산]

① 유인 유닛방식
② 멀티존 유닛방식
③ 패키지 유닛방식
④ 팬코일 유닛방식

해설 7
열매의 종류에 의한 공기조화 방식의 분류
㉠ 전공기식(공기) : 단일덕트방식(정풍량방식, 변풍량방식), 이중덕트방식, 멀티존유닛방식, 각층유닛방식
㉡ 공기·수식(공기+물) : 유인유닛방식, 팬코일유닛방식(외기덕트병용), 복사냉난방식(외기덕트병용)
㉢ 전수식(물) : 팬코일유닛방식, 복사냉난방식
㉣ 냉매식 : 패키지형방식

8. 다음 공기조화방식 중 냉매방식에 속하는 것은? [12 산]

① 룸 쿨러방식
② 단일덕트방식
③ 멀티존 유닛방식
④ 팬코일 유닛방식

해설 8
냉매식 : 패키지형 방식, 룸 쿨러 방식, 멀티유니트 방식

정답 5. ③ 6. ② 7. ② 8. ①

9. 각종 공기조화방식에 관한 설명으로 옳은 것은? [13 ②]
① 전수방식은 외기도입이 용이하다.
② 전공기방식은 배열회수가 용이하다.
③ 냉매방식은 부분운전이 불가능하다.
④ 공기·수방식에는 팬코일유닛방식 등이 있다.

10. 전공기 방식에 관한 설명으로 옳지 않은 것은? [12 ②]
① 덕트 스페이스가 필요하다.
② 중간기에 외기냉방이 불가능하다.
③ 단일덕트방식 각층 유닛방식 등이 있다.
④ 실내에 배관으로 인한 누수의 우려가 없다.

11. 공기조화방식 중 전공기방식에 관한 설명으로 옳지 않은 것은? [15, 25 ③]
① 덕트 스페이스가 필요하다.
② 중간기에 외기냉방이 가능하다.
③ 전수방식에 비해 반송동력이 작다.
④ 청정도가 요구되는 병원 수술실 등에 적합하다.

12. 공기조화방식에 관한 설명으로 옳은 것은? [20 ④]
① 전수방식은 외기도입이 용이하다.
② 냉매방식은 부분운전이 불가능하다.
③ 공기·수방식에는 이중덕트방식 등이 있다.
④ 전공기방식은 중간기에 외기냉방이 가능하다.

해설

해설 9, 10, 11
전공기 방식(all air system)
① 종류 : 단일덕트방식(정풍량방식, 변풍량방식), 이중덕트방식, 멀티존유닛방식, 각층유닛방식
② 장점
  ㉠ 송풍량이 많아 실내공기오염이 적다.
  ㉡ 중간기에 외기냉방이 가능하다.
  ㉢ 실내유효면적 증가
  ㉣ 실내에 배관으로 인한 누수의 염려가 없다.
  ㉤ 폐열회수장치 사용이 용이하다. (전열교환기 등의 설치)
③ 단점
  ㉠ 큰 덕트 스페이스가 필요하다.
  ㉡ 팬의 소요동력(반송동력)이 크다.
  ㉢ 공조실이 넓어야 한다.

해설 12
전공기 방식(all air system)은 일정량의 외기를 송풍량의 30[%] 정도 도입해서 희석하고 또한 동시에 공기청정기를 장치해 실내 공기의 오염이 적어지므로 공기의 청정화를 도모한다.

핵심기출문제

01. 공기조화 및 열원시스템 검토

13. 전공기방식의 공조에서 환기에 일정량의 외기를 혼합하여 공조기를 거치게 하는 가장 주된 이유는? [18 ④]
① 습도조절
② 온도조절
③ 에너지 절감
④ 오염도 희석

14. 공기조화방식 중 전수방식의 일반적 특징으로 옳지 않은 것은? [18, 24 ④]
① 반송동력이 적게 든다.
② 덕트 스페이스가 필요 없다.
③ 개별제어, 개별운전이 가능하다.
④ 송풍량이 많아서 실내 공기의 오염이 거의 없다.

15. 다음은 정풍량 단일덕트 공조방식의 구성 개념도이다. 그림에서 외기 및 배기 덕트가 없을 경우 발생하는 현상은? [15, 20 ④]

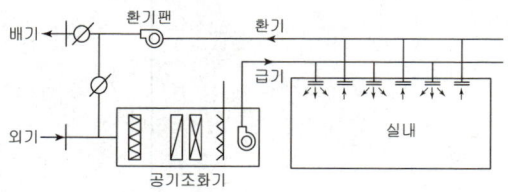

① 에너지소비가 과다해진다.
② 급기온도의 조절이 어렵게 된다.
③ 공기필터의 성능이 급격히 저하된다.
④ 실내의 쾌적한 공기질을 보장할 수 없다.

해설

해설 13
전공기 방식(all air system)
일정량의 외기를 송풍량의 30[%] 정도 도입해서 희석하고 또한 동시에 공기청정기를 장치해 실내 공기의 오염이 적어지므로 공기의 청정화를 도모한다.
☞ 전공기방식의 공조에서 환기에 일정량의 외기를 혼합하여 공조기를 거치게 하는 가장 주된 이유는 오염된 공기를 희석하여 공기의 청정화를 도모한다.

해설 14
전수방식(all water system)
① 종류 : FCU(Fan Coil Unit) 방식, 복사냉난방방식
② 장점
  ㉠ 덕트 스페이스가 필요 없다.
  ㉡ 열운반 동력이 작다.
  ㉢ 개별제어, 개별운전이 가능하다.
③ 단점
  ㉠ 실내공기의 오염 우려(실내 공기의 재순환)
  ㉡ 실내 배관에 의한 누수 염려
  ㉢ 유닛의 방음, 방진에 유의
  ㉣ 유닛의 실내설치로 인한 건축계획상 지장
☞ 전공기식은 송풍량이 많아서 실내 공기의 오염이 거의 없다.

해설 15
정풍량 방식(CAV)
공조기에서 1개의 주덕트를 통하여 냉·온풍을 각 실로 보낼 때 송풍량은 항상 일정하며, 열부하에 따라서 송풍 온습도만을 변화시켜 실내의 온습도를 조절하는 가장 기본적인 공조 방식으로 전공기방식에 속한다. 바닥면적이 크고 천장이 높은 곳에 적합하다. (중·소규모 건물, 극장, 공장 등)
☞ 정풍량 단일덕트 공조방식에서 외기 및 배기덕트가 없을 경우 실내의 쾌적한 공기질을 보장할 수 없다. 전공기식은 폐열회수장치 설치가 용이하다.

정답 13. ④ 14. ④ 15. ④

Industrial Engineer Building Facilities

16. 다음과 같은 특징을 갖는 공기조화방식은? [11 ④]

> • 잠열부하가 많은 경우나 장마철 등의 공조에 적합하다.
> • 여름에도 보일러의 운전이 필요하다.

① 2중덕트방식 ② 각층유니트방식
③ 팬코일유니트방식 ④ 단일덕트재열방식

17. 다음의 전공기 공조방식 중 가장 에너지 절약적인 방식은? [16 ④]

① 2중덕트 정풍량방식 ② 2중덕트 변풍량방식
③ 단일덕트 정풍량방식 ④ 단일덕트 변풍량방식

18. 정풍량시스템에 비하여 변풍량시스템을 적용할 경우 설비기기의 용량을 작게 할 수 있는 이유로 가장 알맞은 것은? [15, 24 ④]

① 침입외기의 영향을 적게 받기 때문이다.
② 외벽의 관류열부하가 감소하기 때문이다.
③ 실내 토출공기의 혼합손실을 감소시키기 때문이다.
④ 동시부하율을 고려하여 기기의 용량을 결정하기 때문이다.

19. 단일덕트 변풍량 방식에 관한 설명으로 옳지 않은 것은? [12 ④]

① 전공기방식의 특성이 있다.
② 정풍량 방식에 비해 에너지 절약효과가 있다.
③ 병원의 청정구역 등 실내공기의 청정화를 요구하는 곳에 적합하다.
④ 대규모 건물인 경우 공조기나 열원기기의 동시사용률을 고려하면 효율적이다.

[해설]
가변풍량(VAV) 단일덕트방식은 에너지 절약의 효과와 사무자동화(OA)에 의한 건물에서 내부발생열의 증가와 부하변동에 대한 제어성이 우수하기 때문에 대규모 사무실 건물에 적합한 공기조화방식이다. 그러나, 실내부하가 극히 감소되면 실내공기의 오염이 심해지는 단점이 있으므로 병원의 청정구역 등 실내공기의 청정화를 요구하는 곳에는 부적합하다.

해설

해설 16
단일덕트 재열방식(single duct reheater system)
단일덕트 정풍량방식의 단점을 보완한 것으로 단일덕트방식이 다실공조에 채용된 경우, 각 실의 부하변동에 대응하는 방법으로 고안된 것으로 제어되는 각 실 또는 존마다 재열기(reheater)를 설치하고 실내의 서모스탯으로 실온을 제어하는 방식이다.
㉠ 각 실 및 존의 개별제어가 쉽다.
㉡ 재열기의 설치 공간이 필요하다.
㉢ 여름에도 보일러의 운전이 필요하다.
㉣ 잠열부하가 많은 경우나 장마철 등의 공조에 적합하다.

해설 17
변풍량(VAV) 방식
토출공기 온도는 일정하게 하며 송풍량을 실내 부하의 변동에 따라 변화시키는 것으로 운전비는 감소되고 개별제어가 용이한 에너지 절약형 공조방식이다. 부하변동이 심한 페리미터 존(perimeter zone)에 적합하다.
① 장점
  ㉠ 개별제어가 용이
  ㉡ 에너지 절약형 공조방식이다.
  ㉢ 공조기 및 덕트 스페이스가 작아도 된다.
② 단점
  ㉠ 실내부하가 극히 감소되면 실내공기의 오염이 심해져 청정도가 떨어진다.
  ㉡ 운전 및 유지관리가 어렵다.
  ㉢ 자동제어가 복잡하여 설비비가 많이 든다.
※ 에너지 절약형 공조방식 : 변풍량(VAV)방식, 외기냉방방식, 전열교환기 설치, 히트펌프 시스템

해설 18
정풍량시스템에 비하여 변풍량시스템을 적용할 경우 동시사용률을 고려하여 기기용량을 결정할 수 있으므로 설비용량을 적게 할 수 있다.

정답 16. ④ 17. ④ 18. ④ 19. ③

핵심기출문제

01. 공기조화 및 열원시스템 검토

20. 공기조화방식 중 변풍량 방식에 사용되는 변풍량 유닛에 관한 설명으로 옳지 않은 것은? [20②]
① 바이패스형은 천장 내의 조명으로 인한 발생열을 제거할 수 있다.
② 유인형은 고압의 송풍기가 필요하고 실내의 오염물 제거 성능이 낮다.
③ 슬롯형은 송풍덕트 내의 정압제어가 필요 없고, 유닛의 소음 발생이 적다.
④ 바이패스형은 송풍동력의 절감이 어렵고, 덕트 계통의 증설이나 개설에 대한 적응성이 적다.

21. 변풍량방식에 사용되는 변풍량유닛(VAV unit)에 관한 설명으로 옳지 않은 것은? [13, 24④]
① 바이패스형은 송풍덕트 내의 정압제어가 필요 없다.
② 바이패스형은 덕트계통의 증설이나 개설에 대한 적응성이 적다.
③ 슬롯형은 부하의 감소에 따라 교축기구에 의해 풍량을 조절한다.
④ 유인형은 다른 방식에 비하여 덕트 치수가 커지나 고압의 송풍기가 필요 없다는 장점이 있다.

22. 공기조화방식 중 2중덕트방식에 관한 설명으로 옳지 않은 것은? [11④]
① 혼합상자에서 소음과 진동이 생긴다.
② 덕트가 2개의 계통이므로 설비비가 많이 든다.
③ 냉·온풍의 혼합손실이 없으므로 에너지 절약적이다.
④ 부하특성이 다른 다수의 실이나 존에도 적용할 수 있다.

해설

해설 20
교축형(슬롯형)
부하가 감소하면 내부의 콘(cone)이라 불리는 부분이 좌우로 이동하면서 기류가 통과하는 통로를 넓혔다 좁혔다 하는 작용으로 풍량을 조절하는 형식이다.
㉠ 풍량이 감소하게 되면 그와 연동되어 송풍기의 풍량도 감소되어 송풍기 동력도 절감된다.
㉡ 정풍량 기능을 가지므로 덕트계의 설계와 운전조절이 용이하다.
㉢ 덕트의 정압변화에 대응할 수 있는 정압제어가 필요하다.

해설 21
유인형 변풍량 유닛(VAV unit)
저온의 고압 1차 공기 또는 팬으로 고온의 실내 또는 천장내 공기를 유인하여 부하에 따른 혼합비로 변화시켜 공급하는 방식이다.
㉠ 장점 : 다른 방식에 비하여 덕트 치수가 작아지고, 난방시에는 실내발생열을 열원으로 이용할 수 있다.
㉡ 단점 : 고압의 송풍기가 필요하고, 적용범위가 제한되며, 실내의 오염물 제거 성능이 낮다.

해설 22
이중덕트방식(double duct system)
전공기방식에 속하며, 냉풍과 온풍을 각각 별개의 덕트를 통해 각 실이나 존으로 송풍하고, 냉·난방 부하에 따라 냉풍과 온풍을 혼합상자에서 혼합하여 취출시키는 공기조화 방식이다.
냉·온풍의 혼합으로 인한 혼합손실이 있어서 에너지 다소비형 방식이다.

정답 20. ③ 21. ④ 22. ③

Industrial Engineer Building Facilities

23. 공기조화방식 중 2중덕트방식에 관한 설명으로 옳지 않은 것은? [14, 25]
① 혼합상자에서 소음과 진동이 생길 수 있다.
② 각 실에 수배관으로 인한 누수의 우려가 있다.
③ 부하특성이 다른 다수의 실이나 존에도 적용할 수 있다.
④ 실의 설계변경이나 완성 후 용도변경에도 쉽게 대처할 수 있다.

24. 다음 중 혼합상자(Mixing box)를 필요로 하는 공기조화 방식은? [12]
① 2중덕트 정풍량 방식
② 팬코일 유니트 방식
③ 단일덕트 정풍량 방식
④ 단일덕트 변풍량방식

25. 공기조화방식 중 팬코일 유닛방식에 관한 설명으로 옳은 것은? [16]
① 유닛의 위치 변경이 곤란하다.
② 덕트 샤프트나 스페이스가 많이 필요하다.
③ 실내에서 수배관에 의한 누수의 염려가 없다.
④ 각 실의 유닛은 수동으로도 제어할 수 있고, 개별 제어가 용이하다.

26. 개별제어가 쉽고 덕트방식에 비해 유닛의 위치 변경이 쉬우나, 각 실에 수배관으로 인한 누수의 염려가 있고 외기량이 부족하여 실내공기의 오염 가능성이 높은 공기 조화방식은? [13, 24]
① 팬코일 유닛방식
② 멀티존 유닛방식
③ 각층 유닛방식
④ 유인 유닛방식

해설

해설 23, 24

2중덕트방식
전공기방식에 속하며, 냉풍과 온풍을 각각 별개의 덕트를 통해 각 실이나 존으로 송풍하고, 냉·난방 부하에 따라 냉풍과 온풍을 혼합상자에서 혼합하여 취출시키는 공기조화 방식이다.
㉠ 혼합상자에서 소음과 진동이 생긴다.
㉡ 덕트가 2개의 계통이므로 설비비가 많이 든다.
㉢ 냉·온풍의 혼합손실이 있어서 에너지 다소비형이다.
㉣ 부하특성이 다른 다수의 실이나 존에도 적용할 수 있다.
☞ 전수방식(팬코일유닛방식, 복사냉난방방식)인 경우 각 실에 수배관으로 인한 누수의 우려가 있다.

해설 25, 26

팬코일 유닛방식(fan-coil unit system)
열부하의 증감에 따라서 송풍량을 조절하여 온, 습도를 유지하는 전수방식으로 실내형 소형 공조기라고 불린다.
㉠ 외주부에 설치하여 콜드 드래프트(cold draft)를 방지하며, 개별제어가 가능하다.
㉡ 덕트방식에 비해 유닛의 위치 변경이 쉽다.
㉢ 외기공급 및 가습, 제습장치가 별도로 필요로 하며 누수의 염려가 있다.
㉣ 외기량이 부족하여 실내공기의 오염 가능성이 높다.
㉤ 보수 및 점검 개소가 증가한다.
㉥ 용도 : 주택, 아파트, 사무실, 호텔의 객실(극장, 스튜디오에는 부적당)
※ 콜드 드래프트(cold draft)
겨울철에 실내에 저온의 기류가 흘러들거나 또는 유리 등의 차가운 벽면에서 냉각된 냉풍이 하강하는 현상으로 냉방에 의한 온도차에 따라 일어나는 공기의 흐름이다.

정답 23. ② 24. ① 25. ④ 26. ①

핵심기출문제

01. 공기조화 및 열원시스템 검토

해설

27. 복사냉난방 방식에 관한 설명으로 옳지 않은 것은? [17②]

① 열적 쾌감도가 좋다.
② 바닥면의 이용도가 높다.
③ 현열부하 처리가 용이하다.
④ 냉방 시 결로의 우려가 없다.

28. 각종 공기조화방식에 관한 설명으로 옳지 않은 것은? [17②]

① 팬코일 유닛방식은 덕트 방식에 비해 유닛의 위치 변경이 쉽다.
② 팬코일 유닛방식은 덕트 샤프트나 스페이스가 필요 없거나 작아도 된다.
③ 각층 유닛방식은 부분운전이 불가능하므로 소형 건물에 주로 사용된다.
④ 유인 유닛방식은 각 유닛마다 수배관을 해야 하므로 누수의 우려가 있다.

29. 압축기, 응축기, 냉각기, 송풍기, 공기여과기 등으로 구성되는 공기냉각 장치를 하나의 케이싱 속에 내장시킨 장치는? [16②]

① 터미널유닛
② 팬코일유닛
③ 중앙식 공조기
④ 패키지형 공조기

해설 27
복사냉난방방식은 냉방시 바닥코일에 냉수를 순환시켜 복사냉방을 하는 방식으로 잠열부하가 클 때 패널에 결로의 우려가 있고 복사열로 부하를 처리하므로 공급 풍량은 적은 방식이다.

해설 28
각층 유닛방식
각층마다 조건이 다른 건물에 적합하며, 각 층 또는 각 구역마다 공기조화 유닛을 설치하는 방식이다. 이 방식은 중간 규모 이상이거나 대규모 건물에 적합하며, 환기덕트가 있는 경우와 없는 경우가 있다.
㉠ 각층마다 부하 및 운전시간이 다른 경우 적합하며, 층별 존 제어가 가능하다.
㉡ 큰 덕트를 설치할 필요가 없다.
㉢ 공조기가 분산 배치되므로 보수 관리가 복잡하다.
㉣ 공조기 수가 많이 들며 설비비가 크다.
㉤ 각층에 수배관을 설치해야 하므로 누수의 우려가 있다.
㉥ 용도 : 방송국, 신문사, 백화점 등의 대형 건물

해설 29
패키지유닛방식
이 방식은 패키지형 공기조화기 (pac-kaged air conditioner)에 의한 방식으로, 소형 유닛형과 덕트병용 방식이 있으며, 수년 전까지만 해도 소규모 건물에만 사용되어 왔으나, 시공과 취급이 간편하고 대량 생산에 의한 원가 절감 등으로, 현재에는 점차 대용량의 건물에도 많이 사용되고 있다.
☞ 패키지 방식 : 냉동기 내장형 공기조화기로 소사무소, 상점, 다방, 레스토랑 등에 사용된다.
※ 패키지 방식 냉매순환순서 : 압축기 – 응축기 – 팽창밸브 – 증발기

정답 27. ④ 28. ③ 29. ④

02 환기시스템 검토

1 환기

1. 환기의 필요성
인체에 유익하지 않은 각종 유해물질이 실내에서 발생하여 산소 등을 공급하기 위하여 신선한 외기와 교환이 필요하다.
① 호흡에 필요한 산소의 부족
② CO_2 가스의 증가
③ 실내에서 열이 발생
④ 실내에서 수증기 발생
⑤ 분진 및 유해가스의 발생
⑥ 인체 및 실내에서 발생되는 각종 냄새(배기, 끽연 등) 발생
⑦ 쾌적한 환경조성에 필요한 적절한 기류
⑧ CO, 라돈가스 등의 발생

2. 실내에서 발생하는 오염물질
① 호흡에 필요한 산소의 부족
② CO_2 가스의 증가
③ 실내에서 열이 발생
④ 실내에서 수증기 발생
⑤ 분진 및 유해가스의 발생
⑥ 인체 및 실내에서 발생되는 각종 냄새(배기, 끽연 등) 발생
⑦ 쾌적한 환경조성에 필요한 적절한 기류
⑧ CO, 라돈가스 등의 발생

> **참고**
>
> 실내공기 중의 유해오염물질과 발생 근원
> ① 일산화탄소(CO) - 가스레인지
> ② 라돈 - 콘크리트
> ③ 포름알데히드(HCHO) - 접착제
> ④ 벤젠, 나프탈렌 - 방충제, 살충제
> ※ 이산화탄소(CO_2)의 함유량에 비례해서 다른 오염원의 정도가 변화되므로 실내 공기의 오염정도를 판단하는 척도로 이산화탄소[탄산가스(CO_2)] 농도를 사용한다.

핵심 PLUS

예 실내공기 오염을 평가하는 종합적인 지표로서 이산화탄소 농도를 사용하는 가장 주된 이유는? [20 산]
① 이산화탄소가 인체에 가장 유해하므로
② 이산화탄소의 측정이 비교적 쉬우므로
③ 이산화탄소의 양이 다른 오염물질보다 많으므로
④ 이산화탄소의 양에 비례해서 다른 오염원의 정도가 변화된다고 판단되므로

해설 이산화탄소(CO_2)의 함유량에 비례해서 다른 오염원의 정도가 변화되므로 실내 공기의 오염정도를 판단하는 척도로 이산화탄소[탄산가스(CO_2)] 농도를 사용한다.

답: ④

예 실내 공기 오염의 종합적 지표로 사용되는 오염물질은? [17, 19 기]
① 미세먼지
② 이산화탄소
③ 포름알데히드
④ 휘발성 유기화합물

답: ②

예 다음 중 실내공기 중의 유해오염물질과 발생 근원의 연결이 옳지 않은 것은?
① 벤젠 - 석고보드
② 라돈 - 콘크리트
③ 포름알데히드 - 접착제
④ 일산화탄소 - 가스레인지

해설 벤젠, 나프탈렌 - 방충제, 살충제

답: ①

핵심 PLUS

예 고층 건물에서 외부의 압력과 실내의 압력이 동일한 위치는? (단, 외부 풍속 v=0 m/s로 가정한다.)
[14 산]
① 최하층 ② 중간층
③ 최상층 ④ 모든 층

답 : ②

2 환기설비

1. 자연 환기

바람 및 실내외 온도차에 의한 실내외의 압력차로 환기하는 방식으로 환기량이 일정하지 않다. 중성대(neutral zone)는 실내외의 압력차가 0이 되어 공기의 유출입이 없는 면, 대개는 실이 중앙부에 위치하나 개구나 틈새가 많은 면으로 이동한다. 중성대 상방에서의 압력은 실내에서 실외로 향한다.

$$P_1 = P + hD_1, \quad P_2 = P + hD_2$$

여기서 $t_1 > t_2$, $D_1 < D_2$이므로

$$P_2 > P_1$$

따라서 $P_2 - P_1 = h(D_2 - D_1)$

t_1 : 실내 평균 기온[℃]
t_2 : 외기 온도[℃]
D_1 : 실내 공기의 밀도[kg/m³]
D_2 : 외기의 밀도[kg/m³]
P : 중성대의 평형 압력[kg/m²]
P_1 : 실내측의 압력[kg/m²]
P_2 : 실외측의 압력[kg/m²]

[그림] 중성대

💡 예제

건물의 지상높이가 100[m]라 할 때 1층 출입구에서의 연돌효과에 의한 작용압은 얼마인가?(단, 중성대는 건물높이의 중앙부분에 위치하고, 실내와 외기공기의 비중량은 각각 1.16[kg/m³]와 1.32[kg/m³]이다.) [04 기]

① 8[mmAq] ② 10[mmAq] ③ 12[mmAq] ④ 16[mmAq]

▶ 1층 출입구에서의 중성대까지의 연돌효과에 의한 작용압 계산(ΔP)
$\Delta P = h(D_2 - D_1) = 50(1.32 - 1.16) = 8$ [mmAq]

① 풍압차에 의한 환기 : 바람에 의한 환기(베르누이 효과)

풍압차에 의한 환기량은

$$Q = \alpha \cdot A \sqrt{\frac{2g}{\rho} \Delta P} \, [\text{m}^3/\text{s}]$$

α : 통기율
A : 개구 면적[m²]
ρ : 공기의 밀도[kg/m³]
g : 중력 가속도[9.8m/sec²]
ΔP : 압력차[kg/m²]

환기량은 풍속에 비례하므로 풍속에 의한 환기량은 다음과 같다.

$$Q = E \cdot A \cdot v$$

Q : 환기량[m³/h]
A : 유입구 면적[m²]
v : 풍속[m/s]
E : 개구부의 효율,
　개구부에 직각으로 바람이 부는 경우 : 0.5~0.6
　개구부에 45°경사져서 부는 경우 : 위 값의 50[%]

② 온도차에 의한 환기(중력환기) : 공기의 온도차에 의한 환기(연돌효과)

실내 기온이 외기온보다 높으면 실내 공기 밀도가 외기 밀도보다 작게 된다. 또 실내에서는 천장 부분의 공기 밀도가 바닥 부분의 공기 밀도보다 작다. 이와 같이 온도차에 의한 압력차로 환기하는 것을 말한다.

$$Q = KA \sqrt{h \cdot \Delta t} \, [\text{m}^3/\text{min}/\text{m}^2]$$

K : 개구부에 의한 저항에 관련된 상수
　(ASHRAE에서의 표준값=7.0)
A : 유입 개구부 면적[m²]
h : 두 개구부간의 수직거리[m]
Δt : 실내외의 온도차[℃]
Q : 개구부 단위 면적당 환기량(ventilation rate)

※ 연돌효과(stack effect : 굴뚝효과) : 실 외벽에 개구부가 있으면 실내 공기는 위쪽으로 나가고 실외 공기는 아래로 유입되는 현상으로 굴뚝효과라고도 한다. 연돌효과는 실내 공기의 유동이 거의 없을 때에도 환기를 일으킨다. 고층 건물의 엘리베이터실과 계단실에는 천정이 높아 큰 압력차가 생겨 강한 바람이 불게 된다.

핵심 PLUS

예 겨울철 중력환기를 위한 급기구와 배기구의 설치위치로 가장 알맞은 것은? [12, 15, 18, 24 산]
① 급기구 및 배기구를 모두 낮은 곳에 설치
② 급기구 및 배기구를 모두 높은 곳에 설치
③ 급기구는 낮은 곳, 배기구는 높은 곳에 설치
④ 급기구는 높은 곳, 배기구는 낮은 곳에 설치

답 : ③

2. 기계 환기

구분	설치방법	용도
제1종 환기 (병용식)	강제송풍+강제배풍	병원 수술실, 거실, 지하극장, 변전실
제2종 환기 (압입식)	강제송풍+자연배풍	클린룸, 무균실, 반도체공장, 식당, 창고
제3종 환기 (흡출식)	자연송풍+강제배풍	화장실, 욕실, 주방, 흡연실, 자동차차고

㉠ 제1종 환기 : 설비비, 운전비가 비싸다. 실내외의 압력차가 없어서 가장 양호한 환기법
㉡ 제2종 환기 : 실내의 압력이 정압(+), 다른 실에서의 공기 침입이 없다. 가장 많이 사용한다. 일반실에 적합하다.
㉢ 제3종 환기 : 실내의 압력이 부압(-), 실내의 냄새나 유해 물질을 다른 실로 흘려보내지 않는다. 주방, 화장실, 유해가스 발생장소에 사용한다.

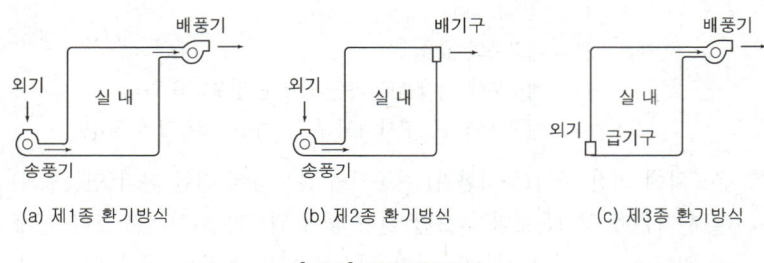

[그림] 기계환기방식

학습포인트

환기 영역에 따른 분류
① 희석 환기(전체 환기) : 어떤 특정한 실내의 공기를 환기하여 전체 공기를 신선한 공기로 대체하는 환기 방법
② 국소 환기 : 오염이 생긴 장소에서 오염이 실 전반에 확산되기 전 배기하는 방법으로 가장 효율이 좋은 오염 제거 방법이다.
[예] 후드(hood), 퓸 후드(fume hood), 공장, 드래프트 챔버(실험실) 등

핵심 PLUS

[예] 급기팬과 자연배기의 조합으로 실내를 가압함으로써 오염공기의 침입을 방지하거나 또는 연소용 공기가 필요한 경우에 적합한 환기 방식은? [12, 20 산]
① 자연환기방식
② 압입방식(제2종 환기)
③ 흡출방식(제3종 환기)
④ 압입흡출병용방식(제1종 환기)
답 : ②

[예] 다음과 같은 특징을 갖는 환기방식은? [11, 13 산]
• 실내공기를 강제적으로 배출시키는 방법으로서 실내는 부압이 된다.
• 화장실, 욕실 등의 환기에 사용된다.
① 제1종 환기(급기팬과 배기팬의 조합)
② 제2종 환기(급기팬과 자연배기의 조합)
③ 제3종 환기(자연급기와 배기팬의 조합)
④ 자연환기(자연급기와 자연배기의 조합)
답 : ③

[예] 화장실, 부엌 및 욕실 등과 같이 부압을 유지해야 하는 공간에 적용되는 환기 방식은? [15 산]
① 제1종 환기 ② 제2종 환기
③ 제3종 환기 ④ 자연환기
답 : ③

[예] 주방, 공장, 실험실에서와 같이 실의 일부 구역에서 발생하는 오염물질의 확산 및 방산을 극소화시키려고 할 때 적용하는 환기방식은? [16 산]
① 희석환기 ② 전체환기
③ 중력환기 ④ 국소환기
답 : ④

핵심기출문제

02. 환기시스템 검토

1. 실내공기오염농도의 종합적 지표로서 CO_2농도를 사용하는 가장 주된 이유는? [17④]

① CO_2량은 측정하기가 쉬우므로
② CO_2량에 비례하여 다른 오염농도로 증가되므로
③ CO_2량이 조금만 있어도 인체에 치명적인 해를 주므로
④ CO_2는 공기보다 밀도가 커서 실 바닥에 누적되므로

2. 실내외의 온도차에 의한 공기의 밀도차가 원동력이 되는 환기는? [14④]

① 풍력환기 ② 중력환기
③ 기계환기 ④ 동력환기

3. 건축물의 난방 시 발생하는 굴뚝효과에 관한 설명으로 옳지 않은 것은? [15, 18④]

① 난방 시 중성대 상부에서는 내부공기가 외부로 유출된다.
② 건축물 내부의 공기유동은 온도차에 의한 밀도차가 원인이다.
③ 일반적으로 건물 내부온도가 상승하면 중성대 위치는 상부로 이동한다.
④ 중성대 하부에 개구부를 많이 설치하면 중성대 위치가 하부로 이동한다.

4. 환기방식 중 열기나 유해물질이 실내에 널리 산재되어 있거나 이동되는 경우에 급기로 실내의 전체 공기를 희석하여 배출하는 방식은? [13, 23, 25④]

① 자연환기   ② 전체환기
③ 집중환기   ④ 국소환기

[해설] 환기 영역에 따른 분류
① 희석 환기(전체 환기) : 어떤 특정한 실내의 공기를 환기하여 전체 공기를 신선한 공기로 대체하는 환기 방법
② 국소 환기 : 오염이 생긴 장소에서 오염이 실 전반에 확산되기 전 배기하는 방법으로 가장 효율이 좋은 오염 제거 방법이다.
[예] 후드(hood), 퓸 후드(fume hood), 공장, 드래프트 챔버(실험실) 등

해설

[해설] **1**
이산화탄소(CO_2)의 함유량에 비례해서 다른 오염원의 정도가 변화되므로 실내 공기의 오염정도를 판단하는 척도로 이산화탄소[탄산가스(CO_2)] 농도를 사용한다.

[해설] **2**
온도차에 의한 환기(중력환기)
건물의 실내외부에 온도차에 있으면 공기밀도의 차이로 압력차가 발생하고 이에 따라 자연배기가 발생한다.
㉠ 상부 : 실내공기 배출
㉡ 하부 : 외기 유입
㉢ 중성대 : 실내외 압력차가 0(공기의 유출입이 없는 면)
  – 고층건물 : 건물높이의 50~70[%] 지점
  – 일반주택 : 천정높이의 중앙부위

[해설] **3**
온도차에 의한 환기(중력환기)
건물의 실내외부에 온도차에 있으면 공기밀도의 차이로 압력차가 발생하고 이에 따라 자연배기가 발생한다.
㉠ 상부 : 실내공기 배출
㉡ 하부 : 외기 유입
㉢ 중성대 : 실내외 압력차가 0(공기의 유출입이 없는 면)
  – 고층건물 : 건물높이의 50~70[%] 지점
  – 일반주택 : 천정높이의 중앙부위
※ 굴뚝효과(stack effect : 연돌효과)
  : 실 외벽에 개구부가 있으면 실내 공기는 위쪽으로 나가고 실외 공기는 아래로 유입되는 현상으로 연돌효과라고도 한다. 굴뚝효과는 실내 공기의 유동이 거의 없을 때에도 환기를 일으킨다. 고층 건물의 엘리베이터실과 계단실에는 천정이 높아 큰 압력차가 생겨 강한 바람이 불게 된다.
☞ 건물 내부온도가 상승하면 중성대 위치는 하부로 이동한다.

정답 1. ② 2. ② 3. ③ 4. ②

핵심기출문제

02. 환기시스템 검토

5. 환기에 관한 설명으로 옳지 않은 것은? [20 산]
① 제3종 환기는 화장실, 욕실 등의 환기에 적합하다.
② 대규모 주차장의 경우 전체환기보다 국소환기가 바람직하다.
③ 희석환기는 열기나 유해물질이 실내에 널리 산재되어 있거나 이동되는 경우에 채용된다.
④ 제1종 환기는 정확한 환기량과 급기량 변화에 의해 실내압을 정압(+) 또는 부압(-)으로 유지할 수 있다.

6. 다음 중 업무용 건물에서 독립된 환기의 필요성이 가장 낮은 곳은? [14 산]
① 복도　　　　　② 주차장
③ 화장실　　　　④ 급탕실

7. 다음 중 일반적으로 독립된 환기계통으로 하는 곳은? [17 산]
① 식당　　　　　② 사무실
③ 강의실　　　　④ 설계실

8. 환기 방식 중 정확한 환기량과 급기량 변화에 의해 실내압을 정압 또는 부압으로 유지할 수 있는 것은? [17 산]
① 자연환기 방식
② 급기팬과 배기팬의 조합
③ 급기팬과 자연배기의 조합
④ 자연급기와 배기팬의 조합

9. 다음 중 실내를 정압(+)으로 유지하여야 하는 곳은? [12, 17 산]
① 식당　　　　　② 수술실
③ 사무실　　　　④ 공연장

해설

해설 5
대규모 주차장의 경우 국소환기보다 전체환기가 바람직하다.

해설 6, 7
식당, 주방, 화장실, 급탕실, 주차장 등 냄새나 오염 가능성이 있는 실은 독립된 환기를 한다. 복도에서는 냄새 발생의 우려가 없으므로 독립된 환기를 하지 않아도 된다.

해설 8
제1종 환기(압입흡출병용방식)
배기량과 급기량의 변화에 의해 실내압을 정압(+) 또는 부압(-)으로 유지할 수 있어 실내외의 압력차가 없는 가장 양호한 환기법이다. 설비비, 운전비가 비싸다.

해설 9
병원의 수술실 경우 공기조화와 함께 쓰는 경우 제1종 환기방식(병용식)을 사용하며, 특히 외부 오염공기의 침입을 피하고자 할 때는 제2종 환기방식(압입식)이 적당하다.

정답
5. ②　6. ①　7. ①　8. ②
9. ②

10. 주방, 화장실 등과 같이 냄새 또는 유해가스나 증기발생이 많은 공간에 주로 사용되는 환기 방식은? [19 ②]
① 자연환기
② 강제급기 + 배기구
③ 급기구 + 강제배기
④ 강제급기 + 강제배기

해설 환기 방식

구분	설치방법	용도
제 1종 환기 (병용식)	강제송풍+강제배풍	병원 수술실, 거실, 지하극장, 변전실
제 2종 환기 (압입식)	강제송풍+자연배풍	클린룸, 무균실, 반도체공장, 식당, 창고
제 3종 환기 (흡출식)	자연송풍+강제배풍	화장실, 욕실, 주방, 흡연실, 자동차차고

※ 제3종 환기(흡출식)
㉠ 자연송풍+강제배풍
㉡ 실내의 압력이 부압(−), 실내의 냄새나 유해 물질을 다른 실로 흘려보내지 않는다.
㉢ 주방, 화장실, 유해가스 발생장소에 사용한다.

11. 다음 중 환기공간과 배출요소의 연결이 옳지 않은 것은? [15, 19, 24 ②]
① 전기실 − 열
② 화장실 − 분진
③ 주방 − 수증기
④ 주차장 − 배기가스

12. 환기방식에 관한 설명으로 옳지 않은 것은? [17 ②]
① 제3종 환기방식 지붕에 설치된 모니터를 이용한다.
② 중력환기에 의한 환기량은 실내외 온도차에 비례한다.
③ 치환환기는 실내 온도보다 낮은 온도의 공기를 이용하는 방식이다.
④ 제2종 환기방식은 오염 공기의 침입을 방지 하거나 연소용 공기가 필요한 경우에 적합하다.

13. 환기와 관련된 실내압의 설명으로 옳지 않은 것은? [16, 24 ②]
① 연소용 공기가 필요한 경우 실내를 정(+)압으로 한다.
② 다른 실의 오염 공기의 침입을 방지하는 경우 실내를 부(−)압으로 한다.
③ 실내 악취나 유해가스를 다른 실로 유출되지 않도록 하는 경우 실내를 부(−)압으로 한다.
④ 실내공기를 강제적으로 배출시키는 경우 실내는 부(−)압이 된다.

해설

해설 11, 12
제3종 환기(흡출식)
① 자연송풍+강제배풍
② 실내의 압력이 부압(−), 실내의 냄새나 유해 물질을 다른 실로 흘려보내지 않는다.
③ 주방, 화장실, 유해가스 발생장소에 사용한다.
※ 오염원이 있는 실에는 배기(배풍)를 위주로 설계하며 실내의 압력이 부압(−압)으로 유지되도록 한다.

해설 13
제2종 환기 : 실내의 압력이 정압(+), 다른 실에서의 공기 침입이 없다. 가장 많이 사용한다. 일반실에 적합하다.

정답 10. ③ 11. ② 12. ① 13. ②

14. 환기방식 중 배기량과 급기량의 변화에 의해 실내압을 정압 또는 부압으로 유지할 수 있는 환기방식은? [12 ④]

① 압입방식
② 흡출방식
③ 자연환기방식
④ 압입흡출병용방식

해설

해설 14
제1종 환기(압입흡출병용방식)
배기량과 급기량의 변화에 의해 실내압을 정압 또는 부압으로 유지할 수 있어 실내외의 압력차가 없는 가장 양호한 환기법이다. 설비비, 운전비가 비싸다.

14. ④

03 급배수시스템 검토

제1과목 건축설비계획 | 제3편 설비시스템 검토

1 수원과 수질

1. 수원

(1) 수원의 종류

① 지표수
  지표를 흐르는 강, 하천, 저수지 등의 물로서 수질은 비교적 유기질이 많고 세균 및 미생물의 번식에 알맞기 때문에 오염 기회가 많다.

② 지하수
  순환수로 지질의 영향을 받아 용해성 물질인 철, 망간, 칼슘 등을 다량 함유하므로 경도가 높고 또한 심층의 물로서 수질이 좋다.

③ 복류수
  지하수면이 하천수와 밀착, 산, 강, 호수 옆에서 흘러나오는 비교적 깨끗한 물을 말한다.

(2) 용수

① 상수 : 음료수, 주방싱크, 세면기, 욕조, 보일러 급수용으로 화학적·물리적 및 세균학적으로 적합한 것이다.

② 잡용수 : 대소변기 세정용·청소용·살수용·냉방용·소화용수 등이다.

■ 상수와 잡용수의 비

	상 수[%]	잡용수[%]
일반건축	30~40	60~70
학 교	40~50	50~60
백 화 점	45	55
병 원	60~66	34~40
주 택	65~80	20~35

(3) 급수원

① 상수 : 급수원은 주로 지표수로부터 취수한다. 즉, 취수(取水) → 송수(送水) → 정수(淨水) → 배수(配水) → 급수(給水)의 순으로 도시에 공급된다.

핵심 PLUS

핵심 PLUS

예 다음 중 반드시 상수를 사용하지 않아도 되는 것은? [12 산]
① 세면용
② 음료용
③ 기계냉각수
④ 의복 세탁용

해설 상수와 잡용수
① 상수 : 음료수, 주방싱크, 세면기, 욕조, 보일러 급수용으로 화학적·물리적 및 세균학적으로 적합한 것이다.
② 잡용수 : 대소변기 세정용·청소용·살수용·냉방용·기계냉각수·소화용수 등이다.

답 : ③

---

② 정수 : 수원으로 가장 많이 채택되는 것이 정수(井水)이며, 우물은 그 심도에 따라 천정호(淺井戶), 심정호(深井戶)가 있다. 지하 양수용 펌프에는 주로 수중(水中)펌프, 보어 홀 펌프(bore hole pump)가 사용되고 있다. 또 정수와 상수의 사용 비율은 연면적 3,000[m²] 이상의 대규모 건축에서는 7 : 3 정도이며, 연면적 3,000[m²] 이하의 건축물은 상수(上水)만을 사용하는 것이 좋다.

(4) 정수법

① 침전법
  ㉠ 중력침전법 : 물을 완속으로 흐르게 하거나 정지시켜서 부유물질을 침전시키는 방법으로, 완속침전법, 보통침전법이라고도 한다.
  ㉡ 약품침전법 : 보통침전법으로는 비중이 작거나 직경이 작은 물질은 침전하지 않는 까닭에 약품을 사용하여 응집침전시키는 방법으로, 급속침전법이라고도 한다. 약품으로 황산, 반토, 명반 등이 있다.

② 여과법
  ㉠ 완속여과법 : 완속여과법에서는 약품을 사용하지 않고 보통침전을 한 후 여과지로 보내어 물을 거른다. 여과지의 위쪽에는 가는 모래를 사용한다. 하층일수록 입자가 큰 것을 사용하며, 최하층에는 자갈을 둔다. 완속여과법의 여과속도는 1일당 3~6[m]이다.
  ㉡ 급속여과법 : 침전지에서 약품침전, 즉 주로 황산알루미늄을 사용하여 응집침전시킨 후 여과지에 보내게 된다. 급속여과법의 여과속도는 1일당 100~150[m]로 완속여과시보다 40배 정도 빠르다.

③ 폭기법
  수중에 포함된 탄산제일철[$Fe(HCO_3)_2$], 수산화제일철[$Fe(OH)_2$] 또는 황산제일철[$FeSO_4$]을 제거하기 위해 폭기(曝氣)에 의해 물을 공기에 잘 접촉시킨 후 이것을 산화시켜 불용해성 수산화제이철[$Fe(OH)_3$]로 만든 다음 소독·여과에 의해 제거하는 방법이다.

④ 멸균법
  침전·여과작용에 의해 대부분의 세균은 제거되지만 잔존세균을 완전히 멸균하기 위해서는 염소멸균법이 사용된다. 염소(Cl_2) 외에 표백분, 클로라민, 자외선, 오존(O_3) 등이 있다.

⑤ 경수의 연화법
  탄산칼슘($CaCO_3$) 함유량을 90[ppm] 이하로 만들어 침전시키는 방법으로, 생석회(CaO)를 사용한다.

2. 수질

1) 물의 경도(硬度)

물 속에 녹아 있는 칼슘(Ca), 마그네슘(Mg) 등의 양을 이것에 대응하는 탄산칼슘($CaCO_3$)의 100만분율(ppm : parts per million)로 환산하여 표시한 것

분류	$CaCO_3$의 함유량	특징
극연수(極軟水)	0[ppm]	증류수나 멸균수로서 연관이나 황동관을 부식
연수(軟水)	90[ppm] 이하	세탁, 염색, 보일러용에 적합
적수(適水)	90~110[ppm]	
경수(硬水)	110[ppm] 이상	물, 음료용, 세탁, 표백, 염색에는 부적합

2) 음용수의 수질기준

환경부령 수질 판정 기준에 그 허용 한계를 명시하고 있다.
① 병원생물에 오염되었거나 병원생물에 오염된 생물 또는 물질에 관한 사항
② 시안, 수은, 기타 유독물질에 관한 사항
③ 동, 철, 불소, 페놀, 기타 물질에 관한 사항
   총 경도(Ca, Mg 등)는 300[ppm]을 넘지 아니할 것
④ 과도한 산성이나 알칼리성에 관한 사항
   수소이온 농도는 pH 5.8 내지 8.5이어야 할 것 (pH<7 : 산성)
⑤ 냄새와 맛에 관한 사항
⑥ 무색 투명하지 아니할 것에 관한 사항
  ㉠ 색도는 5도를 넘지 아니할 것
  ㉡ 탁도는 2도를 넘지 아니할 것
  ㉢ 증발잔류물은 500[ppm]을 넘지 아니할 것

핵심 PLUS

■ 경도가 높은 물을 보일러에 사용하면
• 내면에 스케일(물때) 생성
• 전열효율 저하
• 과열의 원인
• 보일러의 수명단축

예 다음 중 경도가 높은 물을 보일러 용수로 사용하지 않는 가장 주된 이유는? [08, 18 기]
① 비등점이 낮다.
② 부유물질이 많이 포함되어 있다.
③ 온도 조절에 어려움이 있다.
④ 보일러 내면에 스케일이 발생된다.
답 : ④

예 물의 경도는 물 속에 녹아있는 칼슘, 마그네슘 등의 염류의 양을 무엇의 농도로 환산하여 나타낸 것인가? [11, 16, 18, 24 산]
① 탄산칼슘 ② 탄산나트륨
③ 염화나트륨 ④ 염화마그네슘
답 : ①

예 물의 경도에 관한 설명으로 옳지 않은 것은? [14, 24 산]
① 경도의 표시는 도(度) 또는 [ppm]이 사용된다.
② 일반적으로 지표수는 경수, 지하수는 연수로 간주한다.
③ 연수는 쉽게 비누거품을 일으키지만, 음료용으로는 적합하지 않다.
④ 물 속에 녹아있는 칼슘, 마그네슘 등의 염류의 양을 탄산칼슘의 농도로 환산하여 나타낸 것이다.
답 : ②

예 먹는 물의 수질기준에 관한 설명으로 옳지 않은 것은? [19, 22 기]
① 색은 5도를 넘지 아니할 것
② 수은은 0.01[mg/L]를 넘지 아니할 것
③ 시안은 0.01[mg/L]를 넘지 아니할 것
④ 수돗물의 경우 경도는 300[mg/L]를 넘지 아니할 것
해설 수은은 0.001[mg/L]를 넘지 아니할 것
답 : ②

예 먹는 물의 수소이온농도 기준으로 옳은 것은? (단, 샘물, 먹는 샘물 및 먹는 물 공동시설의 물이 아닌 경우) [13, 17, 21 기]
① pH 4.8 이상 pH 8.4 이하
② pH 4.8 이상 pH 8.5 이하
③ pH 5.8 이상 pH 8.4 이하
④ pH 5.8 이상 pH 8.5 이하
답 : ④

핵심 PLUS

예 다음 중 기구의 최저필요압력이 가장 낮은 것은? [14 산]
① 샤워
② 일반수전
③ 대변기 세정밸브
④ 스톨형 소변기 세정밸브

해설 기구의 최소 필요압력[MPa]
㉠ 세정밸브 : 0.07
㉡ 자동밸브 : 0.07
㉢ 샤워 : 0.07
㉣ 보통밸브(일반수전) : 0.03
㉤ 블로우아웃식 대변기 : 0.1

답 : ②

예 급수방식 중 수도직결방식에 관한 설명으로 옳지 않은 것은? [11, 13, 18, 19 산]
① 급수압력이 일정하다.
② 고층으로의 급수가 어렵다.
③ 정전으로 인한 단수의 염려가 없다.
④ 위생성 측면에서 바람직한 방식이다.

해설 고가수조방식은 급수공급 압력이 일정하고, 취급이 용이하여 대규모 급수에 적합하다.

답 : ①

예 급수방식 중 고가수조방식에 관한 설명으로 옳은 것은? [15, 19 산]
① 대규모의 급수 수요에 대응할 수 없다.
② 단수시에도 일정량의 급수를 계속할 수 있다.
③ 급수공급압력의 변화가 심하고 취급이 까다롭다.
④ 위생성 및 유지·관리 측면에서 가장 바람직한 방식이다.

답 : ②

2 급수방식

1. 급수방식의 특징

구 분	특 징	공 식
수도 직결식	• 수질의 오염가능성이 가장 적다. • 정전 시에도 물이 나온다. • 소규모 건물에 쓰인다.	• 수도본관의 압력 $P_o \geq P + P_f + \dfrac{h}{100}$ P : 수전 또는 기구의 필요압력 [MPa] P_f : 본관에서 기구에 이르는 사이의 저항[MPa] h : 기구의 높이[m]
고가 수조식 (옥상 탱크식)	• 급수압이 일정하며 대규모 급수에 적합 • 단수시에도 일정시간동안 급수가 가능 • 구조체의 보강이 필요 • 수질의 오염가능성이 가장 크다. • 시설비, 경상비가 많이 든다.	• 고가수조의 높이 $H \geq 100(P + P_f) + h$ H : 고가수조의 높이[m] h : 제일 높은 곳에 있는 기구의 높이[m]
압력 탱크식	• 부분적으로 고압을 필요한 곳에 적합 • 구조물의 보강이 불필요 • 건물의 미관이 양호하다. • 급수압이 일정하지 않다. • 때때로 공기를 공급해야 한다. • 동력비 및 제작비가 비싸다.	• 최저 필요압력(P_I) $P_I = p_1 + p_2 + p_3$ [MPa] p_1 : 최고층 수전에 해당하는 수압 [MPa] p_2 : 기구별 소요압력[MPa] p_3 : 관내 마찰손실수두[MPa] • 허용 최대 압력(P_{II}) $P_{II} = P_I + 0.07 \sim 0.14$ [MPa]
탱크 없는 부스터 방식	• 옥상탱크나 압력탱크가 필요 없다. • 정전이나 단수시 압력탱크와 동일하다. • 설비비가 고가이다. • 고장시 수리가 어렵다. • 전력 소비가 많다.	

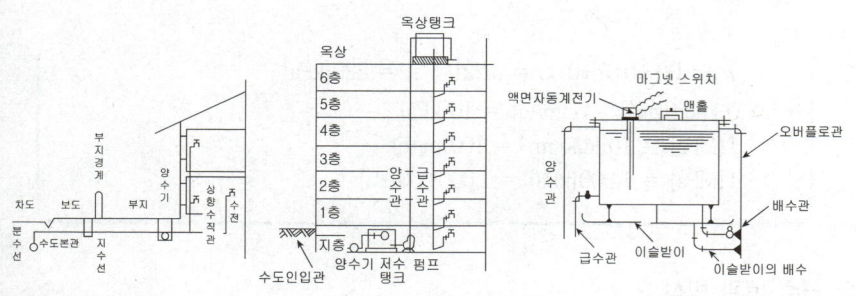

[그림] 수도직결방식   [그림] 옥상탱크 급수 배관법   [그림] 옥상탱크의 배관 및 부속기구

예제

1. 수도본관에서 수직높이 5.5[m]인 곳에 세면기를 수도직결식으로 배관하였을 경우 수도본관에는 최소 얼마의 압력이 필요한가? (단, 본관에서 세면기까지의 마찰손실압력은 0.035[MPa]이다.) [07 기]

   ① 0.065[MPa]   ② 0.085[MPa]   ③ 0.09[MPa]   ❹ 0.12[MPa]

   ▶ 수도본관의 압력 : $P_o \geq P + P_f + \dfrac{H}{100}$

   P : 수전 또는 기구의 필요압력[MPa] → 세면기 : 0.03[MPa]
   P_f : 본관에서 기구에 이르는 사이의 저항[kgf/cm²] → 0.035[MPa]
   H : 기구의 높이[m] → 5.5[m] = 0.055[MPa]

   $\therefore P_o \geq 0.03 + 0.035 + \dfrac{5.5}{100} = 0.12[MPa]$

   ※ 수압 $P = 0.01H[MPa]$

2. 고가수조 방식의 급수법에서 F.V식 대변기를 최고층에서 사용할 경우 대변기에서 고가수조의 최저수면까지의 높이는 최소 얼마 이상으로 하여야 하는가?(고가탱크에서 대변기까지의 전마찰 손실수두 : 1[m]) [04, 08 기]

   ① 8[m]   ② 12[m]   ③ 14[m]   ④ 16[m]

   ▶ 세정밸브식(F.V식) 기구의 최저 필요압력 0.07[MPa](7[m] 수두)+손실수두 1[m]=8[m]

3. 압력탱크로부터 수직높이 10[m]되는 곳에 세정밸브(flush valve)식 대변기가 설치되어 있다. 이 대변기에 압력탱크식으로 급수하기 위한 압력탱크의 최저필요압력은? (단, 배관의 연장길이는 15[m]이고 관로의 전마찰손실 수두는 5[mAq]이다.) [10 기]

   ❶ 220[kPa]   ② 270[kPa]   ③ 320[kPa]   ④ 370[kPa]

   ▶ 압력수조식의 최저 필요압력(P_I)

   $P_I = p_1 + p_2 + p_3 [MPa]$

   p_1 : 최고층 수전에 해당하는 수압[MPa]
   p_2 : 기구별 소요압력[MPa]
   p_3 : 관내 마찰손실수두[MPa]

핵심 PLUS

예 가압급수방식(부스터펌프방식)의 특징으로서 틀린 것은?
① 부하설계와 기기의 선정이 적절하지 못하면 에너지 낭비가 크다.
② 급수량에 따라 펌프의 대수제어 운전, 회전수 제어운전이 가능하며 최상층의 수압도 크게 할 수 있다.
③ 정전시에도 옥상탱크에 있는 물을 공급할 수 있어 안정적이다.
④ 부스터펌프방식에 압력탱크를 병용하여 사용하면 펌프의 잦은 단락을 보완할 수 있다.

[해설] ③ : 고가수조식의 특징

답 : ③

■ 1[MPa]=10[kgf/cm²]=100[mAq]
 1[MPa]=1,000[kPa]=1,000,000[Pa]

예 수도직결방식의 급수방식에서 수도 본관의 압력이 160[kPa], 수전의 높이가 6[m], 마찰손실수두가 2[mAq]일 때, 이 수전이 받는 압력은?
[19, 23, 25 산]
① 약 40[kPa]
② 약 80[kPa]
③ 약 152[kPa]
④ 약 240[kPa]

[해설] $P_o \geq P + P_f + \dfrac{H}{100}$

$0.16 = P + 0.02 + \dfrac{6}{100}$

$\therefore P = 0.16 - 0.02 - 0.06$
$\quad = 0.08[MPa] = 80[kPa]$

답 : ②

예 고가탱크방식에서 최상층의 수압을 확보하기 위해 물탱크 높이를 올리려고 한다. 최상층 수전에서 고가탱크 최저 수위까지의 최저 높이는? (단, 최상층 수전의 필요수압은 70[kPa], 배관의 마찰손실은 1[m]이다.)
[16, 24 산]
① 7[m]   ② 8[m]
③ 10[m] ④ 17[m]

[해설] $H \geq 100(P + P_f) + h [m]$

$\therefore H \geq 100(0.07+0.01) = 8[m]$

답 : ②

핵심 PLUS

∴ P_1 = 0.1+0.07+0.05 = 0.22[MPa] = 220[kPa]

※ 0.1[kgf/cm^2] = 1[mAq] = 10[kPa]
1[MPa] = 10[kgf/cm^2] = 100[mAq]
1[MPa] = 1,000[kPa] = 1,000,000[Pa]

2. 급수 배관 방식

1) 급수 배관법

① 상향급수 배관법 : 수도직결식, 압력탱크식 → 지하실 천정 – 노출배관 – 보수가 용이

② 하향급수 배관법 : 고가탱크식 → 최상층 천정 – 은폐배관 – 점검수리 불편

③ 상하향 혼용배관법 : 1, 2층은 상향식, 3층 이상은 하향식

[예] 일반적으로 하향급수 배관방식이 사용되는 급수 방식은? [18 산]
① 고가수조방식
② 수도직결방식
③ 압력수조방식
④ 펌프직송방식

답 : ①

3 급탕방식

1. 급탕 방법

1) 개별식 급탕법

① 특징
㉠ 배관설비 거리가 짧고, 배관 중의 열손실이 적다.
㉡ 수시로 더운 물을 사용할 수 있으며, 고온의 물을 필요시 쉽게 얻을 수 있다.
㉢ 급탕 개소가 적을 경우 시설비가 싸게 든다.
㉣ 주택 등에서는 난방 겸용의 온수보일러를 이용할 수 있다.
㉤ 급탕 개소마다 가열기의 설치공간이 필요하다.
㉥ 주택, 중소 여관, 작은 사무실 등 급탕 개소가 적은 건축물에 적합하다.

② 순간온수기(즉시탕비기) : 가스나 전기로 가열시켜 직접 온수를 얻는 방법

③ 저탕형 탕비기 : 특정 시간에 다량의 온수를 필요로 하는 곳에 적합하며, 비교적 열손실이 많다.

④ 기수혼합식 : 보일러에서 발생한 증기를 저탕조에 직접 불어넣어 온수를 만드는 방법으로, 소음이 생기는 결점이 있다. 열효율은 100[%]이지만 소음을 줄이기 위해 증기압 0.1~0.4[MPa]의 스팀 사일런서(steam silencer)를 사용한다.

[예] 국소식 급탕방식의 일반적 특징에 관한 설명으로 옳지 않은 것은? [13 산]
① 배관으로부터의 열손실이 많다.
② 급탕개소마다 가열기의 설치 스페이스가 필요하다.
③ 건물완공 후에도 급탕 개소의 증설이 비교적 쉽다.
④ 급탕개소가 적기 때문에 가열기, 배관길이 등 설비규모가 작다.

답 : ①

[예] 급탕방식 중 기수혼합식의 설명으로 옳지 않은 것은? [04 기]
① 증기가 물에 주는 열효율이 60[%] 정도로 좋지 않다.
② 증기의 공급시설이 되어 있는 공장, 선박, 학교 등에서 사용된다.
③ 0.1~0.4[MPa]의 높은 증기압이 필요하다.
④ 소음을 줄이기 위해 사일런서를 사용한다.

답 : ①

2) 중앙식 급탕법

① 특징
㉠ 열원으로 값싼 중유, 석탄 등이 사용되므로 연료비가 싸다.
㉡ 급탕설비가 대규모이므로 열효율이 좋다.
㉢ 급탕설비의 기계류가 동일 장소에 설치되어 관리상 유리하다.
㉣ 최초의 설비비와 건설비는 비싸지만 경상비가 적게 들므로 대규모 급탕설비에는 중앙식이 경제적이다.
㉤ 급탕 공급의 배관길이가 길어 열손실이 많다.
㉥ 순환이 느리기 때문에 순환펌프를 사용해야 한다.

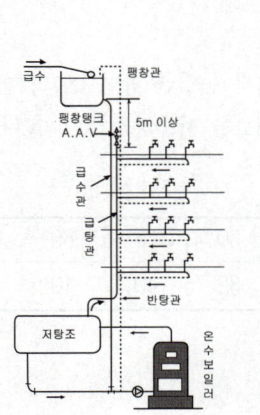

[그림] 직접가열식 급탕 배관   [그림] 간접가열식 급탕 배관

■ 중앙식 급탕법의 비교

구 분	직접가열식	간접가열식
보일러	급탕용 보일러 난방용 보일러 각각 설치	난방용 보일러로 급탕까지 가능
보일러 내의 스케일(물 때)	많이 낀다.	거의 끼지 않는다.
보일러 내의 압력	고 압	저 압
저탕조 내의 가열코일	불필요	필 요
건물 규모	소규모 건물	대규모 건물

핵심 PLUS

예 중앙식 급탕방식에 관한 설명으로 옳은 것은? [20 산]
① 국소식에 비해 배관 및 기기로부터의 열손실이 적다.
② 국소식에 비해 시공 후 기구 증설에 따른 배관변경공사를 하기 쉽다.
③ 기구의 동시이용률을 고려하여 가열장치의 총용량을 적게 할 수 있다.
④ 열원장치는 공조설비와 겸용하여 설치할 수 없기 때문에 열원단가가 비싸다.
답 : ③

예 대규모 건물에서 간접가열식 중앙식 급탕방식에 관한 설명으로 옳지 않은 것은? [18, 24 산]
① 직접가열식에 비해 열효율이 높다.
② 가열보일러는 난방보일러와 겸용할 수 있다.
③ 직접가열식에 비해 구조가 약간 복잡해진다.
④ 고온의 탕을 얻기 위해서는 증기 또는 고온수 보일러를 사용한다.
해설 직접가열식은 온수보일러에서 직접 가열한 물을 저탕조에 저장해 두었다가 필요 개소에 공급하는 방식이기 때문에 열효율은 높은 편이어서 열효율 면에서는 경제적이다. 그러나, 간접가열식은 열교환기를 거치는 과정이 있으므로 열효율은 직접가열식에 비해 낮은 편이다.
답 : ①

핵심 PLUS

예 복관식 급탕배관방식에 관한 설명으로 옳지 않은 것은?
① 급탕관과 반탕관이 설치된다.
② 저탕조를 중심으로 회로배관을 형성한다.
③ 배관이 복잡하여 중앙식 급탕방식에는 적용이 곤란하다.
④ 급탕전을 열면 짧은 시간 내에 뜨거운 물을 얻을 수 있다.

해설 중앙식 급탕법에 이용되는 방식으로 대규모 건축물에 이용된다.

답 : ③

예 급탕관경을 40[A]로 하였을 경우 반탕관경으로 적당한 것은?
① 15[A]
② 20[A]
③ 25[A]
④ 32[A]

답 : ③

- 리버스리턴(Reverse Return)배관(역환수방식)
- 설치 : 급탕설비-하향식
  난방설비-온수난방
- 방법 : 각 방열기마다의 배관회로 길이를 같게 한 배관방식
  보일러에서 방열기까지(온수관)의 길이=방열기에서 보일러까지(환수관)의 길이
- 목적 : 온수의 유량분배 균일화(온수의 순환을 평균화)하기 위해
- 단점 : 배관수가 많아져서 설비비가 높다.

2. 급탕 배관 방식

1) 단관식

탕비기에서 수전에 이르기까지 공급관(supply pipe)뿐인 배관 방식으로서, 개별식 급탕 방법에 이용되는 방식이다.

2) 복관식(순환식)

저탕조를 중심으로 하여 회로 배관을 형성하고 탕물은 항상 순환하고 있으므로 2관식이라고도 하며, 급탕전을 열면 곧 뜨거운 물이 나오며 온수보일러나 또는 저탕조에서 15[m] 이상 떨어져서 급탕전을 설치하는 순환식을 채용하는 것이 좋다.

3) 급탕관의 관경 결정

급탕관의 관경은 급수설비의 관경 계산 방법과 동일한 방법으로 구한다.
급탕관은 금속의 부식을 고려하여 내식성 재료를 사용하는 것이 좋다.

■ 급탕관과 반탕관의 관경

급탕관경[mm]	25	32	40	50	65	80	100
반탕관경[mm]	20	20	25	32	40	40	50

4 오배수, 통기시스템

1. 배수계통의 분류

1) 사용 목적에 의한 분류
   ① 오수 : 수세 변소의 대·소변기에서의 배수
   ② 잡배수 : 부엌, 세면소, 욕실 등에서의 배수
   ③ 우수 : 지붕이나 발코니 등의 루프 드레인에서의 배수
   ④ 특수 배수 : 공장 배수, 병원의 배수, 방사선 시설의 배수는 유해 위험한 물질을 포함하고 있으므로 일반적인 배수와는 다른 계통으로 처리해서 방류한다.

2) 직접배수와 간접배수
   ① 직접배수 : 위생기구와 배수관이 연결된 일반 위생기구에서의 배수
   ② 간접배수 : 냉장고, 세탁기, 음료기, 공기정화기 등에서의 배수방식으로 기구의 오염을 막기 위해 일반배수관으로 직접 연결하지 않고, 물받이 사이에 공간을 두어 공기 중에 노출시켰다가 배수관으로 흘려보내는 배수이다.

2. 배수의 재이용 계획(중수 시스템)

① 물의 수요가 급격히 증가함에 따라 수자원 부족을 해결하기 위한 합리적인 대책으로 1차로 사용된 물을 모아 수처리하여 재사용하는 방법이다.
② 중수도의 용도 : 수세식 변소용수, 에어컨·냉각용 보급수, 청소용수, 세차용수, 살수용수, 조경용수(연못, 분수 등), 소방용수

3. 배수 및 통기 배관

1) 통기관의 배관 목적
   ① 트랩의 봉수 보호
   ② 배수관 내의 배수 흐름 원활
   ③ 배수관의 환기 역할

핵심 PLUS

예 다음 중 간접배수로 하여야 하는 기구는? [16 산]
① 소변기   ② 세탁기
③ 세면기   ④ 욕조
답 : ②

예 중수(中水)의 사용용도에 해당하지 않는 것은? [09 기]
① 화장실 세척수
② 냉각탑 보급수
③ 세차
④ 세탁
답 : ④

핵심 PLUS

예) 배수 계통에서 통기관을 설치하는 목적으로 옳지 않은 것은? [15 산]
① 트랩의 봉수 보호
② 배수관내의 취기 배출
③ 배수관내의 청결 유지
④ 하수가스의 건물내 침입방지

답 : ④

예) 다음 중 통기효과가 가장 우수한 통기방식은? [20 산]
① 각개통기방식
② 루프통기방식
③ 신정통기방식
④ 결합통기방식

답 : ①

예) 2개 이상인 기구 트랩의 봉수를 모두 보호하기 위하여 공통으로 설치하는 통기관은? [11 산]
① 도피 통기관
② 신정 통기관
③ 반송 통기관
④ 루프 통기관

답 : ④

예) 배수수직관과 통기수직관을 연결하는 통기관은? [16 산]
① 신정통기관
② 반송통기관
③ 공용통기관
④ 결합통기관

답 : ④

예) 최상층에서 배수수직관을 그대로 연장시켜 사용하는 통기관은?
① 공용통기관 [14, 23, 25 산]
② 도피통기관
③ 신정통기관
④ 결합통기관

답 : ③

2) 통기 배관 방식

종류	특기사항	관경
각개(개별) 통기관	· 각 위생기구마다 통기관을 설치 · 설비비가 많이 드나 가장 이상적인 방법	접속하는 배수관경의 1/2 이상 또는 32[mm] 이상
루프(환상, 회로) 통기관	· 기구 2개 이상 8개 이내 · 통기수직관에서 7.5[m] 이내	접속하는 배수관경의 1/2 이상 또는 40[mm] 이상
도피(탈출) 통기관	· 배수수직관과 배수수평관을 연결 · 최하류 기구 바로 앞에 설치	접속하는 배수관경의 1/2 이상 또는 40[mm] 이상
결합 통기관	· 배수수직관과 통기수직관을 연결 · 5개층마다	50[mm] 이상
신정 통기관	· 배수수직관의 상부에 설치 · 옥상에 개구 (가장 단순하고 경제적)	75[mm] 이상 (일반적으로 100[mm] 이상)
습윤 통기관	· 최상류 기구에 설치 · 배수관+통기관 역할	

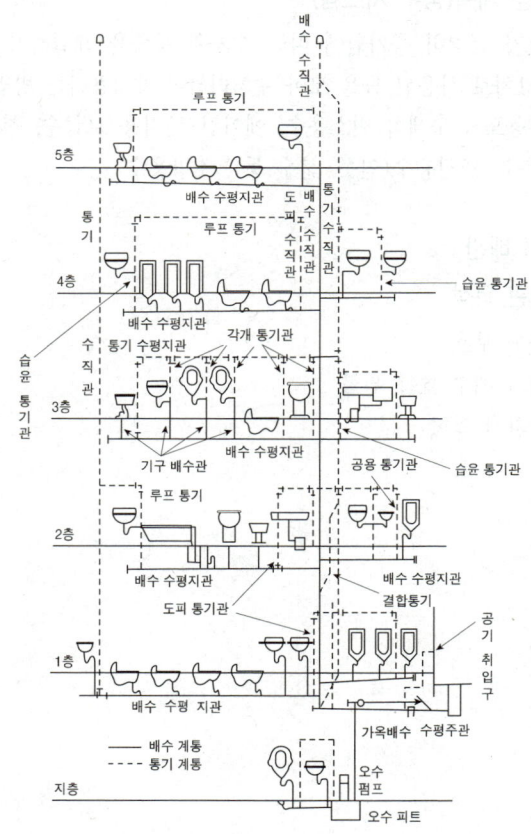

[그림] 배수 및 통기관 계통도

※ 특수통기방식-배수와 통기 겸용(신정통기관+특수이음쇠)
① 소벤트 방식(sovent system) : 하나의 배수수직관으로 배수와 통기를 겸하는 시스템으로 2개의 특수이음쇠 사용(공기혼합이음쇠, 공기분리이음쇠)한다.
② 섹스티아 방식(sextia system) : sextia 이음쇠와 sextia 벤트관을 사용하여 유수에 선회력을 주어 공기 코어를 유지시켜 하나의 관으로 배수와 통기를 겸하는 시스템으로 배수관경이 적어도 되며 소음이 적다.

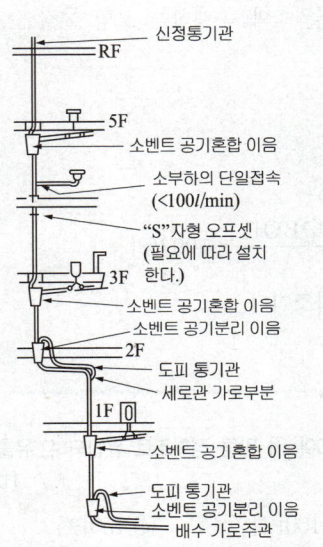

[그림] 소벤트 방식(sovent system)

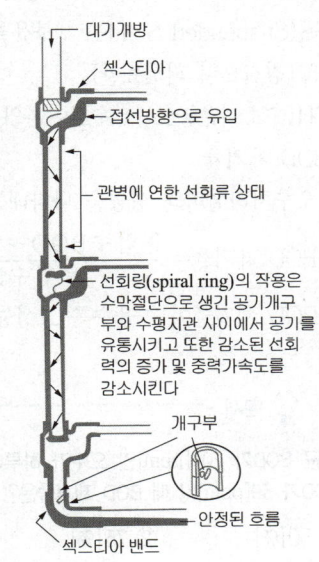

[그림] 섹스티아 방식(sextia system)

핵심 PLUS

예 통기설비에 관한 설명으로 옳은 것은? [11 기]
① 간접배수계통의 통기관은 다른 통기계통에 접속하여 대기 중에 개구한다.
② 각개통기방식 및 로프통기방식에는 통기수직관을 설치하지 않는다.
③ 통기수직관의 상부는 관경을 축소하여 그 위쪽 끝은 단독으로 대기 중에 개구한다.
④ 통기수직관의 하부는 최저위치에 있는 배수수평지관보다 낮은 위치에서 배수수직관에 접속하거나 또는 배수수평주관에 접속한다.

[해설]
① 간접배수계통의 통기관은 독립적으로 대기 중에 개구한다.
② 각개통기방식 및 루프통기방식에는 통기수직관에 접속한다.
③ 통기수직관의 상부는 관경을 그대로 연장하여 대기 중에 개구한다.

답 : ④

예 통기수직관이 없는 방식으로 배수수평지관에서 유입하는 배수에 선회력을 주어 통기를 위한 공기 코어를 유지하도록 하여 하나의 관으로 배수와 통기를 겸하는 통기방식은? [14 산]
① 섹스티아 방식
② 각개통기 방식
③ 소벤트 방식
④ 회로통기 방식

답 : ①

제1과목 건축설비계획 **1-183**

핵심 PLUS

예 오수 중의 유기물이 미생물의 작용에 의해 산화 분해되어 안정한 물질로 변해갈 때 소비하는 산소량을 무엇이라 하는가? [20 산]
① PPM ② COD
③ BOD ④ SS
답 : ③

예 수질과 관련된 용어 중 SS의 의미로 가장 알맞은 것은? [12, 18, 23 산]
① 부유물질
② 용존산소
③ 수소이온농도
④ 생물화학적 산소요구량
답 : ①

예 BOD 제거율을 나타내는 식은? [03, 07, 12, 21 기]
① $\frac{유입수BOD}{유출수BOD} \times 100\%$
② $\frac{유출수BOD}{유입수BOD} \times 100\%$
③ $\frac{유입수BOD - 유출수BOD}{유출수BOD} \times 100\%$
④ $\frac{유입수BOD - 유출수BOD}{유입수BOD} \times 100\%$
답 : ④

4. 오수처리설비

(1) 용어의 정의

① BOD(Biochemical Oxygen Demand) : 생물화학적 산소 요구량-수질의 오염정도의 측정치

② COD(Chemical Oxygen Demand) : 화학적 산소 요구량-공장 폐수수질의 측정

③ DO(Dissolved Oxygen) : 용존산소량-수중에 용해된 산소의 량

④ SS(Suspended Solids) : 부유물질-물 속에 존재하는 고형 물질

⑤ SV(침전오니 퍼센트율)

⑥ PH(수소이온농도) : 수소이온의 량

⑦ BOD 제거율
 ㉠ 오수처리설비의 성능을 나타내는 지표
 ㉡ BOD 제거율 = $\frac{유입수BOD - 유출수BOD}{유입수BOD} \times 100\,[\%]$
 ㉢ BOD 제거율이 높을수록 고성능 정화조이다.

> **예제**
>
> 평균 BOD가 200[ppm]인 오수가 하루에 1,500[m³] 만큼 정화조로 유입되며, 유출수의 BOD가 50[ppm]일 때 BOD 제거율은? [12 기]
>
> ① 50[%] ❷ 75[%] ③ 100[%] ④ 150[%]
>
> ▶ BOD 제거율 = $\frac{유입수BOD - 유출수BOD}{유입수BOD} \times 100\,[\%]$
> $= \frac{200-50}{200} \times 100\,[\%] = 75\,[\%]$

(2) 정화조

1) 원리
정화조는 변기, 부엌에서 나오는 오수와 잡배수를 미생물의 활동으로 부패시켜서 유기물질을 최소화하여 소독 후 방류시키는 구조물이다.

2) 정화 순서
(오수 유입) → 부패조 → 여과조 → 산화조 → 소독조 → (방류)

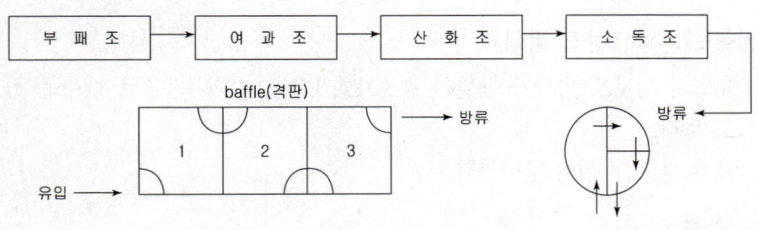

[그림] 정화조

3) 처리 방식
① 합류 배수 : 분뇨와 생활 하수를 함께 처리하는 시설
② 분류 배수 : 생활 하수를 공공 하수관으로 처리하여 그냥 버리고 분뇨만 처리하는 시설

4) 정화조의 종류(폐기물관리법, 제15조)
① 오수처리시설 : 공동주택으로 연면적 1,600[m²] 이상(2동 이상을 합한 연면적)은 합류 배수 방식과 함께 오수처리시설을 해야 한다.
② 분뇨 정화조 : 공동주택으로 연면적 1,600[m²] 미만의 분류 배수 방식과 함께 분뇨 정화조를 설치해야 한다.

5) 오수처리시설과 분뇨 정화조의 차이
① 분뇨 정화조는 연면적 1,600[m²] 이하의 소규모에 이용한다.
② 오수처리시설은 연면적 1,600[m²] 이상의 대규모 건물에 이용하고 정화 성능도 차이가 있다.
③ 임호프(Imhoff) 방식 : 독일의 Imhoff 박사가 개발한 것으로, 가정용, 아파트용으로 현재 대부분 사용하고 있다.

핵심 PLUS

예 정화조의 원리를 설명한 다음 사항 중 옳은 것은?
① 다량의 물에 의하여 오물을 희석한다.
② 약품에 의하여 오물을 분해한다.
③ 미생물작용으로 오물을 분해한다.
④ 침전작용으로 오물을 분해하여 사멸시킨다.

답 : ③

핵심 PLUS

예 오수 정화처리 방식에 대한 설명 중 옳지 않은 것은?
① 생물화학적 처리방식 중 호기성 처리방식에는 살수여상, 활성슬러지 등이 있다.
② 물리적 처리방식은 오수를 중화시키거나 소독하는 방식이다.
③ 생물화학적 처리방식은 여러 종류의 미생물의 움직임을 이용하여 오수를 처리하는 정화방식이다.
④ 교반은 폭기조 등에서 오수 중에 공기(산소)를 기계적으로 혼입시키는 방식이다.

[해설] 물리적 처리방법 : 스크린, 침전, 교반, 여과

답 : ②

예 오수정화시설에서 생물학적 처리방법 중 활성오니법에 속하는 것은?
[17 산]
① 장기폭기방법
② 접촉산화방법
③ 살수여상방법
④ 회전원판접촉방법

답 : ①

(3) 오수처리시설

오수처리시설은 침전, 호기성 또는 혐기성 분해 등의 방법에 의하여 분뇨와 생활하수를 함께 처리하는 시설로서 오수처리시설 처리공법
① 호기성 생물학적 처리공법
  ㉠ 활성 오니법 : 표준 활성 오니 방법, 장기 폭기 방법, 접촉 안정 방법
  ㉡ 고정 미생물 방법 : 접촉 산화 방법, 살수 여상 방법, 회전 원판 접촉 방법
② 물리적 처리공법 : 임호프 탱크 방법

1) 임호프(Imhoff) 탱크 방식

① 독일의 임호프 박사가 개발한 것으로, 가정용, 아파트용으로 대부분 사용하고 있다.
② 값이 싸고, 시설이 용이하다.

2) 장기 폭기 방식

스크린–폭기조–침전조–소독조–방류조

(4) 정수 처리

물의 처리 과정 : 채수–침전–기폭–여과–살균–급수

1) 침 전

① 보통 침전 : 유효 수심 3~4[m] 정도
② 약품 침전 : 약품(황산반토, 명반)을 이용해서 덩어리지게 해서 침전

2) 기 폭

물을 공중으로 뿜어서 물 속에 녹아 있는 암모니아·황화수소·탄산가스를 제거하고, 불용해성 수산화제2철[$Fe(OH)_3$]을 침전 여과시킨다.

3) 소독 약품

염소, 표백분, 나트륨(natrium), 클로라민(chloramine), 오존(ozon)

핵심기출문제

03. 급배수시스템 검토

■■■ 1. 수원과 수질

1. 음료수의 정화 방법 중 물 속에 분해되어 있는 암모니아, 황화수소, 탄산가스 등 유독가스를 제거하기 위하여 행하는 방법은?

① 멸균법 ② 침전법
③ 여과법 ④ 폭기법

2. 정수처리 과정에서 물을 뿜으면서 불용해성 철분을 제거하는 처리과정은? [99 ④]

① 침전 ② 폭기
③ 여과 ④ 급수

3. 물의 정수과정에서 물 속에 있는 철분을 제거하기 위한 처리과정은? [15, 19, 23 ㉮]

① 혐기 ② 폭기
③ 불소 주입 ④ 응집제 첨가

4. 다음의 물의 경도에 관한 설명 중 ( ) 안에 알맞은 용도는? [17, 25 ④]

> 물의 경도는 물 속에 녹아있는 칼슘, 마그네슘 등의 염류의 양을 ( )의 농도로 환산하여 나타낸다.

① 불소 ② 탄산칼슘
③ 탄산나트륨 ④ 탄산마그네슘

해설 4,5 물의 경도(硬度)

㉠ 물 속에 녹아 있는 칼슘(Ca), 마그네슘(Mg) 등의 양을 이것에 대응하는 탄산칼슘($CaCO_3$)의 100만분율(ppm : parts per million)로 환산하여 표시한 것
㉡ 경도가 큰 물을 경수, 경도가 낮은 물을 연수라 한다.

분류	$CaCO_3$의 함유량	특징
극연수(極軟水)	0[ppm]	증류수나 멸균수로서 연관이나 황동관을 부식
연수(軟水)	90[ppm] 이하	세탁, 염색, 보일러용에 적합
적수(適水)	90~110[ppm]	
경수(硬水)	110[ppm] 이상	물, 음료용, 세탁, 표백, 염색에는 부적합

※ ppm(parts per million)은 농도 단위로서 100만분의 1의 양을 말한다.

해설

해설 1
㉠ 음료수의 정화 순서 : 침전 → 여과 → 폭기 → 소독(멸균)
㉡ 폭기법 : 수중에 포함된 탄산제일철[$Fe(HCO_3)_2$], 수산화제일철[$Fe(OH)_2$] 또는 황산제일철[$FeSO_4$]을 제거하기 위해 폭기(曝氣)에 의해 물을 공기에 잘 접촉시킨 후 이것을 산화시켜 불용해성 수산화제이철[$Fe(OH)_2$]로 만든 다음 소독.여과에 의해 제거하는 방법이다.

해설 2
폭기법은 수중에 포함된 탄산제일철 [$Fe(HCO_3)_2$], 수산화제일철[$Fe(OH)_2$] 또는 황산제일철[$FeSO_4$]을 제거한다.

해설 3
㉠ 물처리 과정 : 채수 → 침전 → 기폭 → 여과 → 살균 → 급수
㉡ 정수의 3요소 : 정수의 3요소 : 침전, 여과, 멸균(살균소독)
※ 폭기법 : 공기 중의 산소와 반응하게 하여 물속에 분해되어 있는 암모니아, 황화수소, 탄산가스 등의 유독가스와 철의 성분을 제거하는 정수법

정답 1. ④ 2. ② 3. ② 4. ②

핵심기출문제

03. 급배수시스템 검토

5. 물의 경도에 관한 설명으로 옳은 것은? [14 ④]
① 경도가 높은 물을 연수라고 한다.
② 경도의 단위는 ppm 등이 사용된다.
③ 경수는 빗물, 지표수 등이 해당된다.
④ 영구경도는 어떠한 방법으로도 제거할 수 없다.

6. 물의 경도에 대한 설명 중 옳지 않은 것은? [11, 24 ④]
① 경도가 큰 물을 경수, 경도가 낮은 물을 연수라 한다.
② 경수는 연관이나 황동관을 부식시키며, 연수는 배관 내에 스케일을 발생시킨다.
③ 물의 경도는 물 속에 녹아있는 칼슘, 마그네슘 등의 염류의 양을 탄산칼슘의 농도로 환산하여 나타낸 것이다.
④ 일반적으로 지표수는 연수, 지하수는 경수로 간주하지만, 물이 접하고 있는 지층의 종류에 따라 좌우된다.

7. 먹는물의 수질기준에서 건강상 유해영향 유기물질에 관한 기준의 대상에 포함되지 않는 것은? [12, 20 ④]
① 페놀
② 대장균
③ 벤젠
④ 톨루엔

[해설] 유기물질(유해물)에 관한 사항(동, 철, 불소, 페놀, 기타 물질에 관한 사항)
• 페놀은 0.005[ppm]을 넘지 아니할 것
• 벤젠은 0.01[ppm]을 넘지 아니할 것
• 톨루엔은 0.7[ppm]을 넘지 아니할 것
※ 미생물(병원생물)에 관한 기준 : 일반세균, 대장균
☞ 음용수의 수질은 보건복지부령 수질 판정 기준에 그 허용 한계를 명시하고 있으며 병원생물, 유독물, 유해물, 수소이온 농도, 냄새와 맛, 색, 투명도 등으로 수질 항목을 분류하고 있다.

해설

[해설] **6**
극연수는 연관이나 황동관을 부식시키며, 경수는 배관 내에 스케일을 발생시킨다.
※ 경도가 높은 물을 보일러에 사용하면 내면에 스케일(물때) 생성되고, 전열 효율 저하되며, 과열의 원인 및 보일러의 수명 단축의 원인이 된다.
☞ 극연수(極軟水)는 $CaCO_3$의 함유량 0[ppm]인 증류수나 멸균수로서 연관이나 황동관을 부식하므로 관내부를 도금한 것으로 사용한다.

정답 5. ② 6. ② 7. ②

8. 다음은 먹는 물 중 수돗물의 수질 기준에 관한 내용이다. ( ) 안에 알맞은 것은? [14 ㈜]

> 총 대장균군은 (   )에서 검출되지 아니할 것

① 50[mL] ② 100[mL]
③ 150[mL] ④ 200[mL]

9. 먹는물 중 수돗물의 경도는 최대 얼마를 넘지 아니하여야 하는가? [13, 19 ㈜]
① 100[mg/L] ② 300[mg/L]
③ 1,000[mg/L] ④ 1,200[mg/L]

■■■ 2. 급수 방식

10. 다음 중 기구별 최저필요 급수압력이 가장 낮은 것은? [12 ㈜]
① 일반수전
② 가스 순간탕비기
③ 샤워 헤드
④ 세정밸브식 대변기

11. 기계실의 면적이 필요 없는 급수방식은? [20 ㈜]
① 수도직결방식 ② 압력수조방식
③ 펌프직송방식 ④ 고가수조방식

12. 수도직결식 급수방식에 관한 설명으로 옳지 않은 것은? [20 ㈜]
① 고층으로의 급수가 어렵다.
② 정전 등으로 인한 단수의 염려가 없다.
③ 위생성 측면에서 가장 바람직한 방식이다.
④ 수도본관의 압력이 변동되어도 급수압력이 일정하다.

해설

해설 8
수돗물의 총 대장균군은 100[mL]에서 검출되지 아니하여야 한다.
※ 미생물(병원생물)에 관한 기준 : 일반세균, 대장균
☞ 음용수의 수질은 보건복지부령 수질판정 기준에 그 허용 한계를 명시하고 있으며 병원생물, 유독물, 유해물, 수소이온 농도, 냄새와 맛, 색, 투명도 등으로 수질 항목을 분류하고 있다.

해설 9
수돗물의 경도는 300[mg/L](300[ppm])를 넘지 아니하여야 한다.

해설 10
기구의 최소 필요압력(MPa)
㉠ 세정밸브 : 0.07
㉡ 자동밸브 : 0.07
㉢ 샤워 : 0.07
㉣ 보통밸브(일반수전) : 0.03
㉤ 블로우아웃식 대변기 : 0.1

해설 11
수도직결방식은 일반적으로 도로에 매설되어 있는 수도본관에서 급수 인입관을 분기하고, 부지 내에서 건물 내의 필요한 장소에 급수하는 방식으로서 주택과 같은 소규모 건물에 많이 이용된다. 설비비도 싸고 기계실이 필요 없다.

해설 12
수도직결식
㉠ 소규모 건물이나 낮은 건물에 쓰인다.
㉡ 물의 오염가능성이 가장 적다.(위생적 측면에서 가장 바람직하다)
㉢ 정전시일 때도 급수를 계속 할 수 있다.
㉣ 수도 압력 변화에 따라 급수압이 변하고 단수시는 급수가 안된다.
㉤ 설비비 및 유지관리비용이 저렴한 방식이다.
☞ 수도직결방식은 일반적으로 상향급수 배관방식을 사용한다.

정답 8. ② 9. ② 10. ① 11. ①
12. ④

핵심기출문제

03. 급배수시스템 검토

13. 다음의 급수방식 중 수질오염의 가능성이 가장 적은 것은? [14 ④]
① 수도직결방식　　② 고가수조방식
③ 압력수조방식　　④ 펌프직송방식

14. 기구 소요압력 150[kPa], 수도 본관에서 최고층 급수기구까지 높이 5[m], 전 마찰손실수두압 50[kPa] 일 때 수도 본관의 최저 필요 압력은? [15 ④]
① 약 150[kPa]　　② 약 200[kPa]
③ 약 250[kPa]　　④ 약 500[kPa]

15. 다음과 같은 조건에서 요구되는 수도 본관의 최저 압력은? [16 ④]

[조건]
- 급수방식 : 수도직결방식
- 수도본관에서 최상층 기구까지의 높이 : 7[m]
- 전 마찰손실수두 : 실양정의 20[%]
- 최상층 기구 : 샤워기(70[kPa])

① 0.084[MPa]　　② 0.154[MPa]
③ 0.84[MPa]　　④ 1.54[MPa]

해설 수도본관의 압력

$$P_o \geq P + P_f + \frac{H}{100}[\text{MPa}]$$

P_o : 수도본관의 압력[MPa]
P : 수전 또는 기구의 필요압력[MPa] → 70[kPa] = 0.07[MPa]
P_f : 본관에서 기구에 이르는 사이의 저항[MPa] → 7×0.2=1.4[m] = 0.014[MPa]
H : 기구의 높이[m] → 7[m] = 0.07[MPa]

$$P_o \geq P + P_f + \frac{H}{100} = 0.07 + 0.014 + \frac{7}{100} = 0.154[\text{MPa}]$$

※ 수압 $P = 0.01H[\text{MPa}]$
※ 100[m] = 1.0[MPa] = 1,000[kPa]

해설

해설 13
수도직결방식
㉠ 소규모 건물이나 낮은 건물에 쓰인다.
㉡ 물의 오염가능성이 가장 적다.(위생적 측면에서 가장 바람직하다)
㉢ 정전시일 때도 급수를 계속 할 수 있다.
㉣ 수도 압력 변화에 따라 급수압이 변하고 단수시는 급수가 안된다.
㉤ 설비비 및 유지관리비용이 저렴한 방식이다.), 온도는 일정, 증기난방에 이용

해설 14
수도본관의 압력
$$P_o \geq P + P_f + \frac{H}{100}[\text{MPa}]$$

P : 수전 또는 기구의 필요압력[MPa]
→ 세정밸브(F.V) : 150[kPa]
= 0.15[MPa]
P_f : 본관에서 기구에 이르는 사이의 저항
[mAq] → 50[kPa] = 0.05[MPa]
H : 기구의 높이[m]
→ 5[m] = 0.05[MPa]

∴ $P_o \geq 0.15 + 0.05 + \dfrac{5}{100}$
= 0.25[MPa] = 250[kPa]

※ 수압 $P = 0.01H[\text{MPa}]$
※ 0.1[kgf/cm²] = 1[mAq] = 10[kPa]
1[MPa] = 10[kgf/cm²] = 100[mAq]
1[MPa] = 1,000[kPa] = 1,000,000[Pa]

정답 13. ① 14. ③ 15. ②

16. 수도 본관에서 최고층 급수기구까지 높이 5[m], 기구 소요압력 150[kPa], 전 마찰손실수두압 50[kPa] 일 때, 이 기구 사용에 필요한 수도 본관의 최저 압력은? (단, 수도직결방식의 경우) [18, 25]

① 약 150[kPa] ② 약 200[kPa]
③ 약 250[kPa] ④ 약 500[kPa]

17. 고가수조방식의 급수법에서 배관계통을 가장 바르게 나타낸 것은? [11]

① 저수조 → 양수펌프 → 양수관 → 고가수조 → 급수관 → 수도꼭지
② 저수조 → 양수관 → 양수펌프 → 급수관 → 고가수조 → 수도꼭지
③ 저수조 → 양수펌프 → 급수관 → 고가수조 → 양수관 → 수도꼭지
④ 저수조 → 급수관 → 양수펌프 → 양수관 → 고가수조 → 수도꼭지

18. 급수방식 중 고가탱크 방식에 관한 설명으로 옳은 것은? [14]

① 급수압력이 일정하다.
② 대규모의 급수 수요에 대응이 불가능하다.
③ 저수조가 없으므로 단수시에 급수할 수 없다.
④ 위생성 및 유지·관리 측면에서 가장 바람직한 방식이다.

19. 다음의 급수방식 중 수질오염 가능성이 가장 큰 것은? [18]

① 수도직결방식 ② 압력탱크방식
③ 고가탱크방식 ④ 펌프직송방식

해설

해설 16

수도본관의 압력:
$$P_o \geq P + P_f + \frac{H}{100} \text{[MPa]}$$

P : 수전 또는 기구의 필요압력[MPa]
→ 세정밸브(F.V) : 150[kPa]
= 0.15[MPa]

P_f : 본관에서 기구에 이르는 사이의 저항
[mAq] → 50[kPa] = 0.05[MPa]

H : 기구의 높이[m]
→ 5[m] = 0.05[MPa]

$$\therefore P_o \geq 0.15 + 0.05 + \frac{5}{100}$$
$$= 0.25 \text{[MPa]} = 250 \text{[kPa]}$$

※ 수압 $P = 0.01H$[MPa]
※ 0.1[kgf/cm²] = 1[mAq] = 10[kPa]
1[MPa] = 10[kgf/cm²] = 100[mAq]
1[MPa] = 1,000[kPa] = 1,000,000[Pa]

해설 17

고가수조식은 우물물 또는 수돗물을 일단 지하 저수조에 받아 이것을 양수펌프에 의해 건물 옥상 또는 높은 곳에 가설한 탱크로 양수한 다음, 그 수위를 이용하여 탱크에서 밑으로 세운 급수관에 의해 급수하는 방식이다.

※ 물 공급 순서 : 저수조 → 양수펌프 → 양수관 → 고가수조 → 급수관 → 수도꼭지

해설 18, 19

고가수조방식
㉠ 급수공급 압력이 일정하고, 취급이 용이하여 대규모 급수에 적합하다.
㉡ 단수시에도 일정량의 급수가 가능하다.
㉢ 수질의 오염가능성이 가장 크다.
㉣ 구조체의 보강이 필요하다.

※ 수도직결방식은 소규모 건물이나 낮은 건물에 쓰는 방식으로 물의 오염가능성이 가장 적다. (위생적 측면에서 가장 바람직하다.)

핵심기출문제

03. 급배수시스템 검토

20. 고가수조방식을 채택한 건물에서 최상층에 샤워기가 설치되어 있을 경우 샤워기로부터 고가수조 저수위면까지의 필요최저높이는? (단, 고가수조와 샤워기까지의 총관내마찰손실수두는 5[mAq]이다.) [11 산]

① 1.2m ② 12m
③ 7.5m ④ 15m

21. 다음 중 압력탱크 급수방식에서 물 공급 순서로 가장 알맞은 것은? [11, 17 산]

① 상수도 → 압력탱크 → 펌프 → 저수조 → 위생기구
② 상수도 → 압력탱크 → 저수조 → 펌프 → 위생기구
③ 상수도 → 저수조 → 펌프 → 압력탱크 → 위생기구
④ 상수도 → 저수조 → 압력탱크 → 펌프 → 위생기구

22. 압력탱크식 급수방식에 관한 설명으로 옳지 않은 것은? [17 산]

① 급수 공급 압력의 변화가 심하다.
② 고가탱크 방식을 적용하기 어려운 경우에 사용된다.
③ 공기압축기 등을 이용하여 압력탱크 내의 압력을 조절한다.
④ 하향식 급수방식이므로 압력탱크의 설치위치에 제한을 받는다.

23. 다음 중 단수 시에 일정량의 급수가 가능하나 급수 공급압력의 변화가 심하고 취급이 까다로운 급수방식은? [11 산]

① 수도직결방식 ② 압력수조방식
③ 고가수조방식 ④ 하향급수방식

[해설] 압력탱크 방식의 특징
㉠ 급수압이 일정하지 않다.
㉡ 부분적으로 고압이 필요한 곳에 적합하다.
㉢ 높은 압력에 견딜 수 있는 기밀수조의 설치 등으로 설비비가 많이 든다.
㉣ 공기압축기를 설치하여 수시로 공기를 보급하여야 한다.
㉤ 구조물 보강이 불필요하다.
㉥ 건물의 미관이 양호하다.
㉦ 단수시에는 어느 정도 급수가 가능하나 고장률이 높다.

해설

[해설] **20**
고가수조의 높이
$H \geqq 100(P+P_f)+h$
P : 기구의 최저 필요압력
P_f : 배관의 손실수두
h : 기구의 높이
샤워의 최저 필요압력 7[mAq], 고가수조와 샤워기까지의 총관내마찰손실수두는 5[mAq]
∴ $H \geqq 100(0.07+0.05) = 12[m]$

[해설] **21**
압력탱크 급수방식의 물 공급 순서
상수도 → 저수조 → 양수펌프 → 압력탱크 → 급수관 → 위생기구 수전
※ 압력탱크방식은 단수 시에 일정량의 급수가 가능하나 급수 공급압력의 변화가 심하고 취급이 까다로운 급수방식이다.

[해설] **22**
압력탱크방식의 특징
㉠ 급수압이 일정하지 않다.
㉡ 부분적으로 고압이 필요한 곳에 적합하다.
㉢ 높은 압력에 견딜 수 있는 기밀수조의 설치 등으로 설비비가 많이 든다.
㉣ 공기압축기를 설치하여 수시로 공기를 보급하여야 한다.
㉤ 구조물 보강이 불필요하다.
㉥ 건물의 미관이 양호하다.
㉦ 단수시에는 어느 정도 급수가 가능하나 고장률이 높다.
㉧ 압력수조의 설치위치에 제한을 받지 않는다.

정답 20. ② 21. ③ 22. ④ 23. ②

해설

24. 급수방식 중 펌프직송방식에 관한 설명으로 옳지 않은 것은? [16 ⑭]
① 자동제어에 드는 설비 비용이 많다.
② 하향급수 배관방식이 주로 이용된다.
③ 전력 차단시에는 급수가 불가능 하다.
④ 작동방식에는 정속방식과 변속방식이 있다.

25. 건물 내 급수방식에 관한 설명으로 옳은 것은? [12, 19 ⑭]
① 압력수조방식에는 수수조를 설치하지 않는다.
② 펌프직송방식은 유지·관리가 가장 용이한 방식이다.
③ 고가수조방식은 급수압력이 일정하다는 장점이 있다.
④ 수도직결방식은 일반적으로 중·고층의 건물에 사용된다.

26. 급수설비에 관한 설명으로 옳지 않은 것은? [13, 23 ⑭]
① 펌프직송방식에서 급수량 제어는 정속방식과 변속방식으로 구분된다.
② 압력수조방식에서 양정은 실양정, 배관의 마찰손실만을 고려하여 결정한다.
③ 고가수조방식의 양수펌프는 실양정, 배관의 마찰손실, 토출수압을 고려하여 결정한다.
④ 고가수조방식에서 양수펌프의 실양정이란 지하저수조의 수면에서 양수관의 최고 높이까지의 수직 높이이다.

27. 다음의 급수방식 중 일반적으로 하향급수 배관 방식으로 배관하는 것은? [15, 19 ⑭]
① 수도직결방식 ② 고가탱크방식
③ 압력탱크방식 ④ 펌프직송방식

[해설] 급수배관방식
㉠ 상향급수 배관법 : 수도직결식, 압력탱크식
 - 지하실 천정 - 노출배관 - 보수가 용이
㉡ 하향급수 배관법 : 고가탱크식
 - 최상층 천정 - 은폐배관 - 점검수리 불편
㉢ 상하향 혼용배관법 : 1, 2층은 상향식, 3층 이상은 하향식

[해설] **24**
펌프직송방식(Tankless booster system)
물을 지하실 등의 저수탱크에 물을 받은 후 배관 내 압력변동 등을 감지하여 자동급수펌프에 의하여 수전까지 직송하는 방식
㉠ 옥상탱크나 압력탱크가 필요 없다.
㉡ 정전이나 단수시 압력탱크와 동일하다.
㉢ 설비비가 고가이고, 펌프의 단락이 잦다. → 최근에는 압력탱크가 있는 부스터방식을 채용
㉣ 자동제어 시스템[병렬제어(펌프의 대수 제어운전), 회전수 제어]이어서 고장시 수리가 어렵다.
㉤ 전력소비가 많다.
㉥ 20[m] 이상의 건물에는 전력소모가 커서 비효율적이다.

[해설] **25**
① 압력수조방식에는 높은 압력에 견딜 수 있는 기밀 수수조의 설치 등으로 설비비가 많이 든다.
② 펌프직송방식(탱크없는 부스터 방식, Tankless booster system)은 물을 지하실 등의 저수탱크에 물을 받은 후 자동급수펌프에 의하여 수전까지 직송하는 방식으로 정교한 제어가 필요하며 정전시 급수가 불가능하다.
④ 수도직결방식은 일반적으로 소규모 건물이나 낮은 건물에 사용된다.

[해설] **26**
압력수조방식에서 양정은 실양정, 배관의 마찰손실, 기구의 필요압력 등을 고려하여 결정한다.

정답 24. ② 25. ③ 26. ② 27. ②

핵심기출문제
03. 급배수시스템 검토

28. 급수 배관에 관한 설명으로 옳지 않은 것은? [18④]
① 상향 급수배관 방식의 경우 수평배관은 진행방향에 따라 올라가는 기울기로 한다.
② 하향 급수배관 방식의 경우 수평배관은 진행방향에 따라 내려가는 기울기로 한다.
③ 배수관과 급수관을 동일한 장소에 매설할 경우 배수관은 반드시 급수관 위에 매설한다.
④ 공기가 모일 수 있는 부분에는 공기빼기밸브, 물이 고일 수 있는 부분에는 퇴수밸브를 설치한다.

29. 역류를 방지하여 오염으로부터 상수계통을 보호하기 위한 방법으로 옳지 않은 것은? [18④]
① 토수구 공간을 둔다.
② 역류방지밸브를 설치한다.
③ 크로스 커넥션이 되도록 배관한다.
④ 대기압식 또는 가압식 진공브레이커를 설치한다.

30. 급수설비에 사용되는 저수 및 고가탱크와 같은 상수 탱크에 관한 설명으로 옳지 않은 것은? [20, 24④]
① 상수 탱크에 설치하는 뚜껑은 유효안지름 1,000[mm] 이상의 것으로 한다.
② 상수관 이외의 관은 상수용 탱크를 관통하거나 상부를 횡단해서는 안 된다.
③ 상수 탱크의 천장·바닥 또는 주변 벽은 건축물의 구조부분과 겸용하여 설치한다.
④ 청소 시 급수에 지장이 있을 경우에 대비하여 분할하여 설치하거나 또는 칸막이를 설치한다.

해설

해설 28
급수관과 배수관을 교차 매설은 가한 피하는 것이 좋으며 부득이 한 경우에는 급수관을 배수관의 윗방향에 매설한다.

해설 29
급수설비의 수질오염 원인
㉠ 저수탱크에 의한 유해물질 침입에 의한 발생
㉡ 배수설비의 급수설비로의 역류
㉢ 크로스 커넥션(cross connection)
㉣ 배관의 부식
※ 크로스 커넥션(cross connection) : 수돗물과 수돗물 이외의 물질이 혼입되어 오염시키는 현상(음료수 오염 현상)이다. 크로스 커넥션(cross connection)은 배관 사이의 잘못된 연결에 의하여 생기므로 각 계통마다 배관을 색깔로 구분할 수 있도록 한다.

해설 30
탱크에 유해물질 침입에 다른 침입에 따른 오염방지를 위하여 건축물 구조체의 이용을 피한다.

정답 28. ③ 29. ③ 30. ③

3. 급탕방식

31. 급탕설비에서 스팀 사이렌서(steam silencer)가 사용되는 것은? [13 ④]
① 순간 온수기
② 즉시 온수기
③ 저탕형 온수기
④ 기수혼합식 온수기

32. 중앙식 급탕방식에 관한 설명으로 옳지 않은 것은? [15 ③]
① 초기 투자비가 높은 단점이 있다.
② 배관에 의해 필요 개소에 어디든지 급탕할 수 있다.
③ 급탕 개소가 적기 때문에 설비 규모가 작고 열손실이 적다.
④ 시공 후, 기구 증설에 따른 배관 변경 공사를 하기 어렵다.

33. 국소식 급탕방식과 비교한 중앙식 급탕방식의 특징에 관한 설명으로 옳지 않은 것은? [16, 25 ③]
① 연료비가 적게 든다.
② 집중관리가 용이하다.
③ 열원 기기의 효율이 낮다.
④ 초기 설치비용이 많이 든다.

34. 중앙식 급탕법 중 직접가열식에 관한 설명으로 옳지 않은 것은? [12, 15, 18 ③]
① 열효율이 높다.
② 보일러 안에 스케일이 부착될 우려가 있다.
③ 건물높이에 관계없이 저압보일러가 사용된다.
④ 저탕조와 보일러를 직결하여 순환 가열하는 방식이다.

해설

해설 31
기수혼합식
㉠ 보일러에서 발생한 증기를 저탕조에 직접 불어넣어 온수를 만드는 방법으로, 소음이 생기는 결점이 있고, 계속 새로운 물을 보급하므로 보일러에 미치는 영향도 커서 많이 사용하지 않는다.
㉡ 열효율은 100[%]이지만 소음을 줄이기 위해 증기압 0.1~0.4[MPa]의 스팀 사일런서(steam silencer)를 사용한다.

해설 32, 33
중앙식 급탕방식
㉠ 열원으로 값싼 중유, 석탄 등이 사용되므로 연료비가 싸다.
㉡ 급탕설비가 대규모이므로 열효율이 좋다.
㉢ 급탕설비의 기계류가 동일 장소에 설치되어 관리상 유리하다.
㉣ 기구의 동시사용율을 고려하여 가열장치의 총용량을 적게 할 수 있다.
㉤ 최초의 설비비와 건설비는 비싸지만 경상비가 적게 들므로 대규모 급탕설비에는 중앙식이 경제적이다.
㉥ 급탕 공급의 배관길이가 길어 열손실이 많다.
㉦ 순환이 느리기 때문에 순환펌프를 사용해야 한다.

해설 34
직접가열식은 온수보일러에서 직접 가열한 물을 저탕조에 저장해 두었다가 필요 개소에 공급하는 방식이기 때문에 열효율은 높은 편이어서 열효율 면에서는 경제적이지만 건물의 높이에 상당하는 수압이 걸리므로 고압 보일러가 필요하다. (고층 건물에는 강판제 보일러를 사용한다.)

정답 31. ④ 32. ③ 33. ③ 34. ③

핵심기출문제
03. 급배수시스템 검토

35. 급탕설비의 가열방식에 관한 설명으로 옳지 않은 것은? [19②]
① 직접가열식은 간접가열식보다 열효율이 높다.
② 직접가열식은 보일러 안에 스케일 부착의 우려가 있다.
③ 간접가열식은 일반적으로 규모가 큰 건물의 급탕에 사용된다.
④ 직접가열식에서 가열보일러는 난방용 보일러와 일반적으로 겸용하여 사용된다.

[해설] 중앙식 급탕법의 직접가열과 간접가열식의 비교

구 분	직접 가열식	간접 가열식
보일러	급탕용보일러, 난방용보일러 각각 설치	난방용 보일러로 급탕까지 가능
보일러내의 스케일	많이 낀다.	거의 끼지 않는다.
보일러내의 압력	고 압	저 압
규 모	소규모 건축물	대규모 건축물
저탕조내의 가열코일	불필요	필 요

☞ 간접가열식에서 가열보일러는 난방용 보일러와 일반적으로 겸용하여 사용된다.

36. 간접가열식 급탕방식에 관한 설명으로 옳지 않은 것은? [18②]
① 직접가열식에 비해 열효율이 낮다.
② 간접가열의 열매로 증기만이 사용된다.
③ 가열보일러는 난방용 보일러와 겸용할 수 있다.
④ 일반적으로 규모가 큰 건물의 급탕에 적용된다.

[해설] **36**
간접가열식은 보일러에서 만들어진 증기 또는 고온수를 열원으로 하고, 저탕조 내에 설치된 코일을 통해 관내의 물을 가열하는 방식이다.

37. 간접가열식 급탕설비에서 트랩을 설치하는 가장 주된 이유는? [18②]
① 신축을 흡수하기 위하여
② 급탕의 오염을 방지하기 위하여
③ 저탕조의 온도를 감지하기 위하여
④ 응축수를 보일러로 환수하기 위하여

[해설] **37**
간접가열식은 보일러에서 만들어진 증기 또는 고온수를 열원으로 하고, 저탕조 내에 설치된 코일을 통해 관내의 물을 가열하는 방식이다. 간접가열식 급탕설비에서는 응축수를 보일러로 환수하기 위하여 트랩을 설치한다.

38. 급탕 설비에서 서모스탯(thermostat)은 어떤 용도로 사용되는가? [12, 16, 20②]
① 안전밸브 역할
② 유량분배 조절
③ 체적팽창 흡수
④ 온수 온도 자동조절

[해설] **38**
급탕설비에서는 서모스탯(thermostat)을 설치하여 온수온도를 자동조절 한다.

정답 35. ④ 36. ② 37. ④ 38. ④

39. 급탕배관에 개폐밸브를 설치하는 목적과 가장 거리가 먼 것은? [20 ㉥]
① 긴급 시 급수의 차단
② 배관 중 공기정체 방지
③ 증·개축 시 급탕계통의 차단
④ 배관이나 기구·장치의 수리

40. 급탕설비에 관한 설명으로 옳지 않은 것은? [17, 23 ㉥]
① 배관방식은 2관식과 3관식이 있다.
② 급탕방식은 국소식과 중앙식이 있다.
③ 급탕순환방식은 중력식과 강제식이 있다.
④ 중앙식 가열장치는 직접가열식과 간접가열식이 있다.

41. 다음 중 강제순환식 급탕배관의 구배로 가장 알맞은 것은? [11 ㉥]
① 1 : 100
② 1 : 150
③ 1 : 200
④ 1 : 250

42. 급탕설비에서 각층에서의 지관수가 많은 경우, 온수 순환량을 균일하게 하기 위한 배관방법은? [14 ㉥]
① 수평배관방식
② 역환수방식
③ 각개입상방식
④ 각개입하방식

[해설] 리버스리턴(Reverse Return) 배관[역환수방식]
급탕·반탕관의 순환거리를 각 계통에 있어서 거의 같게 하여 가열장치 가까이에 위치한 급탕계통의 단락현상이 생기지 않도록 하여 전 계통의 탕의 순환을 촉진하여 온수의 유량분배 균일화(온수의 순환을 평균화)하는 방식이다.

해설

[해설] **39**
급탕계통에는 긴급 시 급수의 차단, 증·개축 시 급탕계통의 차단, 배관이나 기구·장치의 수리 등 유지 관리를 위해 용이하게 조작할 수 있는 위치에 개폐밸브를 설치한다.

[해설] **40**
급탕 배관
① 단관식(1관식)
　㉠ 탕비기에서 수전에 이르기까지 공급관 뿐인 배관방식이다.
　㉡ 개별식 급탕법에 이용되는 방식으로 소규모 건축물에 이용된다.
② 복관식(2관식)
　㉠ 저탕조를 중심으로 하여 회로 배관을 형성하고 탕물은 항상 순환하고 있으므로 2관식이라고도 한다.(공급관+환수관)
　㉡ 중앙식 급탕법에 이용되는 방식으로 대규모 건축물에 이용된다.
　㉢ 급탕전을 열면 곧 뜨거운 물이 나오며 온수보일러나 또는 저탕조에서 15m 이상 떨어져서 급탕전을 설치하는 순환식을 채용하는 것이 좋다.

[해설] **41**
급탕배관의 구배
① 배관의 구배는 온수의 순환을 원활하게 하기 위해 될 수 있는 한 급구배로 한다.
② 상향 공급 방식
　㉠ 급탕관 : 선상향(앞올림) 구배
　㉡ 반탕관 : 선하향(앞내림) 구배
③ 하향 공급 방식 : 급탕관, 반탕관 모두 하향 구배로 한다.
④ 배관의 구배
　㉠ 중력 순환식 : 1/150
　㉡ 강제 순환식 : 1/200

정답 39. ② 40. ① 41. ③ 42. ②

핵심기출문제
03. 급배수시스템 검토

43. 급탕배관에 관한 설명으로 옳은 것은? [11, 17 ⑤]
① 도피관의 배수는 간접배수로 한다.
② 중앙식 급탕설비는 원칙적으로 중력식 순환 방식으로 한다.
③ 하향배관의 경우 급탕관은 상향구배, 반탕관은 하향구배로 한다.
④ 팽창관 및 도피관에는 물의 역류를 방지하기 위해 체크밸브를 설치한다.

44. 다음 중 급탕배관의 수평배관에서 상부가 불룩한 ∏자형 배관을 피해야 하는 가장 주된 이유는? [15 ⑤]
① ∏자형 배관은 미관상 보기가 흉하므로
② 열에 의한 팽창으로 파손되기 쉬우므로
③ 급탕배관에서 ∏자형은 공사하기가 어려우므로
④ 물속의 공기가 분리되어 ∏자형 배관부에 고여 온수의 순환을 저해하므로

45. 급탕설비에 관한 설명으로 옳지 않은 것은? [18 ⑤]
① 배관은 적정한 압력손실 상태에서 피크시를 충족시킬 수 있어야 한다.
② 냉수, 온수를 혼합 사용해도 압력차에 의한 온도변화가 없도록 하여야 한다.
③ 개방형 급탕시스템에는 온도상승에 의한 압력을 도피시킬 수 있는 팽창탱크를 설치하여야 한다.
④ 배관거리가 30[m]를 초과하는 중앙급탕방식에서는 배관으로부터 열손실을 보상하고, 일정한 급탕온도 유지를 위하여 환탕관과 순환펌프를 설치한다.

■■■ **4. 오배수, 통기시스템**

46. 간접배수를 가장 올바르게 표현한 것은? [15 ⑤]
① 건물외벽 1[m] 이내의 배수시설
② 오수의 역류를 방지하기 위한 배수장치
③ 옥내배수를 공공하수에 연결시켜주는 장치
④ 건물외벽 1[m]부터 공공하수에 이르는 배수시설

해설

[해설] 43
② 중앙식 급탕설비는 원칙적으로 강제식 순환 방식으로 한다.
③ 하향배관의 경우 급탕관, 반탕관 모두 하향 구배로 한다.
④ 팽창관 및 도피관은 간접배수로 한다. 급탕설비의 팽창관의 도중에는 절대로 밸브류를 달아서는 안된다.

[해설] 44
급탕배관에서 상부가 불룩한 ∏자형 배관 설치는 물속의 공기가 분리되어 ∏자형 배관부에 괴어 온수의 순환을 저해하므로 피해야 한다. 부득이한 경우 최상부에 공기빼기밸브를 설치하여 공기를 제거한다.

[해설] 45
밀폐형 급탕시스템에는 온도상승에 의한 압력을 도피시킬 수 있는 팽창탱크 등의 장치를 설치한다.

[해설] 46
직접배수와 간접배수
㉠ 직접배수 : 위생기구와 배수관이 연결된 일반 위생기구에서의 배수
㉡ 간접배수 : 냉장고, 세탁기, 음료기, 공기정화기 등에서의 배수방식으로 기구의 오염을 막기 위해 일반배수관으로 직접 연결하지 않고, 물받이 사이에 공간을 두어 공기 중에 노출시켰다가 배수관으로 흘려보내는 배수이다.

정답 43. ① 44. ④ 45. ③ 46. ②

47. 간접배수방식을 하여야 하는 기기 및 장치에 속하지 않는 것은? [15 ④]
① 세면기　　② 제빙기
③ 세탁기　　④ 탈수기

48. 배수배관에 통기관을 설치하는 목적과 가장 관계가 먼 것은? [18, 25 ④]
① 배수의 흐름을 원활하게 한다.
② 관 내의 기압을 높여 악취를 배출한다.
③ 배수계통 내의 공기의 흐름을 원활하게 한다.
④ 자기사이펀 작용, 유도사이펀 작용 등으로부터 봉수를 보호한다.

49. 다음 중 모든 기구의 트랩에 각개통기 방식을 적용하기 가장 곤란한 이유는? [11, 16 ④]
① 통기가 원활하지 못해서
② 배수관 내의 유수가 원활하지 못해서
③ 설치비용이 다른 방식에 비해 많아서
④ 자기 사이폰 작용의 방지에 효과가 없어서

50. 1개의 트랩을 위해 트랩 하류에서 취출하여, 그 기구보다 윗부분에서 통기계통에 접속하거나 또는 대기 중에 개구하도록 설치한 통기관은? [19 ④]
① 습통기관　　② 각개통기관
③ 결합통기관　④ 신정통기관

해설

해설 47
직접배수와 간접배수
㉠ 직접배수 : 위생기구와 배수관이 연결된 일반 위생기구에서의 배수
㉡ 간접배수 : 냉장고, 세탁기, 음료기, 공기정화기 등에서의 배수방식으로 기구의 오염을 막기 위해 일반배수관으로 직접 연결하지 않고, 물받이 사이에 공간을 두어 공기 중에 노출시켰다가 배수관으로 흘려보내는 배수이다.

해설 48
통기관의 설치 목적
㉠ 트랩의 봉수 보호
㉡ 배수관 내의 배수 흐름 원활
㉢ 배수관 내의 환기 역할
㉣ 배수관 내의 기압을 일정하게 유지

해설 49, 50
각개 통기방식
㉠ 각 위생기구마다 통기관을 세우는 것으로 가장 이상적인 통기방식
㉡ 자기사이폰 작용의 방지에도 효과가 있으나 설비비용이 다른 방식에 비해 많이 든다.
㉢ 관경 : 최소 32[mm] 이상, 접속하는 배수관경의 1/2 이상

정답　47. ①　48. ②　49. ③　50. ②

핵심기출문제
03. 급배수시스템 검토

51. 다음과 같이 정의되는 통기관의 종류는? [18 ②]

> 2개 이상의 트랩을 보호하기 위하여 기구 배수관이 배수수평 지관에 접속하는 지점의 바로 하류에서 취출하여, 통기입상관에 연결하는 통기관

① 각개통기관 ② 회로통기관
③ 신정통기관 ④ 결합통기관

52. 배수수평지관에 직접 접속되는 통기관은? [13 ②]
① 통기수직관 ② 신정통기관
③ 루프통기관 ④ 결합통기관

53. 다음 설명에 알맞은 통기관의 종류는? [20 ②]

> 오배수 수직관으로부터 분기·입상하여 통기 수직관에 접속하는 배관으로, 오배수 수직관 내의 압력을 같게 하기 위한 도피통기관이다.

① 습통기관 ② 결합통기관
③ 신정통기관 ④ 공용통기관

54. 고층건물에서 배수수직관 내의 압력변화를 방지 또는 완화하기 위하여, 배수수직관으로부터 분기·입상하여 통기수직관에 접속하는 통기관은? [17, 24 ②]
① 신정통기관 ② 공용통기관
③ 결합통기관 ④ 각개통기관

[해설] 결합통기관
㉠ 배수수직관 내의 압력변화를 방지 또는 완화하기 위해, 배수수직관으로부터 분기·입상하여 통기수직관에 접속하는 통기관이다.
㉡ 통기 수직관에 접속하는 통기관으로 층수가 많을 경우에는 5개 층마다에 통기관을 취하는 방법이다.

해설

[해설] **51, 52**
루프통기관(loop vent pipe, 회로통기관, 환상통기관)
최상류에 있는 위생기구 기구배수관이 배수수평지관과 연결되는 바로 하류의 수평지관에 접속시켜 통기수직관 또는 신정통기관으로 연결
㉠ 2개 이상의 트랩을 보호하기 위하여 최상류 기구의 하류 배수 수평지관에서 통기관을 취하며, 이 통기관을 신정 통기관에 접속하는 것을 환상 통기, 또 통기 수직관에 접속하는 것을 회로 통기라 한다. 이 양자를 합쳐서 루프 통기라 한다.
㉡ 루프 통기로 통기할 수 있는 최대 기구의 수는 2개 이상 8개 이내이다.
㉢ 통기 수직관과 최상류 기구까지의 루프 통기관의 연장 길이는 7.5[m] 이내이다.

[해설] **53**
결합통기관
㉠ 배수수직관이 길 경우 발생할 수 있는 배수수직관 내의 압력변화를 방지하기 위해 배수수직관과 통기수직관을 연결한 통기관
㉡ 통기 수직관에 접속하는 통기관으로 층수가 많을 경우에는 5개 층마다에 통기관을 취하는 방법이다.
☞ 습윤 통기관 : 최상류 기구에 설치하여 배수와 통기의 역할을 겸하는 통기관이다.
☞ 신정통기관 : 최상부의 배수수평관이 배수수직관에 접속된 위치보다도 더욱 위로 배수수직관을 끌어올려 대기 중에 개구하여 통기관으로 가장 단순하고 경제적인 통기관이다.
☞ 공용통기관 : 2개의 위생기구가 같은 레벨로 설치되어 있을 때 설치하는 것으로 배수관의 교점에서 접속되어 수직으로 올려 세운 통기관이다.

정답 51. ② 52. ③ 53. ② 54. ③

55. 다음 설명에 알맞은 통기관의 종류는? [12 ⓢ]

> 최상부의 배수수평관이 배수수직관에 접속된 위치보다도 더욱 위로 배수수직관을 끌어올려 대기 중에 개구하여 통기관으로 사용하는 부분을 말한다.

① 각개통기관　　　　② 신정통기관
③ 루프통기관　　　　④ 도피통기관

[해설] 55, 56, 57
신정통기관
㉠ 배수수직관 끝부분을 연장하여 대기 중에 개방하는 통기관으로 가장 단순하고 경제적인 통기관이다.
㉡ 관경 : 최소 75[mm] 이상(보통 100[mm] 이상), 배수수직관과 동일 관경

56. 최상부 배수수평관이 배수수직관에 연결된 위치 보다 더욱 위로 배수수직관을 끌어올려 대기 중에 개구한 통기관은? [17, 25 ⓢ]

① 각개통기관　　　　② 신정통기관
③ 루프통기관　　　　④ 결합통기관

57. 배관 수직관의 관경이 100[mm]일 때 신정통기관의 최소관경은? [13 ⓢ]

① 40[mm]　　　　② 50[mm]
③ 75[mm]　　　　④ 100[mm]

58. 다음과 같이 정의되는 통기관의 종류는? [19, 20 ⓢ]

> 맞물림 또는 병렬로 설치한 위생기구의 기구 배수관 교차점에 접속하여, 그 양쪽 기구의 트랩 봉수를 보호하는 1개의 통기관

① 공용통기관　　　　② 각개통기관
③ 결합통기관　　　　④ 루프통기관

[해설] 58
공용통기관은 통기관과 배수관의 역할을 겸용하고 있는 관으로, 기구가 반대방향(좌우분기) 또는 병렬로 설치된 기구 배수관의 교점에 접속하여 입상하며, 그 양 기구의 트랩 봉수를 보호하기 위한 1개의 통기관을 말한다.

59. 다음 설명에 알맞은 통기관의 종류는? [18 ⓢ]

> 2개 이상의 트랩을 보호하기 위해 기구배수관과 통기관을 겸용한 부분을 말한다.

① 습통기관　　　　② 신정통기관
③ 결합통기관　　　　④ 공용통기관

[해설] 59
습통기관은 최상류 기구에 설치하여 배수와 통기의 역할을 겸하는 통기관이다. 즉, 통기의 목적 외에 배수관으로도 이용되는 부분을 말한다.

정답 55. ② 56. ② 57. ④ 58. ①
　　　59. ①

핵심기출문제

03. 급배수시스템 검토

해설

60. 특수통기방식 중 섹스티아 시스템에서 다음과 같은 역할을 하는 것은? [11, 15 ㈘]

> 수평지관에서 유입하는 배수에 선회력을 주어 관내 통기를 위한 공기 코어를 유지하도록 한다.

① 스트레이너 ② 도피통기관
③ 섹스티아 이음쇠 ④ 섹스티아 벤트관

해설 60
특수통기방식 – 배수와 통기 겸용(신정통기관+특수이음쇠)
㉠ 소벤트 방식(sovent system) : 하나의 배수수직관으로 배수와 통기를 겸하는 시스템으로 2개의 특수이음쇠 사용[공기혼합이음쇠(aerator fitting), 공기분리이음쇠(deaerator fitting)] 한다.
㉡ 섹스티아 방식(sextia system) : sextia 이음쇠와 sextia 벤트관을 사용하여 유수에 선회력을 주어 공기 코어를 유지시켜 하나의 관으로 배수와 통기를 겸하는 시스템으로 배수관경이 적어도 되며 소음이 적다.

61. 배수입상관의 통기에 관한 설명으로 옳지 않은 것은? [14, 24 ㈘]

① 5개 이상의 횡지관이 있는 배수입상관에는 통기입상관을 설치한다.
② 위생배관의 통기관은 위생배관 통기 이외 다른 목적으로 사용해서는 안된다.
③ 여러 개의 통기관을 입상관 상부 끝에서 공통 헤더로 연결하여 한 곳에서 대기에 개방해서는 안된다.
④ 10개 이상의 횡지관이 있는 배수입상관에는 입상관 상부에서 10개의 지관마다 도피통기관을 설치한다.

해설 61
여러 개의 통기관을 입상관 상부 끝에서 공통 헤더로 연결하여 한 곳에서 대기에 개방한다.

62. 배수설비에 관한 설명으로 옳은 것은? [14 ㈘]

① 배수계통은 원칙적으로 중력에 의해 옥외로 배출하도록 한다.
② 고온의 배수는 원칙적으로 60[℃] 미만으로 냉각한 후 배수한다.
③ 건물 내에서는 피트 내 배관은 피하고 가급적 지중배관으로 한다.
④ 엘리베이터 샤프트에 배수 배관을 설치하는 것이 공간 활용상 바람직하다.

해설 62
배수계통은 원칙적으로 중력에 의해 옥외로 배출하도록 한다. 배수관경을 필요 이상으로 크게 하면 할수록 배수능력은 저하된다. 배수관의 관경은 관경의 10배의 역수를 표준물매로 하며, 일반적으로 옥내배수관의 구배는 유속이 0.6~1.5m/s 정도가 되도록 잡는다.

63. BOD에 관한 설명으로 옳은 것은? [14 ㈘]

① 생물화학적 산소요구량을 말한다.
② 화학적 산소요구량을 말한다.
③ 오수 중에 떠있는 부유물질을 말한다.
④ 수중의 염소이온의 양을 말한다.

해설 63
BOD(Biochemical Oxygen Demand) 오수 중의 분해 가능한 유기물이 용존산소의 존재 하에 미생물의 작용에 의해 산화분해되어 안정한 물질로 변해 갈 때 소비하는 생물화학적 산소요구량으로 수질의 오염정도의 측정치가 된다.

정답 60. ③ 61. ③ 62. ① 63. ①

Industrial Engineer Building Facilities

64. 화학적 산소요구량을 의미하며, 배수 중에 산화되기 쉬운 유기물이 과망간산칼륨 등과 같은 산화제에 의해 산화 분해될 때 소비되는 산화제의 양에 상당하는 산소량을 나타내는 것은? [11 ②]

① MLSS ② COD
③ BOD   ④ DO

65. 수질과 관련된 용어의 설명이 옳지 않은 것은? [11 ②]

① COD는 화학적 산소요구량을 말한다.
② ppm은 농도 단위로서 10만분의 1의 양을 말한다.
③ SS는 부유물질로서 오수 중에 현탁되어 있는 물질을 말한다.
④ BOD는 생물화학적 산소요구량으로 부패성 물질의 양이라고 생각할 수 있다.

[해설] 물의 경도(硬度)
물 속에 녹아 있는 칼슘(Ca), 마그네슘(Mg) 등의 양을 이것에 대응하는 탄산칼슘($CaCO_3$)의 100만분율(ppm : parts per million)로 환산하여 표시한 것

분류	$CaCO_3$의 함유량	특징
극연수(極軟水)	0[ppm]	증류수나 멸균수로서 연관이나 황동관을 부식
연수(軟水)	90[ppm] 이하	세탁, 염색, 보일러용에 적합
적수(適水)	90~110[ppm]	
경수(硬水)	110[ppm] 이상	물, 음료용, 세탁, 표백, 염색에는 부적합

66. 정화조의 유입수의 BOD가 500[mg/L], 방류수의 BOD가 200[mg/L]일 때, BOD제거율은? [18 ②]

① 40[%] ② 50[%]
③ 60[%] ④ 70[%]

67. 다음 중 오수정화시설에서 유량조정조를 설치하는 이유와 가장 관계가 먼 것은? [16, 18 ②]

① 처리기능을 안정화할 수 있기 때문에
② 건물 내 오수량의 시간별 차이가 크기 때문에
③ 후속 처리공정의 용량을 줄일 수 있기 때문에
④ 유입되는 오수의 찌꺼기를 제거할 수 있기 때문에

해설

[해설] **64**

용어의 정의
① BOD(Biochemical Oxygen Demand) : 생물화학적 산소 요구량 – 수질의 오염정도의 측정치
② COD(Chemical Oxygen Demand) : 화학적 산소 요구량 – 공장 폐수수질의 측정
③ DO(Dissolved Oxygen) : 용존산소량 – 수중에 용해된 산소의 양
④ SS(Suspended Solids) : 부유물질 – 물 속에 존재하는 고형 물질
⑤ SV(침전오니 퍼센트율)
⑥ pH(수소이온농도) : 수용성 또는 어떤 용액의 산성도나 염기도를 나타내는 정량적인 척도.
pH가 7미만은 산성, pH7은 중성, pH가 7초과 용액은 알칼리성 도는 염기성이라고 한다.

[해설] **66**

BOD 제거율
$= \dfrac{\text{유입수BOD} - \text{유출수BOD}}{\text{유입수BOD}} \times 100[\%]$

BOD 제거율 $= \dfrac{500-200}{500} \times 100[\%]$
$= 60[\%]$

[해설] **67**

오수정화시설에서 유량조정조는 시간별 차이에 의한 오수의 유량 변동이나 수질 변동을 완충하여 오수처리 기능을 안정화하고 후속 처리공정의 용량을 줄이기 위하여 설치한다.
※ 유입되는 오수의 찌꺼기를 제거는 스트레이너, 침전지, 침사지에서 한다.

정답 64. ② 65. ② 66. ③ 67. ④

핵심기출문제

03. 급배수시스템 검토

68. 생물화학적 오수처리방법 중 생물막법에서 사용되는 접촉재가 갖추어야 할 조건과 가장 거리가 먼 것은? [11, 14 ④]
① 점성이 클 것
② 비표면적이 클 것
③ 생물막이 부착되기 쉬울 것
④ 생물막에 의한 폐쇄가 어려울 것

해설 68
생물막법에서 사용되는 접촉재는 비표면적이 크고, 생물막이 부착되기 쉬워야 하며, 생물막에 의한 막힘현상이 일어나지 않아야 한다.

69. 오수처리방법 중 물리적 처리방법에 속하지 않는 것은? [15, 19 ④]
① 소독
② 침전
③ 교반
④ 스크린

해설 69
물리적 처리공법 : 임호프탱크 방법
㉠ 하수를 혐기적으로 처리하는 물탱크형태의 소화조
㉡ 주요구성 : 스크린, 교반, 침전
㉢ 2층 탱크라고도 하며, 소규모 하수처리장 또는 단지의 하수처리장에서 쓰이고 있었지만, 최근에는 거의 쓰이지 않고 있다.

정답 68. ① 69. ①

04 설비자재 검토

1 배관재료 등

1. 배관의 종류

(1) 배관의 종류

1) 주철관(cast iron pipe)

① 특징
㉠ 재질은 값이 싸며 부식성이 적고 강도 및 내구성이 특히 우수하다.
㉡ 내압성·내식성은 강하나 충격·인장강도는 약하다.

② 용도
내경 75[mm] 이상의 상수도용 급수관, 오수배수관, 가스 공급관, 통신용 케이블 매설관, 화학 공업용 배관 등으로 널리 이용된다.

③ 접합 방법
소켓 접합, 플랜지 접합, 메커니컬 접합(mechanical joint), 빅토릭 접합(victoric joint), 타이톤 접합

2) 강관(鋼管, steel pipe)

① 특징 : 배관 공사에서 가장 많이 사용하는 관으로, 연관이나 주철관에 비하여 가볍고 인장강도가 가장 크며, 주철관에 비하여 부식되기 쉽다.

② 관의 두께 : 강관의 두께는 스케줄 번호(schedule number)로 나타내며 스케줄 번호에는 SCH10, 20, 30, 40, 60, 80 등이 있고 번호가 클수록 관의 두께가 두꺼워진다.

$$스케줄 번호(SCH) = \frac{P(사용압력[MPa])}{S(허용압력[MPa])} \times 10$$

$$관 두께(t) = \left(100 \times \frac{P}{S} \times \frac{P}{1,750}\right) + 25.4$$

③ 관의 접합 : 나사 접합, 플랜지 접합, 용접 접합

핵심 PLUS

예 옥내 배관 시공 시 주철관이 가장 많이 사용되는 것은? [16 산]
① 급수관   ② 급탕관
③ 오수관   ④ 통기관
답 : ③

예 강관의 스케줄 번호와 관계있는 것은? [12, 14, 17, 19 산]
① 관의 외경   ② 관의 내경
③ 관의 두께   ④ 관의 길이
답 : ③

예 다음 중 건물 내 가스배관의 배관재료로 가장 많이 사용되는 것은? [16 산]
① 강관   ② 동관
③ 주철관 ④ 콘크리트관
해설 가스배관의 배관재료는 강관으로 나사접합이 주로 사용되지만 초고층 건물에서는 고압인 경우 강관을 용접이음 하는 경우가 많다.
답 : ①

핵심 PLUS

예 강관 이음쇠의 종류와 사용 용도의 연결이 옳지 않은 것은? [20, 23 산]
① 엘보 – 배관을 굴곡할 때
② 소켓 – 배관의 말단부를 막을 때
③ 크로스 – 배관을 도중에서 분기할 때
④ 니플 – 동일 관경의 배관을 직선 연결할 때
답 : ②

예 배관 이음쇠 중 관을 직선으로 접합할 때 사용되는 것은? [13 산]
① 소켓, 플랜지
② 플러그, 캡
③ 엘보, 밴드
④ 크로스, 티
답 : ①

예 강관의 이음쇠 중 동일한 관경의 관을 직선 연결할 때 사용되는 것은? [13, 16 산]
① 티 ② 니플
③ 엘보 ④ 플러그
답 : ②

예 스테인리스 강관에 관한 설명으로 옳지 않은 것은? [20 산]
① 내식성이 우수하다.
② 저온 충격성이 크다.
③ 동결에 대한 저항이 크다.
④ 열전도율이 동관에 비해 크다.
답 : ④

예제

다음과 같은 조건을 갖는 경우 배관용 탄소 강관의 스케줄 번호(SCH)를 사용해야 안전한가?

[조건]
1. 최고의 사용 응력 : 5[MPa]
2. 인장강도 : 6[MPa]
3. 안전율은 5이다.
4. 스케줄은 10, 30, 40, 50, 60을 사용한다.

▶ 스케줄 번호(No.) $= 10 \times \dfrac{\text{최고사용응력}}{\text{허용응력}}$ 이고, 허용응력 $= \dfrac{\text{강도}}{\text{안전율}}$ 이다.

∴ 스케줄 번호(No.) $= 10 \times \dfrac{\text{최고사용응력} \times \text{안전율}}{\text{강도}}$

그런데 최고 사용응력 : 5[MPa], 안전율 : 5, 인장강도 : 6[MPa]이므로

스케줄 번호(No.) $= 10 \times \dfrac{5 \times 5}{6} = \dfrac{250}{6} = 41.67$

∴ 스케줄 번호(No.)는 50을 택해야 안전하다.

※ 강관 이음쇠류의 사용 개소
① 배관의 굴곡 : 엘보, 벤드
② 관을 도중에서 분기할 때 : T, Y, 크로스
③ 같은 지름의 관을 직선으로 접합할 때 : 소켓, 유니언, 플랜지, 니플
④ 서로 다른 지름의 관을 이을 때 : 이경 소켓, 유니언, 엘보, 부싱, 니플
⑤ 관 끝을 막을 때 : 플러그, 캡

(a) 소켓   (b) 이경 소켓   (c) 유니온   (d) 엘보 90°   (e) 엘보 45°   (f) 암수 엘보 (스트리트 엘보)

(g) +자(크로스)   (h) T(티)   (i) 부싱   (j) 캡   (k) 니플   (l) 플러그

[그림] 관 이음류의 형상

3) 연관(lead pipe)

① 특징
  ㉠ 관이 유연하여 시공이 용이하다.
  ㉡ 내식성이 뛰어난 성질이 있으나 가격이 비싸고 외력에 파손되기 쉽다.
② 용도 : 가장 오래 전부터 사용되고 있는 급수관이며, 굴곡이 많은 수도 인입관, 기구 배수관, 가스 배관, 화학 공업 배관 등
③ 접합 : 플라스턴 접합, 땜납 접합

4) 동관(copper pipe)

① 특징
  ㉠ 배관 시공이 용이하다.
  ㉡ 염류, 산, 알칼리 등의 수용액이나 유기화합물에 대한 내식성이 높아 부식이 적다.
② 용도 : 전기 및 열전도율이 좋아 전기 재료, 열교환기, 급수·급탕관, 급유관, 기름가열기, 냉매배관 등에 이용되고 있다.
③ 접합 방법 : 납땜 접합, 플레어 접합, 용접 접합, 경납땜

5) 경질 비닐관(PVC pipe)

① 특징
  ㉠ 내면이 평활해 마찰손실이 적으나, 열팽창률이 크다.
  ㉡ 가볍고 부식성이 적다.
② 용도 : 급탕관·증기관으로는 부적당하다.
③ 접합 방법 : 냉간 공법, 열간 공법

6) 콘크리트관(concrete pipe)

① 특징 및 용도
  ㉠ 내식성이 강해서 해수수송관, 배수관, 모래운반관에 이용된다.
  ㉡ 콘크리트 제품으로 가격이 싸며 배수관에 사용하기도 한다.
② 종류
  ㉠ 원심력 철근 콘크리트관(흄관) : 상하수도 수리 배수용
  ㉡ 석면 시멘트관(eternit pipe) : 아스베스토스(석면 섬유)와 포틀랜드 시멘트를 1 : 5의 비율로 혼합
  ㉢ 철근콘크리트관 : 옥외 배수관
③ 접합 방법 : 칼라 조인트(collar joint), 기볼트 조인트, 심플렉스 조인트, 모르타르 조인트

핵심 PLUS

예 배관용 동관을 M, L 및 K 타입으로 구분하는 기준이 되는 것은?
[15, 19 산]
① 관의 두께   ② 관의 외경
③ 관의 재질   ④ 관의 길이

해설 동관의 두께에 따른 분류
두께가 두꺼울수록 고압에 사용한다. 두께는 K형, L형, M형 순이다.
  ㉠ K(Heavy wall) : 의료 및 고압배관에 사용
  ㉡ L(Medium wall) : 의료, 급배수, 급탕, 냉난방, 가스배관에 사용
  ㉢ M(Light wall) : 의료, 급배수, 급탕, 냉난방, 가스배관에 사용

답 : ①

예 동관의 이음방법으로 옳지 않은 것은? [14 산]
① 연납땜   ② 플랜지이음
③ 프레스이음 ④ 플레어이음

해설 프레스이음은 스테인레스관 이음 방법이다.

답 : ③

예 경질 염화 비닐관에 관한 설명으로 옳지 않은 것은? [12, 19, 24 산]
① 금속관에 비해 열에 약하다.
② 금속관에 비해 전기 절연성이 크다.
③ 금속관에 비해 산, 알칼리에 약하다.
④ 금속관에 비해 온도변화로 인한 신축이 크다.

답 : ③

예 길이 20[m]의 증기난방 배관에서 관의 온도를 30[℃]에서 109[℃]로 높였을 경우 늘어난 길이는? (단, 선팽창계수 1.3×10^{-5}/℃이다.) [19 산]
① 18.54[mm] ② 19.54[mm]
③ 20.54[mm] ④ 21.54[mm]

해설 관의 신축과 팽창량(L)
$L = 1,000 \cdot \ell \cdot C \cdot \Delta t$ [mm]
여기서, ℓ : 온도변화전의 관의 길이[m]
  C : 관의 선팽창계수
  Δt : 온도 변화[℃]
∴ $L = 1,000 \cdot \ell \cdot C \cdot \Delta t$
  $= 1,000 \times 20 \times 1.3 \times 10^{-5} \times (109-30)$
  $= 20.54$[mm]

답 : ③

핵심 PLUS

🔆 학습포인트

관의 접합(이음, 조인트) 종류
㉠ 주철관 : 소켓 접합, 플랜지 접합, 메커니컬 접합, 빅토릭 접합, 타이톤 접합
㉡ 강관 : 나사 접합, 플랜지 접합, 용접 접합
㉢ 연관 : 플라스턴 접합, 납땜 접합
㉣ 동관 : 납땜 접합, 플레어 접합, 플랜지 접합, 용접 접합, 경납땜
㉤ 콘크리트관 : 칼라 접합, 기볼트 접합, 심플렉스 접합, 모르타르 접합

🔆 예제

배관용 탄소강관의 배관 내에 120[℃]의 증기를 통과시키면 직관 60[m] 배관 팽창량 [cm]은?(단, 선팽창계수=11.9×10⁻⁶, 배관 주위온도 20[℃]) [07 기]

① 7.1   ② 8.6   ③ 17.2   ④ 35.5

▶ 관의 신축과 팽창량(L)
  $L = 1,000 \cdot \ell \cdot C \cdot \Delta t$ [mm]
  여기서, ℓ : 온도변화전의 관의 길이[m]
       C : 관의 선팽창계수
       Δt : 온도 변화[℃]
  ∴ $L = 1,000 \cdot \ell \cdot C \cdot \Delta t = 1,000 \times 60 \times 11.9 \times 10^{-6} \times (120-20)$
        = 71[mm] = 7.1[cm]

---

(2) 밸브의 종류

예 게이트 밸브라고도 하며 유체의 흐름을 단속하는 밸브로써 배관용으로 사용되는 것은? [20 산]
① 콕   ② 감압밸브
③ 슬루스 밸브 ④ 글로브 밸브
답 : ③

1) 슬루스 밸브(sluice valve)

① 일명 게이트 밸브(gate valve)라고도 하며 펌프의 앞뒤, 또는 배수관의 처음이나 끝, 관의 필요한 요소에 설치해 이를 여닫음으로써 관을 흐르는 물의 양을 조절한다.
② 밸브의 통로에 변화가 없어 유체의 저항 손실이 적다.
③ 소형의 급수, 급탕, 기름, 가스 등의 배관에 이용한다.

예 유량조절용으로 주로 사용되는 밸브는? [14 산]
① 글로브 밸브 ② 게이트 밸브
③ 체크 밸브   ④ 감압 밸브
답 : ①

2) 글로브 밸브(glove valve)

① 스톱 밸브(stop valve)라고도 하며 유로를 폐쇄하는 경우나 유량을 조절할 때 사용한다.
② 기구 내에서 물이 S자 모양으로 흘러서 내압성은 크나 유체의 저항 손실이 크다.

3) 체크 밸브(check valve)
   ① 유체의 흐름을 한 방향으로만 흐르게 하고, 반대 방향으로는 흐르지 못하게 하는 밸브
   ② 작동방식에 따라 수평·수직배관에 모두 사용되는 스윙형(swing type)과 수평배관에만 사용되는 리프트형(lift type)이 있다.

4) 플러시 밸브(flush valve)
   급수관에 직결하여 한 번 플러시 밸브를 누르면 급수의 압력으로 일정량의 물이 나온 다음 자동적으로 잠겨지도록 되어 있는 것으로, 대·소변기에 사용된다.

5) 앵글 밸브(angle valve)
   유체의 흐름을 직각으로 바꾸는 경우에 사용하는 밸브

6) 콕(cock)
   원뿔에 구멍을 뚫은 것으로 원뿔을 90°(1/4) 회전함에 따라 구멍이 개폐되어 유체의 흐름을 차단 조절하는 밸브

7) 조정 밸브
   ① 감압 밸브 : 고압 배관과 저압 배관의 사이에 감압 밸브를 달고 압력을 제어하여 일정하게 유지할 때 사용되는 밸브
   ② 안전 밸브 : 보일러 등 압력 용기와 그 밖의 고압 유체를 취급하는 배관에 설치하여 관 또는 용기 내의 압력이 규정 한도에 달하면 내부 에너지를 자동적으로 외부로 방출하여 용기 안의 압력을 항상 안전한 수준으로 유지하는 밸브
   ③ 온도 조절 밸브 : 온도의 변화에 따라 벨로스의 예민한 작용으로 개폐되며, 유량을 자동으로 조절하는 자동 조절 밸브
   ④ 볼탭 : 탱크의 급액구에 정착하여 액면의 상승과 하강에 따라 상승, 하강하는 볼탭의 부력에 의하여 밸브가 자동적으로 개폐하는 자동 밸브
   ⑤ 스트레이너 : 관 속의 유체에 혼입된 불순물을 제거하여 기기의 성능을 보호하는 여과기

핵심 PLUS

예 배관에 설치하여 관속의 유체에 섞여 있는 모래 등의 이물질을 제거하여 기기의 성능을 보호하는 기구로서 여과기라고도 불리는 것은? [19 산]
① 트랩 ② 밸브
③ 볼조인트 ④ 스트레이너
답 : ④

예 밸브와 사용 용도의 연결이 옳지 않은 것은? [13, 17 산]
① 체크 밸브 - 역류 방지용
② 글로브 밸브 - 유량 조절용
③ 게이트 밸브 - 관로의 개폐용
④ 볼 밸브 - 관경이 큰 관로의 유량 조절용
해설 볼 밸브 : 관경이 작은 관로의 개폐, 유량 조절용
답 : ④

예 각종 밸브에 관한 설명으로 옳은 것은? [11, 18, 24, 25 산]
① 볼밸브 : 콕의 일종으로 구조가 간단하나 밸브를 완전히 열고 사용할 때 저항손실이 크다.
② 체크밸브 : 역류방지밸브로서 스윙형은 저항손실이 적고 수평, 수직배관에 모두 사용이 가능하다.
③ 슬루스밸브 : 밸브를 일부만 열고 사용하여도 유체의 저항손실이 작기 때문에 유량조절용에 적합하다.
④ 글로브밸브 : 밸브를 완전히 열고 사용하는 경우에는 유체저항손실이 없으나 일부만 열고 사용하는 경우에는 저항손실이 크다.
답 : ②

핵심 PLUS

■ 밸브의 종류

종 류	특 징	도 시 기 호
슬루스밸브 (게이트 밸브)	배관의 마찰저항(마찰상당관장)이 가장 작다.	▷◁
글로브밸브 (스톱밸브, 구형밸브)	배관의 마찰저항(마찰상당관장)이 가장 크다.	▷●◁
플러시 밸브 (flush valve)	한 번 누르면 급수의 압력으로 일정량의 물이 나온 다음 자동적으로 잠겨지도록 되어 있는 것으로, 대·소변기에 사용.	─⊕─
체크밸브 (check valve)	유체의 흐름을 한쪽 방향으로 흐르게 할 때 쓰인다. 리프트형(수평배관), 스윙형(수평, 수직배관)이 있다.	─▷│─
앵글밸브 (angle valve)	글로브 밸브의 일종으로 유체의 입구와 출구가 이루는 각이 90°이다.	─△↑
콕	90° 회전하여 완전히 열거나 닫는 구조	─◇─

2. 배관의 부식

1) 배관 부식의 원인
① 물과 접촉에 의한 부식 : 관이 물과 접촉하고 있을 때 금속은 ⊕이온화되어 용해하려는 성질이 있다.
② 접촉된 다른 금속간에 일어나는 부식 : 두 금속이 이온화 경향의 차이가 크고 관이 접촉할 때 접촉점 부근에서 많이 일어난다.
③ 전식(電蝕) : 지하 매설관 등에서 외부로부터의 전류가 관으로 유입되어 일어나는 현상을 전식이라 한다.
④ 수질에 의한 부식
⑤ 관내면의 전위차가 균일하지 않은 경우
⑥ 수온의 상승에 따른 부식 속도의 증가

2) 배관 부식 방지법
① 재질의 선정 : 가능한 한 내식성 재질, 동일 배관재, 라이닝재로 선정한다.
② pH 조절 : 일반 수질 pH 5.8~8.6 범위로 사용하며, 산성 특히 강산성은 피한다.
③ 온수의 온도조절 : 50[℃] 이상에서 부식이 촉진된다.
④ 유속의 제어 : 1.5[m/s] 이하로 제어한다.
⑤ 급수의 수처리 : 물리적 방법과 화학적 방법 등을 이용한 수처리를 한다.
⑥ 방식제 투입 : 규산인산제, 아질산염, 크롬산염 등의 방식제를 이용한다.
⑦ 용존산소 제어 : 약제 투입으로 용존산소를 제어하고 에어벤트를 설치한다.
⑧ 희생양극제 : 지하 매설의 경우 Mg 등 희생양극제 배관을 설치한다.
⑨ 설계 개선 사항 : 약품투입장치의 자동화, 탈기설비 개선 및 수질관리 개선, 급수본관 여과장치 설치, 저탕조·배관 등에 부식방지용 희생양극제 설치

3. 배관의 식별

종류	식별색	종류	식별색
물	청색	산알칼리	회자색
증기	진한적색	기름	진한황적색
공기	백색	전기	엷은황적색
가스	황색	–	–

핵심 PLUS

예 배관의 식별표시에 대한 조합으로 옳지 않은 것은? [03 기]
① 물 – 청색
② 가스 – 황색
③ 공기 – 흑색
④ 증기 – 어두운 적색

답 : ③

4. 배관 보온재

1) 보온재의 구비조건
① 내식성·내열성이 있을 것
② 열전도율이 적을 것
③ 온도변화에 따른 균열 신축이 적을 것
④ 비중이 적고 흡수성이 적을 것
⑤ 기계적 강도가 크고 시공성이 좋을 것

2) 보온재의 종류
① 유리섬유(glass wool)
  ㉠ 흡음률이 높으나 흡습성이 좋아 방수를 해야 한다. 냉장고, 덕트, 벽면 등에 사용한다.
  ㉡ 안전사용온도 : 300[℃]
② 폼류
  ㉠ 배관보냉재, 냉동창고 등에 사용한다.
  ㉡ 안전사용온도 : 80[℃]
③ 암면
  ㉠ 알칼리에는 강하나 산에는 약하다. 흡수성이 적다. 관, 덕트, 탱크 등에 사용한다.
  ㉡ 안전사용온도 : 400[℃]
④ 규조토
  ㉠ 시공시 건조시간이 길고 접착성이 우수하다. 보강재를 사용해야 하며 열전도율이 크다.
  ㉡ 안전사용온도 : 500[℃]
⑤ 펠트
  ㉠ 곡면 등에 시공이 용이하다. 습기에 약해 부식 등이 발생하여 방습처리가 필요하다.
  ㉡ 안전사용온도 : 100[℃]

핵심 PLUS

■ 배관 보온재는 배관의 열손실을 최소화하기 위한 재료로 그 두께는 보온재의 전열 특성, 배관내부의 유체온도, 배관 외부온도 등을 고려하여 결정한다.

예 보온재 구비조건 중 틀린 것은?
① 비중이 적고 흡수성이 적을 것
② 내식성·내열성이 있을 것
③ 열전도율이 높을 것
④ 균열 신축이 적을 것
답 : ③

예 다음 보온재 중에서 안전사용온도가 가장 높은 재료는?
① 암면   ② 글래스울
③ 규조토   ④ 운모 펠트
답 : ③

2 덕트재료 및 부속기기

1. 덕트

1) 덕트의 형상과 구조
   ① 장방형덕트
      ㉠ 스페이스에 따른 형상 제한을 적당하게 조절, 종횡 치수를 선정할 수 있다.
      ㉡ 강도면에서 약하여 일반적인 저압 덕트에 사용
   ② 원형덕트
      ㉠ 강도면에서는 우수하나 공간적인 면에서 대형의 것은 제한을 받는다.
      ㉡ 일반적인 고속 덕트에 사용

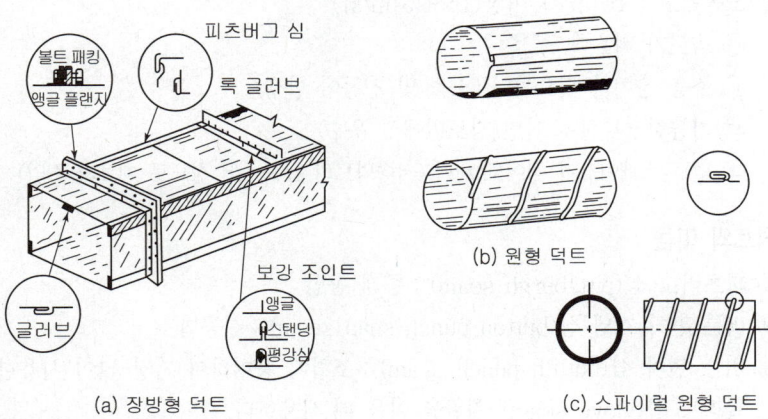

(a) 장방형 덕트   (b) 원형 덕트   (c) 스파이럴 원형 덕트

2) 배치 방식에 따른 분류
   ① 간선 덕트 방식
      ㉠ 가장 간단한 방법
      ㉡ 설비비가 싸고 덕트 스페이스가 작다.
   ② 개별 덕트 방식
      ㉠ 취출구마다 덕트를 단독으로 설치하는 방식
      ㉡ 풍량 조절이 용이
   ③ 환상 덕트 방식
      ㉠ 덕트를 연결하여 루프를 만드는 형식
      ㉡ 말단 취출구의 압력 조절이 용이

핵심 PLUS

예 공기조화설비에서 사용되는 고속 덕트의 특징으로 옳은 것은?
① 소음 및 진동이 발생하지 않는다.
② 덕트 설치공간을 작게 할 수 있다.
③ 공장이나 창고에는 사용할 수 없다.
④ 공기혼합 상자가 필요하다.
　　　　　　　답 : ②

예 덕트의 배치방식 중 개별 덕트 방식에 관한 설명으로 옳은 것은?
　　　　　　　[19 산]
① 공장의 급배기에 주로 사용된다.
② 소요되는 덕트 스페이스가 작다.
③ 각 실의 개별 제어성이 우수하다.
④ 공사비는 저렴하나 실내에서 기류 분포가 좋지 않다.
　　　　　　　답 : ③

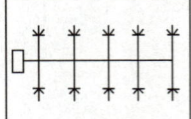 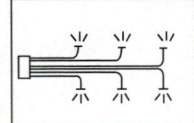 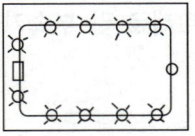

(a) 간선 덕트 방식   (b) 개별 덕트 방식   (c) 환상 덕트 방식

3) 속도에 따른 분류
  ① 저속덕트 : 15[m/s] 이하
    ㉠ 속도가 느리다.
    ㉡ 소음이 적다.
    ㉢ 굴곡부 내면에 흡음재 사용(소음장치 불필요)
  ② 고속덕트 : 16[m/s] 이상(16~25[m/s])
    ㉠ 속도가 빠르다.
    ㉡ 소음 장치가 필요하다.(소음 및 진동이 발생)
    ㉢ 가능한 한 원형 단면(강도면에서 우수)
    ㉣ 덕트 스페이스가 적어도 된다.(저속덕트의 1/7~1/8 정도로 재료가 절약)

2. 덕트의 이음
  ① 피츠버그 심(pittsburgh seam) : 종래 공법
  ② 버튼 펀치 스냅 심(button punch snap seam) : 신공법
  ③ 버튼 펀치 심(button punch seam) : 조립이 용이하며 가장 많이 사용한다. 글러브 심(glove seam) 철판을 이을 때 사용한다.

3. 덕트의 부속품
  ① 풍량 조절 댐퍼(volume damper)
    ㉠ 단익 댐퍼(버터플라이 댐퍼) : 소형 덕트용
    ㉡ 다익 댐퍼(루버 댐퍼) : 2개 이상의 날개로서 대형 덕트용
    ㉢ 스플릿 댐퍼(split damper) : 덕트 분기점에서의 풍량 조절용
    ㉣ 슬라이드 댐퍼(slide damper) : 전체의 개폐를 목적으로 사용
    ㉤ 클로스 댐퍼(cloths damper) : 기류의 발생음을 줄이고 기류의 방향을 조절하는 데 사용
  ② 방화 댐퍼(fire damper) : 덕트 내의 공기의 온도가 72[℃] 이상이면 댐퍼 날개를 지지하고 있던 가용편이 녹아서 자동적으로 댐퍼가 닫혀 다른 실로의 연소를 방지하기 위한 댐퍼
  ③ 가이드 베인(guide vane) : 덕트 내의 굴곡된 부분의 기류를 안정시켜 저항을 줄이기 위한 설비로, 곡부의 내측에 조밀하게 붙이는 것이 효과적이다.

예 다음의 덕트의 부속기기에 대한 설명 중 옳지 않은 것은?
① 스플릿 댐퍼는 대형 덕트의 개폐용으로 사용되며 풍량조절 기능은 없다.
② 버터플라이 댐퍼는 주로 소형 덕트에서 개폐용으로 사용되며, 풍량조절용으로도 사용된다.
③ 방화 댐퍼는 화재가 발생했을 때 덕트를 통해 다른 곳으로 화재가 번지는 것을 방지하기 위하여 사용된다.
④ 방염 댐퍼는 연기감지기의 연동으로 되어 있으며 다른 구역으로 연기의 침투를 방지한다.

답 : ①

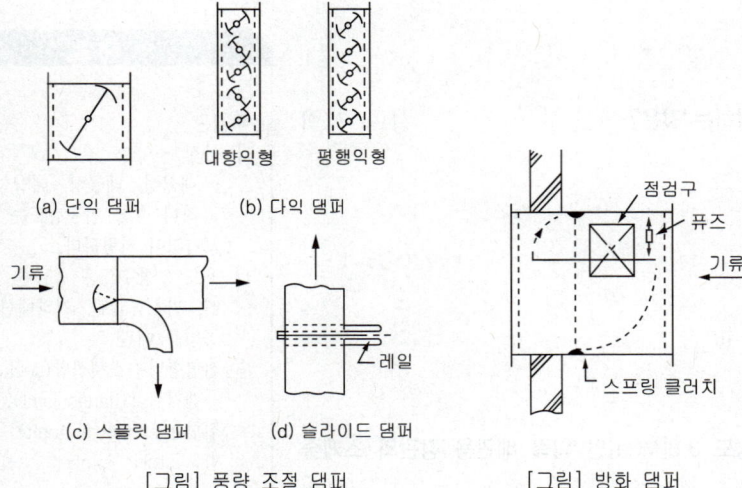

[그림] 풍량 조절 댐퍼   [그림] 방화 댐퍼

④ 덕트의 소음 방지
㉠ 덕트의 도중에 흡음재를 부착한다.
㉡ 송풍기 출구 부근에 플리넘 체임버를 장치한다.
㉢ 덕트의 적당한 장소에 소음을 위한 흡음장치(셀형·플레이트형)를 설치한다.
㉣ 댐퍼 취출구에 흡음재를 부착한다.

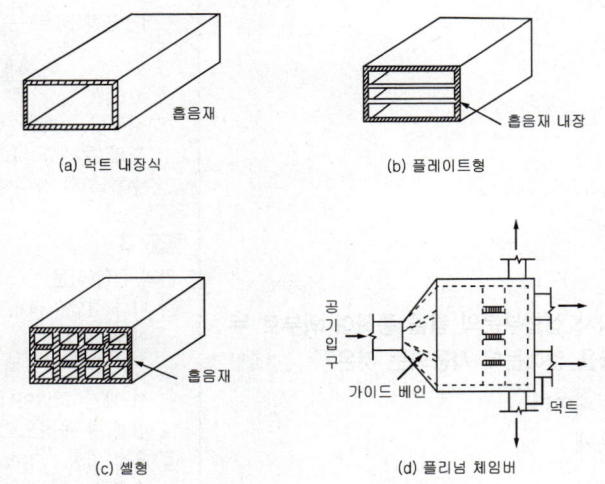

[그림] 흡음장치

핵심 PLUS

예 송풍기 출구 부근에 플리넘 챔버를 부착하는 가장 주된 이유는?
① 속도조절
② 소음저감
③ 기류방향조절
④ 화재방지

해설 덕트의 송풍기 출구 부근에 플리넘 체임버를 설치하여 덕트의 소음을 방지한다.

답 : ②

핵심기출문제

04. 설비자재 검토

■■■ 1. 배관재료 등

1. 다음 중 주철관의 접합 방법에 해당하는 것은? [14, 17 산]
① 나사 접합
② 용접 접합
③ 납땜 접합
④ 메커니컬 접합

2. 최고 사용압력 3.04[MPa], 인장강도 3.8[MPa]인 압력 배관용 강관의 스케줄 번호는? (단, 안전율은 5 이다.) [13, 16 산]
① 20 ② 30
③ 40 ④ 60

3. 관의 해체를 필요로 하는 부분이나 대구경의 밸브류의 접합 또는 공장제작 배관의 접합에 이용되는 강관류의 접합 방법은? [11 산]
① 나사 이음
② 용접 접합
③ 플랜지 이음
④ 메커니컬 접합

4. 배관 내의 유체가 플랜지 접합부분이나 나사 접합부분의 틈을 통하여 외부로 누설되는 것을 방지하기 위해 접합부분의 틈을 없애는데 사용되는 것은? [13 산]
① 패킹   ② 스트레이너
③ 티   ④ 보온재

해설
패킹은 배관 내의 유체가 플랜지 접합부분이나 나사 접합부분의 틈을 통하여 외부로 누설되는 것을 방지하기 위해 접합부분의 틈을 없애는데 사용된다.
※ 관의 접합(이음)
  ㉠ 나사 접합 : 50[A] 이하의 관 이음에 사용
  ㉡ 플랜지 접합 : 지름이 큰 대형관에서 배관 조립이나 관의 교체를 손쉽게 할 목적으로 사용
  ㉢ 용접 접합 : 접속부의 모양에 따라 맞대기 용접과 슬리브 용접식이 있고 재질에 따라 일반배관용과 특수배관용이 있다.

해설

해설 1
주철관
① 특징
  ㉠ 내식성, 내구성, 내압성이 우수하나 충격·인장강도는 약하다.
  ㉡ 가격이 저렴하다.
② 용도 : 상수도용 공급관, 오수배수관, 가스공급관, 지하매설관, 화학공업용 배관
③ 접합방법 : 소켓접합(socket joint), 플랜지접합(flange joint), 메커니컬접합(mechanical joint), 빅토릭접합(Victoric joint)

해설 2
스케줄 번호
$(SCH) = \dfrac{P(\text{사용압력[MPa]})}{S(\text{허용압력[MPa]})} \times 10$

스케줄 번호
$(SCH) = \dfrac{3.04}{0.76} \times 10 = 40$

여기서,
허용응력$(S) = \dfrac{\text{인장강도}}{\text{안전율}}$
$= \dfrac{3.8}{5} = 0.76[\text{MPa}]$

☞ 강관의 스케줄 번호(Sch. NO)는 관의 두께를 나타내며, 번호가 클수록 관의 살두께가 두껍다.

해설 3
관의 접합(이음)
  ㉠ 나사 접합 : 50[A] 이하의 관 이음에 사용
  ㉡ 플랜지 접합 : 지름이 큰 대형관에서 배관 조립이나 관의 교체를 손쉽게 할 목적으로 사용
  ㉢ 용접 접합 : 접속부의 모양에 따라 맞대기 용접과 슬리브 용접식이 있고 재질에 따라 일반배관용과 특수배관용이 있다.
※ 주철관의 접합방법 : 소켓 접합, 플랜지 접합, 메커니컬 접합, 빅토릭 접합

정답 1. ④ 2. ③ 3. ③ 4. ①

5. 다음 중 사용 유체가 증기인 경우 배관용 재료로 주로 사용되는 것은? [16]

① 동관
② 연관
③ 배관용 탄소강관
④ 배관용 스테인리스강관

6. 배관 이음쇠 중 관을 직선으로 접합할 때 사용되는 것은? [20]

① 소켓
② 엘보
③ 플러그
④ 크로스

7. 다음 중 동일한 직경의 강관을 직선 연결할 때 사용되는 강관 이음쇠가 아닌 것은? [14, 25]

① 소켓
② 니플
③ 플러그
④ 유니온

8. 배관이음 부속에 관한 설명으로 옳지 않은 것은? [17]

① 캡은 관의 끝을 막는 데 사용한다.
② 티는 관 도중에서 분기하는 데 사용된다.
③ 엘보우는 관의 방향을 바꾸는 데 사용된다.
④ 유니온은 지름이 다른 관을 직선으로 연결 하는 데 사용된다.

9. 강관 이음쇠와 사용 용도의 연결이 옳지 않은 것은? [19, 23]

① 엘보 – 관의 방향을 바꿀 때
② 와이 – 관을 도중에서 분기할 때
③ 니플 – 관경이 같은 관을 연결할 때
④ 플러그 – 관경이 다른 관을 연결할 때

해설

[해설] 5
배관용 재료
① 동관 : 열교환기, 급수관, 전기 재료
② 연관 : 굴곡이 많은 수도 인입관, 기구배수관, 가스배관, 화학 공업 배관
③ 배관용 탄소강관 : 비교적 사용 압력이 높지 않은 증기·물·오일·가스·공기 등의 배관
④ 배관용 스테인리스강관 : 급수관, 급탕관

[해설] 6, 7, 8, 9, 10
강관 이음쇠
㉠ 배관을 휠 때 : 엘보우(elbow), 벤드(bend)
㉡ 분기관을 뽑을 때 : T(tee), 크로스(cross), Y
㉢ 직관의 접합 : 소켓, 플랜지, 유니언, 니플
㉣ 구경이 다른 관 접합 : 이경소켓(reducer), 이경엘보, 이경티, 부싱, 리듀서
㉤ 배관의 말단부 : 플러그(plug), 캡(cap)
※ 유니언(union)과 플랜지(flange) : 관의 교체나 펌프의 고장 수리시 사용한다.
  ㉠ 유니언(union) : 50[mm] 이하의 관(소구경)에 사용한다.
  ㉡ 플랜지(flange) : 50[mm] 이상의 관(대구경)에 사용한다.

정답 5. ③ 6. ① 7. ③ 8. ④
     9. ④

핵심기출문제

04. 설비자재 검토

10. 다음의 배관부속 중 관의 말단을 막을 때 사용하는 것은? [17 ⓢ]
① 부싱   ② 니플
③ 엘보   ④ 플러그

11. 다스테인리스 강관에 관한 설명으로 옳지 않은 것은? [13 ⓢ]
① 위생적인 관재이다.
② 동결에 대한 저항이 크다.
③ 급수, 급탕관으로 사용된다.
④ 내식성이 작아 부식되기 쉽다.

12. 연관에 관한 설명으로 옳지 않은 것은? [18 ⓢ]
① 내식성이 작다.
② 가공이 용이하다.
③ 전성, 연성이 풍부하다.
④ 건조한 공기 중에서는 침식되지 않는다.

13. 동 및 동합금관에 관한 설명으로 옳지 않은 것은? [17 ⓢ]
① 연수에 내식성은 크나 담수에는 부식된다.
② 아세톤, 에테르, 프레온 가스, 휘발유에는 침식되지 않는다.
③ 암모니아수, 습한 암모니아가스, 초산, 진한 황산에는 심하게 침식된다.
④ 상온공기 중에서는 변하지 않으나 탄산가스를 포함한 공기 중에서는 푸른 녹이 생긴다.

해설

해설 11
스테인리스 강관
㉠ 내식성이 우수하여 부식성이 있는 유체를 이송할 경우에 사용된다.
㉡ 강관에 비해 기계적 성질이 우수하며 두께가 얇다.
㉢ 운반 및 시공이 용이하며 위생적이다.

해설 12
연관
㉠ 가장 오래 전부터 사용되고 있는 급수관
㉡ 관이 유연하여 시공이 용이하다.
㉢ 내식성이 뛰어난 성질이 있다.
㉣ 가격이 비싸고 외력에 파손되기 쉽다.
㉤ 용도 : 굴곡이 많은 수도 인입관, 기구 배수관, 가스 배관, 화학 공업 배관 등

해설 13
동관
㉠ 전성·연성이 풍부하여 가공이 용이하다.
㉡ 전기 및 열의 전도성이 우수하다.
㉢ 일반적으로 내식성이 좋고 수명이 길다.
㉣ 염류, 산, 알칼리 등의 수용액이나 유기화합물에 대한 내식성이 높아 부식이 적으나, 암모니아에는 심하게 부식한다.
㉤ 상온 공기 속에서는 변하지 않으나 탄산가스를 포함한 공기 중에는 푸른 녹이 생긴다.
㉥ 용도 : 전기 및 열의 전도율이 좋아 전기 재료, 열교환기, 급수관 등에 이용되고 있다.
㉦ 접합 방법 : 납땜 접합, 플레어 접합, 플랜지 접합, 용접 접합, 경납땜
※ 동관(황동관)은 증류수나 극연수에는 부식되어 주석도금하여 사용한다.

 10. ④ 11. ④ 12. ① 13. ①

Industrial Engineer Building Facilities

14. 동관의 두께별로 분류에 속하지 않는 것은? [18, 25 ⓐ]
① K형　　② L형
③ M형　　④ J형

15. 다음의 배관 재료 중 열팽창이 가장 큰 것은? [16, 23 ⓐ]
① 연관　　② 동관
③ 강관　　④ 경질염화비닐관

16. 다길이 20[m]인 배관 내로 증기가 간헐적으로 흐르고 있다. 증기가 통과할 때의 관온도가 100[℃], 흐르지 않고 있을 때의 관온도가 20[℃]라고 하면, 증기가 통과할 때 늘어나는 관길이는? (단, 배관재료의 선팽창계수는 1.2×10^{-5}/℃이다.) [18 ⓐ]
① 19.2[mm]　　② 25.2[mm]
③ 29.4[mm]　　④ 38.4[mm]

17. 다음과 같은 특징을 갖는 밸브는? [11, 16 ⓐ]

- 유체의 흐름을 단속하는 밸브이다.
- 유량 조절용으로는 사용이 곤란하다.
- 밸브를 완전히 열면 배관경과 밸브의 구경이 동일하므로 유체의 저항이 적다.

① 게이트 밸브　　② 글로브 밸브
③ 체크 밸브　　　④ 앵글 밸브

[해설] 17, 18, 19, 20 밸브의 종류
㉠ 게이트 밸브(gate valve) : 밸브의 통로에 변화가 없어 유체의 저항손실이 가장 적다. 일명 슬루스 밸브(sluice valve)라고도 한다.
㉡ 글로브 밸브(globe valve) : 유체의 저항손실이 가장 크다. 일명 스톱 밸브(stop valve)라고도 한다.
㉢ 체크밸브(check valve : 역지밸브)
  - 유체의 흐름을 한쪽 방향으로만 흐르게 할 때 쓰인다.
  - 리프트형(수평배관), 스윙형(수평, 수직배관)이 있다.
㉣ 앵글밸브(angle valve) : 글로브 밸브의 일종으로 유체의 입구와 출구가 이루는 각이 90°이다.

해설

[해설] 14
동관의 두께별에 따른 분류
두께가 두꺼울수록 고압에 사용한다.
두께는 K형, L형, M형 순이다.
㉠ K(Heavy wall) : 의료 및 고압배관에 사용
㉡ L(Medium wall) : 의료, 급배수, 급탕, 냉난방, 가스배관에 사용
㉢ M(Light wall) : 의료, 급배수, 급탕, 냉난방, 가스배관에 사용

[해설] 15
경질염화비닐관(합성수지관)
㉠ 내산성 · 내알칼리성이 있으며, 가공이 쉽다.
㉡ 온도의 변화에 의해 강도가 떨어진다.
㉢ 내면이 매끄러워 마찰저항이 작다.
㉣ 내수성이 크고 염산, 황산, 가성소다 등의 부식성 약품에 의해 거의 부식되지 않는다.
㉤ 전기 전열성이 크고 금속관과 같은 전식작용을 일으키지 않는다.
㉥ 저온에 약하며 한랭지에서는 외부로부터 조금만 충격을 주어도 파괴되기 쉽다.

[해설] 16
관의 신축과 팽창량(L)
　　$L = 1{,}000 \cdot \ell \cdot C \cdot \Delta t$ [mm]
여기서,
　ℓ : 온도변화전의 관의 길이[m]
　C : 관의 선팽창계수
　Δt : 온도 변화[℃]
∴ $L = 1{,}000 \cdot \ell \cdot C \cdot \Delta t$
　$= 1{,}000 \times 20 \times 1.2 \times 10^{-5}$
　$\times (100-20) = 19.2$[mm]

정답　14. ④　15. ④　16. ①　17. ①

제1과목 건축설비계획 **1-219**

핵심기출문제

04. 설비자재 검토

18. 관로를 전개하거나 전개할 목적으로 사용되는 것으로 게이트밸브라고도 불리는 것은? [12, 19 산]
① 앵글밸브 ② 체크밸브
③ 글로브밸브 ④ 슬루스밸브

19. 다음 설명에 알맞은 밸브의 종류는? [18 산]

유체가 밸브의 아래로부터 유입하여 밸브 시트의 사이를 통해 흐르게 되어 있어 유체의 흐름이 갑자기 바뀌기 때문에 유체에 대한 저항은 크나 개폐가 쉽고 유량 조절이 용이하다.

① 콕 ② 체크 밸브
③ 글로브 밸브 ④ 게이트 밸브

20. 유로를 폐쇄하거나 수도본관의 유량조절에 사용되는 밸브로 스톱밸브라고도 불리우는 것은? [17 산]
① 콕 ② 볼 밸브
③ 글로브 밸브 ④ 슬루스 밸브

21. 다음의 급수 수직 배관에 관한 설명 중 ( ) 안에 공통으로 들어가는 용어는? [19 산]

수직배관에는 25~30[m] 구간마다 ( )를 설치하여 유동 정지시의 역류에너지의 작용을 분산하고, ( ) 상류 측에는 워터해머흡수기를 부착하여 ( )의 파손을 방지하고 워터해머로 인한 소음과 진동을 흡수하도록 하여야 한다.

① 체크밸브 ② 퇴수밸브
③ 슬루스밸브 ④ 공기빼기밸브

해설 21, 22
체크밸브(check valve : 역지밸브)
㉠ 유체의 흐름을 한쪽 방향으로만 흐르게 할 때 쓰인다.
㉡ 리프트형(수평배관), 스윙형(수평, 수직배관)이 있다.

정답 18. ④ 19. ③ 20. ③ 21. ①

22. 유체를 일정한 방향으로만 흐르게 하고 반대 방향으로는 흐르지 못하게 하는 밸브는? [16 ⓒ]
① 슬루스 밸브 ② 글로브 밸브
③ 체크 밸브 ④ 스톱 밸브

23. 다음과 같은 특징을 갖는 밸브는? [11, 19 ⓒ]

- 유체의 흐름방향을 90°로 전환시킬 수 있다.
- 내부 구조는 글로브밸브와 동일하며 유량 조절용으로 사용된다.

① 콕 ② 볼밸브
③ 앵글밸브 ④ 체크밸브

[해설] **23**
앵글 밸브(angle valve)
㉠ 글로브 밸브의 일종이다.
㉡ 유체의 입구와 출구가 이루는 각이 90°로 유체의 흐름을 직각으로 바꿀 때 사용된다.
㉢ 유량 조절이 가능하며, 옥내소화전의 개폐밸브로 이용된다.

24. 고압배관과 저압배관 사이에 설치하여 저압측의 증기 사용량의 증감에 관계없이 또는 고압측 압력의 변동에 관계없이 밸브의 리프트를 자동적으로 조절하여 증기유량과 저압 측의 압력을 일정하게 유지하는 작용을 하는 밸브는? [14 ⓒ]
① 감압밸브 ② 역지밸브
③ 게이트밸브 ④ 온도조절밸브

[해설] **24**
감압밸브
고압배관과 저압배관 사이에 설치하여 증기를 감압 공급, 1[MPa] 이하에서 사용

25. 각종 밸브에 관한 설명으로 옳지 않은 것은? [19, 23, 25 ⓒ]
① 앵글밸브는 유체의 흐름방향을 90°로 전환시킬 수 있다.
② 글로브 밸브는 유체가 밸브내의 아래에서 위쪽으로 흐르도록 설치된다.
③ 체크밸브에서 리프트형은 수평배관 및 흐름방향이 상향인 수직배관에 사용되며, 스윙형은 수평배관에만 사용된다.
④ 게이트 밸브는 밸브를 완전히 열면 배관경과 밸브의 구경이 동일하므로 유체의 저항이 적으나, 부분개폐 상태에서는 밸브판이 침식되어 완전히 닫아도 누설될 우려가 있다.

[해설] **25**
체크밸브(check valve : 역지밸브)
㉠ 유체의 흐름을 한쪽 방향으로만 흐르게 할 때 쓰인다.
㉡ 리프트형(수평배관), 스윙형(수평, 수직배관)이 있다.

정답 22. ③ 23. ③ 24. ① 25. ③

핵심기출문제
04. 설비자재 검토

26. 배관재에 요구되는 성능과 가장 거리가 먼 것은? [14 산]
① 내식성이 커야 한다.
② 용융점이 낮아야 한다.
③ 가공이 용이해야 한다.
④ 관내의 마찰저항값이 적어야 한다.

27. 다음 중 배관의 부식 요인과 가장 거리가 먼 것은? [15 산]
① 배관의 재질
② 배관 내 유속
③ 배관 내 수질
④ 배관의 지지 간격

28. 도시가스 배관 중 지상배관의 표면색상은 원칙적으로 어떤 색으로 하는가? [14, 16 산]
① 적색
② 황색
③ 청색
④ 녹색

해설 색채에 의한 배관 식별법

종 류	식 별 색	종 류	식 별 색
물	청 색	산 알칼리	회 자 색
증 기	진 한 적 색	기 름	진 한 황 적 색
공 기	백 색	전 기	엷 은 황 적 색
가 스	황 색	–	–

해설

해설 26
용융점이 높아야 한다. 단열재, 보온재, 보냉재는 최고 안전사용 온도를 기준으로 구분한다.

해설 27
배관의 부식
1) 배관 부식의 원인
  부식은 배관의 재질, 관내의 물의 온도, 유속 및 수질 등에 크게 영향을 받는다.
① 물과 접촉에 의한 부식
  관이 물과 접촉하고 있을 때 금속은 ⊕이온화되어 용해하려는 성질이 있다.
② 접촉된 다른 금속간에 일어나는 부식
  두 금속이 이온화 경향의 차이가 크고 관이 접촉할 때 접촉점 부근에서 많이 일어난다.
③ 전식(電蝕)
  지하 매설관 등에서 외부로부터의 전류가 관으로 유입되어 일어나는 현상을 전식이라 한다.
④ 수질에 의한 부식
⑤ 관내면의 전위차가 균일하지 않은 경우
⑥ 수온의 상승에 따른 부식 속도의 증가

2) 배관 부식 방지법
① 금속관에 물기가 없도록 하거나 난방 코일 등에는 물을 완전히 채워 공기의 접촉이 없게 한다.
② 이온화 경향의 차이가 적은 관끼리 연결한다.
③ 전식에 의한 방지는 관을 황마, 아스팔트 등으로 감아서 절연층을 만든다.

26. ② 27. ④ 28. ②

2. 덕트재료 및 부속기기

29. 다음 중 각 실의 개별제어성이 가장 우수한 덕트 배치 방식은? [14, 18]
① 간선덕트(천장취출)
② 간선덕트(벽취출)
③ 개별덕트(천장취출)
④ 환상덕트(벽취출)

30. 덕트의 배치방식에 관한 설명으로 옳지 않은 것은? [17 ⓐ]
① 수평덕트방식은 각개입상덕트방식에 비하여 덕트 스페이스를 적게 차지한다.
② 간선덕트방식은 주덕트인 입상덕트로부터 각 층에서 분기되어 각 취출구로 연결한다.
③ 개별덕트방식은 입상덕트에서 각개의 취출구로 각개의 덕트를 통해 분산하여 송풍하는 방식 이다.
④ 환상덕트방식은 2개의 덕트 말단을 루프(loop) 상태로 연결함으로써 양쪽 덕트의 정압이 균일하게 된다.

31. 덕트에 대한 설명으로 옳은 것은? [11, 24, 25 ⓐ]
① 저속덕트와 고속덕트는 주덕트내 풍속 25[m/s]를 기준으로 구분한다.
② 장방형 덕트는 주로 고속덕트에, 원형 덕트는 저속덕트에 사용한다.
③ 덕트의 치수 결정법 중 등마찰손실법은 덕트 내의 풍속을 일정하게 유지할 수 있도록 덕트치수를 결정하는 방법이다.
④ 같은 양의 공기가 덕트를 통해 송풍될 때 풍속을 높게 하면 덕트의 단면치수가 작아도 되므로 설치 스페이스를 적게 차지한다.

32. 덕트 내에 설치되며, 날개의 열림 정도에 따라 풍량조절 또는 폐쇄의 역할을 하는 댐퍼는? [12 ⓐ]
① 방연 댐퍼
② 방화 댐퍼
③ 릴리프 댐퍼
④ 버터플라이 댐퍼

해설

해설 29
덕트배치방식에 따른 분류
① 간선 덕트 방식
  ㉠ 가장 간단한 방법
  ㉡ 설비가 싸고 덕트 스페이스가 작다.
② 개별 덕트 방식
  ㉠ 취출구마다 덕트를 단독으로 설치하는 방식
  ㉡ 풍량 조절이 용이하며 최근 공기조화의 멀티존방식에 사용
  ㉢ 덕트 수가 많아져 설비비가 높아지며 덕트 스페이스도 커진다.
③ 환상 덕트 방식
  ㉠ 덕트를 연결하여 루프를 만드는 형식
  ㉡ 덕트 말단 취출구의 압력 조절이 용이(취출 풍량이 안정)
※ 개별제어성 : 개별덕트(천장취출) > 간선덕트(천장취출) > 환상덕트(벽취출) > 간선덕트(벽취출)

해설 30
입상덕트방식은 천장고를 높일 수 있지만 건물의 유효면적은 줄어드는 방식으로 수평덕트방식에 비하여 덕트 스페이스는 적게 차지한다.

해설 31
① 저속덕트와 고속덕트는 주덕트내 풍속 15[m/s]를 기준으로 구분한다.
② 장방형 덕트는 주로 저속덕트에, 원형 덕트는 고속덕트에 사용한다.
③ 등마찰손실법은 덕트 내의 정압(마찰손실)을 일정하게 유지할 수 있도록 덕트치수를 결정하는 방법이다.

해설 32
버터플라이(butterfly) 댐퍼
㉠ 주로 소형덕트에서 개폐용으로 사용된다.
㉡ 완전히 닫았을 때 공기의 누설이 적다.
㉢ 운전 중에 개폐조작에 큰 힘을 필요로 한다.

정답 29. ③　30. ①　31. ④　32. ④

핵심기출문제

04. 설비자재 검토

33. 대향익형 루버댐퍼에 관한 설명으로 옳지 않은 것은? [14 ④]
① 풍량조절용으로 사용된다.
② 압력손실이 평행익형보다 크다.
③ 댐퍼를 닫으면 공기의 누설이 없다.
④ 여러 장의 날개가 서로 링키지(linkage)되어 있다.

34. 덕트에 사용되는 스플릿 댐퍼에 관한 설명으로 옳지 않는 것은? [15, 18 ④]
① 주덕트의 압력강하가 적다.
② 정밀한 풍량조절이 용이하다.
③ 누설이 많아 폐쇄용으로 사용이 곤란하다.
④ 분기부에 설치하여 풍량조절용으로 사용된다.

35. 다음 중 풍량조절댐퍼에 해당하지 않는 것은? [13 ④]
① 스모크 댐퍼
② 스플릿 댐퍼
③ 대향익형 댐퍼
④ 버터플라이 댐퍼

36. 덕트에 관한 설명으로 옳지 않은 것은? [14 ④]
① 덕트의 분기가 복잡한 경우에는 급기 챔버를 설치한다.
② 분기는 저항이 큰 부속을 우선적으로 사용하는 것을 원칙으로 한다.
③ 주 덕트의 주요 분기점, 송풍기 출구 측에는 풍량조절 댐퍼를 설치한다.
④ 장방형 덕트의 분기·합류 방식은 원칙적으로 분할 삽입 방식으로 한다.

해설

해설 33
다익 댐퍼(루버 댐퍼)
㉠ 2개 이상의 날개로서 대형 덕트용으로 대향익형과 평행익형이 있다.
㉡ 댐퍼를 전폐하여도 통과중량의 수 %의 공기누설이 있다.
㉢ 대향익형은 압력손실이 평행익형보다 크다.
㉣ 대향익형은 평행익형보다 제어성이 좋다.

해설 34
스플릿 댐퍼(split damper)
㉠ 덕트의 분기부에 설치하여 풍량조절용으로 사용된다.
㉡ 구조가 간단하며 주덕트의 압력강하가 적다.
㉢ 정밀한 풍량조절은 불가능하며 누설이 많아 폐쇄용으로 사용이 곤란하다.

해설 35
풍량 조절 댐퍼(volume damper) : 덕트 내의 풍량조절 부속품
㉠ 단익 댐퍼(버터플라이 댐퍼) : 소형 덕트용
㉡ 다익 댐퍼(루버 댐퍼) : 2개 이상의 날개로서 대형 덕트용
㉢ 스플릿 댐퍼(split damper) : 덕트 분기점에서의 풍량 조절용
㉣ 슬라이드 댐퍼(slide damper) : 전체의 개폐를 목적으로 사용
㉤ 클로스 댐퍼(cloths damper) : 기류의 발생음을 줄이고 기류의 방향을 조절하는 데 사용
☞ 스모크 댐퍼는 방연댐퍼이다.

해설 36
분기는 저항이 작은 부속을 우선적으로 사용하는 것을 원칙으로 한다.

정답 33. ③ 34. ② 35. ① 36. ②

설계도서 작성

04 section

제4편 설계도서 작성
01 설비도서 작성
02 건축제도통칙
03 도면의 표시방법

01 설비도서 작성

1 설계도면이 갖추어야 할 조건

① 선의 번짐, 얼룩, 더러움 등이 없이 청결해야 한다.
② 필요없는 선, 지우다 남은 선, 선의 만남이 어긋난 것이 없어야 한다.
③ 도면 배치의 균형이 있어야 한다.
④ 선, 문자, 치수 등의 표시방법이 명확해야 한다.
⑤ 뜻을 정확, 명료하게 나타내어야 하고 의문이 생길 요소가 없어야 한다.
⑥ 도면 내에서 누락되는 사항이 있거나, 중복되지 않도록 한다.

2 설계도서의 종류

1. 계획 설계도

1) 계획 설계도

① 구상도 : 설계에 대한 최초의 생각을 스케치북이나 모눈종이에 프리핸드로 그리는 것으로 배치도, 평면도, 입면도, 필요에 따라 투시도가 포함된다. 보통 1/200~1/500축척으로 표현되는 가장 기초적인 도면이다.
② 조직도 : 평면계획 초기에 각 실의 용도나 내용의 관련성을 정리하여 조직화한다.
③ 동선도 : 사람이나 화물, 또는 차량의 흐름을 도식화한다.
④ 면적도표 : 전체면적 중의 각 소요실 공통 부분의 비율을 산출하여 각 실의 관련성을 검토하거나 크기를 산출한다.

2) 기본 설계도

건축주에게 설계 계획의 내용을 전달하기 위한 도면으로 계획설계도를 바탕으로 한다.

핵심 PLUS

■ 구상도 : 보통 1/200~1/500축척으로 표현되는 가장 기초적인 도면이다.

2. 실시 설계도

1) 일반도

① 배치도 : 대지 안에서 건물이나 부대시설의 배치를 나타낸 도면으로 위치, 축척, 방위, 간격, 인지경계선, 지반의 기준 위치, 부지의 고저, 정원 계획, 지붕 윤곽, 장래 증축부분 표시 등을 나타낸다.

② 평면도 : 각 실의 배치 및 크기를 나타낸다. 벽두께, 벽 중심선, 출입구 및 창호의 위치 등을 나타낸다.

③ 입면도 : 건물 외부나 내부를 수직적으로 절단하여 투상화시켜 나타낸 도면으로 정면도, 측면도, 배면도로 나누어지며, 건축물의 외관을 나타낸다.

④ 단면도 : 건물을 수직으로 절단한 모양을 나타낸 도면으로 기초, 지반, 바닥, 처마, 층높이와 지붕의 물매, 처마의 내민길이 등 주요 부분의 단면을 나타낸다.

⑤ 단면 상세도 : 부재의 크기, 마감, 접합 등 구조상 중요한 부분을 나타낸다.

⑥ 부분 상세도 : 부재의 형상, 치수 등 주요 구조 부분을 상세히 나타낸다.

⑦ 전개도 : 각 실내의 입면을 전개하여 그리며 벽의 형상, 치수, 마감 상태를 나타낸다.

⑧ 창호도 : 창호의 개폐방법, 재료, 마감, 창호철물, 유리 등을 나타낸다.

⑨ 기타 : 기초 평면도, 바닥틀 평면도, 천정 평면도, 지붕틀 평면도 등

2) 구조 설계도

① 기초, 기둥, 벽, 보, 바닥 평면도 : 각 위치, 형상, 치수를 나타낸다.

② 기초, 기둥, 벽, 보, 바닥판 일람표 : 각 형상, 치수, 배근 등을 나타낸다.

③ 골조도 : 기둥, 보, 개구부 등을 입면으로 표시하고 위치, 크기 등을 기입한다.

④ 각 부 상세도 : 계단 및 중요한 부분의 형상, 재료, 치수 등을 나타낸다.

3) 설비 설계도

① 전기 설비도 : 동력, 전등, 전화, 경보기 등 설비 배관 배선에 필요한 계통도, 기구 배치도 등을 나타낸다.

② 위생 설비도 : 급배수, 정화조, 소화전 등의 설비배관과 계통도, 기기배치도 등을 나타낸다.

③ 환기 설비도 : 환기장치에 필요한 배관 계통도, 기기배치 및 설비도 등을 나타낸다.

④ 냉·난방설비도 : 냉·난방에 필요한 계통도를 나타낸다.

⑤ 승강기 설비도 : 승강기의 배치, 구조 등을 나타낸다.

핵심 PLUS

예 평면도에 나타나지 않는 사항은?
① 공간의 면적
② 천장의 오픈 부분
③ 동선
④ 창문이나 문의 디자인

해설 창문이나 문의 디자인은 입면도에서 알 수 있다.

답 : ④

예 입면도에 표시하는 내용이 아닌 것은?
① 지붕 물매, 처마 높이
② 창문의 형태 및 크기
③ 바닥 높이 및 천정 높이
④ 지붕의 형태

해설 단면도 표시사항 : 건물의 높이, 층 높이, 처마 높이, 바닥 높이

답 : ③

예 다음 중 특히 부분 상세도에서 상세하게 나타내어야 할 것은?
① 각 부의 높이
② 지붕의 물매
③ 각 부재의 형상치수
④ 추녀의 내민 길이

답 : ③

핵심 PLUS

3 건축설비도서

도면의 종류	기 본 설 계 표시해야 할 내용	실 시 설 계 표시해야 할 내용

일반사항	• 도시기호
	• 도면 목록
	• 장비 및 기구 일람표
	  (수량, 용량, 사양, 기타 사항 포함)
		• 도시기호
		• 도면 목록
		• 장비 및 기구 일람표
		  (수량, 용량, 사양, 기타 사항 포함)

배치도	• 방위, 상하수도의 연결 관계, 수조, 위험물저장소, 각종 탱크, 정화조, 굴뚝, 기계실의 위치, 기기 반출입구의 표시, 인근 건물 및 통행인에 미치는 공해 사항 등	• 기본 설계시 표시된 사항을 구체화한 내용
계통도	• 공기조화, 급배수·급탕, 소화, 자동제어, 기타설비의 계통도	• 공기조화, 급배수·급탕, 소화, 자동제어, 기타설비의 세부 계통도
평면도	• 각종 설비 샤프트의 크기, 유지 보수 공간을 고려한 기계실 평면도, 기준층 및 특수층의 설비평면도(단선표시)	• 각종 설비 평면도 • 기계실 확대 평면도
단면도	• 기계실, 기준층 및 특수층의 층고를 확인할 수 있는 설비 단면도	• 각종 설비의 기준층 및 특수층에 대한 주요 단면도, 기계실 단면도
옥외 공동구	• 옥외 공동구 관로 및 각종 설비 평면도	• 옥외 공동구 관로 및 각종 설비 평면도, 단면도(확대도 포함)
기 타	• 기타 필요한 사항	• 기타 필요한 사항

4 배관설비 도면작도

1. 선의 종류
건축설비 도면에 사용되는 선의 종류

선의 표시	선의 종류	적용 범위
—‥—‥—	10[mm] 2점쇄선	경계선, 한계선
——————	0.7[mm] 실선	배수관, 오수관
——————	0.5[mm] 실선	난방관
——————	0.3[mm] 실선	급수관, 급탕관, 덕트, 장비, 기호, 문자
——————	0.3[mm] 흐린 실선	건축(캐드에서는 회색)
-------------	0.3[mm] 파선	통기관, 건축 및 장비와 구조물의 은선
—‧—‧—	0.1[mm] 1점쇄선	건축, 기기, 파이프 등의 중심선
——————	0.1[mm] 실선	치수선, 치수보조선, 지시선

2. 치수 및 높이 기입
① 관의 높이 치수 600[mm]가 관의 중심선까지일 때는 EL600으로, 관의 밑면까지를 나타낼 때는 BOP EL600으로 기입한다.
② 평면도에서의 치수는 건물, 구조물의 기둥이나 벽의 중심으로부터 관의 중심까지를 그림과 같이 기입한다.

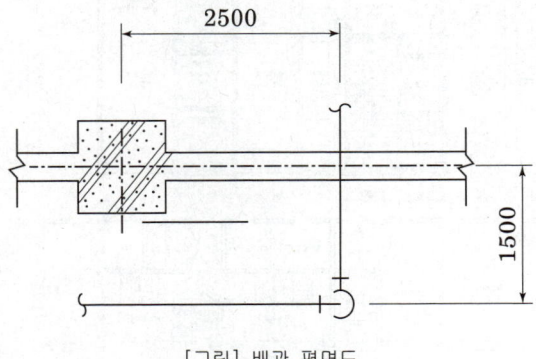

[그림] 배관 평면도

③ 배관 관경 표시는 도면 내에 치수기입의 공간이 협소할 경우는 인출선으로 빼내어 배관선과 동일한 방향으로 그림과 같이 기입한다.
④ 입면도에서 밸브의 위치 표시는 플랜지면의 높이를 기입하고, 나사이음 밸브에서는 밸브 중심선으로 하여 그림과 같이 기입하며, 평면도상에는 기준 밸브나 플랜지의 치수는 원칙적으로 기입하지 않는다.

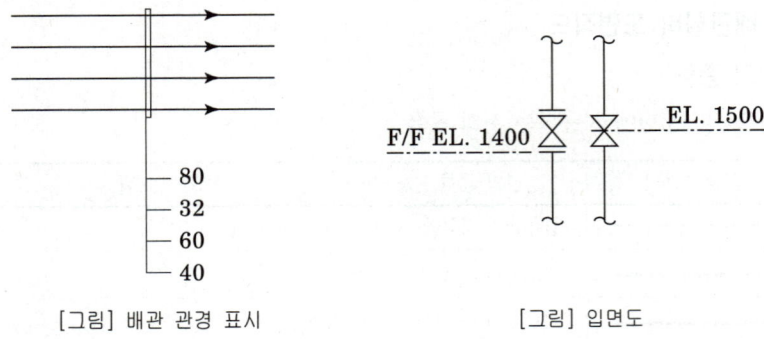

[그림] 배관 관경 표시   [그림] 입면도

5 건축설비 도면작도

1. 건축 평면도

평면도를 설비용 밑그림 평면도로 수정 작도한다.

1) 평면도

건축설비 도면작도 시 건축 평면 위에 배관도를 작도하므로 건축 평면도는 가늘고 흐리게 그리고, 배관 도면은 굵고 진하게 그린다.

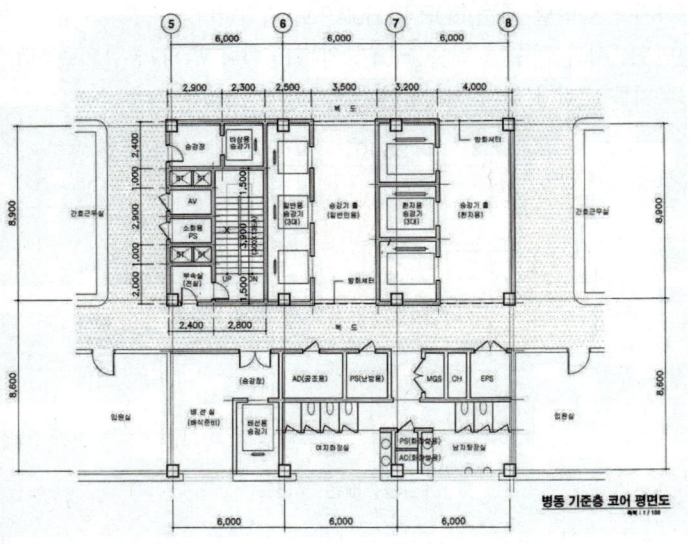

[그림] 기준층 평면도의 예

2) 설비배관 도면의 선 구분
① 굵은선 : 주된 도면인 배관선
② 중간선 : 바탕 도면인 건축 평면선(약간 흐려도 됨)
③ 가는선 : 치수선

2. 위생배관 계획

1) 배관의 배치
① 세면기의 급수는 오른쪽, 급탕은 왼쪽에 배치한다.
② 대변기는 앉은 자세에서 우측에 급수 손잡이를 설치하는 것이 일반적이다.
③ 배관 분리시 T 이음 수평 접속을 가능한 피한다.

2) 통기관 및 청소구 설치
① 각개 통기관
각 위생기구마다 통기관을 취하며, 설비비가 많이 드나 가장 바람직한 통기배관 방법이다.
효과는 우수하나 구조가 복잡하고 시공이 복잡해진다.
② 루프 통기관(회로 통기관, 환상 통기관)
2개 이상의 트랩을 보호하기 위하여 최상류 기구의 하류 배수 수평지관에서 통기관을 취하며 최대 기구의 수는 2개 이상 8개 이내, 길이 7.5[m] 이내로 제한해 준다.
③ 도피 통기관
배수 수평지관이 배수 수직관에 접속하기 바로 전에 통기관을 취하는 방법으로 수평지관에 접속하는 기구가 많을 경우 하류 기구의 돌출을 방지하기 위해 도피 통기관을 세운다.
④ 결합 통기관
통기 수직관에 접속하는 통기관으로 층수가 많을 경우에는 5개 층마다에 통기관을 취하는 방법이다.
⑤ 신정통기관
배수수직관 끝부분을 연장하여 대기 중에 개방하는 통기관으로 가장 단순하고 경제적인 통기관이다.
⑥ 청소구(Clean Out) 설치
가옥 배수관과 부지 하수관이 접속하는 곳, 배관이 45° 이상의 각도로 구부러진 곳에 설치하며, 수평관의 관경이 100[mm] 이하인 경우에는 직선거리 15[m] 이내마다, 관경 100[mm] 이상인 경우에는 직선거리 30[m] 이내마다 설치한다.

3. 위생배관 도면작도

1) 선구분
① 배관선 : 굵은선
② 건축선 : 중간선
③ 치수선 : 가는선

2) 상부 배관부터 작도
   ① 통기관
   ② 급수 급탕 지관, 주관
   ③ 배수 지관, 주관
   ④ 오수 지관, 주관

3) 배관도면 작도 순서
   ① PS내 입관
   ② 배관선 배치(아주 흐린 선)
   ③ 배관 부속 표시, 배관 기호 표시, 배관 치수 기입
   ④ 배관선 작도(굵은 선)

4. 위생설비 작도 순서
 1) 평면도 작도 순서
   여기에서는 설비의 여러 가지 요소를 가진 수수조 등이 있는 최하층의 평면도를 그리는 법에 대한 작도법을 알아본다.
   ① 제1단계
     ㉠ 이면도를 작도한다.
     ㉡ 배수조, 오수조, 소화수조 및 수수조의 위치를 기입한다.
     ㉢ 각종 펌프, 소화전의 위치를 흐린 선으로 표시한다.
     ㉣ 파이프샤프트 내의 입상관을 표시한다.
     ㉤ 평면상의 배관 경로를 흐린 선으로 결정하고 배관의 종류를 고려해서 배관을 접속한다.
     ㉥ 흐린 선으로 기입한 펌프류를 다시 중간 굵기의 선으로 긋는다.
   ② 제2단계
     ㉠ 밸브의 종류를 기입한다.
     ㉡ 엘보, 티 등의 기호와 치수를 기입한다.
     ㉢ 배관의 기호와 치수를 기입한다.
     ㉣ 배관선을 굵은선으로 마감한다.
     ㉤ 기기 명칭 또는 기기 번호를 기입한다.
     ㉥ 기구 명칭 및 치수를 기입한다.
     ㉦ 실의 명칭을 기입한다.
     ㉧ 위치 번호 및 각 스팬의 치수를 기입한다.
     ㉨ 표제 및 축척 등을 확인하여 도면을 완성한다.

2) 평면도 작도시 유의점

① 위생도기의 개수는 건축설계과정에서 결정하므로 그 밖의 소제구, 바닥배수 및 플러시밸브, 로탱크 등의 부속 기구를 그려줄 때 결정한다.
② 배수주철관을 그릴 경우 이음도 포함해서 주철관의 길이가 정해져 있으므로, 작도 단계에서 기호를 겸하여 길이를 표시하면 좋다. 통기관은 파선이므로 같은 단계에서 배관기호를 겸하여 그린다.
③ 상세도를 별도로 그릴 경우, 그 부분은 「상세도 참조」라고 쓰고 내부를 생략하는 경우가 있다. 이는 화장실 같이 부분적으로 복잡한 경우에도 평면도의 축척에 맞추어 상세하게 표현하기 힘들 경우가 있기 때문이다.
④ 수수조는 주위의 점검을 할 수 있는 공간을 600[mm] 이상 확보하고 설치하여야 한다.(설비규칙 규정)

3) 계통도 작도 순서

① 제1단계
  ㉠ 도면의 복잡성, 입상관의 위치, 수수조, 배수조의 위치 등을 고려하여 기기의 배치를 한다.
  ㉡ 배관의 종류마다 접속 관계를 명확히 기입한다.
  ㉢ 층 및 층고를 나타내는 보조선을 기입한다.
  ㉣ 배관선의 경로는 흐린 선으로 그린다.

② 제2단계
  ㉠ 밸브의 종류를 기입한다.
  ㉡ 엘보, 티 등의 기호를 기입한다.
  ㉢ 배관 기호와 치수를 기입한다.
  ㉣ 배관선을 굵은 선으로 마감한다.
  ㉤ 기기 명칭 또는 기기 번호를 기입한다.
  ㉥ 층의 표시, 층고를 기입한다.
  ㉦ 도면을 보기 쉽게 하기 위해 주요 기기에 색칠을 한다.
  ㉧ 표제 및 축척 등을 확인하여 도면을 완성한다.

4) 계통도 작도시 유의점

① 배수주철관, 통기관은 작도의 단계에서 도시기호를 그리면 편리하다.
② 배관의 말단은 각 위생기구까지 접속하지 않아도 된다.
③ 계통도는 이해하기 쉽게 그리는 것이 중요하므로 전체의 구도를 충분히 검토한다.

핵심 PLUS

5. 공조설비 도면작도 순서

1) 공조 덕트 계통도 작도 순서

계통도는 시스템의 기능을 보여주는 도면이므로 축척이 없다. 또 기기의 배치가 평면도의 위치와 다를 수 있다.

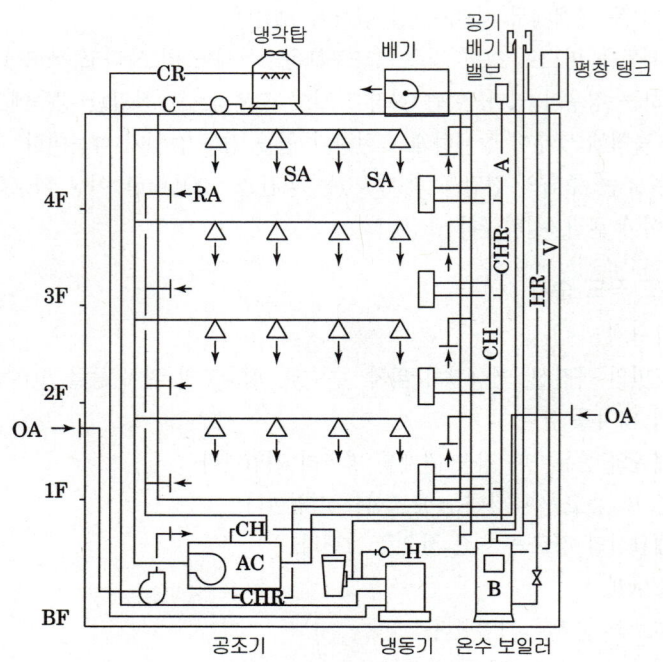

[그림] 덕트 병용 팬코일유닛방식의 예

① 제1단계
  ㉠ 각 층을 층고에 비례되게 나누어 층고의 보조선을 긋는다.
  ㉡ 기계실의 위치를 정한다.
  ㉢ 각 장비 상호간의 기능이 쉽게 이해되고 계통이 원활히 될 수 있는 위치로 잡는다.

② 제2단계
  ㉠ 입상덕트 및 횡덕트의 위치를 가는선으로 그린 다음에 굵은선으로 마감한다.
  ㉡ 취출구, 흡입구 등에서의 공기의 흐름을 취출, 흡입의 화살표로 표시한다.
  ㉢ 평면도를 참조하여 댐퍼류를 기입한다.
  ㉣ 급기, 환기, 배기 등의 덕트 도시기호를 기입한다.
  ㉤ 입상덕트의 치수를 기입한다.
  ㉥ 실명을 기입한다.

ⓢ 장비일람표를 참조하여 장비번호와 기기 명칭을 기입한다.
ⓞ 층의 표시, 축척 등을 기입해서 도면을 마무리한다.

2) 공조 덕트 계통도 작도 시 유의점
① 기기류의 표시는 가능한 한 간단하게 표시한다.
② 덕트, 배관 등은 보기 쉽도록 표면상의 거리는 어느 정도 무시할 수 있다.
③ 기기에 대한 덕트, 배관의 접속 개소는 현실에 가까운 것이 좋다.
④ 전체의 구성은 도면의 밀도, 덕트, 배관의 접속 관계를 고려한다.

3) 공조 덕트 평면도 작도 순서
① 제1단계
  ㉠ 이면도를 작성한다.
  ㉡ 각 실별로 취출구 및 흡입구, 입상덕트의 위치를 결정한다.
  ㉢ 간선덕트의 경로를 흐린 선으로 그려보고 확인한 후 작도한다.
② 제2단계
  ㉠ 댐퍼류를 기입한다.
  ㉡ 급기·배기·환기덕트의 도시기호를 기입한다.
  ㉢ 주덕트, 입상덕트 등의 덕트 치수를 기입한다.
  ㉣ 실명을 기입하고 장비일람표를 참조하여 장비번호를 기입한다.
  ㉤ 기둥 또는 각 스팬(span)의 치수, 축척 등을 기입해 도면을 마무리한다.

4) 공조 덕트 평면도 작도시 유의점
① 해당 층의 공조설비 전체를 파악하기 위하여 될 수 있는 한 덕트와 배관을 동일 도면에 그린다.
② 설계도에서는 각 부분의 마무리 치수는 쓰지 않는 경우가 대부분이다.
③ 부분적으로 표시하기 어려운 장소는 상세도나 단면도를 작성하는 것이 좋다.

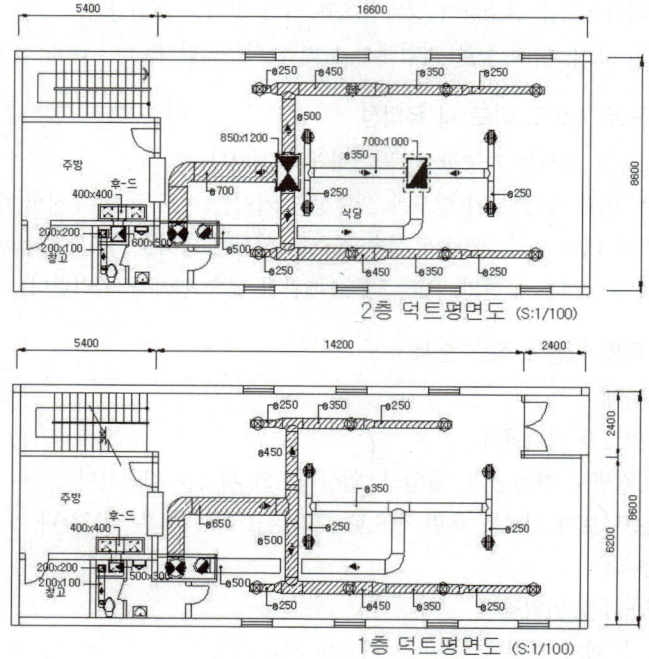

[그림] 덕트 평면도의 예

④ 댐퍼의 설치의 예
㉠ 풍량조절댐퍼(V.D)
송풍기 전후의 어느 1개소, 공조기의 급기·환기·외기 등, 기타 풍량의 균형을 잡기 힘들다고 생각되는 장소 등에 설치한다.
㉡ 방화댐퍼(F.D)
방화구획을 관통하는 장소에 설치하며 샤프트의 출입구, 보일러실, 전기실 등의 연소 우려가 있는 곳에 설치한다.
㉢ 풍량조절, 방화겸용댐퍼(F.V.D)
풍량조절댐퍼(V.D)와 방화댐퍼(F.D)를 동일 장소에 설치할 경우에 사용한다.
㉣ 전동댐퍼(M.D)
전동기로 개폐하고 싶은 장소에 설치하며 자동제어용, 먼 거리에 조작으로 개폐하는 장소에 널리 사용된다.

핵심기출문제

01. 설비도서 작성

■■■ 1. 설계도서

1. 다음 중 배치도에 특히 명시되어야 하는 것은?
① 방위
② 층고
③ 대지의 높이
④ 각부 형상 및 치수

2. 다음 중 배치도에서 나타나지 않는 것은?
① 건물방위
② 출입구의 위치
③ 각종 소요재료
④ 대지모양

3. 평면도에서 알 수 있는 사항이 아닌 것은? [02, 08]
① 공간의 배치
② 공간의 형태와 크기
③ 동선
④ 문의 디자인

4. 다음 중 입면도에 속하지 않는 것은? [03]
① 정면도
② 측면도
③ 배면도
④ 단면도

5. 실내공간의 바닥, 천장 등 내부구조를 나타내주는 도면은? [97]
① 입면도
② 측면도
③ 전개도
④ 단면도

해설

[해설] 1
배치도에는 위치, 축척, 방위, 간격, 인지경계선, 지반의 기준 위치, 부지의 고저, 정원 계획, 지붕 윤곽, 장래 증축부분 표시 등을 나타낸다.
※ 기본 설계도 : 계획 설계를 바탕으로 어느 정도 상세하게 그린 도면
① 배치도 : 방위 및 경계선, 인접도로의 너비, 부지의 고저, 건축물의 위치 등을 나타낸다.
② 평면도 : 가장 기본이 되는 도면으로 공간과 공간과의 관계, 실의 배치 및 크기, 개구부의 위치 및 크기, 창문과 출입구의 구별, 동선, 가구배치 등을 알 수 있는 도면이다.
③ 입면도 : 건물의 외부와 내부를 수직적으로 절단하여 투상화시켜 나타낸 도면으로 정면도, 측면도, 배면도로 나누어진다.
④ 단면도 : 건물을 수직으로 절단한 모양을 나타낸 도면으로 천장의 반자부분과 바닥, 벽의 단면상태를 나타내어 건물의 내부구조를 보여 주는 도면이다.

[해설] 3
문의 디자인은 입면도에서 알 수 있다.

[해설] 4
입면도는 건물 외부나 내부를 수직적으로 절단하여 투상화시켜 나타낸 도면으로 정면도, 측면도 배면도로 나누어지며, 단면도는 건물을 수직으로 절단한 모양을 나타낸 도면으로 천장의 반자부분과 바닥, 벽의 단면상태를 나타내 주므로 내부구조를 보여주는 도면이다.

[해설] 5
단면도는 건물을 수직으로 절단한 모양을 나타낸 도면으로 천장의 반자부분과 바닥, 벽의 단면상태를 나타내 주므로 내부구조를 보여주는 도면이다.

정답 1. ① 2. ③ 3. ④ 4. ④
5. ④

핵심기출문제

01. 설계조건 검토

6. 다음 중 특히 부분 상세도에서 상세하게 나타내어야 할 것은?
① 각 부의 높이
② 지붕의 물매
③ 각 부재의 형상치수
④ 추녀의 내민 길이

7. 시방서란? [95①]
① 재료와 치수를 나타낸 것
② 실내의 모양구조를 설명한 것
③ 도면만으로 설명할 수 없는 사항을 더욱 명확하게 설명한 것
④ 실내 설계공사의 계획표를 나타낸 것

해설

해설 6
각부의 높이, 지붕의 물매, 추녀의 내민길이는 단면도에서 나타낸다.
☞ 단면도에는 기초, 지반, 바닥, 처마, 층높이와 지붕의 물매, 처마의 내민길이 등 주요 부분의 단면을 나타낸다.

해설 7
시방서란 설계자의 의도를 시공자에게 전달을 목적으로 설계도에 기재할 수 없는 사항을 기재하는 문서이다.

정답 6. ③ 7. ③

02 건축제도통칙

제1과목 건축설비계획 | 제4편 설계도서 작성

1 제도용지의 규격

① 제도 용지의 크기는 한국공업 규격(KS A 5201)에 따라 A열($A_0 - A_{10}$)의 것을 따른다.
② 제도에는 주로 $A_0 \sim A_4$의 것을 사용한다.
③ 종류
  ㉠ 원고용지 : 켄트지, 와트먼지, 모조지 등
  ㉡ 투사용지 : 미농지, 트레싱 페이퍼, 트레이싱 클로오드, 트레이싱 필름(청사진용)
  ㉢ 채색용지 : MO지, 백아지, 목탄지
  ㉣ 방안지 : 건물구상시 사용
④ 테두리를 만들 때에는 아래 표와 같이 한다.

■ 제도용지의 크기

제도용지의 치수		A_0	A_1	A_2	A_3	A_4	A_5	A_6
a×b		841×1,189	594×841	420×594	297×420	210×297	148×210	105×148
c(최소)		10	10	10	5	5	5	5
d (최소)	철하지 않을 때	10	10	10	5	5	5	5
	철할 때	25	25	25	25	25	25	25

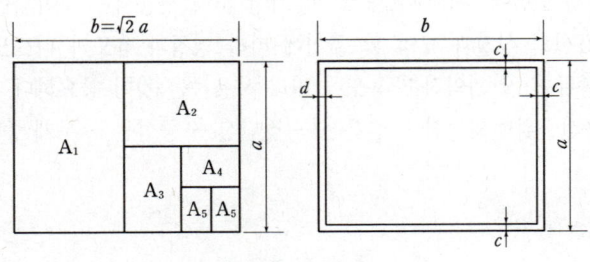

[그림] 도면의 크기

핵심 PLUS

■ 켄트지 : 연필제도나 먹물제도를 할 때 사용
  와트먼지 : 채색용

■ 제도용지의 세로와 가로의 길이 비 = $1 : \sqrt{2}$

■ 큰 도면을 접을 때에는 A_4의 크기로 접는 것을 원칙으로 한다.

예 제도용지 A_0의 넓이로 맞는 것은?
① 0.8㎡ ② 1㎡
③ 1.2㎡ ④ 1.5㎡
답 : ②

핵심 PLUS

예 표제란에 포함할 사항이 아닌 것은?
① 도면 번호
② 축척
③ 도면작성 연월일
④ 제도용지 크기

답 : ④

2 표제란

① 표제란에 포함할 사항 : 도면번호, 공사명칭, 축척, 책임자의 성명, 도면작성 연월일, 작품 분류 번호
② 위 치 : 보통 오른쪽 하단이 많다.

[그림] 여러 가지 표제란

■ 선 그릴 때 유의사항
① 용도에 따라 선의 굵기를 구분 사용
② 시작에서 끝까지 일정한 힘을 주어 일정한 속도로 긋는다.
③ 파선의 끊어진 부분은 길이와 간격을 일정하게 한다.
④ 각을 이루어 만나는 선은 정확하게 작도한다.
⑤ 한번 그은 선은 중복해서 긋지 않는다.

예 가는 실선을 사용하지 않는 것은?
① 치수선 ② 외형선
③ 지시선 ④ 치수보조선

답 : ②

3 선

① 건축물을 도면에 나타내고자 할 때 가장 많이 사용되는 것이 선이다.
② 선은 표현의 성질과 모양 및 굵기에 따라 명칭과 용도가 다르므로 선의 용도와 종류를 잘 파악하고 용도에 따라 사용하는 것이 중요하다.
③ 선의 우선순위 : 외형선 – 숨은선 – 절단선 – 중심선 – 무게 중심선 – 치수보조선

■ 선의 종류 및 용도

선의 종류	용도에 의한 명칭	선의 용도
굵은 실선	외형선	• 대상물의 보이는 부분의 겉모양을 표시한 선
가는 실선	치수선 치수보조선 지시선 회전단면선 중심선 수준면선	• 치수를 기입하기 위한 선 • 치수를 기입하기 위하여 도형에서 인출한 선 • 지시, 기호 등을 나타내기 위하여 인출한 선 • 도형 내에 그 부분의 절단면을 90° 회전시켜서 나타내는 선 • 도형의 중심을 나타내는 선 • 수면, 액면 등의 위치를 나타내는 선
가는 실선 또는 굵은 파선	숨은선	• 대상물의 보이지 않는 부분의 모양을 표시하는 선
가는 일점 쇄선	중심선 기준선 피치선	• 도형의 중심을 나타내는 선 • 중심이 이동한 중심 궤적을 나타내는 선 특히, 위치 결정의 근거임을 명시하기 위할 때 쓰이는 선 • 반복 도형의 피치를 잡는 기준이 되는 선
굵은 1점 쇄선	기준선 특수지정선	• 기준선 중 특히 강조하는데 쓰이는 선 • 특수한 가공을 하는 부분 등 특별한 요구 사항을 적용할 범위를 나타내는 선
가는 2점 쇄선	가상선 무게중심선	• 인접하는 부분 또는 공구, 지그 등을 참고로 표시하는 선 • 가공 부분을 이동 중의 특정 위치 또는 이동 한계의 위치를 나타내는 선 • 단면의 무게 중심을 연결하는 선
파형의 가는 실선 지그재그의 가는 실선	파단선	• 대상물의 일부를 파단한 경계 또는 일부를 떼어낸 경계를 표시하는 선
가는 1점 쇄선과 선의 끝 및 방향이 변화되는 부분을 굵게 한 선이 조합된 선	중심선	• 단면도를 그리는 경우 그 중심의 위치를 나타내는 선
가는 실선으로 규칙적으로 빗줄을 그은 선	해칭선	• 단면도의 절단면을 나타내는 선

핵심 PLUS

■ 굵은선 : 0.6~0.8 ──────
  반 선 : 0.4~0.5 ──────
  가는선 : 0.3 이하 ──────
  일점쇄선(중심선) ─·─·─·─
  이점쇄선(가상선) ─··─··─··
  파선(숨은선) ─ ─ ─ ─ ─

【예】 단면도의 절단면을 나타내는 선을 무엇이라 하는가?
① 중심선   ② 파단선
③ 해칭선   ④ 중심선

답 : ③

핵심 PLUS

- 같은 도면안에서 다른 축척으로 그린 도면이 섞여 있을 경우에는 도면마다 그 축척을 기입하고 표제란에도 기입해야 한다.

- 글자쓰기시 유의사항
  ① 언제나 문자의 크기를 일정하게 한다.
  ② 도면이 완성될 때까지 동일한 글자체가 되도록 한다.
  ③ 시작에서 끝까지 선을 일정하게 그리도록 한다.

예 도면에 사용되는 문자의 크기는 무엇으로 표시하는가?
  ① 문자의 폭
  ② 문자와 문자 사이의 폭
  ③ 문자의 종류
  ④ 문자의 높이

답 : ④

4 척도

① 도면 작성시 반드시 기재하여야 한다.
② 종류
  ㉠ 배척 : 실물을 일정한 비율로 확대하는 것(건축제도에서는 사용 안함)
  ㉡ 실척 : 실물과 같은 크기로 그리는 것(1/1)
  ㉢ 축척 : 실물을 일정한 비율로 축소하는 것(1/2, 1/3, ...)
③ 표시방법: 1/10, 1:10 등
④ 척도가 다른 도면이 1장 안에 그려질 때는 각각의 척도를 기재해 주고 표제란에 척도를 기입한다.

■ 척도의 종류와 사용 구분

1/1 1/2 1/5 1/10	부분 상세도, 시공도 등에 쓰인다.
1/5 1/10 1/20 1/30	부분 상세도, 단면상세도 등에 쓰인다.
1/50 1/100 1/200 1/300	평면도, 입면도 등 일반도와 기초 평면도 등 구조도, 설비도에 쓰인다.
1/500 1/600 1/1,000 1/2,000	배치도 또는 대규모 건물의 평면도 등에 쓰인다.

5 문자

① 종류
  ㉠ 서체에 따라 명조체, 그래픽체, 고딕체 등이 있다.
  ㉡ 크기에 따라 2, 2.5, 3.2, 4, 5, 6.3, 8, 10, 12.5, 16, 20 등 11종류
② 주기 표시 요령
  ㉠ 도면의 이해를 돕기 위해 문자를 써 넣는 것을 주기라 하며, 명확하고 깨끗하게 쓴다.
  ㉡ 문장은 왼쪽에서부터 가로쓰기를 원칙으로 하고, 곤란한 경우는 세로 쓰기도 무방하다.
  ㉢ 글자는 고딕체로 하고, 수직 또는 15° 경사를 원칙으로 한다.
  ㉣ 글자의 크기는 높이로 표시된다.
  ㉤ 4자 이상의 숫자는 3자리마다 자릿점을 찍든지 간격을 두어야 한다. 다만 4자리 이하는 이에 따르지 않아도 된다.

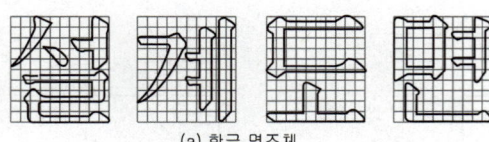

(a) 한글 명조체

한국산업규격

학년반이름삼각법칙   가나다라마바사아
가나다라마바사아자   파하아야어여오요
　　(a) 한글 그래픽체　　　　　　(a) 한글 고딕체

[그림] 한글 서체

6 치수

① 치수의 단위
　㉠ 길이의 단위는 mm로 하고, 기호는 붙이지 않는다.
　㉡ 각도의 단위는 도(degree)로 나타내며 필요에 따라 분, 초를 함께 사용한다.
② 치수선
　㉠ 도면에 방해가 되지 않는 적당한 곳에 0.2[mm] 이하의 가는 실선으로 그어 외형선과 구별한다.
　㉡ 가능한 한 다른 치수선과 만나지 않도록 한다.
　㉢ 이웃하는 치수선과는 일직선으로 가지런하게 한다.
　㉣ 치수보조선과 만나는 부분에는 2~3[mm] 정도 연장하여 긋는다.
③ 치수 보조선 및 화살표
　㉠ 치수선과 직각되게 긋고 굵기는 치수선과 같다.
　㉡ 간격이 좁아 치수를 나타낼 수 없을 때에는 치수 보조선을 연장하여 나타내거나 지시선을 사용하여 나타낸다.
　㉢ 화살표의 크기와 선의 굵기는 조화를 이루어야 한다.
　㉣ 화살표의 길이는 2.5~3[mm] 정도로 하고, 화살표 크기도 길이와 나비의 비율은 3 : 1정도가 되게 한다.
　㉤ 한 도면에서 화살표는 가능한 한 모양과 크기가 같도록 한다.

핵심 PLUS

■ 치수보조선은 치수를 나타내는 부분의 양끝에서 치수선과 직각이 되도록 긋고 도면에서 2~3[mm]정도 떨어져 긋기 시작한다.

■ 도면에 치수를 기입할 때 주의할 점
① 보는 사람의 입장에서 명확한 치수를 기입
② 필요한 치수의 기재가 누락되는 일이 없도록 한다.
③ 계산하지 않으면 알 수 없는 정도로 치수를 기입해서는 안 된다.

예 치수선은 치수보조선과 만나는 부분에서는 어느 정도 연장하여 긋는가?
① 1[mm]　　② 2~3[mm]
③ 5[mm]　　④ 10[mm]
답 : ②

예 화살표를 그을 때 화살표의 길이와 나비의 비율은 어느 정도로 하는가?
① 2:1　　② 3:1
③ 1:2　　④ 1:3
답 : ②

핵심 PLUS

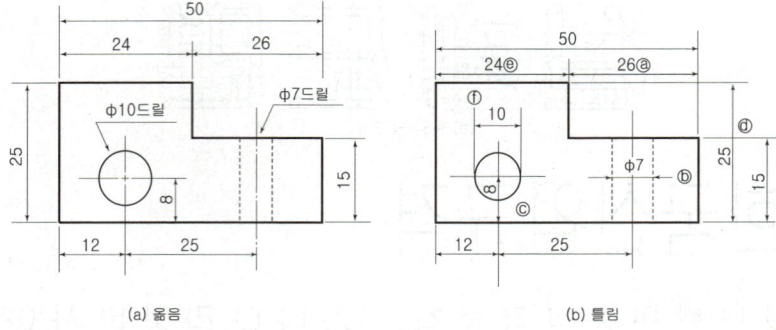

[그림] 치수선 긋는 방법

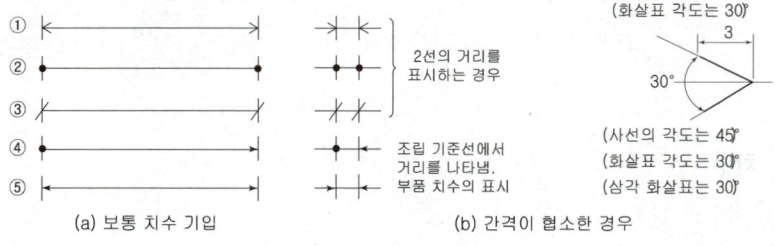

[그림] 치수선의 양단을 표시하는 방법

- 지름기호 ϕ, 반지름 기호 R, 정사각형기호 □는 치수앞에 쓴다.

- 기울기 각도의 표시는 직각삼각형의 직각을 낀 두변에 대하여 높이/밑변, 즉 나타내려는 각도의 정접으로 표시하거나 각도로 표시한다.

[예] 지붕과 같이 물매가 클 때 사용하는 물매가 아닌 것은?
① 1/50　② 4/10
③ 4.5/10　④ 7/10

답 : ①

④ 물매와 각도
㉠ 지면이나 바닥의 배수물매 등 물매가 작을 때에는 분자를 1로 한 분수로 표시한다.
　[예] 1/50, 1/100, 1/200
㉡ 지붕과 같이 물매가 클 때에는 분모를 10으로 한 분수로 나타낸다.
　[예] 4/10, 4.5/10, 7/10
㉢ 각도의 표시는 [그림 b]와 같이 나타낸다.
㉣ 접합되는 두 부재간의 교각은 [그림 c]와 같이 접합부의 치수로 나타낸다.

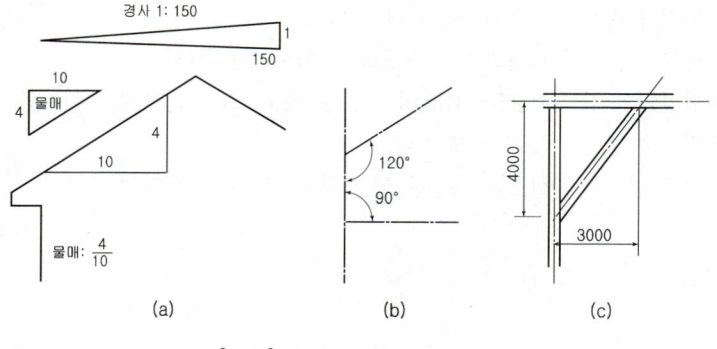

[그림] 물매의 각도의 표시방법

핵심기출문제

02. 건축제도통칙

1. 다음 중 도면을 보관시 접는 크기로 맞는 것은?
① A_1 ② A_2
③ A_3 ④ A_4

2. 다음 중 도면을 철할 때 철하는 부분의 최소치수는?
① 5[mm]   ② 10[mm]
③ 20[mm] ④ 25[mm]

3. 다음 제도시 주의 사항 중 옳지 않은 것은?
① 깨끗하고 아름다울 것
② 충분하고 조화가 되어 있을 것
③ 특히 외형이 잘 되어 있을 것
④ 간단명료하고 정확할 것

4. 제도용지의 크기는 KS A 5201의 A열에 따른다. 이 때 KS A 5201이란?
① 제도종이의 성질   ② 제도용지의 두께
③ 건축제도 통칙   ④ 제도용지의 재단치수

5. 다음 중 제도판의 대판 크기에 붙일 수 있는 A형 제도지의 최대 규격은?
① A_0 ② A_1
③ A_2 ④ A_3

6. 다음 도면의 표제란의 위치는?
① 도면 우측 상단   ② 도면 우측 하단
③ 도면 좌측 상단   ④ 도면 좌측 하단

해설

해설 1
도면 보관시 접는 크기는 A_4로 한다.

해설 2
- 철하지 않을 때 여백은 $A_0 \sim A_2$까지는 10[mm], $A_3 \sim A_6$은 5[mm]
- 철할 때 여백은 25[mm]

해설 3
제도시 주의사항
- 깨끗하고 아름다울 것
- 충분히 조화가 되어 있을 것
- 간단명료하고 정확할 것

해설 4
제도용지의 크기는 KS A 5201(종이의 재단치수)의 A열에 따른다.

해설 5
- 대판의 크기 : 1,080×750[mm]
- 제도용지 A_1 : 594×841[mm]

해설 6
투시도나 스케치를 제외한 모든 도면은 오른쪽 아래모서리에 만든다.

정답 1. ④ 2. ④ 3. ③ 4. ④ 5. ② 6. ②

핵심기출문제

02. 건축제도통칙

7. 다음 제도용지에 관한 설명 중 틀린 것은?
① 설계도에 적당한 도면의 크기는 A_1, A_2가 적당하다.
② 도면은 길이 방향을 상·하로 놓는 위치를 정위치로 한다.
③ 접는 도면의 크기는 210×297[mm]가 적당하다.
④ 제도용지의 크기는 KS A 5201이 종이의 재단치수 $A_0 \sim A_6$에 따른다.

[해설] 7
도면의 길이방향을 좌·우방향으로 놓는 위치를 정위치로 한다.

8. 다음 삼각 스케일에 관한 설명 중 틀린 것은?
① 길이를 재거나 줄이는데 사용한다.
② 축척은 1/100, 1/200, 1/300, 1/400, 1/500, 1/600로 되어 있다.
③ 단위는 cm로 표시되어 있다.
④ 보통 길이가 30[cm]이다.

[해설] 8
단위는 m로 표시 되어 있다.

9. 다음 축척에서 NS표시로 맞는 것은?
① 축척 도면을 뜻한다. ② 같은 방위를 뜻한다.
③ 실척 도면을 뜻한다. ④ 비례하지 않음을 뜻한다.

[해설] 9
NS(not to scale)
비례하지 않음을 뜻한다.

10. 제도 문자 표시에 관한 설명 중 틀린 것은?
① 글자는 수직 또는 15° 경사로 씀을 원칙으로 한다.
② 세로방향의 치수기입은 도면의 좌측일 때 치수선 아래로 가게 해서 쓴다.
③ 글자체는 고딕체로 쓰는 것을 원칙으로 한다.
④ 가로방향의 치수 기입은 치수선 상단 중앙부에 쓴다.

[해설] 10
세로방향 치수기입은 도면의 좌측일 때 치수선 위쪽으로 가게 해서 쓴다.

11. 제도 문자의 크기를 나타내는 기준은 무엇인가?
① 나비   ② 넓이
③ 길이   ④ 높이

[해설] 11
문자의 크기는 높이로 나타내며 11종류를 표준으로 한다.

12. 다음 중 실선의 용도로 옳은 것은?
① 중심선   ② 숨은선
③ 상상선   ④ 단면선

[해설] 12
실선의 용도
단면선, 외형선

정답 7. ② 8. ③ 9. ④ 10. ②
11. ④ 12. ④

해설

13. 다음 중 도면을 그을 때 가장 먼저 긋는 선은?
① 치수선 ② 중심선
③ 해칭선 ④ 외형선

[해설] 13
중심선 - 외형선 - 해칭선 - 치수선

14. 다음 중 표제란에 기입하는 사항이 아닌 것은?
① 축척 ② 도면번호
③ 방위 ④ 공사명칭

[해설] 14
표제란에 기입하는 사항
도면번호, 공사명, 축척, 도면작성 연월일, 설계자의 성명

15. 다음 제도 글자의 조건 중 틀린 것은?
① 읽기 쉽고 보기 쉬워야 한다.
② 적당한 크기로 11종류의 높이를 기준으로 한다.
③ 글자는 고딕체로 씀을 원칙으로 한다.
④ 위치는 여백에 집중적으로 배치하여야 한다.

[해설] 15
제도 글자의 조건
- 글자는 명확하게 쓴다.
- 글자의 크기는 11종류를 표준으로 한다.
- 글자는 고딕체로 씀을 원칙으로 한다.

16. 다음 치수기입에서 주의 사항 중 옳지 않은 것은?
① 치수선은 중앙에 맞추어 쓴다.
② 가로선은 치수선 상부에 쓴다.
③ 치수 인출선은 사용해서는 안된다.
④ 세로선은 치수선 좌측 아래에서 위로 쓴다.

[해설] 16
간격이 좁을 때는 인출선을 사용한다.

17. 다음 중 선이 가늘어지는 순서로 옳은 것은?
① 평면상의 구획선 - 단면선 - 윤곽선 - 보조 설명선
② 윤곽선 - 단면선 - 평면상의 구획선 - 보조 설명선
③ 윤곽선 - 단면선 - 보조 설명선 - 평면상의 구획선
④ 단면선 - 윤곽선 - 평면상의 구획선 - 보조 설명선

[해설] 17
단면선, 윤곽선, 평면상의 구획선, 보조설명선의 차례로 가늘게 한다.

18. 문자를 경사지게 쓸 때 적당한 기울기는?
① 70° ② 10°
③ 15° ④ 20°

[해설] 18
15° 경사로 쓰는 것을 원칙으로 한다.

정답 13. ② 14. ③ 15. ④ 16. ③ 17. ④ 18. ③

핵심기출문제

02. 건축제도통칙

19. 다음 치수 기입에 관한 사항 중 틀린 것은?
① 수평선에는 중앙 하부에 기입한다.
② 전체 치수는 부분 치수밖에 기입한다.
③ 치수 기입은 왼쪽에서 오른쪽으로 아래에서 위로 기입한다.
④ 치수는 특별한 경우를 제외하고는 마무리 치수를 기입한다.

20. 도면의 치수기입 방법의 기술 중 틀린 것은?
① 전체 치수는 각각의 치수보다 외부에 기입한다.
② 지름의 기호는 φ, 반지름의 기호는 R로 표시한다.
③ 아주 좁은 부분의 치수기입은 인출선을 사용하여 기입
④ 모든 도면의 치수는 그림의 외부에 치수선을 그어 기입하고 내부에 기입할 수 없다.

21. 다음 중 1점쇄선의 용도가 아닌 것은?
① 가상선   ② 경계선
③ 기준선   ④ 절단선

22. 다음 도면에 사용되는 일반 표시기호에 관한 내용 중 부적당한 것은?
① 표시기호표에 없는 것은 윤곽을 그리고 필요한 설명을 기입한다.
② 실척에 가까울수록 윤곽 또는 실형을 그리고 재료명을 기입한다.
③ 축척은 1/30 또는 1/50 도면에 쓰는 것을 원칙으로 한다.
④ 평면 표시기호, 재료구조 표시기호는 KS F 1501에 따라야 한다.

23. 다음 그림의 기입법 중 틀린 것은?

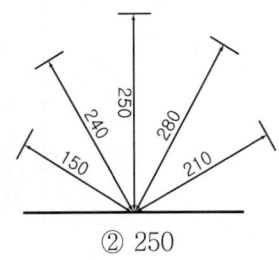

① 240   ② 250
③ 280   ④ 210

해설

[해설] 19
수평선에는 중앙상부에 기입한다.

[해설] 20
모든 도면 치수는 그림의 외부에 치수선을 그어 기입하고 내부에도 기입할 수 있다.

[해설] 21
가상선은 2점쇄선으로 한다.

[해설] 22
축척은 1/100, 1/200, 1/20, 1/50을 쓴다.

[해설] 23
세로 치수는 치수선 좌측에 기입하고 아래에서부터 위로 쓴다.

정답: 19. ① 20. ④ 21. ① 22. ③ 23. ②

24. 인출선의 적당한 인출각도 A는?

① 30°
② 45°
③ 60°
④ 90°

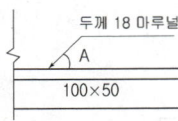

해설 24
인출선의 적당한 각도는 60°이다.

25. 화살표의 크기는 길이와 나비의 비율이 어느 정도가 좋은가?

① 1 : 2
② 2 : 1
③ 3 : 1
④ 5 : 1

해설 25
화살표의 길이와 나비의 비율은 3:1 정도가 되게 한다.

26. 다음 지시선에 관한 설명 중 틀린 것은?

① 수평 또는 수직으로는 긋지 않는다.
② 60°로 그을 수 없는 경우에는 30°, 45°로 그어도 좋다.
③ 지시되는 쪽의 화살표를 점으로 대신할 수도 있다.
④ 2개 이상의 지시선을 그을 때에는 서로 다른 각도로 긋는다.

해설 26
지시선의 각도는 60°로 2개 이상의 지시선을 그을 때도 같은 각도로 긋는다.

27. 다음 중 직선이 계속되는 것을 생략하는데 쓰이는 선은?

① 1점 쇄선
② 파단선
③ 실선
④ 파선

해설 27
파단선은 부재의 길이를 모두 표시할 필요가 없을 때 사용한다.

28. 해칭은 다음 중 어느 곳에 사용하는가?

① 단면의 표시에
② 단면의 윤곽을 표시할 때
③ 긴 기둥을 도중에 자를 때
④ 절단하여 보이려는 위치 표시로

해설 28
해칭은 단면의 표시 등에 사용한다.

정답 24. ③ 25. ③ 26. ④ 27. ②
      28. ①

03 도면의 표시방법

제1과목 건축설비계획 | 제4편 설계도서 작성

핵심 PLUS

- 도면표시기호는 축척 1/50, 1/100, 1/200 도면에 쓰이는 것을 원칙으로 하며 재료구조 표시기호는 척도에 따라 다를 수 있다.

1 표시 기호의 종류

- 한국산업규격에 의해 제정된 건축설계제도의 표시

종 류	분류번호	제정연도
재료구조표시기호, 평면표시기호	KS F 1501	1968
창호기호	KS F 1502	1971
용접기호	KS B 0052	1970
배관표시기호	KS B 0051	1971
옥내배선용 표시기호	KS C 0301	1968

예 다음 중 일반벽을 나타내는 것이 아닌 것은?
① ▨▨▨
② ═══
③ ▬▬▬
④ ▩▩▩

답 : ④

- 표시기호에 없는 것은 축척에 따라 실형을 그리고 필요한 설명을 기입한다.

- 표시기호가 없는 것으로 표시기호와 유사한 것이 있을 때에는 설명을 기입하여 대용할 수 있다.

2 재료구조 표시기호(평면용)

- 재료구조 표시기호(평면용)

축척 정도별 구분 표시사항	축척 $\frac{1}{100}$ 또는 $\frac{1}{200}$ 일 때	축척 $\frac{1}{20}$ 또는 $\frac{1}{50}$ 일 때
벽일반		
철골철근 콘크리트 기둥 및 철근 콘크리트벽		
철골철근 콘크리트 기둥 및 장막벽	재료표시	재료표시
철골 기둥 및 장막벽		

Industrial Engineer Building Facilities

축척 정도별 구분 표시사항	축척 $\frac{1}{100}$ 또는 $\frac{1}{200}$ 일 때	축척 $\frac{1}{20}$ 또는 $\frac{1}{50}$ 일 때
블록벽		축척 $\frac{1}{20}$ 축척 $\frac{1}{50}$
벽돌벽		
목조벽 / 안팎심벽 안 심 벽 밖 평 벽 안팎평벽		쐐대 / 반쪽 기둥 통재 기둥 평기둥 샛기둥

핵심 PLUS

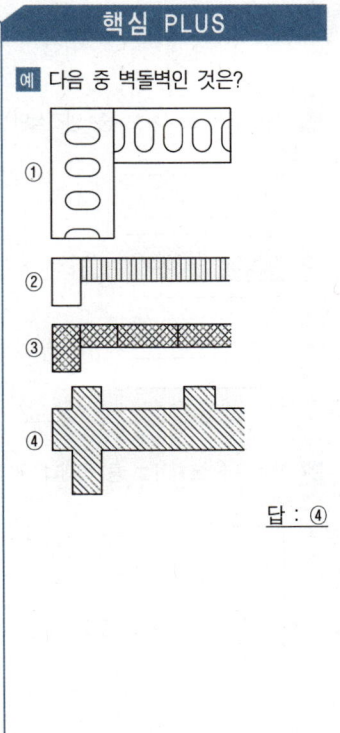

예 다음 중 벽돌벽인 것은?

답 : ④

핵심 PLUS

예 재료구조 표시기호 중 인조석인 것은?

④

답 : ②

예 재료구조 표시기호 중 목재의 구조재인 것은?

①   ②

③   ④

답 : ①

■ 일반 표시 기호

L:길이	A:면적	⬆:주출입구	▬▬:축척
H:높이	V:용적	⬆:부출입구	:단면의 위치방향
W:폭	D,Ø:지름	①,②:제1도, 제2도	:입면의 위치방향
TH:두께	r:반지름	S=1:200 : 축척 1/200	W:무게

3 재료구조 표시기호(단면용)

■ 재료구조 표시기호(단면용)

표시사항 구분	원칙으로 사용한다.	준용사용	비고
지반			
잡석다짐			
자갈, 모래	a 자갈 b 모래		타재와 혼용될 우려가 있을 때에는 반드시 재료명을 기입한다.
석재			
인조석 (모조석)			
콘크리트	a b c		a는 강 자갈 b는 깬 자갈 c는 철근 배근일 때
벽돌			
블록			
목재 치장재			
목재 구조재			유심재 거심재를 구별할 때 유심재 거심재
철재			준용란의 축적이 실척에 가까울 때 쓰인다.

표시사항 구분	원칙으로 사용한다.	준용사용	비고
차단제 (보온, 흡음, 방수, 기타)			
얇은재 (유리)			a는 실척에 가까울 때 사용한다.
방사			a는 실척에 가까울 때 사용한다.
기타	윤곽을 그리고 재료명을 기입한다.	재 료 명	실척에 가까울수록 윤곽 또는 실형을 그리고 재료명을 기입한다.

4 평면 표시기호(출입구 및 창호)

■ 평면 표시 기호 (출입구 및 창호)

명칭	평면	입면	명칭	평면	입면
출입구 일반			미서기문		
회전문			미닫이문		
빈지문			쌍여닫이 창		
자재문			망사창		

핵심 PLUS

예 다음 중 미서기문으로 옳은 것은?

① ② ③ ④

답 : ①

핵심 PLUS

명칭	평면	입면	명칭	평면	입면
망사문	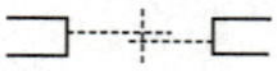	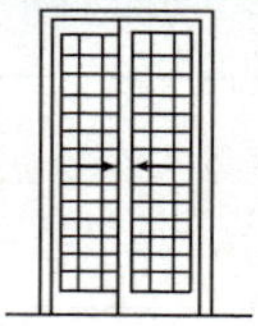	여닫이창	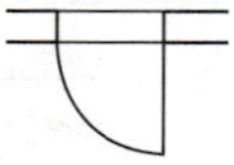	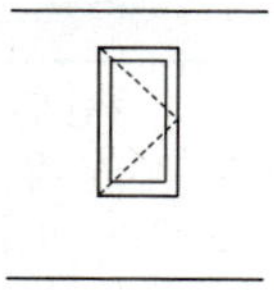
창일반		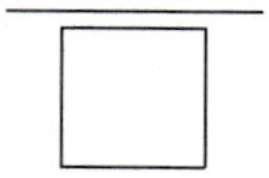	셔터창		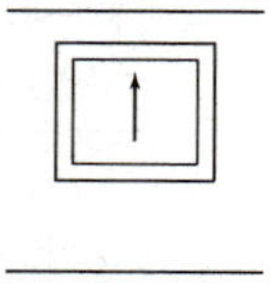
회전창 또는 돌출창		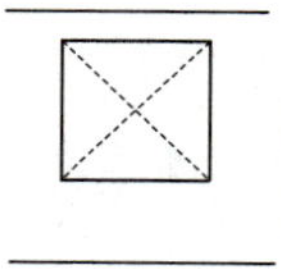	미서기창	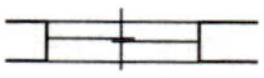	
오르내리 창	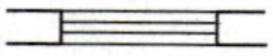	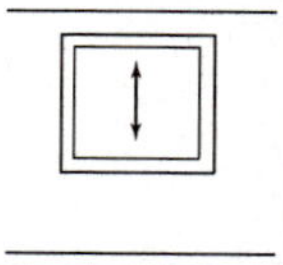	계단오름 표시	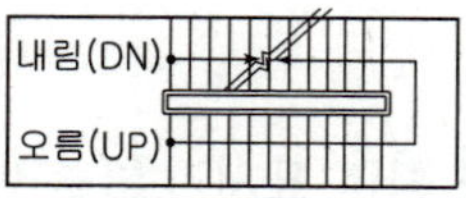 내림(DN) / 오름(UP)	
격자창		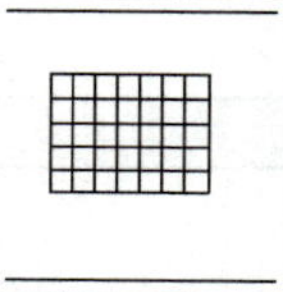			
쌍여닫이 문		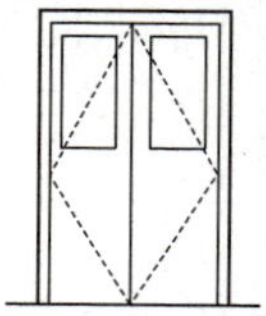	셔터		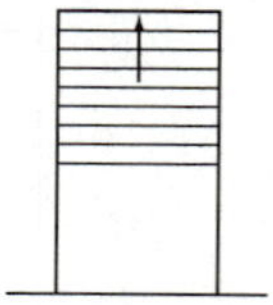
접이문		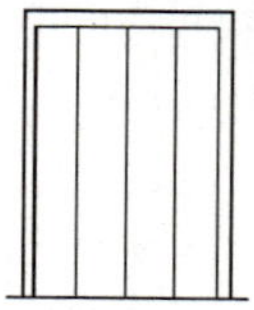	빈지문	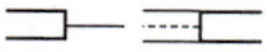	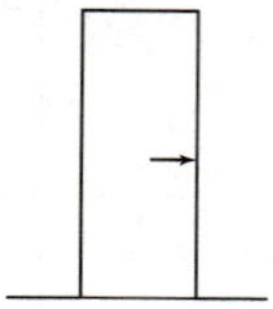
여닫이 문	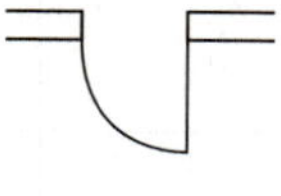	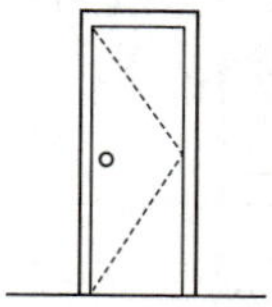	방화벽과 쌍여닫이 문		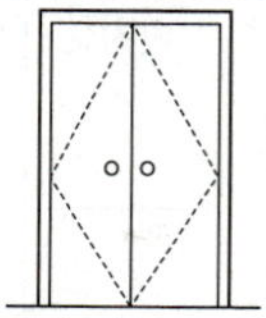
주름문 (재질 및 양식 기업)		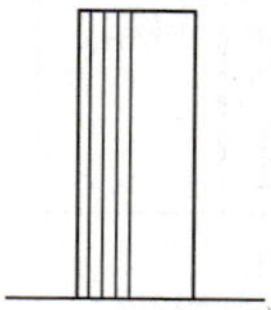			

예 다음 중 쌍여닫이문의 입면을 나타낸 것은?

답 : ①

5 창호 표시기호(KS F 1502)

■ 창호기호 (KS F 1502)

올거미 재료	창	문	비고
목재	1 WW	2 WD	창문번호 / 재료기호 / 창문셔터별 기호
철재	3 SW	4 SD	
알루미늄재	5 ALW	6 ALD	창문 번호가 같은 규격일 경우에는 모두 같은 번호로 기입한다.
플라스틱	7 PW	8 PD	○ 창 : W ○ 문 : D ○ 셔터 : S
스테인레스강	5 SsW	6 SsD	

핵심 PLUS

■ D, ㅁ : 문
W, ㅊ : 창
S, ㅅ : 셔터

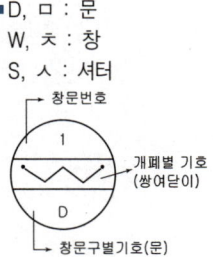

예 다음 중 알루미늄 창을 나타내는 것은?

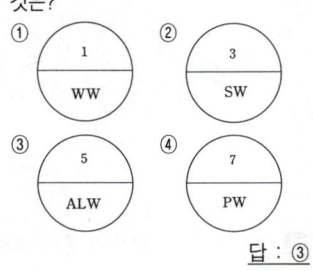

답 : ③

핵심 PLUS

6 옥내 배선용 표시기호(KS C 0301)

■ 옥내 배선기호

심벌	명칭	비고	심벌	명칭	비고
○	백열전등		⊖	10[A]콘센트	
◫	형광등	20W×1개	⊖	콘센트	2개 이상일 때
⊞◫	형광등	20W×2개	⊖₃	콘센트	3극 이상일 때
⊞◫	형광등	20W×3개	⊖F	콘센트	퓨즈가 있을 때
○┤	백열전등	벽에 붙이는 것	S	단극 스위치	
⊗	비상등			배전반	
▯◫	형광등	벽에 붙이는 것		전등용	
○┤	상시등			전력용	

예 다음 중 옥내 배선기호 중 비상등 인 것은?

① ○┤ ②
③   ④

답 : ②

7 배관표시기호

■ 배관

종 류		도 시 기 호	종 류		도 시 기 호
1. 난방	① 고압 증기 급송관	───────	2. 공기 조화	① 냉매 토출관	─RD─RD─
	② 고압 증기 반송관	─ ─ ─ ─ ─		② 냉매 액관	─RL─ ─RL─ ─
	③ 중압 증기 급송관	───────		③ 냉매 흡입관	─RS─ ─RS─ ─
	④ 중압 증기 반송관	─ ─ ─ ─ ─ ─		④ 냉각수 송수관	──C──C──
	⑤ 저압 증기 급송관	───────		⑤ 냉각수 반수관	─CR─ ─CR─
	⑥ 저압 증기 반송관	─ ─ ─ ─ ─		⑥ 냉수, 냉온수 송수관	─CH─CH─
	⑦ 공기 도피관	─ ─ ─ ─ ─ ─		⑦ 냉수, 냉온수 반수관	─CHR─ ─CHR─
	⑧ 연료 기름 급송관	─FOF─FOF─		⑧ 브라인 급송관	──B──B──
	⑨ 연료 기름 반송관	─FOR─FOR─ ─		⑨ 브라인 반송관	─BR─ ─BR─ ─
3. 급수 · 급탕	① 급수관	─ ─ ─ ─ ─		④ 배수 연관	100─L
	② 급수 주철관	─(───(─		⑤ 배수 콘크리트관	150─C / 100─V
	③ 상수도관	─ ─ ─ ─ ─			
	④ 우물물관	─ ─ ─ ─ ─		⑥ 배수 비닐관	100─T
	⑤ 급탕관	─┤─┤─	5. 소화	① 소화수관	──X─X──
	⑥ 반탕관	─╫─╫─		② 스프링클러 주관	──S─S──
4. 배수	① 배수관	───────		③ 스프링클러 헤드 지관	─ㅇ─ㅇ─ㅇ─
	② 통기관	─ ─ ─ ─ ─ ─		④ 스프링클러 드레인관	─ ─ ─ ─ ─ ─
	③ 배수 주철관	─(───(───(─	6. 가스	① 가스 공급관	──G─G──

핵심 PLUS

■ 연결부속

종 류		도시기호	종 류		도시기호
1. 나사 삽입형 이음	① 플랜지	─╫─		⑥ 전동 밸브	ⓂⲨ
	② 유니언	─╫─		⑦ 공기 빼기 밸브	⌀
	③ 막힘 플랜지	──┤	4. 소화 기구	① 옥내 소화전	▭
	④ 크로스	─┼─		② 옥외 소화전 (스탠드형)	○
	⑤ 캡	──┐		③ 옥외 소화전 (매설형)	□
2. 신축 이음	① 슬리브형	─▭─		④ 송수구	⚲
	② 벨로스형	─⋙─		⑤ 방화전(쌍구)	⚲
	③ 곡관형	─⋂─		⑥ 방화전(단구)	⚱
3. 밸브	① 밸브	─⋈─ ─●─	5. 위생 기구	① 세정 밸브	─○
	② 슬루스 밸브	─⋈─		② 볼 탭	∞
	③ 글로브 밸브	─⋈─		③ 샤 워	♁
	④ 앵글 밸브	⊿		④ 살수전	⊢○─
	⑤ 체크 밸브	─◸─		⑤ 화세전(靴洗栓)	○─

핵심기출문제

03. 도면의 표시방법

1. 미서기 창의 평면 표시기호는?

①  ②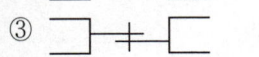

③ ④

2. 여닫이 창의 평면표시 기호는?

①  ②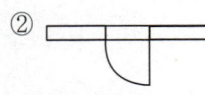

③ 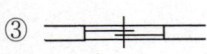 ④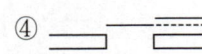

3. 다음 도면에 표시하지 않아도 되는 것은?
① 축척 ② 단위
③ 방위 ④ 재료

4. 다음 중 철근 콘크리트 단면 표시기호는?

①  ②

③ 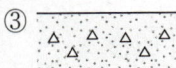 ④

5. 다음 재료구조 표시기호 중 보온, 흡음, 방수를 위한 차단재는?

① 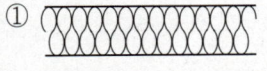 ②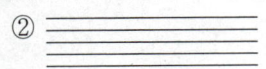

③  ④

해설

해설 1
② 붙박이창
③ 미서기문
④ 오르내리창

해설 2
① 자재문
② 여닫이창
③ 미서기창
④ 미닫이문

해설 3
도면 표시 사항
축척, 방위, 재료 등

해설 4
① 콘크리트(강자갈)
③ 콘크리트(깬자갈)

해설 5
① 차단재

정답 1. ① 2. ② 3. ② 4. ②
      5. ①

핵심기출문제

03. 도면의 표시방법

6. 벽돌벽을 1/100~1/200로 표시할 때 기호표시 중 옳은 것은?

7. 붙박이창의 평면표시기호는?

8. 여닫이문 평면표시 기호로 옳은 것은?

9. 창호재료 표시기호에서 재료기호 표시가 옳은 것은?

10. 다음 창호 기호 중 강제 출입문의 표시기호는?

해설

[해설] **6**
② 벽돌벽
④ 블록벽

[해설] **7**
③ 미서기문
④ 오르내리창

[해설] **8**
② 미서기문
③ 미닫이창
④ 회전문

[해설] **9**

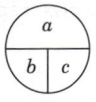

a : 창문번호
b : 재료기호
c : 창문셔터 별기호

[해설] **10**
W : 창, D : 문, S : 셔터

정답 6. ③ 7. ② 8. ① 9. ①
10. ③

11. 다음 중 일반적으로 도면에 표시하는 치수의 단위는?
① mm   ② cm
③ 인치   ④ 자

해설 11
도면에 표시하는 치수의 단위는 mm를 사용하는데 표시하지 않는다.

12. 다음 기호는 무슨 창을 나타내는가?

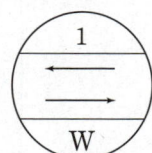

① 여닫이창
② 붙박이창
③ 미서기창
④ 미닫이창

해설 12
⇄ : 미서기, W : 창, 1 : 창문번호

13. 그림이 나타내고 있는 창호 표시기호의 뜻은?

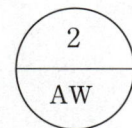

① 알루미늄창 2번   ② 2개의 미서기창
③ 2짝의 미닫이문   ④ 알루미늄 2중창

해설 13
AW : 알루미늄창, 2 : 창문번호

14. 다음 그림의 표시기호는?

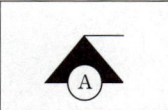

① 주 출입구   ② 입면의 방향
③ 주기준선   ④ 단면위치의 방향

해설 14
단면 위치의 방향을 표시한다.

15. 전등의 심벌중 외등의 표시는?

①   ②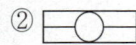
③ ○   ④ ○

해설 15
① 비상등
② 형광등(20W×2)
③ 백열전등

정답: 11. ① 12. ③ 13. ① 14. ④ 15. ④

핵심기출문제
03. 도면의 표시방법

해설

16. 강재치수의 표시법 중 2-L×75×75×6에서 6은 무엇을 나타내는 것인가?
① 세로의 폭   ② 개수
③ 두께   ④ 길이

해설 16
형강수-형강의 종류×높이×나비×두께×길이

17. 창호 표시기호 중 SsW는 무엇을 뜻하는가?
① 강재문   ② 강재 창
③ 스테인리스 창 ④ 플라스틱 창

해설 17
Ss : 스테인리스, W : 창

18. 다음 중 설계기호 R은 무엇을 나타내는가?
① 변의 길이   ② 지름
③ 철근 개수   ④ 반지름

해설 18
R : 반지름을 나타낸다.

19. 다음 기호의 설명 중 맞지 않는 것은?
① @ : 간격   ② THK : 두께
③ s : 강재   ④ Gl : 유리

해설 19
St : 강철,   AL : 알루미늄,
PL : 플라스틱, W : 목재,
Ss : 스테인레스

20. 다음 중 콕의 도시기호는?

① ◇   ② ⓟ
③ ⓣ   ④ ─┤

해설 20
①의 기호는 일반 콕(coclk)의 배관 기호이다.

21. 다음 도시기호 중에서 급수관 표시는?   [23, 25 ④]

① ───   ② ─·─
③ ─··─   ④ ·······

해설 21
① 배 수 관 : ─────
② 급 수 관 : ─·─
③ 우물물관 : ─··─
④ 통 기 관 : ·······

정답 16. ③ 17. ③ 18. ④ 19. ③
      20. ① 21. ②

22. 다음 도시기호 중에서 체크 밸브(check valve)를 표시한 것은? [24 ㈜]

① ② ③ ④

23. 다음 배관의 도시기호 중 공기빼기 밸브(air vent valve)는?

① ② ③ ④

24. 다음 중 앵글밸브의 도시 기호는? [24 ㈜]

① ② ③ ④

25. 다음 기호와 설명이 맞지 않는 것은? [25 ㈜]

① ─▷◁─ : 게이트 밸브   ② ─⌒─ : 팽창 조인트
③ ─✕─ : 파이프 앵커   ④ ─┤├─ : 유니언

해설

해설 22
① 체크밸브, ② 슬루스 밸브,
③ 다이어프램 밸브, ④ 전자 밸브

해설 23
② 콕크, ③ 공기배관, ④ 앵글 밸브

해설 24
② 게이트 밸브, ③ 역지 밸브
④ 다이어프램 밸브

해설 25

─┤├─ : 플랜지

─┤├─ : 유니언

정답 22. ① 23. ① 24. ① 25. ④

설비적산

05 section

제5편 설비적산
01 견적, 공사비
02 수량 산출 적산 기준
03 적산

01 견적, 공사비

제1과목 건축설비계획 | 제5편 설비적산

핵심 PLUS

- 적산 : 공사에 필요한 재료 및 품의 수량, 즉 공사량을 산출하는 것으로 누가 하여도 큰 차가 없어야 한다.
- 견적 : 공사량에 단가를 곱하여 공사비를 산출하는 것

[예] 건축공사 시 견적방법 중 가장 정확한 공사비의 산출이 가능한 견적방법은?
① 명세견적
② 개산견적
③ 입찰견적
④ 실행견적
답 : ①

[예] 건축공사비의 원가구성 항목이 아닌 것은?
① 재료비
② 노무비
③ 경비
④ 도급공사비
답 : ④

[예] 다음 중 건설공사 경비에 포함되지 않는 것은?
① 외주제작비
② 현장관리비
③ 교통비
④ 업무추진비
답 : ①

1 견적

① 개산견적
과거의 유사한 건물의 실적 통계 등을 참고하여 산출하며, 정밀 산출시간이 없을 경우나 설계도서가 불완전할 때 적용한다. 개념견적, 기본견적이라고 한다.

② 명세견적
완성된 설계도서·현장설명·질의응답 또는 계약조건 등에 의거하여 면밀히 적산·견적을 하여 공사비를 산출하는 것으로 상세견적, 최종견적, 입찰견적이라고 한다.

2 공사비

1. 직접공사비 항목

① 재료비
② 노무비
③ 외주비
④ 경비

※ 재료비 : 직접재료비, 간접재료비, 운임·보험료·보관비, 작업설(作業屑)·부산물
※ 경비 : 가설비, 업무추진비, 전력비와 수도광열비, 현장관리비, 교통비, 운반비, 기계경비, 기술료, 품질관리비, 복리후생비, 산재보험료, 복리후생비, 산업안전보건관리비

2. 재료비 항목의 종류

① 직접재료비
② 간접재료비
③ 운임·보험료·보관비
④ 작업설(作業屑)·부산물

3. 공사비(견적가격)의 구성 [원가구성도]

■ 공사가격의 구성 요소

① 직접공사비= 재료비+노무비+외주비+경비
② 순공사비=직접공사비+간접공사비
③ 공사원가=순공사비+현장경비 ※공사원가=재료비+노무비+경비
④ 총원가=공사원가+일반관리비
⑤ 총공사비(견적가격)=총원가+부가이윤(15[%] 초과계상금지)

총공사비 (견적가격)	총원가	공사원가	순공사비	직접공사비	
					부가이윤
				일반관리비 부담금	
			현장경비		
			간접공사비 (공통경비)		
				재료비	
				노무비	
				외주비	
				경 비	

■ 공사원가 계산방법(예정가격의 계산방법)

원가계산은 재료비, 노무비, 경비, 일반관리비 및 이윤으로 구분 작성한다.

- 재료비=재료량×단위당 가격
- 노무비=노무량×단위당 가격
- 경비=소요(소비)량×단위당 가격
- 일반관리비=공사원가×일반관리비율[%]
- 이윤=공사원가+일반관리비)×이윤율[%]
  ☞ 이윤은 15[%] 초과 계상금지
- 고용보험료=임금×고용보험요율[%]

핵심 PLUS

예 다음 중 건축공사의 직접공사비 원가로 바르게 구성된 것은?
① 재료비, 노무비, 장비비, 간접비
② 재료비, 노무비, 장비비, 경비
③ 재료비, 노무비, 외주비, 경비
④ 재료비, 장비비, 외주비, 간접비
　　　　　　　　　　　답 : ③

예 건축 공사비에 대한 설명 중 옳지 않은 것은?
① 공사비는 직접공사비와 간접공사비로 구성된다.
② 직접공사비의 구성은 인건비, 자재비, 장비사용료 등이 이에 해당된다.
③ 공사속도를 빠르게 할수록 간접공사비는 감소한다.
④ 공사속도는 늦을수록 직접공사비는 증가한다.

해설 공사속도를 빠르게 할수록 직접비는 증가하고, 간접비는 감소한다.
　　　　　　　　　　　답 : ④

■ 공사원가
공사원가=순공사비+현장경비
순공사비=직접공사비+간접공사비(공통경비)
직접공사비=재료비+노무비+외주비+경비
로 구분할 수 있으나 현장경비, 공통경비, 외주비(하도급비), 경비(직접경비)는 모두 경비의 부분이므로 공사원가는
※ 공사원가=재료비+노무비+경비

핵심기출문제

01. 견적, 공사비

1. 과거공사의 실적자료, 통계자료 및 물가지수 등을 참고하여 공사비를 추정하는 방법으로 복잡한 건물이라도 짧은 시간에 쉽게 산출할 수 있는 이점이 있는 것은?
① 분할적산
② 명세적산
③ 개산적산
④ 계약적산

2. 건축공사에서 활용되는 견적방법 중 가장 상세한 공사비의 산출이 가능한 견적방법은?
① 명세견적
② 개산견적
③ 입찰견적
④ 설계견적

3. 공사원가 구성요소의 하나인 직접공사비에 속하지 않는 것은?
① 자재비
② 노무비
③ 경비
④ 일반관리비

[해설] 3,4 공사비(견적가격)의 구성[원가구성도]

총공사비 (견적가격)	총원가				
	부가이윤				
		일반관리비 부담금			
		공사원가	현장경비		
			순공사비	간접공사비 (공통경비)	
				직접공사비	재료비
					노무비
					외주비
					경비

※ 직접공사비=재료비, 노무비, 외주비, 경비

4. 건설원가의 구성체계에서 직접공사비를 구성하는 주요 요소와 가장 거리가 먼 것은?
① 자재비
② 노무비
③ 외주비
④ 현장관리비

해설

[해설] **1,2**
견적
㉠ 개산견적
과거의 유사한 건물의 실적 통계 등을 참고하여 산출하며, 정밀 산출시간이 없을 경우나 설계도서가 불완전할 때 적용한다. 개념견적, 기본견적이라고 한다.
㉡ 명세견적
완성된 설계도서·현장설명·질의응답 또는 계약조건 등에 의거하여 면밀히 적산·견적을 하여 공사비를 산출하는 것으로 상세견적, 최종견적, 입찰견적이라고 한다.

정답 1. ③ 2. ① 3. ④ 4. ④

5. 다음 중 건축공사의 직접공사비 원가로 바르게 구성된 것은?

① 자재비, 노무비, 장비비, 간접비
② 자재비, 노무비, 장비비, 경비
③ 자재비, 노무비, 외주비, 경비
④ 자재비, 노무비, 외주비, 간접비

6. 다음 중 공사비의 구성요소의 하나인 재료비의 내용이 아닌 것은?

① 직접재료비
② 간접재료비
③ 운임, 보관비 등의 부대비용
④ 일반관리비

7. 건축 공사비에 대한 설명 중 옳지 않은 것은?

① 공사비는 직접공사비와 간접공사비로 구성된다.
② 직접공사비의 구성은 인건비, 자재비, 장비사용료 등이 이에 해당된다.
③ 공사속도를 빠르게 할수록 간접공사비는 감소한다.
④ 공사속도는 늦을수록 직접공사비는 증가한다.

8. 건축공사의 공사원가 계산방법으로 옳지 않은 것은?

① 재료비=재료량×단위당 가격
② 경비=소요(소비)량×단위당 가격
③ 고용보험료=재료비×고용보험요율[%]
④ 일반관리비=공사원가×일반관리비율[%]

해설

해설 5

공사원가=직접공사비+간접공사비
직접공사비=재료비, 노무비, 외주비, 경비

해설 6

① 공사원가=직접공사비+간접공사비
② 직접공사비=재료비, 노무비, 외주비, 경비
※ 재료비 항목의 종류
　㉠ 직접재료비
　㉡ 간접재료비
　㉢ 운임·보험료·보관비
　㉣ 작업설(作業屑)부산물

해설 7

① 공사원가=직접공사비+간접공사비
② 직접공사비=재료비, 노무비, 외주비, 경비
※ 공사속도를 빠르게 할수록 직접비는 증가하고, 간접비는 감소한다.

해설 8

고용보험료=임금×고용보험요율[%]
※ 건축공사의 공사원가 계산방법
• 재료비=재료량×단위당 가격
• 노무비=노무량×단위당 가격
• 경비=소요(소비)량×단위당 가격
• 일반관리비=공사원가
　　　　　　×일반관리비율[%]
• 이윤=(공사원가+일반관리비)
　　　　×이윤율[%]
※ 이윤은 15% 초과 계상금지
• 고용보험료=임금×고용보험요율[%]

정답 5. ③ 6. ④ 7. ④ 8. ③

핵심기출문제

01. 견적, 공사비

9. 냉동창고의 수량산출에 의한 재료비, 직접노무비가 아래와 같을 때 제경비율을 참조하여 이윤과 총공사금액을 구하시오.

- 재료비 : 175,000,000[원]
- 노무비 : 직접노무비=80,000,000[원], 간접노무비는 직접노무비의 15[%]
- 경비 : 23,000,000[원]
- 일반 관리비는 순공사원가의 5.5[%]
- 이윤은 관련항목의 15[%]로 한다.

① 이윤 = 19,642,500 총공사금액 = 325,592,500
② 이윤 = 19,642,500 총공사금액 = 290,000,000
③ 이윤 = 15,950,000 총공사금액 = 325,592,500
④ 이윤 = 15,950,000 총공사금액 = 290,000,000

해설

해설 9

① 이윤=(노무비+경비+일반관리비)에서
일반관리비=(재료비+노무비+경비)
　　　　　×5.5[%]
　　　　＝순공사비×5.5[%]
- 순공사비=(175,000,000
　　　　　+80,000,000×1.15
　　　　　+23,000,000)
　　　　＝290,000,000
일반관리비=290,000,000×0.055
　　　　　＝15,950,000
이윤=(노무비+경비+일반관리비)
　　　×0.15
　＝(80,000,000×1.15+23,000,000
　　　+15,950,000)×0.15
　＝19,642,500[원]
② 총공사원가=순공사비+일반관리비
　　　　　　　+이윤
　＝290,000,000+15,950,000
　　　+19,648,500
　＝325,592,500[원]

정답 9. ①

핵심 02 수량 산출 적산 기준

제1과목 건축설비계획 | 제5편 설비적산

1 수량 산출의 종류

1. 정미량
① 설계도서의 설계치수에 의해 산출된 계산수량으로 공사에 실제 설치되는 자재량
② 정확한 개수, 길이[m], 면적[m^2], 체적[m^3] 등을 산출한 수량

2. 소요량(구입량)
① 정미량에 시공이나 운반시 손실량을 고려한 수량
② 소요량 = 정미량 + 각 재료의 할증량(할증률)

2 재료의 할증률

재 료	할증률	재 료	할증률
유리	1[%]	원형철근, 시멘트벽돌 강관, 봉강 형강(소형, 경량), 파이프 리벳, 일반볼트 스테인리스 강관, 동관 프레스접합식 스테인리스강관이음부속류, 석고보드, 코르크판 기와	5[%]
도료(칠) 위생기구(도기, 자기류)	2[%]	대형 형강	7[%]
이형철근 붉은벽돌, 내화벽돌 슬레이트 고장력볼트(H.T.B)	3[%]	스테인리스 강판 동판 단열재	10[%]
		덕트용금속판	28[%]
시멘트블록	4[%]	석재(원석, 부정형) 고온고압기기	30[%]

[주] ① 강관, 스테인리스강관의 할증률은 옥외공사를 기준으로 한 것이며, 옥내공사용 재료의 할증률은 10[%] 이내로 한다.
② 형강의 대형 구분은 100[mm] 이상을 말한다.

핵심 PLUS

예 재료의 수량 산출시 할증률이 가장 큰 것은?
① 봉강
② 강관
③ 동관
④ 스테인리스 강판
　　　　　　　　　답 : ④

예 다음 중 할증률의 연결이 옳게 된 것은?
① 위생기구 - 3[%]
② 강관 - 7[%]
③ 단열재 - 7[%]
④ 봉강 - 5[%]
　　　　　　　　　답 : ④

예 덕트용금속판의 할증률로 옳은 것은?
① 10[%]　　② 25[%]
③ 28[%]　　④ 30[%]
　　　　　　　　　답 : ③

3 수량의 계산 기준

① 수량은 C.G.S 단위를 사용한다.
② 수량의 단위 및 소수위는 표준품셈 단위에 의한다.
③ 계산 과정에서 소수가 발생하면 문제의 요구사항에 따르고, 명시가 없으면 소수점 이하 셋째자리에서 반올림하여 둘째자리까지만 구하여 답한다.
④ 계산에 쓰이는 분도(分度)는 분까지, 원주율 및 삼각함수 등의 유효숫자는 3자리(3位)로 한다.
⑤ 곱하거나 나눗셈에 있어서는 기재된 순서에 의하여 계산하고, 분수는 약분법을 쓰지 않으며, 각 분수마다 그의 값을 구한 후 전부의 계산을 한다.

4 수량 산출시 주의사항

① 설계도면에서의 장비일람표와 특기시방서에 명시된 주요장비의 규격을 비교 확인하고 사용할 장비에 관하여 설치규격, 용량 등 관련되는 자료를 수집해야 한다.
② 기계설비 표준품셈의 적용기준에 따라 재료 및 노무인력에 대하여 할증(할감)을 적용한다.
③ 잡재료 및 소모재료비와 공구손료를 설계내역상에 계상한다.
④ 장비 및 기기의 요구사항을 명확히 파악하고 합당한 단가를 적용해야 한다.
⑤ 도면에 표기되지 않은 부속기기와 입상관의 산출에 주의해야 한다.
※ 단위의 환산(절상과 절하)
  ㉠ 절상 : 소수점 이하 무조건 올림
    [예] 5.7 → 6, 5.27 → 6
  ㉡ 절하 : 소수점 이하 무조건 버림
    [예] 5.7 → 5, 5.27 → 5

핵심기출문제

02. 수량 산출 적산 기준

1. 다음 중 수량 산출시 할증률이 가장 큰 것은?

① 동관
② 대형형강
③ 고장력볼트
④ 강관

[해설] 재료의 할증률

재 료	할증률	재 료	할증률
유리	1[%]	원형철근, 시멘트벽돌 강관, 봉강 형강(소형, 경량), 파이프 리벳, 일반볼트 스테인리스 강관, 동관 프레스접합식 스테인리스강관이음부속류, 석고보드, 코르크판 기와	5[%]
도료(칠) 위생기구(도기, 자기류)	2[%]	대형 형강	7[%]
이형철근 붉은벽돌, 내화벽돌 슬레이트 고장력볼트(H.T.B)	3[%]	스테인리스 강관 동판 단열재	10[%]
		덕트용금속판	28[%]
시멘트블록	4[%]	석재(원석, 부정형) 고온고압기기	30[%]

[주] ① 강관, 스테인리스강관의 할증률은 옥외공사를 기준으로 한 것이며, 옥내공사용 재료의 할증률은 10[%] 이내로 한다.
② 형강의 대형 구분은 100[mm] 이상을 말한다.

2. 위생기구의 할증률로 옳은 것은?

① 10[%]
② 5[%]
③ 3[%]
④ 2[%]

3. 다음은 재료의 할증률에 관한 기술 중 틀린 것은?

① 유리 - 1[%]
② 스테인리스 강관 - 3[%]
③ 붉은벽돌 - 3[%]
④ 동판 - 10[%]

4. 다음 재료의 수량산출 시 할증률로 옳은 것은?

① 위생기구 : 2[%]
② 봉강 : 7[%]
③ 대형형강 : 5[%]
④ 스테인리스 강관 : 5[%]

해설

[해설] 2
2[%] : 도료(칠), 위생기구(도기, 자기류)

[해설] 3
재료의 할증률 5[%]
원형철근, 시멘트벽돌, 강관, 봉강, 형강(소형, 경량), 파이프, 리벳, 일반볼트, 스테인리스 강관, 동관, 프레스접합식 스테인리스강관이음부속류, 석고보드, 코르크판, 기와

[해설] 4
재료의 할증률
• 원형철근, 시멘트벽돌, 강관, 봉강, 형강(소형, 경량), 파이프, 리벳, 일반볼트, 스테인리스 강관, 동관, 프레스접합식 스테인리스강관이음부속류, 석고보드, 코르크판, 기와 : 5[%]
• 대형 형강 : 7[%]
• 스테인리스 강관, 동판, 단열재 : 10[%]

정답 1. ② 2. ④ 3. ② 4. ①

핵심기출문제
02. 수량 산출 적산 기준

5. 건설공사표준품셈에서 제시하는 철골재의 할증률로서 틀린 것은?
① 소형형강 : 5[%]
② 봉강 : 3[%]
③ 고장력 볼트 : 3[%]
④ 강판 : 10[%]

6. 건축공사용 재료의 할증률을 나타낸 것 중 옳지 않은 것은?
① 파이프 : 5[%]
② 단열재 : 10[%]
③ 위생기구 : 2[%]
④ 유리 : 3[%]

7. 설비적산 시 주의사항의 내용 중 옳지 않은 것은?
① 기계설비 표준품셈의 적용기준에 따라 재료 및 노무인력에 대하여 할증 또는 할감을 적용한다.
② 잡재료비는 설계내역상에서 제외한다.
③ 도면에 표기되지 않은 부속기기와 입상관의 산출에 주의해야 한다.
④ 장비 및 기기의 요구사항을 명확히 파악하고 합당한 단가를 적용해야 한다.

해설

해설 5
강재의 할증률
㉠ 고장력 볼트 : 3[%]
㉡ 리벳·보울트·강관·봉강 : 5[%]
㉢ 대형 형강 : 7[%]
㉣ 강판 : 10[%]

해설 6
1[%] : 유리

해설 7
잡재료 및 소모재료비와 공구손료는 설계내역상에 계상한다.

정답 5. ② 6. ④ 7. ②

03 적산

제1과목 건축설비계획 | 제5편 설비적산

1 적산 방법

1. 공종의 분류

① 기계설비공사를 크게 분류하면 다음과 같으며, 설계도면도 이에 준하여 분리 작성되고 있다.
  ㉠ 장비 설치공사
  ㉡ 기계실 배관공사
  ㉢ 냉·난방 배관공사
  ㉣ 급수·급탕·환탕 배관공사
  ㉤ 배수·오수·통기 배관공사
  ㉥ 위생기구 설치공사
  ㉦ 소화배관공사
  ㉧ 공조설비 덕트공사
  ㉨ 주방설비공사
  ㉩ 정화조 설치공사
② 기계실배관공사에는 위의 모든 공종이 포함되어 있지만 따로 분류하는 이유는 좁은 공간에서 복잡한 배관라인이 구성되므로 다른 공종에 비하여 노무인력을 산출할 때 할증을 줄 수 있도록 규정하고 있다.

2 적산 순서

1. 공사내용 파악

① 도면을 통한 전반적인 공사범위 파악, 특기시방서를 통한 발주자의 특별 요구사항 이해
② 상품정보 수집 활용
③ 일위대가표 작성

2. 기기, 재료 등의 물량 산출

① 산출근거 작성
② 공종별 물량 집계

핵심 PLUS

3. 내역서 작성
① 공내역서 작성
② 단가 기입

4. 직접공사비 계산
공내역서에 명시된 수량과 단가에 의한 재료비와 노무비를 계산하고, 잡재료 및 소모재료비는 주재료의 2~5[%]를 계상할 수 있으며, 공구손료는 직접노무비의 3[%]까지 계상할 수 있다.

5. 공사비 계산
공사원가, 일반관리비 및 이윤, 부가가치세를 회계예규에 정한 바에 따라 공사비를 계산한다.

3 공기조화 설비적산

1. 공조설비공사의 범위
공조설비공사의 범위에 속하는 내용은 다음과 같다.
① 냉열원 설비공사(냉동기 및 부속기기)
② 온열원 설비공사(보일러 및 부속기기)
③ 공조기기 설비공사(각종 공조기기, 송풍기, 필터 등)
④ 공조덕트 설비공사(덕트재료와 부속품, 취출구, 취입구, 댐퍼 등)
⑤ 공조배관 설비공사(냉온수, 냉각수, 증기, 기름배관 등)
⑥ 환기 설비공사(송·배풍기, 필터, 덕트 등)
⑦ 배연 설비공사(배연기, 배연구, 급기구, 덕트, 자동장치 등)
⑧ 자동제어 설비공사(조작기기, 배관배선, 중앙감시 및 제어기기 등)
⑨ 기타 공사(보온, 보냉, 도장, 방진, 소음공사 등)

2. 주요공사의 적산
1) 덕트설비
① 철판의 소요면적
㉠ 각형덕트
현재 표준품셈에 의한 재료의 할증률 28%를 적용하여 실제소요면적을 구한다.

$$\text{소요철판매수}(3' \times 6') = \frac{\text{덕트산출표면적}[m^2]}{1.3}$$

(철판 1매의 크기 = 0.914m × 1.819m = 1.67m^2, 1.67/1.3 = 1.28 = 128%)

ⓒ 원형덕트

설계도면에서 원형덕트의 직경별로 직관부와 부속류를 산출하며, 직관부는 절단이나 접속 등에 의한 손실을 고려하여 10[%] 정도 가산하는 것이 바람직하다.

2) 배관설비

설계도면 및 시방서를 준비하고 아래와 같은 순서로 수량 적산을 한다.
㉠ 배관계통도를 보고 계통을 파악
㉡ 시방서 참고하여 배관종류별 재질을 명확히 구분
㉢ 시방서 참고하여 배관계통별 보온, 보냉, 도장부분 구분
㉣ 각 계통별로 옥내은폐, 옥내노출, 옥외노출, 바닥밑 배관 등으로 구분하여 배관길이 산출
(옥내배관에서는 기계실과 일반실의 공량이 다르므로 구분하여 길이 산출)
㉤ 수량의 단위는 일반적으로 관경별로 길이를 산출하지만 경우에 따라 중량으로 배관물량을 산출하므로 이 경우 산출된 배관 길이를 중량으로 환산한다.

3) 환기설비

다익형(sirocco), 리밋로드형(limit load), 에어포일형(air foil) 송풍기는 설계도면 및 시방서에서 편흡입 또는 양흡입별로 전동기의 형식과 성능 등을 확인한 후 송풍기제작업체에 견적을 의뢰한다.

4 위생공사 설비적산

1. 위생설비공사의 범위

위생설비공사의 범위에 속하는 내용은 다음과 같다.
① 급수설비공사
② 급탕설비공사
③ 배수 및 통기설비공사
④ 위생기구설비공사
⑤ 소화설비공사
⑥ 가스설비공사
⑦ 건물 용도에 따른 기타 설비공사

핵심 PLUS

2. 주요공사의 적산

1) 급수설비
   ① 펌프류
      ㉠ 설계도면의 실제수량으로서 형식, 사양에 의해 계상한다.
      ㉡ 설계도면 및 사양에 의해 제조회사로부터 견적을 받아 단가를 결정한다.
      ㉢ 펌프의 본체, 모터, 방진가대, 부속품 등을 모두 포함한다.
   ② 탱크류
      옥상고가수조, 압력수조, 지하저수조 등이 있으며 강판, 스테인리스, FRP, 콘크리트로 제작되어진 것이 주로 사용된다.
      ㉠ 설계도면과 시방서의 사양에 따라 제조회사로부터 견적을 받으며 소규모의 표준품은 물가시세표에서 금액을 산출한다.
      ㉡ 본체 외의 부속품으로 맨홀, 배관접속구, 내부사다리 등을 포함하며, 강판제는 내외부의 방청도장 사양에 주의한다. 또한 일체구조 탱크 경우 현장까지의 수송비, 반입설치비를 고려하여 비용을 산출한다.
   ③ 배관공사
      옥내, 옥외, 정수, 중수 등 각 계통별로 수량을 산출하여 적산한다.

2) 급탕설비
   급탕방식에 따라 크게 다르지만 공기조화설비공사의 보일러 및 부속기기 설비공사, 배관설비공사 항목과 유사하다.
   ① 급탕용 보일러
      일반적으로 난방용과 겸용으로 사용한다.
   ② 순환펌프
      대체로 배관에 설치하는 라인펌프(line pump)이고 대용량 경우에는 원심펌프도 사용된다.
      ㉠ 설계도면의 실제수량으로서 형식, 사양별로 계상한다.
      ㉡ 설계도면 및 사양에 의해 제조회사로부터 견적을 받아 단가를 결정한다.
      ㉢ 펌프의 본체, 모터, 방진가대, 부속품 등을 모두 포함한다.
   ③ 저탕조
      보통 강판제로 제작하여 내부에 방청제 처리하여 사용하며 스테인리스제품이 사용되기도 한다.
      ㉠ 설계도면의 수량으로 정확한 사양을 조사하여 계상한다.
      ㉡ 설계도면 및 시방서에 의해 제조회사로부터 견적을 받으며 부속품이 누락되지 않도록 한다.

3) 배수 및 통기설비

잡배수, 오배수, 우수배수, 특수배수, 통기관, 중수도배수 등 배수계통별로 분류하여 정리하여 작업하며, 옥내·옥외공사의 항목으로 나누어 적산한다.

① 배수펌프

고형물이 포함되므로 임펠러수가 적은 오픈타입(open type)으로 한다.

② 배관공사

배수 및 통기배관재료는 주철관, 강관, 연관, 염화비닐관, 흄관 등이 사용되며 배관설비 항목을 참고한다.

4) 위생기구설비

일반적으로 급수급탕을 공급하는 기구, 급수급탕을 받는 기구, 배수기구, 부속기구 등으로 분류된다.

① 위생기구의 단가

도면에 제조회사의 모델규격번호 또는 KS규격으로 기재되어 있으며, 부속품의 내용이 나타나 있지 않은 경우 그 내용을 파악하여 1조당의 복합단가로 한다.

단가는 제조회사의 카탈로그와 단가표 또는 물가시세표에 의해 계산한다.

② 급수대 철물 및 화장대

위생기구류의 부속품으로서 계상하는 것을 제외하고 종류별로 수도꼭지, 배수철물, 화장대, 수건걸이, 거울 등은 수량과 단위를 조사하여 금액을 산출한다.

핵심기출문제

03. 적산

1. 건축설비적산 과정을 열거한 내용 중 그 순서가 옳게 된 것은? [23 ㉤]

① 공종별 물량 집계　　② 일위대가표 작성
③ 공내역서 작성　　　　④ 공사비 계산
⑤ 직접공사비 계산

① ① – ② – ③ – ④ – ⑤
② ② – ① – ③ – ⑤ – ④
③ ① – ② – ③ – ⑤ – ④
④ ② – ① – ⑤ – ③ – ④

해설 1
건축설비적산 과정
일위대가표 작성 – 공종별 물량 집계 – 공내역서 작성 – 직접공사비 계산 – 공사비 계산

2. 건축설비적산에서 직접공사비 계산 시 공구손료는 직접노무비의 얼마까지 계상할 수 있는가?

① 1[%]　　② 2[%]
③ 3[%]　　④ 5[%]

해설 2
직접공사비 계산
공내역서에 명시된 수량과 단가에 의한 재료비와 노무비를 계산하고, 잡재료 및 소모재료비는 주재료의 2~5[%]를 계상할 수 있으며, 공구손료는 직접노무비의 3[%]까지 계상할 수 있다.

3. 공사원가, 일반관리비 및 이윤, 부가가치세를 회계예규에 정한 바에 따라 계산하는 과정은?

① 내역서　　② 일위대가표
③ 공사비　　④ 직접공사비

해설 3
공사비 계산
공사원가, 일반관리비 및 이윤, 부가가치세를 회계예규에 정한 바에 따라 공사비를 계산한다.

4. 다음은 건축설비적산 시 직접공사비 계산에 대한 설명이다. (　) 안에 들어갈 내용으로 옳은 것은? [25 ㉤]

공내역서에 명시된 수량과 단가에 의한 재료비와 노무비를 계산하고, 잡재료 및 소모재료비는 주재료의 (　)를 계상할 수 있으며, 공구손료는 직접노무비의 (　)까지 계상할 수 있다.

① 1~2[%], 2[%]
② 2~3[%], 2[%]
③ 2~5[%], 3[%]
④ 5~10[%], 3[%]

해설 4
직접공사비 계산
공내역서에 명시된 수량과 단가에 의한 재료비와 노무비를 계산하고, 잡재료 및 소모재료비는 주재료의 2~5[%]를 계상할 수 있으며, 공구손료는 직접노무비의 3[%]까지 계상할 수 있다.

정답　1. ②　2. ③　3. ③　4. ③

5. 설비적산에서 각형덕트 철판의 소요면적 시 표준품셈에 의한 재료의 할증률은 얼마를 적용하여 실제소요면적을 구하는가?

① 10[%]   ② 20[%]
③ 25[%]   ④ 28[%]

6. 설비적산에서 원형덕트 철판의 소요면적 시 설계도면에서 원형덕트의 직경별로 직관부와 부속류를 산출하며, 직관부는 절단이나 접속 등에 의한 손실을 고려하여 얼마 정도 가산하는 것이 바람직한가? [24 ⑤]

① 10[%]   ② 20[%]
③ 25[%]   ④ 28[%]

7. 건축설비적산에 관한 설명으로 옳지 않은 것은?

① 공사원가, 일반관리비 및 이윤, 부가가치세를 회계예규에 정한 바에 따라 공사비를 계산한다.
② 원형덕트 철판의 소요면적 산출시 설계도면의 덕트 직경별로 직관부와 부속류를 산출하며, 직관부는 절단이나 접속 등에 의한 손실을 고려하여 10[%] 정도 가산하는 것이 바람직하다.
③ 급수설비 탱크류 산정 시 설계도면과 시방서의 사양에 따라 제조회사로부터 견적을 받으며 소규모의 표준품은 물가시세표에서 금액을 산출한다.
④ 급탕설비의 급탕용 보일러는 일반적으로 난방용과 별도로 사용한다.

8. 그림과 같은 배관도에서 엘보와 티의 수량은? [25 ⑤]

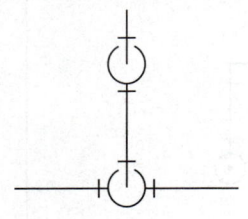

① 엘보 2개, 티 1개
② 엘보 2개, 티 2개
③ 엘보 3개, 티 1개
④ 엘보 3개, 티 2개

해설

해설 5
각형덕트 철판의 소요면적
현재 표준품셈에 의한 재료의 할증률 28%를 적용하여 실제소요면적을 구한다.
소요철판매수(3′ × 6′)
$$= \frac{덕트산출표면적[m^2]}{1.3}$$
(철판 1매의 크기=0.914[m]×1.819[m]
=1.67[m²], 1.67/1.3=1.28=128[%])

해설 6
원형덕트 철판의 소요면적
설계도면에서 원형덕트의 직경별로 직관부와 부속류를 산출하며, 직관부는 절단이나 접속 등에 의한 손실을 고려하여 10[%] 정도 가산하는 것이 바람직하다.

해설 7
급탕설비의 급탕용 보일러는 일반적으로 난방용과 겸용으로 사용한다.

해설 8
평면도를 입체도(겨냥도)로 그려보면 다음과 같으며 엘보 3개, 티 1개이다.

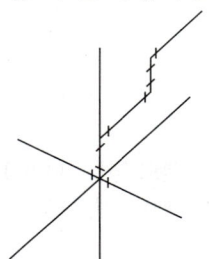

정답 5. ④ 6. ① 7. ④ 8. ③

핵심기출문제

03. 적산

해설

9. 그림과 같은 배관도에서 엘보와 티의 수량은?

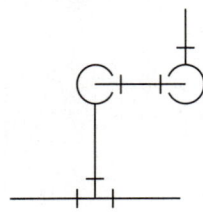

① 엘보 1개, 티 1개
② 엘보 2개, 티 2개
③ 엘보 3개, 티 2개
④ 엘보 4개, 티 1개

해설 **9**
평면도를 입체도(겨냥도)로 그려보면 다음과 같으며 엘보 4개, 티 1개이다.

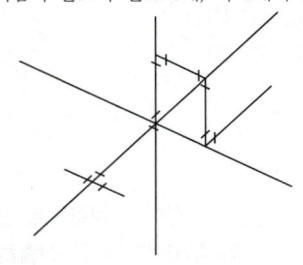

10. 그림과 같은 암모니아 냉동 배관 평면도에서 엘보 수량은?

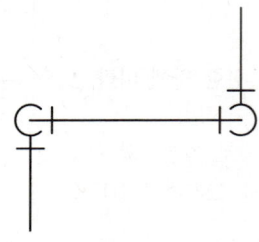

① 엘보 2개
② 엘보 3개
③ 엘보 4개
④ 엘보 5개

해설 **10**
평면도를 입체도(겨냥도)로 그려보면 다음과 같으며 엘보는 4개이다.

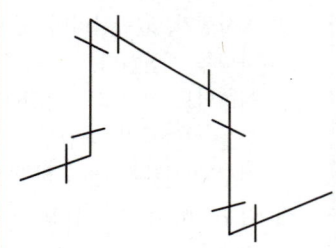

11. 그림과 같은 프레온 배관(동관) 평면도에서 엘보와 티이 수량은?

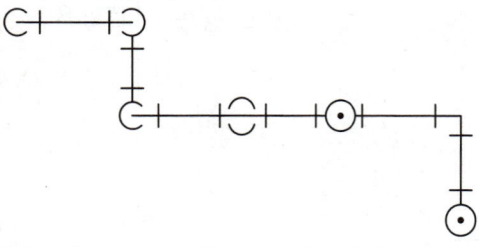

① 엘보 5개, 티이 1개
② 엘보 6개, 티이 1개
③ 엘보 7개, 티이 2개
④ 엘보 8개, 티이 2개

해설 **11**
평면도를 입체도(겨냥도)로 그려보면 다음과 같으며 엘보는 7개이고 티이는 2개이다.

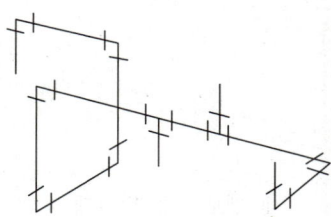

정답 9. ④ 10. ③ 11. ③

PART 2

건축설비설계

section 01 열원설비 설계
section 02 공기조화설비 설계
section 03 환기설비 설계
section 04 위생설비 설계

열원설비 설계

01 section

제1편 열원설비 설계
- 01 보일러
- 02 냉동기
- 03 열펌프
- 04 냉각탑
- 05 축열시스템
- 06 지역냉난방시스템

01 보일러

제2과목 건축설비설계 | 제1편 열원설비 설계

핵심 PLUS

예 보일러에 관한 설명으로 옳지 않은 것은? [14, 19 산]
① 입형보일러는 사용압력이 높아 규모가 큰 건물에 주로 사용된다.
② 노통 연관보일러는 보유수면이 넓어서 급수 조절이 용이하다.
③ 관류보일러는 수관보일러와 같이 수관으로 되어 있으나 드럼이 없다.
④ 수관보일러는 대형 건물 또는 병원이나 호텔 등과 같이 고압증기를 다량 사용하는 곳이나 지역난방 등에 사용된다.

[해설] 입형보일러(수직형 보일러)는 사용압력이 낮고, 용량이 적으며 효율도 낮아 소규모 사무소, 점포, 주택 등에서 널리 사용된다.

답 : ①

예 대형건물 또는 병원이나 호텔 등과 같이 고압증기를 다량 사용하는 곳이나 지역난방 등에 사용되는 보일러는? [13, 23 산]
① 입형 보일러
② 관류 보일러
③ 수관 보일러
④ 주철제 보일러

답 : ③

1 보일러의 종류

구 분		특 징	사용 압력	용 도
주철제 보일러		• 내식성이 우수, 수명이 길다. • 취급이 간편, 분할반입 용이 • 주철제 부재를 조합	증기 : 0.1[MPa] 이하 온수 : 0.3[MPa] 이하	주택
강판제 보일러	입형 보일러	• 수직형 보일러라고도 함 • 협소한 장소에 설치 가능 • 소용량용	증기 : 0.05[MPa] 이하 온수 : 0.03[MPa] 이하	주택
	노통 연관	• 고압, 고효율 보일러 • 공장 제품 그대로 운반 설치 • 수명이 짧고, 고가이며, 예열시간이 길다. • 보유수량이 많아 부하변동에도 안전	0.4~0.7[MPa]	학교 사무소 아파트 백화점
	수관식 보일러	• 드럼과 여러개의 수관으로 구성 • 열효율이 좋고 보유수량이 적다. • 증기발생이 빠르고 대용량	1.0[MPa] 이상	산업용 대규모 건물

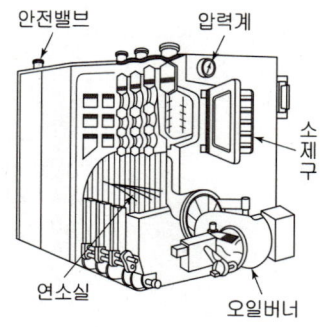

[그림] 주철제 보일러

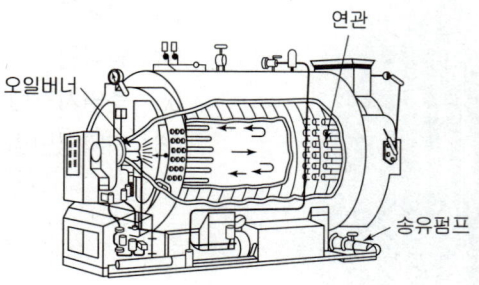

[그림] 노통연관식 보일러

① 보일러 급수용 펌프 : 워싱턴형 펌프 또는 터빈펌프 사용
② 보일러실 조건
  ㉠ 내화구조
  ㉡ 천장 높이 : 보일러 상부에서 1.2[m] 이상
  ㉢ 보일러의 벽에서 벽까지 0.45[m] 이상
  ㉣ 난방부하의 중심에 둔다.
③ 보일러실 관리 : 매년 1회 이상 성능검사. 수면계·압력계·안전밸브 등 수시 점검
※ 보일러 점화 전 주의사항(보일러 가동 중 가장 주의할 부분)
  ㉠ 급수는 규정된 높이까지-수면계 확인(상용수위인지 확인)
  ㉡ 보일러 가동 중 안전저수면 이하로 내려가면 위험(폭발할 우려)

2 보일러의 효율과 능력

① 보일러마력 : 1시간에 100[℃]의 물 15.65[kg]을 전부 증기로 증발시키는 증발 능력을 1보일러마력이라 한다.
  ㉠ 1마력의 상당 증발량은 15.65[kg/h]
  ㉡ 15.65[kg/h]×539[kcal/kg]≒8,434[kcal/h]
     15.65[kg/h]×2,257[kJ/kg]=35,322[kJ/h]=9.8kW
  ㉢ 전열면적 : 0.929[m^2]
  ㉣ 방열면적 : 13[m^2] (≒8,434÷650[kcal] 또는 9.8[kW]÷0.756[kW/m^2])

② 난방 도일(度日 : heating degree days : H.D)
  추운 날의 정도를 나타내는 것으로서, 연료 소비량을 추정 평가하는 데 사용된다. 실내의 평균 온도와 외기의 평균 기온과의 차(差)에 일(日 : days)을 곱한 것이다.

$$H.D = \Sigma(t_i - t_0) \times days [℃ \cdot days]$$

  t_i : 실내 평균 온도[℃]
  t_0 : 실외 평균 온도[℃]
  days : 난방 기간

※ 특징
  ㉠ 추운 정도의 지표가 된다.
  ㉡ 값이 크면 난방 연료 소비량이 많다.
  ㉢ 각 지역마다 값이 다르다.

핵심 PLUS

예 각종 보일러에 관한 설명으로 옳지 않은 것은? [17 기]
① 수관보일러는 대형건물이나 지역 난방 등에 사용된다.
② 관류보일러는 보유수량이 많아 주로 공조용으로 사용된다.
③ 주철제보일러는 규모가 비교적 작은 건물의 난방용으로 사용된다.
④ 연관보일러는 예열시간이 길고 반입 시 분할이 어렵다는 단점이 있다.

답 : ②

예 보일러의 출력표시에 관한 설명 중 옳지 않은 것은?
① 1시간에 9.8[kW]의 열량을 발산하는 보일러는 1마력이다.
② 전열면적 0.929[m^2]의 보일러는 1마력이다.
③ 증기난방의 경우 상당 방열면적 1[m^2]의 보일러(Boiler)는 1시간에 0.756[kW]의 열량을 발산한다.
④ 1시간에 100[℃]의 물 0.4[t]을 전부 증기로 증발시킨 보일러는 15마력이다.

답 : ④

예 난방도일(heating degree day)에 관한 설명 중 옳지 않은 것은? [08, 17, 25 기]
① 일반적으로 난방도일이 큰 지역일수록 연료소비량은 증가한다.
② 난방도일의 계산에 있어서 일사량은 고려하지 않는다.
③ 난방도일은 난방용 장치부하를 결정하기 위한 것이다.
④ 추운 날이 많은 지역일수록 난방도일은 커진다.

답 : ③

3 급수장치

① 저압용 보일러 : 응축수 펌프, 환수용 진공 펌프
② 고압용 보일러
  ㉠ 전동 급수 펌프 : 모터를 동력으로 한 펌프
  ㉡ 워싱턴 펌프 : 보일러의 증기를 동력으로 한 펌프
  ㉢ 인젝터(injector) : 보일러의 증기관과 급수관을 연결하여 증기압을 동력으로 하여 급수하는 장치
③ return tank : 보일러의 급수장치에 사용

보일러에는 경도가 높은 물을 사용해서는 안되며, 급수펌프로는 보통 워싱턴 펌프와 터빈 펌프가 주로 사용된다. 난방장치의 특수 펌프로는 컨덴세이션 펌프 등이 사용된다.

  ㉠ 펌프 급수량
  $$Q = 2W[\text{m}^3/\text{h}]$$

  ㉡ 펌프 양정
  $$H = (H_p + H_w + H_f) \times 1.2$$

  W : 보일러 증발량[kg/h]
  H_p : 보일러 압력에 해당하는 수두[m]
  H_w : 펌프에서 보일러 수면까지 높이[m]
  H_f : 배관의 마찰손실수두[m]

4 보일러실의 조건과 관리

① 구조는 내화구조로 하고 천장높이가 보일러 최상부에서 1.2[m] 이상 되게 하며, 보일러 외벽까지의 거리는 45[cm] 이상 되도록 해야 한다.
② 보일러실의 위치는 건물 중앙부, 즉 난방부하의 중심에 있도록 하는 것이 좋다.
③ 보일러는 매년 1회 이상 성능 검사를 받도록 하고, 수면계·압력계·안전밸브 등을 수시로 점검하여야 한다.

5 보일러의 부하

1. 보일러의 출력

보일러의 능력표시는 일반적으로 정격출력을 사용한다.

출력	표시방법
과부하출력	운전 초기나 과부하가 발생했을 때는 정격출력의 10~20[%] 정도 증가하여 운전할 때의 출력으로 한다.
정격 출력	연속해서 운전할 수 있는 보일러의 능력으로서 난방부하, 급탕부하, 배관부하, 예열부하의 합이며, 보통 보일러 선정시에는 정격출력에 기준을 둔다.
상용 출력	정격출력에서 예열부하를 뺀 값으로 정미출력에 5~10[%]를 가산한다.
정미 출력	난방부하와 급탕부하를 합한 용량으로 표시한다.

※ 보일러의 능력표시는 일반적으로 정격출력을 사용한다.

$$H = H_R + H_W + H_P + H_E$$

H : 보일러의 부하[kW]
H_R : 난방부하[kW] - 실의 손실열량
H_W : 급탕, 급기 부하[kW] - 주방, 욕실 등의 급탕에 필요한 열량[kJ/ℓ·h]
H_P : 배관부하[kW] - 배관에서의 손실열량.
  보통 $H_R + H_W$의 15~25[%] 정도
H_E : 예열부하[kW] - 보일러에 여력을 준 값.
  H_R, H_W, H_P에 대한 값

※ 보일러 능력 표시법 = 보일러부하(H)
① 정격 출력 = 난방부하(H_R) + 급탕부하(H_W) + 배관손실(H_P) + 예열부하(H_E)
   = 상용출력 × 1.25 = 방열기용량 × 1.35
② 상용 출력 = 난방부하(H_R) + 급탕부하(H_W) + 배관손실(H_P)
   = 방열기용량 × 1.2
③ 방열기용량(정미출력) = 난방부하(H_R) + 급탕부하(H_W)
④ 난방부하

핵심 PLUS

예 보일러의 출력 중 난방부하와 급탕부하를 합한 용량으로 표시되는 것은?   [14, 19, 24 산]
① 상용출력
② 정미출력
③ 정격출력
④ 과부하출력

답 : ②

예 보일러의 출력 표시방법 중 난방부하, 급탕부하, 배관부하, 예열부하의 합으로 나타내는 것은? [14 산]
① 정미출력
② 정격출력
③ 상용출력
④ 과부하출력

답 : ②

예 보일러의 출력에 관한 설명 중 옳은 것은?
① 정격출력은 일반적으로 보일러 선정시에 기준이 된다.
② 상용출력은 정격출력에서 급탕부하를 뺀 값으로, 정미출력의 1/4 정도이다.
③ 정격출력은 난방부하와 급탕부하를 합한 용량으로 표시되며, 일반적으로 정미출력의 1/2 정도이다.
④ 정미출력은 연속해서 운전할 수 있는 보일러의 능력으로서 난방부하, 급탕부하, 배관부하, 예열부하의 합이다.

답 : ①

핵심 PLUS

> **예제**
>
> 온수난방에서 상당방열면적이 400[m²]이고, 한 시간의 최대급탕량이 700[ℓ/h]일 때 보일러의 방열기용량은? (단, 급탕온도차는 60[℃]를 기준으로 함)
>
> ① 49[kW]　　　　② 150[kW]
> ③ 209[kW]　　　　**④ 258[kW]**
>
> ▶ 방열기용량 = 난방부하(H_R) + 급탕부하(H_W)
> ① 난방부하 = 400[m²] × 0.523[kW] ≒ 209[kW]
> ② 급탕부하 = $\dfrac{700[kg/h] \times 4.2[kJ/kg \cdot K] \times 60[℃]}{3,600[s/h]}$ = 49[kW]
> ∴ 방열기용량 = ① + ② 이므로 209 + 49 = 258[kW]
> ※ 1[ℓ] = 1[kg], 물의 비열 = 4.2[kJ/kg·K]
> ※ 급탕부하 = $\dfrac{급탕량m[kg/h] \times 비열c[kJ/kg \cdot K] \times 온도차 \Delta t[K]}{3,600[s/h]}$ [kW]

1) 환산증발량(상당증발량) G_e[kg/h]

환산증발량이란 발생열량, 즉 보일러에서 1시간당 받아들인 열량을 100[℃]의 수증기량 G_e[kg/h]로 환산한 것을 말한다.

$$G_e = \frac{Q}{\gamma} = \frac{G_s(h_2 - h_1)}{2257} \text{ [kg/h]}$$

여기서, Q : 발생열량[kJ/h]
G_s : 발생 수증기량[kg/h]
h_2 : 발생 증기의 엔탈피[kJ/kg]
h_1 : 보일러 입구에서 물의 엔탈피(급수의 엔탈피) [kJ/kg]
γ : 100[℃]에서 물의 증발잠열(2,257[kJ/kg])

> **예제**
>
> 보일러의 실제 증발량이 2,000[kg/h]이고, 발생증기의 엔탈피는 2,768.8[kJ/kg], 보일러에 보급되는 급수의 엔탈피는 335.2[kJ/kg]이다. 이 보일러의 환산증발량(상당증발량)은? (단, 100[℃]에서 물의 증발잠열은 2,257[kJ/kg]이다.) [18 산]
>
> ① 약 1,000[kg/h]　　② 약 1,078[kg/h]
> ③ 약 1,124[kg/h]　　**④ 약 2,156[kg/h]**
>
> ▶ $G_e = \dfrac{G_s(h_2 - h_1)}{2,257} = \dfrac{2,000(2,768.8 - 335.2)}{2,257} = 2,156.4 ≒ 2,156$ [kg/h]

예 증발량 850[kg/h]인 증기보일러에서 발생 증기의 엔탈피가 2,800 [kJ/kg], 보일러 입구에서 물의 엔탈피가 360[kJ/kg]일 때 이 보일러의 환산증발량은? [13, 25 산]
① 852[kg/h]
② 882[kg/h]
③ 919[kg/h]
④ 939[kg/h]

해설 $G_e = \dfrac{G_s(h_2 - h_1)}{2,257}$
$= \dfrac{850(2,800 - 360)}{2,257}$
$= 918.82 ≒ 919$[kg/h]

답 : ③

2) 상당방열면적(표준방열면적, E.D.R)

보일러의 용량을 상당방열면적(E.D.R : Equivalent Direct Radiation)으로 나타내는 것으로 방열기의 면적 $1[m^2]$으로 시간당 방열하는 열량을 표준방열량 $[kW/m^2]$이라 하고, 보일러의 발생열량을 표준방열량으로 나누면 방열면적이 되며, 이를 상당방열면적 $E.D.R[m^2]$이라 한다.

① 증기난방

$$E.D.R = \frac{방열기의\ 전\ 방열량[kW]}{0.756[kW/m^2]}$$

② 온수난방

$$E.D.R = \frac{방열기의\ 전\ 방열량[kW]}{0.523[kW/m^2]}$$

■ 표준 방열량

열매의 종류	표준 방열량 $[kW/m^2]$	표준 상태에 있어서의 온도	
		열매의 온도	실 온
증 기	$0.756[kW/m^2]$	$102[℃]$	$18.5[℃]$
온 수	$0.523[kW/m^2]$	$80[℃]$	$18.5[℃]$

3) 소요 방열기(section 수) 계산

① 증기난방

$$N_s = \frac{손실열량(H_L)[kW]}{0.756[kW/m^2] \times 방열기의\ 방열면적(a_0)}$$

② 온수난방

$$N_W = \frac{손실열량(H_L)[kW]}{0.523[kW/m^2] \times 방열기의\ 방열면적(a_0)}$$

4) 방열기

외벽에 면한 열손실이 가장 큰 곳인 창문 아래에 설치하고, 벽과의 거리는 50~60[mm] 정도이다.

① 대류 방열기(컨벡터, convector) : 공기가 밑에서 유입되며, 가열되면 상부 개구부로 유출되어 자연 대류작용에 의해 실내 공기의 온도를 상승시키는 방열기
② 길드 방열기 : 방열면적을 증가시키기 위해 열전도율이 좋은 금속 핀을 여러개 끼운 방열기
③ 관 방열기 : 고압용으로 관 표면적이 방열면적이 되는 방열기
④ 주형 방열기 : 기둥 모양의 방열기 조각(절)이 조립된 흔히 볼 수 있는 방열기 2주형, 3주형, 3세주형, 5세주형이 같다.

핵심 PLUS

예 어떤 실의 전체손실열량이 10,000 [W]일 때, 방열기의 상당방열면적은? (단, 열매는 온수이다.)
[12, 20 산]
① $13.2[m^2]$
② $15.4[m^2]$
③ $19.1[m^2]$
④ $25.8[m^2]$

해설 $EDR = \frac{손실부하(난방부하)}{표준방열량}$

$= \frac{10}{0.523} = 19.1[m^2]$

답 : ③

■ 표준방열량
증기 : $0.756[kW/m^2]$
온수 : $0.523[kW/m^2]$

■ 열량의 단위 환산
$1[kW] = 1,000[W]$
$= 860[kcal/h]$
$= 1[kJ/s]$
$= 3,600[kJ/h]$
$1[W] = 0.86[kcal/h]$

예 실의 난방부하가 10[kW]인 사무실에 설치할 온수난방용 방열기의 필요 섹션수는?(단, 방열기 섹션 1개의 방열면적은 $0.20[m^2]$로 한다.)
[08 기]
① 74섹션
② 85섹션
③ 90섹션
④ 96섹션

해설 온수난방의 쪽수(N_W)

$= \frac{H_L}{0.523 a_0} = \frac{10}{0.523 \times 0.2}$
$= 95.6 ≒ 96섹션$

여기서, H_L : 손실열량[kW]
a_0 : 1절당 방열면적[m^2]

답 : ④

핵심 PLUS

예 보일러의 발생열량이 420,000[kJ/h]이고, 연료의 소비량이 15[kg/h]일 때의 보일러의 효율은? (단, 연료의 저위발열량은 40,000[kJ/kg]이다.)
① 30[%]
② 50[%]
③ 70[%]
④ 80[%]
[11, 24 산]

해설 보일러의 효율(η_B) [kg/h, Nm³/h]

$$\eta_B = \frac{G(h_2-h_1)}{G_f \cdot H_f} \times 100[\%]$$

$$= \frac{420,000}{15 \times 40,000} \times 100[\%] = 70[\%]$$

답 : ③

2. 보일러의 효율(η_B)과 연료소비량(G_f) [kg/h, Nm³/h]

보일러의 효율은 연료소비량에 대한 보일러 출력의 비율을 말한다.

$$\eta_B = \frac{G(h_2-h_1)}{G_f \cdot H_f} \times 100[\%]$$

$$= \frac{\text{증기량(발생 증기의 엔탈피} - \text{급수 엔탈피)}}{\text{연료 소비량} \times \text{연료의 저위발열량}} \times 100[\%]$$

$$= \frac{\text{환산 증발량} \times 2,257}{\text{연료 소비량} \times \text{연료의 저위발열량}} \times 100[\%]$$

$$G_f = \frac{G(h_2-h_1)}{\eta_B \cdot H_f} = \frac{\text{증기량(발생 증기의 엔탈피} - \text{급수 엔탈피)}}{\text{보일러 효율} \times \text{연료의 저위발열량}}$$

여기서, η_B : 보일러의 효율[%]
  G : 증기량 또는 온수량[kg/h]
  h_2, h_1 : 발생 증기 또는 온수의 엔탈피, 입구 물의 엔탈피
    (급수 엔탈피) [kJ/kg]
  G_f : 연료소비량 [kg/h], [Nm³/h]
  H_f : 연료의 저위발열량(액체연료 : [kJ/kg], 가스연료 : [kJ/Nm³])

학습포인트

고위 발열량과 저위 발열량
① 고위발열량은 수증기의 잠열을 포함한 것이고, 저위발열량은 수증기의 잠열을 포함하지 않는다.
  이때 증발잠열의 포함 여부에 따라 고위발열량과 저위발열량으로 구분된다.
  천연가스의 열량은 통상 고위발열량으로 표시한다.
② 연료의 저위 발열량과 고위 발열량의 차이가 생기는 이유는 수소 성분 때문이다.
  연료의 고위 발열량과 저위 발열량의 차이는 수증기의 증발잠열의 차이인데 대부분의 연료는 수소 성분으로 구성되어 있으므로 생성물 중에 존재하고 있다. 이 물의 상태에 따라 발열량의 값이 달라지게 되는 것이다.

핵심기출문제

01. 보일러

1. 주철제 보일러에 관한 설명으로 옳지 않은 것은? [12, 20]

① 내식성이 우수하여 수명이 길다.
② 규모가 작은 건물의 난방용으로 사용된다.
③ 재질이 강하여 고압용으로 주로 사용된다.
④ 주철제로 된 여러 장의 섹션을 난방부하의 크기에 따라 조립하여 사용한다.

[해설] 각층유닛방식
㉠ 조립식이므로 용량을 쉽게 증가시킬 수 있다.
㉡ 취급이 간편하고, 분할 반입·조립·증설이 용이하다.
㉢ 내식성이 우수하며, 수명이 길다.
㉣ 사용압력은 증기용 압력은 0.1[MPa] 이하, 온수용은 수두 50[m] 이하로 제한한다.

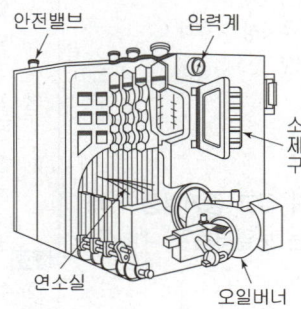

[그림] 주철제 보일러

2. 다음 설명에 알맞은 보일러는? [17, 24, 25]

- 수직으로 세운 드럼 내에 연관 또는 수관이 있는 소규모의 패키지형으로 되어 있다.
- 설치면적이 작고, 취급이 용이하며, 수처리가 필요 없다.
- 사용압력이 낮고, 용량이 적으며 효율도 낮다.

① 연관보일러
② 입형 보일러
③ 수관 보일러
④ 주철제 보일러

3. 전열면적이 크고 고압 대용량에 적합하지만, 고도의 수처리가 요구되는 보일러는? [13, 17]

① 관류 보일러
② 입형 보일러
③ 수관 보일러
④ 주철제 보일러

해설

[해설] **2**
입형 보일러(수직형 보일러)
㉠ 수직으로 세운 드럼 내에 연관 또는 수관이 있는 소규모의 패키지형으로 되어 있다.
㉡ 설치면적이 적고 취급이 간단하며 가격이 싸다.
㉢ 사용압력이 낮고, 용량이 적으며 효율도 낮다.
㉣ 소규모 사무소, 점포, 주택 등에서 널리 사용된다.

[해설] **3**
수관식 보일러
㉠ 드럼과 드럼 간에 여러 개의 수관을 연결하고, 관내에 흐르는 물을 가열하므로 온수 및 증기를 발생시킨다.
㉡ 예열시간이 짧고, 열효율이 좋으며 보유수량이 적다.
㉢ 증기발생이 빠르고 대용량이다.
㉣ 고가이며 수처리가 복잡하다.
㉤ 사용압력(1.0[MPa] 이상)이 연관식보다 높고, 부하변동에 대한 추종성이 높다.
㉥ 용도 : 대형건물 또는 병원이나 호텔 등, 지역난방용

정답 1. ③ 2. ② 3. ③

핵심기출문제 — 01. 보일러

4. 수관보일러에 관한 설명으로 옳지 않은 것은? [16 산]

① 연관식보다 사용압력이 높다.
② 연관식보다 설치면적이 작다.
③ 예열시간이 짧고 효율이 좋다.
④ 부하변동에 대한 추종성이 높다.

[해설] 수관식 보일러
㉠ 드럼과 드럼 간에 여러 개의 수관을 연결하고, 관내에 흐르는 물을 가열하므로 온수 및 증기를 발생시킨다.
㉡ 예열시간이 짧고, 열효율이 좋으며 보유수량이 적다.
㉢ 증기발생이 빠르고 대용량이다.
㉣ 고가이며 수처리가 복잡하다.
㉤ 사용압력(1.0[MPa] 이상)이 연관식보다 높고, 부하변동에 대한 추종성이 높다.
㉥ 용도 : 대형건물 또는 병원이나 호텔 등, 지역난방용
☞ 연관식보다 설치면적이 크다.

5. 증기 발생기라고도 불리우며 수관으로 되어 있으나 드럼이 없고 증기발생이 빠르므로 간단히 고압의 증기를 얻으려 하는 경우에 사용되는 보일러는? [18 산]

① 관류 보일러
② 연관 보일러
③ 수관 보일러
④ 주철제 보일러

6. 각종 보일러에 관한 설명으로 옳은 것은? [16 산]

① 주철제 보일러는 반입이 쉽고 내식성이 강하여 수명이 길다.
② 수관보일러는 사용압력이 연관식보다 낮아, 부하변동에 대한 추종성이 낮다.
③ 관류보일러는 보유수량이 많으므로 가열시간이 길어, 부하변동에 대한 추종성이 나쁘다.
④ 연관보일러는 부하변동에 적응하기 어렵고 보유수면이 적어서 급수용량제어가 어렵다.

7. 다음 중 스케일이 보일러에 미치는 영향과 가장 거리가 먼 것은? [14, 24 산]

① 보일러의 전열면이 과열된다.
② 워터 햄머(water hammer)를 일으킨다.
③ 열의 전달을 방해하여 보일러 효율을 저하시킨다.
④ 보일러의 철판이나 관 등을 부식시키는 원인이 된다.

해설

[해설] 5
관류 보일러
증기 발생기라고도 불리우며 공조용으로 사용되는 예는 거의 없고 간단히 고압의 증기를 얻으려 하는 경우에 사용되는 보일러
㉠ 증기 발생기로 주로 이용
㉡ 수관보일러와 같이 수관으로 되어 있으나 드럼(수실)이 없다.
㉢ 보유수량이 적으므로 시동시간이 짧고, 부하변동에 대해 추종성이 좋다.
㉣ 설치면적이 작으나, 급수처리가 복잡하고 고가이며 소음이 높다.
㉤ 간단하게 고압의 증기를 얻으려고 하는 경우에 사용된다.

[해설] 6
② 수관보일러 : 증기발생이 빠르고 대용량이며, 사용압력 1.0[MPa] 이상으로 대형건물 또는 병원이나 호텔, 산업용 대규모 건물, 지역난방용으로 사용된다.
③ 관류 보일러 : 증기 발생기라고도 불리우며 공조용으로 사용되는 예는 거의 없고 간단히 고압의 증기를 얻으려 하는 경우에 사용되는 보일러이다.
④ 노통연관식 보일러 : 부하변동에 잘 적응되며, 보유수면이 넓어서 급수용량 제어가 쉽지만, 예열시간이 길고, 반입 시 분할이 어려우며 수명이 짧다. 공조 및 급탕을 겸하며 비교적 규모가 큰 건물에 사용된다.

[해설] 7
경도가 높은 물을 보일러에 사용하면 내면에 스케일(물때) 생성되어 열의 전달을 방해하여 보일러 효율을 저하시키며, 보일러의 전열면 과열의 원인 및 보일러의 철판이나 관 등을 부식시키는 원인이 되어 보일러의 수명이 단축된다.

정답 4. ② 5. ① 6. ① 7. ②

8. 보일러의 상용출력을 가장 올바르게 표현한 것은? [16, 24 ②]

① 난방부하 + 급탕부하
② 난방부하 + 급탕부하 + 예열부하
③ 난방부하 + 급탕부하 + 배관부하
④ 난방부하 + 급탕부하 + 배관부하 + 예열부하

해설 8
보일러부하(H)
㉠ 정격출력 = 난방부하(H_R) + 급탕부하(H_W) + 배관손실(H_P) + 예열부하(H_E) = 상용출력×1.25
 = 방열기용량×1.35
㉡ 상용출력 = 난방부하(H_R) + 급탕부하(H_W) + 배관손실(H_P)
 = 방열기용량×1.2
㉢ 방열기용량(정미출력) = 난방부하(H_R) + 급탕부하(H_W)
㉣ 난방부하
※ 정격출력은 연속해서 운전할 수 있는 보일러의 능력으로서 난방부하, 급탕부하, 배관부하, 예열부하의 합이며, 보통 보일러 선정 시 기준이 된다.

9. 다음과 같은 조건에 있는 증기난방 방식의 건물에서 보일러의 정격출격은? [15, 20 ②]

[조건]
㉠ 방열기의 상당방열면적(EDR) : 1,000[m²]
㉡ 급탕량 : 2,000[L/h]
㉢ 급탕온도 : 70[℃], 급수온도: 10[℃]
㉣ 온수비열 : 4.2[kJ/kg·K]
㉤ 배관부하 : 난방과 급탕부하 합계의 20[%]
㉥ 예열부하 : 상용출력의 25[%]

① 994.5[kW]
② 1,344[kW]
③ 1,642.5[kW]
④ 1,760[kW]

해설
정격출력 = 난방부하 + 급탕부하 + 배관부하 + 예열부하
① 난방부하 = 1,000[m²]×0.756[kW/m²] = 756[kW]
② 급탕부하 = 2,000[kg/h]×4.2[kJ/kg·K]×(70−10)[K] = 504,000[kJ/h] = 140[kW]
③ 배관부하 = (①+②)×0.2 = 896×0.2 = 179.2[kW]
④ 예열부하 = (①+②+③)×0.25 = 268.8[kW]
∴ 정격출력 = ①+②+③+④이므로 1,344[kW]가 된다.

10. 다음 중 일반적인 난방용 보일러용량 산정 시 고려하지 않아도 되는 요소는? [11, 25 ②]

① 예열부하
② 난방부하
③ 배관부하
④ 재열부하

해설 10
보일러부하 즉, 정격출력은 연속해서 운전할 수 있는 보일러의 능력으로서 난방부하, 급탕부하, 배관부하, 예열부하의 합이며, 보통 보일러 선정시 기준이 된다.
※ 냉방부하 중 재열부하는 재열기기의 가열량(취득열량)으로 냉각시킨 공기를 취출온도까지 가열하는 부하를 의미한다. 장마철 등 잠열부하가 많은 경우 때 습도를 제거하기 위해 과냉각한 경우에 취출온도까지 가열하는 부하로 현열부하이다. 또 가열한 부하는 냉각코일에서 다시 제거해야 하는 과정을 거쳐야 하므로 냉각코일의 용량은 커지게 된다.

정답 8. ③ 9. ② 10. ④

핵심기출문제 01. 보일러

11. 보일러의 실제 증발량이 1,000[kg/h]이고, 발생증기의 엔탈피는 2,768.8[kJ/kg], 보일러에 보급되는 급수의 엔탈피는 335.2[kJ/kg]이다. 이 보일러의 환산증발량(상당증발량)은? (단, 100[℃]에서 물의 증발잠열은 2,257[kJ/kg]이다.) [12 ㉛]

① 약 1,000[kg/h]   ② 약 1,078[kg/h]
③ 약 1,124[kg/h]   ④ 약 1,152[kg/h]

해설 환산증발량 (상당증발량, equivalent evaporation) G_e [kg/h]
환산증발량이란 발생열량, 즉 보일러에서 1시간당 받아들인 열량을 100[℃]의 수증기량 G_e [kg/h]로 환산한 것을 말한다.

$$G_e = \frac{G_s(h_2 - h_1)}{2,257} \text{ [kg/h]}$$

여기서,
G_s : 발생 수증기량[kg/h]
h_2 : 발생 증기의 엔탈피[kJ/kg]
h_1 : 보일러 입구에서 물의 엔탈피(급수의 엔탈피)[kJ/kg]
γ : 100[℃]에서 물의 증발잠열(2,257[kJ/kg])

$$\therefore G_e = \frac{G_s(h_2 - h_1)}{2,257} = \frac{1,000(2,768.8 - 335.2)}{2,257} = 1,078.25 ≒ 1,078 \text{[kg/h]}$$

12. 증발량 100[kg/h]인 증기보일러에서 발생 증기의 엔탈피가 2,800[kJ/kg], 보일러 입구에서 물의 엔탈피가 340[kJ/kg]일 때, 이 보일러의 환산증발량은? (단, 100[℃]에서 물의 증발잠열은 2,257[kJ/kg]이다.) [11, 24 ㉛]

① 98[kg/h]
② 102[kg/h]
③ 109[kg/h]
④ 123[kg/h]

13. 온수난방에서 상당방열면적을 구할 때 기준이 되는 표준방열량은? [17 ㉛]

① 450[W/m²]
② 523[W/m²]
③ 650[W/m²]
④ 756[W/m²]

해설 방열기의 표준방열량

열매의 종류	표준 방열량 [kW/m²]	표준 상태에 있어서의 온도	
		열매의 온도	실 온
증 기	0.756[kW/m²]	102[℃]	18.5[℃]
온 수	0.523[kW/m²]	80[℃]	18.5[℃]

해설 12

환산증발량(상당증발량, equivalent evaporation) G_e[kg/h]
환산증발량이란 발생열량, 즉 보일러에서 1시간당 받아들인 열량을 100[℃]의 수증기량 G_e[kg/h]로 환산한 것을 말한다.

$$G_e = \frac{G_s(h_2 - h_1)}{2,257} \text{ [kg/h]}$$

여기서,
G_s : 발생 수증기량[kg/h]
h_2 : 발생 증기의 엔탈피[kJ/kg]
h_1 : 보일러 입구에서 물의 엔탈피 (급수의 엔탈피) [kJ/kg]
γ : 100[℃]에서 물의 증발잠열 (2,257[kJ/kg])

$$\therefore G_e = \frac{G_s(h_2 - h_1)}{2,257}$$
$$= \frac{100(2,800 - 340)}{2,257}$$
$$= 108.9 ≒ 109 \text{[kg/h]}$$

정답 11. ② 12. ③ 13. ②

14. 대학교 강의실의 구조체 손실열량이 20,000[W]이고, 환기에 의한 손실열량이 3,000[W]이다. 이 강의실에 증기난방을 공급할 경우 필요한 주철제 방열기의 상당방열면적(EDR)은? (단, 표준상태이며, 주철제 방열기의 표준방열량은 756[W/m²]이다.) [16 ㉢]

① 약 20[m²] ② 약 30[m²]
③ 약 40[m²] ④ 약 50[m²]

15. 전손실열량이 15[kW]인 사무실에 설치할 증기난방용 방열기의 필요 섹션수는?(단, 표준상태이며, 표준방열량은 0.756[kW/m²], 방열기 섹션 1개의 방열면적은 0.2[m²]이다.) [13, 18 ㉢]

① 80섹션 ② 90섹션
③ 100섹션 ④ 120섹션

해설

해설 14

상당방열면적(EDR)

$$\text{EDR} = \frac{\text{손실부하(난방부하)}}{\text{표준방열량}}$$ 이므로

$$\therefore \text{EDR} = \frac{(200,00+3,000)\,W}{756[W/m^2]}$$

$$= 30.4 ≒ 30$$

※ 표준방열량
- 증기 : 0.756[kW/m²]
- 온수 : 0.523[kW/m²]

해설 15

증기난방의 절수(N_W) = $\dfrac{H_L}{0.756 a_0}$

$= \dfrac{15}{0.756 \times 0.2} = 99.2 ≒ 100$섹션

여기서, H_L : 손실열량[kW]
a_0 : 1절당 방열면적[m²]

14. ② 15. ③

02 냉동기

제2과목 건축설비설계 | 제1편 열원설비 설계

핵심 PLUS

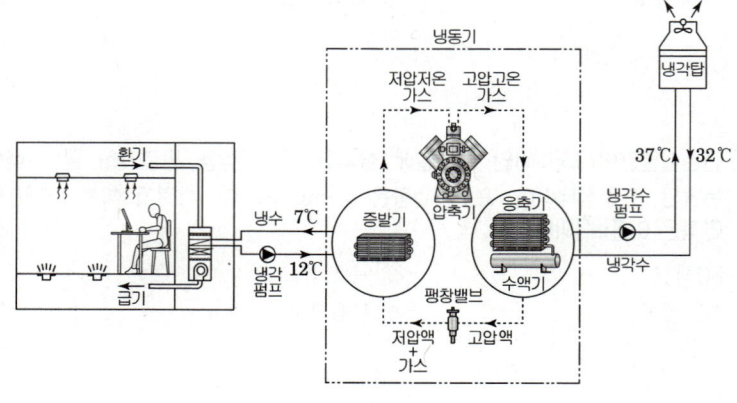

[그림] 냉동기의 구성

1 냉동 원리

구 분	구성 요소
압축식 냉동기	압축기-응축기-팽창밸브-증발기
흡수식 냉동기	증발기-흡수기-발생기-응축기

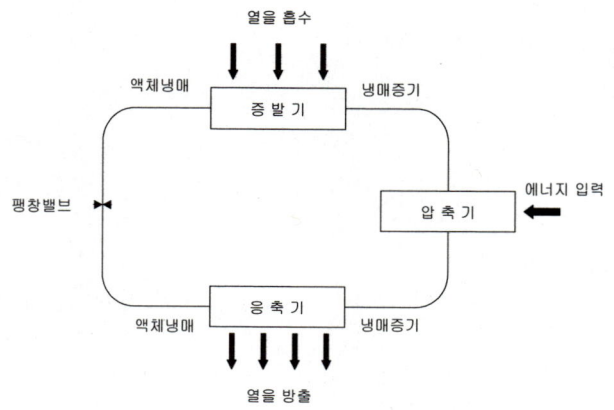

[그림] 압축식 냉동기와 히트펌프의 사이클

예 압축식 냉동기의 냉동 사이클의 올바른 순서는? [09 기]
① 증발-응축-압축-팽창
② 증발-압축-응축-팽창
③ 증발-압축-팽창-응축
④ 증발-팽창-응축-압축

답 : ②

예 흡수식 냉동기의 사이클로 옳은 것은? [15, 24 산]
① 증발기 - 재생기 - 흡수기 - 응축기
② 증발기 - 흡수기 - 재생기 - 응축기
③ 흡수기 - 응축기 - 재생기 - 증발기
④ 흡수기 - 증발기 - 응축기 - 재생기

답 : ②

2 냉동 사이클(냉동기의 순환 원리)

1) 압축식(왕복식, 회전식, 터보식) 냉동기 → $p-i$ 선도(Mollier 선도)
   ① 압축기(compressor) : 증발기에서 넘어온 저온 저압의 냉매 가스를 응축 액화하기 쉽도록 압축하여 응축기로 보낸다.
   ② 응축기(condenser) : 고온·고압의 냉매액을 공기나 물을 접촉시켜 응축 액화시키는 역할을 한다.
   ③ 팽창 밸브(expansion valve) : 고온 고압의 냉매액을 증발기에서 증발하기 쉽도록 하기 위해 저온·저압으로 팽창시키는 역할을 한다.
   ④ 증발기(evaporator) : 팽창 밸브를 지난 저온 저압의 냉매가 실내 공기로부터 열을 흡수하여 증발함으로 냉동이 이루어진다.

   ※ $Q=q+AL$: 냉동기의 특징 → 저온 쪽에서 흡수되는 열량(q)보다 고온 쪽에서 방출하는 열량(Q)이 더 크다.

   • 냉동기의 성적계수(COP) = $\dfrac{냉동효과(q)}{압축일(AL)} = \dfrac{냉동능력}{소요능력}$

   • 열펌프의 성적계수(COP_h) = $\dfrac{응축기의\ 방출열량}{압축일} = \dfrac{q+AL}{AL}$

   $\qquad\qquad\qquad\qquad\quad = \dfrac{q}{AL}+1$

   ∴ 열펌프를 이용한 성적계수(COP_h)가 냉동기로 이용한 성적계수(COP_h)보다 1만큼 크다.

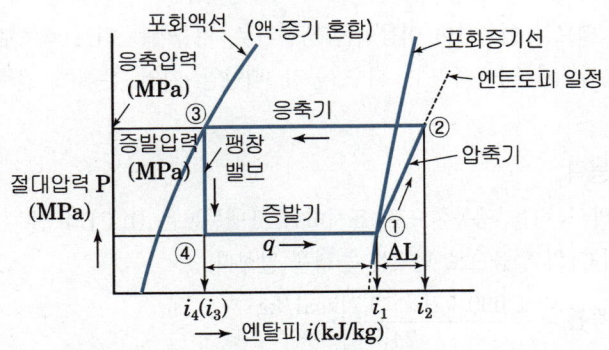

[그림] 몰리에르 선도상의 냉동사이클(R-12)

핵심 PLUS

예 압축식 냉동기의 구성요소 중 냉동의 목적을 직접적으로 달성하는 것은? [14, 19, 20 기]
① 흡수기
② 증발기
③ 발생기
④ 응축기

답 : ②

예 냉동기의 성적계수(동작계수, coefficient of performance)는 무엇을 말하는가?
① 냉동 효과/압축일
② 압축일/냉동 효과
③ 방출 열량/냉동 능력
④ 토출가스 엔탈피 / 흡입가스 엔탈피

답 : ①

예 냉동기를 냉각 목적으로 할 경우의 성적계수를 COPc, 가열목적 즉 히트펌프로 사용될 경우의 성적계수를 COP_H라 할 때 두 성적계수의 관계를 바르게 나타낸 것은?
[08, 20 기]
① COP_H+COPc=1
② COP_H+1=COPc
③ COP_H−COPc=1
④ COPc/COP_H=1

답 : ③

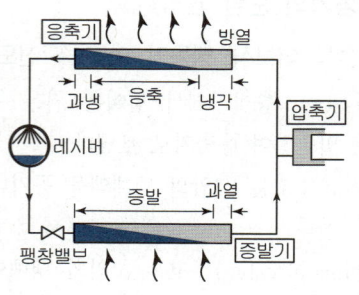

(a) 냉동사이클

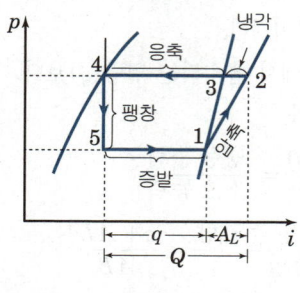

(b) $p-i$ 선도상의 사이클

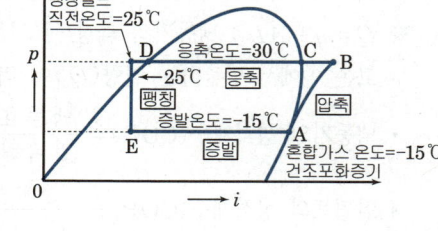

(c) 표준 냉동사이클

■ 열펌프(Heat Pump)
· 낮은 온도의 열원으로부터 높은 온도의 열로 펌프하듯 끌어올려 이용할 수 있기 때문에 히트펌프라고 한다.
· 압축기를 동력원으로 압축 → 응축 → 팽창 → 증발의 사이클로 순환
· 여름엔 냉방용으로 운전, 겨울철에는 냉매의 흐름 방향을 바꾸어 난방용으로 운전
· 냉매의 흐름이 바뀌면, 증발기는 응축기로, 응축기는 증발기로 그 기능이 변환

2) 히트펌프(Heat Pump)

① 냉동기 응축기의 방열을 난방으로 이용한다.
② 4방 밸브를 이용하여 여름에는 냉동기로, 겨울에는 히트 펌프로 사용한다.
③ 채열원 : 지하수, 하천수, 해수, 공기, 태양열, 지열, 온배수, 건축의 폐열 등

3) 냉동 능력

냉동기의 능력을 냉동톤으로 표시하며, 1냉동톤은 0[℃]의 물 1톤을 24시간 동안 0[℃]의 얼음으로 만드는 능력을 말한다.

$$1냉동톤 = \frac{1,000[kg] \times 79.7[kcal/kg]}{24[h]}$$
$$= 3,320[kcal/h] = 3,860[W] = 3.86[kW]$$

(미국 : 3,516[W] (3,024[kcal/h]), 일본 : 3,860[W] (3,320[kcal/h]))

3 냉동기의 종류

방식	종류	냉매	용량	용도
증기 압축식	왕복동식 냉동기 (reciprocating 냉동기)	R-12, R-22 R-500, R-502	1~400[kW]	룸 에어컨 (소용량) 냉동용
	원심식 냉동기 (turbo 냉동기)	R-11, R-12 R-113	밀폐형 80~1,600[USRT]	일반 공조용
			개방형 600~10,000[USRT]	지역 냉방용
	회전식 로터리식 냉동기	R-12, R-22 R-21, R-114	0.4~150[kW]	룸 에어컨 (소용량) 선박용
	회전식 스크류식 냉동기	R-12, R-22	5~1,500[kW]	냉동용, 히트 펌프용
	증기 분사식 냉동기	H_2O	25~100[USRT]	냉수 제조용
흡수식	흡수식 냉동기	H_2O LiBr(흡수액)	50~2,000[USRT]	일반 공조용 폐열, 태양열 이용

1) 압축식 냉동기

① 종류 : 왕복동식, 원심식(터보식), 회전식 등
② 냉동사이클 : 압축기 → 응축기 → 팽창밸브 → 증발기

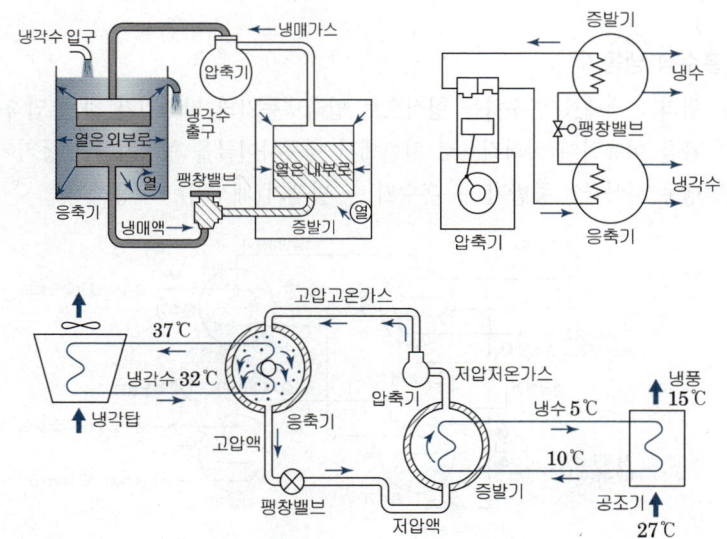

[그림] 압축식 냉동기 계통도

핵심 PLUS

예 냉동기의 냉매가 구비해야 할 조건으로 옳지 않은 것은? [19 기]
① 응고온도(응고점)가 낮을 것
② 전열효과가 작고 점도가 클 것
③ 증발압력이 대기압보다 높을 것
④ 임계온도가 높고 상온에서 액화할 것

해설 냉동기의 냉매가 구비해야 할 조건
㉠ 저온에서도 증발압력이 높고, 상온에서는 저압에서 응축액화가 용이할 것
㉡ 임계온도가 높고 상온에서 반드시 액화할 것
㉢ 응고점이 낮을 것
㉣ 증발잠열이 크고, 액체의 비열은 작을 것
㉤ 증기의 비체적이 작을 것
㉥ 같은 냉동능력에 대하여 소요 능력이 적을 것
㉦ 점도 및 표면장력이 작고, 열전도계수가 클 것
㉧ 비열비가 작을 것

답 : ②

예 다음의 냉동기에 관한 설명 중 옳지 않은 것은? [08 기]
① 왕복동식 냉동기는 피스톤의 왕복운동에 의해 냉매증기를 압축하는 방식이다.
② 터보 냉동기는 재생기, 응축기, 증발기, 흡수기로 구성된다.
③ 스크류식 냉동기는 왕복운동 부분이 없어서 소음 및 진동이 적다.
④ 원심식 냉동기는 임펠러의 회전에 의한 원심력으로 냉매가스를 압축하는 형식이다.

답 : ②

핵심 PLUS

예 냉동기 중 설비비는 많이 소요되나 운전비가 적게 드는 것은? [03 기]
① 왕복동식
② 원심식
③ 흡수식
④ 스크류식

답 : ③

예 터보식 냉동기에 관한 설명으로 옳지 않은 것은? [15 산]
① 증기압축식 냉동기이다.
② 흡수식에 비해 소음 및 진동이 심하다.
③ 왕복동식 냉동기로 설치면적을 적게 차지한다.
④ 대용량에서는 압축효율이 좋고 비례 제어가 가능하다.

답 : ③

예 다음의 냉동기 중 소음 진동이 가장 적은 것은? [18 산]
① 흡수식
② 터보식
③ 왕복동식
④ 스크류식

답 : ①

예 흡수식 냉동기에 관한 설명으로 옳은 것은? [18 기]
① 냉매로는 LiBr을 사용하고, 흡수제로 물을 사용한다.
② 증발기, 압축기, 재생기, 응축기 등으로 구성되어 있다.
③ 기계적 에너지가 아닌 열에너지에 의해 냉동효과를 얻는다.
④ 1중 효용 흡수식 냉동기가 2중 효용 흡수식 냉동기보다 효율이 좋다.

[해설]
① 냉매로는 물을 사용하고, 흡수제로 LiBr을 사용한다.
② 증발기, 흡수기, 재생기(발생기), 응축기 등으로 구성되어 있다.
④ 2중 효용 흡수식 냉동기가 1중 효용 흡수식 냉동기보다 효율이 좋다.

답 : ③

③ 특징
㉠ 운전이 용이하다.
㉡ 초기 설비비가 적게 든다.
㉢ 기계적 동작에 의하여 소음이 크다.
㉣ 구동에너지가 전기이므로 전력소비가 많다.

학습포인트

구분	특징	용도
왕복동식 냉동기	• 회전수가 크므로 냉동능력에 비해 기계가 적고 가격이 싸다. • 높은 압축비를 필요로 하는 경우에 적합하다. • 냉동용량을 조절할 수 있다. • 피스톤의 왕복운동에 의한 진동 및 소음이 크다.	냉동 및 중소규모의 공조, 히트펌프
터보식 (원심식) 냉동기	• 효율이 좋고 가격도 싸다. • 냉매는 고압가스가 아니므로 취급이 용이하다. • 부하가 30[%] 이하일 때는 운전이 불가능하여 겨울에는 주의를 요한다.[서징(surging)현상]	대규모 공조 및 냉동에 적합하며 일반적으로 많이 사용
회전식 (스크류식) 냉동기	• 고가이므로 냉방 전용으로 부적합하다. • 압축비가 높은 경우에 적합하다. • 용량 제어성이 좋다. • 왕복운동 부분이 없어 소음 및 진동이 적다.	공기 열원 히트펌프

2) 흡수식 냉동기

① 원리 : 냉매를 흡수하는 형식으로 압축냉동기의 압축기가 하는 압축을 흡수제를 이용하여 화학적으로 치환해서 냉동사이클을 형성하는 냉동기이다.

② 냉동 사이클 : 증발기 → 흡수기 → 발생기(재생기) → 응축기

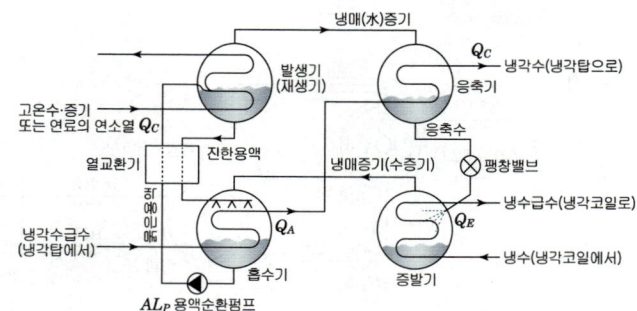

[그림] 흡수식 냉동기의 원리도(1중 효용 : 단효용)

③ 특징
㉠ 증기나 고온수를 구동력으로 한다.
㉡ 냉매는 물(H_2O), 흡수액은 브롬화리튬(LiBr) 사용한다.
㉢ 전력소비가 적다. (압축식의 1/3)
㉣ 진동, 소음이 적다.
㉤ 증기 보일러가 필요하다.

> **학습포인트**
>
> **2중 효용 흡수식 냉동기**
> ① 흡수식 냉동기는 발생기의 형식에 따라 단효용식과 2중효용식이 있다.
> ② 냉매증기는 수증기이고 증기보일러와 연동하여 구동한다.
> ③ 고온발생기와 저온발생기가 있어 단효용 흡수식에 비해 효율이 높다.
> ④ 저온발생기는 고온발생기보다 압력이 낮다.
> ⑤ 단효용 흡수식 냉동기보다 에너지 절약적이고 냉각탑 용량을 줄일 수 있다.
>
>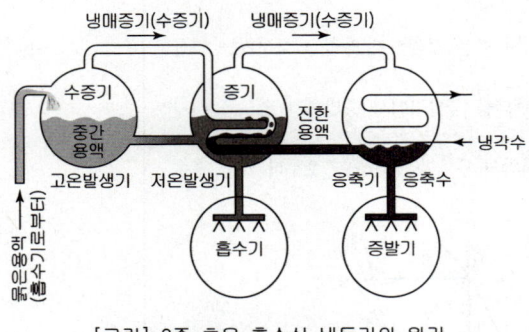
>
> [그림] 2중 효용 흡수식 냉동기의 원리

핵심 PLUS

예 2중효용 흡수식 냉동기에 관한 설명으로 옳은 것은? [19, 24 산]
① 저압흡수기와 고압흡수기로 구성된다.
② 고온증발기와 저온증발기로 구성된다.
③ 저압응축기와 고압응축기로 구성된다.
④ 고온발생기와 저온발생기로 구성된다.

해설 흡수식 냉동기는 발생기의 형식에 따라 단효용식과 2중효용식이 있다. 2중 효용흡수식 냉동기는 고온발생기와 저온발생기가 있어 단효용 흡수식에 비해 효율이 높다.
※ 냉동 사이클 : 증발기 - 흡수기 - 발생기(재생기) - 응축기
답 : ④

예 2중 효용 흡수식 냉동기에 관한 설명으로 옳지 않은 것은? [19 기]
① 저온발생기, 고온발생기가 필요하다.
② 저압팽창밸브와 고압팽창밸브가 필요하다.
③ 에너지를 절약할 수 있고 냉각탑의 용량을 줄일 수 있다.
④ 단효용 흡수식 냉동기의 응축기에서 버리던 증기의 응축열을 효율적으로 이용한 것이다.
답 : ②

핵심기출문제

02. 냉동기

1. 압축식 냉동기의 냉동사이클로 옳은 것은? [13, 25 ㉮]

① 팽창밸브 – 증발기 – 압축기 – 응축기
② 압축기 – 팽창밸브 – 증발기 – 응축기
③ 증발기 – 압축기 – 팽창밸브 – 응축기
④ 응축기 – 증발기 – 압축기 – 팽창밸브

2. 증기압축식 냉동기의 주요구성장치 중 이용하고자 하는 냉수나 차가운 공기를 실제로 만드는 부분은? [18 ㉮]

① 압축기　　　　　　② 응축기
③ 증발기　　　　　　④ 팽창장치

[해설] 압축식 냉동 사이클(냉동기의 순환 원리) → $p-i$ 선도(Mollier 선도)
㉠ 압축기(compressor) : 증발기에서 넘어온 저온 저압의 냉매 가스를 응축 액화하기 쉽도록 압축하여 응축기로 보낸다.
㉡ 응축기(condenser) : 고온·고압의 냉매액을 공기나 물을 접촉시켜 응축 액화시키는 역할을 한다.
㉢ 팽창 밸브(expansion valve) : 고온 고압의 냉매액을 증발기에서 증발하기 쉽도록 하기 위해 저온·저압으로 팽창시키는 역할을 한다.
㉣ 증발기(evaporator) : 팽창 밸브를 지난 저온 저압의 냉매가 실내 공기로부터 열을 흡수하여 증발함으로 냉동이 이루어진다.

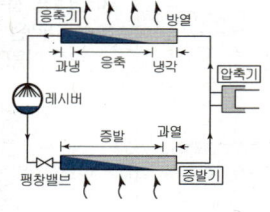
(a) 냉동사이클

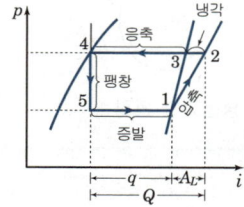
(b) $p-i$ 선도상의 사이클

3. 몰리에르 선도상에서 히트펌프의 난방시 성적계수를 산정하는 식은? [18, 24 ㉮]

① $\dfrac{증발기 출구엔탈피 - 증발기 입구엔탈피}{압축일}$

② $\dfrac{응축기 입구엔탈피 - 응축기 출구엔탈피}{압축일}$

③ $\dfrac{압축기 입구엔탈피 - 압축기 출구엔탈피}{압축일}$

④ $\dfrac{응축기 출구엔탈피 - 증발기 입구엔탈피}{압축일}$

해설

[해설] **1**
냉동기의 냉동사이클

구 분	구성 요소
압축식 냉동기	압축기 – 응축기 – 팽창밸브 – 증발기
흡수식 냉동기	증발기 – 흡수기 – 발생기(재생기) – 응축기

[해설] **3**
열 펌프의 성적계수

$\epsilon_h = \dfrac{응축기의 방출 열량}{압축일} = \dfrac{q+AL}{AL}$

$= \dfrac{q}{AL} + 1$

∴ 열펌프의 성적계수(COP_h)는 냉동기의 성적계수(COP_c)보다 1만큼 크다.

※ 몰리에르 선도상에서 히트펌프의 난방시 성적계수 산정식

$= \dfrac{응축기 입구엔탈피 - 응축기 출구엔탈피}{압축일}$

정답 1. ①　2. ③　3. ②

4. 냉동기의 성적계수에 관한 설명으로 옳지 않은 것은? [12 ㈛]

① 냉동기의 성적계수는 증발온도가 낮을수록 커진다.
② 냉동기의 성적계수는 응축온도가 커질수록 적어진다.
③ 냉동기의 냉동능률은 성적계수 값이 클수록 좋아진다.
④ 일반적으로 냉동기의 성적계수는 1보다 큰 값을 갖는다.

[해설] 성적계수(COP)

ⓐ 냉동기의 성적계수(COP) = $\dfrac{냉동효과(q)}{압축일(AL)}$ = $\dfrac{냉동능력}{소요능력}$

ⓑ 열펌프의 성적계수(COP_h) = $\dfrac{응축기의 방출열량}{압축일}$ = $\dfrac{q+AL}{AL}$ = $\dfrac{q}{AL}+1$

∴ 열펌프를 이용한 성적계수(COP_h)가 냉동기로 이용한 성적계수(COP)보다 1만큼 크다.

※ 증발온도(압력)가 높을 때와 낮을 때의 영향

	증발온도(압력)가 높을 때	증발온도(압력)가 낮을 때
압축비	감소	증대(실린더 과열)
토출가스 온도	강하	상승
냉동효과	증대	감소
성적계수(COP)	증가	감소
냉매순환량	증가(비체적 감소)	감소(비체적 증대)

5. 냉동기의 압축기에서 토출된 고온·고압의 냉매증기는 응축기에서 방열하고 액화된다. 이 때 방열되는 응축열로 물이나 공기를 가열하여 난방에 이용하는 장치는? [14, 24, 25 ㈛]

① 열펌프　　② 냉각탑
③ 빙축열조　④ 팬코일 유닛

6. 다음 중 성적계수가 가장 낮은 냉동기는? [17, 24 ㈛]

① 흡수식 냉동기　　② 원심식 냉동기
③ 왕복동식 냉동기　④ 전기식 히트펌프

7. 다음과 같은 특징을 갖는 냉동기는? [19 ㈛]

- 임펠러의 원심력에 의해 냉매가스를 압축한다.
- 대용량에서는 압축효율이 좋고 비례 제어가 가능하다.
- 대·중형 규모의 중앙식 공조에서 냉방용으로 사용된다.

① 터보식 냉동기　　② 흡수식 냉동기
③ 왕복동식 냉동기　④ 스크루식 냉동기

해설

[해설] **5**
열펌프(Heat Pump)
㉠ 낮은 온도의 열원으로부터 높은 온도의 열로 펌프하듯 끌어올려 이용할 수 있기 때문에 히트펌프라고 한다.
㉡ 압축기를 동력원으로 압축 → 응축 → 팽창 → 증발의 사이클로 순환
㉢ 여름엔 냉방용으로 운전, 겨울철에는 냉매의 흐름 방향을 바꾸어 난방용으로 운전
㉣ 냉매의 흐름이 바뀌면, 증발기는 응축기로, 응축기는 증발기로 그 기능이 변환

[해설] **6**
흡수식 냉동기는 압축식 냉동기(왕복동식, 터보식, 회전식)에 비해 성적계수가 낮다.

[해설] **7,8**
터보식 냉동기
① 원리 : 임펠러의 원심력에 의해 냉매가스를 압축하는 것
② 특징
㉠ 수명이 길고, 유지 및 보수가 쉬우며, 가격도 싸다.
㉡ 대용량에서는 압축효율이 좋고 비례제어가 가능하다.
㉢ 냉매는 고압가스가 아니므로 취급이 용이하다.
㉣ 흡수식에 비해 소음 및 진동이 심하다.(왕복동식에 비하면 진동이 적다.)
㉤ 30[%] 이하의 출력에서는 서징(surging)현상이 일어나므로 운전이 곤란하다.
㉥ 대규모 공조 및 냉동에 적합하며 일반적으로 많이 사용한다.

정답　4. ①　5. ①　6. ①　7. ①

핵심기출문제

02. 냉동기

8. 터보식 냉동기에 대한 설명으로 옳지 않은 것은? [11 ㈛]
① 증기압축식 냉동기이다.
② 흡수식에 비해 소음 및 진동이 심하다.
③ 회전식 압축방법으로 냉매증기를 압축하는 형식이다.
④ 대용량에서는 압축효율이 좋고 비례 제어가 가능하다.

9. 스크류식 냉동기에 관한 설명으로 옳지 않은 것은? [11 ㈛]
① 증기압축식 냉동기이다.
② 구조가 간단하여 고장이 적다.
③ 왕복운동 부분이 없어서 소음 및 진동이 적다.
④ 임펠러의 원심력에 의해 냉매가스를 압축하는 형식이다.

10. 냉동기에 관한 설명으로 옳지 않은 것은? [17 ㈛]
① 냉동기 냉매의 증발온도는 응축온도보다 높아야 한다.
② 흡수식 냉동기는 압축식 냉동기보다 소음·진동이 작다.
③ 흡수식 냉동기는 흡수제로서 LiBr, 냉매로서 물을 사용한다.
④ 압축식 냉동기 냉매는 압축 → 응축 → 팽창 → 증발의 순으로 순환한다.

[해설] 압축식 냉동 사이클(냉동기의 순환 원리) → $p-i$ 선도(Mollier 선도)
㉠ 압축기(compressor) : 증발기에서 넘어온 저온 저압의 냉매 가스를 응축 액화하기 쉽도록 압축하여 응축기로 보낸다.
㉡ 응축기(condenser) : 고온·고압의 냉매액을 공기나 물을 접촉시켜 응축 액화시키는 역할을 한다.
㉢ 팽창 밸브(expansion valve) : 고온 고압의 냉매액을 증발기에서 증발하기 쉽도록 하기 위해 저온·저압으로 팽창시키는 역할을 한다.
㉣ 증발기(evaporator) : 팽창 밸브를 지난 저온 저압의 냉매가 실내 공기로부터 열을 흡수하여 증발함으로 냉동이 이루어진다.

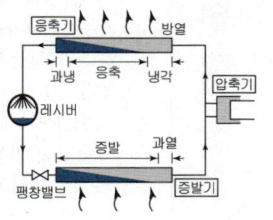
(a) 냉동사이클

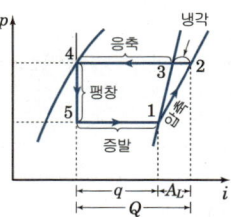
(b) $p-i$ 선도상의 사이클

해설

해설 9
회전식(스크류식) 냉동기
㉠ 고가이므로 냉방 전용으로 부적합하다.
㉡ 압축비가 높은 경우에 적합하다.
㉢ 용량 제어성이 좋다
㉣ 왕복운동 부분이 없어 소음 및 진동이 적다.
㉤ 용도 : 공기 열원 히트 펌프
☞ 임펠러의 원심력에 의해 냉매가스를 압축하는 것은 터보식 냉동기이다.

정답 8. ③ 9. ④ 10. ①

Industrial Engineer Building Facilities

11. 흡수식 냉동기에서 동작물질로 물과 LiBr을 사용할 경우 냉매의 역할을 하는 것은? [12, 24 ㉠]
① LiBr
② H_2O
③ NH_3
④ LiBr+H_2O

12. 다음의 냉동기 중 운전 시 진동이나 소음이 가장 적은 것은? [13, 16 ㉠]
① 흡수식 냉동기
② 터보식 냉동기
③ 스크류식 냉동기
④ 왕복동식 냉동기

13. 흡수식 냉동기에 관한 설명으로 옳지 않은 것은? [14 ㉠]
① 증발기, 흡수기, 발생기, 응축기 등으로 구성되어 있다.
② 기계적 에너지가 아닌 열에너지에 의해 냉동효과를 얻는다.
③ 냉방용의 흡수식 냉동기는 물과 브롬화리튬(LiBr)의 혼합용액을 사용한다.
④ 단효용 흡수식 냉동기의 발생기는 고온발생기와 저온발생기로 구성되어 있다.

14. 흡수식 냉동기에 관한 설명으로 옳지 않은 것은? [14, 25 ㉠]
① 소음, 진동이 크다.
② 냉각탑 등 장치 용량이 크다.
③ 증기 또는 고온수를 열원으로 하므로 사용전력량이 적다.
④ 진공으로 운전되므로 고압가스 취급법의 적용을 받지 않는다.

15. 냉동기에 관한 설명으로 옳은 것은? [16, 24 ㉠]
① 흡수식 냉동기는 압축식 냉동기에 비해 소음 및 진동이 심하다.
② 왕복동식 냉동기는 주로 대규모의 중앙식 공조에서 냉방용으로 사용된다.
③ 흡수식 냉동기는 증발기, 흡수기, 재생기(또는 발생기), 응축기로 구성된다.
④ 압축식 냉동기는 기계적 에너지가 아닌 열에너지에 의해 냉동효과를 얻는다.

[해설]
① 압축식 냉동기는 흡수식 냉동기에 비해 소음 및 진동이 심하다.
② 왕복동식 냉동기는 주로 중·소규모의 중앙식 공조에서 냉방용으로 사용된다.
④ 압축식 냉동기는 열 에너지가 아닌 기계적 에너지에 의해 냉동효과를 얻는다.

해설

해설 11
흡수식 냉동기의 냉매와 흡수액
㉠ 냉매 : 물(H_2O), 암모니아(NH_3)
㉡ 흡수액 : 브롬화리튬(LiBr), 물(H_2O)

해설 12
흡수식 냉동기
① 원리 : 냉매를 흡수하는 형식으로 압축냉동기의 압축기가 하는 압축을 흡수제를 이용하여 화학적으로 치환해서 냉동사이클을 형성하는 냉동기이다.(열에너지에 의해 냉동효과를 얻는 냉동기)
② 냉동 사이클 : 증발기 – 흡수기 – 발생기(재생기) – 응축기
③ 발생기의 형식에 따라 단효용식과 2중효용식이 있다.
④ 특징
 ㉠ 증기나 고온수를 구동력으로 한다.
 ㉡ 냉매는 물(H_2O), 흡수액은 브롬화리튬(LiBr) 사용한다.
 ㉢ 전력소비가 적다.(압축식의 1/3) → 특별고압수전 불필요
 ㉣ 기기 내부가 진공에 가까워 파열의 위험이 없다.
 ㉤ 진동, 소음이 적다.
 ㉥ 증기 보일러가 필요하다.
 ㉦ 압축식에 비해 설치면적, 높이, 중량이 크다.

해설 13, 14
2중 효용 흡수식 냉동기
㉠ 흡수식 냉동기는 발생기의 형식에 따라 단효용식과 2중효용식이 있다.
㉡ 냉매증기는 수증기이고 증기보일러와 연동하여 구동한다.
㉢ 고온발생기와 저온발생기가 있어 단효용 흡수식에 비해 효율이 높다.
㉣ 저온발생기는 고온발생기보다 압력이 낮다.
㉤ 단효용 흡수식 냉동기보다 에너지 절약적이고 냉각탑 용량을 줄일 수 있다.
※ 냉동 사이클 : 증발기 – 흡수기 – 발생기(재생기) – 응축기

정답 11. ② 12. ① 13. ④ 14. ①
15. ③

핵심기출문제 02. 냉동기

16. 냉동기에 관한 설명으로 옳은 것은? [15 ④]
① 흡수식 냉동기는 전기가 주 에너지원이다.
② 흡수식 냉동기는 압축식 냉동기에 비해 소음 진동이 적다.
③ 설비비의 면에서는 압축식 냉동기가 흡수식에 비해서 불리하다.
④ 흡수식 냉동기의 냉동사이클은 압축 → 응축 → 증발 → 팽창의 순이다.

17. 이중효용 흡수식냉동기에 관한 설명으로 옳은 것은? [20 ④]
① 냉매로서 LiBr 수용액을 사용한다.
② 기계적 에너지에 의해 냉동효과를 얻는다.
③ LiBr 수용액의 농축을 위하여 증발기를 사용한다.
④ 발생기가 저온발생기와 고온발생기로 구성되어 있다.

18. 흡수식 냉동기의 응축기에서 냉각탑으로 흐르는 유체는? [11, 16 ④]
① 열매   ② 냉매
③ 냉수   ④ 냉각수

해설 흡수식 냉동기
■ 냉동 사이클 : 증발기 → 흡수기 → 발생기(재생기) → 응축기
㉠ 증발기 내에서 냉수로부터 열을 흡수, 물은 증발하여 수증기가 되어 흡수기로 들어간다.
㉡ 흡수기 내에서 수증기는 염수 용액에 흡수되며, 희석 용액은 발열 때문에 냉각수에 의해 냉각되어 발생기에 보내진다.
㉢ 발생기 내에서 고온수나 고압 증기에 의해 가열되어 희석 용액 중 수증기는 응축기로 보내어지고 진한 용액은 흡수기로 되돌아간다.
㉣ 발생기로부터 유입된 수증기는 저압의 응축기에서 응축되어 물이 되며 증발기로 들어간다.

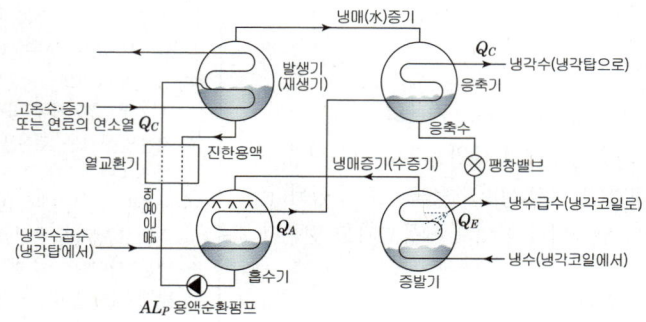

[그림] 흡수식 냉동기의 원리도(1중 효용 : 단효용)

해설

해설 16
① 흡수식 냉동기는 도시가스가 주 에너지원이다.
③ 설비비의 면에서는 압축식 냉동기가 흡수식에 비해서 유리하다.
④ 흡수식 냉동기의 냉동사이클은 증발기 → 흡수기 → 발생기 → 응축기의 순이다.

해설 17
이중효용 흡수식 냉동기
㉠ 흡수식 냉동기는 발생기의 형식에 따라 단효용식과 2중효용식이 있다.
㉡ 단효용 흡수식 냉동기의 응축기에서 버리던 증기의 응축열을 효율적으로 이용한 것이다.
㉢ 냉매증기는 수증기이고 증기보일러와 연동하여 구동한다.
㉣ 고온발생기와 저온발생기가 있어 단효용 흡수식에 비해 효율이 높다.
㉤ 저온발생기는 고온발생기보다 압력이 낮다.
㉥ 단효용 흡수식 냉동기보다 에너지 절약적이고 냉각탑 용량을 줄일 수 있다.
※ 냉동 사이클 : 증발기 – 흡수기 – 발생기(재생기) – 응축기

정답 16. ② 17. ④ 18. ④

19. 냉동기 주변 배관에 관한 설명으로 옳지 않은 것은? [15 ㈛]
① 냉각기의 출입구에는 밸브를 설치한다.
② 응축기의 출입구에는 밸브를 설치한다.
③ 냉동기의 냉수배관 입구측에는 스트레이너를 설치한다.
④ 냉수 배관의 가장 높은 부분에는 물빼기밸브를 설치한다.

해설 19
냉수 배관의 가장 높은 부분에는 공기 빼기밸브를 설치한다.

20. 냉동기 주변 배관에 관한 설명으로 옳지 않은 것은? [20 ㈛]
① 냉각기 또는 응축기의 출입구에는 밸브를 설치한다.
② 냉동기의 냉수배관 입구측에는 스트레이너를 설치한다.
③ 냉수배관의 가장 높은 부분에는 물빼기밸브를 설치한다.
④ 흡수식 냉온수기의 냉수배관 입구측에는 스트레이너를 설치한다.

해설 20
냉수 배관의 가장 낮은 부분에는 물빼기밸브를 설치한다.

21. 냉동기에서 냉매의 압력을 응축압력에서 증발압력까지 낮추는 데 사용하는 밸브는? [15 ㈛]
① 볼밸브 ② 2방밸브
③ 슬루스밸브 ④ 온도식 팽창밸브

해설 21
증기압축식 냉동기의 4대 구성요소
압축기(단열압축) → 응축기(등온압축) → 팽창밸브(단열팽창) → 증발기(등온팽창)
☞ 팽창밸브(expansion valve) : 고온 고압의 냉매액을 증발기에서 증발하기 쉽도록 하기 위해 저온·저압으로 팽창시키는 역할을 한다.

19. ④ 20. ③ 21. ④

03 열펌프

핵심 PLUS

- 낮은 온도의 열원으로부터 높은 온도의 열로 펌프하듯 끌어올려 이용할 수 있기 때문에 히트펌프라고 한다.

- 압축기를 동력원으로 압축 → 응축 → 팽창 → 증발의 사이클로 순환

1 열펌프의 원리

1. 열펌프(heat pump)

냉동사이클에서 응축기의 방열량을 이용하기 위한 것으로 공기조화에서는 난방용으로 응용된다. 냉동기의 압축기에서 토출된 고온고압의 냉매증기는 응축기에서 방열하고 액화된다. 이때 방열되는 응축열로 물이나 공기를 가열하여 난방에 이용하는 장치를 열펌프(heat pump)라 한다.

2. 원리

저온의 물질과 고온의 물질 사이에 열펌프가 있어서 냉동사이클에 의해 저온물질측에 증발기를, 고온물질측에 응축기가 위치되도록 하여 저온물질로부터 열을 얻어 공조용이나 공업용 및 급탕용으로 이용된다.

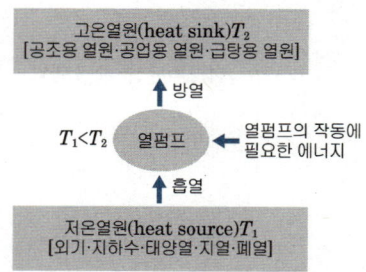

[그림] 열펌프의 원리

- EHP(Electric Heat Pump)는 최대수요전력의 저감이 어려운 것이 단점이다.
GHP(Gas Heat Pump)는 전기 대신 가스를 사용한다는 점(가스엔진의 축동력을 압축기의 회전력으로 사용)과 엔진의 폐열을 회수하여 난방시 증발압력을 보상하는 것이 특징이다.

3. 냉동기 구동형식에 따른 분류

1) EHP(Electric Heat Pump)

  전기로 냉동기의 압축기를 구동하여 냉·난방을 하는 방식

2) GHP(Gas Heat Pump)

  LNG나 LPG 등의 가스 연료로 엔진을 구동하여 냉동기의 압축기를 작동시켜 냉·난방을 하는 방식이다. 이때 연소가스와 엔진 냉각수의 열도 회수하여 난방용 열로 사용한다.

[그림] 냉동기의 구성

2 기본 사이클

열펌프의 기본적인 구성요소는 저온부의 열교환기인 증발기, 고온부의 열교환기인 응축기, 압축기, 팽창밸브 등이다. 작동매체인 냉매는 증발 → 압축 → 응축 → 팽창 → 증발의 변화를 반복하면서 장치 내를 순환하게 된다.

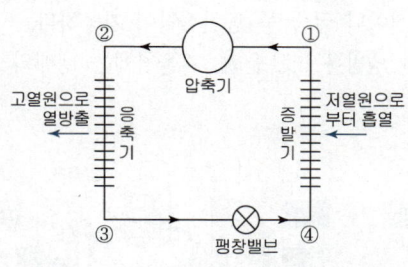

[그림] 압축식 열펌프의 기본 구성

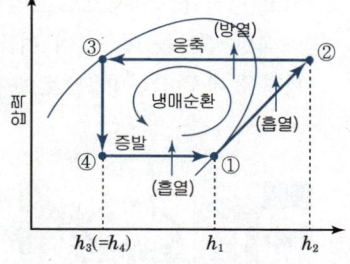

[그림] 압축식 열펌프의 기본 사이클

1. $Q = q + A_L$

   저온 쪽에서 흡수되는 열량(q)보다 고온 쪽에서 방출하는 열량(Q)이 더 크다.

2. 성적계수

   냉동의 성적을 표시하는 척도로 쓰여지는 성적계수(COP : Coefficient of Performance) 라고 하며 입력에 대한 출력의 비율은 다음과 같다.

   ① 냉동기를 냉각 목적으로 할 경우 냉동기의 성적계수(COP)

$$\epsilon_r = \frac{\text{저온체로부터의 흡수열량(냉동효과)}}{\text{압 축 일}} = \frac{q}{AL}$$

핵심 PLUS

예 열펌프(heat pump)에 관한 설명으로 옳은 것은?
① 공기조화에서 주로 냉방용으로 응용된다.
② 냉동사이클에서 응축기의 방열량을 이용하기 위한 것이다.
③ GHP(Gas Engine Heat Pump)는 흡수식 냉동기의 원리를 이용한 열펌프이다.
④ 냉동기를 냉각목적으로 할 경우의 성적계수보다 열펌프로 사용될 경우의 성적계수가 작다.

답 : ②

핵심 PLUS

예 냉동기를 냉각 목적으로 할 경우의 성적계수를 COP_C, 가열목적 즉 히트펌프로 사용될 경우의 성적계수를 COP_H 라 할 때 두 성적계수의 관계를 바르게 나타낸 것은?
① $COP_H + COP_C = 1$
② $COP_H + 1 = COP_C$
③ $COP_H - COP_C = 1$
④ $COP_C / COP_H = 1$

답 : ③

② 열펌프(heat pump)로 사용될 경우의 성적계수(COP_h)

$$\epsilon_h = \frac{응축기의\ 방출열량}{압축\ 일} = \frac{q+AL}{AL} = \frac{q}{AL}+1$$

∴ 열펌프를 이용한 성적계수(COP_h)가 냉동기로 이용한 성적계수(COP)보다 1만큼 크다.

3 열펌프(Heat Pump) 시스템

1. 열펌프의 특징

① 원래 높은 성적계수(COP)로 에너지를 효율적으로 이용하는 방법의 일환으로 연구되어 왔다.
② 열펌프(Heat Pump)는 하계 냉방시에는 보통의 냉동기와 같지만, 동계 난방시에는 냉동사이클을 이용하여 응축기에서 버리는 열을 난방용으로 사용하고 양열원을 겸하므로 보일러실이나 굴뚝 등 공간절약이 가능하다.
→ 4방 밸브를 이용하여 여름엔 냉방용으로 운전, 겨울철에는 냉매의 흐름 방향을 바꾸어 난방용으로 운전

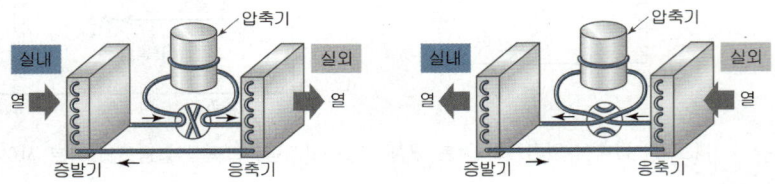

(a) 여름 : 냉동기로써 사용   (b) 동기 : 히트펌프로써 사용

[그림] 냉동기와 히트펌프

③ 냉매의 흐름이 바뀌면, 증발기는 응축기로, 응축기는 증발기로 그 기능이 변환한다.

2. 열원의 종류

지하수, 하천수, 해수, 공기(대기), 태양열, 지열, 온배수, 건축의 폐열 등 온도가 적당히 높고 시간적 변화가 적은 열원일수록 좋다.

3. 시스템의 종류

- 공기 – 공기방식(냉매회로 변환방식)
- 공기 – 공기방식(공기회로 변환방식)
- 공기 – 물방식(냉매회로 변환방식)
- 공기 – 물방식(물회로 변환방식)
- 물 – 공기방식(냉매회로 변환방식)
- 물 – 물방식(물회로 변환방식)
- 물 – 물방식(냉매회로 변환방식)
- 흡수식 열펌프

핵심 PLUS

■ 지열히트펌프의 특징

지중 열원을 사용함으로써 무한한 땅속의 에너지를 사용할 수 있다. 태양열에 비해 열원온도가 일정(연중 약 15[℃]±5[℃])하여 기후의 영향을 적게 받으므로 보조 열원이 필요하지 않은 히트펌프의 일종이다.

- 열원은 냉난방 및 급탕에 이용할 수 있다.
- 공기에 비해 열원의 온도변화가 작다.
- 열원의 온도는 기후, 토질 등에 의해 영향을 받는다.
- 초기 설치의 까다로움으로 투자비가 증대된다.
- 지중 열교환 파이프상의 압력손실 증가로 반송동력 증가 가능성이 있다.

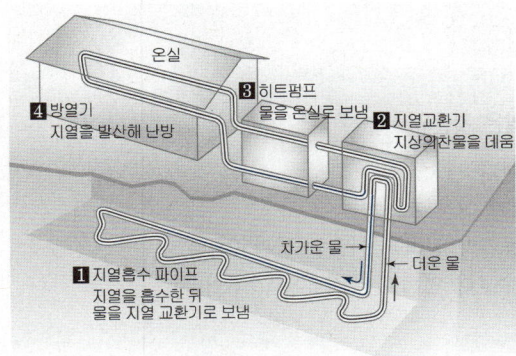

[그림] 지열 온실 난방 과정

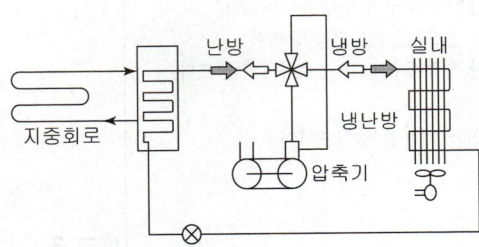

[그림] 지열 이용 열펌프의 개략도

핵심기출문제

03. 열펌프

1. 냉동기의 압축기에서 토출된 고온·고압의 냉매증기는 응축기에서 방열하고 액화되는데, 이때 방열되는 응축열로 물이나 공기를 가열하여 난방에 이용되는 장치를 무엇이라 하는가? [11, 24 ④]

① 냉각탑
② 팬코일
③ 열펌프
④ 전열교환기

2. 열펌프(heat pump)에 관한 설명으로 옳지 않은 것은?

① 공기조화에서 냉방 또는 난방기능을 수행한다.
② 냉동사이클에서 응축기의 방열량을 이용하기 위한 것이다.
③ EHP(Electric Heat Pump)는 흡수식 냉동기의 원리를 이용한 열펌프이다.
④ 냉동기를 냉각목적으로 할 경우의 성적계수보다 열펌프로 사용될 경우의 성적계수가 크다.

[해설] 히트펌프(Heat Pump)
㉠ 낮은 온도의 열원으로부터 높은 온도의 열로 펌프하듯 끌어올려 이용할 수 있기 때문에 히트펌프라고 한다.
㉡ 압축기를 동력원으로 압축 → 응축 → 팽창 → 증발의 사이클로 순환
㉢ 여름엔 냉방용으로 운전, 겨울철에는 냉매의 흐름 방향을 바꾸어 난방용으로 운전
㉣ 냉매의 흐름이 바뀌면, 증발기는 응축기로, 응축기는 증발기로 그 기능이 변환
※ 열펌프를 이용한 성적계수(COP_H)가 냉동기로 이용한 성적계수(COP_C)보다 1만큼 크다.
$COP_H = COP_C + 1$
☞ EHP(Electric Heat Pump)는 압축식 냉동기의 원리를 이용한 열펌프이다.

3. 열펌프(heat pump)에 관한 설명으로 옳은 것은? [24, 25 ④]

① 공기조화에서 주로 냉방용으로 응용된다.
② 냉동사이클에서 응축기의 방열량을 이용하기 위한 것이다.
③ EHP(Electric Heat Pump)는 흡수식 냉동기의 원리를 이용한 열펌프이다.
④ 냉동기를 냉각 목적으로 할 경우의 성적계수보다 열펌프로 사용될 경우의 성적계수가 작다.

해설

[해설] **1**
히트펌프(열펌프)는 냉동기의 압축기에서 토출된 고온·고압의 냉매증기는 응축기에서 방열하고 액화된다. 이때 방열되는 응축열로 물이나 공기를 가열하여 난방에 이용하는 장치이다.
☞ 열펌프(Heat Pump)는 낮은 온도의 열원으로부터 높은 온도의 열로 펌프하듯 끌어올려 이용할 수 있기 때문에 히트펌프라고 한다.

[해설] **3**
① 열펌프는 냉동기의 압축기에서 토출된 고온·고압의 냉매증기는 응축기에서 방열하고 액화된다. 이때 방열되는 응축열로 물이나 공기를 가열하여 난방에 이용하는 장치이다.
③ EHP(Electric Heat Pump)는 압축식 냉동기의 원리를 이용한 열펌프이다.
④ 열펌프를 이용한 성적계수(COP_H)가 냉동기로 이용한 성적계수(COP)보다 1만큼 크다.

정답 1. ③ 2. ③ 3. ②

4. 냉동기를 냉각 목적으로 할 경우의 성적계수를 COP_C, 히트펌프로 사용될 경우의 성적계수를 COP_H라 할 때, 다음 식 중 옳은 것은? [15, 24]

① $COP_H = COP_C$
② $COP_H = 1/COP_C$
③ $COP_H = COP_C - 1$
④ $COP_H = COP_C + 1$

5. 히트펌프에 관한 설명으로 옳지 않은 것은? [12, 20, 24]

① 저온측과 고온측의 온도차가 커질수록 성적 계수는 커진다.
② 장치내를 순환하는 작동매체인 냉매는 증발 → 압축 → 응축 → 팽창 → 증발의 변화를 반복한다.
③ 냉동사이클에서 응축기의 방열량을 이용하기 위한 것으로 공기조화에서는 난방용으로 응용된다.
④ 기본적인 구성요소는 저온부의 열교환기인 증발기, 고온부의 열교환기인 응축기, 압축기, 팽창밸브 등이다.

해설

해설 4, 5

성적계수(COP)

$Q = q + AL$: 냉동기의 특징
→ 저온 쪽에서 흡수되는 열량(q)보다 고온 쪽에서 방출하는 열량(Q)이 더 크다.

㉠ 냉동기의 성적계수(COP)

$$= \frac{냉동효과(q)}{압축일(AL)} = \frac{냉동능력}{소요능력}$$

㉡ 열펌프의 성적계수(COP_h)

$$= \frac{응축기의방출열량}{압축일} = \frac{q + AL}{AL}$$

$$= \frac{q}{AL} + 1$$

∴ 열펌프를 이용한 성적계수(COP_h)가 냉동기로 이용한 성적계수(COP)보다 1만큼 크다.

☞ 저온측과 고온측의 양온도차가 작아질수록 성적계수는 커진다

정답 4. ④ 5. ①

04 냉각탑

제2과목 건축설비설계 | 제1편 열원설비 설계

핵심 PLUS

응축기에서 발생한 응축잠열은 냉각수에 흡수된다. 응축잠열로 고온이 된 냉각수는 대기 중에 버려야 하는 데 이때 냉각수에 공기를 직접 접촉시켜 ㅋ방열하는 장치를 냉각탑이라 한다. 즉, 응축기에서 냉각수가 빼앗은 열량을 냉각시켜 주는 역할을 하는 장치이다.

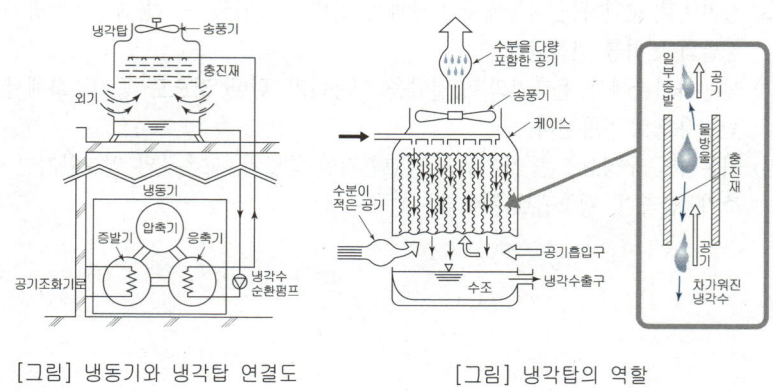

[그림] 냉동기와 냉각탑 연결도   [그림] 냉각탑의 역할

1 냉각탑의 종류

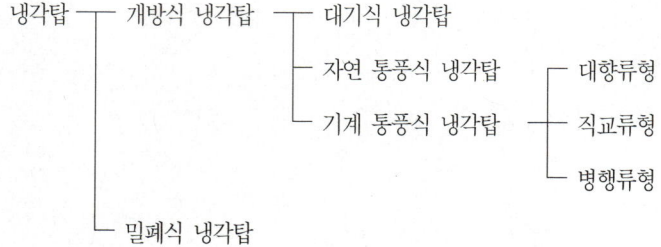

1. 개방식
냉각수가 냉각탑 내에서 대기에 노출되는 개방 회로 방식으로, 공기조화에서는 대부분 이 방식이 사용된다.

2. 밀폐식

냉각수 배관이 밀폐된 것으로서, 폐회로 수열원 열펌프 방식과 같이 냉각수 배관의 길이가 길고, 건축 내에 널리 분포되어 있는 경우에 사용된다. 대기오염이 아주 심하거나 외부에 노출시켜 설치할 수 없을 때 주로 사용한다.

2 냉각탑의 분류(물의 흐름방향에 따른 분류)

① 대향류식 : 공기를 아래에서 위로 흐르게 함
　㉠ 분무식
　㉡ 충진식 : 흡입식, 압입식
② 직교류식 : 공기를 수류와 직각으로 흐르게 함
　㉠ 편측흡입식
　㉡ 양측흡입식
☞ 대향류형 냉각탑은 직교류형 냉각탑에 비해 열교환 효율이 유리하다.

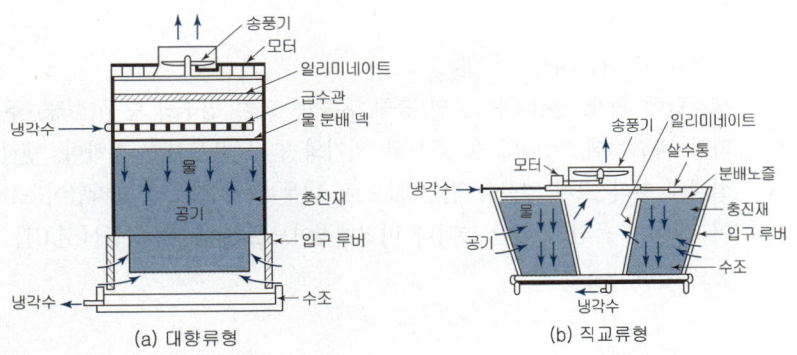

[그림] 냉각탑

3 냉각탑의 설치 장소

① 충분한 통풍이 확보될 수 있는 장소로 냉각탑의 급기와 배기가 혼합되지 않도록 계획한다.
② 연돌의 배기, 주방의 배기 등으로 냉각수가 오염되지 않는 장소에 계획한다.
③ 기계 통풍 냉각탑은 소음이 발생하므로 주변의 영향을 고려한다.
④ 냉각탑으로부터 흩어지는 물방울이 주위에 낙하하므로 사람이 모이는 곳으로부터 거리와 풍향을 고려한다.
⑤ 주위의 조형물과의 관계를 고려하여 결정한다.

핵심 PLUS

예 대기 오염이 심한 지역에 가장 적합한 냉각탑은?
① 개방식　② 밀폐식
③ 대기식　④ 자연통풍식

해설 밀폐식 냉각탑은 대기오염이 아주 심하거나 외부에 노출시켜 설치할 수 없을 때 주로 사용한다. 굴뚝과는 멀리 떨어질수록 좋으며, 지상에 설치가 가능하다.

답 : ②

예 냉각탑의 종류를 공기 흐름에 따라 분류한 방식에 속하는 것은?
[20, 24 산]
① 흡입식　② 밀폐형
③ 필름형　④ 직교류형

해설 직교류형은 공기를 수류와 직각으로 흐르게 하는 방식으로 대향류형에 비해 구조상 점검·보수가 용이하고, 팬 소요동력이 적다. 또한 탑 내 기류분포가 나쁘며, 탑높이가 낮아 설치면적이 크고 냉각효율이 낮다.

답 : ④

■ 열효율
열효율이 높은 순으로 대향류형, 직교류형, 병행류형이다.

예 냉각탑에 관한 설명으로 옳지 않은 것은?
① 냉각탑은 냉동기의 증발기를 냉각시키기 위하여 설치한다.
② 어프로치란 냉각수 출구온도와 입구공기의 습구온도차를 말한다.
③ 냉각탑부하는 냉동기 응축기부하와 펌프·배관부하를 합한 것이다.
④ 보급수량은 냉각수 순환량에 증발수량과 비산수량을 합한 것이다.

해설 냉각탑은 응축기에서 냉각수가 빼앗은 열량을 냉각 순환시켜 대기 중으로 방출하기 위한 장치이다.

답 : ①

핵심 PLUS

4 냉각탑의 용량

1. 냉각 열량 H_{CT}[W]

① 증기 압축식 냉동기의 경우

$$H_{CT} = H_E + H_C + H_P \fallingdotseq H_E + H_C [W]$$

H_E : 냉동열량[W]

H_C : 압축 동력의 열당량[W]

H_P : 펌프 동력의 열당량[W]

② 흡수식 냉동기의 경우

$$H_{CT} = H_E + H_R + H_P \fallingdotseq H_E + H_R [W]$$

H_R : 재생기 가열용량[W]

일반적으로 증기 압축식 냉동기에 대한 냉각탑 용량은 냉동열량의 1.2~1.3배, 흡수식 냉동기에 대한 냉각탑 용량은 냉동열량의 2.5배이다.
냉각탑의 용량은 냉각톤으로 나타내며 1냉각톤은 4,535[W](3,900[kcal/h])이다.

※ 어프로치(approach)

　냉각탑에 의해 냉각되는 물의 출구 온도는 외기 입구의 습구(濕球) 온도에 따라 바뀌는데, 이때의 물 온도와 외기의 습구 온도차를 말하며, 냉각탑의 설계에 따라 크게 영향을 받는 값으로, 너무 작게 잡으면 냉각탑이 크게 되어 건설비, 운전비 등이 늘어나 비경제적이므로 보통 4~6[℃](5[℃]) 부근으로 한다.

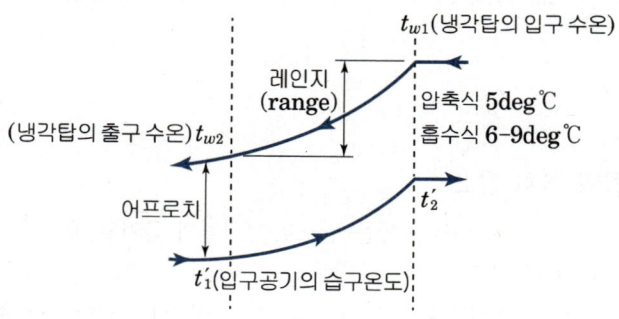

[그림] 냉각탑 내의 온도 변화 (수온과 습공기온도의 변화)

■ 냉각톤
1냉동톤의 능력을 발휘하기 위해 대기 중으로 배출하여야 할 열량
1냉각톤 = 1냉동톤(3,024[kcal/h])
　+ 냉동톤당 전기입력의 열(1[kW]
　= 860[kcal/h])
　= 3,884[kcal/h] ≒ 3,900[kcal/h]
　= 4.535[kW]

예 직교류식 냉각탑에서 cooling range 를 바르게 표시한 것은? [19 산]
① 냉각탑 입구수온 + 냉각탑 출구수온
② 냉각탑 출구수온 - 외기 습구온도
③ 외기 습구온도 - 냉각탑 입구수온
④ 냉각탑 입구수온 - 냉각탑 출구수온

답 : ④

예 냉각탑의 쿨링 어프로치(cooling approach)란? [15, 24, 25 산]
① 냉각탑 입구수온(℃) - 냉각탑 출구수온(℃)
② 냉각탑 입구수온(℃) - 입구공기의 습구온도(℃)
③ 냉각탑 출구수온(℃) - 입구공기의 습구온도(℃)
④ 냉각탑 입구수온(℃) - 입구공기의 건구온도(℃)

답 : ③

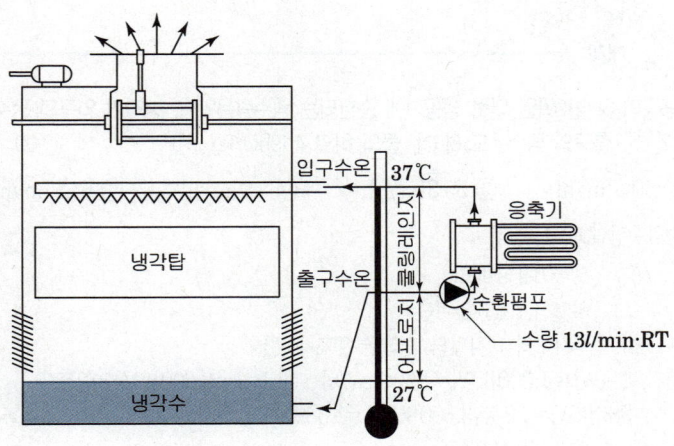

2. 순환수량(Q_w)[L/min]

$$Q_w = \frac{H_{CT}}{60 C \Delta t} \text{ [L/min]}$$

H_{CT} : 냉각탑용량(냉동기용량) [kJ/h]

C : 비열(4.19[kJ/kg·K])

Δt : 냉각수의 냉각탑의 출입구 온도차[℃]

3. 보급수량

순환수량의 2~3[%] 정도

핵심 PLUS

[예] 수냉식 냉각탑에서 냉각수의 입구 온도가 38[℃], 출구 온도가 31[℃] 일 경우 순환수량 L[kg/h]은? (단, 물의 비열은 4.2[kJ/kg·K], 냉각열량은 411,600[kJ/h]이다.)

[12, 25 산]

① 6,048[kg/h]
② 8,760[kg/h]
③ 12,400[kg/h]
④ 14,000[kg/h]

[해설] 순환수량(Q_w)[L/min]

$$Q_w = \frac{H_{CT}}{60 C \Delta t} \text{ [L/min]}$$

H_{CT} : 냉동기용량

C : 비열(4.19[kJ/kg·K])

Δt : 냉각수의 냉각탑의 출입구 온도차[℃]

$$Q_w = \frac{411,600}{60 \times 4.2 \times (38-31)}$$

=233.33 L/min=13,999.8 L/h

=14,000 kg/h

답 : ④

핵심 PLUS

예 700[kW]의 터보냉동기에 순환되는 냉수량은? (단, 냉각기 입구와 출구에서의 냉수온도는 각각 12[℃], 7[℃]이며, 물의 비열은 4.2[kJ/kg·K]이다.) [16 기]

① 2,000[L/min]
② 3,000[L/min]
③ 4,000[L/min]
④ 6,000[L/min]

해설 먼저, 1[kW]=1,000[W]
=860[kcal/h]=1[kJ/s]=3,600[kJ/h]
이므로
700[kW]=700×3,600[kJ/h]
=2,520,000[kJ/h]

$Q_W = \dfrac{2,520,000}{60 \times 4.2 \times (12-7)}$
=2,000[L/min]

답 : ①

예제

1. 용량이 386[kW]인 터보 냉동기에 순환되는 냉수량은?(단, 냉각기 입구의 냉수온도 12[℃], 출구의 냉수온도 6[℃], 물의 비열 4.19[kJ/kg·K]) [09, 12 기]

   ① 50.5[m³/h]　**② 55.3[m³/h]**　③ 58.9[m³/h]　④ 64.9[m³/h]

   ▶ 순환수량(Q_w) [L/min]
   　H_{CT} : 냉동기용량(kJ/h)
   　C : 비열(4.19kJ/kg·K)
   　Δt : 냉각수의 냉각탑의 출입구 온도차(℃)
   먼저, 1[kW]=1,000[kW]=860[kcal/h]=1[kJ/s]=3,600[kJ/h]이므로
   　386[kW]=386×3,600[kJ/h]=1,389,600[kJ/h]
   $Q_W = \dfrac{1,389,600}{60 \times 4.19 \times (12-6)} = 921[\text{L/min}] = 0.921[\text{m}^3/\text{min}] = 55.3[\text{m}^3/\text{h}]$

2. 다음과 같은 냉각수 배관계통에서 냉각수 펌프의 전양정[mAq]은? (단, 냉각수 배관 전길이는 200[m], 마찰저항은 40[mmAq/m], 배관계 국부저항은 배관저항의 30[%]로 하고 냉동기 응축기 저항 8[mAq], 냉각탑 살수압력은 40[kPa], 1[kPa]은 0.1[mAq]로 한다.) [09 기]

   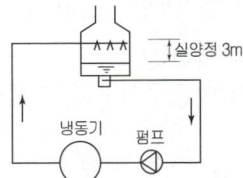

   ① 19.1　② 21.7　**③ 25.4**　④ 28.3

   ▶ 펌프의 전양정(H) = 실양정+배관마찰손실수두+기기저항수두+살수압력수두
   　　　　　　　　　= 3+(200×0.04×1.3)+8+(40×0.1) = 25.5[mAq]
   ※ 40[mmAq]=0.04[mAq]

핵심기출문제

04. 냉각탑

해설

1. 냉각탑 설치 시 고려할 사항으로 옳지 않은 것은? [15 ④]
① 설치장소는 통풍이 잘 될 것
② 냉각탑에서 배출된 공기가 다시 냉각탑 내로 흡입되지 않도록 할 것
③ 측벽과 냉각탑의 이격거리는 냉각탑 높이의 1/2 이하로 할 것
④ 연도가스를 흡입하지 않도록 굴뚝정상과의 거리는 가능한 떨어지게 설치할 것

[해설] **1**
측벽과 냉각탑의 간격이 너무 가까우면 냉각효과가 감소하므로 적어도 냉각탑 높이의 1/2 이상으로 할 것

2. 냉각탑을 송풍방식에 따라 구분할 경우, 팬이 냉각탑의 공기 출구 측에 위치해 있는 것은? [14 ④]
① 압입식
② 흡입식
③ 대향류형
④ 직교류형

[해설] **2,3**
냉각탑의 분류(물의 흐름방향에 따른 분류)
① 대향류식 : 공기를 아래에서 위로 흐르게 함
 ㉠ 분무식
 ㉡ 충진식 : 흡입식, 압입식
② 직교류식 : 공기를 수류와 직각으로 흐르게 함
 ㉠ 편측흡입식
 ㉡ 양측흡입식
☞ 흡입식 : 팬이 냉각탑의 공기 출구 측에 위치해 있는 것
☞ 대향류형 냉각탑은 직교류형 냉각탑에 비해 열교환 효율이 유리하다.

3. 대향류형 냉각탑과 비교한 직교류형 냉각탑의 특징을 설명한 내용 중 옳지 않은 것은? [13, 17, 23 ④]
① 팬 소요동력이 적다.
② 탑내 기류분포가 나쁘다.
③ 구조상 점검·보수가 용이하다.
④ 설치면적이 적고 냉각효율이 높다.

4. 대향류형 냉각탑이 직교류형 냉각탑에 비해 유리한 점으로 옳은 것은? [15, 24 ④]
① 급수압력
② 열교환효율
③ 송풍기동력
④ 살수장치의 보수점검

[해설] **4**
대향류형 냉각탑은 직교류형 냉각탑에 비해 열교환 효율이 유리하다.

[정답] 1. ③ 2. ② 3. ④ 4. ②

핵심기출문제

04. 냉각탑

5. 직교류식 냉각탑에서 cooling range를 바르게 표시한 것은? [12 ④]

① 냉각탑 입구수온 – 외기 습구온도
② 냉각탑 출구수온 – 외기 습구온도
③ 외기 습구온도 – 냉각탑 입구수온
④ 냉각탑 입구수온 – 냉각탑 출구수온

[해설] **5, 6**
쿨링 레인지(cooling range) : 냉각탑의 입구수온과 출구수온의 차이다.
※ 어프로치(approach) : 냉각탑의 출구의 수온과 입구공기의 습구온도의 차이다.

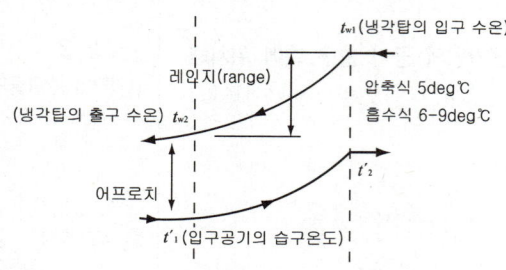

[그림] 냉각탑 내의 온도 변화(수온과 습공기온도의 변화)

6. 냉각탑에서 입구수온을 tw_1, 출구수온을 tw_2, 입구공기의 습구온도 t_1, 출구공기의 습구 온도 t_2 라 할 때 레인지(Range)란 무엇을 말하는가? [14 ④]

① $tw_2 - t_1$
② $tw_1 - t_2$
③ $tw_2 - t_2$
④ $tw_1 - tw_2$

7. 냉각탑에서 어프로치(approach)에 관한 설명으로 옳은 것은?

① 냉각탑 출구와 입구 수온의 온도차
② 냉각탑 입구와 출구 공기의 습구온도차
③ 냉각탑 입구의 수온과 출구공기의 습구온도와의 차
④ 냉각탑 출구의 수온과 입구공기의 습구온도와의 차

8. 냉각탑에서 응축기로 물을 보내기 위한 배관의 명칭은? [14, 17 ④]

① 냉각수 공급관
② 냉각수 환수관
③ 냉수 공급관
④ 냉수 환수관

해설

[해설] **7**
어프로치(approach)
냉각탑의 출구의 수온과 입구공기의 습구온도의 차이다. 냉각탑에 의해 냉각되는 물의 출구 온도는 외기 입구의 습구(濕球) 온도에 따라 바뀌는데, 이때의 물 온도와 외기의 습구 온도차를 말하며, 냉각탑의 설계에 따라 크게 영향을 받는 값으로, 너무 작게 잡으면 냉각탑이 크게 되어 건설비, 운전비 등이 늘어나 비경제적이므로 보통 4~6[℃](5[℃]) 부근으로 한다.

[해설] **8, 9**
냉동기의 응축기와 냉각탑으로 흐르는 물을 냉각수라고 하며, 이 냉각수관(냉각수 공급관)은 냉각탑으로의 연결배관으로 보온하지 않고 단열시공을 하지 않아도 된다.
☞ 냉각수 공급관 : 냉각탑에서 응축기로 물을 보내기 위한 배관

[정답] 5. ④ 6. ④ 7. ④ 8. ①

9. 냉동기의 응축기에서 냉각탑으로 흐르는 유체의 명칭은? [17 ㈜]

① 냉수
② 온수
③ 응축수
④ 냉각수

10. 용량이 386[kW]인 터보 냉동기에 1시간동안 순환되는 냉각수량은? (단, 냉각기 입구의 냉수온도 10[℃], 출구의 냉수온도 5[℃], 물의 비열 4.2[kJ/kg·K]) [13, 17, 23 ㈜]

① 55.3[m³/h]
② 58.9[m³/h]
③ 64.9[m³/h]
④ 66.2[m³/h]

[해설] 순환수량(Q_w)[ℓ/min]

$$Q_w = \frac{H_{CT}}{60C\Delta t} [\ell/min]$$

H_{CT} : 냉동기용량[kJ/h]
C : 비열(4.19[kJ/kg·K])
Δt : 냉각수의 냉각탑 출입구 온도차[℃]

먼저, 1[kW]=1,000[W]=860[kcal/h]=1[kJ/s]=3,600[kJ/h] 이므로
386[kW]=386×3,600[kJ/h]=1,389,600[kJ/h]

$$Q_W = \frac{1,389,600}{60 \times 4.19 \times (10-5)} = 1,105 [\ell/min] = 1.105 [m^3/min] = 66.3 [m^3/h]$$

해설

정답 9. ④ 10. ④

05 축열시스템

제2과목 건축설비설계 | 제1편 열원설비 설계

1 개요

대형 건축물의 건설로 인하여 냉방용 기기의 증가에 따른 전기사용량은 급격한 증가 추세에 있다. 또한 산업용 전기까지 감안한다면 낮 시간에는 최대부하가 걸리고 밤 시간에는 많은 양의 전기가 남게 된다.
야간의 값싼 심야전력(23시~9시)을 이용하여 냉동기를 가동하여 전기에너지를 얼음 형태의 열에너지로 축열조에 저장했다가 주간의 냉방용으로 사용하는 시스템으로, 주로 얼음의 융해열(335[kJ/kg])을 이용한 것이다.
주야간의 전력 불균형을 해소하고 적은 비용으로 쾌적한 환경을 조성할 수 있다.

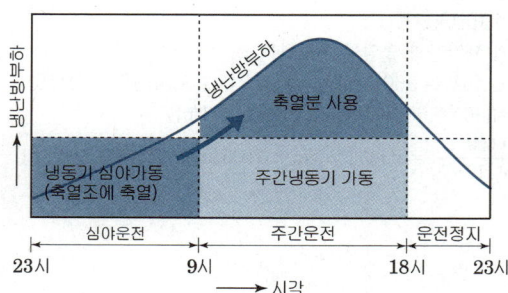

2 축열시스템의 종류

1. 수축열시스템

① 냉동기, 축열을 위한 수축열조, 냉동기측 냉수 순환펌프, 공조기측 냉수순환 펌프로 구성되어 있다.
② 심야에 냉동기와 냉동기측 냉수순환펌프를 가동하여 수축열조에 현열 축열재인 물을 냉각시켜 냉수로 저장하고, 주간에는 공조기측 냉수순환펌프를 작동시켜 이 냉수를 이용하여 냉방을 한다.
③ 냉동기를 열펌프(Heat Pump)로 작동하면 온수를 축열조에 저장하여 난방 및 급탕용으로도 사용할 수 있다.

Industrial Engineer Building Facilities

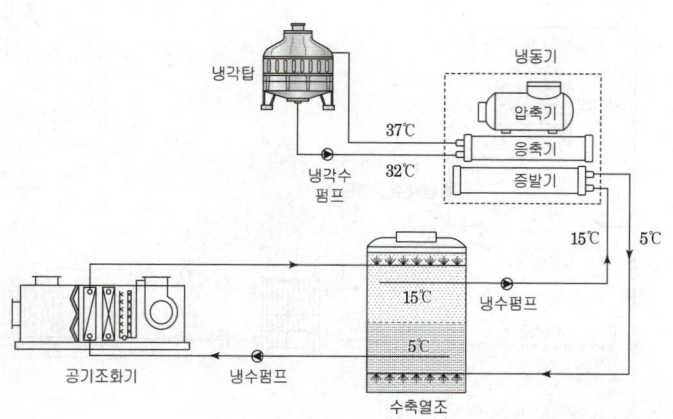

[그림] 수축열시스템의 구성

2. 빙축열시스템

① 빙축열시스템은 냉각을 위한 냉동기, 축열을 위한 빙축열조, 외부와의 열교환을 위한 열교환기, 브라인(bline) 펌프, 공조기측 냉수순환펌프로 구성된다.

② 냉방부하가 적을 때는 열원설비를 가동하지 않고 축열조에 저장되어 있는 부하만으로도 부하에 대응할 수 있다. 급격하게 냉방부하가 증가되면 냉동기의 운전과 병행하면서 부하에 대응할 수 있다. 따라서, 공조 계통의 시간대가 다양한 곳이나 부하변동이 심한 곳에는 축열시스템이 적당하다.

③ 운전시간 및 공조부하량에 따른 분류

  ㉠ 제빙운전 : 심야시간의 제빙운전으로 빙축열조 안의 물을 얼려(잠열) 제빙

  ㉡ 해빙 단독운전 : 초여름이나 초가을과 같이 냉방부하가 비교적 적을 때 이용

  ㉢ 동시운전 : 빙축열조와 냉동기를 동시에 가동하는 방식으로 냉방부하가 가장 큰 한 여름철 낮에 주로 이용

  ㉣ 냉동기 단독운전 : 축열조의 해빙을 지연 또는 보류시키거나 해빙이 완료되었을 때의 운전방식으로 여름철 오전 이른 시간 또는 오후 늦은 시간에 주로 이용

핵심 PLUS

■ 수축열시스템

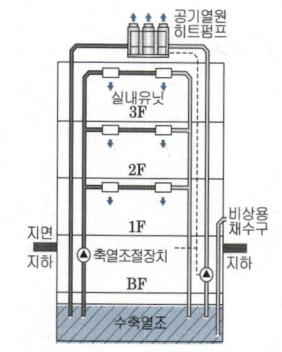

■ 축열조
① 냉동기에서 생성된 냉열을 얼음의 형태로 저장하는 탱크이다.
② 축열조는 축냉운전과 방냉운전을 반복적으로 수행하는데 적합한 재질의 축냉재를 사용해야 하며, 내부 청소가 용이하고 부식이 안되는 재질을 사용하여야 한다.

■ 축열률
① 1일 냉방부하량에 대한 축열조에 축열된 얼음의 냉방부하 담당비율

② 축열률 = $\dfrac{\text{이용 가능한 냉열량}}{\text{심야시간 이외의 시간에 필요한 냉방열량}}$

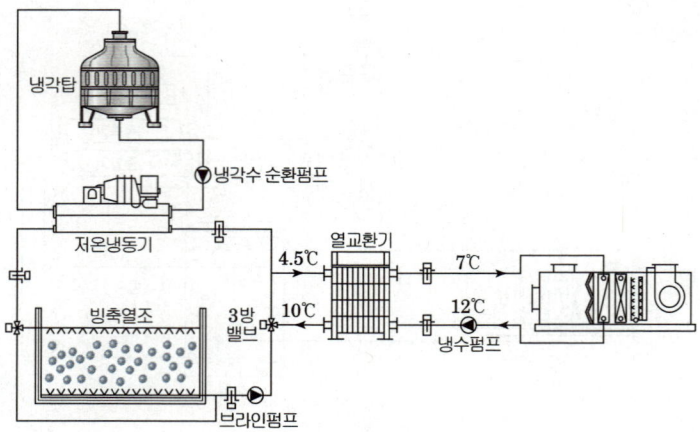

[그림] 빙축열시스템 구성도

3 특징

① 냉동기 및 열원설비 용량을 줄일 수 있다.
② 수전설비 용량 축소 및 계약 전력이 감소된다.
③ 심야전력 이용으로 전력 운전비가 감소된다.
④ 전력 부하 균형에 기여한다.
⑤ 축열을 이용하므로 열공급이 안정적이다.
⑥ 열원기기(냉동기)를 고효율로 운전할 수 있다.

핵심기출문제

05. 축열시스템

1. 개방식 축열수조에 관한 설명으로 옳지 않은 것은? [17, 24 산]
   ① 수전 전력이 증가된다.
   ② 심야전력을 이용할 수 있다.
   ③ 공조기용 2차 펌프의 양정이 증가한다.
   ④ 대기에 개방되므로 수질 관리가 필요하다.

2. 빙축열 등을 이용하는 축열시스템에 관한 설명으로 옳지 않은 것은?
   ① 열손실이 줄어든다.
   ② 심야전력을 이용할 수 있다.
   ③ 열원기기의 고효율운전이 가능하다.
   ④ 주간 피크 시간대에 전력부하를 절감할 수 있다.

3. 축열시스템에 대한 설명으로 옳지 않은 것은?
   ① 냉동기의 용량을 감소시킬 수 있다.
   ② 값이 저렴한 심야전력의 이용이 가능하다.
   ③ 호텔의 공공부분과 같이 간헐운전이 심한 경우에는 적용할 수 없다.
   ④ 빙축열 시스템은 냉각을 위한 냉동기, 축열을 위한 빙축열조, 외부와의 열교환을 위한 열교환기 등으로 구성된다.

해설

해설 1
축열수조는 수전설비 용량 축소 및 계약 전력이 감소된다.
※ 빙축열 시스템은 냉각을 위한 냉동기, 축열을 위한 빙축열조, 외부와의 열교환을 위한 열교환기로 구성된다.

해설 2
빙축열 시스템
야간의 값싼 심야전력을 이용하여 전기에너지를 얼음 형태의 열에너지로 저장했다가 주간의 냉방용으로 사용하는 시스템으로, 주로 얼음의 융해열(335 [kJ/kg])을 이용한 것이다. 주야간의 전력 불균형을 해소하고 적은 비용으로 쾌적한 환경을 조성할 수 있다.
※ 특징
- 냉동기 및 열원설비 용량을 줄일 수 있다.
- 수전설비 용량 축소 및 계약 전력이 감소된다.
- 심야전력 이용으로 전력 운전비가 감소된다.
- 전력 부하 균형에 기여한다.
- 축열로 열공급이 안정적이다.
- 열원기기(냉동기)를 고효율로 운전할 수 있다.

해설 3
축열 시스템은 간헐운전을 해야 하는 용도의 건축물에 적합하다.

정답 1. ① 2. ① 3. ③

06 지역냉난방시스템

1 지역난방

대규모 열원 플랜트(plant)를 설치하여 중앙식 보일러실에서 지역별 또는 지구별 내의 여러 건물에 집단적으로 열(증기 또는 고온수)을 생산·공급하는 시스템이다.

그 규모는 일정한 주택 단지에서 시가지 전역으로 공급하는 것도 있다. 지역난방의 배관은 사용하는 열매에 따라, 증기의 경우에는 보통 0.1~1.5[MPa]이며, 온수인 경우에는 100[℃] 이상의 고온수를 열매로 사용한다.

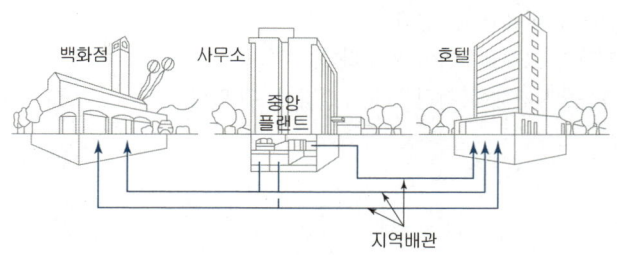

[그림] 지역냉난방 개념도

1. 특징

1) 장점
① 대규모 설비이므로 관리가 용이하고 열효율면에서 유리하다.
② 연료비와 인건비가 절감된다.
③ 각 건물에서는 위험물을 취급하지 않으므로 화재의 위험이 적다.
④ 건물 내의 유효 면적이 증대된다.
⑤ 설비의 고도화에 따라 도시의 대기오염 방지에 도움이 된다.

2) 단점
① 초기 시설 투자비가 많아진다.
② 열원기기의 용량 제어가 힘들다.
③ 배관에서의 열손실이 많다.
④ 고도의 숙련된 기술자가 필요하다.
⑤ 요금의 분배가 어렵다.
⑥ 저부하시 조절이 곤란하다.
⑦ 지역 배관을 위한 도시계획상의 사전계획이 필요하다.

핵심 PLUS

■ 지역난방의 열원 방식(system)
① 전용 열원 방식(열전용 plant 방식)
② 병용 열원 방식
  · 열병합 발전소(열발전 병용 plant 방식) 화력발전소
  · 소각열 이용방식
  · 공업용 보일러(터보 냉동기, 히트펌프 등)
  · 원자력 이용방식 : 원자력 발전소

예 지역난방에 관한 설명으로 옳지 않은 것은?
① 초기 투자비용이 크다.
② 배관에서의 열손실이 거의 없다.
③ 각 건물의 설비면적을 줄이고 유효면적을 넓힐 수 있다.
④ 설비의 고도화에 따라 도시의 매연을 경감시킬 수 있다.
답 : ②

2 열병합발전설비(Co-generation system)

일반 화력발전소에서 발전에 사용되고 버려지는 열을 회수하여 냉·난방, 급탕용으로 재이용하는 방식으로 지역난방의 일종이다. 국내산업용, 대규모 아파트 단지의 지역난방용으로 사용되고 있다.

1) 열병합발전 계통도

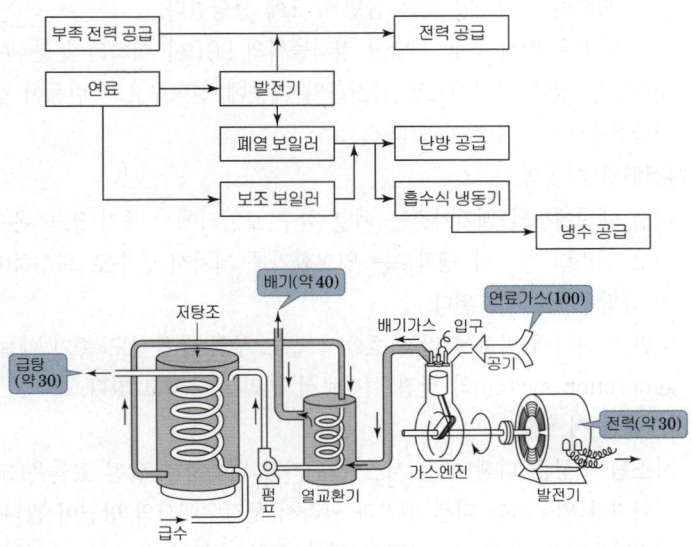

( ) 안의 숫자는 연료가스를 100%로 했을 경우에 얻어지는 비율[%]
[그림] 코제너레이션의 원리도

2) 열병합발전방식 system의 종류

① Total Energy System(TES) : 열 회수를 위주로 하고 부수적으로 발전을 해서 사용하는 방식
② Co-generation System : 발전설비를 위주로 하고 부수적으로 열을 회수하여 이용하는 방식으로 국내산업용, 대규모 아파트 단지에 적용된다.
③ On site Energy System(OES) : 매전을 하지 않고 건물 내 또는 지역 내 자가발전이나 난방 및 냉동기를 운전하는 방식

3) 열병합발전설비의 시스템 방식

① 증기터빈 시스템
 ㉠ 증기 터빈 시스템은 보일러에서 고압증기를 발생시키고, 배기를 냉난방 및 급탕용 열원으로 이용하거나 추기 복수 터빈의 추기(抽氣)를 이용한다.

ⓒ 우리나라에서도 목동 지역난방 열병합 발전 설비 및 공업 단지 열병합 발전 설비 또는 산업체 자가용 열병합 발전설비 등에서 많이 채용되고 있는 방식이다.

② 가스터빈 시스템
㉠ 가스 터빈 시스템은 가스, 석유류 등의 연료로써 가스 터빈을 구동하여 발전하고 배기를 폐열 회수 보일러에 유도하여 저압증기 또는 온수의 형태로 열을 회수하여 냉난방 또는 급탕 수요에 충당한다.
ⓒ 가스 터빈은 발전 효율이 낮고 정격출력의 90[%] 이하의 부분 부하시에는 회수되는 열이 극단적으로 감소하기 때문에 전력수요의 변동이 심한 일반 건축물용에는 적합하지 않다.

③ 디젤엔진 시스템
㉠ 디젤 엔진에서의 배기가스는 폐열 회수 보일러에서 증기 또는 온수를 회수하고 실린더 재킷의 냉각수는 열교환기를 거쳐서 온수로 회수하여 냉난방 및 급탕용으로 이용된다.
ⓒ 터빈 발전기에 비하여 발전 효율이 높고 부하 추종성도 좋기 때문에 co-generation system의 발전 설비로서 널리 사용되고 있다.

④ 가스엔진 시스템
㉠ 시스템 구성은 디젤 엔진 시스템과 거의 비슷하며 발전 효율은 30[%] 정도이지만 열수지는 디젤 엔진과 달라서 냉각수에서의 방열이 많다.
ⓒ 배기가스량은 디젤 엔진보다 적지만 온도 수준이 높아서 160[℃] 정도까지 회수되므로 이용 가능 열량은 디젤 엔진과 거의 같다.

⑤ 연료전지 시스템
㉠ 수소를 연료로 사용하는 연료전지 시스템에서는 전기생산과 동시에 폐열이 발생하므로 열병합발전이 가능하다.
ⓒ 도시가스를 직접 전력으로 변환하며, 보조보일러를 이용하여 온수와 냉수를 생산하는 시스템으로 발전 종합효율(80[%] 이상)이 높고, 진동 및 소음이 없으며 현재 연구개발 단계에 있다.

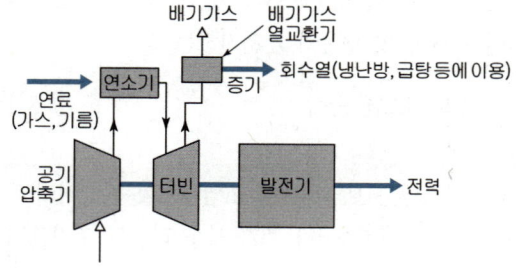

[그림] 가스터빈 cogeneration 시스템의 예

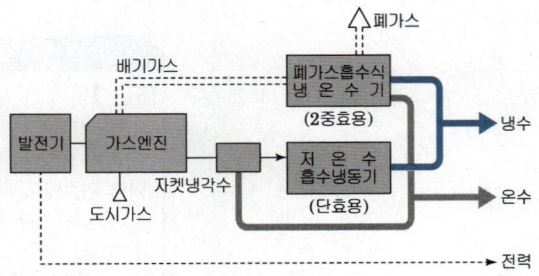

[그림] 가스엔진 co-generation 시스템 예

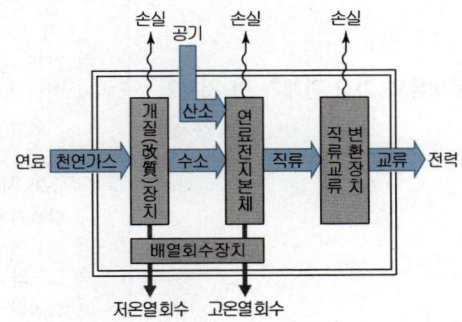

[그림] 연료전지 cogeneration 시스템의 예

4) 종합 열효율의 비교
① 화력발전소의 경우 : 약 35[%]
② 열병합발전 system의 경우 : 배기가스와 냉각수에서 폐열을 회수하여 약 70~80[%]로 화력발전의 약 2배 정도

5) 특징
① 발전시의 폐열 이용에 따른 energy를 절감할 수 있다.(에너지 절약적인 방법)
② 사장되었던 설비의 활용으로 투자비를 절감할 수 있다.
③ 에너지 소비량 감소에 따른 환경오염 물질의 발생이 감소된다.(환경오염 방지)
④ 전력 수요의 peak 해소의 요인으로서는, 주사용 시간에 별도의 냉난방까지 겹쳐 전력의 수요의 peak를 이루는데 반해 동시 해결이 가능하므로 전력 수요의 절감으로 인한 화력 발전 건설비의 절감을 가져오게 된다.
⑤ 연료의 다원화에 따른 에너지 수급 계획의 합리화와 에너지 가격의 절감 효과가 있다.
⑥ 화재 등의 위험이 없다.
⑦ 24시간 가동하므로 실내 온도에 변화가 없다.
⑧ 각 건물에 기계실 면적 감소 및 기기소음을 줄일 수 있다.

핵심기출문제

06. 지역냉난방시스템

1. 지역난방에 관한 설명으로 옳지 않은 것은? [15, 18, 25 ㉒]
① 연료비가 절감된다.
② 대기오염을 줄일 수 있다.
③ 보일러 설비가 대용량이 된다.
④ 각 세대의 설비 스페이스가 증대된다.

2. 다음 중 대단위 아파트 단지에 지역난방을 택하는 이유와 가장 관계가 먼 것은? [18, 24 ㉒]
① 연료관리가 합리적이다.
② 보일러의 열효율이 높다.
③ 각 세대의 개별제어가 쉽다.
④ 운전관리를 전문화시킬 수 있다.

3. 고온수를 이용한 지역난방에 관한 기술 중 옳지 않은 것은?
① 저온수에 비해 순환펌프의 동력을 줄일 수 있다.
② 고압증기를 이용한 지역난방에 비해 높은 위치까지의 공급이 용이하다.
③ 유황분이 많은 저질유 사용시 저온부식의 위험이 있다.
④ 예열시간이 길어 연료 소비량이 크다.

4. 지역난방에 관한 기술로 옳은 것은? [24 ㉒]
① 열원기기의 고효율 운전이 어렵다.
② 열원설비의 용량은 개개의 건물에 설치할 경우에 비하여 커진다.
③ 코-제너레이션 시스템(co-generation system)을 적용할 수 있다.
④ 지역난방은 건물의 밀집도가 낮은 농촌 지역에 적합하다.

해설

해설 1

지역난방
중앙식 보일러실에서 어떤 지역 내의 여러 건물에 증기 또는 고온수를 보내서 난방하는 방식이다.
① 장점
  ㉠ 대규모 설비이므로 관리가 용이하고 열효율 면에서 유리하다.
  ㉡ 연료비와 인건비가 절감된다.
  ㉢ 각 건물에서는 위험물을 취급하지 않으므로 화재의 위험이 적다.
  ㉣ 건물 내의 유효면적이 증대된다.
  ㉤ 설비의 고도화에 따라 도시의 대기오염 방지에 도움이 된다.
② 단점
  ㉠ 초기 시설 투자비가 많아진다.
  ㉡ 열원기기의 용량 제어가 힘들다.
  ㉢ 배관에서의 열손실이 많다.
  ㉣ 고도의 숙련된 기술자가 필요하다.
  ㉤ 요금의 분배가 어렵다.
  ㉥ 저부하시 조절이 곤란하다
  ㉦ 지역 배관을 위한 도시계획상의 사전계획이 필요하다.

해설 2

지역난방은 중앙식 보일러실에서 어떤 지역 내의 여러 건물에 증기 또는 고온수를 보내서 난방하는 방식으로 초기 시설 투자비가 많아지고, 열원기기의 용량 제어가 힘들며, 배관에서의 열손실이 많고, 고도의 숙련된 기술자가 필요한 것이 단점이다.

해설 3

고온수는 높은 위치에서 고압을 필요로 하므로 공급이 용이하지 않다.

해설 4

열병합발전설비(Cogeneration system)는 지역난방의 일종으로 국내산업용, 대규모 아파트 단지에 적용된다.
※ 열병합방식 : 일반 화력발전소에서 발전에 사용되고 버려지는 열을 회수하여 냉·난방, 급탕용으로 재이용하는 방식

정답 1. ④ 2. ③ 3. ② 4. ③

5. 열병합발전에 대하여 잘못 나타낸 것은?

① 발전방식은 증기터빈, 가스터빈, 디젤터빈, 가스엔진, 연료전지방식이 있다.
② 화력발전소의 경우 효율이 38[%] 정도에 불과하나, 열병합발전을 통해 70~80[%] 까지 효율향상이 가능하다.
③ 발전과 배출연료의 열이용에 의해 에너지 비용 절감, 전력비의 Peak 요금 회피와 기본요금 삭감이 가능한 장점이 있다.
④ total energy system은 매전을 하지 않고 건물 내 또는 지역 내 자가발전이나 냉동운전을 하는 방식이다.

6. 다음 열병합발전에 대한 설명 중 틀린 것은?

① 에너지이용 효율이 높아 CO_2 배출량을 감소 시킬 수 있다.
② 재난시에는 긴급전원시설로 이용이 가능하다.
③ 복합화력발전에 비하여 에너지 효율이 높다.
④ 열병합발전 효율은 열부하 비율과 관계가 없다.

해설

[해설] 5

On site Energy System(OES)
매전을 하지 않고 건물 내 또는 지역 내 자가발전이나 난방 및 냉동기를 운전하는 방식

[해설] 6

화력발전소의 경우 효율이 38[%] 정도에 불과하나, 열병합발전을 통해 70~80[%] 까지 효율향상이 가능하며, 계절에 따라 변하는 전력과 냉난방수요에 대응하여 공급에너지의 비율을 조절하여 에너지 이용 효율을 높일 수 있다.

정답 5. ④ 6. ④

공기조화설비 설계

02 section

제2편 공기조화설비 설계
  01 공기조화기
  02 펌프
  03 송풍기
  04 배관 및 덕트

핵심

01 공기조화기

제2과목 건축설비설계 | 제2편 공기조화설비 설계

핵심 PLUS

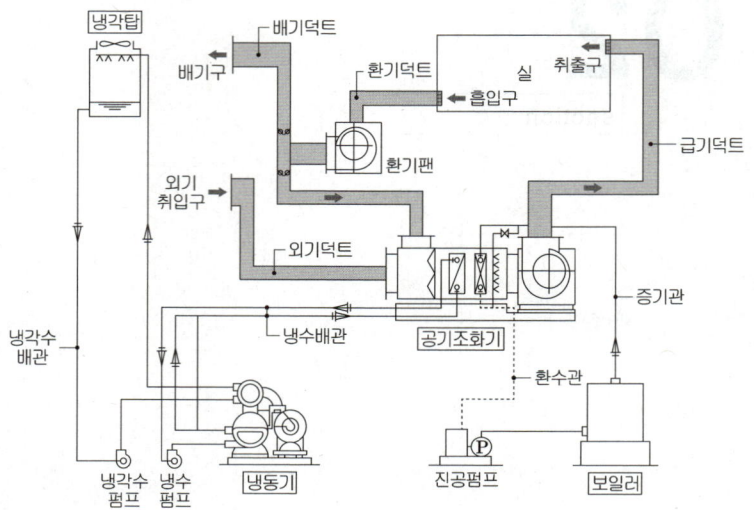

[그림] 공조시스템의 기본구성

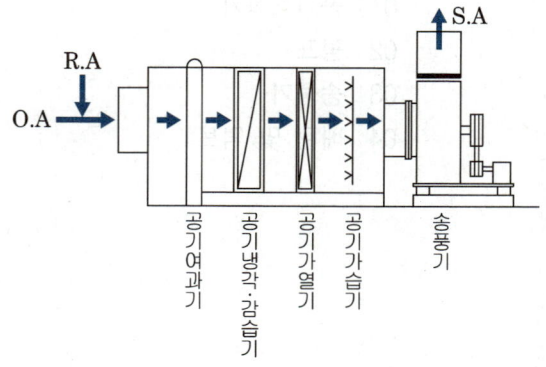

[그림] 공기조화기의 기본구성

1 공기 여과기(air filter)

1) 충돌 점착식
① 비교적 거친 여과재이다.
② 유지성 먼지의 제거에 효과적이고, 통과 풍속은 1~2[m/s]이다.
③ 식품 관계 공조용으로는 부적당하다.

2) 건성 여과식
① 섬유질의 먼지를 제거하는 데 효과적이고, 통과 풍속은 1[m/s] 이하이다.
② 점착식에 비해 작으므로 통과 면적이 큰 것이 필요하다.

3) 활성탄 흡착식
활성탄을 사용하여 유해가스나 냄새를 제거한다.

4) 전기식
① 먼지를 대전시켜 양극판에 집진하는 방식으로 가장 우수한 집진 효과가 있다.
② 먼지의 제거 효율이 높고 미세한 먼지·세균 제거도 가능하다.
③ 병원의 수술실, 정밀 기계 공장, 고급 빌딩에 이용된다.

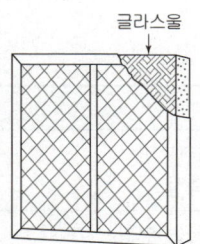 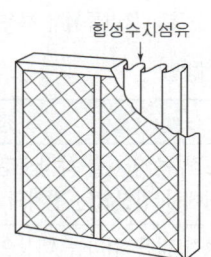 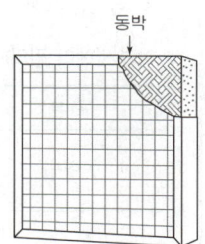

(a) 건식 공기여과기(여재교환형) (b) 건식 공기여과기(정기세정형) (c) 점착식 공기여과기(유닛형)

[그림] 유닛형 여과기

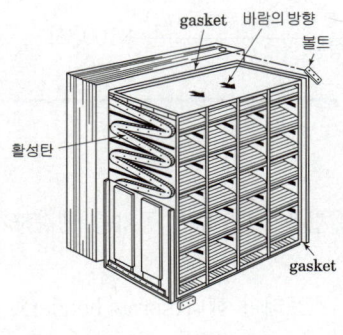 

[그림] 활성탄 필터   [그림] 세정식 전기집진기(정기세정형)

핵심 PLUS

예 공기여과기의 종류 중 일명 전자식 공기청정기라고도 하며, 먼지의 제거효율이 높고, 미세한 먼지라든지 세균도 제거되므로 병원, 정밀기계공장 등에서 사용이 가능한 것은? [07,18 기]
① 충돌점착식 ② 활성탄 흡착식
③ 건성여과식 ④ 전기식

답 : ④

예 공기조화기의 에어필터에 관한 설명으로 옳지 않은 것은? [13, 19, 24 산]
① 송풍기의 흡입측이면서 코일의 흡입측에 설치한다.
② 필터에 공기의 흐름방향이 있는 경우에는 역방향으로 설치한다.
③ 필터의 설치위치 전후에는 점검과 보수를 위한 충분한 공간과 점검문을 설치한다.
④ 유닛형 필터를 여러 개 조합하여 설치하는 경우에는 지그재그로 하여 통과면적을 크게 한다.

[해설] 필터에 공기의 흐름방향이 있는 경우에는 역방향으로 설치되지 않도록 한다.
※ 지그재그 형태로 설치된 유니트형 필터를 여러 개 설치하는 경우 통과면적을 최대로 하므로 집진효율이 우수하다.

답 : ②

예 다음 설명에 알맞은 공조용 에어필터의 종류는? [14, 23 산]

비교적 관성이 큰 조립먼지를 여과하는 곳에 사용되며, 통과되는 공기 중에 기름의 혼입이 있으므로 식품관계의 공조용으로는 사용이 곤란하다.

① 전기식
② 건성 여과식
③ 충돌 점착식
④ 활성탄 흡착식

답 : ③

핵심 PLUS

예 공조용 필터 중 유닛형으로 되어 있으며 방사성 물질을 취급하는 시설이라든가 크린룸, 바이오크린룸 등에서 미립자를 여과하는데 사용되는 것은?
① 활성탄 필터
② 전기식 집진기
③ HEPA 필터
④ 충돌 점착식 여과기

답 : ③

예 크린룸, 바이오크린룸의 공기여과에 사용되며 세균이나 SO_2, NO_2의 제거에도 효과가 좋고 0.3[μm] 입자의 제진 효율이 99.9[%] 이상의 성능을 가진 필터는? [16, 24 산]
① 석면 필터
② 활석 필터
③ HEPA 필터
④ 활성탄 필터

답 : ③

예 공기조화기에 사용되는 에어필터의 효율측정법에 속하지 않는 것은? [16, 25 산]
① 중량법   ② 비색법
③ 계수법   ④ 분해법

답 : ④

예 공기여과기를 통과하기 전의 오염농도 C_1 = 0.45[mg/m³], 통과한 후의 오염농도 C_2 = 0.12[mg/m³]이다. 이 여과기의 여과효율은? [10, 12, 16, 19 기]
① 약 27[%]   ② 약 42[%]
③ 약 58[%]   ④ 약 73[%]

해설 여과효율(η)=
$\dfrac{\text{통과전의오염농도}(C_1)-\text{통과후의오염농도}(C_2)}{\text{통과전의오염농도}(C_1)}$
$\times 100[\%]$

$\therefore \eta = \dfrac{0.45-0.12}{0.45} \times 100 = 73[\%]$

답 : ④

예 냉각탑 또는 공기세정기에서 분무수가 외부로 유출되는 것을 방지하기 위해 설치하는 것은? [15 산]
① 조집기   ② 인젝터
③ 스트레이너   ④ 엘리미네이터

답 : ④

학습포인트

■ 클린 룸(Clean room)

공기청정실(Clean room)은 부유먼지, 유해가스, 미생물 등과 같은 오염물질을 규제하여 기준이하로 제어하는 청정 공간으로, 실내의 기류, 속도 압력, 온습도를 어떤 범위 내로 제어하는 특수건축물

① 종류 및 필요분야
  ㉠ ICR(industrial clean room) : 먼지미립자가 규제 대상(부유분진을 제어 대상)
    - 정밀기기, 전자기기의 제작, 방적공업, 전기공업, 우주공학, 사진공업, 정밀공업
  ㉡ BCR(bio clean room) : 세균, 곰팡이 등의 미생물 입자가 규제 대상
    - 무균수술실, 제약공장, 식품가공, 동물실험, 양조공업

② 평가기준
  ㉠ 입경 0.5[μm] 이상의 부유미립자 농도가 기준
  ㉡ super clean room에서는 0.3[μm], 0.1[μm]의 미립자를 기준

③ 고성능 필터의 종류
  ㉠ HEPA 필터(high efficiency particle air filter) : 0.3[μm]의 입자 포집률이 99.97[%] 이상
    → 클린룸, 병원의 수술실, 방사성물질 취급시설, 바이오 클린룸 등에 사용
  ㉡ ULPA 필터(ultra low penetration air filter) : 0.1[μm]의 부유 미립자를 제거할 수 있는 것
    → 최근 반도체 공장의 초청정 클린룸에서 사용

■ 여과기(에어 필터) 효율 측정방법

구 분	측 정 방 법
중량법	• 비교적 큰 입자를 대상으로 측정하는 방법 • 필터에서 집진되는 먼지의 양으로 측정
비색법(변색도법)	• 비교적 작은 입자를 대상으로 측정하는 방법 • 필터에서 포집한 여과지를 통과시켜 광전관으로 오염도를 측정
계수법(Dop법)	• 고성능 필터를 측정하는 방법 • 0.3[μm] 입자를 사용하여 먼지의 수를 측정

여과효율(η) = $\dfrac{\text{통과전의 오염농도}(C_1) - \text{통과후의 오염농도}(C_2)}{\text{통과전의 오염농도}(C_1)} \times 100[\%]$

2 공기 세정기(air washer)

① 아주 작은 물방울과 공기를 직접 접촉시킴으로써 공기를 냉각하거나 또는 감습·가습을 하기 위해 사용된다.
② 구조는 일리미네이터(eliminator), 스프레이 헤더(spray header), 스프레이 노즐(spray nozzle), 플러싱 노즐(flushing nozzle) 등으로 구성되어 있다.

③ 유속은 2.5~3.5[m/s]이다.

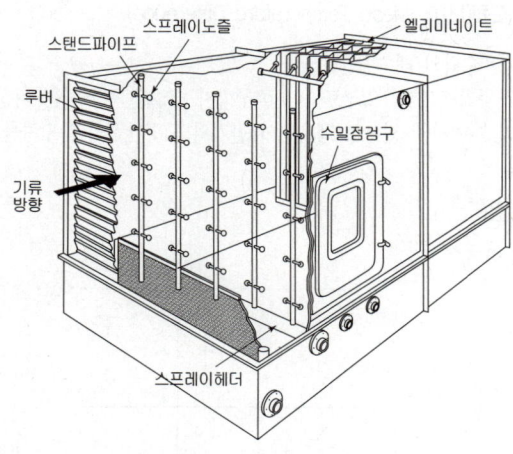

[그림] 에어 와셔

3 냉각코일, 가열코일

① 공기와 물의 흐름을 대향류로 하고, 가능한 한 대수평균온도차(MTD)는 크게 한다.
② 코일을 통과하는 공기 풍속은 2~3[m/s]가 가장 경제적이다.
③ 코일내 물의 유속은 1[m/s] 전후로 한다.
④ 코일 입출구 물의 온도상승은 5[℃] 전후로 한다.(온도차가 크면 수량, 펌프 동력이 감소하나 열수가 증가한다.)
⑤ 냉각용 코일 열수는 보통 4~8열이 사용되나 MTD가 아주 작은 경우 8열 이상이 될 수도 있다.
⑥ 효율이 가장 좋은 정방형으로 코일형태를 취한다.

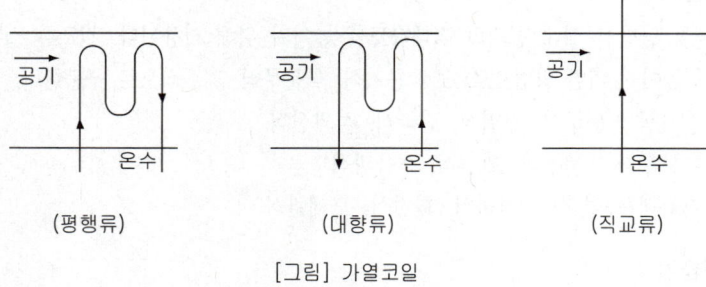

[그림] 가열코일

핵심 PLUS

예 공조기용 코일에 관한 설명으로 옳지 않은 것은? [18 산]
① 냉수코일의 전면풍속은 2.0~3.0m/s의 범위내로 하는 것이 좋다.
② 튜브내의 유속은 1.0m/s 전후로 하는 것이 배관이나 펌프의 설비비 및 효율상 적당하다.
③ 냉수코일과 온수코일을 겸용으로 사용하는 경우, 선정은 온수코일을 기준으로 하는 것이 원칙이다.
④ 냉수코일에 부착된 응축수가 날려서 송풍기의 흡입구측으로 들어오는 것을 막기 위해 코일 출구쪽에 엘리미네이터를 설치한다.

해설 냉수코일과 온수코일을 겸용으로 사용하는 경우, 선정은 냉수코일을 기준으로 한다.
답 : ③

예 가열코일을 통과하는 풍량이 30,000[kg/h], 정면 풍속이 2.5[m/s]일 때 코일의 정면면적은?
[13, 16, 24 산]
① 1.47[m²] ② 2.78[m²]
③ 3.33[m²] ④ 4.95[m²]

해설 풍량과 유속
단면적을 A[m²], 유속을 v[m/s], 풍량을 Q[m³/s]라면
$Q = Av$ 에서 $A = \dfrac{Q}{v}$

$A = \dfrac{\left(\dfrac{30,000}{1.2}\right) \div 3,600}{2.5} = 2.78\,[\text{m}^3]$

※ 정면면적 : 코일 입구에서 공기가 통과하는 부분의 면적[m²]
답 : ②

핵심 PLUS

예 냉수코일에서 코일입구공기의 온도를 28[℃], 출구 공기온도를 14[℃], 입구수온을 7[℃], 출구수온을 12[℃]라 할 때 대수평균온도차 MTD는 얼마인가? (단, 공기와 냉수의 흐름은 평행류이다.) [18 산]
① 5.78[℃] ② 8.08[℃]
③ 10.88[℃] ④ 22.98[℃]

해설 대수평균 온도차
(Mean Temperature Difference)

$$MTD = \frac{\Delta_1 - \Delta_2}{\ln\frac{\Delta_1}{\Delta_2}}$$

$$MTD = \frac{\Delta_1 - \Delta_2}{\ln\frac{\Delta_1}{\Delta_2}} = \frac{(28-7)-(14-12)}{\ln\frac{(28-7)}{(14-12)}}$$

$= 8.08[℃]$

답 : ②

학습포인트

대수평균 온도차(MTD, Mean Temperature Difference)

① 공기와 냉온수와의 대수평균온도차

② 냉온수도 공기도 코일 입구로부터 출구까지 코일을 통과하는 과정에서 온도가 일정하지 않고 변하게 되므로 냉온수와 공기와의 평균적인 온도차를 구하기 위한 계산식이다.

③ $MTD = \dfrac{\Delta_1 - \Delta_2}{\ln\dfrac{\Delta_1}{\Delta_2}}$

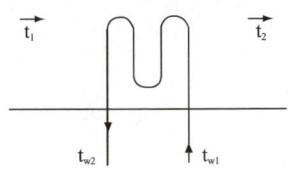

[그림] 대수평균온도차(MTD)

Δ_1 : 공기 입구측에서의 공기와 물의 온도차[℃]
 = 출구 물의 온도 − 입구 공기 온도 = $tw_2 - t_1$
Δ_2 : 공기 출구측에서의 공기와 물의 온도차[℃]
 = 입구 물의 온도 − 출구 공기 온도 = $tw_1 - t_2$

☞ ln은 자연로그 e를 말한다. 즉, $\log e = \ln$이다.
 $\log e$에서 e는 아래첨자 e로서 그 값은 2.718…이다.
 실제 계산으로는 풀기가 곤란하므로 공학용계산기를 활용한다.

4 가습기, 감습기

1) 가습기

겨울철 난방시 실내 공기의 절대습도를 높이기 위해 사용된다. 건조한 실내에 습도를 높이기 위한 방법으로 크게 증기식, 물분무식, 기화식으로 구분한다.

① 증기식 : 분무식, 전열식, 전극식, 적외선식

② 수분무식 : 분무식, 원심식, 초음파식

③ 기화식(증발식) : 적하식, 회전식, 모세관식

예 다음의 가습방식 중 물을 공기 중에 직접 분무하는 수분무식에 속하지 않는 것은? [19, 25 산]
① 원심식 ② 초음파식
③ 과열증기식 ④ 노즐 분무식
답 : ③

2) 감습기

여름철 냉방시 잠열 부하를 제거하기 위한 감습장치로 사용되는 기기이다.

핵심기출문제

01. 공기조화기

1. 다음 중 공기여과기용 에어필터의 선정 시 고려사항과 가장 거리가 먼 것은? [20, 24]
① 압력손실 ② 필터의 중량
③ 분진포집 효율 ④ 적용분진 입자경

2. 공기조화기의 에어필터에 대한 설명 중 옳지 않은 것은? [11]
① 필터에 공기의 흐름방향이 있는 경우에는 역방향으로 설치되지 않도록 한다.
② 고성능의 HEPA 필터의 경우에는 송풍기의 출구측에 설치하여서는 안된다.
③ 유닛형 필터를 여러 개 조합하여 설치하는 경우에는 지그재그로 하여 통과면적을 크게 한다.
④ 필터의 설치위치 전후에는 보수를 위한 충분한 공간과 점검문을 설치한다.

3. 에어필터 효율측정법 중 투과지의 광투과량을 이용하는 방법은? [15, 25]
① 중량법 ② 비색법
③ 계수법 ④ DOP법

[해설] 여과기(에어 필터) 효율 측정방법

구 분	측 정 방 법
중량법	• 비교적 큰 입자를 대상으로 측정하는 방법 • 필터에서 집진되는 먼지의 양으로 측정
비색법(변색도법)	• 비교적 작은 입자를 대상으로 측정하는 방법 • 필터에서 포집한 여과지를 통과시켜 광전관으로 오염도를 측정
계수법(Dop법)	• 고성능 필터를 측정하는 방법 • 0.3[μm] 입자를 사용하여 먼지의 수를 측정

4. 공기여과기용 에어필터의 선정시 고려사항과 가장 거리가 먼 것은? [14]
① 압력손실 ② 필터의 중량
③ 분진포집 효율 ④ 적용분진 입자경

해설

[해설] 1
에어필터(air filter, 공기여과기) 선정 시 고려사항
㉠ 분진포집 효율을 기준으로 에어필터 종류
㉡ 적용분진 입자경 – HEPA필터에서는 프리필터(Prefilter)를 2단으로 선정
㉢ 에어필터 통과면의 풍속 – 2.5[m/s]로 선정
㉣ 치수, 공기저항치 결정
㉤ 에어필터 압력손실 – 초기 공기 저항치의 1.5~2배

[해설] 2
고성능의 HEPA 필터, 초고성능 ULPA 필터의 경우에는 저항이 커서 송풍기의 흡입측에 걸리는 지나친 부압을 방지하기 위하여 송풍기의 출구측에 설치하는 것이 좋다.
※ • HEPA 필터 : 0.3[μm] 입자에 대해 99.97[%] 이상 제거 효율
• ULPA 필터 : 0.1[μm] 입자에 대해 99.99[%] 이상 제거 효율

[해설] 4
에어필터(air filter, 공기여과기) 선정 시 고려사항
㉠ 분진포집 효율을 기준으로 에어필터 종류
㉡ 적용분진 입자경 – HEPA필터에서는 프리필터(Prefilter)를 2단으로 선정
㉢ 에어필터 통과면의 풍속 – 2.5[m/s]로 선정
㉣ 치수, 공기저항치 결정
㉤ 에어필터 압력손실 – 초기 공기 저항치의 1.5~2배

 1. ② 2. ② 3. ② 4. ②

핵심기출문제

01. 공기조화기

해설

5. 공기조화설비의 공기청정장치에 관한 설명으로 옳지 않은 것은? [15 ④]
① 원칙적으로 부유분진에는 에어워셔를 설치한다.
② 에어필터(HEPA필터 제외)의 면풍속은 2.5[m/s]를 표준으로 한다.
③ 에어필터(HEPA필터 제외)의 공기저항은 초기저항의 2배를 표준으로 한다.
④ 일반적인 사무용 건축물에 설치하는 경우에는 주로 부유분진을 주처리 대상으로 한다.

해설 5
에어워셔(air washer, 공기세정기)는 아주 작은 물방울과 공기를 직접 접촉시킴으로써 공기를 냉각하거나 또는 감습, 가습하기 위하여 사용하는 장치이다.

6. 다음 중 공기조화기 내에 설치하는 에어워셔의 기능과 가장 거리가 먼 것은? [13 ④]
① 열교환
② 습도조절
③ 먼지제거
④ 소음제거

해설 6
에어워셔(air washer, 공기세정기) 아주 작은 물방울과 공기를 직접 접촉시킴으로써 공기를 냉각하거나 또는 감습, 가습하기 위하여 사용한다.
① 물과 공기의 열교환
② 수분의 교환에 의한 공기의 습도조절
③ 먼지 및 냄새제거

7. 공기세정기(에어워셔) 속의 플러딩 노즐(flooding nozzle)의 역할은? [13, 24 ④]
① 분무수의 분무
② 엘리미네이터 청소
③ 균일한 공기흐름 유지
④ 기류에 물방울의 혼입방지

해설 7
공기세정기(에어워셔) 속의 플러딩 노즐(flooding nozzle)은 세정기 출구 측의 엘리미네이터에 물을 뿌려 청소하는 역할을 한다.

8. 공기세정기의 분무수 온도 tw, 입구공기의 건구온도 t_1, 습구온도 t_1', 노점온도 t_1''일 때 상태변화에 관한 설명으로 옳지 않은 것은? [14 ④]
① $tw < t_1''$일 때 냉각감습
② $tw > t_1$일 때 가열가습
③ $tw = t_1'$일 때 단열가습
④ $t_1' < tw < t_1$일 때 가열가습

해설 8
에어워셔(air washer, 공기세정기) 아주 작은 물방울과 공기를 직접 접촉시킴으로써 공기를 냉각하거나 또는 감습, 가습하기 위하여 사용한다.
※ 일반적으로 공기조화기에서 가습은 분무하는 수온을 노점온도보다 높게 하여 에어워셔(air washer)를 통해 미세한 물방울을 분무시키면 분무된 물방울들이 모두 증발하여 가습하게 된다.

5. ① 6. ④ 7. ② 8. ④

9. 공기조화기 내의 가습이나 감습 장치에 엘리미네이터(eliminator)를 설치하는 가장 주된 목적은? [11, 15]

① 폐열을 회수하기 위하여
② 분진 등을 정화하기 위하여
③ 내부의 청소 및 점검을 위하여
④ 분무수가 밖으로 나가는 것을 방지하기 위하여

10. 코일선정에 관한 설명으로 옳지 않은 것은? [13, 24]

① 냉수코일의 전면풍속은 2.0~3.0[m/s]의 범위 내로 하고 온수코일의 전면풍속은 2.0~3.5[m/s]의 범위 내로 한다.
② 냉수코일의 경우 풍속이 2.5[m/s]를 초과하면 코일에 부착된 응측수가 날려서 흡입구 쪽으로 들어오기 때문에 엘리미네이터를 설치한다.
③ 튜브 내의 물의 속도는 1.0[m/s] 전후로 하는 것이 배관이나 설비비 효율상 적당하다.
④ 공기의 흐름방향과 코일 내에 있는 냉온수의 흐름방향은 평행류가 대향류보다 전열효과가 크다.

11. 공기조화설비의 각종 코일에 관한 설명으로 옳지 않은 것은? [13, 25]

① 예열코일 – 가습효율을 낮추는 역할을 한다.
② 직접팽창코일 – 관내에 냉매를 통하게 한다.
③ 더블서킷코일 – 유량이 많아 유속이 클 때 사용한다.
④ 습코일 – 코일표면온도가 공기의 노점온도보다 낮다.

12. 공기조화기 내 냉각코일은 통과하는 공기와 열교환을 하게 된다. 이와 관련된 설명으로 옳지 않은 것은? [16, 19]

① 바이패스 팩트와 컨택트 팩트의 곱은 1이다.
② 코일 핀의 형상에 따라 바이패스 팩트의 곱은 1이다.
③ 냉각코일의 열수가 많을수록 바이패스 팩트는 작아진다.
④ 냉각코일을 통과하는 공기의 속도가 빠를수록 바이패스 팩트는 커진다.

해설

해설 9
엘리미네이터 (eliminator)
㉠ 통과 공기 중의 물방울이 공기 세정기에서 빠져나가는 것을 방지 (분무수가 밖으로 나가는 것을 방지하기 위하여)
㉡ 4~6번 접은 아연, 철판, 염화비닐 코팅판 등을 이용
※ 수분무의 경우 가습효율이 낮고 물방울이 비산하기 때문에 엘리미네이터를 설치하여 사용한다.
☞ 엘리미네이터는 수분무식 가습기 경우 물을 직접 공기 중에 분무하여 가습하므로 대용량에 적합하지 않고 정밀한 가습이 어려우므로 가습량이 많지 않고 제어범위가 비교적 넓어도 무방한 곳에 사용한다.

해설 10
공기의 흐름방향과 코일 내에 있는 냉온수의 흐름방향은 대향류가 평행류보다 전열효과가 크다.

해설 11
예열코일 – 난방시 외기를 예열하여 가열코일의 용량을 적게 한다.

해설 12
By-pass Factor(BF)
냉각 또는 가열 코일과 접촉하지 않고 그대로 통과하는 공기의 비율을 말하며, 완전히 접촉하는 공기의 비율을 Contact Factor라고 한다.
송풍량을 줄이고, 냉수량을 많이 하며, 전열면적을 크게(코일의 간격은 좁게, 코일의 열수는 많이), 실내의 장치노점온도를 높게 하면 공조기의 성능을 좋게 하는 방법(바이패스 팩터(BF)를 줄이는 방법)이 된다.
☞ 바이패스 팩트와 컨택트 팩트의 합은 1이다.

정답 9. ④ 10. ④ 11. ① 12. ①

핵심기출문제

01. 공기조화기

13. 증기코일의 배관법에 관한 설명으로 옳지 않은 것은? [14, 17 산]
① 각 코일에는 별개의 트랩을 설치한다.
② 응축수가 발생하는 곳에는 상향구배를 한다.
③ 코일을 쉽게 떼어낼 수 있는 곳에 플랜지를 접속한다.
④ 증기의 횡주관으로부터 지관의 분기는 횡주관의 윗부분에서 한다.

해설 13
응축수가 발생하는 곳에서 하향구배를 한다.

14. 공조기의 예열기가 하는 역할은? [12, 16 산]
① 난방시 외기의 가열
② 난방시 급기의 가습
③ 냉방시 냉각된 공기의 가열
④ 냉방시 배기와 외기의 열교환

해설 14
공조기(AHU)의 예열기는 겨울철 온도가 낮은 외기를 예열(가열)하는 장치이고, 예냉기는 여름철 온도가 높은 외기를 예냉(냉각)하는 장치이다.

15. 다음의 가습방식 중 물을 공기 중에 직접 분무하는 수분무식에 속하지 않는 것은? [15 산]
① 원심식
② 분무식
③ 초음파식
④ 과열증기식

해설 15
가습기
건조한 실내에 습도를 높이기 위한 방법으로 크게 증기식, 물분무식, 기화식으로 구분한다.
㉠ 증기식 : 분무식, 전열식, 전극식, 적외선식
㉡ 수분무식 : 분무식, 원심식, 초음파식
㉢ 기화식(증발식) : 적하식, 회전식, 모세관식

16. 다음 중 공기를 가습하는 방법으로 부적당한 것은? [17 산]
① 에어워셔의 이용
② 증기의 직접분무
③ 히트파이프의 이용
④ 물 또는 온수의 직접 분무

해설 16
공기를 가습하는 방법에는 물 또는 온수, 증기를 직접분무 하거나 에어워셔를 이용하여 가습한다.
공기를 가습하였을 경우 상대습도는 증가, 습구온도는 상승, 노점온도와 엔탈피와 비체적은 높아진다.

정답 13. ② 14. ① 15. ④ 16. ③

17. 공기조화시스템에서 공기를 가습하는 방법으로 옳지 않은 것은? [19, 23 ㈛]

① 증기의 직접분무
② 온수의 직접분무
③ 에어 와셔의 이용
④ 직접 팽창코일의 이용

해설
열수분비(U)는 습공기를 가습할 경우 상태변화 과정을 나타내는 요소로 엔탈피 변화량과 절대습도의 변화량에 대한 비를 말하며, 열수분비(U)는 증기 > 온수 > 순환수(단열) 순이다.

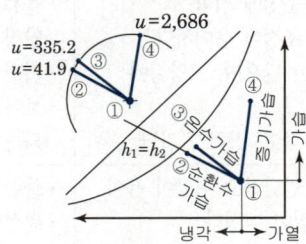

[그림] 가습과정
(순환수, 온수, 증기)

18. 공조용 감습장치 중 여름철 일반적으로 주택에서 사용하는 룸에어컨의 감습방법은? [14 ㈛]

① 냉각 감습   ② 압축 감습
③ 흡수식 감습   ④ 흡착식 감습

해설 감습기
여름철 냉방시에 잠열부하를 제거하는 감습장치로서 일반적으로 냉각분무의 공기세정이나 공기냉각 코일 등을 사용하여 냉각하며, 동시에 그 속에 포함되어 있는 수증기를 응축시켜서 소요의 절대습도까지 감습한다.

㉠ 냉각 감습법 : 습공기를 노점온도 이하까지 냉각해서 공기 중의 수증기량을 응축 제거하는 방법으로 가장 많이 사용한다. 공조 등 대풍량을 취급하는 경우 사용되며, 감습만을 목적으로 하는 경우에는 재열이 필요해서 비경제적이다.
㉡ 압축 감습법 : 온도가 일정할 때 공기 중의 포화절대습도는 압력상승에 따라 저하하며 수분으로 응축액화한다. 감습만을 목적으로 할 경우에는 소요동력이 커서 비경제적이다.
㉢ 흡수식 : 액상 흡습제에 의해 감습하는 방법이다. 연속적으로 대용량에도 적용할 수 있다.
㉣ 흡착식 : 다공성 물질 표면에 흡착시키는 것으로 재생 사용이 가능하다. 주로 소용량에 사용된다.
※ 여름철 일반적으로 주택에서 사용하는 룸에어컨의 감습방법은 냉각 감습법이다.

정답 17. ④ 18. ①

핵심 02 펌프

핵심 PLUS

예 다음 중 왕복펌프의 종류에 속하는 것은? [15 산]
① 베인펌프 ② 터빈펌프
③ 기어펌프 ④ 플런저펌프
답 : ④

예 다음 중 건축설비 분야에서 주로 사용되는 펌프는? [12 산]
① 원심펌프 ② 사류펌프
③ 축류펌프 ④ 기어펌프
답 : ①

예 회전차 주위에 디퓨저인 안내 날개를 가지고 있는 터보형 펌프는?
① 터빈 펌프 [17, 24, 25 산]
② 베인 펌프
③ 마찰 펌프
④ 볼류트 펌프

[해설] 터빈펌프는 날개의 바깥쪽에 가이드베인(guide vane, 안내날개)을 설치하여 속도 에너지를 압력 에너지로 효율을 좋게 변환하여 고양정에 사용한다.
답 : ①

예 펌프에 대한 설명 중 틀린 것은? [05 기]
① 펌프의 실양정이란 흡입 실양정과 토출 실양정을 합한 것이다.
② 원심식 펌프에는 볼류트 펌프와 디퓨져 펌프가 있다.
③ 터보형 펌프의 특성을 계통적으로 나타내는 지수로서 비속도라고 하는 기호가 이용된다.
④ 펌프의 양수량은 펌프의 회전수가 변하여도 변하지 않는다.

[해설] 펌프의 양수량은 임펠러의 회전수에 비례한다.
답 : ④

1 펌프(pump)의 종류

구 분	특 성	종 류
원심펌프 (와권펌프)	· 고속도 운전에 적합 · 양수량 조절이 용이하다. · 양수량이 많으며, 고양정에 쓰인다. · 진동이 적고, 장치가 간단	· 볼류트 펌프 : 급탕 및 공조용, 양정 20[m] 이하 · 터빈 펌프 : 양정 20[m] 이상 · 보어홀 펌프 : 100[m] 이상이 되는 깊은 우물용 수직 양수용
왕복펌프	· 구조가 간단하고 취급이 용이 · 수량조절이 어렵다. · 양수량이 적고, 저양정에 쓰인다.	· 플런저 펌프 : 고압용 · 워싱턴 펌프 : 보일러 급수용 (1.0[MPa] 이하) · 피스톤 펌프 : 공장 급수용
특수펌프		· 기어 펌프 : 점성이 강한 기름, 윤활유 반송용 · 제트 펌프 : 가정용, 소화용 펌프 · 넌클러그 펌프 : 고형물을 배제하는 배수펌프

💡 학습포인트

■ 작동원리에 따른 펌프의 종류

형식	종류	소분류
터보형	원심식 펌프 사류식 펌프 축류식 펌프	볼류트 펌프 터빈 펌프
용적형	회전식 펌프 왕복식 펌프	기어펌프
특수형	와류펌프, 수봉식 진공펌프	

※ 원심(와권) 펌프 : 급수, 급탕, 배수 등에 주로 사용되며 볼류트 펌프, 터빈 펌프, 보어홀 펌프 등이 있다.
※ 왕복식 펌프 : 플런저 펌프, 워싱턴 펌프, 피스톤 펌프

- **터보형 펌프**

케이싱 내에서 회전차(Impeller)가 회전하므로 에너지의 교환이 이루어지는 펌프이다. 회전차(Impeller)의 형상에 따라 원심식 펌프, 사류식 펌프, 축류식 펌프로 분류한다.
① 원심식 펌프 : 급수, 급탕, 배수 등에 주로 사용 - 볼류트 펌프, 터빈 펌프
② 사류식 펌프 : 상하수도용, 냉각수순환용, 공업용수용
③ 축류식 펌프 : 양정이 낮고(10[m] 이하) 송출량이 많은 경우
※ 왕복식 펌프 : 플런저 펌프, 워싱턴 펌프, 피스톤 펌프

2 펌프의 설계

1) 흡입양정

① 펌프의 흡입높이 : 펌프의 흡입양정은 진공에 의한 것으로 표준기압 하에서 이론적으로 10.33[m]이나 실제의 흡입양정은 6~7[m] 정도에 불과하다. 흡입양정은 대기의 압력, 유체의 온도에 따라 달라진다.

- **고도와 기압에 따른 이론상 흡입양정** (단위 : m)

고도(해발)	0	100	200	300	400	500	1,000	5,000
기압(H_g)	0.76	0.751	0.742	0.733	0.724	0.716	0.674	0.634
이론상 흡상높이(H_s)	10.33	10.20	10.08	9.97	9.83	9.70	9.00	8.66

- **물의 온도에 따른 흡입양정** (단위 : m)

수 온[℃]	0	10	20	30	40	50	60	70	80	90	100
이론상 흡상높이(H_s)	10.3	-	9.7	-	-	9.0	7.9	7.2	5.6	2.9	0
실제상 흡상높이(H_s^*)	7.5	7.0	6.3	5.0	3.8	2.5	1.4	0	-1.1	-2.3	-3.5

[주] *이 수치는 펌프의 수평관이 짧은 경우이며, 펌프의 NPSH(Net Positive Suction Head : 유효흡입양정)가 특히 큰 경우는 수치가 저하됨

② 전양정(H)=흡입양정(H_S)+토출양정(H_d)+관내마찰손실수두(H_f) [m]

③ 실양정(H_a)=흡입양정(H_S)+토출양정(H_d) [m]

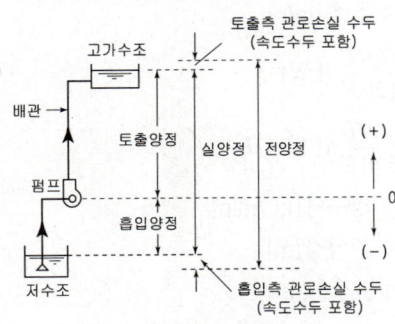

[그림] 양정

핵심 PLUS

■ 단위 환산
1[W]=1[J/s]=3,600[J/h]=3.6[kJ/h]
　　=1[N·m/s]=1[kg·m²/s³]
　　(J=[N·m], N=[kg·m/s²])
1[kW]=1[kJ/s]=3,600[kJ/h]
　　=102[kgf·m/s]
　　=6,120[kg·m/min]
1[HP]=0.7457[kW]≒0.75[kW]
　　=76.04[kgf·m/s]

예 펌프의 흡입양정이 3[m], 토출양정이 10[m], 관내 마찰 손실이 0.02[MPa]일 때 전양정은? [16 산]
① 12[m]　② 13[m]
③ 15[m]　④ 20[m]
해설 전양정(H)=3+10+2=15[m]
※ 1[MPa]=100[m]
답 : ③

예 다음 중 펌프의 실양정을 바르게 나타낸 것은? [16 산]
① 흡입실양정 + 전양정
② 흡입실양정 + 손실수두
③ 토출실양정 + 손실수두
④ 흡입실양정 + 토출실양정
답 : ④

예 위치수두 10[mAq], 압력수두 30[mAq], 속도 2[m/s]로 관 속을 흐르는 물의 전수두는? [12 기]
① 13.0[m]
② 13.2[m]
③ 40.2[m]
④ 42.0[m]
해설 전수두 = 위치압력수두 + 관내압력수두+속도수두($\frac{v^2}{2g}$)
= $10+30+\frac{2^2}{2\times9.8}$ = 40.2
답 : ③

핵심 PLUS

예 매시 36[m³]의 물을 고가수조에 양수하려고 할 때 유속을 1.5[m/sec]라 하면, 펌프의 호칭구경으로 적당한 것은? [13, 24 산]
① 50[A]
② 65[A]
③ 100[A]
④ 125[A]

해설 $Q = AV = \dfrac{\pi V d^2}{4}$

$\therefore d = \sqrt{\dfrac{4Q}{V\pi}} = \sqrt{\dfrac{4 \times 36/3,600}{1.5 \times \pi}}$

$= 0.0922[m] = 92.16[mm]$
$\fallingdotseq 100[mm]$

답 : ③

예 양수량이 200[L/min], 전양정이 50[m], 효율이 60[%]인 양수 펌프의 축동력은? [20, 25 산]
① 1.63[kW] ② 2.72[kW]
③ 3.70[kW] ④ 4.22[kW]

해설

펌프 축동력$(Ls) = \dfrac{WQH}{KE}$ [kW]에서

Q : 양수량[m³/min]
→ 200[L/min] = 0.2[m³/min]
H : 전양정[m] → 50[m]
W : 액체 1[m³]의 중량[kg/m³]
→ 물은 1,000[kg/m³]
E : 효율[%] → 60[%]
K : 정수[kW] → 6,120
∴ 펌프의 축동력(Ls)
$= \dfrac{1,000 \times 0.2 \times 50}{6,120 \times 0.6} = 2.72[kW]$

답 : ②

💡 예제

1. 펌프의 흡입양정이 10[m]이고 20[m] 높이에 있는 옥상탱크에 양수할 때 전양정은 얼마인가? (단, 관로의 전손실수두는 0.1[MPa] 이다.) [07 기]
① 20[m] ② 30[m] ❸ 40[m] ④ 50[m]

▶ 전양정(H) = 흡입양정(H_S) + 토출양정(H_d) + 관내마찰손실수두(H_f) [m]
 (속도수두를 무시할 때)
∴ 전양정(H) = 10 + 20 + 10 = 40[m]

2. 다음과 같은 조건에 있는 양수펌프의 전양정은? [12 기]

[조건]
· 흡입 실양정 : 3[m]
· 토출 실양정 : 5[m]
· 배관의 마찰손실수두 : 1.6[m]
· 토출구의 속도 : 1.0[m/s]

① 16.63[m] ② 14.63[m] ❸ 9.65[m] ④ 8[m]

▶ 전양정(H) = 흡입양정(H_S) + 토출양정(H_d) + 관내마찰손실수두(H_f) [m]
 (속도수두를 무시할 때)
 = 흡입양정(H_S) + 토출양정(H_d) + 관내마찰손실수두(H_f) + 속도수두(H_w) [m]
∴ 전양정(H) = $H_S + H_d + H_f + H_w$

$= H_S + H_d + H_f + \dfrac{v^2}{2g}$ ※ g : 중력가속도(9.8[m/sec²])

∴ H $= 3 + 5 + 1.6 + \dfrac{1^2}{2 \times 9.8} = 9.65$

---

2) 펌프의 구경, 축동력, 축마력

① 펌프구경 $d = 1.13\sqrt{\dfrac{Q}{V}} = \sqrt{\dfrac{4Q}{V\pi}}$

  Q : 양수량[m³/s]
  V : 유속[m/s]

② 펌프축동력 $= \dfrac{WQH}{6,120E}$ [kW]

③ 펌프축마력 $= \dfrac{WQH}{4,500E}$ [PS]

  Q : 양수량[m³/min]
  H : 전양정[m]
  E : 효율[%]
  W : 물의 단위중량(1,000[kgf/m³])

예제

1. 35[m]의 높이에 있는 고가수조에 유속 2[m/sec]으로 양수량 10[m³/h]의 물을 양수하려고 할 때 펌프의 구경은? [10 기]

   ① 약 25[mm]   ② **약 42[mm]**   ③ 약 52[mm]   ④ 약 62[mm]

▸ 펌프의 양수량(Q)

   $Q = \dfrac{\pi}{4} V d^2$

   Q : 양수량[m³/sec]
   V : 펌프의 관 속을 흐르는 유체의 속도[m/sec]
   d : 펌프의 구경 $d = \sqrt{\dfrac{4Q}{V\pi}}$

   $\therefore d = \sqrt{\dfrac{4Q}{V\pi}} = \sqrt{\dfrac{4 \times 10/3,600}{2 \times 3.14}} = 0.042[m] = 42[mm]$

2. 35[m] 높이에 있는 옥상탱크에 매 시간마다 20,000[ℓ]의 물을 양수하는 경우, 양수펌프의 전동기 필요 동력은? (단, 펌프의 흡입높이는 2[m], 관로의 전마찰손실수두는 13[m], 펌프의 효율은 60[%]이고 전동기 직결식(여유율 15%)으로 한다.) [09 기]

   ① 4.54[kW]   ② **5.22[kW]**   ③ 6.17[kW]   ④ 7.10[kW]

▸ 펌프 축동력(L_S) = $\dfrac{WQH}{KE}$ [kW]에서

   Q : 양수량[m³/min] → 20[m³/h] = $\dfrac{20}{60}$[m³/min]
   H : 전양정[m] → 2+35+13 = 50[m]
   W : 액체 1[m³]의 중량[kg/m³] → 물은 1,000[kg/m³]
   E : 효율[%] → 60[%]
   k : 정수[kW] → 6,120

   $\therefore$ 펌프의 축동력 = $\left(\dfrac{1,000 \times 20/60 \times 50}{6,120 \times 0.6}\right) \times 1.15 = 5.22[kW] \times 1.15 = 5.22[kW]$

3. 양정 H = 20[m], 양수량 Q = 3[m³/min]이고 축마력을 15[PS]를 필요로 하는 원심펌프의 효율은 약 얼마인가? [04 기]

   ① 72[%]   ② 78[%]   ③ 80[%]   ④ **89[%]**

▸ 펌프 축동력(L_S) = $\dfrac{WQH}{KE}$ [PS]에서

   Q : 양수량[m³/min] → 3[m³/min]
   H : 전양정[m] → 20[m]
   W : 액체 1[m³]의 중량[kg/m³] → 물은 1,000[kg/m³]
   E : 효율[%]
   K : 정수[PS] → 4,500

   $\therefore 15[PS] = \dfrac{1,000 \times 3 \times 20}{4,500 \times E} = 89[\%]$

핵심 PLUS

예 펌프의 전양정이 25[m], 양수량이 60[m³/h] 일 때 펌프의 축동력은? (단, 펌프의 효율은 70[%]) [19 산]

① **5.84[kW]**   ② 6.84[kW]
③ 58.4[kW]   ④ 68.4[kW]

해설

펌프 축동력(L_S) = $\dfrac{WQH}{KE}$ [kW]에서

Q : 양수량[m³/min] → 60[m³/h] = 1[m³/min]
H : 전양정[m] → 25[m]
W : 액체 1[m³]의 중량[kg/m³] → 물은 1,000[kg/m³]
E : 효율[%] → 70[%]
K : 정수[kW] → 6,120

$\therefore$ 펌프의 축동력(L_S)
= $\dfrac{1,000 \times 1 \times 25}{6,120 \times 0.7} = 5.84[kW]$

답 : ①

예 급수설비에서 펌프의 양수량이 2,000[ℓ/min], 펌프의 효율이 60[%], 펌프의 전양정 10[m], 여유율 12[%]를 만족시켜 줄 수 있는 소요동력은 몇 [PS]인가? [04 기]

① 5.3[PS]
② 6.3[PS]
③ 7.3[PS]
④ **8.3[PS]**

해설 펌프 축마력(L_S) = $\dfrac{WQH}{KE}$ [PS]

Q : 양수량[m³/min]
  → 2,000[ℓ/min] = 2[m³/min]
H : 전양정[m] → 10[m]
W : 액체 1[m³]의 중량[kg/m³]
  → 물은 1,000[kg/m³]
E : 효율[%] → 60[%]
K : 정수[PS] → 4,500

$\therefore$ 펌프의 축마력
$\dfrac{1,000 \times 2 \times 10}{4,500 \times 0.6} \times 1.12$
= 8.3[PS]

답 : ④

3 펌프의 특성 곡선

1) 펌프의 특성 곡선

펌프가 어느 일정한 속도로 물을 양수할 때 토출량의 변화에 따라 양정[m], 축동력([PS], [kW]), 효율[%]의 변화를 선도로 표시한 것을 말한다.

이와 같은 특성 곡선의 보양은 펌프의 종류에 따라 다르게 나타나며, 이 곡선에 의해 운전 조건에 따른 성능을 예측할 수 있다.

2) 회전수의 변화에 따른 유량(Q), 양정(H), 축동력(L)의 변화

펌프의 특성 곡선은 회전수를 일정하게 한 상태에서 얻어진 것이다. 회전수를 변화시키면 양수량은 회전수에 비례하고, 양정은 회전수의 제곱에 비례하며, 축동력은 회전수의 3승에 비례한다.

토출량[m³/min]	양 정[m]	축동력[kW]
$Q_2 = Q_1 \dfrac{N_2}{N_1}$	$H_2 = H_1 \left(\dfrac{N_2}{N_1}\right)^2$	$L_2 = L_1 \left(\dfrac{N_2}{N_1}\right)^3$

Q_1, H_1, L_1 : 회전수 N_1[rpm]일 때의 토출량[m³/min], 양정[m], 축동력[kW]
Q_2, H_2, L_2 : 회전수 N_2[rpm]일 때의 토출량[m³/min], 양정[m], 축동력[kW]

※ 펌프의 양수량은 임펠러의 회전수에 비례하고, 양정은 회전수의 제곱에 비례하며, 축동력은 회전수의 세제곱에 비례한다.

■ 토출량 = 유량 = 양수량

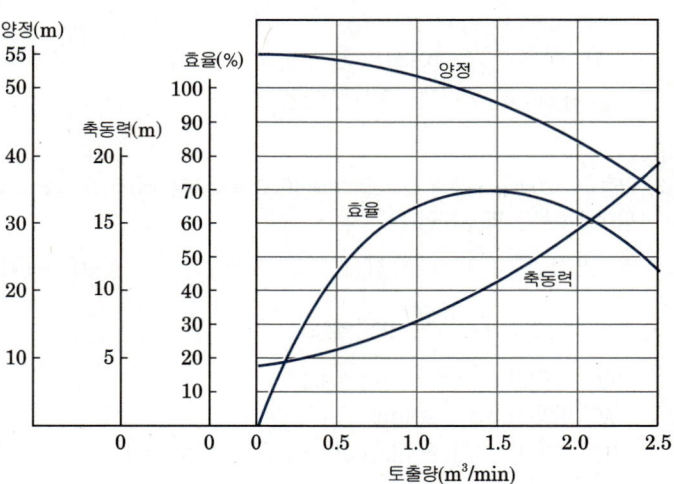

[그림] 펌프의 특성 곡선

학습포인트

■ 펌프의 법칙(상사의 법칙)

① 펌프의 회전수($N_1 \to N_2$)
- 유량(Q) : 회전수비에 비례하여 변화한다.
- 양정(H) : 회전수비의 2제곱에 비례하여 변화한다.
- 동력(L) : 회전수비에 3제곱에 비례하여 변화한다.

② 임펠러의 직경($D_1 \to D_2$)
- 유량(Q) : 펌프 크기비의 3제곱에 비례하여 변화한다.
- 양정(H) : 펌프 크기비의 2제곱에 비례하여 변화한다.
- 동력(L) : 펌프 크기비의 5제곱에 비례하여 변화한다.

☞ 펌프의 회전수($N_1 \to N_2$)로 변할 때 또는 임펠러의 직경($D_1 \to D_2$)로 변할 때

㉠ 유량(Q) : $Q_2 = Q_1 \dfrac{N_2}{N_1} = Q_1 \left(\dfrac{D_2}{D_1}\right)^3$

㉡ 양정(H) : $H_2 = H_1 \left(\dfrac{N_2}{N_1}\right)^2 = H_1 \left(\dfrac{D_2}{D_1}\right)^2$

㉢ 동력(L) : $L_2 = L_1 \left(\dfrac{N_2}{N_1}\right)^3 = L_1 \left(\dfrac{D_2}{D_1}\right)^5$

여기서, 회전수 : N[rpm], 임펠러 직경 : D

■ 펌프의 비속도

① 펌프의 형식을 결정하는 척도, 즉 회전차의 형상을 나타내는 척도로 사용된다. 펌프의 성능을 나타내거나 적합한 회전수를 결정하는 데 이용되는 값이다.

② $\eta_s = N \cdot \dfrac{Q^{1/2}}{H^{3/4}}$

여기서, η_s : 비속도, N : 회전수[rpm], Q : 토출량[m³/min], H : 양정

η_s(비속도)는 회전수(N)와 $Q^{1/2}$에 비례하고 $H^{3/4}$에 반비례한다.

③ 형태가 완전히 같은 펌프는 크기와 관계없이 비속도가 일정하다.
④ 대유량·저양정일수록 비속도가 크고, 소유량·고양정일수록 비속도는 작아진다.
⑤ 비속도 크기 순서
축류펌프(1,100[rpm] 이상) > 사류펌프(500~1,200[rpm]) > 볼류트펌프(300~700[rpm]) > 터빈펌프(300[rpm] 이하)

핵심 PLUS

 양수량이 1[m³/min], 양정이 80[m]인 펌프에서 회전수를 원래보다 10[%] 증가시켰을 경우, 회전수 변화 후의 양수량은? [11 산]
① 1.1[m³/min]
② 1.21[m³/min]
③ 1.33[m³/min]
④ 1.46[m³/min]

해설 펌프의 양수량은 회전수에 비례, 양정은 회전수의 제곱에 비례, 축동력은 회전수의 세제곱에 비례한다.
∴ 양수량(Q)=1[m³/min]×1.1
=1.1[m³/min]

답 : ①

예 각종 펌프의 비속도를 크기 순서에 따라 올바르게 나타낸 것은? [13, 24, 25 산]
① 터빈펌프 < 볼류트펌프 < 사류펌프 < 축류펌프
② 볼류트펌프 < 사류펌프 < 축류펌프 < 터빈펌프
③ 사류펌프 < 축류펌프 < 터빈펌프 < 볼류트펌프
④ 축류펌프 < 터빈펌프 < 볼류트펌프 < 사류펌프

답 : ①

핵심 PLUS

예제

펌프를 수직높이 50[m]의 고가수조와 5[m] 아래의 지하수까지 50[mm] 파이프로 접속하여 매초 2[m]의 속도로써 양수할 때 펌프의 축동력은 몇 마력이 필요한가? (단, 파이프의 총 연장길이는 100[m], 파이프 1[m]당의 저항은 50[mmAq]이고, 기타 저항은 무시하며, 펌프의 효율은 75[%]로 한다.) [05 기]

① 2.203[HP]　　② 3.45[HP]　　③ 4.03[HP]　　❹ 4.19[HP]

▶① 먼저, 마찰손실수두(H_f) = 50[mmAq] × 100[m] = 5,000[mmAq] = 5[mAq]
　　펌프의 전양정 = 흡입양정 + 토출양정 + 마찰손실수두 = 50 + 5 + 5 = 60[m]

② $Q = Av$
　　단면적: A[m²], 유속: v[m/s], 유량: Q[m³/s]
　　$A = \pi d^2/4$ 이므로
　　$\therefore Q = Av = \dfrac{\pi d^2}{4} \times v = \dfrac{3.14 \times 0.05^2}{4} \times 2 = 0.00393$ [m³/s]

③ 펌프 축마력(PS) = $\dfrac{WQH}{KE}$ 에서
　　Q : 양수량[m³/min] → 0.00393[m³/s] = 0.2358[m³/min] ≒ 0.24[m³/min]
　　H : 전양정[m] → 10[m]
　　W : 액체 1[m³]의 중량[kg/m³] → 물은 1,000[kg/m³]
　　E : 효율[%] → 75[%]
　　K : 정수[PS] → 4,500

　　$\therefore$ 펌프의 축마력 = $\dfrac{1,000 \times 0.24 \times 60}{4,500 \times 0.75}$ = 4.26[HP] → 4.19[HP]
　　(단위환산과정에서 약간의 오차가 있음)

학습포인트

펌프의 직렬 및 병렬운전 특성
① 동일 특성을 갖는 펌프 2대를 직렬로 연결하여 운전할 경우:
　유량은 변하지 않고(동일 유량점에서) 양정은 2배로 높아진다.
② 동일 특성을 갖는 펌프 2대를 병렬로 연결하여 운전할 경우:
　양정은 변하지 않고(동일 양정점에서) 유량은 2배로 높아진다.

■ 동일 특성을 갖는 펌프 2대를 병렬로 연결하여 운전할 경우 배관의 마찰저항이 없다면 이론적으로는 유량이 2배 증가하지만, 실제로는 배관의 마찰저항에 따라 양정과 유량(약 1.7배 정도)이 많이 달라진다.

예 펌프 1개를 운전하는 경우와 비교한 펌프 2개를 병렬로 연결하여 운전하는 경우에 관한 설명으로 옳은 것은? (단, 배관의 마찰저항은 없으며, 펌프는 동일한 특성을 갖는다.)　[16 산]
① 유량과 양정 모두 2배가 된다.
② 유량은 변하지 않고 양정이 2배가 된다.
③ 양정은 변하지 않고 유량이 2배가 된다.
④ 유량과 양정은 모두 변하지 않고 동일하다.

답 : ③

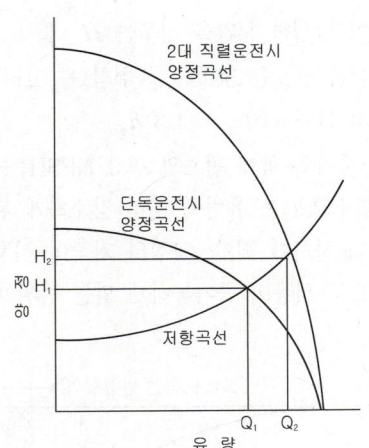

[그림] 펌프의 직렬운전 특성

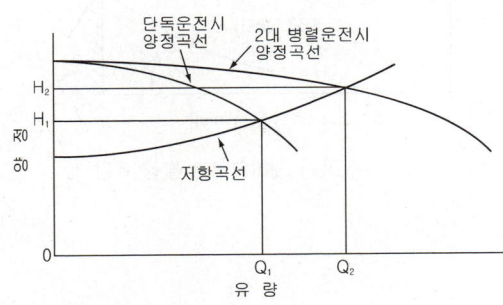

[그림] 펌프의 병렬운전 특성

4 캐비테이션과 NPSH

1) 캐비테이션(cavitation)

① 급수의 압력이 갑자기 높아져서 급수 속의 공기가 기포로 분리되는 현상으로서, 흡입양정에서 발생한다.
② 소음, 진동, 관 부식, 심하면 흡상 불능(펌프의 공회전)의 원인이 된다.
③ 펌프 흡입구의 압력은 항상 흡입구에서의 포화 증기 압력 이상으로 유지되어야 캐비테이션이 일어나지 않는다.

2) NPSH(Net Positive Suction Head : 유효 흡입양정)

① 캐비테이션이 일어나지 않는 유효 흡입양정을 수주로 표시한 것이다.
② 펌프의 설치 상태 및 유체의 온도 등에 따라 다르다.
③ 설치에서 얻어지는 NPSH는 펌프 자체가 필요로 하는 NPSH보다 커야 캐비테이션이 일어나지 않는다.

핵심 PLUS

예 펌프의 운전점 결정방법으로 옳은 것은? [16, 21 기]
① 펌프의 전양정이 최대가 되는 점으로 결정된다.
② 펌프의 양정곡선과 효율곡선의 교점으로 결정된다.
③ 펌프의 양정곡선과 저항곡선의 교점으로 결정된다.
④ 펌프의 축동력곡선과 효율곡선의 교점으로 결정된다.

해설 펌프의 운전점은 펌프의 양정곡선과 저항곡선의 교점으로 결정된다.
답 : ③

■ 공동현상(cavitation)을 방지하려면 펌프의 유효 흡입양정(NPSH)을 낮추어 흡입구의 압력이 항상 흡입구의 포화증기압력 이상으로 유지되도록 하는 것이 바람직하다.

■ 캐비테이션의 발생조건
· 흡입양정이 클 경우
· 유체의 온도가 높을 경우
· 날개차의 원주속도가 클 경우
· 날개차의 모양이 적당하지 않는 경우

■ 캐비테이션 방지책
· 흡입양정을 줄이고 흡입관 손실을 줄인다.
· 필요 이상의 양정을 두지 않는다.
· 규정회전수 내에서 운전한다.
· 2대 이상의 펌프를 사용한다.
· 스트레이너 통수면적을 여유 있게 잡고 청소를 한다.

핵심 PLUS

예 다음 중 펌프 운전 시 캐비테이션을 방지하기 위한 대책으로 가장 알맞은 것은? [15, 24 산]
① 흡입양정을 낮춘다.
② 토출양정을 낮춘다.
③ 에어챔버를 설치한다.
④ 마찰손실수두를 줄인다.

답 : ①

예 펌프의 NPSH(유효흡입양정)에 관한 설명 중 옳지 않은 것은? [07 기]
① 펌프설비에서 얻어지는 NPSH는 기압의 영향을 받는다.
② 펌프설비에서 얻어지는 NPSH는 흡입양정, 수온, 마찰 손실 등에 의해 결정된다.
③ 토오마의 캐비테이션계수는 비교회전수의 함수이다.
④ 펌프설비에서 얻어지는 NPSH를 펌프가 필요로 하는 NPSH보다 작게 한다.

답 : ④

따라서 캐비테이션이 발생하지 않을 경우는 $H_{sv} \geq h_{sv}$

여기에 여유율 a(일반적으로는 30[%]를 취함)를 고려하면, 펌프의 설치조건은

$$H_{sv} \geq (1+a) \cdot h_{sv} = 1.3 \cdot h_{sv}$$

그림에서 보면 유량증가와 함께 펌프의 필요 NPSH는 증가하지만, 시스템에 의하여 결정되는 유효 NPSH는 유량에 따라 감소하게 된다. 또 어느 유량에서 2개의 NPSH곡선이 교차하게 되고, 교점의 좌측이 사용가능한 범위, 우측이 캐비테이션 발생영역으로 사용이 불가능하게 되는 범위가 된다.

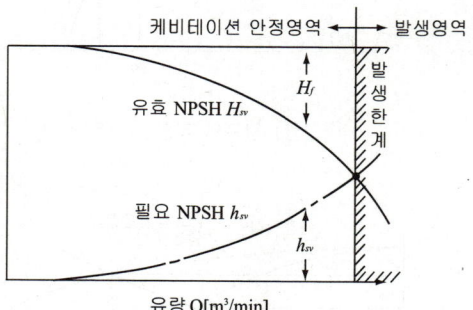

[그림] 캐비테이션 발생 조건

핵심기출문제

02. 펌프

해설

1. 급수설비의 양수 및 급수펌프에 주로 사용되는 것은? [11 산]
① 회전식 펌프
② 원심식 펌프
③ 왕복식 펌프
④ 축류 펌프

해설 1
원심(와권) 펌프는 급수, 급탕, 배수 등에 주로 사용되며 볼류트 펌프, 터빈 펌프, 보어홀 펌프 등이 있다.

2. 다음 중 터빈 펌프에서 안내날개를 설치하는 이유로 가장 알맞은 것은? [19, 25 산]
① 진동을 감소시키기 위해서
② 소음을 감소시키기 위해서
③ 펌프 내에 스케일 발생을 감소시키기 위해서
④ 속도 에너지를 압력 에너지로 효율 좋게 변환하기 위해서

해설 2
건축설비 분야에서는 원심(와권)식 펌프(볼류트 펌프, 터빈 펌프, 보어홀 펌프 등)가 주로 사용된다. 터빈펌프는 날개의 바깥쪽에 가이드베인(guide vane, 안내날개)을 설치하여 속도 에너지를 압력 에너지로 효율을 좋게 변환하여 고양정에 사용한다.

3. 증기 또는 물을 고속으로 노즐로부터 분사하면 노즐 주위의 압력이 떨어지는 것을 이용하여 물을 흡상·양수하는 펌프는? [20 산]
① 마찰펌프
② 제트펌프
③ 기어펌프
④ 볼류트펌프

해설 4
원심펌프는 회전차(impeller)를 고속 회전시킬 때 작용하는 원심력에 의해서 유체를 이송하는 펌프이다. 양정을 높이기 위해서는 다단펌프를 사용한다.
※ 건축설비 분야에서는 원심(와권)식 펌프(볼류트 펌프, 터빈 펌프, 보어홀 펌프 등)가 주로 사용된다. 터빈펌프는 날개의 바깥쪽에 가이드베인(guide vane)을 설치하여 고양정에 사용한다.

4. 다음 중 다단펌프를 사용하는 가장 주된 목적은? [13, 20 산]
① 흡입양정이 큰 경우
② 토출량을 줄이기 위한 경우
③ 높은 토출양정이 필요한 경우
④ 수중에 펌프를 설치하는 경우

정답 1. ② 2. ④ 3. ② 4. ③

핵심기출문제

02. 펌프

5. 다음 설명 중 ( ) 안에 알맞은 펌프의 종류는? [11 ②]

> 원심펌프에서 임펠러 외주부에 스파이럴 케이싱만 있는 것을 (㉠)라 하고, 임펠러와 스파이럴케이싱 사이에 고정 안내깃이 있는 것을 (㉡)라 한다.

① ㉠ 피스톤 펌프, ㉡ 터빈 펌프
② ㉠ 볼류트 펌프, ㉡ 터빈 펌프
③ ㉠ 터빈 펌프, ㉡ 볼류트 펌프
④ ㉠ 터빈 펌프, ㉡ 피스톤 펌프

6. 펌프에 관한 설명으로 옳지 않은 것은? [12, 18 ②]

① 마찰펌프는 소용량에 비해 높은 양정을 얻을 수 있다.
② 원심식 펌프에는 피스톤 펌프, 다이아프램 펌프 등이 있다.
③ 급수설비에서 급수 및 양수 펌프로는 주로 원심식 펌프가 사용된다.
④ 볼류트 펌프는 와권 케이싱과 회전차로 구성되며, 디퓨저 펌프는 회전차 주위에 디퓨저인 안내 날개를 가지고 있다.

7. 펌프의 흡입높이에 관한 설명으로 옳은 것은? [15 ②]

① 해발이 높아질수록 펌프의 흡입높이도 높아진다.
② 기압이 높아질수록 펌프의 흡입높이는 낮아진다.
③ 펌프의 진공도가 낮을수록 펌프의 흡입높이는 높아진다.
④ 물의 온도가 높아질수록 펌프의 흡입높이는 낮아진다.

8. 펌프의 실양정을 H_a, 배관 손실수두를 H_f, 토출 및 흡입 속도수두를 H_w라 할 때 전양정 H는? [15 ②]

① $H = H_a + H_f + H_w$
② $H = H_a + H_f - H_w$
③ $H = H_a - H_f - H_w$
④ $H = H_a - H_f + H_w$

해설

해설 5
원심펌프에서 임펠러 외주부에 스파이럴 케이싱만 있는 것을 볼류트 펌프라 하고, 임펠러와 스파이럴케이싱 사이에 고정 안내깃이 있는 것을 터빈 펌프라 한다.

해설 6
원심(와권) 펌프는 급수, 급탕, 배수 등에 주로 사용되며 볼류트 펌프, 터빈 펌프, 보어홀 펌프 등이 있다.

해설 7
펌프의 흡입높이
펌프의 흡입양정은 진공에 의한 것으로 표준기압 하에서 이론적으로 10.33[m] 이나 실제의 흡입양정은 6~7[m] 정도에 불과하다. 흡입양정은 대기의 압력, 유체의 온도에 따라 달라진다.

해설 8
전양정(H) = 흡입양정(H_S) + 토출양정(H_d) + 관내마찰손실수두(H_f) [m]
(속도수두를 무시할 때)
= 흡입양정(H_S) + 토출양정(H_d) + 관내마찰손실수두(H_f) + 속도수두(H_w) [m]
∴ 전양정(H) = $H_S + H_d + H_f + H_w$
$= H_S + H_d + H_f + \dfrac{v^2}{2g}$
※ g : 중력 가속도(9.8[m/sec²])

정답 5. ② 6. ② 7. ④ 8. ①

9. 양수펌프에서 흡수면으로부터 토출수면까지 물이 올라가는데 필요한 에너지를 무엇이라 하는가? [18 산]
① 실양정
② 전양정
③ 압력수두
④ 속도수두

10. 양수펌프 중심으로부터 2[m] 위에 저수조 수위가 일정하게 있고, 고가수조 수위는 펌프 중심으로부터 30[m] 위에 있다. 양수배관 전체길이가 38[m], 토출압력이 15[kPa]일 때 최저 필요 양정[mAq]은? (단, 양수배관의 마찰손실수두는 50[mmAq/m], 관이음 및 밸브류의 상당관 길이는 배관 길이의 50[%]로 한다.) [16 산]
① 30.85
② 34.85
③ 32.35
④ 36.35

11. 다음은 펌프의 구경(흡입관경) 산정식이다. 이 식에서 Q가 의미하는 것은? [16, 23 산]

$$d=\sqrt{\frac{4Q}{v\pi}}=1.13\sqrt{\frac{Q}{V}}$$

① 양수량
② 흡입양정
③ 토출양정
④ 관내 물의 유속

12. 관속에 유량 36[m³/h]의 물이 흐르고 있다. 이때 유속이 2[m/sec] 이내가 되도록 관경을 결정하려 한다. 관의 안지름은 최소 얼마 이상이 되어야 하는가? [17, 25 산]
① 65[mm]
② 80[mm]
③ 150[mm]
④ 475[mm]

해설

해설 9
펌프의 양정
㉠ 전양정(H) = 흡입실양정(H_S) + 토출실양정(H_d) + 관내마찰손실수두(H_f)
㉡ 실양정(H_a) = 흡입실양정(H_S) + 토출실양정(H_d)
※ 전양정(H) : 양수펌프에서 흡수면으로부터 토출수면까지 물이 올라가는데 필요한 에너지
※ 실양정(Ha) : 흡수면에서 토출수면까지의 수직거리로 상하수면의 고저차가 된다.

해설 10
전양정 = 실양정 + 직관손실 + 국부저항 + 토출압
= 28 + 1.9 + 0.95 + 1.5 = 32.35[mAq]
직관부손실 = 38[m] × 50[mmAq/m]
= 1,900[mmAq] = 1.9[mAq]
국부저항
= 1.9[mAq]의 50[%] = 0.95[mAq]
※ 1[MPa] = 1,000[kPa] = 100[m]
15[kPa] = 0.015[MPa] = 1.5[m]

해설 11
펌프의 구경
$d=\sqrt{\frac{4Q}{v\pi}}=1.13\sqrt{\frac{Q}{v}}$
Q : 양수량[m³/s], v : 유속[m/s]

해설 12
펌프의 양수량(Q)
$Q=\frac{\pi}{4}vd^2$
Q : 양수량[m³/sec]
v : 펌프의 관 속을 흐르는 유체의 속도[m/sec]
d : 펌프의 구경 $d=\sqrt{\frac{4Q}{v\pi}}$
$\therefore d=\sqrt{\frac{4Q}{v\pi}}=\sqrt{\frac{4\times36/3,600}{2\times3.14}}$
= 0.08[m] = 80[mm]

정답 9. ② 10. ③ 11. ① 12. ②

핵심기출문제　02. 펌프

13. 펌프를 사용하여 지하 3[m]에서 지상 17[m]의 고가수조에 유량 180[m³/h]로 양수하려고 할 때, 펌프의 수동력은? [13 ④]

① 7.6[kW]
② 9.8[kW]
③ 13.3[kW]
④ 15.2[kW]

14. 유량 2[m³/min], 양정 50[mAq]인 펌프의 축동력은? (단, 펌프의 효율은 0.6으로 한다.) [18 ④]

① 16.3[kW]
② 22.2[kW]
③ 25.3[kW]
④ 27.2[kW]

[해설] 펌프 축동력$(Ls) = \dfrac{WQH}{KE}$[kW]에서

Q : 양수량[m³/min] → 2[m³/min]
H : 전양정[m] → 50[m]
W : 액체 1[m³]의 중량[kg/m³] → 물은 1,000[kg/m³]
E : 효율[%] → 60[%]
K : 정수[kW] → 6,120

∴ 펌프의 축동력 $= \dfrac{1,000 \times 2 \times 50}{6,120 \times 0.6} = 27.2$[kW]

15. 다음과 같은 조건에 있는 양수펌프의 소요동력은? [15 ④]

[조 건]
• 실양정 : 10[m]
• 마찰손실수두 : 2[mAq]
• 양수량 : 3,000[L/min]
• 펌프의 효율 : 80[%]

① 1.22[kW]
② 6.13[kW]
③ 7.35[kW]
④ 8.57[kW]

해설

[해설] 13

펌프 수동력[kW] $= \dfrac{WQH}{K}$에서

Q : 양수량[m³/min]
　　→ 180[m³/h] = 3[m³/min]
H : 전양정[m] → 3+17=20[m]
W : 액체 1[m³]의 중량[kg/m³]
　　→ 물은 1,000[kg/m³]
K : 정수[kW] → 6,120

∴ 펌프의 축동력
$= \dfrac{1,000 \times 3 \times 20}{6,120} = 9.8$[kW]

☞ 펌프가 실제로 양수하는 수량 Q [m³/min], 단위중량 W [kgf/m³]을 H [m]까지 올리는 데 요하는 동력을 수동력(水動力)이라고 한다.

수동력 $= \dfrac{W \cdot Q \cdot H}{K}$ (단, K : 상수, KW : 6,120, HP : 4,500)

[해설] 15

펌프 축동력[kW] $= \dfrac{WQH}{KE}$에서

Q : 양수량[m³/min]
　　→ 3,000[L/min] = 3[m³/min]
H : 전양정(m) = 실양정+마찰손실수두
　　→ 10+2=12[m]
W : 액체 1[m³]의 중량(kg/m³)
　　→ 물은 1,000[kg/m³]
E : 효율[%] → 80[%]
K : 정수[kW] → 6,120

∴ 펌프의 축동력
$= \dfrac{1,000 \times 3 \times 12}{6,120 \times 0.8} = 7.35$[kW]

정답 13. ② 14. ④ 15. ③

16. 실양정이 15[m]이고 배관 전체에서 발생하는 마찰손실 수두의 합을 실양정의 70[%]로 할 때 매시 10[m³]의 물을 퍼올릴 수 있는 펌프의 축동력은? (단, 유속은 1.5[m/sec]이고 펌프 효율은 40[%]로 한다.) [13]

① 0.75[kW] ② 1.25[kW]
③ 1.75[kW] ④ 2.25[kW]

17. 펌프의 회전수가 1,200[rpm]일 때 토출량은 1.5[m³/min], 양정은 48[m], 소요동력이 12[kW]이었다. 토출량을 2[m³/min]로 높이기 위하여 필요한 회전수(N_2)와 축동력(L_2)은? [11, 25]

① N_2 = 1,600[rpm], L_2 = 21.3[kW]
② N_2 = 1,600[rpm], L_2 = 28.4[kW]
③ N_2 = 2,133[rpm], L_2 = 21.3[kW]
④ N_2 = 2,133[rpm], L_2 = 28.4[kW]

[해설]
펌프의 상사법칙에서 펌프의 회전수($N_1 \to N_2$)로 변할 때 또는 임펠러의 직경($D_1 \to D_2$)로 변할 때

㉠ 유량(Q) : $Q_2 = Q_1 \dfrac{N_2}{N_1} = Q_1 (\dfrac{D_2}{D_1})^3$

㉡ 양정(H) : $H_2 = H_1 \left(\dfrac{N_2}{N_1}\right)^2 = H_1 \left(\dfrac{D_2}{D_1}\right)^2$

㉢ 동력(L) : $L_2 = L_1 \left(\dfrac{N_2}{N_1}\right)^3 = L_1 \left(\dfrac{D_2}{D_1}\right)^5$

여기서, 회전수 : N[rpm], 임펠러 직경 : D· 회전수(N_2)와 축동력 (L_2)의 계산

① 유량(Q) : $Q_2 = Q_1 \dfrac{N_2}{N_1}$

양수량은 회전수에 비례하므로
1.5 : 2 = 1,200 : N_2 N_2 = 1,600[rpm]

② 동력(L) : $L_2 = L_1 \left(\dfrac{N_2}{N_1}\right)^3 = 12 \times \left(\dfrac{1,600}{1,200}\right)^3 = 28.4[kW]$

18. 펌프의 회전수 제어 시 펌프의 회전수 20[%] 증가시키면 유량은 얼마나 증가하겠는가? [13]

① 10[%] ② 20[%]
③ 44[%] ④ 78[%]

해설

[해설] **16**

펌프 축동력[kW] = $\dfrac{WQH}{KE}$ 에서

Q : 양수량[m³/min]
→ 10[m³/h] = $\dfrac{10}{60}$ [m³/min]

H : 전양정[m] → 15×1.7

W : 액체 1[m³]의 중량[kg/m³]
→ 물은 1,000[kg/m³]

E : 효율[%] → 70[%]

K : 정수[kW] → 6,120

∴ 펌프의 축동력

$= \dfrac{1,000 \times \dfrac{10}{60} \times (15 \times 1.7)}{6,120 \times 0.4}$

$= 1.74[kW]$

[해설] **18**

펌프의 상사법칙
펌프의 양수량은 임펠러의 회전수에 비례하고, 양정은 회전수의 제곱에 비례하며, 축동력은 회전수의 세제곱에 비례한다.

• 펌프의 회전수($N_1 \to N_2$)로 변할 때 또는 임펠러의 직경($D_1 \to D_2$)로 변할 때

㉠ 유량(Q) : $Q_2 = Q_1 \dfrac{N_2}{N_1} = Q_1 (\dfrac{D_2}{D_1})^3$

㉡ 양정(H) : $H_2 = H_1 \left(\dfrac{N_2}{N_1}\right)^2 = H_1 \left(\dfrac{D_2}{D_1}\right)^2$

㉢ 동력(L) : $L_2 = L_1 \left(\dfrac{N_2}{N_1}\right)^3 = L_1 \left(\dfrac{D_2}{D_1}\right)^5$

☞ 펌프의 양수량(유량)은 임펠러의 회전수에 비례하므로 20[%] 증가한다.

정답 16. ③ 17. ② 18. ②

핵심기출문제

02. 펌프

19. 양수량이 1[m³/min], 양정이 100[m]인 펌프에서 회전수를 원래보다 10[%] 증가시켰을 경우, 축동력은 원래보다 몇 배 증가하는가? [08 ㉑]

① 1.33배
② 1.21배
③ 1.1배
④ 1.46배

20. 다음 중 펌프의 비교회전수가 가장 적은 것은? [19 ㉑]

① 사류펌프
② 축류펌프
③ 터빈펌프
④ 볼류트펌프

[해설] 펌프의 비속도(비교회전수) 크기 순서
축류펌프(1,100[rpm] 이상) > 사류펌프(500~1,200[rpm]) > 볼류트펌프(300~700[rpm]) > 터빈펌프(300[rpm] 이하)

21. 펌프의 양정이 20[mAq], 회전속도가 1,500[rpm], 배출량이 1.5[m³/min]일 때, 이 펌프의 비교회전수[rpm·m³/min·m]는? [15 ㉑]

① 125
② 194
③ 210
④ 248

22. 펌프에 관한 설명으로 옳지 않은 것은? [17 ㉑]

① 순환펌프로는 주로 원심식 펌프가 사용된다.
② 비속도가 작은 펌프는 양수량이 변화하여도 양정의 변화가 작다.
③ 동일 특성의 펌프를 병렬 운전할 경우 실제로 유량이 2배 증가한다.
④ 펌프의 실양정은 흡입측과 토출측의 수위와 펌프의 설치 위치에 따라 다르다.

해설

[해설] **19**
펌프의 양수량은 회전수에 비례, 양정은 회전수의 제곱에 비례, 축동력은 회전수의 세제곱에 비례한다.
∴ 양수량(Q)
= 1[m³/min] × 1.1³ = 1.33[m³/min]

[해설] **21**
비교회전수(비속도)
$$\eta = N \cdot \frac{Q^{1/2}}{H^{3/4}}$$
여기서,
η_s : 비속도　N : 회전수[rpm]
Q : 토출량[m³/min]　H : 양정
η(비속도)는 회전수(N)와 $Q^{1/2}$에 비례하고 $H^{3/4}$에 반비례한다.
∴ $\eta = N \cdot \frac{Q^{1/2}}{H^{3/4}} = 1,500 \times \frac{1.5^{1/2}}{20^{3/4}}$
= 194.25 ≒ 194[rpm·m³/min·m]

[해설] **22, 23**
펌프의 직렬 및 병렬운전 특성
㉠ 동일 특성을 갖는 펌프 2대를 직렬로 연결하여 운전할 경우 : 유량은 변하지 않고(동일 유량점에서) 양정은 2배로 높아진다.
㉡ 동일 특성을 갖는 펌프 2대를 병렬로 연결하여 운전할 경우 : 양정은 변하지 않고(동일 양정점에서) 유량은 2배로 높아진다.
☞ 토출량=유량
※ 동일 특성을 갖는 펌프 2대를 병렬로 연결하여 운전할 경우 배관의 마찰저항이 없다면 이론적으로는 유량이 2배 증가하지만, 실제로는 배관의 마찰저항에 따라 양정과 유량(약 1.7배 정도)이 많이 달라진다.

정답 19. ① 20. ③ 21. ② 22. ③

23. 동일 특성을 갖는 펌프 2대를 직렬로 연결하여 운전할 경우 단독 운전시 보다 양정이 증가한다. 다음 중 펌프의 직렬운전에 의한 양정의 증가율에 가장 큰 영향을 끼치는 것은? [13 ④]
① 유체의 종류
② 펌프의 효율
③ 펌프의 회전수
④ 배관의 마찰저항

24. 펌프설치 시 유효흡입양정을 고려하는 이유는? [13, 19, 23 ④]
① 고양정을 얻기 위해서
② 대유량을 얻기 위해서
③ 수격작용을 방지하기 위해서
④ 캐비테이션을 방지하기 위해서

25. 펌프의 유효흡입수두(NPSH) 산정의 직접적인 인자에 속하지 않는 것은? [13 ④]
① 흡입관 내의 총 손실수두
② 흡수면에 작용하는 압력수두
③ 흡입 실양정
④ 흡입 및 토출 구경

해설

해설 24
NPSH(Net Positive Suction Head : 유효흡입양정)
㉠ 캐비테이션이 일어나지 않는 유효 흡입양정을 수주로 표시한 것
㉡ 펌프의 설치 상태 및 유체의 온도 등에 따라 다르다.
㉢ 설치에서 얻어지는 NPSH는 펌프 자체가 필요로 하는 NPSH보다 커야 캐비테이션이 일어나지 않는다.
☞ 펌프설치시 유효흡입양정을 고려하는 이유는 캐비테이션을 방지하기 위함이다.

해설 25
유효흡입수두(NPSH)란 펌프 흡입구에서 물의 압력과 그 수온에 해당하는 포화증기압과의 차를 수두로 나타낸 것
■ 유효흡입수두(NPSH) = 흡수면에 작용하는 압력수두(대기압) ± (흡입 실양정 + 흡입관 내의 마찰손실수두 + 수온의 포화증기압 환산수두)
※ NPSH(Net Positive Suction Head : 유효흡입양정)
㉠ 캐비테이션이 일어나지 않는 유효 흡입양정을 수주로 표시한 것
㉡ 펌프의 설치 상태 및 유체의 온도 등에 따라 다르다.
㉢ 설치에서 얻어지는 NPSH는 펌프 자체가 필요로 하는 NPSH보다 커야 캐비테이션이 일어나지 않는다.

정답 23. ④ 24. ④ 25. ④

핵심 03 송풍기

제2과목 건축설비설계 | 제2편 공기조화설비 설계

핵심 PLUS

예 다음 중 원심형 송풍기로서 날개가 전곡형(前曲形)인 것은? [11, 24 산]
① 다익형　② 튜브형
③ 터보형　④ 프로펠러형

해설 다익형 송풍기(sirocco fan, 시로코팬)는 날개의 끝부분이 회전방향으로 굽은 전곡형(前曲形)이다.
답 : ①

예 다음 중 원심형 송풍기가 아닌 것은? [11, 19 기]
① 다익형　② 방사형
③ 후곡형　④ 축류형

해설 송풍기의 종류
㉠ 원심형 : 다익형(시로코팬), 터보형(후곡형), 익형, 리미트로드형, 플레이트형, 방사형
㉡ 축류형 : 프로펠러형, 튜브형, 베인형
㉢ 횡류형(관류형)
답 : ④

예 다음의 송풍기 종류 중에서 저속덕트의 환기 및 공조용으로 일반적으로 가장 많이 사용되는 것은? [03 기]
① 시로코팬　② 터보팬
③ 리미트 로드팬　④ 에어 포일팬
답 : ①

예 송풍기의 크기를 나타내는 송풍기 번호의 결정방법으로 옳은 것은? (단, 원심 송풍기의 경우) [12, 17 기]
① $NO = \dfrac{회전날개의\ 지름[mm]}{100[mm]}$
② $NO = \dfrac{회전날개의\ 지름[mm]}{120[mm]}$
③ $NO = \dfrac{회전날개의\ 지름[mm]}{150[mm]}$
④ $NO = \dfrac{회전날개의\ 지름[mm]}{180[mm]}$
답 : ③

1 송풍기의 종류

■ 공조 및 냉동기에 사용되는 송풍기

종류		풍량 [m³/min]	압력 (수주)[mm]	용도
원심송풍기	다익송풍기	10~2,900	10~125	국소통풍·저속덕트·에어커튼용
	리밋로드송풍기	20~3,200	10~150	공업용배풍용
	사일런트송풍기	60~900	125~250	고속덕트용
	익형송풍기	60~3,000	125~250	고속덕트용·냉각탑용냉각팬
축류형송풍기		15~10,000	0~55	급속동결실용

■ 송풍기 날개의 형상

종류	원심송풍기					축류형송풍기 (프로펠러팬)
	터보팬		익형 송풍기 (에어필팬)	리밋로드팬	다익 송풍기 (시로코팬)	
	보통	사일런트팬				
날개의 형상	(그림)	(그림)	(그림)	(그림)	(그림)	(그림)
정압 [mmAq]	30~1,000	100~250	100~250	10~150	10~150	0~50
효율[%]	60~70	70~85	70~85	55~65	45~60	50~85

2 송풍기 계산식

1) 크기(No)

① 원심 송풍기의 경우

$$No = \dfrac{회전\ 날개의\ 지름[mm]}{150[mm]}\ (\#)$$

② 축류 송풍기의 경우

$$No = \dfrac{회전\ 날개의\ 지름[mm]}{100[mm]}\ (\#)$$

2) 소요 동력(kW)

$$kW = \frac{Q \times P_t}{102\eta^t \times 3{,}600}$$

3) 축마력(BHP)

$$BHP = \frac{Q \times P_t}{\eta^t \times 3{,}600}$$

$$P_t = P_S + \left(\frac{V_p}{4.05}\right)^2$$

- Q : 풍량[m³/h]
- P_t : 전압[mmAq]
- P_S : 정압[mmAq]
- V_p : 토출 풍속[m/s]
- η^t : 전압 효율

3 송풍기의 법칙

1) 공기 비중이 일정하고 같은 덕트 장치에 사용할 때

  ① 회전 속도 $N_1 \rightarrow N_2$ (비중=일정)

  ㉠ $Q_2 = \dfrac{N_2}{N_1} Q_1$

  ㉡ $P_2 = \left(\dfrac{N_2}{N_1}\right)^2 P_1$

  ㉢ $L_2 = \left(\dfrac{N_2}{N}\right)^3 L_1$

  ② 송풍기의 크기 $D_1 \rightarrow D_2$ (N=일정)

  ㉠ $Q_2 = \left(\dfrac{D_2}{D_1}\right)^3 Q_1$

  ㉡ $P_2 = \left(\dfrac{D_2}{D_1}\right)^2 P_1$

  ㉢ $L_2 = \left(\dfrac{D_2}{D}\right)^5 L_1$

- Q : 송풍량[m³/min]
- N : 임펠러의 회전수[rpm]
- P : 송풍기에 의해 생긴 정압 또는 전압[mmAq]
- L : 송풍기의 소요 동력[kW, PS]
- D : 송풍기 날개의 직경[mm]

핵심 PLUS

예 송풍기에 관한 법칙으로 옳지 않은 것은? [17, 25 산]
① 풍량은 회전속도비에 비례하여 변화한다.
② 동력은 회전속도비의 3제곱에 비례하여 변화한다.
③ 압력은 송풍기 크기비의 2제곱에 비례하여 변화한다.
④ 동력은 송풍기 크기비의 4제곱에 비례하여 변화한다.

답 : ④

예 어느 송풍기의 회전수가 750[rpm] 일 때 송풍량이 100[m³/min], 축동력이 1.5[kW], 송풍기 전압이 400[Pa] 이다. 이 송풍기의 회전수를 900[rpm] 으로 변화시켰을 때 전압은 얼마로 되는가? [14, 24 산]
① 400[Pa]
② 576[Pa]
③ 711.1[Pa]
④ 941.1[Pa]

해설 송풍기 전압(P_2) : 회전수비의 2제곱에 비례하여 변화한다.

$$P_2 = \left(\frac{N_2}{N_1}\right)^2 P_1 = \left(\frac{900}{750}\right)^2 \times 400$$
$$= 576[Pa]$$

답 : ②

핵심 PLUS

예 송풍기의 특성 곡선에 나타나지 않는 것은? [12, 18 산]
① 전압
② 효율
③ 풍속
④ 축동력

해설 송풍기 특성곡선
송풍기의 일정한 회전수에서 횡축을 풍량 Q[m³/min], 종축을 압력 [Pa], 효율[%], 소요동력[W]으로 놓고 풍량에 따라 이들의 변화과정을 나타낸다.

답 : ③

4 송풍기의 특성 곡선

송풍기의 특성 곡선은 풍량(Q)의 변동에 대하여 전압(Pt), 정압(Ps), 효율[%], 축동력(L)을 나타낸다.

① 서징(surging) 영역 : 정압 곡선에서 좌하향 곡선 부분의 송풍기 동작이 불안전한 현상
② 오버 로드 : 풍향이 어느 한계 이상이 되면 축동력은 급증하고, 압력과 효율은 낮아지는 현상

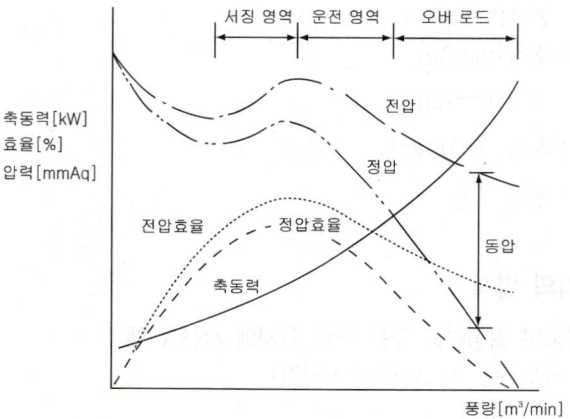

[그림] 송풍기의 특성 곡선(다익형의 경우)

학습포인트

■ 송풍기의 법칙(상사의 법칙)

① 송풍기의 회전수($N_1 \rightarrow N_2$)
  ㉠ 풍량 : 회전수비에 비례하여 변화한다.
  ㉡ 압력 : 회전수비의 2제곱에 비례하여 변화한다.
  ㉢ 동력 : 회전수비의 3제곱에 비례하여 변화한다.
② 송풍기의 크기($D_1 \rightarrow D_2$)
  ㉠ 풍량 : 송풍기 크기비의 3제곱에 비례하여 변화한다.
  ㉡ 압력 : 송풍기 크기비의 2제곱에 비례하여 변화한다.
  ㉢ 동력 : 송풍기 크기비의 5제곱에 비례하여 변화한다.

■ 동력절감률(에너지절약)이 높은 것에서 낮은 순서

회전수 제어(가변속제어) > 가변피치제어 > 흡입베인제어 > 흡입댐퍼제어 > 토출댐퍼제어
※ 회전수 제어 : 송풍기 풍량제어의 대표적인 방법으로 에너지절감 비율이 가장 높다.
※ 제어방식의 결정은 풍량조정범위, 동력절감률, 설비비 등을 고려하여 정한다.

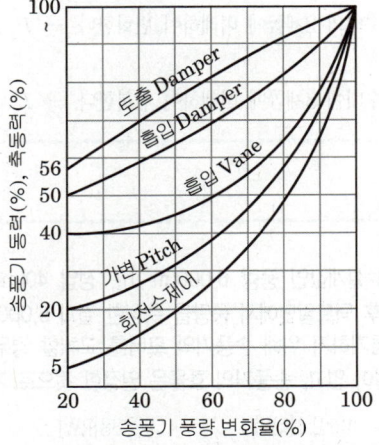

[그림] 송풍기 풍량변화율에 따른 송풍기 동력비율의 변화

핵심 PLUS

예 송풍기의 풍량제어 방식 중 소비전력 감소량이 가장 큰 제어방식은?
[01, 04 기]
① 댐퍼제어 ② 석션베인제어
③ 가변피치제어 ④ 가변속제어

답 : ④

예 다음의 송풍기 풍량제어 방법 중 축동력이 가장 적게 소요되는 것은?
[11 기]
① 회전수제어 ② 흡입베인제어
③ 흡입댐퍼제어 ④ 토출댐퍼제어

해설 동력절감률(에너지절약)이 높은 것에서 낮은 순서 : 회전수 제어 > 흡입베인제어 > 흡입댐퍼제어 > 토출댐퍼제어

답 : ①

예 다음의 송풍기 풍량제어법에 대한 설명 중 ( ) 안에 알맞은 내용은?
[10, 15 기]

> 축동력은 (㉠)가 가장 적게 들며, (㉡)가 가장 많이 소요된다.

① ㉠ 회전수제어,
  ㉡ 토출댐퍼제어
② ㉠ 토출댐퍼제어,
  ㉡ 회전수제어
③ ㉠ 흡입댐퍼제어,
  ㉡ 토출댐퍼제어
④ ㉠ 토출댐퍼제어,
  ㉡ 흡입댐퍼제어

답 : ①

예 송풍기의 풍량제어방식 중 축동력이 가장 많이 소요되는 방식은?
[14, 17, 18, 24, 25 산]
① 회전수제어 ② 토출댐퍼제어
③ 흡입베인제어 ④ 흡입댐퍼제어

해설 동력절감률(에너지절약)이 높은 것에서 낮은 순서 : 회전수제어(가변속제어) > 가변피치제어 > 흡입베인제어 > 흡입댐퍼제어 > 토출댐퍼제어
※ 회전수 제어 : 송풍기 풍량제어의 대표적인 방법으로 에너지절감 비율이 가장 높다.
※ 제어방식의 결정은 풍량조정범위, 동력절감률, 설비비 등을 고려하여 정한다.

답 : ②

핵심 PLUS

예 어떤 펌프의 회전수가 1,000[rpm]일 때 축동력은 10[kW]이었다. 이 펌프의 회전수를 1,200[rpm]으로 증가시켰을 경우 축동력은? [15 기]
① 12[kW]
② 14.4[kW]
③ 17.3[kW]
④ 20.7[kW]

해설 펌프의 상사법칙에서

$$L_2 = L_1\left(\frac{N_2}{N_1}\right)^3 = 10 \times \left(\frac{1,200}{1,000}\right)^3$$

$$= 17.28 = 17.3[kW]$$

답 : ③

예제

회전수가 366[rpm], 소요동력 2.0[PS], 송풍기 전압 25[mmAq]인 송풍기를 655[rpm]으로 운전했을 때 소요동력(L_2)과 송풍기 전압(P_2)는 얼마인가? [07 기]

① L_2=3.6[PS], P_2=80[mmAq] ② L_2=6.4[PS], P_2=44.7[mmAq]
③ L_2=11.5[PS], P_2=80[mmAq] ④ L_2=11.5[PS], P_2=143[mmAq]

▶① 소요동력(L_2) : 회전수비에 3제곱에 비례하여 변화한다.

$$L_2 = \left(\frac{N_2}{N_1}\right)^3 L_1 = \left(\frac{655}{366}\right)^3 \times 2 = 11.5 \,[PS]$$

② 송풍기 전압(P_2) : 회전수비의 2제곱에 비례하여 변화한다.

$$P_2 = \left(\frac{N_2}{N_1}\right)^2 P_1 = \left(\frac{655}{366}\right)^2 \times 25 = 80 \,[mmAq]$$

※ 송풍기 회전수($N_1 \to N_2$) [송풍기의 법칙]

㉠ 풍량 : 회전수비에 비례하여 변화한다. → $Q_2 = \dfrac{N_2}{N_1} Q_1$

㉡ 압력 : 회전수비의 2제곱에 비례하여 변화한다. → $P_2 = \left(\dfrac{N_2}{N_1}\right)^2 P_1$

㉢ 동력 : 회전수비에 3제곱에 비례하여 변화한다. → $L_2 = \left(\dfrac{N_2}{N_1}\right)^3 L_1$

예제

급기 덕트 계통에 설계값인 풍량 6,000[m³/h], 정압 40[mmAq], 축동력이 2[kW]인 송풍기를 설치한 후 덕트말단에서 풍량을 측정한 결과 5,000[m³/h]이었다. 이 덕트계에 설계 풍량을 급기하기 위해 송풍기의 모터를 교체할 경우 요구되는 축동력은?(단, 덕트계에 공기누설이 없고, 송풍기의 효율은 일정한 것으로 가정한다.) [09 기]

① 2.0[kW] ② 2.4[kW] ③ 2.88[kW] ④ 3.456[kW]

▶① 송풍기의 법칙에서 송풍량은 임펠러의 회전수에 비례하고, 압력은 회전수의 제곱에 비례하며, 축동력은 회전수의 세제곱에 비례한다.

② 풍량 측정 결과 5,000[m³/h]를 설계치 풍량 6,000[m³/h]로 20[%] 증가시켜야 하므로 송풍기의 법칙(상사의 법칙)의해 임펠러의 회전수를 20[%] 증가시켜야 하므로 축동력은 1.2^3배가 된다.

∴ 축동력=2[kW]×1.2^3=3.456[kW]

> 💡 **예제**
>
> 송풍기의 회전수 500[rpm]에서 풍량은 200[m³/min]이었다. 회전수를 600[rpm]으로 올렸을 경우 풍량은? [11, 18 기]
>
> ① 220[m³/min]　**② 240[m³/min]**　③ 288[m³/min]　④ 356[m³/min]
>
> ▶ 송풍기의 법칙에서 송풍량은 임펠러의 회전수에 비례하고, 양정은 회전수의 제곱에 비례하며, 축동력은 회전수의 세제곱에 비례한다.
> 500[rpm] : 200[m³/min] = 600[rpm] : x
> ∴ x = 240[m³/min]

핵심 PLUS

핵심기출문제

03. 송풍기

1. 다음 설명에 알맞은 송풍기의 종류는? [11 산]

- 프로펠러형의 브레이드가 기체를 축방향으로 송풍한다.
- 낮은 풍압에 많은 풍량을 송풍하는데 적합하다.

① 후곡형 ② 방사형
③ 축류형 ④ 관류형

2. 송풍기에 관한 설명으로 옳지 않은 것은? [19, 24 산]

① 방사형은 자기 청소(self cleaning)의 특성이 있다.
② 축류형은 낮은 풍압에 많은 풍량을 송풍하는데 적합하다.
③ 후곡형은 효율이 높고 논오버로드(nonover load) 특성이 있다.
④ 다익형은 다른 형식에 비해 동일 용량에 대해서 회전수가 가장 많다.

3. 다음 중 펌프의 특성곡선에 나타나지 않는 것은? [16, 25 산]

① 유속 ② 양정
③ 효율 ④ 축동력

[해설] **펌프의 특성 곡선**
펌프가 어느 일정한 속도로 물을 양수할 때 토출량의 변화에 따라 양정[m], 축동력(PS, kW), 효율[%]의 변화를 선도로 표시한 것을 말한다. 이와 같은 특성 곡선의 모양은 펌프의 종류에 따라 다르게 나타나며, 이 곡선에 의해 운전 조건에 따른 성능을 예측할 수 있다.
※ 펌프의 양수량은 임펠러의 회전수에 비례하고, 양정은 회전수의 제곱에 비례하며, 축동력은 회전수의 3승에 비례한다.

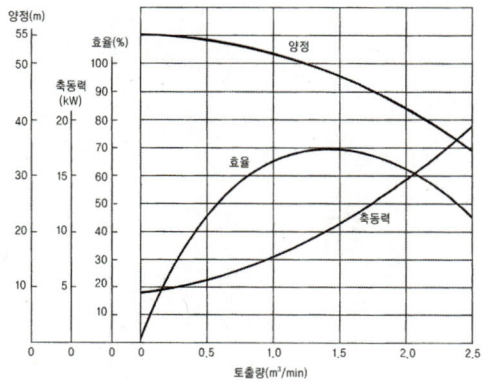

[그림] 펌프의 특성 곡선

해설

[해설] **1**
송풍기의 종류
① 원심형 : 다익형, 터보형, 익형, 리미트로드형
② 축류형 : 프로펠러형, 튜브형, 베인형
③ 관류형(횡류형)
※ 다익형 송풍기(sirocco fan, 시로코팬) 여러 개의 전향날개를 설치한 형식의 송풍기로 공조 및 환기용으로 가장 많이 사용한다.
㉠ 저속덕트용으로 사용된다.
㉡ 동일 용량에 대해서 송풍기 용량이 적다.
㉢ 날개의 끝부분이 회전방향으로 굽은 전곡형이다.

[해설] **2**
다익형 송풍기(sirocco fan, 시로코팬) 여러 개의 전향날개를 설치한 형식의 송풍기로 공조 및 환기용으로 가장 많이 사용한다.
㉠ 저속덕트용, 저압용으로 사용된다.
㉡ 날개의 끝부분이 회전방향으로 굽은 전곡형(前曲形)이다.
㉢ 동일 용량에 대해서 회전수가 적어 송풍기 용량이 적다.

정답 1. ③ 2. ④ 3. ①

Industrial Engineer Building Facilities

4. 송풍기의 일정한 회전수에서 횡축을 풍량 Q[m³/min], 종축을 압력[Pa], 효율 [%], 소요동력[W]으로 놓고 풍량에 따라 이들의 변화과정을 나타낸 것은? [16]

① 변화곡선 ② 고유곡선
③ 풍량곡선 ④ 특성곡선

[해설] 송풍기의 특성 곡선
송풍기의 특성 곡선은 풍량(Q)의 변동에 대하여 전압(Pt), 정압(Ps), 효율[%], 축동력(L)을 나타낸다.
㉠ 서징(surging) 영역 : 정압 곡선에서 좌하향 곡선 부분의 송풍기 동작이 불안전한 현상
㉡ 오버 로드 : 풍향이 어느 한계 이상이 되면 축동력은 급증하고, 압력과 효율은 낮아지는 현상

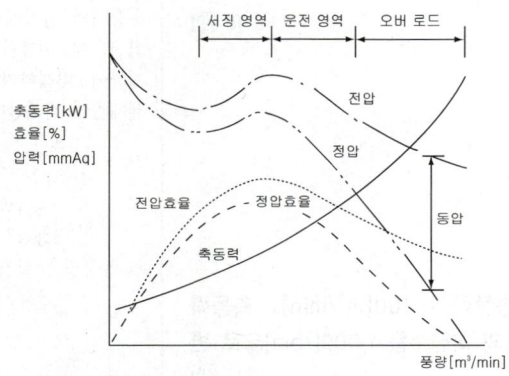

[그림] 송풍기의 특성 곡선(다익형의 경우)

5. 송풍기 운전점을 A에서 B로 변환시키기 위한 방법으로 옳은 것은? [13]

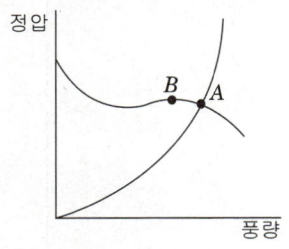

① 회전수를 높이면서 토출측 댐퍼를 조인다.
② 회전수를 낮추면서 흡입측 댐퍼를 조인다.
③ 회전수와 관계없이 흡입측 댐퍼를 조인다.
④ 회전수를 일정하게 유지하면서 토출측 댐퍼를 조인다.

[해설] 5
송풍기의 특성곡선에서 토출측 댐퍼를 조이면 저항이 증가하여 운전점이 A점에서 B점으로 이동하며 송풍량은 감소하고 송풍압력은 증가하게 된다.
송풍기의 특성곡선에서 흡입측 댐퍼를 조이거나 회전수를 감소시키면 압력과 송풍량은 감소하게 되고, 축동력은 회전수 제어가 가장 적게 소요되고 토출 댐퍼가 가장 많이 소요된다.
※ 동력절감률(에너지절약)이 높은 것에서 낮은 순서 : 회전수 제어(가변속제어) > 흡입베인제어 > 흡입댐퍼제어 > 토출댐퍼제어

정답 4. ④ 5. ④

핵심기출문제   03. 송풍기

6. 동일 송풍기에서 회전수를 2배로 했을 경우 풍량, 정압 및 소요동력의 변화량으로 옳은 것은? [12, 24]

① 풍량 1배, 정압 2배, 소요동력 4배
② 풍량 1배, 정압 2배, 소요동력 6배
③ 풍량 2배, 정압 4배, 소요동력 6배
④ 풍량 2배, 정압 4배, 소요동력 8배

7. 송풍량 300[m³/min], 정압 30[mmAq]인 송풍기의 회전수를 높여 풍량을 360[m³/min]로 변화시킬 경우 정압은? [14, 19]

① 36[mmAq]
② 43.2[mmAq]
③ 51.8[mmAq]
④ 64.6[mmAq]

8. 어느 송풍기의 회전수가 750[rpm]일 때 송풍량이 100[m³/min], 축동력 1.5[kW], 송풍기 전압 400[Pa]이다. 이 송풍기의 회전수를 1,000[rpm]으로 변화시켰을 때 전압은 얼마로 되는가? [11]

① 400[Pa]
② 533.3[Pa]
③ 711.1[Pa]
④ 941.1[Pa]

[해설] 송풍기의 법칙
공기 비중이 일정하고 같은 덕트 장치에 사용할 때[회전 속도 $N_1 \to N_2$ (비중=일정)]

㉠ $Q_2 = \dfrac{N_2}{N_1} Q_1$

㉡ $P_2 = \left(\dfrac{N_2}{N_1}\right)^2 P_1$

㉢ $L_2 = \left(\dfrac{N_2}{N_1}\right)^3 L_1$

Q : 송풍량[m³/min]
N : 임펠러의 회전수[rpm]
P : 송풍기에 의해 생긴 정압 또는 전압[Pa, mmAq]
L : 송풍기의 소요 동력[kW, PS]
D : 송풍기 날개의 직경[mm]

송풍기 전압(P_2)은 회전수비의 2제곱에 비례하여 변화하므로

$P_2 = \left(\dfrac{N_2}{N_1}\right)^2 P_1 = \left(\dfrac{1,000}{750}\right)^2 \times 400 = 711.1 \,[Pa]$

해설

[해설] **6**

송풍기의 송풍량은 임펠러의 회전수에 비례하고, 양정은 회전수의 제곱에 비례하며, 축동력은 회전수의 세제곱에 비례한다.
∴ 회전수가 2배로 되면 풍량은 2배, 정압은 2²=4배, 동력은 2³=8배가 된다.

[해설] **7**

송풍기의 법칙에서 송풍량은 임펠러의 회전수에 비례하고, 압력은 회전수의 제곱에 비례하며, 축동력은 회전수의 세제곱에 비례한다.

$P_2 = P_1 \left(\dfrac{N_2}{N_1}\right)^2 = P_1 \times \left(\dfrac{Q_2}{Q_1}\right)^2$

$= 30 \times \left(\dfrac{360}{300}\right)^2 = 43.2 \,[mmAq]$

☞ 송풍량은 회전수에 비례한다.

정답 6. ④ 7. ② 8. ③

9. 다음의 송풍기 풍량제어법 중 축동력이 가장 적게 소요되는 것은? [12, 16, 18 ⓐ]

① 회전수 제어
② 흡입댐퍼 제어
③ 흡입베인 제어
④ 토출댐퍼 제어

[해설] 송풍기의 특성곡선에서 흡입측 댐퍼를 조으거나 회전수를 감소시키면 압력과 송풍량은 감소하게 되고, 축동력은 회전수 제어가 가장 적게 소요되고 토출댐퍼가 가장 많이 소요된다.
※ 동력절감률(에너지절약)이 높은 것에서 낮은 순서 : 회전수제어(가변속제어) > 가변피치제어 > 흡입베인제어 > 흡입댐퍼제어 > 토출댐퍼제어

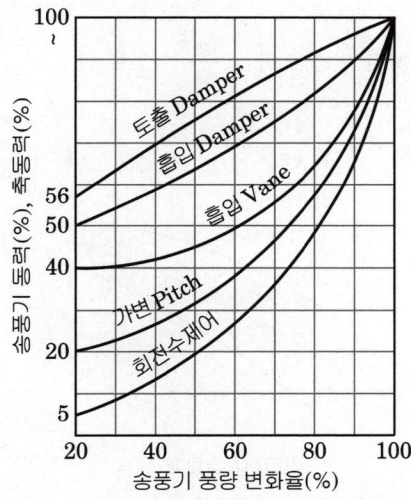

[그림] 송풍기 풍량변화율에 따른 송풍기 동력비율의 변화

10. 송풍기의 풍량제어방식 중 축동력이 가장 많이 소요되는 방식은?
[12, 13, 24, 25 ⓐ]

① 회전수제어
② 토출댐퍼제어
③ 흡입베인제어
④ 흡입댐퍼제어

[해설] 동력절감률(에너지절약)이 높은 것에서 낮은 순서
회전수제어(가변속제어) > 흡입베인제어 > 흡입댐퍼제어 > 토출댐퍼제어
※ 회전수 제어 : 송풍기 풍량제어의 대표적인 방법으로 에너지절감 비율이 가장 높다.
※ 제어방식의 결정은 풍량조정범위, 동력절감률, 설비비 등을 고려하여 정한다.

9. ① 10. ②

04 배관 및 덕트

핵심 PLUS

예 배관 내에 1.5[m/sec]의 유속으로 0.042[m³/min]의 물이 흐를 때 계산에 의한 배관의 관경은? [19 산]
① 20.2[mm]
② 24.4[mm]
③ 28.5[mm]
④ 31.6[mm]

해설 $d = \sqrt{\dfrac{4Q}{v\pi}} = \sqrt{\dfrac{4 \times 0.042/60}{1.5 \times 3.14}}$

$= 0.02438[m] ≒ 24.4[mm]$

답 : ②

예 배관 내를 흐르는 유체의 마찰에 의해 발생되는 압력손실에 관한 설명으로 옳은 것은? [18, 25 산]
① 관 내경에 반비례한다.
② 관 길이에 반비례한다.
③ 유체의 밀도에 반비례한다.
④ 유체속도의 제곱에 반비례한다.

해설 압력손실수두(P_f)는 관의 길이에 비례, 관경에 반비례한다.

답 : ①

예 내경 80[mm]인 원관 속을 흐르는 물의 유량이 40[m³/h], 관의 길이가 10[m]일 경우 마찰손실은? (단, 관마찰계수는 0.02이다.) [12, 24 산]
① 9.9[kPa]   ② 8.3[kPa]
③ 6.1[kPa]   ④ 5.4[kPa]

해설 마찰손실수두(H_f) 계산

㉠ 먼저, $Q = Av$ 에서 $v = \dfrac{Q}{A}$

$A = \pi d^2/4$ 이므로

$v = \dfrac{Q}{\dfrac{\pi d^2}{4}} = \dfrac{\dfrac{40}{3,600}}{\dfrac{3.14 \times 0.08^2}{4}} = 2.21 \, [m/s]$

㉡ $P_f = \lambda \cdot \dfrac{\ell}{d} \cdot \dfrac{\rho v^2}{2} \, [Pa]$

$P_f = 0.02 \times \dfrac{10}{0.08} \times \dfrac{1,000 \times 2.21^2}{2}$

$= 6,100[Pa] = 6.1[kPa]$

답 : ③

1 배관

1. 배관의 설계

1) 유량과 유속

단면적을 $A\,[m^2]$, 유속을 $v\,[m/s]$, 유량을 $Q\,[m^3/s]$라면

$Q = Av$

또 관경을 $d\,[m]$라 하면 단면적 $A = \dfrac{\pi d^2}{4}$ 이므로

$\dfrac{Q}{v} = \dfrac{\pi d^2}{4}$ ∴ $d = \sqrt{\dfrac{4Q}{v\pi}}\,[m]$

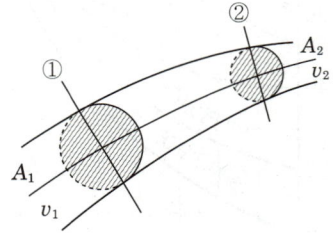

[그림] 유량과 유속

2) 마찰손실수두(H_f)와 마찰손실압력(P_f)

$H_f = \lambda \cdot \dfrac{\ell}{d} \cdot \dfrac{v^2}{2g}\,[mAq]$

$P_f = \lambda \cdot \dfrac{\ell}{d} \cdot \dfrac{v^2}{2} \cdot \rho\,[Pa]$

여기서, H_f : 길이 1m의 직관에 있어서의 마찰손실수두[mAq]
P_f : 길이 1m의 직관에 있어서의 마찰손실압력[Pa]
λ : 관마찰계수(강관 0.02)
g : 중력가속도(9.8[m/sec²])
d : 관의 내경[m]
ℓ : 직관의 길이[m]
v : 관내 평균 유속[m/s]
ρ : 물의 밀도(1,000[kg/m³])

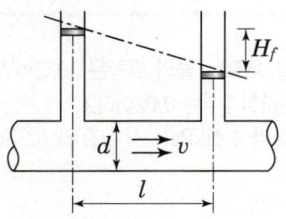

[그림] 마찰손실수두

3) 관의 직관부 마찰저항(ΔP_f)

$$\Delta P_f = \lambda \cdot \frac{\ell}{d} \cdot \frac{v^2}{2} \cdot \rho \, [\text{Pa}]$$

ΔP_f : 길이 1[m]의 직관에 있어서의 마찰손실수두
λ : 관마찰계수
g : 중력가속도(9.8[m/sec²])
d : 관의 내경[m]
ℓ : 직관의 길이[m]
v : 관내 평균 유속[m/s]
ρ : 물의 밀도(1,000[kg/m³])

4) 전수두(全水頭)

전수두＝위치압력수두＋관내압력수두＋속도수두($\frac{v^2}{2g}$)

▶ 단위 환산

※ 1[m] 수두(1[mAq]) = 0.01[MPa] = 10[kPa]
※ 1[kgf/cm²] = 0.1[MPa] = 10[mAq]
  10[kgf/cm²] = 1[MPa] = 100[mAq]

핵심 PLUS

예 기준면보다 20[m] 높이에 있는 관내에 물이 압력 60[kPa], 유속 3[m/s]로 흐를 때 이 물의 전수두 [m]는?(단, 물의 밀도는 1[kg/L]이다.)
[04, 07, 10, 17 기]
① 약 18.7
② 약 26.5
③ 약 38.7
④ 약 83.1

해설 전수두 = 위치압력수두＋관내압력수두＋속도수두($\frac{v^2}{2g}$)

= 20+6+$\frac{3^2}{2 \times 9.8}$ = 26.5[m]

답 : ②

핵심 PLUS

> **예제**
>
> 내경 50[mm]인 관 속을 흐르는 물의 유량은 10.5[m³/h]이다. 관의 길이가 10[m]일 경우 마찰손실은?(단, 관마찰계수는 0.02이다.) [07, 12 기]
> ① 약 2.4[kPa]   **② 약 4.4[kPa]**   ③ 약 6.2[kPa]   ④ 약 8.2[kPa]
>
> ▸ $H_f = \lambda \cdot \dfrac{\ell}{d} \cdot \dfrac{v^2}{2g}$ [mAq]
>
> $P_f = \lambda \cdot \dfrac{\ell}{d} \cdot \dfrac{v^2}{2} \cdot \rho$ [Pa]
>
> 여기서, H_f : 길이 1[m]의 직관에 있어서의 마찰손실수두[mAq]
> λ : 관마찰계수(강관 0.02)
> g : 중력가속도(9.8[m/sec²])
> d : 관의 내경[m]
> ℓ : 직관의 길이[m]
> v : 관내 평균 유속[m/s]
> ρ : 물의 밀도(1,000[kg/m³])
>
> 먼저, $Q = Av$ 에서 $v = \dfrac{Q}{A}$
>
> 단면적 : A[m²], 유속 : v[m/s], 유량 : Q[m³/s]
> 또 관경을 d[m]라 하면 단면적 $A = \pi d^2/4$ 이다.
>
> ① $v = \dfrac{Q}{\dfrac{\pi d^2}{4}} = \dfrac{\dfrac{10.5}{3,600}}{\dfrac{3.14 \times 0.05^2}{4}} = 1.49$[m/s]
>
> ② $P_f = \lambda \cdot \dfrac{\ell}{d} \cdot \dfrac{v^2}{2} \cdot \rho$ [Pa] $= 0.02 \times \dfrac{10}{0.05} \times \dfrac{1.49^2}{2} \times 1,000$
> $= 4,440$ [Pa] $\fallingdotseq 4.4$ [kPa]

> **예제**
>
> 위치수두 10[mAq], 압력수두 30[mAq], 속도 2[m/s]로 관 속을 흐르는 물의 전수두는? [12 기]
> ① 13.0[m]   ② 13.2[m]   **③ 40.2[m]**   ④ 42.0[m]
>
> ▸ 전수두 = 위치압력수두 + 관내압력수두 + 속도수두($\dfrac{v^2}{2g}$)
>
> $= 10 + 30 + \dfrac{2^2}{2 \times 9.8} = 40.2$[m]
>
> ▸ 단위 환산
> ※ 1[m] 수두(1[mAq]) = 0.01[MPa] = 10[kPa]
> ※ 1[kgf/cm²] = 0.1[MPa] = 10[mAq]
>   10[kgf/cm²] = 1[MPa] = 100[mAq]

2. 난방배관 및 부속기기

1) 증기난방 배관·부속기기

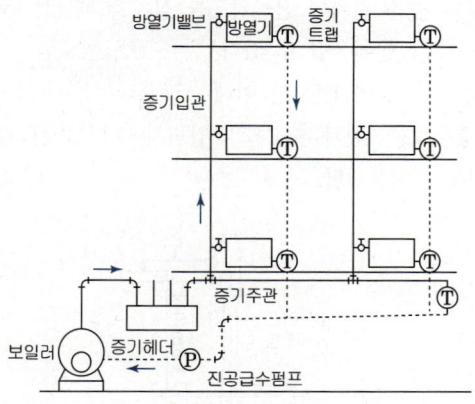

[그림] 증기난방배관

① 감압밸브 : 고압배관과 저압배관 사이에 설치하여 증기를 감압 공급, 1.0MPa 이하에서 사용
② 증기 트랩(steam trap) : 방열기의 환수부(하부 태핑) 또는 증기 배관의 최말단 등에 부착하여 증기관 내에 생긴 응축수만을 보일러 등에 환수시키기 위해 사용하는 장치이다.
　㉠ 방열기 트랩(radiator trap : 열동 트랩, 실로폰 트랩)
　㉡ 버킷 트랩(burcket trap) : 주로 고압증기의 관말 트랩이나 증기 사용 세탁기, 증기 탕비기 등에 많이 쓰인다.
　㉢ 플로트 트랩(float trap) : 저압증기용 기기 부속 트랩으로 다량의 응축수를 처리하기 위해 사용하며 열교환기 등에 많이 쓰인다.
　㉣ 벨로우즈 트랩(bellows trap) : 증기와 응축수 사이의 온도차를 이용하는 온도조절식 증기트랩의 일종으로 관내에 발생하는 응축수를 배출하기 위하여 사용한다.

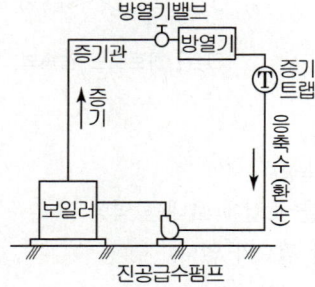

[그림] 증기난방계통도

핵심 PLUS

[예] 다음 중 증기트랩의 설치 위치로 가장 적당한 곳은? [13, 15, 19 산]
① 펌프의 입구
② 펌프의 출구
③ 방열기의 입구
④ 방열기의 환수구
　　　　　　답 : ④

[예] 증기트랩 중 기계식 트랩으로만 나열된 것은? [17, 24 산]
① 버킷 트랩, 플로트 트랩
② 버킷 트랩, 벨로즈 트랩
③ 플로트 트랩, 열동식 트랩
④ 바이메탈 트랩, 열동식 트랩
　　　　　　답 : ①

[예] 증기트랩 중 플로트 트랩에 관한 설명으로 옳지 않은 것은?
　　　　　　[17, 20, 25 산]
① 구조상 동결의 우려가 있는 곳에 적합하다.
② 증기해머에 의해 내부손상을 입을 수 있다.
③ 다량 및 소량의 응축수를 모두 처리할 수 있다.
④ 넓은 범위의 압력과 급격한 압력 변화에도 원활히 작동한다.
　　　　　　답 : ①

핵심 PLUS

예 진공환수시 방열기보다 높은 곳에 환수횡주관을 배관하거나, 환수주관보다 높은 위치에 진공펌프를 설치하는 경우 환수관의 응축수를 끌어올리기 위해 사용하는 것은?
[14, 18 산]
① 팽창관   ② 증발탱크
③ 리프트 이음   ④ 응축수 트랩
답 : ③

예 보일러 주변배관에 하트포트 접속법을 사용하는 가장 주된 목적은?
[14, 24 산]
① 보일러의 압력초과방지
② 보일러의 일정압력유지
③ 보일러의 안전수면유지
④ 보일러의 스케일 발생 방지
답 : ③

예 증기난방의 보일러 주변배관에서 증기헤더(Steam header)를 거쳐서 증기주관을 배관하는 이유는?
① 보일러내의 빈불때기를 막기 위하여
② 고압의 증기를 공급하기 위하여
③ 배관의 각 계통별로 증기를 고르게 급송하기 위하여
④ 열손실에 따라서 생기는 배관 중의 응축수량을 줄이기 위하여
답 : ③

③ 리프트 이음(lift fitting, lift joint) : 진공 환수식 난방장치에서
  - 방열기보다 높은 곳에 환수관을 배관하지 않으면 안될 때
  - 환수주관보다 높은 위치에 진공펌프를 설치할 때 lift joint를 설치하여 환수관의 응축수를 끌어올릴 수 있다.
  - 저압인 경우 : 1단에 1.5[m] 이내
  - 고압인 경우 : 증기관과 환수관의 압력차 0.1[MPa] (1[kg/cm^2])에 대해 5[m] 정도 끌어올린다.

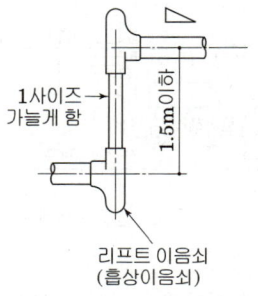

[그림] 리프트 이음

④ 하트포드 접속법(hartford connection) : 보일러 내의 안전수위를 유지하고, 빈불때기를 방지하기 위해, 밸런스관을 부착하여 응축수를 보일러의 안전수위면 이상에서 공급하는 접속법

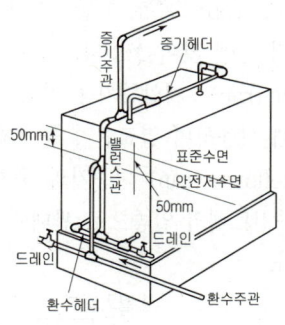

[그림] 하트포드 접속법

⑤ 냉각다리(cooling leg)
  ㉠ 완전한 응축수를 트랩에 보내는 역할
  ㉡ 보온 피복을 할 필요가 없다.
  ㉢ 길이는 1.5[m] 이상
  ㉣ 관경은 증기주관보다 한 치수 작게 한다.

⑥ 인젝터(injector) : 증기 보일러의 급수 장치
⑦ 스팀헤더(steam header)
  ㉠ 증기를 각 계통별로 송기하기 위한 장치(스팀의 관리를 합리적으로 하기 위한 장치)
  ㉡ 보일러에서 발생한 증기를 모은 다음 각 계통별로 분배
  ㉢ 관경 : 접속하는 관내 단면적 합계의 2배 이상

2) 온수난방 배관·부속기기

■ 온수난방 방식의 분류

분류	명칭	개요
배관 방식	단관식	• 온수 공급관과 환수관을 공용으로 배관
	복관식	• 온수 공급관과 환수관을 각각 계통별로 배관
	역환수식	• 보일러에서 방열기까지의 온수 공급관과 방열기에서 보일러까지의 환수관의 길이를 같게 하는 방법으로, 냉온수가 평균적으로 흐름.
팽창 수조형	개방식	• 옥상에 둔다. • 최상층 방열기보다 순환압력 이상의 높은 곳에 위치.
	밀폐식	• 보일러실 내에 둔다. • 개방식보다 용량이 2~3배 크다.
온수 온도	저온수식 (보통온수식)	• 100[℃] 미만(보통 80[℃] 전후)의 온수를 사용하는 것 • 건축의 난방용으로 가장 널리 사용되고 있다.
	고온수식	• 온수온도가 100[℃] 이상(보통 100~150[℃])을 쓰며 온도차를 20~60[℃]로 높여 온수유량을 크게 줄임으로써 관경을 작게 한다. • 지역 난방에 적합하다.

■ 온수난방 계통도

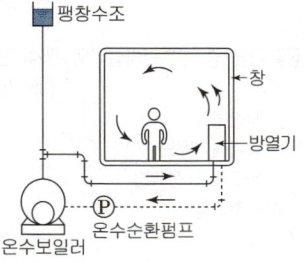

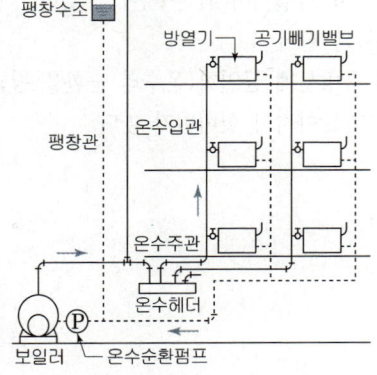

[그림] 온수난방배관

핵심 PLUS

예 온수난방의 부속기기로 사용되는 팽창탱크에 관한 설명으로 옳지 않은 것은? [18 산]
① 장치내의 온도변화에 따른 물의 체적변화를 흡수한다.
② 팽창된 물의 배출을 방지하여 장치의 열손실을 방지한다.
③ 밀폐식 팽창탱크는 장치내의 주된 공기배출구로 이용되며, 온수보일러의 도피관으로도 사용된다.
④ 장치의 휴지 중에도 배관계를 일정압력 이상으로 유지하여, 물의 누수 등으로 발생하는 공기의 침입을 방지한다.
답 : ③

예 다음 중 온수난방설비와 관계없는 것은? [05 기]
① 팽창탱크
② 공기빼기밸브
③ 하트포드 접속법
④ 신축이음
답 : ③

---

① Supply Header
② 팽창탱크 : 체적팽창에 대한 여유를 갖기 위해 설치
  ㉠ 개방식(보통 온수난방) :
    • 온수 팽창량의 2~2.5배
    • 방열기보다 높은 위치에 설치한다.
    • 배관 최고부에서 팽창탱크까지의 높이는 1m 이상으로 한다.
  ㉡ 밀폐식(고온수 난방) : 안전밸브를 달아 보일러 내부가 제한 압력 이상으로 상승하면 자동적으로 밸브를 열어서 과잉수를 배출한다.

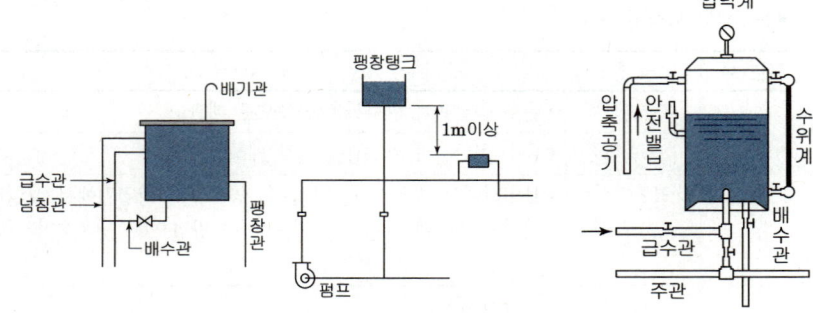

[그림] 개방식 팽창탱크   [그림] 밀폐식 팽창탱크

③ 순환펌프 : 환수주관의 보일러측 말단에 부착
④ 리턴콕(return cock) : 온수의 유량을 조절하는 밸브로 주로 온수 방열기의 환수 밸브로 사용
⑤ 리버스리턴(Reverse Return) 배관(역환수방식)
  ㉠ 설치 : 급탕설비 - 하향식
       난방설비 - 온수난방
  ㉡ 방법 : 각 방열기마다의 배관회로 길이를 같게 한 배관방식
       보일러에서 방열기까지(온수관)의 길이 = 방열기에서 보일러까지(환수관)의 길이
  ㉢ 목적 : 온수의 유량분배 균일화(온수의 순환을 평균화)하기 위해
  ㉣ 단점 : 배관수가 많아져서 설비비가 높다.

예제

1개의 실에 설치된 온수용 주철제 방열기의 상당방열면적(EDR)이 20[m²]일 때 5개 실 전체에 동일한 방열기 용량을 설치한다면, 이 때에 필요한 전온수 순환량[ℓ/min]은?(단, 방열기의 표준방열량 0.523[kW/m²], 방열기 입구온도 80[℃], 출구온도 70[℃], 온수비열 4.19[kJ/kg·K], 온수밀도 1[kg/ℓ]이다.) [10, 18 기]

① 15[ℓ/min] ② 21.7[ℓ/min]
③ 75[ℓ/min] ④ 108.3[ℓ/min]

▶ 순환수량(Q_w) [ℓ/min]

$$Q_w = \frac{H}{60c\Delta t} [\ell/min]$$

먼저, 1[kW] = 1[kJ/s] = 3,600[kJ/h]이므로
0.523[kW] = 0.523×3,600[kJ/h] = 1,882.8[kJ/h]

$$Q_w = \frac{1,882.8 \times 20 \times 5}{60 \times 4.19 \times (80-70)} = 75 [\ell/min]$$

학습포인트

신축이음쇠(expansion joint)
- 목적 : 온도에 의한 관의 신축을 흡수하기 위하여
- 설치간격 : 동관 – 20[m], 강관, 직선 배관 – 30[m]

종류	특징	용도
스위블 조인트 (swivel joint)	• 2개 이상의 elbows를 사용하여 나사회전을 이용해서 신축 흡수 • 너무 큰 신축에는 파손되어 누수의 원인이 되는 결점	방열기 주위 배관용
신축곡관 (expansion loop)	• 신축곡관은 고장이 적고 고압 옥외 배관에 적합 • 신축을 흡수하는 1개의 길이가 긴 것이 결점이다.	대구경, 고압배관
슬리브형 (sleeve type)	• 온도의 변화에 따라 생기는 관의 신축을 슬리브의 미끄럼에 의해서 흡수 • 저압 증기배관 및 온수배관의 신축이음쇠로서 널리 사용	소구경용
벨로우즈형 (bellows type)	• 온도의 변화에 따른 관의 신축을 벨로스의 변형에 의해 흡수	소구경용

핵심 PLUS

예 다음 중 공기조화배관에 사용되는 신축이음의 종류에 속하지 않는 것은? [19, 23 산]
① 루프형 ② 리프트형
③ 슬리브형 ④ 벨로즈형
답 : ②

예 2개 이상의 엘보를 사용하여 이음부의 나사회전을 이용한 것으로 방열기 주위 배관에 이용되는 신축이음쇠는? [11 산]
① 슬리브형 ② 스위블형
③ 루프형 ④ 벨로우즈형
답 : ②

핵심 PLUS

예 공기조화배관의 배관회로방식에 관한 설명으로 옳지 않은 것은?
[14, 16, 24 산]
① 개방회로방식에서는 펌프의 양정에 실양정이 포함된다.
② 개방회로방식은 개방식 냉각탑의 냉각수배관 등에 응용된다.
③ 개방회로방식에는 물의 팽창을 위한 팽창탱크를 반드시 갖추어야 한다.
④ 밀폐회로방식에서는 순환수가 공기와 접촉하지 않으므로 물처리비가 적게 든다.

답 : ③

3. 공기조화 수배관

1) 개방회로배관와 밀폐회로배관

분류	특징
개방회로배관	물의 순환경로가 대기 중의 수조에 개방되어 있는 회로 ① 순환펌프 양정계산시 물탱크에서 배관 최상단 부분까지 정수두를 계산하여야 한다. ② 환수관에서 사이폰현상, 진동, 소음 등이 발생할 우려가 있다. ③ 관경이 밀폐형보다 커서 설비비가 증가한다. ④ 밀폐형보다 배관부식의 우려가 크다.
밀폐회로배관	물의 순환경로가 대기 중의 수조에 개방되어 있지 않는 회로 ① 팽창탱크(E.T)를 반드시 설치하여 이상 압력을 흡수하여야 한다. ② 안정된 수류를 얻을 수 있다. ③ 관경이 작아져서 설비비가 감소한다. ④ 배관의 부식이 적다.

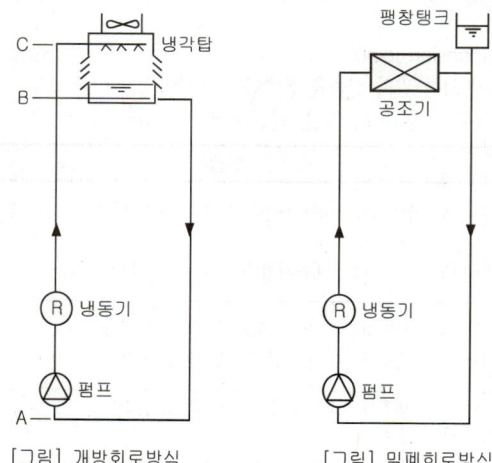

[그림] 개방회로방식 [그림] 밀폐회로방식

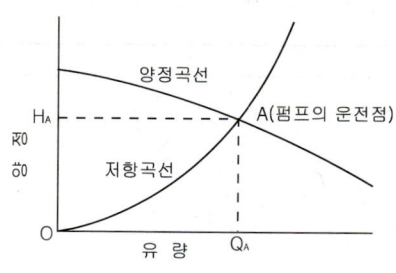

[그림] 밀폐회로방식에서의 펌프의 운전점

2) 직접환수방식과 역환수방식

① 직접환수방식

열원기기에서 가까운 위치에 있는 방열기팬코일유닛 등에는 냉온수의 순환이 원활하게 이루어지거나 열원기기로부터 멀리 떨어져 있을수록 순환길이가 길어지고 그에 따른 압력손실이 커지므로 냉온수의 순환이 어려워진다.

② 역환수방식

보일러에서 방열기까지(온수관)의 길이와 방열기에서 보일러까지(환수관)의 길이를 같게 한 방식으로 온수의 유량분배 균일화(온수의 순환을 평균화)하기 위해 사용한다. 배관 길이가 길어져 설비비가 높아지고 배관을 위한 공간도 더 필요하게 되는 단점이 있다.

핵심 PLUS

예 온수난방 배관에서 역환수방식 (reverse return system)을 채택하는 가장 주된 이유는? [12, 19 산]
① 재료비 절감
② 수격작용 방지
③ 펌프 동력절감
④ 균등한 유량분배

답 : ④

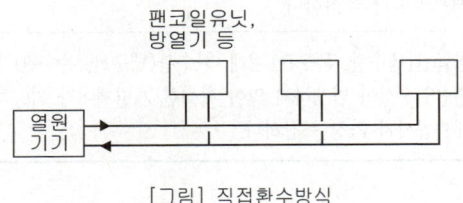

[그림] 직접환수방식

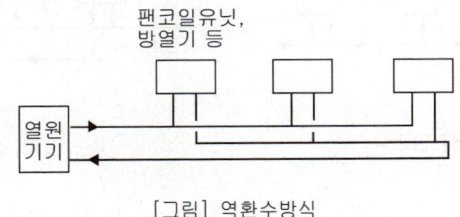

[그림] 역환수방식

핵심 PLUS

예 난방설비에서 방열기의 공급관과 환수관을 각각 1개씩 설치한 방식은? [99 기]
① 1관식
② 2관식
③ 3관식
④ 4관식

답 : ②

3) 배관의 개수에 따른 분류

분류	특징
1관식	① 1개의 배관으로 공급관, 환수관을 겸용으로 사용하는 방식 ② 실온의 개별제어가 곤란하다. ③ 설비비가 적게 들고 공사가 간단하다. ④ 용도 : 급탕용, 소규모 온수난방용
2관식	① 각각의 공급관, 환수관을 갖는 방식 ② 가장 일반적으로 사용되는 방식이다.
3관식	① 공급관이 2개(온수관, 냉수관)이고 환수관이 1개로 구성된 방식 ② 개별제어가 가능하고, 부하변동에 대한 응답이 빠르다. ③ 환수관이 1개이므로 냉수와 온수의 혼합열손실이 발생한다. ④ 배관공사가 복잡하다.
4관식	① 공급관(냉수관, 온수관) 2개, 환수관(냉수관, 온수관) 2개로 구성된 방식 ② 혼합열손실이 발생하지 않아 확실한 개별제어가 가능하고 응답이 빠르다. ③ 배관공사가 가장 복잡하다.

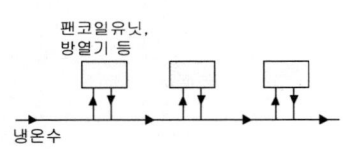

[그림] 단관식

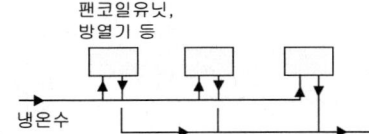

[그림] 2관식

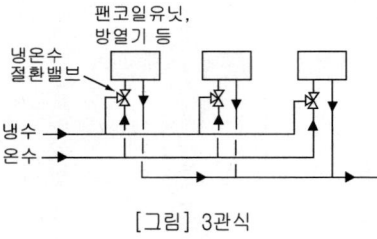

[그림] 3관식

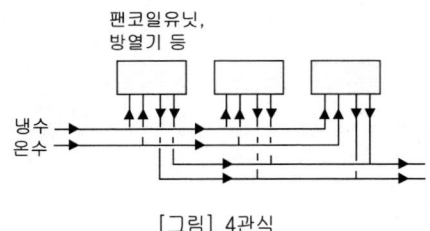

[그림] 4관식

4) 정유량 방식과 변유량 방식

① 정유량 방식
  ㉠ 배관계는 냉온수 등 열원을 제조하는 부분인 1차측과 공조기와 같이 열원을 소비하는 부분인 2차측으로 나누어지는데, 1차측에서 제조된 냉온수 전체가 펌프에 의해 2차측까지 순환되는 방식이다.
  ㉡ 3방 밸브(3-way 밸브)를 통해 냉온수가 공조기로 들어가지 않고 바이패스하므로 2차측에 들어가지 않아도 될 냉온수까지 펌프로 보내게 되므로 펌프동력을 낭비하게 된다.

② 변유량 방식 : 부하변동에 따라 필요한 만큼만 공조기 등 2차측에 보내고 나머지는 1차측에서만 순환시키는 방식으로 불필요한 펌프동력을 절감을 할 수 있어 에너지절약 수법 중의 하나로 채용되고 있다.

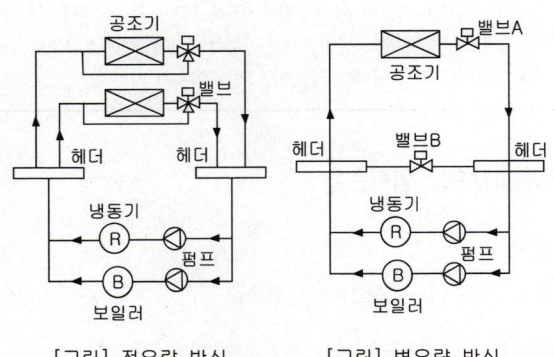

[그림] 정유량 방식　　　[그림] 변유량 방식

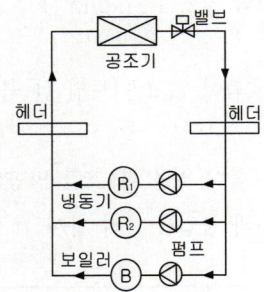

[그림] 변유량 방식(대수제어)

2 덕트

1. 덕트의 설계
(1) 덕트 설계 방법

방법	특징
등속법	• 덕트 내의 공기 속도를 가정하고 공기량을 이용하여 마찰저항과 덕트 크기를 결정하는 방법(Q=AV를 이용) • 주로 분진이나 산업용 분말 등을 배출시키기 위한 배기 덕트의 설계법으로 적당
정압법 (등압법, 등마찰손실법)	• 덕트의 단위길이당의 마찰저항의 값을 일정하게 하여 덕트의 단면을 결정하는 방법 • 가장 많이 사용되는 설계법 • 각 취출구의 압력이 달라 정확한 풍량 취득이 어렵다.
정압재취득법	• 덕트 각 부의 국부저항은 전압 기준에 의해 손실계수를 이용하여 구하고, 각 취출구까지의 전압력 손실이 같아지도록 덕트 단면을 결정하는 방법 • 정압법보다 송풍기 동력절약이 가능하며, 풍량의 밸런싱(balancing)이 양호 • 저속덕트 경우 압력이 적으므로 덕트 치수가 커진다.

(2) 덕트의 동압과 마찰손실·압력손실
1) 동압

$$동압(P_v) = \frac{v^2}{2g}\gamma\,[mmAq] = \frac{v^2}{2}\rho\,[Pa]$$

여기서, v : 관내 유속[m/s]
γ : 공기의 비중량(1.2[kgf/m³])
g : 중력가속도(9.8[m/s²])
ρ : 공기의 밀도(1.2[kg/m³])

※ 덕트의 전압
① 정압(P_s) : 공기의 흐름이 없고 덕트의 한 쪽 끝이 대기에 개방되어 있을 때의 압력
② 동압(P_v) : 공기의 흐름이 있을 때 흐름 방향의 속도에 의해 생기는 압력
③ 전압(P_t) : 정압(P_s)과 동압(P_v)의 합계

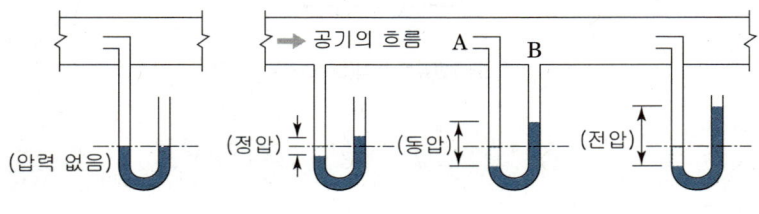

[그림] 정압과 동압

핵심 PLUS

예 덕트의 치수를 결정하는 방법이 아닌 것은? [11 산]
① 등속법 ② 등온법
③ 등마찰법 ④ 정압 재취득법
답 : ②

예 다음 설명에 알맞은 덕트의 치수 결정법은? [12, 17 산]

• 결정된 덕트는 먼지나 산업용 분말을 이송시키는데 적당하다.
• 각 구간마다 압력손실이 다르기 때문에 송풍기 용량을 구하기 위해 전체 구간의 압력손실을 구해야 하는 번거로움이 있다.

① 정압법 ② 등속법
③ 전압법 ④ 정압재취득법
답 : ②

예 마찰저항과 국부손실저항을 무시할 경우, 덕트의 단면적이 축소되거나 확대되더라도 변화가 없는 것은? [11, 15, 24 산]
① 풍속 ② 동압
③ 정압 ④ 전압

[해설] 마찰저항과 국부손실저항을 무시할 경우, 덕트의 단면적이 축소되거나 확대되더라도 변화가 없다. 즉, 전압(P_t)은 정압(P_s)과 동압(P_v)의 합계로 일정하다.
답 : ④

예 송풍기의 토출구 풍속이 6[m/s]일 때, 송풍기 동압은? (단, 공기의 밀도는 1.2[kg/m³]이다.) [18, 25 산]
① 2.16[Pa] ② 4.32[Pa]
③ 21.6[Pa] ④ 43.2[Pa]

[해설] 동압(P_v) = $\frac{v^2}{2} = \frac{6^2}{2} \times 1.2$
= 2.6[Pa]
답 : ③

예제

직경이 50[cm]인 덕트를 통과, 풍속 8[m/s]일 때 공기의 최적 유량은? [99 산]

① 1.57[m³/s] ② 2.33[m³/s]
③ 4.11[m³/s] ④ 12.52[m³/s]

▶ 유량과 풍속

일정한 지점을 흐르는 송풍량(유량) $Q=Av$ 이다.

단면적 : A[m²], 풍속 : v[m/s], 유량 : Q[m³/s]

또한, 관경을 d[m]라 하면 단면적 $A=\pi d^2/4$ 이다.

$$\therefore Q=Av=\frac{\pi d^2}{4}\times v=\frac{3.14\times 0.5^2}{4}\times 8=1.57[\text{m}^3/\text{s}]$$

예제

다음의 덕트에서 (1)점의 풍속 $V_1=14$[m/s], 정압 $P_{s1}=50$[Pa], (2)점의 풍속 $V_2=6$[m/s], 정압 $P_{s2}=100$[Pa]일 때 (1), (2)점 간의 전압손실(pa)은? (단, 공기의 밀도는 1.2[kg/m³]) [09 기]

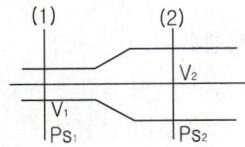

① 46 ② 94 ③ 142 ④ 190

▶ 덕트의 전압(P_t) = 정압(P_s) + 동압(P_v)

동압(P_v) = $\frac{v^2}{2g}\gamma$[mmAq] = $\frac{v^2}{2}\rho$[Pa]

여기서, v : 관내 유속[m/s] γ : 공기의 비중량(1.2[kgf/m³])
g : 중력가속도(9.8[m/s²]) ρ : 공기의 밀도(1.2[kg/m³])

(1)점 전압(P_t) = 정압(P_s) + 동압(P_v) = 정압(P_s) + $\frac{v^2}{2}\rho$ (Pa)

$$=50+\frac{14^2}{2}\times 1.2 = 167.6\text{Pa}$$

(2)점 전압(P_t) = 정압(P_s) + 동압(P_v) = 정압(P_s) + $\frac{v^2}{2}\rho$ (Pa)

$$=100+\frac{6^2}{2}\times 1.2 = 121.6[\text{Pa}]$$

$\therefore$ 전압손실 = 167.6 − 121.6 = 46[Pa]

핵심 PLUS

예 직경이 50[cm]인 원형덕트에서 동압을 측정한 결과 60[Pa]이었다. 이 때 덕트를 통과하는 풍량은? (단, 공기의 밀도는 1.2[kg/m³]이다.) [19 산]

① 0.96[m³/s] ② 1.96[m³/s]
③ 2.96[m³/s] ④ 3.96[m³/s]

해설 유량과 풍속

일정한 지점을 흐르는 송풍량(유량)
$Q=Av$

$Q=Av=\frac{\pi d^2}{4}v$

먼저, 덕트의 전압(P_t)
= 정압(P_s) + 동압(P_v)

동압(P_v) = $\frac{v^2}{2}\rho$[Pa] = $\frac{v^2}{2}\times 1.2$

$=60$[Pa]

$v=\sqrt{\frac{2P_v}{\rho}}=\sqrt{\frac{2\times 60}{1.2}}=10$[m/s]

$\therefore Q=\frac{\pi d^2}{4}v=\frac{3.14\times 0.5^2}{4}\times 10$

$=1.96$[m³/s]

답 : ②

예 어떤 수평덕트 내를 흐르는 공기의 전압 및 정압을 측정한 결과 각각 33.8[mmAq], 25[mmAq]이었다. 이 때 덕트 내 공기의 유속은 얼마인가? (단, 공기의 밀도는 1.2[kg/m³]이다.) [12, 20 산]

① 8[m/s]   ② 10[m/s]
③ 12[m/s] ④ 14[m/s]

해설 덕트의 전압(P_t)
= 정압(P_s) + 동압(P_v)

동압(P_v) = $\frac{v^2}{2g}\gamma$[mmAq] = $\frac{v^2}{2}\rho$[Pa]

여기서, v : 관내유속[m/s]
γ : 공기의 비중량(1.2[kgf/m³])
g : 중력가속도(9.8[m/s²])
ρ : 공기의 밀도(1.2[kg/m³])

먼저, 동압 = 전압 − 정압 = 33.8 − 25
$=8.8$[mmAq]

동압(P_v) = $\frac{v^2}{2g}\gamma = \frac{v^2}{2\times 9.8}\times 1.2$

$=8.8$[mmAq]

$\therefore v=\sqrt{\frac{2gP_v}{\gamma}}=\sqrt{\frac{2\times 9.8\times 8.8}{1.2}}$

$=12$[m/s]

답 : ③

핵심 PLUS

예 직경 0.5[m], 길이 10[m]인 덕트에 풍속 8[m/s]로 송풍될 때 직관부 마찰손실은? (단, 덕트 재료의 마찰저항계수는 0.02, 공기의 밀도는 1.2[kg/m³]이다.) [15 산]
① 15.36[Pa] ② 20.34[Pa]
③ 27.22[Pa] ④ 35.74[Pa]

[해설] $\Delta P = \lambda \cdot \dfrac{\ell}{d} \cdot \dfrac{v^2}{2} \cdot \rho$

$= 0.02 \times \dfrac{10}{0.5} \times \dfrac{8^2}{2} \times 1.2 = 15.36 [Pa]$

답 : ①

2) 마찰손실(직관)

$$\Delta P = \lambda \cdot \dfrac{\ell}{d} \cdot \dfrac{v^2}{2g} \cdot \gamma \, [mmAq]$$

$$\Delta P = \lambda \cdot \dfrac{\ell}{d} \cdot \dfrac{v^2}{2} \cdot \rho \, [Pa]$$

여기서, ΔP : 길이 1m의 직관에 있어서의 마찰손실수두[mmAq, Pa]
λ : 관마찰계수
g : 중력가속도(9.8[m/sec²])
d : 덕트경[m]
ℓ : 직관의 길이[m]
v : 관내 평균 풍속[m/s]
γ : 공기의 비중량(1.2[kg/m³])
ρ : 공기의 밀도(1.2[kg/m³])

예 덕트의 곡부에서 풍속이 15[m/sec]이고 국부저항계수가 0.23일 때 국부저항은 얼마인가? (단, 유체의 밀도는 1.2[kg/m³]이다.) [18 산]
① 약 17[Pa] ② 약 25[Pa]
③ 약 31[Pa] ④ 약 43[Pa]

[해설] 국부저항에 의한 압력손실(ΔP_d)

$\Delta P_d = \xi \dfrac{v^2}{2} \rho [Pa] = 0.23 \times \dfrac{15^2}{2} \times 1.2$

$= 31.05 ≒ 31 [Pa]$

답 : ③

3) 국부저항에 의한 압력손실(ΔPd)

$$\Delta Pd = \xi \dfrac{v^2}{2g} \gamma \, [mmAq] = \xi \dfrac{v^2}{2} \rho \, [Pa]$$

ξ : 국부저항계수
v : 공기의 속도[m/s]
g : 중력가속도(9.8[m/s²])
γ : 공기의 비중량(1.2[kg/m²])
ρ : 공기의 밀도(1.2[kg/m³])

💡 **예제**

다음 그림과 같은 엘보에 대한 압력손실은? (단 곡관부의 국부저항 손실계수는 0.35이며 공기의 밀도는 1.2[kg/m³]이다.) [09, 18 기]

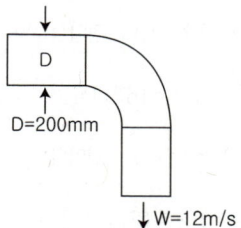

① 약 10[Pa] ② 약 20[Pa] **③ 약 30[Pa]** ④ 약 40[Pa]

▶ 국부저항에 의한 압력손실(ΔPd)

$\Delta Pd = \xi \dfrac{v^2}{2} \rho \, [Pa] = 0.35 \times \dfrac{12^2}{2} \times 1.2 = 30 [Pa]$

ξ : 국부저항계수 v : 공기의 속도[m/s] ρ : 공기의 밀도(1.2[kg/m³])

4) 원형덕트와 장방형덕트의 환산식

$$de = 1.3\left\{\frac{(a \times b)^5}{(a+b)^2}\right\}^{\frac{1}{8}}$$

  de : 원형덕트의 직경[cm]
  a : 장방형덕트의 장변길이[cm]
  b : 장방형덕트의 단변길이[cm]

여기서 $\dfrac{a}{b}$를 아스펙(aspect)비라고 한다.

> **학습포인트**
>
> 레이놀즈 수(Reynold's Number)
> $$Re = \frac{Vd}{v}$$
> Re : 레이놀즈 수
> V : 유체의 속도[m/s]
> d : 관경, 배관의 안지름[m]
> v : 유체의 동점성계수[m/s]
> ※ 유체의속도, 관경에 비례하고, 동점성계수에 반비례한다.
> ① 유체의 동점성계수 v는 유체의 성질을 나타내는 요소 중 하나인 점성계수(μ)를 그 유체의 밀도(ρ)를 나눈 값을 의미한다.($v = \dfrac{\mu}{\rho}$)
> ② 배관 내에 흐르는 유체의 경우 : 레이놀즈 수에 의한 층류, 난류 등의 판단 기준
> ③ 일반적으로 공기조화에서 다루게 되는 유체의 흐름은 난류가 된다.
> (Re < 2,000 : 층류역, 2,000 < Re < 4,000 : 천이구역, Re > 4,000 : 난류역)

핵심 PLUS

예 원형덕트와 4각덕트와의 관계식으로 옳은 것은? (단, d는 원형덕트의 직경, a와 b는 각각 4각 덕트의 장변, 단변의 길이이다.) [17, 25 산]

① $d = 1.3\left\{\dfrac{(a \cdot b)^3}{(a+b)^2}\right\}^{1/8}$

② $d = 1.3\left\{\dfrac{(a+b)^3}{(a \cdot b)^2}\right\}^{1/8}$

③ $d = 1.3\left\{\dfrac{(a \cdot b)^5}{(a+b)^2}\right\}^{1/8}$

④ $d = 1.3\left\{\dfrac{(a+b)^5}{(a \cdot b)^2}\right\}^{1/8}$

답 : ③

예 장방형 덕트 단면의 아스펙트비는 최대 얼마 이하로 하는 것이 원칙인가? [15, 20, 24 산]
① 2 : 1   ② 3 : 1
③ 4 : 1   ④ 5 : 1

해설 아스펙트비가 클수록 장방형이 되므로 덕트 높이를 작게 할 수 있어 층고를 작게 차지하나 마찰저항 등을 고려하여 일반적으로 4:1 이하가 바람직하다.

※ 아스펙트비가 클수록 재료는 많이 든다.

답 : ③

2. 취출구

(1) 취출구의 성능

1) 유인비(induction ratio)

① 취출구에서 나온 공기(1차 공기)는 주위 실내공기(2차 공기)를 자기 흐름 속에 유인하여 혼합공기가 되면서 점차 풍량은 증가하고 속도는 감소한다.

② 1차 공기, 2차 공기, 혼합공기의 풍속과 풍량을 각각 v_1, v_2, v_3, Q_1, Q_2, Q_3라 하면

$$\frac{v_1}{v_3} = \frac{Q_3}{Q_1} = \frac{Q_1 + Q_2}{Q_1}$$

$\dfrac{Q_3}{Q_1}$를 유인비라 하고, v_1이 클수록 유인비도 커진다.

2) 취출기류

취출기류는 거리 x가 증가함에 따라 중심속도 v_x가 감소한다.

① 제 1 역 : $v_x = v_0$

② 제 2 역 : $v_x \propto \dfrac{1}{\sqrt{x}}$

③ 제 3 역 : $v_x \propto \dfrac{1}{x}$

④ 제 4 역 : v_x가 0.25[m/s] 미만이 되는 구간으로, 취출기류가 주위 벽체 등의 영향으로 그 기능을 상실하여 실내기류와의 차이가 없어지게 된다.

※ v_x가 0.25[m/s]가 되는 부분까지의 거리를 도달거리라 한다. 취출각도를 넓히면 확산각은 증가하고 도달거리는 감소한다. 확산각은 거주역에서 0.1~0.2[m/s] 기류속도를 유지하는 범위를 말하며, 실내공기 온도와 다른 온도의 공기가 취출될 경우 기류는 대류작용에 의해 냉풍은 하강하고 온풍은 상승하게 된다.

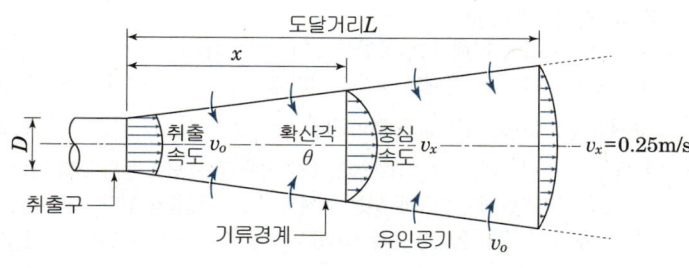

[그림] 취출구의 취출기류

3) 취출속도

① 유인비와 도달거리라는 점에서는 취출속도가 빠른 것이 바람직하다.
② 취출속도가 빠르면 발생소음이 커지게 되므로 실의 사용목적에 따라 적정속도가 요구된다.

■ 벽면 취출구에서 공기를 수평으로 취출되는 기류의 상태(속도분포선도)를 보면, 도달거리·강하거리·상승거리는 취출기류의 풍속에 비례한다.

(2) 도달거리·강하거리·상승거리

① 도달거리
- 취출구로부터 기류의 중심속도가 0.5[m/s]로 되는 곳까지의 수평거리를 최소도달거리라고 한다.
- 취출구로부터 기류의 중심속도가 0.25[m/s]로 되는 곳까지의 수평거리를 최대도달거리라고 한다.

② 강하거리는 기류의 풍속 및 실내공기와의 온도차에 비례한다.
③ 상승거리는 기류의 풍속 및 실내공기와의 온도차에 비례한다.

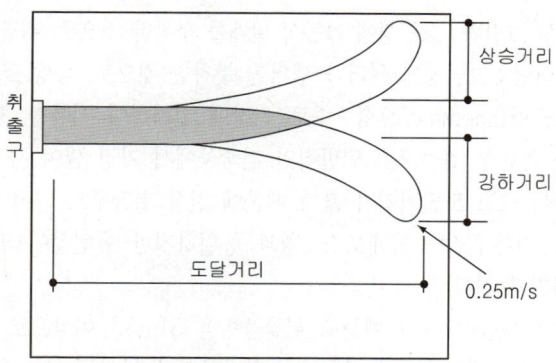

[그림] 도달거리, 강하거리, 상승거리

(3) 확산(천장 취출구에서 취출을 하는 경우)
① 거주영역에 최대 확산반경이 미치지 않는 영역이 없도록 배치하여야 한다.
② 거주영역에서 평균풍속이 0.1~0.125[m/s]로 되는 최대 단면적의 반경을 최대확산반경이라 한다.
③ 거주영역에서 평균풍속이 0.125~0.25[m/s]로 되는 최대 단면적의 반경을 최소확산반경이라 한다.
④ 인접한 취출구의 최소 확산반경이 겹치면 편류현상이 생긴다.

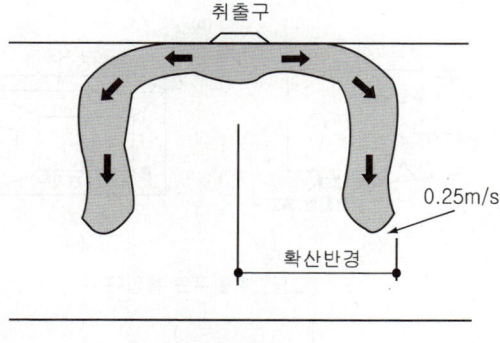

[그림] 확산반경

핵심 PLUS

■ 취출구에서 수평취출기류의 도달·강하 및 상승거리에 관한 설명으로 옳지 않은 것은? [09, 11, 19 기]
① 상승거리는 기류의 풍속 및 실내 공기와의 온도차에 비례한다.
② 강하거리는 기류의 풍속 및 실내 공기와의 온도차에 반비례한다.
③ 취출구로부터 기류의 중심속도가 0.5[m/s]로 되는 곳까지의 수평거리를 최소 도달거리라고 한다.
④ 취출구로부터 기류의 중심속도가 0.25[m/s]로 되는 곳까지의 수평거리를 최대 도달거리라고 한다.
답 : ②

■ 천장 취출구에서 취출을 하는 경우의 확산반경에 대한 설명으로 옳지 않은 것은? [09 기]
① 거주영역에서 평균풍속이 0.1~0.125[m/s]로 되는 최대 단면적의 반경을 최대 확산반경이라 한다.
② 거주영역에서 평균풍속이 0.125~0.25[m/s]로 되는 최대 단면적의 반경을 최소 확산반경이라 한다.
③ 인접한 취출구의 최소 확산반경이 겹치면 편류현상이 생긴다.
④ 최소 확산반경 내의 보나 벽 등의 장애물이 있으면 드리프트가 발생하지 않는다.
답 : ④

■ 콜드 드래프트(cold draft)
겨울철에 실내에 저온의 기류가 흘러 들거나 또는 유리 등의 차가운 벽면에서 냉각된 냉풍이 하강하는 현상으로 냉방에 의한 온도차에 따라 일어나는 공기의 흐름이다.
※ 팬코일 유닛방식에서 유닛을 창문 밑에 설치하면 콜드 드래프트를 줄일 수 있다.

(4) 공기 취출구와 흡입구

① 그릴(grilles)형 : 풍량 조절이 불가능하며, 저속의 환기용 취출구나 흡입구에 사용한다.
② 유니버설 그릴형 : 그릴형에 가동식 날개를 부착한 것으로, 취출구에 사용한다.
③ 레지스터형 : 그릴형에 셔터나 댐퍼를 부착한 것으로, 풍량 조절이 가능하다.
④ 아네모스탯(anemostat)형 : 주로 천장에 설치하여 기류를 방사형태로 취출시키는 복류형 취출구로 일반적인 건축물에서 가장 많이 사용하고 있다. 확산반경이 크고 도달거리가 짧기 때문에 천장 취출구로 많이 사용된다.
⑤ 팬형 : 기본구조는 아네모스탯형과 동일하지만 유인성이 떨어지는 반면에 도달거리가 길다.
⑥ 노즐형 : 소음이 적기 때문에 취출풍속을 5[m/s] 이상으로 사용하며, 소음규제가 심한 방송국 스튜디오나 음악감상실 등에 사용되는 취출구이다.
⑦ 캄 라인(clam line)형 : 외부 존이나 내부 존에 모두 적용되며, 출입구 부근의 에어 커튼용으로도 적합하다. 선형이므로 인테리어 디자인의 일환으로도 적당하다.
⑧ 매시 룸(mash room)형 : 바닥 밑에 배기용 덕트를 유도하여 직접 바닥에서 배기하는 경우에 사용한다.

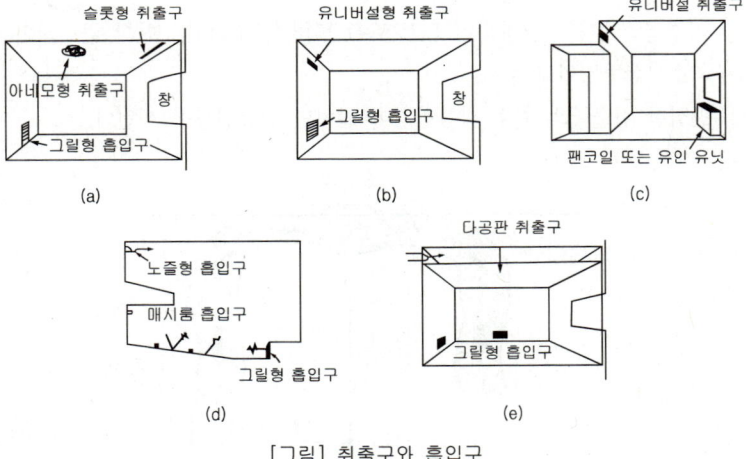

[그림] 취출구와 흡입구

핵심 PLUS

예 도달거리가 길며 소음이 적은 축류형 취출구는? [19, 23 산]
① 팬형 ② 노즐형
③ 아네모스탯형 ④ 브리즈라인형
답 : ②

예 취출구에 관한 설명으로 옳지 않은 것은? [11, 14, 18 산]
① 팬(pan)형은 유인비 및 소음발생이 적다.
② 아네모스탯형은 1차공기에 의한 2차공기의 유인성능이 좋다.
③ 노즐형은 소음이 크기 때문에 취출풍속을 5[m/s] 이하로 하여 사용된다.
④ 브리즈 라인형은 선의 개념을 통하여 인테리어 디자인에서 미적인 감각을 살릴 수 있다.
답 : ③

3. 덕트의 시공

1) 확대 및 축소

① 단면적이 75[%] 이상 경우 : 직접 확대·축소한다.

② 단면적이 75[%] 이하 경우

　㉠ 저속 덕트
　　• 저속 덕트의 확대부분 각도는 될 수 있으면 15° 이하로 한다.
　　• 저속 덕트의 축소부분 각도는 될 수 있으면 30° 이하로 한다.

　㉡ 고속 덕트
　　• 고속 덕트의 확대부분 각도는 될 수 있으면 8° 이하로 한다.
　　• 고속 덕트의 축소부분 각도는 될 수 있으면 15° 이하로 한다.

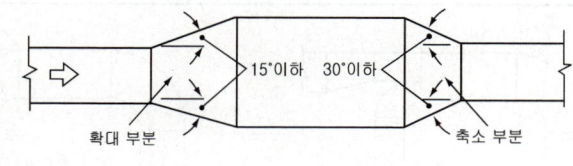

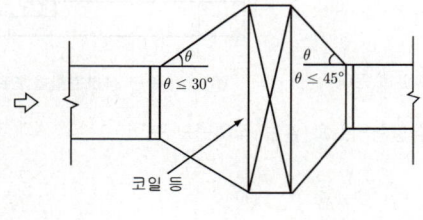

[그림] 덕트의 확대·축소

핵심 PLUS

예 덕트에 대한 설명으로 옳지 않은 것은? [11 기]

① 덕트의 보강을 위해서 다이아몬드 브레이크 등을 사용한다.
② 덕트를 분기할 경우 원칙적으로 덕트 굽힘부 가까이에서 분기하는 것이 좋다.
③ 덕트의 굽힘부에서 곡률반경이 작거나 직각으로 구부러질 때 안내날개를 설치한다.
④ 단면을 바꿀 때 확대부에서는 경사도 15° 이하, 축소부에서는 경사도 30° 이하가 되도록 한다.

해설 덕트를 분기할 경우에는 덕트 굽힘부에서 일정한 간격을 두고 분기하는 것이 좋다.

답 : ②

2) 엘보의 분기

① 덕트의 배치에서 엘보와 취출구간의 이음에서 취출구 위치는 엘보에 베인이 없을 때 A ≥ 8[W]가 되도록 분기하며, 그 이내인 경우에는 곡부에 가이드 베인(guide vane)을 설치한다. 가이드 베인은 곡부의 내측에 조밀하게 붙이는 것이 효과적이다.

② 덕트에서 엘보 다음의 취출구까지의 거리(A)

구 분	취출구 위치
가이드베인이 없는 엘보 사용시	A ≥ 8[W]
가이드베인이 달린 엘보 사용시	A ≥ 4~8[W]
가이드베인이 있는 직각 엘보 사용시	A ≥ 4[W]

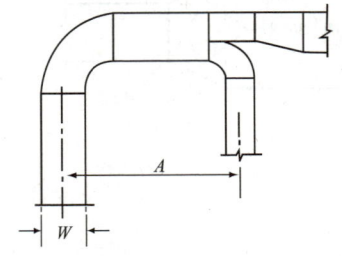 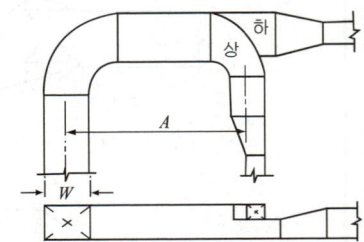

(a) $A \leq 8W$이면 엘보 내에 가이드 베인을 둔다.   (b) $A < 8W$면 상하분할을 한다.

[그림] 장방형덕트의 엘보 직후에서 분기

핵심 PLUS

예 다음과 같은 덕트의 배치에서 엘보와 취출구 간의 이격거리로서 옳은 것은?(단, 엘보는 베인이 없는 것으로 한다.) [13, 16 산]

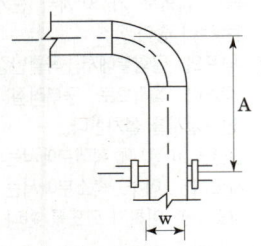

① A ≥ 8[W]   ② A ≥ 6[W]
③ A ≥ 4[W]   ④ A ≥ 2[W]

답 : ①

핵심기출문제

04. 배관 및 덕트

■■■ 1. 배관

1. 2[m/s]의 유속으로 35[L/min]의 유량이 흐르는 배관의 관경을 계산에 의해 구한 값은? [18]

① 약 15.4[mm] ② 약 19.3[mm]
③ 약 22.7[mm] ④ 약 25.2[mm]

2. 배관의 마찰저항에 관한 설명으로 옳은 것은? [12]

① 유속의 제곱에 비례한다.
② 관의 길이에 반비례한다.
③ 관 내경의 제곱에 비례한다.
④ 유체의 점성이 클수록 감소한다.

3. 내경 50[mm]인 파이프내로 2[m/s]의 속도로 온수가 흐르고 있다. 배관 길이 20[m]에 대한 직관부 마찰 손실은? (단, 관 마찰계수는 0.02이다.) [15, 17, 23]

① 1.6[mAq] ② 1.9[mAq]
③ 2.7[mAq] ④ 3.2[mAq]

[해설] $H_f = \lambda \cdot \dfrac{L}{d} \cdot \dfrac{v^2}{2g}$

여기서, H_f : 길이 1m의 직관에 있어서의 마찰손실수두[mAq]
  λ : 관마찰계수(강관 0.02) g : 중력가속도(9.8[m/sec²])
  d : 관의 내경[m] L : 직관의 길이[m]
  v : 관내 평균 유속[m/s]

$H_f = 0.02 \times \dfrac{20}{0.05} \times \dfrac{2^2}{2 \times 9.8} = 1.632 ≒ 1.6 [mAq]$

4. 길이가 10[m], 내경 50[mm]인 원형관 속을 평균유속 2[m/s]로 물이 흐르고 있다. 관의 관마찰계수가 0.02일 경우 마찰손실은? [15, 25]

① 4[kPa]   ② 6[kPa]
③ 8[kPa]   ④ 10[kPa]

[해설] 압력손실수두(P_f)

$P_f = \lambda \cdot \dfrac{\ell}{d} \cdot \dfrac{\rho v^2}{2}$ [Pa]

여기서, P_f : 압력손실수두[Pa]
  λ : 관마찰계수(강관 0.02) g : 중력가속도(9.8[m/sec²]) d : 관의 내경[m]
  ℓ : 직관의 길이[m] v : 관내 평균 유속[m/s] ρ : 물의 밀도(1,000[kg/m³])

$P_f = 0.02 \times \dfrac{10}{0.05} \times \dfrac{1,000 \times 2^2}{2} = 8,000 [Pa] = 8 [kPa]$

해설

[해설] 1

양수량(Q)

$Q = \dfrac{\pi}{4} v d^2$

Q : 양수량[m³/sec]
v : 펌프의 관 속을 흐르는 유체의 속도 [m/sec]
d : 펌프의 구경 $d = \sqrt{\dfrac{4Q}{v\pi}}$

$\therefore d = \sqrt{\dfrac{4Q}{v\pi}} = \sqrt{\dfrac{4 \times 0.035/60}{2 \times 3.14}}$

$= 0.0193 [m] ≒ 19.3 [mm]$

[해설] 2

마찰손실수두(H_f)

$H_f = \lambda \cdot \dfrac{L}{d} \cdot \dfrac{v^2}{2g}$ [mAq]

여기서, H_f : 길이 1[m]의 직관에 있어서의 마찰손실수두[mAq]
  λ : 관마찰계수(강관 0.02)
  g : 중력가속도(9.8[m/sec²])
  d : 관의 내경[m]
  L : 직관의 길이[m]
  v : 관내 평균 유속[m/s]
  ※ 마찰손실수두(H_f)는 관마찰계수(λ), 관의 길이(L) 및 유속(v)의 제곱에 비례하고, 관의 내경(d) 및 중력가속도(g)에 반비례한다.

정답 1. ② 2. ② 3. ① 4. ③

핵심기출문제

04. 배관 및 덕트

5. 계산된 냉온수량을 수송하기 위한 적정 관경을 마찰저항선도를 사용하여 선정할 때, 필요한 값은? [19 ㉚]

① 레이놀드수와 배관길이
② 배관길이와 사용배관재의 조도
③ 수력반경과 유체의 동점성 계수
④ 제반 손실을 고려한 관마찰 저항과 유속

6. 다음 증기배관방식 중 배관 내 공기를 가장 효과적으로 배출시킬 수 있는 것은? [12 ㉚]

① 진공 환수식
② 건식 환수식
③ 습식 환수식
④ 중력 환수식

7. 증기난방설비에 사용되는 플래시 탱크(flash tank)의 역할로 가장 알맞은 것은? [17, 25 ㉚]

① 고온, 고압의 응축수로부터 재증발 증기를 회수한다.
② 스팀보일러로부터 발생한 증기를 각 계통으로 분배한다.
③ 환수주관보다 높은 위치에 진공펌프를 설치할 때 사용한다.
④ 보일러의 저수위면이 안전수위 이하로 내려가는 것을 방지한다.

8. 기계식 증기트랩에 속하는 것은? [16 ㉚]

① 벨 트랩
② 버킷 트랩
③ 벨로즈 트랩
④ 바이메탈 트랩

해설

해설 5
마찰저항선도에 의한 관경의 결정
배관 속에 흐르는 유량과 유속, 허용마찰손실(관마찰저항)로 관경을 구하는 방법이다.
㉠ 동시사용 유량 계산(헌터 선도)
㉡ 허용마찰손실수두 계산
㉢ 관경 결정 : 동시사용유량[L/min]과 허용마찰손실수두 R[mmAq/m]을 이용하여 관경을 구한다.

해설 6
진공 환수식은 진공펌프를 쓰는 방식으로 응축수 및 증기의 순환이 가장 빠른 방식으로 배관 내 공기를 가장 효과적으로 배출시킬 수 있다.

해설 7
플래시 탱크(Flash Tank, 증발탱크)
증기난방에서 고압환수관과 저압환수관 사이에 설치하는 탱크이다. 고압 증기의 드레인을 모아 감압하여 저압의 증기(재증발 증기)를 발생시키는 탱크이다.(고압 응축수로 저압의 증기를 만드는 탱크)

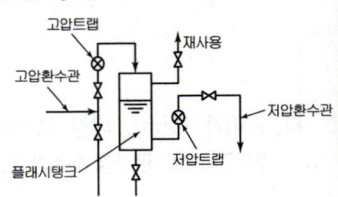

해설 8
기계식 트랩은 응축수량에 의해 작동하는 것으로 버킷 트랩, 플로트 트랩이 있고, 열로 작동하는 것으로는 방열기 트랩(열동 트랩), 벨로우즈 트랩, 바이메탈 트랩이 있다.

정답 5. ④ 6. ① 7. ① 8. ②

9. 다음 설명에 알맞은 증기트랩의 종류는? [18 ④]

> 실로폰트랩이라고도 하며, 금속 벨로즈 안에 휘발성 액체를 봉입하여 증기가 벨로즈에 닿으면 안의 액체가 팽창하여 밸브를 닫고, 응축수 또는 공기가 닿으면 수축하여 밸브를 연다.

① 버킷트랩 ② 열동트랩
③ 충격트랩 ④ 플로트트랩

10. 다음과 같은 특징을 갖는 기계식 증기트랩은? [15 ④]

> • 응축수를 연속으로 배출시킬 수 있으며, 대용량에도 적합하다.
> • 외형이 크고, 공기의 배출이 곤란하다.

① 플로트 트랩 ② 벨로즈 트랩
③ 열동식 트랩 ④ 바이메탈 트랩

11. 저압증기용 증기트랩으로서 대량의 응축수를 처리하기 위한 목적으로 사용되며 응축수의 유량에 따라 작동하는 것은? [17 ④]

① 벨트랩 ② 버킷트랩
③ 벨로즈트랩 ④ 플로트트랩

12. 증기트랩 중 벨로즈식 트랩에 관한 설명으로 옳지 않은 것은? [19 ④]

① 온도조절식 트랩이다.
② 방열기 트랩 등에 적용된다.
③ 구조상 역류의 우려가 없다.
④ 초기 가동 시에 공기배출능력이 좋다.

[해설] 벨로우즈 트랩(bellows trap)
증기와 응축수 사이의 온도차를 이용하는 온도조절식 증기트랩의 일종으로 관내에 발생하는 응축수를 배출하기 위하여 사용한다.
① 장점
  ㉠ 구조가 간단하고 소형이다.
  ㉡ 동결의 위험이 적다.
② 단점
  ㉠ 다른 형식에 비해 배출능력이 떨어진다.
  ㉡ 과열증기에는 적합하지 않다.
  ㉢ 구조상 역압이 작용하면 역류의 우려가 있다.
  ㉣ 워터해머에 약하다.

해설

[해설] 9
증기트랩(steam trap)
방열기의 환수부(하부 태핑) 또는 증기 배관의 최말단 등에 부착하여 증기관 내에 생긴 응축수만을 보일러 등에 환수시키기 위해 사용하는 장치이다.
㉠ 방열기 트랩(radiator trap : 열동 트랩, 실로폰 트랩)
㉡ 버킷 트랩(burcket trap) : 주로 고압증기의 관말 트랩이나 증기 사용 세탁기, 증기 탕비기 등에 많이 쓰인다.
㉢ 플로트 트랩(float trap) : 저압증기용 기기 부속 트랩으로 다량의 응축수를 처리하기 위해 사용하며 열교환기 등에 많이 쓰인다.
㉣ 벨로우즈 트랩(bellows trap) : 증기와 응축수 사이의 온도차를 이용하는 온도조절식 증기트랩의 일종으로 관내에 발생하는 응축수를 배출하기 위하여 사용한다.

[해설] 10, 11
플로트 트랩(float trap, 다량 트랩)
저압증기용 기기 부속 트랩으로 응축수를 처리하기 위해 사용하며 열교환기 등에 많이 쓰인다.
① 장점
  ㉠ 다량 및 소량의 응축수를 모두 처리할 수 있다.
  ㉡ 넓은 범위의 압력과 급격한 압력 변화에도 원활히 작동한다.
  ㉢ 자동 에어벤트가 설치되어 있어 공기배출능력이 우수하다.
② 단점
  ㉠ 구조상 동결의 우려가 있는 곳에는 적합하지 않다.
  ㉡ 증기해머에 의해 내부손상을 입을 수 있다.
  ㉢ 증기의 압력에 따라 밸브의 오리피스경을 변경하여야 한다.

---

9. ② 10. ① 11. ④ 12. ③

핵심기출문제

04. 배관 및 덕트

13. 증기트랩에 관한 설명으로 옳지 않은 것은? [14②]
① 플로트 트랩은 응축수를 연속으로 배출시킬 수 있다.
② 바이메탈 트랩은 과열증기에도 사용할 수 있으나 반응시간이 길다.
③ 상향 버킷 트랩은 적용압력의 범위가 좁지만 공기의 배출이 용이하다.
④ 벨로즈 트랩은 온도조절식 트랩으로 초기 가동시에 공기 배출능력이 좋다.

14. 진공환수식 증기난방에 사용되는 리프트 피팅(Lift fitting) 1단의 흡입높이는 최대 얼마 이내로 하는가? [13②]
① 1[m] ② 1.5[m]
③ 2[m] ④ 2.5[m]

[해설] 리프트 이음(lift fitting, lift joint)
진공 환수식 난방장치에서
① 방열기보다 높은 곳에 환수관을 배관하지 않으면 안될 때
② 환수주관보다 높은 위치에 진공펌프를 설치할 때 lift joint를 설치하여 환수관의 응축수를 끌어올릴 수 있다.
  ㉠ 저압인 경우 : 1단에 1.5[m] 이내
  ㉡ 고압인 경우 : 증기관과 환수관의 압력차 0.1[MPa](1[kg/cm²])에 대해 5[m] 정도 끌어올린다.

15. 관말트랩 주변에서 냉각레그의 설치 위치로서 옳은 것은? [13②]
① 관말트랩 뒤쪽 ② 관말트랩 앞쪽
③ 관말트랩 앞뒤 ④ 환수주관 중간

[해설] 냉각레그
㉠ 응축수를 냉각하기 위한 배관이다.
㉡ 관경은 증기 주관보다 한 치수 적게 한다.
㉢ 냉각레그와 환수관 사이에 트랩을 설치한다.(관말트랩의 앞쪽)
㉣ 보온 피복할 필요 없다.

16. 관의 일부가 파손되어 보일러수가 유출되면서 보일러가 빈 상태로 가동되는 것을 방지하기 위해 보일러 내의 안전수위를 유지하도록 배관하는 접속법은? [15②]
① 트랩 접속법 ② 리프트 접속법
③ 하트포드 접속법 ④ 리버스리턴 접속법

해설

[해설] **13**
버킷 트랩(bucket trap)
㉠ 주로 고압증기의 관말 트랩이나 증기 사용 세탁기, 증기 탕비기 등에 많이 쓰인다. 응축수의 부력을 이용하는 기계식 트랩이다.
㉡ 증기 트랩 중에서 작은 버킷을 사용한 것으로 상향형·하향형이 있다.
㉢ 상향·하향형 모두 응축수의 유입으로 버킷이 작동하여 상부에 있는 밸브를 열어 응축수 배출을 하며, 하향형일 경우 공기도 함께 배출한다.
㉣ 증기관의 끝이나 기기의 주위 배관에 사용되나 10[kPa] 이상의 유효 차압이 요구된다.

[해설] **16**
하트포드 연결법(hartford connection)
저압증기보일러에서 중력환수방식일 경우
㉠ 보일러 내의 수면이 안전수위 아래로 내려가고
㉡ 환수관의 일부가 파손되어 물이 샐 때
→ 밸런스관을 달고 안전저수면보다 높은 위치에 환수관을 접속하는 연결법

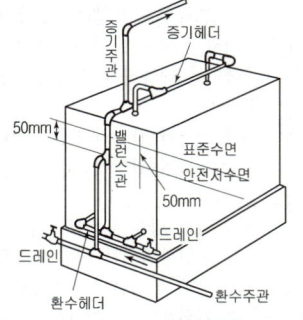

정답 13. ③ 14. ② 15. ② 16. ③

해설

17. 온수난방식에 관한 설명으로 옳지 않은 것은? [11 ⑱]

① 중력순환식에서 방열기는 보일러보다 낮은 곳에 있어야 한다.
② 중력순환식은 온수의 밀도차에 의한 자연순환력을 이용하는 방식이다.
③ 강제순환식은 온수순환이 확실하고 신속하며 배관의 관경도 가늘게 선택할 수 있다.
④ 강제순환식은 볼류트 펌프 등의 기계적인 힘을 이용하여 장치내의 온수를 강제 순환시키는 방식이다.

18. 온수난방의 배관계통에서 물의 온도변화에 따른 체적 증감을 흡수하기 위하여 설치하는 것은? [15 ⑱]

① 컨벡터
② 감압밸브
③ 팽창탱크
④ 현열교환기

19. 팽창탱크의 기능에 관한 설명으로 옳지 않은 것은? [14, 23 ⑱]

① 장치내의 온도변화에 따른 물의 체적변화를 흡수한다.
② 팽창된 물의 배출을 방지하여 장치의 열손실을 방지한다.
③ 장치의 휴지 중에도 배관계를 일정압력 이상으로 유지한다.
④ 밀폐식 팽창탱크에 있어서는 장치 내의 주된 공기배출구로 이용된다.

해설
개방식 팽창탱크는 장치 내의 주된 공기배출구로 이용되며, 온수보일러의 도피관으로도 사용된다.

20. 온수배관에 관한 설명으로 옳지 않은 것은? [17 ⑱]

① 팽창관에는 게이트 밸브를 설치한다.
② 펌프의 흡입측에 스트레이너를 설치한다.
③ 배관 도중에 벨로즈형 등의 신축이음을 설치한다.
④ 유량을 균등하게 분배하기 위하여 리버스리턴 방식을 채용한다.

해설 17
온수난방의 순환방식에 따른 분류
① 중력식
  온수의 밀도차를 이용해서 순환시키는 방식
  • 방열기는 항상 보일러보다 높은 장소에 설치
  • 주택 등 소규모 건물에 적합
② 강제식
  • 순환펌프를 이용해서 온수를 순환시키는 것
  • 최근에는 펌프의 가격이 싸져서 전체의 설비비는 중력식보다 싸게 되고, 난방 효과가 좋기 때문에 주로 이 방식이 널리 사용되고 있다.(대규모 건축)

해설 18
팽창탱크
온수난방에서 체적팽창에 대한 여유를 갖기 위해 설치한다.
㉠ 개방식(보통 온수난방)
  • 온수 팽창량의 2~2.5배
  • 방열기보다 높은 위치에 설치한다.
  • 배관 최고부에서 팽창탱크까지의 높이는 1[m] 이상으로 한다.
㉡ 밀폐식(고온수 난방)
  안전밸브를 달아 보일러 내부가 제한 압력 이상으로 상승하면 자동적으로 밸브를 열어서 과잉수를 배출한다.

해설 20
팽창관
㉠ 온수순환 배관 도중에 이상 압력이 생겼을 때 그 압력을 흡수하는 도피구로서 증기나 공기를 배출한다.
㉡ 팽창관은 보일러, 저탕조 등 밀폐 가열장치 내의 압력상승을 도피시키는 역할을 한다.
㉢ 팽창관의 도중에는 절대로 밸브류를 달아서는 안 된다.
㉣ 팽창관의 배수는 간접배수로 한다.
㉤ 팽창관은 급탕관에서 수직으로 연장시켜 고가탱크 또는 팽창탱크에 개방시킨다.

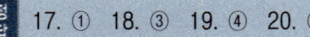

핵심기출문제
04. 배관 및 덕트

21. 다음 중 온수난방 배관에서 역환수(reverse return) 방식을 사용하는 이유로 가장 알맞은 것은? [12, 17 ④]
① 배관의 신축을 흡수하기 위하여
② 배관의 부식을 방지하기 위하여
③ 온수의 유량공급을 동일하게 하기 위하여
④ 배관 내의 공기배출을 용이하게 하기 위하여

22. 온수난방을 하는 어떤 사무실의 손실열량이 21,000[W] 인 경우 온수 순환량은? (단, 온수입구온도 82[℃], 온수출구온도 70[℃], 실내온도 22[℃], 물의 비열 4.2[kJ/kg·K], 물의 밀도 1[kg/L]) [14 ④]
① 500[L/h]
② 800[L/h]
③ 1,500[L/h]
④ 2,500[L/h]

23. 다음 중 난방용 온수배관 설계 순서에 있어서 가장 먼저 이루어져야 하는 작업은? [14, 18 ④]
① 배관경 결정
② 난방부하 계산
③ 온수순환펌프 결정
④ 각 구간별 온수 순환량 산출

24. 관내 공기를 제거하는 방법으로 옳지 않은 것은? [12 ④]
① 수평관에는 일정한 구배를 둔다.
② 방열기 출구에 리턴 콕을 설치한다.
③ 배관의 최정상부에 공기 배출밸브를 설치한다.
④ 팽창수조에 연결되는 공기 배출관을 설치한다.

해설

해설 21
리버스리턴(Reverse Return)배관(역환수방식)
㉠ 설치 : 급탕설비의 하향식 배관, 난방설비의 온수난방
㉡ 방법 : 각 방열기마다의 배관회로 길이를 같게 한 배관방식
보일러에서 방열기까지(온수관)의 길이=방열기에서 보일러까지(환수관)의 길이
㉢ 목적 : 온수의 유량분배 균일화(온수의 순환을 평균화)하기 위해
㉣ 단점 : 배관수가 많아져서 설비비가 높다.

해설 22
온수순환펌프의 수량

$W = \dfrac{Q}{60c\Delta t}$ [ℓ/min]

Q : 배관과 펌프 및 기타 손실 열량 [kJ/h]
W : 순환수량 [ℓ/min]
C : 탕의 비열 (4.19[kJ/kg·K])
ρ : 탕의 밀도 [kg/m³]
Δt : 급탕·반탕의 온도차[℃] (Δt는 강제순환식일 때 5~10[℃] 정도임.)

∴ $W = \dfrac{Q}{60c\Delta t} = \dfrac{21,000 \times 3.6}{60 \times 4.2 \times (82-70)}$

$= 25$ [ℓ/min] = 1,500 [L/h]

※ 1[W] = 1[J/s] = 3,600[J/h]
    = 3.6[kJ/h]
1[kW] = 1,000[W] = 1[kJ/s]
    = 3,600[kJ/h]

해설 23
난방용 온수배관 설계 순서에 있어서 가장 먼저 난방부하 계산을 한 후 온수순환량과 배관의 저항을 고려하여 배관경을 결정하고 또한 각종 기기의 용량을 결정한다.

해설 24
각 방열기에는 반드시 공기빼기밸브를 상단에 설치한다.
※ 각 방열기마다 리턴 콕(유량조절밸브)를 설치하여 방열량을 조절한다.

정답 21. ③ 22. ③ 23. ② 24. ②

Industrial Engineer Building Facilities

해설

25. 다음 배관 중 보온이 필요한 배관은? [13 ㉠]
① 냉각레그
② 냉각수배관
③ 실내 방열기 배관
④ 천장 속의 냉온수 배관

해설 **25**
천장 속의 냉온수 배관은 열손실을 최소화하기 위하여 보온, 보냉이 필요하며, 결로방지를 위한 처리를 하여야 한다.
※ 배관 보온재는 배관의 열손실을 최소화하기 위한 재료로 그 두께는 보온재의 전열 특성, 배관내부의 유체온도, 배관 외부온도 등을 고려하여 결정한다.

26. 기기주변 배관에 관한 설명으로 옳지 않은 것은? [20, 25 ㉠]
① 팽창관에는 밸브를 설치하지 않는다.
② 냉동기의 냉수배관 입구 측에는 스트레이너를 설치한다.
③ 냉수 또는 냉각수배관의 가장 낮은 부분에는 물빼기밸브를 설치한다.
④ 공기조화기에 접속하는 배관에는 원칙적으로 밸브를 설치하지 않는다.

해설 **26**
공기조화기에 접속하는 배관에는 원칙적으로 밸브를 설치한다.
냉각기의 출입구와 응축기의 출입구에는 밸브를 설치한다.

27. 옥내의 공조배관에서 보온 또는 보냉을 하지 않는 관은? [11, 12, 17, 20 ㉠]
① 증기관
② 냉수관
③ 온수관
④ 냉각수관

해설 **27**
냉동기의 응축기와 냉각탑 사이의 냉각수관은 냉각탑으로의 연결배관으로 보온 또는 보냉하지 않고 단열시공을 하지 않아도 된다.

28. 다음 중 배관의 신축에 대응하기 위해 사용되는 신축이음에 속하지 않는 것은? [19 ㉠]
① 스위블형
② 플로트형
③ 슬리브형
④ 벨로즈형

해설 배관의 신축이음쇠(expansion joint)
배관에 생기는 팽창량을 흡수하여, 응력에 의한 배관 이음쇠의 파손 부분에서 발생하는 누수를 방지하기 위하여 배관 중에 신축이음쇠(expansion joint)를 설치한다.
㉠ 스위블 조인트(swivel joint) : 2개 이상의 elbows를 사용하여 나사회전을 이용해서 신축을 흡수하는 조인트
㉡ 신축곡관(expansion loop) : 신축곡관(루프형)은 고장이 적고 고압 옥외 배관에 적합하지만 신축을 흡수하는 1개의 길이가 긴 것이 결점이다.
㉢ 슬리브형 신축이음쇠 : 슬리브가 온도의 변화에 따라 생기는 관의 신축을 슬리브의 미끄럼에 의해서 흡수한다. 이 이음쇠는 저압 증기배관 및 온수배관의 신축이음쇠로서 널리 사용한다.
㉣ 벨로즈형 신축이음쇠 : 온도의 변화에 따른 관의 신축을 벨로즈의 변형에 의해 흡수시키는 기구이다.
※ 증기트랩의 종류 : 방열기트랩(열동트랩, 실로폰트랩), 버킷트랩, 플로트트랩, 벨로즈트랩, 디스크트랩 등

정답 25. ④ 26. ④ 27. ④ 28. ②

핵심기출문제

04. 배관 및 덕트

해설

29. 열팽창에 의한 배관계통의 자유로운 움직임을 구속하거나 제한하기 위한 장치는? [16, 20 ㈛]

① 서포트
② 브레이스
③ 파이프 슈
④ 레스트레인트

30. 배관 지지물의 구비요건으로 옳지 않은 것은? [12, 18 ㈛]

① 관의 신축으로 움직이지 않을 것
② 외부의 진동이나 충격에 견딜 것
③ 배관 진동을 구조체에 전달하지 않을 것
④ 배관의 자중과 유체의 하중 등에 견딜 것

31. 공기조화배관의 배관회로방식 중 개방회로 방식에 관한 설명으로 옳지 않은 것은? [20 ㈛]

① 배관의 말단이 대기에 개방된 회로이다.
② 개방식 냉각탑의 냉각수배관 등에 응용된다.
③ 공기와의 접촉으로 배관 부식의 우려가 높다.
④ 펌프의 양정에 실양정은 포함되지 않으므로 동력비가 적게 든다.

[해설] 개방회로배관와 밀폐회로배관

분류	특 징
개방회로배관	물의 순환경로가 대기 중의 수조에 개방되어 있는 회로 ① 순환펌프 양정계산시 물탱크에서 배관 최상단 부분까지 정수두를 계산하여야 한다. ② 환수관에서 사이폰현상, 진동, 소음 등이 발생할 우려가 있다. ③ 관경이 밀폐형보다 커서 설비비가 증가한다. ④ 밀폐형보다 배관부식의 우려가 크다.
밀폐회로배관	물의 순환경로가 대기 중의 수조에 개방되어 있지 않은 회로 ① 팽창탱크(E.T)를 반드시 설치하여 이상압력을 흡수하여야 한다. ② 안정된 수류를 얻을 수 있다. ③ 관경이 작아져서 설비비가 감소한다. ④ 배관의 부식이 적다.

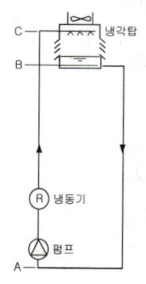

[그림] 개방회로방식

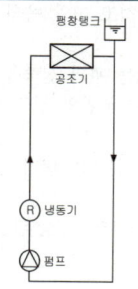

[그림] 밀폐회로방식

[해설] **29**
레스트레인트
열팽창에 의한 배관의 이동을 구속 또는 제한하기 위한 장치로 구속하는 방법에 따라 앵커, 스토퍼, 가이드로 나눈다.
㉠ 앵커 : 배관 지지점의 이동 및 회전을 허용하지 않고, 일정위치에 완전히 고정하는 장치
㉡ 스토퍼 : 한 방향 앵커라고도 하며, 관의 회전은 되지만, 직선운동을 방지하는 장치
㉢ 가이드 : 지지점에서 축방향으로 안내면을 설치하여 배관의 회전 또는 축에 대하여 직각방향으로 이동하는 것을 구속하고, 관이 응력을 받아서 휘어지는 것을 방지하며, 팽창 시 움직임을 바르게 유도하는 장치

[해설] **30**
배관의 신축에 대비하여 축방향으로 이동이 가능하도록 한다.

정답 29. ④ 30. ① 31. ④

32. 배관회로 방식에 관한 설명으로 옳은 것은? [14, 25 ⓢ]
① 밀폐회로방식은 개방회로방식에 비해 배관부식이 심하다.
② 역환수방식에서는 밸브를 사용하여 유량을 균일하게 조절하는 방식이다.
③ 직접환수식은 배관 스페이스가 적으나 유량의 균등한 배분이 어려운 방식이다.
④ 건식환수방식은 보일러 기준수면보다 낮은 위치에 환수주관을 설치하는 방식이다.

33. 온수난방설비에서 역환수(Reverse return)방식이 아닌 직접환수방식을 적용하는 경우 각 계통의 필요유량 분배를 위하여 설치하는 것은? [15, 18 ⓢ]
① 차압밸브
② 정유량밸브
③ 게이트밸브
④ 글로브밸브

34. 냉온수 배관의 기본회로 방식에 관한 설명으로 옳지 않은 것은? [16, 19 ⓢ]
① 배관의 분기부에는 원칙적으로 밸브를 설치한다.
② 배관방식은 원칙적으로 리버스리턴방식으로 한다.
③ 배관의 최소 구경은 원칙적으로 호칭경은 25[A]로 한다.
④ 밀폐회로 방식에 대해서는 1개의 순환계통에 팽창탱크는 1기로 한다.

[해설]
배관의 최소 구경은 원칙적으로 호칭경은 15[A]로 한다.

해설

[해설] **32**
① 개방회로방식은 밀폐회로방식에 비해 배관부식이 심하다.
② 역환수식(reverse return system)은 열원에서 각 방열기기까지의 공급관과 환수관의 도달거리의 합을 거의 같게 하여 배관의 마찰저항 값을 유사하게 함으로서 순환온수가 균등하게 흐르도록 한 배관방법이다.
④ 건식환수방식은 보일러 기준수면보다 높은 위치에 환수주관을 설치하는 방식이다.

[해설] **33**
직접환수방식과 역환수방식
① 직접환수방식
열원기기에서 가까운 위치에 있는 방열기, 팬코일유닛 등에는 냉온수의 순환이 원활하게 이루어지거나 열원기기로부터 멀리 떨어져 있을수록 순환 길이가 길어지고 그에 따른 압력손실이 커지므로 냉온수의 순환이 어려워진다.
☞ 정유량밸브 : 직접환수방식을 적용하는 경우 각 계통의 필요 유량 분배를 위하여 설치하는 밸브
② 역환수방식
보일러에서 방열기까지(온수관)의 길이와 방열기에서 보일러까지(환수관)의 길이를 같게 한 방식으로 온수의 유량분배 균일화(온수의 순환을 평균화)하기 위해 사용한다. 배관 길이가 길어져 설비비가 높아지고 배관을 위한 공간도 더 필요하게 되는 단점이 있다.

정답 32. ③ 33. ② 34. ③

■■■ 2. 덕트

35. 덕트 설계시 고려사항과 가장 거리가 먼 것은? [14 산]

① 덕트 소음
② 덕트로부터의 열손실
③ 공기의 흐름에 대한 마찰저항
④ 덕트내를 흐르는 공기의 습도

36. 덕트의 설계순서로 가장 알맞은 것은? [13 산]

> ㉠ 취출구와 흡입구의 위치 결정
> ㉡ 덕트경로 결정
> ㉢ 송풍기 선정
> ㉣ 설계도 작성
> ㉤ 송풍량 결정
> ㉥ 덕트의 치수 결정

① ㉤-㉠-㉡-㉥-㉢-㉣
② ㉤-㉢-㉠-㉡-㉥-㉣
③ ㉠-㉢-㉡-㉥-㉤-㉣
④ ㉠-㉡-㉥-㉢-㉤-㉣

37. 등압법으로 설계할 경우 단일 덕트 내에서 많은 풍량이 송풍되면 여러 가지 문제점이 유발될 수 있어 일정 풍량 이상이면 등속법으로 설계하는데 그 이유로 가장 알맞은 것은? [16 산]

① 소음이 커진다.
② 마찰저항이 커진다.
③ 덕트길이가 길어진다.
④ 부유분진의 비상이 많아진다.

38. 덕트 내의 풍속이 낮아져서 동압이 감소한 양만큼 정압이 증가하는 것을 무엇이라고 하는가? [13 산]

① 전압의 증가
② 정압의 증가
③ 정압 재취득
④ 동압 재취득

해설

해설 35
덕트 설계시 가장 먼저 이루어져야 할 사항은 송풍량의 결정이다. 덕트 설계시에는 공기의 흐름에 대한 마찰저항, 덕트로부터의 열손실, 덕트 소음 등을 고려해야 한다.
※ 덕트 설계 방법에는
  등속법(정속법),
  등압법(등마찰손실법, 마찰저항법),
  전압법(정압 재취득법, 압력 보상법) 등이 있다.

해설 36
덕트의 설계순서
송풍량 결정 → 취출구와 흡입구의 위치 결정 → 덕트경로 결정 → 덕트의 치수 결정 → 송풍기 선정 → 설계도 작성
※ 덕트 설계시 가장 먼저 이루어져야 할 사항은 송풍량의 결정이다.

해설 37
풍량 10,000[m³/h] 이상에서 등압법(정압법, 등마찰손실법)으로 설계하면 풍속이 7~10[m/s] 정도 증가하여 소음발생이나 덕트의 강도상 문제가 발생하므로 등속법(정속법)으로 설계한다. 등속법은 주로 분진이나 산업용 분말 등을 배출시키기 위한 배기 덕트의 설계법으로 적당하다.

해설 38
정압재취득법
㉠ 덕트 각 부의 국부저항은 전압 기준에 의해 손실계수를 이용하여 구하고, 각 취출구까지의 전압력 손실이 같아지도록 덕트 단면을 결정하는 방법이다.
㉡ 정압법보다 송풍기 동력절약이 가능하며, 풍량의 밸런싱(balancing)이 양호하다.
㉢ 각 취출구의 댐퍼에 의한 조절 없이 설계 취출풍량을 얻을 수 있다.
㉣ 저속덕트 경우 압력이 적으므로 덕트 치수가 커진다.

정답 35. ④ 36. ① 37. ① 38. ③

39. 덕트 경로 중 풍량이 일정한 상태에서 덕트의 크기가 축소되었을 경우 압력변화에 관한 설명으로 옳은 것은? [12, 19 ⓐ]

① 정압이 증가한다.
② 동압이 증가한다.
③ 전압과 정압이 증가한다.
④ 전압, 동압, 정압이 모두 증가한다.

40. 덕트 내에 흐르는 공기의 풍속이 15[m/sec], 정압이 250[Pa]일 경우 동압(P_V) 및 전압(P_T)은? [12 ⓐ]

① $P_V = 135[Pa]$, $P_T = 115[Pa]$
② $P_V = 135[Pa]$, $P_T = 385[Pa]$
③ $P_V = 13.7[Pa]$, $P_T = 236.3[Pa]$
④ $P_V = 13.7[Pa]$, $P_T = 263.7[Pa]$

[해설] 덕트의 전압(P_T) = 정압(P_S)+동압(P_V)

먼저, 동압(P_V)=$\frac{v^2}{2g}\gamma$[mmAq] = $\frac{v^2}{2}\rho$[Pa]

여기서, v : 관내 유속[m/s] γ : 공기의 비중량(1.2[kgf/m³])
        g : 중력가속도(9.8[m/s²]) ρ : 공기의 밀도(1.2[kg/m³])

동압(P_V)=$\frac{v^2}{2}\rho = \frac{15^2}{2}\times 1.2 = 135$[Pa]

∴ 덕트의 전압(P_T)=정압(P_S)+동압(P_V)=250+135=385[Pa]

41. 덕트 내의 전압이 360[Pa], 정압이 120[Pa]인 경우 덕트 내의 풍속은 약 얼마인가? (단, 공기의 밀도는 1.2[kg/m³]이다.) [14 ⓐ]

① 10[m/s]
② 15[m/s]
③ 20[m/s]
④ 25[m/s]

해설

[해설] 39

풍량이 일정한 상태에서 덕트의 크기가 축소되었을 경우 덕트 내의 풍속은 증가하며, 정압(P_s)은 감소하고 동압(P_v)은 증가한다. 전압(P_t)은 정압(P_s)과 동압(P_v)의 합계로 일정하다.

※ 덕트의 전압
① 정압(P_S) : 공기의 흐름이 없고 덕트의 한 쪽 끝이 대기에 개방되어 있을 때의 압력
② 동압(P_v) : 공기의 흐름이 있을 때 흐름 방향의 속도에 의해 생기는 압력
③ 전압(P_t) : 정압(P_s)과 동압(P_v)의 합계

[해설] 41

덕트의 전압(P_T) = 정압(P_S)+동압(P_v)

동압(P_v)=$\frac{v^2}{2g}\gamma$[mmAq] = $\frac{v^2}{2}\rho$[Pa]

여기서,
 v : 관내 유속[m/s]
 γ : 공기의 비중량(1.2[kgf/m³])
 g : 중력가속도(9.8[m/s²])
 ρ : 공기의 밀도(1.2[kg/m³])

먼저, 동압=전압−정압=360−120
           =240[Pa]

동압(P_v)=$\frac{v^2}{2g}\gamma$[mmAq] = $\frac{v^2}{2}\rho$[Pa]

동압(P_v)=$\frac{v^2}{2}\rho = \frac{v^2}{2}\times 1.2 = 240$

∴ $v = \sqrt{\frac{2P_v}{\rho}} = \sqrt{\frac{2\times 240}{1.2}} = 20$[m/s]

---

39. ② 40. ② 41. ③

핵심기출문제

04. 배관 및 덕트

42. 덕트의 마찰저항에 관한 설명으로 옳지 않은 것은? [16 ④]

① 유속의 제곱에 비례한다.
② 덕트의 직경이 클수록 마찰저항은 커진다.
③ 덕트의 길이가 길수록 마찰저항은 커진다.
④ 원형 덕트가 장방형 덕트에 비해 마찰저항이 작다.

43. 덕트의 방향전환을 위해 사용되는 장방형 단면의 원호형 엘보의 국부저항손실 계수가 0.22일 때, 이 엘보에 발생하는 국부저항손실은? (단, 풍속은 10[m/s], 공기의 밀도는 1.2[kg/m³]이다.) [19 ④]

① 11.0[Pa]
② 13.2[Pa]
③ 15.4[Pa]
④ 19.6[Pa]

44. 덕트의 아스팩트비(aspect ratio)의 정의로 옳은 것은? [18 ④]

① 장방형덕트에서 면적과 장변의 비율
② 장방형덕트에서 장변과 단변의 비율
③ 원형덕트에서 단면적과 직경의 비율
④ 원형덕트에서 풍량과 단면적의 비율

[해설] 원형 덕트와 장방형 덕트의 환산식

$$de = 1.3 \left\{ \frac{(a \times b)^5}{(a+b)^2} \right\}^{\frac{1}{8}}$$

de : 원형덕트의 직경[cm]
a : 장방형덕트의 장변길이[cm]
b : 장방형덕트의 단변길이[cm]

여기서 $\frac{a}{b}$를 아스펙트(aspect)비라고 한다.

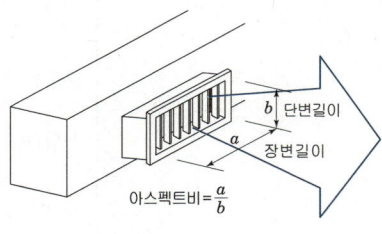

[그림] 아스펙트비

해설

해설 42
관의 직관부 마찰저항(ΔP_f)

$$\Delta P_f = \lambda \cdot \frac{\ell}{d} \cdot \frac{\nu^2}{2g} \cdot \gamma \text{ [mmAq]}$$

$$\Delta P_f = \lambda \cdot \frac{\ell}{d} \cdot \frac{\nu^2}{2} \cdot \rho \text{ [Pa]}$$

ΔP_f : 길이 1[m]의 직관에 있어서의 마찰손실수두[mAq]
λ : 관마찰계수
g : 중력가속도(9.8[m/sec²])
d : 관의 내경[m]
ℓ : 직관의 길이[m]
ν : 관내 평균 유속[m/s]
ρ : 공기의 밀도(1.2[kg/m³])
γ : 공기의 비중량(1.2[kg/m³])

해설 43
국부저항에 의한 압력손실(ΔP_d)

$$\Delta P_d = \xi \frac{v^2}{2} \rho \text{[Pa]} = 0.22 \times \frac{10^2}{2} \times 1.2$$

$$= 13.2 \text{Pa}$$

ξ : 국부저항계수
v : 공기의 속도[m/s]
ρ : 공기의 밀도[kg/m³]

정답 42. ② 43. ② 44. ②

해설

45. 취출구의 취출기류 4영역 중 취출거리의 대부분을 차지하며, 1차공기(취출공기)가 취출풍속에 의해 도착되는 한계영역은? [20 산]

① 제1영역
② 제2영역
③ 제3영역
④ 제4영역

46. 취출구 및 흡입구에서의 풍속을 제한하는 가장 주된 이유는? [18 산]

① 소음제어
② 송풍동력 절감
③ 덕트 크기의 제한
④ 기류확산 범위 확대

[해설] 취출구 및 흡입구에서는 소음을 제어하기 위하여 풍속을 제한한다.

47. 다음 중 축류형 취출구에 속하지 않는 것은? [17 산]

① 팬형
② 노즐형
③ 그릴형
④ 펑커루버

48. 아네모스탯형 취출구에 관한 설명으로 옳지 않은 것은? [16, 19 산]

① 확산형 취출구이다.
② 확산반경이 크고 도달거리가 짧다.
③ 주로 벽체 하부에 설치되어 사용된다.
④ 1차 공기에 의한 2차 공기의 유인성능이 좋다.

해설

해설 45

취출기류의 제3영역은 취출구로부터 더욱 멀리 떨어지면 주위 공기와 충분히 혼합되는 부분으로 취출거리의 대부분을 차지하며, 이 영역은 취출구의 종류에 따라 특성이 현저하다.
제3영역은 취출기류가 0.25[m/s]까지 감소되는 곳으로서 1차공기(취출공기)가 취출풍속에 의해 도착되는 한계영역이다.
※ 취출기류의 제1영역은 기류 중심부분의 속도가 취출구에서의 기류 취출속도와 동일한 구간으로 취출구에서 분출되는 공기는 아주 짧은 거리에서 속도의 변화가 없다. 이 구간의 거리는 취출구 직경(취출구 폭)의 2~6배 정도의 범위가 된다.
※ 취출기류의 제2영역은 기류 중심부분의 속도가 취출구로부터의 거리의 제곱근에 반비례하는 구간으로 천이구역이라고도 한다. 아스펙트비(aspect ratio)가 큰 취출구일수록 이 구간이 길어진다. 일반적으로 취출구 직경(취출구 폭)의 4배 정도에서 길이의 4배 정도 범위가 된다.

해설 47

취출구의 분류
㉠ 축류형 : 기류의 방향이 취출구에 바뀌지 않고 축방향으로 토출하는 취출구
 • 그릴(베인격자)형, 슬롯형, 노즐형, 라인형, 다공판형, 펑거루버형
㉡ 복류형 : 기류의 방향이 취출구와 같은 방향이 아닌 수평이나 방사형으로 토출하는 취출구
 • 팬형, 아네모스탯형

해설 48

아네모스탯(anemostat)형
㉠ 주로 천장에 설치하여 기류를 방사형 태로 취출시키는 복류형 취출구로 일반적인 건축물에서 가장 많이 사용하고 있다.
㉡ 확산형 취출구의 일종으로 몇 개의 콘(cone)이 있어서 1차공기에 의한 2차공기의 유인성능이 좋다.
㉢ 확산반경이 크고 도달거리가 짧기 때문에 천장 취출구로 많이 사용된다.
㉣ 원형, 각형이 있고 미적인 감각은 떨어진다.

정답 45. ③ 46. ① 47. ① 48. ③

핵심기출문제

04. 배관 및 덕트

해설

49. 다음과 같은 특징을 갖는 축류형 취출구는? [11, 14 ㉑]

- 도달거리가 길기 때문에 실내공간이 넓은 경우에 벽면에 부착하여 횡방향으로 취출하는 예가 많지만 천장이 높은 경우에 천장에 설치하여 하향취출하는 경우도 있다.
- 소음이 적기 때문에 방송국의 스튜디오나 음악감상실 등에 저속취출하여 사용된다.

① 노즐형 ② 웨이형
③ 브리즈 라인형 ④ 아네모스탯형

해설 49
노즐형
노즐형은 도달거리가 길기 때문에 실내공간이 넓은 경우에 벽면에 부착하여 횡방향으로 취출하는 예가 많지만 천장이 높은 경우에 천장에 설치하여 하향취출하는 경우도 있다. 또한 소음이 적기 때문에 취출풍속을 5[m/s] 이상으로 사용하며, 소음규제가 심한 방송국 스튜디오나 음악감상실 등에 사용되는 취출구이다.

50. 다음의 흡입구 중 바닥에 설치하기 가장 적당한 것은? [16, 23 ㉑]
① 격자형 흡입구 ② 라인형 흡입구
③ 머쉬룸형 흡입구 ④ 펀칭메탈형 흡입구

해설 50
머쉬룸(mushroom)형은 바닥에 설치하는 흡입구이다.
※ 실내 벽면에 설치하는 취출구 : 그릴형, 슬롯형, 노즐형

51. 다음의 취출구 중 에어커튼(air curtain)용으로 가장 적합한 것은? [13, 16 ㉑]
① 라인(line)형 ② 베인(vane)형
③ 다공판(multi vent)형 ④ 아네모스텟(annemostat)형

해설 51
에어커튼(air curtain)
㉠ 위에서 아래로 압축공기를 분출시키고 흡입구를 아래쪽에 설치하여 공기유막을 만들어 바깥쪽과 안쪽을 차단하는 설비를 말한다.
㉡ 온습도를 조정한 공기의 분류(噴流)에 의해 다른 공기의 흐름을 차단 분리하는 공기조화의 한 방법이다. 백화점 등의 개방된 출입구에 많이 사용한다.
㉢ 송풍기는 관류송풍기가 적합하다.
㉣ 취출구는 외주부의 천정 또는 창가에 부착시키는 라인(line)형 취출구가 적합하다.

52. 다음 중 겨울철 건물의 출입구로부터 들어오는 틈새바람량을 줄이기 위한 방법으로 가장 적당한 것은? [19 ㉑]
① 방풍실에 회전문 설치
② 방풍실에 자동문 설치
③ 방풍실에 자재문 설치
④ 방풍실에 여닫이문 설치

해설
회전문은 실내외 온도차에 의한 굴뚝효과(stack effect : 연돌효과)로 인한 극간풍을 방지하고 방풍 및 열손실을 최소로 줄여 콜드 드래프트(cold draft)를 억제하여 에너지를 절약할 수 있다.
☞ 콜드 드래프트(cold draft)
겨울철에 실내에 저온의 기류가 흘러들거나 또는 유리 등의 차가운 벽면에서 냉각된 냉풍이 하강하는 현상으로 냉방에 의한 온도차에 따라 일어나는 공기의 흐름이다.

정답 49. ① 50. ③ 51. ① 52. ①

53. 공조기 출구와 덕트 접속시 주의할 사항으로 옳지 않은 것은? [16 ㈜]

① 엘보에 사용되는 베인은 2중 베인으로 한다.
② 주덕트로 연결되는 곳은 캔버스 이음으로 한다.
③ 직관부의 길이는 송풍기 출구에서의 장변치수의 5배로 한다.
④ 주덕트와 연결에 사용되는 이음새의 경사는 1/7 이하로 한다.

[해설] 53
직관부의 길이는 송풍기 출구에서의 장변치수의 1.5~2.5배로 한다.

정답 53. ③

환기설비 설계

03 section

제3편 환기설비 설계
01 열교환기
02 폐열회수장치
03 전열교환기

01 환기설비 설계

제2과목 건축설비설계 | 제3편 환기설비 설계

핵심 PLUS

1 열교환기(heat exchanger)

열교환기는 냉각코일과 가열코일 및 냉동기의 응축기와 증발기 등에도 사용된다.

1. 교환기의 구조에 따른 분류

교환기의 구조에 따라 원통다관형, 플레이트형, 스파이럴형 등이 있다.

1) 원통다관형(Shell & Tube형)
   ① 동체 내에 여러 개의 관으로 조립한 교환기
   ② 동체에는 증기나 고온수를 통하게 하여 관내에 흐르는 물을 가열하게 되는데 관내의 유속은 대체로 1.2[m/s] 이하로 설정한다.

2) 판형(플레이트형)
   ① 스테인레스 강판에 리브(rib)형의 골을 만든 여러 장을 나열하여 조합한 교환기
   ② 플레이트(plate)를 경계로 서로 다른 유체를 통과시켜 열교환 하는 구조
   ③ 특징
   ㉠ 원통다관형(Shell & Tube형)에 비해 열관류율 $K[W/m^2 \cdot K]$가 3~5배이므로 규모는 작아도 열교환 능력이 매우 좋다.
   ㉡ 고온, 고압, 유지 관리성이 뛰어나며 부식 및 오염도가 낮아 고효율운전이 가능하다.
   ㉢ 제조과정의 자동화가 가능하여 가격이 저렴하다.
   ㉣ 용이하게 제작이 가능하며 설치공간이 적게 소요된다.
   ㉤ 열교환기의 면적을 쉽게 변화시킬 수 있다.
   ㉥ 체류시간이 짧아 열에 민감한 물질에 적합하다.
   ㉦ 초고층 건물 등의 공조용 외에 다른 산업 분야에서도 널리 적용되고 있다.

3) 스파이럴(spiral)형
   ① 2장의 금속판(스테인리스 강판)을 나선형으로 감고 양쪽 통로에 유체를 통과시켜 열교환하는 방식으로 가스켓을 사용하지 않고도 수밀이 되는 구조로 되어 있다.
   ② 열팽창에 대한 염려가 적으며, 내부 청소 및 수리가 편리하다.

③ 용도는 화학공업을 비롯하여 설치장소를 많이 차지하지 않으므로 고층건물의 공조용으로도 사용된다.

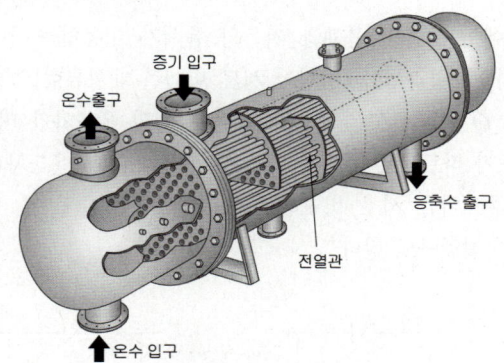

[그림] 셸튜브형 열교환기

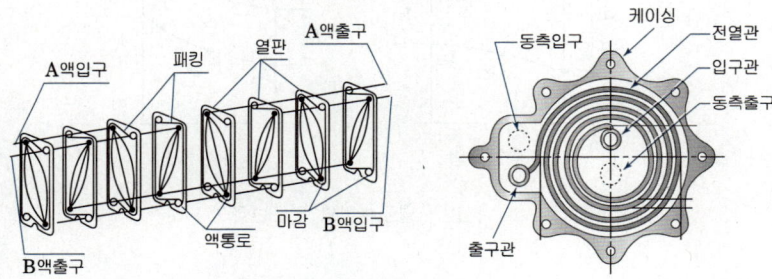

[그림] 플레이트형 열교환기   [그림] 스파이럴형 열교환기(수평단면도)

> 💡 **학습포인트**
>
> 히트파이프 열교환기(Heat Pipe Type heat Exchanger)
>
> [특징]
> ① 열교환기에 비해 작동부분이 없으며, 소형 경량화가 가능하다.
> ② 낮은 온도차에도 회수효율이 높아 저온 열회수에 적당하다.
> ③ 경량이며, 구조가 간단하고 수평·수직·경사구조로 설치가 가능하다.
> ④ 전열면적 증대를 위해 핀튜브, 침상 튜브 등을 사용한다.
> ⑤ 유지관리 및 제작이 용이하다.
> ⑥ 간접 열교환 방식으로 직접 열교환 방식에 비해 오염의 우려가 적다.
> ⑦ 별도의 동력이 불필요하다.
> ⑧ 고성능화나 대량화는 곤란하다.
> ⑨ 길이가 길어지면 저항의 증가로 효율이 떨어진다.
> ⑩ 극저온이나 항공, 원자로 등 공조용 폐열회수와 열원장치 폐열회수에 사용된다.

핵심 PLUS

■ 히트파이프 열교환기

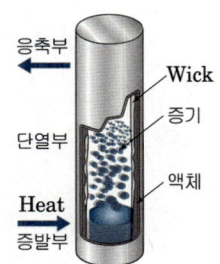

예 다음 중 히트 파이프(Heat pipe)와 관계없는 것은?
① 증발부, 단열부, 응축부로 구성된다.
② 폐열회수, 태양열 집열장치 등에 이용된다.
③ 전열(全熱) 교환이 가능하다.
④ 밀봉된 용기, 위크구조체, 작동유체가 필요하다.

[해설] 현열교환만 가능하다.

답 : ④

핵심 PLUS

예 대향류 물-물 열교환기가 정상상태에서 작동 중이다. 이때 더운 물의 입·출구 온도는 90[℃]와 70[℃]이고, 찬 물의 입·출구 온도는 각각 30[℃]와 65[℃]이다. 이 열교환기의 대수평균온도차(LMTD)는 얼마인가?
① 30.5[℃]
② 31.9[℃]
③ 32.3[℃]
④ 33.5[℃]

해설 대수평균온도차(대향류일 때)

$$\text{MTD} = \frac{\Delta_1 - \Delta_2}{l_n \frac{\Delta_1}{\Delta_2}}$$

$$\therefore \text{MTD} = \frac{(90-65)-(70-30)}{l_n \frac{(90-65)}{(70-30)}}$$

$$= 31.9[℃]$$

답 : ②

2. 열교환기의 대수평균온도차(MTD : Mean Temperature Difference, Δt_m)와 전열량[W]

① 열교환기에서 고온의 유체와 저온의 유체가 이동하는 형식은 흐름 방향이 동일한 평행류형과 흐름 방향이 서로 반대인 대향류형(역류형)이 있다.

② 열교환량 Q [W]는 고온 유체와 저온 유체의 온도차가 비례하는데 각 위치마다 온도가 다르므로 이것을 평균치로 한 대수평균온도차(Δt)를 이용한다.

③ 대수평균온도차를 서로 비교해보면 대향류형(역류형)인 경우가 평행류보다 더 크므로 전열량도 많다.

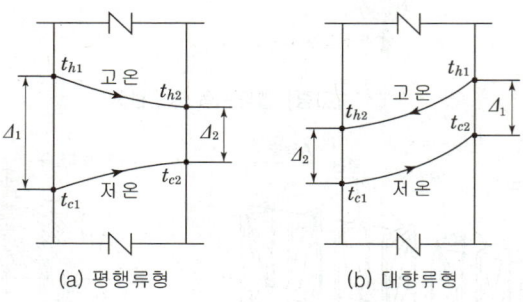

[그림] 열교환기의 온도변화

$$Q = K \cdot A \cdot \Delta t_m$$

여기서, K : 열관류율[W/m² · K]
A : 열교환기의 전열면적[m²]
Δt_m : 대수평균온도차[K]

상관관계식 $\Delta t_m = \dfrac{\Delta_1 - \Delta_2}{l_n \dfrac{\Delta_1}{\Delta_2}}$

평행류일 때 : $\Delta_1 = t_{h1} - t_{c1}$, $\Delta_2 = t_{h2} - t_{c2}$
대향류일 때 : $\Delta_1 = t_{h1} - t_{c2}$, $\Delta_2 = t_{h2} - t_{c1}$

※ l_n은 자연로그 e를 말한다. 즉, $\log_e = l_n$이다.
$\log_e$에서 e는 아래첨자 e로서 그 값은 2.718 …이다.
실제 계산으로는 풀기가 곤란하므로 공학용계산기를 활용한다.

3. 열교환기의 효율을 향상시키기 위한 방법
① 열교환 면적을 가급적 크게 한다.
② 대수평균온도차를 크게 한다.(열교환기 입구와 출구의 온도차를 크게 한다.)
③ 열전도율이 높은 재료를 사용한다.
④ 열통과율을 증가시킨다.
⑤ 유체의 유속을 증가시킨다.(작동유체의 흐름을 빠르게 한다.)
⑥ 유체의 이동길이를 짧게 한다.
⑦ 열용량이 높은 유체를 사용한다.
⑧ 유체의 흐름 방향을 대향류로 한다.

2 폐열회수장치

폐열회수장치는 배기가스의 여열을 이용하여 열효율을 높이기 위한 장치이다.

■ 열교환기(폐열회수장치)의 설치 순서[보일러 부속장치와 연소가스 접촉과정]
과열기 → 재열기 → 절탄기 → 공기예열기

1) 과열기
보일러에서 발생한 포화증기의 수분을 제거하여 과열도가 높은 증기를 얻기 위한 장치이다.

2) 재열기
고압 증기터빈을 돌리고 난 증기를 다시 재가열하여 적당한 온도의 과열증기로 만든 후 저압 증기터빈을 돌리는 장치로 과열기의 중간 또는 뒤쪽에 위치하며 과열기와 동일 구조이다.

3) 절탄기
보일러 배기가스의 여열을 이용하여 급수를 가열하는 장치로 보일러 열교환 성능 향상과 연료의 절약 효과가 있다.(굴뚝으로 배출되는 열량의 20~30% 회수)

4) 공기예열기
보일러 배기가스의 여열을 이용하여 연소용 공기를 예열시키는 장치로 연료의 연소를 양호하게 하며 노내의 온도가 높아져 열전달이 좋아지며 보일러의 효율을 향상시킨다.

핵심 PLUS

예 열교환기의 능률을 향상시키기 위한 방법이 아닌 것은?
① 유체의 유속을 감소시킨다.
② 유체의 흐르는 방향을 대향류로 한다.
③ 열교환기 입구와 출구의 온도차를 크게 한다.
④ 열전도율이 높은 재료를 사용한다.

해설 유체의 유속을 증가시켜 작동유체의 흐름을 빠르게 한다.

답 : ①

- 절탄기(economizer)
  ① 열 이용률의 증가로 인한 연료소비량의 감소
  ② 증발량의 증가
  ③ 보일러 몸체에 일어나는 열응력(熱應力)의 경감
  ④ 스케일의 감소

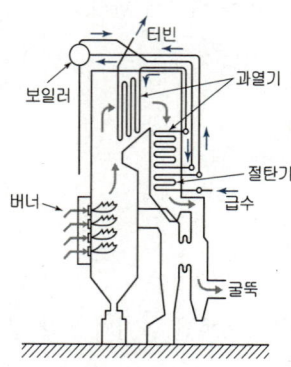

3 전열교환기

① 전열교환기는 배기되는 공기와 도입 외기 사이에 공기의 교환을 통하여 배기가 지닌 열량을 회수하거나 도입외기가 지닌 열량을 제거하여 도입외기를 실내 또는 공기조화기로 공급하는 전열교환장치이다.
② 공기 대 공기의 열교환기로서 현열은 물론 잠열까지도 교환되는 엔탈피 교환하는 장치로서 공조시스템에서 배기와 도입되는 외기와의 전열교환으로 공조기는 물론 보일러나 냉동기의 용량을 줄일 수 있다.
③ 연료비를 절약할 수 있는 에너지절약 기기로 공기방식의 중앙공조시스템이나 공장 등에서 환기에서의 에너지 회수방식으로 많이 사용된다.
④ 전열교환기를 사용한 공조시스템에서 중간기(봄, 가을)를 제외한 냉방기와 난방기의 열회수량은 실내·외의 온도차가 클수록 많다.
⑤ 전열교환기의 효율
  ㉠ 외기와 환기의 최대 엔탈피차($X_3 - X_1$)에 대한 실제 전열 엔탈피차 ($X_2 - X_1$)의 비
  ㉡ 전열교환기 효율 $\eta = \dfrac{X_2 - X_1}{X_3 - X_1}$

예 전열교환기에 관한 설명으로 옳지 않은 것은? [15, 17, 24, 25 산]
① 현열과 잠열을 동시에 교환한다.
② 공기조화용 송풍량이 비교적 많은 곳에서 유리하다.
③ 열회수율이 좋고, 고온측 및 저온측 유체의 누설이 없는 것을 사용한다.
④ 배열회수에 이용되는 배기는 원칙적으로 주방 및 보일러의 배기가스를 이용한다.
답 : ④

예 다음 중 공조기(AHU)에 내장된 전열교환기에 대한 설명으로 가장 알맞은 것은? [08, 24 산]
① 환기와 배기의 현열교환 장치
② 환기와 배기의 잠열교환 장치
③ 배기와 도입되는 외기와의 잠열교환 장치
④ 배기와 도입되는 외기와의 현열 및 잠열교환 장치
답 : ④

핵심 PLUS

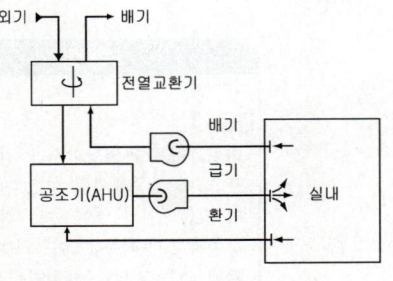

[그림] 전열교환기를 설치한 공조시스템

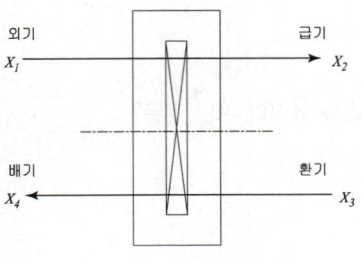

[그림] 전열교환기

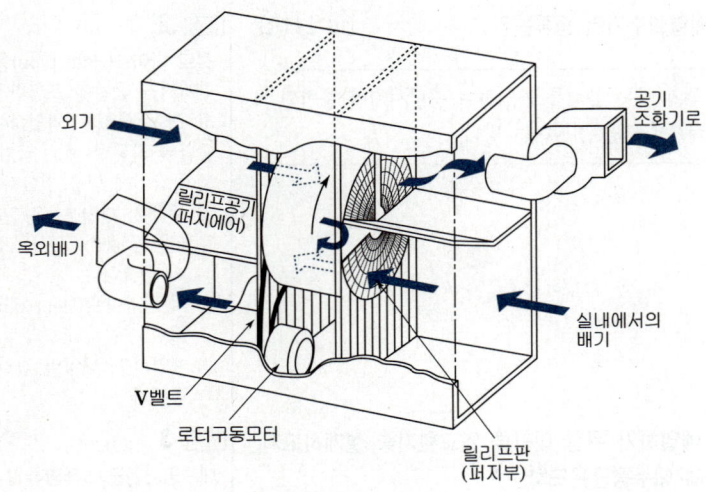

[그림] 전열교환기

핵심기출문제

01. 환기설비 설계

■■■ 1. 열교환기

1. 다음 중 히트파이프형 열교환기의 특징이 아닌 것은?

① 낮은 온도차에도 회수효율이 높다.
② 유지관리 및 제작이 용이하다.
③ 경량이며 구조가 간단하다.
④ 직접 열교환 방식이고 오염의 우려가 크다.

2. 다음과 같은 열교환 방식을 갖는 폐열회수기의 종류는? [16, 24 ㉠]

> 환기되는 공기에 포함한 열이 환기 쪽의 작동 유체를 가열하여 증발시키면 증발된 작동 유체는 급기 쪽으로 이동하여 급기에 열을 전달하는 방식

① 판형 열교환식
② 로터형 열교환식
③ 히트파이프형 열교환식
④ 모세 송풍기형 열교환식

3. 고온의 폐가스를 이용하여 급수를 예열하기 위한 대향류 열교환기를 설계하고자 한다. 설계조건이 다음 표와 같을 때 대수평균온도차는?

구분	폐가스온도[℃]	급수온도[℃]
열교환기 입구	300	100
열교환기 출구	200	150

① 142.5[℃]
② 135.4[℃]
③ 123.3[℃]
④ 108.3[℃]

4. 일반적으로 열교환기에서 열교환 성능과 능력을 향상시키기 위한 방법 중 잘못된 것은? [24 ㉠]

① 대수평균온도차를 크게 한다.
② 열교환면적을 가급적 작게 한다.
③ 유체의 이동길이를 짧게 한다.
④ 열전도율이 큰 재료를 사용한다.

해설

해설 1
히트파이프형 열교환기는 밀봉된 파이프 내에 작동유체를 넣고 진공으로 하여 고온폐열의 열을 주면 작동 유체가 증발하고 응축부로 이동하여 저온 유체에 열을 전달하는 원리를 이용한 열회수 기기이다. 간접 열교환 방식이므로 직접 열교환 방식에 비해 오염의 우려가 적다.

해설 2
히트 파이프(Heat pipe)형 열교환기
환기되는 공기에 포함한 열이 환기 쪽의 작동 유체를 가열하여 증발시키면 증발된 작동 유체는 급기 쪽으로 이동하여 급기에 열을 전달하는 방식이다.
㉠ 증발부, 단열부, 응축부로 구성된다.
㉡ 밀봉된 용기, 위크구조체, 작동유체가 필요하다.
㉢ 히트 파이프(Heat pipe)는 현열 교환만 가능하다.
㉣ 폐열회수, 태양열 집열장치 등에 이용된다.

해설 3
대수평균온도차(대향류일 때)
$$\text{MTD} = \frac{\Delta_1 - \Delta_2}{l_n \frac{\Delta_1}{\Delta_2}}$$

$$\therefore \text{MTD} = \frac{(300-150)-(200-100)}{l_n \frac{(300-150)}{(200-100)}}$$

$$= 123.3[℃]$$

해설 4
열교환기의 효율을 향상시키기 위해 열교환 면적을 가급적 크게 한다.

정답 1. ④ 2. ③ 3. ③ 4. ②

2. 폐열회수장치

5. 보일러의 부속설비로서 연소실에서 연도까지 배치된 배치순서를 바르게 나타낸 것은?

① 절탄기 – 과열기 – 공기예열기
② 과열기 – 절탄기 – 공기예열기
③ 공기예열기 – 과열기 – 절탄기
④ 절탄기 – 공기예열기 – 과열기

해설 5
보일러의 부속설비의 연소실에서 연도까지의 배치순서
과열기 – 재열기 – 절탄기(급수예열기) – 공기예열기

3. 전열교환기

6. 다음은 공기조화기와 주위 덕트 구성을 나타낸 것이다. Ⓐ와 같이 설치되는 기기는? [16, 24, 25 산]

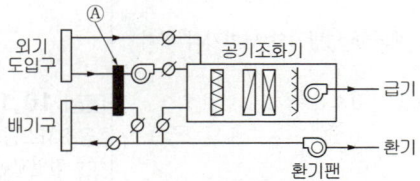

① 에어필터
② 전열교환기
③ 공기청정기
④ 유해가스 감지센터

해설 6
전열교환기는 배기되는 공기와 도입외기 사이에 공기의 교환을 통하여 배기가 지닌 열량을 회수하거나 도입외기가 지닌 열량을 제거하여 도입외기를 실내 또는 공기조화기로 공급하는 전열교환장치이다. 공기 대 공기의 열교환기로서 현열은 물론 잠열까지도 교환되는 엔탈피 교환하는 장치로서 공조시스템에서 배기와 도입되는 외기와의 전열교환으로 공조기는 물론 보일러나 냉동기의 용량을 줄일 수 있다.

7. 전열 교환기의 선정 시 유의사항으로 옳지 않은 것은? [16 산]

① 압력손실이 클 것
② 운전용 동력이 작을 것
③ 가격이 저렴하고 시스템이 복잡하지 않을 것
④ 열 회수율이 좋고, 고온측 저온측 유체의 누설이 없을 것

해설 7,8
전열교환기는 배기되는 공기와 도입외기 사이에 공기의 교환을 통하여 배기가 지닌 열량을 회수하거나 도입외기가 지닌 열량을 제거하여 도입외기를 실내 또는 공기조화기로 공급하는 전열교환장치이다.
☞ 압력손실이 적을 것

8. 중앙공조기의 전열교환기에서는 다음 중 어느 공기가 서로 열교환을 하는가? [08, 19 기 24 산]

① 외기와 실내배기
② 환기와 실내배기
③ 실내배기와 실내급기
④ 외기와 실내급기

정답 5. ② 6. ② 7. ① 8. ①

핵심기출문제

01. 환기설비 설계

해설

9. 다음의 전열 교환기에 관한 설명 중 옳지 않은 것은? [07 ④]

① 현열 뿐 아니라 공기 중의 잠열도 교환한다.
② 고정형과 회전형이 있다.
③ 외기측과 배기측의 풍량이 동일한 경우 풍속이 빠르면 효율도 증가한다.
④ 공조기에 공급되는 외기를 예열하여 에너지 절감을 할 수 있다.

[해설] 전열교환기
㉠ 전열교환기는 배기되는 공기와 도입 외기 사이에 공기의 교환을 통하여 배기가 지닌 열량을 회수하거나 도입외기가 지닌 열량을 제거하여 도입외기를 실내 또는 공기조화기로 공급하는 전열교환장치이다.
㉡ 공기 대 공기의 열교환기로서 현열은 물론 잠열까지도 교환되는 엔탈피 교환하는 장치로서 공조시스템에서 배기와 도입되는 외기와의 전열교환으로 공조기는 물론 보일러나 냉동기의 용량을 줄일 수 있다.
㉢ 연료비를 절약할 수 있는 에너지절약 기기로 공기방식의 중앙공조시스템이나 공장 등에서 환기에서의 에너지 회수방식으로 많이 사용된다.
㉣ 전열교환기를 사용한 공조시스템에서 중간기(봄, 가을)를 제외한 냉방기와 난방기의 열회수량은 실내·외의 온도차가 클수록 많다.
☞ 외기측과 배기측의 풍량이 동일한 경우 풍속이 빠르면 효율도 감소한다.

10. 전열교환기에 관한 설명으로 옳지 않은 것은? [11 ④]

① 현열만이 교환된다.
② 공기 대 공기의 열교환기이다.
③ 공조시스템에서 보일러나 냉동기의 용량을 줄일 수 있다.
④ 공장 등에서 환기에서의 에너지 회수방식으로 사용된다.

11. 전열교환기에 관한 설명으로 옳지 않은 것은? [11, 19, 25 ④]

① 잠열만이 교환된다.
② 공기 대 공기의 열교환기이다.
③ 공장 등에서 환기에서의 에너지 회수방식으로 사용된다.
④ 공조시스템에서 보일러나 냉동기의 용량을 줄일 수 있다.

12. 에너지절감을 목적으로 사용하는 전열교환기는 어떤 열을 회수하는 장치인가? [18 ④]

① 복사열
② 대류열
③ 엔탈피
④ 엔트로피

[해설] **10, 11**
공조시스템의 전열교환기
㉠ 전열교환기는 공기 대 공기의 열교환기로서 현열 및 잠열의 교환이 가능하다.
㉡ 구조는 외기가 들어와서 급기되는 윗부분과 환기가 배기되는 아래 부분으로 나누어지고, 각각 덕트에 접속된다.
㉢ 공조시스템에서 배기와 도입되는 외기의 전열교환으로 공조기의 용량을 줄일 수 있다.
㉣ 공기방식의 중앙공조 시스템이나 공장 등에서 환기에서의 에너지 회수방식으로 사용된다.
㉤ 전열교환기를 사용한 공조시스템에서 중간기(봄, 가을)를 제외한 냉방기와 난방기의 열회수량은 실내 외의 온도차가 클수록 많다.

[해설] **12**
공조시스템의 전열교환기는 배기되는 공기와 도입 외기 사이에 공기의 교환을 통하여 배기가 지닌 열량을 회수하거나 도입외기가 지닌 열량을 제거하여 도입외기를 실내 또는 공기조화기로 공급하는 전열교환장치이다.
☞ 엔탈피 : 현열과 잠열의 합

정답 9. ③ 10. ① 11. ① 12. ③

13. 그림과 같은 전열교환기의 전열효율을 올바르게 나타낸 것은? (단, 난방의 경우이며 X_1, X_2, X_3, X_4는 각 공기상태의 엔탈피를 나타낸다.)

[08, 10, 13, 14, 18, 20 ㉮]

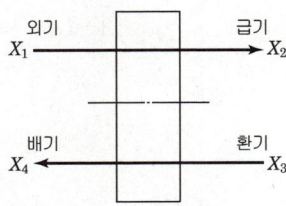

[그림] 전열교환기

① $\eta = \dfrac{X_3 - X_1}{X_2 - X_1}$ ② $\eta = \dfrac{X_3 - X_4}{X_2 - X_4}$

③ $\eta = \dfrac{X_2 - X_1}{X_3 - X_1}$ ④ $\eta = \dfrac{X_3 - X_4}{X_3 - X_1}$

[해설] 13
전열교환기의 효율
① 외기와 환기의 최대 엔탈피차($X_3 - X_1$)에 대한 실제 전열 엔탈피차($X_2 - X_1$)의 비율을 전열교환기 효율(η)라고 한다.
② 전열교환기 효율
$\eta = \dfrac{X_2 - X_1}{X_3 - X_1}$

14. 그림과 같은 전열교환기에서 전열효율은? [16 ㉮]

공기	건구온도	절대습도	엔탈피
OA	t_{OA}	x_{OA}	h_{OA}
SA	t_{SA}	x_{SA}	h_{SA}
EA	t_{EA}	x_{EA}	h_{EA}
RA	t_{RA}	x_{RA}	h_{RA}

① $\eta = \dfrac{h_{SA} - h_{OA}}{h_{RA} - h_{OA}}$ ② $\eta = \dfrac{x_{SA} - x_{OA}}{x_{RA} - x_{OA}}$

③ $\eta = \dfrac{t_{SA} - t_{OA}}{t_{RA} - t_{OA}}$ ④ $\eta = 1 - \dfrac{h_{SA} - h_{OA}}{h_{RA} - h_{OA}}$

[해설] 14
전열교환기의 효율
㉠ 외기와 환기의 최대 엔탈피차($X_3 - X_1$)에 대한 실제 전열 엔탈피차($X_2 - X_1$)의 비
㉡ 전열교환기 효율
$\eta = \dfrac{X_2 - X_1}{X_3 - X_1} = \dfrac{h_1 - h_2}{h_1 - h_3}$

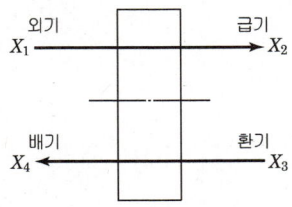

[그림] 전열교환기

정답 13. ③ 14. ①

04 위생설비 설계

section

제4편 위생설비 설계
01 급수시스템 설계
02 급탕시스템 설계
03 오배수시스템 설계
04 위생기구 선정

01 급수시스템 설계

핵심 PLUS

> 예) 다음 중 건물의 급수량 산정과 가장 관계가 먼 것은? [17 산]
> ① 건물의 층고
> ② 급수 대상 인원
> ③ 건물의 유효면적
> ④ 설치된 위생기구수
>
> 답 : ①

1 급수량 산정

1) 건물 사용 인원에 의한 방법

$$Q_d = Q \times N \, [\ell/d]$$

Q_d : 1일당의 급수량 $[\ell/d]$
Q : 1일 평균 사용수량 $[\ell/d \cdot c]$
N : 급수 인원[인]

2) 건물 면적에 의한 방법

건물 사용 인원이 판명되지 않을 경우 건물의 유효 면적비를 고려하여 구한다.

$$Q_d = A \times k \times n \times q \, [\ell/d]$$

A : 건물 연면적 $[m^2]$
k : 건물 연면적에 대한 유효 면적의 비율[%]
n : 유효 면적당의 인원 $[인/m^2]$
q : 건물 종류별 1일 1인당 사용수량 $[\ell/d \cdot c]$

3) 사용 기구에 의한 방법

$$Q_d = Q_f \times F \times P$$

Q_f : 기구의 사용수량 $[\ell/d]$
F : 기구수[개]
P : 기구의 동시사용률[%]

예제

1. 연면적 2,000[m²]인 사무소 건물에 필요한 1일 급수량은? (단, 유효면적비 55[%], 유효면적당 인원은 0.2[인/m²], 1인 1일당 급수량은 120[ℓ]이다.) [12 기]
   ① 2,400[ℓ/d] ② 2,640[ℓ/d] ③ 2,4000[ℓ/d] ④ 26,400[ℓ/d]

▶ 건물 면적에 의한 방법
$Q_d = A \times k \times n \times q \, [\ell/d]$
   A : 건물 연면적[m²]
   k : 건물 연면적에 대한 유효 면적의 비율[%]
   n : 유효 면적당의 인원[인/m²]
   q : 건물 종류별 1일 1인당 사용수량[ℓ/d·c]
$\therefore Q_d = A \times k \times n \times q \, [\ell/d] = 2,000[m²] \times 0.55 \times 0.2[인/m²] \times 120[\ell/d]$
   $= 26,400[\ell/d]$

2. 연면적이 10,000[m²]인 사무소 건물의 급수량을 구하여 옥상 탱크의 용량을 결정하고자 한다. 1시간 최대 사용수량을 옥상탱크용량으로 결정할 경우 가장 적당한 것은?(단, 유효면적비 56[%], 유효면적당 거주인원 0.2[인/m²], 1인 1일당 급수량 100[ℓ] 건물의 사용시간은 10시간으로 한다.)
   ① 10[m³] ② 20[m3] ③ 30[m³] ④ 40m³

▶ 고가수조 용량(V_h)
① 1일 급수량
   $Q_d = A \times k \times n \times q \, [\ell/d]$
   $= 10,000[m²] \times 0.56 \times 0.2[인/m²] \times 100[\ell/d]$
   $= 112,000[\ell/d] = 112[m³/d]$
② 시간평균급수량(Q_h)
   $\dfrac{Q_d}{T} = \dfrac{112}{10} = 11.2 \, [m³/h]$
③ 시간최대급수량($V_h = Q_m$)
   $= Q_h \times (1.5 \sim 2.0 시간) \, [\ell]$
   $= 11.2[m³/h] \times (1.5 \sim 2.0 시간)$
   $= 16.8 \sim 22.4[m³]$

핵심 PLUS

예 연면적이 10,000[m²]인 사무소 건물에 필요한 1일당 급수량은? (단, 유효면적비율은 60[%], 1인 1일당 급수량은 100[L], 유효면적당 거주인원은 0.2[인/m²]이다.)
[17, 25 산]
① 12[m³]
② 20[m³]
③ 120[m³]
④ 200[m³]

해설 $Q_d = A \times k \times n \times q \, [L/d]$
$= 10,000[m²] \times 0.6 \times 0.2[인/m²] \times 100[L/d]$
$= 12,000[L/d] = 120[m³]$

답 : ③

핵심 PLUS

■ 피크 로드(peak load)
- 하루 중 시간당의 사용수량이 가장 큰 값
- 1일 사용수량의 10~20[%] 정도

예 고가수조의 용량을 V[m³]라면 양수펌프의 양수량 Q[m³/HR]으로 알맞은 것은?
① Q=0.5[V] ② Q=1.0[V]
③ Q=1.5[V] ④ Q=2.0[V]

해설 양수펌프의 양수량(Q)
=고가수조 유효용량의 2배
=시간최대 급수량(Q_m)의 2배
따라서, 고가수조의 양수량은 시간 최대 급수량으로 하거나 또는 고가수조 용량을 30분 정도에 채울 수 있는 양으로 하는 것이 일반적이다.
답 : ④

예 다음 중 고가수조의 소용량화를 위한 설계 시 가장 중요시 되는 것은?　　[09 기]
① 시간평균 예상급수량
② 순간최대 예상급수량
③ 1일 급수량
④ 시간최대 예상급수량

해설 고가수조의 소용량화를 위한 설계를 할 때는 순간최대 예상급수량을 기준으로 할 수 있다.
답 : ②

2 수조(탱크)의 설계 제원

① 1일 급수량=1명당 필요수량×인원수
② 저수조 용량(V_s)=1일 급수량×(0.5~1일)
③ 고가수조 용량(V_h)
  ㉠ V_h=1시간 최대 사용수량×(1~3시간) [m³]
  ㉡ $V_h = Q_m = Q_h ×(1.5~2.0시간)$ [ℓ]
  　Q_m : 시간 최대 예상급수량[ℓ/h], Q_h : 시간 평균 예상급수량[ℓ/h]
④ 양수펌프의 양수량 $(Q) = \dfrac{Q_h ×(3~4시간)}{60}$ [ℓ/min]

💡 예제

1. 사용인원 800명인 사무소 건물에서 지하층에 저수조를 두고 고가수조에 의한 하향 공급식을 계획할 때 저수조 및 고가수조의 용량은?(단, 1인 1일 급수량은 100[ℓ]로 하고 비상발전기는 있는 것으로 본다.)

▶ ① 저수조 : 1일 급수량의 1/2~1일분
  ∴ 1일 급수량(Q) = 800명×100ℓ
  　= 80,000 ℓ/d=80m³/d 에서
  　저수조는 80×(0.5~1)
  　= 40~80m³ 정도
② 고가수조 : 피크 로드(peak load)의 1시간분으로 보면 피크로드는 1일 급수량의 10~20% 이므로 8~16m³ 정도가 적당하다.

2. 연면적 800m² 인 사무소 건물의 시간평균 예상급수량이 1,000[ℓ/h]일 때 시간최대 예상급수량은?　　[03, 05 기]
① 500~1,000[ℓ/h]　　② 1,000~1,500[ℓ/h]
③ 1500~2,000[ℓ/h]　　④ 2,000~3,000[ℓ/h]

▶ 고가수조 용량(V_h)
  ㉠ V_h = 1시간 최대 사용수량×(1~3시간) [m³]
  ㉡ $V_h = Q_m = Q_h ×(1.5~2.0시간)$ [ℓ]
  　Q_m : 시간 최대 예상급수량[ℓ/h]
  　Q_h : 시간 평균 예상급수량[ℓ/h]
  ∴ $Q_m = Q_h ×(1.5~2.0시간)$ [ℓ]=1,000[ℓ/h]×(1.5~2)=1,500~2,000[ℓ/h]
  ※ 고가수조의 소용량화를 위한 설계를 할 때는 순간최대 예상급수량을 기준으로 할 수 있다.

3 급수 배관의 관경 결정법

1) 기구 연결관의 관경에 의한 관경 결정
기구 수전이 소요수압을 경우 충족시킬 정도로 급수압이 낮거나 또는 주관에서 분기한 지관의 길이가 길 때에는 표를 이용하여 결정한다.

2) 균등표에 의한 관경의 결정
균등표에 의해 관경을 정하려면 배관에 접속하는 기구의 구경을 단위(호칭경 15[mm])로 환산하여 사용률을 곱해 균등표에 의해 관경을 결정할 수 있다.

① 기구의 동시사용률 계산

■ 기구의 동시사용률[%]

기구수	2	3	4	5	10	15	20	30	50	100
동시사용률[%]	100	80	75	70	53	48	44	40	36	33

② 균등표에 의한 관경 결정

■ 급수관의 균등표

관지름 mm(B)	10 (⅜)	15 (½)	20 (¾)	25 (1)	32 (1¼)	40 (1½)	50 (2)	65 (2½)	80 (3)	90 (3½)	100 (4)	125 (5)	150 (6)
10(⅜)	1												
15(½)	1.8	1											
20(¾)	3.6	2	1										
25(1)	6.6	3.7	1.8	1									
32(1¼)	13	7.2	3.6	2	1								
40(1½)	19	11	5.3	2.9	1.5	1							
50(2)	36	20	10.0	5.5	2.8	1.9	1						
65(2½)	56	31	15.5	8.5	4.3	2.9	1.6	1					
80(3)	97	54	27	15	7	5	2.7	1.7	1				
90(3½)	139	78	38	21	11	7.2	3.9	2.5	1.4	1			
100(4)	191	107	53	29	15	9.9	5.3	3.4	2	1.4	1		
125(5)	335	188	93	51	26	17	9.3	6	3.5	2.4	1.8	1	
150(6)	531	297	147	80	41	28	15	9.5	5.5	3.8	2.8	1.6	1

[주] 일반적으로 사용되는 기구의 최소 관경은 15[mm] (½")이므로 각종 기구 및 배관을 15[mm] 관의 단위로 환산하면 편리하다. (위 표는 마찰손실을 고려한 것임.)

3) 마찰저항선도에 의한 관경의 결정
급수 배관 속에 흐르는 수량과 허용마찰로 관경을 구하는 방법

① 동시사용 유수량 계산

기구급수부하단위를 산정하여 동시사용유수량을 계산한다.

핵심 PLUS

예 다음 중 급수배관의 관경결정과 관계없는 것은? [10, 15 기]
① 관균등표
② 확대관 저항계수
③ 마찰저항선도
④ 동시사용률

답 : ②

예 관균등표에 의해 급수 관경을 결정할 때 환산기준이 되는 관경은?
① 15[A] ② 20[A]
③ 25[A] ④ 32[A]

답 : ①

예 헌터의 부하곡선에서 구할 수 있는 것은? [16, 24, 25 산]
① 압력 ② 마찰계수
③ 손실수두 ④ 동시 사용유량

[해설] 마찰저항선도에 의한 관경의 결정
급수 배관 속에 흐르는 수량과 허용마찰로 관경을 구하는 방법
㉠ 동시사용 유수량 계산(헌터 선도)
㉡ 허용마찰손실수두 계산
㉢ 관경 결정 : 동시사용 유수량 [L/min]과 허용마찰손실수두 R [mmAq/m]을 이용하여 관경을 구한다.

답 : ④

■ 1[MPa]=10[kgf/cm²]=100[mAq]
  1[MPa]=1,000[kPa]=1,000,000[Pa]

핵심 PLUS

예 기구급수부하단위[Fu]가 1[Fu]인 위생기구의 종류 및 접속관경으로 옳은 것은? [17, 20 기]
① 세면기, 15[mm]
② 세면기, 25[mm]
③ 대변기, 15[mm]
④ 대변기, 25[mm]

해설
기구급수부하단위[F.U]는 1~10으로 구분하며 기본단위 F.U 1은 세면기이다.
• 세정밸브식 대변기(10) > 소변기(4) > 세면기(1)
※ 기구급수부하단위법(fixture unit)는 소요량에 동시사용율을 적용한 방법으로 간편하며 신뢰성을 가지기 때문에 전반적으로 대규모 시설에서 이용된다.

답 : ①

예 다음 중 기구급수 부하단위가 가장 큰 것은? [13 산]
① 욕조
② 세정밸브식 소변기
③ 세면기
④ 세정밸브식 대변기

답 : ④

② 허용마찰손실수두 계산

허용마찰손실수두는 단위길이에 대한 수치[mmAq/m]로 다음과 같이 표시한다.

$$R = \frac{(H_1 - H_2)}{l(1+k)} \times 1,000$$

R : 허용마찰손실수두[mmAq/m]
H_1 : 고가탱크에서 각 층의 기구까지의 수직 높이[m]
H_2 : 각층 급수기구의 최저 필요압력에 해당하는 수두[m]
l : 고가탱크에서 가장 먼 거리에 있는 급수기구까지의 거리[m]
k : 직관에 대한 연결부속품의 국부저항 비율(0.3~0.4)

③ 관경 결정 : 동시사용 유수량[l/min]과 허용마찰손실수두 R[mmAq/m]을 이용하여 관경을 구한다.

💡 예제

1. 다음 그림과 같이 (A) 파이프에서 15[mm] 파이프 5개가 분기되어 급수하고자 할 때 파이프 (A) 부분의 굵기는 얼마 이상으로 해야 하는지 [표-1, 2]를 이용하여 계산하면?

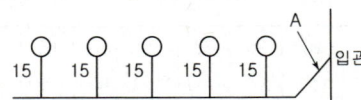

■ [표-1] 기구의 동시사용률

기구수	2	3	4	5	10	5
동시 사용률[%]	100	80	75	70	53	48

■ [표-2] 급수관의 균등표

관지름[mm]	15	20	25	32	40
15	1	2	3.7	7.2	11

▶ 기구수가 5개 이므로 [표-1]에서 동시사용률은 70[%]이다.
5×0.7=3.5개(즉, 15[mm] 급수관 3.5개가 필요하다.)
[표-2]에서 15[mm]관 3.5개는 25[mm]관 1개와 유사하므로 급수가 가능한 관지름은 25[mm]가 적당하다.

2. 옥상탱크식 급수배관에서 25[m] 아래에 최저 필요압력이 0.07[MPa]인 급수전을 설치하였다. 이 배관의 전 연장이 75[m]라면 1[m]당 허용마찰손실수두는 얼마인가?

▶ $H = H_1 + H_2$
[H_1 : 급수전 필요압력(0.07[MPa] → 7[m]), H_2 : 관내 마찰손실수두]
25[m] = 7[m] + H_2 H_2 = 18[m] = 18,000[mmAq]
∴ 18,000[mmAq] ÷ 75[m] = 240[mmAq/m]

4 급수 배관 시공상의 주의사항

1) 배관 구배(물매)
① 급수관은 수리, 기타 필요에 따라 관 속의 물을 완전히 배제할 수 있고, 또 공기가 정체되지 않도록 일정한 구배를 두어 배관해야 한다. 배관은 최단거리로 한다.
② 급수관의 배관 구배는 모두 선단 하향 구배로 하나, 옥상탱크식 급수 배관에 있어서는 하향 배관에 있어 횡주관은 선하향 구배, 각 층의 횡주관은 선상향 구배로 한다.

2) 밸브
① 공기 빼기 밸브(air vent valve)
굴곡 배관이 되어 공기가 차게 되는 부분에 설치하여 공기를 제거하며 이로 인해 물의 흐름을 원활하게 한다.

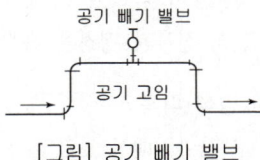
[그림] 공기 빼기 밸브

② 배니(찌꺼기 제거) 밸브
배관의 말단 부분인 청소구에 설치하여 침전 물질 등 부유물을 제거한다.

③ 지수(止水) 밸브
㉠ 설치 장소
　수평 주관에서의 각 수직관의 분기점, 각 층 수평 주관의 분기점, 집단기구에의 분기점
㉡ 국부적 단수로 급수 계통의 수량 및 수압 조정을 위해 설치한다.
㉢ 사용 밸브는 슬루스 밸브(sluice valve, 일명 게이트 밸브)로 한다.

3) 유니언(union)과 플랜지(flange)
관의 교체나 펌프의 고장 수리시 사용한다.
① 유니언 : 50[mm] 이하의 관에 사용한다.
② 플랜지 : 50[mm] 이상의 관에 사용한다.

4) 수격 작용(water hammering)
관내 유속이 빠르거나 혹은 밸브, 수전 등의 관내 흐름을 순간적으로 폐쇄하면, 관내에 압력이 상승하면서 생기는 배관 내의 마찰음 현상이다.
① 원 인
　㉠ 유속이 빠를 때　　　㉡ 관경이 적을 때
　㉢ 밸브 수전을 급히 잠글 때　㉣ 굴곡 개소가 많을 때
　㉤ 감압 밸브를 사용하지 않을 때

핵심 PLUS

예 급수배관의 계획 및 시공에 관한 설명으로 옳지 않은 것은?
　　　　　　　　　　[10, 19 기]
① 음료용 급수관과 다른 용도의 배관을 크로스 커넥션 해서는 안 된다.
② 주배관에는 적당한 위치에 플랜지 이음을 하여 보수점검을 용이하게 한다.
③ 수평배관에는 오물이 정체하지 않도록 하며, 어쩔 수 없이 각종 오물이 정체하는 곳에는 공기빼기밸브를 설치한다.
④ 높은 유수음이나 수격작용이 발생할 염려가 있는 급수계통에는 에어챔버나 워터햄머 방지기 등의 완충장치를 설치한다.

해설 각종 오물이 정체하는 곳에는 드레인 밸브를 설치한다. 공기가 찰 우려가 있는 곳에는 공기빼기밸브를 설치한다.
　　　　　　　　　　답 : ③

예 수격작용에 관한 설명으로 옳지 않은 것은?　　　[18, 24 산]
① 수격압은 관내의 유속과 반비례한다.
② 수격작용은 밸브를 급속도로 개폐할 때 발생한다.
③ 수격작용으로 인하여 배관이 진동되고 소음이 발생되기도 한다.
④ 수격작용의 발생을 방지하기 위하여 위생기구 근처에 공기실을 설치한다.
　　　　　　　　　　답 : ①

핵심 PLUS

예 급수설비에서 워터해머를 방지하기 위한 배관 구성 방법으로 옳지 않은 것은? [20 산]
① 관내의 수압은 평상시 높아지지 않도록 구획한다.
② 배관에 전자밸브, 모터밸브 등 급폐형 밸브를 설치한다.
③ 배관은 가능한 한 우회하지 않고 직선이 되도록 계획한다.
④ 계획적 배려가 곤란한 경우에는 워터해머 흡수기를 적절하게 설치한다.

해설 워터해머를 방지하기 위해 배관에 자동수압 조절밸브를 설치하고, 펌프의 토출측에 릴리프밸브나 스모렌스키 체크밸브를 설치한다.(압력상승 방지)

답 : ②

예 배관 시공시 바닥이나 벽에 배관을 통과시키기 위해 설치하는 것은? [17 산]
① 앵커 ② 슬리브
③ 지수밸브 ④ 스트레이너

답 : ②

예 배관공사 종료 후 공공수도 직결 배관일 때 수압시험은 최소 얼마의 수압으로 하는가?
① 0.5[MPa]
② 1.0[MPa]
③ 1.75[MPa]
④ 2.0[MPa]

답 : ②

---

② 방지책
㉠ 관내 유속을 될 수 있는 대로 느리게 하고 관경을 크게 한다.
㉡ 폐쇄전을 폐쇄하는 시간을 느리게 한다.
㉢ 기구류 가까이에 air chamber를 설치하여 chamber 내의 공기를 압축시킨다.
㉣ water hammer 방지기를 water hammer의 발생 원인이 되는 밸브 근처에 부착시킨다.
㉤ 굴곡 배관을 억제하고 될 수 있는 대로 직선배관으로 한다.

5) 슬리브(sleeve) 배관

바닥이나 벽을 관통하는 배관의 경우 콘크리트를 칠 때 미리 철관인 슬리브를 넣고, 이 슬리브 속에 관을 통과시켜 배관을 한다. 배관은 관의 신축과 팽창을 흡수하며 관의 교체시 편리하다.

6) 방식 피복

① 강관 : 내산 도료로 칠을 한다.
② 연관 : 내알칼리성 도장을 하고, 그 위에 아스팔트 주트(asphalt jute)를 감는다.
③ 피복관 : 보통 페인트로 2~3회 칠을 한다.

7) 방동·방로 피복

① 급수관은 배수관과 달라서 물이 계속 정체되어 있기 때문에 철저한 피복이 요구된다.
② 천장 내의 파이프는 결로가 생겨 얼룩이 생긴다.
③ 펠트(felt), 아스베스토스(asbestos), 마그네시아(magnesia) 등의 보온재로 피복한다.

8) 수압 시험

배관공사 후 피복하기 전에 실시하며, 접합부 및 기타 부분에서의 누수의 유무, 수압에 대한 저항 등 시공의 불량 여부를 파악하기 위해 수압시험을 한다.
다음의 압력을 가하여 60분간 압력변화가 없어야 한다.
① 공공 수도직결인 배관 : 1.0[MPa]
② 고가수조 아래 연결배관 : 최고사용압력의 1.5배(최소 0.75[MPa])

핵심기출문제

01. 급수시스템 설계

1. 다음 중 공동주택 단지의 급수설계를 할 때 가장 먼저 이루어져야 할 사항은?
[15, 17 ⓐ]

① 급수량의 산정
② 수수조의 크기 산정
③ 급수관 재료의 결정
④ 수도 인입관의 관경 선정

2. 다음 중 건물의 급수량 계산에 고려할 사항과 가장 관계가 먼 것은? [19, 24 ⓐ]

① 급수기구의 종류
② 급수기구의 수
③ 건물의 용적률
④ 사용 인원수

3. 다음 중 일반적으로 1인당 1일 평균 급수 사용량이 가장 많은 건물은? [16 ⓐ]

① 극장
② 호텔
③ 은행
④ 사무소

[해설] 건물 용도별 1인 1일당 급수량 순서

병원	Hotel	주택	Apt	office	고등학교	초중학교	극장	대중식당
400L	300L	200L	150-100L	100L	80L	40L	25L	15L

4. 다음과 같은 조건에 있는 연면적 2,000[m²]인 사무소 건물에 필요한 1일 급수량은?
[20, 23, 25 ⓐ]

[조건]
㉠ 연면적과 유효면적의 비 : 50[%]
㉡ 유효면적당 인원 : 0.2[인/m²]
㉢ 1인 1일당 급수량 : 100[L/c·d]

① 10[m³/d]
② 20[m³/d]
③ 30[m³/d]
④ 40[m³/d]

해설

[해설] 1
급수설비 설계시 가장 먼저 결정해야 할 사항은 급수량의 산정이다. 급수량의 산정은 건물의 연면적에 대한 유효면적의 비율과 유효면적당 인원수 및 1일 1인당 사용수량을 기준으로 산정한다.

[해설] 2
급수설비 설계시시 가장 먼저 결정해야 할 사항은 급수량의 산정이다.
※ 급수량 산정 방법
 ㉠ 급수 대상 인원수에 의한 방법
 ㉡ 위생기구수에 의한 방법
 ㉢ 건물의 유효면적(연면적)에 의한 방법

[해설] 4
건물 면적에 의한 방법
$Q_d = A \times k \times n \times q$ [L/d]
 A : 건물 연면적[m²]
 k : 건물 연면적에 대한 유효 면적의 비율[%]
 n : 유효 면적당 인원[인/m²]
 q : 건물 종류별 1일 1인당 사용수량[L/d·c]
∴ $Q_d = A \times k \times n \times q$ [L/d]
  = 2,000[m²] × 0.5 × 0.2[인/m²]
   × 100[L/d]
  = 20,000[L/d] = 20[m³/d]

 1. ① 2. ③ 3. ② 4. ②

핵심기출문제 01. 급수시스템 설계

5. 고가수조에 관한 설명으로 옳지 않은 것은? [09, 17 ㉑]
① 재질로서 강판, 스테인리스, FRP 등이 사용된다.
② 정기적인 청소를 위해 중간에 칸막이를 설치할 필요가 있다.
③ 양수관, 급수관, 오버플로우관, 배수관, 통기관 등을 구비한다.
④ 고가수조의 용량은 고가수조로 송수하는 양수 펌프의 양수량과 관계가 없다.

6. 다음 중 기구급수 부하단위가 가장 큰 것은? (단, 개인용의 경우) [19, 24 ㉑]
① 욕조   ② 샤워
③ 세면기   ④ 세정밸브식 대변기

7. 급수배관에 관한 설명으로 옳지 않은 것은? [17 ㉑]
① 급수기구수가 증가하면 동시사용률도 증가한다.
② 직관의 마찰손실수두는 배관의 길이에 비례한다.
③ 백플로(back flow) 현상이 발생되지 않도록 설계한다.
④ 수격작용 방지를 위하여 한계유속 이내로 흐르게 한다.

[해설] 기구의 동시사용률

기 구 수	2	3	4	5	10	15	20	30	50	100
동시사용률[%]	100	80	75	70	53	48	44	40	36	33

※ 동시사용률
전체 수전 개수에 대하여 어떤 시각에 건물 내부에 있는 위생기구와 급수 밸브 등이 동시에 사용되는가를 예측한 수전 개수의 비율이다. 배관의 직경과 소요되는 물량을 결정하기 위하여 사용하며 기구 수에 대하여 %로 표시한다.
☞ 급수기구수가 증가하면 동시사용률은 감소한다.

8. 어느 배관에 접속관경이 15[mm]인 위생기구 4개가 연결될 때, 이 배관의 관경으로 가장 적절한 것은? [16 ㉑]

■ 기구의 동시사용률

기 구 수	2	3	4	10	15
동시사용률[%]	100	80	75	53	48

■ 균등표

관경[mm]	15	20	25	32	40
사용기구수	1	2	3.7	7.2	11

① 20[mm]   ② 25[mm]
③ 32[mm]   ④ 40[mm]

해설

[해설] 5
고가수조 용량(V)
고가수조 용량(V) = 1시간 최대예상 급수량 × 1~3시간[m³]
(대규모 급수설비 : 1시간분, 중소규모 : 2~3시간분)
※ 고가수조의 소용량화를 위한 설계를 할 때는 순간최대 예상급수량을 기준으로 할 수 있다.

[해설] 6
기구급수부하단위(F.U)는 1~10으로 구분하며 기본단위 F.U 1은 세면기이다. 가장 큰 값인 F.U 10은 대변기(세정밸브식)이다.
※ 기구급수부하단위법(fixture unit)는 소요유량에 동시사용율을 적용한 방법으로 간편하며 신뢰성을 가지기 때문에 전반적으로 대규모 시설에서 이용된다.

[해설] 8
균등표에 의한 관경의 결정
균등표에 의해 관경을 정하려면 배관에 접속하는 기구의 구경을 단위(호칭경 15[mm])로 환산하여 사용률을 곱해 균등표에 의해 관경을 결정할 수 있다.
① 기구의 동시사용률 계산
기구수 4개에 대한 동시사용률이 75[%]이므로 4개×0.75=3개이다.
② 균등표에 의한 관경 결정
균등표에서 15[mm]의 관 3개분의 유량에 해당하는 관경은 25[mm]이다.

정답 5. ④ 6. ④ 7. ① 8. ②

9. 관균등표에 의한 관경 결정과 관련하여 다음과 같은 내용을 나타내는 식은? [11, 15]

길이 L, 직경 D인 관에 흐르는 유량과 동일한 유량이 직경 d인 관에 흐르기 위해서는 직경 d인 관 N개가 필요하다.

① $N = \left(\dfrac{d}{D}\right)^{5/2}$ ② $N = \left(\dfrac{D}{d}\right)^{5/2}$

③ $N = \left(\dfrac{d}{D}\right)^{3/2}$ ④ $N = \left(\dfrac{D}{d}\right)^{3/2}$

10. 급수설비 설계시 사용되는 마찰저항선도에 나타나 있지 않은 항목은? [15]

① 유속
② 유량
③ 관경
④ 기구급수부하단위

11. 급수관 도중에 설치하여 급수의 흐름을 조절하거나 개폐하는데 이용되는 밸브는? [15]

① 팽창밸브
② 감압밸브
③ 지수밸브
④ 분수밸브

12. 다음의 급수 배관에 관한 설명 중 ( ) 안에 알맞은 것은? [20, 25]

수직배관이 방향을 바꾸어 수평배관으로 이어지고, 수평배관이 다시 수직하강하는 등의 굴곡배관이 불가피한 경우에는 최초의 수직배관 상단에는 (㉠)를, 두번째 수직배관에는 (㉡)를 부착하여 진공발생을 방지하여야 한다.

① ㉠ 퇴수밸브, ㉡ 워터해머흡수기
② ㉠ 워터해머흡수기, ㉡ 퇴수밸브
③ ㉠ 진공방지밸브, ㉡ 공기빼기밸브
④ ㉠ 공기빼기밸브, ㉡ 진공방지밸브

해설

해설 9
관균등표에 의한 관경 결정에서 관의 개수(N) 계산식
직경 D인 큰 관을 직경 d인 작은 관으로 환산할 때 관의 수는
$N = \left(\dfrac{D}{d}\right)^{5/2}$ 가 된다.

해설 10
마찰저항선도에 의한 관경의 결정
급수 배관 속에 흐르는 수량과 허용마찰로 관경을 구하는 방법
㉠ 동시사용 유수량 계산(헌터 선도)
㉡ 허용마찰손실수두 계산
㉢ 관경 결정 : 동시사용 유수량[ℓ/min]과 허용마찰손실수두 R[mmAq/m]을 이용하여 관경을 구한다.
☞ 기구급수부하단위(fixture unit)란 그 위생기구의 사용빈도, 동시사용률 등을 고려해서 부하율을 가정한 기구급수단위를 말한다.

해설 11
지수밸브
급수관 도중에 설치하여 급수의 흐름을 조절하거나 개폐하는데 이용되는 밸브
㉠ 설치 장소 : 수평 주관에서의 각 수직관의 분기점, 각 층 수평 주관의 분기점, 집단기구에의 분기점
㉡ 국부적 단수로 급수 계통의 수량 및 수압 조정을 위해 설치한다.
㉢ 사용 밸브는 슬루스 밸브(sluice valve, 일명 게이트 밸브)로 한다.

해설 12
급수설비 배관에서 수직배관이 방향을 바꾸어 수평배관으로 이어지고, 수평배관이 다시 수직하강하는 등의 굴곡배관이 불가피한 경우에는 최초의 수직배관 상단에는 진공방지밸브를, 두번째 수직배관에는 공기빼기밸브를 부착하여 진공발생을 방지하여야 한다.

정답 9. ② 10. ④ 11. ③ 12. ③

핵심기출문제

01. 급수시스템 설계

13. 급수배관에 관한 설명으로 옳지 않은 것은? [20④]
① 수평배관에서 물이 고일 수 있는 부분에는 진공방지밸브를 설치하여야 한다.
② 수평배관에서 공기가 모일 수 있는 부분에는 공기빼기밸브를 설치하여야 한다.
③ 수평배관은 상향 급수배관 방식의 경우 진행 방향에 따라 올라가는 기울기로 한다.
④ 수평배관은 하향 급수배관 방식의 경우 진행 방향에 따라 내려가는 기울기로 한다.

14. 다음 중 급수설비에서 수격작용의 발생이 가장 우려되는 경우는? [14, 19④]
① 급수관의 지름이 클 경우
② 물을 과도하게 사용할 경우
③ 급수관 내의 유속이 느릴 경우
④ 급수관내에서 물의 흐름을 갑자기 정지할 경우

15. 급수 배관에 에어챔버를 설치하는 주된 이유는? [15, 19④]
① 수격작용을 방지하기 위하여
② 배관의 부식을 방지하기 위하여
③ 배관의 동파를 방지하기 위하여
④ 크로스 커넥션을 방지하기 위하여

[해설] 공기실(에어챔버, Air chamber)
배관 내에 생기는 수격작용(water hammering)을 방지하기 위해서 공기실(Air chamber)을 설치한다.
☞ 높은 유수음이나 수격작용이 발생할 염려가 있는 급수계통에는 에어챔버나 워터햄머 방지기 등의 완충장치를 설치한다.

16. 급수설비에 관한 설명으로 옳은 것은? [17, 24④]
① 펌프의 흡상 높이는 수온이 상승에 따라 높아진다.
② 급수배관을 콘크리트에 매설할 경우 주로 연관이 사용된다.
③ 급수관내 물의 흐름을 급격히 정지하면 수격 작용이 발생하기 쉽다.
④ 압력수조식 급수방법은 고가수조식 급수방법보다 유지 관리가 비교적 용이하고 고장이 적다.

해설

[해설] **13**
수평배관에서 물이 고일 수 있는 부분에는 퇴수밸브를 설치한다.

[해설] **14**
수격작용(water hammering)
관내 유속이 빠르거나 혹은 밸브, 수전 등의 관내 흐름을 순간적으로 폐쇄하면, 관내에 압력이 상승하면서 생기는 배관 내의 마찰음 현상이다.
① 원 인
  ㉠ 유속이 빠를 때
  ㉡ 관경이 적을 때
  ㉢ 밸브 수전을 급히 잠글 때
  ㉣ 굴곡 개소가 많을 때
  ㉤ 감압 밸브를 사용하지 않을 때
② 방지책
  ㉠ 관내 유속을 될 수 있는 대로 느리게 하고 관경을 크게 한다.
  ㉡ 폐수전을 폐쇄하는 시간을 느리게 한다.
  ㉢ 기구류 가까이에 air chamber를 설치하여 chamber 내의 공기를 압축시킨다.
  ㉣ water hammer 방지기를 water hammer의 발생 원인이 되는 밸브 근처에 부착시킨다.
  ㉤ 굴곡 배관을 억제하고 될 수 있는 대로 직선배관으로 한다.
  ㉥ 펌프의 토출측에 릴리프밸브나 스모렌스키 체크밸브를 설치한다. (압력상승 방지)
  ㉦ 자동수압 조절밸브를 설치한다.

[해설] **16**
① 펌프의 흡상 높이는 수온이 상승에 따라 낮아진다.
② 급수배관시 굴곡이 많은 수도 인입관에 연관이 사용된다.
④ 압력수조식 급수방법은 고가수조식 급수방법보다 시설비 및 유지관리비가 많이 들고 고장률이 높다.

정답 13.① 14.④ 15.① 16.③

Industrial Engineer Building Facilities

해설

17. 급수배관에서 슬리브(Sleeve)를 설치하는 이유로 가장 적당한 것은? [11 ④]
① 수격작용방지
② 관의 부식방지
③ 관의 동파방지
④ 관의 수리시 교체의 용이

해설 17
슬리브(sleeve) 배관
콘크리트 벽체나 바닥을 관통하여 배관할 경우, 배관 교체를 용이하게 하고 배관의 신축에 대비하기 위해 콘크리트에 미리 묻어두는 배관

18. 급수배관의 설계 및 시공상의 주의점으로 옳지 않은 것은? [12, 18, 24 ④]
① 고가수조에서의 수평주관은 하향기울기로 한다.
② 수평배관에는 공기나 오물이 정체하지 않도록 한다.
③ 급수주관으로부터 분기하는 경우에는 반드시 엘보(elbow)를 사용한다.
④ 주배관에는 적당한 위치에 플랜지 이음을 하여 보수점검을 용이하게 한다.

해설 18
급수주관으로부터 분기하는 경우에는 티이(tee), 크로스(cross)를 사용한다.

19. 급수 배관에 관한 설명으로 옳지 않은 것은? [14 ④]
① 급수관과 배수관을 매설하는 경우, 급수관은 배수관 아래에 매설한다.
② 수평배관의 공기가 모일 수 있는 부분에는 공기빼기 밸브를 설치한다.
③ 수평배관은 상향 급수배관 방식의 경우, 진행방향에 따라 올라가는 기울기로 한다.
④ 수직배관에는 체크 밸브를 설치하여 유동·정지시의 역류에너지의 작용을 분산한다.

해설 19
급수관과 배수관을 교차 매설은 가능한 피하는 것이 좋으며 부득이 한 경우에는 급수관을 배수관의 윗방향에 매설한다.

정답 17. ④ 18. ③ 19. ①

제2과목 건축설비설계 **2-151**

02 급탕시스템 설계

핵심 PLUS

1 기초사항

1) 물의 팽창과 수축

물은 온도 변화에 따라 그 부피가 팽창 또는 수축한다. 순수한 물은 0[℃]에서 얼게 되며, 이 때 약 9[%]의 체적팽창을 한다. 그리고 4[℃]의 물을 100[℃]까지 높였을 때 체적팽창의 비율이 약 4.3[%]에 이른다. 또한 100[℃]의 물이 증기로 변할 때 그 체적이 1,700배로 팽창한다. 이 팽창의 원리를 이용한 것이 중력 환수식 증기난방 또는 중력 순환식 온수난방 방식이다.

$$\Delta_v = \left(\frac{1}{\rho_2} - \frac{1}{\rho_1}\right)V \ [\ell]$$

Δ_v : 온수의 팽창량[ℓ]
ρ_1 : 온도 변화 전의 물의 밀도[kg/ℓ]
ρ_2 : 온도 변화 후의 물의 밀도[kg/ℓ]
V : 장치 내의 전수량[ℓ]

💡 **예제**

개방형 팽창탱크가 설치된 급탕설비에서 급탕시스템 내의 전수량이 4,100[L]일 경우 팽창 탱크 용량계산 시 사용되는 급탕시스템 내의 팽창량은? (단, 공급되는 물의 밀도는 1,000[kg/m³], 탕의 밀도는 983[kg/m³]이다) [08 기]

① 41[L] ② 55[L] ③ 69[L] ❹ 71[L]

▶ 팽창수량(Δ_v)

$$\Delta_v = \left(\frac{1}{\rho_2} - \frac{1}{\rho_1}\right)V$$

Δ_v : 온수의 팽창량[ℓ]
ρ_1 : 온도 변화 전의 물의 밀도[kg/ℓ]
ρ_2 : 온도 변화 후의 물의 밀도[kg/ℓ]
v : 장치 내의 전수량[ℓ]

$$\therefore \Delta_v = \left(\frac{1}{0.983} - \frac{1}{1}\right) \times 4,100 = 71\,[L]$$

예 4[℃] 물을 100[℃]로 가열하였을 때 팽창한 체적의 비율은? (단, 4[℃] 물의 밀도는 1[kg/L], 100[℃] 물의 밀도는 0.9586[kg/L]) [17 기]

① 2.78[%]
② 3.13[%]
❸ 4.32[%]
④ 5.42[%]

해설 물의 팽창비율

$= \left(\dfrac{1}{\rho_2} - \dfrac{1}{\rho_1}\right) \times 100$

$= \left(\dfrac{1}{0.9586} - \dfrac{1}{1}\right) \times 100$

$= 4.32[\%]$

답 : ③

물의 상태 변화

물은 응고하면 얼음으로, 기화하면 수증기로 변화한다.
100[℃]의 물 1[kg]을 100[℃]의 수증기로 만들려면 2,257[kJ]의 증발열이 흡수되며 100[℃]의 수증기 1[kg]이 100[℃]의 물로 변하려면 2,257[kJ]의 응축열을 방출해야 한다. 그러므로 물 1[kg]의 보유열량은 419[kJ]이고, 100[℃]의 수증기 1[kg]의 보유열량은 2,676(419+2,257) [kJ]이다.

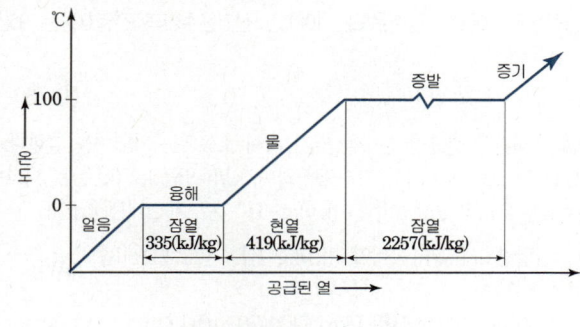

[그림] 순수한 물의 상태변화도

2) 열용량과 열량

① 열용량[C] ≥ 질량[kg] × 비열[kJ/kg℃] = m·c [kJ/℃]
② 열량[Q] = 열용량[kJ/℃] × 온도차[℃]
→ 열량[Q] = 질량[kg] × 비열[kcal/kg·℃] × 온도차[℃] = m·c·Δt [kcal]
  = 질량[kg] × 비열[kJ/kg·K] × 온도차[K] = m·c·Δt [kJ]

  Q : 열량[kJ]　　　m : 질량[kg]
  c : 비열[kJ/kg℃]　　Δt : 온도차([℃] 또는 [K])

3) 급탕부하

급탕부하는 시간당 필요한 온수를 얻기 위해 소요되는 열량을 말한다. 급탕온도의 온도차(Δt)는 보통 60[℃]를 기준으로 하며, kJ/h 또는 kW(kJ/s)로 나타낸다.

급탕부하 = 급탕량 m[kg/h] × 비열 c[kJ/kg·K] × 온도차 Δt[K] [kJ/h]

$$= \frac{\text{급탕량} m[kg/h] \times \text{비열} c[kJ/kg \cdot K] \times \text{온도차} \Delta t[K]}{3{,}600[s/h]} [kW]$$

■ 비열
· 얼음 : 0.5[kcal/kg·℃]=2.1[kJ/kg·K]
· 물 : 1[kcal/kg·℃]=4.2[kJ/kg·K]
· 공기 : 0.24[kcal/kg·℃]=1[kJ/kg·K]
※ 열량에 대한 SI단위는 kJ로 나타내며, kcal와의 관계는 다음과 같다.
1[kJ]=0.24[kcal]=240[cal] 이므로
1[cal/h]=4.2[Joul]
1[kcal/h]=4.2[kJ]
1[kW]=1[kJ/s]≒860[kcal/h]
[주] 열량에 대한 SI기본단위는 K(켈빈온도, 절대온도)이며, ℃(섭씨온도)와 눈금크기는 동일하다.

제2과목 건축설비설계 | 제4편 위생설비 설계

핵심 PLUS

예 다음과 같은 조건에서 전기순간온수기를 사용하여 매시 500[L/h]의 급탕을 할 경우 전기소모량은?
[20, 25 산]

[조건]
- 급탕온도 : 60[℃], 급수온도 : 10[℃]
- 온수기의 효율 : 96[%]
- 물의 비열 : 4.2[kJ/kg·K]

① 10.5[kW] ② 20.2[kW]
③ 25.3[kW] ④ 30.4[kW]

[해설]
㉠ $Q = \dfrac{500[\text{kg/h}] \times 4.2[\text{kJ/kg·K}] \times (60-10)[\text{K}]}{3,600[\text{s/h}]}$
= 29.17[kW]

㉡ 전기소모량 = $\dfrac{가열량}{효율} = \dfrac{29.17}{0.96}$
= 30.38 ≒ 30.4[kW]

☞ 사용전력[kW] = $\dfrac{mc\Delta t}{\eta \times 3,600}$

※ 1[kW] = 3,600[kJ/h]

답 : ④

예 10[℃]의 물 150[kg]과 80[℃]의 물 100[kg]을 혼합할 경우, 혼합된 물의 온도는? [19 산]
① 28[℃]
② 38[℃]
③ 45[℃]
④ 63.2[℃]

[해설]
혼합수의 온도 $tm = \dfrac{m_1 t_1 + m_2 t_2}{m_1 + m_2}$
= $\dfrac{150 \times 10 + 100 \times 80}{150 + 100}$ = 38[℃]

답 : ②

예 건물의 급탕량 산정과 가장 거리가 먼 것은? [11, 24 산]
① 용도별 사용온도
② 기구수
③ 사용인원
④ 건물의 용도

[해설] 건물의 급탕량 산정은 급탕 대상 인원수, 위생기구수, 건물의 용도에 따라 결정된다.

답 : ①

예제

1. 물 10[kg]을 10[℃]에서 60[℃]로 가열하는데 필요한 열량은?
① 840[kJ] ② 1,260[kJ] ③ 1,680[kJ] ❹ 2,100[kJ]

▶ $Q = m \cdot c \cdot \Delta t$ 여기서, Q : 열량[kJ]   m : 질량[kg]
  c : 비열[kJ/kg℃] Δt : 온도차[℃]
∴ $Q = m \cdot c \cdot \Delta t = 10[\text{kg}] \times 4.2[\text{kJ/kg·K}] \times (60-10) = 2,100[\text{kJ}]$

2. 1,000[ℓ/h]의 급탕을 전기온수기를 사용하여 공급할 때 시간당 전력사용량[kW/h]은? (단, 급탕온도 70[℃], 급수온도는 10[℃], 전기온수기의 전열효율은 95[%]로 한다.)
[07 기]

① 63 ② 66 ③ 70 ❹ 73

▶ 급탕부하는 시간당 필요한 온수를 얻기 위해 소요되는 가열량을 말한다. 급탕온도의 온도차(Δt)는 보통 60[℃]를 기준으로 하며, kJ/h 또는 kW(kJ/s)로 나타낸다.
① Q = 급탕량 m [kg/h] × 비열 c [kJ/kg·K] × 온도차 Δt [K] [kJ/h]

= $\dfrac{급탕량\, m\,[\text{kg/h}] \times 비열\, c\,[\text{kJ/kg·K}] \times 온도차\, \Delta t\,[\text{K}]}{3,600[\text{s/h}]}$ [kW]

= $\dfrac{1,000[\text{kg/h}] \times 4.19[\text{kJ/kg·K}] \times (70-10)[\text{K}]}{3,600[\text{s/h}]}$

= 69.8[kW]

② 온수기 용량 = $\dfrac{가열량}{효율} = \dfrac{69.8}{0.95} = 73.5[\text{kW}]$

3. 90[℃]의 물 500[kg]과 30[℃]의 물 1,000[kg]을 혼합하였을 때 혼합된 물의 온도는?
[11, 20 기]

① 20[℃] ② 30[℃] ③ 40[℃] ❹ 50[℃]

▶ 혼합수의 온도 $tm = \dfrac{m_1 t_1 + m_2 t_2}{m_1 + m_2} = \dfrac{500 \times 90 + 1,000 \times 30}{500 + 1,000} = 50[℃]$

2 급탕설계

1. 급탕량의 산정방법

급탕량을 산정하는 데는 사용인원에 의한 방법과 기구의 종류와 개수에 의한 방법이 있으나, 일반적으로 인원을 기초로 한 산정방법이 정확한 값을 얻을 수 있다.

1) 인원수에 의한 방법
① 1일 최대 급탕량(Q_d)
  Q_d = 급탕 대상 인원(인) × 1일 1인 급탕량[ℓ/d·c, ℓ/d]

② 1시간 최대 급탕량(Q_h)

$Q_h = 1$일 최대 급탕량 $\times \dfrac{1}{\text{소비 시간}}[l/h]$

③ 가열기 능력(H)

$H = Q_d \cdot r(t_h - t_c)$

r : 1일 사용량에 대한 가열 능력 비율
t_h : 탕의 온도[℃]
t_c : 물의 온도[℃]

예제

1. 급탕인원이 150명인 아파트의 1일당 예상급탕량은 얼마인가? (단, 1인 1일당 급탕량은 120[ℓ/c/d]로 한다) [05 기]

   ① 12,000[ℓ/d]   ② 15,000[ℓ/d]
   ③ 18,000[ℓ/d]   ④ 20,000[ℓ/d]

   ▶ $Q = N \cdot q_d = 150 \times 120[l/d] = 18,000[l/d]$

2. 1가구에 4인 기준으로 500가구가 살고 있는 아파트의 보일러 산정에 필요한 급탕부하는? (단, 급탕온도 : 80[℃], 급수온도 : 10[℃], 1일 사용량에 대한 가열능력비율 : 1/7, 1인 1일당 급탕량 : 0.075[m³], 1일 사용량에 대한 저탕비율 : 1/5, 1[kcal/h]=1.163[W]) [08 기]

   ① 1,744,500[W]   ② 2,442,300[W]
   ③ 348,900[W]   ④ 3,052,875[W]

   ▶ 1일 급탕량 = 500×4×0.075 = 150[m³/d]
   시간최대급탕량 = 1일 급탕량×가열능력비율
   　　　　　　 = 150×1/7 = 21.429[m³/h] = 21,429[kg/h] → 5.95[kg/s]
   ∴ 급탕부하 = mc△t = 5.95×4.19×(80−10) = 1,745[kJ/s] = 1,745,000[J/s]
   　　　　　 = 1,745,000[W]

3. 아파트 1동 90세대의 급탕설비를 중앙공급식으로 할 경우, 시간당 최대 급탕량[ℓ/h]과 저탕량이 가장 알맞게 짝지어진 것은? (단, 1세대당의 샤워 110[ℓ/h], 싱크 40[ℓ/h], 세탁기 70[ℓ/h]를 기준으로 하고, 동시사용률은 30[%]를 저탕계수는 1.25를 각각 적용한다.) [03 기]

   ① 시간당 최대 급탕량 25,740[ℓ/h], 저탕량 32,175[ℓ]
   ② **시간당 최대 급탕량 5,940[ℓ/h], 저탕량 7,425[ℓ]**
   ③ 시간당 최대 급탕량 25,740[ℓ/h], 저탕량 7,425[ℓ]
   ④ 시간당 최대 급탕량 7,425[ℓ/h], 저탕량 5,940[ℓ]

   ▶ ① 시간당 최대 급탕량 = 총급탕량×동시사용률
   　　　　　　　　　　 = (110+40+70)×90×0.3 = 5,940[ℓ/h]
   ② 저탕량 = 시간당 최대 급탕량×저탕계수 = 5,940[ℓ/h]×1.25 = 7,425[ℓ]

핵심 PLUS

예 급탕 인원수 150명인 아파트의 1일당 최대 예상급탕량은? (단, 1일 1인당 급탕량은 140[L/c/d] 이다.) [18 산]

① 17,800[L/d]
② 21,000[L/d]
③ 24,000[L/d]
④ 16,800[L/d]

해설 $Q = N \cdot q_d$ = 150명×140[L/d·인]
　　　= 21,000[L/d]

답 : ②

예 급탕기기의 용량에 관한 설명으로 옳지 않은 것은? [18 산]

① 일반적으로 가열기 능력과 저탕탱크 용량과의 사이에는 반비례 관계가 있다.
② 동시사용율이 높은 건물은 일반적으로 가열 부하와 최대부하가 거의 일치한다.
③ 동시사용율이 높은 건물은 일반적으로 가열기 능력을 작게 하고 저탕탱크는 대용량으로 한다.
④ 급탕기기는 건물 내 사람의 일일 사용량과 피크시간대에 대응할 수 있는 용량으로 선정한다.

해설 동시사용률이 높은 건물은 가열기 능력을 크게 하고, 저탕탱크를 작게 하여야 한다.
☞ 저탕량과 가열기능력과의 사이에는 반비례하는 상호관계가 있다.

답 : ③

핵심 PLUS

예 급탕설비에서 순환펌프의 순환수량 결정 방법으로 가장 알맞은 것은? [12, 16 산]
① 사용 수량과 같게 한다.
② 급수부하 단위의 3/4으로 한다.
③ 급탕량의 15~25[%]의 범위에서 산출한다.
④ 배관 및 기기로부터의 열손실량으로 산출한다.

해설 대규모 건물의 중앙식 급탕법은 급탕관 내의 탕의 온도가 내려가는 것을 방지하기 위하여 온수순환펌프를 이용하여 급탕관 및 반탕관 내의 탕을 강제적으로 순환시킨다. 순환펌프의 순환량은 배관 등에서의 방열손실량으로 산출한다.

답 : ④

예 급탕배관계통에서 배관 중 총손실열량이 15,000[W]이고 급탕온도가 70[℃], 환수온도가 60[℃]일 때, 순환수량은? (단, 물의 비열은 4.2[kJ/kg·K], 밀도는 1[kg/L]이다.) [11, 18 산]
① 21.4[L/min] ② 26.5[L/min]
③ 50.1[L/min] ④ 72.5[L/min]

해설
$$W = \frac{Q}{60 C \Delta t} = \frac{15,000 \times 3.6}{60 \times 4.2 \times (70-60)}$$
$$= 21.4[L/min]$$
※ 1[W]=3.6[kJ/h]

답 : ①

예 급탕설비의 안전장치에 관한 설명으로 옳지 않은 것은? [15, 23 산]
① 도피관의 배수는 간접배수로 한다.
② 팽창관 및 도피관에는 밸브류를 설치한다.
③ 도피관은 팽창탱크 수면보다 높게 입상한다.
④ 안전밸브는 가열장치 내의 압력이 설정압력을 넘는 경우에 압력을 도피시키기 위해 설치하는 밸브이다.

해설 팽창관의 도중에는 절대로 밸브류를 달아서는 안된다.

답 : ②

2. 온수순환펌프

① 전양정

급탕 주관 및 제일 먼 곳의 급탕 분기관을 거쳐 반탕관에서 저탕조로 돌아오는 가장 먼 순환의 전 관로의 관 지름과 순환탕량에서 전 손실수두를 구해서 정한다.

$$H = 0.01\left(\frac{L}{2} + \ell\right)[m]$$

L : 급탕관의 전연장[m]
ℓ : 반탕관의 전연장[m]

② 온수순환펌프의 수량

$$W = \frac{Q}{60 C \Delta t}, \quad Q = \frac{60 W \rho C \Delta t}{1,000}$$

Q : 배관과 펌프 및 기타 손실열량[kJ/h]
W : 순환수량[ℓ/min]
C : 탕의 비열[4.19kJ/kg·K]
ρ : 탕의 밀도(kg/m³)
Δt : 급탕·반탕의 온도차[℃] (Δt는 강제순환식일 때 5~10[℃] 정도임)

3. 팽창관과 팽창탱크

① 팽창관

㉠ 온수순환 배관 도중에 이상 압력이 생겼을 때 그 압력을 흡수하는 도피구로서 증기나 공기를 배출한다.

㉡ 팽창관의 설치높이

팽창관은 급탕관에서 수직으로 연장시켜 고가탱크 또는 팽창탱크에 개방시킨다. 고가탱크(팽창탱크)의 최고 수위면으로부터의 팽창관의 수직높이 H는 다음과 같이 구한다.

$$H > h\left(\frac{\rho}{\rho'} - 1\right)[m]$$

h : 고가탱크에서의 정수두[m]
ρ : 물의 밀도[kg/ℓ]
ρ' : 탕의 밀도[kg/ℓ]

> 💡 **예제**
>
> 탕의 비중량이 983[kg/m³]이고 장치(저탕조)의 최저 위치에서 팽창수조의 최고 수위까지의 수직높이가 10[m]일 때 팽창수조의 최고 수위면으로부터 팽창관의 수직 높이는?
>
> ▶ $H \geq h\left(\frac{\rho}{\rho'} - 1\right) = 10\left(\frac{1,000}{983} - 1\right) = 0.173[m]$

② 팽창탱크
㉠ 급탕장치 내 물의 팽창에 의해 팽창관으로 유출하는 수량을 저장하는 탱크로서, 고가수조를 팽창탱크의 겸용으로 사용하는 경우도 있으나, 별도로 설치하는 것이 바람직하다.
㉡ 설치높이 : 탱크의 저면이 최고층의 급탕전보다 5[m] 이상 높은 곳에 설치하며 탱크 급수는 볼탭에 의해 자동 급수한다.
㉢ 용량

$$v_e = 1{,}000 \left(\frac{1}{\rho_2} - \frac{1}{\rho_1} \right) V [\text{m}^3]$$

V : 배관 및 기기내 급탕량[m³]
ρ_1 : 물의 밀도[kg/ℓ]
ρ_2 : 급탕의 밀도[kg/ℓ]

 예제

저탕조의 용량이 2[m³]이고 급탕배관내의 전체 수량이 1[m³]일 때 개방형 팽창탱크의 용량은 얼마인가? (단, 급수의 밀도는 1,000[g/cm³]이고, 탕의 밀도는 0.983[g/cm³]이다.)
[12, 20 기]
① 0.01[m³]　　② 0.03[m³]　　③ **0.05[m³]**　　④ 0.07[m³]

▶ 팽창탱크 용량

$$V_e = \left(\frac{1}{\rho_2} - \frac{1}{\rho_1} \right) \cdot V = \left(\frac{1}{0.983} - \frac{1}{1} \right) \times 3 = 0.052 = 0.05 \,[\text{m}^3]$$

4. 관의 신축과 팽창량(L)

$L = 1{,}000 \cdot \ell \cdot C \cdot \Delta t \,[\text{mm}]$

여기서, ℓ : 온도변화전의 관의 길이[m]
　　　　C : 관의 선팽창계수
　　　　Δt : 온도 변화[℃]

 예제

온도 10[℃], 길이 200[m]인 동관에 탕이 흘러 60[℃]가 되었을 때, 동관의 팽창량은? (단, 동관의 선팽창계수는 0.171×10^{-4}/℃ 이다.) [10 기]
① 0.31[m]　　② **0.171[m]**　　③ 0.251[m]　　④ 0.311[m]

▶ $L = 1{,}000 \cdot \ell \cdot C \cdot \Delta t$
　$= 1{,}000 \times 200 \times 0.171 \times 10^{-4} \times (60-10) = 171\,[\text{mm}] = 0.171\,[\text{m}]$

핵심 PLUS

예 길이가 50[m]인 동관으로 된 급탕 수평주관에 급탕이 공급되어 관의 온도가 10[℃]에서 90[℃]까지 상승된 경우 동관의 팽창량은? (단, 동관의 선팽창계수 $\alpha = 1.66 \times 10^{-5}$이다.) [15 산]
① 0.66[cm]　② 6.64[cm]
③ 0.75[cm]　④ 7.47[cm]

해설 $L = 1{,}000 \cdot \ell \cdot C \cdot \Delta t$
　$= 1{,}000 \times 50 \times 1.66 \times 10^{-5} \times (90-10)$
　$= 0.0664[\text{m}] = 6.64[\text{mm}]$
답 : ②

핵심 PLUS

■ 리버스리턴(Reverse Return)배관 (역환수방식)
- 설치 : 급탕설비-하향식
  난방설비-온수난방
- 방법 : 각 방열기마다의 배관회로 길이를 같게 한 배관방식
  보일러에서 방열기까지(온수관)의 길이=방열기에서 보일러까지(환수관)의 길이
- 목적 : 온수의 유량분배 균일화(온수의 순환을 평균화)하기 위해
- 단점 : 배관수가 많아져서 설비비가 높다.

[예] 급탕배관의 설계 및 시공상의 주의점을 옳지 않은 것은? [12, 16 산]
① 온도에 의한 배관의 신축을 고려한다.
② 건물의 벽 관통부분의 배관에는 슬리브를 사용한다.
③ 중앙식 급탕설비는 원칙적으로 강제순환방식으로 한다.
④ 상향배관인 경우 급탕관 및 반탕관은 모두 하향구배로 한다.
    답 : ④

[예] 2개 이상의 엘보를 사용하여 이음부의 나사회전을 이용, 배관의 신축을 흡수하는 신축이음쇠는? [19 산]
① 스위블형
② 슬리브형
③ 벨로즈형
④ 루프형
    답 : ①

3 급탕 배관 시공시 주의사항

1) 배관의 구배

① 배관의 구배는 온수의 순환을 원활하게 하기 위해 될 수 있는 한 급구배로 한다.
② 상향 공급 방식 ┌ 급탕관 : 선상향(앞올림) 구배
              └ 반탕관 : 선하향(앞내림) 구배
③ 하향 공급 방식 : 급탕관, 반탕관 모두 하향 구배로 한다.
④ 배관의 구배 ┌ 중력 순환식 : 1/150
            └ 강제 순환식 : 1/200

2) 배관의 신축(expansion joint)

① 목적 : 온도에 의한 관의 신축을 흡수하기 위하여
② 설치위치 : 동관-20[m] 마다, 강관-30[m] 마다
③ 종류

종 류	특 징	용 도
스위블 조인트 (swivel joint)	• 2개 이상의 elbows를 사용하여 나사회전을 이용해서 신축을 흡수 • 너무 큰 신축에는 파손되어 누수의 원인이 되는 결점	방열기 주위 배관용
신축곡관 (expansion loop)	• 신축곡관은 고장이 적고 고압 옥외 배관에 적합 • 신축을 흡수하는 1개의 길이가 긴 것이 결점이다.	대구경, 고압배관
슬리브형 (sleeve type)	• 온도의 변화에 따라 생기는 관의 신축을 슬리브의 미끄럼에 의해서 흡수 • 저압 증기배관 및 온수배관의 신축이음쇠로서 널리 사용	소구경용

3) 보온

① 급탕설비의 저탕조와 배관은 열손실을 최소화하기 위해서 보온을 한다.
② 적당한 보온재로는 우모 펠트, 석면, 규조토, 마그네시아, 암면 등이 있으며, 보온 피복 두께는 3~5[cm] 정도로 한다.
③ 보온재 선택의 요건
  ㉠ 안전 사용 온도 범위
  ㉡ 열전도율
  ㉢ 물리적·화학적 강도
  ㉣ 내용년수
  ㉤ 단위 중량당 가격

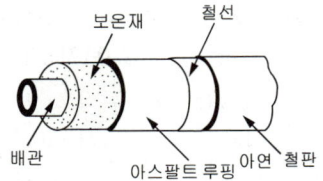

[그림] 보온 시공법

ⓑ 구입의 난이성
ⓢ 공사 현장에서의 적응성
ⓞ 불연성

4) 관의 부식에 대한 고려

부식되기 쉽고 수명이 짧으므로 수리, 교환이 용이하도록 노출 배관으로 한다.

5) 팽창관과 팽창탱크

① 팽창관의 연결은 급탕 수직주관의 끝을 연장하여 중력(팽창)탱크에 자유 개방한다.
② 팽창탱크 설치높이는 탱크의 저면이 최고층 급탕전보다 5[m] 이상의 높은 곳에 설치한다.

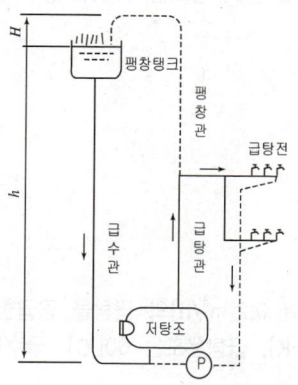

[그림] 팽창관

핵심 PLUS

예 급탕설비의 안전장치에 관한 설명으로 옳지 않은 것은? [11 기]
① 팽창관의 배수는 간접배수로 한다.
② 팽창관은 보일러, 저탕조 등 밀폐 가열장치 내의 압력상승을 도피시키는 역할을 한다.
③ 팽창관의 도중에는 반드시 역지밸브(check valve)를 설치하여 온수의 역류를 방지한다.
④ 안전밸브는 가열장치 내의 압력이 설정압력을 넘는 경우에 압력을 도피시키기 위해 탕을 방출하는 밸브이다.

해설 팽창관은 온수순환 배관 도중에 이상 압력이 생겼을 때 그 압력을 흡수하는 도피구로서 증기나 공기를 배출한다. 팽창관의 도중에는 절대로 밸브류를 달아서는 안된다.

답 : ③

핵심기출문제

02. 급탕시스템 설계

1. 어떤 배관계 전체에 20[℃]인 물 10,000[L]가 있다. 이 물을 60[℃]까지 가열할 경우 물의 팽창량은? (단, 20℃ 물의 밀도는 998.2[kg/m³], 60[℃] 물의 밀도는 987.5[kg/m³]이다.) [20, 24 ㈜]

① 약 87[L]
② 약 108[L]
③ 약 137[L]
④ 약 152[L]

2. 저탕식 전기가열기를 사용하여 0.2[m³/h]의 급탕을 공급할 경우 사용전력은? (단, 물의 비열은 4.2[kJ/kg·K], 급탕온도는 60[℃], 급수온도는 10[℃], 전기효율은 100[%]이다.) [13, 19 ㈜]

① 3.5[kW]
② 11.7[kW]
③ 23.1[kW]
④ 50.4[kW]

3. 다음과 같은 조건에서 급탕을 위해 필요한 직접가열량은? [14 ㈜]

- 급탕온도 60[℃], 반탕온도 50[℃], 급수온도 10[℃]
- 급탕량 0.5[m³/h], 반탕량 0.25[m³/h]
- 물의 비열 4.2[kJ/kg·K]

① 10,500[kJ/h]
② 15,000[kJ/h]
③ 52,500[kJ/h]
④ 63,000[kJ/h]

해설

해설 1

팽창수량(Δ_v)

$$\Delta_v = \left(\frac{1}{\rho_2} - \frac{1}{\rho_1}\right)V$$

Δ_v : 온수의 팽창량[L]
ρ_1 : 온도 변화 전의 물의 밀도[kg/L]
ρ_2 : 온도 변화 후의 물의 밀도[kg/L]
v : 장치 내의 전수량[L]

$$\Delta_v = \left(\frac{1}{0.9875} - \frac{1}{0.9982}\right) \times 10,000$$

$$\fallingdotseq 108[L]$$

해설 2

급탕부하는 시간당 필요한 온수를 얻기 위해 소요되는 가열량을 말한다. 급탕온도의 온도차(Δt)는 보통 60[℃]를 기준으로 하며, kJ/h 또는 kW(kJ/s)로 나타낸다.

① Q = 급탕량m[kg/h] × 비열c[kJ/kg·K] × 온도차Δt[K] [kJ/h]

$$= \frac{급탕량m[kg/h] \times 비열c[kJ/kg \cdot K] \times 온도차\Delta t[K]}{3,600[s/h]} [kW]$$

$$= \frac{200[kg/h] \times 4.2[kJ/kg \cdot K] \times (60-10)[K]}{3,600[s/h]}$$

$$= 11.7[kW]$$

② 사용전력(온수기 용량) = $\frac{가열량}{효율} = \frac{11.7}{1} = 11.7[kW]$

해설 3

급탕부하는 시간당 필요한 온수를 얻기 위해 소요되는 가열량을 말한다. 급탕온도의 온도차(Δt)는 보통 60[℃]를 기준으로 하며, kJ/h 또는 kW(kJ/s)로 나타낸다.

열량[Q] = 질량[kg] × 비열[kJ/kg·K] × 온도차[K] = m·c·Δt [kJ/h]

㉠ 급탕량[Q] = 500[kg] × 4.2[kJ/kg·K] × (60-10)[K] = 105,000[kJ/h]
㉡ 반탕량[Q] = 250[kg] × 4.2[kJ/kg·K] × (50-10)[K] = 42,000[kJ/h]

∴ 직접가열량 = 105,000 - 42,000
= 63,000[kJ/h]

정답 1. ② 2. ② 3. ④

Industrial Engineer Building Facilities

4. 급탕설비에서 사용기구수에 의해 저탕조의 용량을 구할 때 기준이 되는 것은? [13 ⓐ]

① 보일러 용량
② 급수탱크 용량
③ 순환펌프 용량
④ 시간 최대 예상 급탕량

5. 급탕설비에 관한 설명으로 옳지 않은 것은? [14 ⓐ]

① 배관은 적정한 압력손실 상태에서 피크시를 충족시킬 수 있어야 한다.
② 냉수, 온수를 혼합사용 해도 압력차에 의한 온도변화가 없도록 하여야 한다.
③ 동시사용률이 높은 건물은 가열기 능력을 작게 하고 저탕탱크를 크게 하여야 한다.
④ 밀폐형 급탕시스템에는 온도상승에 의한 압력을 도피시킬 수 있는 팽창탱크 등의 장치를 설치한다.

6. 10[℃]의 물을 70[℃]로 가열하여 매시 500[L]씩 공급하려고 한다. 필요한 가스 용량은? (단, 가스의 발열량은 42,000[kJ/m³], 열효율은 60[%], 물의 비열은 4.2[kJ/kg·K]이다.) [11, 25 ⓐ]

① 3[m³/h]
② 4[m³/h]
③ 5[m³/h]
④ 6[m³/h]

7. 급탕설비에 사용하는 순환펌프에 관한 설명으로 옳지 않은 것은? [19 ⓐ]

① 피스톤 펌프와 사류 펌프가 주로 사용된다.
② 소규모 설비에서는 배관 도중에 설치하는 라인펌프(line pump)가 사용된다.
③ 순환펌프의 수량은 순환관로의 열손실과 급탕관, 반탕관의 온도차로 구한다.
④ 순환펌프의 양정이 지나치게 높으며 관내를 진공상태로 만들기 쉽기 때문에 충분히 주의해야 한다.

해설

해설 4
급탕 설비에서 사용 기구수에 의한 저탕조의 용량 산정은 시간 최대 예상 급탕량으로부터 구한다.
저탕조의 용량 = 시간 최대 예상 급탕량 × (0.6~0.9)

해설 5
저탕용량과 가열기 능력
㉠ 탕의 사용상태가 간헐적이며 일시적으로 사용량이 많은 건물에서는 저탕용량을 크게 하고, 가열능력은 작게 한다.
㉡ 장시간에 걸쳐서 탕의 사용이 평균적인 건물에서는 저탕용량을 작게 하고, 가열능력은 크게 한다.
☞ 동시사용률이 높은 건물은 가열기 능력을 크게 하고 저탕탱크를 작게 하여야 한다.

해설 6
가스소비량(가스용량)
$$G = \frac{m \times c \times \Delta t}{H \times E} \text{ [m}^3\text{/h]}$$
G : 가스량[m³/h]
m : 질량[kg]
c : 비열[kJ/kg℃]
Δt : 온도차[℃]
H : 연료의 발열량[kJ/m³]
E : 전열 효율[%]
$$G = \frac{m \times c \times \Delta t}{H \times E} = \frac{500 \times 4.2 \times (70-10)}{42,000 \times 0.6}$$
$= 5 \text{ [m}^3\text{/h]}$

해설 7
대규모 건물의 중앙식 급탕법은 급탕관 내의 탕의 온도가 내려가는 것을 방지하기 위하여 온수순환펌프를 이용하여 급탕관 및 반탕관 내의 탕을 강제적으로 순환시킨다. 펌프의 기동, 정지는 저장탱크의 출구온도와 반탕온도의 차가 설정치 이상이 되면 온도조절 장치의 작동에 의해 자동적으로 행해진다.
☞ 급탕설비에 사용하는 순환펌프에는 원심(와권) 펌프, 사류 펌프, 축류 펌프가 주로 사용된다.

정답 4. ④ 5. ③ 6. ③ 7. ①

핵심기출문제
02. 급탕시스템 설계

8. 강제순환식 급탕설비에서 온수의 공급온도가 60[℃]이고 반송온도가 57[℃]이며, 배관 전계통의 열손실이 5,000[W]일 경우 순환펌프의 순환수량은? (단, 물의 비열은 4.2[kJ/kg·K]이다.) [15 ④]

① 16.7[L/min]
② 23.8[L/min]
③ 166.7[L/min]
④ 250.0[L/min]

9. 증기가열식 급탕설비에서 시간당 1,500[L]의 급탕을 10[℃]에서 60[℃]로 가열할 경우, 열교환기에서 발생하는 응축수량[kg/h]은? (단, 사용증기의 증발잠열은 2,268[kJ/kg], 물의 비열은 4.2[J/kg·K]이다.) [14 ④]

① 18.0
② 138.89
③ 193.25
④ 16,200

10. 급탕설비에서 보일러, 저탕조 등 밀폐 가열장치 내의 압력상승을 도피시키기 위해 설치되는 것은? [13, 16 ④]

① 팽창관
② 용해전
③ 신축이음
④ 스트레이너

11. 급탕설비에서 팽창관에 관한 설명으로 옳지 않은 것은? [13 ④]

① 팽창관에는 밸브를 설치해서는 안된다.
② 물의 체적팽창을 도피시키기 위한 관이다.
③ 가열에 따른 관의 길이 팽창을 흡수하기 위하여 설치한다.
④ 팽창관은 팽창탱크 또는 고가수조 수면보다 높게 입상한다.

해설

해설 8
온수순환펌프의 수량
$$W = \frac{Q}{60c\Delta t} \text{ [L/min]}$$

Q : 배관과 펌프 및 기타 손실 열량 [kJ/h]
W : 순환수량[L/min]
C : 탕의 비열(4.19[kJ/kg·K])
ρ : 탕의 밀도(kg/m³)
Δt : 급탕·반탕의 온도차[℃] (Δt는 강제순환식일 때 5~10[℃] 정도임.)

$$\therefore W = \frac{Q}{60c\Delta t} = \frac{5,000 \times 3.6}{60 \times 4.2 \times (60-57)}$$
$$= 23.8 \text{ [L/min]}$$

※ 1[W] = 3.6[kJ/h]

해설 9
응축수량(L) = $\dfrac{\text{가열량}(Q)}{\text{증발잠열}(\gamma)}$

∴ 응축수량(L)
$$= \frac{1500 \times 4.2 \times (60-10) \text{[kJ/h]}}{2,268 \text{[kJ/kg]}}$$
$$= 138.89 \text{ [kg/h]}$$

해설 10, 11
팽창관
㉠ 온수순환 배관 도중에 이상 압력이 생겼을 때 그 압력을 흡수하는 도피구로서 증기나 공기를 배출한다.
㉡ 팽창관은 보일러, 저탕조 등 밀폐 가열장치 내의 압력상승을 도피시키는 역할을 한다.
㉢ 팽창관의 도중에는 절대로 밸브류를 달아서는 안된다.
㉣ 팽창관의 배수는 간접배수로 한다.
㉤ 팽창관은 급탕관에서 수직으로 연장시켜 고가탱크 또는 팽창탱크에 개방시킨다.

정답 8. ② 9. ② 10. ① 11. ③

12. 급탕용 팽창탱크에 관한 설명으로 옳지 않은 것은? [14, 25 ㉠]

① 개방식 팽창탱크는 급탕 보급탱크와 겸용할 수 없다.
② 온수의 가열팽창에 의한 과압을 방지하기 위해 설치한다.
③ 밀폐식 팽창탱크를 사용하는 경우, 안전밸브를 설치할 필요가 있다.
④ 급수방식이 압력탱크방식이나 펌프직송방식의 중앙식 급탕설비의 경우에는 밀폐식 팽창탱크가 사용된다.

13. 급탕설비에 관한 설명으로 옳지 않은 것은? [15, 19, 24 ㉠]

① 배관은 적정한 압력손실 상태에서 피크시를 충족시킬 수 있어야 한다.
② 냉수, 온수를 혼합 사용해도 압력차에 의한 온도변화가 없도록 하여야 한다.
③ 개방형 급탕시스템에는 온도상승에 의한 압력을 도피시킬 수 있는 팽창탱크를 설치하여야 한다.
④ 배관거리가 30[m]를 초과하는 중앙급탕방식에서는 배관으로부터 열 손실을 보상하고 일정한 급탕온도 유지를 위하여 환탕관과 순환펌프를 설치한다.

14. 온도 20[℃], 길이 100[m]인 동관에 온수가 흘러 60[℃]가 되었을 때, 동관의 팽창된 길이는 얼마인가? (단, 동관의 선팽창계수는 0.171×10^{-4}/℃ 이다.) [14 ㉠]

① 34[mm] ② 68.4[mm]
③ 136.8[mm] ④ 171[mm]

15. 급탕배관에서 관의 신축을 고려한 조치 사항으로 옳지 않은 것은? [11 ㉠]

① 배관 중간에 신축이음을 설치한다.
② 배관의 굽힘부분에는 스위블 이음으로 접합한다.
③ 건물의 벽관통부분의 배관에는 슬리브를 설치한다.
④ 이종금속 배관재의 접속시에는 전식(電蝕)방지 이음쇠를 사용한다.

[해설] 배관의 신축이음쇠(expansion joint)
㉠ 배관에 생기는 팽창량을 흡수하여, 응력에 의한 배관 이음쇠의 파손 부분에서 발생하는 누수를 방지하기 위하여 배관 중에 신축이음쇠(expansion joint)를 설치한다.
㉡ 종류에는 스위블 조인트(swivel joint), 신축곡관(expansion loop), 슬리브형 신축이음쇠(sleeve type), 벨로스형 신축이음쇠(bellows type)이 있다.
※ 슬리브(sleeve) 배관
콘크리트 벽체나 바닥을 관통하여 배관할 경우, 배관 교체를 용이하게 하고 배관의 신축에 대비하기 위해 콘크리트에 미리 묻어두는 배관이다.
☞ 이종금속 배관재의 접속시 전식(電蝕)방지 이음쇠의 사용은 배관부식 방지에 대한 고려 사항이다.

해설

[해설] 12
개방식 팽창탱크는 급탕 보급탱크와 겸용할 수 있다.
※ 팽창탱크
㉠ 급탕장치 내 물의 팽창에 의해 팽창관으로 유출하는 수량을 저장하는 탱크로서, 고가수조를 팽창탱크의 겸용으로 사용하는 경우도 있으나, 별도로 설치하는 것이 바람직하다.
㉡ 설치높이 : 탱크의 저면이 최고층의 급탕전보다 5[m] 이상 높은 곳에 설치하며 탱크 급수는 볼탭에 의해 자동 급수한다.

[해설] 13
밀폐형 급탕시스템에는 온도상승에 의한 압력을 도피시킬 수 있는 팽창탱크 등의 장치를 설치한다.

[해설] 14
관의 신축과 팽창량(L)
$L = 1,000 \cdot \ell \cdot C \cdot \Delta t$ 에서
여기서,
ℓ : 온도변화전의 관의 길이 [m]
C : 관의 선팽창계수
Δt : 온도 변화[℃]
∴ $L = 1,000 \cdot \ell \cdot C \cdot \Delta t$
$= 1,000 \times 100 \times 0.171 \times 10^{-4} \times (60-20)$
$= 0.0684[m] = 68.4[mm]$

정답 12. ① 13. ③ 14. ② 15. ④

핵심기출문제
02. 급탕시스템 설계

16. 다음 설명에 알맞은 배관의 신축이음쇠는? [11 ④]

- 신축곡관이라고도 한다.
- 설치 공간을 많이 차지한다.
- 신축에 따른 자체 응력이 생긴다.

① 슬리브형　　　② 벨로우즈형
③ 스위블형　　　④ 루프형

17. 다음 중 배관의 신축·팽창량을 흡수 처리하기 위해 사용되는 신축이음에 속하지 않는 것은? [13, 15, 19 ④]

① 슬리브형 이음　　② 벨로즈형 이음
③ 플랜지형 이음　　④ 스위블형 이음

18. 슬리브형 신축이음쇠에 관한 설명으로 옳지 않은 것은? [15 ④]

① 장시간 사용 시 패킹의 마모로 누수의 원인이 된다.
② 신축량이 크고 신축으로 인한 응력이 생기지 않는다.
③ 루프형 신축 이음쇠에 비해 설치 공간을 많이 차지한다.
④ 배관에 곡선 부분이 있으면 신축 이음쇠에 비틀림이 생겨 파손의 원인이 된다.

[해설] 슬리브형 신축이음쇠(sleeve type)
슬리브가 온도의 변화에 따라 생기는 관의 신축을 슬리브의 미끄럼에 의해서 흡수한다. 이 이음쇠는 저압 증기배관 및 온수배관의 신축이음쇠로서 널리 사용한다.
☞ 루프형 신축 이음쇠에 비해 설치 공간을 적게 차지한다.

19. 급탕설비의 배관이 벽이나 바닥을 관통할 때 슬리브(sleeve)를 사용하는 주된 이유는? [12 ④]

① 배관의 중량을 건물 구조체에 지지하기 위해
② 배관의 진동이 건물 구조체에 전달되지 않도록 하기 위해
③ 배관의 마찰저항을 감소시켜 온수의 순환을 균일하게 하기 위해
④ 관의 신축이 자유롭고 배관의 교체나 수리를 편리하게 하기 위해

해설

[해설] **16**
신축곡관(루프형)
㉠ 관의 구부림과 관자체의 가요성을 이용해서 배관의 신축을 흡수한다.
㉡ 고장이 적고 고압 옥외 배관에 적합하지만 신축을 흡수하는 1개의 길이가 긴 것이 결점이다.
㉢ 대구경, 고압배관에 사용한다.

[해설] **17**
배관의 신축이음쇠(expansion joint)
배관에 생기는 팽창량을 흡수하여, 응력에 의한 배관 이음쇠의 파손 부분에서 발생하는 누수를 방지하기 위하여 배관 중에 신축이음쇠(expansion joint)를 설치한다.
① 신축이음쇠의 종류
　㉠ 스위블 조인트(swivel joint)
　　2개 이상의 elbows를 사용하여 나사회전을 이용해서 신축을 흡수하는 조인트
　㉡ 신축곡관(expansion loop)
　　고장이 적고 고압 옥외 배관에 적합하지만 신축을 흡수하는 1개의 길이가 긴 것이 결점
　㉢ 슬리브형 신축이음쇠(sleeve type)
　　저압 증기배관 및 온수배관의 이음쇠로서 널리 사용
　㉣ 벨로스형 신축이음쇠(bellows type)
　　온도의 변화에 따른 관의 신축을 벨로스의 변형에 의해 흡수시키는 기구
② 신축이음쇠의 설치위치
　㉠ 동관 : 20[m]마다 신축이음을 설치
　㉡ 강관 : 30[m]마다 신축이음을 설치

[해설] **19**
슬리브(sleeve) 배관
콘크리트 벽체나 바닥을 관통하여 배관할 경우, 배관 교체를 용이하게 하고 배관의 신축에 대비하기 위해 콘크리트에 미리 묻어두는 배관

정답 16. ④　17. ③　18. ③　19. ④

20. 급탕배관에서 관의 신축을 고려한 조치 사항으로 옳지 않은 것은? [20, 23 ④]

① 배관 중간에 신축이음을 설치한다.
② 배관의 굽힘부분에는 스위블 이음으로 접합한다.
③ 건물의 벽관통부분의 배관에는 슬리브를 설치한다.
④ 이종금속 배관재의 접속시에는 전식(電蝕)방지 이음쇠를 사용한다.

21. 탕기기의 부속장치에 관한 설명으로 옳지 않은 것은? [19, 25 ④]

① 안전밸브와 팽창탱크 및 배관 사이에는 어떠한 밸브도 설치되어서는 안 된다.
② 밀폐형 가열장치에는 일정 압력 이상이면 압력을 도피시킬 수 있도록 도피밸브나 안전밸브를 설치한다.
③ 온수탱크 상단에는 배수밸브(drain valve)를, 하부에는 진공방지밸브(vacuum relief valve)가 설치되어야 한다.
④ 온수탱크의 보급수관에는 급수관의 압력변화에 의한 환탕의 유입을 방지하도록 역류방지밸브를 설치한다.

해설

해설 20
전식에 의한 방지는 관을 황마, 아스팔트 등으로 감아서 절연층을 만든다.
※ 경질염화비닐관(합성수지관)은 전기 전열성이 크고 금속관과 같은 전식작용(電蝕作用)을 일으키지 않는다.

해설 21
온수탱크 상단에는 오버플로우관(넘침관)을, 하부에는 배수(배니)밸브를 설치하여야 한다.

20. ④ 21. ③

03 오배수시스템 설계

1 트랩

1) 배수용 트랩의 구비조건

① 봉수가 확실하고 유효하게 유지되는 구조일 것(50[mm] 이상 100[mm] 이하)
② 구조가 간단하며 자기세정 작용을 할 것
③ 유수면이 평활하여 오수가 정체하지 않을 것
④ 재질은 내식성, 내구성이 우수할 것
⑤ 기구내장 트랩의 내벽 및 배수로의 단면형상에 급격한 변화가 없을 것
⑥ 봉수 파괴의 원인인 이물질 제거 등을 위하여 금속제 이음(나사이음)을 사용할 것
⑦ 봉수부의 소제구는 나사식 플러그 및 적절한 가스켓을 이용한 구조일 것
⑧ 2중 트랩이 되지 않도록 배관하고 가동부분이 없을 것

2) 배수용 트랩의 종류

① P-trap : 일반적으로 가장 널리 쓰이는 비교적 이상적인 트랩, 세면기
② S-trap : 대변기, 소변기(벽걸이형), 세면기 등에 부착한다. 봉수가 빠질 염려가 있다.
③ U트랩 : 가옥 배수 횡주관 말단에 설치하여 공공 하수도관으로부터 악취의 유입을 방지하며 '가옥트랩', '메인트랩' 이라고도 한다.
④ 드럼트랩(drum trap, 주머니트랩) : 욕조, 싱크 등의 물 사용량이 많은 곳
⑤ 벨트랩(bell trap) : 바닥배수용 트랩

핵심 PLUS

예 트랩이 구비해야 할 조건으로 옳지 않은 것은? [17 산]
① 가능한 구조가 간단할 것
② 배수 시 자기세정이 가능할 것
③ 유효 봉수깊이(50~100[mm])를 가질 것
④ 유수의 힘으로 가동부분이 열리고 유수가 끝나면 자동으로 닫히게 되는 구조일 것

답 : ④

3) 특수 용도의 배수용 트랩(저집기)

① 그리스 트랩 : 호텔 주방의 조리실 바닥 배수용
② 가솔린 트랩 : 세차장
③ 플라스터(석고) 트랩 : 치과 기공실, 정형외과 기브스실
④ 헤어 트랩 : 이용소, 미용소
⑤ 차고 트랩(garage trap) : 차고 내의 바닥 배수용

※ 증기 트랩의 종류 : 방열기트랩(열동트랩, 실로폰트랩), 버킷트랩, 플로트트랩, 벨로즈트랩, 디스크 트랩 등

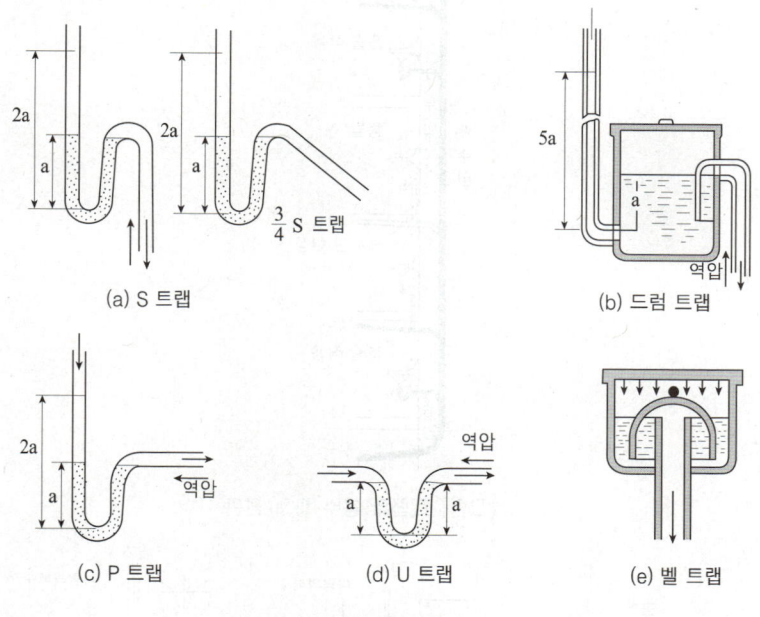

[그림] 트랩의 기본형

4) 트랩의 봉수

깊이는 5~10[cm]로 하는 것이 보통이다. 5[cm] 이하면 봉수를 완전하게 유지할 수 없으며, 따라서 트랩으로서의 역할을 다하지 못하게 된다. 또 봉수 깊이를 너무 깊게 하면 유수의 저항이 증대하여 통수 능력이 감소되므로 트랩 통수로의 세척력이 약해져 트랩 밑에 침전물이 쌓여 트랩이 막히는 원인이 된다.

5) 트랩의 봉수파괴 원인과 방지책

① 자기사이펀 작용 : 배수가 관속을 꽉차서 흐를 때(만수 상태), 주로 S트랩에서
② 유인사이펀작용(흡출 작용) : 상층의 배수입관에서 다량의 물이 일시에 낙하할 때

핵심 PLUS

예 배수 설비에서 사용되는 트랩(Trap)과 용도의 연결이 옳지 않은 것은? [11 산]
① S트랩 - 세면기 배수
② 벨트랩 - 대변기의 배수
③ 드럼트랩 - 싱크류의 배수
④ U트랩 - 옥내의 배수수평주관 말단
답 : ②

예 호텔의 주방이나 레스토랑의 주방 등에서 배출되는 세정 배수 중의 유지분을 포집하기 위해 사용되는 포집기는? [16, 17 산]
① 샌드 포집기
② 오일 포집기
③ 그리스 포집기
④ 플라스터 포집기
답 : ③

예 트랩의 봉수에 대한 설명에서 틀린 것은? [03 기]
① 트랩의 기능은 하수가스의 실내 침입을 방지 하는데 있다.
② 트랩의 봉수 깊이는 보통 50~100[mm] 정도이지만, 이보다 더 깊게 할수록 좋다.
③ 트랩의 봉수는 사이펀 작용에 의해 파괴될 수 있다.
④ 장기간 트랩으로의 배수가 없는 경우에 트랩의 봉수는 증발에 의하여 파괴될 수 있다.
답 : ②

예 트랩의 봉수 깊이는 다음 그림 중 어느 깊이를 말하는가?

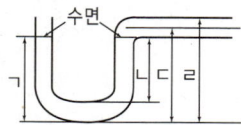

① (ㄱ)
② (ㄴ)
③ (ㄷ)
④ (ㄹ)
답 : ②

핵심 PLUS

예 트랩의 봉수파괴 원인과 가장 거리가 먼 것은? [12 산]
① 분출 작용
② 모세관 형상
③ 수력도약 현상
④ 자기사이폰 작용

답 : ③

예 수직관 상부에서 일시에 다량의 물이 낙하하면 그 수직관과 수평관과의 연결부 부근에 순간적으로 부압이 발생하여 트랩의 봉수가 파괴되는 현상은? [16, 24 산]
① 증발 현상
② 모세관 현상
③ 자기사이펀 작용
④ 유도사이펀 작용

답 : ④

예 다음의 봉수 파괴 요인 중 통기관의 설치와 관계없이 봉수가 파괴될 수 있는 것은? [18, 25 산]
① 흡인작용
② 분출작용
③ 증발작용
④ 자기사이폰작용

답 : ③

③ 분출 작용(역압에 의한 작용) : 대규모 배수설비에서 배수관의 하저곡부 가까이에 설치되어 있는 경우(피스톤작용)
④ 모세관 작용 : 트랩 내에 실이나 머리카락이 들어갈 때
⑤ 증발 : 위생기구의 사용빈도가 적을 때, 기름을 한 방울 떨어뜨리면 방지된다.
⑥ 물의 운동량에 의한 관성
※ 봉수파괴 방지 : 통기관을 설치

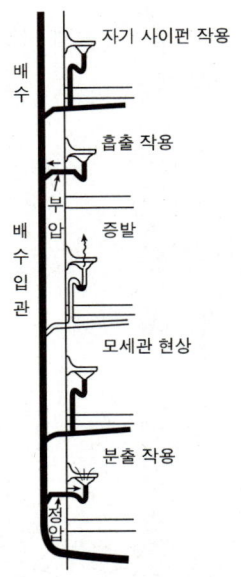

[그림] 트랩의 봉수 파괴 원인

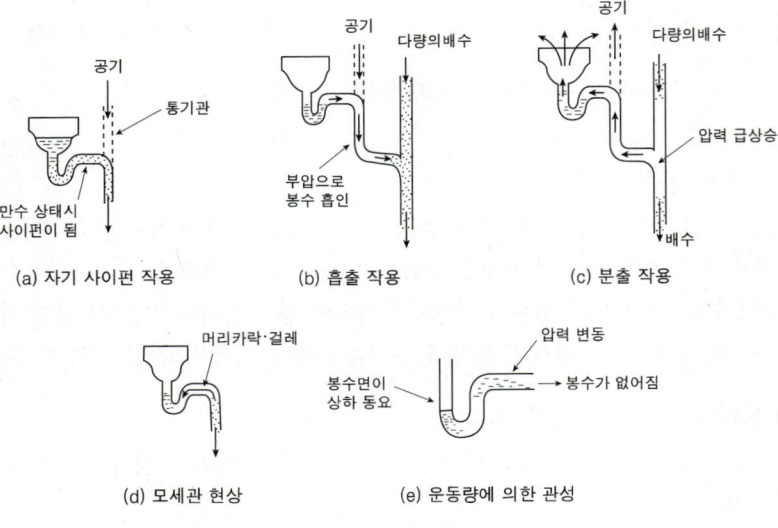

[그림] 배수 트랩의 봉수 파괴 원인

2 배수관 및 통기관의 관경 결정

1) 옥내 배수관의 관경

① 기구 부하단위법(Fixture Unit Value Method)
  ㉠ 일반적으로 가옥 배수관의 관경을 결정하는 데는 관 계통에 접속하는 위생 기구류의 최대 배수 유량을 기준으로 하여 관경을 구하는 것이 합리적이다.
  ㉡ 미국에서는 구경 32[mm]의 트랩을 갖는 세면기의 배수량을 28.5[ℓ/min]으로 하고 여기에 기구의 동시사용률과 기구 종류에 따른 사용 도수 및 사용자 수를 감안한 기구 배수 부하단위(fixture unit)를 결정하였으며, 세면기의 기구 배수 부하단위를 1로 하고, 이것을 근거로 하여 각종 기구의 배수 부하단위를 정하였다.
  ㉢ 트랩 구경이 32, 40, 50, 65, 75, 100[mm]일 때 기구 배수 부하 단위는 1, 2, 3, 4, 5, 6, 7, 8로 한다.

▪ 트랩 및 기구 배수관의 최소 관경

기구	관경 mm	기구	관경 mm	기구	관경 mm
음수기	32	오물수채	75	요리수채(영업용)	50
세면기·수세기	32	욕조	40	조합수채	40
대변기	75	양식욕조	50	세탁수채	40
소변기(벽걸이)	40	샤워	50	청소용수채	50
소변기(스툴)	50	공동목욕탕	75	양식욕조	40~50
비데	40	요리수채(주택용)	40	바닥배수	75

② 옥내 배수관의 최소 구배
  ㉠ 구경 75[mm] 이하의 배수관 : 1/50 이상
  ㉡ 구경 100[mm] 이상 배수관 : 1/100 이상
  ※ 옥외 배수관의 최소 구배 : 보통 1/150 정도

 예제

사무소 건물에 다음과 같이 위생기구를 배치하였을 경우의 배수 수평지관의 관경은 어느 것이 적당한가?

기구종류	대변기	소변기	세면기	바닥배수	관경[mm]	배수 수평지관의 배수 부하 단위
기구수[개]	10	5	4	2	70	14
배수단위[fu]	8	4	1	2	100	96
					125	216
					150	372

▶ 대변기(8×10개)+소변기(4×5개)+세면기(1×4개)+바닥배수(2×2개)=108 이므로 배수수평지관의 배수 부하 단위에 의한 관경은 125mm가 된다.

핵심 PLUS

예 기구배수 부하단위(fuD) 산정에 기준이 되는 기구는? [12, 15, 18 산]
① 세면기 ② 대변기
③ 샤워기 ④ 욕조
답 : ①

예 다음 중 기구배수 부하단위수가 가장 큰 기구는? [04, 10 기]
① 세정밸브식 대변기
② 스톨형 소변기
③ 청소싱크
④ 세탁싱크
답 : ①

예 배수수평주관은 배수 중의 물과 오물이 자연 유하하여 신속히 관내를 흐를 수 있도록 계획함이 좋다. 다음 중 이를 위한 관내의 유속으로 가장 적당한 것은? [12 산]
① 0.3[m/sec] ② 1.0[m/sec]
③ 1.8[m/sec] ④ 2.5[m/sec]
해설 배수수평주관의 적정 유속은 1.0[m/sec] 정도이다.
답 : ②

예 배수관의 관경과 구배에 대한 설명 중 옳지 않은 것은?
① 배수관경을 크게 하면 할수록 배수능력은 향상된다.
② 배수구배를 너무 급하게 하면 흐름이 빨라 고형물이 남는다.
③ 배관구배를 완만하게 하면 세정력이 저하된다.
④ 배수 수평관의 구배는 최소 1/200 이상으로 한다.
해설 배수관경을 필요 이상으로 크게 하면 할수록 배수능력은 저하된다.
답 : ①

핵심 PLUS

예 우수 수평관의 관경을 결정하는 직접적인 요소가 아닌 것은?
① 지붕의 수평투영 면적
② 지붕의 기울기
③ 배관의 기울기
④ 최대 강우량

답 : ②

예 통기관의 관경 결정에 관한 설명으로 옳지 않은 것은? [17 산]
① 각개통기관의 관경은 접속하는 배수관 관경의 1/2 이상으로 한다.
② 결합통기관의 관경은 통기수직관과 배수수직관 중 작은 쪽 관경의 1/2 이상으로 한다.
③ 배수수평지관의 도피통기관 관경은 접속하는 배수수평지관 관경의 1/2 이상으로 한다.
④ 루프통기관의 관경은 배수수평지관과 통기수직관 중 작은 쪽 관경의 1/2 이상으로 한다.

[해설] 결합통기관 : 최소 50[mm] 이상이거나 통기수직관과 동일 관경 이상
※ 통기관의 관경 : 최소 32[mm] 이상

답 : ②

2) 빗물 배수관의 관경

빗물수직관 및 빗물 배수수평주관은 U트랩을 거쳐 합류관에 접속되어야 한다. 빗물 배수관의 관경은 지붕의 수평투영면적과 최대 강우량을 기초로 하여 구하는 것이 합리적인 방법이다.

[예] 어느 지방의 최대 강우량이 120[mm/h]이라면

$$환산\ 지붕면적 = 실제\ 지붕\ 수평투영면적 \times \frac{120}{100}$$ 로 구할 수 있다.

3) 빗물 및 가옥 배수 합류관의 관경

빗물 및 가옥 배수를 1개의 관으로 모아 배수하는 합류관의 관경은 지붕의 수평투영면적을 기구 배수 단위로 환산하여, 이것에 가옥 배수의 배수 단위를 합산한 합계 배수 단위수를 기준으로 하여 구한다.

지붕면적의 배수 단위 환산은
① 수평으로 투영한 지붕면적이 93[m²]까지는 배수 단위수를 256으로 한다.
② 93[m²]를 초과할 때는 초과분 0.36[m²]마다 1배수 단위를 가산한다.

$$배수\ 기구\ 단위수 = 256 + \frac{수평\ 지붕면적 - 93}{0.36}$$

예제

최대강우량 120[mm/h]의 지역에 있는 지붕의 수평투영면적이 1,200[m²]인 건물에 4개의 우수수직관을 설치할 경우, 1개 우수수직관의 관경은? [08, 21 기]

■ 강우량 100[mm/h]일 때 우수 수직관 관경

관경[mm]	허용최대지붕면적[m²]
50	67
65	121
75	204
100	427
125	804

① 50[mm] ② 65[mm] ③ 75[mm] ④ 100[mm]

▶ 어느 지방의 최대강우량이 120[mm/h]인 경우

$$환산\ 지붕면적 = 실제\ 지붕투영면적 \times \frac{120}{100} = 1,200 \times \frac{120}{100} = 1,440m^2$$

4개의 우수수직관을 설치한 경우이므로
1개의 우수수직관은 1,440[m²]÷4=360[m²]이다.
∴ 표(100[mm/h] 경우)에서 최대허용지붕면적 427[m²]을 충분히 흘러줄 수 있는 관경은 100[mm]가 적당하다.

③ 최대 강우량이 100[mm/h] 이외의 지역에 있어서는

$$배수\ 기구\ 단위수 = 256 + \left(\frac{수평\ 지붕면적 - 93}{0.36}\right) \times \frac{그\ 지역의\ 최대\ 강우량}{100}$$

4) 통기관의 관경

① 각개 통기관의 관경 : 최소 32[mm] 이상이거나 접속하는 배수 관경의 1/2 이상
② 루프 통기관의 관경 : 최소 40[mm] 이상이거나 접속하는 배수 관경의 1/2 이상
③ 도피 통기관의 관경 : 최소 40[mm] 이상이거나 접속하는 배수 관경의 1/2 이상
④ 결합 통기관의 관경 : 최소 50[mm] 이상이거나 통기 수직관과 동일 관경 이상
⑤ 신정 통기관의 관경 : 최소 75[mm](일반적으로 100[mm] 기준)이거나 배수 수직관과 동일 관경 이상

3 배수·통기 배관 시공상의 주의사항

1) 수직주관

배수 및 통기 수직관은 되도록 파이프 샤프트 안에서 배관하고, 변소는 될수록 수직관 가까이에 설치한다.

2) 청소구(clean out) 설치 위치

① 가옥 배수관과 부지 하수관이 접속하는 곳
② 배수 수직관의 최하단부
③ 수평지관의 최상단부
④ 가옥 배수 수평주관의 기점
⑤ 수평관 관경 100[mm] 이하는 직진거리 15[m] 이내마다, 관경 100[mm] 이상의 관에서는 30[m] 이내마다 설치
⑥ 배관이 45° 이상의 각도로 구부러진 곳
⑦ 각종 트랩 및 기타 배관상 특히 필요한 곳

3) 틀리기 쉬운 배관

① 통기관의 오버플로면 이상까지 세운 다음 통기 수직관에 접속한다.
② 자동차 차고 내의 수세기나 바닥 배수는 가솔린을 갖고 있으므로 게이지 트랩에 모아서 가스를 분리 발산 후 가옥 하수관에 방류한다.
③ 2중 트랩이 되지 않도록 배관한다.
④ 기구 배수관의 곡관부에 다른 배수 지관을 접속해서는 안된다.
⑤ 트랩의 청소구를 열었을 때 하수 가스가 누설되지 않게 배관한다.
⑥ 욕조의 오버플로는 트랩의 상류에 접속하도록 배관을 해야 한다.

핵심 PLUS

예 배수·통기배관에 관한 설명으로 옳지 않은 것은? [17, 24, 25 산]
① 세탁기의 배수는 간접배수로 한다.
② 의료·위생기기 등의 배수관에는 안전을 위해 2중으로 트랩을 설치한다.
③ 청소구의 구경은 해당 배수관경과 동일한 관경으로 함을 원칙적으로 한다.
④ 루프통기관은 기구 넘침면으로부터 150[mm] 이상 입상시킨 다음 통기수직관에 연결한다.

해설 2중 트랩이 되지 않도록 배관한다. 2중 트랩은 배수의 흐름을 방해하여 배수관에 침전물이 생길 수 있기 때문에 피해야 한다.
답 : ②

예 다음 중 원칙적으로 청소구를 설치하여야 하는 장소에 속하지 않는 것은? [12, 20 산]
① 배수 수직관의 최하부
② 배수 수평주관의 기점(起点)
③ 배수 수평지관의 기점(起点)
④ 배수관이 30°의 각도로 방향을 바꾸는 곳
답 : ④

예 배수·통기 배관의 검사 및 시험방법 중 위생기구 등의 설치가 완료된 후에 실시하는 것으로 시험을 하고 있는 사람의 후각을 마비시킬 우려가 있기 때문에 누설에 대한 판단이나 누설부분의 발견이 어렵다는 단점이 있는 것은? [11, 16산]
① 만수시험   ② 박하시험
③ 연기시험   ④ 기압시험

해설 박하시험 : 위생기구 등의 설치가 완료된 후에 실시하는 최종시험으로, 시험을 하고 있는 사람의 후각을 마비시킬 우려가 있기 때문에 누설에 대한 판단이나 누설부분의 발견이 어렵다
답 : ②

핵심 PLUS

예 처리대상인원이 100명인 수세식 화장실 정화조의 부패조 용량이 11 [m³]일 때 산화조의 쇄석층 용량은?
① 5.5[m³]
② 6.0[m³]
③ 6.5[m³]
④ 7.0[m³]

해설 V=1.5+0.1(n−5)[m³]
　　　=1.5+0.1(100−5)[m³]
　　　=11[m³]
∴ 산화조(V′)는 부패조(V)의 1/2로 하므로 11/2=5.5[m³]이다.
답 : ①

예 수세식 화장실 정화조 크기를 결정할 때 가장 합리적 기준이 되는 것은? [13 산]
① 건물의 층수
② 건물의 연면적
③ 대변기의 수량
④ 화장실의 사용인원

해설 정화조의 용량은 처리대상 인원 수에 따라 결정한다.
답 : ④

4) 배수 및 통기 배관의 시험
① 수압시험 : 0.03[MPa](30[kPa])에 해당하는 압력으로 30분간 이상 유지
② 기압시험 : 0.035[MPa](35[kPa])될 때까지의 압력으로 15분간 이상 유지
③ 기밀시험 : 최종시험(연기시험, 박하시험)

4 부패탱크식 오수정화조 (5단살수여상방식)

1) 구 조
① 부패조
　㉠ 침전 분리조와 예비 여과조를 조합한 구조로 한다.
　㉡ 부패조에서는 염기성균 작용에 의한 소화 작용과 침전 작용이 이루어져야 한다.
　㉢ 유효 용적은 15인분까지 0.75[m³] 이상, 15인 이상일 때는 사용 인원 1인당 0.05[m³] 증가
　㉣ 수심은 1~3[m]로 하고 사용 인원에 따라 용적을 증가시킬 것
　㉤ 제1, 제2 부패조와 여과조의 용적비 4 : 2 : 1 혹은 4 : 2 : 2
　㉥ 도입관 하단은 수심의 1/3에 위치하도록 하고, J자 관을 사용
　㉦ 격판의 하단은 수심의 1/2
　㉧ 부패조 용량

처리대상 인원	부패조 용량
5인 이하	V=1.5[m³]
5인 500인	V=1.5+0.1(n−5)[m³]
500인 이상	V=51+0.075(n−500)[m³]

※ 산화조(V′)는 부패조(V)의 1/2로 한다.

② 여과조 : 부패조와 산화조 사이에 설치하는 예비 여과조에 오수를 하부에서 위로 유입시켜 오수 중의 부유물을 쇄석층에서 제거한다.

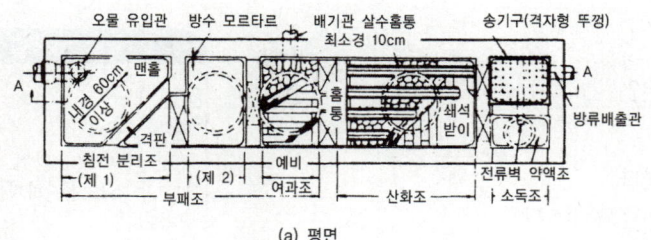

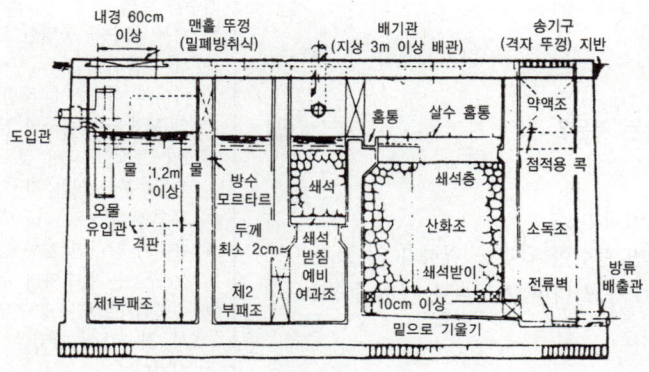

[그림] 오물 정화조의 구조

③ 산화조
  ㉠ 부패조에서 유입한 오수는 산화조의 살수홈통으로 균일하게 분산되어 쇄석층을 흘러 내린다.
  ㉡ 산화조에서는 호기성균으로 산화를 촉진한다.
  ㉢ 산화조의 쇄석층 용적 : 부패조의 1/2 이상
  ㉣ 쇄석층의 깊이 : 90[cm] 이상 2[m] 이내

④ 소독조
  ㉠ 산화조에서 넘어온 각종 세균(대장균)을 소독해서 방류시키는 탱크이다.
  ㉡ 소독제로는 차아염소산소다(NaClO)와 차아염소산칼슘[Ca(ClO)$_2$] 등의 염소 계통이다.
  ㉢ 크기는 점검과 약품 주입에 적당한 크기면 된다.
  ㉣ 500명 이상의 처리 대상 인원에서는 의무적으로 소독조를 설치해야 하고, 그 이하는 생략할 수 있다.

핵심기출문제

03. 오배수시스템 설계

1. 배수배관에서 트랩의 가장 주된 역할은? [16]

① 배수관 내의 유속을 조정한다.
② 급수관 내의 급수 흐름을 원활히 한다.
③ 유도 사이펀 작용에 의한 봉수 파괴를 방지한다.
④ 배수관 내의 악취나 가스가 실내로 유입되는 것을 방지한다.

2. 배수트랩이 갖추어야할 요건에 속하지 않는 것은? [20]

① 자정 작용이 가능할 것
② 봉수깊이는 50[mm] 이상 100[mm] 이하일 것
③ 기구내장 트랩의 내벽 및 배수로의 단면 형상에 급격한 변화가 없을 것
④ 유수의 힘으로 가동부분이 열리고 유수가 끝나면 자동으로 닫히게 되는 구조일 것

3. 배수설비에서 원칙적으로 사용이 금지되는 트랩에 속하지 않는 것은? [18, 19]

① 2중 트랩
② 수봉식 트랩
③ 가동부분이 있는 것
④ 내부 치수가 동일한 S트랩

4. 다음 설명에 알맞은 배수 트랩의 종류는? [11, 15]

- 가옥트랩 또는 메인트랩이라고도 한다.
- 건물 내의 배수수평주관 끝에 설치한다.

① U트랩
② S트랩
③ P트랩
④ 드럼 트랩

해설

해설 1
배수 트랩의 설치 목적은 배수관으로부터 하수가스, 악취 또는 벌레가 올라오는 것을 방지하기 위함이다.

해설 2
배수용 트랩
㉠ 내부 치수가 동일한 S트랩은 사용하지 말 것
㉡ 하나의 배수관에 직렬로 2개 이상의 트랩을 설치하지 말 것
㉢ 2중 트랩이 되지 않도록 배관하고 가동부분이 없을 것
㉣ 유수의 힘으로 가동부분이 열리고 유수가 끝나면 자동으로 닫히게 되는 구조는 봉수파괴 우려가 있다.
㉤ 수봉식 트랩은 중력식 배수방식에서 하수가스 침입방지 장치로 안전하다.

해설 3
배수트랩은 구조가 간단하며 자기세정 작용을 하여야 하며, 2중 트랩이 되지 않도록 배관하고 가동부분이 없어야 한다. 또한 내부 치수가 동일한 S트랩은 사용하지 않는 것이 좋다.
☞ 수봉식 트랩은 중력식 배수방식에서 하수가스 침입방지 장치로서 안전하고 신뢰성이 높다.
※ 수봉식 트랩 : P트랩, S트랩, U트랩

해설 4
배수트랩의 종류
㉠ P-trap : 일반적으로 가장 널리 쓰이는 비교적 이상적인 트랩, 세면기
㉡ S-trap : 대변기, 소변기(벽걸이형), 세면기 등에 부착한다. 봉수가 빠질 염려가 있다.
㉢ U트랩 : 가옥 배수 횡주관 말단에 설치하여 공공 하수도관으로부터 악취의 유입을 방지하며 '가옥트랩', '메인트랩'이라고도 한다.
㉣ 드럼트랩(drum trap, 주머니트랩) : 욕조, 싱크 등의 물 사용량이 많은 곳
㉤ 벨트랩(bell trap) : 바닥배수용 트랩

정답 1. ④ 2. ④ 3. ② 4. ①

5. 다음 중 사이폰 트랩이 아닌 것은? [16 ㉯]
① S트랩
② P트랩
③ U트랩
④ 드럼트랩

해설 5
관트랩
구조가 간단하고 자기 사이폰 작용을 일으키면 자정작용을 갖는 트랩으로 사이폰 작용을 일으키기 쉽기 때문에 사이폰 트랩이라고도 불리운다.
※ 사이폰계 트랩(관트랩) :
 P-trap, S-trap, U-trap
※ 비사이폰계 트랩 : 드럼트랩, 벨트랩, 그리스 트랩

6. 다음의 배수트랩 중 봉수가 가장 파괴되기 어려운 구조를 가진 것은? [13, 23 ㉯]
① S 트랩
② 드럼 트랩
③ P 트랩
④ U 트랩

해설 6
드럼트랩(drum trap, 주머니트랩)은 욕조, 싱크 등의 물 사용량이 많은 곳에 사용하는 트랩으로 다량의 봉수를 가지고 있기 때문에 봉수가 잘 빠지지 않는 것이 특징이다.

7. 보틀트랩에 관한 설명으로 옳지 않은 것은? [15, 18 ㉯]
① 청소가 용이하다.
② 자기사이펀 작용으로 인한 봉수파괴가 어렵다.
③ 내부에 격벽이 있어 배수 트랩으로 많이 사용된다.
④ P형, S형, U형 등의 트랩에 비하여 자정작용이 떨어진다.

해설 7
보틀 트랩 [bottle trap]
병 트랩이라고도 하며, 봉수부의 구조로 인해 사용이 금지되고 있으나 유럽에서는 널리 사용되고 있고, 청소용으로 간단히 떼어낼 수 있는 것도 많다.

8. 포집기의 종류와 그 사용 용도의 연결이 옳지 않은 것은? [19, 25 ㉯]
① 오일 포집기 - 주유소의 배수
② 모발용 포집기 - 미용실의 배수
③ 런드리 포집기 - 치과 병원의 배수
④ 그리스 포집기 - 영업용 조리장의 배수

해설 8
특수 용도의 배수용 트랩(저집기)
㉠ 그리스 트랩 : 호텔 주방의 조리실 바닥 배수용
㉡ 가솔린 트랩 : 세차장
㉢ 플라스터(석고) 트랩 : 치과 기공실, 정형외과 기브스실
㉣ 헤어 트랩 : 이용소, 미용소
㉤ 차고 트랩(garage trap) : 차고 내의 바닥 배수용
※ 포집기(저집기) : 배수관을 막히게 하는 유지분, 모발, 섬유 부스러기 및 인화 위험 물질 등을 물리적으로 수거하기 위하여 설치하는 것

정답 5. ④ 6. ② 7. ③ 8. ③

핵심기출문제

03. 오배수시스템 설계

9. 트랩의 유효봉수깊이는 일반적으로 50~100[mm]이다. 봉수깊이가 100[mm] 이상으로 너무 깊을 경우에 관한 설명으로 옳은 것은? [17 ④]
① 봉수가 쉽게 파괴된다.
② 사이폰 현상이 커지게 된다.
③ 급탕의 온도저하를 막을 수 없게 된다.
④ 통수능력이 감소되며 그에 따라 자정작용이 없어지게 된다.

10. 기구 배수 시에 배수가 트랩 내를 만수상태로 흘러 트랩 내의 봉수가 배수관 쪽으로 흡입되는 현상은? [13 ④]
① 증발 작용
② 모세관 작용
③ 자기 사이펀 작용
④ 분출 작용

11. 트랩의 봉수파괴 요인 중 배수수직관 가까운 곳에 기구를 설치하는 경우, 상층부 기구의 다량배수가 급속히 흘러 배수수평지관의 공기 흐름이 유인되어 봉수가 파괴되는 것은? [17, 25 ④]
① 증발 현상
② 모세관 현상
③ 자기사이폰 작용
④ 유도사이폰 작용

[해설] 11, 12 트랩의 봉수파괴 원인과 방지책
㉠ 자기사이펀 작용 : 배수가 관속을 꽉차서 흐를 때(만수 상태), 주로 S트랩에서 발생
㉡ 유인사이펀작용(흡출 작용, 감압에 의한 흡인작용) : 상층의 배수입관에서 다량의 물이 일시에 낙하할 때
㉢ 분출 작용(역압에 의한 작용) : 대규모 배수설비에서 배수관의 하저곡부 가까이에 설치되어있는 경우(피스톤작용)
㉣ 모세관 작용 : 액체의 응집력과 액체와 고체 사이의 부착력에 의해 발생한다. 트랩 내에 실이나 머리카락이 들어갈 때 발생
㉤ 증발 : 위생기구의 사용빈도가 적을 때, 기름을 한 방울 떨어뜨리면 방지된다.
㉥ 물의 운동량에 의한 관성 : 배수구에 격자(석쇠)를 설치
☞ 봉수파괴 방지 : 통기관을 설치
☞ 봉수파괴 방지 : ㉠, ㉡, ㉢의 경우 통기관을 설치한다.

해설

[해설] 9
배수관 내에서 발생한 유해가스가 실내에 침입하는 것을 방지하는 것이 트랩이다. 트랩의 봉수깊이는 5~10[cm]로 하는 것이 보통이다. 5[cm] 이하면 봉수를 완전하게 유지할 수 없으며, 따라서 트랩으로서의 역할을 다하지 못하게 된다. 또 봉수 깊이를 너무 깊게 하면 유수의 저항이 증대하여 통수능력이 감소되므로 트랩 통수로의 세척력이 약해져 트랩 밑에 침전물이 쌓여 트랩이 막히는 원인이 된다.

[해설] 10
자기 사이펀 작용은 배수시에 트랩 및 배수관은 사이펀관을 형성하여 기구에 만수된 물이 일시에 흐르게 되면 트랩 내의 물이 자기 사이펀 작용에 의해 모두 배수관 쪽으로 흡입되어 배출하게 된다. 이 현상은 S 트랩의 경우에 특히 심하다. 방지책으로 기구배수관 관경을 트랩 구경보다 크게 하여 만류(滿流)가 되지 않도록 한다.

정답 9. ④ 10. ③ 11. ④

Industrial Engineer Building Facilities

12. 트랩의 봉수파괴 원인 중 통기관을 설치하여도 봉수파괴를 방지할 수 없는 것은? [17 ⓐ]

① 모세관 현상
② 자기사이펀 현상
③ 역압에 의한 분출작용
④ 감압에 의한 흡인작용

13. 배수관의 관경을 결정할 때 기준이 되는 것은? [13, 17 ⓐ]

① 층고
② 급수량
③ 배수관의 위치
④ 단위시간당 최대 배수량

14. 기구배수부하단위(FUD)가 1인 기구명과 배수량으로 옳은 것은? [17, 23 ⓐ]

① 세면기, 14[L/min]
② 세면기, 28.5[L/min]
③ 대변기, 14[L/min]
④ 대변기, 28.5[L/min]

15. 기구수부하단위(DFU)의 기준이 되는 기구는? [19 ⓐ]

① 세탁기
② 세면기
③ 소변기
④ 대변기

16. 다음 중 기구배수부하단위가 가장 작은 것은? [12 ⓐ]

① 욕조(주택용)
② 세면기(일반형)
③ 소변기(벽걸이형)
④ 대변기(세정밸브형)

해설

해설 13
일반적으로 배수관의 관경을 결정하는 데는 관 계통에 접속하는 위생기구류의 단위시간당 최대 배수량을 기준으로 하여 관경을 구하는 것이 합리적이다.
[기구 부하단위법(Fixture Unit Value Method)]

해설 14
기구배수부하단위
대변기(F.U 8) > 소변기(F.U 4) > 샤워기, 욕조(F.U 2~3) > 세면기(F.U 1)
※ 세면기를 기준으로 하여 배수관경을 30[mm], 단위 시간당 평균배수량 28.5[L/min]을 유량단위 1로 가정하고, 각종 기구의 유량비율을 이것과 비교하여 나타낸 것을 기구배수부하단위라 한다.

해설 15
기구배수부하단위(F.U)는 1~8으로 구분하며 기본단위 F.U 1은 세면기이다. 세면기의 기구배수부하단위를 1로 하고, 이것을 근거로 하여 각종 기구의 배수부하단위를 정하였다. 트랩 구경이 32, 40, 50, 65, 75, 100[mm]일 때 기구배수부하단위는 1, 2, 3, 4, 5, 6, 7, 8로 한다. 대변기(F.V)의 기구배수부하단위(F.U)는 8로 가장 크다.

해설 16
기구배수부하단위
대변기(F.U 8) > 소변기(F.U 4) > 욕조(F.U 2~3) > 세면기(F.U 1)
※ 세면기를 기준으로 하여 배수관경을 30[mm], 단위 시간당 평균배수량 28.5[L/min]을 유량단위 1로 가정하고, 각종 기구의 유량비율을 이것과 비교하여 나타낸 것을 기구배수단위라 한다.

정답 12. ① 13. ④ 14. ② 15. ② 16. ②

핵심기출문제

03. 오배수시스템 설계

해설

17. 배수관의 관경에 관한 설명으로 옳지 않은 것은? [14, 18 ④]
① 배수관은 배수의 유하방향으로 관경을 축소해서는 안된다.
② 지중에 매설하는 배수관의 관경은 최소 25[mm] 이상으로 하여야 한다.
③ 기구배수관의 관경은 이것에 접속하는 위생기구의 트랩구경 이상으로 한다.
④ 배수수직관의 관경은 이것에 접속하는 배수수평지관의 최대관경 이상으로 한다.

해설 17
지중 또는 지계층의 바닥 밑에 매설하는 배수관의 관경 50[mm] 이상으로 하는 것이 바람직하다.

18. 배수관에 관한 설명으로 옳지 않은 것은? [12, 15 ④]
① 배수관은 배수의 유하방향으로 관경을 축소해서는 안된다.
② 배수관의 구배를 크게 하면 할수록 오물을 반송하기 위한 능력은 커진다.
③ 기구배수관의 관경은 이것에 접속하는 위생기구의 트랩구경 이상으로 한다.
④ 배수수직관의 관경은 이것에 접속하는 배수수평지관의 최대 관경 이상으로 한다.

해설 18
배수의 구배가 완만하면 유속이 느려져 오물이나 스케일이 부착하게 되고, 배수 관경을 필요 이상으로 크게 하면 할수록 배수능력은 저하된다. 배수관의 관경은 관경의 10배의 역수를 표준물매로 하며, 일반적으로 옥내배수관의 구배는 유속이 0.6~1.5[m/s] 정도가 되도록 잡는다.

19. 수평투영한 지붕면적 450[m²], 수직 외벽면적 500[m²]를 가진 지붕의 배수를 위한 우수수직관의 관경은? (단, 강우량 기준은 시간당 100[mm]로 하며, 수직 외벽면은 그 면적의 50[%]를 수평투영한 지붕면적에 가산한다.)
[13, 20 ④]

■ 우수수직관의 관경

관 경[mm]	허용 최대 지붕 면적[m²]
50	67
65	135
75	197
100	425
125	770
150	1250
200	2700

① 100[mm] ② 125[mm]
③ 150[mm] ④ 200[mm]

해설 19
허용최대지붕면적
= 실제 지붕투영면적+(외벽면×0.5)
= 450+(500×0.5) = 700[m²]
∴ 표에서 허용최대지붕면적 700[m²]을 충분히 흘려줄 수 있는 관경은 125[mm]가 적당하다.

정답 17. ② 18. ② 19. ②

20. 건축물 지붕의 수평투영 면적이 600[m²]인 경우, 4개의 우수수직관을 설치하고자 한다. 최대 강우량이 130[mm/h]일 때 우수수직관의 관경으로 가장 적당한 것은? (단, 허용최대 지붕면적은 강우량이 100[mm/h]일 경우이다.) [14, 19, 24]

관 경[mm]	허용 최대 지붕 면적[m²]
50	67
65	121
75	204
100	427
125	804

① 65[mm] ② 75[mm]
③ 100[mm] ④ 125[mm]

21. 통기관의 최소관경에 대한 설명 중 옳지 않은 것은? [11, 25]

① 통기관의 최소관경은 45[mm]로 한다.
② 신정통기관의 관경은 배수수직관의 관경보다 작게 해서는 안 된다.
③ 각개통기관의 관경은 그것이 접속되는 배수관 관경의 1/2 이상으로 한다.
④ 결합통기관의 관경은 통기수직관과 배수수직관 중 작은 쪽 관경 이상으로 한다.

22. 통기관 관경결정의 기본 원칙으로 옳지 않은 것은? [11]

① 건물의 배수탱크에 설치하는 통기관의 관경은 30[mm] 이상으로 한다.
② 신정통기관의 관경은 배수수직관의 관경보다 작게 해서는 안된다.
③ 각개통기관의 관경은 그것이 접속되는 배수관 관경의 1/2 이상으로 한다.
④ 결합통기관의 관경은 통기수직관과 배수수직관 중 작은 쪽 관경 이상으로 한다.

23. 배수관의 시공 및 설계에 관한 설명 중 옳지 않은 것은? [11]

① 배수수평관의 관경이 클수록 구배를 크게 한다.
② 흐름의 정체가 일어날 수 있는 배관은 피하도록 한다.
③ 배수수직관의 관경은 최하부부터 최상부까지 동일하게 한다.
④ 배수수평주관 및 배수수평지관의 기점에는 원칙적으로 청소구를 설치한다.

해설

해설 20
어느 지방의 최대강우량이 130[mm/h]인 경우
환산 지붕면적
= 실제 지붕투영면적 × $\frac{130}{100}$
= $600 \times \frac{130}{100} = 780[m^2]$
4개의 우수수직관을 설치한 경우이므로 1개의 우수수직관은
780[m²] ÷ 4 = 195[m²]이다.
∴ 표(100[mm/h] 경우)에서 최대허용 지붕면적 195[m²]을 충분히 흘려 줄 수 있는 관경은 75[mm]가 적당하다.

해설 21
통기관의 최소 관경은 32[mm] 이상으로 한다.

해설 22
건물의 배수탱크에 설치하는 통기관의 관경은 50[mm] 이상으로 한다.
※ 통기관의 관경
㉠ 각개통기관의 관경 : 그것이 접속되는 배수관 관경의 1/2 이상으로 한다.
㉡ 루프통기관의 관경 : 배수수평지관과 통기수직관 중 작은 쪽 관경의 1/2 이상으로 한다.
㉢ 결합통기관의 관경 : 통기수직관과 배수수직관 중 작은 쪽 관경 이상으로 한다.
㉣ 신정통기관의 관경 : 배수수직관과 동일 관경 이상으로 한다.
☞ 통기관 : 최소 32[mm] 이상

해설 23
배수수평관의 관경이 클수록 구배를 작게 한다.
※ 옥내 배수관의 최소 구배
㉠ 구경 75[mm] 이하의 배수관 : 1/50 이상
㉡ 구경 100[mm] 이상 배수관 : 1/100 이상

정답 20. ② 21. ① 22. ① 23. ①

핵심기출문제
03. 오배수시스템 설계

24. 통기관은 위생기구의 물 넘침선보다 최소 얼마 이상 높게 배관하여 연결하여야 하는가? [20 ④]
① 50[mm]
② 100[mm]
③ 150[mm]
④ 200[mm]

해설 24
통기관은 위생기구의 물 넘침선보다 최소 150[mm] 이상 높게 배관하여 연결한다.

25. 통기관 배관에서 바닥 밑 횡주 통기배관을 금하는 가장 주된 이유는? [13, 16 ④]
① 통기관 관경이 커진다.
② 배수 배관이 막히기 쉽다.
③ 배관시공이 어렵고 공사비가 많이 든다.
④ 배수관이 막혔을 경우 통기관에 영향을 줄 수 있다.

해설 25
통기관 배관에서 바닥 밑 횡주 통기배관을 금하는 가장 주된 이유는 배수관이 막혔을 경우에 오수가 통기관이나 다른 배수관 내로 유입하여 배관의 막힌 사고를 늦게 발견하게 되거나, 통기관을 막히게 할 우려가 크기 때문이다.

26. 배수배관에 관한 설명 중 옳지 않은 것은? [11 ④]
① 배수관의 구배는 오물이나 스케일의 부착을 방지하기 위해 배관의 설치공간이 허용되는 한 크게 한다.
② 배수수직관의 관경은 최하부부터 최상부까지 동일하게 한다.
③ 기구배수관의 관경은 이것에 접속하는 위생기구의 트랩 구경 이상으로 한다.
④ 배수관이 45° 이상의 각도로 방향을 바꾸는 곳에는 원칙적으로 청소구(clean out)를 설치한다.

해설 26
배수의 구배가 완만하면 유속이 느려져 오물이나 스케일이 부착하게 되고, 배수 관경을 필요 이상으로 크게 하면 할수록 배수능력은 저하된다. 배수관의 관경은 관경의 10배의 역수를 표준물매로 하며, 일반적으로 옥내배수관의 구배는 유속이 0.6~1.5[m/s] 정도가 되도록 잡는다.

27. 위생기구에 관한 설명으로 옳지 않은 것은? [14, 18 ④]
① 위생기구의 오버플로관은 기구트랩의 유출 측에 접속하여야 한다.
② 위생기구에는 배수관이나 이음쇠 등의 연결부에 청소용 소제구를 설치한다.
③ 벽 또는 바닥에 접촉되는 위생기구의 접합부는 합성수지제 방수제로 막거나 방수처리를 한다.
④ 오버플로 기능을 내장한 기구는 오버플로에서 넘친 물이 배수경로에 잔류하지 않는 구조로 한다.

해설 27
위생기구의 오버플로관은 기구트랩의 유입 측에 접속하여야 하고, 구경은 25[mm] 이상으로 한다.

정답 24. ③ 25. ④ 26. ① 27. ①

28. 배수관에서 청소구(clean out)를 설치하여야 하는 장소에 속하지 않는 것은? [15 ㉮]

① 배수수직관의 최상부
② 배관길이가 긴 배수수평관의 도중
③ 배수수평지관 및 배수수평주관의 기점
④ 배수관이 45°를 초과하는 각도에서 방향을 전환하는 개소

29. 통기관에 관한 설명으로 옳지 않은 것은? [14, 25 ㉮]

① 습통기관은 통기와 배수의 역할을 함께하는 통기관이다.
② 각개통기관의 관경은 그것이 접속되는 배수관 관경의 1/2 이상으로 한다.
③ 간접배수계통 및 특수통기계통의 통기관은 통기헤더에 접속하여 설치한다.
④ 지붕을 관통하는 통기관은 지붕으로부터 150[mm] 이상 입상하여 대기 중에 개구한다.

30. 통기관의 설치에 관한 설명으로 옳지 않은 것은? [16 ㉮]

① 바닥 아래의 통기관은 금해야 한다.
② 오물정화조의 통기관은 일반통기관과 연결해서는 안된다.
③ 간접배수 계통의 통기관은 일반 가정 오수 계통의 통기관에 연결한다.
④ 오수 피트 및 잡배수 피트 통기관은 양자 모두 개별 통기관을 갖도록 한다.

31. 다음 중 정화조의 설계 순서에 가장 나중에 이루어지는 사항은? [13, 17 ㉮]

① 오수량 결정
② 정화조 용량 산정
③ 오수 정화 성능 결정
④ 처리 대상 인원 산출

해설

해설 28
청소구(Clean Out) 설치 위치
찌꺼기가 쌓일 수 있는 곳
㉠ 가옥 배수관과 부지 하수관이 접속하는 곳
㉡ 배수 수직관의 최하단부
㉢ 수평지관의 상단부
㉣ 배관이 45° 이상의 각도로 구부러진 곳
㉤ 각종 트랩 및 기타 배관상 특히 필요한 곳
㉥ 수평관의 관경이 100[mm] 이하인 경우에는 직선거리 15[m] 이내마다, 관경 100[mm] 이상인 경우에는 직선거리 30[m] 이내마다 설치
㉦ 각종 트랩 및 기타 배관상 특히 필요한 곳

해설 29
간접배수계통 및 특수배수계통의 통기관은 다른 통기계통에 접속하지 말고 단독으로 대기 중에 개구한다.

해설 30
통기배관상의 유의사항
㉠ 바닥 아래의 통기배관은 금한다.
㉡ 오물정화조의 개구부는 단독으로 개구한다.
㉢ 통기 수직관과 빗물 수직관은 겸용하지 않는다.
㉣ 오수 잡배수 피트는 각개 통기관을 설치한다.
㉤ 통기관과 실내 환기용 덕트는 연결해서는 안 된다.
㉥ 간접 배수 통기관은 단독 개구한다.

해설 31
오수정화조의 설계 순서
㉠ 처리대상인원 산출
㉡ 오수정화성능 결정
㉢ 오수량 결정
㉣ 처리방식의 선정
㉤ 정화조 용량 선정

28. ①   29. ③   30. ③   31. ②

핵심기출문제

03. 오배수시스템 설계

32. 화장실에서 배출되는 오수를 정화시설을 통해 정화하는 가장 주된 이유는?
[12, 17 산]
① 화학적 산소요구량을 줄이기 위해
② 화학적 산소요구량을 늘리기 위해
③ 생물화학적 산소요구량을 줄이기 위해
④ 생물화학적 산소요구량을 늘리기 위해

33. 정화조 중 유입된 오수를 혐기성균에 의하여 소화 작용으로 분리 침전이 이루어지도록 하는 곳은?
[15, 19 산]
① 부패조
② 여과조
③ 산화조
④ 소독조

34. 부패탱크 방식의 정화조에서 1차 처리 장치인 부패조에 주로 이용되는 미생물은?
[16 산]
① 곰팡이균
② 미토콘드리아
③ 혐기성 박테리아
④ 호기성 박테리아

해설

해설 32
화장실에서 배출되는 오수를 정화시설을 통해 정화하는 이유는 생물화학적 산소요구량 (BOD : Biochemical Oxygen Demand)을 줄이기 위해서 한다.

해설 33
부패탱크식 오수정화조(5단살수여상방식)
① 부패조
 ㉠ 침전 분리조와 예비 여과조를 조합한 구조로 한다.
 ㉡ 부패조에서는 염기성균 작용에 의한 소화작용과 침전작용이 이루어져야 한다.
② 여과조
 부패조와 산화조 사이에 설치하는 예비 여과조에 오수를 하부에서 위로 유입시켜 오수 중의 부유물을 쇄석층에서 제거한다.
③ 산화조
 ㉠ 부패조에서 유입한 오수는 산화조의 살수홈통으로 균일하게 분산되어 쇄석층을 흘러 내린다.
 ㉡ 산화조에서는 호기성균으로 산화를 촉진한다.
④ 소독조
 산화조에서 넘어온 각종 세균(대장균)을 소독해서 방류시키는 탱크이다.

해설 34
부패탱크식 오물정화조는 혐기성균의 생육작용으로 오물을 부패 분해하여 소독조에서 소독하여 방류시킨다.
※ 제2부패조 : 혐기성균, 산화조 : 호기성균

정답 32. ③ 33. ① 34. ③

04 위생기구 선정

핵심

제2과목 건축설비설계 | 제4편 위생설비 설계

1 위생기구

1) 위생기구의 구비조건
① 흡수성이 적고, 내식성, 내마모성이 좋을 것
② 제작이 용이하고 설치가 간단할 것
③ 오염방지를 배려한 구조일 것
④ 외관이 깨끗하고 위생적이며 청소가 용이할 것

2) 도기의 종류와 시험
위생 도기의 시험 방법은 침투 시험, 급랭 시험, 관입 시험, 세정 시험, 배수로 시험, 누수 시험, 외관 검사 등이 있다.

3) 위생기구의 종류
① 대변기
■ 각 세정 방식의 특징

검토 항목	하이탱크식	로탱크식	플러시밸브식
수압의 제한	없음	없음	있음(0.07[MPa] 이상)
급수관경의 제한	15[mm]면 됨	15[mm]면 됨	있음(구경 25[mm] 이상)
장 소	차지하지 않음	크게 차지함	별로 크지 않음
구 조	간단함	간단함	복잡함
수 리	곤란함(비쌈)	용이함	곤란함
공 사	설치 곤란(비쌈)	설치 용이	설치 용이
소 음	상당히 큼	적음	약간 큼
연 속 사 용	할 수 없음	할 수 없음	할 수 있음

※ 세정밸브(F.V)식 대변기에는 버큠 브레이커(vacuum breaker, 진공방지기), 토수구 등을 설치하여 역사이펀 작용을 방지하여 급수오염을 방지한다

② 대변기의 구조에 따른 세정 방식 : 세출식, 세락식, 사이펀식, 사이펀제트식, 취출식, 절수식 등

4) 위생기구의 유닛화
설비를 유닛화하는 것은 현장 작업의 공정을 최소한으로 줄일 수 있음과 동시에 공장 제작의 단순화, 합리화로 공사 전체의 생산성·안전성 등을 향상시킬 수 있다.

핵심 PLUS

예 다음 중 위생기구가 구비해야 할 성능조건과 가장 거리가 먼 것은? [11 산]
① 흡수성이 클 것
② 내식성 및 내마모성이 클 것
③ 항상 청결을 유지할 수 있을 것
④ 인체에 유해한 물질이나 성분이 용출되지 않을 것

답 : ①

예 위생도기의 품질을 관리하기 위하여 행하는 시험과 검사방법에 해당되지 않는 것은?
① 잉크시험
② 세정시험
③ 누수시험
④ 굽힘시험

답 : ④

예 대변기의 세정방식 중 세정밸브식에 관한 설명으로 옳지 않은 것은? [20, 24 산]
① 소음이 큰 편이다.
② 연속사용이 가능하다.
③ 최저 필요 수압의 제한이 있다.
④ 급수관경이 최소 20[mm] 이상 필요하다.

해설 세정소음이 크나, 대변기의 연속사용이 가능하다.

답 : ④

핵심 PLUS

예 위생설비의 유닛(unit)화에 관한 설명으로 옳지 않은 것은? [16 산]
① 시공의 정밀도가 향상된다.
② 공기(工期)를 단축할 수 있다.
③ 공정을 단순화할 수 있고 노무비가 절감된다.
④ 각 개인의 기호에 따른 요구조건을 충분히 만족시킬 수 있다.

답 : ④

---

① 설비 유닛의 목적
  ㉠ 공사 기간 단축
  ㉡ 공정의 단순화 및 합리화
  ㉢ 시공 정도(精度)의 향상
  ㉣ 재료 및 인건비의 절감

② 설비 유닛의 필수 조건
  ㉠ 가볍고 운반이 용이할 것
  ㉡ 현장 조립이 용이할 것
  ㉢ 가격이 저렴할 것
  ㉣ 제작 공정에서 양산이 가능할 것
  ㉤ 유닛 내의 배관이 단순할 것
  ㉥ 배관이 방수부를 통과하지 않고 바닥 위에서 처리가 가능할 것

핵심기출문제

04. 위생기구 선정

1. 다음 중 위생기구의 재질로 알맞지 않은 것은? [11 ⓢ]
① 흡수성이 높을 것
② 내식성 및 내마모성이 우수할 것
③ 각종 형상 및 크기로 제작하기가 쉬울 것
④ 청결 유지를 위해 표면이 매끄럽고 아름다울 것

2. 다음 중 위생기구에 연결되는 급수관의 접속관경으로 가장 부적합한 것은? [11, 24 ⓢ]
① 세면기 - 15[mm]
② 소변기(세정밸브) - 20[mm]
③ 대변기(세정탱크) - 15[mm]
④ 대변기(세정밸브) - 20[mm]

3. 대변기의 세정방식에 관한 설명으로 옳은 것은? [18, 25 ⓢ]
① 로 탱크식은 연속사용이 가능하다.
② 하이 탱크식과 로 탱크식은 급수압이 낮아도 사용이 가능하다.
③ 플러시 밸브식은 급수관경에 제한이 없어 일반 가정용으로 주로 사용된다.
④ 로 탱크식은 하이 탱크식에 비해 세정소음이 크나, 화장실 면적을 넓게 사용할 수 있다는 장점이 있다.

4. 다음 중 화장실의 바닥면적을 가장 많이 차지하는 대변기 세정 방식은? [11 ⓢ]
① 하이탱크 방식
② 로우탱크 방식
③ 세정밸브 방식
④ 기압탱크 방식

[해설] 로우 탱크식
탱크로의 급수압력에 관계없이 대변기로의 공급수량이나 압력이 일정하며, 양호한 세정효과와 소음이 적어 일반 주택에서 주로 사용되는 대변기 세정수의 급수방식이다.

해설

[해설] 1
위생기구의 구비조건
㉠ 흡수성이 적고, 내식성, 내마모성이 좋을 것
㉡ 제작이 용이하고 설치가 간단할 것
㉢ 오염방지를 배려한 구조일 것
㉣ 외관이 깨끗하고 위생적이며 청소가 용이할 것

[해설] 2
세정밸브(F.V)식 대변기
㉠ 세정밸브(F.V)식의 접속 급수관경 : 최소 25[mm]
㉡ 세정밸브(F.V)식의 최소 필요압력 : 0.07[MPa]
㉢ 세정소음이 크나, 대변기의 연속사용이 가능하다.
㉣ 일반 가정용으로는 거의 사용하지 않는다.

[해설] 3
하이 탱크식과 로우 탱크식
① 하이 탱크식
바닥으로부터 1.6[m] 이상 높은 위치(표준높이는 1.9[m])에 설치하고, 볼탭을 통하여 공급된 일정량의 물을 저장하고 있다가 핸들 또는 레버의 조작에 의해 낙차에 의한 수압으로 대변기를 세척하는 방식이다.
㉠ 탱크의 용량은 15[L] 정도이다.
㉡ 변기의 설치면적은 작다.
㉢ 세정시 소리가 크다. (사무실 및 공공 건축물에 이용)
㉣ 탱크 내의 고장이 있을 때에 불편하다.
② 로우 탱크식
탱크로의 급수압력에 관계없이 대변기로의 공급수량이나 압력이 일정하며, 양호한 세정효과와 소음이 적어 일반 주택에서 주로 사용되는 대변기 세정수의 급수방식이다.

정답 1. ① 2. ④ 3. ② 4. ②

5. 로 탱크식 대변기에 관한 설명으로 옳지 않은 것은? [20②]
① 하이 탱크식에 비해 세정소음이 크다.
② 볼탭에 의해 탱크 내에 급수하는 방식이다.
③ 우리나라의 아파트에서 널리 채용되고 있다.
④ 탱크로의 급수압력에 관계없이 대변기 세정 압력은 일정하다.

6. 대변기의 세정방식에 관한 설명으로 옳은 것은? [12②]
① 로 탱크식은 연속사용이 가능하다.
② 하이 탱크식과 로 탱크식은 급수압이 낮아도 사용이 가능하다.
③ 플러시 밸브식은 급수관경에 제한이 없어 일반 가정용으로 주로 사용된다.
④ 로 탱크식은 하이 탱크식에 비해 세정소음이 크나, 화장실 면적을 넓게 사용할 수 있다는 장점이 있다.

7. 대변기의 세정방식 중 플러시 밸브식에 관한 설명으로 옳은 것은? [18②]
① 대변기의 연속 사용이 가능하다.
② 일반 가정용으로 주로 사용된다.
③ 소음이 적으며 급수압력에 제한을 받지 않는다.
④ 낙차에 의한 수압으로 대변기를 세정하는 방식이다.

8. 세정밸브식 대변기에 버큠 브레이커(vacuum breaker)를 설치하는 가장 주된 이유는? [17②]
① 소음을 작게 하기 위해서
② 세정력을 크게 하기 위해서
③ 세정수의 역류를 방지하기 위해서
④ 세정밸브의 수리나 점검을 용이하게 하기 위해서

9. 사이폰작용에 물의 회전운동을 주어 와류작용을 가한 것으로서, 세척시 소음이 적으며 주로 일체형 대변기로서 고급호텔 등에 많이 설치되는 것은? [15②]
① 서락식 대변기
② 블로우 아웃식 대변기
③ 사이폰 제트식 대변기
④ 사이폰 볼텍스식 대변기

해설

해설 5
로 탱크 방식 대변기
㉠ 설치면적을 많이 차지한다.
㉡ 고장 시 수리보수가 비교적 용이하다.
㉢ 하이탱크 방식에 비하여 소음이 작다.
㉣ 수도직결의 경우 저압의 지역에서 사용이 가능하다.
㉤ 탱크로의 급수압력에 관계없이 세정 시 대변기로의 공급압력이 일정하다.
㉥ 일반 주택, 아파트에서 주로 사용되는 대변기 세정수의 급수방식이다.

해설 6
세정밸브식(플러시밸브식)은 대변기의 연속사용이 가능하나 소음이 크고, 단시간에 다량의 물이 필요하며, 최저 필요 수압 0.07[MPa](0.7[kg/cm²]) 이상 확보할 수 있는 경우에 사용 가능하다. 일반 가정용으로는 사용이 곤란하다.

해설 7
플러시 밸브(F.V)식 대변기
㉠ 접속 급수관경 25[mm] 이상 필요하다.
㉡ 최저 필요 수압 0.07[MPa](70[kPa]) 이상 확보할 수 있는 경우에 사용 가능하다.
㉢ 세정소음이 크나, 대변기의 연속사용이 가능하다.
㉣ 일반 가정용으로는 거의 사용하지 않는다.

해설 8
세정밸브형 대변기에는 버큠 브레이커(vacuum breaker, 진공방지기), 토수구 등을 설치하여 역사이펀 작용을 방지하여 급수오염을 방지한다.

해설 9
사이펀 볼텍스식 대변기는 세정수의 와류 작용과 함께 사이펀 작용을 발생시켜 오물을 배출하는 탱크와 변기 일체형 방식으로 진공브레이커를 설치하여 역류를 방지하고 있으며 세정시 소음이 작다.

정답 5. ① 6. ② 7. ① 8. ③ 9. ④

10. 사이펀 볼텍스식 대변기에 관한 설명으로 옳지 않은 것은? [15 ④]

① 공기의 흔입이 거의 없고 세정시 소음이 작다.
② 볼탭부에 진공브레이커를 설치하여 역류를 방지한다.
③ 세정수의 와류작용과 함께 사이펀작용을 발생시켜 오물을 배출한다.
④ 급수부 끝과 변기의 물 넘침선과의 사이에 토수구 공간이 있어 오물의 부착이 적다.

해설 10
사이펀 볼텍스식 대변기는 세정수의 와류 작용과 함께 사이펀 작용을 발생시켜 오물을 배출하는 탱크와 변기 일체형 방식으로 진공브레이커를 설치하여 역류를 방지하고 있으며 세정시 소음이 작다.

11. 위생기구 유니트화의 이점과 가장 거리가 먼 것은? [11 ③]

① 비용을 절감할 수 있다.
② 공기를 단축시킬 수 있다.
③ 균일한 급수압력을 얻을 수 있다.
④ 현장 작업 스페이스를 절감할 수 있다.

해설 11
위생기구 유니트화의 목적
㉠ 공사 기간 단축
㉡ 공정의 단순화 및 합리화
㉢ 시공의 정밀도의 향상
㉣ 재료 및 인건비의 절감

12. 위생설비 유니트화의 효과에 관한 설명으로 옳지 않은 것은? [12, 24 ③]

① 현장 작업량 감소
② 일정 수준의 품질 유지
③ 현장 작업 스페이스의 증가
④ 대량생산으로 인한 비용 절감

해설 12
위생기구 유니트화
㉠ 공사 기간 단축
㉡ 공정의 단순화 및 합리화
㉢ 시공의 정밀도의 향상
㉣ 재료 및 인건비의 절감

건축설비산업기사 4주완성 ❶권

저 자 남 재 호
발행인 이 종 권

2023年　1月　19日　초 판 발 행
2024年　1月　 9日　1차개정발행
2025年　1月　16日　2차개정발행
2026年　1月　 6日　3차개정발행

發行處　**(주) 한솔아카데미**

(우)06775 서울시 서초구 마방로10길 25 트윈타워 A동 2002호
TEL : (02)575-6144/5　FAX : (02)529-1130
〈1998. 2. 19 登錄 第16-1608號〉

※ 본 교재의 내용 중에서 오타, 오류 등은 발견되는 대로 한솔아카데미 인터넷 홈페이지를 통해 공지하여 드리며 보다 완벽한 교재를 위해 끊임없이 최선의 노력을 다하겠습니다.
※ 파본은 구입하신 서점에서 교환해 드립니다.
www.inup.co.kr / www.bestbook.co.kr

ISBN 979-11-6654-744-7 14540
ISBN 979-11-6654-743-0 (세트)

머리말

국제화·세계화의 시대적 흐름 속에서 우리 건축설비 분야에도 대외 개방 및 다양한 변화를 요구하고 있으며, 특히 건축설비기술자들에 대한 사회적 기대와 책무는 한층 더 크다고 할 수 있다.

이에 맞추어 건축설비산업기사 분야의 우수한 기술 인력을 배출하고자 자격제도가 시행되고 있으며 특히 2023년부터 새로운 출제기준을 적용하여 종전의 4과목에서 3과목으로 통폐합되어 다양한 새로운 문제가 출제될 것으로 예상된다.

이에 본서는 건축설비산업기사 시험과목인 건축설비 계획, 건축설비 설계, 건축설비관련법규 등의 광범위한 내용을 보다 체계적으로 정리하여 건축설비산업기사 시험에 대비한 지침서로서 최대한 효과를 얻을 수 있도록 알차게 꾸미고자 노력하였다.

1. 2023년 전면 개정된 출제기준에 따라 핵심이론을 체계적으로 정리하였으며, 기출문제의 정확한 분석과 해설을 수록하였다.
2. 각 과목별 방대한 이론을 쉽게 이해할 수 있도록 간단명료하게 체계적으로 핵심정리를 하였고, 또한 그림과 도표 및 예제·개념정리·학습포인트를 통하여 기본이론을 알기 쉽게 이해할 수 있도록 하였다.
3. 각 과목 핵심사항에 따른 상세한 기출문제 해설로 많은 학습 분량을 단기간에 쉽게 공부할 수 있도록 하였다.
4. 최근 20년간의 핵심기출문제를 각 단원별로 수록하여 출제경향을 쉽게 파악할 수 있도록 하였으며, 상세한 해설로 다양한 문제의 유형에도 쉽게 적응 능력을 향상시킬 수 있도록 하였다.

교재에 오류가 있다면 신속히 보완하여 더욱 좋은 책으로 거듭날 수 있도록 최선을 다하겠으며, 항상 조언을 부탁드립니다.

끝으로 본서를 통해서 건축설비산업기사 및 건축설비 관련시험의 지침서로서 수험생 여러분의 학습에 도움이 되기를 기대하며, 아울러 출판에 도움을 주신 한솔아카데미 한병천 사장님, 이종권 전무님과 편집부 임직원 여러분께 감사를 드린다.

저자 남 재 호

■ 출제경향에 따른 교재 특징

건축설비산업기사 시험의 출제과목은 크게 건축설비 계획, 건축설비 설계, 건축설비관련법규로 구성되어 있으며 그 범위가 광범위하여 수험생들에게 많은 부담을 주고 있습니다.

이러한 점을 감안하여 본 교재에서는 각 과목의 단원별 핵심이론정리 및 기출문제 상세해설로 다양한 문제의 유형에도 쉽게 적응 능력을 향상시킬 수 있도록 하여 시간이 부족한 분 또는 한번 정도 공부를 한 수험생이 재학습을 할 때 효과적으로 학습할 수 있도록 하여 단기간에 최대의 효과를 거둘 수 있도록 구성하였습니다.

이 책의 특징을 정리하면 다음과 같다.

- 각 과목별 방대한 이론을 쉽게 이해할 수 있도록 간단명료하게 체계적으로 핵심정리를 하고, 또한 그림과 도표 및 예제·개념정리·학습포인트를 통하여 기본이론을 알기 쉽게 이해할 수 있도록 구성하였다.
- 교재의 좌·우측 핵심 PLUS에 추가 핵심이론 및 모델형 핵심기출문제를 수록하여 최근 출제되는 유형을 바로 확인할 수 있도록 하였다.
- 최근 20년간의 핵심기출문제를 각 단원별로 수록하여 출제경향을 쉽게 파악할 수 있도록 하였으며, 상세한 해설로 다양한 문제의 유형에도 쉽게 적응 능력을 향상시킬 수 있도록 하였다.
- 최근의 건축법, 기계설비법, 에너지 및 녹색건축 관련법 등 현행법에 따른 해설을 하였다.

새로운 방식의 체계적인 학습전략 3단계

- 제1단계 : 핵심이론을 정리하면서 핵심 PLUS 및 모델형 출제문제 바로 확인하기
- 제2단계 : 제1단계 학습 후 각 단원별 핵심기출문제 풀이로 완벽한 실력 다지기
- 제3단계 : 최종 마무리 점검용 부록편의 과년도 출제문제 및 실전모의고사 풀이로 실전 다지기
  - ■ 시간이 부족한 수험생은 제1단계 학습으로도 시험대비 가능!

새로운 출제경향에 따른 2026년 완벽대비서

변화하는 최신 출제경향을 신속히 반영하여 보기편리하고 이해가 쉽도록 편집되었고, 전략수립을 위한 단순한 직감이 아니라 풍부한 data를 바탕으로 다른 책들보다 우수한 분석을 제시합니다.

Contents

제 2 권

III Subject | 건축설비관련법규   3-1

01. 건축법 ─────────────────────────── 3-3
   1. 총칙 ───────────────────────────── 3-4
      ■ 핵심기출문제 ───────────────────── 3-19
   2. 건축물의 건축 ───────────────────────── 3-29
      ■ 핵심기출문제 ───────────────────── 3-35
   3. 건축물의 구조 및 재료 ─────────────────── 3-41
      ■ 핵심기출문제 ───────────────────── 3-63
   4. 건축설비 등(설비규칙, 피·방규칙 포함) ─────────── 3-80
      ■ 핵심기출문제 ───────────────────── 3-88
   5. 보칙 ───────────────────────────── 3-103
      ■ 핵심기출문제 ───────────────────── 3-113

02. 건축물의 에너지절약 및 냉방설비의 설치와 설계기준 ─────── 3-119
   1. 건축물의 에너지절약 설계기준 ─────────────── 3-120
   2. 건축물의 냉방설비의 설치와 설계기준 ──────────── 3-125
      ■ 핵심기출문제 ───────────────────── 3-129

03. 녹색건축 인증에 관한 규칙 및 기준 ─────────────── 3-139
      ■ 핵심기출문제 ───────────────────── 3-148

04. 건축물 에너지효율등급 인증 및 제로에너지건축물 인증에 관한 규칙 ── 3-151
      ■ 핵심기출문제 ───────────────────── 3-162

05. 지능형건축물의 인증에 관한 규칙 및 기준 ─────────── 3-163
      ■ 핵심기출문제 ───────────────────── 3-173

06. 기계설비법 ───────────────────────── 3-175
      ■ 핵심기출문제 ───────────────────── 3-188

Contents

IV Subject | 과년도 출제문제   4-1

01. 2023년 제1회 시행 ——— 4-2
02. 2023년 제2회 시행 ——— 4-15
03. 2023년 제4회 시행 ——— 4-28
04. 2024년 제1회 시행 ——— 4-42
05. 2024년 제2회 시행 ——— 4-55
06. 2024년 제3회 시행 ——— 4-68
07. 2025년 제1회 시행 ——— 4-81
08. 2025년 제2회 시행 ——— 4-94
09. 2025년 제3회 시행 ——— 4-108

V Subject | 실전 모의고사   5-1

01. 제1회 실전 모의고사 [온라인TEST] ——— 5-2
02. 제2회 실전 모의고사 ——— 5-15
03. 제3회 실전 모의고사 [온라인TEST] ——— 5-27
04. 제4회 실전 모의고사 ——— 5-41
05. 제5회 실전 모의고사 ——— 5-54

CBT 대비 실전테스트 | 온라인 TEST |

홈페이지(www.bestbook.co.kr)에서 일부 모의고사 문제를 온라인 TEST로 체험하실 수 있습니다.

01. CBT 실전테스트 제1회(2024년 제1회)
02. CBT 실전테스트 제2회(2024년 제3회)
03. CBT 실전테스트 제3회(2025년 제1회)
04. CBT 실전테스트 제4회(2025년 제3회)
05. CBT 실전테스트 제5회(제1회 실전 모의고사)
06. CBT 실전테스트 제6회(제3회 실전 모의고사)

PART 3

건축설비관련법규

section 01 건축법

section 02 건축물의 에너지절약 및 냉방설비의 설치와 설계기준

section 03 녹색건축 인증에 관한 규칙 및 기준

section 04 건축물 에너지효율등급 인증 및 제로에너지건축물 인증에 관한 규칙

section 05 지능형건축물의 인증에 관한 규칙 및 기준

section 06 기계설비법

건축법 및 에너지 관련 규칙과 기준은 수시로 법의 개정이 있으므로 시험 전에 현행법에 따른 정오표를 건축설비산업기사4주완성 홈페이지(www.inup.co.kr) 또는 한솔아카데미 인터넷서점(정오표/개정법령)에서 확인하고 준비하시기 바랍니다.

건축법

01 section

제1편 건축법
　01　총칙
　02　건축물의 건축
　03　건축물의 구조 및 재료
　04　건축설비 등
　05　보칙

01 총칙

제3과목 건축설비관련법규 | 제1편 건축법

핵심 PLUS

예 다음 중 건축법에서 규정하고 있지 않는 것은?
① 건축물의 대지에 관한 기준
② 건축물의 구조에 관한 기준
③ 건축물의 설비에 관한 기준
④ 건축물의 지구 지정에 관한 기준

답 : ④

1 건축법의 목적

건축법은 건축물의 대지(垈地), 구조(構造), 설비(設備)의 기준과 건축물의 용도(用途) 등을 정하여 건축물의 안전, 기능, 환경 및 미관을 향상시킴으로써 공공복리의 증진에 이바지함을 목적으로 한다.

> 💡 **참고**
>
> 1. 법의 체계
>   헌법 → (건축)법 → (건축법)시행령 → (건축법)시행규칙 → (건축법)시행세칙
>   　　　　　법률　　>　대통령령　>　국토교통부령　>　도·시·군·읍령
>   ※상위 법령이 항상 우선한다. 건축법은 특별법이다.
>
> 2. 건축법에 관련된 규정
>   ㉠ 건축법, 시행령, 시행규칙
>   ㉡ 건축물의 구조기준 등에 관한 규칙
>   ㉢ 건축물의 피난·방화구조 등의 기준에 관한 규칙
>   ㉣ 건축물의 설비기준 등에 관한 규칙
>   ㉤ 건축물대장의 기재 및 관리에 관한 규칙
>   ㉥ 표준설계도서 등의 운영에 관한 규칙

2 용어의 정의

1. 건축물

1) 정의

　① 토지에 정착하는 공작물 중 지붕과 기둥 또는 벽이 있는 것
　② 건축물에 딸린 담장, 대문 등의 시설물
　③ 지하 또는 고가의 공작물에 설치하는 사무소, 공연장, 점포, 차고, 창고 등

2) 건축물로 취급하는 공작물

공작물의 종류	규 모
1. 옹벽 또는 담장	높이 2[m]를 넘는 것
2. 장식탑, 기념탑, 첨탑, 광고판, 광고탑	높이 4[m]를 넘는 것
3. 태양에너지 발전설비	높이 5[m]를 넘는 것
4. 굴뚝	
5. 골프연습장 등의 운동시설을 위한 철탑과 주거지역 및 상업지역 안에 설치하는 통신용 철탑 등	높이 6[m]를 넘는 것
6. 고가수조	높이 8[m]를 넘는 것
7. 기계식 주차장 및 철골조립식 주차장(바닥면이 조립식이 아닌 것을 포함)으로서 외벽이 없는 것	높이 8[m] 이하(단, 위험방지를 위한 난간높이 제외)
8. 지하대피호	바닥면적 30[m^2]를 넘는 것
9. 건축조례가 정하는 제조시설, 저장시설(시멘트저장용 싸이로 포함), 유희시설 기타 이와 유사한 것	
10. 건축물의 구조에 심대한 영향을 줄 수 있는 중량물로서 건축조례로 정하는 것	

※ 건축물로 취급하는 공작물은 특별자치시장·특별자치도지사 또는 시장·군수·구청장에게 건축신고로 축조할 수 있다.

2. 건축물의 용도

건축물의 종류를 유사한 구조·이용목적 및 형태별로 묶어 분류한 것으로 그 용도는 다음과 같이 29종류의 시설로 구분하며 각 용도에 속하는 건축물의 종류는 대통령령으로 정한다.

1) 건축물의 용도분류

1. 단독주택
2. 공동주택
3. 제1종 근린생활시설
4. 제2종 근린생활시설
5. 문화 및 집회시설
6. 종교시설
7. 판매시설
8. 운수시설
9. 의료시설
10. 교육연구시설
11. 노유자(老幼者 : 노인 및 어린이)시설
12. 수련시설
13. 운동시설
14. 업무시설
15. 숙박시설
16. 위락(慰樂)시설
17. 공장
18. 창고시설
19. 위험물저장 및 처리시설
20. 자동차관련시설
21. 동물 및 식물관련시설
22. 자원순환관련시설
23. 교정(矯正) 및 군사시설
24. 방송통신시설
25. 발전시설
26. 묘지관련시설
27. 관광휴게시설
28. 장례시설
29. 야영장시설

핵심 PLUS

예 공작물을 축조할 때 특별자치도지사 또는 시장·군수·구청장에게 신고를 하여야 하는 대상 공작물에 속하지 않는 것은? [11 기]
① 높이가 8[m]인 굴뚝
② 높이가 3[m]인 장식탑
③ 높이가 5[m]인 광고탑
④ 높이가 2.5[m]인 옹벽

답 : ②

예 공작물을 축조하고자 하는 경우 시장·군수·구청장에게 신고를 하여야 하는 공작물의 기준으로 부적합한 것은?
① 높이 4[m]를 넘는 광고판
② 바닥면적 20[m^2]를 넘는 지하대피호
③ 높이 4[m]를 넘는 기념탑
④ 높이 8[m]를 넘는 고가수조

답 : ②

핵심 PLUS

2) 주요 건축물의 용도분류

대 분 류	소 분 류
① 단독주택 [단독주택의 형태를 갖춘 가정어린이집·공동생활가정·지역아동센터 및 노인복지시설(노인복지주택은 제외)을 포함]	가. 단독주택 나. 다중주택 : 다음의 요건을 모두 갖춘 주택 　1) 학생 또는 직장인 등 여러 사람이 장기간 거주할 수 있는 구조로 되어 있는 것 　2) 독립된 주거의 형태를 갖추지 않은 것(각 실별로 욕실은 설치할 수 있으나, 취사시설은 설치하지 않은 것을 말함) 　3) 1개 동의 주택으로 쓰이는 바닥면적(부설 주차장 면적은 제외)의 합계가 660[m^2] 이하이고 주택으로 쓰는 층수(지하층은 제외)가 3개 층 이하일 것. 단, 1층의 전부 또는 일부를 필로티 구조로 하여 주차장으로 사용하고 나머지 부분을 주택(주거 목적으로 한정) 외의 용도로 쓰는 경우에는 해당 층을 주택의 층수에서 제외한다. 　4) 적정한 주거환경을 조성하기 위하여 건축조례로 정하는 실별 최소 면적, 창문의 설치 및 크기 등의 기준에 적합할 것 다. 다가구주택 : 다음의 요건을 모두 갖춘 주택으로서 공동주택에 해당하지 아니하는 것 　1) 주택으로 쓰는 층수(지하층은 제외)가 3개 층 이하일 것. 단, 1층의 전부 또는 일부를 필로티 구조로 하여 주차장으로 사용하고 나머지 부분을 주택(주거 목적으로 한정한다) 외의 용도로 쓰는 경우에는 해당 층을 주택의 층수에서 제외한다. 　2) 1개 동의 주택으로 쓰이는 바닥면적의 합계가 660[m^2] 이하일 것 　3) 19세대(대지 내 동별 세대수를 합한 세대를 말함) 이하가 거주할 수 있을 것 라. 공관(公館)
② 공동주택 [공동주택의 형태를 갖춘 가정어린이집·공동생활가정·지역아동센터 및 노인복지시설(노인복지주택은 제외)·주택법시행령에 따른 원룸형 주택을 포함]	단, '가' 목이나 '나' 목에서 층수를 산정할 때 1층 전부를 필로티 구조로 하여 주차장으로 사용하는 경우에는 필로티 부분을 층수에서 제외하고, '다' 목에서 층수를 산정할 때 1층의 전부 또는 일부를 필로티 구조로 하여 주차장으로 사용하고 나머지 부분을 주택 외의 용도로 쓰는 경우에는 해당 층을 주택의 층수에서 제외하며, '가' 목부터 '라' 목까지의 규정에서 층수를 산정할 때 지하층을 주택의 층수에서 제외한다. 가. 아파트(주택으로 쓰이는 층수가 5개층 이상인 주택) 나. 연립주택(주택으로 쓰이는 1개동의 바닥면적(2개 이상의 동을 지하주차장으로 연결하는 경우에는 각각의 동으로 본다) 합계가 660[m^2]를 초과하고, 층수가 4개층 이하인 주택) 다. 다세대주택[주택으로 쓰는 1개 동의 바닥면적 합계가 660[m^2] 이하이고, 층수가 4개 층 이하인 주택(2개 이상의 동을 지하주차장으로 연결하는 경우에는 각각의 동으로 본다)] 라. 기숙사[학교 또는 공장 등의 학생 또는 종업원 등을 위하여 쓰는 것으로서 1개 동의 공동취사시설 이용 세대수가 전체의 50[%] 이상인 것(학생복지주택을 포함)]
③ 제1종 근린생활시설	가. 수퍼마켓과 일용품(식품·잡화·의류·완구·서적·건축자재·의약품·의료기기 등) 등의 소매점으로서 같은 건축물에 해당 용도로 쓰는 바닥면적의 합계가 1,000[m^2] 미만인 것 나. 휴게음식점으로서 *300[m^2] 미만인 것 다. 이용원, 미용원, 일반목욕장, 세탁소(공장이 부설된 것을 제외) 라. 의원, 치과의원, 한의원, 침술원, 접골원, 조산원, 산후조리원, 안마원 마. 탁구장, 체육도장으로서 *500[m^2] 미만인 것 바. 지역자치센터, 파출소, 지구대, 소방서, 우체국, 방송국, 보건소, 공공도서관, 지역건강보험조합 등 *1,000[m^2] 미만인 것 등 사. 마을회관, 마을공동작업소, 마을공동구판장, 공중화장실, 대피소, 지역아동센터 아. 변전소, 도시가스배관시설, 통신용시설(1,000[m^2] 미만), 정수장, 양수장 등 자. 금융업소, 사무소, 부동산중개사무소, 결혼상담소 등 소개업소, 출판사 등 일반업무시설로서 같은 건축물에 해당 용도로 쓰는 바닥면적의 합계가 30[m^2] 미만인 것 차. 전기자동차 충전소(해당 용도로 쓰는 바닥면적의 합계가 1,000[m^2] 미만인 것)

Industrial Engineer Building Facilities

핵심 PLUS

대 분 류	소 분 류
④ 제2종 근린생활시설	가. 공연장, 종교집회장으로서 500[m^2] 미만인 것 나. 자동차영업소로서 1,000[m^2] 미만인 것 다. 서점(제1종 근린생활시설에 해당하지 않는 것) 라. 총포판매소 마. 사진관, 표구점 바. 청소년게임제공업소, 인터넷컴퓨터게임시설제공업소 등으로서 500[m^2] 미만인 것 사. 휴게음식점, 제과점 등으로서 300[m^2] 이상인 것 아. 일반음식점 자. 장의사, 동물병원, 동물미용실, 그 밖에 이와 유사한 것 차. 학원(자동차학원 및 무도학원은 제외), 교습소(자동차 교습 및 무도 교습을 위한 시설은 제외), 직업훈련소(운전·정비 관련 직업훈련소는 제외)로서 500[m^2] 미만인 것 카. 독서실, 기원 타. 테니스장, 체력단련장, 에어로빅장, 볼링장, 당구장, 실내낚시터, 골프연습장, 놀이형시설 등으로서 500[m^2] 미만인 것 파. 금융업소, 사무소, 부동산중개사무소, 결혼상담소 등 소개업소, 출판사 등 일반업무시설로서 500[m^2] 미만인 것 하. 다중생활시설로서 500[m^2] 미만인 것 거. 제조업소, 수리점 등 물품의 제조·가공·수리 등을 위한 시설로서 500[m^2] 미만인 것 너. 단란주점으로서 150[m^2] 미만인 것 더. 안마시술소, 노래연습장
⑤ 운수시설	가. 여객자동차터미널 나. 철도시설 다. 공항시설 라. 항만시설
⑥ 의료시설	가. 병원 : 종합병원, 병원, 치과병원, 한방병원, 정신병원 및 요양병원 나. 격리병원 : 전염병원, 마약진료소 등
⑦ 교육연구시설 (제2종 근린생활시설에 해당하는 것은 제외)	가. 학교 : 유치원, 초등학교, 중학교, 고등학교, 전문대학, 대학, 대학교 등 나. 교육원(연수원 등을 포함) 다. 직업훈련소(운전 및 정비 관련 직업훈련소는 제외) 라. 학원(자동차학원 및 무도학원은 제외) 마. 연구소(연구소에 준하는 시험소와 계측계량소를 포함) 바. 도서관
⑧ 노유자시설	가. 아동 관련 시설(어린이집, 아동복지시설 등으로서 단독주택, 공동주택 및 제1종 근린생활시설에 해당하지 아니하는 것) 나. 노인복지시설(단독주택과 공동주택에 해당하지 아니하는 것) 다. 그 밖에 다른 용도로 분류되지 아니한 사회복지시설 및 근로복지시설

핵심 PLUS

대 분 류	소 분 류
⑨ 수련시설	가. 생활권 수련시설 : 청소년수련관, 청소년문화의집, 청소년특화시설, 그 밖에 이와 비슷한 것 나. 자연권 수련시설 : 청소년수련원, 청소년야영장, 그 밖에 이와 비슷한 것 다. 유스호스텔 라. 야영장시설(300[m²] 이상)
⑩ 창고시설	가. 창고(일반창고와 냉장 및 냉동 창고를 포함) 나. 하역장 다. 물류터미널 라. 집배송 시설

예 건축법령상 단독주택에 속하지 않는 것은? [13, 18 산]
① 공관   ② 다중주택
③ 다세대주택   ④ 다가구주택
답 : ③

예 건축법령상 다음과 같이 정의되는 주택의 유형은? [16, 17, 18 산]

> 주택으로 쓰는 1개의 바닥면적 합계가 660[m²]를 초과하고, 층수가 4개 층 이하인 주택

① 다중주택   ② 연립주택
③ 다가구주택   ④ 다세대주택
답 : ②

예 건축법령에 따른 아파트의 정의로 알맞은 것은? [17 산]
① 주택으로 쓰는 층수가 3개층 이상인 주택
② 주택으로 쓰는 층수가 5개층 이상인 주택
③ 주택으로 쓰는 층수가 8개층 이상인 주택
④ 주택으로 쓰는 층수가 10개층 이상인 주택
답 : ②

예 건축법령상 제1종 근린생활시설에 속하지 않는 것은? [11, 14, 24 산]
① 치과의원   ② 변전소
③ 일반음식점   ④ 공중화장실
[해설] 일반음식점은 제2종 근린생활시설에 속한다.
답 : ③

💡 학습포인트

건축물의 용도 분류

1. 주 택
   ㉠ 단독주택[단독주택의 형태를 갖춘 가정어린이집·공동생활가정·지역아동센터 및 노인복지시설(노인복지주택은 제외)을 포함]
   • 단독주택
   • 다중주택(연면적 660[m²] 이하, 3층 이하)
   • 다가구주택(바닥면적합계 660[m²] 이하, 3개층 이하, 19세대 이하)
   • 공관
   ㉡ 공동주택[공동주택의 형태를 갖춘 가정어린이집·공동생활가정·지역아동센터 및 노인복지시설(노인복지주택은 제외)·주택법시행령에 따른 원룸형 주택을 포함]
   • 다세대주택 : 4개층 이하, 동당 연면적 660[m²] 이하 ┐ 구분 : 연면적
   • 연립주택 : 4개층 이하, 동당 연면적 660[m²] 초과 ┘
   • 아파트 : 5개층 이상   구분 : 층 수
   • 기숙사

2. 의료행위를 하는 시설
   ㉠ 제1종 근린생활시설 : 의원·치과의원·한의원·침술원·접골원·조산원·산후조리원·안마원·보건소
   ㉡ 제2종 근린생활시설 : 안마시술소·동물병원
   ㉢ 의료시설 : 종합병원·병원·치과병원·한방병원·정신병원·요양병원·마약진료소

3. 학원계 시설
   ㉠ 제2종 근린생활시설 : 바닥면적 500[m²] 미만의 학원
   ㉡ 교육연구시설 : 학원(제2종 근린생활시설·위락시설·자동차 관련시설은 제외)
   ㉢ 위락시설 : 무도학원
   ㉣ 자동차 관련시설 : 운전학원·정비학원

4. 기 타
   ㉠ 동물원·식물원 : 문화 및 집회시설(동물 및 식물 관련시설이 아님)
   ㉡ 극장·음악당 : 문화 및 집회시설(야외극장·야외음악당 : 관광휴게시설)
   ㉢ 유스호스텔 : 수련시설(숙박시설이 아님)
   ㉣ 물류터미널 : 창고시설(운수시설이 아님)
   ㉤ 집배송시설 : 창고시설(운수시설이 아님)
   ㉥ 어린이회관 : 관광휴게시설(문화 및 집회시설이 아님)

3. 건축설비

① 건축물에 설치하는 전기, 전화, 가스, 급수, 배수(配水), 배수(排水), 환기, 난방, 소화, 배연(排煙), 오물처리의 설비
② 건축물에 설치하는 굴뚝, 승강기, 피뢰침, 국기게양대, 공동시청안테나, 유선방송 수신시설, 우편함, 저수조(貯水槽), 방범시설, 초고속 정보통신설비, 지능형 홈네트워크 설비 등
③ 건축물의 설비기준 등에 관한 규칙에서 정하는 설비

4. 지하층

건축물의 바닥이 지표면 아래에 있는 층으로서 해당 층의 바닥으로부터 지표면까지의 높이가 층고의 1/2 이상인 것을 지하층이라 한다.

$$h \geq \frac{1}{2}H$$

h : 바닥으로부터 지표면까지의 높이
H : 해당 층고

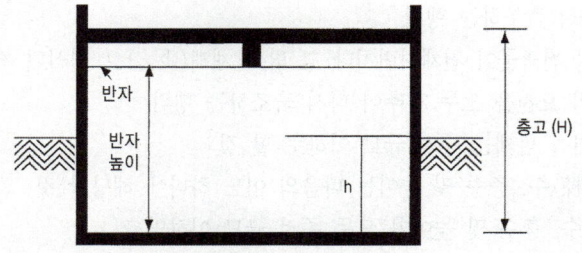

5. 거 실(居室)

건축물 안에서 거주(居住), 집무, 작업, 집회, 오락 등의 용도로 사용되는 방을 말한다. 거실은 장시간 지속적으로 머무는 곳으로서 위생, 방화 및 피난 등 관련법의 규제가 강화된다.

※ 장시간 사용하지 않는 복도, 계단, 현관, 변소, 욕실 등과 사람이 거주하지 않는 창고, 기계실 등은 거실이 아니다.

핵심 PLUS

예 건축법령상 의료시설에 속하지 않는 것은? [15, 25 산]
① 한의원 ② 치과병원
③ 요양병원 ④ 전염병원
해설 한의원은 제1종 근린생활시설에 해당된다.
답 : ①

예 건축법령상 운수시설에 속하지 않는 것은? [15 산]
① 주차장
② 항만시설
③ 공항시설
④ 여객자동차터미널
해설 주차장은 자동차관련시설에 해당된다.
답 : ①

예 건축법령상 용도에 따른 건축물의 종류가 옳지 않은 것은? [17 산]
① 공동주택 - 다세대주택
② 숙박시설 - 유스호스텔
③ 제1종 근린생활시설 - 한의원
④ 제2종 근린생활시설 - 일반음식점
해설 유스호스텔은 수련시설에 해당된다.
답 : ②

예 건축법의 정의에서 건축설비에 해당되지 않는 것은? [03 기]
① 국기게양대
② 유선방송수신시설
③ 오물처리설비
④ 비상방송설비
답 : ④

예 다음은 건축법령에 따른 지하층의 정의 내용이다. ( ) 안에 알맞은 것은? [14 산]

"지하층"이란 건축물의 바닥이 지표면 아래에 있는 층으로서 바닥에서 지표면까지 평균높이가 해당 층 높이의 ( ) 이상인 것을 말한다.

① 1/4 ② 1/3
③ 1/2 ④ 2/3
해설 지하층이란 건축물의 바닥이 지표면 아래에 있는 층으로서 바닥에서 지표면까지 평균높이가 해당 층 높이의 1/2 이상인 것을 말한다.
답 : ③

핵심 PLUS

예 건축법의 거실에 대한 용어 정의에 따른 설명 중 틀린 것은? [03 기]
① 건축물 안에서 거주 및 집무로 사용되는 방
② 건축물 안에서 작업 및 집회로 사용되는 방
③ 건축물 안에서 오락으로 사용되는 방
④ 건축물 안에서 화장실로 사용되는 방
답 : ④

예 건축법령상 건축물의 주요구조부에 속하지 않는 것은? [20 산]
① 기둥
② 바닥
③ 주계단
④ 작은 보
답 : ④

예 기존 건축물이 재난으로 인하여 멸실된 대지 안에 종전의 기존 건축물 규모의 범위를 초과하여 다시 축조하는 건축 행위는? [11, 14 산]
① 신축
② 증축
③ 개축
④ 재축
답 : ①

예 다음 중 증축에 속하는 것은?
① 부속건축물만 있는 대지에 새로 주된 건축물을 축조하는 것
② 기존 건축물이 있는 대지에서 높이를 증가시키는 것
③ 기존 건축물이 멸실된 대지 위에 건축물을 축조하는 것
④ 건축물의 주요구조부를 해체하지 아니하고 같은 대지의 다른 위치로 옮기는 것

[해설] ① : 신축, ③ : 신축(종전 규모의 범위 초과) 또는 재축(종전과 동일한 규모의 범위 안에서 다시 축조), ④ : 이전
답 : ②

6. 주요구조부

주요구조부라 함은 내력벽, 기둥, 바닥, 보, 지붕틀 및 주계단을 말한다.

예외 사잇벽, 사잇기둥, 최하층바닥, 작은보, 차양, 옥외계단, 기타 이와 유사한 것으로서 건축물의 구조상 중요하지 아니한 부분 및 기초는 주요구조부에서 제외된다.

주의 구조부재(構造部材) : 건축물의 기초·벽·기둥·바닥판·지붕틀·토대(土臺)·사재(斜材 : 가새·버팀대·귀잡이 그 밖에 이와 유사한 것)·가로재(보·도리 그 밖에 이와 유사한 것) 등으로 건축물에 작용하는 설계하중에 대하여 그 건축물을 안전하게 지지하는 기능을 가지는 건축물의 구조내력상 주요한 부분을 말한다.

7. 건축

건축물의 신축(新築)·증축(增築)·개축(改築)·재축(再築)·이전(移轉)하는 행위를 말한다.

① 신축 : 건축물이 없는 대지(기존 건축물이 해체하거나 멸실된 대지 포함)에 새로이 건축물을 축조하는 행위(부속 건축물만 있는 대지에 새로이 주된 건축물을 축조하는 것을 포함하되, 개축 또는 재축의 경우는 제외)

② 증축 : 기존 건축물이 있는 대지 안에서 건축물의 건축면적·연면적, 층수 또는 높이를 증가시키는 행위

③ 개축 : 기존 건축물의 전부 또는 일부[내력벽·기둥·보·지붕틀(한옥의 경우에는 지붕틀의 범위에서 서까래는 제외) 중 3개 이상이 포함되는 경우를 말함]를 해체하고, 그 대지 안에 종전과 동일한 규모의 범위 안에서 건축물을 다시 축조하는 행위

④ 재축 : 건축물이 천재지변이나 그 밖의 재해(災害)로 멸실된 경우 그 대지에 다음의 요건을 모두 갖추어 다시 축조하는 행위
  ㉠ 연면적 합계는 종전 규모 이하로 할 것
  ㉡ 동(棟)수, 층수 및 높이는 다음의 어느 하나에 해당할 것
    • 동수, 층수 및 높이가 모두 종전 규모 이하일 것
    • 동수, 층수 또는 높이의 어느 하나가 종전 규모를 초과하는 경우에는 해당 동수, 층수 및 높이가 건축법, 영 또는 건축조례에 모두 적합할 것

⑤ 이전 : 건축물의 주요구조부를 해체하지 아니하고 동일한 대지 안의 다른 위치로 옮기는 행위

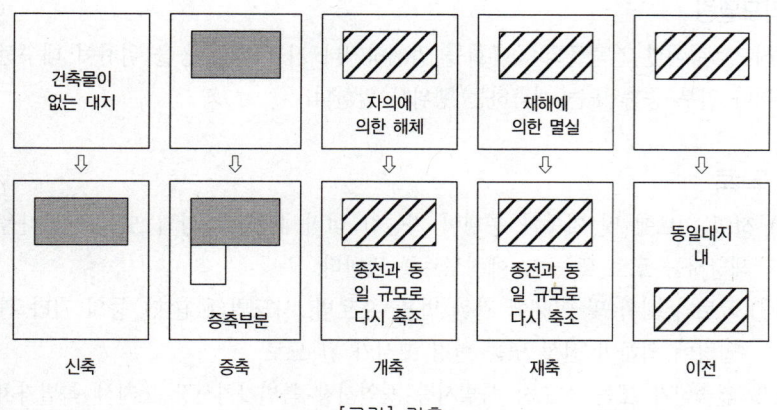

[그림] 건축

> 💡 **학습포인트**
>
> **건축행위**
> ㉠ 건축행위(신축·증축·개축·재축·이전)는 허가대상이다.
> ㉡ 개축과 재축의 공통점과 차이점
> · 공통점 : 동일한 규모범위 안에서 다시 축조하는 행위
> · 차이점 : 개축은 인위적으로 해체하고 다시 축조하는 행위(自意)
>   재축은 천재지변 등의 재해로 인해 축조하는 행위(他意)
> ※ 단, 규모를 초과하면 신축행위로 본다.

8. 대수선

건축물의 기둥·보·내력벽·주계단 등의 구조 또는 외부형태를 수선·변경 또는 증설하는 것으로서 다음에 해당하는 것으로서 증축·개축 또는 재축에 해당하지 아니하는 것을 말한다.

건축물의 부분(주요구조부)	대수선에 해당하는 내용
내력벽	증설·해체하거나 벽면적 30[m²] 이상 수선·변경
기둥, 보, 지붕틀(한옥의 경우 지붕틀의 범위에서 서까래는 제외)	증설·해체하거나 각각 3개 이상 수선·변경
방화벽, 방화구획을 위한 바닥 및 벽	증설·해체하거나 수선·변경
주계단, 피난계단, 특별피난계단	
다가구주택 및 다세대주택의 가구 및 세대간	경계벽의 증설·해체하거나 수선·변경
다음 해당 건축물의 외벽에 사용하는 마감재료 -6층 이상 건축물 -높이 22[m] 이상 건축물 -상업지역(근린상업지역 제외) 안의 건축물 중 2,000[m²] 이상 다중이용업·공장으로부터 6[m] 이내의 건축물	증설·해체하거나 벽면적 30[m²] 이상 수선, 변경

핵심 PLUS

예 다음의 행위 중 대수선에 해당하지 않는 것은? [05, 07 기]
① 보와 기둥을 각각 3개 해체하여 수선 또는 변경하는 것
② 지붕틀을 3개 이상 해체하여 수선 또는 변경한 것
③ 방화벽, 방화구획을 위한 바닥 및 벽을 수선 또는 변경하는 것
④ 내력벽의 벽면적을 20[m²] 이상 해체하여 수선 또는 변경하는 것
    답 : ④

제3과목 건축설비관련법규 | 제1편 건축법

핵심 PLUS

9. 리모델링
리모델링이란 건축물의 노후화를 억제하거나 기능 향상 등을 위하여 대수선하거나 일부 증축 또는 개축하는 행위를 말한다.

[예] 다음 중 건축법상의 도로로 볼 수 없는 것은?
① 도로법에 의한 고속도로
② 사도법에 의하여 신설 또는 변경에 관한 고시가 된 도로
③ 국토의 계획 및 이용에 관한 법률에서 신설에 관한 고시가 된 도로
④ 건축허가시 시장이 그 위치를 지정·공고한 도로

답 : ①

10. 도 로
1) 정의 : 보행 및 자동차 통행이 가능한 너비 4[m] 이상의 도로로서 다음에 해당하는 도로 또는 그 예정도로를 말한다.
   ① 국토의 계획 및 이용에 관한 법률, 도로법, 사도법(私道法) 등의 기타 관계 법령에 의하여 신설 또는 변경 고시가 된 도로
   ② 건축허가 또는 신고시 특별시장·광역시장·특별자치시장·도지사·특별자치도지사 또는 시장·군수·구청장(자치구의 구청장에 한함)이 그 위치를 지정한 도로

2) 차량통행이 불가능한 경우의 도로
지형적 조건으로 차량통행을 위한 도로의 설치가 곤란하다고 인정하여 특별자치시장·특별자치도지사 또는 시장·군수·구청장이 그 위치를 지정·공고하는 구간 안의 너비 3[m] 이상인 도로(단, 길이가 10[m] 미만인 막다른 도로인 경우에는 너비 2[m] 이상)

[예] 막다른 도로의 길이가 30[m]인 경우, 이 도로가 건축법상 도로이기 위한 최소 너비는?
① 2[m]
② 3[m]
③ 4[m]
④ 5[m]

답 : ②

3) 막다른 도로의 폭
상기 2)에 해당되지 않는 막다른 도로로서 다음 표에 정하는 기준 이상인 도로

막다른 도로의 길이	당해 도로의 소요 너비
10[m] 미만	2[m] 이상
10[m] 이상 35[m] 미만	3[m] 이상
35[m] 이상	6[m] 이상 (도시지역이 아닌 읍·면의 구역에서는 4[m] 이상)

■ 철근콘크리트조, 철골철근콘크리트조의 내화기준
• 벽 : 두께 10[cm] 이상
• 외벽 중 비내력벽 : 두께 7[cm] 이상
• 기둥 : 최소지름이 25[cm] 이상
• 바닥 : 두께 10[cm] 이상
• 보, 지붕, 계단 : 두께 기준이 없다.
※ 철골조의 계단은 내화구조로 본다.

11. 내화구조
화재에 견딜 수 있는 성능을 가진 구조로서 국토교통부령이 정하는 기준에 적합한 구조

구조 부분		내화구조의 기준	기준 두께
1. 벽	( ) 안은 외벽 중 비내력벽	철근콘크리트조·철골철근콘크리트조	10[cm] (7[cm]) 이상
		벽돌조	19[cm] 이상
		철골조의 골구 양면에 *철망모르타르로 덮을 때	4[cm] (3[cm]) 이상
		철골조의 골구 양면에 콘크리트블록·벽돌·석재로 덮을 때	5[cm] (4[cm]) 이상

Industrial Engineer Building Facilities

구조 부분		내화구조의 기준	기준 두께
1. 벽	( )안은 외벽 중 비내력벽	철재로 보강된 콘크리트블록조·벽돌조·석조로서 철재에 덮은 콘크리트블록의 두께	5[cm](4[cm]) 이상
		고온·고압증기양생된 경량기포 콘크리트패널 또는 경량기포콘크리트블록조	10[cm] 이상
		무근콘크리트조·콘크리트블록조·벽돌조·석조	7[cm] 이상
2. 기둥 (작은 지름이 25[cm] 이상인 것) ※		철근콘크리트조·철골철근콘크리트조	-
	철골에 ( )안은 경량골재를 사용한 경우	*철망모르타르로 덮을 것	6[cm](5[cm]) 이상
		콘크리트블록·벽돌·석재로 덮은 것	7[cm] 이상
		콘크리트로 덮은 것	5[cm] 이상
3. 바 닥		철근콘크리트조·철골철근콘크리트조	10[cm] 이상
		철재로 보강된 콘크리트블록조·벽돌조 또는 석조로서 철재에 덮은 콘크리트블록 등의 두께	5[cm] 이상
		철재의 양면에 철망모르타르 또는 콘크리트로 덮은 것	5cm 이상
4. 보 (지붕틀을 포함) ※		철근콘크리트조·철골철근콘크리트조	두께 무관
	철골에 ( )안은 경량골재를 사용한 경우	*철망모르타르로 덮은 것	6[cm](5[cm]) 이상
		콘크리트로 덮은 것	5[cm] 이상
		철골조의 지붕틀로서 바로 아래에 반자가 없거나 불연재료로 된 반자가 있는 것(단, 바닥으로부터 지붕틀 아랫부분까지의 높이가 4[m] 이상인 것에 한한다)	
5. 지 붕		·철근콘크리트조·철골철근콘크리트조 ·철재로 보강된 콘크리트블록조·벽돌조·석조 ·유리블록·망입유리로 된 것	두께 무관
6. 계 단		·철근콘크리트조·철골철근콘크리트조 ·무근콘크리트조·콘크리트블록조·벽돌조·석조 ·철재로 보강된 콘크리트블록조·벽돌조·석조 ·철골조	두께 무관
7. 기 타		한국건설기술연구원장이 국토교통부장관이 정하여 고시하는 방법에 따라 품질시험한 결과 성능기준에 적합할 것	

*표시: 그 바름 바탕을 불연재료로 한 것에 한한다.
※표시: 고강도 콘크리트(설계기준강도가 50[MPa] 이상인 콘크리트를 말함)를 사용하는 경우에는 국토교통부장관이 정하여 고시하는 고강도 콘크리트 내화성능 관리기준에 적합하여야 한다.

핵심 PLUS

예 건축물의 피난·방화구조 등의 기준에 관한 규칙상 내화구조에 속하지 않는 것은? [18, 24, 25 산]
① 철골조 계단
② 벽돌조로서 두께가 19[cm]인 벽
③ 철근콘크리트조로서 두께가 8[cm]인 바닥
④ 작은 지름이 25[cm]인 철근콘크리트조 기둥
답: ③

예 다음 중 내화구조로 볼 수 없는 것은?
① 작은 지름이 25[cm]인 철근콘크리트조의 기둥
② 벽돌조로서 두께가 0.5B인 내력벽
③ 두께가 10[cm]인 철근콘크리트조의 바닥
④ 철골조의 계단

[해설] 벽돌조로서 두께가 19[cm] 이상인 내력벽이라야 내화구조로 본다. (1.0B=19[cm], 0.5B=9[cm])
답: ②

예 철근콘크리트조인 경우 두께와 상관없이 내화구조에 속하는 것은? [13, 17, 23 산]
① 벽
② 바닥
③ 지붕
④ 외벽 중 비내력벽
답: ③

12. 방화구조

화염의 확산을 막을 수 있는 성능을 가진 구조로서 국토교통부장관이 정하는 적합한 구조

구조부분	방화구조의 기준
• 철망모르타르 바르기	바름두께가 2[cm] 이상인 것
• 석고판 위에 시멘트모르타르 또는 회반죽을 바른 것 • 시멘트모르타르 위에 타일을 붙인 것	두께의 합계가 2.5[cm] 이상인 것
• 심벽에 흙으로 맞벽치기한 것	두께에 관계없이 인정
• 한국산업표준이 정하는 바에 의하여 시험한 결과 방화 2급 이상에 해당하는 것	

13. 불연재료·준불연재료·난연재료

구 분	기 준	설치규정
불연재료	불에 타지 아니하는 성능을 가진 재료	• 콘크리트·석재·벽돌·기와·철강·알루미늄·유리·시멘트모르타르 및 회. 이 경우 시멘트모르타르 또는 회 등 • 한국산업표준이 정하는 바에 의하여 시험한 결과 질량감소율 등이 국토교통부장관이 정하여 고시하는 불연재료의 성능기준을 충족하는 것 • 불연성의 재료로서 국토교통부장관이 인정하는 재료
준불연재료	불연재료에 준하는 성질을 가진 재료	한국산업표준이 정하는 바에 의하여 시험한 결과 가스유해성, 열방출량 등이 국토교통부장관이 정하여 고시하는 준불연재료의 성능기준을 충족하는 것
난연재료	불에 잘 타지 아니하는 성능을 가진 재료	한국산업표준이 정하는 바에 의하여 시험한 결과 가스유해성, 열방출량 등이 국토교통부장관이 정하여 고시하는 난연재료의 성능기준을 충족하는 것

핵심 PLUS

예 다음 중 방화구조에 속하지 않는 것은? [12, 16, 17 산]
① 심벽에 흙으로 맞벽치기한 것
② 철망모르타르로서 그 바름두께가 2[cm]인 것
③ 시멘트모르타르 위에 타일을 붙인 것으로서 그 두께의 합계가 3[cm]인 것
④ 석고판 위에 시멘트모르타르를 바른 것으로서 그 두께의 합계가 2[cm]인 것

답 : ④

예 다음 중 건축법에 규정되어 있지 아니한 것은? [03 기]
① 내수재료
② 방수재료
③ 방화구조
④ 난연재료

해설 건축물의 피난·방화구조 등의 기준에 관한 규칙
① 구조 : 내화구조, 방화구조
② 재료 : 불연재료, 준불연재료, 난연재료, 내수재료

답 : ②

14. 기타

구 분	권한 및 의무
건축주	건축물의 건축·대수선·건축설비의 설치 또는 공작물의 축조에 관한 공사를 발주하거나 현장관리인을 두어 스스로 그 공사를 행하는 자
설계자	자기 책임하에(보조자의 조력을 받는 경우를 포함) 설계도서를 작성하고 그 설계도서에 의도한 바를 해설하며 지도·자문하는 자
공사감리자	자기 책임하에(보조자의 조력을 받는 경우를 포함) 건축법이 정하는 바에 의하여 건축물·건축설비 또는 공작물이 설계도서의 내용대로 시공되는지의 여부를 확인하고, 품질관리·공사관리 및 안전관리 등에 대하여 지도·감독하는 자
공사시공자	건설산업기본법(제2조 4) 규정에 의한 건축 등에 관한 공사를 행하는 자
관계전문 기술자	건축물의 구조·설비 등 건축물과 관련된 전문기술자격을 보유하고 설계 및 공사감리에 참여하여 설계자 및 공사감리자와 협력하는 자
설계도서	① 공사용 도면, 구조계산서, 시방서 ② 건축설비계산 관계서류 ③ 토질 및 지질 관계서류 ④ 기타 공사에 필요한 서류
초고층 건축물	층수가 50층 이상이거나 높이가 200[m] 이상인 건축물
준초고층 건축물	고층건축물 중 초고층 건축물이 아닌 것
고층 건축물	층수가 30층 이상이거나 높이가 120[m] 이상인 건축물
한 옥	주요 구조가 기둥·보 및 한식지붕틀로 된 목구조로서 우리나라 전통양식이 반영된 건축물 및 그 부속건축물
특별건축구역	조화롭고 창의적인 건축물의 건축을 통하여 도시경관의 창출, 건설기술 수준향상 및 건축 관련 제도개선을 도모하기 위하여 이 법 또는 관계 법령에 따라 일부 규정을 적용하지 아니하거나 완화 또는 통합하여 적용할 수 있도록 특별히 지정하는 구역

3 건축법의 적용 제외 (법 제3조, 영 제4조)

1. 건축법의 적용에서 제외되는 건축물
    ① 문화재보호법에 의한 지정·임시지정 문화재
    ② 철도 또는 궤도의 선로부지 안에 있는 운전보안시설, 철도선로의 상하를 위나 아래를 가로지르는 보행시설, 플랫폼 당해 철도 또는 궤도사업용 급수·급탄·급유 시설
    ③ 고속도로 통행료 징수시설
    ④ 컨테이너를 이용한 간이창고(공장의 용도로만 사용되는 건축물의 대지 안에 설치하는 것으로서 이동이 쉬운 것만 해당된다.)
    ⑤ 하천구역 내의 수문조작실

핵심 PLUS

예 다음 중 설계도서에 포함되지 않는 것은?
① 시방서
② 공정표
③ 구조계산서
④ 평면도

답 : ②

예 건축법령상 초고층 건축물의 정의로 알맞은 것은? [12, 23, 25 산]
① 층수가 50층 이상이거나 높이가 150[m] 이상인 건축물
② 층수가 50층 이상이거나 높이가 200[m] 이상인 건축물
③ 층수가 55층 이상이거나 높이가 150[m] 이상인 건축물
④ 층수가 55층 이상이거나 높이가 200[m] 이상인 건축물

답 : ②

예 건축법령상 고층건축물의 정의로 옳은 것은? [18 산]
① 층수가 20층 이상거나 높이가 60[m] 이상인 건축물
② 층수가 20층 이상거나 높이가 80[m] 이상인 건축물
③ 층수가 30층 이상거나 높이가 90[m] 이상인 건축물
④ 층수가 30층 이상거나 높이가 120[m] 이상인 건축물

답 : ④

예 다음 건축물 중 건축법을 적용하는 것은?
① 철도의 선로부지 안에 있는 플랫트홈
② 고속도로 통행료 징수시설
③ 컨테이너를 이용한 공사용 가설건축물
④ 문화재보호법에 의한 임시지정문화재

답 : ③

핵심 PLUS

■ 국토의 계획 및 이용에 관한 법률에 의한 용도지역
· 도시지역(13)
· 관리지역(3)
· 농림지역
· 자연환경보전지역

2. 건축법의 전부를 적용하는 대상지역

국토의 계획 및 이용에 관한 법률에 의하여 지정된 다음의 지역은 건축법 전부를 적용한다.
① 도시지역
② 지구단위계획구역
③ 동 또는 읍의 지역(섬의 경우 인구 500인 이상인 경우에 한함)

3. 건축법의 일부 규정을 적용하지 않는 대상지역

① 국토의 계획 및 이용에 관한 법률에 의한 도시지역, 지구단위계획구역, 동·읍의 지역(섬의 경우 인구 500인 이상에 한함)을 제외한 다음의 지역은 건축법의 일부를 적용하지 않는다.
㉠ 농림지역
㉡ 관리지역(지구단위계획구역으로 지정된 지역 제외)
㉢ 자연환경보전지역
㉣ 동 또는 읍의 지역 이외의 지역
㉤ 인구 500인 미만인 동·읍 지역에 속하는 섬의 지역

② 건축법 중 적용받지 않는 조항
㉠ 대지와 도로와의 관계(법 제44조)
㉡ 도로의 지정·폐지 또는 변경(법 제45조)
㉢ 건축선의 지정(법 제46조)
㉣ 건축선에 따른 건축제한(법 제47조)
㉤ 방화지구 안의 건축물(법 제51조)
㉥ 대지의 분할제한(법 제57조)

> **해설**
>
> 국토의 계획 및 이용에 관한 법률상의 용도 지역
>
>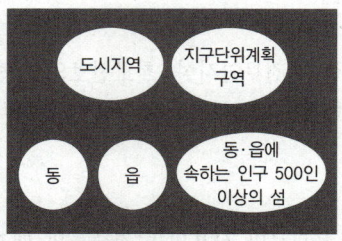
>
> 국토의 계획 및 이용에 관한 법률에 의한 용도 지역
>
> □ 건축법의 전부를 적용하는 지역
> ■ 건축법의 일부 규정을 적용하지 않는 지역
> · 농림지역
> · 관리지역(지구단위계획구역으로 지정된 지역 제외)
> · 자연환경보전지역
> · 동 또는 읍의 지역 이외의 지역
> · 인구 500인 미만인 동·읍 지역에 속하는 섬의 지역

4 리모델링에 대비한 특례

리모델링이 쉬운 구조의 공동주택에 대하여 다음의 기준을 완화하여 적용할 수 있다.

1. 용적률	
2. 건축물의 높이제한	120/100 범위 안에서 완화하여 적용
3. 일조권	

5 건축위원회

구 분	중앙건축위원회	지방건축위원회
설치	국토교통부	특별시·광역시·특별자치시·도·특별자치시·특별자치도·시·군 및 구(자치구)
위원	70인 이내(위원장·부위원장 포함)	25인 이상 150명 이내(위원장·부위원장 포함)
위원장	국토교통부장관이 임명·위촉	시·도지사 및 시장·군수·구청장의 임명·위촉
임기	2년(공무원이 아닌 위원 연임 가능)	3년 이내(건축조례에서 규정)
심의 사항	① 표준설계도서의 인정에 관한 사항 ② 건축법 및 건축법시행령의 제정·개정 및 시행에 관한 사항 ③ 건축물의 건축·대수선·용도변경, 건축설비의 설치 또는 공작물의 축조와 관련된 분쟁의 조정 또는 재정에 관한 사항 ④ 다른 법령에 따라 건축위원회의 심의를 하는 경우 해당 법령에서 규정한 심의사항	① 건축조례의 제정·개정 및 시행에 관한 사항(당해 지방자치단체의 장이 발의하는 건축조례에 한함) ② 건축선(建築線)의 지정에 관한 사항 ③ 다중이용 건축물 및 특수구조 건축물의 구조안전에 관한 사항 ④ 다른 법령에 따라 건축위원회의 심의를 하는 경우 해당 법령에서 규정한 심의사항

핵심 PLUS

예 건축법령상 시·군·구에 두는 건축위원회의 심의 사항에 속하지 않는 것은? [14 산]
① 건축선의 지정에 관한 사항
② 층수가 16층인 건축물의 건축에 관한 사항
③ 건축물의 건축등과 관련된 분쟁의 조정 또는 재정에 관한 사항
④ 판매시설로서 해당 용도에 쓰는 바닥면적의 합계가 5,000[m^2]인 건축물의 건축에 관한 사항

해설 건축물의 건축등과 관련된 분쟁의 조정 또는 재정에 관한 사항은 특별시·광역시·도에 두는 건축위원회의 심의 사항에 속하나, 시·군·구에 두는 건축위원회의 심의 사항에 해당되지 않는다.

답 : ③

핵심 PLUS

예 건축법령상 다중이용 건축물에 속하지 않는 것은? (단, 16층 미만의 건축물로 해당 용도로 쓰는 바닥면적의 합계가 5,000[m²] 이상인 건축물의 경우) [15 산]
① 업무시설
② 종교시설
③ 판매시설
④ 의료시설 중 종합병원

답 : ①

예 다음 중 준다중이용 건축물에 속하지 않는 것은? (단, 해당 용도로 쓰는 바닥면적의 합계가 1,000[m²]인 건축물의 경우) [18 기]
① 종교시설
② 판매시설
③ 위락시설
④ 수련시설

답 : ④

※ **다중이용건축물의 정의**
- 문화 및 집회시설(동·식물원 제외), 종교시설, 판매시설, 운수시설(여객용시설만 해당), 의료시설 중 종합병원, 숙박시설 중 관광숙박시설의 용도로 쓰이는 바닥면적의 합계가 5,000[m²] 이상인 건축물
- 16층 이상인 건축물

※ **준다중이용건축물의 정의**

다중이용 건축물 외의 건축물로서 다음 용도로 쓰는 바닥면적의 합계가 1,000[m²] 이상인 건축물
- 문화 및 집회시설(동물원 및 식물원은 제외)
- 종교시설
- 판매시설
- 운수시설 중 여객용 시설
- 의료시설 중 종합병원
- 교육연구시설
- 노유자시설
- 운동시설
- 숙박시설 중 관광숙박시설
- 위락시설
- 관광 휴게시설
- 장례식장

※ **특수구조 건축물**
① 한쪽 끝은 고정되고 다른 끝은 지지(支持)되지 아니한 구조로 된 보·차양 등이 외벽의 중심선으로부터 3[m] 이상 돌출된 건축물
② 기둥과 기둥 사이의 거리(기둥의 중심선 사이의 거리를 말하며, 기둥이 없는 경우에는 내력벽과 내력벽의 중심선 사이의 거리를 말함)가 20[m] 이상인 건축물
③ 특수한 설계·시공·공법 등이 필요한 건축물로서 국토교통부장관이 정하여 고시하는 구조로된 건축물

※ **특별시·광역시 또는 도에 설치된 지방건축위원회의 심의**

다중이용건축물 중 21층 이상 또는 연면적 100,000[m²] 이상인 다중이용건축물의 건축허가에 관한 사항인 경우에는 특별시·광역시 또는 도의 조례가 정하는 바에 의하여 이를 특별시·광역시 또는 도에 설치된 지방건축위원회의 심의사항으로 할 수 있다.

핵심기출문제

01. 총칙

1. 공작물을 축조(건축물과 분리하여 축조하는 것을 말한다.)하고자 하는 경우 특별자치시장·특별자치도지사 또는 시장·군수·구청장에게 신고를 하여야 하는 대상 공작물이 아닌 것은?
① 높이 7[m]의 굴뚝
② 높이 5[m]의 기념탑
③ 높이 5[m]의 광고탑
④ 높이 7[m]의 고가수조

2. 건축법령상 다중주택이 갖춰야 할 요건에 속하지 않는 것은? [19, 24, 25 산]
① 19세대 이하가 거주할 수 있을 것
② 독립된 주거의 형태를 갖추지 아니한 것
③ 1개 동의 주택으로 쓰이는 바닥면적의 합계가 660[m²] 이하일 것
④ 학생 또는 직장인 등 여러 사람이 장기간 거주할 수 있는 구조로 되어 있는 것

3. 건축법령상 다세대주택의 정의로 옳은 것은? [18 산]
① 주택으로 쓰는 1개 동의 바닥면적 합계가 330[m²] 이하이고, 층수가 4개 층 이하인 주택
② 주택으로 쓰는 1개 동의 바닥면적 합계가 330[m²] 초과하고, 층수가 4개 층 이하인 주택
③ 주택으로 쓰는 1개 동의 바닥면적 합계가 660[m²] 이하이고, 층수가 4개 층 이하인 주택
④ 주택으로 쓰는 1개 동의 바닥면적 합계가 660[m²] 초과하고, 층수가 4개 층 이하인 주택

4. 건축법령상 아파트는 주택으로 쓰는 층수가 최소 몇 개 층 이상인 주택을 말하는가? [13 산]
① 3개 층
② 4개 층
③ 5개 층
④ 6개 층

해설

해설 1
높이 8[m]를 넘는 고가수조는 건축물로 취급하는 공작물이다.

해설 2
다중주택
① 학생 또는 직장인 등 여러 사람이 장기간 거주할 수 있는 구조로 되어 있는 것
② 독립된 주거의 형태를 갖추지 아니한 것(각 실별로 욕실은 설치할 수 있으나, 취사시설은 설치하지 아니한 것을 말함)
③ 연면적이 660[m²] 이하이고 층수가 3층 이하인 것
※ 단독주택
㉠ 단독주택
㉡ 다중주택(연면적 660[m²] 이하, 3층 이하)
㉢ 다가구주택(바닥면적합계 660[m²] 이하, 3개층 이하, 19세대 이하)
㉣ 공관

해설 3
다세대주택
주택으로 쓰는 1개 동의 바닥면적 합계가 660[m²] 이하이고, 층수가 4개 층 이하인 주택(2개 이상의 동을 지하주차장으로 연결하는 경우에는 각각의 동으로 보며, 지하주차장 면적은 바닥면적에서 제외한다)
※ 공동주택 : 다세대주택, 연립주택, 아파트, 기숙사

해설 4
공동주택
① 다세대주택 : 4개층 이하, 동당 연면적 660[m²] 이하
② 연립주택 : 4개층 이하, 동당 연면적 660[m²] 초과
③ 아파트 : 5개층 이상
④ 기숙사
※ 단독주택 : 단독주택, 다중주택, 다가구주택, 공관

정답 1. ④ 2. ① 3. ③ 4. ③

핵심기출문제

01. 총칙

5. 건축법령상 제1종 근린생활시설에 속하지 않는 것은? [13 ㉑]
① 한의원 ② 마을회관
③ 공중화장실 ④ 일반음식점

해설 5
일반음식점은 제2종 근린생활시설에 속한다.

6. 건축법령상 제2종 근린생활시설에 속하지 않는 것은? [16 ㉑]
① 독서실 ② 한의원
③ 동물병원 ④ 일반음식점

해설 6
한의원은 제1종 근린생활시설에 해당된다.

7. 건축법령상 문화 및 집회시설에 속하지 않는 것은? [19 ㉑]
① 기념관 ② 박람회장
③ 종교집회장 ④ 산업전시장

해설 7
- 종교집회장 : 종교시설
- 바닥면적의 합계가 500[m²] 미만의 종교집회장 : 제2종 근린생활시설

8. 건축법령에 따른 용도별 건축물의 종류 중 의료시설에 속하지 않는 것은?
[19, 20, 25 ㉑]
① 한의원 ② 한방병원
③ 치과병원 ④ 요양병원

해설 8
의료행위를 하는 시설
㉠ 제1종 근린생활시설 : 의원·치과의원·한의원·침술원·안마원·접골원·조산소·보건소
㉡ 제2종 근린생활시설 : 안마시술소·동물병원
㉢ 의료시설 : 종합병원·병원·치과병원·한방병원·정신병원·요양병원·마약진료소

9. 건축법령상 위락시설에 속하지 않는 것은? [16 ㉑]
① 무도장 ② 유흥주점
③ 카지노영업소 ④ 휴양 콘도미니엄

해설 9
휴양 콘도미니엄은 숙박시설에 속한다.

정답 5. ④ 6. ② 7. ③ 8. ①
9. ④

해설

10. 건축법령상 숙박시설에 속하지 않는 것은? [14 ④]

① 호스텔
② 유스호스텔
③ 의료관광호텔
④ 휴양콘도미니엄

해설 10
유스호스텔은 수련시설에 해당된다.

11. 건축법령상 용도에 해당하는 건축물의 연결이 옳지 않은 것은? [12 ④]

① 위락시설 - 카지노영업소
② 숙박시설 - 휴양 콘도미니엄
③ 제1종 근린생활시설 - 목욕장
④ 제2종 근린생활시설 - 마을회관

해설 11
마을회관, 마을공동작업소, 마을공동구판장은 제1종 근린생활시설에 해당된다.

12. 다음은 건축법상 지하층의 정의이다. ( ) 안에 알맞은 것은? [16 ④]

"지하층"이란 건축물의 바닥이 지표면 아래에 있는 층으로서 바닥에서 지표면까지 평균 높이가 해당 층 높이의 ( ) 이상인 것을 말한다.

① 2분의 1
② 3분의 1
③ 3분의 2
④ 4분의 3

해설 12
지하층이란 건축물의 바닥이 지표면 아래에 있는 층으로서 바닥에서 지표면까지 평균높이가 해당 층높이의 1/2 이상인 것을 말한다.

13. 건축법령에 따른 용어의 정의가 옳지 않은 것은? [14, 24 ④]

① 준초고층 건축물이란 고층건축물 중 초고층 건축물이 아닌 것을 말한다.
② 건축이란 건축물을 신축·증축·개축·재축하거나 건축물을 이전하는 것을 말한다.
③ 대수선이란 건축물의 노후화를 억제하거나 기능 향상 등을 위하여 일부 증축하는 행위를 말한다.
④ 지하층이란 건축물의 바닥이 지표면 아래에 있는 층으로서 바닥에서 지표면까지 평균 높이가 해당 층 높이의 1/2 이상인 것을 말한다.

해설 13
리모델링이란 건축물의 노후화를 억제하거나 기능 향상 등을 위하여 일부 증축하는 행위를 말한다.

정답 10. ② 11. ④ 12. ① 13. ③

핵심기출문제 01. 총칙

14. 다음 중 건축법령상 건축물의 주요구조부에 속하지 않는 것은? [20④]
① 기둥 ② 내력벽
③ 주계단 ④ 옥외 계단

15. 다음 중 건축법상 주요구조부에 해당하는 것은? [11④]
① 주계단 ② 작은 보
③ 사잇 기둥 ④ 최하층 바닥

16. 다음 중 건축법령상 건축에 속하지 않는 것은? [19④]
① 증축 ② 개축
③ 재축 ④ 대수선

17. 건축법령상 다음과 같이 정의되는 용어는? [17④]

> 기존 건축물이 있는 대지에서 건축물의 건축면적, 연면적, 층수 또는 높이를 늘리는 것

① 증축 ② 개축
③ 재축 ④ 대수선

[해설]
① 증축 : 기존 건축물이 있는 대지 안에서 건축물의 건축면적·연면적 또는 높이를 증가시키는 행위
② 개축 : 기존 건축물의 전부 또는 일부(일부를 해체한 경우에는 내력벽·기둥·보·지붕틀 중 3개 이상이 포함되는 경우에 한한다)를 해체하고, 그 대지 안에 종전과 동일한 규모의 범위 안에서 건축물을 다시 축조하는 행위
③ 재축 : 건축물이 천재지변이나 그 밖의 재해(災害)로 멸실된 경우 그 대지에 다음의 요건을 모두 갖추어 다시 축조하는 행위
 ㉠ 연면적 합계는 종전 규모 이하로 할 것
 ㉡ 동(棟)수, 층수 및 높이는 다음의 어느 하나에 해당할 것
  • 동수, 층수 및 높이가 모두 종전 규모 이하일 것
  • 동수, 층수 또는 높이의 어느 하나가 종전 규모를 초과하는 경우에는 해당 동수, 층수 및 높이가 건축법, 영 또는 건축조례에 모두 적합할 것

해설

[해설] **14, 15**
주요구조부란 내력벽, 기둥, 바닥, 보, 지붕틀 및 주계단을 말한다.
[예외] 사잇벽, 사잇기둥, 최하층바닥, 작은보, 차양, 옥외계단, 기타 이와 유사한 것으로서 건축물의 구조상 중요하지 아니한 부분 및 기초는 주요구조부에서 제외된다.
[주의] 구조부재(構造部材)
건축물의 기초·벽·기둥·바닥판·지붕틀·토대·사재(가새·버팀대·귀잡이 기타 이와 유사한 것)·가로재(보·도리 기타 이와 유사한 것) 등으로 건축물에 작용하는 설계하중에 대하여 그 건축물을 안전하게 지지하는 기능을 가지는 건축물의 구조내력상 주요한 부분을 말한다.

[해설] **16**
건축
건축물의 신축(新築)·증축(增築)·개축(改築)·재축(再築)·이전(移轉)하는 행위를 말한다.

[정답] 14.④ 15.① 16.④ 17.①

18. 건축법령상 다음과 같이 정의되는 것은? [13 ㉮]

> 건축물이 천재지변이나 그 밖의 재해로 멸실된 경우 그 대지에 종전과 같은 규모의 범위에서 다시 축조하는 것

① 신축 ② 증축
③ 재축 ④ 개축

해설 18
개축과 재축의 공통점과 차이점
① 공통점
   동일한 규모범위 안에서 다시 축조하는 행위
② 차이점
   ㉠ 개축 : 인위적으로 해체하고 다시 축조하는 행위(自意)
   ㉡ 재축 : 천재지변 등의 재해로 인해 축조하는 행위(他意)
☞ 단, 규모를 초과하면 신축행위로 본다.

19. 다음 중 대수선의 범위에 속하지 않은 것은? [16 ㉮]

① 기둥 3개를 수선 또는 변경하는 것
② 특별피난계단을 증설 또는 해체하는 것
③ 방화벽, 방화구획을 위한 바닥 및 벽을 수선 또는 변경하는 것
④ 내력벽의 벽면적 20[m^2]를 수선 또는 변경하는 것

해설 대수선
건축물의 기둥·보·내력벽·주계단 등의 구조 또는 외부형태를 수선·변경 또는 증설하는 것으로서 다음에 해당하는 것으로서 증축·개축 또는 재축에 해당하지 아니하는 것을 말한다.

건축물의 부분(주요구조부)	대수선에 해당하는 내용
내력벽	증설·해체하거나 벽면적을 30[m^2] 이상 수선·변경
기둥, 보, 지붕틀	증설·해체하거나 각각 3개 이상 수선·변경
방화벽, 방화구획을 위한 바닥 및 벽	증설·해체하거나 수선·변경
주계단, 피난계단, 특별피난계단	증설·해체하거나 수선·변경
다가구주택 및 다세대주택의 가구 및 세대간	경계벽의 증설·해체하거나 수선·변경
다음에 해당되는 건축물의 외벽에 사용하는 마감재료 -고층 건축물 -상업지역(근린상업지역 제외) 안의 건축물 중 2,000[m^2] 이상 다중이용업·공장으로부터 6[m] 이내의 건축물	증설·해체하거나 벽면적 30[m^2] 이상 수선, 변경

정답 18. ③ 19. ④

핵심기출문제

01. 총칙

20. 다음 중 철근콘크리트조로서 두께가 10[cm] 이상인 경우에만 내화구조에 속하는 것은? [18 ④]
① 보
② 바닥
③ 지붕
④ 계단

21. 철근콘크리트조인 경우, 조건없이 내화구조로 보는 것은? [12 ④]
① 보
② 벽
③ 기둥
④ 외벽 중 비내력벽

22. 다음 중 건축법령상 내화구조에 속하지 않는 것은? [13, 25 ④]
① 벽돌조로서 두께가 19[cm]인 벽
② 두께가 8[cm]인 철근콘크리트조 벽
③ 작은 지름이 28[cm]인 철근콘크리트조 기둥
④ 골구를 철골조로 하고 그 양면을 두께 5[cm]의 석재로 덮은 벽

23. 내화구조에 속하지 않는 것은?(단, 바닥의 경우) [17 ④]
① 철근콘크리트조로서 두께가 10[cm]인 것
② 무근콘크리트조로서 두께가 10[cm]인 것
③ 철골철근콘크리트조로서 두께가 10[cm]인 것
④ 철재의 양면을 두께 5[cm]의 철망모르타르로 덮은 것

[해설] 내화구조의 바닥

구조 부분	내화구조의 기준
3. 바 닥	• 철근콘크리트조·철골철근콘크리트조 • 철재로 보강된 콘크리트블록조·벽돌조 또는 석조로서 철재에 덮은 콘크리트 블록 등의 두께 • 철재의 양면에 철망모르타르 또는 콘크리트로 덮은 것

해설

[해설] 20, 21, 22
철근콘크리트조, 철골철근콘크리트조의 내화구조 기준
㉠ 벽 : 두께 10[cm] 이상
㉡ 외벽 중 비내력벽 : 두께 7[cm] 이상
㉢ 기둥 : 최소 지름이 25[cm] 이상
㉣ 바닥 : 두께 10[cm] 이상
㉤ 보, 지붕, 계단 : 두께 기준이 없다.
※ 철골조의 계단은 내화구조로 본다.

정답 20. ② 21. ① 22. ② 23. ②

24. 다음 중 방화구조가 아닌 것은? [15, 18 ㊤]

① 심벽에 흙으로 맞벽치기한 것
② 철망모르타르로서 그 바름두께가 2[cm]인 것
③ 시멘트모르타르위에 타일을 붙인 것으로서 그 두께의 합계가 2[cm]인 것
④ 석고판위에 시멘트모르타르를 바른 것으로서 그 두께의 합계가 2.5[cm]인 것

해설 **방화구조**
화염의 확산을 막을 수 있는 성능을 가진 구조로서 국토교통부장관이 정하는 적합한 구조를 말한다.

구 조 부 분	방화구조의 기준
• 철망모르타르 바르기	바름두께가 2[cm] 이상인 것
• 석고판 위에 시멘트모르타르 또는 회반죽을 바른 것 • 시멘트모르타르 위에 타일을 붙인 것	두께의 합계가 2.5[cm] 이상인 것
• 심벽에 흙으로 맞벽치기한 것	두께에 관계없이 인정
• 한국산업표준이 정하는 바에 의하여 시험한 결과 방화 2급 이상에 해당하는 것	

25. 다음 중 건축법의 적용을 받는 건축물에 속하는 것은? [08 ㉮]

① 문화재보호법에 따른 지정문화재
② 문화재보호법에 따른 가지정문화재
③ 고속도로 통행료 징수시설
④ 묘지에 부수되는 건축물

해설 **25**
건축법의 적용에서 제외되는 건축물
㉠ 문화재보호법에 따른 지정·가지정(假指定) 문화재
㉡ 철도 또는 궤도의 선로부지 안에 있는 운전보안시설, 철도선로의 위나 아래를 가로지르는 횡단하는 보행시설, 플랫폼 해당 철도 또는 궤도사업용 급수급탄·급유 시설
㉢ 고속도로 통행료 징수시설
㉣ 컨테이너를 이용한 간이창고(공장의 용도로만 사용되는 건축물의 대지 안에 설치하는 것으로서 이동이 쉬운 것만 해당된다)
㉤ 하천구역 내의 수문조작실

26. 건축법상 다음과 같이 정의되는 용어는? [16 ㊤]

> 자기의 책임으로 이 법으로 정하는 바에 따라 건축물, 건축설비 또는 공작물이 설계도서의 내용대로 시공되는지를 확인하고, 품질관리·공사관리·안전관리 등에 대하여 지도·감독하는 자

① 건축주
② 설계자
③ 공사감리자
④ 공사시공자

정답 24. ③ 25. ④ 26. ③

핵심기출문제

01. 총칙

해설 용어

구 분	권한 및 의무
건축주	건축물의 건축·대수선·건축설비의 설치 또는 공작물의 축조에 관한 공사를 발주하거나 현장관리인을 두어 스스로 그 공사를 행하는 자
설계자	자기 책임하에(보조자의 조력을 받는 경우를 포함) 설계도서를 작성하고 그 설계도서에 의도한 바를 해설하며 지도·자문하는 자
공사감리자	자기 책임하에(보조자의 조력을 받는 경우를 포함) 건축법이 정하는 바에 의하여 건축물·건축설비 또는 공작물이 설계도서의 내용대로 시공되는지의 여부를 확인하고, 품질관리·공사관리 및 안전관리 등에 대하여 지도·감독하는 자
공사시공자	건설산업기본법(제2조 4) 규정에 의한 건축 등에 관한 공사를 행하는 자
관계전문기술자	건축물의 구조·설비 등 건축물과 관련된 전문기술자격을 보유하고 설계 및 공사감리에 참여하여 설계자 및 공사감리자와 협력하는 자

27. 건축법령상 초고층 건축물의 정의로 옳은 것은? [14 산]

① 층수가 30층 이상이거나 높이가 90[m] 이상인 건축물
② 층수가 30층 이상이거나 높이가 120[m] 이상인 건축물
③ 층수가 50층 이상이거나 높이가 150[m] 이상인 건축물
④ 층수가 50층 이상이거나 높이가 200[m] 이상인 건축물

해설 27

초고층 건축물	층수가 50층 이상이거나 높이가 200[m] 이상인 건축물
준초고층 건축물	고층건축물 중 초고층 건축물이 아닌 것
고층 건축물	층수가 30층 이상이거나 높이가 120[m] 이상인 건축물

28. 건축법령상 다음과 같이 정의되는 용어는? [17 산]

> 자기의 책임으로 이 법으로 정하는 바에 따라 건축물, 건축설비 또는 공작물이 설계도서의 내용대로 시공되는지를 확인하고, 품질관리·공사관리·안전관리 등에 대하여 지도·감독하는 자

① 재축 ② 리빌딩
③ 리모델링 ④ 리노베이션

해설 28
리모델링
리모델링이란 건축물의 노후화를 억제하거나 기능 향상 등을 위하여 대수선하거나 일부 증축하는 행위를 말한다.

29. 건축법령상 다음과 같이 정의되는 용어는? [15 산]

> 건축물의 내부와 외부를 연결하는 완충공간으로서 전망이나 휴식 등의 목적으로 건축물 외벽에 접하여 부가적으로 설치되는 공간

① 복도 ② 테라스
③ 발코니 ④ 부속용도

해설 29
발코니
건축물의 내부와 외부를 연결하는 완충공간으로서 전망 휴식 등의 목적으로 건축물 외벽에 접하여 부가적으로 설치되는 공간을 말한다. 이 경우 주택에 설치되는 발코니로서 국토교통부장관이 정하는 기준에 적합한 발코니는 필요에 따라 거실 침실 창고 등 다양한 용도로 사용할 수 있다.

정답 27. ④ 28. ③ 29. ③

30. 건축법령상 다음과 같이 정의되는 용어는? [19 ④]

> 건축물의 실내를 안전하고 쾌적하며 효율적으로 사용하기 위하여 내부 공간을 칸막이로 구획하거나 벽지, 천장재, 바닥재, 유리 등 대통령령으로 정하는 재료 또는 장식물을 설치하는 것

① 실내건축 ② 실내장식
③ 리모델링 ④ 실내디자인

31. 공동주택에서 리모델링이 쉬운 구조에 관한 기준 내용으로 옳지 않은 것은? [18, 24 ④]

① 공동주택의 층수, 건축면적 또는 연면적을 변경할 수 있을 것
② 구조체에서 건축설비, 내부 마감재료 및 외부마감재료를 분리할 수 있을 것
③ 개별 세대 안에서 구획된 실(室)의 크기, 개수 또는 위치 등을 변경할 수 있을 것
④ 각 세대는 인접한 세대와 수직 또는 수평 방향으로 통합하거나 분할할 수 있을 것

32. 건축법령상 시·군·구에 두는 건축위원회의 심의 사항에 속하지 않는 것은? [20 ④]

① 건축선의 지정에 관한 사항
② 다중이용 건축물의 구조안전에 관한 사항
③ 특수구조 건축물의 구조안전에 관한 사항
④ 건축물의 건축등과 관련된 분쟁의 조정 또는 재정에 관한 사항

해설

해설 30
실내건축
건축물의 실내를 안전하고 쾌적하며 효율적으로 사용하기 위하여 내부 공간을 칸막이로 구획하거나 벽지, 천장재, 바닥재, 유리 등 대통령령으로 정하는 다음의 재료 또는 장식물을 설치하는 것을 말한다.
① 벽, 천장, 바닥 및 반자틀의 재료
② 실내에 설치하는 난간, 창호 및 출입문의 재료
③ 실내에 설치하는 전기·가스·급수(給水), 배수(排水)·환기시설의 재료
④ 실내에 설치하는 충돌·끼임 등 사용자의 안전사고 방지를 위한 시설의 재료

해설 31
리모델링이 쉬운 공동주택의 구조
리모델링이 쉬운 구조의 공동주택의 건축을 촉진하기 위하여 공동주택을 다음의 구조로 하여 건축허가를 신청하는 경우
㉠ 각 세대는 인접한 세대와 수직 및 수평으로 통합하거나 분할할 수 있을 것
㉡ 구조체와 건축설비, 내부 마감재료와 외부 마감재료는 분리할 수 있을 것
㉢ 개별 세대 안에서 구획된 실(室)의 크기, 개수 또는 위치 등을 변경할 수 있을 것

해설 32
지방건축위원회의 주요 심의사항
① 건축선(建築線)의 지정에 관한 사항
② 건축 조례(당해 지방자치단체의 장이 발의하는 조례만 해당)의 제정·개정 및 시행에 관한 중요 사항
③ 다중이용 건축물 및 특수구조 건축물의 구조안전에 관한 사항
④ 다른 법령에서 지방건축위원회의 심의를 받도록 한 경우 해당 법령에서 규정한 심의사항
☞ 건축물의 건축·대수선·용도변경, 건축설비의 설치 또는 공작물의 축조와 관련된 분쟁의 조정 또는 재정에 관한 사항은 중앙건축위원회의 심의사항이다.

30. ① 31. ① 32. ④

핵심기출문제 — 01. 총칙

33. 건축법령상 다중이용 건축물에 속하지 않는 것은? [14, 25 산]

① 16층 이상인 건축물
② 종교시설의 용도로 쓰는 바닥면적의 합계가 5,000[m²] 이상인 건축물
③ 판매시설의 용도로 쓰는 바닥면적의 합계가 5,000[m²] 이상인 건축물
④ 업무시설의 용도로 쓰는 바닥면적의 합계가 5,000[m²] 이상인 건축물

해설 33

다중이용 건축물의 정의
- 문화 및 집회시설(동·식물원 제외), 종교시설, 판매시설, 운수시설(여객자동차터미널만 해당), 의료시설 중 종합병원, 숙박시설 중 관광숙박시설의 용도로 쓰이는 바닥면적의 합계가 5,000[m²] 이상인 건축물
- 16층 이상인 건축물

33. ④

02 건축물의 건축

제3과목 건축설비관련법규 | 제1편 건축법

1 건축물의 건축

건축사	→ 설　　계	─ 설계도서 작성, 건축계획심의
건축주	→ 건축허가신청	─ 관계기관의 승인, 동의, 협의
특별시장·광역시장· 특별자치시·특별자치도지사 ·시장·군수·구청장	→ 건 축 허 가	─ 건축허가서 교부, 조사 및 　검사조서
건축주	→ 착 공 신 고	─ 공사착공 전
건축주	→ 착　　공	─ 감리자, 시공자
공사감리자	→ 감리중간보고서	─ 건축주에게 제출 　(공사감리자 지정의 경우)
건축주	→ 사용승인신청	─ 감리중간보고서·감리완료보고서 　첨부(공사감리자 지정 경우)
특별시장·광역시장· 특별자치시·특별자치 도지사 ·시장·군수·구청장 (신청접수일로부터 7일 이내 실시)	→ 사용승인서교부	
건축주	→ 건축물의 사용	
건축물의 소유자 또는 관리자	→ 건축물의 유지관리	

[그림] 건축허가에서 준공까지의 행정절차

핵심 PLUS

1. 건축허가 및 신청

1) 건축허가

건축물을 건축 또는 대수선 하고자 하는 자는 특별자치시장·특별자치도지사 또는 시장·군수·구청장의 허가를 받아야 한다.

[단서] 층수가 21층 이상이거나 연면적의 합계가 10만[m²] 이상인 건축물[공장, 창고 및 지방건축위원회의 심의를 거친 건축물(초고층건축물은 제외)은 제외]의 건축(연면적의 3/10 이상을 증축하여 층수가 21층 이상으로 되거나 연면적의 합계가 10만[m²] 이상으로 되는 경우를 포함)은 특별시장 또는 광역시장의 허가를 받아야 한다.

2) 건축허가 등의 신청

① 건축물(가설건축물 포함)의 허가를 받고자 하는 자는 다음 서류를 허가권자(특별시장·광역시장·특별자치시장·특별자치시장·특별자치도지사 또는 시장·군수·구청장)에게 제출해야 한다.

  예외 방위산업시설은 설계자의 확인으로 관계서류에 갈음할 수 있다.

② 허가권자는 건축허가를 한 경우에는 건축허가서를 신청인에게 교부해야 한다.

③ 첨부해야 할 서류 및 도서

구 분	제출도서

건축허가신청시 제출 서류 및 설계도서	① 건축할 대지의 범위와 대지 소유 또는 사용에 관한 권리를 증명하는 서류
	② 기본설계도서(표준설계도서는 건축계획서·배치도에 한함)
	※ 모든 도면의 축척은 임의로 함
	  가. 건축계획서
	  나. 배치도
	  다. 평면도
	  라. 입면도
	  마. 단면도
	  바. 구조도(구조안전 확인 또는 내진설계 대상 건축물)
	  사. 구조계산서(구조안전 확인 또는 내진설계 대상 건축물)
	  아. 소방설비도
	③ 허가 등을 받거나 신고를 하기 위하여 당해 법령에서 제출하도록 의무화하고 있는 신청서 및 구비서류(해당 사항이 있는 것에 한함)

핵심 PLUS

예 건축물을 특별시나 광역시에 건축하고자 하는 경우 특별시장이나 광역시장의 허가를 받아야 하는 건축물의 규모 기준으로 옳은 것은?
　　　　　　　　　　[16, 18, 24 산]
① 층수가 11층 이상이거나 연면적의 합계가 10,000[m²] 이상인 건축물
② 층수가 11층 이상이거나 연면적의 합계가 100,000[m²] 이상인 건축물
③ 층수가 21층 이상이거나 연면적의 합계가 10,000[m²] 이상인 건축물
④ 층수가 21층 이상이거나 연면적의 합계가 100,000[m²] 이상인 건축물
답 : ④

예 건축허가신청에 필요한 설계도서에 해당되지 않는 것은? [11, 13, 24 산]
① 배치도
② 구조계산서
③ 조감도
④ 소방설비도
답 : ③

■ 건축허가신청에 필요한 기본설계도서의 주요내용

도서의 종류	표시하여야 할 사항
건축 계획서	1. 개요(위치·대지면적 등) 2. 지역·지구 및 도시계획사항 3. 건축물의 규모(건축면적·연면적·높이·층수 등) 4. 건축물의 용도별 면적 5. 주차장규모 6. 에너지절약계획서(해당건축물에 한함) 7. 노인 및 장애인 등을 위한 편의시설 설치계획서 　 (관계법령에 의하여 설치의무가 있는 경우에 한함)
배치도	1. 축척 및 방위 2. 대지에 접한 도로의 길이 및 너비 3. 대지의 종·횡단면도 4. 건축선 및 대지경계선으로부터 건축물까지의 거리 5. 주차동선 및 옥외주차계획 6. 공개공지 및 조경계획
평면도	1. 1층 및 기준층 평면도 2. 기둥·벽·창문 등의 위치 3. 방화구획 및 방화문의 위치 4. 복도 및 계단의 위치 5. 승강기의 위치
입면도	1. 2면 이상의 입면계획 2. 외부마감재료
단면도	1. 종·횡단면도 2. 건축물의 높이, 각층의 높이 및 반자높이

※ 도서의 축척 : 임의

핵심 PLUS

예 건축허가신청에 필요한 설계도서 중 건축계획서에 표시하여야 할 사항으로 옳지 않은 것은? [13 산]
① 주차장 규모
② 건축물의 규모
③ 건축물의 용도별 면적
④ 공개공지 및 조경계획
　　　　　　　　답 : ④

예 건축허가 신청에 필요한 설계도서 중 배치도에 표시하여야 할 사항으로 옳지 않은 것은? [04, 08 기]
① 주차장 규모
② 대지의 종·횡단도
③ 공개공지 및 조경계획
④ 대지에 접한 도로의 길이 및 너비
[해설] 주차장 규모는 건축계획서의 범위에 해당된다.
　　　　　　　　답 : ①

3) 건축허가에 관한 사전승인

① 자연환경 또는 주거환경 등의 보호를 위하여 지정·공고하는 구역 안에 건축하는 건축물 시장·군수는 건축허가 사전승인 대상 건축물을 허가하고자 하는 경우 미리 건축계획서와 기본설계도서 [별표 3]를 첨부하여 도지사의 승인을 얻은 후 허가하여야 한다. (특별시, 광역시가 아닌 경우)

건축물	용도
자연환경 또는 수질보호를 위하여 지정·공고하는 구역 안에 건축하는 3층 이상 또는 연면적 합계 1,000[m²] 이상의 건축물	· 공동주택 · 제2종 근린생활시설 (일반음식점에 한함) · 업무시설(일반업무시설에 한함) · 숙박시설 · 위락시설
주거환경 또는 교육환경 등 주변환경의 보호상 필요하다고 인정하여 도지사가 지정·공고하는 구역 안에 건축하는 건축물	· 숙박시설 · 위락시설

■ 규칙 [별표 3] 사전승인신청시의 제출도서

구 분	분 야	도서의 종류	
건축계획서	건 축	· 설계설명서 · 지질조사서	· 구조계획서 · 시방서
기본설계도서	건 축	· 투시도 또는 투시도 사진 · 2면 이상의 입면도 · 내외마감표	· 평면도(주요층, 기준층) · 2면 이상의 단면도 · 주차장 평면도
	설 비	· 건축설비도 · 상하수도 계통도	· 소방설비도
	기 타	필요한 도면	

② 사전승인 대상 건축물의 규모 및 승인권자

사전승인 대상 건축물의 규모	승인권자	허가권자
① 21층 이상 건축물 ② 연면적 10만[m²] 이상 건축물 [공장, 창고 및 지방건축위원회의 심의를 거친 건축물(초고층건축물은 제외)은 제외] ③ 연면적 3/10 이상의 증축으로 인하여 ①, ②의 대상이 되는 경우	도지사	시장·군수

핵심 PLUS

[예] 층수가 21층인 사무소 건축물의 건축허가 사전승인 신청 시 제출하여야 하는 기본설계도서가 아닌 것은
[09 기]
① 투시도
② 내외마감표
③ 건축설비도
④ 구조계획서

답 : ④

[예] 대형건축물의 건축허가 사전승인 신청 시 제출 도서의 종류 중 기본설계도서에 속하지 않는 것은?
[17 기]
① 투시도
② 구조계획서
③ 내외마감표
④ 주차장평면도

답 : ②

[예] 대형건축물의 건축허가 사전승인 신청시 제출도서의 종류 중 설비분야의 도서에 속하지 않는 것은?
[16 기]
① 소방설비도
② 건축설비도
③ 주차장 평면도
④ 상·하수도 계통도

답 : ③

4) 건축허가의 취소

허가권자는 건축허가를 받은 날로부터 2년 이내(공장의 경우 3년 이내)에 공사에 착공하지 아니한 경우와 공사를 착수하였으나 공사완료가 불가능하다고 인정되는 경우에는 그 허가를 취소해야 한다.

예외 허가권자는 정당한 사유가 있다고 인정하는 경우에는 1년의 범위 안에서 그 공사의 착수기간을 연장할 수 있다.

2. 용도변경

1) 용도변경 시설군의 분류

분 류	시 설 군	절 차
자동차관련 시설군	• 자동차관련시설	① 허가대상 : 상위시설군(오름차순)에 해당하는 용도로 변경하는 행위 ② 신고대상 : 하위시설군(내림차순)에 해당하는 용도로 변경하는 행위 ③ 건축물대장 기재변경 신청 : 동일한 시설군내에서 용도변경 하는 행위
산업등 시설군	• 운수시설 • 창고시설 • 공장 • 위험물저장 및 처리시설 • 자원순환관련시설 • 묘지관련시설 • 장례식장	
전기통신시설군	• 방송통신시설 • 발전시설	
문화집회시설군	• 문화 및 집회시설 • 종교시설 • 위락시설 • 관광휴게시설	
영업시설군	• 판매시설 • 운동시설 • 숙박시설 • 제2종 근린생활시설 중 다중생활시설	
교육 및 복지시설군	• 의료시설 • 교육연구시설 • 노유자시설 • 수련시설 • 야영장시설	
근린생활시설군	• 제1종 근린생활시설 • 제2종 근린생활시설(다중생활시설은 제외)	
주거업무시설군	• 단독주택 • 공동주택 • 업무시설 • 교정 및 군사시설	
기타 시설군	• 동물 및 식물관련시설	

핵심 PLUS

예 공사감리자가 필요하다고 인정할 경우 공사 시공자에게 상세시공도면을 작성하도록 요청할 수 있는 대상 건축공사 기준은? [17 산]
① 연면적의 합계가 3,000[m²] 이상인 건축공사
② 연면적의 합계가 5,000[m²] 이상인 건축공사
③ 연면적의 합계가 10,000[m²] 이상인 건축공사
④ 연면적의 합계가 20,000[m²] 이상인 건축공사

해설 상세시공도면 작성 요청
연면적 합계 5,000[m²] 이상인 건축공사의 공사감리자는 필요하다고 인정하는 경우 공사시공자로 하여금 상세시공도면을 작성하도록 요청할 수 있다.
※ 상세시공도면의 작성은 시공자, 검토 확인은 공사감리자의 업무사항이다.
답 : ②

예 건축물의 용도변경과 관련된 시설군 중 영업시설군에 속하지 않는 것은? [17 산]
① 판매시설
② 운동시설
③ 업무시설
④ 숙박시설
답 : ③

예 다음 중 신고 대상에 속하는 용도변경은? [19, 24, 25 산]
① 위락시설에서 판매시설로의 용도변경
② 수련시설에서 숙박시설로의 용도변경
③ 의료시설에서 장례시설로의 용도변경
④ 업무시설에서 교육연구시설로의 용도변경
답 : ①

예 다음 중 신고대상에 속하는 건축물의 용도변경은? [18 산]
① 운동시설에서 수련시설로의 용도변경
② 숙박시설에서 종교시설로의 용도변경
③ 위락시설에서 방송통신시설로의 용도변경
④ 운수시설에서 자동차 관련 시설로의 용도변경
답 : ①

핵심 PLUS

예 건축물 관련 건축기준의 허용오차 범위가 옳지 않은 것은? [20, 24 산]
① 벽체두께: 2[%] 이내
② 출구너비: 2[%] 이내
③ 반자높이: 2[%] 이내
④ 건축물 높이: 2[%] 이내
　　　　　　　　　답 : ①

예 건축물관련 건축기준의 허용오차가 2[%] 이내인 항목에 해당하지 않는 것은? [12, 17 기]
① 출구너비
② 반자높이
③ 바닥판두께
④ 건축물높이
　　　　　　　　　답 : ③

예 높이 기준이 60[m]인 건축물에서 허용되는 높이의 최대 오차는? [15 기]
① 0.1[m]　　② 0.9[m]
③ 1.0[m]　　④ 1.2[m]

[해설] 건축물의 높이는 2[%] 이내로서 1[m]를 초과할 수 없다.
∴ 60[m]×0.02=1.2[m]>1.0[m] 이므로 허용하는 최대오차는 1.0[m]이다.
　　　　　　　　　답 : ③

예 연면적이 5,000[m²]일 때 용적률의 최대 허용오차는?
① 20[m²]　　② 30[m²]
③ 40[m²]　　④ 50[m²]

[해설] 용적률의 허용오차범위 : 1[%] 이내 (단, 연면적 30[m²]를 초과할 수 없다.)
　　　　　　　　　답 : ②

3. 허용오차

1) 대지 관련 건축기준의 허용오차

항목	허용되는 오차의 범위
건폐율	0.5[%] 이내(단, 건축면적 5[m²]를 초과할 수 없다.)
용적률	1[%] 이내(단, 연면적 30[m²]를 초과할 수 없다.)
건축선의 후퇴거리	3[%] 이내
인접 건축물과의 거리	3[%] 이내

2) 건축물관련 건축기준의 허용오차

항목	허용되는 오차의 범위	
건축물높이	2[%] 이내	1[m]를 초과할 수 없다.
출구너비	2[%] 이내	—
반자높이	2[%] 이내	—
평면길이	2[%] 이내	건축물 전체길이는 1[m]를 초과할 수 없고, 벽으로 구획된 각 실은 10[cm]를 초과할 수 없다.
벽체두께	3[%] 이내	
바닥판두께	3[%] 이내	

> 💡 **암기사항**
>
> 허용오차범위(작은 것 → 큰 것 순서)
>
> | 0.5[%] 이내 | 1[%] 이내 | 2[%] 이내 | 3[%] 이내 |
> |---|---|---|---|
> | **건**폐율 | **용**적률 | **높**이
출구너비
반자높이
평면길이 | **후**퇴거리
인동거리
벽체두께
바닥판두께 |

핵심기출문제

02. 건축물의 건축

해설

1. 다음은 건축법상 건축허가에 관한 기준 내용이다. ( ) 안에 알맞은 것은? [19]

> 건축물을 건축하거나 대수선하려는 자는 특별자치시장·특별자치도지사 또는 시장·군수·구청장의 허가를 받아야 한다. 다만, ( ) 이상의 건축물 등 대통령령으로 정하는 용도 및 규모의 건축물을 특별시나 광역시에 건축하려면 특별시장이나 광역시장의 허가를 받아야 한다.

① 10층 ② 16층
③ 21층 ④ 41층

해설 1
건축허가
건축물을 건축 또는 대수선 하고자 하는 자는 특별자치시장·특별자치도지사 또는 시장·군수·구청장의 허가를 받아야 한다.
[단서] 층수가 21층 이상이거나 연면적의 합계가 10만[m^2] 이상인 건축물[공장, 창고 및 지방건축위원회의 심의를 거친 건축물은 제외(단, 이 심의대상 건축물은 특별시 또는 광역시의 건축조례로 정하는 바에 따라 해당 지방건축위원회의 심의사항으로 할 수 있는 건축물에 한정하며, 초고층건축물은 제외)]의 건축(연면적의 3/10 이상을 증축하여 층수가 21층 이상으로 되거나 연면적의 합계가 10만[m^2] 이상으로 되는 경우를 포함)은 특별시장 또는 광역시장의 허가를 받아야 한다.

2. 건축법령상 건축허가신청에 필요한 설계도서에 속하지 않는 것은? [16, 20, 24]

① 투시도 ② 배치도
③ 소방설비도 ④ 건축계획서

해설 2
건축허가신청에 필요한 기본설계도서의 종류
① 건축계획서 ② 배치도
③ 평면도 ④ 입면도
⑤ 단면도
⑥ 구조도(구조안전 확인 또는 내진설계 대상 건축물)
⑦ 구조계산서(구조안전 확인 또는 내진설계 대상 건축물)
⑧ 소방설비도

3. 건축허가신청에 필요한 설계도서 중 평면도에 표시하여야 할 사항에 속하지 않는 것은? [14]

① 승강기의 위치
② 공개공지 및 조경계획
③ 기둥·벽·창문 등의 위치
④ 방화구획 및 방화문의 위치

해설 3
건축허가신청에 필요한 기본설계도서 중 평면도의 범위
1. 1층 및 기준층 평면도
2. 기둥·벽·창문 등의 위치
3. 방화구획 및 방화문의 위치
4. 복도 및 계단의 위치
5. 승강기의 위치
☞ 공개공지 및 조경계획은 배치도의 범위에 해당된다.

정답 1. ③ 2. ① 3. ②

핵심기출문제

02. 건축물의 건축

해설

4. 대형 건축물의 건축허가 사전승인 신청 시 제출도서의 종류 중 설비분야의 도서에 해당되지 않는 것은? [09 ㉮]

① 소방설비도
② 상하수도 계통도
③ 건축설비도
④ 주요 설비 계획

[해설] 사전승인신청시의 제출도서(규칙 [별표3])

구 분	분 야	도서의 종류
건축계획서	건 축	가. 설계설명서 나. 구조계획서 다. 지질조사서 라. 시방서
기본설계도서	건 축	가. 투시도 또는 투시도 사진 나. 평면도(주요층, 기준층) 다. 2면 이상의 입면도 라. 2면 이상의 단면도 마. 내외마감표 바. 주차장 평면도
	설 비	가. 건축설비도 나. 소방설비도 다. 상·하수도 계통도
	기 타	필요한 도면

5. 건축허가권자는 허가를 받은 자가 허가를 받은 날부터 1년 이내에 공사에 착수하지 아니한 경우 얼마의 범위에서 공사의 착수기간을 연장할 수 있는가? (단, 정당한 사유가 있다고 인정되는 경우) [11 ㉯]

① 1년
② 18개월
③ 2년
④ 30개월

[해설] **5**
건축허가의 취소
허가권자는 건축허가를 받은 날로부터 1년 이내(공장의 경우 3년 이내)에 공사에 착공하지 아니한 경우와 공사를 착수하였으나 공사완료가 불가능하다고 인정되는 경우에는 그 허가를 취소해야 한다.
[예외] 허가권자는 정당한 사유가 있다고 인정하는 경우에는 1년의 범위 안에서 그 공사의 착수기간을 연장할 수 있다.

정답 4. ④ 5. ①

6. 다음은 허가 대상 건축물이라 하더라도 미리 특별자치시장·특별자치도지사 또는 시장·군수·구청장에게 국토교통부령으로 정하는 바에 따라 신고를 하면 건축허가를 받은 것으로 보는 경우에 관한 기준 내용이다. ( ) 안에 알맞은 것은?

> 바닥면적의 합계가 ( ) 이내의 증축·개축 또는 재축. 다만, 3층 이상 건축물인 경우에는 증축·개축 또는 재축하려는 부분의 바닥면적의 합계가 건축물 연면적의 10분의 1 이내인 경우로 한정한다.

① 30[m²]
② 50[m²]
③ 85[m²]
④ 100[m²]

7. 허가 대상 건축물이라 하더라도 미리 특별자치시장·특별자치도지사 또는 시장·군수·구청장에게 신고를 하면 건축허가를 받은 것으로 보는 건축물의 대수선 기준은?

① 연면적이 200[m²] 미만이고 3층 미만인 건축물의 대수선
② 연면적이 200[m²] 미만이고 5층 미만인 건축물의 대수선
③ 연면적이 300[m²] 미만이고 3층 미만인 건축물의 대수선
④ 연면적이 300[m²] 미만이고 5층 미만인 건축물의 대수선

8. 건축물의 일부를 완공하여 임시로 사용하고자 할 때 임시사용승인의 기간은 몇 년 이내를 원칙으로 하는가?

① 1년
② 2년
③ 3년
④ 4년

해설

6, 7
신고대상 행위
허가 대상 건축물이라 하더라도 다음에 해당하는 경우에는 미리 특별자치시장·특별자치도지사 또는 시장·군수·구청장에게 국토교통부령으로 정하는 바에 따라 신고를 하면 건축허가를 받은 것으로 본다.
㉠ 바닥면적의 합계가 85[m²] 이내의 증축·개축 또는 재축(3층 이상 건축물인 경우에는 증축·개축 또는 재축하려는 부분의 바닥면적의 합계가 건축물 연면적의 1/10 이내인 경우로 한정)
㉡ 국토의 계획 및 이용에 관한 법률에 따른 관리지역, 농림지역 또는 자연환경보전지역에서 연면적이 200[m²] 미만이고 3층 미만인 건축물의 건축(단, 지구단위계획구역의 건축과 방재지구와 붕괴위험지역의 건축은 제외)
㉢ 연면적이 200[m²] 미만이고 3층 미만인 건축물의 대수선
㉣ 주요구조부의 해체가 없는 대수선
㉤ 기타 소규모 건축물
 • 연면적의 합계가 100[m²] 이하인 건축물
 • 건축물의 높이를 3[m] 이하의 범위에서 증축하는 건축물
 • 표준설계도서에 의한 건축물 중 조례로 정한 건축물 등

8
건축물의 일부를 완공하여 임시로 사용하고자 할 때 임시사용승인의 기간은 2년 이내로 한다.
[예외] 허가권자는 대형 건축물 또는 암반공사 등으로 인하여 공사기간이 긴 건축물에 대하여는 그 기간을 연장할 수 있다.

정답 6. ③ 7. ① 8. ②

핵심기출문제
02. 건축물의 건축

9. 다음 중 허가 대상에 속하는 용도변경은? [16 ⑰]

① 전기통신시설군 → 영업시설군으로 변경
② 근린생활시설군 → 그 밖의 시설군으로 변경
③ 교육 및 복지시설군 → 근린생활시설군으로 변경
④ 주거업무시설군 → 문화 및 집회시설군으로 변경

[해설] 허가대상 및 신고대상의 용도변경

분류	시설군
㉠ 자동차관련 시설군	• 자동차관련시설
㉡ 산업등 시설군	• 운수시설 · 창고시설 · 공장 · 위험물저장 및 처리시설 • 자원순환관련시설 · 묘지관련시설 · 장례식장
㉢ 전기통신시설군	• 방송통신시설 · 발전시설
㉣ 문화집회시설군	• 문화 및 집회시설 · 종교시설 · 위락시설 · 관광휴게시설
㉤ 영업시설군	• 판매시설 · 운동시설 · 숙박시설 • 제2종 근린생활시설 중 다중생활시설
㉥ 교육 및 복지시설군	• 의료시설 · 교육연구시설 · 노유자시설 · 수련시설
㉦ 근린생활시설군	• 제1종 근린생활시설 • 제2종 근린생활시설(다중생활시설은 제외)
㉧ 주거업무시설군	• 단독주택 · 공동주택 · 업무시설 · 교정 및 군사시설
㉨ 기타 시설군	• 동물 및 식물관련시설

※ 절차
1. 허가대상 : 상위시설군(오름차순)에 해당하는 용도로 변경하는 행위
2. 신고대상 : 하위시설군(내림차순)에 해당하는 용도로 변경하는 행위
3. 건축물대장 기재변경 신청 : 동일한 시설군내에서 용도변경 하는 행위

10. 용도변경과 관련된 시설군 중 문화집회시설군에 해당하지 않는 것은? [12 ⑰]

① 종교시설   ② 위락시설
③ 운동시설   ④ 관광휴게시설

11. 건축물의 용도변경과 관련된 시설군 중 주거업무시설군에 속하지 않는 것은? [19 ⑰]

① 공동주택   ② 업무시설
③ 노유자시설 ④ 교정 및 군사시설

해설

[해설] **9, 10, 11**
신고대상 행위
허가 대상 건축물이라 하더라도 다음에 해당하는 경우에는 미리 특별자치시장·특별자치도지사 또는 시장·군수·구청장에게 국토교통부령으로 정하는 바에 따라 신고를 하면 건축허가를 받은 것으로 본다.
㉠ 바닥면적의 합계가 85[m²] 이내의 증축·개축 또는 재축(3층 이상 건축물인 경우에는 증축·개축 또는 재축하려는 부분의 바닥면적의 합계가 건축물 연면적의 1/10 이내인 경우로 한정)
㉡ 국토의 계획 및 이용에 관한 법률에 따른 관리지역, 농림지역 또는 자연환경보전지역에서 연면적이 200[m²] 미만이고 3층 미만인 건축물의 건축(단, 지구단위계획구역의 건축과 방재지구와 붕괴위험지역의 건축은 제외)
㉢ 연면적이 200[m²] 미만이고 3층 미만인 건축물의 대수선
㉣ 주요구조부의 해체가 없는 대수선
㉤ 기타 소규모 건축물
• 연면적의 합계가 100[m²] 이하인 건축물
• 건축물의 높이를 3[m] 이하의 범위에서 증축하는 건축물
• 표준설계도서에 의한 건축물 중 조례로 정한 건축물 등

정답 9. ④ 10. ③ 11. ③

Industrial Engineer Building Facilities

12. 건축법령에 따라 건축물에 건축설비를 설치한 경우, 해당 분야의 기술사가 그 설치상태를 확인한 후 건축주 및 공사감리자에게 제출하여야 하는 것은? [20]
① 공사감리일지
② 감리중간보고서
③ 감리완료보고서
④ 건축설비설치확인서

13. 공사감리자가 필요하다고 인정하는 경우에 공사시공자로 하여금 상세시공도면을 작성하도록 요청할 수 있는 공사의 규모 기준은? [12, 25]
① 연면적의 합계가 3,000[m²] 이상인 건축공사
② 연면적의 합계가 5,000[m²] 이상인 건축공사
③ 연면적의 합계가 10,000[m²] 이상인 건축공사
④ 연면적의 합계가 12,000[m²] 이상인 건축공사

14. 건축법령상 공사감리자가 수행하여야 하는 감리업무에 속하지 않는 것은? [17]
① 설계변경의 적정여부의 검토·확인
② 공정표 및 상세시공도면의 작성·확인
③ 시공계획 및 공사관리의 적정여부의 확인
④ 품질시험의 실시여부 및 시험성과의 검토·확인

15. 다음 중 건축물 관련 건축기준의 허용오차 범위가 3[%] 이내인 것은? [20, 25]
① 출구너비   ② 벽체두께
③ 평면길이   ④ 건축물 높이

[해설] 건축허용오차

0.5[%] 이내	1[%] 이내	2[%] 이내	3[%] 이내
건폐율	용적률	높이 출구너비 반자높이 평면길이	후퇴거리 인동거리 벽체두께 바닥판두께

해설

[해설] 12
건축물에 건축설비를 설치한 경우에는 해당 분야의 기술사가 그 설치상태를 확인한 후 건축주 및 공사감리자에게 건축설비설치확인서를 제출하여야 한다.

[해설] 13
상세시공도면 작성 요청
연면적 합계 5,000[m²] 이상인 건축공사의 공사감리자는 필요하다고 인정하는 경우 공사시공자로 하여금 상세시공도면을 작성하도록 요청할 수 있다.
※ 상세시공도면의 작성은 시공자, 검토확인은 공사감리자의 업무사항이다.

[해설] 14
감리자의 감리업무
① 공사시공자가 설계도서에 따라 적합하게 시공하는지의 여부 확인
② 공사시공자가 사용하는 건축자재가 적합한 자재인지의 여부 확인
③ 건축물 및 대지가 적법하도록 공사시공자 및 건축주 지도
④ 시공계획 및 공사관리의 적정 여부 확인
⑤ 공사현장에서의 안전관리 지도
⑥ 공정표의 검토
⑦ 상세시공도면의 검토·확인
⑧ 구조물의 위치와 규격의 적정 여부의 검토·확인
⑨ 품질시험의 실시 여부 및 시험성과의 검토·확인
⑩ 설계변경의 적정 여부의 검토·확인
⑪ 기타 공사감리계약으로 정하는 사항

정답 12. ④ 13. ② 14. ② 15. ②

핵심기출문제

02. 건축물의 건축

해설

16. 건축물의 높이기준이 60[m]인 건축물이 있다. 건축물 높이에 대한 최대 허용 오차는? [13, 23]

① 0.6[m]　　② 0.9[m]
③ 1.0[m]　　④ 1.2[m]

[해설] 건축물관련 건축기준의 허용오차

항 목	허용되는 오차의 범위	
건축물높이	2[%] 이내	1[m]를 초과할 수 없다.
출구너비		―
반자높이		―
평면길이		건축물 전체길이는 1[m]를 초과할 수 없고, 벽으로 구획된 각 실은 10[cm]를 초과할 수 없다.
벽체두께	3[%] 이내	
바닥판두께		

건축물의 높이는 2[%] 이내로서 1[m]를 초과할 수 없다.
∴ 60[m]×0.02=1.2[m] > 1.0[m] 이므로 허용하는 최대오차는 1.0[m]이다.

16. ③

03 건축물의 구조 및 재료

1 건축물의 구조 등

1. 구조계산에 의한 구조안전의 확인 대상 건축물

구 분	구조계산 대상 건축물
1. 층수	2층 이상(기둥과 보가 목재인 목구조 경우 : 3층 이상)
2. 연면적	200[m²] (목구조 : 500[m²]) 이상인 건축물(창고, 축사, 작물 재배사는 제외)
3. 높이	13[m] 이상
4. 처마높이	9[m] 이상
5. 경간	10[m] 이상 *경간 : 기둥과 기둥 사이의 거리(기둥이 없는 경우에는 내력벽과 내력벽 사이의 거리를 말함)
6. 국토교통부령으로 정하는 지진구역의 건축물	
7. 국가적 문화유산으로 보존할 가치가 있는 박물관·기념관 등으로서 연면적의 합계가 5,000[m²] 이상인 건축물	
8. 특수구조 건축물 중 3[m] 이상 돌출된 건축물과 특수한 설계·시공·공법 등이 필요한 건축물	
9. 단독주택 및 공동주택	

예외 표준설계도서에 따라 건축하는 건축물

2. 건축물의 내진능력 공개

다음에 해당하는 건축물을 건축하고자 하는 자는 사용승인을 받는 즉시 건축물이 지진 발생 시에 견딜 수 있는 능력을 공개하여야 한다.
① 층수가 2층 이상(기둥과 보가 목재인 목구조 경우 : 3층 이상)인 건축물
② 연면적이 200[m²] (목구조 : 500[m²]) 이상인 건축물(창고, 축사, 작물 재배사 및 표준설계도서에 따라 건축하는 건축물과 소규모건축구조기준을 적용한 건축물은 제외)
③ 그 밖에 건축물의 규모와 중요도를 고려하여 대통령령으로 정하는 건축물

핵심 PLUS

예 건축물을 건축하는 경우 국토교통부령으로 정하는 구조 기준 등에 따라 그 구조의 안전을 확인하여야 하는 대상 건축물에 속하지 않는 것은? [14 산]
① 층수가 3층인 건축물
② 높이가 14[m]인 건축물
③ 처마높이가 9[m]인 건축물
④ 기둥과 기둥 사이의 거리가 9[m] 인 건축물

답 : ④

3. 계단 및 복도의 설치

1) 계단의 설치기준

① 높이 3[m]를 넘는 계단에는 높이 3[m] 이내마다 너비 1.2[m] 이상의 계단참을 설치할 것

② 높이 1[m]를 넘는 계단 및 계단참의 양측에는 난간(벽 등 이에 대치되는 것을 포함)을 설치할 것

③ 계단폭이 3[m]를 넘는 경우에는 계단의 중간에 폭 3[m] 이내마다 난간을 설치할 것

    [예외] 단높이 15[cm] 이하이고, 단너비 30[cm] 이상인 계단

2) 계단의 구조

① 계단 및 계단참의 너비(옥내계단에 한함)·단높이·단너비

(단위 : cm)

계단의 종류	계단 및 계단참의 폭	단높이	단너비
• 초등학교의 계단	150 이상	16 이하	26 이상
• 중·고등학교의 계단	150 이상	18 이하	26 이상
• 문화 및 집회시설(공연장, 집회장, 관람장에 한함) • 판매시설 • 바로 위층부터 최상층까지 거실 바닥면적 합계가 200[m²] 이상인 계단 • 거실의 바닥면적 합계가 100[m²] 이상인 지하층의 계단 • 기타 이와 유사한 용도에 쓰이는 건축물의 계단	120 이상	–	–
• 기타의 계단	60 이상	–	–
• 작업장에 설치하는 계단(산업안전보건법에 의함)	산업안전기준에 관한 규칙에 의함.		

② 돌음계단의 단너비는 좁은 너비의 끝부분으로부터 30[cm]의 위치에서 측정한다.

핵심 PLUS

[예] 연면적 200[m²]을 초과하는 건축물에 설치하는 계단에 관한 기준 내용으로 옳지 않은 것은? [12, 24 산]
① 높이가 3[m]를 넘는 계단에는 높이 3[m] 이내마다 너비 1.2[m] 이상의 계단참을 설치하여야 한다.
② 계단의 단높이가 15[cm] 이하이고, 계단의 단너비가 30[cm] 이상인 계단에는 중간난간의 설치가 필요 없다.
③ 높이가 1[m]를 넘는 계단 및 계단참의 양옆에는 난간(벽 또는 이에 대치되는 것을 포함)을 설치하여야 한다.
④ 계단의 유효높이(계단의 바닥 마감면부터 상부 구조체의 하부 마감면까지의 연직방향의 높이)는 1.8[m] 이상으로 하여야 한다.

[해설] 계단의 유효높이(계단의 바닥 마감면부터 상부 구조체의 하부 마감면까지의 연직방향의 높이)는 2.1[m] 이상으로 하여야 한다.

답 : ④

[예] 연면적 200[m²]를 초과하는 건축물에 설치하는 계단의 설치에 관한 기준으로 옳지 않은 것은? [20 산]
① 중학교 계단의 단너비를 20[cm] 이상이어야 한다.
② 초등학교 계단의 단높이는 16[cm] 이하이어야 한다.
③ 고등학교 계단의 유효너비는 150[cm] 이상이어야 한다.
④ 높이가 3[m]를 넘는 계단에는 높이 3[m] 이내마다 유효너비 120[cm] 이상의 계단참을 설치하여야 한다.

답 : ①

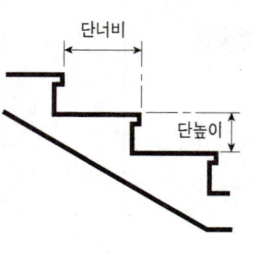
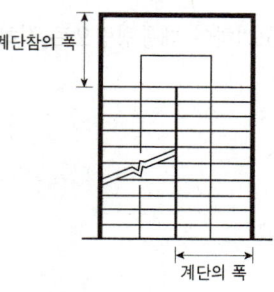
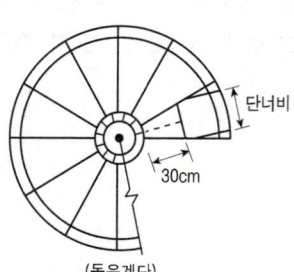

(돌음계단)

3) 노약자 및 신체장애인의 난간 및 바닥

① 설치 대상 건축물 : 공동주택(기숙사 제외), 제1종 근린생활시설, 제2종 근린생활시설, 문화 및 집회시설, 종교시설, 운수시설, 판매시설, 의료시설, 노유자시설, 업무시설, 숙박시설, 위락시설, 관광휴게시설의 용도에 쓰이는 건축물

② 난간 및 바닥의 설치기준

  ㉠ 아동의 이용에 안전하고 노약자 및 신체장애인의 이용에 편리한 구조로 하여야 하며, 양쪽에 벽 등이 있어 난간이 없는 경우에는 손잡이를 설치하여야 한다.

  ㉡ 손잡이는 최대 지름이 3.2[cm] 이상 3.8[cm] 이하인 원형 또는 타원형의 단면으로 할 것

  ㉢ 손잡이는 벽 등으로부터 5[cm] 이상 떨어지도록 하고, 계단으로부터의 높이는 85[cm]가 되도록 할 것

  ㉣ 계단이 끝나는 수평부분에서의 손잡이는 바깥쪽으로 30[cm] 이상 나오도록 설치할 것

4) 계단에 대체되는 경사로

① 경사도는 1 : 8 이하로 할 것

② 재료마감은 표면을 거친 면으로 하거나 미끄러지지 않는 재료로 마감할 것

5) 복도의 너비 및 설치기준

① 건축물에 설치하는 복도의 유효너비는 다음과 같이 하여야 한다.

구 분	양옆에 거실이 있는 복도	기타의 복도
유치원·초등학교·중학교·고등학교	2.4[m] 이상	1.8[m] 이상
공동주택·오피스텔	1.8[m] 이상	1.2[m] 이상
당해 층 거실의 바닥면적 합계가 200[m²] 이상인 경우	1.5[m] 이상(의료시설의 복도는 1.8[m] 이상)	1.2[m] 이상

② 문화 및 집회시설(종교집회장·공연장·집회장·관람장·전시장에 한함), 노유자시설(아동관련시설·노인복지시설에 한함)·수련시설(생활권수련시설에 한함), 위락시설 중 유흥주점 및 장례식장의 관람실 또는 집회실과 접하는 복도의 유효너비는 다음에서 정하는 너비로 하여야 한다.

당해 층의 바닥면적의 합계	복도의 유효너비
500[m²] 미만	1.5[m] 이상
500[m²] 이상 1,000[m²] 미만	1.8[m] 이상
1,000[m²] 이상	2.4[m] 이상

핵심 PLUS

예 계단의 양쪽에 벽 등이 있어 난간이 없는 경우에 손잡이를 설치하여야 하는 건축물의 용도가 아닌 것은?
① 호텔
② 신문사
③ 장례식장
④ 도매시장
　　　　　　　　　답 : ③

예 건축관련법상 아파트의 난간·벽 등의 손잡이와 바닥마감의 기준에 적합하지 않은 것은? [04 기]
① 손잡이는 계단으로부터의 높이가 85[cm]가 되도록 할 것
② 손잡이는 최대지름이 3.2[cm] 이상 3.8[cm] 이하인 원형 또는 타원형의 단면으로 할 것
③ 계단이 끝나는 수평부분에서의 손잡이는 바깥쪽으로 30[cm] 이상 나오도록 설치할 것
④ 손잡이는 벽 등으로부터 3[cm] 이상 떨어지도록 할 것
　　　　　　　　　답 : ④

예 연면적이 200[m²]를 초과하는 오피스텔에 설치하는 복도의 유효너비는 최소 얼마 이상으로 하여야 하는가? (단, 양옆에 거실이 있는 복도의 경우) [20, 25 산]
① 1.2[m]　② 1.5[m]
③ 1.8[m]　④ 2.4[m]
　　　　　　　　　답 : ③

예 문화 및 집회시설 중 공연장의 관람실과 접하는 복도의 유효너비는 최소 얼마 이상으로 하여야 하는가? (단, 해당 층에서 해당 용도로 쓰는 바닥면적의 합계가 1,000[m²]인 경우)
[15, 20, 24 산]
① 1.5[m]　② 1.8[m]
③ 2.1[m]　④ 2.4[m]
　　　　　　　　　답 : ④

핵심 PLUS

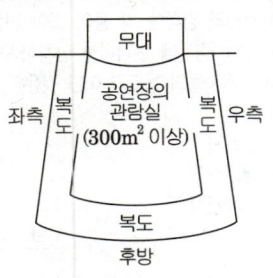

[그림] 공연장의 복도

예 다음의 ( ) 안에 해당되지 않는 건축물의 용도는? [13 산]

( )의 용도에 쓰이는 건축물의 관람석 또는 집회실로서 그 바닥면적이 200[m²] 이상인 것의 반자의 높이는 4[m] 이상이어야 한다. 다만, 기계환기 장치를 설치하는 경우에는 그러하지 아니하다.

① 장례식장
② 종교시설
③ 위락시설 중 유흥주점
④ 문화 및 집회시설 중 전시장

답 : ④

예 종교시설의 용도에 쓰이는 건축물의 집회실로서 그 바닥면적이 200[m²]인 경우 반자 높이는 최소 얼마 이상으로 하여야 하는가? (단, 기계환기장치를 설치하지 않는 경우) [13, 16 산]
① 2.1[m]   ② 2.7[m]
③ 4.0[m]   ④ 5.0[m]

답 : ③

예 건축물의 피난·방화구조 등의 기준에 관한 규칙에 따라 채광 및 환기를 위한 창문 등이나 설비를 설치하여야 하는 대상에 속하지 않는 것은? [17, 24 산]
① 의료시설의 병실
② 공동주택의 거실
③ 종교시설의 집회실
④ 교육연구시설 중 학교의 교실

답 : ③

---

③ 문화 및 집회시설 중 공연장에 설치하는 복도는 다음의 기준에 적합하여야 한다.

설치대상		설치기준
문화 및 집회시설 중 공연장의 복도	바닥면적 300[m²] 이상	공연장의 개별 관람실의 바깥쪽에는 그 양쪽 및 뒤쪽에 각각 복도 설치
	바닥면적 300[m²] 미만	하나의 층에 개별 관람실을 2개소 이상 연속하여 설치하는 경우에는 관람실 바깥쪽의 앞쪽과 뒤쪽에 각각 복도 설치

4. 거실에 관한 기준

1) 거실의 반자높이

※ 단, 반자가 없는 경우에는 보 또는 바로 위층 바닥판의 밑면, 기타 이와 비슷한 것을 말한다.

거실의 종류	반자높이	예외 규정
① 일반용도의 거실	2.1[m] 이상	공장, 창고시설, 위험물저장 및 처리시설, 동물 및 식물 관련시설, 자원순환관련시설, 묘지관련시설
② 문화 및 집회시설(전시장 및 동·식물원 제외), 종교시설, 장례식장, 유흥주점의 용도에 쓰이는 건축물의 관람실 또는 집회실로서 바닥면적이 200[m²] 이상인 것	4[m] 이상	기계환기장치를 설치한 경우
③ '②'의 노대 아래 부분	2.7[m] 이상	

2) 거실의 채광 및 환기

① 거실의 채광 및 환기 등을 위한 창문 등의 면적은 다음 기준에 적합하도록 설치하여야 한다.

구분	건축물의 용도	창문 등의 면적	예외 규정
채광	·단독주택의 거실 ·공동주택의 거실 ·학교의 교실 ·의료시설의 병실 ·숙박시설의 객실	거실 바닥면적의 1/10 이상	거실의 용도에 따른 조도기준 [별표 1]의 조도 이상의 조명
환기		거실 바닥면적의 1/20 이상	기계장치 및 중앙관리방식의 공기조화설비를 설치한 경우

② 수시로 개방할 수 있는 미닫이로 구획된 2개의 거실은 거실의 채광 및 환기를 위한 규정을 적용함에 있어서 이를 1개의 거실로 본다.

■ 거실의 용도에 따른 조도기준 (제17조 관련)

거실의 용도구분	조도구분	바닥에서 85[cm]의 높이에 있는 수평면의 조도(럭스)
1. 거 주	• 독서·식사·조리 • 기타	150 70
2. 집 무	• 설계·제도·계산 • 일반사무 • 기타	700 300 150
3. 작 업	• 검사·시험·정밀검사·수술 • 일반작업·제조·판매 • 포장·세척 • 기타	700 300 150 70
4. 집 회	• 회의 • 집회 • 공연·관람	300 150 70
5. 오 락	• 오락 일반 • 기타	150 30
기타 명시되지 아니한 것		1란 내지 5란에 유사한 기준을 적용함

3) 배연설비
① 6층 이상의 건축물로서 제2종 근린생활시설 중 300[m²] 이상인 공연장·종교집회장·인터넷컴퓨터게임시설제공업소 및 다중생활시설, 문화 및 집회시설, 종교시설, 판매시설, 운수시설, 의료시설(요양병원 및 정신병원은 제외), 연구소, 아동관련시설·노인복지시설(노인요양시설은 제외), 유스호스텔, 운동시설, 업무시설, 숙박시설, 위락시설, 관광휴게시설, 장례시설의 용도에 해당되는 건축물의 거실
   예외 피난층인 경우
② 요양병원 및 정신병원·산후조리원, 노인요양시설·장애인 거주시설 및 장애인 의료재활시설의 용도에 해당되는 건축물
   예외 피난층인 경우

4) 거실의 바닥 등
① 방습조치 : 건축물의 최하층에 있는 거실의 바닥이 목조인 경우에는 그 바닥 높이를 지표면으로부터 45[cm] 이상으로 하여야 한다.
   예외 지표면을 콘크리트 바닥으로 설치하는 등의 방습조치를 한 경우
② 내수재료의 마감 : 다음에 해당하는 욕실 또는 조리장의 바닥과 그 바닥으로부터 높이 1[m]까지의 안벽의 마감은 이를 내수재료로 하여야 한다.

핵심 PLUS

예 거실의 용도에 따른 조도기준으로 옳지 않은 것은? (단, 바닥에서 85[cm]의 높이에 있는 수평면의 조도)
[03, 09 기]
① 독서, 식사, 조리 – 150룩스 이상
② 설계, 제도, 계산 – 500룩스 이상
③ 검사, 수술, 시험 – 700룩스 이상
④ 오락일반 – 150룩스 이상
해설 설계, 제도, 계산 – 700룩스 이상
답 : ②

예 다음 중 거실의 용도에 따른 조도기준이 가장 높은 것은? [12 기]
① 제도   ② 독서
③ 회의   ④ 일반사무
해설
① 제도 : 700[lx]
② 독서 : 150[lx]
③ 회의 : 300[lx]
④ 일반사무 : 300[lx]
답 : ①

예 건축물의 거실(피난층의 거실 제외)에 국토교통부령으로 정하는 기준에 따라 배연설비를 하여야 하는 대상 건축물에 속하지 않는 것은? (단, 6층 이상인 건축물의 경우)
[19, 25 산]
① 공동주택
② 종교시설
③ 업무시설
④ 장례시설
답 : ①

예 숙박시설에서 욕실의 안벽 마감은 바닥으로부터 몇 m 높이까지 내수재료로 하여야 하는가? [12 산]
① 1[m]
② 1.2[m]
③ 1.4[m]
④ 1.6[m]
답 : ①

핵심 PLUS

■ 층간바닥 구조제한대상
• 단독주택 중 다가구주택
• 공동주택
  (주택법 사업계획승인대상 제외)
• 오피스텔
• 제2종 근린생활시설 중 다중생활시설
• 숙박시설 중 다중생활시설

예 건축물에 설치하는 경계벽을 내화구조로 하고, 지붕밑 또는 바로 윗층의 바닥판까지 닿게 하여야 하는 대상에 속하지 않는 것은? [18 산]
① 숙박시설의 객실 간 경계벽
② 의료시설의 병실 간 경계벽
③ 업무시설의 사무실 간 경계벽
④ 교육연구시설 중 학교의 교실 간 경계벽
답 : ③

예 교육연구시설 중 학교의 교실 간 경계벽의 차음을 위한 구조로서 적합하지 않은 것은? [19 기]
① 벽돌조로서 두께가 15[cm]인 것
② 철근콘크리트조로서 두께가 15[cm]인 것
③ 철골철근콘크리트조로서 두께가 15[cm]인 것
④ 무근콘크리트조로서 시멘트모르타르의 바름 두께를 포함하여 두께가 15[cm]인 것
답 : ①

예 다음의 창문 등의 차면시설의 설치에 관한 기준 내용 중 ( ) 안에 알맞은 것은? [11 기]

> 인접 대지경계선으로부터 직선거리 ( ) 이내에 이웃 주택의 내부가 보이는 창문 등을 설치하는 경우에는 차면시설을 설치하여야 한다.

① 1[m]
② 1.5[m]
③ 2[m]
④ 3[m]
답 : ③

㉠ 제1종 근린생활시설 중 목욕장의 욕실과 휴게음식점의 조리장
㉡ 제2종 근린생활시설 중 일반음식점 및 휴게음식점의 조리장과 숙박시설의 욕실

③ 추락방지를 위한 안전시설 설치 : 오피스텔에 거실 바닥으로부터 높이 1.2[m] 이하 부분에 여닫을 수 있는 창문을 설치하는 경우에는 높이 1.2[m] 이상의 난간이나 그 밖에 이와 유사한 추락방지를 위한 안전시설을 설치하여야 한다.

5) 경계벽 등의 구조

① 경계벽 구조

대상 건축물의 용도	구획 부분	구조 제한 기준
• 다가구주택 • 공동주택(기숙사 제외)	각 가구간 또는 세대간의 경계벽(발코니 부분은 제외)	차음구조 및 내화구조로 하고 지붕밑 또는 바로 윗층 바닥판까지 닿게 하여야 한다.
• 학교의 교실 • 의료시설의 병실 • 숙박시설의 객실 • 기숙사의 침실 • 산후조리원	각 거실간의 경계벽	
• 제2종 근린생활시설 중 다중생활시설	호실 간 경계벽	
• 노유자시설 중 노인복지주택	세대 간 경계벽	
• 노유자시설 중 노인요양시설	호실 간 경계벽	

② 차음구조의 기준
경계벽의 차음구조는 다음과 같다.

벽체의 구조	두께 기준
철근콘크리트조, 철골철근콘크리트조	10[cm] 이상
무근콘크리트조, 석조	10[cm] 이상(시멘모르타르, 회반죽 또는 석고 플라스터의 바름두께 포함)
콘크리트 블록조, 벽돌조	19[cm] 이상

예회 다가구주택 및 공동주택 세대간의 경계벽은 주택건설기준에 관한 규정에 따른다.

6) 창문 등의 차면시설

인접대지경계선으로부터 직선거리 2[m] 이내에 이웃주택의 내부가 보이는 창문 등을 설치하는 경우에는 차면시설을 설치하여야 한다.

2 건축물의 피난시설

1. 직통계단의 설치 기준

1) 피난층이 아닌 층에서의 보행거리

피난층이 아닌 층에서 거실 각 부분으로부터 피난층(직접 지상으로 통하는 출입구가 있는 층) 또는 지상으로 통하는 직통계단(경사로 포함)에 이르는 보행거리는 다음과 같다.

구 분	보행거리
원칙	30[m] 이하
주요구조부가 내화구조 또는 불연재료로 된 건축물	50[m] 이하 (16층 이상 공동주택 : 40[m] 이하) [자동화 생산시설에 스프링클러 등 자동식 소화설비를 설치한 공장으로서 국토교통부령으로 정하는 공장인 경우에는 그 보행거리가 75[m](무인화 공장 경우 100[m]) 이하

[예외] 지하층에 설치하는 건축물로서 바닥면적의 합계가 300[m²] 이상인 공연장·집회장·관람장 및 전시장을 제외

2) 피난층에서의 보행거리

피난층의 계단 및 거실로부터 건축물 바깥쪽으로의 출구에 이르는 보행거리는 다음과 같다.

구 분	원 칙	주요구조부가 내화구조, 불연재료일 경우
계단으로부터 옥외로의 출구까지	30[m] 이하	50[m] 이하 (16층 이상 공동주택 : 40[m])
거실로부터 옥외로의 출구까지(피난에 지장이 없는 출입구가 있는 것은 제외)	60[m] 이하	100[m] 이하 (16층 이상 공동주택 : 80[m])

※ 피난층에 있는 비상용 승강장의 출입구로부터 도로·공지에 이르는 보행거리는 30[m] 이하이다.

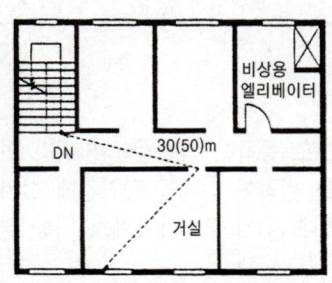
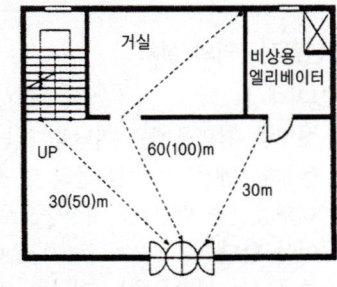

※ ( ) 안은 주요구조부가 내화구조 또는 불연재료일 경우
[그림] 피난층이 아닌 층에서 보행거리   [그림] 피난층에서 옥외로의 보행거리

핵심 PLUS

■ 직통계단
피난층 이외의 층에서 피난층 또는 지상으로 통하는 경로가 계단 및 계단참이 연속되어 연결되는 계단을 말한다.

· 피난계단
  옥내피난계단 ┐ 방화 및
  옥외피난계단 ┘ 배연시설

· 특별피난계단 : 방화 및 배연시설 + 노대 또는 부속실

■ 피난층의 정의
직접 지상으로 통하는 출입구가 있는 층 및 초고층·준초고층 건축물의 피난안전구역이 있는 층을 말한다.

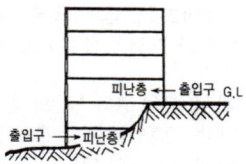

[그림] 피난층

예 다음은 직통계단의 설치와 관련된 기준 내용이다. ( ) 안에 알맞은 것은? [13 산]

건축물의 피난층 외의 층에서는 피난층 또는 지상으로 통하는 직통계단을 거실의 각 부분으로부터 계단(거실로부터 가장 가까운 거리에 있는 계단을 말한다)에 이르는 보행거리는 ( ) 이하가 되도록 설치하여야 한다.

① 10[m]   ② 20[m]
③ 30[m]   ④ 40[m]

답 : ③

핵심 PLUS

예 건물의 피난층 외의 층으로부터 통하는 직통계단을 2개소 이상 설치해야 하는 것은?
① 피난층 외의 층이 층당 4세대인 공동주택의 용도에 쓰이는 층으로서 그 층의 당해 용도에 쓰이는 거실의 바닥면적의 합계가 300[m²]인 것
② 피난층 외의 층이 영화관의 용도에 쓰이는 2층으로서 그 층의 관람실의 바닥면적의 합계가 200[m²]인 것
③ 피난층 외의 층이 병원의 용도에 쓰이는 2층으로서 그 층의 당해 용도에 쓰이는 거실의 바닥면적의 합계가 200[m²]인 것
④ 피난층 외의 층이 아동관련시설의 용도에 쓰이는 2층으로서 그 층의 당해용도에 쓰이는 거실의 바닥면적의 합계가 200[m²]인 것
답: ②

예 초고층 건축물의 피난·안전을 위하여 지상층으로부터 최대 30개 층마다 설치하는 대피공간을 의미하는 것은? [10 기]
① 무창층
② 개방공간
③ 피난계단
④ 피난안전구역
답: ④

3) 직통계단을 2개소 이상 설치하여야 하는 건축물

건축물의 피난층이 아닌 층에서 피난층 또는 지상으로 통하는 직통계단(경사로 포함)을 2개소 이상 설치하여야 하는 경우는 다음과 같다.

① 설치기준 : 2개소 이상 직통계단의 출입구는 피난에 지장이 없도록 일정한 간격을 두어 설치하고, 각 직통계단 상호간에는 각각 거실과 연결된 복도 등 통로를 설치하여야 한다.

② 설치대상

구 분	건축물의 용도	해당부분	면 적
①	· 문화 및 집회시설 (전시장 및 동·식물원 제외) · 300[m²] 이상인 공연장·종교집회장 · 종교시설 · 장례시설 · 위락시설 중 주점영업	그 층의 관람실 또는 집회실의 바닥면적 합계	200[m²] 이상
②	· 단독주택 중 다중주택·다가구주택 · 제2종 근린생활시설 중 학원, 독서실 · 300[m²] 이상인 인터넷컴퓨터게임시설제공업소 · 판매시설 · 운수시설(여객용시설만 해당) · 의료시설 (입원실이 없는 치과병원은 제외) · 교육연구시설 중 학원 · 노유자시설 중 아동 관련 시설, 노인복지시설, 장애인거주시설, 장애인의료재활시설 · 수련시설 중 유스호스텔 · 숙박시설	3층 이상의 층으로서 그 층의 당해 용도로 쓰이는 거실바닥 면적 합계	
③	· 지하층	그 층의 거실바닥면적 합계	
④	· 공동주택(층당 4세대 이하는 제외) · 업무시설 중 오피스텔	그 층의 당해 용도에 쓰이는 거실의 바닥면적 합계	300[m²] 이상
⑤	위의 ①, ②, ④에 해당하지 않는 용도	3층 이상의 층으로 그 층의 거실 바닥면적 합계	400[m²] 이상

4) 피난안전구역의 설치

① 설치대상
 ㉠ 초고층 건축물에는 피난층 또는 지상으로 통하는 직통계단과 직접 연결되는 피난안전구역(건축물의 피난·안전을 위하여 건축물 중간층에 설치하는 대피공간을 말함)을 지상층으로부터 최대 30개 층마다 1개소 이상 설치하여야 한다.
 ㉡ 준초고층 건축물에는 피난층 또는 지상으로 통하는 직통계단과 직접 연결되는 피난안전구역을 해당 건축물 전체 층수의 1/2에 해당하는 층으로부터 상하 5개층 이내에 1개소 이상 설치하여야 한다.

[예외] 국토교통부령으로 정하는 기준에 따라 피난층 또는 지상으로 통하는 직통계단을 설치하는 경우

② 피난안전구역의 규모와 설치기준
㉠ 피난안전구역은 해당 건축물의 1개층을 대피공간으로 하며, 대피에 장애가 되지 아니하는 범위에서 기계실, 보일러실, 전기실 등 건축설비를 설치하기 위한 공간과 같은 층에 설치할 수 있다. 이 경우 피난안전구역은 건축설비가 설치되는 공간과 내화구조로 구획하여야 한다.
㉡ 피난안전구역에 연결되는 특별피난계단은 피난안전구역을 거쳐서 상·하층으로 갈 수 있는 구조로 설치하여야 한다.
㉢ 피난안전구역의 바로 아래층 및 위층은 단열재를 설치할 것. 이 경우 아래층은 최상층에 있는 거실의 반자 또는 지붕 기준을 준용하고, 위층은 최하층에 있는 거실의 바닥 기준을 준용할 것
㉣ 피난안전구역의 내부마감재료는 불연재료로 설치할 것
㉤ 건축물의 내부에서 피난안전구역으로 통하는 계단은 특별피난계단의 구조로 설치할 것
㉥ 비상용 승강기는 피난안전구역에서 승하차 할 수 있는 구조로 설치할 것
㉦ 피난안전구역에는 식수공급을 위한 급수전을 1개소 이상 설치하고 예비전원에 의한 조명설비를 설치할 것
㉧ 관리사무소 또는 방재센터 등과 긴급연락이 가능한 경보 및 통신시설을 설치할 것
㉨ 피난안전구역의 높이는 2.1[m] 이상일 것

2. 피난계단의 설치기준

1) 피난계단, 특별피난계단의 설치대상
① 5층 이상의 층으로부터 피난층 또는 지상으로 통하는 직통계단
② 지하 2층 이하의 층으로부터 피난층 또는 지상으로 통하는 직통계단
③ 5층 이상의 층으로부터 피난층 또는 지상으로 통하는 직통계단과 직접 연결된 지하 1층의 계단
※ 판매시설(도매시장, 소매시장, 상점) 용도로 쓰이는 층으로부터의 직통계단은 1개소 이상 특별피난계단으로 설치하여야 한다.
[예외] 주요구조부가 내화구조, 불연재료로 된 건축물로서 5층 이상의 층의 바닥면적 합계가 200[m²] 이하이거나, 바닥면적 200[m²] 이내마다 방화구획이 된 경우

2) 특별피난계단의 설치대상
① 건축물(갓복도식 공동주택 제외)이 11층(공동주택은 16층) 이상으로부터 피난층 또는 지상으로 통하는 직통계단
[예외] 바닥면적 400[m²] 미만인 층

핵심 PLUS

■ 피난안전구역

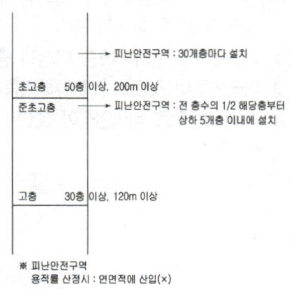

※ 피난안전구역 용적률 산정시 : 연면적에 산입(×)

[예] 다음은 건축물의 피난·안전을 위하여 건축물 중간층에 설치하는 대피공간인 피난안전구역에 관한 기준 내용이다. ( ) 안에 알맞은 것은?
[18, 25 산]

> 초고층 건축물에는 피난층 또는 지상으로 통하는 직통계단과 직접 연결되는 피난안전구역을 지상층으로부터 최대 ( )개 층마다 1개소 이상 설치하여야 한다.

① 20　　② 30
③ 40　　④ 50

답 : ②

[예] 피난안전구역의 설치에 관한 기준 내용으로 옳지 않은 것은?
[17, 24 산]
① 피난안전구역의 높이는 2.1[m] 이상일 것
② 피난안전구역의 내부마감재료는 불연재료로 설치할 것
③ 비상용 승강기는 피난안전구역에서 승하차할 수 있는 구조로 설치할 것
④ 건축물의 내부에서 피난안전구역으로 통하는 계단은 피난계단의 구조로 설치할 것

[해설] 건축물의 내부에서 피난안전구역으로 통하는 계단은 특별피난계단의 구조로 설치할 것

답 : ④

핵심 PLUS

예 피난층 또는 지상으로 통하는 직통계단을 반드시 특별피난계단으로 해야 하는 경우가 아닌 것은? [03 기]
① 갓복도식 공동주택을 제외한 건축물의 11층 이상의 층
② 공동주택의 경우 16층 이상의 층
③ 바닥면적이 500[m²]인 지하 3층
④ 지하 6층으로 바닥면적이 300[m²]인 층

답 : ④

② 지하 3층 이하의 층으로부터 피난층 또는 지상으로 통하는 직통계단
   예외 바닥면적 400[m²] 미만인 층

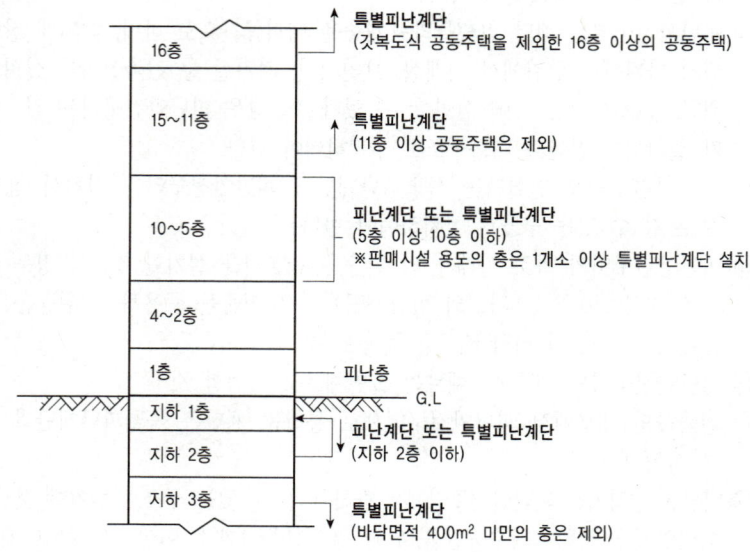

예 거실 바닥면적 6,000[m²]인 판매시설을 5층에 설치할 경우 최소한 요구되는 피난계단 또는 특별피난계단의 수는?

해설
① 전체층에 사용되는 직통계단 : 3층 이상 거실 바닥면적의 합이 200[m²] 이상인 판매시설이므로 2개소 이상의 직통계단이 필요하다.
② 피난계단, 특별피난계단으로써 4층 이하의 층에 사용되지 않는 계단 : 5층 이상의 층으로써 2,000[m²]를 넘는 판매시설이므로 2,000[m²]을 넘는 매 2,000[m²]이내마다 별도의 직통계단이 필요하다.
(6,000-2,000)÷2,000=2개소
∴ 계단의 수=①+②=2+2=4개소

3) 직통계단 외에 별도의 피난계단, 특별피난계단의 설치대상
 ① 대상용도 : 문화 및 집회시설(전시장 및 동·식물원에 한함), 판매시설, 운수시설(여객용시설만 해당), 운동시설, 위락시설, 관광휴게시설(다중이 이용하는 시설에 한함), 수련시설(생활수련시설에 한함)
 ② 5층 이상의 층으로서 상기 ① 용도로 쓰이는 바닥면적 합계가 2,000[m²]를 넘는 층에는 피난계단 또는 특별피난계단 외에 2,000[m²]를 넘는 매 2,000[m²] 이내마다 1개소의 피난계단 또는 특별피난계단을 설치하여야 한다. 단, 설치되는 계단은 4층 이하의 층에는 쓰이지 않는 피난계단 또는 특별피난계단이라야 한다.

• 계단수의 산출

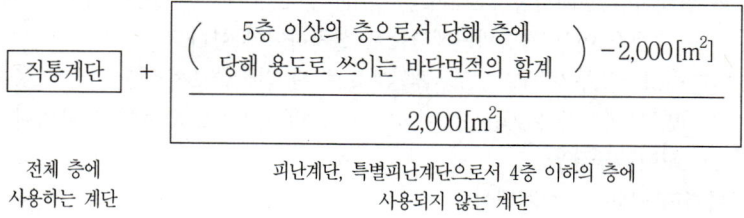

4) 옥외피난계단의 설치기준

건축물의 3층 이상의 층(피난층 제외)으로서 다음 용도에 쓰이는 층에는 직통계단 외에 그 층으로부터 지상으로 통하는 옥외계단을 따로 설치하여야 한다.

① 문화 및 집회 시설(공연장에 한함), 위락시설(주점영업에 한함)에 쓰이는 층으로서 그 층의 거실의 바닥면적의 합계가 300[m^2] 이상인 것
② 문화 및 집회시설 중 집회장의 용도로 쓰이는 층으로서 그 층의 거실의 바닥면적 합계가 1,000[m^2] 이상인 것

5) 지하층과 피난층 사이의 개방공간 설치

바닥면적의 합계가 3,000[m^2] 이상인 공연장·집회장·관람장 또는 전시장을 지하층에 설치하는 경우에는 각 실에 있는 자가 지하층 각 층에서 건축물 밖으로 피난하여 옥외 계단 또는 경사로 등을 이용하여 피난층으로 대피할 수 있도록 천장이 개방된 외부 공간을 설치하여야 한다.

3. 피난계단 및 특별피난계단의 구조

1) 피난계단의 구조

① 건축물 내부에 설치하는 피난계단의 구조(옥내피난계단)
  ㉠ 계단실의 구조 : 계단실은 창문, 출입구, 기타 개구부를 제외하고는 내화구조의 벽으로 구획할 것
  ㉡ 계단실의 마감 : 계단실의 실내에 접하는 부분(바닥 및 반자 등 실내에 면하는 모든 부분)의 마감(마감을 위한 바탕 포함)은 불연재료로 할 것
  ㉢ 계단실의 조명설비 : 계단실에는 예비전원에 의한 조명설비를 할 것
  ㉣ 계단실의 옥외에 접하는 창문 등 : 계단실 바깥쪽에 접하는 창문 등은 당해 건축물의 다른 부분에 설치하는 창문 등으로부터 2[m] 이상 띄울 것
    [예] 망이 들어있는 유리의 붙박이창으로서 그 면적이 각각 1[m^2] 이하인 것
  ㉤ 계단실의 옥내에 접하는 창문(출입구 제외) 등 : 망이 들어있는 유리의 붙박이창으로서 그 면적이 각각 1[m^2] 이하로 할 것
  ㉥ 계단실로 통하는 출입구의 구조
    • 출입구의 유효너비는 0.9[m] 이상으로 한다.
    • 피난방향으로 열 수 있도록 한다.
    • 60+방화문 또는 60분방화문을 설치한다(방화문은 언제나 닫힌 상태를 유지하거나 화재시 연기의 발생 또는 온도의 상승에 의하여 자동으로 닫히는 구조일 것)
  ㉦ 계단은 내화구조로 하고 피난층 또는 지상까지 직접 연결되도록 할 것
  ㉧ 돌음계단으로 해서는 안 된다.

핵심 PLUS

[예] 다음 중 옥외피난계단을 설치하여야 하는 대상 기준 내용과 가장 관계가 먼 것은?
① 건축물 용도
② 층수
③ 거실의 바닥면적
④ 연면적

답 : ④

[예] 다음의 지하층과 피난층 사이의 개방공간 설치와 관련된 기준 내용 중 ( ) 안에 알맞은 것은?
[11, 12, 15, 20 산]

> 바닥면적의 합계가 ( ) 이상인 공연장·집회장·관람장 또는 전시장을 지하층에 설치하는 경우에는 각 실에 있는 자가 지하층 각 층에서 건축물 밖으로 피난하여 옥외 계단 또는 경사로 등을 이용하여 피난층으로 대피할 수 있도록 천장이 개방된 외부 공간을 설치하여야 한다.

① 1,000[m^2]   ② 2,000[m^2]
③ 3,000[m^2]   ④ 5,000[m^2]

답 : ③

[예] 건축물 내부에 설치하는 피난계단의 구조에 관한 기준 내용으로 옳지 않은 것은? [18, 23 산]
① 계단실에는 예비전원에 의한 조명설비를 할 것
② 계단실의 실내에 접하는 부분의 마감은 난연재료로 할 것
③ 계단은 내화구조로 하고 피난층 또는 지상까지 직접 연결되도록 할 것
④ 계단실은 창문·출입구 기타 개구부를 제외한 당해 건축물의 다른 부분과 내화구조의 벽으로 구획할 것

답 : ②

핵심 PLUS

예 건축물의 바깥쪽에 설치하는 피난 계단의 구조에 관한 기준 내용으로 옳지 않은 것은? [18, 24 산]
① 계단의 유효너비는 0.9[m] 이상으로 할 것
② 계단실에는 예비전원에 의한 조명설비를 할 것
③ 계단은 내화구조로 하고 지상까지 직접 연결되도록 할 것
④ 건축물의 내부에서 계단으로 통하는 출입구에는 60+방화문 또는 60분방화문을 설치할 것
답: ②

예 특별피난계단의 구조에 관한 기준 내용으로 옳지 않은 것은? [18 기]
① 계단은 내화구조로 하되, 피난층 또는 지상까지 직접 연결되도록 할 것
② 출입구의 유효너비는 0.9[m] 이상으로 하고 피난의 방향으로 열 수 있을 것
③ 건축물의 내부에서 노대 또는 부속실로 통하는 출입구에는 60+방화문, 60분방화문 또는 30분방화문을 설치할 것
④ 계단실에는 노대 또는 부속실에 접하는 부분 외에는 건축물의 내부와 접하는 창문 등을 설치하지 아니할 것
답: ③

예 특별피난계단의 구조에 관한 기준 내용으로 옳지 않은 것은? [12 기]
① 계단실 및 부속실의 실내에 접하는 부분은 불연재료로 할 것
② 계단은 내화구조로 하되, 피난층 또는 지상까지 직접 연결되도록 할 것
③ 출입구의 유효너비는 최소 1.2[m] 이상으로 하고 피난의 방향으로 열 수 있을 것
④ 노대 및 부속실에는 계단실외의 건축물의 내부와 접하는 창문등(출입구를 제외)을 설치하지 아니할 것
답: ③

② 건축물 바깥쪽에 설치하는 피난계단의 구조(옥외피난계단)
  ㉠ 계단은 그 계단으로 통하는 출입구 외의 창문 등으로부터 2[m] 이상 거리를 두고 설치할 것
    예외 망이 들어있는 유리의 붙박이창으로서 그 면적이 각각 1[m²] 이하인 것
  ㉡ 옥내로부터 계단으로 통하는 출입구에는 60+방화문 또는 60분방화문을 설치할 것
  ㉢ 계단의 유효너비는 0.9[m] 이상으로 할 것
  ㉣ 계단은 내화구조로 하고 지상까지 직접 연결되도록 할 것
  ㉤ 돌음계단으로 해서는 안 된다.

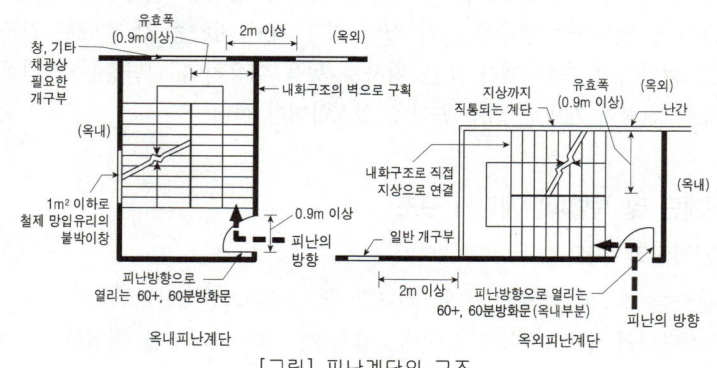

[그림] 피난계단의 구조

2) 특별피난계단의 구조
  ① 계단실로의 출입
    ㉠ 노대를 통하여 연결
    ㉡ 외부를 향하여 열 수 있는 면적 1[m²] 이상인 창문(바닥으로부터 1[m] 이상의 높이에 설치한 것에 한함) 또는 건축물의 설비기준 등에 관한 규칙(제14조)의 규정에 적합한 구조의 배연설비가 있는 면적 3[m²] 이상인 부속실을 통하여 연결할 것
  ② 계단실·노대 및 부속실(건축물의 설비기준 등에 관한 규칙에 의하여 비상용승강기의 승강장을 겸용하는 부속실을 포함) : 창문 등을 제외하고는 내화구조의 벽으로 구획할 것
  ③ 계단실 및 부속실의 마감 : 계단실 및 부속실의 실내에 접하는 부분(바닥 및 반자 등 실내에 면한 모든 부분)의 마감(마감을 위한 바탕 포함)은 불연재료로 할 것
  ④ 계단실의 조명설비 : 계단실에는 예비전원에 의한 조명설비를 할 것
  ⑤ 계단실·부속실·노대의 옥외에 접하는 창문 등 : 계단실·노대·부속실에 설치하는 건축물의 바깥쪽에 접하는 창문·출입문은 당해 건축물의 다른 부분에 설치하는 창문 출입문으로부터 2[m] 이상 거리를 두고 설치할 것
    예외 망이 들어있는 유리의 붙박이창으로서 각각 1[m²] 이하인 것

⑥ 창문·출입구·개구부 설치금지 : 계단실에는 노대 또는 부속실에 접하는 부분 외에는 건축물 안쪽에 접하는 창문·출입구·개구부를 설치하지 말 것
⑦ 계단실과 접하는 노대, 부속실의 창문·개구부 : 망이 들어있는 유리의 붙박이창으로서 그 면적을 각각 1[m²] 이하로 할 것(단, 출입구는 제외)
⑧ 노대 및 부속실에는 계단실 외의 건축물 내부와 연결하는 창문 등을 설치하지 말 것(단, 출입구는 제외)
⑨ 출입구의 설치
  ㉠ 건축물의 내부에서 노대 또는 부속실로 통하는 출입구에는 60+방화문 또는 60분방화문을 설치할 것
  ㉡ 노대 또는 부속실로부터 계단실로 통하는 출입구에는 60+방화문, 60분방화문 또는 30분방화문을 설치할 것. 이 경우 60+방화문, 60분방화문 또는 30분방화문은 언제나 닫힌 상태를 유지하거나 화재로 인한 연기, 온도, 불꽃 등을 가장 신속하게 감지하여 자동적으로 닫히는 구조로 하여야 한다.
  ㉢ 출입구의 유효너비는 0.9[m] 이상으로 하고 피난방향으로 열 수 있을 것
⑩ 계단은 내화구조로 하고 피난층이나 지상까지 직접 연결되게 할 것
⑪ 돌음계단으로 해서는 안 된다.

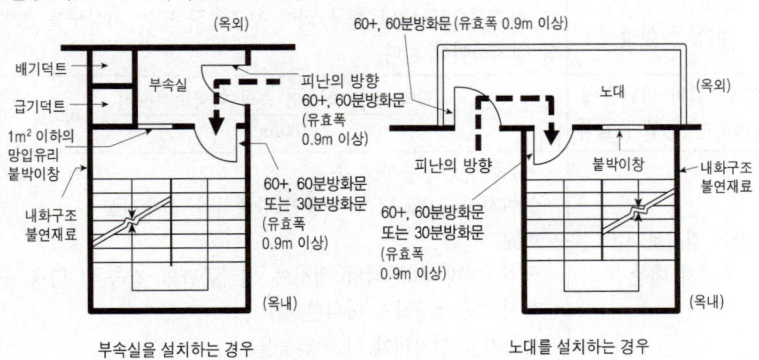

[그림] 특별피난계단의 구조

핵심 PLUS

예 특별피난계단의 출입구 유효너비는 최소 얼마 이상으로 하여야 하는가?
　　　　　　　　　　　　　[08 기]
① 0.8[m]　② 0.9[m]
③ 1.0[m]　④ 1.2[m]
　　　　　　　　답 : ②

■ 피난계단·특별피난계단의 출입문
1. 문의 방향 : 피난의 방향(안여닫이로 해서는 안 된다 : 밖여닫이)
2. 문의 유효폭 : 90[cm] 이상
3. 문의 구조
  가. 옥내피난계단의 옥내로부터 계단실로 통하는 출입구 : 60+방화문 또는 60분방화문 설치
  나. 옥외피난계단의 옥내로부터 계단실로 통하는 출입구 : 60+방화문 또는 60분방화문 설치
  다. 특별피난계단
  ① 옥내에서 노대 또는 부속실로 통하는 출입구 : 60+방화문 또는 60분방화문 설치(30분방화문은 안됨)
  ② 노대, 부속실에서 계단실로 통하는 출입구 : 60+방화문, 60분방화문 또는 30분방화문 설치

■ 방화문의 성능

구 분	연기·불꽃 차단시간	열 차단시간
60+ 방화문	60분 이상	30분 이상
60분 방화문	60분 이상	—
30분 방화문	30분 이상 60분 미만	

☞ 종전의 갑종방화문(60+방화문, 60분 방화문), 을종방화문(30분 방화문)에 해당된다.
※ 60+ 방화문(영: 60분+ 방화문)

4. 관람실 등으로부터의 출구 설치기준

1) 문화 및 집회시설 등의 출구방향

　문화 및 집회 시설(전시장 및 동·식물원 제외), 300[m²] 이상인 공연장·종교집회장, 종교시설, 위락시설, 장례시설의 용도에 쓰이는 건축물의 관람실 또는 집회실로부터 밖으로의 출구에 쓰이는 문은 안여닫이로 해서는 안된다.

2) 공연장의 개별 관람실의 출구기준

　관람실의 바닥면적이 300[m²] 이상인 경우의 출구는 다음 조건에 적합하여야 한다.

핵심 PLUS

예 문화 및 집회시설 중 공연장의 개별관람석의 바닥면적이 1,000[m²]인 경우, 개별관람석의 출구는 최소 몇 개소 이상 설치하여야 하는가? (단, 출구의 유효너비는 1.5[m]로 한다.) [11, 25 산]
① 2개소   ② 3개소
③ 4개소   ④ 5개소

해설 개별 관람실 출구의 유효폭의 합계
$= \dfrac{1,000[m^2]}{100[m^2]} \times 0.6[m] = 6[m]$
∴ 6[m] ÷ 1.5[m] = 4개
답 : ③

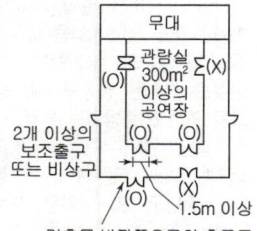

[그림] 문화 및 집회시설 등의 출구

예 건축물의 관람실 또는 집회실로부터 바깥쪽으로의 출구로 쓰이는 문을 안여닫이로 하여서는 안되는 건축물의 용도는? [15, 20 산]
① 종교시설
② 업무시설
③ 판매시설
④ 문화 및 집회시설 중 전시장
답 : ①

예 국토교통부령이 정하는 바에 건축물로부터 바깥쪽으로 나가는 출구를 설치하여야 하는 대상 건축물에 속하지 않는 것은?
① 문화 및 집회시설 중 관람장
② 의료시설 중 종합병원
③ 연면적이 5,000[m²]인 창고시설
④ 업무시설 중 국가 또는 지방자치단체의 청사
답 : ②

① 관람실별로 2개소 이상 설치할 것
② 각 출구의 유효폭은 1.5[m] 이상일 것
③ 개별 관람실 출구의 유효폭의 합계는 개별 관람실의 바닥면적 100[m²] 마다 0.6[m] 이상의 비율로 산정한 폭 이상일 것

5. 건축물 바깥쪽으로의 출구 (영 제39조, 피난·방화규칙 제11조)

구 분	기 준
대상 건축물	• 문화 및 집회시설(전시장 및 동·식물원을 제외) • 종교시설 • 판매시설 • 장례시설 • 국가 또는 지방자치단체의 청사 • 위락시설 • 연면적이 5,000[m²] 이상인 창고시설 • 학교 • 승강기를 설치하여야 하는 건축물
출구 방향	용도 : 문화 및 집회시설(전시장, 동·식물원은 제외), 300[m²] 이상인 공연장·종교집회장, 종교시설, 장례시설, 위락시설 → 안여닫이로 하여서는 아니된다. (밖여닫이)
보조출구 또는 비상구 설치	관람실의 바닥면적의 합계가 300[m²] 이상인 집회장 또는 공연장은 바깥쪽으로 주된 출구 외에 보조출구 또는 비상구를 2개소 이상 설치하여야 한다.
판매시설의 피난층에 설치하는 출구 유효폭	출구유효폭 ≥ $\dfrac{\text{당해 용도 최대인 층의 바닥면적}[m^2]}{100[m^2]} \times 0.6[m]$
경사로 설치 대상	• 제1종 근린생활시설 중 * • 연면적이 5,000[m²] 이상인 판매시설, 운수시설 • 학교 • 국가·지방자치단체의 청사와 외국공관의 건축물(제1종 근린생활시설에 해당하지 아니한 것) • 승강기를 설치해야 하는 건축물

회전문	• 계단이나 에스컬레이터로부터 2[m] 이상
	• 회전문과 문틀사이 및 바닥사이의 간격 확보
	  - 회전문과 문틀 사이는 5[cm] 이상
	  - 회전문과 바닥 사이는 3[cm] 이하
	• 회전문의 중심축에서 회전문과 문틀 사이의 간격을 포함한 회전문날개 끝부분까지의 길이는 140[cm] 이상
	• 회전문의 회전속도는 분당회전수가 8회를 넘지 아니하도록 할 것

* 제1종 근린생활시설 중
 • 지역자치센터·파출소·지구대·소방서·우체국·전신전화국·방송국·보건소·공공도서관·지역건강보험조합 등 동일한 건축물 안에 당해 용도에 쓰이는 바닥면적의 합계가 1,000[m²] 미만인 것
 • 마을회관·마을공동작업소·마을공동구판장·변전소·양수장·정수장·대피소·공중화장실

예제

평지로 된 대지에 상점의 용도로 사용되는 지상 6층인 건축물의 피난층에 설치하는 바깥쪽으로의 출구 유효너비의 합계는 최소 얼마 이상으로 하여야 하는가?(단, 각 층의 바닥면적은 1층과 2층은 각각 1,000[m²]이고, 3층부터 6층까지는 각각 1,500[m²]이다.)

① 6[m]   ② 9[m]
③ 12[m]   ④ 36[m]

▶ 판매시설의 피난층에 설치하는 출구 유효폭 : 판매시설의 피난층에 설치하는 건축물 바깥쪽으로의 출구는 당해 용도에 쓰이는 바닥면적이 최대인 층의 바닥면적 100[m²] 마다 0.6[m] 이상의 비율로 산정한 너비 이상으로 한다.

출구유효폭 $\geq \dfrac{\text{당해 용도 최대인 층의 바닥면적[m}^2\text{]}}{100[\text{m}^2]} \times 0.6[\text{m}]$

$\therefore$ 출구유효폭 $\geq \dfrac{1,500[\text{m}^2]}{100[\text{m}^2]} \times 0.6[\text{m}] = 9[\text{m}]$

6. 옥상광장 등의 설치

구 분	설치 대상 및 기준
난간 설치	옥상광장 또는 2층 이상의 층에 있는 노대의 주위에는 높이 1.2[m] 이상의 난간 설치
옥상광장의 설치	5층 이상의 층의 용도 : 문화 및 집회시설(전시장, 동·식물원 제외), 300[m²] 이상인 공연장·종교집회장·인터넷컴퓨터게임시설제공업소, 종교시설, 판매시설, 주점영업, 장례시설
헬리포트의 설치	층수가 11층 이상인 건축물로서 11층 이상인 층의 바닥면적의 합계가 10,000[m²] 이상인 건축물(평지붕만 해당)의 옥상 • 헬리포트의 설치기준 – 길이와 너비 : 각각 22[m] 이상(15[m]까지 감축 가능) – 반경 12[m] 이내에는 장애가 되는 장애물 금지 – 주위한계선 : 백색으로 너비 38[cm] – 지름 8[m]의 Ⓗ 표지를 백색, "H" 표지의 선너비 : 38[cm], "O" 표지의 선너비 : 60[cm]

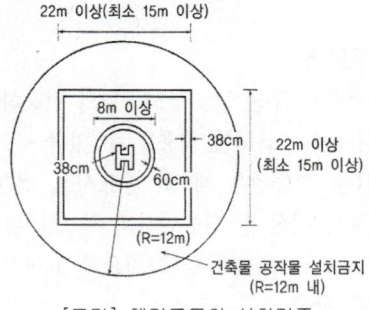

[그림] 헬리포트의 설치기준

핵심 PLUS

예 건축물의 출입구에 회전문을 설치하는 경우 계단이나 에스컬레이터로부터 최소 얼마 이상의 거리를 두고 설치하여야 하는가? [16 산]
① 1.5[m]
② 2.0[m]
③ 2.5[m]
④ 3.0[m]

답 : ②

예 다음 중 피난용도로 쓸 수 있는 광장을 옥상에 설치하여야 하는 대상 건축물은? [18, 24 산]
① 5층 이상인 층이 판매시설의 용도로 사용되는 건축물
② 5층 이상인 층이 공동주택의 용도로 사용되는 건축물
③ 5층 이상인 층이 업무시설의 용도로 사용되는 건축물
④ 5층 이상인 층이 의료시설의 용도로 사용되는 건축물

답 : ①

예 건축물에 설치하는 헬리포트에 관한 기준 내용으로 옳지 않은 것은? [11, 17 산]
① 헬리포트의 주위한계선은 백색으로 할 것
② 헬리포트의 주위한계선의 너비는 38[cm]로 할 것
③ 헬리포트의 길이와 너비는 각각 20[m] 이상으로 할 것
④ 헬리포트의 중심으로부터 반경 12[m] 이내에는 헬리콥터의 이·착륙에 장애가 되는 건축물, 공작물, 조경시설 또는 난간 등을 설치하지 아니할 것

답 : ③

핵심 PLUS

■ 소방자동차 접근이 가능한 통로 설치 대상
- 다중이용건축물
- 준다중이용건축물
- 11층 이상인 건축물

7. 대지 안의 피난 및 소화에 필요한 통로의 설치

① 건축물의 대지 안에는 그 건축물 바깥쪽으로 통하는 주된 출구와 지상으로 통하는 피난계단 및 특별피난계단으로부터 도로 또는 공지(공원, 광장, 그 밖에 이와 비슷한 것으로서 피난 및 소화를 위하여 해당 대지의 출입에 지장이 없는 것을 말한다)로 통하는 통로를 기준에 따라 설치하여야 한다.

② 통로의 유효폭

용도	유효너비
단독주택	0.9[m] 이상
바닥면적의 합계가 500[m²] 이상인 문화 및 집회시설, 종교시설, 의료시설, 위락시설, 장례시설	3[m] 이상
기타	1.5[m] 이상

3 건축물의 방화시설 및 제한

1. 방화구획

1) 방화구획의 기준

주요구조부가 내화구조 또는 불연재료로 된 건축물로 연면적이 1,000[m²]를 넘는 것은 다음의 기준에 의한 내화구조의 바닥, 벽·자동방화셔터 및 60+방화문 또는 60분방화문으로 구획하여야 한다.

예외 원자력법에 의한 원자로 및 관계시설은 원자력법령이 정하는 바에 의한다.

예 방화구획을 설치하여야 하는 건축물이 있다. 이 건축물 11층에 적용되는 방화구획 설치 기준으로 옳은 것은? (단, 실내의 마감을 불연재료로 하고 스프링클러설비를 설치한 경우) [14 산]
① 바닥면적 200[m²]이내마다 구획할 것
② 바닥면적 500[m²]이내마다 구획할 것
③ 바닥면적 600[m²]이내마다 구획할 것
④ 바닥면적 1,500[m²]이내마다 구획할 것

답 : ④

건축물의 규모	구 획 기 준		비 고
10층 이하의 층	바닥면적 1,000[m²] (3,000[m²]) 이내마다 구획		* ( ) 안의 면적은 스프링클러 등의 자동식 소화설비를 설치한 경우임
지상층, 지하층	매층마다 구획(면적에 무관)		
11층 이상의 층	실내마감이 불연재료의 경우	바닥면적 500[m²] (1,500[m²]) 이내마다 구획	
	실내마감이 불연재료가 아닌 경우	바닥면적 200[m²] (600[m²]) 이내마다 구획	
필로티의 부분을 주차장으로 사용하는 경우 그 부분과 건축물의 다른 부분을 구획			

2) 방화구획 완화대상 건축물

다음에 해당하는 건축물의 부분에는 방화구획의 적용하지 아니하거나 그 사용에 지장이 없는 범위에서 완화하여 적용할 수 있다.

① 문화 및 집회시설(동·식물원은 제외), 종교시설, 운동시설 또는 장례식장의 용도로 쓰는 거실로서 시선 및 활동공간의 확보를 위하여 불가피한 부분
② 물품의 제조·가공·보관 및 운반 등에 필요한 고정식 대형기기 설비의 설치를 위하여 불가피한 부분

③ 계단실·복도 또는 승강기의 승강장 및 승강로로서 그 건축물의 다른 부분과 방화구획으로 구획된 부분
  [제외] 해당 부분에 위치하는 설비배관 등이 바닥을 관통하는 부분
④ 건축물의 최상층 또는 피난층으로서 대규모 회의장·강당·스카이라운지·로비 또는 피난안전구역 등의 용도로 쓰는 부분으로서 그 용도로 사용하기 위하여 불가피한 부분
⑤ 복층형 공동주택의 세대별 층간 바닥 부분
⑥ 주요구조부가 내화구조 또는 불연재료로 된 주차장
⑦ 단독주택, 동물 및 식물 관련 시설 또는 교정 및 군사시설 중 군사시설(집회, 체육, 창고 등의 용도로 사용되는 시설만 해당)로 쓰는 건축물
⑧ 건축물의 1층과 2층의 일부를 동일한 용도로 사용하며 그 건축물의 다른 부분과 방화구획으로 구획된 부분(바닥면적의 합계가 500[m^2] 이하인 경우로 한정)

2. 방화에 장애가 되는 용도제한

1) 방화에 장애가 되는 용도제한

① 같은 건축물 안에는 ㉠ 용도와 ㉡ 용도의 건축물을 함께 설치할 수 없다.

대상 건축물
㉠ 의료시설, 노유자시설(아동관련시설 및 노인복지시설만 해당), 장례시설 또는 공동주택, 산후조리원
㉡ 위락시설, 위험물저장 및 처리시설, 공장, 자동차관련시설(정비공장만 해당)

② 다음에 해당하는 용도의 시설은 같은 건축물에 함께 설치할 수 없다.
  ㉠ 노유자시설 중 아동관련시설 또는 노인복지시설과 판매시설 중 도매시장 또는 소매시장
  ㉡ 단독주택(다중주택, 다가구주택에 한정), 공동주택, 제1종 근린생활시설 중 조산원·산후조리원과 제2종 근린생활시설 중 다중생활시설

2) 용도제한의 완화

다음의 완화 대상 건축물은 용도를 함께 설치할 수 있다.

• 완화 대상 건축물
① 공동주택(기숙사만 해당)과 공장이 같은 건축물에 있는 경우
② 중심상업지역·일반상업지역 또는 근린상업지역에서 도시 및 주거환경정비법에 따른 재개발사업을 시행하는 경우
③ 공동주택과 위락시설이 같은 초고층 건축물에 있는 경우(단, 주거 안전을 보장과 주거환경을 보호할 수 있도록 주택의 출입구·계단 및 승강기 등을 주택 외의 시설과 분리된 구조로 한 경우)
④ 지식산업센터와 직장어린이집

핵심 PLUS

예 다음 중 방화구획 설치 대상 건축물로 방화구획을 설치하지 아니하거나 그 사용에 지장을 초래하지 아니하는 범위에서 방화구획 설치를 완화하여 적용할 수 있는 부분이 아닌 것은? [08 기]
① 주요 구조부가 내화구조 또는 불연재료로 된 주차장의 부분
② 건축물의 최상층 또는 피난층으로서 강당의 용도에 사용하는 부분으로서 당해 용도로의 사용을 위하여 불가피한 경우
③ 복층형인 공동주택의 세대안의 층간 바닥부분
④ 문화 및 집회시설 중 동물원의 용도에 쓰이는 거실로써 시선 및 활동 공간의 확보를 위하여 불가피한 경우

답 : ④

예 다음 중 방화에 장애가 되는 용도의 제한과 관련하여 같은 건축물에 함께 설치할 수 없는 것은? [20 산]
① 기숙사와 오피스텔
② 위락시설과 공연장
③ 아동관련시설과 노인복지시설
④ 공동주택과 제2종 근린생활시설 중 다중생활시설

답 : ④

예 같은 건축물 안에 공동주택과 위락시설을 함께 설치하고자 하는 경우, 공동주택의 출입구와 위락시설의 출입구는 서로 그 보행거리가 최소 얼마 이상이 되도록 설치하여야 하는가? [15, 17, 20 기]
① 10[m]   ② 20[m]
③ 30[m]   ④ 40[m]

[해설] 공동주택 등의 출입구와 위락시설 등의 출입구는 서로 그 보행거리가 30[m] 이상이 되도록 설치할 것

답 : ③

핵심 PLUS

예) 바닥면적의 합계가 1,000[m²]인 건축물을 다음 용도로 하는 경우 주요구조부를 내화구조로 하지 않아도 되는 것은? [03 산]
① 체육관
② 창고
③ 여객자동차터미널
④ 공장

답 : ④

3. 건축물의 내화구조 및 방화벽

1) 건축물의 내화구조

다음에 해당하는 건축물(3층 이상의 건축물 및 지하층이 있는 건축물로서 2층 이하인 건축물의 경우에는 지하층 부분에 한함)의 주요구조부는 이를 내화구조로 하여야 한다.

예외 1. 연면적 50[m²] 이하인 단층 부속건축물로서 외벽 및 처마밑면을 방화구조로 한 것
2. 무대바닥

건축물의 용도	당해 용도의 바닥면적의 합계	비 고
① · 문화 및 집회시설(전시장 및 동·식물원 제외) · 300[m²] 이상인 공연장 · 종교집회장 · 종교시설 · 장례시설 · 위락시설 중 주점영업의 용도에 쓰이는 건축물로서 관람실·집회실	200[m²] 이상	옥외 관람석의 경우에는 1,000[m²] 이상
② · 문화 및 집회시설 중 전시장 및 동·식물원 · 판매시설 · 운수시설 · 교육연구시설에 설치하는 체육관·강당 · 수련시설 · 운동시설 중 체육관 및 운동장 · 위락시설(주점영업 제외) · 창고시설 · 위험물 저장 및 처리시설 · 자동차 관련시설 · 방송국·전신전화국 및 촬영소 · 묘지관련시설 중 화장장 · 관광휴게시설	500[m²] 이상	—
③ · 공장	2,000[m²] 이상	*화재로 위험이 적은 공장으로서 국토교통부령이 정하는 공장은 제외
④ 건축물의 2층이 · 단독주택 중 다중주택·다가구주택 · 공동주택 · 제1종 근린생활시설(의료의 용도에 쓰이는 시설) · 제2종 근린생활시설 중 다중생활시설 · 의료시설 · 노유자시설 중 아동관련시설, 노인복지시설 · 수련시설 및 유스호스텔 · 업무시설 중 오피스텔 · 숙박시설 · 장례시설	400[m²] 이상	
⑤ · 3층 이상 건축물 · 지하층이 있는 건축물 예외 2층 이하인 경우는 지하층 부분에 한함	모든 건축물	단독주택(다중주택·다가구주택 제외), 동물 및 식물관련시설, 발전시설, 교도소·소년원 또는 묘지관련시설(화장장 제외)와 철강 관련 업종의 공장 중 제어실로 사용하기 위하여 연면적 50[m²] 이하로 증축하는 부분은 제외

* 국토교통부령이 정하는 공장 : 주요구조부가 불연재료로 되어 있는 2층 이하의 공장(33개 업종)

2) 대규모 건축물의 방화벽 등

① 방화벽으로의 구획

연면적 1,000[m²] 이상인 건축물은 각 구획의 바닥면적이 1,000[m²] 미만이 되도록 다음 기준의 방화벽으로 구획하여야 한다.

> [예외] ・주요구조부가 내화구조이거나 불연재료인 건축물
> ・단독주택・동물 및 식물 관련시설・발전시설, 교도소・소년원 또는 묘지관련시설(화장시설 및 동물화장시설은 제외)
> ・창고(내부설비구조상 방화벽으로 구획할 수 없는 경우)

② 방화벽의 구조

㉠ 내화구조로서 홀로 설 수 있는 구조일 것
㉡ 방화벽의 양쪽 끝과 위쪽 끝을 건축물의 외벽면 및 지붕면으로부터 0.5[m] 이상 튀어나오게 할 것
㉢ 방화벽에 설치하는 출입문의 폭 및 높이는 각각 2.5[m] 이하로 하고, 출입문의 구조는 60+방화문 또는 60분방화문으로 할 것
㉣ 방화벽에 설치하는 60+방화문 또는 60분방화문은 언제나 닫힌 상태를 유지하거나 화재시 연기발생, 온도상승에 의하여 자동적으로 닫히는 구조로 할 것
㉤ 급수관, 배전관 등의 관이 방화벽을 관통하는 경우 관과 방화벽과의 틈을 시멘트모르타르 등의 불연재료로 메워야 한다.
㉥ 환기・난방・냉방 시설의 풍도가 방화벽을 관통하는 경우에는 그 관통부분 또는 근접한 부분에 다음 기준의 댐퍼를 설치할 것

・화재로 인한 연기 또는 불꽃을 감지하여 자동적으로 닫히는 구조로 할 것. 다만, 주방 등 연기가 항상 발생하는 부분에는 온도를 감지하여 자동적으로 닫히는 구조로 할 수 있다.
・국토교통부장관이 정하여 고시하는 비차열(非遮熱) 성능 및 방연성능 등의 기준에 적합할 것

③ 연면적 1,000[m²] 이상인 목조건축물

외벽 및 처마 밑의 연소 우려가 있는 부분은 방화구조로 하거나 지붕은 불연재료로 하여야 한다.

④ 연소할 우려가 있는 부분

인접대지경계선, 도로중심선, 동일 대지 내 2동 이상의 건축물이 있는 경우는 상호 외벽간의 중심선(단, 연면적의 합계가 500[m²] 이하인 건축물은 하나의 건축물로 본다)으로부터 1층에서는 3[m] 이내, 2층 이상에서는 5[m] 이내에 있는 건축물의 각 부분을 말한다.

> [예외] 공원, 광장, 하천의 공지나 수면 또는 내화구조의 벽 등에 접하는 부분은 제외

핵심 PLUS

[예] 다음 중 주요구조부를 내화구조로 하여야 하는 대상 건축물은?
[17, 25 산]
① 장례시설의 용도로 쓰는 건축물로서 집회실의 바닥면적의 합계가 200[m²]인 건축물
② 판매시설의 용도로 쓰는 건축물로서 그 용도로 쓰는 바닥면적의 합계가 200[m²]인 건축물
③ 운수시설의 용도로 쓰는 건축물로서 그 용도로 쓰는 바닥면적의 합계가 200[m²]인 건축물
④ 문화 및 집회시설 중 전시장의 용도로 쓰는 건축물로서 그 용도로 쓰는 바닥면적의 합계가 200[m²]인 건축물

답 : ①

[예] 다음 중 방화벽의 구조 기준으로 옳지 않은 것은? [19, 24 산]
① 내화구조로서 홀로 설 수 있는 구조일 것
② 방화벽에 설치하는 출입문에는 60+방화문, 60분방화문 또는 30분방화문을 설치할 것
③ 방화벽에 설치하는 출입문의 너비 및 높이는 각각 2.5[m] 이하로 할 것
④ 방화벽의 양쪽 끝과 윗쪽 끝을 건축물의 외벽면 및 지붕면으로부터 0.5[m] 이상 튀어 나오게 할 것

답 : ②

[예] 목조 건축물로서 외벽 및 처마밑의 연소할 우려가 있는 부분을 방화구조로 하여야 하는 대상 건축물의 연면적 기준은? [12 기]
① 500[m²] 이상
② 1,000[m²] 이상
③ 2,000[m²] 이상
④ 3,000[m²] 이상

답 : ②

핵심 PLUS

4. 방화지구 안의 건축물

1) 방화지구 안의 건축물의 구조제한

국토의 계획 및 이용에 관한 법률에 의한 방화지구 안에서는 건축물의 주요구조부 및 외벽은 내화구조로 해야 한다.

[예외]
- 연면적이 30[m²] 미만인 단층 부속건축물로서 외벽 및 처마면이 내화구조 또는 불연재료로 된 것
- 주요구조부가 불연재료로 된 도매시장

2) 방화지구 내 공작물의 구조제한

방화지구 안의 공작물로서 다음에 해당하는 경우에는 그 주요구조부를 불연재료로 해야 한다.
① 간판·광고탑
② 대통령령이 정하는 공작물 중 지붕위에 설치하는 공작물
③ 높이 3[m] 이상의 공작물

3) 방화지구 안의 지붕·방화문·인접대지경계선에 접하는 외벽의 구조

① 방화지구 안 건축물의 지붕으로서 내화구조가 아닌 것은 불연재료로 해야 한다.
② 방화지구 안 건축물의 외벽에 설치하는 창문 등으로서 연소할 우려가 있는 부분에는 다음의 기준에 적합한 방화문 등의 방화설비를 설치하여야 한다.
  ㉠ 60+방화문 또는 60분방화문
  ㉡ 창문 등에 설치하는 드렌처(drencher)
  ㉢ 당해 창문 등과 연소할 우려가 있는 다른 건축물의 부분을 차단하는 내화구조나 불연재료로 된 벽, 담장 등의 방화설비
  ㉣ 환기구멍에 설치하는 불연재료로 된 방화커버 또는 그물눈 2[mm] 이하인 금속망

4) 방화문의 구분

구 분	성 능
60분+ 방화문	연기 및 불꽃을 차단할 수 있는 시간이 60분 이상이고, 열을 차단할 수 있는 시간이 30분 이상인 방화문
60분 방화문	연기 및 불꽃을 차단할 수 있는 시간이 60분 이상인 방화문
30분 방화문	연기 및 불꽃을 차단할 수 있는 시간이 30분 이상 60분 미만인 방화문

[주] 아파트 발코니에 설치하는 대피공간 : 60+방화문(비차열 60분 이상과 차열 30분 이상)

※ 60+ 방화문(영: 60분+ 방화문)

5. 건축물의 내부마감재료

1) 건축물의 내장 제한(내부 마감재료의 제한)

구 분		마감재료
지상층	거실	불연재료, 준불연재료, 난연재료
	통로	불연재료, 준불연재료
지하층	거실, 통로	불연재료, 준불연재료

4 지하층의 설치 등

1. 지하층의 구조

바닥면적의 규모	설치기준
거실의 바닥면적 50[m²] 이상인 층	직통계단 외에 비상탈출구 및 환기통 설치 [예외] 직통계단이 2 이상이 된 경우 [주] 제2종 근린생활시설 중 공연장·단란주점·당구장·노래연습장, 문화 및 집회시설 중 예식장·공연장, 수련시설 중 생활권수련시설·자연권수련시설, 숙박시설 중 여관·여인숙, 위락시설 중 단란주점·유흥주점 또는 다중이용업소의 안전관리에 관한 특별법 시행령 규정에 의한 다중이용업의 용도에 쓰이는 층으로서 그 1층의 거실의 바닥면적의 합계가 50[m²] 이상인 건축물에는 직통계단을 2개소 이상 설치할 것
바닥면적 1,000[m²] 이상인 층	방화구획으로 구획하는 각 부분마다 1 이상의 피난계단 또는 특별피난계단 설치
거실의 바닥면적의 합계가 1,000[m²] 이상인 층	환기설비 설치
지하층의 바닥면적이 300[m²] 이상인 층	식수공급을 위한 급수전을 1개소 이상 설치

핵심 PLUS

[예] 건축물에 설치하는 지하층의 구조 및 설비에 관한 기준 내용으로 옳지 않은 것은? [16, 25 산]
① 거실의 바닥면적의 합계가 1,000 [m²] 이상인 층에는 환기설비를 설치할 것
② 지하층의 바닥면적이 300[m²] 이상인 층에는 식수공급을 위한 급수전을 1개소 이상 설치할 것
③ 지하층의 비상탈출구의 유효너비는 0.75[m] 이상으로 하고, 유효높이 1.5[m] 이상으로 할 것
④ 바닥면적이 1,000[m²] 이상인 층에는 피난층 또는 지상으로 통하는 직통계단을 방화구획으로 구획되는 각 부분마다 1개소 이상 설치하되, 이를 반드시 특별피난계단의 구조로 할 것

[해설] 바닥면적 1,000[m²] 이상인 층에는 방화구획으로 구획하는 각 부분마다 1 이상의 피난계단 또는 특별피난계단 설치하여야 한다.

답 : ④

핵심 PLUS

예 다음은 건축물의 피난·방화구조 등의 기준에 관한 규칙 중 지하층의 비상탈출구에 관한 내용이다. 유효너비와 유효높이로 적합한 것은? [03 기]
① 유효너비 0.5[m] 이상, 유효높이 1.75[m] 이상
② 유효너비 0.75[m] 이상, 유효높이 1.5[m] 이상
③ 유효너비 1.5[m] 이상, 유효높이 0.75[m] 이상
④ 유효너비 1.75[m] 이상, 유효높이 0.5[m] 이상
답 : ②

예 지하층의 비상탈출구는 출입구로부터 최소 얼마 이상 떨어진 곳에 설치하여야 하는가? (단, 주택이 아닌 경우) [18 기]
① 1[m] ② 2[m]
③ 3[m] ④ 5[m]
답 : ③

예 건축물에 설치하는 지하층의 비상탈출구에 관한 기준 내용으로 옳지 않은 것은? [17, 24 산]
① 비상탈출구의 유효너비는 0.75[m] 이상으로 할 것
② 비상탈출구의 문은 피난방향으로 열리도록 할 것
③ 비상탈출구는 출입구로부터 3[m] 이상 떨어진 곳에 설치할 것
④ 비상탈출구에서 피난층 또는 지상으로 통하는 복도나 직통계단까지 이르는 피난통로의 유효 너비는 최소 0.9[m] 이상으로 할 것
답 : ④

2. 지하층에 설치하는 비상탈출구의 구조

비상탈출구	설치기준
비상탈출구의 크기	유효너비 0.75[m]×유효높이 1.5[m] 이상
비상탈출구의 방향	피난방향으로 열리도록 하고, 실내에서 항상 열 수 있는 구조로 하며 내부 및 외부에는 비상탈출구의 표시설치
비상탈출구	출입구로부터 3[m] 이상 떨어진 곳에 설치
사다리의 설치	지하층의 바닥으로부터 비상 탈출구의 아랫부분까지의 높이가 1.2[m] 이상이 되는 경우에는 벽체의 발판의 너비가 20[cm] 이상인 사다리를 설치할 것
피난통로의 유효너비	피난층 또는 지상으로 통하는 복도나 직통계단까지 이르는 피난통로의 유효너비는 0.75[m] 이상
비상탈출구의 통로마감	피난 통로의 실내에 접하는 부분의 마감과 그 바탕을 불연재료로 할 것
비상탈출구의 진입 부분의 피난통로	통행에 지장이 있는 물건을 방치하거나 시설물을 설치하지 아니할 것
비상탈출구의 유도등과 피난통로의 비상조명등의 설치	소방법령에서 정하는 바에 의한다.

※ 단, 주택의 경우에는 제외

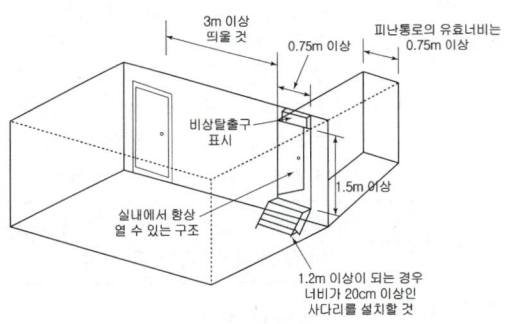

[그림] 비상탈출구

3. 건축물의 범죄예방

대상 건축물	구조 기준
• 아파트 • 다가구주택, 연립주택 및 다세대주택 • 제1종 근린생활시설 중 일용품 판매 소매점 • 제2종 근린생활시설 중 다중생활시설 • 문화 및 집회시설(동·식물원은 제외) • 교육연구시설(연구소 및 도서관은 제외) • 노유자시설 • 수련시설 • 업무시설 중 오피스텔 • 숙박시설 중 다중생활시설	국토교통부장관은 범죄를 예방하고 안전한 생활환경을 조성하기 위하여 건축물, 건축설비 및 대지에 관한 범죄예방 기준을 정하여 고시할 수 있다.

핵심기출문제

03. 건축물의 구조 및 재료

1. 건축물을 건축하거나 대수선하는 경우 국토교통부령으로 정하는 구조기준 등에 따라 그 구조의 안전을 확인하여야 하는 대상 건축물에 속하지 않는 것은?

[11, 13 ④]

① 층수가 3층인 건축물
② 높이가 12[m]인 건축물
③ 처마높이가 10[m]인 건축물
④ 기둥과 기둥사이의 거리가 10[m]인 건축물

[해설] 구조계산에 의한 구조안전의 확인 대상 건축물

구 분	구조계산 대상 건축물
1. 층수	2층 이상(주요구조부인 기둥과 보를 설치하는 건축물로서 그 기둥과 보가 목재인 목구조 건축물의 경우에는 3층 이상)
2. 연면적	200[m²] 이상인 건축물(창고, 축사, 작물 재배사는 제외)
3. 높이	13[m] 이상
4. 처마높이	9[m] 이상
5. 경간	10[m] 이상 * 경간 : 기둥과 기둥 사이의 거리(기둥이 없는 경우에는 내력벽과 내력벽 사이의 거리를 말함)
6. 국토교통부령으로 정하는 지진구역의 건축물	
7. 국가적 문화유산으로 보존할 가치가 있는 박물관·기념관 등으로서 연면적의 합계가 5,000[m²] 이상인 건축물	
8. 특수구조 건축물 중 3[m] 이상 돌출된 건축물과 특수한 설계·시공·공법 등이 필요한 건축물	
9. 단독주택 및 공동주택	

[예외] 표준설계도서에 따라 건축하는 건축물

2. 건축물에 대한 구조의 안전을 확인하는 경우, 건축구조 기술사의 협력을 받아야 하는 대상 건축을 기준으로 옳지 않은 것은?

[12 ④]

① 다중이용건축물
② 6층 이상인 건축물
③ 기둥과 기둥 사이의 거리가 10[m] 이상인 건축물
④ 한쪽 끝은 고정되고 다른 끝은 지지되지 아니한 구조로 된 차양 등이 외벽의 중심선으로부터 3[m] 이상 돌출된 건축물

해설

[해설] **2**
건축구조기술사에 의한 구조계산
다음 건축물을 건축하거나 대수선할 경우의 구조계산은 구조기술사의 구조계산에 의해야 한다.
㉠ 6층 이상 건축물
㉡ 내민구조의 차양길이가 3[m] 이상인 건축물
㉢ 경간 20[m] 이상 건축물
㉣ 특수한 설계·시공·공법 등이 필요한 건축물
㉤ 다중이용건축물
㉥ 준다중이용건축물
㉦ 지진구역의 건축물 중 국토교통부령으로 정하는 건축물

정답 1. ② 2. ③

핵심기출문제

03. 건축물의 구조 및 재료

3. 연면적 200[m²]를 초과하는 건축물에 설치하는 계단에 관한 기준 내용으로 옳지 않은 것은? [11 ④]
① 초등학교의 옥내계단인 경우에는 계단 및 계단참의 너비는 1.2[m] 이상으로 하여야 한다.
② 높이가 3[m]를 넘는 계단에는 높이 3[m] 이내마다 너비 1.2[m] 이상의 계단참을 설치하여야 한다.
③ 단높이가 15[cm] 이하이고, 단너비가 30[cm] 이상인 계단에는 계단의 중간에 난간을 설치하지 않아도 된다.
④ 높이가 1[m]를 넘는 계단 및 계단창의 양옆에는 난간(벽 또는 이에 대치되는 것을 포함)을 설치하여야 한다.

4. 옥내에 있는 계단 및 계단참의 유효너비를 최소 120[cm] 이상으로 하여야 하는 것은? (단, 연면적 200[m²]를 초과하는 건축물의 경우) [13, 19 ④]
① 중학교의 계단
② 초등학교의 계단
③ 고등학교의 계단
④ 판매시설의 계단

[해설] 계단 및 계단참의 너비(옥내계단에 한함)·단높이·단너비
(단위 : cm)

계단의 종류	계단 및 계단참의 폭	단높이	단너비
·초등학교의 계단	150 이상	16 이하	26 이상
·중·고등학교의 계단	150 이상	18 이하	26 이상
·문화 및 집회시설(공연장, 집회장, 관람장에 한함) ·판매시설 ·바로 위층부터 최상층까지 거실 바닥면적 합계가 200[m²] 이상인 계단 ·거실의 바닥면적 합계가 100[m²] 이상인 지하층의 계단 ·기타 이와 유사한 용도에 쓰이는 건축물의 계단	120 이상	–	–
·기타의 계단	60 이상	–	–
·작업장에 설치하는 계단(산업안전보건법에 의한)	산업안전기준에 관한 규칙에 의함.		

해설

[해설] **3**
초등학교의 옥내계단인 경우에는 계단 및 계단창의 너비는 1.5[m] 이상으로 하여야 한다.

정답 3. ① 4. ④

해설

5. 계단의 설치기준에 따른 돌음계단의 단너비 측정위치는? [12②]
① 좁은 너비의 끝부분으로부터 30[cm]의 위치
② 좁은 너비의 끝부분으로부터 50[cm]의 위치
③ 넓은 너비의 끝부분으로부터 30[cm]의 위치
④ 넓은 너비의 끝부분으로부터 50[cm]의 위치

해설 5
돌음계단의 단너비는 좁은 너비의 끝부분으로부터 30[cm]의 위치에서 측정한다.

6. 연면적 200[m²]를 초과하는 건축물에서 계단을 대체하여 설치하는 경사로의 경사도는 최대 얼마를 넘지 않아야 하는가? [13②]
① 1:5   ② 1:6
③ 1:8   ④ 1:10

해설 6
연면적 200[m²]를 초과하는 건축물에서 계단을 대체하여 설치하는 경사로의 경사도는 1:8를 넘지 않아야 한다. 재료마감은 표면을 거친 면으로 하거나 미끄러지지 않는 재료로 마감하여야 한다.

7. 건축물의 주계단·피난계단 또는 특별피난계단에 설치하는 난간 및 바닥을 아동의 이용에 안전하고 노약자 및 신체장애인의 이용에 편리한 구조로 하여야 하는 대상 건축물에 속하지 않는 것은? [19, 23②]
① 판매시설   ② 위락시설
③ 문화 및 집회시설   ④ 공동주택 중 기숙사

해설 7
노약자 및 신체장애인의 난간 및 바닥 설치 대상 건축물
공동주택(기숙사 제외), 제1종 근린생활시설, 제2종 근린생활시설, 문화 및 집회시설, 판매시설,
의료시설, 노유자시설, 업무시설, 숙박시설, 위락시설, 관광휴게시설의 용도에 쓰이는 건축물
※ 난간 및 바닥의 설치기준
㉠ 아동의 이용에 안전하고 노약자 및 신체장애인의 이용에 편리한 구조로 하여야 하며, 양쪽에 벽 등이 있어 난간이 없는 경우에는 손잡이를 설치하여야 한다.
㉡ 손잡이는 최대 지름이 3.2[cm] 이상 3.8[cm] 이하인 원형 또는 타원형의 단면으로 할 것
㉢ 손잡이는 벽 등으로부터 5[cm] 이상 떨어지도록 하고, 계단으로부터의 높이는 85[cm]가 되도록 할 것
㉣ 계단이 끝나는 수평부분에서의 손잡이는 바깥쪽으로 30[cm] 이상 나오도록 설치할 것

8. 연면적이 200[m²]을 초과하는 초등학교에 설치하는 복도의 유효너비는 최소 얼마 이상으로 하여야 하는가? (단, 양옆에 거실이 있는 복도) [16, 17②]
① 1.2[m]   ② 1.5[m]
③ 1.8[m]   ④ 2.4[m]

해설 건축물에 설치하는 복도의 유효너비

구 분	양옆에 거실이 있는 복도	기타의 복도
유치원·초등학교·중학교·고등학교	2.4[m] 이상	1.8[m] 이상
공동주택·오피스텔	1.8[m] 이상	1.2[m] 이상
당해 층 거실의 바닥면적 합계가 200[m²] 이상인 경우	1.5[m] 이상(의료시설의 복도는 1.8[m] 이상)	1.2[m] 이상

정답 5. ① 6. ③ 7. ④ 8. ④

핵심기출문제

03. 건축물의 구조 및 재료

해설

9. 연면적 200[m²]을 초과하는 공동주택에 설치하는 복도의 유효너비는 최소 얼마 이상으로 하여야 하는가? (단, 양옆에 거실이 있는 복도의 경우) [11, 12 ②]

① 1.2[m]　　② 1.5[m]
③ 1.8[m]　　④ 2.4[m]

해설 복도의 유효너비

구 분	양옆에 거실이 있는 복도	기타의 복도
유치원·초등학교·중학교·고등학교	2.4[m] 이상	1.8[m] 이상
공동주택·오피스텔	1.8[m] 이상	1.2[m] 이상
당해 층 거실의 바닥면적 합계가 200[m²] 이상인 경우	1.5[m] 이상(의료시설의 복도는 1.8[m] 이상)	1.2[m] 이상

10. 건축물의 관람실 또는 집회실로서 그 바닥면적이 200[m²] 이상인 것의 반자의 높이를 4[m] 이상으로 하여야 하는 대상 건축물에 속하지 않는 것은? (단, 기계환기장치를 설치하지 않은 경우) [15, 20 ②]

① 종교시설
② 장례식장
③ 문화 및 집회시설 중 전시장
④ 문화 및 집회시설 중 공연장

해설 10, 11, 12 거실의 반자높이

거실의 종류	반자높이	예외 규정
① 일반용도의 거실	2.1[m] 이상	공장, 창고시설, 위험물저장 및 처리시설, 동물 및 식물 관련시설, 자원순환관련시설, 묘지관련시설
② 문화 및 집회시설(전시장 및 동·식물원 제외), 종교시설, 장례식장, 유흥주점의 용도에 쓰이는 건축물의 관람실 또는 집회실로서 바닥면적이 200[m²] 이상인 것	4[m] 이상	기계환기장치를 설치한 경우
③ '②'의 노대 아래 부분	2.7[m] 이상	

정답 9. ③　10. ③

해설

11. 업무시설의 거실에 설치하는 반자의 높이는 최소 얼마 이상이어야 하는가? [16 ④]
① 1.8[m]   ② 2.1[m]
③ 2.4[m]   ④ 2.7[m]

12. 문화 및 집회시설 중 공연장의 용도에 쓰이는 건축물의 관람석에 설치하는 반자의 높이는 최소 얼마 이상이어야 하는가? (단, 관람석의 바닥면적은 300[m²]이며, 기계환기장치를 설치하지 않은 경우) [14 ④]
① 2.1[m]   ② 2.7[m]
③ 3.5[m]   ④ 4[m]

13. 국토교통부령으로 정하는 기준에 따라 채광 및 환기를 위한 창문등이나 설비를 설치하여야 하는 대상에 속하지 않는 것은? [17, 24 ④]
① 공동주택의 거실
② 의료시설의 병실
③ 종교시설의 집회실
④ 교육연구시설 중 학교의 교실

해설 13, 14 거실의 채광 및 환기

구 분	건축물의 용도	창문 등의 면적	예외 규정
채광	· 단독주택의 거실 · 공동주택의 거실	거실 바닥면적의 1/10 이상	거실의 용도에 따른 조도기준 [별표 1]의 조도 이상의 조명
환기	· 학교의 교실 · 의료시설의 병실 · 숙박시설의 객실	거실 바닥면적의 1/20 이상	기계장치 및 중앙관리방식의 공기조화설비를 설치한 경우

14. 다음은 공동주택 거실의 환기에 관한 기준 내용이다. ( ) 안에 알맞은 것은? [15 ④]

> 환기를 위하여 거실에 설치하는 창문 등의 면적은 그 거실의 바닥면적의 ( ) 이상이어야 한다. 다만, 기계환기장치 및 중앙관리방식의 공기조화설비를 설치하는 경우에는 그러하지 아니하다.

① 10분의 1   ② 15분의 1
③ 20분의 1   ④ 30분의 1

정답 11. ② 12. ④ 13. ③ 14. ③

핵심기출문제

03. 건축물의 구조 및 재료

15. 바닥면적이 200[m²]인 학교 교실에 채광을 위하여 설치하는 창문등의 최소 면적은? (단, 별도의 조명장치를 설치하지 않고 창문등으로만 채광을 하는 경우) [19 산]

① 10[m²]　　　　　　　② 20[m²]
③ 30[m²]　　　　　　　④ 40[m²]

16. 다음 중 거실의 용도에 다른 조도기준이 가장 높은 것은? (단, 건축물의 피난·방화구조 등의 기준에 관한 규칙에 따른 조도기준) [16 산]

① 거주(식사)　　　　　② 작업(제조)
③ 집무(계산)　　　　　④ 집회(회의)

해설 거실의 용도에 따른 조도기준 (제17조 관련)

거실의 용도구분	조도구분	바닥에서 85[cm]의 높이에 있는 수평면의 조도(럭스)
1. 거 주	• 독서·식사·조리 • 기타	150 70
2. 집 무	• 설계·제도·계산 • 일반사무 • 기타	700 300 150
3. 작 업	• 검사·시험·정밀검사·수술 • 일반작업·제조·판매 • 포장·세척 • 기타	700 300 150 70
4. 집 회	• 회의 • 집회 • 공연·관람	300 150 70
5. 오 락	• 오락 일반 • 기타	150 30
기타 명시되지 아니한 것		1란 내지 5란에 유사한 기준을 적용함

17. 다음 중 바닥부분에 국토교통부령이 정하는 기준에 따라 방습을 위한 조치를 하여야 하는 대상에 속하지 않는 것은? [13 산]

① 숙박시설의 욕실
② 공동주택의 욕실
③ 제1종 근린생활시설 중 목욕장의 욕실
④ 제2종 근린생활시설 중 제과점의 조리장

해설

해설 15
채광면적=200[m²]×1/10=20[m²]

해설 17
내수재료의 마감
다음에 해당하는 거실·욕실 또는 조리장의 바닥 부분에는 방습을 위한 조치를 하여야 한다.
㉠ 건축물의 최하층에 있는 거실(바닥이 목조인 경우만 해당)
㉡ 제1종 근린생활시설 중 목욕장의 욕실과 휴게음식점 및 제과점의 조리장
㉢ 제2종 근린생활시설 중 일반음식점, 휴게음식점 및 제과점의 조리장과 숙박시설의 욕실

 15. ②　16. ③　17. ②

Industrial Engineer Building Facilities

18. 다음은 거실등의 방습에 관한 기준 내용이다. ( ) 안에 알맞은 것은?
[16, 19, 24 ⓐ]

> 숙박시설의 욕실의 바닥과 그 바닥으로부터 높이 ( )까지의 안벽의 마감은 이를 내수 재료로 하여야 한다.

① 0.5[m] ② 1[m]
③ 1.2[m] ④ 1.5[m]

19. 건축물에 설치하는 경계벽 및 칸막이벽을 내화구조로 하고, 지붕 밑 또는 바로 위층의 바닥판까지 닿게 하여야 하는 대상에 속하지 않는 것은? [13, 25 ⓐ]
① 사무소의 사무실 간 경계벽
② 공동주택 중 기숙사의 침실 간 경계벽
③ 교육연구시설 중 학교의 교실 간 경계벽
④ 단독주택 중 다가구주택의 각 가구 간 경계벽

[해설] 경계벽의 구조

대상 건축물의 용도	구획 부분	구조 제한 기준
• 다가구주택 • 공동주택(기숙사 제외)	각 가구간 또는 세대간의 경계벽 (발코니 부분은 제외)	차음구조 및 내화구조로 하고 지붕밑 또는 바로 윗층 바닥판까지 닿게 하여야 한다.
• 학교의 교실 • 의료시설의 병실 • 숙박시설의 객실 • 기숙사의 침실 • 산후조리원	각 거실간의 경계벽	
• 제2종 근린생활시설 중 다중생활시설	호실 간 경계벽	
• 노유자시설 중 노인복지주택	세대 간 경계벽	
• 노유자시설 중 노인요양시설	호실 간 경계벽	

해설

[해설] 18
내수재료(耐水材料)
㉠ 내수재료란 벽돌, 자연석, 인조석, 콘크리트, 아스팔트, 도자기질 재료, 유리 등의 내수성 건축재료를 말한다.
㉡ 내수재료의 마감
제1종 근린생활시설 중 일반목욕장과 휴게음식점 및 제과점의 조리장, 제2종 근린생활시설 중 일반음식점과 휴게음식점 및 제과점의 조리장과 숙박시설의 욕실부분에는 그 바닥으로부터 높이 1[m]까지의 안벽의 마감을 내수재료로 하여야 한다.

18. ② 19. ①

핵심기출문제

03. 건축물의 구조 및 재료

해설

20. 다음은 건축물에 설치하는 굴뚝과 관련된 기준 내용이다. ( ) 안에 알맞은 것은? [12 ⑪]

> 굴뚝의 옥상 돌출부는 지붕면으로부터의 수직거리를 ( ) 이상으로 할 것. 다만, 용마루·계단탑·옥탑 등이 있는 건축물에 있어서 굴뚝의 주위에 연기의 배출을 방해하는 장애물이 있는 경우에는 그 굴뚝의 상단을 용마루·계단탑·옥탑 등 보다 높게 한다.

① 0.5[m] ② 1[m]
③ 1.5[m] ④ 2[m]

해설 20
굴뚝의 옥상 돌출부는 지붕면으로부터 의 수직거리를 1[m] 이상으로 할 것

21. 건축물에 설치하는 굴뚝의 옥상 돌출부는 지붕면으로부터의 수직거리를 최소 얼마 이상으로 하여야 하는가? [16, 19 ⑪]

① 0.5[m] ② 1[m]
③ 1.5[m] ④ 2[m]

해설 21
건축물에 설치하는 굴뚝에 관한 기준
㉠ 굴뚝의 옥상 돌출부는 지붕면으로부터의 수직거리를 1[m] 이상으로 할 것
㉡ 굴뚝의 상단으로부터 수평거리 1[m] 이내에 다른 건축물이 있는 경우에는 그 건축물의 처마보다 1[m] 이상 높게 할 것
㉢ 금속제 또는 석면제 굴뚝으로서 건축물의 지붕속·반자위 및 가장 아랫바닥 밑에 있는 굴뚝의 부분은 금속 외의 불연재료로 덮을 것
㉣ 금속제 또는 석면제 굴뚝은 목재 기타 가연재료로부터 15[cm] 이상 떨어져서 설치할 것

22. 다음의 직통계단의 설치에 관한 기준 내용 중 ( ) 안에 알맞은 것은? (단, 기타 단서 조항은 무시한다.) [11 ⑪]

> 건축물의 피난층 외의 층에서는 피난층 또는 지상으로 통하는 직통계단을 거실의 각 부분으로부터 계단(거실로부터 가장 가까운 거리에 있는 계단을 말한다)에 이르는 보행거리가 ( ) 이하가 되도록 설치하여야 한다.

① 30[m] ② 40[m]
③ 50[m] ④ 60[m]

해설 피난층이 아닌 층에서의 보행거리
피난층이 아닌 층에서 거실 각 부분으로부터 피난층(직접 지상으로 통하는 출입구가 있는 층) 또는 지상으로 통하는 직통계단(경사로 포함)에 이르는 보행거리는 다음과 같다.

구 분	보행거리
원칙	30[m] 이하
주요구조부가 내화구조 또는 불연재료로 된 건축물	50[m] 이하 (16층 이상 공동주택 : 40[m] 이하) [자동화 생산시설에 스프링클러 등 자동식 소화설비를 설치한 공장으로서 국토교통부령으로 정하는 공장인 경우에는 그 보행거리가 75[m] (무인화 공장 경우 100[m]) 이하]

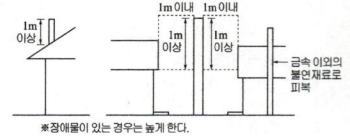

[그림] 굴뚝의 설치

정답 20. ② 21. ② 22. ①

23. 다음은 직통계단의 설치에 관한 기준 내용이다. ( ) 안에 알맞은 것은? [13, 16①]

> 초고층 건축물에는 피난층 또는 지상으로 통하는 직통계단과 직접 연결되는 피난안전구역을 지상층으로부터 최대 ( ) 층마다 1개소 이상 설치하여야 한다.

① 10개   ② 20개
③ 30개   ④ 40개

24. 건축물의 피난·안전을 위하여 초고층 건축물 중간층에 설치하는 대피공간인 피난안전구역의 높이는 최소 얼마 이상이어야 하는가? [18①]

① 1.8[m]   ② 2.1[m]
③ 2.4[m]   ④ 4.0[m]

25. 건축물의 7층에 설치하는 직통계단에서 그 중 1개소 이상을 특별피난계단으로 설치하여야 하는 당해 층의 용도로 옳은 것은? [05②]

① 판매시설 중 도매시장
② 숙박시설 중 호텔
③ 위락시설 중 무도장
④ 업무시설 중 사무소

26. 다음은 피난계단의 설치에 관한 기준 내용이다. ( ) 안에 알맞은 것은? (단, 갓복도식 공동주택이 아닌 경우) [14, 24①]

> 공동주택의 ( ) 이상인 층(바닥면적이 400[m²] 미만인 층은 제외한다)으로부터 피난층 또는 지상으로 통하는 직통계단은 특별피난계단으로 설치하여야 한다.

① 6층   ② 11층
③ 16층   ④ 21층

해설

해설 23
피난안전구역의 설치
㉠ 초고층 건축물에는 피난층 또는 지상으로 통하는 직통계단과 직접 연결되는 피난안전구역(건축물의 피난·안전을 위하여 건축물 중간층에 설치하는 대피공간을 말함)을 지상층으로부터 최대 30개 층마다 1개소 이상 설치하여야 한다.
㉡ 준초고층 건축물에는 피난층 또는 지상으로 통하는 직통계단과 직접 연결되는 피난안전구역을 해당 건축물 전체 층수의 1/2에 해당하는 층으로부터 상하 5개층 이내에 1개소 이상 설치하여야 한다.

해설 24
피난안전구역의 높이는 2.1[m] 이상일 것

해설 25
판매시설(도매시장, 소매시장, 상점) 용도로 쓰이는 층으로부터의 직통계단은 1개소 이상 특별피난계단으로 설치하여야 한다.

해설 26
특별피난계단의 설치대상
㉠ 건축물(갓복도식 공동주택 제외)이 11층(공동주택은 16층) 이상으로부터 피난층 또는 지상으로 통하는 직통계단
  [예외] 바닥면적 400[m²] 미만인 층
㉡ 지하 3층 이하의 층으로부터 피난층 또는 지상으로 통하는 직통계단
  [예외] 바닥면적 400[m²] 미만인 층

정답 23. ③ 24. ② 25. ① 26. ③

핵심기출문제

27. 건축물의 3층 이상인 층으로서 직통계단 외에 그 층으로부터 지상으로 통하는 옥외피난계단을 따로 설치하여야 하는 대상에 속하지 않는 것은? (단, 피난층이 아닌 경우) [11④]
① 위락시설 중 주점영업의 용도로 쓰는 층으로서 그 층 거실의 바닥면적의 합계가 300[m²]인 것
② 문화 및 집회시설 중 공연장의 용도로 쓰는 층으로서 그 층 거실의 바닥면적의 합계가 300[m²]인 것
③ 문화 및 집회시설 중 관람장의 용도로 쓰는 층으로서 그 층 거실의 바닥면적의 합계가 1,000[m²]인 것
④ 문화 및 집회시설 중 집회장의 용도로 쓰는 층으로서 그 층 거실의 바닥면적의 합계가 1,000[m²]인 것

28. 건축물의 내부에 설치하는 피난계단의 구조에 관한 기준 내용으로 옳지 않은 것은? [16, 25④]
① 계단실에는 예비전원에 의한 조명설비를 할 것
② 계단실의 실내에 접하는 부분의 마감은 준불연재료로 할 것
③ 계단은 내화구조로 하고 피난층 또는 지상까지 직접 연결되도록 할 것
④ 건축물의 내부에서 계단실로 통하는 출입구의 유효너비는 0.9[m] 이상으로 할 것

29. 건축물의 바깥쪽에 설치하는 피난계단의 구조에 관한 기준 내용으로 옳지 않은 것은? [12④]
① 계단의 유효너비는 0.9[m] 이상으로 할 것
② 계단실에는 예비전원에 의한 조명설비를 할 것
③ 계단은 내화구조로 하고 지상까지 직접 연결되도록 할 것
④ 건축물의 내부에서 계단으로 통하는 출입구에는 60+방화문 또는 60분방화문을 설치할 것

해설

해설 27
옥외피난계단의 설치기준
건축물의 3층 이상의 층(피난층 제외)으로서 다음 용도에 쓰이는 층에는 직통계단 외에 그 층으로부터 지상으로 통하는 옥외계단을 따로 설치하여야 한다.
① 문화 및 집회 시설(공연장에 한함), 위락시설(주점영업에 한함)에 쓰이는 층으로서 그 층의 거실의 바닥면적의 합계가 300[m²] 이상인 것
② 문화 및 집회시설 중 집회장의 용도로 쓰이는 층으로서 그 층의 거실의 바닥면적 합계가 1,000[m²] 이상인 것

해설 28
계단실의 실내에 접하는 부분의 마감은 불연재료로 할 것

해설 29
건축물 바깥쪽에 설치하는 피난계단의 구조(옥외피난계단)
㉠ 계단은 그 계단으로 통하는 출입구 외의 창문 등으로부터 2[m] 이상 거리를 두고 설치할 것
　[예외] 망입유리 붙박이창으로서 그 면적이 각각 1[m²] 이하인 것
㉡ 옥내로부터 계단으로 통하는 출입구에는 60+방화문 또는 60분방화문을 설치할 것
㉢ 계단의 유효너비는 0.9[m] 이상으로 할 것
㉣ 계단은 내화구조로 하고 지상까지 직접 연결되도록 할 것
㉤ 돌음계단으로 해서는 안 된다.

정답 27. ③ 28. ② 29. ②

30. 건축물의 바깥쪽에 설치하는 피난계단의 유효너비는 최소 얼마 이상으로 하여야 하는가? [19 ㉚]

① 0.7[m] ② 0.8[m]
③ 0.9[m] ④ 1.0[m]

31. 특별피난계단의 구조에 관한 기준 내용으로 옳지 않은 것은? [15, 23, 25 ㉚]

① 출입구의 유효너비는 0.8[m] 이상으로 할 것
② 계단실에는 예비전원에 의한 조명설비를 할 것
③ 계단은 내화구조로 하되, 피난층 또는 지상까지 직접 연결되도록 할 것
④ 건축물의 내부에서 노대 또는 부속실로 통하는 출입구에는 60+방화문 또는 60분방화문을 설치할 것

32. 다음은 건축물의 바깥쪽으로의 출구의 설치에 관한 기준 내용이다. ( ) 안에 알맞은 것은? [12, 18 ㉚]

> 판매시설의 용도에 쓰이는 피난층에 설치하는 건축물의 바깥쪽으로의 출구의 유효너비의 합계는 해당 용도에 쓰이는 바닥면적이 최대인 층에 있어서의 해당 용도의 바닥면적 100[m²]마다 ( )의 비율로 산정한 너비 이상으로 하여야 한다.

① 0.6[m] ② 1.2[m]
③ 1.5[m] ④ 1.8[m]

해설

해설 30

건축물 바깥쪽에 설치하는 피난계단의 구조(옥외피난계단)

㉠ 계단은 그 계단으로 통하는 출입구 외의 창문 등으로부터 2[m] 이상 거리를 두고 설치할 것
  [예외] 망입유리 붙박이창으로서 그 면적이 각각 1[m²] 이하인 것
㉡ 옥내로부터 계단으로 통하는 출입구에는 60+방화문 또는 60분방화문을 설치할 것
㉢ 계단의 유효너비는 0.9[m] 이상으로 할 것
㉣ 계단은 내화구조로 하고 지상까지 직접 연결되도록 할 것
㉤ 돌음계단으로 해서는 안 된다.

해설 31

출입구의 유효너비는 0.9[m] 이상으로 할 것

해설 32

판매시설의 피난층에 설치하는 출구 유효폭
판매시설의 피난층에 설치하는 건축물 바깥쪽으로의 출구는 당해 용도에 쓰이는 바닥면적이 최대인 층의 바닥면적 100[m²]마다 0.6[m] 이상의 비율로 산정한 너비 이상으로 한다.

출구유효폭 ≥ $\dfrac{당해\ 용도\ 최대층의\ 바닥면적[m^2]}{100[m^2]}$ × 0.6[m]

정답 30. ③ 31. ① 32. ①

핵심기출문제

03. 건축물의 구조 및 재료

33. 문화 및 집회시설 중 공연장의 개별관람석의 바닥면적이 1,200[m²]인 경우, 이 개별관람석의 출구는 최소 몇 개소 이상 설치하여야 하는가? (단, 각 출구의 유효너비가 1.8[m]인 경우) [14, 17 ④]

① 2개소　　　② 3개소
③ 4개소　　　④ 5개소

34. 건축물의 바깥쪽으로 나가는 출구를 안여닫이로 하여서는 안되는 건축물에 속하지 않는 것은? [19 ④]

① 종교시설
② 위락시설
③ 문화 및 집회시설 중 전시장
④ 문화 및 집회시설 중 공연장

35. 건축물의 출입구에 설치하는 회전문의 설치에 관한 기준으로 옳지 않은 것은? [20 ④]

① 계단으로부터 2[m] 이상의 거리를 둘 것
② 에스컬레이터로부터 1.5[m] 이상의 거리를 둘 것
③ 회전문의 회전속도는 분당회전수가 8회를 넘지 아니하도록 할 것
④ 출입에 지장이 없도록 일정한 방향으로 회전하는 구조로 할 것

36. 건축물의 출입구에 설치하는 회전문에 관한 기준 내용으로 옳지 않은 것은? [11 ④]

① 계단이나 에스컬레이터로부터 2[m] 이상의 거리를 둘 것
② 출입에 지장이 없도록 일정한 방향으로 회전하는 구조로 할 것
③ 회전문의 회전속도는 분당회전수가 10회를 넘지 아니하도록 할 것
④ 회전문의 중심축에서 회전문과 문틀 사이의 간격을 포함한 회전문날개 끝부분까지의 길이는 140[cm] 이상이 되도록 할 것

해설

해설 33
공연장의 개별 관람석 출구의 유효폭의 합계는 개별 관람석의 바닥면적 100[m²] 마다 0.6[m] 이상의 비율로 산정한 폭 이상일 것
∴ 개별 관람석 출구의 유효폭의 합계
$= \dfrac{1{,}200\text{m}^2}{100\text{m}^2} \times 0.6\text{m} = 7.2[\text{m}]$
7.2[m] ÷ 1.8[m] = 4개

해설 34
문화 및 집회 시설(전시장 및 동·식물원 제외), 종교시설, 위락시설, 장례식장의 용도에 쓰이는 건축물의 바깥쪽으로의 출구에 쓰이는 문은 안여닫이로 해서는 안 된다.

해설 35
회전문의 설치기준
① 계단이나 에스컬레이터로부터 2[m] 이상의 거리를 둘 것
② 회전문과 문틀사이 및 바닥사이는 다음에서 정하는 간격을 확보하고 틈 사이를 고무와 고무펠트의 조합체 등을 사용하여 신체나 물건 등에 손상이 없도록 할 것
　㉠ 회전문과 문틀 사이는 5[cm] 이상
　㉡ 회전문과 바닥 사이는 3[cm] 이하
③ 출입에 지장이 없도록 일정한 방향으로 회전하는 구조로 할 것
④ 회전문의 중심축에서 회전문과 문틀 사이의 간격을 포함한 회전문날개 끝부분까지의 길이는 140[cm] 이상이 되도록 할 것
⑤ 회전문의 회전속도는 분당회전수가 8회를 넘지 아니하도록 할 것
⑥ 자동회전문은 충격이 가하여지거나 사용자가 위험한 위치에 있는 경우에는 전자감지장치 등을 사용하여 정지하는 구조로 할 것

해설 36
회전문의 회전속도는 분당회전수가 8회를 넘지 아니하도록 할 것

정답 33. ③　34. ③　35. ②　36. ③

37. 다음은 옥상광장 등의 설치에 관한 기준 내용이다. ( ) 안에 알맞은 것은? [15, 17④]

옥상광장 또는 2층 이상인 층에 있는 노대나 그 밖에 이와 비슷한 것의 주위에는 높이 ( ) 이상의 난간을 설치하여야 한다. 다만, 그 노대 등에 출입할 수 없는 구조인 경우에는 그러하지 아니하다.

① 0.9[m]   ② 1.2[m]
③ 1.5[m]   ④ 1.8[m]

해설 37
옥상광장 또는 2층 이상인 층에 있는 노대(露臺)나 그 밖에 이와 비슷한 것의 주위에는 높이 1.2[m] 이상의 난간을 설치하여야 한다. 다만, 그 노대 등에 출입할 수 없는 구조인 경우에는 그러하지 아니하다.

38. 다음의 옥상광장 등의 설치에 관한 기준 내용 중 ( ) 안에 속하지 않는 건축물의 용도는? [15, 20④]

5층 이상인 층이 ( )의 용도로 쓰는 경우에는 피난 용도로 쓸 수 있는 광장을 옥상에 설치하여야 한다.

① 종교시설   ② 의료시설
③ 장례시설   ④ 판매시설

해설 38, 39
피난의 용도에 쓰이는 옥상광장의 설치 5층 이상의 층을 문화 및 집회시설(전시장, 동·식물원 제외), 제2종 근린생활시설 중 공연장·종교집회장·인터넷컴퓨터게임시설제공업소(해당 용도로 쓰는 바닥면적의 합계가 각각 300[m²] 이상인 경우만 해당), 종교시설, 판매시설, 위락시설 중 주점영업, 장례시설의 용도에 쓰는 경우에는 피난의 용도에 쓸 수 있는 옥상광장을 설치하여야 한다.

39. 피난 용도로 쓸 수 있는 광장을 옥상에 설치하여야 하는 경우에 해당되지 않는 것은? [13, 19, 23④]
① 5층 이상인 층이 판매시설의 용도로 쓰는 경우
② 5층 이상인 층이 종교시설의 용도로 쓰는 경우
③ 5층 이상인 층이 위락시설 중 주점영업의 용도로 쓰는 경우
④ 5층 이상인 층이 문화 및 집회시설 중 전시장의 용도로 쓰는 경우

40. 옥상에 헬리포트를 설치하거나 헬리콥터를 통하여 인명 등을 구조할 수 있는 공간을 확보하여야 하는 대상 건축물 기준으로 옳은 것은? (단, 건축물의 지붕을 평지붕으로 하는 경우) [12, 17, 20㉮]
① 11층 이상인 층의 바닥면적의 합계가 3,000[m²] 이상인 건축물
② 11층 이상인 층의 바닥면적의 합계가 5,000[m²] 이상인 건축물
③ 11층 이상인 층의 바닥면적의 합계가 10,000[m²] 이상인 건축물
④ 11층 이상인 층의 바닥면적의 합계가 15,000[m²] 이상인 건축물

해설 40
헬리포트의 설치
층수가 11층 이상인 건축물로서 11층 이상인 층의 바닥면적의 합계가 10,000[m²] 이상인 건축물의 옥상에는 인명 등을 구조할 수 있는 공간을 확보하여야 한다.

37. ② 38. ② 39. ④ 40. ③

핵심기출문제
03. 건축물의 구조 및 재료

41. 건축물의 옥상에 설치하는 대피공간에 관한 기준 내용으로 옳지 않은 것은?
[15, 20, 24 ④]
① 특별피난계단 또는 피난계단과 연결되도록 할 것
② 대피공간의 면적은 지붕 수평투영면적의 15분의 1 이상일 것
③ 관리사무소 등과 긴급 연락이 가능한 통신 시설을 설치할 것
④ 출입구는 유효너비 0.9[m] 이상으로 하고, 그 출입구에는 60+방화문 또는 60분방화문을 설치할 것

42. 공동주택 중 아파트로서 4층 이상인 층의 각 세대가 2개 이상의 직통계단을 사용할 수 없는 경우에는 발코니에 대피공간을 설치하여야 하는데, 다음 중 이러한 대피공간이 갖추어야 할 요건으로 옳지 않은 것은? [11 ㉮]
① 대피공간은 바깥의 공기와 접하지 않을 것
② 대피공간은 실내의 다른 부분과 방화구획으로 구획할 것
③ 대피공간의 바닥면적은 인접 세대와 공동으로 설치하는 경우에는 3[m²] 이상일 것
④ 대피공간의 바닥면적은 각 세대별로 설치하는 경우에는 2[m²] 이상일 것

43. 아파트에 설치하여야 하는 대피공간에 관한 기준 내용으로 옳지 않은 것은? [17 ④]
① 대피공간은 바깥의 공기가 접할 것
② 대피공간은 실내의 다른 부분과 방화구획될 것
③ 대피공간의 바닥면적은 각 세대별로 설치하는 경우에는 최소 2[m²] 이상일 것
④ 대피공간의 바닥면적은 인접 세대와 공동으로 설치하는 경우에는 최소 4[m²] 이상일 것

해설

해설 41
경사지붕 아래에 설치하는 대피공간의 기준(옥상에 설치하는 대피공간)
㉠ 대피공간의 면적은 지붕 수평투영면적의 1/10 이상일 것
㉡ 특별피난계단 또는 피난계단과 연결되도록 할 것
㉢ 출입구·창문을 제외한 부분은 해당 건축물의 다른 부분과 내화구조의 바닥 및 벽으로 구획할 것
㉣ 출입구는 유효너비 0.9[m] 이상으로 하고, 그 출입구에는 60+방화문 또는 60분방화문을 설치할 것
㉤ 내부마감재료는 불연재료로 할 것
㉥ 예비전원으로 작동하는 조명설비를 설치할 것
㉦ 관리사무소 등과 긴급 연락이 가능한 통신시설을 설치할 것

해설 42
대피공간의 설치
공동주택 중 아파트로서 4층 이상의 층의 각 세대가 2개 이상의 직통계단을 사용할 수 없는 경우에는 발코니에 인접세대와 공동으로 또는 각 세대별로 다음의 요건을 모두 갖춘 대피공간을 하나 이상 설치하여야 한다. 이 경우 인접세대와 공동으로 설치하는 대피공간은 인접세대를 통하여 2개 이상의 직통계단을 사용할 수 있는 위치에 우선 설치되어야 한다.
㉠ 대피공간은 바깥의 공기와 접할 것
㉡ 대피공간은 실내의 다른 부분과 방화구획으로 구획될 것
㉢ 대피공간의 바닥면적은 인접세대와 공동으로 설치하는 경우에는 3[m²] 이상, 각 세대별로 설치하는 경우에는 2[m²] 이상일 것
㉣ 국토교통부장관이 정하는 기준에 적합할 것

해설 43
대피공간의 바닥면적은 인접 세대와 공동으로 설치하는 경우에는 최소 3[m²] 이상일 것

41. ② 42. ① 43. ④

44. 방화구획의 설치기준 내용으로 옳은 것은? (단, 스프링클러 기타 이와 유사한 자동식 소화설비를 설치한 경우) [12 ④]

① 지상층은 매층마다 구획할 것
② 지하층은 바닥면적 200[m²]이내마다 구획할 것
③ 9층 이상의 층은 바닥면적 1,000[m²]이내마다 구획할 것
④ 10층 이하의 층은 바닥면적 5,000[m²]이내마다 구획할 것

[해설] 방화구획의 기준
주요구조부가 내화구조 또는 불연재료로 된 건축물로 연면적이 1,000[m²]를 넘는 것은 다음의 기준에 따른 내화구조의 바닥, 벽·자동방화셔터 및 60+방화문 또는 60분방화문으로 구획하여야 한다.

건축물의 규모	구 획 기 준	
10층 이하의 층	바닥면적 1,000[m²](3,000[m²]) 이내마다 구획	
지상층, 지하층	매층마다 구획(면적에 무관)	
11층 이상의 층	실내마감이 불연재료의 경우	바닥면적 500[m²] (1,500[m²]) 이내마다 구획
	실내마감이 불연재료가 아닌 경우	바닥면적 200[m²] (600[m²]) 이내마다 구획
필로티의 부분을 주차장으로 사용하는 경우 그 부분과 건축물의 다른 부분을 구획		

45. 다음 중 주요구조부를 내화구조로 하여야 하는 건축물은? [18, 25 ④]

① 종교시설의 용도로 쓰이는 건축물로서 집회실의 바닥면적의 합계가 150[m²]인 건축물
② 판매시설의 용도로 쓰는 건축물로서 그 용도로 쓰는 바닥면적의 합계가 400[m²]인 건축물
③ 공장의 용도로 쓰는 건축물로서 그 용도로 쓰는 바닥면적의 합계가 1,000[m²]인 건축물
④ 운수시설의 용도로 쓰는 건축물로서 그 용도로 쓰는 바닥면적의 합계가 500[m²]인 건축물

[해설] 45
문화 및 집회시설 중 전시장 및 동·식물원, 판매시설, 운수시설, 교육연구시설에 설치하는 체육관·강당, 수련시설, 운동시설 중 체육관 및 운동장, 위락시설(주점영업 제외), 창고시설, 위험물 저장 및 처리시설, 자동차 관련시설, 방송국·전신전화국 및 촬영소, 묘지관련시설 중 화장장, 관광휴게시설은 해당 용도의 바닥면적의 합계가 500[m²] 이상인 경우에는 주요구조부를 내화구조로 하여야 한다.
① 종교시설 : 바닥면적의 합계가 200[m²] 이상
② 판매시설 : 바닥면적의 합계가 500[m²] 이상
③ 공장 : 바닥면적의 합계가 2,000[m²] 이상

정답 44. ① 45. ④

핵심기출문제
03. 건축물의 구조 및 재료

해설

46. 주요구조부를 내화구조로 하여야 하는 건축물은? [16④]
① 종교시설의 용도로 쓰는 건축물로서 집회실의 바닥면적의 합계가 100[m²]인 건축물
② 창고시설의 용도로 쓰는 건축물로서 그 용도로 쓰는 바닥면적의 합계가 300[m²]인 건축물
③ 공장의 용도로 쓰는 건축물로서 그 용도로 쓰는 바닥면적의 합계가 1,500[m²]인 건축물
④ 위험물저장 및 처리시설의 용도로 쓰는 건축물로서 그 용도로 쓰는 바닥면적의 합계가 500[m²]인 건축물

[해설] **46**
문화 및 집회시설 중 전시장 및 동식물원, 판매시설, 운수시설, 교육연구시설에 설치하는 체육관·강당, 수련시설, 운동시설 중 체육관 및 운동장, 위락시설(유흥주점 제외), 창고시설, 위험물 저장 및 처리시설, 자동차 관련시설, 방송국·전신전화국 및 촬영소, 묘지관련시설 중 화장장, 관광휴게시설은 해당 용도의 바닥면적의 합계가 500[m²] 이상인 경우에는 주요구조부를 내화구조로 하여야 한다.

47. 건축물에 설치하는 방화벽의 구조에 관한 기준 내용으로 옳지 않은 것은? [11, 24④]
① 내화구조로서 홀로 설 수 있는 구조일 것
② 방화벽에 설치하는 출입문은 30분방화문을 설치할 것
③ 방화벽에 설치하는 출입문의 너비 및 높이는 각각 2.5[m] 이하로 할 것
④ 방화벽의 양쪽 끝과 위쪽 끝을 건축물의 외벽면 및 지붕면으로부터 0.5[m] 이상 튀어 나오게 할 것

[해설] **47**
방화벽에 설치하는 출입문은 60+방화문 또는 60분방화문을 설치할 것

48. 다음의 방화벽의 구조에 관한 기준 내용 중 ( ) 안에 알맞은 것은? [11④]

방화벽에 설치하는 출입문의 너비 및 높이는 각각 ( ) 이하로 하고, 해당 출입문에는 60+방화문 또는 60분방화문을 설치할 것

① 1.2[m] ② 1.5[m]
③ 2.1[m] ④ 2.5[m]

[해설] **48**
방화벽에 설치하는 출입문의 너비 및 높이는 각각 2.5[m] 이하로 하고, 해당 출입문에는 60+방화문 또는 60분방화문을 설치할 것

49. 지하층으로서 그 층 거실의 바닥면적의 합계가 최소 얼마 이상인 경우 피난층 또는 지상으로 통하는 직통계단을 2개소 이상 설치하여야 하는가? [13④]
① 100[m²] ② 200[m²]
③ 300[m²] ④ 400[m²]

[해설] **49**
지하층으로서 그 층 거실의 바닥면적의 합계가 200[m²] 이상인 경우 피난층 또는 지상으로 통하는 직통계단을 2개소 이상 설치하여야 한다.

정답 46. ④ 47. ② 48. ④ 49. ②

Industrial Engineer Building Facilities

해설

50. 다음은 건축물에 설치하는 지하층의 구조 및 설비에 관한 기준 내용이다. ( ) 안에 알맞은 것은? [13 ㉑]

> 거실의 바닥면적의 합계가 ( ) 이상인 층에는 환기설비를 설치할 것

① 500[m²]
② 1,000[m²]
③ 1,500[m²]
④ 2,000[m²]

[해설] **50**
지하층 거실의 바닥면적의 합계가 1,000[m²] 이상인 층에는 환기설비를 설치하여야 한다.

51. 거실의 바닥면적이 50[m²] 이상인 지하층에 설치하는 비상탈출구에 관한 기준 내용으로 옳지 않은 것은? (단, 주택의 경우 제외) [19, 24 ㉑]
① 비상탈출구는 출입구로부터 3[m] 이내의 장소에 설치할 것
② 비상탈출구의 유효너비는 0.75[m] 이상으로 하고, 유효높이는 1.5[m] 이상으로 할 것
③ 비상탈출구의 문은 피난방향으로 열리도록 하고, 실내에서 항상 열 수 있는 구조로 할 것
④ 비상탈출구는 피난층 또는 지상으로 통하는 복도나 직통계단에 직접 접하거나 통로 등으로 연결될 수 있도록 설치할 것

[해설] **51**
비상탈출구는 출입구로부터 3[m] 이상 떨어진 곳에 설치할 것

52. 건축물에 설치하는 지하층의 구조 및 설비에 관한 기준 내용으로 옳지 않은 것은? [14, 25 ㉑]
① 비상탈출구는 출입구로부터 3[m] 이상 떨어진 곳에 설치 할 것
② 비상탈출구의 유효너비는 0.75[m] 이상, 유효높이는 1.5[m] 이상으로 할 것
③ 거실바닥면적의 합계가 1000[m²] 이상인 층에는 환기설비를 설치할 것
④ 바닥면적이 300[m²] 이상인 층에는 식수공급을 위한 급수전을 최소 2개소 이상 설치 할 것

[해설] **52**
바닥면적이 300[m²] 이상인 층에는 식수공급을 위한 급수전을 최소 1개소 이상 설치 할 것

정답 50. ② 51. ① 52. ④

04 건축설비 등(설비규칙, 피·방규칙 포함)

제3과목 건축설비관련법규 | 제1편 건축법

핵심 PLUS

- 방송 공동수신설비 설치대상 건축물
  ㉠ 공동주택
  ㉡ 바닥면적의 합계가 5,000[m²] 이상으로서 업무시설이나 숙박시설의 용도로 쓰는 건축물

- 배전(配電) 전기설비 설치 공간 확보 연면적이 500[m²] 이상인 건축물의 대지

[예] 신축 또는 리모델링하는 30세대 이상의 공동 주택은 시간당 최소 몇 회 이상의 환기가 이루어질 수 있도록 자연환기설비 또는 기계환기설비를 설치하여야 하는가? [19 산]
① 0.5회   ② 0.7회
③ 1.2회   ④ 1.5회
답 : ①

[예] 공동주택과 오피스텔의 난방설비를 개별난방방식으로 하는 경우에 관한 기준 내용으로 옳지 않은 것은? [20, 24 산]
① 보일러실의 윗부분에는 그 면적이 0.5[m²] 이상인 환기창을 설치할 것
② 보일러의 연도는 내화구조로서 공동연도로 설치할 것
③ 기름보일러를 설치하는 경우에는 기름저장소를 보일러실외의 다른 곳에 설치할 것
④ 보일러를 설치하는 곳과 거실 사이의 경계벽은 출입구를 제외하고는 방화구조의 벽으로 구획할 것
답 : ④

1 건축설비의 기준 등

1. 공동주택 및 다중이용시설의 환기설비
신축 또는 리모델링하는 다음에 해당하는 주택 또는 건축물은 시간당 0.5회 이상의 환기가 이루어질 수 있도록 자연환기설비 또는 기계환기설비를 설치하여야 한다.
① 30세대 이상의 공동주택
② 주택을 주택 외의 시설과 동일건축물로 건축하는 경우로서 주택이 30세대 이상인 건축물

2. 개별난방설비 등
공동주택과 오피스텔의 난방설비를 개별난방방식으로 하는 경우에는 다음의 기준에 적합하여야 한다.

구 분	기 준
① 보일러 설치위치	• 거실 외의 곳에 설치 • 보일러실과 거실 사이의 경계벽은 내화구조의 벽으로 구획(출입구 제외)
② 보일러실의 환기	• 윗부분에 0.5[m²] 이상의 환기창 설치 • 지름 10[cm] 이상의 공기흡입구 및 배기구를 항상 열려진 상태로 외기와 접하도록 설치(단, 전기보일러 경우는 제외)
③ 기름저장소	• 기름보일러의 기름저장소는 보일러실 외에 설치할 것
④ 오피스텔의 난방구획	• 방화구획으로 구획할 것
⑤ 보일러실의 연도	• 내화구조로서 공동연도로 설치할 것
⑥ 가스보일러	• 보일러실과 거실 사이 출입구는 출입구가 닫힌 경우 가스가 거실에 들어갈 수 없는 구조일 것 • 중앙집중공급방식으로 공급하는 경우에는 ①의 규정에도 불구하고 관계법령이 정하는 기준에 의함

3. 배연설비

- 6층 이상의 건축물로서 제2종 근린생활시설 중 300[m²] 이상인 공연장·종교집회장·인터넷컴퓨터게임시설제공업소 및 다중생활시설, 문화 및 집회시설, 종교시설, 판매시설, 운수시설, 의료시설(요양병원 및 정신병원은 제외), 연구소, 아동관련시설·노인복지시설(노인요양시설은 제외), 유스호스텔, 운동시설, 업무시설, 숙박시설, 위락시설, 관광휴게시설, 장례시설의 용도에 해당되는 건축물의 거실

  [예외] 피난층인 경우

- 요양병원 및 정신병원·산후조리원, 노인요양시설·장애인 거주시설 및 장애인 의료재활시설의 용도에 해당되는 건축물

  [예외] 피난층인 경우

1) 배연설비의 구조기준

구 분	기 준
① 배연창 개수	• 방화구획마다 1개소 이상의 배연창을 설치하되, 배연창의 상변과 천장 또는 반자로부터 수직거리가 0.9[m] 이내일 것(단, 반자높이가 바닥으로부터 3[m] 이상인 경우에는 배연창의 하변이 바닥으로부터 2.1[m] 이상의 위치에 놓이도록 설치하여야 한다)
② 배연창 유효면적	• 1[m²] 이상으로 바닥면적이 1/100 이상일 것 [주] ㉠ 방화구획이 된 경우는 구획된 각 부분의 바닥면적으로 산정 ㉡ 바닥면적 산정시 거실 바닥면적의 1/20 이상의 환기창을 설치한 거실면적은 산입하지 않음.
③ 배연구 구조	• 연기감지기, 열감지기에 의하여 자동으로 열 수 있는 구조(수동개폐장치) • 예비전원에 의하여 열 수 있도록 할 것
④ 기계식 배연설비	• 상기 ①, ②, ③의 규정에도 불구하고 소방관계법령의 규정에 따를 것

핵심 PLUS

[예] 건축물의 거실(피난층의 거실 제외)에 국토교통부령으로 정하는 기준에 따라 배연설비를 하여야 하는 대상 건축물에 속하지 않는 것은? (단, 6층 이상인 건축물의 경우) [19, 24, 25 산]
① 종교시설
② 판매시설
③ 운동시설
④ 공동주택

답 : ④

[예] 다음은 배연설비의 설치에 관한 기준 내용이다. (　) 안에 알맞은 것은? [14 산]

건축물에 방화구획이 설치된 경우에는 그 구획마다 1개소 이상의 배연창을 설치하되, 배연창의 상변과 천장 또는 반자로부터 수직거리가 (　) 이내일 것

① 0.5[m]　② 0.6[m]
③ 0.9[m]　④ 1.2[m]

답 : ③

핵심 PLUS

예 건축물의 특별피난계단에 설치하는 배연설비의 구조에 관한 기준 내용으로 옳지 않은 것은? [15 산]
① 배연구 및 배연풍도는 불연재료로 할 것
② 배연구는 평상시에는 닫힌 상태를 유지할 것
③ 배연구가 외기에 접하지 아니하는 경우에는 배연기를 설치할 것
④ 배연구 및 배연풍도는 화재가 발생한 경우 원활하게 배연시킬 수 있는 규모로서 평상시에 사용하는 굴뚝에 연결할 것

해설 배연구 및 배연풍도는 불연재료로 하고, 화재가 발생한 경우 원활하게 배연시킬 수 있는 규모로서 외기 또는 평상시에 사용하지 아니하는 굴뚝에 연결할 것
답 : ④

■ 물막이설비
① 대상지구 : 방재지구, 자연재해 위험지구
② 규모 : 연면적 10,000[m²] 이상

예 세대수가 7세대인 주거용 건축물에 설치하는 급수관 지름의 최소 기준은? [19 산]
① 20[mm]   ② 25[mm]
③ 32[mm]   ④ 40[mm]
답 : ③

예 주거용 건축물의 급수관 지름 산정시 가구나 세대의 구분이 불분명한 경우 가구수 산정이 틀린 것은? [03 기]
① 바닥면적 85[m²] 미만인 경우 1가구로 산정
② 바닥면적 150[m²] 초과 300[m²] 이하인 경우 5가구로 산정
③ 바닥면적 300[m²] 초과 500[m²] 이하인 경우 16가구로 산정
④ 바닥면적 500[m²] 초과시 17가구로 산정
답 : ①

2) 특별피난계단 및 비상용·피난용 승강기의 승강장에 설치하는 배연설비의 기준(설비규칙 제14조 ②)

구 분	구조 기준
배연구 및 배연풍도	불연재료로 하고, 화재가 발생한 경우 원활하게 배연시킬 수 있는 규모로서 외기 또는 평상시에 사용하지 아니하는 굴뚝에 연결할 것
배연구의 구조	• 배연구에 설치하는 수동개방장치 또는 자동개방장치(열감지기 또는 연기감지기에 한 것을 말함)는 손으로도 열고 닫을 수 있도록 할 것 • 평상시에는 닫힌 상태를 유지하고, 연 경우에는 배연에 의한 기류로 인하여 닫지지 아니하도록 할 것 • 배연구가 외기에 접하지 아니하는 경우에는 배연기를 설치 할 것
배연기	• 배연구의 열림에 따라 자동적으로 작동하고, 충분한 공기배출 또는 가압능력이 있을 것 • 배연기에는 예비전원을 설치할 것
공기유입방식	• 급기가압방식 또는 급·배기 방식으로 하는 경우에는 소방관계 법령의 규정에 적합하게 할 것

4. 배관설비

■ 주거용 건축물 급수관의 지름 기준

가구 또는 세대수	1	2~3	4~5	6~8	9~16	17 이상
급수관 최소지름	15	20	25	32	40	50

① 가구수나 세대수가 불분명한 경우에는 주거에 쓰이는 바닥면적의 합계에 따라 다음과 같이 가구수를 산정한다.
  ㉠ 바닥면적 85[m²] 이하 : 1가구
  ㉡ 바닥면적 85[m²] 초과, 150[m²] 이하 : 3가구
  ㉢ 바닥면적 150[m²] 초과, 300[m²] 이하 : 5가구
  ㉣ 바닥면적 300[m²] 초과, 500[m²] 이하 : 16가구
  ㉤ 바닥면적 500[m²] 초과 : 17가구
② 가압설비 등을 설치하여 급수시 각 기구에서 압력이 1[cm²]당 0.7[kg] 이상인 경우는 상기 1의 기준을 적용하지 않는다.

5. 피뢰설비

1) 설치 대상

낙뢰의 우려가 있는 건축물 또는 높이 20[m] 이상의 건축물 또는 공작물로서 높이 20[m] 이상의 공작물(건축물에 공작물을 설치하여 그 전체 높이가 20[m] 이상인 것을 포함)

2) 피뢰설비의 구조 기준

구 분	설치 기준
피뢰설비	한국산업표준이 정하는 보호레벨등급 (위험물저장 및 처리시설 : 피뢰시스템레벨 Ⅱ 이상)
돌침	• 건축물의 맨 윗부분으로부터 25[cm] 이상 돌출시켜 설치할 것 • 설계하중에 견딜 수 있는 구조일 것
피뢰설비의 최소 단면적 (피복 없는 동선 기준)	• 수뢰부, 인하도선, 접지극 : 50[mm²] 이상
철근(철골)구조체 사용시 인하도선	• 전기적 연속성이 보장될 것 • 구조체의 상단부와 하단부 사이의 전기저항이 0.2[Ω] 이하일 것
측면 낙뢰방지 (60[m] 초과 건축물)	• 지면에서 건축물 높이의 4/5가 되는 지점부터 최상단부분까지의 측면에 수뢰부를 설치하여야 하며, 지표레벨에서 최상단부의 높이가 150[m]를 초과하는 건축물은 120[m] 지점부터 최상단부분까지의 측면에 수뢰부를 설치할 것

2 승강기

1. 승용승강기의 설치

1) 설치 대상

층수가 6층 이상으로서 연면적 2,000[m²] 이상인 건축물

   [예외] 층수가 6층인 건축물로서 각층 거실 바닥면적 300[m²] 이내마다 1개소 이상 직통계단을 설치한 경우

2) 승용승강기의 설치 기준

건축물의 용도	6층 이상 거실면적의 합계[Am²]		
	3,000[m²] 이하	3,000[m²] 초과	공식

① 문화 및 집회시설
  • 공연장
  • 집회장
  • 관람장
② 판매시설
  • 도매시장
  • 소매시장
  • 상점
③ 의료시설
  • 병원
  • 격리병원
	2대	2대에 3,000[m²] 초과하는 경우에는 그 초과하는 매 2,000[m²] 이내마다 1대의 비율로 가산한 대수	$2 + \dfrac{A - 3,000[m^2]}{2,000[m^2]}$

핵심 PLUS

[예] 건축물의 설비기준 등에 관한 규칙에 따라 피뢰설비를 설치하여야 하는 대상 건축물의 높이 기준은? [15, 17 산]
① 10[m] 이상
② 20[m] 이상
③ 30[m] 이상
④ 40[m] 이상
                  답 : ②

[예] 건축물에 설치하는 피뢰설비의 기준 내용으로 옳지 않은 것은?
① 피뢰설비는 높이 20[m] 이상의 건축물에만 설치한다.
② 돌침은 건축물의 맨 윗부분으로부터 25[cm] 이상 돌출시켜 설치한다.
③ 돌침은 「건축물의 구조기준 등에 관한 규칙」의 규정에 의한 풍하중에 견딜 수 있는 구조이어야 한다.
④ 피뢰설비의 인하도선을 대신하여 철골조의 철골구조과 철근콘크리트조의 철근구조체를 사용하는 경우에는 전기적 연속성이 보장되어야 한다.

[해설] 피뢰설비는 낙뢰의 우려가 있는 건축물 또는 높이 20[m] 이상의 건축물에 설치한다.
                  답 : ①

[예] 승용승강기의 설치기준이 가장 강화된 것부터 완화되어 있는 것으로 나열된 건축물의 용도는?
① 교육연구시설 – 숙박시설 – 병원
② 공연장 – 위락시설 – 교육연구시설
③ 집회장 – 교육연구시설 – 업무시설
④ 공동주택 – 관람장 – 위락시설
                  답 : ②

핵심 PLUS

예 문화 및 집회시설 중 공연장으로서 6층 이상의 실면적의 합계가 8,000[m²]인 건축물에 설치해야 하는 승용승강의 최소 대수는? (단, 8인승 승강기의 경우) [11, 24 산]
① 3대   ② 4대
③ 5대   ④ 6대

해설 문화 및 집회시설(공연장·관람장·집회장), 판매시설(도매시장·소매시장·상점), 의료시설(병원·격리병원)의 용도 경우 3,000[m²] 이하까지 2대, 3,000[m²] 초과하는 2,000[m²] 당 1대를 가산한 대수로 하므로

$2 + \dfrac{8,000 - 3,000}{2,000} = 4.5 = 5$대

∴ 5대 (소수점 이하는 1대로 본다)

답 : ③

건축물의 용도	6층 이상 거실면적의 합계[A m²]		
	3,000[m²] 이하	3,000[m²] 초과	공식
① 문화 및 집회시설 · 전시장 · 동·식물원 ② 업무시설 ③ 숙박시설 ④ 위락시설	1대	1대에 3,000[m²]를 초과하는 경우에는 그 초과하는 매 2,000[m²] 이내마다 1대의 비율로 가산한 대수	$1 + \dfrac{A - 3,000[m^2]}{2,000[m^2]}$
① 공동주택 ② 교육연구시설 ③ 노유자시설 ④ 기타시설	1대	1대에 3,000[m²]를 초과하는 경우에는 그 초과하는 매 3,000[m²] 이내마다 1대의 비율로 가산한 대수	$1 + \dfrac{A - 3,000[m^2]}{3,000[m^2]}$

※ 단, 승용승강기가 설치되어 있는 6층 이상의 건축물에 1개층을 증축하는 경우에는 승용승강기의 승강로를 연장하여 설치하지 않을 수 있다.

[주] 8인승 이상 15인승 이하를 기준으로 산정하며 16인승 이상의 승강기는 2대로 산정한다. 대수 산정시 소수점 이하는 1대로 본다.

예 6층 이상의 거실 면적의 합계가 20,000[m²]인 업무시설에 16인승 승용승강기를 설치할 경우 최소설치 대수는 얼마인가?

해설 3,000[m²] 이하까지 1대, 3,000[m²] 초과하는 2,000[m²] 당 1대를 가산한 대수

∴ $1 + \dfrac{20,000 - 3,000}{2,000} = 9.5$

∴ 10대 (소수점 이하는 1대로 본다.)
16인승 이상은 2대로 산정하므로
∴ 10÷2=5대

예제

각층 바닥면적이 2,000[m²]인 아파트의 승용승강기의 최소대수는? (단, 20층짜리로 10층과 20층은 기계실임)

▶ 6층 이상의 거실 바닥면적 : 6층부터 20층까지 개층 가운데 10층과 20층 기계실은 바닥면적에서 제외되므로 13개층에 해당되는 26,000[m²]이 거실 바닥면적의 합계이다.

∴ $1 + \dfrac{26,000 - 3,000}{3,000} = 1 + 7.7 = 8.7$

∴ 9대 (소수점 이하는 1대로 본다.)

2. 비상용승강기

1) 설치 대상
31[m]를 넘는 건축물

2) 비상용승강기의 설치 기준

높이 31[m]를 넘는 각층의 바닥면적 중 최대바닥면적[Am²]	설치 대수	공식
1,500[m²] 이하	1대 이상	
1,500[m²] 초과	1대+1,500[m²]를 넘는 3,000[m²] 이내마다 1대씩 가산	$1 + \dfrac{A - 1,500[m^2]}{3,000[m^2]}$

[주] 2대 이상의 비상용승강기를 설치하는 경우에는 화재시 소화에 지장이 없도록 일정한 간격을 두고 설치한다. 대수 산정시 소수점 이하는 1대로 본다.

3) 비상용승강기를 설치하지 않아도 되는 건축물
① 높이 31[m]를 넘는 각층을 거실 이외의 용도로 사용할 경우
② 높이 31[m]를 넘는 각층의 바닥면적의 합계가 500[m²] 이하인 건축물
③ 높이 31[m]를 넘는 부분의 층수가 4개층 이하로서 당해 각층 바닥면적 200[m²] (500[m²])* 이내마다 방화구획을 한 건축물
  * ( ) 속의 수치는 실내의 벽 및 반자의 마감을 불연재료로 한 경우임

4) 비상용승강기 승강장의 구조
① 승강장은 건축물의 다른 부분과 내화구조의 바닥·벽으로 구획(창문·출입구·개구부 제외)할 것
  ※ 단, 공동주택의 경우 승강장과 특별피난계단의 부속실과의 겸용부분을 특별피난계단의 계단실과 별도로 구획하는 때에는 승강장을 특별피난계단의 부속실과 겸용할 수 있다.
② 승강장은 피난층을 제외한 각층의 내부와 연결될 수 있도록 하되, 그 출입구(승강로의 출입구 제외)에는 60+방화문 또는 60분방화문을 설치할 것
③ 노대 또는 외부를 향하여 열 수 있는 창문이나 배연설비(설비규칙 제14조 ②)를 설치할 것
④ 벽 및 반자가 실내에 접하는 부분의 마감재료(마감을 위한 바탕 포함)는 불연재료로 할 것
⑤ 채광이 되는 창문이 있거나 예비전원에 의한 조명설비를 할 것
⑥ 승강장의 바닥면적은 비상용승강기 1대에 대하여 6[m²] 이상으로 할 것
  예외 옥외에 승강장을 설치하는 경우
⑦ 피난층이 있는 승강장의 출입구(승강장이 없는 경우에는 승강로의 출입구)로부터 도로 또는 공지에 이르는 거리가 30[m] 이하일 것
⑧ 승강장 출입구 부근의 잘 보이는 곳에 당해 승강기가 비상용승강기임을 알 수 있는 표지를 할 것

핵심 PLUS

예 각층 바닥면적 2,000[m²]인 15층 병원 건축물에 설치하여야 할 승강기의 최소대수는?(단, 각층 거실바닥면적은 1,500[m²], 각층 층고는 3[m]임)

해설 ① 승용승강기 대수 : 6층 이상 거실 면적의 합계가 (10개층×1,500)[m²]이므로 3,000[m²]까지는 2대, 3,000[m²]를 초과하는 2,000[m²]당 1대를 가산한 대수

∴ $2 + \dfrac{15,000 - 3,000}{2,000} = 8$대

② 비상용승강기 대수 : 31[m]를 넘는 각층 바닥면적 중 최대바닥면적이 2,000[m²]이므로

∴ $1 + \dfrac{2,000 - 1,500}{3,000} = 1.2$

∴ 2대(소수점 이하는 1대로 본다.)

예 높이 31[m]를 넘는 층의 바닥면적 중 최대바닥면적이 5,500[m²]일 때 설치하여야 할 비상용승강기의 최소대수는?(단, 31[m]를 넘는 각층을 거실로 사용하고 거실의 바닥면적 1,000[m²]마다 방화구획으로 구획한 건축물임)

해설 높이 31[m]를 넘는 각층 바닥면적 중 최대바닥면적이 1,500[m²]에 1대이고 1,500[m²]를 초과하는 3,000[m²]이내마다 1대씩 증가하므로

∴ $1 + \dfrac{5,500 - 1,500}{3,000} = 2.33$

∴ 3대(소숫점 이하는 1대로 본다.)

예 비상용승강기의 승강장 및 승강로의 구조에 관한 기준 내용으로 옳지 않은 것은? [18, 24 산]
① 승강로는 당해 건축물의 다른 부분과 내화구조로 구획할 것
② 승강장의 바닥면적은 비상용승강기 1대에 대하여 5[m²] 이상으로 할 것
③ 각층으로부터 피난층까지 이르는 승강로를 단일구조로 연결하여 설치할 것
④ 승강장은 각층의 내부와 연결될 수 있도록 하되, 그 출입구(승강로의 출입구를 제외 한다)에는 60+방화문 또는 60분방화문을 설치할 것

답 : ②

3 지능형건축물의 인증

1. 지능형건축물 인증제도
① 국토교통부장관은 지능형건축물[Intelligent Building]의 건축을 활성화하기 위하여 지능형건축물 인증제도를 실시한다.
② 국토교통부장관은 지능형건축물의 인증을 위하여 인증기관을 지정할 수 있다.
③ 지능형건축물의 인증을 받으려는 자는 인증기관에 인증을 신청하여야 한다.

2. 건축기준의 완화 적용
허가권자는 지능형건축물로 인증을 받은 건축물에 대하여 다음과 같이 건축기준을 완화하여 적용할 수 있다.

완화 규정	완화 기준
대지 안의 조경(법 제42조)	$\dfrac{85}{100}$ 범위 안에서 완화적용
용적률(법 제56조) 건축물의 높이(법 제60조)	$\dfrac{115}{100}$ 범위 안에서 완화적용

4 건축물의 냉방설비

1. 에너지 합리적 이용을 위한 설계기준
다음에 해당하는 건축물은 산업통상자원부장관이 국토교통부장관과 협의하여 정하는 바에 따라 축냉식 또는 가스를 이용한 중앙집중냉방방식으로 하여야 한다.

규 모	건축물의 용도
① 바닥면적 합계 1,000[m²] 이상	・목욕장(제1종 근린생활시설) ・실내수영장(운동시설) ・실내물놀이형 시설(운동시설)
② 바닥면적 합계 2,000[m²] 이상	・기숙사 ・병원(의료시설) ・유스호스텔(수련시설) ・숙박시설
③ 바닥면적 합계 3,000[m²] 이상	・연구소(교육연구시설) ・업무시설 ・판매시설
④ 바닥면적 합계 10,000[m²] 이상	・문화 및 집회시설(동・식물원 제외) ・종교시설 ・장례식장 ・교육연구시설(연구소 제외)

핵심 PLUS

■ 피난용승강기
① 설치대상 : 고층 건축물
② 승강장 구조제한 : 내화구조, 불연재료, 60+방화문 또는 60분방화문
※ 전용예비전원 확보
・초고층 건축물 : 2시간 이상
・준초고층 건축물 : 1시간 이상

예 다음 중 지능형 건축물로 인증을 받은 경우 건축법 완화적용에 해당되지 않는 것은?
① 조경설치 면적
② 용적률
③ 건폐율
④ 건축물의 높이

답 : ③

2. 냉방시설 및 환기시설 설치기준

상업지역 및 주거지역에서 도로(막다른 도로로서 그 길이가 10[m] 미만인 경우를 제외)에 접한 대지의 건축물에 설치하는 냉방시설 및 환기시설의 배기구는 도로면으로부터 2[m] 이상의 높이에 설치하거나 배기장치의 열기가 보행자에게 직접 닿지 아니하도록 설치하여야 한다.

5 관계전문기술자의 협력을 받아야 하는 건축물

관계전문기술자	건축물의 규모	용도 및 협력사항
건축구조기술사	• 6층 이상인 건축물 • 특수구조 건축물 • 다중이용 건축물 • 준다중이용 건축물 • 3층 이상의 필로티형식 건축물 • 지진구역 1의 중요도(특)에 해당하는 건축물	구조안전의 확인
건축기계설비기술사· 공조냉동기계기술사	• 연면적 10,000[m²] 이상 (창고시설은 제외) • 에너지를 대량으로 소비하는 건축물 (바닥면적 합계 기준) ㉠ 500[m²] 이상: 냉동냉장시설, 항온항습시설, 특수청정시설	급수·배수(配水)·배수(排水)·환기·난방·소화·배연·오물처리 설비 및 승강기(기계 분야만 해당)
건축기계설비기술사· 공조냉동기계기술사· 가스기술사	㉡ 규모에 관계없이: 아파트 및 연립주택 ㉢ 500[m²] 이상: 목욕장, 실내수영장, 실내물놀이형시설 ㉣ 2,000m² 이상: 기숙사, 병원, 유스호스텔, 숙박시설	가스설비
건축전기설비기술사 또는 발송배전기술사	㉤ 3,000[m²] 이상: 연구소, 업무시설, 판매시설 ㉥ 10,000[m²] 이상: 문화 및 집회시설(동·식물원 제외), 종교시설, 장례식장, 교육연구시설(연구소 제외)	전기, 승강기(전기 분야만 해당) 및 피뢰침
토목분야 기술사, 지질 및 기반기술사	• 깊이 10[m] 이상 토지굴착공사 • 높이 5[m] 이상의 옹벽 등 공사	• 지질조사 • 토공사의 설계 및 감리 • 흙막이벽·옹벽 설치 등에 관한 위해방지 및 기타 필요한 사항

6 재료 등의 기준 관리

국토교통부장관은 기후 변화나 건축기술의 변화 등에 따라 건축물의 구조 및 재료 등에 관한 기준이 적정한지를 검토하는 건축모니터링을 3년마다 실시하여야 한다.

핵심 PLUS

예 상업지역 및 주거지역에서 건축물에 설치하는 냉방시설 및 환기시설의 배기구는 도로면으로부터 최소 얼마 이상의 높이에 설치하여야 하는가? [19, 24 산]
① 1.5[m] ② 1.8[m]
③ 2.0[m] ④ 2.5[m]
답: ③

예 건축물의 설계자가 해당 건축물에 대한 구조의 안전을 확인하는 경우 건축구조기술사의 협력을 받아야 하는 대상 건축물에 속하지 않는 것은? [17 기]
① 5층인 건축물
② 특수구조 건축물
③ 다중이용 건축물
④ 준다중이용 건축물
답: ①

예 급수·배수·난방 및 환기설비를 건축물에 설치하는 경우, 건축기계설비기술사 또는 공조냉동기계기술사의 협력을 받아야 하는 대상 건축물의 연면적 기준은? (단, 창고시설 제외) [13, 17, 25 산]
① 1,000[m²] 이상
② 2,000[m²] 이상
③ 5,000[m²] 이상
④ 10,000[m²] 이상
답: ④

예 건축물에 급수·배수(配水)·배수(排水), 환기·난방 등의 설비를 설치하는 경우 건축기계설비기술사 또는 공조냉동기계기술사의 협력을 받아야 하는 대상 건축물에 속하지 않는 것은? [20, 24 산]
① 아파트
② 다세대주택
③ 의료시설로서 해당 용도에 사용되는 바닥 면적의 합계가 2,000[m²]인 건축물
④ 숙박시설로서 해당 용도에 사용되는 바닥 면적의 합계가 2,000[m²]인 건축물
답: ②

핵심기출문제

04. 건축설비 등
(설비규칙, 피·방규칙 포함)

1. 다음은 건축법령상 건축설비 설치의 원칙에 관한 기준 내용이다. ( ) 안에 알맞은 것은? [18④]

> 건축물에 설치하는 급수·배수·냉방·난방·환기·피뢰 등 건축설비의 설치에 관한 기술적 기준은 (㉠)으로 정하되, 에너지 이용 합리화와 관련한 건축설비의 기술적 기준에 관여하는 (㉡)과 협의하여 정한다.

① ㉠ 국토교통부령, ㉡ 산업통상자원부장관
② ㉠ 국토교통부령, ㉡ 과학기술정보통신부장관
③ ㉠ 산업통상자원부령, ㉡ 국토교통부장관
④ ㉠ 산업통상자원부령, ㉡ 과학기술정보통신부장관

해설 1
건축물에 설치하는 급수·배수·냉방·난방·환기·피뢰 등 건축설비의 설치에 관한 기술적 기준은 국토교통부령으로 정하되, 에너지 이용 합리화와 관련한 건축설비의 기술적 기준에 관하여는 산업통상자원부장관과 협의하여 정한다.

2. 숙박시설의 용도로 쓰는 건축물로서 방송 공동수신설비를 설치하여야 하는 건축물의 바닥면적 기준은? [18, 24④]

① 바닥면적의 합계가 1,000[m²] 이상인 건축물
② 바닥면적의 합계가 2,000[m²] 이상인 건축물
③ 바닥면적의 합계가 5,000[m²] 이상인 건축물
④ 바닥면적의 합계가 10,000[m²] 이상인 건축물

해설 2
건축물에는 방송수신에 지장이 없도록 공동시청 안테나, 유선방송 수신시설, 위성방송 수신설비, 에프엠(FM) 라디오방송 수신설비 또는 방송 공동수신설비를 설치할 수 있다.
다만, 다음 건축물에는 방송 공동수신설비를 설치하여야 한다.
㉠ 공동주택
㉡ 바닥면적의 합계가 5,000[m²] 이상으로서 업무시설이나 숙박시설의 용도로 쓰는 건축물

3. 다음은 건축설비 설치의 원칙에 관한 기준 내용이다. ( )안에 알맞은 것은? [18, 19④]

> 연면적이 ( ) 이상인 건축물의 대지에는 국토교통부령으로 정하는 바에 따라 「전기사업법」 제2조 제2호에 따른 전기사업자가 전기를 배전(配電)하는데 필요한 전기설비를 설치할 수 있는 공간을 확보하여야 한다.

① 100[m²]   ② 200[m²]
③ 500[m²]   ④ 1,000[m²]

해설 3
연면적이 500[m²] 이상인 건축물의 대지에는 국토교통부령으로 정하는 바에 따라 「전기사업법」 제2조 제2호에 따른 전기사업자가 전기를 배전(配電)하는데 필요한 전기설비를 설치할 수 있는 공간을 확보하여야 한다.

정답 1. ① 2. ③ 3. ③

Industrial Engineer Building Facilities

4. 신축 또는 리모델링하는 경우 시간당 0.5회 이상의 환기가 이루어질 수 있도록 자연환기설비 또는 기계환기설비를 설치하여야 하는 대상 공동주택의 세대수 기준은?   [18, 24, 25 산]

① 20세대 이상의 공동주택
② 30세대 이상의 공동주택
③ 50세대 이상의 공동주택
④ 100세대 이상의 공동주택

5. 다음은 신축하는 30세대 이상의 공동주택에 설치하는 기계환기설비에 관한 기준 내용이다. ( ) 안에 알맞은 것은?   [14 산]

> 세대의 환기량 조절을 위하여 환기설비의 정격풍량을 최소·적정·최대의 3단계로 조절할 수 있는 체계를 갖추어야 하고, 적정 단계의 필요 환기량은 신축공동주택 등의 세대를 시간당 ( )로 환기할 수 있는 풍량을 확보하여야 한다.

① 0.3회
② 0.5회
③ 0.7회
④ 1.2회

6. 기계환기설비를 설치하여야 하는 다중이용시설에 해당하는 것은?   [12 기 24 산]

① 의료시설 중 연면적이 2,000[m²]인 의료기관
② 문화 및 집회시설 중 연면적이 2,000[m²]인 미술관
③ 문화 및 집회시설 중 연면적이 2,000[m²]인 박물관
④ 교육연구 복지시설 중 연면적이 2,000[m²]인 도서관

해설

해설 4
공동주택 및 다중이용시설의 환기설비 신축 또는 리모델링하는 다음에 해당하는 주택 또는 건축물은 시간당 0.5회 이상의 환기가 이루어질 수 있도록 자연환기설비 또는 기계환기설비를 설치하여야 한다.
㉠ 30세대 이상의 공동주택
㉡ 주택을 주택 외의 시설과 동일건축물로 건축하는 경우로서 주택이 30세대 이상인 건축물

해설 5
공동주택의 환기횟수를 확보하기 위하여 설치되는 기계환기설비의 설계·시공 및 성능평가방법(단, 30세대 이상의 공동주택의 경우)
① 세대의 환기량 조절을 위하여 환기설비의 정격풍량을 최소·적정·최대의 3단계로 조절할 수 있는 체계를 갖추어야 하고, 적정 단계의 필요 환기량은 신축공동주택 등의 세대를 시간당 0.5회로 환기할 수 있는 풍량을 확보하여야 한다.
② 기계환기설비는 공동주택의 모든 세대가 규정에 의한 환기횟수를 만족시킬 수 있도록 24시간 가동할 수 있어야 한다.
③ 하나의 기계환기설비로 세대 내 2 이상의 실에 바깥 공기를 공급할 경우의 필요 환기량은 각 실에 필요한 환기량의 합계 이상이 되도록 하여야 한다.
④ 기계환기설비의 환기기준은 시간당 실내공기 교환횟수(환기설비에 의한 최종 공기흡입구에서 세대의 실내로 공급되는 시간당 총 체적 총량을 실내 총 체적으로 나눈 환기횟수를 말한다)로 표시하여야 한다.

해설 6
② 문화 및 집회시설 중 연면적 3,000[m²] 이상인 미술관
③ 문화 및 집회시설 중 연면적 3,000[m²] 이상인 박물관
④ 교육연구 및 복지시설 중 연면적 3,000[m²] 이상인 도서관

정답 4. ② 5. ② 6. ①

핵심기출문제
04. 건축설비 등(설비규칙, 피·방규칙 포함)

7. 다중이용시설을 신축하는 경우에 설치하여야 하는 기계환기설비의 구조 및 설치에 관한 기준 내용으로 옳지 않은 것은? [12 ㉮ 24 ㉯]

① 기계환기설비 용량은 시설의 연면적을 기준으로 산정할 것
② 다중이용시설로 공급되는 공기의 분포를 최대한 균등하게 하여 실내 기류의 편차가 최소화될 수 있도록 할 것
③ 공기배출체계 및 배기구는 배출되는 공기가 공기공급 체계 및 공기흡입구로 직접 들어가지 아니하는 위치에 설치할 것
④ 공기공급체계·공기배출체계 또는 공기흡입구·배기구 등에 설치되는 송풍기는 외부의 기류로 인하여 송풍 능력이 떨어지는 구조가 아닐 것

해설

해설 7
다중이용시설의 기계환기설비 용량기준은 시설이용 인원당 환기량을 원칙으로 산정할 것

8. 기계환기설비를 설치하여야 하는 다중이용시설 중 판매시설의 필요 환기량 기준은? [17 ㉯]

① $25[m^3/인·h]$ 이상
② $27[m^3/인·h]$ 이상
③ $29[m^3/인·h]$ 이상
④ $36[m^3/인·h]$ 이상

해설 각 시설의 필요 환기량

구분		필요 환기량[m^3/인·h]	비고
가. 지하시설	1) 지하역사	25 이상	
	2) 지하도상가	36 이상	매장(상점) 기준
나. 문화 및 집회시설		29 이상	
다. 판매시설		29 이상	
라. 운수시설		29 이상	
마. 의료시설		36 이상	
바. 교육연구시설		36 이상	
사. 노유자시설		36 이상	
아. 업무시설		29 이상	
자. 자동차 관련 시설		27 이상	
차. 장례식장		36 이상	
카. 그 밖의 시설		25 이상	

정답 7. ① 8. ③

9. 오피스텔의 난방설비를 개별난방방식으로 하는 경우에 관한 기준 내용으로 옳지 않은 것은? [18 ⓐ]

① 난방구획을 방화구획으로 구획할 것
② 보일러의 연도는 내화구조로서 개별연도로 설치할 것
③ 가스보일러인 경우, 보일러실의 윗부분에는 그 면적이 0.5[m²] 이상인 환기창을 설치할 것
④ 보일러는 거실외의 곳에 설치하되, 보일러를 설치하는 곳과 거실사이의 경계벽은 출입구를 제외하고는 내화구조의 벽으로 구획할 것

[해설] **9, 10** 개별난방설비 등
공동주택과 오피스텔의 난방설비를 개별난방방식으로 하는 경우에는 다음의 기준에 적합하여야 한다.

구 분	기 준
① 보일러 설치위치	• 거실 외의 곳에 설치 • 보일러실과 거실 사이의 경계벽은 내화구조의 벽으로 구획(출입구 제외)
② 보일러실의 환기	• 윗부분에 0.5[m²] 이상의 환기창 설치 • 지름 10[cm] 이상의 공기흡입구 및 배기구를 항상 열려진 상태로 외기와 접하도록 설치(단, 전기보일러 경우는 제외)
③ 기름저장소	• 기름보일러의 기름저장소는 보일러실 외에 설치할 것
④ 오피스텔의 난방구획	• 방화구획으로 구획할 것
⑤ 보일러실의 연도	• 내화구조로서 공동연도로 설치할 것
⑥ 가스보일러	• 보일러실과 거실 사이 출입구는 출입구가 닫힌 경우 가스가 거실에 들어갈 수 없는 구조일 것 • 중앙집중공급방식으로 공급하는 경우에는 ①의 규정에도 불구하고 관계법령이 정하는 기준에 의함

10. 공동주택과 오피스텔의 난방설비를 개별난방방식으로 하는 경우에 대한 기준 내용으로 옳지 않은 것은? [11, 17, 25 ⓐ]

① 보일러의 연도는 내화구조로서 공동연도로 설치할 것
② 보일러실의 윗부분에는 면적이 0.5[m²] 이상인 환기창을 설치할 것
③ 공동주택의 경우 난방구획은 방화구획으로 구획할 것
④ 보일러는 거실 외의 곳에 설치하되, 보일러를 설치하는 곳과 거실사이의 경계벽은 출입구를 제외하고는 내화구조의 벽으로 구획할 것

정답 9. ② 10. ③

핵심기출문제   04. 건축설비 등(설비규칙, 피·방규칙 포함)

11. 공동주택과 오피스텔의 난방설비를 개별난방 방식으로 하는 경우에 관한 기준 내용으로 옳지 않은 것은? [18, 24 ㉮]
① 보일러의 연도는 내화구조로서 공동연도로 설치할 것
② 오피스텔의 경우에는 난방구획을 방화구획으로 구획할 것
③ 보일러실의 윗부분에는 그 면적이 0.5[m²] 이상인 환기창을 설치할 것
④ 보일러실의 윗부분에는 공기흡입구를 평상시에 닫혀있는 상태가 되도록 설치할 것

12. 공동주택과 오피스텔의 난방설비를 개별난방방식으로 하는 경우에 관한 기준 내용으로 옳지 않은 것은? [14, 19 ㉮]
① 보일러는 거실외의 곳에 설치할 것
② 보일러의 연도는 내화구조로서 공동연도로 설치할 것
③ 오피스텔의 경우에는 난방구획을 방화구획으로 구획할 것
④ 전기보일러를 사용하는 경우, 보일러실의 윗부분에는 면적이 0.5[m²] 이상인 환기창을 설치할 것

13. 6층 이상인 건축물로서 건축물의 거실(피난층의 거실 제외)에 국토교통부령으로 정하는 기준에 따라 배연설비를 하여야 하는 대상 건축물에 속하지 않는 것은? [19, 25 ㉮]
① 운동시설
② 종교시설
③ 제1종 근린생활시설
④ 교육연구시설 중 연구소

14. 건축물의 거실(피난층의 거실은 제외)에 국토교통부령으로 정하는 기준에 따라 배연설비를 설치하여야 하는 대상 건축물에 속하지 않는 것은? [16 ㉮]
① 6층 이상인 건축물로서 업무시설의 용도로 쓰는 건축물
② 6층 이상인 건축물로서 창고시설의 용도로 쓰는 건축물
③ 6층 이상인 건축물로서 판매시설의 용도로 쓰는 건축물
④ 6층 이상인 건축물로서 문화 및 집회시설의 용도로 쓰는 건축물

해설

해설 11, 12
공동주택과 오피스텔의 난방설비를 개별난방방식으로 하는 경우의 보일러실 환기
㉠ 윗부분에 0.5[m²] 이상의 환기창 설치
㉡ 지름 10[cm] 이상의 공기흡입구 및 배기구를 항상 열려진 상태로 외기와 접하도록 설치(단, 전기보일러 경우는 제외)

해설 13, 14
배연설비의 설치대상
① 6층 이상의 건축물로서 다음의 용도에 해당되는 건축물의 거실
제2종 근린생활시설 중 공연장, 종교집회장, 인터넷컴퓨터게임시설제공업소 및 다중생활시설(공연장, 종교집회장 및 인터넷컴퓨터게임시설제공업소는 해당 용도로 쓰는 바닥면적의 합계가 각각 300[m²] 이상인 경우), 문화 및 집회시설, 종교시설, 판매시설, 운수시설, 의료시설(요양병원 및 정신병원은 제외), 교육연구시설 중 연구소, 노유자시설 중 아동관련시설·노인복지시설(노인요양시설은 제외), 수련시설 중 유스호스텔, 운동시설, 업무시설, 숙박시설, 위락시설, 관광휴게시설, 장례시설
[예외] 피난층인 경우
② 다음에 해당하는 용도로 쓰는 건축물
㉠ 의료시설 중 요양병원 및 정신병원·산후조리원
㉡ 노유자시설 중 노인요양시설·장애인 거주시설 및 장애인 의료재활시설
[예외] 피난층인 경우

정답 11. ④ 12. ④ 13. ③ 14. ②

15. 배연설비의 설치에 관한 기준 내용으로 옳지 않은 것은? [14 ④]
① 배연창의 유효면적은 1[m²] 이상이어야 한다.
② 배연구는 예비전원에 의하여 열 수 있도록 하여야 한다.
③ 건축물에 방화구획이 설치된 경우에는 그 구획마다 최소 2개소 이상의 배연창을 설치하여야 한다.
④ 배연구는 연기감지기 또는 열감지기에 의하여 자동으로 열 수 있는 구조로 하되, 손으로도 열고 닫을 수 있도록 하여야 한다.

해설 **15**
배연설비에서 방화구획마다 1개소 이상의 배연창을 설치하되, 배연창의 상변과 천장 또는 반자로부터 수직거리가 0.9[m] 이내일 것(단, 반자높이가 바닥으로부터 3[m] 이상인 경우에는 배연창의 하변이 바닥으로부터 2.1[m] 이상의 위치에 놓이도록 설치하여야 한다)

16. 배연설비의 설치에 관한 기준 내용으로 옳지 않은 것은? [20, 24 ④]
① 배연창의 유효면적은 1.5[m²] 이상으로 할 것
② 배연구는 예비전원에 의하여 열 수 있도록 할 것
③ 배연구는 연기감지기 또는 열감지기에 의하여 자동으로 열 수 있는 구조로 할 것
④ 관련 규정에 따라 건축물이 방화구획으로 구획된 경우에는 그 구획마다 1개소 이상의 배연창을 설치할 것

해설 **16**
배연설비에서의 배연창의 유효면적은 1[m²] 이상으로 당해 건축물 바닥면적의 1/100 이상으로 한다.

17. 비상용 승강기의 승강장에 설치하는 배연설비의 구조에 관한 기준 내용으로 옳지 않은 것은? [19 ㉮]
① 배연구 및 배연풍도는 불연재료로 할 것
② 배연구가 외기에 접하지 아니하는 경우에는 배연기를 설치할 것
③ 배연구에 설치하는 수동개방장치 또는 자동개방장치는 손으로도 열고 닫을 수 있도록 할 것
④ 배연구는 평상시에는 열린 상태를 유지하고, 배연에 의한 기류로 인하여 닫히지 아니하도록 할 것

해설 **17**
배연구는 평상시에는 닫힌 상태를 유지하고, 연 경우에는 배연에 의한 기류로 인하여 닫히지 아니하도록 할 것

18. 건축물에 설치하는 급수·배수 등의 용도로 쓰이는 배관설비에 관한 기준 내용으로 옳지 않은 것은? [18 ④]
① 배수용 우수관과 오수관은 분리하여 배관 할 것
② 건축물의 주요부분을 관통하여 배관하지 아니할 것
③ 배수용 배관설비의 오수에 접히는 부분은 내수재료를 사용할 것
④ 승강기의 승강로 안에는 승강기의 운행에 필요한 배관설비외의 배관설비를 설치하지 아니할 것

해설 **18**
건축물의 주요부분을 관통하여 배관하는 경우에는 건축물의 구조내력에 지장이 없도록 할 것

정답 15. ③ 16. ① 17. ④ 18. ②

핵심기출문제
04. 건축설비 등(설비규칙, 피·방규칙 포함)

19. 다음 중 배수용으로 쓰이는 배관설비에 관한 기준 내용으로 옳지 않은 것은? [09②]
① 우수관과 오수관은 통합하여 배관할 것
② 배관설비에는 배수트랩·통기관을 설치하는 등 위생에 지장이 없도록 할 것
③ 배관설비의 오수에 접하는 부분은 내수재료를 사용할 것
④ 지하실등 공공하수도로 자연배수할 수 없는 곳에는 배수용량에 맞는 강제배수시설을 설치할 것

해설 19
우수관과 오수관은 분리하여 배관할 것

20. 건축관련법령상 건축물의 배관설비에 관한 규정으로 옳지 않은 것은? [05④]
① 배관설비를 콘크리트에 묻는 경우 부식의 우려가 있는 재료는 부식방지조치를 할 것
② 승강기의 승강로 안에는 승강기의 운행에 필요한 배관설비 외에 필요한 경우 기타 배관설비를 설치할 것
③ 건축물의 주요부분을 관통하여 배관하는 경우에는 구조 내력에 지장이 없도록 할 것
④ 압력탱크 및 급탕설비에는 폭발 등의 위험을 막을 수 있는 시설을 설치할 것

해설 20
승강기의 승강로 안에는 승강기의 운행에 필요한 배관설비 외의 배관설비를 설치하지 아니할 것

21. 바닥면적이 300[m²]인 주거용 건축물에 설치하는 음용수 급수관의 지름은 최소 얼마 이상이어야 하는가? [11, 24④]
① 15[mm]   ② 20[mm]
③ 25[mm]   ④ 30[mm]

해설 주거용 건축물 급수관의 지름 기준

가구 또는 세대수	1	2~3	4~5	6~8	9~16
급수관 최소지름	15	20	25	32	40

1. 가구수나 세대수가 불분명한 경우에는 주거에 쓰이는 바닥면적의 합계에 따라 다음과 같이 가구수를 산정한다.
   ① 바닥면적 85[m²] 이하 : 1가구
   ② 바닥면적 85[m²] 초과, 150[m²] 이하 : 3가구
   ③ 바닥면적 150[m²] 초과, 300[m²] 이하 : 5가구
   ④ 바닥면적 300[m²] 초과, 500[m²] 이하 : 16가구
   ⑤ 바닥면적 500[m²] 초과 : 17가구
2. 가압설비 등을 설치하여 급수시 각 기구에서 압력이 1[cm²] 당 0.7[kg] 이상인 경우는 상기 1의 기준을 적용하지 않는다.

정답 19. ① 20. ② 21. ③

해설

[해설] 22
낙뢰의 우려가 있는 건축물 또는 높이 20[m] 이상의 건축물 또는 공작물로서 높이 20[m] 이상의 공작물(건축물에 공작물을 설치하여 그 전체높이가 20[m] 이상인 것 포함)에는 건축물의 설비기준 등에 관한 규칙에 적합하게 피뢰설비를 설치하여야 한다.

22. 건축물의 설비기준 등에 관한 규칙에 따라 피뢰설비를 설치하여야 하는 대상 건축물의 높이 기준은? [18, 25 산]
① 높이 10[m] 이상인 건축물
② 높이 20[m] 이상인 건축물
③ 높이 30[m] 이상인 건축물
④ 높이 50[m] 이상인 건축물

23. 온수온돌의 설치에 관한 기준 내용으로 옳지 않은 것은? [11 ②]
① 마감층은 수평이 되도록 설치하여야 한다.
② 배관층은 방열관에서 방출된 열이 마감층 부위로 전달되지 않는 높이와 구조를 갖추어야 한다.
③ 바탕층이 지면에 접하는 경우에는 바탕층 아래와 주변 벽면에 높이 10[cm] 이상의 방수처리를 하여야 한다.
④ 방열관은 잘 부식되지 아니하고 열에 견딜 수 있어야 하며, 바닥의 표면 온도가 균일하도록 설치하여야 한다.

[해설] 온수온돌 설치기준

구 분	설 치 기 준
단열층	바닥 난방을 위한 열이 바탕층 아래 및 측벽으로 손실되는 것을 막을 수 있도록 단열재를 방열관과 바탕층 사이에 설치하여야 한다.
층간바닥 및 열저항	배관층과 바탕층 사이의 열 저항은 층간 바닥인 경우에는 해당 바닥에 요구되는 열관류저항의 60[%] 이상이어야 하고, 최하층 바닥인 경우에는 해당 바닥에 요구되는 열관류저항이 70[%] 이상이어야 한다. [예외] 심야전기이용 온돌의 경우
단열재	내열성 및 내구성이 있어야 하며 단열층 위의 적재하중 및 고정하중에 버틸 수 있는 강도를 가지거나 그러한 구조로 설치되어야 한다.
바탕층	지면에 접하는 경우에는 바탕층 아래와 주변 벽면에 높이 10[cm] 이상의 방수처리를 하여야 하며, 단열재의 윗부분에 방습처리를 하여야 한다.

상부마감층
배관층(방열관)
채움층
단열층
바탕층

정답 22. ② 23. ②

핵심기출문제
04. 건축설비 등(설비규칙, 피·방규칙 포함)

24. 온수온돌의 구성에 관한 설명으로 옳지 않은 것은? [15 ④]
① 바탕층이란 온돌이 설치되는 건축물의 최하층 또는 중간층의 바닥을 말한다.
② 배관층이란 단열층 또는 채움층 위에 방열관을 설치하는 층을 말한다.
③ 마감층이란 배관층 위에 시멘트, 모르타르, 미장 등을 설치하거나 마루재, 장판 등 최종 마감재를 설치하는 층을 말한다.
④ 채움층이란 온수온돌의 배관층에서 방출되는 열이 바탕층 아래로 손실되는 것을 방지하기 위하여 배관층과 바탕층 사이에 단열재를 설치하는 층을 말한다.

25. 승용승강기 설치 대상 건축물에서 승용승강기 설치대수의 산정 요소로만 나열된 것은? [16, 18 ④]
① 건축물의 용도, 6층 이상의 거실면적의 합계
② 건축물의 층수, 6층 이상의 거실면적의 합계
③ 건축물의 용도, 6층 이상의 바닥면적의 합계
④ 건축물의 층수, 6층 이상의 바닥면적의 합계

26. 다음 승강기의 설치에 관한 기준 내용이다. 밑줄 친 대통령령으로 정하는 건축물의 기준 내용으로 옳은 것은? [19 ④]

> 건축주는 6층 이상으로 연면적이 2000[m²] 이상인 건축물(<u>대통령령으로 정하는 건축물은 제외한다.</u>)을 건축하려면 승강기를 설치하여야 한다.

① 층수가 6층인 건축물로서 각 층 거실의 바닥 면적 300[m²]이내마다 1개소 이상의 직통계단을 설치한 건축물
② 층수가 6층인 건축물로서 각 층 거실의 바닥 면적 500[m²]이내마다 1개소 이상의 직통계단을 설치한 건축물
③ 연면적이 2,000[m²]인 건축물로서 각 층 거실의 바닥 면적 300[m²]이내마다 1개소 이상의 직통계단을 설치한 건축물
④ 연면적이 2,000[m²]인 건축물로서 각 층 거실의 바닥 면적 500[m²]이내마다 1개소 이상의 직통계단을 설치한 건축물

해설

해설 24
채움층이란 온수온돌의 배관층에서 방출되는 열이 바탕층 아래로 손실되는 것을 방지하기 위하여 배관층과 바탕층 사이에 완충재 등을 설치하는 층을 말한다.

해설 25
승용승강기의 설치대상
층수가 6층 이상으로서 연면적 2,000[m²] 이상인 건축물
[예외] 층수가 6층인 건축물로서 각층 거실 바닥면적 300[m²] 이내마다 1개소 이상 직통계단을 설치한 경우
※ 승용승강기 설치대수(강>약 순서)
 문화 및 집회시설(공연장·집회장·관람장), 판매시설(도매시장·소매시장·상점), 의료시설>문화 및 집회시설(전시장, 동·식물원), 업무시설, 숙박시설, 위락시설>공동주택, 교육연구시설, 노유자시설, 기타 시설
☞ 승용승강기의 설치대수를 결정할 수 있는 직접적 요소 : 건축물의 용도, 6층 이상의 거실면적의 합계

해설 26
승용승강기의 설치대상
층수가 6층 이상으로서 연면적 2,000[m²] 이상인 건축물
[예외] 층수가 6층인 건축물로서 각층 거실 바닥면적 300[m²] 이내마다 1개소 이상 직통계단을 설치한 경우

정답 24. ④ 25. ① 26. ①

27. 다음 중 6층 이상의 거실면적의 합계가 2,000[m²]인 경우, 승용승강기를 최소 2대 이상 설치하여야 하는 건축물의 용도는? (단, 8인승 승강기 사용) [20 ⓢ]

① 위락시설
② 숙박시설
③ 의료시설
④ 문화 및 집회시설 중 전시장

28. 다음과 같은 병원에 설치하여야 하는 승용승강기의 최소 대수는? [15, 24 ⓢ]

- 층수 : 11층
- 각 층의 바닥면적 : 3000[m²]
- 각 층의 거실면적 : 2500[m²]
- 15인승 승강기 설치

① 4대
② 5대
③ 8대
④ 9대

29. 6층 이상의 거실면적의 합계가 10,000[m²]인 업무시설에 설치하여야 하는 승용승강기의 최소 대수는? (단, 8인승 승강기의 경우) [19 ⓢ]

① 3대
② 4대
③ 5대
④ 6대

해설

해설 27
승용승강기의 설치대수를 가장 많이 하여야 하는 용도(최소 2대 이상)
- 문화 및 집회시설(공연장·관람장·집회장)
- 판매시설(도매시장·소매시장·상점)
- 의료시설(병원·격리병원)

[대수 산정식] $N = 2 + \dfrac{A - 3,000[\text{m}^2]}{2,000[\text{m}^2]}$

해설 28
문화 및 집회시설(공연장·관람장·집회장), 판매시설(도매시장·소매시장·상점), 의료시설(병원·격리병원)의 용도 경우 3,000[m²] 이하까지 2대, 3,000[m²] 초과하는 2,000[m²]당 1대를 가산한 대수로 하므로

$2 + \dfrac{(2,500 \times 6) - 3,000}{2,000} = 8$대

※ 8인승 이상 15인승 이하를 기준으로 산정하며 16인승 이상의 승강기는 2대로 산정한다.

해설 29
문화 및 집회시설(전시장, 동·식물원), 업무시설, 숙박시설, 위락시설의 용도 경우 3,000[m²] 이하까지 1대, 3,000[m²] 초과하는 2,000[m²]당 1대를 가산한 대수로 하므로

$1 + \dfrac{10,000 - 3,000}{2,000} = 4.5 ≒ 5$대 (소수점 이하는 1대로 본다)

※ 8인승 이상 15인승 이하를 기준으로 산정하며 16인승 이상의 승강기는 2대로 산정한다.

27. ③ 28. ③ 29. ③

핵심기출문제
04. 건축설비 등(설비규칙, 피·방규칙 포함)

30. 6층 이상의 거실면적의 합계가 10,000[m²]인 숙박시설에 설치하여야 하는 승용승강기의 최소 대수는?(단, 8인승 승용승강기의 경우) [13④]

① 3대 ② 4대
③ 5대 ④ 6대

해설

해설 30
문화 및 집회시설(전시장, 동·식물원), 업무시설, 숙박시설, 위락시설의 용도 경우
3,000[m²] 이하까지 1대, 3,000[m²] 초과하는 2,000[m²]당 1대를 가산한 대수로 하므로
$1 + \dfrac{10,000 - 3,000}{2,000} = 4.5 ≒ 5$대
(소수점 이하는 1대로 본다)
※ 8인승 이상 15인승 이하를 기준으로 산정하며 16인승 이상의 승강기는 2대로 산정한다.

31. 6층 이상의 거실면적의 합계가 20,000[m²]인 15층 아파트에 설치하여야 할 승용승강기의 최소 대수는? (단, 12인승 승용승강기의 경우) [19④]

① 5대 ② 6대
③ 7대 ④ 8대

해설 31
공동주택, 교육연구시설, 기타시설 등의 설치기준
3,000[m²] 이하까지 1대, 3,000[m²]를 초과하는 경우에는 그 초과하는 매 3,000[m²] 이내마다 1대의 비율로 가산한 대수로 한다.
∴ $1 + \dfrac{A - 3,000[m^2]}{3,000[m^2]}$
$= 1 + \dfrac{20,000 - 3,000}{3,000}$
$= 6.7 → 7$대(소수점 이하는 1대로 본다)
※ 8인승 이상 15인승 이하를 기준으로 산정하며 16인승 이상의 승강기는 2대로 산정한다.

32. 비상용 승강기를 설치하여야 하는 건축물의 높이 기준은? [20④]

① 25[m]를 넘는 건축물
② 31[m]를 넘는 건축물
③ 41[m]를 넘는 건축물
④ 55[m]를 넘는 건축물

해설 32
비상용 승강기의 설치대상
높이 31[m]를 넘는 건축물
[예외] 승용승강기를 비상용승강기의 구조로 한 경우

33. 높이 31[m] 넘는 각 층의 바닥면적 중 최대 바닥면적이 3,000[m²]인 사무소 건축에 원칙적으로 설치하여야 하는 비상용 승강기의 최소 대수는? [20④]

① 1대 ② 2대
③ 3대 ④ 4대

해설 33
높이 31[m]를 넘는 각층 바닥면적 중 최대바닥면적이 1,500[m²]에 1대이고 1,500[m²]를 초과하는 3,000[m²] 이내마다 1대씩 증가하므로
∴ $1 + \dfrac{3,000 - 1,500}{3,000} = 1.5 ≒ 2$대
(소수점 이하는 1대로 본다)

정답 30. ③ 31. ③ 32. ② 33. ②

34. 다음 중 비상용 승강기를 설치하여야 하는 대상 건축물은? [11 ②]
① 높이 31[m]를 넘는 층수가 5개층 이상인 건축물
② 높이 31[m]를 넘는 각 층을 거실 외의 용도로 쓰는 건축물
③ 높이 31[m]를 넘는 각 층의 바닥면적의 합계가 500[m²] 이하인 건축물
④ 높이 31[m]를 넘는 층수가 4개층 이하로써 당해 각 층의 바닥면적의 합계 200[m²] 이내마다 방화구획으로 구획한 건축물

[해설] 34
비상용승강기의 설치기준
① 설치 대상 : 31[m]를 넘는 건축물
② 비상용승강기를 설치하지 않아도 되는 건축물
  ㉠ 높이 31[m]를 넘는 각층을 거실 이외의 용도로 사용할 경우
  ㉡ 높이 31[m]를 넘는 각층의 바닥면적의 합계가 500[m²] 이하인 건축물
  ㉢ 높이 31[m]를 넘는 부분의 층수가 4개층 이하로서 해당 각층 바닥면적 200[m²](500[m²])* 이내마다 방화구획을 한 건축물
  *( ) 속의 수치는 실내의 벽 및 반자의 마감을 불연재료로 한 경우임.

35. 비상용승강기 승강장 및 승강로의 구조에 관한 기준 내용으로 옳지 않은 것은? [17, 25 ④]
① 승강로는 당해 건축물의 다른 부분과 내화 구조로 구획할 것
② 각층으로부터 피난층까지 이르는 승강로를 단일구조로 연결하여 설치할 것
③ 옥내에 있는 승강장의 바닥면적은 비상용승강기 1대에 대하여 6[m²] 이상으로 할 것
④ 승강장은 각층의 내부와 연결될 수 있도록 하되, 승강로의 출입구를 포함한 출입구에는 60+방화문 또는 60분방화문을 설치할 것

[해설] 35
비상용승강기 승강장은 피난층을 제외한 각층의 내부와 연결될 수 있도록 하되, 그 출입구(승강로의 출입구 제외)에는 60+방화문 또는 60분방화문을 설치할 것

36. 다음은 비상용승강기 승강장의 구조에 관한 기준 내용이다. ( ) 안에 알맞은 것은? [15 ④]

승강장의 바닥 면적은 비상용승강기 1대에 대하여 ( ) 이상으로 할 것. 다만, 옥외에 승강장을 설치하는 경우에는 그러하지 아니하다.

① 4[m²]　　② 5[m²]
③ 6[m²]　　④ 8[m²]

[해설] 36
비상용승강기 승강장의 바닥면적은 비상용승강기 1대에 대하여 6[m²] 이상으로 할 것
[예외] 옥외에 승강장을 설치하는 경우

정답 34. ①　35. ④　36. ③

핵심기출문제

04. 건축설비 등(설비규칙, 피·방규칙 포함)

해설

37. 비상용승강기의 승강장의 바닥면적은 비상용 승강기 1대에 대하여 최소 얼마 이상으로 하여야 하는가? (단, 승강장을 옥내에 설치하는 경우) [20④]

① 3[m²]
② 6[m²]
③ 9[m²]
④ 12[m²]

해설 37
승강장의 바닥면적은 비상용승강기 1대에 대하여 6[m²] 이상으로 할 것. 다만, 옥외에 승강장을 설치하는 경우에는 그러하지 아니하다.
※ 비상용승강기의 승강장 및 승강로의 구조에 관한 규정
㉠ 승강장의 구조: 내화구조, 불연재료, 60+방화문 또는 60분방화문, 배연설비, 조명설비
㉡ 승강로의 구조
㉢ 승강장의 바닥면적 : 6[m²]/대 이상

38. 피난층이 있는 비상용 승강기의 승강장 출입구로부터 도로 또는 공지(공원·광장 기타 이와 유사한 것으로서 피난 및 소화를 위한 당해 대지에의 출입에 지장이 없는 것을 말한다)에 이르는 거리는 최대 얼마 이하로 하여야 하는가? [18, 24④]

① 10[m]
② 20[m]
③ 30[m]
④ 40[m]

해설 38
피난층이 있는 비상용 승강기 승강장의 출입구(승강장이 없는 경우에는 승강로의 출입구)로부터 도로 또는 공지에 이르는 거리가 30[m] 이하일 것

39. 피난용 승강기의 설치에 관한 기준 내용으로 옳지 않은 것은? [19④]

① 예비전원으로 작동하는 조명설비를 설치할 것
② 승강장의 바닥면적은 승강기 1대당 5[m²] 이상으로 할 것
③ 각 층으로부터 피난층까지 이르는 승강로를 단일구조로 연결하여 설치할 것
④ 승강장의 출입구 부근의 잘 보이는 곳에 해당 승강기가 피난용 승강기임을 알리는 표지를 설치할 것

해설 피난용승강기 승강장의 구조
㉠ 승강장의 출입구를 제외한 부분은 해당 건축물의 다른 부분과 내화구조의 바닥 및 벽으로 구획할 것
㉡ 승강장은 각 층의 내부와 연결될 수 있도록 하되, 그 출입구에는 60+방화문 또는 60분방화문을 설치할 것. 이 경우 방화문은 언제나 닫힌 상태를 유지할 수 있는 구조이어야 한다.
㉢ 실내에 접하는 부분(바닥 및 반자 등 실내에 면한 모든 부분을 말함)의 마감(마감을 위한 바탕을 포함)은 불연재료로 할 것
㉣ 예비전원으로 작동하는 조명설비를 설치할 것
㉤ 승강장의 바닥면적은 피난용승강기 1대에 대하여 6[m²] 이상으로 할 것
㉥ 승강장의 출입구 부근에는 피난용승강기임을 알리는 표지를 설치할 것
㉦ 승강장의 바닥은 1/100 이상의 기울기로 설치하고 배수용 트렌치를 설치할 것
㉧ 건축물의 설비기준 등에 관한 규칙(제14조)에 따른 배연설비를 설치할 것
㉨ 화재예방·소방시설 설치유지 및 안전관리에 관한 법률 시행령(제15조)에 따른 소화활동설비(제연설비만 해당)를 설치할 것

정답 37. ② 38. ③ 39. ②

40. 건축물에 대한 구조의 안전을 확인하는 경우 건축구조기술사의 협력을 받아야 하는 대상 건축물 기준으로 옳지 않은 것은? [12, 24 ⑭]

① 다중이용건축물
② 6층 이상인 건축물
③ 기둥과 기둥 사이의 거리가 10[m] 이상인 건축물
④ 한쪽 끝은 고정되고 다른 끝은 지지되지 아니한 구조로 된 차양 등이 외벽의 중심선으로부터 3[m] 이상 돌출된 건축물

41. 운동시설 중 실내수영장으로서 당해 용도에 사용되는 바닥면적의 합계가 최소 얼마 이상인 경우 건축설비기술사·공조냉동기계기술사의 협력을 받아야 하는가? [12 ⑭]

① 500[m²]
② 1,000[m²]
③ 1,500[m²]
④ 2,000[m²]

42. 가스·급수·배수·환기 설비를 설치하는 경우 건축기계설비기술사 또는 공조냉동기계기술사의 협력을 받아야 하는 대상 건축물에 속하지 않는 것은? (단, 해당 용도에 사용되는 바닥면적의 합계가 2,000[m²]인 경우) [15 ⑭]

① 기숙사
② 숙박시설
③ 판매시설
④ 의료시설

43. 업무시설로서 당해 용도에 사용되는 바닥면적의 합계가 최소 얼마 이상인 경우, 에너지 대량소비 건축물에 해당 하는가? [12 ⑭]

① 100[m²]
② 2,000[m²]
③ 3,000[m²]
④ 10,000[m²]

44. 급수·배수(配水)·배수(排水)·환기·난방설비를 건축물에 설치하는 경우, 건축기계설비기술사 또는 공조냉동기계기술사의 협력을 받아야 하는 대상 건축물에 속하지 않는 것은? (단, 해당 용도에 사용되는 바닥면적의 합계가 2,000[m²]인 건축물의 경우) [18, 25 ⑭]

① 업무시설
② 의료시설
③ 숙박시설
④ 유스호스텔

해설

해설 40
건축구조기술사에 의한 구조계산
다음 건축물을 건축하거나 대수선할 경우의 구조계산은 구조기술사의 구조계산에 의해야 한다.
㉠ 6층 이상 건축물
㉡ 내민구조의 차양길이가 3[m] 이상인 건축물
㉢ 경간 20[m] 이상 건축물
㉣ 특수한 설계·시공·공법 등이 필요한 건축물
㉤ 다중이용건축물
㉥ 지진구역의 건축물 중 국토교통부령으로 정하는 건축물

해설 41, 42, 43, 44
건축설비기술사·공조냉동기계기술사의 협력을 받아야하는 에너지 대량소비 건축물 대상(바닥면적 합계 기준)
㉠ 500[m²] 이상 : 냉동냉장시설, 항온항습시설, 특수청정시설
㉡ 규모에 관계없이 : 아파트 및 연립주택
㉢ 500[m²] 이상 : 목욕장(제1종 근린생활시설), 실내수영장(운동시설), 실내물놀이형시설
㉣ 2,000[m²] 이상 : 기숙사, 병원(의료시설), 유스호스텔(수련시설), 숙박시설
㉤ 3,000[m²] 이상 : 연구소(교육연구시설), 업무시설, 판매시설
㉥ 10,000[m²] 이상 : 문화 및 집회시설(동식물원 제외), 종교시설, 장례식장, 교육연구시설(연구소 제외)

정답 40. ③ 41. ① 42. ③ 43. ③
44. ①

45. 상업지역 및 주거지역에서 건축물에 설치하는 냉방시설 및 환기시설의 배기구는 도로면으로부터 최소 얼마 이상의 높이에 설치하여야 하는가? [19 산]

① 1[m]
② 2[m]
③ 3[m]
④ 4[m]

해설

해설 45

상업지역 및 주거지역에서 도로(막다른 도로로서 그 길이가 10[m] 미만인 경우 제외)에 접한 대지의 건축물에 설치하는 냉방시설 및 환기시설의 배기구는 도로면으로부터 2[m] 이상의 위치에 설치하거나 배기장치의 열기가 보행자에게 직접 닿지 아니하도록 설치하여야 한다.

정답 45. ②

05 보칙

제3과목 건축설비관련법규 | 제1편 건축법

1 보칙 등

1. 권한의 위임
시장·군수·구청장의 권한을 자치구가 아닌 구의 구청장에게 위임하는 사항
① 6층 이하로서 연면적 2,000[m²] 이하인 건축물의 건축·대수선 및 용도변경에 관한 권한
② 기존 건축물 연면적의 3/10 미만의 범위에서 하는 증축에 관한 권한

2. 면적의 산정

1) 대지면적
① 대지면적의 산정 : 대지의 수평투영면적으로 산정한다.
② 대지면적 산정에서 제외되는 부분
  ㉠ 기준폭 미달도로(통과도로 4[m] 미만, 막다른 도로 너비 2[m] 이상 6[m] 미만)의 건축선과 도로경계선 사이의 부분
  ㉡ 도로모퉁이 부분에 가각전제(街角剪除)에 의한 건축선이 정해지는 부분
  ㉢ 대지 안에 도시계획시설인 도로·공원 등이 있는 경우 그 도시계획시설에 포함되는 대지면적

■ 도로모퉁이의 건축선이 정해지는 경우

도로의 교차각	교차되는 도로의 폭	8[m] 미만 6[m] 이상	6[m] 미만 4[m] 이상
90° 미만	6[m] 이상 8[m] 미만	4[m]	3[m]
	4[m] 이상 6[m] 미만	3[m]	2[m]
90° 이상 120° 미만	6[m] 이상 8[m] 미만	3[m]	2[m]
	4[m] 이상 6[m] 미만	2[m]	2[m]

※ 도로의 교차각이 120° 미만에서만 적용된다.
  단, 교차되는 도로폭이 각각 4[m] 이상 8[m] 미만 도로에서만 적용된다.
[주의] 대지의 전면도로폭이 4[m] 이상이 되나 시장·군수·구청장이 필요에 의해 별도의 건축선을 따로 지정한 경우에는 그 건축선과 도로 사이의 면적은 대지면적에 포함된다.

핵심 PLUS

예 그림과 같은 대지의 대지면적은?

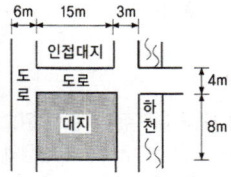

[해설] 하천에 면한 도로의 경우 그 폭이 기준폭 미만 도로이므로 대지 쪽에서 1[m] 후퇴한 선이 건축선이 된다. 또한 도로모퉁이 부분에 가각전제에 의한 건축선이 정해지므로
∴대지면적
$= (15-1) \times 8 - \left(\dfrac{2 \times 2}{2}\right) \times 2$
$= 108 [m^2]$

예 그림과 같은 조건을 가진 대지의 대지면적으로서 옳은 것은?(단, 단위는 m로 한다.)

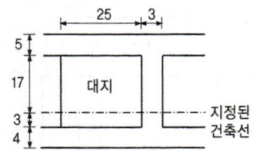

① 414.5[m²] ② 486.0[m²]
③ 490.0[m²] ④ 496.0[m²]

[해설]
㉠ 우측도로폭이 4[m] 미만이므로 도로의 중심선에서 2[m] 후퇴하고, 별도 지정된 건축선 외측 부분은 대지면적에 산입된다.
∴ $(25-0.5) \times (17+3) = 490[m^2]$
㉡ 2개의 교차도로가 가각전제의 대상이므로 각각 2개 후퇴한다.
∴ $(2 \times 2 \times 1/2) \times 2 = 4[m^2]$
대지면적 = 490 - 4 = 486[m²]

답 : ②

제3과목 건축설비관련법규 | 제1편 건축법

핵심 PLUS

예 면적의 산정방법 중 건축물의 외벽(외벽이 없는 경우에는 외곽 부분의 기둥)의 중심선으로 둘러싸인 부분의 수평투영면적으로 하는 것은?
① 연면적
② 대지면적
③ 건축면적
④ 거실면적

답 : ③

예 태양열을 주된 에너지원으로 이용하는 주택의 건축면적 산정의 기준이 되는 것은?
① 외벽 중 내측 내력벽의 중심선
② 외벽 중 외측 비내력벽의 중심선
③ 외벽 중 내측 내력벽의 외측 외곽선
④ 외벽 중 외측 비내력벽의 외측 외곽선

답 : ①

예 다음 건축물의 건축면적은?

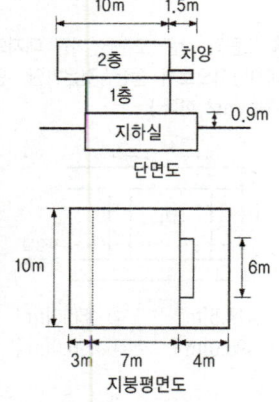

[해설]
① 차양부분 : 외벽의 중심선으로부터 수평거리 1[m] 후퇴한 선
 (1.5−1)×6=3[m²]
② 건물부분 : 10×10=100[m²]
③ 지하실부분 : 지표면상 1m 이하의 부분이므로 건축면적에서 제외
∴ 100+3=103[m²]

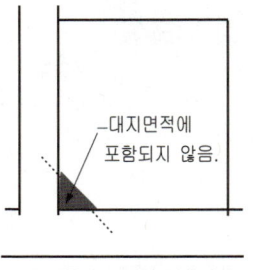

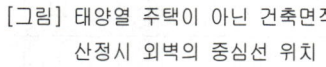

[그림] 대지면적의 산정방법

2) 건축면적

① 건축면적의 산정

㉠ 건축물의 외벽(외벽이 없는 경우에는 외곽부분의 기둥)의 중심선으로 둘러싸인 부분의 수평투영면적으로 산정한다.

㉡ 태양열을 주된 에너지원으로 이용하는 주택의 건축면적과 단열재를 구조체의 외기측에 설치하는 단열공법으로 건축된 건축물의 건축면적은 건축물의 외벽 중 내측 내력벽의 중심선을 기준으로 한다.

※ 태양열을 주된 에너지원으로 이용하는 주택의 범위는 국토교통부장관이 정하여 고시하는 바에 의한다.

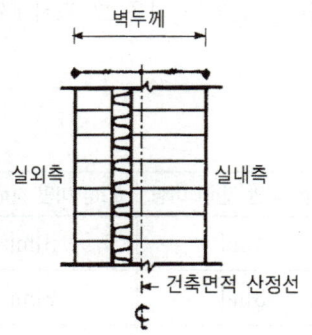
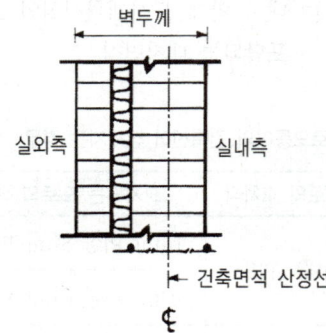

[그림] 태양열 주택이 아닌 건축면적 산정시 외벽의 중심선 위치

[그림] 태양열 주택의 건축면적 산정시 외벽의 중심선 위치

㉢ 창고 중 물품을 입출고하는 부위의 상부에 설치하는 한쪽 끝은 고정되고 다른 끝은 지지되지 아니한 구조로 된 돌출차양의 면적 중 건축면적에 산입하는 면적은 다음 각 호에 따라 산정한 면적 중 작은 값으로 한다.

· 해당 돌출차양을 제외한 창고의 건축면적의 10[%]를 초과하는 면적
· 해당 돌출차양의 끝부분으로부터 수평거리 3[m]를 후퇴한 선으로 둘러싸인 부분의 수평투영면적

② 건축면적 산정에서 제외되는 부분
   ㉠ 지표면으로부터 1[m] 이하에 있는 부분(창고 중 물품을 입출고하기 위하여 차량을 접안시키는 부분의 경우에는 지표면으로부터 1.5[m] 이하에 있는 부분)
   ㉡ 처마, 차양, 부연(附椽), 그 밖에 이와 비슷한 것으로서 그 외벽의 중심선으로부터 수평거리 1[m](전통사찰은 4[m], 축사는 3[m], 한옥·공동주택의 자동차충전시설은 2[m], 기타 건축물은 1[m]) 이상 돌출된 부분이 있는 경우에는 그 돌출된 끝부분으로부터 1[m](전통사찰은 4[m], 축사는 3[m], 한옥·공동주택의 자동차충전시설은 2[m], 기타 건축물은 1[m])를 후퇴한 선의 옥외 쪽 부분은 제외
   ㉢ 기존의 다중이용업소(2004년 5월 29일 이전의 것만 해당)의 비상구에 연결하여 설치하는 폭 2[m] 이하의 옥외 피난계단(기존 건축물에 옥외피난계단을 설치함으로써 건폐율의 기준에 적합하지 아니하게 된 경우만 해당)
   ㉣ 건축물 지상층에 일반인이나 차량이 통행할 수 있도록 설치한 보행통로나 차량통로
   ㉤ 지하주차장의 경사로
   ㉥ 건축물 지하층의 출입구 상부(출입구 너비에 상당하는 규모의 부분을 말함)
   ㉦ 생활폐기물 보관함(음식물쓰레기, 의류 등의 수거함을 말함)
   ㉧ 장애인용 승강기, 장애인용 에스컬레이터, 휠체어리프트, 경사로 또는 승강장
   ㉨ 매장 문화재 보호 및 전시에 전용되는 부분 등

3) 바닥면적
① 바닥면적의 산정 : 건축물의 각층 또는 그 일부로서 벽, 기둥 등의 구획의 중심선으로 둘러싸인 부분의 수평투영면적으로 한다.
② 바닥면적 산정에서 제외되는 부분
   ㉠ 벽, 기둥의 구획이 없는 건축물은 그 지붕 끝부분으로부터 수평거리 1[m]를 후퇴한 선으로 둘러싸인 수평투영면적을 바닥면적으로 한다.
   ㉡ 주택의 발코니 등 건축물의 노대, 기타 이와 유사한 부분의 바닥면적 산정 난간 등의 설치여부에 관계 없이 노대 등의 면적(외벽의 중심선으로부터 노대 등의 끝부분까지의 면적을 말함)에서 노대 등이 접한 가장 긴 외벽에 접한 길이에 1.5[m]를 곱한 값을 공제한 면적을 바닥면적에 산입한다.
   ※ 공동주택의 노대의 돌출길이가 1.5[m] 이내에서는 면적에 산입하지 않는다.

핵심 PLUS

예 그림과 같은 캔틸레버 지붕구조의 바닥면적은?(단위 : m)

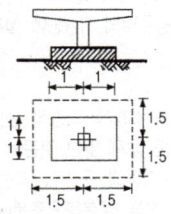

해설 벽, 기둥의 구획이 없는 건축물은 지붕 끝부분으로부터 수평거리 1[m]를 후퇴한 선으로 둘러싸인 수평투영면적을 바닥면적으로 하므로
∴ 바닥면적=(3-2)×(3-2)=1[m²]

예 다음은 바닥면적의 산정과 관련된 기준 내용이다. ( ) 안에 알맞은 것은?

벽·기둥의 구획이 없는 건축물은 그 지붕 끝부분으로부터 수평거리 ( )를 후퇴한 선으로 둘러싸인 수평투영면적으로 한다.

① 0.5[m] ② 1[m]
③ 1.5[m] ④ 2[m]

답 : ②

핵심 PLUS

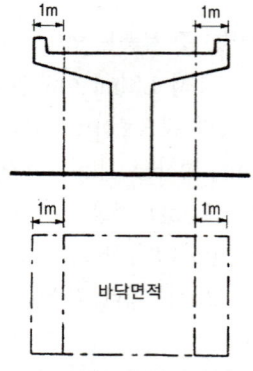

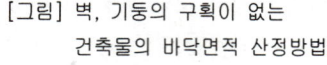

[그림] 벽, 기둥의 구획이 없는
건축물의 바닥면적 산정방법

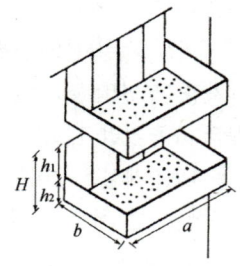

건축물의 노대 : 돌출길이가 1.5m 이내에서는
면적에 산입하지 않는다.($a \times b - a \times 1.5$)

[그림] 노대 등의 바닥면적 산정방법

㉢ 피로티, 기타 이와 유사한 구조(벽면적의 1/2 이상이 당해 층의 바닥면에서 위층 바닥아랫면까지 공간으로 된 것에 한함)부분의 바닥면적 : 당해 피로티 등의 부분이 다음과 같은 용도에 전용되는 경우에는 이를 바닥면적에 산입하지 아니한다.
- 공중의 통행에 전용되는 경우
- 차량의 주차에 전용되는 경우
- 공동주택의 경우

㉣ 바닥면적에 산입되지 않는 부분
- 승강기탑·계단탑·장식탑·다락[층고 1.5[m] (경사진 형태의 지붕인 경우에는 1.8[m]) 이하인 것에 한함] 건축물의 외부 또는 내부에 설치하는 굴뚝·더스트 슈트·설비덕트 등의 바닥면적
- 옥상, 옥외 또는 지하에 설치하는 물탱크·기름탱크·냉각탑·정화조·도시가스 정압기 등의 설치를 위한 구조물의 바닥면적
- 공동주택으로서 지상층에 설치한 기계실·전기실·어린이놀이터·조경시설 및 생활폐기물 보관함의 바닥면적
- 기존의 다중이용업소(2004. 5. 29일 이전의 것에 한함)의 비상구에 연결하여 설치하는 폭 1.5[m] 이하의 옥외피난계단(기존 건축물에 옥외피난계단을 설치함에 따라 용적률 기준에 적합하지 아니하게 될 경우에 한함)
- 건축물을 리모델링하는 경우로서 미관 향상, 열의 손실방지 등을 위하여 외벽에 부가하여 마감재 등을 설치하는 부분
- 장애인용 승강기, 장애인용 에스컬레이터, 휠체어리프트, 경사로 또는 승강장
- 매장 문화재 보호 및 전시에 전용되는 부분 등

예 다음 중 바닥면적에 산입되는 것은?
① 층고가 1.5[m]인 다락방
② 다세대주택의 편복도
③ 공동주택의 필로티 부분
④ 공동주택의 지상층에 설치한 기계실

답 : ②

예 건축물의 바닥면적 산정에 대한 설명 중 옳지 않은 것은?
① 벽·기둥의 구획이 없는 건축물은 그 지붕 끝부분으로부터 수평거리 1.5[m]를 후퇴한 선으로 둘러싸인 부분의 수평투영면적으로 한다.
② 공동주택으로서 지상층에 설치한 어린이놀이터의 면적은 바닥면적에 산입하지 아니한다.
③ 필로티는 그 부분이 공중의 통행이나 차량의 통행 또는 주차에 전용되는 경우에는 바닥면적에 산입하지 아니한다.
④ 층고가 1.5[m]인 계단탑은 바닥면적에 산입하지 아니한다.

답 : ①

예 공동주택으로서 지상층에 설치한 경우 바닥면적에 산입 되는 것은?
① 기계실
② 어린이놀이터
③ 조경시설
④ 탁아소

답 : ④

4) 연면적

① 하나의 건축물의 각층 바닥면적 합계로 한다.
② 용적률 산정시 연면적 산정방법
  ㉠ 동일 대지 안에 2동 이상의 건축물이 있는 경우에는 그 연면적의 합계로 한다.
  ㉡ 지하층 면적은 연면적에서 제외한다.
  ㉢ 지상층의 주차용(해당 건축물의 부속용도인 경우만 해당)으로 쓰는 면적은 연면적에서 제외한다.
  ㉣ 초고층 및 준초고층 건축물의 피난안전구역의 면적은 연면적에서 제외한다.
  ㉤ 경사지붕 아래에 설치하는 대피공간의 면적은 제외한다.
③ 공사감리자를 정하여야 하는 건축물 및 소방법에 의한 협의대상 건축물은 각 동 단위로 연면적을 산정한다.
④ 주차전용건축물의 연면적 산정은 건축법의 규정에 의한다.
  [예외] 기계식주차장의 연면적 산정은 기계식주차장에 의하여 자동차를 주차할 수 있는 면적과 관리사무소의 면적을 합산하여 계산한다.

■ 건축면적·바닥면적·연면적의 산정방법

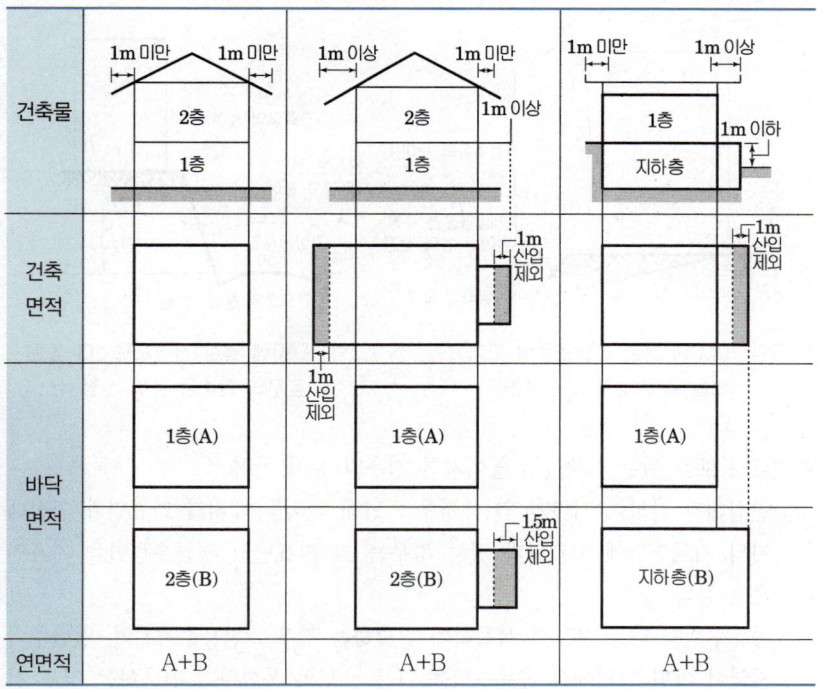

※ 노대 등은 바닥면적 산정(단독주택 및 공동주택 : 1.5[m] 제외한 부분은 산입)을 참고하여야 한다.

핵심 PLUS

[예] 다음 그림과 같은 건축물의 건축면적과 연면적은?

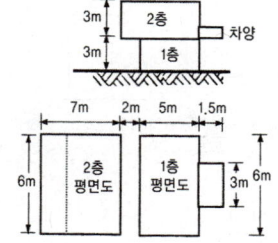

[해설]
① 건축면적
  건물부분 : $6 \times 7 = 42[m^2]$
  차양부분 : $(1.5-1) \times 3 = 1.5[m^2]$
  ∴ 건축면적 $= 42 + 1.5$
           $= 43.5[m]$
② 연면적
  1층 바닥면적 : $6 \times 5 = 30[m^2]$
  2층 바닥면적 : $6 \times 7 = 42[m^2]$
  ∴ 연면적 $= 30 + 42 = 72[m^2]$

[예] 다음과 같은 조건에 있는 건축물의 연면적은? (단, 용적률을 산정하는 경우의 연면적)

- 지하층의 바닥면적 : $100[m^2]$
- 1층 바닥면적 : $100[m^2]$
- 2층 바닥면적 : $70[m^2]$
- 3층 바닥면적 : $50[m^2]$
- 4층 다락방
  (층고 1.5m) : $30[m^2]$
- 옥상 물탱크실 : $10[m^2]$
- 옥상 냉각탑 : $10[m^2]$

① $220[m^2]$
② $320[m^2]$
③ $350[m^2]$
④ $370[m^2]$

[해설] 용적률 산정시 연면적
$= 100[m^2] + 70[m^2] + 50[m^2] = 220[m^2]$
※ 지하층의 바닥면적과 다락[층고 1.5[m](경사진 형태의 지붕인 경우 : 1.8[m]) 이하인 것에 한함]및 옥상, 옥외 또는 지하에 설치하는 물탱크·기름탱크·냉각탑 등의 설치를 위한 구조물은 바닥면적에 산입되지 않으므로 연면적 산정에서 제외된다.

답 : ①

핵심 PLUS

예 그림과 같은 건축물의 사선제한에 의한 건물높이 산정시 전면도로의 가상 높이 H로서 맞는 것은?

① 1[m]
② 2[m]
③ 2.5[m]
④ 3[m]

해설 대지가 전면도로면보다 높은 경우 그 고저차의 1/2만큼 올라온 전면도로면으로 본다.
∴ 5[m]×1/2=2.5[m]

답 : ③

예 주거지역 내에서 인접대지와 고저차가 있는 그림과 같은 건축물이 지표면에서 A점까지의 높이로서 맞는 것은?

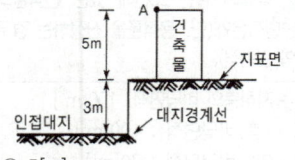

① 5[m]
② 6.5[m]
③ 7[m]
④ 8[m]

해설 건축물 높이 : 5[m]
고저차의 지표면 산정 : 고저차의 1/2만큼 올라온 위치를 지표면으로 본다.

답 : ②

3. 높이 및 층수의 산정

1) 건축물의 높이

① 일반적인 높이 산정 : 건축물의 높이는 원칙적으로 지표면으로부터 건축물 상단까지의 높이[건축물의 1층 전체에 피로티(건축물의 사용을 위한 경비실, 계단실, 승강기실 기타 이와 유사한 것을 포함)가 설치되어 있는 경우에는 건축물의 높이제한(영 제82조) 및 공동주택의 일조 등의 확보를 위한 높이제한(영 제86조 2)의 규정을 적용함에 있어서 피로티의 층고를 제외한 높이]를 말한다.

② 지표면에 고저차가 있는 경우의 높이 산정 : 고저차가 3[m]를 넘는 경우에는 당해 고저차 3[m] 이내의 부분마다 그 지표면을 정한다.

③ 건축물의 최고 높이제한에 의한 높이 산정

㉠ 원칙 : 전면도로중심선에서 건축물 상단까지의 높이로 한다.

㉡ 전면도로 노면에 고저차가 있는 경우 : 당해 건축물이 접하는 범위의 전면도로부분의 수평거리에 따라 가중평균한 높이의 수평면을 전면도로면으로 본다.

㉢ 건축물의 대지에 지표면이 전면도로면보다 높은 경우 : 그 고저차의 1/2의 높이만큼 올라온 위치에 전면도로가 있는 것으로 본다.

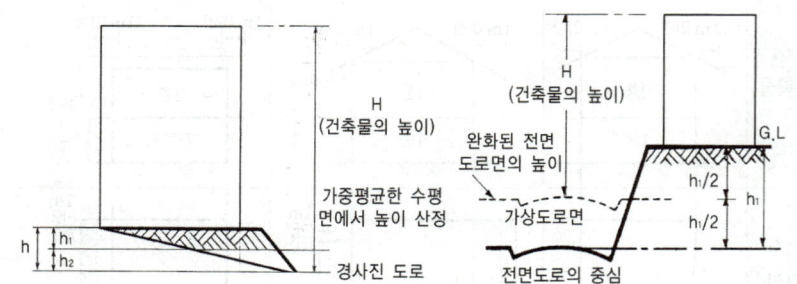

[그림] 대지에 접한 전면도로에 고저차가 있는 경우의 높이 산정(H)

[그림] 대지에 접한 전면도로보다 높은 경우의 건축물 높이 산정(H)

④ 일조확보를 위한 건축물의 높이제한 경우의 높이 산정

㉠ 인접대지 간의 고저차가 있는 경우 : 당해 건축물 대지의 지표면과 인접대지의 지표면간에 고저차가 있는 경우는 그 지표면의 평균수평면을 지표면으로 본다.

㉡ 공동주택을 다른 용도와 복합하여 건축하는 경우 : 전용주거지역, 일반주거지역이 아닌 지역에서 공동주택을 다른 용도와 복합하여 건축하는 경우 건축물의 지표면 산정에는 공동주택의 가장 낮은 부분을 지표면으로 본다. (일조권 규정의 적용에 한함)

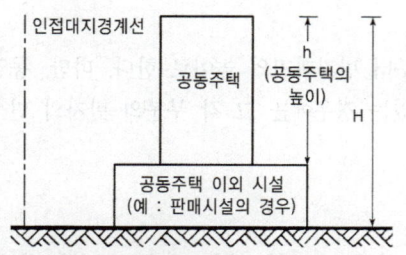

[그림] 복합용도인 공동주택 높이산정(전용주거, 일반주거지역이 아닌 지역)

⑤ 건축물 옥상부분의 높이 산정
㉠ 건축물의 옥상에 설치되는 승강기탑·계단탑·망루·장식탑·옥탑 등으로서 그 수평투영면적의 합계가 당해 건축물의 건축면적의 1/8(사업계획승인 대상인 공동주택 중 세대별 전용면적이 85[m²] 이하인 경우에는 1/6) 이하인 경우는 그 높이가 12[m]를 넘는 부분에 한하여 건축물의 높이에 산입한다.

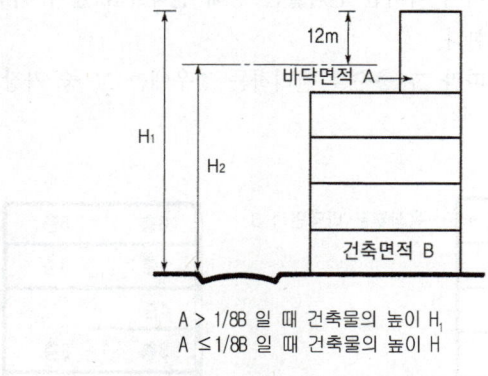

A > 1/8일 때 건축물의 높이 H_1
A ≤ 1/8일 때 건축물의 높이 H

[그림] 계단실 등의 면적에 따른 건축물의 높이산정

㉡ 지붕마루장식, 굴뚝, 방화벽의 옥상돌출부 등의 옥상돌출물과 난간벽(그 벽면적의 1/2 이상이 공간으로 되어 있는 것에 한함)은 건축물의 높이에 산입하지 않는다.

2) 처마높이
지표면으로부터 건축물의 지붕틀 또는 이와 유사한 수평재를 지지하는 벽·깔도리 또는 기둥의 상단까지의 높이로 한다.

핵심 PLUS

예 그림과 같은 건축물의 높이는?(단, 건축면적 800[m²], 옥탑의 수평투영면적 90[m²], 난간벽 높이 1[m] 임)

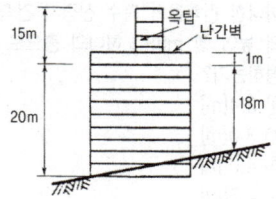

해설
① 지표면의 높이
$$\frac{20+18}{2} = 19[m]$$
② 옥탑부분의 높이 : 옥탑부분이 건축면적 800[m²]의 1/8 이하이므로 12[m] 넘는 부분만 높이에 산입된다.
∴ 15−12=3[m]
∴ ①, ②에 의해 건축물 높이는 19+3=22[m]

답 : ③

예 건축물에 대한 높이 규정 중 처마높이의 산정으로 맞는 것은?
① 용마루 상단
② 깔도리 하단
③ 기둥의 상단
④ 처마도리 하단

답 : ③

핵심 PLUS

3) **반자높이**

   방의 바닥면으로부터 반자까지의 높이로 한다. 다만, 동일한 방에서 반자높이가 다른 부분이 있는 경우에는 그 각 부분의 반자의 면적에 따라 가중평균한 높이로 한다.

4) **층고**

   방의 바닥구조체 윗면으로부터 위층 바닥구조체의 윗면까지의 높이로 한다. 다만, 동일한 방에서 층의 높이가 다른 부분이 있는 경우에는 그 각 부분의 높이에 따른 면적에 따라 가중평균한 높이로 한다.

5) **층수**

   ① 승강기탑·계단탑·망루·장식탑·옥탑 등의 건축물의 옥상부분으로서 그 수평투영면적의 합계가 당해 건축물의 건축면적의 1/8(주택법 규정에 의한 사업계획승인 대상인 공동주택 중 세대별 전용면적이 85[m²] 이하인 경우에는 1/6) 이하인 것은 층수에 산입하지 아니한다.

   ② 지하층은 건축물의 층수에 산입하지 아니한다.

   ③ 층의 구분이 명확하지 아니한 건축물은 당해 건축물의 높이 4[m] 마다 하나의 층으로 산정한다.

   ④ 건축물의 부분에 따라 그 층수를 달리하는 경우에는 그 중 가장 많은 층수로 한다.

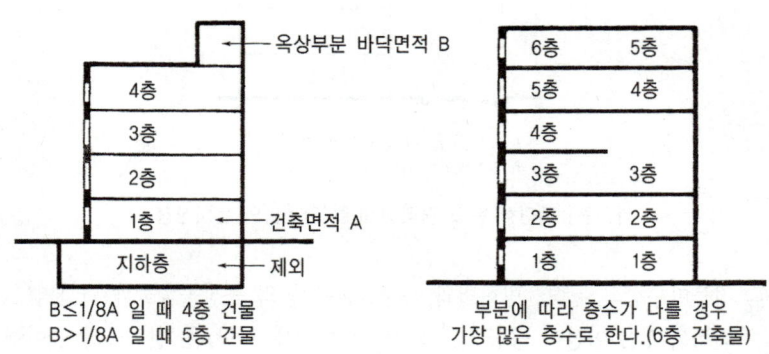

[그림] 건축물의 층수 산정방법

6) **지하층의 지표면 산정**

   건축물의 주위가 접하는 각 지표면부분의 높이를 당해 지표면부분의 수평거리에 따라 가중평균한 높이의 수평면을 지표면으로 본다.

예 건축법상 층의 구분이 명확하지 아니한 건축물의 층수 산정시 건축물의 높이 몇 m마다 하나의 층으로 산정하는가?
① 2.4[m]
② 3.0[m]
③ 4.0[m]
④ 4.5[m]

답 : ③

예 그림과 같은 건축물의 층수는 몇 층인가?

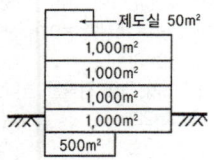

[해설]
① 층수 산정에서 제외
 · 승강기 탑·계단탑·망루·장식탑·옥탑 등의 건축물의 옥상부분으로서 그 수평투영면적의 합계가 당해 건축물의 건축면적의 1/8 이하인 것
 · 지하층
② 제도실은 건축면적의 1/8 기준에 관계없이 층수에 산정된다.
 ∴ 4층 건축물이다.

4. 건축분쟁전문위원회

건축등과 관련된 분쟁(건설산업기본법의 규정에 따른 조정의 대상이 되는 분쟁은 제외)의 조정(調停) 및 재정(裁定)을 하기 위하여 국토교통부에 건축분쟁전문위원회를 둔다.

1) 건축분쟁전문위원회의 조직

구 분	설 치	분쟁조정업무의 범위	위원의 수	임 기
건축분쟁 전문위원회	국토 교통부	건축물의 건축 등과 관련한 분쟁의 조정	15인 이내 (위원장·부위원장 각 1명 포함)	3년 (공무원 제외)

2) 분쟁조정 사항

① 건축관계자와 당해 건축물의 건축 등으로 인하여 피해를 입은 인근 주민간의 분쟁
② 관계전문기술자와 인근주민간의 분쟁
③ 건축관계자와 관계전문기술자간의 분쟁
④ 건축관계자 상호간의 분쟁
⑤ 인근주민 상호간의 분쟁
⑥ 관계전문기술자 상호간의 분쟁
⑦ 기타 대통령령으로 정하는 사항

> **학습포인트**
>
> ■ 조정위원회 및 재정위원회
> ㉠ 조정은 3인의 위원으로 구성되는 조정위원회에서 행하고,
> ㉡ 재정은 5인의 위원으로 구성되는 재정위원회에서 행한다.
>
> ■ 조정 등의 신청
> ㉠ 당사자의 조정신청을 받은 때에는 60일 이내
> ㉡ 재정신청을 받은 때에는 120일 이내에 그 절차를 완료하여야 한다.
>
> ■ 조정의 효력
> ㉠ 조정안을 제시받은 당사자는 그 제시를 받은 날부터 15일 이내에 그 수락 여부를 조정위원회에 통보하여야 한다.
> ㉡ 당사자가 조정안을 수락하고 조정서에 기명날인한 때에는 당사자간에 조정서와 동일한 내용의 합의가 성립된 것으로 본다.
>   → 재판상의 합의와 동일한 효력[법적 효력]을 가짐

핵심 PLUS

예 건축분쟁전문위원회의 분쟁 조정 사항이 아닌 것은?
① 관계 전문기술자와 인근주민간의 분쟁
② 건축관계자와 관계 전문기술자간의 분쟁
③ 관계 전문기술자 상호간의 분쟁
④ 기타 국토교통부령으로 정하는 사항
답 : ④

핵심 PLUS

예 과태료와 이행강제금을 모두 부과할 수 있는 사람은?
① 국토교통부장관
② 국토교통부장관, 특별시장·광역시장, 도지사
③ 특별시장, 광역시장, 도지사
④ 특별자치도지사 또는 시장·군수·구청장

답 : ④

5. 과태료 및 이행강제금

① 과태료의 부과·징수권자 : 국토교통부장관, 시·도지사 또는 시장·군수·구청장 → 강제징수 : 국세 또는 지방세외 수입금의 징수 등에 관한 법률에 의한 징수

② 이행강제금의 부과·징수권자 : 특별시장·광역시장, 특별자치도지사 또는 시장·군수·구청장 → 강제징수 : 지방세외 수입금의 징수 등에 관한 법률에 의한 징수

핵심기출문제

05. 보칙

1. 시장이 자치구가 아닌 구의 구청장에게 권한을 위임할 수 있는 것은?

① 특정가구 정비지구 안에서의 건축물 건축계획의 사전승인
② 6층 이하로서 연면적이 2,000[m²] 이하인 건축물의 건축
③ 특별개발 사업구역안에서 건축에 관한 기본계획의 사전승인
④ 공작물 및 가설건축물 축조신고의 수리

2. 그림과 같은 직사각형 대지의 대지면적은?

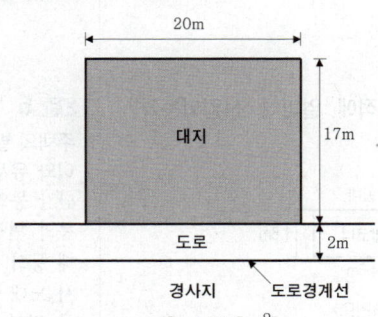

① 280[m²]   ② 300[m²]
③ 320[m²]   ④ 340[m²]

3. 태양열을 주된 에너지원으로 이용하는 주택의 건축면적 산정시 기준이 되는 것은?

① 외벽의 중심선
② 외벽의 내측 벽면선
③ 외벽 중 외측 내력벽의 중심선
④ 외벽 중 내측 내력벽의 중심선

해설

해설 1

시장·군수·구청장의 권한을 자치구가 아닌 구의 구청장에게 위임하는 사항
㉠ 6층 이하로서 연면적 2,000[m²] 이하인 건축물의 건축·대수선 및 용도변경에 관한 권한
㉡ 기존 건축물 연면적의 3/10 미만의 범위에서 하는 증축에 관한 권한

해설 2

대지 전면도로의 반대쪽 경계선에 경사지, 하천, 철도부지 등이 있는 경우에는 도로 반대측 경계선에서 4[m] 후퇴한 선을 건축선으로 한다.
∴ 대지면적 = (17 − 2) × 20 = 300[m²]

해설 3

태양열을 주된 에너지원으로 이용하는 주택과 단열재를 구조체의 외기측에 설치하는 단열공법으로 건축된 건축물의 건축면적은 건축물의 외벽 중 내측 내력벽의 중심선을 기준으로 한다.

정답 1. ② 2. ② 3. ④

핵심기출문제

05. 보칙

4. 그림과 같은 일반 건축물의 건축면적은?

① 80[m²]
② 100[m²]
③ 120[m²]
④ 168[m²]

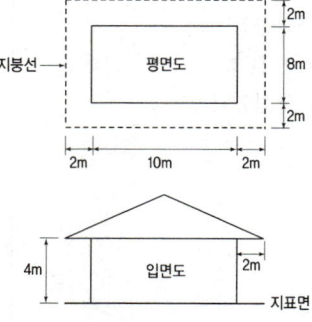

해설

해설 4

처마, 차양, 부연(附椽), 그 밖에 이와 비슷한 것으로서 그 외벽의 중심선으로부터 수평거리 1[m](전통사찰은 4[m], 축사는 3[m], 한옥은 2[m], 기타 건축물은 1[m]) 이상 돌출된 부분이 있는 경우에는 그 돌출된 끝부분으로부터 1[m](전통사찰은 4[m], 축사는 3[m], 한옥은 2[m], 기타 건축물은 1[m])를 후퇴한 선의 옥외 쪽 부분은 건축면적 산정에서 제외되는 부분이다.
∴ (14-1-1)×(12-1-1)=120[m²]

5. 다음 공동주택의 평면도에서 발코니 면적은 바닥면적에 얼마나 산입되는가? (단, 실내와 발코니 사이의 선은 외벽의 중심선이다.)

① 바닥면적에 산입되지 않는다.
② 1.35[m²]
③ 4.05[m²]
④ 8.1[m²]

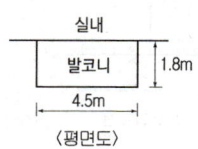

해설 5

주택의 발코니 등 건축물의 노대, 기타 이와 유사한 부분의 바닥면적 산정 난간 등의 설치여부에 관계 없이 노대 등의 면적(외벽의 중심선으로부터 노대 등의 끝부분까지의 면적을 말함)에서 노대 등이 접한 가장 긴 외벽에 접한 길이에 1.5[m]를 곱한 값을 공제한 면적을 바닥면적에 산입한다.
※ 공동주택의 노대의 돌출길이가 1.5[m] 이내에서는 면적에 산입하지 않는다.
∴ 발코니 바닥면적
 (4.5×1.8)−(4.5×1.5)=1.35[m²]

6. 다음은 건축물의 바닥면적에 관한 기준 내용이다. (   ) 안에 알맞은 것은?

> 벽·기둥의 구획이 없는 건축물은 그 지붕 끝부분으로부터 수평거리 (   )[m]를 후퇴한 선으로 둘러싸인 수평투영면적으로 한다.

① 1
② 1.5
③ 1.8
④ 2

해설 6

바닥면적의 산정
건축물의 각층 또는 그 일부로서 벽, 기둥 등의 구획의 중심선으로 둘러싸인 부분의 수평투영면적으로 한다.
※ 벽, 기둥의 구획이 없는 건축물은 그 지붕 끝부분으로부터 수평거리 1[m]를 후퇴한 선으로 둘러싸인 수평투영면적을 바닥면적으로 한다.

정답 4. ③ 5. ② 6. ①

7. 다음 중 바닥면적의 산정방법이 맞지 않는 것은?

① 벽·기둥이 없는 건축물에 있어서는 그 지붕 끝 부분으로부터 수평거리 1[m]를 후퇴한 선으로 둘러싸인 수평 투영면적으로 한다.
② 공동주택이 아닌 경우 지상층에 설치한 기계실·어린이 놀이터·조경시설의 경우에는 당해 부분의 면적을 바닥면적에 산입하지 아니한다.
③ 피로티 기타 이와 유사한 구조(벽면적의 1/2 이상이 당해 층의 바닥면에서 위층 바닥 아래면 까지 공간으로 된 것에 한한다.) 부분의 당해 부분이 공중의 통행 또는 차량의 통행·주차에 전용되는 경우와 공동주택의 경우에는 이를 바닥면적에 산입하지 아니한다.
④ 건축물의 지하에 설치하는 물탱크·기름탱크·냉각탑·정화조 기타 이와 유사한 것의 설치를 위한 구조물은 바닥면적에 산입하지 아니한다.

[해설] 7
공동주택인 경우 지상층에 설치한 기계실·전기실·어린이놀이터·조경시설 및 생활폐기물 보관함의 경우에는 당해 부분의 면적을 바닥면적에 산입하지 아니한다.

8. 건축법에 관한 설명 중 옳지 않은 것은?

① 대지면적은 대지의 수평투영면적으로 한다.
② 건축면적은 건축물의 외벽의 중심선으로 둘러싸인 부분의 수평투영면적으로 한다.
③ 바닥면적은 건축물의 각층 또는 그 일부로서 벽·기둥 기타 이와 유사한 구획의 중심선으로 둘러싸인 부분의 수평투영면적으로 한다.
④ 연면적은 지하층의 면적을 제외한 하나의 건축물의 각층의 바닥면적의 합계로 한다.

[해설] 8
연면적은 지하층의 면적을 포함한 하나의 건축물의 각층 바닥면적의 합계로 한다.

9. 건축법령상 다음과 같은 건축물의 높이는? (단, 가로구역에서의 건축물의 높이 제한과 관련된 건축물의 높이)

① 6[m]
② 9[m]
③ 9.5[m]
④ 13[m]

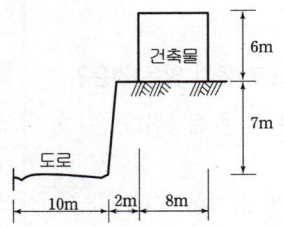

[해설] 9
건축물의 최고 높이제한에 의한 높이 산정
㉠ 원칙 : 전면도로중심선에서 건축물 상단까지의 높이로 한다.
㉡ 전면도로 노면에 고저차가 있는 경우 : 당해 건축물이 접하는 범위의 전면도로부분의 수평거리에 따라 가중평균한 높이의 수평면을 전면도로면으로 본다.
㉢ 건축물의 대지에 지표면이 전면도로면보다 높은 경우 : 그 고저차의 1/2의 높이만큼 올라온 위치에 전면도로가 있는 것으로 본다.

$$\therefore H = h + \frac{h'}{2} = 6 + \frac{7}{2} = 9.5\,[m]$$

정답 7. ② 8. ④ 9. ③

핵심기출문제

05. 보칙

10. 건축면적 800[m²]인 건축물의 층수에 산입되지 아니하는 계단탑의 바닥면적으로서 최대로 할 수 있는 면적은?(단, 사업계획승인 대상인 공동주택 중 세대별 전용면적이 85cm² 이하인 경우는 제외)

① 80[cm²]
② 100[cm²]
③ 160[cm²]
④ 200[cm²]

[해설] 10
건축물의 옥상에 설치되는 승강기탑·계단탑·망루·장식탑옥탑 등으로서 그 수평투영면적의 합계가 당해 건축물의 건축면적의 1/8 이하인 경우는 그 높이가 12[m]를 넘는 부분에 한하여 건축물의 높이에 산입하므로

∴ $800[m^2] \times \dfrac{1}{8} = 100[cm^2]$

11. 그림과 같은 거실의 평균 반자 높이는? (단, 단위는 m)

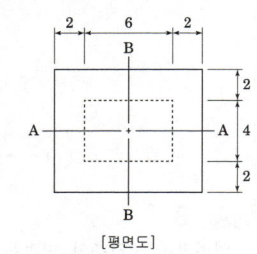
[평면도]

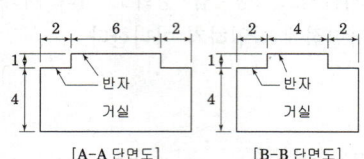
[A-A 단면도] [B-B 단면도]

① 4.3[m]
② 4.6[m]
③ 4.9[m]
④ 5.2[m]

[해설] 11

반자높이(h) = $\dfrac{\text{방의 부피(체적)}}{\text{방의 바닥면적}}$

$= \dfrac{(10 \times 8 \times 4) + (6 \times 4 \times 1)}{10 \times 8}$

$= \dfrac{320[m^3] + 24[m^3]}{80[m^2]} = 4.3[m]$

12. 층수산정에 관한 내용 중 옳지 않은 것은?

① 지하층은 건축물의 층수에 산입하지 아니한다.
② 층의 구분이 명확하지 아니한 건축물은 당해 건축물의 높이 4[m]마다 하나의 층으로 산정한다.
③ 건축물의 부분에 따라 그 층수를 달리하는 경우에는 각 부분에 따라 평균한 층의 수를 층수로 한다.
④ 계단탑, 장식탑으로서 그 수평투영면적의 합계가 당해 건축물의 건축면적의 1/8 이하인 것은 건축물의 층수에 산입하지 아니한다.

[해설] 12
건축물의 부분에 따라 그 층수를 달리하는 경우에는 그 중 가장 많은 층수를 층수로 본다.

13. 건축물의 높이·층수 등의 산정방법에 관한 기준 내용으로 옳지 않은 것은?

① 난간벽(그 벽면적의 1/2 이상이 공간으로 되어 있는 것만 해당한다)은 그 건축물의 높이에 산입되지 아니한다.
② 처마높이는 지표면으로부터 건축물의 지붕틀 또는 이와 유사한 수평재를 지지하는 벽·깔도리 또는 기둥의 상단까지의 높이로 한다.
③ 층고는 방의 바닥구조체 중간으로부터 위층 바닥 구조체의 중간까지의 높이로 한다.
④ 층의 구분이 명확하지 아니한 건축물은 그 건축물의 높이 4[m] 마다 하나의 층으로 산정한다.

[해설] 13
층고
방의 바닥구조체 윗면으로부터 위층 바닥구조체의 윗면까지의 높이로 한다. 다만, 동일한 방에서 층의 높이가 다른 부분이 있는 경우에는 그 각 부분의 높이에 따른 면적에 따라 가중평균한 높이로 한다.

정답 10. ② 11. ① 12. ③ 13. ③

14. 건축물의 면적, 높이 및 층수 산정의 기본 원칙으로 옳지 않은 것은? [24 ②]
① 대지면적은 대지의 수평투영면적으로 한다.
② 연면적은 하나의 건축물 각 층의 거실면적의 합계로 한다.
③ 건축면적은 건축물의 외벽(외벽이 없는 경우에는 외곽 부분의 기둥)의 중심선으로 둘러싸인 부분의 수평투영면적으로 한다.
④ 바닥면적은 건축물의 각 층 또는 그 일부로서 벽, 기둥, 그 밖에 이와 비슷한 구획의 중심선으로 둘러싸인 부분의 수평투영면적으로 한다.

15. 건축물의 면적 및 높이 등의 산정 원칙으로 옳지 않은 것은? [22 ②]
① 대지면적은 대지의 수평투영면적으로 한다.
② 건축물의 높이는 지표면으로부터 그 건축물의 상단까지의 높이로 한다.
③ 건축면적은 건축물의 외벽의 중심선으로 둘러싸인 부분의 수평투영면적으로 한다.
④ 용적률을 산정할 때의 연면적은 지하층의 면적을 포함한 건축물 각 층의 바닥면적의 합계로 한다.

16. 건축물의 면적·높이 및 층수의 산정방법으로 옳지 않은 것은? [23 ②]
① 지하주차장의 경사로는 건축면적에 산입하지 아니한다.
② 연면적은 하나의 건축물 각 층의 바닥면적의 합계로 하되, 용적률을 산정할 때에는 지하층의 면적은 제외한다.
③ 건축물의 대지에 접하는 전면도로의 노면에 고저차가 있는 경우에는 건축물의 높이는 전면도로의 중심선으로부터의 높이로 산정한다.
④ 건축물의 대지의 지표면이 전면도로보다 높은 경우에는 그 고저차의 2분의 1의 높이만큼 올라온 위치에 그 전면도로의 면이 있는 것으로 본다.

해설

해설 14, 15
연면적
㉠ 하나의 건축물의 각층 바닥면적 합계로 한다.
㉡ 용적률 산정시 연면적 산정방법
• 동일 대지 안에 2동 이상의 건축물이 있는 경우에는 그 연면적의 합계로 한다.
• 지하층 면적은 연면적에서 제외한다.
• 지상층의 주차용(해당 건축물의 부속용도인 경우만 해당)으로 쓰는 면적은 연면적에서 제외한다.
• 초고층 및 준초고층의 피난안전구역의 면적은 연면적에서 제외한다.
• 경사지붕 아래에 설치하는 대피공간의 면적은 제외된다.
㉢ 공사감리자를 정하여야 하는 건축물 및 소방법에 의한 협의대상 건축물은 각 동 단위로 연면적을 산정한다.
㉣ 주차전용건축물의 연면적 산정은 건축법의 규정에 의한다.
예외 기계식주차장의 연면적 산정은 기계식주차장에 의하여 자동차를 주차할 수 있는 면적과 관리사무소의 면적을 합산하여 계산한다.

해설 16
건축물의 최고 높이제한에 의한 높이 산정
㉠ 원칙 : 전면도로중심선에서 건축물 상단까지의 높이로 한다.
㉡ 전면도로 노면에 고저차가 있는 경우 : 해당 건축물이 접하는 범위의 전면도로부분의 수평거리에 따라 가중평균한 높이의 수평면을 전면도로면으로 본다.
㉢ 건축물의 대지에 지표면이 전면도로면보다 높은 경우 : 그 고저차의 1/2의 높이만큼 올라온 위치에 전면도로가 있는 것으로 본다.

정답 14. ② 15. ④ 16. ③

건축물의 에너지절약 및 냉방설비의 설치와 설계기준

02 section

제2편 건축물의 에너지절약 및 냉방설비의 설치와 설계기준
- 01 건축물의 에너지절약 설계기준
- 02 건축물의 냉방설비의 설치와 설계기준

건축물의 에너지절약 설계기준

제3과목 건축설비관련법규 | 제2편 건축물의 에너지절약 및 냉방설비의 설치와 설계기준

핵심 PLUS

1 에너지절약계획서 제출 예외대상 범위

① 에너지절약계획서를 첨부할 필요가 없는 건축물은 다음과 같다.(건축법 시행령 별표1 관련)
  ㉠ 변전소, 도시가스배관시설, 통신용 시설(해당 용도로 쓰는 바닥면적의 합계가 1,000[m²] 미만인 것에 한정), 정수장, 양수장 등 주민의 생활에 필요한 에너지공급·통신서비스제공이나 급수·배수와 관련된 시설 중 냉방 또는 난방 설비를 설치하지 아니하는 건축물
  ㉡ 운동시설 중 냉방 또는 난방 설비를 설치하지 아니하는 건축물
  ㉢ 위락시설 중 냉방 또는 난방 설비를 설치하지 아니하는 건축물
  ㉣ 관광 휴게시설 중 냉방 또는 난방 설비를 설치하지 아니하는 건축물
  ㉤ 주택법에 따른 사업계획 승인을 받아 건설하는 주택으로서 「주택건설기준 등에 관한 규정」에 따라 「에너지절약형 친환경주택의 건설기준」에 적합한 건축물

② 연면적의 합계는 다음에 따라 계산한다.
  ㉠ 같은 대지에 모든 바닥면적을 합하여 계산한다.
  ㉡ 주거와 비주거는 구분하여 계산한다.
  ㉢ 증축이나 용도변경, 건축물대장의 기재내용을 변경하는 경우 이 기준을 해당 부분에만 적용할 수 있다.
  ㉣ 연면적의 합계 500[m²] 미만으로 허가를 받거나 신고한 후 건축법에 따라 허가와 신고사항을 변경하는 경우에는 당초 허가 또는 신고 면적에 변경되는 면적을 합하여 계산한다.
  ㉤ 열손실방지 등의 에너지이용합리화를 위한 조치를 하지 않아도 되는 건축물 또는 공간, 주차장, 기계실 면적은 제외한다.

③ 상기 ①항 및 공장, 창고시설, 위험물 저장 및 처리 시설, 자동차 관련 시설(건설기계 관련 시설을 포함), 동물 및 식물 관련 시설, 자원순환 관련 시설, 교정 및 군사 시설(제1종 근린생활시설에 해당하는 것은 제외), 방송통신시설(제1종 근린생활시설에 해당하는 것은 제외), 발전시설, 묘지 관련 시설 중 냉방 또는 난방설비를 설치하고 냉방 또는 난방 열원을 공급하는 대상의 연면적의 합계가 500[m²] 미만인 경우에는 에너지절약계획서를 제출하지 아니한다.

2 건축부문 설계기준

1. 건축부문 용어의 정의

부 문	내 용
외피	거실 또는 거실외 공간을 둘러싸고 있는 벽·지붕·바닥·창 및 문 등으로서 외기에 직접 면하는 부위
거실의 외벽	거실의 벽 중 외기에 직접 또는 간접 면하는 부위. 다만, 복합용도의 건축물인 경우에는 해당 용도로 사용하는 공간이 다른 용도로 사용하는 공간과 접하는 부위를 외벽으로 볼 수 있다.
외기에 직접 면하는 부위	바깥쪽이 외기이거나 외기가 직접 통하는 공간에 면한 부위
외기에 간접 면하는 부위	외기가 직접 통하지 아니하는 비난방 공간(지붕 또는 반자, 벽체, 바닥 구조의 일부로 구성되는 내부 공기층은 제외)에 접한 부위, 외기가 직접 통하는 구조나 실내공기의 배기를 목적으로 설치하는 샤프트 등에 면한 부위, 지면 또는 토양에 면한 부위
방풍구조	출입구에서 실내외 공기 교환에 의한 열출입을 방지할 목적으로 설치하는 방풍실 또는 회전문 등을 설치한 방식
외단열	건축물 각 부위의 단열에서 단열재를 구조체의 외기측에 설치하는 단열방법으로서 모서리 부위를 포함하여 시공하는 등 열교를 차단한 경우
방습층	습한 공기가 구조체에 침투하여 결로발생의 위험이 높아지는 것을 방지하기 위해 설치하는 투습도가 24시간당 $30[g/m^2]$ 이하 또는 투습계수 $0.28[g/m^2 \cdot h \cdot mmHg]$ 이하의 투습저항을 가진 층. 단, 단열재 또는 단열재의 내측에 사용되는 마감재가 방습층으로서 요구되는 성능을 가지는 경우에는 그 재료를 방습층으로 볼 수 있다.

2. 건축부문의 의무사항

1) 바닥난방에서 단열재의 설치

바닥난방의 열이 슬래브 하부로 손실되는 것을 막을 수 있도록 온수배관(전기난방인 경우는 발열선) 하부와 슬래브 사이에 설치하고, 온수배관(전기난방인 경우는 발열선) 하부와 슬래브 사이에 설치되는 구성 재료의 열저항의 합계는 해당 바닥에 요구되는 총열관류저항(별표1에서 제시되는 열관류율의 역수)의 60[%] 이상이 되어야 한다. 다만, 바닥난방을 하는 욕실 및 현관부위와 슬래브의 축열을 직접 이용하는 심야전기이용 온돌 등(한국전력의 심야전력이용기기 승인을 받은 것에 한한다)의 경우에는 단열재의 위치가 그러하지 않을 수 있다.

핵심 PLUS

예 건축물의 에너지절약 설계기준에서 사용되는 용어의 정의가 옳지 않은 것은? [17, 23 산]
① 거실의 외벽이라 함은 거실의 벽 중 외기에 직접 면하는 부위만을 말한다.
② 외기에 직접 면하는 부위라 함은 바깥쪽이 외기이거나 외기가 직접 통하는 공간에 면한 부위를 말한다.
③ 외피라 함은 거실 또는 거실 외 공간을 둘러싸고 있는 벽·지붕·바닥·창 및 문 등으로서 외기에 직접 면하는 부위를 말한다.
④ 방풍구조라 함은 출입구에서 실내외 공기 교환에 의한 열출입을 방지할 목적으로 설치하는 방풍실 또는 회전문 등을 설치한 방식을 말한다.
답 : ①

예 다음은 건축물의 에너지절약설계기준상의 용어의 정의이다. ( )안에 알맞은 것은? [12 기]
"공동주택의 측벽"이라 함은 발코니가 설치된 벽체를 제외한 각 세대 거실의 측면부 벽체 중 ( ) 초과하여 외기에 직접 면한 벽을 말한다.
① 1[m] ② 2[m]
③ 3[m] ④ 4[m]
답 : ③

예 다음은 건축물의 에너지절약설계기준에 따른 방습층의 정의이다. ( ) 안에 알맞은 것은? [15, 18, 22 기]
방습층이라 함은 습한 공기가 구조체에 침투하여 결로발생의 위험이 높아지는 것을 방지하기 위해 설치하는 투습도가 24시간당 ( ) 이하 또는 투습계수 $0.28[g/m^2 \cdot h \cdot mmHg]$ 이하의 투습저항을 가진 층을 말한다.
① $10[g/m^2]$ ② $20[g/m^2]$
③ $30[g/m^2]$ ④ $40[g/m^2]$
답 : ③

핵심 PLUS

예 다음 중 외기에 직접 면하고 지상으로 연결된 출입문을 방풍구조로 하지 않아도 되는 것은? [09, 25 산]
① 너비 1.5m인 출입문
② 주택의 출입문(기숙사는 제외)
③ 사람의 통행을 주목적으로 하는 출입문
④ 바닥면적이 500m²인 개별점포의 출입문

답 : ②

예 건축물의 에너지절약설계기준상 외기에 직접 면하고 1층 또는 지상으로 연결된 출입문 중 방풍구조로 하지 않을 수 있는 출입문의 너비 기준은? [15 산]
① 1.2m 이하 ② 1.5m 이하
③ 1.8m 이하 ④ 2.1m 이하

답 : ①

예 건축물의 에너지절약 설계기준에 따른 건축 부문의 권장사항으로 옳지 않은 것은? [13, 20 산]
① 외벽 부위는 외단열로 시공한다.
② 공동주택은 인동간격을 좁게 하여 저층부의 일사 수열량을 증대시킨다.
③ 건축물의 체적에 대한 외피면적의 비 또는 연면적에 대한 외피면적의 비는 가능한 작게 한다.
④ 거실의 층고 및 반자 높이는 실의 용도와 기능에 지장을 주지 않는 범위 내에서 가능한 낮게 한다.

답 : ②

---

2) 외기에 직접 면하고 1층 또는 지상으로 연결된 출입문은 방풍구조로 하여야 한다.

[예외] 다음에 해당하는 경우
㉠ 바닥면적 300[m²] 이하의 개별 점포의 출입문
㉡ 주택의 출입문(기숙사는 제외)
㉢ 사람의 통행을 주목적으로 하지 않는 출입문
㉣ 너비 1.2[m] 이하의 출입문

3. 건축부문의 권장사항

부 문	내 용
배치계획	• 건축물은 대지의 향, 일조 및 주풍향 등을 고려하여 배치하며, 남향 또는 남동향 배치를 한다. • 공동주택은 인동간격을 넓게 하여 저층부의 태양열 취득을 최대한 증대시킨다.
평면계획	• 거실의 층고 및 반자 높이는 실의 용도와 기능에 지장을 주지 않는 범위 내에서 가능한 낮게 한다. • 건축물의 체적에 대한 외피면적의 비 또는 연면적에 대한 외피면적의 비는 가능한 작게 한다. • 실의 냉난방 설정온도, 사용스케줄 등을 고려하여 에너지절약적 조닝계획을 한다.
단열계획	• 건축물 용도 및 규모를 고려하여 건축물 외벽, 천장 및 바닥으로의 열손실이 최소화되도록 설계한다. • 외벽 부위는 외단열로 시공한다. • 외피의 모서리 부분은 열교가 발생하지 않도록 단열재를 연속적으로 설치하고, 기타 열교부위는 [별표11]의 외피 열교부위별 선형 열관류율 기준에 따라 충분히 단열되도록 한다. • 건물의 창 및 문은 가능한 작게 설계하고, 특히 열손실이 많은 북측 거실의 창 및 문의 면적은 최소화한다. • 발코니 확장을 하는 공동주택이나 창 및 문의 면적이 큰 건물에는 단열성이 우수한 로이(Low-E) 복층창이나 삼중창 이상의 단열성능을 갖는 창을 설치한다. • 태양열 유입에 의한 냉·난방부하를 저감 할 수 있도록 일사조절장치, 태양열취득률(SHGC), 창 및 문의 면적비 등을 고려한 설계를 한다. 건축물 외부에 일사조절장치를 설치하는 경우에는 비, 바람, 눈, 고드름 등의 낙하 및 화재 등의 사고에 대비하여 안전성을 검토하고 주변 건축물에 빛반사에 의한 피해 영향을 고려하여야 한다. • 건물 옥상에는 조경을 하여 최상층 지붕의 열저항을 높이고, 옥상면에 직접 도달하는 일사를 차단하여 냉방부하를 감소시킨다.
자연채광계획	• 자연채광을 적극적으로 이용할 수 있도록 계획한다. 특히 학교의 교실, 문화 및 집회시설의 공용부분(복도, 화장실, 휴게실, 로비 등)은 1면 이상 자연채광이 가능하도록 한다.

4 기계설비부문 설계기준

1. 기계설비부문 용어의 정의

부 문	내 용
위험률	냉(난)방기간 동안 또는 연간 총시간에 대한 온도출현분포중에서 가장 높은(낮은) 온도쪽으로부터 총시간의 일정 비율에 해당하는 온도를 제외시키는 비율
효율	설비기기에 공급된 에너지에 대하여 출력된 유효에너지의 비
대수분할운전	기기를 여러 대 설치하여 부하상태에 따라 최적 운전상태를 유지할 수 있도록 기기를 조합하여 운전하는 방식
비례제어운전	기기의 출력값과 목표값의 편차에 비례하여 입력량을 조절하여 최적 운전상태를 유지할 수 있도록 운전하는 방식
중앙집중식 냉·난방설비	건축물의 전부 또는 냉난방 면적의 60[%] 이상을 냉방 또는 난방함에 있어 해당 공간에 순환펌프, 증기난방설비 등을 이용하여 열원 등을 공급하는 설비. 단, 산업통상자원부 고시 효율관리기자재 운용규정에서 정한 가정용 가스보일러는 개별 난방설비로 간주한다.
이코노마이저시스템	중간기 또는 동계에 발생하는 냉방부하를 실내 엔탈피 보다 낮은 도입 외기에 의하여 제거 또는 감소시키는 시스템
TAB	Testing(시험), Adjusting(조정), Balancing(평가)의 약어로 건물내의 모든 설비시스템이 설계에서 의도한 기능을 발휘하도록 점검 및 조정하는 것
커미셔닝	효율적인 건축 기계설비 시스템의 성능 확보를 위해 설계 단계부터 공사완료에 이르기까지 전 과정에 걸쳐 건축주의 요구에 부합되도록 모든 시스템의 계획, 설계, 시공, 성능시험 등을 확인하고 최종 유지관리자에게 제공하여 입주 후 건축주의 요구를 충족할 수 있도록 운전성능 유지 여부를 검증하고 문서화하는 과정

2. 기계부문의 의무사항

1) 설계용 외기조건(난방 및 냉방설비 장치의 용량계산을 위한 외기조건)
   ㉠ 냉방기 및 난방기를 분리한 온도출현분포를 사용할 경우 : 각 지역별로 위험율 2.5[%]
   ㉡ 연간 총시간에 대한 온도출현 분포를 사용할 경우 : 각 지역별로 위험율 1[%]

2) 열원 및 반송설비
   공동주택에 중앙집중식 난방설비(집단에너지사업법에 의한 지역난방공급방식을 포함)를 설치하는 경우에는 주택건설기준 등에 관한규정(제37조)에 적합한 조치를 하여야 한다.

핵심 PLUS

예 건축물의 에너지절약 설계기준상 다음과 같이 정의되는 용어는? [16, 18 산]

> 중간기 또는 동계에 발생하는 냉방부하를 실내 엔탈피보다 낮은 도입 외기에 의하여 제거 또는 감소시키는 시스템

① 변풍량제어시스템
② 이코노마이저시스템
③ 비례제어운전시스템
④ 대수분할운전시스템

답 : ②

예 다음은 건축물의 에너지절약설계기준에 따른 기계부문의 의무사항 내용이다. ( )안에 알맞은 것은? [15 산]

> 난방 및 냉방설비의 용량계산을 위한 외기조건은 각 지역별로 위험율 (㉠)(냉방기 및 난방기를 분리한 온도출현분포를 사용할 경우) 또는 (㉡)(연간 총시간에 대한 온도출현분포를 사용할 경우)로 하거나 별표7에서 정한 외기온·습도를 사용한다.

① ㉠ 1[%], ㉡ 1.5[%]
② ㉠ 1.5[%], ㉡ 1[%]
③ ㉠ 1[%], ㉡ 2.5[%]
④ ㉠ 2.5[%], ㉡ 1[%]

답 : ④

예 건축물의 에너지절약설계기준상 다음과 같이 정의되는 용어는? [19 기]

> 기기를 여러 대 설치하여 부하상태에 따라 최적 운전상태를 유지할 수 있도록 기기를 조합하여 운전하는 방식

① 대수제어운전
② 대수분할운전
③ 비례제어운전
④ 가변속제어운전

답 : ②

핵심 PLUS

예 건축물의 에너지절약설계기준에 따른 기계부문의 권장사항으로 옳지 않은 것은? [12 산]
① 열원설비는 부분부하 및 전부하 운전효율이 좋은 것을 선정한다.
② 환기시 열회수가 가능한 폐열회수형 환기장치 또는 바닥열을 이용한 환기장치를 설치한다.
③ 급수용 펌프 또는 급수가압펌프의 전동기에는 가변속제어방식 등 에너지절약적 제어방식을 채택한다.
④ 난방설비의 용량계산을 위한 설계기준 실내온도는 22[℃]를 기준으로 한다.

답 : ④

예 에너지 절약을 위한 일반건축물의 설계용 냉난방 실내온도 권장기준으로 적합한 것은? [11 산]
① 난방 18[℃], 냉방 26[℃]
② 난방 20[℃], 냉방 28[℃]
③ 난방 22[℃], 냉방 26[℃]
④ 난방 24[℃], 냉방 24[℃]

답 : ②

예 건축물의 에너지절약설계기준상 에너지성능지표 검토서는 에너지성능지표 검토서의 평점합계가 최소 몇 점 이상일 경우 적합한 것으로 보는가? (단, 공공기관이 신축하거나 별동으로 증축하는 건축물이 아닌 경우)
[13, 23 산]
① 65점   ② 70점
③ 80점   ④ 90점

답 : ①

3. 기계부문의 권장사항

부 문	내 용
설계용 실내온도 조건	• 난방 및 냉방설비의 용량계산을 위한 설계기준 실내온도는 난방의 경우 20[℃], 냉방의 경우 28[℃]를 기준으로 하되(목욕장 및 수영장은 제외) 각 건축물 용도 및 개별 실의 특성에 따라 [별표8]에서 제시된 범위를 참고하여 설비의 용량이 과다해지지 않도록 한다.
공조설비	• 중간기 등에 외기도입에 의하여 냉방부하를 감소시키는 경우에는 실내공기질을 저하시키지 않는 범위 내에서 이코노마이저시스템 등 외기냉방시스템을 적용한다. **예** 외기냉방시스템의 적용이 건축물의 총에너지비용을 감소시킬 수 없는 경우 • 공기조화기 팬은 부하변동에 따른 풍량제어가 가능하도록 가변익축류방식, 흡입베인제어방식, 가변속제어방식 등 에너지절약적 제어방식을 채택한다.
환기 및 제어설비	• 환기를 통한 에너지손실 저감을 위해 성능이 우수한 열회수형환기장치를 설치한다. • 기계환기설비를 사용하여야 하는 지하주차장의 환기용 팬은 대수제어 또는 풍량조절(가변익, 가변속), 일산화탄소(CO)의 농도에 의한 자동(on-off)제어 등의 에너지절약적 제어방식을 도입한다. • 건축물의 효율적인 기계설비 운영을 위해 TAB 또는 커미셔닝을 실시한다.

5 에너지절약계획서 작성기준

■ 에너지성능지표 검토서의 판정

에너지성능지표 검토서는 에너지성능지표 검토서의 평점합계가 65점 이상(공공기관은 74점)일 경우 적합한 것으로 본다.

6 건축물의 에너지소요량의 평가대상 및 에너지소요량 평가서의 판정

① 신축 또는 별동으로 증축하는 경우로서 다음의 어느 하나에 해당하는 건축물은 1차 에너지소요량 등을 평가하여 건축물 에너지소요량 평가서를 제출하여야 한다.
  ㉠ 건축법시행령 별표1에 따른 업무시설 중 연면적의 합계가 3,000[m²] 이상인 건축물
  ㉡ 건축법시행령 별표1에 따른 교육연구시설 중 연면적의 합계가 3,000[m²] 이상인 건축물
  ㉢ 연면적의 합계가 500[m²] 이상인 모든 용도의 공공기관 건축물

② 건축물의 에너지소요량 평가서는 단위면적당 1차 에너지소요량의 합계가 200[kWh/m²년] 미만일 경우 적합한 것으로 본다. 다만, 공공기관 건축물은 140[kWh/m²년] 미만일 경우 적합한 것으로 본다.

02 건축물의 냉방설비의 설치와 설계기준

제3과목 건축설비관련법규 | 제2편 건축물의 에너지절약 및 냉방설비의 설치와 설계기준

1 용어의 정의

1. 축냉식 전기냉방설비

심야시간에 전기를 이용하여 축냉재(물, 얼음 또는 포접화합물과 공융염 등의 상변화물질)에 냉열을 저장하였다가 이를 심야시간 이외의 시간(기타시간)에 냉방에 이용하는 설비로서 이러한 냉열을 저장하는 설비(축열조), 냉동기·브라인펌프·냉각수펌프 또는 냉각탑등의 부대설비(축열조 2차측 설비는 제외)를 포함하며, 다음과 같이 구분한다.

구 분	내 용
빙축열식 냉방설비	심야시간에 얼음을 제조하여 축열조에 저장하였다가 기타시간에 이를 녹여 냉방에 이용하는 냉방설비를 말한다.
수축열식 냉방설비	심야시간에 물을 냉각시켜 축열조에 저장하였다가 기타시간에 이를 냉방에 이용하는 냉방설비를 말한다.
잠열축열식 냉방설비	포접화합물(Clathrate)이나 공융염(Eutectic Salt) 등의 상변화물질을 심야시간에 냉각시켜 동결한 후 기타시간에 이를 녹여 냉방에 이용하는 냉방설비를 말한다.

[주] ① 심야시간 : 23:00부터 익일 09:00까지를 말한다. 단, 한국전력공사에서 규정하는 심야시간이 변경될 경우는 그에 따라 상기 시간이 변경된다.
② 2차측 설비 : 저장된 냉열을 냉방에 이용할 경우에만 가동되는 냉수순환펌프, 공조용 순환펌프 등의 설비를 말한다.

2. 축냉방식 등

구 분	내 용
전체축냉방식	기타시간에 필요한 냉방열량의 전부를 심야시간에 생산하여 축열조에 저장하였다가 이를 이용하는 냉방방식을 말한다.
부분축냉방식	기타시간에 필요한 냉방열량의 일부를 심야시간에 생산하여 축열조에 저장하였다가 이를 이용하는 냉방방식을 말한다.
축열률	통계적으로 연중 최대냉방부하를 갖는 날을 기준으로 기타시간에 필요한 냉방열량 중에서 이용이 가능한 냉열량이 차지하는 비율을 말하며 백분율[%]로 표시한다. 축열률[%] = $\dfrac{\text{이용이 가능한 냉열량[kcal]}}{\text{기타시간에 필요한 냉방열량[kcal]}}$

핵심 PLUS

예 건축물의 냉방설비에 대한 설치 및 설계 기준에 정의된 축냉식 전기냉방설비의 구분에 속하지 않는 것은? [07, 09, 11, 17 기]
① 빙축열식 냉방설비
② 수축열식 냉방설비
③ 잠열축열식 냉방설비
④ 지열식 냉방설비

답 : ④

예 건축물의 냉방설비에 대한 설치 및 설계기준상 다음과 같이 정의되는 것은? [15, 22 기]

> 포접화합물(Clathrate)이나 공융염(Eutectic Salt)등의 상변화물질을 심야시간에 냉각시켜 동결한 후 그 밖의 시간에 이를 녹여 냉방에 이용하는 냉방설비

① 빙축열식 냉방설비
② 수축열식 냉방설비
③ 잠열축열식 냉방설비
④ 현열축열식 냉방설비

답 : ③

예 건축물의 냉방설비에 대한 설치 및 설계기준에 정의된 심야시간으로 옳은 것은? [12 기]
① 22:00부터 익일 07:00까지
② 23:00부터 익일 07:00까지
③ 22:00부터 익일 09:00까지
④ 23:00부터 익일 09:00까지

답 : ④

예 건축물의 냉방설비에 대한 설치 및 설계기준 통계적으로 연중 최대냉방부하를 갖는 날을 기준으로 기타시간에 필요한 냉방열량 중에서 이용이 가능한 냉열량이 차지하는 비율로 정의되는 것은? [12, 14, 24 산]
① 축열률   ② 냉방률
③ 수용률   ④ 이용률

답 : ①

3. 냉방방식 등

구 분	내 용
이용이 가능한 냉열량	축열조에 저장된 냉열량 중에서 열손실 등을 차감하고 실제로 냉방에 이용할 수 있는 열량을 말한다.
가스를 이용한 냉방방식	가스(유류포함)를 사용하는 흡수식 냉동기 및 냉·온수기, 가스엔진 구동 열펌프시스템을 말한다.
지역냉방방식	집단에너지사업법에 의거 집단에너지사업허가를 받은 자가 공급하는 집단에너지를 주열원으로 사용하는 흡수식냉동기를 이용한 냉방방식과 지역냉수를 이용한 냉방방식을 말한다.
신재생에너지를 이용한 냉방방식	「신에너지 및 재생에너지 이용·개발·보급 촉진법 제2조」에 의해 정의된 신재생에너지를 이용한 냉방방식을 말한다.
소형 열병합을 이용한 냉방방식	소형 열병합발전을 이용하여 전기를 생산하고, 폐열을 활용하여 냉방 등을 하는 설비를 말한다.

2 냉방설비의 설치기준

1. 냉방설비의 설치대상 및 설비규모

다음에 해당하는 건축물에 중앙집중 냉방설비를 설치할 때에는 해당 건축물에 소요되는 주간 최대 냉방부하의 60[%] 이상을 심야전기를 이용한 축냉식, 가스를 이용한 냉방방식, 집단에너지사업허가를 받은 자로부터 공급되는 집단에너지를 이용한 지역냉방방식, 소형 열병합발전을 이용한 냉방방식, 신재생에너지를 이용한 냉방방식, 그 밖에 전기를 사용하지 아니한 냉방방식의 냉방설비로 수용하여야 한다.

예외 도시철도법에 의해 설치하는 지하철역사 등 산업통상자원부장관이 필요하다고 인정하는 건축물

대상 건축물	규모(바닥면적 합계)
제1종 근린생활시설 중 목욕장·운동시설 중 실내수영장·물놀이형 시설	1,000[m²] 이상
공동주택 중 기숙사·의료시설·유스호스텔·숙박시설	2,000[m²] 이상
판매시설·교육연구시설 중 연구소·업무시설	3,000[m²] 이상
문화 및 집회시설(동·식물원 제외)·종교시설·교육연구시설(연구소 제외)·장례식장	10,000[m²] 이상

2. 냉방설비의 축열률

상기 규정에 의하여 축냉식 전기냉방으로 설치할 때에는 전체축냉방식 또는 40[%] 이상인 부분축냉방식으로 설치하여야 한다.

핵심 PLUS

예 건축물의 냉방설비에 대한 설치 및 설계 기준에 따른 용어의 정의가 옳지 않은 것은? [10, 11 기]
① 빙축열식 냉방설비라 함은 심야시간에 얼음을 제조하여 축열조에 저장하였다가 기타시간에 이를 녹여 냉방에 이용하는 냉방설비를 말한다.
② 전체축냉방식이라 함은 기타시간에 필요한 냉방열량의 전부를 심야시간에 생산하여 축열조에 저장하였다가 이를 이용하는 냉방방식을 말한다.
③ 이용이 가능한 냉열량이라 함은 축열조에 저장된 냉열량 중에서 열손실 등을 차감하고 실제로 냉방에 이용할 수 있는 열량을 말한다.
④ 가스를 이용한 냉방방식이라 함은 가스(유류제외)를 사용하는 압축식 냉동기 및 냉·온수기, 가스엔진구동 열펌프시스템을 말한다.

답 : ④

예 일정 규모 이상인 시설물에 중앙집중냉방설비를 설치하고자 하는 경우 축냉식 또는 가스를 이용한 중앙집중냉방방식을 설치하도록 규정하고 있다. 이때 축냉식 또는 가스를 이용한 중앙집중냉방방식의 수용용량으로 가장 적합한 것은? [10 산]
① 주간최대냉방부하의 60[%] 이상
② 주간최대냉방부하의 55[%] 이상
③ 주간최대냉방부하의 50[%] 이상
④ 주간최대냉방부하의 45[%] 이상

답 : ①

3 축냉식 전기냉방설비의 설계기준 등

1. 냉동기
① 냉동기는 "고압가스 안전관리법 시행규칙" 제8조 별표7의 규정에 의한 "냉동제조의 시설기준 및 기술기준"에 적합하여야 한다.
② 냉동기의 용량은 상기 ②1.에 근거하여 결정한다.
③ 부분축냉방식의 경우에는 냉동기가 축냉운전과 방냉운전 또는 냉동기와 축열조의 동시운전이 반복적으로 수행하는데 아무런 지장이 없어야 한다.

2. 축열조
① 축열조는 축냉 및 방냉운전을 반복적으로 수행하는데 적합한 재질의 축냉재를 사용해야 하며, 내부청소가 용이하고 부식되지 않는 재질을 사용하거나 방청 및 방식처리를 하여야 한다.
② 축열조의 용량은 상기 ②2.에 근거하여 결정한다.
③ 축열조는 내부 또는 외부의 응력에 충분히 견딜 수 있는 구조이어야 한다.
④ 축열조를 여러 개로 조립하여 설치하는 경우에는 관리 또는 운전이 용이하도록 설계하여야 한다.
⑤ 축열조는 보온을 철저히 하여 열손실과 결로를 방지해야 하며, 맨홀 등 점검을 위한 부분은 해체와 조립이 용이하도록 하여야 한다.

3. 열교환기
① 열교환기는 시간당 최대냉방열량을 처리할 수 있는 용량 이상으로 설치하여야 한다.
② 열교환기는 보온을 철저히 하여 열손실과 결로를 방지하여야 하며, 점검을 위한 부분은 해체와 조립이 용이하도록 하여야 한다.

4. 자동제어설비
자동제어설비는 축냉운전, 방냉운전 또는 냉동기와 축열조를 동시에 이용하여 냉방운전이 가능한 기능을 갖추어야 하고, 필요할 경우 수동조작이 가능하도록 하여야 하며 감시기능 등을 갖추어야 한다.

5. 냉방설비에 대한 운전실적 점검
냉방용 전력수요의 첨두부하를 극소화하기 위하여 산업통상자원부장관은 필요하다고 인정되는 기간(연중 10일 이내)에 산업통상자원부장관이 정하는 공공기관 등으로 하여금 축냉식 전기냉방설비의 운전실적 등을 점검하게 할 수 있다.

핵심 PLUS

예 다음 중 축냉식 전기냉방설비의 설계기준 내용으로 옳지 않은 것은?
[10 기]
① 열교환기는 시간당 평균 냉방열량을 처리할 수 있는 용량 이상으로 설치하여야 한다.
② 축열조는 축냉 및 방냉운전을 반복적으로 수행하는데 적합한 재질의 축냉재를 사용하여야 한다.
③ 자동제어설비는 필요할 경우 수동조작이 가능하도록 하여야 하며 감시기능 등을 갖추어야 한다.
④ 부분축냉방식의 경우에는 냉동기가 축냉운전과 방냉운전 또는 냉동기와 축열조의 동시운전이 반복적으로 수행하는데 아무런 지장이 없어야 한다.

답 : ①

예 축냉식 전기냉방설비의 설계기준 내용으로 옳지 않은 것은?
[11, 20, 24, 25 산]
① 축열조는 보온을 철저히 하여 열손실과 결로를 방지하여야 한다.
② 열교환기는 시간당 최대냉방열량을 처리할 수 있는 용량 이하로 설치하여야 한다.
③ 자동제어설비는 필요할 경우 수동조작이 가능하도록 하여야 하며 감시기능 등을 갖추어야 한다.
④ 축열조는 축냉 및 방냉운전을 반복적으로 수행하는데 적합한 재질의 축냉재를 사용하여야 한다.

답 : ②

4 축냉식 전기냉방기기

① 축냉식 전기냉방기기라 함은 심야시간에 전기를 이용하여 축냉한 후 기타시간에만 냉방에 이용할 수 있는 소용량의 축냉식 냉방기기로서 이동형 냉방기 및 고정형 패키지에어콘 등을 말한다.
② 산업통상자원부장관이 필요하다고 인정하는 경우에는 축냉식 전기냉방기기에 대하여도 축냉식 전기냉방설비와 동일한 적용을 받을 수 있다.
③ 상기 ② 1.에 해당하는 건축물에 소요되는 최대냉방부하의 60[%] 이상을 축냉식 전기냉방방식으로 산정할 경우 상기 ①의 축냉식 전기냉방기기가 수용할 수 있는 냉방용량을 포함할 수 있다. 단, 최대냉방부하의 10[%]를 초과해서는 아니된다.

핵심기출문제

01. 건축물의 에너지절약 및 냉방설비의 설치와 설계기준

■■■ 1. 건축물의 에너지절약 설계기준

1. 건축물의 에너지절약설계기준에 따른 단열재의 두께는 지역별로 다르다. 지역별 분류 중 중부지역에 속하지 않는 곳은? [11, 13, 15, 18 ㈈]

① 경기도
② 서울특별시
③ 대전광역시
④ 충남 천안시

해설 1
지역별 분류
1) 중부지역 : 서울특별시, 인천광역시, 경기도, 강원도(강릉시, 동해시, 속초시, 삼척시, 고성군, 양양군 제외), 충청북도(영동군 제외), 충청남도(천안시), 경상북도(청송군)
2) 남부지역 : 부산광역시, 대구광역시, 광주광역시, 대전광역시, 울산광역시, 강원도(강릉시, 동해시, 속초시, 삼척시, 고성군, 양양군), 충청북도(영동군), 충청남도(천안시 제외), 전라북도, 전라남도, 경상북도(청송군 제외), 경상남도

2. 건축물의 에너지절약 설계기준에 따른 용어의 정의가 옳지 않은 것은? [16 ㈈]

① 거실의 외벽이라 함은 거실의 벽 중 외기에 직접 또는 간접 면하는 부위를 말한다.
② 일사조절장치라 함은 태양열의 실내 유입을 조절하기 위한 목적으로 설치하는 장치를 말한다.
③ 외피라 함은 거실 또는 거실외 공간을 둘러싸고 있는 벽, 지붕, 바닥, 창 및 문 등으로서 외기에 직접 또는 간접 면하는 부위를 말한다.
④ 방풍구조라 함은 출입구에서 실내의 공기 교환에 의한 열출입을 방지할 목적으로 설치하는 방풍실 또는 회전문 등을 설치한 방식을 말한다.

해설 2
외피
거실 또는 거실외 공간을 둘러싸고 있는 벽·지붕·바닥·창 및 문 등으로서 외기에 직접 면하는 부위

3. 건축물의 에너지절약 설계기준상 다음과 같이 정의되는 용어는? [17, 19 ㈈]

> 냉(난)방기간 동안 또는 연간 총시간에 대한 온도출현분포중에서 가장 높은(낮은) 온도쪽으로부터 총시간의 일정 비율에 해당하는 온도를 제외시키는 비율

① 위험률
② 온도율
③ 부분부하율
④ 최대부하율

해설 3
용어 정의
※ 위험률 : 냉(난)방기간 동안 또는 연간 총시간에 대한 온도출현분포 중에서 가장 높은(낮은) 온도쪽으로부터 총시간의 일정 비율에 해당하는 온도를 제외시키는 비율
※ 효율 : 설비기기에 공급된 에너지에 대한 출력된 유효에너지의 비

정답 1. ③ 2. ③ 3. ①

핵심기출문제

01. 건축물의 에너지절약 및 냉방설비의 설치와 설계기준

4. 건축물의 에너지절약설계기준에 따른 용어의 정의가 옳지 않은 것은? [20, 25 ㈐]
① "효율"이라 함은 설비기기에 공급된 에너지에 대하여 출력된 유효에너지의 비를 말한다.
② "태양열취득률(SHGC)"이라 함은 입사된 태양열에 대하여 실내로 유입된 태양열취득의 비율을 말한다.
③ "비례제어운전"이라 함은 기기를 여러 대 설치하여 부하상태에 따라 최적 운전상태를 유지할 수 있도록 기기를 조합하여 운전하는 방식을 말한다.
④ "이코노마이저시스템"이라 함은 중간기 또는 동계에 발생하는 냉방부하를 실내 엔탈피보다 낮은 도입 외기에 의하여 제거 또는 감소시키는 시스템을 말한다.

5. 건축물의 에너지절약설계기준에 따른 용어의 정의가 옳지 않은 것은? [19 ㈐]
① 일사조절장치라 함은 태양열의 실내 유입을 조절하기 위한 목적으로 설치하는 장치를 말한다.
② 태양열취득률(SHGC)이라 함은 입사된 태양열에 대하여 실내로 유입된 태양열취득의 비율을 말한다.
③ 투광부라 함은 창, 문면적의 30[%] 이상이 투과체로 구성된 문, 유리블럭, 플라스틱패널 등과 같이 투과재료로 구성되며, 외기에 접하여 채광이 가능한 부위를 말한다.
④ 이코노마이저시스템이라 함은 중간기 또는 동계에 발생하는 냉방부하를 실내 엔탈피보다 낮은 도입 외기에 의하여 제거 또는 감소시키는 시스템을 말한다.

6. 외기에 직접 면하고 1층 또는 지상으로 연결된 출입문을 방풍구조로 하여야 하는 것은? [09 ㈎]
① 주택의 출입문(기숙사는 제외)
② 사람의 통행을 주목적으로 하지 않는 출입문
③ 너비 1.5[m] 출입문
④ 바닥면적 300[m²]의 개별 점포의 출입문

해설

해설 4
비례제어운전이라 함은 기기의 출력값과 목표값의 편차에 비례하여 입력량을 조절하여 최적운전상태를 유지할 수 있도록 운전하는 방식을 말한다.

해설 5
"투광부"라 함은 창, 문면적의 50[%] 이상이 투과체로 구성된 문, 유리블럭, 플라스틱패널 등과 같이 투과재료로 구성되며, 외기에 접하여 채광이 가능한 부위를 말한다.

해설 6
외기에 직접 면하고 1층 또는 지상으로 연결된 출입문은 방풍구조로 하여야 한다.
예외 다음에 해당하는 경우
㉠ 바닥면적 300[m²] 이하의 개별 점포의 출입문
㉡ 주택의 출입문(기숙사는 제외)
㉢ 사람의 통행을 주목적으로 하지 않는 출입문
㉣ 너비 1.2[m] 이하의 출입문

정답 4. ③ 5. ③ 6. ③

7. 다음은 건축물의 에너지절약설계기준상 기밀 및 결로방지 등을 위한 조치에 관한 내용이다. 밑줄 친 각 호의 내용으로 옳지 않은 것은? [12 ㉯]

> 외기에 직접 면하고 1층 또는 지상으로 연결된 출입문은 방풍구조로 하여야 한다. 다만, 다음 <u>각 호</u>에 해당하는 경우에는 그러하지 아니하다.

① 주택의 출입문(기숙사는 제외)
② 너비 1.5[m] 이하의 출입문
③ 사람의 통행을 주목적으로 하지 않는 출입문
④ 바닥면적 300[m²] 이하의 개별 점포의 출입문

8. 건축물의 에너지절약 설계기준에 따른 건축부문의 권장사항으로 옳지 않은 것은? [13 ㉯]

① 공동주택은 인동간격을 좁게 하여 저층부의 일사 수열량을 감소시킨다.
② 공동주택의 외기에 접하는 주동의 출입구와 각 세대의 현관은 방풍구조로 한다.
③ 건축물의 체적에 대한 외피면적의 비 또는 연면적에 대한 외피면적의 비는 가능한 작게 한다.
④ 거실의 층고 및 반자 높이는 실의 용도와 기능에 지장을 주지 않는 범위 내에서 가능한 낮게 한다.

9. 건축물의 에너지절약설계기준에 따른 건축부문의 권장사항으로 옳지 않은 것은? [19 ㉯]

① 공동주택은 인동간격을 넓게 하여 저층부의 일사 수열량을 증대시킨다.
② 건축물의 체적에 대한 외피면적의 비 또는 연면적에 대한 외피면적의 비는 가능한 작게 한다.
③ 거실의 층고 및 반자 높이는 실의 용도와 기능에 지장을 주지 않는 범위 내에서 가능한 높게 한다.
④ 건물 옥상에는 조경을 하여 최상층 지붕의 열저항을 높이고, 옥상면에 직접 도달하는 일사를 차단하여 냉방부하를 감소시킨다.

해설

[해설] 7
외기에 직접 면하고 1층 또는 지상으로 연결된 출입문은 방풍구조로 하여야 한다.
[예외] 다음에 해당하는 경우
㉠ 바닥면적 300[m²] 이하의 개별 점포의 출입문
㉡ 주택의 출입문(기숙사는 제외)
㉢ 사람의 통행을 주목적으로 하지 않는 출입문
㉣ 너비 1.2[m] 이하의 출입문
※ 방풍구조라 함은 출입구에서 실내외 공기 교환에 의한 열출입을 방지할 목적으로 설치하는 완충공간(방풍실) 또는 회전문 등을 설치한 방식을 말한다.

[해설] 8
공동주택은 인동간격을 넓게 하여 저층부의 일사 수열량을 증대시킨다.

[해설] 9
평면계획
㉠ 거실의 층고 및 반자 높이는 실의 용도와 기능에 지장을 주지 않는 범위 내에서 가능한 낮게 한다.
㉡ 건축물의 체적에 대한 외피면적의 비 또는 연면적에 대한 외피면적의 비는 가능한 작게 한다.
㉢ 실의 용도 및 기능에 따라 수평, 수직으로 조닝계획을 한다.

정답 7. ② 8. ① 9. ③

핵심기출문제

01. 건축물의 에너지절약 및 냉방설비의 설치와 설계기준

해설

10. 건축물의 에너지절약 설계기준에 따른 건축부문의 권장사항으로 옳지 않은 것은? [17 ⑭]
① 외벽 부위는 외단열로 시공한다.
② 공동주택은 인동간격을 넓게 하여 저층부의 일사 수열량을 증대시킨다.
③ 건축물의 체적에 대한 외피면적의 비 또는 연면적에 대한 외피면적의 비는 가능한 크게 한다.
④ 건물의 창 및 문은 가능한 작게 설계하고, 특히 열손실이 많은 북측 거실의 창 및 문의 면적은 최소화한다.

해설 10
건축물의 체적에 대한 외피면적의 비 또는 연면적에 대한 외피면적의 비는 가능한 작게 한다.

11. 건축물의 에너지절약 설계기준에 따른 건축부분의 권장사항으로 옳지 않은 것은? [12, 14, 25 ⑭]
① 외벽 부위는 내단열로 시공한다.
② 공동주택은 인동간격을 넓게 하여 저층부의 일사 수열량을 증대시킨다.
③ 건물의 창호는 가능한 작게 설계하고, 특히 열손실이 많은 북측의 창면적은 최소화한다.
④ 건축물의 체적에 대한 외피면적의 비 또는 연면적에 대한 외피면적의 비는 가능한 작게 한다.

해설 11
단열계획
㉠ 건축물 외벽, 천장 및 바닥으로의 열손실을 방지하기 위하여 기준에서 정하는 단열두께보다 두껍게 설치하여 단열부위의 열저항을 높이도록 한다.
㉡ 외벽 부위는 외단열로 시공한다.

12. 건축물의 에너지절약 설계기준에 따른 건축부문의 권장 사항으로 옳지 않은 것은? [14 ⑭]
① 공동주택은 인동간격을 넓게 하여 저층부의 일사 수열량을 증대시킨다.
② 태양열 유입에 의한 냉방부하 저감을 위하여 태양열 유입 유도장치를 설치한다.
③ 건축물의 체적에 대한 외피면적의 비 또는 연면적에 대한 외피면적의 비는 가능한 작게 한다.
④ 발코니 확장을 하는 공동주택이나 창호면적이 큰 건물에는 단열성이 우수한 로이(Low-E) 복층창이나 삼중창 이상의 단열성능을 갖는 창호를 설치한다.

해설 12
태양열 유입에 의한 냉방부하 저감을 위하여 태양열 차폐장치를 설치한다.

정답 10. ③ 11. ① 12. ②

Industrial Engineer Building Facilities

해설

해설 13
외기에 접하는 거실의 창문은 동력설비에 의하지 않고도 충분한 환기 및 통풍이 가능하도록 일부분은 수동으로 여닫을 수 있는 개폐창을 설치하되, 환기를 위해 개폐 가능한 창부위 면적의 합계는 거실 외주부 바닥면적의 1/10 이상으로 한다.

---

13. 다음은 건축물의 에너지절약 설계기준에 따른 건축부문의 권장사항이다. ( ) 안에 알맞은 것은? [14 산]

> 외기에 접하는 거실의 창문은 동력설비에 의하지 않고도 충분한 환기 및 통풍이 가능하도록 일부분은 수동으로 여닫을 수 있는 개폐창을 설치하되, 환기를 위해 개폐 가능한 창부위 면적의 합계는 거실 외주부 바닥면적의 ( ) 이상으로 한다.

① 1/5 ② 1/10
③ 1/15 ④ 1/20

---

14. 건축물의 에너지절약설계기준상 중간기 또는 동계에 발생하는 냉방부하를 실내기준온도보다 낮은 도입 외기에 의하여 제거 또는 감소시키는 시스템으로 정의되는 것은? [11 산]

① 지열시스템 ② 태양광발전시스템
③ 이코노마이저시스템 ④ 설비형태양열시스템

해설 기계설비부문 용어의 정의

부 문	내 용
이코노마이저 시스템	중간기 또는 동계에 발생하는 냉방부하를 실내 엔탈피보다 낮은 도입 외기에 의하여 제거 또는 감소시키는 시스템
중앙집중식 냉방 또는 난방설비	건축물의 전부 또는 일부를 냉방 또는 난방함에 있어 해당 공간에 대한 열원 등을 공유하는 설비를 말하며, 건물(또는 해당 용도)의 냉방 또는 난방설비 용량의 60[%] 이상을 중앙집중식으로 설치하는 경우 그 건물(또는 해당 용도)을 중앙집중식 냉방 또는 난방 건물로 본다.

---

15. 다음은 건축물의 에너지 절약 설계기준 상의 용어의 정의이다. 이에 알맞은 용어는? [10 산]

> 중간기 또는 동계에 발생하는 냉방부하를 실내기준온도 보다 낮은 도입 외기에 의하여 제거 또는 감소시키는 시스템을 말한다.

① 이코노마이저시스템 ② 설비형태양열시스템
③ 태양광발전시스템 ④ 지열시스템

해설 15
이코노마이저시스템
중간기 또는 동계에 발생하는 냉방부하를 실내기준온도 보다 낮은 도입 외기에 의하여 제거 또는 감소시키는 시스템을 말한다.

정답 13. ② 14. ③ 15. ①

핵심기출문제

01. 건축물의 에너지절약 및 냉방설비의 설치와 설계기준

16. 다음은 건축물의 에너지절약설계기준에 따른 용어의 정의이다. ( ) 안에 알맞은 것은? [12, 14, 18, 24 산]

> "중앙집중식 냉·난방설비"라 함은 건축물의 전부 또는 냉난방 면적의 ( ) 이상을 냉방 또는 난방함에 있어 해당 공간에 순환펌프, 증기난방설비 등을 이용하여 열원 등을 공급하는 설비를 말한다.

① 40[%] ② 50[%]
③ 60[%] ④ 70[%]

17. 다음은 건축물의 에너지절약설계기준에 따른 에너지성능지표의 판정에 관한 기준 내용이다. ( ) 안에 알맞은 것은? [18 산]

> 에너지성능지표는 평점합계가 ( ) 이상일 경우 적합한 것으로 본다. 다만, 공공기관이 신축하는 건축물(별동이나 증축하는 건축물을 포함한다)은 74점 이상일 경우 적합한 것으로 본다.

① 65점 ② 72점
③ 84점 ④ 90점

18. 다음 중 건축물의 부위별 열관류율 기준이 가장 작은 부위는? (단, 중부 지역의 경우) [16 산]

① 바닥난방인 층간 바닥
② 외기에 직접 면하는 거실의 외벽
③ 외기에 직접 면하는 최하층에 있는 거실의 바닥
④ 외기에 직접 면하는 최상층에 있는 거실의 반자

해설

해설 16
중앙집중식 냉방 또는 난방설비
중앙집중식 냉방 또는 난방설비라 함은 건축물의 전부 또는 냉난방 면적의 60[%] 이상을 냉방 또는 난방함에 있어 해당 공간에 순환펌프, 증기난방설비 등을 이용하여 열원 등을 공급하는 설비를 말한다. 단, 산업통상자원부 고시 「효율관리기자재 운용 규정」에서 정한 가정용 가스보일러는 개별 난방설비로 간주한다.

해설 17
에너지성능지표 검토서의 판정
에너지성능지표 검토서는 에너지성능지표 검토서의 평점합계가 65점 이상(공공기관은 74점)일 경우 적합한 것으로 본다.

해설 18
열손실방지조치 대상 부위
열손실방지 등의 에너지이용합리화를 위한 조치로 지역별 건축물로써 다음에 해당하는 부위에는 열관류율을 법 기준으로 하며, 국토교통부장관은 열관류율에 적합한 단열재의 두께 기준을 정하여 고시할 수 있다.
㉠ 거실의 외벽
㉡ 최상층에 있는 거실의 반자 또는 지붕
㉢ 최하층에 있는 거실의 바닥
㉣ 공동주택의 측벽
㉤ 바닥난방인 층간 바닥
㉥ 창 및 문
※ 외기에 직접 면하는 최상층에 있는 거실의 반자 또는 지붕은 열관류율(K)이 가장 작다. 즉, 단열재의 두께가 가장 두껍게 처리해야 할 부분이다.

정답 16. ③ 17. ① 18. ④

Industrial Engineer Building Facilities

■■■ 2. 건축물의 냉방설비의 설치와 설계기준

19. 건축물의 냉방설비에 대한 설치 및 설계기준상 포접화합물(Clathrate)이나 공융염(Eutectic Salt) 등의 상변화물질을 심야시간에 냉각시켜 동결한 후 그 밖의 시간에 이를 녹여 냉방에 이용하는 냉방설비로 정의되는 것은? [14 ㉤]

① 빙축열식 냉방설비
② 수축열식 냉방설비
③ 물질축열식 냉방설비
④ 잠열축열식 냉방설비

해설 축냉식 전기냉방설비

구 분	내 용
빙축열식 냉방설비	심야시간에 얼음을 제조하여 축열조에 저장하였다가 기타시간에 이를 녹여 냉방에 이용하는 냉방설비를 말한다.
수축열식 냉방설비	심야시간에 물을 냉각시켜 축열조에 저장하였다가 기타시간에 이를 냉방에 이용하는 냉방설비를 말한다.
잠열축열식 냉방설비	포접화합물(Clathrate)이나 공융염(Eutectic Salt) 등의 상변화물질을 심야시간에 냉각시켜 동결한 후 기타시간에 이를 녹여 냉방에 이용하는 냉방설비를 말한다.

20. 건축물의 냉방설비에 대한 설치 및 설계기준에 정의된 심야시간은? [15 ㉤]

① 21:00부터 다음 날 09:00까지
② 22:00부터 다음 날 09:00까지
③ 23:00부터 다음 날 09:00까지
④ 24:00부터 다음 날 09:00까지

해설 20
심야시간
23:00부터 익일 09:00까지를 말한다. 단, 한국전력공사에서 규정하는 심야시간이 변경될 경우는 그에 따라 상기 시간이 변경된다.

21. 건축물의 냉방설비에 대한 설치 및 설계기준상 다음과 같이 정의되는 것은? [15, 24 ㉤]

> 저장된 냉열을 냉방에 이용할 경우에만 가동되는 냉수 순환펌프, 공조용 순환펌프 등의 설비

① 1차측 설비
② 2차측 설비
③ 부분축냉설비
④ 전체축냉설비

해설 21
② 2차측 설비 : 저장된 냉열을 냉방에 이용할 경우에만 가동되는 냉수 순환펌프, 공조용 순환펌프 등의 설비를 말한다.
③ 부분축냉방식 : 그 밖의 시간에 필요한 냉방열량의 일부를 심야시간에 생산하여 축열조에 저장하였다가 이를 이용하는 냉방방식을 말한다.
④ 전체축냉방식 : 그 밖의 시간에 필요한 냉방열량의 전부를 심야시간에 생산하여 축열조에 저장하였다가 이를 이용하는 냉방방식을 말한다.

정답 19. ④ 20. ③ 21. ②

핵심기출문제

22. 다음은 건축물의 냉방설비에 대한 설치 및 설계 기준에 따른 축열률의 정의이다. ( ) 안에 알맞은 것은? [13, 14, 17, 20]

> 축열률이라 함은 통계적으로 ( )을 기준으로 그 밖의 시간에 필요한 냉방열량 중에서 이용이 가능한 냉열량이 차지하는 비율을 말하며 백분율[%]로 표시한다.

① 연중 최소냉방부하를 갖는 날
② 연중 최대냉방부하를 갖는 날
③ 연중 최소냉방부하를 갖는 달
④ 연중 최대냉방부하를 갖는 달

23. 건축물의 냉방설비에 대한 설치 및 설계기준상 다음과 같이 정의되는 용어는? [15, 16]

> 통계적으로 연중 최대냉방부하를 갖는 날을 기준으로 그 밖의 시간에 필요한 냉방열량중에서 이용이 가능한 냉열량이 차지하는 비율을 말하며 백분율[%]로 표시한다.

① 축열률　　② 냉방률
③ 수용률　　④ 이용률

24. 연면적이 2,000[m²]인 숙박시설에 중앙집중 냉방설비를 설치하고자 하는 경우, 해당 건축물에 소요되는 주간 최대냉방부하의 최소 얼마 이상을 수용할 수 있는 용량의 축냉식 또는 가스를 이용한 중앙집중 냉방방식으로 설치하여야 하는가? [14]

① 45[%] 이상　　② 50[%] 이상
③ 55[%] 이상　　④ 60[%] 이상

해설

해설 22, 23
축열률이라 함은 통계적으로 연중 최대냉방부하를 갖는 날을 기준으로 기타 시간에 필요한 냉방열량 중에서 이용이 가능한 냉열량이 차지하는 비율을 말한다.

축열률(%)
$= \dfrac{\text{이용이 가능한 냉열량[kcal]}}{\text{기타시간에 필요한 냉방열량[kcal]}}$

해설 24
냉방설비의 설치대상 및 설비규모
일정 규모 이상에 해당하는 건축물에 중앙집중 냉방설비를 설치할 때에는 해당 건축물에 소요되는 주간 최대 냉방부하의 60[%] 이상을 심야전기를 이용한 축냉식, 가스를 이용한 냉방방식, 집단에너지사업허가를 받은 자로부터 공급되는 집단에너지를 이용한 지역냉방방식, 소형 열병합발전을 이용한 냉방방식, 신재생에너지를 이용한 냉방방식, 그 밖에 전기를 사용하지 아니한 냉방방식의 냉방설비로 수용하여야 한다.

정답 22. ②　23. ①　24. ④

25. 축냉식 전기냉방설비의 설계기준 내용으로 옳지 않은 것은? [09, 12 ⓐ]
① 축열조는 보온을 철저히 하여 열손실과 결로를 방지해야 한다.
② 열교환기에서 점검을 위한 부분은 해체와 조립이 용이하도록 하여야 한다.
③ 열교환기는 시간당 최대냉방열량을 처리할 수 있는 용량 이하로 설치하여야 한다.
④ 축열조는 축냉 및 방냉운전을 반복적으로 수행하는데 적합한 재질의 축냉재를 사용하여야 한다.

해설 25
축냉식 전기냉방설비의 설치기준에서 열교환기는 시간당 최대냉방열량을 처리할 수 있는 용량 이상으로 설치하여야 한다. 열교환기는 보온을 철저히 하여 열손실과 결로를 방지하여야 하며, 점검을 위한 부분은 해체와 조립이 용이하도록 하여야 한다.

26. 축냉식 전기냉방설비의 설계기준 내용으로 옳지 않은 것은? [13, 16, 19, 25 ⓐ]
① 축열조는 보온을 철저히 하여 열손실과 결로를 방지해야 한다.
② 열교환기에서 점검을 위한 부분은 해체와 조립이 용이하도록 하여야 한다.
③ 열교환기는 시간당 최대냉방열량을 처리할 수 있는 용량 이상으로 설치하여야 한다.
④ 자동제어설비는 수동조작을 할 수 없도록 하여야 하며 감시기능 등을 갖추어야 한다.

해설 26
축냉식 전기냉방설비의 설치기준에서 자동제어설비는 축냉운전, 방냉운전 또는 냉동기와 축열조를 동시에 이용하여 냉방운전이 가능한 기능을 갖추어야 하고, 필요할 경우 수동조작이 가능하도록 하여야 하며 감시기능 등을 갖추어야 한다.

정답 25. ③ 26. ④

녹색건축 인증에 관한 규칙 및 기준

03
section

제3편 녹색건축 인증에 관한 규칙 및 기준

핵심 01 녹색건축 인증에 관한 규칙 및 기준

제3과목 건축설비관련법규 | 제3편 녹색건축 인증에 관한 규칙 및 기준

핵심 PLUS

1 목적
이 규칙은 「녹색건축물 조성 지원법」에 따라 녹색건축 인증 대상 건축물의 종류, 인증기준 및 인증절차, 인증유효기간, 수수료, 인증기관 및 운영기관의 지정기준, 지정 절차, 업무범위, 인증받은 건축물에 대한 점검이나 실태조사 및 인증 결과의 표시 방법에 관하여 위임된 사항과 그 시행에 필요한 사항을 규정함을 목적으로 한다.

2 적용대상
녹색건축 인증은 건축법에 따른 건축물을 대상으로 한다.
단, 국방·군사시설 사업에 관한 법률에 따른 군부대주둔지 내의 국방·군사시설은 제외한다.

3 운영기관의 지정 등

1. 운영기관의 지정
국토교통부장관은 운영기관을 지정하려는 경우에는 환경부장관과 협의하여야 한다.

2. 운영기관의 업무
① 인증관리시스템의 운영에 관한 업무
② 인증기관의 심사 결과 검토에 관한 업무
③ 인증제도의 홍보, 교육, 컨설팅, 조사·연구 및 개발 등에 관한 업무
④ 인증제도의 개선 및 활성화를 위한 업무
⑤ 심사전문인력의 교육, 관리 및 감독에 관한 업무
⑥ 인증 관련 통계 분석 및 활용에 관한 업무
⑦ 인증제도의 운영과 관련하여 국토교통부장관 또는 환경부장관이 요청하는 업무

3. 보고

운영기관의 장은 다음 각 호의 구분에 따른 시기까지 운영기관의 사업내용을 국토교통부장관과 환경부장관에게 각각 보고하여야 한다.
① 전년도 사업추진 실적과 그 해의 사업계획 : 매년 1월 31일까지
② 분기별 인증 현황 : 매 분기 말일을 기준으로 다음 달 15일까지

4 인증기관의 지정

1. 인증기관 지정 신청기간 공고

국토교통부장관은 인증기관을 지정하려는 경우에는 환경부장관과 협의하여 지정 신청 기간을 정하고, 그 기간이 시작되는 날의 3개월 전까지 신청 기간 등 인증기관 지정에 관한 사항을 공고하여야 한다.

2. 인증기관 지정 신청

1) 신청서식

인증기관으로 지정을 받으려는 자는 녹색건축 인증기관 지정신청서(전자문서로 된 신청서를 포함)에 다음 각 호의 서류(전자문서를 포함)를 첨부하여 국토교통부장관에게 제출하여야 한다.
1. 인증업무를 수행할 전담조직 및 업무수행체계에 관한 설명서
2. 심사전문인력을 보유하고 있음을 증명하는 서류
3. 인증기관의 인증업무 처리규정

② 심사전문인력

인증기관은 해당 전문분야 중 5개 이상의 분야(에너지 및 환경오염 분야를 포함)에 분야별로 1명 이상의 상근(常勤) 심사전문인력을 보유하여야 한다. 이 경우 심사전문인력은 다음 각 호의 어느 하나에 해당하는 사람이어야 한다.
1. 건축사 자격을 취득한 사람
2. 해당 전문분야의 기술사 자격을 취득한 사람
3. 해당 전문분야의 기사 자격을 취득한 후 7년 이상 해당 업무를 수행한 사람
4. 해당 전문분야의 박사학위를 취득한 후 1년 이상 해당 업무를 수행한 사람
5. 해당 전문분야의 석사학위를 취득한 후 6년 이상 해당 업무를 수행한 사람
6. 해당 전문분야의 학사학위를 취득한 후 8년 이상 해당 업무를 수행한 사람

③ 인증업무 처리규정

인증업무 처리규정에는 다음 각 호의 사항이 포함되어야 한다.
1. 녹색건축 인증 심사의 절차 및 방법에 관한 사항
2. 인증심사단 및 인증심의위원회의 구성·운영에 관한 사항
3. 녹색건축 인증 결과의 통보 및 재심사에 관한 사항
4. 녹색건축 인증을 받은 건축물의 인증 취소에 관한 사항
5. 녹색건축 인증 결과 등의 보고에 관한 사항
6. 녹색건축 인증 수수료 납부방법 및 납부기간에 관한 사항
7. 녹색건축 인증 결과의 검증방법에 관한 사항
8. 그 밖에 녹색건축 인증업무 수행에 필요한 사항

3. 인증기관 지정, 고시

① 신청을 받은 국토교통부장관은 행정정보의 공동이용을 통하여 신청인의 법인 등기사항증명서(법인인 경우만 해당) 또는 사업자등록증(개인인 경우만 해당)을 확인하여야 한다. 다만, 신청인이 사업등록증을 확인하는 데 동의하지 아니하는 경우에는 해당 서류의 사본을 제출하도록 하여야 한다.
② 국토교통부장관은 녹색건축 인증기관 지정신청서가 제출되면 해당 신청인이 인증기관으로 적합한지를 환경부장관과 협의하여 검토한 후 인증운영위원회의 심의를 거쳐 지정·고시한다.

5 인증기관 지정서의 발급 등

1. 지정서 발급

① 국토교통부장관은 인증기관으로 지정받은 자에게 별지 제2호서식의 녹색건축 인증기관 지정서를 발급하여야 한다.
② 인증기관 지정의 유효기간은 녹색건축 인증기관 지정서를 발급한 날부터 5년으로 한다.
③ 국토교통부장관은 환경부장관과 협의한 후 인증운영위원회의 심의를 거쳐 지정의 유효기간을 5년마다 갱신할 수 있다. 이 경우 갱신기간은 갱신할 때마다 5년을 초과할 수 없다.

2. 변경신고

① 녹색건축 인증기관 지정서를 발급받은 인증기관의 장은 다음 각 호의 어느 하나에 해당하는 사항이 변경되었을 때에는 그 변경된 날부터 30일 이내에 변경된 내용을 증명하는 서류를 운영기관의 장에게 제출하여야 한다.

[예] 녹색건축 인증의 유효기간으로 옳은 것은? [18 기, 24 산]
① 녹색건축 인증서를 발급한 날부터 3년
② 녹색건축 인증서를 발급한 날부터 5년
③ 녹색건축 인증서를 발급한 날부터 10년
④ 녹색건축 인증서를 발급한 날부터 15년

답 : ②

1. 기관명
2. 기관의 대표자
3. 건축물의 소재지
4. 심사전문인력

② 운영기관의 장은 변경 내용을 증명하는 서류를 받으면 그 내용을 국토교통부장관과 환경부장관에게 각각 보고하여야 한다.

6 인증 신청 등

1. 인증신청

1) 신청시기

① 다음 각 호의 어느 하나에 해당하는 자("건축주등"이라 함)는 녹색건축 인증을 신청할 수 있다.
   1. 건축주
   2. 건축물 소유자
   3. 사업주체 또는 시공자(건축주나 건축물 소유자가 인증 신청에 동의하는 경우에만 해당)

② 인증을 신청하려는 건축주등은 별지 제3호서식의 녹색건축 인증 신청서(전자문서로 된 신청서를 포함)에 다음 각 호의 서류(전자문서를 포함)를 첨부하여 인증기관의 장에게 제출하여야 한다.
   1. 국토교통부장관과 환경부장관이 정하여 공동으로 고시하는 녹색건축 자체평가서
   2. 제1호에 따른 녹색건축 자체평가서에 포함된 내용이 사실임을 증명할 수 있는 서류

2) 인증처리기간

① 인증기관의 장은 신청서와 신청서류가 접수된 날부터 40일 이내에 인증을 처리하여야 한다. 다만, 인증대상 건축물이 단독주택(30세대 미만인 경우만 해당)인 경우에는 20일 이내에 처리하여야 한다.

② 인증기관의 장은 ①에 따른 기간 이내에 부득이한 사유로 인증을 처리할 수 없는 경우에는 건축주등에게 그 사유를 통보하고 20일의 범위에서 인증 심사 기간을 한 차례만 연장할 수 있다.

③ 인증기관의 장은 건축주등이 제출한 서류의 내용이 불충분하거나 사실과 다른 경우에는 서류가 접수된 날부터 20일 이내에 건축주등에게 보완을 요청할 수 있다. 이 경우 건축주등이 제출서류를 보완하는 기간은 ①에 따른 기간에 산입하지 아니한다.

핵심 PLUS

④ 인증기관의 장은 건축주등이 보완 요청 기간 안에 보완을 하지 아니한 경우 등에는 신청을 반려할 수 있다. 이 경우 반려기준 및 절차 등 필요한 사항은 국토교통부장관과 환경부장관이 공동으로 정하여 고시한다.

7 인증 심사 절차

① 인증기관의 장은 인증 신청을 받으면 심사전문인력으로 인증심사단을 구성하여 인증기준에 따라 서류심사와 현장실사(現場實査)를 하고, 심사 내용, 점수, 인증 여부 및 인증 등급을 포함한 인증심사결과서를 작성하여야 한다.
② 인증심사결과서를 작성한 인증기관의 장은 인증심의위원회의 심의를 거쳐 인증 여부 및 인증 등급을 결정한다. 다만, 다음 각 호의 어느 하나에 해당하는 경우에는 인증심의위원회의 심의를 생략할 수 있다.
  1. 단독주택에 대하여 인증을 신청한 경우
  2. 그린리모델링 인증 용도로 인증을 신청한 경우
③ 인증심사단은 해당 전문분야 중 5개 이상의 분야(에너지 및 환경오염 분야를 포함하여야 함)별 1명 이상의 심사전문인력으로 구성한다. 다만, 단독주택 및 그린리모델링에 대한 인증인 경우에는 해당 전문분야 중 2개 분야별 1명 이상의 심사전문인력으로 인증심사단을 구성할 수 있다.
④ 인증심의위원회는 해당 전문분야 중 4개 이상의 분야별 1명 이상의 전문가로 구성한다. 이 경우 인증심의위원회의 위원은 해당 인증기관에 소속된 사람이 아니어야 하며, 다른 인증기관의 심사전문인력을 1명 이상 포함하여야 한다.

8 인증기준

① 녹색건축 인증은 해당 전문분야별로 국토교통부장관과 환경부장관이 공동으로 정하여 고시하는 인증기준에 따라 부여된 종합점수를 기준으로 심사하여야 한다.
② 녹색건축 인증 등급은 최우수(그린1등급), 우수(그린2등급), 우량(그린3등급) 또는 일반(그린4등급)으로 한다.
③ 인증기관의 장은 지정된 전문기관에서 운영하는 일정한 교육과정을 이수한 사람이 인증대상 건축물의 설계에 참여한 경우 또는 혁신적인 설계방식을 도입한 경우 등 녹색건축 관련 기술의 발전을 위하여 필요하다고 인정하는 경우에는 국토교통부장관과 환경부장관이 공동으로 정하여 고시하는 바에 따라 가산점을 부여할 수 있다.
④ 제①항에 따른 인증기준은 건축법에 따른 사용승인 또는 주택법에 따른 사용검사를 받은 날부터 5년이 지난 건축물과 그 밖의 건축물로 구분하여 정할 수 있다.

예 녹색건축 인증 등급의 구분에 속하지 않는 것은? [17 기 25 산]
① 우수(그린 2등급)
② 우량(그린 3등급)
③ 일반(그린 4등급)
④ 보통(그린 5등급)
답 : ④

9 인증서 발급 및 인증의 유효기간

① 인증기관의 장은 녹색건축 인증을 할 때에는 건축주등에게 별지 제4호서식의 녹색건축 인증서와 인증명판(認證名板)을 발급하여야 한다. 이 경우 건축물의 건축주등은 인증명판을 건축물 현관 및 로비 등 공공이 볼 수 있는 장소에 게시하여야 한다.
② 녹색건축 인증을 받은 건축물의 건축주등은 자체적으로 별표 2에 따라 인증명판을 제작하여 활용할 수 있다.
③ 녹색건축 인증의 유효기간은 녹색건축 인증서를 발급한 날부터 5년으로 한다.
④ 인증기관의 장은 인증서를 발급하였을 때에는 인증 대상, 인증 날짜, 인증 등급 및 인증심사단과 인증심사위원회의 구성원 명단을 포함한 인증 심사 결과를 운영기관의 장에게 제출하여야 한다.

> **핵심 PLUS**
>
> 예 녹색건축 인증의 유효기간으로 옳은 것은?   [18 기, 24, 25 산]
> ① 녹색건축 인증서를 발급한 날부터 3년
> ② 녹색건축 인증서를 발급한 날부터 5년
> ③ 녹색건축 인증서를 발급한 날부터 10년
> ④ 녹색건축 인증서를 발급한 날부터 15년
>
> 답 : ②

10 재심사 요청 등

① 인증 심사 결과나 인증 취소 결정에 이의가 있는 건축주등은 인증기관의 장에게 재심사를 요청할 수 있다.
② 재심사 결과 통보, 인증서 재발급 등 재심사에 따른 세부 절차에 관한 사항은 국토교통부장관과 환경부장관이 정하여 공동으로 고시한다.

11 예비인증의 신청

1. 신청
① 건축주등은 인증에 앞서 건축물 설계도서에 반영된 내용만을 대상으로 녹색건축 예비인증을 신청할 수 있다.

2. 신청서식
건축주등은 녹색건축 예비인증을 받으려면 별지 제5호서식의 녹색건축 예비인증 신청서에 다음 각 호의 서류를 첨부하여 인증기관의 장에게 제출하여야 한다.
1. 국토교통부장관과 환경부장관이 정하여 공동으로 고시하는 녹색건축 자체평가서
2. 제1호에 따른 녹색건축 자체평가서에 포함된 내용이 사실임을 증명할 수 있는 서류

3. 예비인증의 유효기간 등

① 인증기관의 장은 심사 결과 예비인증을 하는 경우 녹색건축 예비인증서(주택건설기준 등에 관한 규칙에 따른 공동주택성능등급 인증서를 포함)를 건축주등에게 발급하여야 한다. 이 경우 건축주등이 예비인증을 받은 사실을 광고 등의 목적으로 사용하려면 본인증을 받을 경우 그 내용이 달라질 수 있음을 알려야 한다.
② 예비인증을 받은 건축주등은 본인증을 받아야 한다. 이 경우 예비인증을 받아 제도적·재정적 지원을 받은 건축주등은 예비인증 등급 이상의 본인증을 받아야 한다.
③ 예비인증의 유효기간은 녹색건축 예비인증서를 발급한 날부터 사용승인일 또는 사용검사일까지로 한다. 다만, 사용승인 또는 사용검사 전에 녹색건축 인증서를 발급받은 경우에는 해당 인증서 발급일까지로 한다.

12 인증을 받은 건축물에 대한 점검 및 실태조사

1. 관리 및 확인

① 녹색건축 인증을 받은 건축물의 소유자 또는 관리자는 그 건축물을 인증받은 기준에 맞도록 유지·관리하여야 한다.
② 인증기관의 장은 유지·관리 실태 파악을 위하여 녹색건축과 관련된 건축현황 등 필요한 자료를 건축물의 소유자 또는 관리자에게 요청할 수 있다.
③ 인증기관의 장은 필요한 경우에는 녹색건축 인증을 받은 건축물의 정상 가동 여부 등을 확인할 수 있다.
④ 인증기관의 장은 녹색건축 인증을 신청하거나 인증을 받은 건축물에 대하여 자체평가서 및 인증 신청시 제출한 서류 등 인증취득에 관한 정보를 건축주 등의 서면동의 없이 외부에 공개하여서는 아니 된다. 다만, 인증받은 건축물의 전문분야별 총점은 공개할 수 있다.

2. 사후관리 범위

녹색건축 인증을 받은 건축물에 대한 점검 및 실태조사 범위 등 세부 사항은 국토교통부장관과 환경부장관이 정하여 공동으로 고시한다.

13 인증운영위원회

1. 구성
국토교통부장관과 환경부장관은 녹색건축 인증제도를 효율적으로 운영하기 위하여 국토교통부장관이 환경부장관과 협의하여 정하는 기준에 따라 인증운영위원회를 구성하여 운영할 수 있다.

2. 심의사항
인증운영위원회는 다음 각 호의 사항을 심의한다.
1. 인증기관의 지정 및 지정의 유효기간 갱신에 관한 사항
2. 인증기관 지정의 취소 및 업무정지에 관한 사항
3. 인증 심사 기준의 제정·개정에 관한 사항
4. 그 밖에 녹색건축 인증제의 운영과 관련된 중요사항

3. 운영
① 국토교통부장관과 환경부장관은 인증운영위원회의 운영을 운영기관에 위탁할 수 있다.
② 인증운영위원회의 세부 구성 및 운영 등에 관한 사항은 국토교통부장관과 환경부장관이 정하여 공동으로 고시한다.

핵심기출문제

01. 녹색건축 인증에 관한 규칙 및 기준

해설

1. 녹색건축 인증에 관한 규칙에 따라 공공업무시설이 취득하여야 할 최소 녹색건축인증 등급은?

① 최우수 등급
② 우수 등급
③ 우량 등급
④ 일반 등급

[해설] 1
공공업무시설은 우수 등급(그린2등급) 이상을 취득하여야 한다.

2. 녹색건축 인증에 관한 규칙상 녹색건축 인증을 받아야 하는 대상 건축물이 아닌 것은?

① 중앙행정기관의 연면적 합계 4,000[m²]인 청사 신축
② 지방공단의 연면적 합계 3,000[m²]인 연구동 별동 증축
③ 지방대학의 연면적 합계 5,000[m²]인 강의동 신축
④ 공공기관의 연면적 합계 4,000[m²]인 복지센터 신축

[해설] 일반적 적용 대상
건축법에 따른 건축물을 대상으로 녹색건축 인증을 운영한다.
다만, 군부대 주둔지 내의 국방, 군사시설은 제외한다.

■ 녹색건축 인증 취득 의무 대상 건축물(영 제11조)
다음에 해당되는 건축의 경우에는 녹색건축 예비인증 및 본인증을 취득하여야 한다.

1. 적용대상기관	· 중앙행정기관　· 지방자치단체 · 공공기관　　　· 지방공사 또는 지방공단 · 국립·공립학교
2. 규모	에너지절약계획서 제출대상 중 연면적합계 3,000[m²] 이상인 건축물의 신축, 별동의 증축 또는 재축
3. 공공업무시설의 취득 등급	우수 등급(그린2등급) 이상을 취득하여야 함

3. 녹색건축물 인증 등급에서 우량등급은? [24, 25 산]

① 그린1등급
② 그린2등급
③ 그린3등급
④ 그린4등급

[해설] 3
녹색건축 인증 등급은 최우수(그린1등급), 우수(그린2등급), 우량(그린3등급) 또는 일반(그린4등급)으로 한다.

정답 1. ② 2. ③ 3. ③

4. 녹색건축물 인증기관의 장은 신청서와 신청서류가 접수된 날부터 며칠 이내에 인증을 처리하여야 하는가? [23 ④]
① 20일 ② 30일
③ 40일 ④ 60일

5. 녹색건축 인증에 관한 기술 중 가장 부적합한 것은?
① 건축주 등이 녹색건축 인증을 받으려면 녹색건축 인증신청서 등의 서류를 인증기관의 장에게 제출하여야 한다.
② 녹색건축 인증신청은 원칙적으로 건축법의 건축허가 후 또는 주택법의 사용승인 후 신청하여야 한다.
③ 단독주택(30세대 미만인 경우)에 따른 인증처리기간은 신청서류가 접수된 날로부터 20일 이내이다.
④ ③항의 경우 인증기관의 장은 20일의 범위 안에서 인증심사기간을 한 차례만 연장할 수 있다.

6. 녹색건축 인증에 관한 기술 중 가장 부적합한 것은?
① 인증심사결과서를 작성한 인증기관의 장은 인증심의위원회의 심의를 거쳐 인증 여부 및 인증등급을 결정한다.
② 인증심사단은 해당 전문분야 중 5개 이상의 분야(에너지 및 환경오염 분야를 포함하여야 한다)별 1명 이상의 심사전문인력으로 구성한다.
③ 인증심의위원회는 해당 전문분야 중 5개 이상의 분야별 1명 이상의 전문가로 구성한다.
④ 녹색건축 인증 등급은 최우수(그린1등급), 우수(그린2등급), 우량(그린3등급) 또는 일반(그린4등급)으로 한다.

해설

해설 4
녹색건축물 인증기관의 장은 신청서와 신청서류가 접수된 날부터 40일 이내에 인증을 처리하여야 한다.

해설 5
건축법의 사용승인 후 또는 주택법의 사용검사 후

해설 6
인증심의위원회는 해당 전문분야 중 4개 이상의 분야별 1명 이상의 전문가로 구성한다.

정답 4. ③ 5. ② 6. ③

건축물 에너지효율등급 인증 및 제로에너지건축물 인증에 관한 규칙

04 section

제4편 건축물 에너지효율등급 인증 및 제로에너지건축물 인증에 관한 규칙

건축물 에너지효율등급 인증 및 제로에너지건축물 인증에 관한 규칙

1 목적

이 규칙은 녹색건축물 조성 지원법에서 위임된 건축물 에너지효율등급 인증 및 제로에너지건축물 인증 대상 건축물의 종류 및 인증기준, 인증기관 및 운영기관의 지정, 인증받은 건축물에 대한 점검 및 건축물에너지평가사의 업무범위 등에 관한 사항과 그 시행에 필요한 사항을 규정함을 목적으로 한다.

2 적용대상

녹색건축물 조성 지원법 및 녹색건축물 조성 지원법 시행령에 따른 건축물 에너지효율등급 인증 및 제로에너지건축물 인증은 건축법 시행령 [별표 1]에 따른 건축물을 대상으로 한다.

다만, 건축법 시행령 [별표 1] 제3호부터 제13호까지 및 제15호부터 제29호까지의 규정에 따른 건축물 중 국토교통부장관과 산업통상자원부장관이 공동으로 고시하는 실내 냉방·난방 온도 설정조건으로 인증 평가가 불가능한 건축물 또는 이에 해당하는 공간이 전체 연면적의 50/100 이상을 차지하는 건축물은 제외한다.

3 운영기관의 지정

1. 운영기관의 지정

① 국토교통부장관은 녹색건축센터로 지정된 기관 중에서 건축물 에너지효율등급 인증제 운영기관 및 제로에너지건축물 인증제 운영기관을 지정하여 관보에 고시하여야 한다.
② 국토교통부장관은 운영기관을 지정하려는 경우 산업통상자원부장관과 협의하여야 한다.

2. 운영기관의 업무

운영기관은 해당 인증제에 관한 다음 각 호의 업무를 수행한다.
① 인증업무를 수행하는 인력(인증업무인력)의 교육, 관리 및 감독에 관한 업무
② 인증관리시스템의 운영에 관한 업무
③ 인증기관의 평가·사후관리 및 감독에 관한 업무
④ 인증제도의 홍보, 교육, 컨설팅, 조사·연구 및 개발 등에 관한 업무
⑤ 인증제도의 개선 및 활성화를 위한 업무
⑥ 인증절차 및 기준 관리 등 제도 운영에 관한 업무
⑦ 인증 관련 통계 분석 및 활용에 관한 업무
⑧ 인증제도의 운영과 관련하여 국토교통부장관 또는 산업통상자원부장관이 요청하는 업무

3. 운영기관의 업무

운영기관의 장은 다음 각 호의 구분에 따른 시기까지 운영기관의 사업내용을 국토교통부장관과 산업통상자원부장관에게 각각 보고하여야 한다.
① 전년도 사업추진 실적과 그 해의 사업계획: 매년 1월 31일까지
② 분기별 인증 현황 : 매 분기 말일을 기준으로 다음 달 15일까지

4 인증기관의 지정

1. 인증기관 지정 공고

국토교통부장관은 건축물 에너지효율등급 인증기관을 지정하려는 경우에는 산업통상자원부장관과 협의하여 지정 신청 기간을 정하고, 그 기간이 시작되는 날의 3개월 전까지 신청 기간 등 인증기관 지정에 관한 사항을 공고하여야 한다.

2. 인증기관 지정 신청

① 건축물 에너지효율등급 인증기관으로 지정을 받으려는 자는 신청 기간 내에 건축물 에너지효율등급 인증기관 지정 신청서에 다음 각 호의 서류를 첨부하여 국토교통부장관에게 제출하여야 한다.
  1. 인증업무를 수행할 전담조직 및 업무수행체계에 관한 설명서
  2. 인증업무인력을 보유하고 있음을 증명하는 서류
  3. 인증기관의 인증업무 처리규정
  4. 인증업무를 수행할 능력을 갖추고 있음을 증명하는 서류

② 신청을 받은 국토교통부장관은 행정정보의 공동이용을 통하여 신청인의 법인 등기사항증명서(법인인 경우만 해당) 또는 사업자등록증(개인인 경우만 해당)을 확인하여야 한다. 다만, 신청인이 사업등록증을 확인하는 데 동의하지 아니하는 경우에는 해당 서류의 사본을 제출하도록 하여야 한다.

③ 건축물 에너지효율등급 인증기관은 다음 각 호의 어느 하나에 해당하는 건축물의 에너지효율등급 인증에 관한 상근(常勤) 인증업무인력을 5명 이상 보유하여야 한다.
1. 녹색건축물 조성 지원법 시행규칙에 따라 실무교육을 받은 건축물에너지평가사
2. 건축사 자격을 취득한 후 3년 이상 해당 업무를 수행한 사람
3. 건축, 설비, 에너지 분야(해당 전문분야)의 기술사 자격을 취득한 후 3년 이상 해당 업무를 수행한 사람
4. 해당 전문분야의 기사 자격을 취득한 후 10년 이상 해당 업무를 수행한 사람
5. 해당 전문분야의 박사학위를 취득한 후 3년 이상 해당 업무를 수행한 사람
6. 해당 전문분야의 석사학위를 취득한 후 9년 이상 해당 업무를 수행한 사람
7. 해당 전문분야의 학사학위를 취득한 후 12년 이상 해당 업무를 수행한 사람

④ 인증업무 처리규정에는 다음 각 호의 사항이 포함되어야 한다.
1. 건축물 에너지효율등급 인증 평가의 절차 및 방법에 관한 사항
2. 건축물 에너지효율등급 인증 결과의 통보 및 재평가에 관한 사항
3. 건축물 에너지효율등급 인증을 받은 건축물의 인증 취소에 관한 사항
4. 건축물 에너지효율등급 인증 결과 등의 보고에 관한 사항
5. 건축물 에너지효율등급 인증 수수료 납부방법 및 납부기간에 관한 사항
6. 건축물 에너지효율등급 인증 결과의 검증방법에 관한 사항
7. 그 밖에 건축물 에너지효율등급 인증업무 수행에 필요한 사항

3. 인증기관 지정 고시
① 국토교통부장관은 건축물 에너지효율등급 인증기관 지정 신청서가 제출되면 해당 신청인이 인증기관으로 적합한지를 산업통상자원부장관과 협의하여 검토한 후 건축물 에너지효율등급 인증운영위원회의 심의를 거쳐 지정·고시한다.
② 제로에너지건축물 인증기관은 녹색건축센터로 지정된 기관 중에서 국토교통부장관이 산업통상자원부장관과 협의하여 지정·고시한다.

③ 제로에너지건축물 인증기관은 다음 각 호의 사항을 갖추어야 한다.
1. 인증업무를 수행할 전담조직 및 업무수행체계
2. 3명 이상의 상근 인증업무인력(인증업무인력의 자격에 관하여는 제4항을 준용한다. 이 경우 "건축물의 에너지효율등급 인증"은 "제로에너지건축물 인증"으로 본다)
3. 인증업무 처리규정(인증업무 처리규정에 포함되어야 하는 사항에 관하여는 제5항을 준용한다. 이 경우 "건축물 에너지효율등급 인증"은 "제로에너지건축물 인증"으로 본다)

5 인증기관 지정서의 발급 및 인증기관 지정의 갱신 등

1. 인증기관 지정의 효력
① 국토교통부장관은 인증기관으로 지정받은 자에게 인증기관 지정서를 발급하여야 한다.
② 인증기관 지정의 유효기간은 인증기관 지정서를 발급한 날부터 5년으로 한다.

2. 인증기관 지정의 갱신
국토교통부장관은 산업통상자원부장관과의 협의를 거쳐 지정의 유효기간을 5년마다 5년의 범위에서 갱신할 수 있다. 이 경우 건축물 에너지효율등급 인증기관에 대해서는 산업통상자원부장관과의 협의 후에 건축물 에너지효율등급 인증 운영위원회의 심의를 거쳐야 한다.

3. 인증기관 지정의 변경절차
① 인증기관 지정서를 발급받은 인증기관의 장은 다음 각 호의 어느 하나에 해당하는 사항이 변경되었을 때에는 그 변경된 날부터 30일 이내에 변경된 내용을 증명하는 서류를 해당 인증제 운영기관의 장에게 제출하여야 한다.
1. 기관명 및 기관의 대표자
2. 건축물의 소재지
3. 상근 인증업무인력
② 운영기관의 장은 제출받은 서류가 사실과 부합하는지를 확인하여 이상이 있을 경우 그 내용을 국토교통부장관과 산업통상자원부장관에게 각각 보고하여야 한다.

4. 점검 요구
국토교통부장관은 산업통상자원부장관과 협의하여 점검할 수 있으며, 이를 위하여 인증기관의 장에게 관련 자료의 제출을 요구할 수 있다. 이 경우 자료 제출을 요구받은 인증기관의 장은 특별한 사유가 없으면 이에 따라야 한다.

6 인증 신청 등

"국토교통부와 산업통상자원부의 공동부령으로 정하는 기준 이상인 건축물"이란 건축물 에너지효율등급이 1++ 등급 이상인 건축물을 말한다.

1. 인증 신청
다음 각 호의 어느 하나에 해당하는 자(건축주등)는 건축물 에너지효율등급 인증 및 제로에너지건축물 인증을 신청할 수 있다.
① 건축주
② 건축물 소유자
③ 사업주체 또는 시공자(건축주나 건축물 소유자가 인증 신청에 동의하는 경우에만 해당)

2. 신청서식
① 인증을 신청하려는 건축주등은 인증관리시스템을 통하여 다음 각 호의 구분에 따라 해당 인증기관의 장에게 신청서를 제출하여야 한다.
　1. 건축물 에너지효율등급 인증을 신청하는 경우 :
　　가. 공사가 완료되어 이를 반영한 건축·기계·전기·신에너지 및 재생에너지(「신에너지 및 재생에너지 개발·이용·보급 촉진법」에 따른 신에너지 및 재생에너지를 말한다. 이하 같다) 관련 최종 설계도면
　　나. 건축물 부위별 성능내역서
　　다. 건물 전개도
　　라. 장비용량 계산서
　　마. 조명밀도 계산서
　　바. 관련 자재·기기·설비 등의 성능을 증명할 수 있는 서류
　　사. 설계변경 확인서 및 설명서
　　아. 건축물 에너지효율등급 예비인증서 사본(예비인증을 받은 경우만 해당)
　　자. 가목부터 아목까지의 서류 외에 건축물 에너지효율등급 평가를 위하여 건축물 에너지효율등급 인증제 운영기관의 장이 필요하다고 정하여 공고하는 서류
　2. 제로에너지건축물 인증을 신청하는 경우 :
　　가. 1++등급 이상의 건축물 에너지효율등급 인증서 사본
　　나. 건축물에너지관리시스템 또는 전자식 원격검침계량기 설치도서
　　다. 제로에너지건축물 예비인증서 사본(예비인증을 받은 경우만 해당)
　　라. 가목부터 다목까지의 서류 외에 제로에너지건축물 인증 평가를 위하여 제로에너지건축물 인증제 운영기관의 장이 필요하다고 정하여 공고하는 서류

3. 건축물 에너지효율등급 인증 및 제로에너지건축물 인증을 동시에 신청하는 경우 :
   가. 제1호 각 목의 서류
   나. 제2호나목부터 라목까지의 서류

② 신청서에 첨부하여 제출하는 서류(인증서 사본 및 예비인증서 사본은 제외)에는 설계자 및 건축물의 설비기준 등에 관한 규칙에 따른 관계전문기술자가 날인을 하여야 한다.
다만, 다음 각 호의 어느 하나에 해당하는 경우에는 그 사유서를 첨부하여 건축법에 따른 감리자 또는 건축주의 날인으로 설계자 또는 관계전문기술자의 날인을 대체할 수 있으며, 제2호의 경우 인증기관의 장은 변경내용을 허가권자에게 통보하여야 한다.
1. 건축물의 설비기준 등에 관한 규칙에 따라 관계전문기술자의 협력을 받아야 하는 건축물에 해당하지 아니하는 경우
2. 첨부서류의 내용이 건축법에 따른 사용승인 후 변경된 경우
3. 제1호 및 제2호 외에 설계자 또는 관계전문기술자의 날인이 불가능한 사유가 있는 경우

3. 인증서의 처리
① 처리 기한
㉠ 인증기관의 장은 신청을 받은 날부터 다음 각 호의 구분에 따른 기간 내에 인증을 처리하여야 한다.
1. 건축물 에너지효율등급 인증의 경우 : 50일(단독주택 및 공동주택의 경우에는 40일)
2. 제로에너지건축물 인증의 경우 : 30일(제3항제3호에 따라 신청한 경우에는 1++등급 이상의 건축물 에너지효율등급 인증서가 발급된 날부터 기산한다)
㉡ 인증기관의 장은 기간 내에 부득이한 사유로 인증을 처리할 수 없는 경우에는 건축주등에게 그 사유를 통보하고 20일의 범위에서 인증 평가 기간을 한 차례만 연장할 수 있다.
② 서류의 보완 요구
인증기관의 장은 건축주등이 제출한 서류의 내용이 미흡하거나 사실과 다른 경우에는 건축주등에게 보완을 요청할 수 있다. 이 경우 건축주등이 제출서류를 보완하는 기간은 발급 기간에 산입하지 아니한다.

③ 인증신청의 반려

인증기관의 장은 건축주등이 보완 요청 기간 안에 보완을 하지 아니한 경우 등에는 신청을 반려할 수 있다. 이 경우 반려 기준 및 절차 등 필요한 사항은 국토교통부장관과 산업통상자원부장관이 정하여 공동으로 고시한다.

④ 재인증

인증을 받은 건축물의 소유자는 필요한 경우 유효기간이 만료되기 90일 전까지 같은 건축물에 대하여 재인증을 신청할 수 있다. 이 경우 평가 절차 등 필요한 사항은 국토교통부장관과 산업통상자원부장관이 정하여 공동으로 고시한다.

7 인증 평가 절차

① 인증기관의 장은 인증 신청을 받으면 인증 기준에 따라 도서평가와 현장실사(現場實査)를 하고, 인증 신청 건축물에 대한 인증 평가서를 작성하여야 한다.
② 인증기관의 장은 인증 평가서 결과에 따라 인증 여부 및 인증 등급을 결정한다.
③ 인증기관의 장은 사용승인 또는 사용검사를 받은 날부터 3년이 지난 건축물에 대해서 건축물 에너지효율등급 인증을 하려는 경우에는 건축주등에게 건축물 에너지효율 개선방안을 제공하여야 한다.

8 인증 기준

1. 인증 기준

① 건축물 에너지효율등급 인증 및 제로에너지건축물 인증은 다음 각 호의 구분에 따른 사항을 기준으로 평가하여야 한다.
  1. 건축물 에너지효율등급 인증 : 난방, 냉방, 급탕(給湯), 조명 및 환기 등에 대한 1차 에너지 소요량
  2. 제로에너지건축물 인증 : 다음 각 목의 사항
    가. 건축물 에너지효율등급 성능수준
    나. 신에너지 및 재생에너지를 활용한 에너지자립도
    다. 건축물에너지관리시스템 또는 전자식 원격검침계량기 설치 여부
② 건축물 에너지효율등급 인증 및 제로에너지건축물 인증의 등급은 다음 각 호의 구분에 따른다.
  1. 건축물 에너지효율등급 인증 : 1+++등급부터 7등급까지의 10개 등급
  2. 제로에너지건축물 인증 : 1등급부터 5등급까지의 5개 등급
③ 인증 기준 및 인증 등급의 세부 기준은 국토교통부장관과 산업통상자원부장관이 정하여 공동으로 고시한다.

9 인증서 발급 및 인증의 유효기간 등

1. 인증서 발급

① 건축물 에너지효율등급 인증기관의 장 또는 제로에너지건축물 인증기관의 장은 평가가 완료되어 인증을 할 때에는 인증서를 건축주등에게 발급하고, 인증 평가서 등 평가 관련 서류와 함께 인증관리시스템에 인증 사실을 등록하여야 한다.

② 건축주등은 인증명판이 필요하면 제작하여 활용할 수 있으며, 건축물의 건축주등은 인증명판을 건축물 현관 또는 로비 등 공공이 볼 수 있는 장소에 게시하여야 한다.

③ 인증기관의 장은 인증서를 발급하였을 때에는 인증 대상, 인증 날짜, 인증 등급을 포함한 인증 결과를 해당 인증제 운영기관의 장에게 제출하여야 한다.

④ 운영기관의 장은 에너지성능이 높은 건축물의 보급을 확대하기 위하여 인증 평가 관련 정보를 분석하여 통계적으로 활용할 수 있으며, 인증 관련 정보를 공개할 수 있다.

2. 인증의 유효기간

건축물 에너지효율등급 인증 및 제로에너지건축물 인증의 유효기간은 다음 각 호의 구분에 따른 기간으로 한다.

① 건축물 에너지효율등급 인증 : 10년
② 제로에너지건축물 인증 : 인증받은 날부터 해당 건축물에 대한 1++등급 이상의 건축물 에너지효율등급 인증 유효기간 만료일까지의 기간

10 재평가 요청 등

① 인증 평가 결과나 인증 취소 결정에 이의가 있는 건축주등은 인증서 발급일 또는 인증 취소일부터 90일 이내에 인증기관의 장에게 재평가를 요청할 수 있다.

② 재평가 결과 통보, 인증서 재발급 등 재평가에 따른 세부 절차에 관한 사항은 국토교통부장관과 산업통상자원부장관이 정하여 공동으로 고시한다.

11 예비인증의 신청 등

1) 예비인증의 신청
건축주등은 본인증에 앞서 설계도서에 반영된 내용만을 대상으로 예비인증을 신청할 수 있다.

2) 예비인증의 신청서 제출
예비인증을 신청하려는 건축주등은 인증관리시스템을 통하여 다음 각 호의 구분에 따라 해당 인증기관의 장에게 신청서를 제출하여야 한다.
① 건축물 에너지효율등급 예비인증을 신청하는 경우 :
  1. 건축·기계·전기·신에너지 및 재생에너지 관련 설계도면
  2. 제6조제3항제1호나목부터 바목까지 및 자목의 서류
② 제로에너지건축물 예비인증을 신청하는 경우 :
  1. 1++등급 이상의 건축물 에너지효율등급 인증서 또는 예비인증서 사본
  2. 제6조제3항제2호나목 및 라목의 서류
③ 건축물 에너지효율등급 예비인증 및 제로에너지건축물 예비인증을 동시에 신청하는 경우 : 가. 제1호 각 목의 서류
  1. 제2호 나목의 서류

3) 예비인증서 발급
① 인증기관의 장은 평가 결과 예비인증을 하는 경우 예비인증서를 건축주등에게 발급하여야 한다. 이 경우 건축주등이 예비인증을 받은 사실을 광고 등의 목적으로 사용하려면 본인증을 받을 경우 그 내용이 달라질 수 있음을 알려야 한다.
② 예비인증을 받은 건축주등은 본인증을 받아야 한다. 이 경우 예비인증을 받아 제도적·재정적 지원을 받은 건축주등은 예비인증 등급 이상의 본인증을 받아야 한다.

4) 예비인증의 유효기간
예비인증서를 발급한 날부터 사용승인일 또는 사용검사일까지로 한다.

5) 건축물에너지평가사의 업무범위
녹색건축물 조성 지원법 시행규칙에 따라 실무교육을 받은 건축물에너지평가사는 다음 각 호의 업무를 수행한다.
① 도서평가, 현장실사, 인증 평가서 작성 및 건축물 에너지효율 개선방안 작성
② 예비인증 평가

12 인증을 받은 건축물에 대한 점검 및 실태조사

① 건축물 에너지효율등급 인증 또는 제로에너지건축물 인증을 받은 건축물의 소유자 또는 관리자는 그 건축물을 인증 받은 기준에 맞도록 유지·관리하여야 한다.

② 건축물 에너지효율등급 인증제 운영기관의 장 또는 제로에너지건축물 인증제 운영기관의 장은 인증받은 건축물의 성능점검 또는 유지·관리 실태 파악을 위하여 에너지사용량 등 필요한 자료를 해당 건축물의 소유자 또는 관리자에게 요청할 수 있다. 이 경우 건축물의 소유자 또는 관리자는 특별한 사유가 없으면 그 요청에 따라야 한다.

13 인증운영위원회의 구성·운영 등

① 인증운영위원회
국토교통부장관과 산업통상자원부장관은 건축물 에너지효율등급 인증제 및 제로에너지건축물 인증제를 효율적으로 운영하기 위하여 국토교통부장관이 산업통상자원부장관과 협의하여 정하는 기준에 따라 건축물 에너지효율등급 인증운영위원회 및 제로에너지건축물 인증운영위원회를 구성하여 운영할 수 있다.

② 심의사항
인증운영위원회는 각각 다음 각 호의 구분에 따른 사항을 심의한다.
1. 건축물 에너지효율등급 인증운영위원회
   가. 건축물 에너지효율등급 인증기관 및 제로에너지건축물 인증기관의 지정과 지정의 유효기간 연장에 관한 사항
   나. 건축물 에너지효율등급 인증기관 및 제로에너지건축물 인증기관 지정의 취소와 업무정지에 관한 사항
   다. 건축물 에너지효율등급 인증 및 제로에너지건축물 인증 평가기준의 제정·개정에 관한 사항
   라. 가목부터 다목까지의 사항 외에 건축물 에너지효율등급 인증제도 및 제로에너지건축물 인증제도의 운영과 관련된 중요사항
2. 제로에너지건축물 인증운영위원회
   가. 제로에너지건축물 인증 평가기준의 제정·개정에 관한 사항
   나. 가목의 사항 외에 제로에너지건축물 인증제의 운영과 관련된 중요사항

③ 국토교통부장관과 산업통상자원부장관은 인증운영위원회의 운영을 해당 인증제 운영기관에 위탁할 수 있다.

④ 인증운영위원회의 세부 구성 및 운영 등에 관한 사항은 국토교통부장관과 산업통상자원부장관이 정하여 공동으로 고시한다.

핵심기출문제

01. 건축물 에너지효율등급 인증 및 제로에너지건축물 인증에 관한 규칙

해설

1. 녹색건축물 조성지원법에서 정하고 있는 건축물 에너지효율등급 인증대상 건축물로 틀린 것은?

① 아파트
② 다가구주택
③ 난방면적이 300[m²] 이상인 업무시설
④ 난방면적이 300[m²] 이상인 판매시설

2. 녹색건축물 조성지원법에서 정하고 있는 건축물 에너지효율등급 인증대상 건축물로 틀린 것은?

① 업무시설
② 기숙사
③ 냉방면적이 400[m²] 이상인 판매시설
④ 연립주택

3. 건축물 에너지효율등급 인증기관 지정의 유효기간은? [24, 25②]

① 지정서를 발급한 날부터 3년
② 지정서를 발급한 날부터 5년
③ 지정서를 발급한 날부터 7년
④ 지정서를 발급한 날부터 10년

4. 다음은 건축물 에너지효율등급 인증에 관한 내용이다. ( ) 안에 해당되는 내용은? [24②]

> 건축물 에너지효율등급 인증기관의 장은 사용승인 또는 사용검사를 받은 날부터 ( )이 지난 건축물에 대해서 건축물 에너지효율등급 인증을 하려는 경우에는 건축주등에게 건축물 에너지효율 개선방안을 제공하여야 한다.

① 2년
② 3년
③ 5년
④ 10년

5. 건축물 에너지효율등급 인증 등급의 구분 등급수는? [24, 25②]

① 3개 등급
② 5개 등급
③ 7개 등급
④ 10개 등급

해설 1,2
녹색건축물 조성 지원법 및 녹색건축물 조성 지원법 시행령에 따른 건축물 에너지효율등급 인증 및 제로에너지건축물 인증 건축물 대상
1. 단독주택, 다중주택, 다가구주택, 공관
2. 아파트, 연립주택, 다세대주택, 기숙사
3. 업무시설
4. 냉방 또는 난방 면적이 500[m²] 이상인 건축물

해설 3
건축물 에너지효율등급 인증기관 지정의 유효기간은 인증기관 지정서를 발급한 날부터 5년으로 한다.

해설 4
건축물 에너지효율등급 인증기관의 장은 사용승인 또는 사용검사를 받은 날부터 3년이 지난 건축물에 대해서 건축물 에너지효율등급 인증을 하려는 경우에는 건축주등에게 건축물 에너지효율 개선방안을 제공하여야 한다.

해설 5
건축물 에너지효율등급 인증 및 제로에너지건축물 인증의 등급
1. 건축물 에너지효율등급 인증 : 1+++등급부터 7등급까지의 10개 등급
2. 제로에너지건축물 인증 : 1등급부터 5등급까지의 5개 등급

 1. ④ 2. ③ 3. ② 4. ② 5. ④

지능형건축물의 인증에 관한 규칙 및 기준

05 section

제5편 지능형건축물의 인증에 관한 규칙 및 기준

핵심 01 지능형건축물의 인증에 관한 규칙 및 기준

제3과목 건축설비관련법규 | 제5편 지능형건축물의 인증에 관한 규칙 및 기준

핵심 PLUS

1 목적
이 규칙은 「건축법」 제65조의2제5항에서 위임된 지능형건축물 인증기관의 지정기준, 지정 절차 및 인증 신청 절차 등에 관한 사항을 규정함을 목적으로 한다.

2 적용대상
지능형건축물 인증적용 대상 건축물은 다음과 같다.

1. 주거시설	• 단독주택 • 공동주택
2. 비주거시설	• 이외의 시설 건축물

3 인증기관의 지정

1. 인증기관 지정 신청기간 공고
국토교통부장관이 인증기관을 지정하려는 경우에는 지정 신청 기간을 정하여 그 기간이 시작되기 3개월 전에 신청 기간 등 인증기관 지정에 관한 사항을 공고하여야 한다.

2. 인증기관 지정 신청
1) 신청서식

> 1. 인증업무를 수행할 전담조직 및 업무수행체계에 관한 설명서
> 2. 제4항에 따른 심사전문인력을 보유하고 있음을 증명하는 서류(#1)
> 3. 인증기관의 인증업무 처리규정(#2)
> 4. 지능형건축물 인증과 관련한 연구 실적 등 인증업무를 수행할 능력을 갖추고 있음을 증명하는 서류
> 5. 정관(신청인이 법인 또는 법인의 부설기관인 경우만 해당한다.)

2) 심사전문인력(#2)

① 인증기관의 전문분야

전문분야	해당 세부분야
1. 건축계획 및 환경	건축계획 및 환경(건축)
2. 기계설비	건축설비(기계)
3. 전기설비	건축설비(전기)
4. 정보통신	정보통신(전자, 통신)
5. 시스템통합	정보통신(전자, 통신)
6. 시설경영관리	건축설비(기계, 전기)/정보통신(전자, 통신)

② 심사전문인력

인증기관은 전문분야별로 각 2명을 포함하여 12명 이상의 심사전문인력(심사전문인력 가운데 상근인력은 전문분야별로 1명 이상이어야 한다)을 보유하여야 하며, 이 경우 심사전문인력은 다음 각 호의 어느 하나에 해당하는 사람이어야 한다.

1. 해당 전문분야의 박사학위나 건축사 또는 기술사 자격을 취득한 후 3년 이상 해당 업무를 수행한 사람
2. 해당 전문분야의 석사학위를 취득한 후 9년 이상 해당 업무를 수행한 사람
3. 해당 전문분야의 학사학위를 취득한 후 12년 이상 해당 업무를 수행한 사람
4. 해당 전문분야의 기사 자격을 취득한 후 10년 이상 해당 업무를 수행한 사람

3) 인증업무처리규정(#2)

인증업무 처리규정에는 다음 각 호의 사항이 포함되어야 한다.

1. 인증심사의 절차 및 방법에 관한 사항
2. 인증심사단 및 인증심의위원회의 구성·운영에 관한 사항
3. 인증 결과 통보 및 재심사에 관한 사항
4. 지능형건축물 인증의 취소에 관한 사항
5. 인증심사 결과 등의 보고에 관한 사항
6. 인증수수료 납부방법 및 납부기간에 관한 사항

핵심 PLUS

3. 인증기관 지정·고시

① 신청을 받은 국토교통부장관은 신청인이 법인 또는 법인의 부설기관인 경우 법인 등기사항증명서를, 신청인이 개인인 경우에는 사업자등록증을 확인하여야 한다.
② 국토교통부장관은 지능형건축물 인증기관 지정 신청서가 제출되면 신청한 자가 인증기관으로서 적합한지를 검토한 후 인증운영위원회의 심의를 거쳐 지정한다.
③ 국토교통부장관은 인증기관으로 지정한 자에게 별지 제2호서식의 지능형건축물 인증기관 지정서를 발급하여야 한다.
④ 지능형건축물 인증기관 지정서를 발급받은 인증기관의 장은 기관명, 대표자, 건축물 소재지 또는 심사전문인력이 변경된 경우에는 변경된 날부터 30일 이내에 그 변경내용을 증명하는 서류를 국토교통부장관에게 제출하여야 한다.

4 인증기관의 비밀보호 의무

인증기관은 인증 신청대상 건축물의 인증심사업무와 관련하여 알게 된 경영·영업상 비밀에 관한 정보를 이해관계인의 서면동의 없이 외부에 공개할 수 없다.

5 인증기관 지정의 취소

국토교통부장관은 지정된 인증기관이 다음 각 호의 어느 하나에 해당하면 인증운영위원회의 심의를 거쳐 인증기관의 지정을 취소하거나 1년 이내의 기간을 정하여 업무의 전부 또는 일부의 정지를 명할 수 있다.
다만, 제1호에 해당하는 경우에는 지정을 취소하여야 한다.

1. 거짓이나 부정한 방법으로 지정을 받은 경우
2. 정당한 사유 없이 지정받은 날부터 2년 이상 계속하여 인증업무를 수행하지 아니한 경우
3. 제3조제4항에 따른 심사전문인력을 보유하지 아니한 경우
4. 인증의 기준 및 절차를 위반하여 지능형건축물 인증업무를 수행한 경우
5. 정당한 사유 없이 인증심사를 거부한 경우
6. 그 밖에 인증기관으로서의 업무를 수행할 수 없게 된 경우

6 지능형건축물 인증의 신청

1. 인증신청

① 신청시기

1. 신청자	• 건축주 • 건축물 소유자 • 시공자(건축주나 건축물 소유자가 인증신청을 동의하는 경우만 해당한다)	
2. 신청 시기	• 건축법 사용승인 후 • 주택법 사용검사 후	인증결과에 따라 개별 법령에서 정하는 제도적·재정적 지원을 받는 경우에는 그러하지 아니하다.

② 신청서식

건축주 등이 지능형건축물 인증을 받으려면 인증신청서에 다음 각 호의 서류를 첨부하여 인증기관의 장에게 제출하여야 한다.

1. 지능형건축물 인증기준에 따라 작성한 해당 건축물의 지능형건축물 자체평가서 및 증명자료
2. 설계도면
3. 각 분야 설계설명서
4. 각 분야 시방서(일반 및 특기시방서)
5. 설계 변경 확인서
6. 에너지절약계획서
7. 예비인증서 사본
    (해당 인증기관 및 다른 인증기관에서 예비인증을 받은 경우만 해당한다.)
8. 제1호부터 제6호까지의 서류가 저장된 콤팩트디스크

2. 인증처리기간

1. 인증처리기간	신청서류 접수일로부터 40일 이내
2. 처리기간 연장	20일 이내의 범위에서 한 차례 연장 가능
3. 보완요청	• 신청서류 접수일로부터 20일 이내에 보완요청 가능 • 서류보완기간은 인증처리기간에 산입하지 아니한다.

핵심 PLUS

7 인증심사절차

① 인증기관의 장은 인증신청을 받으면 인증심사단을 구성하여 인증기준에 따라 서류심사와 현장실사(現場實査)를 하고, 심사 내용, 심사 점수, 인증 여부 및 인증 등급을 포함한 인증심사 결과서를 작성하여야 한다.
② 인증심사단은 인증기관의 심사전문인력으로 구성하되, 전문분야별로 각 1명을 포함하여 6명 이상으로 구성하여야 한다.
③ 인증기관의 장은 인증심사 결과서를 작성한 후 인증심의위원회의 심의를 거쳐 인증 여부 및 인증 등급을 결정한다.
④ 인증심의위원회는 해당 인증기관에 소속되지 아니한 전문분야별 전문가 각 1명을 포함하여 6명 이상으로 구성하여야 한다. 이 경우 인증심의위원회 위원은 다른 인증기관의 심사전문인력 또는 제13조에 따른 인증운영위원회 위원 1명 이상을 포함시켜야 한다.

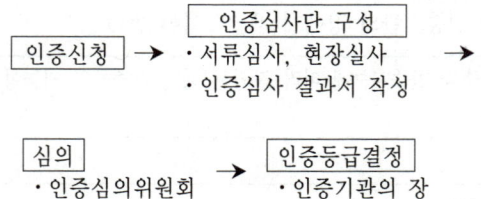

8 인증기준

인증등급은 1등급부터 5등급까지로 하고, 그 세부기준은 국토교통부장관이 별도로 정하여 고시하며 인증 등급별 점수 기준은 다음과 같다.

등 급	심사점수	비고
1등급	85점 이상 득점	100점 만점
2등급	80점 이상 85점 미만 득점	
3등급	75점 이상 80점 미만 득점	
4등급	70점 이상 75점 미만 득점	
5등급	65점 이상 70점 미만 득점	

9 인증서 발급

① 인증기관의 장은 인증심사 결과 지능형건축물로 인증을 하는 경우에는 건축주등에게 지능형건축물 인증서를 발급하고, 인증 명판(認證 名板)을 제공하여야 한다.

② 인증기관의 장은 제1항에 따라 인증서를 발급한 경우에는 인증대상, 인증날짜, 인증 등급, 인증심사단의 구성원 및 인증심의위원회 위원의 명단을 포함한 인증심사 결과를 국토교통부장관에게 제출하여야 한다.

※ 지능형건축물 인증명판(예시 : 동판 가로 30[cm]×세로 30[cm]×두께 1.5[cm])

- 1등급 지능형건축물 인증 명판의 표시 및 규격
- 5등급 지능형건축물 인증 명판의 표시 및 규격

10 인증유효기간

① 인증의 유효기간은 인증일부터 5년으로 한다.
② 건축주 등이 인증 유효기간의 연장을 신청하는 경우에는 기간 만료일 90일 전까지 연장신청을 하여야 한다.
③ 예비인증은 사용승인 또는 사용검사일까지 유효하다.

11 인증의 취소

① 인증기관의 장은 지능형건축물로 인증을 받은 건축물이 다음 각 호의 어느 하나에 해당하면 그 인증을 취소할 수 있다.

1. 인증의 근거나 전제가 되는 주요한 사실이 변경된 경우
2. 인증 신청 및 심사 중 제공된 중요 정보나 문서가 거짓인 것으로 판명된 경우
3. 인증을 받은 건축물의 건축주등이 인증서를 인증기관에 반납한 경우
4. 인증을 받은 건축물의 건축허가 등이 취소된 경우

② 인증기관의 장은 제①항에 따라 인증을 취소한 경우에는 그 내용을 국토교통부장관에게 보고하여야 한다.

12 재심사요청

① 인증심사 결과나 인증취소 결정에 이의가 있는 건축주등은 인증기관의 장에게 재심사를 요청할 수 있다.
② 건축주 등은 재심사에 필요한 비용을 인증기관에 추가로 내야 한다.

13 예비인증의 신청

① 건축주 등은 지능형건축물 인증신청 규정에도 불구하고 건축법에 따른 허가·신고 또는 주택법에 따른 사업계획승인을 받은 후 건축물 설계에 반영된 내용을 대상으로 예비인증을 신청할 수 있다.
다만, 예비인증 결과에 따라 개별 법령에서 정하는 제도적·재정적 지원을 받는 경우에는 그러하지 아니하다.
② 예비인증 시 제도적 지원을 받은 건축주 등은 본인증을 받아야 한다.
이 경우 본인증 등급은 예비인증 등급 이상으로 취득하여야 한다.

14 건축법 완화기준의 적용방법

① 건축법에 따른 완화기준을 적용받고자 하는 자는 건축허가 또는 사업계획 승인 신청시 허가권자에게 예비인증서와 완화기준 적용 신청서 등 관계 서류를 첨부하여 제출하여야 하며, 이미 건축허가를 받은 건축물의 건축주 또는 사업주체도 허가사항 변경 등을 통하여 완화기준 적용 신청을 할 수 있다.

② 완화기준을 적용받은 건축주 또는 사업주체는 건축물의 사용승인 신청 전에 본인증을 취득하여 사용승인 신청시 허가권자에게 본인증서 사본을 제출하여야 한다. 이 경우 본인증 등급은 예비인증 등급 이상으로 취득하여야 한다.

③ 건축법 완화기준

- 건축법 기준 완화(법 제65조의2)

1. 대지 안의 조경	기준값 85[%]까지
2. 용적률	기준값 115[%] 이내
3. 건축물의 높이 제한	

- 건축주 또는 사업주체가 지능형건축물 인증을 받은 경우 다음의 기준에 따라 건축기준 완화를 신청할 수 있다.

지능형건축물 인증등급	1등급	2등급	3등급	4등급	5등급
건축기준 완화 비율	15[%]	12[%]	9[%]	6[%]	0[%]

- 적용방법
 1. 용적률 적용방법
  법 및 조례에서 정하는 기준 용적률×[1+완화비율]
 2. 조경면적 적용방법
  법 및 조례에서 정하는 기준 조경면적×[1-완화비율]
 3. 건축물 높이제한 적용방법
  법 및 조례에서 정하는 건축물의 최고높이×[1+완화비율]

15 인증을 받은 건축물의 사후관리

① 지능형건축물로 인증을 받은 건축물의 소유자 또는 관리자는 그 건축물을 인증받은 기준에 맞도록 유지·관리하여야 한다.
② 인증기관은 필요한 경우에는 지능형건축물 인증을 받은 건축물의 정상 가동 여부 등을 확인할 수 있다.
③ 인증운영위원장은 인증기관으로 하여금 사후관리 계획을 매년 수립하여 시행하도록 할 수 있으며 그 결과를 인증운영위원장에게 보고하게 할 수 있다.
④ 인증운영위원장은 제③항에 따라 보고받은 사후관리 결과를 국토교통부장관에게 보고하고, 필요한 조치를 강구하여야 한다.

16 인증운영위원회

국토교통부장관은 지능형건축물 인증제도를 효율적으로 운영하기 위하여 인증운영위원회를 구성하여 운영할 수 있다.

1. 구성	① 위원	위원장 1명을 포함한 20명 이내
	② 위원장	국토교통부장관이 소속 고위공무원을 지정하여 임명
	③ 임기	위원장과 위원의 임기는 2년으로 하되, 1회에 한하여 연임할 수 있다. 다만, 공무원인 위원은 보직의 재임기간으로 한다.
2. 심의 사항		① 인증기관의 지정에 관한 사항 ② 인증기관 지정의 취소에 관한 사항 ③ 인증심사기준의 제·개정에 관한 사항 ④ 그 밖에 지능형건축물 인증제도의 운영과 관련된 중요사항
3. 운영	① 개최	분기별 1회 개최를 원칙으로 하되, 필요한 경우 위원장이 이를 소집하거나 재적위원 3분의 1 이상의 요청으로 개최할 수 있다.
	② 의결	재적위원 과반수의 출석으로 개최하고 출석위원 과반수의 찬성으로 의결하되, 가부 동수인 경우에는 부결된 것으로 본다.

핵심기출문제

01. 지능형건축물의 인증에 관한 규칙 및 기준

1. 다음 중 지능형 건축물로 인증을 받은 경우 건축법 완화적용에 해당되지 않는 것은? [24, 25⑤]

① 조경설치 면적 ② 용적률
③ 건폐율 ④ 건축물의 높이

[해설]
허가권자는 지능형 건축물로 인증을 받은 건축물에 대하여 다음과 같이 건축기준을 완화하여 적용할 수 있다.

완화 규정	완화 기준
대지 안의 조경(법 제42조)	$\frac{85}{100}$ 범위 안에서 완화적용
용적률(법 제56조) 건축물의 높이(법 제60조)	$\frac{115}{100}$ 범위 안에서 완화적용

2. 지능형 건축물의 인증에 관한 설명으로 옳지 않은 것은? [24⑤]

① 지능형 건축물 인증기준에는 인증표시 홍보기준, 유효기간 등의 사항이 포함된다.
② 산업통상자원부장관은 지능형 건축물의 인증을 위하여 인증기관을 지정할 수 있다.
③ 국토교통부장관은 지능형 건축물의 건축을 활성화하기 위하여 지능형 건축물 인증제도를 실시한다.
④ 허가권자는 지능형 건축물로 인증 받은 건축물에 대하여 조경설치면적을 100분의 85까지 완화하여 적용할 수 있다.

[해설] 2
국토교통부장관은 지능형건축물의 인증을 위하여 인증기관을 지정할 수 있다.

3. 지능형 건축물의 인증 유효기간은? [24, 25⑤]

① 인증일부터 3년
② 인증일부터 5년
③ 인증일부터 7년
④ 인증일부터 10년

[해설] 3
지능형 건축물 인증 유효기간은 인증일부터 5년으로 한다.

정답 1. ③ 2. ② 3. ②

핵심기출문제

01. 지능형건축물의 인증에 관한 규칙 및 기준

해설

4. 건축법상 지능형 건축물 인증제도에 관한 설명 중 가장 부적당한 것은?

① 지능형 건축물 인증기관은 국토교통부장관이 정한다.
② 지능형 건축물의 인증은 국토교통부장관에게 신청한다.
③ 지능형 건축물에 대해서는 대지 안의 조경기준에 대하여 85/100 까지 적용한다.
④ 지능형 건축물에 대해서는 용적률 기준에 대하여 115/100 범위 안에서 적용한다.

[해설] 4
지능형 건축물의 인증은 인증기관에 신청하여야 한다.

정답 4. ②

기계설비법

06 section

제6편 기계설비
- 01 총칙
- 02 기계설비 안전관리를 위한 조치 등
- 03 기계설비 유지관리 등
- 04 기계설비성능점검업

01 기계설비법

제3과목 건축설비관련법규 | 제6편 기계설비법

핵심 PLUS

1 총칙

1. 목적
이 법은 기계설비산업의 발전을 위한 기반을 조성하고 기계설비의 안전하고 효율적인 유지관리를 위하여 필요한 사항을 정함으로써 국가경제의 발전과 국민의 안전 및 공공복리 증진에 이바지함을 목적으로 한다.

2. 용어의 정의
① "기계설비"란 건축물, 시설물 등에 설치된 기계·기구·배관 및 그 밖에 건축물등의 성능을 유지하기 위한 설비로서 [별표 1]의 설비를 말한다.
② "기계설비산업"이란 기계설비 관련 연구개발, 계획, 설계, 시공, 감리, 유지관리, 기술진단, 안전관리 등의 경제활동을 하는 산업을 말한다.
③ "기계설비사업"이란 기계설비 관련 활동을 수행하는 사업을 말한다.
④ "기계설비사업자"란 기계설비사업을 경영하는 자를 말한다.
⑤ "기계설비기술자"란 국가기술자격법, 건설기술진흥법 또는 건설산업기본법, 엔지니어링산업 진흥법, 자격기본법에 따라 기계설비 관련 분야의 기술자격을 취득하거나 기계설비에 관한 기술 또는 기능을 인정받은 사람을 말한다. (기계설비기술자의 범위는 [별표 2] 참조)
⑥ "기계설비유지관리자"란 기계설비 유지관리(기계설비의 점검 및 관리를 실시하고 운전·운용하는 모든 행위를 말함)를 수행하는 자를 말한다.

3. 국가 및 지방자치단체의 책무
국가 및 지방자치단체는 기계설비산업의 발전과 기계설비의 안전 및 유지관리에 필요한 시책을 수립·시행하고, 그 시책의 추진에 필요한 행정적·재정적 지원방안 등을 마련할 수 있다.

4. 다른 법률과의 관계
① 기계설비산업의 발전과 기계설비의 기술기준 및 유지관리와 관련하여 다른 법률에 특별한 규정이 있는 경우를 제외하고는 이 법에서 정하는 바에 따른다.
② 기계설비성능점검업에 관하여 이 법에 규정된 것을 제외하고는 건설기술 진흥법 규정을 준용한다.
③ 기계설비공사의 도급에 관하여는 국가를 당사자로 하는 계약에 관한 법률, 지방자치단체를 당사자로 하는 계약에 관한 법률과 건설산업기본법에서 정하는 바에 따른다.

■ 기계설비법 시행규칙 [별표 1] 〈개정 2022. 2. 25.〉
【기계설비유지관리자의 선임기준(제8조제1항 관련)】

구분	선임대상		선임자격	선임인원
1. 건축법상의 용도별 건축물(공동주택 및 창고시설은 제외)	가. 연면적 60,000[m²] 이상		특급 책임기계설비유지관리자	1
			보조기계설비유지관리자	1
	나. 연면적 30,000[m²] 이상 연면적 60,000[m²] 미만		고급 책임기계설비유지관리자	1
			보조기계설비유지관리자	1
	다. 연면적 15,000[m²] 이상 연면적 30,000[m²] 미만		중급 책임기계설비유지관리자	1
	라. 연면적 10,000[m²] 이상 연면적 15,000[m²] 미만		초급 책임기계설비유지관리자	1
2. 건축법상의 공동주택	가. 3,000세대 이상		특급 책임기계설비유지관리자	1
			보조기계설비유지관리자	1
	나. 2,000세대 이상 3,000세대 미만		고급 책임기계설비유지관리자	1
			보조기계설비유지관리자	1
	다. 1,000세대 이상 2,000세대 미만		중급 책임기계설비유지관리자	1
	라. 500세대 이상 1,000세대 미만		초급 책임기계설비유지관리자	1
	마. 300세대 이상 500세대 미만으로서 중앙집중식 난방방식(지역난방방식을 포함한다)의 공동주택		초급 책임기계설비유지관리자	1

핵심 PLUS

구분	선임대상	선임자격	선임인원
3. 영 제14조제1항제3호에 해당하는 건축물등(같은 항 제1호 및 제2호에 해당하는 건축물은 제외한다)	영 제14조제1항제3호에 해당하는 건축물등(같은 항 제1호 및 제2호에 해당하는 건축물은 제외한다)	건축물의 용도, 면적, 특성 등을 고려하여 국토교통부장관이 정하여 고시하는 기준에 해당하는 초급 책임기계설비유지관리자 또는 보조기계설비유지관리자	1

[비고]
1. 위 표에서 "선임자격"이란 해당 기계설비유지관리자 등급 이상을 보유한 사람으로서 다음 각 목의 구분에 따른 기준을 충족한 사람을 말한다. 이 경우 보조기계설비유지관리자는 초급 이상인 책임기계설비유지관리자로 선임할 수 있다.
   가. 제1호 및 제2호: 다른 건축물등의 기계설비유지관리자로 선임되어 있지 않은 사람
   나. 제3호: 다른 건축물등의 기계설비유지관리자로 선임되어 있지 않거나 국토교통부장관이 정하여 고시하는 범위 이내에서 다른 건축물등의 기계설비유지관리자로 선임되어 있는 사람
2. 건축물대장의 건축물현황도에 표시된 대지경계선 안의 지역 또는 연접한 2개 이상의 대지에 건축물등이 둘 이상 있고, 그 관리에 관한 권원(權原)을 가진 자가 동일인인 경우에는 이를 하나의 건축물등으로 보아 해당 건축물등을 합산한 연면적 또는 세대를 기준으로 기계설비유지관리자를 선임해야 한다.

2 기계설비 안전관리를 위한 조치 등

1. 기계설비 기술기준

① 국토교통부장관은 기계설비의 안전과 성능확보를 위하여 필요한 기술기준을 정하여 고시하여야 한다. 이를 변경하는 경우에도 또한 같다.
② 기계설비사업자는 기술기준을 준수하여야 한다.

2. 기계설비의 착공 전 확인과 사용 전 검사

1) 기계설비의 착공 전 확인과 사용 전 검사 대상 공사

① 다음 [별표 5]에 해당하는 건축물(건축법에 따른 건축허가를 받으려거나 건축신고를 하려는 건축물로 한정하며, 다른 법령에 따라 건축허가 또는 건축신고가 의제되는 행정처분을 받으려는 건축물을 포함) 또는 시설물에 대한 기계설비공사를 발주한 자는 해당 공사를 시작하기 전에 전체 설계도서 중 기계설비에 해당하는 설계도서를 특별자치시장·특별자치도지사·시장·군수·구청장(자치구의 구청장을 말함)에게 제출하여 기술기준에 적합한지를 확인받아야 하며, 그 공사를 끝냈을 때에는 특별자치시장·특별자치도지사·시장·군수·구청장의 사용 전 검사를 받고 기계설비를 사용하여야 한다.

다만, 건축법에 따른 착공신고 및 사용승인 과정에서 기술기준에 적합한지 여부를 확인받은 경우에는 이 법에 따른 착공 전 확인 및 사용 전 검사를 받은 것으로 본다.

■ 기계설비법 시행령 [별표 5] 〈개정 2021. 2. 2.〉
【기계설비의 착공 전 확인과 사용 전 검사의 대상 건축물 또는 시설물(건축법관련)】

1. 용도별 건축물 중 연면적 10,000[m^2] 이상인 건축물(「건축법」 제2조제2항 제18호에 따른 창고시설은 제외)

2. 에너지를 대량으로 소비하는 다음 각 목의 어느 하나에 해당하는 건축물
   가. 냉동·냉장, 항온·항습 또는 특수청정을 위한 특수설비가 설치된 건축물로서 해당 용도에 사용되는 바닥면적의 합계가 500[m^2] 이상인 건축물
   나. 아파트 및 연립주택
   다. 다음의 어느 하나에 해당하는 건축물로서 해당 용도에 사용되는 바닥면적의 합계가 500[m^2] 이상인 건축물
     1) 목욕장
     2) 놀이형시설(물놀이를 위하여 실내에 설치된 경우로 한정) 및 운동장(실내에 설치된 수영장과 이에 딸린 건축물로 한정)
   라. 다음의 어느 하나에 해당하는 건축물로서 해당 용도에 사용되는 바닥면적의 합계가 2,000[m^2] 이상인 건축물
     1) 기숙사
     2) 의료시설
     3) 유스호스텔
     4) 숙박시설
   마. 다음의 어느 하나에 해당하는 건축물로서 해당 용도에 사용되는 바닥면적의 합계가 3,000[m^2] 이상인 건축물
     1) 판매시설
     2) 연구소
     3) 업무시설

3. 지하역사 및 연면적 2,000[m^2] 이상인 지하도상가(연속되어 있는 둘 이상의 지하도상가의 연면적 합계가 2,000[m^2] 이상인 경우를 포함)

2) 기계설비의 착공 전 확인

① 특별자치시장·특별자치도지사·시장·군수·구청장은 필요한 경우 기계설비공사를 발주한 자에게 착공 전 확인과 사용 전 검사에 관한 자료의 제출을 요구할 수 있다. 이 경우 기계설비공사를 발주한 자는 특별한 사유가 없으면 자료를 제출하여야 한다.
② 기계설비에 해당하는 설계도서가 기술기준에 적합한지를 확인받으려는 자는 국토교통부령으로 정하는 기계설비공사 착공 전 확인신청서를 해당 기계설비공사를 시작하기 전에 특별자치시장·특별자치도지사·시장·군수·구청장(구청장은 자치구의 구청장을 말함)에게 제출해야 한다.
③ 시장·군수·구청장은 기계설비공사 착공 전 확인신청서를 받은 경우에는 해당 설계도서의 내용이 기술기준에 적합한지를 확인해야 한다.
④ 시장·군수·구청장은 확인을 마친 경우에는 국토교통부령으로 정하는 기계설비공사 착공 전 확인 결과 통보서에 검토의견 등을 적어 해당 신청인에게 통보해야 하며, 해당 설계도서의 내용이 기술기준에 미달하는 등 시공에 부적합하다고 인정하는 경우에는 보완이 필요한 사항을 함께 적어 통보해야 한다.
⑤ 시장·군수·구청장은 기계설비공사 착공 전 확인 결과를 통보한 경우에는 그 내용을 기록하고 관리해야 한다.

3) 기계설비의 사용 전 검사

① 사용 전 검사를 받으려는 자는 국토교통부령으로 정하는 기계설비 사용 전 검사신청서를 시장·군수·구청장에게 제출해야 한다. 이 경우 해당 기계설비가 다음 각 호의 어느 하나에 해당하는 경우에는 그 검사 결과를 함께 제출할 수 있다.
  1. 에너지이용 합리화법에 따른 검사대상기기 검사에 합격한 경우
  2. 고압가스 안전관리법에 따른 완성검사에 합격한 경우(같은 항 단서에 따라 감리적합판정을 받은 경우를 포함)
② 시장·군수·구청장은 기계설비 사용 전 검사신청서를 받은 경우에는 해당 기계설비가 기술기준에 적합한지를 검사해야 한다. 이 경우 검사 대상 기계설비 중 상기 ① 각 호 외의 부분 후단에 따라 합격한 검사 결과가 제출된 기계설비 부분에 대해서는 기술기준에 적합한 것으로 검사해야 한다.
③ 시장·군수·구청장은 검사 결과 해당 기계설비가 기술기준에 적합하다고 인정하는 경우에는 국토교통부령으로 정하는 기계설비 사용 전 검사 확인증을 해당 신청인에게 발급해야 한다.

④ 시장·군수·구청장은 검사 결과 해당 기계설비가 기술기준에 미달하는 등 사용에 부적합하다고 인정하는 경우에는 그 사유와 보완기한을 명시하여 보완을 지시해야 한다.
⑤ 시장·군수·구청장은 보완 지시를 받은 자가 보완기한까지 보완을 완료한 경우에는 상기 ①에 따른 신청 절차를 다시 거치지 않고 상기 ② 및 ③에 따라 사용 전 검사를 다시 실시하여 기계설비 사용 전 검사 확인증을 발급할 수 있다.

3 기계설비 유지관리 등

1. 기계설비 유지관리기준의 고시
① 국토교통부장관은 건축물등에 설치된 기계설비의 유지관리 및 점검을 위하여 필요한 유지관리 기준을 정하여 고시하여야 한다.
② 유지관리기준의 내용, 방법, 절차 등은 국토교통부령으로 정한다.

2. 기계설비 유지관리에 대한 점검 및 확인 등
① 다음에서 정하는 일정 규모 이상의 건축물등에 설치된 기계설비의 소유자 또는 관리자("관리주체"라 함)는 유지관리기준을 준수하여야 한다. [영 제14조 ①항]
　1. 건축법에 따라 구분된 용도별 건축물 중 연면적 10,000[m²] 이상의 건축물(공동주택 및 창고시설은 제외)
　2. 건축법에 따른 공동주택 중 다음 각 목의 어느 하나에 해당하는 공동주택
　　가. 500세대 이상의 공동주택
　　나. 300세대 이상으로서 중앙집중식 난방방식(지역난방방식을 포함)의 공동주택
　3. 다음 각 목의 건축물등 중 해당 건축물등의 규모를 고려하여 국토교통부장관이 정하여 고시하는 건축물등
　　가. 시설물의 안전 및 유지관리에 관한 특별법에 따른 시설물
　　나. 학교시설사업 촉진법에 따른 학교시설
　　다. 실내공기질 관리법에 따른 지하역사 및 지하도상가
　　라. 중앙행정기관의 장, 지방자치단체의 장 및 그 밖에 국토교통부장관이 정하는 자가 소유하거나 관리하는 건축물 등

② 관리주체는 유지관리기준에 따라 기계설비의 유지관리에 필요한 성능을 점검하고 그 점검기록을 작성하여야 한다. 이 경우 관리주체는 기계설비성능점검업자에게 성능점검 및 점검기록의 작성을 대행하게 할 수 있다.

③ 관리주체는 작성한 점검기록을 10년 동안 보존하여야 하며, 특별자치시장·특별자치도지사·시장·군수·구청장이 그 점검기록의 제출을 요청하는 경우 이에 따라야 한다.

3. 유지관리업무의 위탁

관리주체는 시설물 관리를 전문으로 하는 자로서 기계설비유지관리자를 보유하고 있는 자에게 기계설비 유지관리업무를 위탁할 수 있다.

4. 기계설비유지관리자 선임 등

① 관리주체는 국토교통부령으로 정하는 바에 따라 기계설비유지관리자를 선임하여야 한다. 다만, 기계설비유지관리업무를 위탁한 경우 기계설비유지관리자를 선임한 것으로 본다.

② 기계설비유지관리자를 선임한 관리주체는 정당한 사유 없이 2회 이상 유지관리교육을 받지 아니한 기계설비유지관리자를 해임하여야 한다.

③ 관리주체가 기계설비유지관리자를 선임 또는 해임한 경우 국토교통부령으로 정하는 바에 따라 지체 없이 그 사실을 특별자치시장·특별자치도지사·시장·군수·구청장에게 신고하여야 한다. 신고된 사항 중 국토교통부령으로 정하는 사항이 변경된 경우에도 또한 같다.

④ 기계설비유지관리자의 선임신고를 한 자가 선임신고증명서의 발급을 요구하는 경우에는 특별자치시장·특별자치도지사·시장·군수·구청장은 국토교통부령으로 정하는 바에 따라 선임신고증명서를 발급하여야 한다.

⑤ 기계설비유지관리자의 해임신고를 한 자는 해임한 날부터 30일 이내에 기계설비유지관리자를 새로 선임하여야 한다.

⑥ 특별자치시장·특별자치도지사·시장·군수·구청장은 신고를 받은 경우에는 그 사실을 국토교통부장관에게 통보하여야 한다.

⑦ 기계설비유지관리자의 자격과 등급은 [별표 5의2]와 같다.

⑧ 기계설비유지관리자는 근무처·경력·학력 및 자격 등의 관리에 필요한 사항을 국토교통부장관에게 신고하여야 한다. 신고사항이 변경된 경우에도 같다.

⑨ 국토교통부장관은 신고를 받은 경우에는 근무처 및 경력등에 관한 기록을 유지하고, 신고내용을 토대로 기계설비유지관리자의 등급을 확인하여야 하며, 기계설비유지관리자가 신청하면 기계설비유지관리자의 근무처 및 경력 등에 관한 증명서를 발급할 수 있다.

⑩ 국토교통부장관은 신고받은 내용을 확인하기 위하여 필요한 경우에는 중앙 행정기관, 지방자치단체, 학교 등 관계 기관·단체의 장과 관리주체 및 신고한 기계설비유지관리자가 소속된 기계설비 관련 업체 등에 관련 자료를 제출하여 줄 것을 요청할 수 있다. 이 경우 요청을 받은 기관·단체의 장 등은 특별한 사유가 없으면 요청에 따라야 한다.
⑪ 국토교통부장관은 대통령령으로 정하는 바에 따라 기계설비유지관리자의 근무처 및 경력등과 유지관리교육 결과를 평가하여 등급을 조정할 수 있다.
⑫ 국토교통부장관은 다음 각 호의 업무를 기계설비와 관련된 업무를 수행하는 협회 중 국토교통부장관이 해당 업무에 대한 전문성이 있다고 인정하여 고시하는 협회에 위탁한다.
  1. 기계설비유지관리자의 근무처·경력·학력 및 자격 등의 관리에 필요한 신고 및 변경신고의 접수
  2. 근무처 및 경력등에 관한 기록의 유지·관리 및 기계설비유지관리자의 근무처 및 경력등에 관한 증명서의 발급
  3. 관련 자료 제출의 요청(위탁된 사무를 처리하기 위하여 필요한 경우만 해당)
  4. 기계설비유지관리자의 등급 조정을 위한 근무처 및 경력등과 유지관리교육 결과의 확인
⑬ 업무를 위탁받은 협회는 위탁업무의 처리 결과를 매 반기 말일을 기준으로 다음 달 말일까지 국토교통부장관에게 보고해야 한다.
⑭ 기계설비유지관리자의 신고, 등급 확인, 증명서의 발급·관리 등에 필요한 사항은 국토교통부령으로 정한다.

5. 유지관리교육

① 선임된 기계설비유지관리자는 대통령령으로 정하는 바에 따라 국토교통부장관이 실시하는 기계설비 유지관리에 관한 교육을 받아야 한다. [별표 6] 참조
② 국토교통부장관은 유지관리교육에 관한 업무를 기계설비와 관련된 업무를 수행하는 협회 중 국토교통부장관이 정하여 고시하는 협회에 위탁한다.
③ 유지관리교육의 운영 및 위탁에 필요한 사항은 국토교통부령으로 정한다.

4 기계설비성능점검업

1. 기계설비성능점검업의 등록 등

1) **기계설비성능점검업의 등록**

   성능점검과 관련된 업무를 하려는 자는 자본금, 기술인력의 확보 등 [별표 7]의 기계설비성능점검업의 등록 요건을 갖추어 특별시장·광역시장·특별자치시장·도지사 또는 특별자치도지사("시·도지사"라 함)에게 등록하여야 한다.

2) **기계설비성능점검업의 변경등록 사항**

   기계설비성능점검업을 등록한 자("기계설비성능점검업자"라 함)는 등록한 사항 중 다음 각 호의 어느 하나에 해당하는 사항이 변경된 경우에는 변경 사유가 발생한 날부터 30일 이내에 변경등록을 하여야 한다.
   1. 상호
   2. 대표자
   3. 영업소 소재지
   4. 기술인력

   ③ 시·도지사가 기계설비성능점검업의 등록 또는 변경등록을 받은 경우에는 등록신청자에게 등록증을 발급하여야 한다.

   ④ 기계설비성능점검업의 등록과 관련하여 다음 각 호의 어느 하나의 행위를 하거나 제3자로 하여금 이를 하게 하여서는 아니 된다.
   1. 다른 사람에게 자기의 성명을 사용하여 기계설비성능점검 업무를 수행하게 하거나 자신의 등록증을 빌려주는 행위
   2. 다른 사람의 성명을 사용하여 기계설비성능점검 업무를 수행하거나 다른 사람의 등록증을 빌리는 행위
   3. 제1호 및 제2호의 행위를 알선하는 행위

3) **기계설비성능점검업의 휴업·폐업 등**

   ① 기계설비성능점검업자는 휴업하거나 폐업하는 경우에는 시·도지사에게 신고하여야 한다. 이 경우 폐업신고를 받은 시·도지사는 그 등록을 말소하여야 한다.

   ② 기계설비성능점검업을 등록한 자("기계설비성능점검업자"라 함)는 휴업 또는 폐업의 신고를 하려는 경우에는 그 휴업 또는 폐업한 날부터 30일 이내에 국토교통부령으로 정하는 휴업·폐업신고서를 시·도지사에게 제출해야 한다.

   ③ 시·도지사는 기계설비성능점검업 등록을 말소한 경우에는 다음 각 호의 사항을 해당 특별시·광역시·특별자치시·도 또는 특별자치도의 인터넷 홈페이지에 게시해야 한다.

1. 등록말소 연월일
2. 상호
3. 주된 영업소의 소재지
4. 말소 사유

④ 시·도지사는 기계설비성능점검업자가 등록 또는 변경등록을 하거나 기계설비성능점검업자로부터 휴업 또는 폐업신고를 받은 경우에는 그 사실을 국토교통부장관에게 통보하여야 한다.

⑤ 기계설비성능점검업의 등록 및 변경등록, 휴업·폐업의 절차 등에 필요한 사항은 국토교통부령으로 정한다.

2. 기계설비성능점검업자의 지위승계

① 다음 각 호의 어느 하나에 해당하는 자는 기계설비성능점검업자의 지위를 승계한다. 다만, 2 및 3에 해당하는 자가 등록의 결격사유 및 취소 등 각 호의 어느 하나에 해당하는 경우에는 그러하지 아니하다.

1. 기계설비성능점검업자가 사망한 경우 그 상속인
2. 기계설비성능점검업자가 그 영업을 양도하는 경우 그 양수인
3. 법인인 기계설비성능점검업자가 합병하는 경우 합병 후 존속하는 법인이나 합병에 따라 설립되는 법인

② 기계설비성능점검업자의 지위를 승계한 자는 국토교통부령으로 정하는 바에 따라 30일 이내에 시·도지사에게 신고하여야 한다.

③ 시·도지사는 신고를 받은 날부터 10일 이내에 신고 수리 여부 또는 민원 처리 관련 법령에 따른 처리기간의 연장을 통지하여야 한다.

④ 시·도지사가 상기 ③에서 정한 기간 내에 신고수리 여부 또는 민원 처리 관련 법령에 따른 처리기간의 연장을 신고인에게 통지하지 아니하면 그 기간(민원처리 관련 법령에 따라 처리기간이 연장 또는 재연장된 경우에는 해당 처리기간을 말함)이 끝난 날의 다음 날에 신고를 수리한 것으로 본다.

⑤ 기계설비성능점검업자의 지위를 승계한 상속인이 등록의 결격사유 및 취소 등 각 호의 어느 하나에 해당하는·관리하여야 경우에는 상속받은 날부터 6개월 이내에 다른 사람에게 그 기계설비성능점검업자의 지위를 양도하여야 한다.

3. 등록의 결격사유 및 취소 등

1) 등록의 결격사유 및 취소 등

① 다음 각 호의 어느 하나에 해당하는 자는 기계설비성능점검업의 등록을 할 수 없다.
  1. 피성년후견인
  2. 파산선고를 받고 복권되지 아니한 사람
  3. 이 법을 위반하여 징역 이상의 실형을 선고받고 그 집행이 종료(집행이 종료된 것으로 보는 경우를 포함한다)되거나 집행이 면제된 날부터 2년이 지나지 아니한 사람
  4. 이 법을 위반하여 징역 이상의 형의 집행유예를 선고받고 그 유예기간 중에 있는 사람
  5. 2에 따라 등록이 취소(1 또는 2의 결격사유에 해당하여 등록이 취소된 경우는 제외)된 날부터 2년이 지나지 아니한 자(법인인 경우 그 등록취소의 원인이 된 행위를 한 사람과 대표자를 포함)
  6. 대표자가 1부터 5까지의 어느 하나에 해당하는 법인

② 시·도지사는 기계설비성능점검업자가 다음 각 호의 어느 하나에 해당하는 경우에는 그 등록을 취소하거나 1년 이내의 기간을 정하여 영업의 전부 또는 일부의 정지를 명할 수 있다. 다만, 1부터 5까지의 어느 하나에 해당하는 경우에는 그 등록을 취소하여야 한다.
  1. 거짓이나 그 밖의 부정한 방법으로 등록한 경우
  2. 최근 5년 간 3회 이상 업무정지 처분을 받은 경우
  3. 업무정지기간에 기계설비성능점검 업무를 수행한 경우. 다만, 등록취소 또는 업무정지의 처분을 받기 전에 체결한 용역계약에 따른 업무를 계속한 경우는 제외한다.
  4. 기계설비성능점검업자로 등록한 후 1에 따른 결격사유에 해당하게 된 경우(상기 ①의 6에 해당하게 된 법인이 그 대표자를 6개월 이내에 결격사유가 없는 다른 대표자로 바꾸어 임명하는 경우는 제외)
  5. 기계설비성능점검업의 등록에 미달한 날부터 1개월이 지난 경우
  6. 기계설비성능점검업의 변경등록 사항에 따른 변경등록을 하지 아니한 경우
  7. 기계설비성능점검업의 등록 또는 변경등록에 따라 발급받은 등록증을 다른 사람에게 빌려 준 경우

4. 기계설비의 성능점검능력 평가 및 공시 등

① 국토교통부장관은 관리주체가 적정한 기계설비성능점검업자를 선정할 수 있도록 하기 위하여 기계설비성능점검업자의 신청이 있는 경우 해당 기계설비성능점검업자의 성능점검능력을 종합적으로 평가하여 공시할 수 있다.

② 상기 ①에 따라 성능점검능력 평가를 신청하려는 기계설비성능점검업자는 기계설비의 성능점검실적을 증명하는 서류 등 국토교통부령으로 정하는 서류를 국토교통부장관에게 제출하여야 한다.

③ 상기 ①에 따른 성능점검능력 평가 및 공시의 방법 등 필요한 사항은 국토교통부령으로 정한다.

④ 국토교통부장관은 기계설비의 성능점검능력 평가 및 공시에 관한 업무를 기계설비와 관련된 업무를 수행하는 협회 중 국토교통부장관이 해당 업무에 대한 전문성이 있다고 인정하여 고시하는 협회에 위탁한다.

⑤ 업무를 위탁받은 협회는 위탁업무의 처리 결과를 매 반기 말일을 기준으로 다음 달 말일까지 국토교통부장관에게 보고해야 한다.

핵심기출문제

01. 기계설비법

1. 건축법상의 용도별 건축물이 연면적 3만제곱미터 이상 연면적 6만제곱미터 미만인 경우 기계설비유지관리자의 선임기준으로 옳은 것은?(단, 공동주택 및 창고시설은 제외)

① 특급 책임기계설비유지관리자 1명, 보조기계설비유지관리자 1명
② 고급 책임기계설비유지관리자 1명, 보조기계설비유지관리자 1명
③ 중급 책임기계설비유지관리자 1명
④ 초급 책임기계설비유지관리자 1명

해설 1, 2
기계설비법 시행규칙 [별표 1] 참조

2. 건축법상의 공동주택에서 1,000세대 이상 2,000세대 미만 경우 기계설비유지관리자의 선임기준으로 옳은 것은?

① 특급 책임기계설비유지관리자 1명, 보조기계설비유지관리자 1명
② 고급 책임기계설비유지관리자 1명, 보조기계설비유지관리자 1명
③ 중급 책임기계설비유지관리자 1명
④ 초급 책임기계설비유지관리자 1명

3. 기계설비의 착공 전 확인과 사용 전 검사의 대상 건축물 또는 시설물은 용도별 건축물 중 연면적 얼마 이상인 경우에 해당 하는가?(단, 창고시설은 제외)

① 2,000[m²]
② 3,000[m²]
③ 5,000[m²]
④ 10,000[m²]

해설
기계설비의 착공 전 확인과 사용 전 검사의 대상은 용도별 건축물 중 연면적 10,000[m²] 이상인 건축물(창고시설은 제외)이 해당된다.

4. 기계설비의 착공 전 확인과 사용 전 검사의 대상 건축물 또는 시설물 중 에너지를 대량으로 소비하는 건축물에 속하지 않는 것은?(단, 해당 용도에 사용되는 바닥면적의 합계가 2,000[m²] 이상인 경우)

① 숙박시설
② 기숙사
③ 의료시설
④ 유스호스텔

해설

해설 4, 5, 6
기계설비의 착공 전 확인과 사용 전 검사의 대상 건축물 또는 시설물(건축법 관련)
1. 용도별 건축물 중 연면적 10,000[m²] 이상인 건축물(창고시설은 제외)
2. 에너지를 대량으로 소비하는 다음 각 목의 어느 하나에 해당하는 건축물
 가. 냉동·냉장, 항온·항습 또는 특수청정을 위한 특수설비가 설치된 건축물로서 해당 용도에 사용되는 바닥면적의 합계가 500[m²] 이상인 건축물
 나. 아파트 및 연립주택
 다. 목욕장, 놀이형시설(물놀이를 위하여 실내에 설치된 경우로 한정) 및 운동장(실내에 설치된 수영장과 이에 딸린 건축물로 한정)에 해당하는 건축물로서 해당 용도에 사용되는 바닥면적의 합계가 500[m²] 이상인 건축물
 라. 기숙사, 의료시설, 유스호스텔, 숙박시설에 해당하는 건축물로서 해당 용도에 사용되는 바닥면적의 합계가 2,000[m²] 이상인 건축물
 마. 판매시설, 연구소, 업무시설에 해당하는 건축물로서 해당 용도에 사용되는 바닥면적의 합계가 3,000[m²] 이상인 건축물
3. 지하역사 및 연면적 2,000[m²] 이상인 지하도상가(연속되어 있는 둘 이상의 지하도상가의 연면적 합계가 2,000[m²] 이상인 경우를 포함)

정답 1. ② 2. ③ 3. ④ 4. ③

5. 기계설비의 착공 전 확인과 사용 전 검사의 대상 건축물 또는 시설물 중 에너지를 대량으로 소비하는 건축물에 속하지 않는 것은?(단, 해당 용도에 사용되는 바닥면적의 합계가 3,000[m²] 이상인 경우)

① 업무시설   ② 판매시설
③ 유스호스텔   ④ 연구소

6. 목욕장인 경우 해당 용도에 사용되는 바닥면적의 합계가 최소 얼마 이상인 경우 기계설비의 착공 전 확인과 사용 전 검사의 대상이 되는가?

① 500[m²]   ② 1,000[m²]
③ 1,500[m²]   ④ 2,000[m²]

7. 기계설비법상 일정 규모 이상의 건축물등에 설치된 기계설비의 소유자 또는 관리자는 유지관리기준을 준수하여야 한다. 건축법에 따라 구분된 용도별 건축물 중 연면적 얼마 이상의 건축물이 해당되는가?(단, 공동주택 및 창고시설은 제외)

① 5,000[m²]   ② 10,000[m²]
③ 15,000[m²]   ④ 20,000[m²]

8. 기계설비법상 일정 규모 이상의 건축물등에 설치된 기계설비의 소유자 또는 관리자는 유지관리기준을 준수하여야 한다. 건축법에 따른 공동주택인 경우의 규모는?

① 300세대 이상의 공동주택
② 500세대 이상의 공동주택
③ 1,000세대 이상의 공동주택
④ 2,000세대 이상의 공동주택

9. 기계설비법상 일정 규모 이상의 건축물등에 설치된 기계설비의 소유자 또는 관리자는 유지관리기준을 준수하여야 한다. 중앙집중식 난방방식(지역난방방식을 포함)의 공동주택인 경우의 규모는?

① 300세대 이상의 공동주택
② 500세대 이상의 공동주택
③ 1,000세대 이상의 공동주택
④ 2,000세대 이상의 공동주택

해설

해설 7, 8, 9
기계설비 유지관리에 대한 점검 및 확인 등
다음에서 정하는 일정 규모 이상의 건축물등에 설치된 기계설비의 소유자 또는 관리자("관리주체"라 함)는 유지관리기준을 준수하여야 한다.
1. 건축법에 따라 구분된 용도별 건축물 중 연면적 10,000[m²] 이상의 건축물(공동주택 및 창고시설은 제외)
2. 건축법에 따른 공동주택 중 다음 각 목의 어느 하나에 해당하는 공동주택
   가. 500세대 이상의 공동주택
   나. 300세대 이상으로서 중앙집중식 난방방식(지역난방방식을 포함)의 공동주택
3. 다음 각 목의 건축물등 중 해당 건축물등의 규모를 고려하여 국토교통부장관이 정하여 고시하는 건축물등
   가. 시설물의 안전 및 유지관리에 관한 특별법에 따른 시설물
   나. 학교시설사업 촉진법에 따른 학교시설
   다. 실내공기질 관리법에 따른 지하역사 및 지하도상가
   라. 중앙행정기관의 장, 지방자치단체의 장 및 그 밖에 국토교통부장관이 정하는 자가 소유하거나 관리하는 건축물등

정답 5. ③   6. ①   7. ②   8. ②   9. ①

핵심기출문제

01. 기계설비법

10. 기계설비법상 관리주체는 유지관리기준에 따라 기계설비의 유지관리에 필요한 성능을 점검하고 그 점검기록을 작성하여야 한다. 관리주체는 작성한 점검기록을 몇 년 동안 보존하여야 하는가?
① 3년 ② 5년
③ 7년 ④ 10년

11. 다음은 기계설비유지관리자 선임에 관한 내용이다. 그 내용이 틀린 것은?
① 관리주체는 국토교통부령으로 정하는 바에 따라 기계설비유지관리자를 선임하여야 한다. 다만, 기계설비유지관리업무를 위탁한 경우 기계설비유지관리자를 선임한 것으로 본다.
② 기계설비유지관리자를 선임한 관리주체는 정당한 사유 없이 3회 이상 유지관리교육을 받지 아니한 기계설비유지관리자를 해임하여야 한다.
③ 기계설비유지관리자의 선임신고를 한 자가 선임신고증명서의 발급을 요구하는 경우에는 특별자치시장·특별자치도지사·시장·군수·구청장은 국토교통부령으로 정하는 바에 따라 선임신고증명서를 발급하여야 한다.
④ 기계설비유지관리자의 해임신고를 한 자는 해임한 날부터 30일 이내에 기계설비유지관리자를 새로 선임하여야 한다.

12. 기계설비법상 기계설비성능점검업을 등록한 자는 등록한 사항이 변경된 경우에는 변경 사유가 발생한 날부터 며칠 이내에 변경등록을 하여야 하는가?
① 20일 ② 30일
③ 40일 ④ 60일

13. 기계설비법상 기계설비성능점검업을 등록한 자는 등록한 사항이 변경된 경우에는 변경등록을 하여야 한다. 그 내용에 해당하지 않는 것은?
① 영업소 소재지 ② 기술자명부
③ 상호 ④ 대표자

해설

[해설] 10
관리주체는 작성한 점검기록을 10년 동안 보존하여야 하며, 특별자치시장·특별자치도지사·시장·군수·구청장이 그 점검기록의 제출을 요청하는 경우 이에 따라야 한다.

[해설] 11
기계설비유지관리자를 선임한 관리주체는 정당한 사유 없이 2회 이상 유지관리교육을 받지 아니한 기계설비유지관리자를 해임하여야 한다.

[해설] 12, 13
기계설비성능점검업을 등록한 자는 등록한 사항 중 다음 각 호의 어느 하나에 해당하는 사항이 변경된 경우에는 변경 사유가 발생한 날부터 30일 이내에 변경등록을 하여야 한다.
1. 상호
2. 대표자
3. 영업소 소재지
4. 기술인력

정답 10. ④ 11. ② 12. ② 13. ②

PART 4

과년도 출제문제

01 건축설비산업기사 2023년 제1회 시행
02 건축설비산업기사 2023년 제2회 시행
03 건축설비산업기사 2023년 제4회 시행
04 건축설비산업기사 2024년 제1회 시행
05 건축설비산업기사 2024년 제2회 시행
06 건축설비산업기사 2024년 제3회 시행
07 건축설비산업기사 2025년 제1회 시행
08 건축설비산업기사 2025년 제2회 시행
09 건축설비산업기사 2025년 제3회 시행

과년도출제문제

2023. 1회 건축설비산업기사

■■■ 제1과목 건축설비계획

1. 다음 중 유효온도의 구성요소로 옳은 것은?

① 온도, 습도, 복사열
② 온도, 습도, 기류
③ 온도, 습도, 착의량
④ 온도, 기류, 복사열

2. 내부결로의 방지대책으로 옳지 않은 것은?

① 단열재를 가능한 한 벽의 내측에 설치
② 벽체 내부온도를 그 부분의 노점온도보다 높게 할 것
③ 실내의 수증기 발생 억제
④ 벽체 내부의 수증기압을 포화수증기압보다 작게 할 것

[해설] 내부결로를 방지하기 위해서 단열공법은 열적으로 유리한 외단열공법으로 시공하고, 단열재는 저온측인 외부에 두며, 방습재는 고온측 내부에 둔다.

3. 광도 1,200cd인 전등으로부터 2m 떨어진 면에서 조도를 측정하였더니 300lx이었다. 이 면을 전등으로부터 4m 떨어진 곳에 놓으면 그 면에서의 조도는?

① 100lx   ② 75lx
③ 50lx   ④ 25lx

[해설] 조도(거리 역제곱의 법칙)
㉠ 표면에 도달하는 광의 밀도(1m² 당 1lm의 광속이 들어 있는 경우 1lux)
㉡ 단위 : 룩스(lux, lx)
㉢ 조도 = 광도/(거리)²
 조도(E)는 광도(I)에 비례하고 거리(d)의 제곱에 반비례의 관계를 가진다.

$$\therefore E = \frac{I}{d^2} = \frac{1,200}{4^2} = 75 \text{ [lx]}$$

4. TAC 온도에 관한 설명으로 옳지 않은 것은?

① 기간부하를 계산할 경우에 이용한다.
② 에너지 효율적 이용을 위한 것이다.
③ TAC는 Technical Advisory Committee의 약자이다.
④ 위험률 2.5%란 확률적으로 2.5%에 해당하는 시간은 설계용 외기온도를 벗어난다는 것을 의미한다.

[해설] TAC온도
 냉·난방 설계용 외기온도를 결정할 때 냉·난방기간 중 외기 설정온도 밖으로 벗어나는 비율(%)로 정한 온도
 ※ 위험률(TAC)
  열원설비의 용량을 산정하기 위해서는 냉·난방부하 계산을 하여야 하며 이를 위해서는 설계용 외기온도가 필요하다. 연중 가장 더운 시간 또는 추운 시간의 외기온도를 부하계산에 적용하면 설비용량이 과대해질 우려가 있으므로 부하계산에서는 최고 또는 최저온도의 피크 값을 일정비율 제외한 외기온도를 사용하게 되는데, 피크 값을 제외시키는 비율을 위험률(TAC)이라고 한다.

5. 다음 중 외부존의 공조 조닝의 종류에 속하는 것은?

① 방위별 조닝
② 현열비별 조닝
③ 부하 특성별 조닝
④ 용도에 따른 시간별 조닝

[해설] 건축의 페리미터존(perimeter zone, 외부존)은 방위에 따라 부하의 특성이 다르므로 방위별 조닝을 하는 것이 좋다.

6. 습공기에 관한 설명으로 옳은 것은?

① 수증기 함유량이 많을수록 엔탈피는 작아진다.
② 노점온도가 낮을수록 공기 중의 수증기 함유량은 많아진다.
③ 습공기 중의 수증기 함유량이 많을수록 수증기 분압이 커진다.
④ 동일온도에서는 수증기 함유량이 많을수록 건구온도와 습구온도의 차이는 커진다.

정답 1. ② 2. ① 3. ② 4. ① 5. ① 6. ③

해설 ① 수증기 함유량이 많을수록 엔탈피는 커진다.
② 노점온도가 낮을수록 공기 중의 수증기 함유량은 작아진다.
④ 동일온도에서는 수증기 함유량이 많을수록 건구온도와 습구온도의 차이는 작아진다.

7. 실내 취득 현열량이 50,000W 일 때, 실내의 온도를 26℃로 유지하기 위해 실내에 공급하여야 할 풍량은? (단, 공기의 비열은 1.01kJ/kg·K, 공기의 밀도는 1.2kg/m³이고 실내에 공급되는 공기의 온도는 14.1℃이다.)

① 약 9,250m³/h ② 약 10,450m³/h
③ 약 12,480m³/h ④ 약 15,115m³/h

해설 $q_s = \rho Q C(t_i - t_o)$ [kJ/h]

$Q = \dfrac{q_s}{\rho C(t_i - t_o)}$ [m³/h]

$Q = \dfrac{q_s}{\rho C(t_i - t_o)}$

$= \dfrac{50,000 \times 3.6}{1.2 \times 1.01 \times (26 - 14.1)} = 12480.2$ [m³/h]

※ 1W=1J/s=3,600J/h=3.6kJ/h

8. 공조기부하에 펌프 및 배관 등의 열부하를 더한 것으로서 냉동기나 보일러 용량을 결정하는데 이용되는 부하는?

① 외기부하 ② 열원부하
③ 기간부하 ④ 현열부하

해설 냉방부하의 기기 용량

- 실내취득열량 ┐ 송풍량 결정
- 기기로부터의 취득열량 ┘ ┐ 냉각코일의 용량 결정
- 재열부하 ┄┄┄┄┄┄┘ ┐
- 외기부하 ┄┄┄┄┄┄┄┄┘ 냉동기의 용량 결정
- 냉수펌프 및 배관부하 ┄┄┘

※ 열원부하는 장치부하에 열원기기를 기준으로 한 요소, 즉 열원기기와 공조기를 연결하는 배관에서의 열손실과 열원기기에서 만들어진 냉온수를 공조기에 보내는 역할을 하는 펌프에서의 발열까지 포함시킨 것을 말한다.

9. 다음 중 열역학 제 0법칙은?

① 질량보존의 법칙이다.
② 에너지 보존의 법칙이다.
③ 엔트로피 증가에 관한 법칙이다.
④ 열평형에 관한 법칙이다.

해설 열역학의 법칙
- 열역학의 제0법칙 : 열평형의 법칙(온도계의 원리)
- 열역학의 제1법칙 : 에너지보존의 법칙(엔탈피의 법칙, 제1종 영구기관 제작 불가능의 법칙)
- 열역학의 제2법칙 : 냉동기(히트펌프)의 원리, 에너지의 방향성, 가역과 비가역, 엔트로피의 원리, 제2종 영구기관 제작 불가능의 법칙
- 열역학의 제3법칙 : 네른스트의 법칙(엔트로피의 절대값, 절대온도 0[K]의 원리)

10. 호칭경 20A(내경 : 21.9mm)인 관내를 흐르는 유체의 평균유속이 2m/sec 일 때, 체적유량은?

① 6.28L/min ② 7.5L/min
③ 37.68L/min ④ 45.18L/min

해설 유량과 유속

단면적을 A[m²], 유속을 v[m/s], 유량을 Q[m³/s] 라면 $Q = A_1 v_1 = A_2 v_2$ ······ 일정

또 관경을 d[m]라 하면 단면적 $A = \dfrac{\pi d^2}{4}$이다.

∴ $Q = Av = \dfrac{\pi d^2}{4} \times v = \dfrac{3.14 \times 0.0219^2}{4} \times 2$

$= 0.000753$[m³/s] $= 0.04518$[m³/min]
$= 45.18$L/min

11. 실내공기오염의 종합적 지표로 사용되는 오염 물질은?

① 미세먼지 ② 이산화탄소
③ 포름알데히드 ④ 휘발성 유기화합물

해설 이산화탄소(CO_2)의 함유량에 비례해서 다른 오염원의 정도가 변화되므로 실내 공기의 오염정도를 판단하는 척도로 이산화탄소[탄산가스(CO_2)] 농도를 사용한다.

정답 7. ③ 8. ② 9. ④ 10. ④ 11. ②

과년도 출제문제

12. 건물 내 급수방식에 관한 설명으로 옳은 것은?

① 압력수조방식에는 수수조를 설치하지 않는다.
② 펌프직송방식은 유지·관리가 가장 용이한 방식이다.
③ 고가수조방식은 급수압력이 일정하다는 장점이 있다.
④ 수도직결방식은 일반적으로 중·고층의 건물에 사용된다.

[해설] ① 압력수조방식에는 높은 압력에 견딜 수 있는 기밀수수조의 설치 등으로 설비비가 많이 든다.
② 펌프직송방식(탱크 없는 부스터 방식, Tankless booster system)은 물을 지하실 등의 저수탱크에 물을 받은 후 자동급수펌프에 의하여 수전까지 직송하는 방식으로 정교한 제어가 필요하며 정전시 급수가 불가능하다.
④ 수도직결방식은 일반적으로 소규모 건물이나 낮은 건물에 사용된다.

13. 간접배수방식을 하여야 하는 기기 및 장치에 속하지 않는 것은?

① 세면기   ② 제빙기
③ 세탁기   ④ 탈수기

[해설] 직접배수와 간접배수
㉠ 직접배수 : 위생기구와 배수관이 연결된 일반 위생기구에서의 배수
㉡ 간접배수 : 냉장고, 세탁기, 음료기, 공기정화기 등에서의 배수방식으로 기구의 오염을 막기 위해 일반배수관으로 직접 연결하지 않고, 물받이 사이에 공간을 두어 공기 중에 노출시켰다가 배수관으로 흘려보내는 배수이다.

14. 배관용 동관을 M, L 및 K 타입으로 구분하는 기준이 되는 것은?

① 관의 두께   ② 관의 외경
③ 관의 재질   ④ 관의 길이

[해설] 동관의 두께에 따른 분류
두께가 두꺼울수록 고압에 사용한다. 두께는 K형, L형, M형 순이다.

㉠ K(Heavy wall) : 의료 및 고압배관에 사용
㉡ L(Medium wall) : 의료, 급배수, 급탕, 냉난방, 가스배관에 사용
㉢ M(Light wall) : 의료, 급배수, 급탕, 냉난방, 가스배관에 사용

15. 다음 도시기호 중에서 급수관 표시는?

① ———   ② ——·——
③ ——··——   ④ ············

[해설] ① 배 수 관 : ———
② 급 수 관 : ——·——
③ 우물물관 : ——··——
④ 통 기 관 : ············

16. 공기조화방식 중 2중 덕트방식에 관한 설명으로 옳지 않은 것은?

① 혼합상자에서 소음과 진동이 생긴다.
② 열매가 공기이므로 실온변화에 대한 응답이 느리다.
③ 부하특성이 다른 다수의 실이나 존에도 적용할 수 있다.
④ 냉·온풍의 혼합에 의한 혼합손실이 있어서 에너지 소비가 많다.

[해설] 2중덕트방식은 열매가 공기이므로 실온변화에 대한 응답이 빠르다. 냉·온풍의 혼합으로 인한 혼합손실이 있어서 에너지 다소비형 방식이다.

17. 건축설비적산 과정을 열거한 내용 중 그 순서가 옳게 된 것은?

① 공종별 물량 집계   ② 일위대가표 작성
③ 공내역서 작성   ④ 공사비 계산
⑤ 직접공사비 계산

① ① - ② - ③ - ④ - ⑤
② ② - ① - ③ - ⑤ - ④
③ ① - ② - ③ - ⑤ - ④
④ ② - ① - ⑤ - ③ - ④

[해설] 건축설비적산 과정
일위대가표 작성 - 공종별 물량 집계 - 공내역서 작성 - 직접공사비 계산 - 공사비 계산

정답 12. ③ 13. ① 14. ① 15. ② 16. ② 17. ②

18. 다음이 공기조화방식 중 전공기방식에 해당하는 것은?

① 유인 유닛방식   ② 멀티존 유닛방식
③ 패키지 유닛방식 ④ 팬코일 유닛방식

[해설] 열매의 종류에 의한 공기조화 방식의 분류
  ㉠ 전공기식(공기) : 단일덕트방식(정풍량방식, 변풍량방식), 이중덕트방식, 멀티존유닛방식, 각층유닛방식
  ㉡ 공기·수식(공기+물) : 유인유닛방식, 팬코일유닛방식(외기덕트병용), 복사냉난방방식(외기덕트병용)
  ㉢ 전수식(물) : 팬코일유닛방식, 복사냉난방식
  ㉣ 냉매식 : 패키지형방식

19. 환기에 관한 설명으로 옳지 않은 것은?

① 제3종 환기는 화장실, 욕실 등의 환기에 적합하다.
② 대규모 주차장의 경우 전체환기보다 국소환기가 바람직하다.
③ 희석환기는 열기나 유해물질이 실내에 널리 산재되어 있거나 이동되는 경우에 채용된다.
④ 제1종 환기는 정확한 환기량과 급기량 변화에 의해 실내압을 정압(+) 또는 부압(-)으로 유지할 수 있다.

[해설] 대규모 주차장의 경우 국소환기보다 전체환기가 바람직하다.

20. 수도직결방식의 급수방식에서 수도 본관의 압력이 160kPa, 수전의 높이가 6m, 마찰손실수두가 2mAq일 때, 이 수전이 받는 압력은?

① 약 40kPa   ② 약 80kPa
③ 약 152kPa   ④ 약 240kPa

[해설] $P_o \geq P + P_f + \dfrac{H}{100}$

$0.16 = P + 0.02 + \dfrac{6}{100}$

$\therefore P = 0.16 - 0.02 - 0.06 = 0.08\text{MPa} = 80\text{kPa}$

■■■ 제2과목 건축설비설계

21. 흡수식 냉동기에 관한 설명으로 옳지 않은 것은?

① 증발기, 흡수기, 발생기, 응축기 등으로 구성되어 있다.
② 기계적 에너지가 아닌 열에너지에 의해 냉동효과를 얻는다.
③ 냉방용의 흡수식 냉동기는 물과 브롬화리튬(LiBr)의 혼합용액을 사용한다.
④ 단효용 흡수식 냉동기의 발생기는 고온발생기와 저온발생기로 구성되어 있다.

[해설] 2중 효용 흡수식 냉동기
  ㉠ 흡수식 냉동기는 발생기의 형식에 따라 단효용식과 2중효용식이 있다.
  ㉡ 냉매증기는 수증기이고 증기보일러와 연동하여 구동한다.
  ㉢ 고온발생기와 저온발생기가 있어 단효용 흡수식에 비해 효율이 높다.
  ㉣ 저온발생기는 고온발생기보다 압력이 낮다.
  ㉤ 단효용 흡수식 냉동기보다 에너지 절약적이고 냉각탑 용량을 줄일 수 있다.
  ※ 냉동 사이클 : 증발기 - 흡수기 - 발생기(재생기) - 응축기

22. 냉동기의 압축기에서 토출된 고온·고압의 냉매증기는 응축기에서 방열하고 액화되는데, 이때 방열되는 응축열로 물이나 공기를 가열하여 난방에 이용되는 장치를 무엇이라 하는가?

① 냉각탑   ② 팬코일
③ 열펌프   ④ 전열교환기

[해설] 히트펌프(열펌프)는 냉동기의 압축기에서 토출된 고온·고압의 냉매증기는 응축기에서 방열하고 액화된다. 이때 방열되는 응축열로 물이나 공기를 가열하여 난방에 이용하는 장치이다.
  ☞ 열펌프(Heat Pump)는 낮은 온도의 열원으로부터 높은 온도의 열로 펌프하듯 끌어올려 이용할 수 있기 때문에 히트펌프라고 한다.

정답 18. ② 19. ② 20. ② 21. ④ 22. ③

과년도 출제문제

23. 냉각탑에서 어프로치(approach)에 관한 설명으로 옳은 것은?

① 냉각탑 출구와 입구 수온의 온도차
② 냉각탑 입구와 출구 공기의 습구온도차
③ 냉각탑 입구의 수온과 출구공기의 습구온도와의 차
④ 냉각탑 출구의 수온과 입구공기의 습구온도와의 차

[해설] 어프로치(approach)
냉각탑의 출구의 수온과 입구공기의 습구온도의 차이다. 냉각탑에 의해 냉각되는 물의 출구 온도는 외기 입구의 습구(濕球) 온도에 따라 바뀌는데, 이때의 물 온도와 외기의 습구 온도차를 말하며, 냉각탑의 설계에 따라 크게 영향을 받는 값으로, 너무 작게 잡으면 냉각탑이 크게 되어 건설비, 운전비 등이 늘어나 비경제적이므로 보통 4~6℃(5℃) 부근으로 한다.

24. 증기 발생기라고도 불리우며 수관으로 되어 있으나 드럼이 없고 증기발생이 빠르므로 간단히 고압의 증기를 얻으려 하는 경우에 사용되는 보일러는?

① 관류 보일러
② 연관 보일러
③ 수관 보일러
④ 주철제 보일러

[해설] 관류 보일러
증기 발생기라고도 불리우며 공조용으로 사용되는 예는 거의 없고 간단히 고압의 증기를 얻으려 하는 경우에 사용되는 보일러
㉠ 증기 발생기로 주로 이용
㉡ 수관보일러와 같이 수관으로 되어 있으나 드럼(수실)이 없다.
㉢ 보유수량이 적으므로 시동시간이 짧고, 부하변동에 대해 추종성이 좋다.
㉣ 설치면적이 작으나, 급수처리가 복잡하고 고가이며 소음이 높다.
㉤ 간단하게 고압의 증기를 얻으려고 하는 경우에 사용된다.

25. 증발량 850kg/h인 증기보일러에서 발생 증기의 엔탈피가 2,800kJ/kg, 보일러 입구에서 물의 엔탈피가 360kJ/kg 일 때 이 보일러의 환산증발량은?

① 852kg/h
② 882kg/h
③ 919kg/h
④ 939kg/h

[해설] $G_e = \dfrac{G_s(h_2-h_1)}{2,257} = \dfrac{850(2,800-360)}{2,257}$
= 918.82 ≒ 919kg/h

26. 압축식 냉동기의 냉동사이클로 옳은 것은?

① 팽창밸브 - 증발기 - 압축기 - 응축기
② 압축기 - 팽창밸브 - 증발기 - 응축기
③ 증발기 - 압축기 - 팽창밸브 - 응축기
④ 응축기 - 증발기 - 압축기 - 팽창밸브

[해설] 냉동기의 냉동사이클

구 분	구성 요소
압축식 냉동기	압축기 - 응축기 - 팽창밸브 - 증발기
흡수식 냉동기	증발기 - 흡수기 - 발생기(재생기) - 응축기

27. 개방식 축열수조에 관한 설명으로 옳지 않은 것은?

① 수전 전력이 증가된다.
② 심야전력을 이용할 수 있다.
③ 공조기용 2차 펌프의 양정이 증가한다.
④ 대기에 개방되므로 수질 관리가 필요하다.

[해설] 축열수조는 수전설비 용량 축소 및 계약 전력이 감소된다.
※ 빙축열 시스템은 냉각을 위한 냉동기, 축열을 위한 빙축열조, 외부와의 열교환을 위한 열교환기로 구성된다.

28. 공기조화기의 에어필터에 관한 설명으로 옳지 않은 것은?

① 송풍기의 흡입측이면서 코일의 흡입측에 설치한다.
② 필터에 공기의 흐름방향이 있는 경우에는 역방향으로 설치한다.
③ 필터의 설치위치 전후에는 점검과 보수를 위한 충분한 공간과 점검문을 설치한다.
④ 유닛형 필터를 여러 개 조합하여 설치하는 경우에는 지그재그로 하여 통과면적을 크게 한다.

정답 23. ④ 24. ① 25. ③ 26. ① 27. ① 28. ②

[해설] 필터에 공기의 흐름방향이 있는 경우에는 역방향으로 설치되지 않도록 한다.
※ 지그재그 형태로 설치된 유니트형 필터를 여러 개 설치하는 경우 통과면적을 최대로 하므로 집진효율이 우수하다.

29. 공기세정기의 분무수 온도 tw, 입구공기의 건구 온도 t_1, 습구온도 t_1', 노점온도 t_1'' 일 때 상태변화에 관한 설명으로 옳지 않은 것은?

① $tw < t_1''$ 일 때 냉각감습
② $tw > t_1$ 일 때 가열가습
③ $tw = t_1'$ 일 때 단열가습
④ $t_1' < tw < t_1$ 일 때 가열가습

[해설] 에어워셔(air washer, 공기세정기)
아주 작은 물방울과 공기를 직접 접촉시킴으로써 공기를 냉각하거나 또는 감습, 가습하기 위하여 사용한다.
※ 일반적으로 공기조화기에서 가습은 분무하는 수온을 노점온도보다 높게 하여 에어와셔(air washer)를 통해 미세한 물방울을 분무시키면 분무된 물방울들이 모두 증발하여 가습하게 된다.

30. 매시 36m³의 물을 고가수조에 양수하려고 할 때 유속을 1.5m/sec라 하면, 펌프의 호칭구경으로 적당한 것은?

① 50A　　　　② 65A
③ 100A　　　 ④ 125A

[해설] $Q = AV = \dfrac{\pi V d^2}{4}$

$\therefore d = \sqrt{\dfrac{4Q}{V\pi}} = \sqrt{\dfrac{4 \times 36/3,600}{1.5 \times \pi}} ≒ 100\text{mm}$

$= 0.0922\text{m} = 92.16\text{mm}$

31. 다음과 같은 조건에 있는 양수펌프의 소요동력은?

- 실양정 : 10m
- 마찰손실수두 : 2mAq
- 양수량 : 3,000L/min
- 펌프의 효율 : 80%

① 1.22kW　　② 6.13kW
③ 7.35kW　　④ 8.57kW

[해설] 펌프 축동력$(L_s) = \dfrac{WQH}{KE}$ [kW]

Q : 양수량(m³/min) → 3,000L/min = 3m³/min
H : 전양정(m) = 실양정 + 마찰손실수두
　　→ 10 + 2 = 12m
W : 액체 1m³의 중량(kg/m³) → 물은 1,000kg/m³
E : 효율(%) → 80%
K : 정수(kW) → 6,120

$\therefore$ 펌프의 축동력$(L_s) = \dfrac{1,000 \times 3 \times 12}{6,120 \times 0.8} = 7.35$kW

32. 어느 송풍기의 회전수가 750rpm일 때 송풍량이 100m³/min, 축동력이 1.5kW, 송풍기 전압이 400Pa이다. 이 송풍기의 회전수를 900rpm으로 변화시켰을 때 전압은 얼마로 되는가?

① 400Pa　　② 576Pa
③ 711.1Pa　 ④ 941.1Pa

[해설] 송풍기 전압(P_2) : 회전수비의 2제곱에 비례하여 변화한다.

$P_2 = \left(\dfrac{N_2}{N_1}\right)^2 P_1 = \left(\dfrac{900}{750}\right)^2 \times 400 = 576$Pa

33. 다음은 공기조화기와 주위 덕트 구성을 나타낸 것이다. ⓐ와 같이 설치되는 기기는?

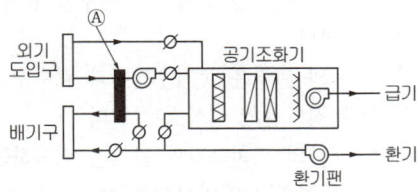

① 에어필터　　② 전열교환기
③ 공기청정기　④ 유해가스 감지센터

과년도 출제문제

2023. 1회 건축설비산업기사

[해설] 전열교환기는 배기되는 공기와 도입 외기 사이에 공기의 교환을 통하여 배기가 지닌 열량을 회수하거나 도입외기가 지닌 열량을 제거하여 도입외기를 실내 또는 공기조화기로 공급하는 전열교환장치이다. 공기 대 공기의 열교환기로서 현열은 물론 잠열까지도 교환되는 엔탈피 교환하는 장치로서 공조시스템에서 배기와 도입되는 외기와의 전열교환으로 공조기는 물론 보일러나 냉동기의 용량을 줄일 수 있다.

34. 연면적이 10,000m²인 사무소 건물에 필요한 1일당 급수량은?(단, 유효면적비율은 60%, 1인 1일당 급수량은 100L, 유효면적당 거주인원은 0.2인/m²이다.)

① 12m³ ② 20m³
③ 120m³ ④ 200m³

[해설] $Q_d = A \times k \times n \times q$ [L/d]
$= 10,000m² \times 0.6 \times 0.2인/m² \times 100L/d$
$= 12,000L/d = 120m³$

35. 10℃의 물 150kg과 80℃의 물 100kg을 혼합할 경우, 혼합된 물의 온도는?

① 28℃   ② 38℃
③ 45℃   ④ 63.2℃

[해설] 혼합수의 온도 $t_m = \dfrac{m_1 t_1 + m_2 t_2}{m_1 + m_2}$
$= \dfrac{150 \times 10 + 100 \times 80}{150 + 100} = 38℃$

36. 통기관의 관경 결정에 관한 설명으로 옳지 않은 것은?

① 각개통기관의 관경은 접속하는 배수관 관경의 1/2 이상으로 한다.
② 결합통기관의 관경은 통기수직관과 배수수직관 중 작은 쪽 관경의 1/2 이상으로 한다.
③ 배수수평지관의 도피통기관 관경은 접속하는 배수수평지관 관경의 1/2 이상으로 한다.
④ 루프통기관의 관경은 배수수평지관과 통기수직관 중 작은 쪽 관경의 1/2 이상으로 한다.

[해설] 결합통기관 : 최소 50mm 이상이거나 통기수직관과 동일 관경 이상
※ 통기관의 관경 : 최소 32mm 이상

37. 대변기의 세정방식에 관한 설명으로 옳은 것은?

① 로 탱크식은 연속사용이 가능하다.
② 하이 탱크식과 로 탱크식은 급수압이 낮아도 사용이 가능하다.
③ 플러시 밸브식은 급수관경에 제한이 없어 일반 가정용으로 주로 사용된다.
④ 로 탱크식은 하이 탱크식에 비해 세정소음이 크나, 화장실 면적을 넓게 사용할 수 있다는 장점이 있다.

[해설] 세정밸브식(플러시밸브식)은 대변기의 연속사용이 가능하나 소음이 크고, 단시간에 다량의 물이 필요하며, 최저 필요 수압 0.07MPa(0.7kg/cm²) 이상 확보할 수 있는 경우에 사용 가능하다.
일반 가정용으로는 사용이 곤란하다.

38. 송풍기의 풍량제어방식 중 축동력이 가장 많이 소요되는 방식은?

① 회전수제어   ② 토출댐퍼제어
③ 흡입베인제어 ④ 흡입댐퍼제어

[해설] 동력절감률(에너지절약)이 높은 것에서 낮은 순서
회전수제어(가변속제어) > 가변피치제어 > 흡입베인제어 > 흡입댐퍼제어 > 토출댐퍼제어
※ 회전수 제어 : 송풍기 풍량제어의 대표적인 방법으로 에너지절감 비율이 가장 높다.
※ 제어방식의 결정은 풍량조정범위, 동력절감률, 설비비 등을 고려하여 정한다.

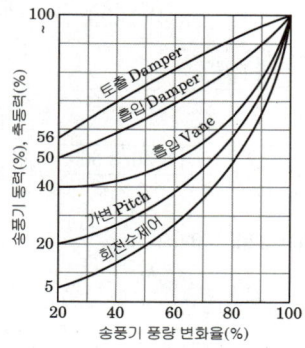

[그림] 송풍기 풍량변화율에 따른 송풍기 동력비율의 변화

정답 34. ③ 35. ② 36. ② 37. ② 38. ②

39. 내경 80mm인 원관 속을 흐르는 물의 유량이 40m³/h, 관의 길이가 10m일 경우 마찰손실은? (단, 관마찰계수는 0.02이다.)

① 9.9kPa   ② 8.3kPa
③ 6.1kPa   ④ 5.4kPa

[해설] 마찰손실수두(H_f) 계산

㉠ 먼저, $Q=Av$ 에서 $v=\dfrac{Q}{A}$

$A=\dfrac{\pi d^2}{4}$ 이므로

$v=\dfrac{Q}{\dfrac{\pi d^2}{4}}=\dfrac{\dfrac{40}{3,600}}{\dfrac{3.14\times 0.08^2}{4}}=2.21\text{m/s}$

㉡ $P_f=\lambda\cdot\dfrac{l}{d}\cdot\dfrac{\rho v^2}{2}$ [Pa]

$P_f=0.02\times\dfrac{10}{0.08}\times\dfrac{1,000\times 2.21^2}{2}$
$\quad =6,100[\text{Pa}]=6.1\text{kPa}$

40. 다음과 같은 열교환 방식을 갖는 폐열회수기의 종류는?

> 환기되는 공기에 포함한 열이 환기 쪽의 작동 유체를 가열하여 증발시키면 증발된 작동 유체는 급기 쪽으로 이동하여 급기에 열을 전달하는 방식

① 판형 열교환식
② 로터형 열교환식
③ 히트파이프형 열교환식
④ 모세 송풍기형 열교환식

[해설] 히트 파이프(Heat pipe)형 열교환기
환기되는 공기에 포함한 열이 환기 쪽의 작동 유체를 가열하여 증발시키면 증발된 작동 유체는 급기 쪽으로 이동하여 급기에 열을 전달하는 방식이다.
㉠ 증발부, 단열부, 응축부로 구성된다.
㉡ 밀봉된 용기, 위크구조체, 작동유체가 필요하다.
㉢ 히트 파이프(Heat pipe)는 현열 교환만 가능하다.
㉣ 폐열회수, 태양열 집열장치 등에 이용된다.

제3과목 건축설비관련법규

41. 건축법령에 따른 용어의 정의가 옳지 않은 것은?

① 준초고층 건축물이란 고층건축물 중 초고층 건축물이 아닌 것을 말한다.
② 건축이란 건축물을 신축·증축·개축·재축하거나 건축물을 이전하는 것을 말한다.
③ 대수선이란 건축물의 노후화를 억제하거나 기능 향상 등을 위하여 일부 증축하는 행위를 말한다.
④ 지하층이란 건축물의 바닥이 지표면 아래에 있는 층으로서 바닥에서 지표면까지 평균 높이가 해당 층 높이의 1/2 이상인 것을 말한다.

[해설] 리모델링이란 건축물의 노후화를 억제하거나 기능 향상 등을 위하여 일부 증축하는 행위를 말한다.

42. 기존 건축물이 재난으로 인하여 멸실된 대지 안에 종전의 기존 건축물 규모의 범위를 초과하여 다시 축조하는 건축행위는?

① 신축   ② 증축
③ 개축   ④ 대수선

[해설] ② 증축 : 기존 건축물이 있는 대지 안에서 건축물의 건축면적·연면적 또는 높이를 증가시키는 행위
③ 개축 : 기존 건축물의 전부 또는 일부(일부를 철거한 경우에는 내력벽·기둥·보·지붕틀 중 3개 이상이 포함되는 경우에 한한다)를 철거하고, 그 대지 안에 종전과 동일한 규모의 범위 안에서 건축물을 다시 축조하는 행위
④ 대수선 : 건축물의 기둥·보·내력벽·주계단 등의 구조 또는 외부형태를 수선·변경 또는 증설하는 것

43. 건축물에 대한 구조의 안전을 확인하는 경우, 건축구조 기술사의 협력을 받아야 하는 대상 건축을 기준으로 옳지 않은 것은?

① 다중이용건축물
② 6층 이상인 건축물
③ 기둥과 기둥 사이의 거리가 10m 이상인 건축물
④ 한쪽 끝은 고정되고 다른 끝은 지지되지 아니한 구조로 된 차양 등이 외벽의 중심선으로부터 3m 이상 돌출된 건축물

정답 39. ③ 40. ③ 41. ③ 42. ① 43. ③

과년도출제문제

2023. 1회 건축설비산업기사

[해설] **건축구조기술사에 의한 구조계산**
다음 건축물을 건축하거나 대수선할 경우의 구조계산은 구조기술사의 구조계산에 의해야 한다.
㉠ 6층 이상 건축물
㉡ 내민구조의 차양길이가 3m 이상인 건축물
㉢ 경간 20m 이상 건축물
㉣ 특수한 설계·시공·공법 등이 필요한 건축물
㉤ 다중이용건축물
㉥ 준다중이용건축물
㉦ 지진구역의 건축물 중 국토교통부령으로 정하는 건축물

44. 연면적이 200m²을 초과하는 초등학교에 설치하는 복도의 유효너비는 최소 얼마 이상으로 하여야 하는가? (단, 양옆에 거실이 있는 복도)

① 1.2m ② 1.5m
③ 1.8m ④ 2.4m

[해설] 건축물에 설치하는 복도의 유효너비

구 분	양옆에 거실이 있는 복도	기타의 복도
유치원·초등학교·중학교·고등학교	2.4m 이상	1.8m 이상
공동주택·오피스텔	1.8m 이상	1.2m 이상
당해 층 거실의 바닥면적 합계가 200m² 이상인 경우	1.5m 이상 (의료시설의 복도는 1.8m 이상)	1.2m 이상

45. 다음 중 거실의 용도에 다른 조도기준이 가장 높은 것은? (단, 건축물의 피난·방화구조 등의 기준에 관한 규칙에 따른 조도기준)

① 거주(식사) ② 작업(제조)
③ 집무(계산) ④ 집회(회의)

[해설] 거실의 용도에 따른 조도기준(제17조 관련)

거실의 용도구분	조도구분	바닥에서 85cm의 높이에 있는 수평면의 조도(럭스)
1. 거 주	•독서·식사·조리	150
	•기타	70
2. 집 무	•설계·제도·계산	700
	•일반사무	300
	•기타	150
3. 작 업	•검사·시험·정밀검사·수술	700
	•일반작업·제조·판매	300
	•포장·세척	150
	•기타	70
4. 집 회	•회의	300
	•집회	150
	•공연·관람	70
5. 오 락	•오락 일반	150
	•기타	30
기타 명시되지 아니한 것		1란 내지 5란에 유사한 기준을 적용함.

46. 다음은 직통계단의 설치에 관한 기준 내용이다. ( ) 안에 알맞은 것은?

> 초고층 건축물에는 피난층 또는 지상으로 통하는 직통계단과 직접 연결되는 피난안전구역을 지상층으로부터 최대 ( ) 층마다 1개소 이상 설치하여야 한다.

① 10개 ② 20개
③ 30개 ④ 40개

[해설] 피난안전구역의 설치
㉠ 초고층 건축물에는 피난층 또는 지상으로 통하는 직통계단과 직접 연결되는 피난안전구역(건축물의 피난·안전을 위하여 건축물 중간층에 설치하는 대피공간을 말함)을 지상층으로부터 최대 30개 층마다 1개소 이상 설치하여야 한다.
㉡ 준초고층 건축물에는 피난층 또는 지상으로 통하는 직통계단과 직접 연결되는 피난안전구역을 해당 건축물 전체 층수의 1/2에 해당하는 층으로부터 상하 5개층 이내에 1개소 이상 설치하여야 한다.

정답 44. ④ 45. ③ 46. ③

47. 다음은 건축법상 건축허가에 관한 기준 내용이다. ( ) 안에 알맞은 것은?

> 건축물을 건축하거나 대수선하려는 자는 특별자치시장·특별자치도지사 또는 시장·군수·구청장의 허가를 받아야 한다. 다만, ( ) 이상의 건축물 등 대통령령으로 정하는 용도 및 규모의 건축물을 특별시나 광역시에 건축하려면 특별시장이나 광역시장의 허가를 받아야 한다.

① 10층 ② 16층
③ 21층 ④ 41층

[해설] 건축허가
건축물을 건축 또는 대수선 하고자 하는 자는 특별자치시장·특별자치도지사 또는 시장·군수·구청장의 허가를 받아야 한다.
[단서] 층수가 21층 이상이거나 연면적의 합계가 10만m² 이상인 건축물[공장, 창고 및 지방건축위원회의 심의를 거친 건축물은 제외(단, 이 심의대상 건축물은 특별시 또는 광역시의 건축조례로 정하는 바에 따라 해당 지방건축위원회의 심의사항으로 할 수 있는 건축물에 한정하며, 초고층건축물은 제외)]의 건축(연면적의 3/10 이상을 증축하여 층수가 21층 이상으로 되거나 연면적의 합계가 10만m² 이상으로 되는 경우를 포함)은 특별시장 또는 광역시장의 허가를 받아야 한다.

48. 건축법령에 따라 건축물에 건축설비를 설치한 경우, 해당 분야의 기술사가 그 설치상태를 확인한 후 건축주 및 공사감리자에게 제출하여야 하는 것은?

① 공사감리일지
② 감리중간보고서
③ 감리완료보고서
④ 건축설비설치확인서

[해설] 건축물에 건축설비를 설치한 경우에는 해당 분야의 기술사가 그 설치상태를 확인한 후 건축주 및 공사감리자에게 건축설비설치확인서를 제출하여야 한다.

49. 다음은 건축물의 바깥쪽으로의 출구의 설치에 관한 기준 내용이다. ( ) 안에 알맞은 것은?

> 판매시설의 용도에 쓰이는 피난층에 설치하는 건축물의 바깥쪽으로의 출구의 유효너비의 합계는 해당 용도에 쓰이는 바닥면적이 최대인 층에 있어서의 해당 용도의 바닥면적 100m² 마다 ( )의 비율로 산정한 너비 이상으로 하여야 한다.

① 0.6m ② 1.2m
③ 1.5m ④ 1.8m

[해설] 판매시설의 피난층에 설치하는 출구 유효폭
판매시설의 피난층에 설치하는 건축물 바깥쪽으로의 출구는 당해 용도에 쓰이는 바닥면적이 최대인 층의 바닥면적 100m² 마다 0.6m 이상의 비율로 산정한 너비 이상으로 한다.

$$출구유효폭 \geq \frac{당해\ 용도\ 최대층의\ 바닥면적(m^2)}{100m^2} \times 0.6m$$

50. 다음은 건축설비 설치의 원칙에 관한 기준 내용이다. ( ) 안에 알맞은 것은?

> 건축물에 설치하는 급수·배수·냉방·난방·환기·피뢰 등 건축설비의 설치에 관한 기술적 기준은 (㉠)으로 정하되, 에너지 이용 합리화와 관련한 건축설비의 기술적 기준에 관하여는 (㉡)과 협의하여 정한다.

① ㉠ 국토교통부령, ㉡ 기획재정부장관
② ㉠ 국토교통부령, ㉡ 산업통상자원부장관
③ ㉠ 산업통상자원부령, ㉡ 국토교통부장관
④ ㉠ 산업통상자원부령, ㉡ 기획재정부장관

[해설] 건축물에 설치하는 급수·배수·냉방·난방·환기·피뢰 등 건축설비의 설치에 관한 기술적 기준은 국토교통부령으로 정하되, 에너지 이용 합리화와 관련한 건축설비의 기술적 기준에 관하여는 산업통상자원부장관과 협의하여 정한다.

정답 47. ③ 48. ④ 49. ① 50. ②

51. 6층 이상인 건축물로서 건축물의 거실(피난층의 거실 제외)에 국토교통부령으로 정하는 기준에 따라 배연설비를 하여야 하는 대상 건축물에 속하지 않는 것은?

① 운동시설 ② 종교시설
③ 제1종 근린생활시설 ④ 교육연구시설 중 연구소

[해설] 배연설비의 설치대상
① 6층 이상의 건축물로서 다음의 용도에 해당되는 건축물의 거실
제2종 근린생활시설 중 공연장, 종교집회장, 인터넷컴퓨터게임시설제공업소 및 다중생활시설(공연장, 종교집회장 및 인터넷컴퓨터게임시설제공업소는 해당 용도로 쓰는 바닥면적의 합계가 각각 300m² 이상인 경우), 문화 및 집회시설, 종교시설, 판매시설, 운수시설, 의료시설(요양병원 및 정신병원은 제외), 교육연구시설 중 연구소, 노유자시설 중 아동관련시설·노인복지시설(노인요양시설은 제외), 수련시설 중 유스호스텔, 운동시설, 업무시설, 숙박시설, 위락시설, 관광휴게시설, 장례식장
[예외] 피난층인 경우
② 다음에 해당하는 용도로 쓰는 건축물
㉠ 의료시설 중 요양병원 및 정신병원
㉡ 노유자시설 중 노인요양시설·장애인 거주시설 및 장애인 의료재활시설
[예외] 피난층인 경우

52. 건축물의 설비기준 등에 관한 규칙에 따라 피뢰설비를 설치하여야 하는 대상 건축물의 높이 기준은?

① 20m 이상 ② 24m 이상
③ 27m 이상 ④ 31m 이상

[해설] 낙뢰의 우려가 있는 건축물 또는 높이 20m 이상의 건축물 또는 공작물로서 높이 20m 이상의 공작물(건축물에 공작물을 설치하여 그 전체높이가 20m 이상인 것 포함)에는 건축물의 설비기준 등에 관한 규칙에 적합하게 피뢰설비를 설치하여야 한다.

53. 다음 건축물 중 건축 시 설치하여야 하는 승용승강기의 최소 대수가 가장 많은 것은? (단, 6층 이상의 거실면적의 합계가 7,000m²이며, 15인승 승용승강기의 경우)

① 판매시설 ② 업무시설
③ 숙박시설 ④ 위락시설

[해설] 승용승강기의 설치대수를 가장 많이 하여야 하는 용도(최소 2대 이상)
- 문화 및 집회시설(공연장·관람장·집회장)
- 판매시설(도매시장·소매시장·상점)
- 의료시설(병원·격리병원)

[대수 산정식] $N = 2 + \dfrac{A - 3{,}000\text{m}^2}{2{,}000\text{m}^2}$

54. 건축물의 에너지절약설계기준에 따른 용어의 정의가 옳지 않은 것은?

① "효율"이라 함은 설비기기에 공급된 에너지에 대하여 출력된 유효에너지의 비를 말한다.
② "태양열취득률(SHGC)"이라 함은 입사된 태양열에 대하여 실내로 유입된 태양열취득의 비율을 말한다.
③ "비례제어운전"이라 함은 기기를 여러 대 설치하여 부하상태에 따라 최적 운전상태를 유지할 수 있도록 기기를 조합하여 운전하는 방식을 말한다.
④ "이코노마이저시스템"이라 함은 중간기 또는 동계에 발생하는 냉방부하를 실내 엔탈피보다 낮은 도입 외기에 의하여 제거 또는 감소시키는 시스템을 말한다.

[해설] 비례제어운전이라 함은 기기의 출력값과 목표값의 편차에 비례하여 입력량을 조절하여 최적운전상태를 유지할 수 있도록 운전하는 방식을 말한다.

55. 건축물의 냉방설비에 대한 설치 및 설계기준상 포접화합물(Clathrate)이나 공융염(Eutectic Salt) 등의 상변화물질을 심야시간에 냉각시켜 동결한 후 그 밖의 시간에 이를 녹여 냉방에 이용하는 냉방설비로 정의되는 것은?

① 빙축열식 냉방설비
② 수축열식 냉방설비
③ 물질축열식 냉방설비
④ 잠열축열식 냉방설비

해설 축냉식 전기냉방설비

구분	내용
빙축열식 냉방설비	심야시간에 얼음을 제조하여 축열조에 저장하였다가 기타시간에 이를 녹여 냉방에 이용하는 냉방설비를 말한다.
수축열식 냉방설비	심야시간에 물을 냉각시켜 축열조에 저장하였다가 기타시간에 이를 냉방에 이용하는 냉방설비를 말한다.
잠열축열식 냉방설비	포접화합물(Clathrate)이나 공융염(Eutectic Salt) 등의 상변화물질을 심야시간에 냉각시켜 동결한 후 기타 시간에 이를 녹여 냉방에 이용하는 냉방 설비를 말한다.

56. 녹색건축물 인증 등급에서 우량등급은?

① 그린1등급   ② 그린2등급
③ 그린3등급   ④ 그린4등급

해설 녹색건축 인증 등급은 최우수(그린1등급), 우수(그린2등급), 우량(그린3등급) 또는 일반(그린4등급)으로 한다.

57. 비상용승강기의 승강장의 바닥면적은 비상용 승강기 1대에 대하여 최소 얼마 이상으로 하여야 하는가? (단, 승강장을 옥내에 설치하는 경우)

① $3m^2$ ② $6m^2$
③ $9m^2$ ④ $12m^2$

해설 승강장의 바닥면적은 비상용승강기 1대에 대하여 $6m^2$ 이상으로 할 것. 다만, 옥외에 승강장을 설치하는 경우에는 그러하지 아니하다.

※ 비상용승강기의 승강장 및 승강로의 구조에 관한 규정
㉠ 승강장의 구조 : 내화구조, 불연재료, 60+방화문 또는 60분방화문, 배연설비, 조명설비
㉡ 승강로의 구조
㉢ 승강장의 바닥면적 : $6m^2$/대 이상

58. 가스·급수·배수·환기 설비를 설치하는 경우 건축기계설비기술사 또는 공조냉동기계기술사의 협력을 받아야 하는 대상 건축물에 속하지 않는 것은? (단, 해당 용도에 사용되는 바닥면적의 합계가 $2,000m^2$인 경우)

① 기숙사   ② 숙박시설
③ 판매시설   ④ 의료시설

해설 건축설비기술사·공조냉동기계기술사의 협력을 받아야하는 에너지 대량소비 건축물 대상(바닥면적 합계 기준)
㉠ $500m^2$ 이상 : 냉동냉장시설, 항온항습시설, 특수청정시설
㉡ 규모에 관계없이 : 아파트 및 연립주택
㉢ $500m^2$ 이상 : 목욕장(제1종 근린생활시설), 실내수영장(운동시설), 실내물놀이형시설
㉣ $2,000m^2$ 이상 : 기숙사, 병원(의료시설), 유스호스텔(수련시설), 숙박시설
㉤ $3,000m^2$ 이상 : 연구소(교육연구시설), 업무시설, 판매시설
㉥ $10,000m^2$ 이상 : 문화 및 집회시설(동·식물원 제외), 종교시설, 장례식장, 교육연구시설(연구소 제외)

59. 다음은 건축물 에너지효율등급 인증에 관한 내용이다. ( )안에 해당되는 내용은?

> 건축물 에너지효율등급 인증기관의 장은 사용승인 또는 사용검사를 받은 날부터 (   )이 지난 건축물에 대해서 건축물 에너지효율등급 인증을 하려는 경우에는 건축주등에게 건축물 에너지효율 개선방안을 제공하여야 한다.

① 2년   ② 3년
③ 5년   ④ 10년

정답 55. ④   56. ③   57. ②   58. ③   59. ②

[해설] 건축물 에너지효율등급 인증기관의 장은 사용승인 또는 사용검사를 받은 날부터 3년이 지난 건축물에 대해서 건축물 에너지효율등급 인증을 하려는 경우에는 건축주등에게 건축물 에너지효율 개선방안을 제공하여야 한다.

60. 지능형 건축물의 인증에 관한 설명으로 옳지 않은 것은?

① 지능형 건축물 인증기준에는 인증표시 홍보기준, 유효기간 등의 사항이 포함된다.
② 산업통상자원부장관은 지능형 건축물의 인증을 위하여 인증기관을 지정할 수 있다.
③ 국토교통부장관은 지능형 건축물의 건축을 활성화하기 위하여 지능형 건축물 인증제도를 실시한다.
④ 허가권자는 지능형 건축물로 인증 받은 건축물에 대하여 조경설치면적을 100분의 85까지 완화하여 적용할 수 있다.

[해설] 국토교통부장관은 지능형건축물의 인증을 위하여 인증기관을 지정할 수 있다.

60. ②

과년도출제문제

2023. 2회 건축설비산업기사

■■■ 제1과목 건축설비계획

1. 열역학 제1법칙은 어떤 과정에서 성립하는가?

① 가역과정에서만 성립한다.
② 비가역과정에서만 성립한다.
③ 가역 등온과정에서만 성립한다.
④ 가역이나 비가역 과정을 막론하고 성립한다.

[해설] 열역학의 제1법칙
에너지보존의 법칙(엔탈피의 법칙, 제1종 영구기관 제작 불가능의 법칙)으로 가역이나 비가역 과정을 막론하고 성립한다.

2. 지하의 수조에서 매시간 27m³의 물을 고가수조로 양수할 때 유속을 1.5m/s로 하면 필요한 양수 펌프의 구경은?

① 50mm   ② 60mm
③ 70mm   ④ 80mm

[해설] 양수량(Q)

$$Q = \frac{\pi}{4}vd^2$$

Q : 양수량[m³/sec]
v : 펌프의 관 속을 흐르는 유체의 속도[m/sec]
d : 펌프의 구경 $d = \sqrt{\dfrac{4Q}{v\pi}}$

$$\therefore d = \sqrt{\frac{4Q}{v\pi}} = \sqrt{\frac{4 \times 27/3,600}{1.5 \times 3.14}}$$

$= 0.080\text{m} = 80\text{mm}$

3. 다음 중 냉난방 설계용 외기온도 설정 시 TAC 온도를 적용하는 이유와 가장 관계가 먼 것은?

① 과대 장치용량 지양   ② 에너지 절약
③ 위험성 축소   ④ 합리적 적용

[해설] 냉난방 설계용 외기온도 설정 시 TAC 온도를 적용하면 과대 장치용량을 지양하게 되므로 에너지 절약으로 공조설비는 축소되어 합리적 적용이 가능하나, 그에 따른 적정온도 유지가 곤란하게 되어 위험성은 증가한다.

※ ASHRAE의 TAC(Technical Advisory Committee, 온도위험률)에서는 위험률 2.5~10% 범위 내에서 설계 조건을 삼을 것을 추천하고 있다. 예를 들어 위험률 2.5%의 의미는 어느 지역의 난방시간이 4개월이라면, 이 기간 중 2.5%에 해당하는 72시간은 난방 설계 외기 조건을 초과할(낮을) 수 있다는 것을 의미한다.[추울 수 있다.]

4. 설비시스템 공간계획에서 기계실 설치 시의 고려사항으로 거리가 먼 것은?

① 샤프트(PS, DS)와 인접하여 배관이 단순해야 한다.
② 장비의 반출입을 위한 공간 및 통로를 확보할 수 있는 곳이어야 한다.
③ 굴뚝과의 거리는 떨어져 있는 것이 유리하다.
④ 주거실과 격리되어 소음과 진동을 차단해야 한다.

[해설] 기계실 설치 시의 고려사항
㉠ 샤프트(PS, DS)와 인접하여 배관이 단순해야 한다.
㉡ 주거실과 격리되어 소음과 진동을 차단해야 한다.
㉢ 관리실과 인접하여 사고를 미연에 방지하고 유지관리를 편리하게 한다.
㉣ 장비의 반출입을 위한 공간 및 통로를 확보할 수 있는 곳이어야 한다.
㉤ 연소공기공급 및 환기가 용이한 위치이어야 한다.
☞ 굴뚝과 인접해야 한다.

정답 1. ④ 2. ④ 3. ③ 4. ③

5. 환기횟수의 의미를 옳게 설명한 것은?

① 한 시간 동안에 창문을 여닫는 횟수를 의미한다.
② 하루 동안에 공조기를 작동하는 횟수를 의미한다.
③ 하루 동안의 환기량을 창의 면적으로 나눈 것을 의미한다.
④ 한 시간 동안의 환기량을 실의 용적으로 나눈 것이다.

[해설] 환기량(Q)
$Q = nV$
Q : 환기량(m^3/h)
n : 환기회수(회/h)
v : 실용적(m^3)
$n = \dfrac{Q}{V}$ 이므로 환기회수는 환기량(m^3/h)을 실용적(m^3)으로 나눈 값이다.

6. 건물 에너지 절약을 위하여 고려하여야 할 사항으로 옳지 않은 것은?

① 고기밀·고단열 창호의 적용
② 주광을 적극적으로 이용하는 조명 방식
③ 열전도율이 높은 단열재 사용
④ 자연 에너지의 이용

[해설] 열전도율이 낮은 것, 열전도저항이 큰 것으로 사용하는 것이 열적으로 유리하다.

7. Sabine의 잔향시간(RT)을 구하는 식으로 옳은 것은? (단, V : 실의 용적, A : 실내 총 흡음력)

① $0.16\dfrac{A}{V}$ (초) ② $0.16\dfrac{V}{A}$ (초)
③ $1.6\dfrac{A}{V}$ (초)   ④ $1.6\dfrac{V}{A}$ (초)

[해설] 잔향시간(Sabin의 잔향이론)
㉠ $RT = K\dfrac{V}{A}$ 의 식에서
  RT : 잔향시간(sec)
  K : 비례상수(0.162)
  V : 실의 용적(m^3)
  A : 흡음력 = $\overline{\alpha}$(평균흡음률) × S(실표면적) (m^2)
  잔향시간은 실용적에 비례하고 실의 흡음력에 반비례한다.
㉡ 요소 : 실용적, 실내 표면적, 실의 평균 흡음률
㉢ 잔향시간은 음원의 위치, 측정의 위치, 흡음재료의 위치와 무관하다.

8. 다음 중 엔탈피가 0kJ/kg인 공기는?

① 건구온도 0℃인 건공기
② 건구온도 0℃인 습공기
③ 노점온도 0℃인 습공기
④ 건구온도 0℃인 포화공기

[해설] 엔탈피가 0kJ/kg(DA)인 공기는 0℃이면서 절대습도가 0인 건구온도 0℃인 건공기를 의미한다.

9. 어느 유리창의 일사에 의한 흡수율이 5.3%이고, 반사율은 10.9%이다. 일사량이 300W/m²일 때 투과량은?

① 251.4W/m²   ② 293.3W/m²
③ 323.6W/m²   ④ 353.9W/m²

[해설] 유리창을 투과되는 일사열량(I_t)은 전체 일사량(I) 중에서 반사량(I_r)과 흡수량(I_s)을 제외한 량이 되므로
∴ 유리창 투과 일사량(I_t)
 = 전체 일사량(I) × {1 − 반사량(I_r) − 흡수량(I_s)}
 = 300 × (1 − 0.109 − 0.053)
 = 251.4W/m²

10. 다음과 같은 조건에 있는 실의 필요환기량은?

[조 건]
· 실내 발열량 300,000W
· 실내온도 33℃, 외기온도 27℃
· 공기의 비열 1.21kJ/m³·K

① 124,420m³/h   ② 148,760m³/h
③ 182,624m³/h   ④ 196,640m³/h

정답 5. ④ 6. ③ 7. ② 8. ① 9. ① 10. ②

[해설] 발열량에 의한 환기량 계산

$Q = \dfrac{H_s}{Cp \times \rho \times (t_i - t_0)}$ 에서

먼저, $1W = 1J/s = 3,600J/h = 3.6kJ/h$이므로
$300,000W \times 3.6kJ/h = 1,080,000kJ/h$

$\therefore Q = \dfrac{H_s}{Cp \times \rho \times (t_i - t_0)}$
$= \dfrac{1,080,000 kJ/h}{1.01 kJ/kg \cdot K \times 1.2 kg/m^3 \times (33-27)K}$
$= 148,760 m^3/h$

11. 대규모 건물에서 간접가열식 중앙식 급탕방식에 관한 설명으로 옳지 않은 것은?

① 직접가열식에 비해 열효율이 높다.
② 가열보일러는 난방보일러와 겸용할 수 있다.
③ 직접가열식에 비해 구조가 약간 복잡해진다.
④ 고온의 탕을 얻기 위해서는 증기 또는 고온수 보일러를 사용한다.

[해설] 직접가열식은 온수보일러에서 직접 가열한 물을 저탕조에 저장해 두었다가 필요 개소에 공급하는 방식이기 때문에 열효율은 높은 편이어서 열효율 면에서는 경제적이다. 그러나, 간접가열식은 열교환기를 거치는 과정이 있으므로 열효율은 직접가열식에 비해 낮은 편이다.

12. 고층건물에서 배수수직관 내의 압력변화를 방지 또는 완화하기 위하여, 배수수직관으로부터 분기·입상하여 통기수직관에 접속하는 통기관은?

① 신정통기관   ② 공용통기관
③ 결합통기관   ④ 각개통기관

[해설] 결합통기관
㉠ 배수수직관 내의 압력변화를 방지 또는 완화하기 위해, 배수수직관으로부터 분기·입상하여 통기수직관에 접속하는 통기관
㉡ 통기 수직관에 접속하는 통기관으로 층수가 많은 경우에는 5개 층마다에 통기관을 취하는 방법이다.

13. 다음과 같은 특징을 갖는 밸브는?

- 유체의 흐름방향을 90°로 전환시킬 수 있다.
- 내부 구조는 글로브밸브와 동일하며 유량 조절용으로 사용된다.

① 콕   ② 볼밸브
③ 앵글밸브   ④ 체크밸브

[해설] 앵글 밸브(angle valve)
㉠ 글로브 밸브의 일종이다.
㉡ 유체의 입구와 출구가 이루는 각이 90°로 유체의 흐름을 직각으로 바꿀 때 사용된다.
㉢ 유량 조절이 가능하며, 옥내소화전의 개폐밸브로 이용된다.

14. 다음 도시기호 중에서 체크 밸브(check valve)를 표시한 것은?

① 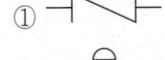   ②
③ 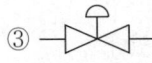   ④

[해설] ① 체크밸브, ② 슬루스 밸브,
③ 다이어프램 밸브, ④ 전자 밸브

15. 설비적산에서 각형덕트 철판의 소요면적 시 표준품셈에 의한 재료의 할증률은 얼마를 적용하여 실제소요면적을 구하는가?

① 10%   ② 20%
③ 25%   ④ 28%

[해설] 각형덕트 철판의 소요면적
현재 표준품셈에 의한 재료의 할증률 28%를 적용하여 실제소요면적을 구한다.

소요철판매수($3' \times 6'$) = $\dfrac{덕트산출표면적(m^2)}{1.3}$

(철판 1매의 크기=$0.914m \times 1.819m$
$= 1.67m^2$, $1.67/1.3 = 1.28 = 128\%$)

16. 복사난방에 관한 설명으로 옳지 않은 것은?

① 실내 상하의 온도차가 적다.
② 열용량이 작기 때문에 간헐난방에 적합하다.
③ 천정고가 높은 공간에서도 난방감을 얻을 수 있다.
④ 실내에 방열기를 설치하지 않으므로 바닥이나 벽면을 유용하게 이용할 수 있다.

[해설] 복사난방은 구조체를 가열하므로 열용량이 커서 방열량 조절이 어려우며, 간헐난방에는 부적합하다.
※ 간헐난방 : 일시적으로 하는 난방으로서 간헐적으로 열을 공급하는 증기, 온풍 등의 난방방식에 적당하다. 복사난방은 구조체를 덥히게 되므로 예열시간이 길어져 일시적으로 쓰는 방에는 부적당하다.

17. 전공기 방식에 관한 설명으로 옳지 않은 것은?

① 덕트 스페이스가 필요하다.
② 중간기에 외기냉방이 불가능하다.
③ 단일덕트방식 각층 유닛방식 등이 있다.
④ 실내에 배관으로 인한 누수의 우려가 없다.

[해설] 전공기 방식(all air system)
① 종류 : 단일덕트방식(정풍량방식, 변풍량방식), 이중덕트방식, 멀티존유닛방식, 각층유닛방식
② 장점
 ㉠ 송풍량이 많아 실내공기오염이 적다.
 ㉡ 중간기에 외기냉방이 가능하다.
 ㉢ 실내유효면적 증가
 ㉣ 실내에 배관으로 인한 누수의 염려가 없다.
 ㉤ 폐열회수장치 사용이 용이하다.(전열교환기 등의 설치)
③ 단점
 ㉠ 큰 덕트 스페이스가 필요하다.
 ㉡ 팬의 소요동력(반송동력)이 크다.
 ㉢ 공조실이 넓어야 한다.

18. 정풍량시스템에 비하여 변풍량시스템을 적용할 경우 설비기기의 용량을 작게 할 수 있는 이유로 가장 알맞은 것은?

① 침입외기의 영향을 적게 받기 때문이다.
② 외벽의 관류열부하가 감소하기 때문이다.
③ 실내 토출공기의 혼합손실을 감소시키기 때문이다.
④ 동시부하율을 고려하여 기기의 용량을 결정하기 때문이다.

[해설] 정풍량시스템에 비하여 변풍량시스템을 적용할 경우 동시사용률을 고려하여 기기용량을 결정할 수 있으므로 설비용량을 적게 할 수 있다.

19. 실내공기오염농도의 종합적 지표로서 CO_2 농도를 사용하는 가장 주된 이유는?

① CO_2량은 측정하기가 쉬우므로
② CO_2량에 비례하여 다른 오염농도로 증가되므로
③ CO_2량이 조금만 있어도 인체에 치명적인 해를 주므로
④ CO_2는 공기보다 밀도가 커서 실 바닥에 누적 되므로

[해설] 이산화탄소(CO_2)의 함유량에 비례해서 다른 오염원의 정도가 변화되므로 실내 공기의 오염정도를 판단하는 척도로 이산화탄소[탄산가스(CO_2)] 농도를 사용한다.

20. 수도직결식 급수방식에 관한 설명으로 옳지 않은 것은?

① 고층으로의 급수가 어렵다.
② 정전 등으로 인한 단수의 염려가 없다.
③ 위생성 측면에서 가장 바람직한 방식이다.
④ 수도본관의 압력이 변동되어도 급수압력이 일정하다.

[해설] 수도직결식
 ㉠ 소규모 건물이나 낮은 건물에 쓰인다.
 ㉡ 물의 오염가능성이 가장 적다.(위생적 측면에서 가장 바람직하다.)
 ㉢ 정전시일 때도 급수를 계속 할 수 있다.
 ㉣ 수도 압력 변화에 따라 급수압이 변하고 단수시는 급수가 안된다.
 ㉤ 설비비 및 유지관리비용이 저렴한 방식이다.
 ☞ 수도직결방식은 일반적으로 상향급수 배관방식을 사용한다.

정답 16. ② 17. ② 18. ④ 19. ② 20. ④

제2과목 건축설비설계

21. 다음 중 대단위 아파트 단지에 지역난방을 택하는 이유와 가장 관계가 먼 것은?

① 연료관리가 합리적이다.
② 보일러의 열효율이 높다.
③ 각 세대의 개별제어가 쉽다.
④ 운전관리를 전문화시킬 수 있다.

[해설] 지역난방은 중앙식 보일러실에서 어떤 지역 내의 여러 건물에 증기 또는 고온수를 보내서 난방하는 방식으로 초기 시설 투자비가 많아지고, 열원기기의 용량 제어가 힘들며, 배관에서의 열손실이 많고, 고도의 숙련된 기술자가 필요한 것이 단점이다.

22. 가열코일을 통과하는 풍량이 30,000kg/h, 정면 풍속이 2.5m/s일 때 코일의 정면면적은?

① 1.47m²　　② 2.78m²
③ 3.33m²　　④ 4.95m²

[해설] 풍량과 유속
단면적을 A [m²], 유속을 v [m/s], 풍량을 Q [m³/s]라면
$Q = Av$ 에서 $A = \dfrac{Q}{v}$

$A = \dfrac{\left(\dfrac{30,000}{1.2}\right) \div 3,600}{2.5} = 2.78 \text{ m}^3$

※ 정면면적 : 코일 입구에서 공기가 통과하는 부분의 면적(m²)

23. 다음 중 공기여과기용 에어필터의 선정 시 고려사항과 가장 거리가 먼 것은?

① 압력손실　　② 필터의 중량
③ 분진포집 효율　　④ 적용분진 입자경

[해설] 에어필터(air filter, 공기여과기) 선정 시 고려사항
㉠ 분진포집 효율을 기준으로 에어필터 종류
㉡ 적용분진 입자경 - HEPA필터에서는 프리필터(Prefilter)를 2단으로 선정
㉢ 에어필터 통과면의 풍속 - 2.5m/s로 선정
㉣ 치수, 공기저항치 결정
㉤ 에어필터 압력손실 - 초기 공기 저항치의 1.5~2배

24. 펌프의 전양정이 25m, 양수량이 60m³/h 일 때 펌프의 축동력은? (단, 펌프의 효율은 70%)

① 5.84kW　　② 6.84kW
③ 58.4kW　　④ 68.4kW

[해설] 펌프 축동력$(L_s) = \dfrac{WQH}{KE}$ [kW]에서

Q : 양수량[m³/min] → 60m³/h = 1m³/min
H : 전양정[m] → 25m
W : 액체 1m³의 중량[kg/m³] → 물은 1,000kg/m³
E : 효율[%] → 70%
K : 정수[kW] → 6,120

∴ 펌프의 축동력$(L_s) = \dfrac{1,000 \times 1 \times 25}{6,120 \times 0.7}$
　　　　　　　　= 5.84kW

25. 양수량이 1m³/min, 양정이 100m인 펌프에서 회전수를 원래보다 10% 증가시켰을 경우, 축동력은 원래보다 몇 배 증가하는가?

① 1.33배　　② 1.21배
③ 1.1배　　④ 1.46배

[해설] 펌프의 양수량은 회전수에 비례, 양정은 회전수의 제곱에 비례, 축동력은 회전수의 세제곱에 비례한다.
∴ 양수량$(Q) = 1\text{m}^3/\text{min} \times 1.1^3 = 1.33\text{m}^3/\text{min}$

26. 보일러의 상용출력을 가장 올바르게 표현한 것은?

① 난방부하 + 급탕부하
② 난방부하 + 급탕부하 + 예열부하
③ 난방부하 + 급탕부하 + 배관부하
④ 난방부하 + 급탕부하 + 배관부하 + 예열부하

[해설] 보일러부하(H)
㉠ 정격출력 = 난방부하(H_R) + 급탕부하(H_W) + 배관손실(H_P) + 예열부하(H_E)
　　　= 상용출력 × 1.25 = 방열기용량 × 1.35
㉡ 상용출력 = 난방부하(H_R) + 급탕부하(H_W) + 배관손실(H_P) = 방열기용량 × 1.2

정답　21. ③　22. ②　23. ②　24. ①　25. ①　26. ③

ⓒ 방열기용량(정미출력)=난방부하(H_R)+급탕부하(H_W)
ⓓ 난방부하
※ 정격출력은 연속해서 운전할 수 있는 보일러의 능력으로서 난방부하, 급탕부하, 배관부하, 예열부하의 합이며, 보통 보일러 선정시 기준이 된다.

27. 온수난방에서 상당방열면적을 구할 때 기준이 되는 표준방열량은?

① 450W/m² ② 523W/m²
③ 650W/m² ④ 756W/m²

해설 방열기의 표준방열량

열매의 종류	표준 방열량 [kW/m²]	표준 상태에 있어서의 온도	
		열매의 온도	실 온
증기	0.756[kW/m²]	102℃	18.5℃
온수	0.523[kW/m²]	80℃	18.5℃

28. 몰리에르 선도상에서 히트펌프의 난방시 성적계수를 산정하는 식은?

① $\dfrac{\text{증발기 출구엔탈피} - \text{증발기 입구엔탈피}}{\text{압축일}}$

② $\dfrac{\text{응축기 입구엔탈피} - \text{응축기 출구엔탈피}}{\text{압축일}}$

③ $\dfrac{\text{압축기 입구엔탈피} - \text{압축기 출구엔탈피}}{\text{압축일}}$

④ $\dfrac{\text{응축기 출구엔탈피} - \text{증발기 입구엔탈피}}{\text{압축일}}$

해설 열 펌프의 성적계수

$\epsilon_h = \dfrac{\text{응축기의 방출 열량}}{\text{압축일}} = \dfrac{q+AL}{AL} = \dfrac{q}{AL}+1$

∴ 열펌프의 성적계수(COP_h)는 냉동기의 성적계수(COP_c)보다 1만큼 크다.

※ 몰리에르 선도상에서 히트펌프의 난방시 성적계수 산정식

$= \dfrac{\text{응축기 입구엔탈피} - \text{응축기 출구엔탈피}}{\text{압축일}}$

29. 터보식 냉동기에 대한 설명으로 옳지 않은 것은?

① 증기압축식 냉동기이다.
② 흡수식에 비해 소음 및 진동이 심하다.
③ 회전식 압축방법으로 냉매증기를 압축하는 형식이다.
④ 대용량에서는 압축효율이 좋고 비례 제어가 가능하다.

해설 터보식 냉동기
① 원리 : 임펠러의 원심력에 의해 냉매가스를 압축하는 것
② 특징
 ㉠ 수명이 길고, 유지 및 보수가 쉬우며, 가격도 싸다.
 ㉡ 대용량에서는 압축효율이 좋고 비례제어가 가능하다.
 ㉢ 냉매는 고압가스가 아니므로 취급이 용이하다.
 ㉣ 흡수식에 비해 소음 및 진동이 심하다.(왕복동식에 비하면 진동이 적다.)
 ㉤ 30% 이하의 출력에서는 서징(surging)현상이 일어나므로 운전이 곤란하다.
 ㉥ 대규모 공조 및 냉동에 적합하며 일반적으로 많이 사용한다.

30. 열펌프(heat pump)에 관한 설명으로 옳은 것은?

① 공기조화에서 주로 냉방용으로 응용된다.
② 냉동사이클에서 응축기의 방열량을 이용하기 위한 것이다.
③ EHP(Electric Heat Pump)는 흡수식 냉동기의 원리를 이용한 열펌프이다.
④ 냉동기를 냉각 목적으로 할 경우의 성적계수보다 열펌프로 사용될 경우의 성적계수가 작다.

해설 ① 열펌프는 냉동기의 압축기에서 토출된 고온·고압의 냉매증기는 응축기에서 방열하고 액화된다. 이때 방열되는 응축열로 물이나 공기를 가열하여 난방에 이용하는 장치이다.
③ EHP(Electric Heat Pump)는 압축식 냉동기의 원리를 이용한 열펌프이다.
④ 열펌프를 이용한 성적계수(COP_h)가 냉동기로 이용한 성적계수(COP)보다 1만큼 크다.

31. 급수설비에서 워터해머를 방지하기 위한 배관 구성 방법으로 옳지 않은 것은?

① 관내의 수압은 평상시 높아지지 않도록 구획한다.
② 배관에 전자밸브, 모터밸브 등 급폐형 밸브를 설치한다.
③ 배관은 가능한 한 우회하지 않고 직선이 되도록 계획한다.
④ 계획적 배려가 곤란한 경우에는 워터해머 흡수기를 적절하게 설치한다.

[해설] 워터해머를 방지하기 위해 배관에 자동수압 조절밸브를 설치하고, 펌프의 토출측에 릴리프밸브나 스모렌스키 체크밸브를 설치한다.(압력상승 방지)

32. 다음의 급수 배관에 관한 설명 중 ( ) 안에 알맞은 것은?

> 수직배관이 방향을 바꾸어 수평배관으로 이어지고, 수평배관이 다시 수직하강하는 등의 굴곡배관이 불가피한 경우에는 최초의 수직배관 상단에는 (㉠)를, 두번째 수직배관에는 (㉡)를 부착하여 진공발생을 방지하여야 한다.

① ㉠ 퇴수밸브, ㉡ 워터해머흡수기
② ㉠ 워터해머흡수기, ㉡ 퇴수밸브
③ ㉠ 진공방지밸브, ㉡ 공기빼기밸브
④ ㉠ 공기빼기밸브, ㉡ 진공방지밸브

[해설] 급수설비 배관에서 수직배관이 방향을 바꾸어 수평배관으로 이어지고, 수평배관이 다시 수직하강 하는 등의 굴곡배관이 불가피한 경우에는 최초의 수직배관 상단에는 진공방지밸브를, 두 번째 수직배관에는 공기빼기밸브를 부착하여 진공발생을 방지하여야 한다.

33. 어떤 배관계 전체에 20℃인 물 10,000L가 있다. 이 물을 60℃까지 가열할 경우 물의 팽창량은? (단, 20℃ 물의 밀도는 998.2kg/m³, 60℃ 물의 밀도는 987.5kg/m³이다.)

① 약 87L   ② 약 108L
③ 약 137L   ④ 약 152L

[해설] 팽창수량(Δ_v)

$$\Delta_v = \left(\frac{1}{\rho_2} - \frac{1}{\rho_1}\right)V$$

Δ_v : 온수의 팽창량[L]
ρ_1 : 온도 변화 전의 물의 밀도[kg/L]
ρ_2 : 온도 변화 후의 물의 밀도[kg/L]
v : 장치 내의 전수량[L]

$$\Delta_v = \left(\frac{1}{0.9875} - \frac{1}{0.9982}\right) \times 10,000 ≒ 108L$$

34. 다음 설명에 알맞은 배수 트랩의 종류는?

> • 가옥트랩 또는 메인트랩이라고도 한다.
> • 건물 내의 배수수평주관 끝에 설치한다.

① U트랩   ② S트랩
③ P트랩   ④ 드럼 트랩

[해설] 배수트랩의 종류
㉠ P-trap : 일반적으로 가장 널리 쓰이는 비교적 이상적인 트랩, 세면기
㉡ S-trap : 대변기, 소변기(벽걸이형), 세면기 등에 부착한다. 봉수가 빠질 염려가 있다.
㉢ U트랩 : 가옥 배수 횡주관 말단에 설치하여 공공 하수도관으로부터 악취의 유입을 방지하며 '가옥트랩', '메인트랩'이라고도 한다.
㉣ 드럼트랩(drum trap, 주머니트랩) : 욕조, 싱크 등의 물 사용량이 많은 곳
㉤ 벨트랩(bell trap) : 바닥배수용 트랩

정답 31. ② 32. ③ 33. ② 34. ①

과년도출제문제

35. 다음 중 위생기구에 연결되는 급수관의 접속관경으로 가장 부적합한 것은?

① 세면기 - 15mm
② 소변기(세정밸브) - 20mm
③ 대변기(세정탱크) - 15mm
④ 대변기(세정밸브) - 20mm

[해설] 세정밸브(F.V)식 대변기
㉠ 세정밸브(F.V)식의 접속 급수관경 : 최소 25mm
㉡ 세정밸브(F.V)식의 최소 필요압력 : 0.07MPa
㉢ 세정소음이 크나, 대변기의 연속사용이 가능하다.
㉣ 일반 가정용으로는 거의 사용하지 않는다.

36. 송풍기에 관한 설명으로 옳지 않은 것은?

① 방사형은 자기 청소(self cleaning)의 특성이 있다.
② 축류형은 낮은 풍압에 많은 풍량을 송풍하는데 적합하다.
③ 후곡형은 효율이 높고 논오버로드(nonover load) 특성이 있다.
④ 다익형은 다른 형식에 비해 동일 용량에 대해서 회전수가 가장 많다.

[해설] 다익형 송풍기(sirocco fan, 시로코팬)
여러 개의 전향날개를 설치한 형식의 송풍기로 공조 및 환기용으로 가장 많이 사용한다.
㉠ 저속덕트용, 저압용으로 사용된다.
㉡ 날개의 끝부분이 회전방향으로 굽은 전곡형(前曲形)이다.
㉢ 동일 용량에 대해서 회전수가 적어 송풍기 용량이 적다.

37. 다음의 송풍기 풍량제어법 중 축동력이 가장 적게 소요되는 것은?

① 회전수 제어   ② 흡입댐퍼 제어
③ 흡입베인 제어   ④ 토출댐퍼 제어

[해설] 송풍기의 특성곡선에서 흡입측 댐퍼를 조으거나 회전수를 감소시키면 압력과 송풍량은 감소하게 되고, 축동력은 회전수 제어가 가장 적게 소요되고 토출댐퍼가 가장 많이 소요된다.

※ 동력절감률(에너지절약)이 높은 것에서 낮은 순서 : 회전수제어(가변속제어) > 가변피치제어 > 흡입베인제어 > 흡입댐퍼제어 > 토출댐퍼제어

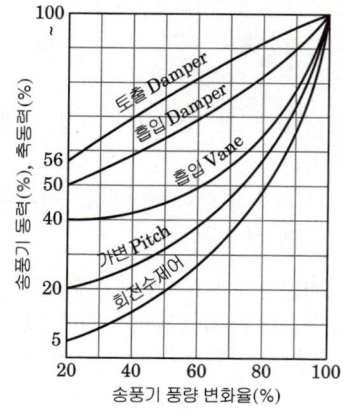

[그림] 송풍기 풍량변화율에 따른 송풍기 동력비율의 변화

38. 덕트의 곡부에서 풍속이 15m/sec이고 국부저항 계수가 0.23일 때 국부저항은 얼마인가? (단, 유체의 밀도는 1.2kg/m³이다.)

① 약 17Pa   ② 약 25Pa
③ 약 31Pa   ④ 약 43Pa

[해설] 국부저항에 의한 압력손실(ΔPd)
$$\Delta Pd = \xi \frac{v^2}{2}\rho \, [\text{Pa}] = 0.23 \times \frac{15^2}{2} \times 1.2$$
$$= 31.05 \fallingdotseq 31\,\text{Pa}$$

39. 그림과 같은 전열교환기의 전열효율을 올바르게 나타낸 것은? (단, 난방의 경우이며 X_1, X_2, X_3, X_4는 각 공기상태의 엔탈피를 나타낸다.)

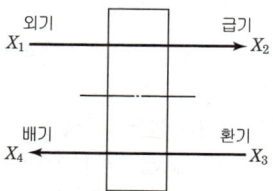

① $\eta = \dfrac{X_3 - X_1}{X_2 - X_1}$ ② $\eta = \dfrac{X_3 - X_4}{X_2 - X_4}$

③ $\eta = \dfrac{X_2 - X_1}{X_3 - X_1}$ ④ $\eta = \dfrac{X_3 - X_4}{X_3 - X_1}$

정답 35. ④ 36. ④ 37. ① 38. ③ 39. ③

[해설] 전열교환기의 효율
① 외기와 환기의 최대 엔탈피차($X_3 - X_1$)에 대한 실제 전열 엔탈피차($X_2 - X_1$)의 비율을 전열교환기 효율(η)라고 한다.
② 전열교환기 효율 $\eta = \dfrac{X_2 - X_1}{X_3 - X_1}$

40. 전열교환기에 관한 설명으로 옳지 않은 것은?

① 현열만이 교환된다.
② 공기 대 공기의 열교환기이다.
③ 공조시스템에서 보일러나 냉동기의 용량을 줄일 수 있다.
④ 공장 등에서 환기에서의 에너지 회수방식으로 사용된다.

[해설] 공조시스템의 전열교환기
㉠ 전열교환기는 공기 대 공기의 열교환기로서 현열 및 잠열의 교환이 가능하다.
㉡ 구조는 외기가 들어와서 급기되는 윗부분과 환기가 배기되는 아래 부분으로 나누어지고, 각각 덕트에 접속된다.
㉢ 공조시스템에서 배기와 도입되는 외기의 전열교환으로 공조기의 용량을 줄일 수 있다.
㉣ 공기방식의 중앙공조 시스템이나 공장 등에서 환기에서의 에너지 회수방식으로 사용된다.
㉤ 전열교환기를 사용한 공조시스템에서 중간기(봄, 가을)를 제외한 냉방기와 난방기의 열회수량은 실내외의 온도차가 클수록 많다.

■■■ 제3과목 건축설비관련법규

41. 건축법령상 건축허가신청에 필요한 설계도서에 속하지 않는 것은?

① 투시도 ② 배치도
③ 소방설비도 ④ 건축계획서

[해설] 건축허가신청에 필요한 기본설계도서의 종류
① 건축계획서
② 배치도
③ 평면도
④ 입면도
⑤ 단면도
⑥ 구조도(구조안전 확인 또는 내진설계 대상 건축물)
⑦ 구조계산서(구조안전 확인 또는 내진설계 대상 건축물)
⑧ 소방설비도

42. 건축허가권자는 허가를 받은 자가 허가를 받은 날부터 1년 이내에 공사에 착수하지 아니한 경우 얼마의 범위에서 공사의 착수기간을 연장할 수 있는가?(단, 정당한 사유가 있다고 인정되는 경우)

① 1년 ② 18개월
③ 2년 ④ 30개월

[해설] 건축허가의 취소
허가권자는 건축허가를 받은 날로부터 1년 이내(공장의 경우 3년 이내)에 공사에 착공하지 아니한 경우와 공사를 착수하였으나 공사완료가 불가능하다고 인정되는 경우에는 그 허가를 취소해야 한다.
[예외] 허가권자는 정당한 사유가 있다고 인정하는 경우에는 1년의 범위 안에서 그 공사의 착수기간을 연장할 수 있다.

과년도출제문제

43. 연면적 200제곱미터를 초과하는 건축물에 설치하는 계단에 관한 기준 내용으로 옳지 않은 것은?

① 초등학교의 옥내계단인 경우에는 계단 및 계단참의 너비는 1.2m 이상으로 하여야 한다.
② 높이가 3m를 넘는 계단에는 높이 3m 이내마다 너비 1.2m 이상의 계단참을 설치하여야 한다.
③ 단높이가 15cm 이하이고, 단너비가 30cm 이상인 계단에는 계단의 중간에 난간을 설치하지 않아도 된다.
④ 높이가 1m를 넘는 계단 및 계단창의 양옆에는 난간(벽 또는 이에 대치되는 것을 포함)을 설치하여야 한다.

[해설] 초등학교의 옥내계단인 경우에는 계단 및 계단창의 너비는 1.5m 이상으로 하여야 한다.

44. 공동주택의 거실에 설치하는 반자의 높이는 최소 얼마 이상으로 하여야 하는가?

① 1.8m ② 2.1m
③ 2.7m ④ 4.0m

[해설] 거실의 반자높이

거실의 종류	반자높이	예외규정
① 일반용도의 거실	2.1m 이상	공장, 창고시설, 위험물저장 및 처리시설, 동물 및 식물 관련시설, 자원순환관련시설, 묘지관련시설
② 문화 및 집회시설(전시장 및 동·식물원 제외), 종교시설, 장례식장, 유흥주점의 용도에 쓰이는 건축물의 관람석 또는 집회실로서 바닥면적이 200m² 이상인 것	4m 이상	기계환기장치를 설치한 경우
③ '②'의 노대 아래부분	2.7m 이상	

45. 다음은 거실등의 방습에 관한 기준 내용이다. ( )안에 알맞은 것은?

숙박시설의 욕실의 바닥과 그 바닥으로부터 높이 ( )까지의 안벽의 마감은 이를 내수 재료로 하여야 한다.

① 0.5m ② 1m
③ 1.2m ④ 1.5m

[해설] 내수재료(耐水材料)
㉠ 내수재료란 벽돌, 자연석, 인조석, 콘크리트, 아스팔트, 도자기질 재료, 유리 등의 내수성 건축재료를 말한다.
㉡ 내수재료의 마감
제1종 근린생활시설 중 일반목욕장과 휴게음식점 및 제과점의 조리장, 제2종 근린생활시설 중 일반음식점과 휴게음식점 및 제과점의 조리장과 숙박시설의 욕실부분에는 그 바닥으로부터 높이 1m까지의 안벽의 마감을 내수재료로 하여야 한다.

46. 건축물의 3층 이상인 층으로서 직통계단 외에 그 층으로부터 지상으로 통하는 옥외피난계단을 따로 설치하여야 하는 대상에 속하지 않는 것은?(단, 피난층이 아닌 경우)

① 위락시설 중 주점영업의 용도로 쓰는 층으로서 그 층 거실의 바닥면적의 합계가 300m²인 것
② 문화 및 집회시설 중 공연장의 용도로 쓰는 층으로서 그 층 거실의 바닥면적의 합계가 300m²인 것
③ 문화 및 집회시설 중 관람장의 용도로 쓰는 층으로서 그 층 거실의 바닥면적의 합계가 1,000m²인 것
④ 문화 및 집회시설 중 집회장의 용도로 쓰는 층으로서 그 층 거실의 바닥면적의 합계가 1,000m²인 것

[해설] 옥외피난계단의 설치기준
건축물의 3층 이상의 층(피난층 제외)으로서 다음 용도에 쓰이는 층에는 직통계단 외에 그 층으로부터 지상으로 통하는 옥외계단을 따로 설치하여야 한다.

정답 43. ① 44. ② 45. ② 46. ③

① 문화 및 집회 시설(공연장에 한함), 위락시설(주점영업에 한함)에 쓰이는 층으로서 그 층의 거실의 바닥면적의 합계가 300m² 이상인 것
② 문화 및 집회시설 중 집회장의 용도로 쓰이는 층으로서 그 층의 거실의 바닥면적 합계가 1,000m² 이상인 것

47. 건축법령상 문화 및 집회시설에 속하지 않는 것은?

① 기념관 ② 박람회장
③ 종교집회장 ④ 산업전시장

[해설]
• 종교집회장 : 종교시설
• 바닥면적의 합계가 500m² 미만의 종교집회장 : 제2종 근린생활시설

48. 다음 중 철근콘크리트조로서 두께가 10cm 이상인 경우에만 내화구조에 속하는 것은?

① 보 ② 바닥
③ 지붕 ④ 계단

[해설] 철근콘크리트조, 철골철근콘크리트조의 내화구조 기준
㉠ 벽 : 두께 10cm 이상
㉡ 외벽 중 비내력벽 : 두께 7cm 이상
㉢ 기둥 : 최소 지름이 25cm 이상
㉣ 바닥 : 두께 10cm 이상
㉤ 보, 지붕, 계단 : 두께 기준이 없다.
※ 철골조의 계단은 내화구조로 본다.

49. 녹색건축물 인증기관의 장은 신청서와 신청서류가 접수된 날부터 며칠 이내에 인증을 처리하여야 하는가?

① 20일 ② 30일
③ 40일 ④ 60일

[해설] 인증기관의 장은 신청서와 신청서류가 접수된 날부터 40일 이내에 인증을 처리하여야 한다. 다만, 인증대상 건축물이 단독주택(30세대 미만인 경우만 해당)인 경우에는 20일 이내에 처리하여야 한다.

50. 건축물 에너지효율등급 인증 등급의 구분 등급수는?

① 3개 등급 ② 5개 등급
③ 7개 등급 ④ 10개 등급

[해설] 건축물 에너지효율등급 인증 및 제로에너지건축물 인증의 등급
1. 건축물 에너지효율등급 인증 : 1+++등급부터 7등급까지의 10개 등급
2. 제로에너지건축물 인증 : 1등급부터 5등급까지의 5개 등급

51. 다음 중 지능형 건축물로 인증을 받은 경우 건축법 완화적용에 해당되지 않는 것은?

① 조경설치 면적 ② 용적률
③ 건폐율 ④ 건축물의 높이

[해설] 허가권자는 지능형 건축물로 인증을 받은 건축물에 대하여 다음과 같이 건축기준을 완화하여 적용할 수 있다.

완화 규정	완화 기준
대지 안의 조경(법 제42조)	$\dfrac{85}{100}$ 범위 안에서 완화적용
용적률(법 제56조) 건축물의 높이(법 제60조)	$\dfrac{115}{100}$ 범위 안에서 완화적용

52. 거실의 바닥면적이 50m² 이상인 지하층에 설치하는 비상탈출구에 관한 기준 내용으로 옳지 않은 것은? (단, 주택의 경우 제외)

① 비상탈출구는 출입구로부터 3m 이내의 장소에 설치할 것
② 비상탈출구의 유효너비는 0.75m 이상으로 하고, 유효높이는 1.5m 이상으로 할 것
③ 비상탈출구의 문은 피난방향으로 열리도록 하고, 실내에서 항상 열 수 있는 구조로 할 것
④ 비상탈출구는 피난층 또는 지상으로 통하는 복도나 직통계단에 직접 접하거나 통로 등으로 연결될 수 있도록 설치할 것

[해설] 비상탈출구는 출입구로부터 3m 이상 떨어진 곳에 설치할 것

53. 다음은 건축설비 설치의 원칙에 관한 기준 내용이다. ( )안에 알맞은 것은?

> 연면적이 ( ) 이상인 건축물의 대지에는 국토교통부령으로 정하는 바에 따라 「전기사업법」 제2조제2호에 따른 전기사업자가 전기를 배전(配電)하는 데 필요한 전기설비를 설치할 수 있는 공간을 확보하여야 한다.

① 100m² ② 200m²
③ 500m² ④ 1,000m²

[해설] 연면적이 500m² 이상인 건축물의 대지에는 국토교통부령으로 정하는 바에 따라 「전기사업법」 제2조 제2호에 따른 전기 사업자가 전기를 배전(配電)하는 데 필요한 전기설비를 설치할 수 있는 공간을 확보하여야 한다.

54. 다음은 건축물의 에너지절약설계기준상 기밀 및 결로방지 등을 위한 조치에 관한 내용이다. 밑줄 친 각 호의 내용으로 옳지 않은 것은?

> 외기에 직접 면하고 1층 또는 지상으로 연결된 출입문은 방풍구조로 하여야 한다. 다만, 다음 각 호에 해당하는 경우에는 그러하지 아니하다.

① 주택의 출입문
② 너비 1.5m 이하의 출입문
③ 사람의 통행을 주목적으로 하지 않는 출입문
④ 바닥면적 300m² 이하의 개별 점포의 출입문

[해설] 외기에 직접 면하고 1층 또는 지상으로 연결된 출입문은 방풍구조로 하여야 한다.
 [예외] 다음에 해당하는 경우
  ㉠ 바닥면적 300m² 이하의 개별 점포의 출입문
  ㉡ 주택의 출입문(기숙사는 제외)
  ㉢ 사람의 통행을 주목적으로 하지 않는 출입문
  ㉣ 너비 1.2m 이하의 출입문
 ※ 방풍구조라 함은 출입구에서 실내외 공기 교환에 의한 열출입을 방지할 목적으로 설치하는 완충공간(방풍실) 또는 회전문 등을 설치한 방식을 말한다.

55. 건축물의 냉방설비에 대한 설치 및 설계기준상 다음과 같이 정의되는 용어는?

> 통계적으로 연중 최대냉방부하를 갖는 날을 기준으로 그 밖의 시간에 필요한 냉방열량중에서 이용이 가능한 냉열량이 차지하는 비율을 말하며 백분율(%)로 표시한다.

① 축열률 ② 냉방률
③ 수용률 ④ 이용률

[해설] 축열률이라 함은 통계적으로 연중 최대냉방부하를 갖는 날을 기준으로 기타 시간에 필요한 냉방열량 중에서 이용이 가능한 냉열량이 차지하는 비율을 말한다.

$$축열률(\%) = \frac{이용이\ 가능한\ 냉열량(kcal)}{기타시간에\ 필요한\ 냉방열량(kcal)}$$

56. 배연설비의 설치에 관한 기준 내용으로 옳지 않은 것은?

① 배연창의 유효면적은 1.5m² 이상으로 할 것
② 배연구는 예비전원에 의하여 열 수 있도록 할 것
③ 배연구는 연기감지기 또는 열감지기에 의하여 자동으로 열 수 있는 구조로 할 것
④ 관련 규정에 따라 건축물이 방화구획으로 구획된 경우에는 그 구획마다 1개소 이상의 배연창을 설치할 것

[해설] 배연설비에서의 배연창의 유효면적은 1m² 이상으로 당해 건축물 바닥면적의 1/100 이상으로 한다.

57. 승강기를 설치하여야 하는 대상 건축물 기준으로 옳은 것은?

① 5층 이상으로서 연면적 1,000m² 이상인 건축물
② 5층 이상으로서 연면적 2,000m² 이상인 건축물
③ 6층 이상으로서 연면적 1,000m² 이상인 건축물
④ 6층 이상으로서 연면적 2,000m² 이상인 건축물

[해설] 승용승강기의 설치대상
 층수가 6층 이상으로서 연면적 2,000m² 이상인 건축물
  [예외] 층수가 6층인 건축물로서 각층 거실 바닥면적 300m² 이내마다 1개소 이상 직통계단을 설치한 경우

정답 53. ③ 54. ② 55. ① 56. ① 57. ④

58. 높이 31m를 넘는 각 층의 바닥면적이 각각 5,000m² 인 사무소 건축물에 설치하여야 하는 비상용 승강기의 최소 대수는?

① 1대 ② 2대
③ 3대 ④ 4대

[해설] 높이 31m를 넘는 각층 바닥면적 중 최대바닥면적이 1,500m²에 1대이고 1,500m²를 초과하는 3,000m² 이내마다 1대씩 증가하므로

$$\therefore 1 + \frac{5,000 - 1,500}{3,000} = 2.16 = 3대$$

(소숫점 이하는 1대로 본다.)

59. 피난층이 있는 비상용 승강기 승강장의 출입구로부터 도로 또는 공지에 이르는 거리는 최대 얼마 이하이어야 하는가?

① 10m ② 20m
③ 30m ④ 40m

[해설] 피난층이 있는 비상용 승강기 승강장의 출입구(승강장이 없는 경우에는 승강로의 출입구)로부터 도로 또는 공지에 이르는 거리가 30m 이하일 것

60. 상업지역 및 주거지역에서 건축물에 설치하는 냉방시설 및 환기시설의 배기구는 도로면으로부터 최소 얼마 이상의 높이에 설치하여야 하는가?

① 1m ② 2m
③ 3m ④ 4m

[해설] 상업지역 및 주거지역에서 도로(막다른 도로로서 그 길이가 10m 미만인 경우 제외)에 접한 대지의 건축물에 설치하는 냉방시설 및 환기시설의 배기구는 도로면으로부터 2m 이상의 위치에 설치하거나 배기장치의 열기가 보행자에게 직접 닿지 아니하도록 설치하여야 한다.

과년도출제문제

2023. 4회 건축설비산업기사

■■■ 제1과목 건축설비계획

1. 설계 외기조건을 선정하기 위한 위험률(TAC)에 관한 설명으로 옳지 않은 것은?

① 위험률을 크게 잡으면 장치용량도 커진다.
② 요구조건이 엄격한 건물일수록 위험률은 작게 한다.
③ 위험률 5%는 위험률 2.5% 보다 설계 외기기준 온도를 벗어나는 시간이 2배이다.
④ 위험률은 난방 또는 냉방기간의 총 시간에 대한 온도 출현 빈도분포로부터 구한다.

[해설] 위험률(TAC)
　　열원설비의 용량을 산정하기 위해서는 냉·난방부하계산을 하여야 하며 이를 위해서는 설계용 외기온도가 필요하다. 연중 가장 더운 시간 또는 추운 시간의 외기온도를 부하계산에 적용하면 설비용량이 과대해질 우려가 있으므로 부하계산에서는 최고 또는 최저온도의 피크 값을 일정비율 제외한 외기온도를 사용하게 되는데, 피크 값을 제외시키는 비율을 위험률(TAC)이라고 한다.
　　예를 들어, 위험률이 2.5%일 경우 냉(난)방 3,000시간 가동하면 외기조건을 초과하는 시간이 75시간이면 3,000-75=2,925시간이 냉(난)방 적용시간이 되고, 또한 위험률이 10%일 경우 냉(난)방 3,000시간 가동하면 외기조건을 초과하는 시간이 300시간이면 3,000-300=2,700시간이 냉(난)방 적용시간이 된다. 따라서 위험률이 낮아지면 초과하는 시간은 작아지므로 제외시키는 시간이 작아지고 실제 적용되는 냉(난)방시간은 길어지므로 기기용량이 커지게 된다.

2. 고가수조를 설치하는 경우의 조닝방법 중 중간수조를 설치하는 방법에 관한 설명으로 옳지 않은 것은?

① 급수압이 일정하다.
② 정밀한 조닝이 용이하다.
③ 세퍼레이트 방식이 일반적이다.
④ 중간수조실, 양수펌프 등이 필요하다.

[해설] 중간수조방식으로 하면 감압밸브 방식에 비해 정밀한 조닝이 어렵다.

3. 어떤 유리창의 일사에 대한 반사율이 0.41, 흡수율이 0.29이다. 유리면에 닿는 일사량이 300W/m²일 때 유리면적 10m²를 통해 투과되는 일사열량은?

① 80W　　② 87W
③ 900W　　④ 1230W

[해설] 유리창을 투과되는 일사열량(I_t)은 전체 일사량(I) 중에서 반사량(I_r)과 흡수량(I_s)을 제외한 량이 되므로
∴ 유리창 투과 일사량(I_t)
　= 전체 일사량(I) × {1-반사량(I_r)-흡수량(I_s)}
　= 300×10×(1-0.41-0.29)
　= 900W

4. 이산화탄소의 실내공기질 유지기준으로 옳은 것은? (단, 다중이용시설 중 실내주차장의 경우)

① 200ppm 이하　　② 500ppm 이하
③ 1,000ppm 이하　　④ 2,000ppm 이하

[해설] 중앙관리방식의 공기조화설비의 기능[실내공기의 성능기준]

1. 부유분진량	공기 1m³당 0.15mg 이하	4. 온도	17℃ 이상 28℃ 이하
2. CO 함유율	10ppm 이하	5. 상대습도	40% 이상 70% 이하
3. CO₂ 함유율	1,000ppm 이하	6. 기류	0.5m/s 이하

5. 습공기에 관한 설명으로 옳은 것은?

① 습공기를 가열하면 비체적은 감소한다.
② 습공기를 가열하면 엔탈피는 감소한다.
③ 습공기를 가열하면 상대습도는 증가한다.
④ 습공기를 가열해도 절대습도는 일정하다.

[해설] • 습공기를 가열 : 상대습도는 감소, 엔탈피와 비체적은 증가, 절대습도는 일정
　　• 습공기를 냉각 : 상대습도는 증가, 엔탈피와 비체적은 감소, 절대습도는 일정(과냉각시 절대습도는 감소)
　　※ 습공기를 냉각하여 노점온도 이하가 되면(과냉각) 절대습도는 감소한다.

[정답] 1. ① 　2. ② 　3. ③ 　4. ③ 　5. ④

6. 구조체의 크기가 4m×5m, 두께가 200mm인 콘크리트벽의 실내측 표면온도가 20℃, 실외측 표면온도 10℃ 일 때 실내 공기와 실내측 표면 사이의 전달열량은? (단, 실내온도는 22℃, 실외온도 5℃, 내표면 열전달률 α_i = 8W/m²·K, 외표면열전달률 α_0 = 20W/m²·K이다.)

① 320W
② 640W
③ 1,600W
④ 3,200W

[해설] 구조체를 통한 열전달량
$$Q = 8 \times (4 \times 5) \times (22-20) = 320W$$

7. 환기 설비 중 후드를 설치해야 하는 장소는?

① 다용도실
② 욕실
③ 부엌
④ 안방

[해설] 환기 방식

구분	설치방법	용도
제 1종 환기 (병용식)	강제송풍+ 강제배풍	병원 수술실, 거실, 지하극장, 변전실
제 2종 환기 (압입식)	강제송풍+ 자연배풍	클린룸, 무균실, 반도체공장, 식당, 창고
제 3종 환기 (흡출식)	자연송풍+ 강제배풍	화장실, 욕실, 주방, 흡연실, 자동차차고

※ 주방, 화장실, 욕실, 오염원이 있는 실 등에는 배기(배풍)를 위주로 설계하며 실내의 압력이 부압(-압)으로 유지되도록 한다.(제3종 환기법=자연송풍+강제배풍)

8. 천창채광방식에 관한 설명으로 옳지 않은 것은?

① 통풍과 차열에 불리하다.
② 조도 분포가 균일하다.
③ 채광량면에서 매우 우수하다.
④ 구조와 시공이 용이하며, 빗물처리에 탁월한 효과가 있다.

[해설] 천창 채광(top lighting) 형식은 건물의 지붕부분에 채광 또는 환기를 목적으로 수평면이나 약간의 경사면을 두어 상부 채광하는 형태로 최소의 크기로 최대의 빛을 받아들이는데 효과적이다. 천창 채광은 조도 분포가 균일하지만, 폐쇄된 분위기가 되며 통풍 및 차열에 불리하며 구조, 시공, 빗물처리 등이 어렵다.

9. 다음 중 열역학 제1법칙과 관계가 먼 것은?

① 밀폐계가 임의의 사이클을 이룰 때 열전달의 합은 이루어진 일의 총합과 같다.
② 열은 본질적으로 일과 같은 에너지의 일종으로서 일을 열로 변환할 수 있다.
③ 어떤 계가 임의의 사이클을 겪는 동안 그 사이클에 따라 열을 적분한 것이 그 사이클에 따라서 일을 적분한 것에 비례한다.
④ 두 물체가 제3의 물체와 온도의 동등성을 가질 때는 두 물체도 역시 서로 온도의 동등성을 갖는다.

[해설] ④의 경우는 열역학의 제0법칙 : 열평형의 법칙(온도계의 원리)에 대한 설명이다.

10. 베르누이의 정리에 따른 전압, 정압 및 동압에 관한 설명으로 옳은 것은?

① 동압에서 정압을 뺀 것이 전압이다.
② 압력수두에서의 압력은 전압을 의미한다.
③ 배관의 관경이 증가하면 동압은 감소한다.
④ 배관 내 마찰저항이 증가하면 정압은 증가한다.

[해설] ① 동압에서 정압을 더한 것이 전압이다.
② 압력수두에서의 압력은 정압을 의미한다.
④ 배관 내 마찰저항이 증가하면 정압은 감소한다.
※ 베르누이 정리
에너지보존의 법칙을 유체의 흐름에 적용한 것으로서 유체가 갖고 있는 운동에너지, 중력에 의한 위치에너지 및 압력에너지의 총합은 흐름 내 어디에서나 일정하다.

정답 6. ① 7. ③ 8. ④ 9. ④ 10. ③

과년도출제문제

11. 수도 본관에서 최고층 급수기구까지 높이 5m, 기구 소요압력 150kPa, 전마찰손실수두압 50kPa 일 때, 이 기구 사용에 필요한 수도 본관의 최저 압력은? (단, 수도직결방식의 경우)

① 약 150kPa ② 약 200kPa
③ 약 250kPa ④ 약 500kPa

[해설] 수도본관의 압력 : $P_o \geq P + P_f + \dfrac{H}{100}$ [MPa]

P : 수전 또는 기구의 필요압력 [MPa]
  → 세정밸브(F.V) : 150kPa=0.15MPa
P_f : 본관에서 기구에 이르는 사이의 저항 [mAq]
  → 50kPa=0.05MPa
H : 기구의 높이 [m] → 5m=0.05MPa

∴ $P_o \geq 0.15 + 0.05 + \dfrac{5}{100}$ =0.25MPa=250kPa

※ 수압 $P = 0.01H$ [MPa]
※ $0.1 \text{kgf/cm}^2 = 1\text{mAq} = 10\text{kPa}$
  $1\text{MPa} = 10\text{kgf/cm}^2 = 100\text{mAq}$
  $1\text{MPa} = 1,000\text{kPa} = 1,000,000\text{Pa}$

12. 정화조의 유입수의 BOD가 500mg/L, 방류수의 BOD가 200mg/L일 때, BOD제거율은?

① 40% ② 50%
③ 60% ④ 70%

[해설] BOD 제거율
$= \dfrac{\text{유입수} BOD - \text{유출수} BOD}{\text{유입수} BOD} \times 100(\%)$

BOD 제거율 $= \dfrac{500-200}{500} \times 100(\%) = 60\%$

13. 다음 중 풍량조절댐퍼에 해당하지 않는 것은?

① 스모크 댐퍼 ② 스플릿 댐퍼
③ 대향익형 댐퍼 ④ 버터플라이 댐퍼

[해설] 풍량 조절 댐퍼(volume damper) : 덕트 내의 풍량조절 부속품
 ㉠ 단익 댐퍼(버터플라이 댐퍼) : 소형 덕트용
 ㉡ 다익 댐퍼(루버 댐퍼) : 2개 이상의 날개로서 대형 덕트용
 ㉢ 스플릿 댐퍼(split damper) : 덕트 분기점에서의 풍량 조절용
 ㉣ 슬라이드 댐퍼(slide damper) : 전체의 개폐를 목적으로 사용
 ㉤ 클로스 댐퍼(cloths damper) : 기류의 발생음을 줄이고 기류의 방향을 조절하는 데 사용
 ☞ 스모크 댐퍼는 방연댐퍼이다.

14. 다음 중 앵글밸브의 도시 기호는?

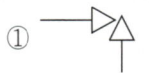

[해설] ② 게이트 밸브, ③ 역지 밸브
④ 다이어프램 밸브

15. 설비적산에서 원형덕트 철판의 소요면적 시 설계도면에서 원형덕트의 직경별로 직관부와 부속류를 산출하며, 직관부는 절단이나 접속 등에 의한 손실을 고려하여 얼마 정도 가산하는 것이 바람직한가?

① 10% ② 20%
③ 25% ④ 28%

[해설] 원형덕트 철판의 소요면적
설계도면에서 원형덕트의 직경별로 직관부와 부속류를 산출하며, 직관부는 절단이나 접속 등에 의한 손실을 고려하여 10% 정도 가산하는 것이 바람직하다.

16. 공기조화방식 중 팬코일 유닛방식에 관한 설명으로 옳지 않은 것은?

① 각 실에 수배관으로 일한 누수의 우려가 있다.
② 팬코일 유닛 내에 있는 팬으로부터의 소음이 있다.
③ 유닛을 창문 밑에 설치하면 콜드 드래프트(cold draft)를 줄일 수 있다.
④ 개별제어가 불가능하므로 부하특성이 다른 여러 개의 실이나 존이 있는 건물에 적용하기가 곤란하다.

[해설] 팬코일 유니트방식은 개별제어가 가능하며, 부하특성이 다른 여러 개의 실이나 존이 있는 건물에 적용한다.

17. 공기조화방식에 관한 설명으로 옳은 것은?

① 전수방식은 외기도입이 용이하다.
② 냉매방식은 부분운전이 불가능하다.
③ 공기·수방식에는 이중덕트방식 등이 있다.
④ 전공기방식은 중간기에 외기냉방이 가능하다.

[해설] 전공기 방식(all air system)은 일정량의 외기를 송풍량의 30% 정도 도입해서 희석하고 또한 동시에 공기청정기를 장치해 실내 공기의 오염이 적어지므로 공기의 청정화를 도모한다.

18. 증기난방에 관한 설명으로 옳지 않은 것은?

① 방열면적을 온수난방보다 작게 할 수 있다.
② 부하변동에 따른 실내 방열량의 제어가 용이하다.
③ 증발잠열을 이용하기 때문에 열의 운반 능력이 크다.
④ 예열시간이 온수난방에 비해 짧고 증기의 순환이 빠르다.

[해설] 증기난방(steam heating)
증기의 잠열을 이용한 난방방식으로 사무소, 백화점, 학교, 극장, 일반공장 등에 이용한다.
① 장점
 ㉠ 증발 잠열을 이용하므로 열의 운반능력이 크다.
 ㉡ 예열시간이 온수난방에 비해 짧고 증기의 순환이 빠르다.
 ㉢ 방열면적은 온수난방보다 작게 할 수 있으며, 관 경이 가늘어도 된다.
 ㉣ 설비비와 유지비가 싸다.
② 단점
 ㉠ 방열기의 표면온도가 높아 난방의 쾌감도가 낮다.
 ㉡ 난방부하의 변동에 따라 방열량 조절이 곤란하다.
 ㉢ 소음이 많이 난다.(steam hammering)
 ㉣ 보일러 취급에 기술을 요한다.

19. 환기방식 중 배기량과 급기량의 변화에 의해 실내압을 정압 또는 부압으로 유지할 수 있는 환기방식은?

① 압입방식   ② 흡출방식
③ 자연환기방식   ④ 압입흡출병용방식

[해설] 제1종 환기(압입흡출병용방식)
배기량과 급기량의 변화에 의해 실내압을 정압 또는 부압으로 유지할 수 있어 실내외의 압력차가 없는 가장 양호한 환기법이다. 설비비, 운전비가 비싸다.

20. 물의 정수과정에서 물 속에 있는 철분을 제거하기 위한 처리과정은?

① 혐기   ② 폭기
③ 불소 주입   ④ 응집제 첨가

[해설] ㉠ 물처리 과정 : 채수 → 침전 → 기폭 → 여과 → 살균 → 급수
㉡ 정수의 3요소 : 정수의 3요소 : 침전, 여과, 멸균(살균소독)
※ 폭기법 : 공기 중의 산소와 반응하게 하여 물속에 분해되어 있는 암모니아, 황화수소, 탄산가스 등의 유독가스와 철의 성분을 제거하는 정수법

제2과목 건축설비설계

21. 용량이 386kW인 터보 냉동기에 1시간동안 순환되는 냉각수량은?(단, 냉각기 입구의 냉수온도 10℃, 출구의 냉수온도 5℃, 물의 비열 4.2kJ/kg·K)

① 55.3m³/h   ② 58.9m³/h
③ 64.9m³/h   ④ 66.2m³/h

[해설] 순환수량(Q_W)[L/min]

$$Q_W = \frac{H_{CT}}{60 C \Delta t} \text{[L/min]}$$

H_{CT} : 냉동기용량
C : 비열(4.19kJ/kg·K)
Δt : 냉각수의 냉각탑의 출입구 온도차(℃)

먼저, 1kW = 1,000W = 860kcal/h = 1kJ/s
   = 3,600kJ/h이므로
386kW = 386 × 3,600kJ/h = 1,389,600kJ/h

$$Q_W = \frac{1,389,600}{60 \times 4.19 \times (10-5)} = 1,105 \text{L/min}$$

= 1.105m³/min = 66.3m³/h

정답 17. ④ 18. ② 19. ④ 20. ② 21. ④

과년도 출제문제

22. 냉수코일에서 코일입구공기의 온도를 28℃, 출구 공기온도를 14℃, 입구수온을 7℃, 출구수온을 12℃라 할 때 대수평균온도차 MTD는 얼마인가? (단, 공기와 냉수의 흐름은 평행류이다.)

① 5.78℃ ② 8.08℃
③ 10.88℃ ④ 22.98℃

[해설] 대수평균 온도차(Mean Temperature Difference)

$$MTD = \frac{\Delta_1 - \Delta_2}{l_n \frac{\Delta_1}{\Delta_2}}$$

$$MTD = \frac{\Delta_1 - \Delta_2}{l_n \frac{\Delta_1}{\Delta_2}} = \frac{(28-7)-(14-12)}{l_n \frac{(28-7)}{(14-12)}} = 8.08℃$$

23. 공기조화기 내 냉각코일은 통과하는 공기와 열교환을 하게 된다. 이와 관련된 설명으로 옳지 않은 것은?

① 바이패스 팩트와 컨택트 팩트의 곱은 1이다.
② 코일 핀의 형상에 따라 바이패스 팩트의 곱은 1이다.
③ 냉각코일의 열수가 많을수록 바이패스 팩트는 작아진다.
④ 냉각코일을 통과하는 공기의 속도가 빠를수록 바이패스 팩트는 커진다.

[해설] By-pass Factor(BF)
냉각 또는 가열 코일과 접촉하지 않고 그대로 통과하는 공기의 비율을 말하며, 완전히 접촉하는 공기의 비율을 Contact Factor라고 한다.
송풍량을 줄이고, 냉수량을 많이 하며, 전열면적을 크게(코일의 간격은 좁게, 코일의 열수는 많이), 실내의 장치노점온도를 높게 하면 공조기의 성능을 좋게 하는 방법(바이패스 팩트(BF)를 줄이는 방법)이 된다.
☞ 바이패스 팩트와 컨택트 팩트의 합은 1이다.

24. 다음 중 다단펌프를 사용하는 가장 주된 목적은?

① 흡입양정이 큰 경우
② 토출량을 줄이기 위한 경우
③ 높은 토출양정이 필요한 경우
④ 수중에 펌프를 설치하는 경우

[해설] 원심펌프는 회전차(impeller)를 고속 회전시킬 때 작용하는 원심력에 의해서 유체를 이송하는 펌프이다. 양정을 높이기 위해서는 다단펌프를 사용한다.
※ 건축설비 분야에서는 원심(와권)식 펌프(볼류트 펌프, 터빈 펌프, 보어홀 펌프 등)가 주로 사용된다. 터빈 펌프는 날개의 바깥쪽에 가이드 베인(guide vane)을 설치하여 고양정에 사용한다.

25. 다음은 펌프의 구경(흡입관경) 산정식이다. 이 식에서 Q가 의미하는 것은?

$$d = \sqrt{\frac{4Q}{v\pi}} = 1.13\sqrt{\frac{Q}{V}}$$

① 양수량 ② 흡입양정
③ 토출양정 ④ 관내 물의 유속

[해설] 펌프의 구경

$$d = \sqrt{\frac{4Q}{v\pi}} = 1.13\sqrt{\frac{Q}{v}}$$

Q : 양수량(m^3/s), V : 유속(m/s)

26. 보일러의 실제 증발량이 1,000kg/h이고, 발생증기의 엔탈피는 2768.8kJ/kg, 보일러에 보급되는 급수의 엔탈피는 335.2kJ/kg이다. 이 보일러의 환산증발량(상당증발량)은?(단, 100℃에서 물의 증발잠열은 2,257kJ/kg이다.)

① 약 1,000kg/h ② 약 1,078kg/h
③ 약 1,124kg/h ④ 약 1,152kg/h

[해설] 환산증발량(상당증발량, equivalent evaporation) G_e[kg/h]
환산증발량이란 발생열량, 즉 보일러에서 1시간당 받아들인 열량을 100℃의 수증기량 G_e[kg/h]로 환산한 것을 말한다.

$$G_e = \frac{G_s(h_2 - h_1)}{2,257} \text{ [kg/h]}$$

여기서,
G_e : 발생 수증기량[kg/h]
h_2 : 발생 증기의 엔탈피[kJ/kg]
h_1 : 보일러 입구에서 물의 엔탈피(급수의 엔탈피) [kJ/kg]
γ : 100℃에서 물의 증발잠열(2,257kJ/kg)

정답 22. ② 23. ① 24. ③ 25. ① 26. ②

$$\therefore G_e = \frac{G_s(h_2 - h_1)}{2,257}$$

$$= \frac{1,000(2768.8 - 335.2)}{2,257}$$

$$= 1078.25 \fallingdotseq 1,078 \text{kg/h}$$

27. 전손실열량이 15kW인 사무실에 설치할 증기난방용 방열기의 필요 섹션수는?(단, 표준상태이며, 표준방열량은 0.756kW/m², 방열기 섹션 1개의 방열면적은 0.2m²이다.)

① 80섹션   ② 90섹션
③ 100섹션   ④ 120섹션

[해설] 증기난방의 절수(N_W) = $\dfrac{H_L}{0.756 a_0}$

$= \dfrac{15}{0.756 \times 0.2} = 99.2 \fallingdotseq 100$섹션

여기서, H_L : 손실열량(kW)
a_0 : 1절당 방열면적(m²)

28. 증기압축식 냉동기의 주요구성장치 중 이용하고자 하는 냉수나 차가운 공기를 실제로 만드는 부분은?

① 압축기   ② 응축기
③ 증발기   ④ 팽창장치

[해설] 압축식 냉동 사이클(냉동기의 순환 원리)
→ p-i 선도(Mollier 선도)
㉠ 압축기(compressor) : 증발기에서 넘어온 저온 저압의 냉매 가스를 응축 액화하기 쉽도록 압축하여 응축기로 보낸다.
㉡ 응축기(condenser) : 고온·고압의 냉매액을 공기나 물을 접촉시켜 응축 액화시키는 역할을 한다.
㉢ 팽창 밸브(expansion valve) : 고온 고압의 냉매액을 증발기에서 증발하기 쉽도록 하기 위해 저온·저압으로 팽창시키는 역할을 한다.
㉣ 증발기(evaporator) : 팽창 밸브를 지난 저온 저압의 냉매가 실내 공기로부터 열을 흡수하여 증발함으로 냉동이 이루어진다.

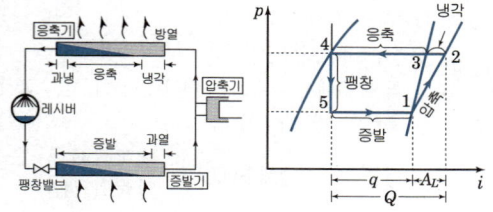

(a) 냉동사이클   (b) p-i 선도상의 사이클

29. 이중효용 흡수식냉동기에 관한 설명으로 옳은 것은?

① 냉매로서 LiBr 수용액을 사용한다.
② 기계적 에너지에 의해 냉동효과를 얻는다.
③ LiBr 수용액의 농축을 위하여 증발기를 사용한다.
④ 발생기가 저온발생기와 고온발생기로 구성되어 있다.

[해설] 이중효용 흡수식 냉동기
㉠ 흡수식 냉동기는 발생기의 형식에 따라 단효용식과 2중효용식이 있다.
㉡ 단효용 흡수식 냉동기의 응축기에서 버리던 증기의 응축열을 효율적으로 이용한 것이다.
㉢ 냉매증기는 수증기이고 증기보일러와 연동하여 구동한다.
㉣ 고온발생기와 저온발생기가 있어 단효용 흡수식에 비해 효율이 높다.
㉤ 저온발생기는 고온발생기보다 압력이 낮다.
㉥ 단효용 흡수식 냉동기보다 에너지 절약적이고 냉각탑 용량을 줄일 수 있다.
※ 냉동 사이클 : 증발기 – 흡수기 – 발생기(재생기) – 응축기

30. 히트펌프에 관한 설명으로 옳지 않은 것은?

① 저온측과 고온측의 온도차가 커질수록 성적 계수는 커진다.
② 장치내를 순환하는 작동매체인 냉매는 증발→압축→응축→팽창→증발의 변화를 반복한다.
③ 냉동사이클에서 응축기의 방열량을 이용하기 위한 것으로 공기조화에서는 난방용으로 응용된다.
④ 기본적인 구성요소는 저온부의 열교환기인 증발기, 고온부의 열교환기인 응축기, 압축기, 팽창밸브 등이다.

27. ③   28. ③   29. ④   30. ①

해설 성적계수(COP)

$Q = q + A_L$: 냉동기의 특징

→ 저온 쪽에서 흡수되는 열량(q)보다 고온 쪽에서 방출하는 열량(Q)이 더 크다.

ⓐ 냉동기의 성적계수(COP) = $\dfrac{냉동효과(q)}{압축일(AL)}$

= $\dfrac{냉동능력}{소요능력}$

ⓑ 열펌프의 성적계수(COP_h)

= $\dfrac{응축기의방출열량}{압축일}$ = $\dfrac{q+AL}{AL}$ = $\dfrac{q}{AL} + 1$

∴ 열펌프를 이용한 성적계수(COP_h)가 냉동기로 이용한 성적계수(COP)보다 1만큼 크다.

☞ 저온측과 고온측의 양온도차가 작아질수록 성적계수는 커진다.

31. 급수설비에 관한 설명으로 옳은 것은?

① 펌프의 흡상 높이는 수온이 상승에 따라 높아진다.
② 급수배관을 콘크리트에 매설할 경우 주로 연관이 사용된다.
③ 급수관내 물의 흐름을 급격히 정지하면 수격 작용이 발생하기 쉽다.
④ 압력수조식 급수방법은 고가수조식 급수방법보다 유지 관리가 비교적 용이하고 고장이 적다.

해설 ① 펌프의 흡상 높이는 수온이 상승에 따라 낮아진다.
② 급수배관시 굴곡이 많은 수도 인입관에 연관이 사용된다.
④ 압력수조식 급수방법은 고가수조식 급수방법보다 시설비 및 유지관리비가 많이 들고 고장률이 높다.

32. 급수 배관에 에어챔버를 설치하는 주된 이유는?

① 수격작용을 방지하기 위하여
② 배관의 부식을 방지하기 위하여
③ 배관의 동파를 방지하기 위하여
④ 크로스 커넥션을 방지하기 위하여

해설 공기실(에어챔버, Air chamber)

배관 내에 생기는 수격작용(water hammering)을 방지하기 위해서 공기실(Air chamber)을 설치한다.

☞ 높은 유수음이나 수격작용이 발생할 염려가 있는 급수계통에는 에어챔버나 워터햄머 방지기 등의 완충장치를 설치한다.

33. 급탕설비에 사용하는 순환펌프에 관한 설명으로 옳지 않은 것은?

① 피스톤 펌프와 사류 펌프가 주로 사용된다.
② 소규모 설비에서는 배관 도중에 설치하는 라인펌프(line pump)가 사용된다.
③ 순환펌프의 수량은 순환관로의 열손실과 급탕관, 반탕관의 온도차로 구한다.
④ 순환펌프의 양정이 지나치게 높으며 관내를 진공 상태로 만들기 쉽기 때문에 충분히 주의해야 한다.

해설 대규모 건물의 중앙식 급탕법은 급탕관 내의 탕의 온도가 내려가는 것을 방지하기 위하여 온수순환펌프를 이용하여 급탕관 및 반탕관 내의 탕을 강제적으로 순환시킨다. 펌프의 기동, 정지는 저장탱크의 출구온도와 반탕온도의 차가 설정치 이상이 되면 온도조절장치의 작동에 의해 자동적으로 행해진다.

☞ 급탕설비에 사용하는 순환펌프에는 원심(와권) 펌프, 사류 펌프, 축류 펌프가 주로 사용된다.

34. 건축물 지붕의 수평투영 면적이 600m²인 경우, 4개의 우수수직관을 설치하고자 한다. 최대 강우량이 130mm/h일 때 우수수직관의 관경으로 가장 적당한 것은? (단, 허용최대 지붕면적은 강우량이 100mm/h일 경우이다.)

관경	허용최대 지붕면적(m²)
50	67
65	121
75	204
100	427
125	804

① 65mm ② 75mm
③ 100mm ④ 125mm

정답 31. ③ 32. ① 33. ① 34. ②

[해설] 어느 지방의 최대강우량이 130mm/h인 경우

환산 지붕면적 = 실제 지붕투영면적 × $\frac{100}{130}$

$= 600 \times \frac{100}{130} = 780\,m^2$

4개의 우수수직관을 설치한 경우이므로 1개의 우수수직관은 $780\,m^2 \div 4 = 195\,m^2$이다.

∴ 표(100mm/h 경우)에서 최대허용지붕면적 195m² 을 충분히 흘러줄 수 있는 관경은 75mm가 적당하다.

35. 사이펀 볼텍스식 대변기에 관한 설명으로 옳지 않은 것은?

① 공기의 혼입이 거의 없고 세정시 소음이 작다.
② 볼탭부에 진공브레이커를 설치하여 역류를 방지한다.
③ 세정수의 와류작용과 함께 사이펀작용을 발생시켜 오물을 배출한다.
④ 급수부 끝과 변기의 물 넘침선과의 사이에 토수구 공간이 있어 오물의 부착이 적다.

[해설] 사이펀 볼텍스식 대변기는 세정수의 와류 작용과 함께 사이펀 작용을 발생시켜 오물을 배출하는 탱크와 변기 일체형 방식으로 진공브레이커를 설치하여 역류를 방지하고 있으며 세정시 소음이 작다.

36. 동일 송풍기에서 회전수를 2배로 했을 경우 풍량, 정압 및 소요동력의 변화량으로 옳은 것은?

① 풍량 1배, 정압 2배, 소요동력 4배
② 풍량 1배, 정압 2배, 소요동력 6배
③ 풍량 2배, 정압 4배, 소요동력 6배
④ 풍량 2배, 정압 4배, 소요동력 8배

[해설] 송풍기의 송풍량은 임펠러의 회전수에 비례하고, 양정은 회전수의 제곱에 비례하며, 축동력은 회전수의 세제곱에 비례한다.

∴ 회전수가 2배로 되면 풍량은 2배, 정압은 $2^2 = 4$배, 동력은 $2^3 = 8$배가 된다.

37. 송풍기 운전점을 A에서 B로 변환시키기 위한 방법으로 옳은 것은?

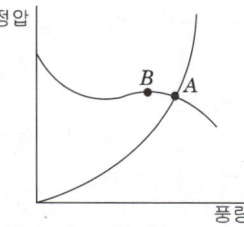

① 회전수를 높이면서 토출측 댐퍼를 조인다.
② 회전수를 낮추면서 흡입측 댐퍼를 조인다.
③ 회전수와 관계없이 흡입측 댐퍼를 조인다.
④ 회전수를 일정하게 유지하면서 토출측 댐퍼를 조인다.

[해설] 송풍기의 특성곡선에서 토출측 댐퍼를 조이면 저항이 증가하여 운전점이 A점에서 B점으로 이동하며 송풍량은 감소하고 송풍압력은 증가하게 된다.
송풍기의 특성곡선에서 흡입측 댐퍼를 조이거나 회전수를 감소시키면 압력과 송풍량은 감소하게 되고, 축동력은 회전수 제어가 가장 적게 소요되고 토출댐퍼가 가장 많이 소요된다.
※ 동력절감률(에너지절약)이 높은 것에서 낮은 순서 : 회전수 제어(가변속제어) > 흡입베인제어 > 흡입댐퍼제어 > 토출댐퍼제어

38. 다음 중 온수난방 배관에서 역환수(reverse return) 방식을 사용하는 이유로 가장 알맞은 것은?

① 배관의 신축을 흡수하기 위하여
② 배관의 부식을 방지하기 위하여
③ 온수의 유량공급을 동일하게 하기 위하여
④ 배관 내의 공기배출을 용이하게 하기 위하여

[해설] 리버스리턴(Reverse Return)배관(역환수방식)
㉠ 설치 : 급탕설비의 하향식 배관, 난방설비의 온수난방
㉡ 방법 : 각 방열기마다의 배관회로 길이를 같게 한 배관방식 보일러에서 방열기까지(온수관)의 길이 = 방열기에서 보일러까지(환수관)의 길이
㉢ 목적 : 온수의 유량분배 균일화(온수의 순환을 평균화)하기 위해
㉣ 단점 : 배관수가 많아져서 설비비가 높다.

39. 전열교환기에 관한 설명으로 옳지 않은 것은?

① 현열과 잠열을 동시에 교환한다.
② 공기조화용 송풍량이 비교적 많은 곳에서 유리하다.
③ 열회수율이 좋고, 고온측 및 저온측 유체의 누설이 없는 것을 사용한다.
④ 배열회수에 이용되는 배기는 원칙적으로 주방 및 보일러의 배기가스를 이용한다.

40. 헌터의 부하곡선에서 구할 수 있는 것은?

① 압력
② 마찰계수
③ 손실수두
④ 동시 사용유량

[해설] 마찰저항선도에 의한 관경의 결정
급수 배관 속에 흐르는 수량과 허용마찰로 관경을 구하는 방법
㉠ 동시사용 유수량 계산 (헌터 선도)
㉡ 허용마찰손실수두 계산
㉢ 관경 결정 : 동시사용 유수량[L/min]과 허용마찰손실수두 R[mmAq/m]을 이용하여 관경을 구한다.

■■■ 제3과목 건축설비관련법규

41. 국토교통부령으로 정하는 기준에 따라 채광 및 환기를 위한 창문등이나 설비를 설치하여야 하는 대상에 속하지 않는 것은?

① 공동주택의 거실
② 의료시설의 병실
③ 종교시설의 집회실
④ 교육연구시설 중 학교의 교실

[해설] 거실의 채광 및 환기

구분	건축물의 용도	창문 등의 면적	예외규정
채광	・단독주택의 거실 ・공동주택의 거실 ・학교의 교실	거실 바닥면적의 1/10 이상	거실의 용도에 따른 조도기준 [별표 1]의 조도 이상의 조명
환기	・의료시설의 병실 ・숙박시설의 객실	거실 바닥면적의 1/20 이상	기계장치 및 중앙관리방식의 공기조화설비를 설치한 경우

42. 다음은 건축물에 설치하는 굴뚝과 관련된 기준 내용이다. ( ) 안에 알맞은 것은?

> 굴뚝의 옥상 돌출부는 지붕면으로부터의 수직거리를 ( ) 이상으로 할 것. 다만, 용마루・계단탑・옥탑 등이 있는 건축물에 있어서 굴뚝의 주위에 연기의 배출을 방해하는 장애물이 있는 경우에는 그 굴뚝의 상단을 용마루・계단탑・옥탑 등 보다 높게 한다.

① 0.5m
② 1m
③ 1.5m
④ 2m

[해설] 굴뚝의 옥상 돌출부는 지붕면으로부터의 수직거리를 1m 이상으로 할 것

43. 건축물의 바깥쪽에 설치하는 피난계단의 구조에 관한 기준 내용으로 옳지 않은 것은?

① 계단의 유효너비는 0.9m 이상으로 할 것
② 계단실에는 예비전원에 의한 조명설비를 할 것
③ 계단은 내화구조로 하고 지상까지 직접 연결되도록 할 것
④ 건축물의 내부에서 계단으로 통하는 출입구에는 60+방화문 또는 60분방화문을 설치할 것

[해설] 건축물 바깥쪽에 설치하는 피난계단의 구조(옥외피난계단)
㉠ 계단은 그 계단으로 통하는 출입구 외의 창문 등으로부터 2m 이상 거리를 두고 설치할 것
[예외] 망입유리 붙박이창으로서 그 면적이 각각 1m² 이하인 것

정답 39. ④ 40. ④ 41. ③ 42. ② 43. ②

ⓒ 옥내로부터 계단으로 통하는 출입구에는 60+방화문 또는 60분방화문을 설치할 것
ⓒ 계단의 유효너비는 0.9m 이상으로 할 것
ⓓ 계단은 내화구조로 하고 지상까지 직접 연결되도록 할 것
ⓔ 돌음계단으로 해서는 안 된다.

44. 피난 용도로 쓸 수 있는 광장을 옥상에 설치하여야 하는 경우에 해당되지 않는 것은?

① 5층 이상인 층이 판매시설의 용도로 쓰는 경우
② 5층 이상인 층이 종교시설의 용도로 쓰는 경우
③ 5층 이상인 층이 위락시설 중 주점영업의 용도로 쓰는 경우
④ 5층 이상인 층이 문화 및 집회시설 중 전시장의 용도로 쓰는 경우

[해설] 피난의 용도에 쓰이는 옥상광장의 설치
5층 이상의 층을 문화 및 집회시설(전시장, 동·식물원 제외), 제2종 근린생활시설 중 공연장·종교집회장·인터넷컴퓨터게임시설제공업소(해당 용도로 쓰는 바닥면적의 합계가 각각 300m² 이상인 경우만 해당), 종교시설, 판매시설, 위락시설 중 주점영업, 장례식장의 용도에 쓰는 경우에는 피난의 용도에 쓸 수 있는 옥상광장을 설치하여야 한다.

45. 오피스텔의 난방설비를 개별난방방식으로 하는 경우에 관한 기준 내용으로 옳지 않은 것은?

① 난방구획을 방화구획으로 구획할 것
② 보일러의 연도는 내화구조로서 개별연도로 설치할 것
③ 가스보일러인 경우, 보일러실의 윗부분에는 그 면적이 0.5m² 이상인 환기창을 설치할 것
④ 보일러는 거실외의 곳에 설치하되, 보일러를 설치하는 곳과 거실사이의 경계벽은 출입구를 제외하고는 내화구조의 벽으로 구획할 것

[해설] 개별난방설비 등
공동주택과 오피스텔의 난방설비를 개별난방방식으로 하는 경우에는 다음의 기준에 적합하여야 한다.

구분	기준
① 보일러 설치위치	• 거실 외의 곳에 설치 • 보일러실과 거실 사이의 경계벽은 내화구조의 벽으로 구획(출입구 제외)
② 보일러실의 환기	• 윗부분에 0.5m² 이상의 환기창 설치 • 지름 10cm 이상의 공기흡입구 및 배기구를 항상 열려진 상태로 외기와 접하도록 설치(단, 전기보일러 경우는 제외)
③ 기름저장소	• 기름보일러의 기름저장소는 보일러실 외에 설치할 것
④ 오피스텔의 난방구획	• 방화구획으로 구획할 것
⑤ 보일러실의 연도	• 내화구조로서 공동연도로 설치할 것
⑥ 가스보일러	• 보일러실과 거실 사이 출입구는 출입구가 닫힌 경우 가스가 거실에 들어갈 수 없는 구조일 것 • 중앙집중공급방식으로 공급하는 경우에는 ①의 규정에도 불구하고 관계법령이 정하는 기준에 의함

46. 다음 설명에 알맞은 건축물의 종류는?

주택으로 쓰는 1개 동의 바닥면적 합계가 660m²를 초과하고, 층수가 4개 층 이하인 주택

① 아파트 ② 연립주택
③ 다가구주택 ④ 다세대주택

[해설] 공동주택
㉠ 다세대주택 : 4개층 이하, 동당 연면적 660m² 이하
㉡ 연립주택 : 4개층 이하, 동당 연면적 660m² 초과
㉢ 아파트 : 5개층 이상
㉣ 기숙사

과년도 출제문제

47. 건축법령상 시·군·구에 두는 건축위원회의 심의 사항에 속하지 않는 것은?

① 건축선의 지정에 관한 사항
② 다중이용 건축물의 구조안전에 관한 사항
③ 특수구조 건축물의 구조안전에 관한 사항
④ 건축물의 건축등과 관련된 분쟁의 조정 또는 재정에 관한 사항

[해설] 지방건축위원회의 주요 심의사항
㉠ 건축선(建築線)의 지정에 관한 사항
㉡ 건축 조례(당해 지방자치단체의 장이 발의하는 조례만 해당)의 제정·개정 및 시행에 관한 중요 사항
㉢ 다중이용 건축물 및 특수구조 건축물의 구조안전에 관한 사항
㉣ 다른 법령에서 지방건축위원회의 심의를 받도록 한 경우 해당 법령에서 규정한 심의사항
☞ 건축물의 건축·대수선·용도변경, 건축설비의 설치 또는 공작물의 축조와 관련된 분쟁의 조정 또는 재정에 관한 사항은 중앙건축위원회의 심의사항이다.

48. 허가 대상 건축물이라 하더라도 미리 특별자치시장·특별자치도지사 또는 시장·군수·구청장에게 신고를 하면 건축허가를 받은 것으로 보는 건축물의 대수선 기준은?

① 연면적이 200m² 미만이고 3층 미만인 건축물의 대수선
② 연면적이 200m² 미만이고 5층 미만인 건축물의 대수선
③ 연면적이 300m² 미만이고 3층 미만인 건축물의 대수선
④ 연면적이 300m² 미만이고 5층 미만인 건축물의 대수선

[해설] 신고대상 행위
허가 대상 건축물이라 하더라도 다음에 해당하는 경우에는 미리 특별자치시장·특별자치도지사 또는 시장·군수·구청장에게 국토교통부령으로 정하는 바에 따라 신고를 하면 건축허가를 받은 것으로 본다.
㉠ 바닥면적의 합계가 85m² 이내의 증축·개축 또는 재축(3층 이상 건축물인 경우에는 증축·개축 또는 재축하려는 부분의 바닥면적의 합계가 건축물 연면적의 1/10 이내인 경우로 한정)
㉡ 국토의 계획 및 이용에 관한 법률에 따른 관리지역, 농림지역 또는 자연환경보전지역에서 연면적이 200m² 미만이고 3층 미만인 건축물의 건축(단, 지구단위계획구역의 건축과 방재지구와 붕괴위험지역의 건축은 제외)
㉢ 연면적이 200m² 미만이고 3층 미만인 건축물의 대수선
㉣ 주요구조부의 해체가 없는 대수선
㉤ 기타 소규모 건축물

49. 다음 중 건축물 관련 건축기준의 허용오차 범위가 3% 이내인 것은?

① 출구너비
② 벽체두께
③ 평면길이
④ 건축물 높이

[해설] 건축허용오차

0.5% 이내	1% 이내	2% 이내	3% 이내
건폐율	용적률	높이 출구너비 반자높이 평면길이	후퇴거리 인동거리 벽체두께 바닥판두께

50. 연면적 200m²를 초과하는 건축물에서 계단을 대체하여 설치하는 경사로의 경사도는 최대 얼마를 넘지 않아야 하는가?

① 1:5
② 1:6
③ 1:8
④ 1:10

[해설] 연면적 200m²를 초과하는 건축물에서 계단을 대체하여 설치하는 경사로의 경사도는 1:8를 넘지 않아야 한다. 재료마감은 표면을 거친 면으로 하거나 미끄러지지 않는 재료로 마감하여야 한다.

정답 47. ④ 48. ① 49. ② 50. ③

51. 건축물의 에너지절약설계기준에 따른 건축부문의 권장사항으로 옳지 않은 것은?

① 공동주택은 인동간격을 넓게 하여 저층부의 일사 수열량을 증대시킨다.
② 건축물의 체적에 대한 외피면적의 비 또는 연면적에 대한 외피면적의 비는 가능한 작게 한다.
③ 거실의 층고 및 반자 높이는 실의 용도와 기능에 지장을 주지 않는 범위 내에서 가능한 높게 한다.
④ 건물 옥상에는 조경을 하여 최상층 지붕의 열저항을 높이고, 옥상면에 직접 도달하는 일사를 차단하여 냉방부하를 감소시킨다.

[해설] 평면계획
㉠ 거실의 층고 및 반자 높이는 실의 용도와 기능에 지장을 주지 않는 범위 내에서 가능한 낮게 한다.
㉡ 건축물의 체적에 대한 외피면적의 비 또는 연면적에 대한 외피면적의 비는 가능한 작게 한다.
㉢ 실의 용도 및 기능에 따라 수평, 수직으로 조닝계획을 한다.

52. 축냉식 전기냉방설비의 설계기준 내용으로 옳지 않은 것은?

① 축열조는 보온을 철저히 하여 열손실과 결로를 방지해야 한다.
② 열교환기에서 점검을 위한 부분은 해체와 조립이 용이하도록 하여야 한다.
③ 열교환기는 시간당 최대냉방열량을 처리할 수 있는 용량 이상으로 설치하여야 한다.
④ 자동제어설비는 수동조작을 할 수 없도록 하여야 하며 감시기능 등을 갖추어야 한다.

[해설] 축냉식 전기냉방설비의 설치기준에서 자동제어설비는 축냉운전, 방냉운전 또는 냉동기와 축열조를 동시에 이용하여 냉방운전이 가능한 기능을 갖추어야 하고, 필요할 경우 수동조작이 가능하도록 하여야 하며 감시기능 등을 갖추어야 한다.

53. 녹색건축물 조성지원법에서 정하고 있는 건축물 에너지효율등급 인증대상 건축물로 틀린 것은?

① 업무시설
② 기숙사
③ 냉방면적이 400m² 이상인 판매시설
④ 연립주택

[해설] 녹색건축물 조성 지원법 및 녹색건축물 조성 지원법 시행령에 따른 건축물 에너지효율등급 인증 및 제로에너지건축물 인증 건축물 대상
1. 단독주택, 다중주택, 다가구주택, 공관
2. 아파트, 연립주택, 다세대주택, 기숙사
3. 업무시설
4. 냉방 또는 난방 면적이 500m² 이상인 건축물

54. 건축물에 설치하는 급수·배수 등의 용도로 쓰이는 배관설비에 관한 기준 내용으로 옳지 않은 것은?

① 배수용 우수관과 오수관은 분리하여 배관 할 것
② 건축물의 주요부분을 관통하여 배관하지 아니할 것
③ 배수용 배관설비의 오수에 접히는 부분은 내수재료를 사용할 것
④ 승강기의 승강로 안에는 승강기의 운행에 필요한 배관설비외의 배관설비를 설치하지 아니할 것

[해설] 건축물의 주요부분을 관통하여 배관하는 경우에는 건축물의 구조내력에 지장이 없도록 할 것

55. 다음 승강기의 설치에 관한 기준 내용이다. 밑줄 친 대통령령으로 정하는 건축물의 기준 내용으로 옳은 것은?

> 건축주는 6층 이상으로 연면적이 2,000m² 이상인 건축물(대통령령으로 정하는 건축물은 제외한다.)을 건축하려면 승강기를 설치하여야 한다.

① 층수가 6층인 건축물로서 각 층 거실의 바닥 면적 300m² 이내마다 1개소 이상의 직통계단을 설치한 건축물
② 층수가 6층인 건축물로서 각 층 거실의 바닥 면적 500m² 이내마다 1개소 이상의 직통계단을 설치한 건축물

정답 51. ③ 52. ④ 53. ③ 54. ② 55. ①

③ 연면적이 2,000m² 인 건축물로서 각 층 거실의 바닥 면적 300m² 이내마다 1개소 이상의 직통계단을 설치한 건축물
④ 연면적이 2,000m² 인 건축물로서 각 층 거실의 바닥 면적 500m² 이내마다 1개소 이상의 직통계단을 설치한 건축물

[해설] 승용승강기의 설치대상
층수가 6층 이상으로서 연면적 2,000m² 이상인 건축물
[예외] 층수가 6층인 건축물로서 각층 거실 바닥면적 300m² 이내마다 1개소 이상 직통계단을 설치한 경우

56. 비상용승강기의 승강장 및 승강로의 구조에 관한 기준 내용으로 옳지 않은 것은?

① 채광이 되는 창문이 있거나 예비전원에 의한 조명설비를 할 것
② 벽 및 반자가 실내에 접하는 부분의 마감재료는 불연재료로 할 것
③ 승강장의 바닥면적은 비상용승강기 1대에 대하여 최소 5m² 이상으로 할 것
④ 승강장은 각 층의 내부와 연결될 수 있도록 하되, 그 출입구(승강로의 출입구는 제외)에는 60+방화문 또는 60분방화문을 설치할 것

[해설] 승강장의 바닥면적은 비상용승강기 1대에 대하여 최소 6m² 이상으로 할 것

57. 피난용 승강기의 설치에 관한 기준 내용으로 옳지 않은 것은?

① 예비전원으로 작동하는 조명설비를 설치할 것
② 승강장의 바닥면적은 승강기 1대당 5m² 이상으로 할 것
③ 각 층으로부터 피난층까지 이르는 승강로를 단일구조로 연결하여 설치할 것
④ 승강장의 출입구 부근의 잘 보이는 곳에 해당 승강기가 피난용 승강기임을 알리는 표지를 설치할 것

[해설] 피난용승강기 승강장의 구조
㉠ 승강장의 출입구를 제외한 부분은 해당 건축물의 다른 부분과 내화구조의 바닥 및 벽으로 구획할 것
㉡ 승강장은 각 층의 내부와 연결될 수 있도록 하되, 그 출입구에는 60+방화문 또는 60분방화문을 설치할 것. 이 경우 방화문은 언제나 닫힌 상태를 유지할 수 있는 구조이어야 한다.
㉢ 실내에 접하는 부분(바닥 및 반자 등 실내에 면한 모든 부분을 말함)의 마감(마감을 위한 바탕을 포함)은 불연재료로 할 것
㉣ 예비전원으로 작동하는 조명설비를 설치할 것
㉤ 승강장의 바닥면적은 피난용승강기 1대에 대하여 6m² 이상으로 할 것
㉥ 승강장의 출입구 부근에는 피난용승강기임을 알리는 표지를 설치할 것
㉦ 승강장의 바닥은 1/100 이상의 기울기로 설치하고 배수용 트렌처를 설치할 것
㉧ 건축물의 설비기준 등에 관한 규칙(제14조)에 따른 배연설비를 설치할 것
㉨ 화재예방·소방시설 설치유지 및 안전관리에 관한 법률 시행령(제15조)에 따른 소화활동설비(제연설비만 해당)를 설치할 것

58. 급수·배수(配水)·배수(排水)·환기·난방 설비를 건축물에 설치하는 경우 건축기계설비기술사 또는 공조냉동기계기술사의 협력을 받아야 하는 대상 건축물에 속하지 않는 것은? (단, 해당 용도에 사용되는 바닥면적의 합계가 2,000m²인 건축물의 경우)

① 기숙사　　② 업무시설
③ 의료시설　④ 숙박시설

[해설] 급수·배수(配水)·배수(排水)·환기·난방 설비를 건축물에 설치하는 경우 건축기계설비기술사 또는 공조냉동기계기술사의 협력을 받아야 하는 대상 건축물(바닥면적 합계 기준)
㉠ 500m² 이상 : 냉동냉장시설, 항온항습시설, 특수청정시설
㉡ 규모에 관계없이 : 아파트 및 연립주택
㉢ 500m² 이상 : 목욕장(제1종 근린생활시설), 실내수영장(운동시설), 실내물놀이형시설
㉣ 2,000m² 이상 : 기숙사, 병원(의료시설), 유스호스텔(수련시설), 숙박시설 기타 에너지소비특성 및 이용상황 등이 이와 유사한 건축물

정답　56. ③　57. ②　58. ②

ⓜ 3,000m² 이상 : 연구소(교육연구시설), 업무시설, 판매시설 기타 에너지소비특성 및 이용상황 등이 이와 유사한 건축물
ⓑ 10,000m² 이상 : 문화 및 집회시설(동·식물원 제외), 종교시설, 장례식장, 교육연구시설(연구소 제외) 기타 에너지소비특성 및 이용상황 등이 이와 유사한 건축물

59. 건축물 에너지효율등급 인증기관 지정의 유효기간은?

① 지정서를 발급한 날부터 3년
② 지정서를 발급한 날부터 5년
③ 지정서를 발급한 날부터 7년
④ 지정서를 발급한 날부터 10년

[해설] 건축물 에너지효율등급 인증기관 지정의 유효기간은 인증기관 지정서를 발급한 날부터 5년으로 한다.

60. 지능형 건축물의 인증에 관한 설명으로 옳지 않은 것은?

① 지능형 건축물 인증기준에는 인증표시 홍보기준, 유효기간 등의 사항이 포함된다.
② 산업통상자원부장관은 지능형 건축물의 인증을 위하여 인증기관을 지정할 수 있다.
③ 국토교통부장관은 지능형 건축물의 건축을 활성화하기 위하여 지능형 건축물 인증제도를 실시한다.
④ 허가권자는 지능형 건축물로 인증 받은 건축물에 대하여 조경설치면적을 100분의 85까지 완화하여 적용할 수 있다.

[해설] 국토교통부장관은 지능형건축물의 인증을 위하여 인증기관을 지정할 수 있다.

정답 59. ② 60. ②

과년도출제문제

2024. 1회 건축설비산업기사

■■■ 제1과목 건축설비계획

1. 내부결로의 방지대책으로 옳지 않은 것은?

① 단열재를 가능한 한 벽의 내측에 설치
② 벽체 내부온도를 그 부분의 노점온도보다 높게 할 것
③ 실내의 수증기 발생 억제
④ 벽체 내부의 수증기압을 포화수증기압보다 작게 할 것

[해설] 내부결로를 방지하기 위해서 단열공법은 열적으로 유리한 외단열공법으로 시공하고, 단열재는 저온측인 외부에 두며, 방습재는 고온측 내부에 둔다.

2. 다음 중 냉난방 설계용 외기온도 설정 시 TAC 온도를 적용하는 이유와 가장 관계가 먼 것은?

① 과대 장치용량 지양
② 에너지 절약
③ 위험성 축소
④ 합리적 적용

[해설] 냉난방 설계용 외기온도 설정 시 TAC 온도를 적용하면 과대 장치용량을 지양하게 되므로 에너지 절약으로 공조설비는 축소되어 합리적 적용이 가능하나, 그에 따른 적정온도 유지가 곤란하게 되어 위험성은 증가한다.
※ ASHRAE의 TAC(Technical Advisory Committee, 온도위험률)에서는 위험률 2.5~10% 범위 내에서 설계 조건을 삼을 것을 추천하고 있다. 예를 들어 위험률 2.5%의 의미는 어느 지역의 난방시간이 4개월 이라면, 이 기간 중 2.5%에 해당하는 72시간은 난방 설계 외기 조건을 초과할(낮을) 수 있다는 것을 의미한다. [추울 수 있다.]

3. 고가수조를 설치하는 경우의 조닝방법 중 중간수조를 설치하는 방법에 관한 설명으로 옳지 않은 것은?

① 급수압이 일정하다.
② 정밀한 조닝이 용이하다.
③ 세퍼레이트 방식이 일반적이다.
④ 중간수조실, 양수펌프 등이 필요하다.

[해설] 중간수조방식으로 하면 감압밸브 방식에 비해 정밀한 조닝이 어렵다.

4. 그림과 같은 습공기 선도에 표시된 P점의 상태량이 옳지 않은 것은?

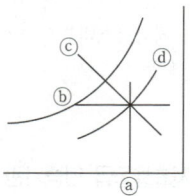

① ⓐ : 건구온도
② ⓑ : 노점온도
③ ⓒ : 엔탈피
④ ⓓ : 절대습도

[해설] ⓓ : 상대습도

5. 물의 경도에 관한 설명으로 옳지 않은 것은?

① 경도의 표시는 도(度) 또는 ppm 이 사용된다.
② 일반적으로 지표수는 경수, 지하수는 연수로 간주한다.
③ 연수는 쉽게 비누거품을 일으키지만, 음료용으로는 적합하지 않다.
④ 물 속에 녹아있는 칼슘, 마그네슘 등의 염류의 양을 탄산칼슘의 농도로 환산하여 나타낸 것이다.

[해설] 물의 경도(硬度)
물 속에 녹아 있는 칼슘(Ca), 마그네슘(Mg) 등의 양을 이것에 대응하는 탄산칼슘(CaCO₃)의 100만분율(ppm : parts per million)로 환산하여 표시한 것

분류	CaCO₃의 함유량	특징
극연수 (極軟水)	0ppm	증류수나 멸균수로서 연관이나 황동관을 부식
연수(軟水)	90ppm 이하	세탁, 염색, 보일러용에 적합
적수(適水)	90~110ppm	
경수(硬水)	110ppm 이상	물, 음료용, 세탁, 표백, 염색에는 부적합

※ ppm(parts per million)은 농도 단위로서 100만분의 1의 양을 말한다.

정답 1. ① 2. ③ 3. ② 4. ④ 5. ②

6. 정풍량시스템에 비하여 변풍량시스템을 적용할 경우 설비기기의 용량을 작게 할 수 있는 이유로 가장 알맞은 것은?

① 침입외기의 영향을 적게 받기 때문이다.
② 외벽의 관류열부하가 감소하기 때문이다.
③ 실내 토출공기의 혼합손실을 감소시키기 때문이다.
④ 동시부하율을 고려하여 기기의 용량을 결정하기 때문이다.

[해설] 정풍량시스템에 비하여 변풍량시스템을 적용할 경우 동시사용률을 고려하여 기기용량을 결정할 수 있으므로 설비용량을 적게 할 수 있다.

7. 두 물체가 제3의 물체와 온도가 같을 때는 두 물체도 역시 서로 온도가 같다는 것을 말하는 법칙으로 온도측정의 기초가 되는 것은?

① 열역학의 제0법칙 ② 열역학의 제1법칙
③ 열역학의 제2법칙 ④ 열역학의 제3법칙

[해설] 열역학의 법칙
- 열역학의 제0법칙 : 열평형의 법칙(온도계의 원리)
- 열역학의 제1법칙 : 에너지보존의 법칙(엔탈피의 법칙, 제1종 영구기관 제작 불가능의 법칙)
- 열역학의 제2법칙 : 냉동기(히트펌프)의 원리, 에너지의 방향성, 가역과 비가역, 엔트로피의 원리, 제2종 영구기관 제작 불가능의 법칙
- 열역학의 제3법칙 : 네른스트의 법칙(엔트로피의 절대값, 절대온도 0[K]의 원리)

8. 배관 내에 흐르고 있는 유체에 발생하는 마찰 저항에 관한 설명으로 옳은 것은?

① 유량이 증가하면 마찰저항은 감소한다.
② 관의 길이가 증가하면 마찰저항은 증가한다.
③ 관의 직경이 증가하면 마찰저항은 증가한다.
④ 관내를 흐르는 유체의 평균유속이 증가하면 마찰저항은 감소한다.

[해설] 관의 길이에 비례, 관경에 반비례한다.
☞ 유체의 밀도가 클수록 관로의 마찰손실은 커진다.

9. 광속이 3,000[lm]인 백열전구로부터 1m 떨어진 책상에서 조도가 400[lx]로 측정되었다. 이 책상을 백열전구로부터 2m 떨어진 곳에 놓았을 때 조도는?

① 200[lx] ② 100[lx]
③ 50[lx]   ④ 40[lx]

[해설] $E = \dfrac{I}{d^2} = \dfrac{400}{2^2} = 100[lx]$

10. 실표면의 총 흡음량이 160m² 이고, 실의 크기가 10m×18m×4m인 학교 교실에서 세이빈(Sabine)의 공식을 이용하여 구한 잔향시간은?

① 0.42초 ② 0.52초
③ 0.62초 ④ 0.72초

[해설] $RT = 0.16 \times \dfrac{(10 \times 18 \times 4)}{160} = 0.72$초

11. 환기와 관련된 실내압의 설명으로 옳지 않은 것은?

① 연소용 공기가 필요한 경우 실내를 정(+)압으로 한다.
② 다른 실의 오염 공기의 침입을 방지하는 경우 실내를 부(-)압으로 한다.
③ 실내 악취나 유해가스를 다른 실로 유출되지 않도록 하는 경우 실내를 부(-)압으로 한다.
④ 실내공기를 강제적으로 배출시키는 경우 실내는 부(-)압이 된다.

[해설] 제2종 환기
실내의 압력이 정압(+), 다른 실에서의 공기 침입이 없다. 가장 많이 사용한다. 일반실에 적합하다.

12. 36℃의 건조공기 2,000kg/h를 14℃로 냉각할 때 냉각열량은?(단, 공기의 정압비열 1.01kJ/kg·K이다.)

① 8.8kW   ② 10kW
③ 11.2kW ④ 12.3kW

[해설] 냉각량(q_c) = G·C·Δt = 2,000×1.01×(36-14)
= 44,440kJ/h = 12.3kW

정답 6. ④ 7. ① 8. ② 9. ② 10. ④ 11. ② 12. ④

13. 용량 15kW의 전동기로 작동되는 기계가 있다. 전동기는 실내에 있고 기계는 실외에 있을 경우 실내취득열량은? (단, 전동기에 대한 부하율(모터출력/정격출력)은 0.8, 전동기 효율은 0.86 이며, 기타 주어 지지 않은 조건은 무시한다.)

① 12.9kW
② 12kW
③ 10.32kW
④ 1.95kW

해설 동력에 의한 부하
(전동기는 실내에 있고, 기계는 실외에 있는 경우)

$q_E = P \cdot Tf_e \cdot f_o \cdot f_k = P \cdot f_e \cdot f_o \cdot \dfrac{1-\eta}{\eta}$

여기서
P : 전동기의 정격출력[kW]
f_e : 전동기에 대한 부하율(모터출력/정격출력)
f_o : 전동기 사용률
f_k : 전동기와 기계의 사용상태 $\left[f_k = \dfrac{1-\eta}{\eta}\right]$

$q_E = P \cdot f_e \cdot f_o \cdot \dfrac{1-\eta}{\eta}$

$= 15 \times 0.8 \times 1 \times \dfrac{1-0.86}{0.86} = 1.95 [\text{kW}]$

14. 실내공기 중에 부유하는 직경 10μm 이하의 미세먼지를 의미하는 것은?

① VOC10
② PMV10
③ PM10
④ SS10

해설 PM 10(Particulate Matter Less than 10μm)
입자의 크기가 10μm 이하인 먼지를 말한다. 국가에서 환경기준으로 연평균 50μg/m³, 24시간 평균 100μg/m³를 기준으로 하고 있다. 인체의 폐포까지 침투하여 각종 호흡기 질환의 직접적인 원인이 되며, 인체의 면역기능을 악화시킨다. 미세먼지(Particulate Matter, PM) 또는 분진이란 아황산가스, 질소 산화물, 납, 오존, 일산화탄소 등과 함께 수많은 대기오염물질을 포함하는 대기오염물질을 말한다.

15. 중앙식 공기조화방식 중 전수방식의 일반적 특징으로 옳지 않은 것은?

① 덕트 스페이스가 필요 없다.
② 팬코일 유닛방식 등이 있다.
③ 실내의 배관에 의해 누수될 우려가 있다.
④ 송풍 공기량이 많아서 실내 공기의 오염이 적다.

해설 전수방식(all water system)
① 종류 : FCU(Fan Coil Unit) 방식, 복사냉난방방식
② 장점
  ㉠ 덕트 스페이스가 필요 없다.
  ㉡ 열운반 동력이 작다.
  ㉢ 개별제어, 개별운전이 가능하다.
③ 단점
  ㉠ 실내공기의 오염 우려(실내 공기의 재순환)
  ㉡ 실내 배관에 의한 누수 염려
  ㉢ 유닛의 방음, 방진에 유의
  ㉣ 유닛의 실내설치로 인한 건축계획상 지장

16. 다음 도시기호 중에서 체크 밸브(check valve)를 표시한 것은?

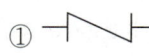
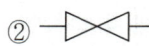

해설 ① 체크밸브, ② 슬루스 밸브,
③ 다이어프램 밸브, ④ 전자 밸브

17. 설비적산 시 주의사항의 내용 중 옳지 않은 것은?

① 기계설비 표준품셈의 적용기준에 따라 재료 및 노무인력에 대하여 할증 또는 할감을 적용한다.
② 잡재료비는 설계내역상에서 제외한다.
③ 도면에 표기되지 않은 부속기기와 입상관의 산출에 주의해야 한다.
④ 장비 및 기기의 요구사항을 명확히 파악하고 합당한 단가를 적용해야 한다.

해설 잡재료 및 소모재료비와 공구손료는 설계내역상에 계상한다.

18. 고가탱크방식에서 최상층의 수압을 확보하기 위해 물탱크 높이를 올리려고 한다. 최상층 수전에서 고가탱크 최저 수위까지의 최저 높이는? (단, 최상층 수전의 필요 수압은 70KPa, 배관의 마찰손실은 1m 이다.)

① 7m ② 8m
③ 10m ④ 17m

[해설] $H \geq 100(P+P_f)+h[m]$
∴ $H \geq 100(0.07+0.01) = 8m$

19. 배수설비에 관한 설명으로 옳은 것은?

① 배수계통은 원칙적으로 중력에 의해 옥외로 배출하도록 한다.
② 고온의 배수는 원칙적으로 60℃ 미만으로 냉각한 후 배수한다.
③ 건물 내에서는 피트 내 배관은 피하고 가급적 지중 배관으로 한다.
④ 엘리베이터 샤프트에 배수 배관을 설치하는 것이 공간 활용상 바람직하다.

[해설] 배수계통은 원칙적으로 중력에 의해 옥외로 배출하도록 한다. 배수관경을 필요 이상으로 크게 하면 할수록 배수 능력은 저하된다. 배수관의 관경은 관경의 10배의 역수를 표준물매로 하며, 일반적으로 옥내배수관의 구배는 유속이 0.6~1.5m/s 정도가 되도록 잡는다.

20. 각종 밸브에 관한 설명으로 옳은 것은?

① 볼밸브 : 콕의 일종으로 구조가 간단하나 밸브를 완전히 열고 사용할 때 저항손실이 크다.
② 체크밸브 : 역류방지밸브로서 스윙형은 저항손실이 적고 수평, 수직배관에 모두 사용이 가능하다.
③ 슬루스밸브 : 밸브를 일부만 열고 사용하여도 유체의 저항손실이 작기 때문에 유량조절용에 적합하다.
④ 글로브밸브 : 밸브를 완전히 열고 사용하는 경우에는 유체저항손실이 없으나 일부만 열고 사용하는 경우에는 저항손실이 크다.

[해설] 주요 밸브의 종류
㉠ 게이트 밸브(gate valve) : 밸브의 통로에 변화가 없어 유체의 저항손실이 가장 적다. 일명 슬루스 밸브(sluice valve)라고도 한다.
㉡ 글로브 밸브(globe valve) : 유체의 저항손실이 가장 크다. 일명 스톱 밸브(stop valve)라고도 한다.
㉢ 체크밸브(check valve : 역지밸브)
 • 유체의 흐름을 한쪽 방향으로만 흐르게 할 때 쓰인다.
 • 리프트형(수평배관), 스윙형(수평, 수직배관)이 있다.
㉣ 플래시 밸브(flush valve) : 급수관에 직결하여 한 번 플래시 밸브를 누르면 일정량의 물이 나온 다음에 자동적으로 잠겨지도록 되어 있는 것으로 대·소변기에 사용된다.
㉤ 앵글밸브(angle valve) : 글로브 밸브의 일종으로 유체의 입구와 출구가 이루는 각이 90°이다.

제2과목 건축설비설계

21. 흡수식 냉동기에서 동작물질로 물과 LiBr을 사용할 경우 냉매의 역할을 하는 것은?

① LiBr ② 물
③ NH_3 ④ LiBr+H_2O

[해설] 흡수식 냉동기의 냉매와 흡수액
㉠ 냉매 : 물(H_2O), 암모니아(NH_3)
㉡ 흡수액 : 브롬화리튬(LiBr), 물(H_2O)

22. 열펌프(heat pump)에 관한 설명으로 옳은 것은?

① 공기조화에서 주로 냉방용으로 응용된다.
② 냉동사이클에서 응축기의 방열량을 이용하기 위한 것이다.
③ EHP(Electric Heat Pump)는 흡수식 냉동기의 원리를 이용한 열펌프이다.
④ 냉동기를 냉각 목적으로 할 경우의 성적계수보다 열펌프로 사용될 경우의 성적계수가 작다.

[해설] ① 열펌프는 냉동기의 압축기에서 토출된 고온·고압의 냉매증기는 응축기에서 방열하고 액화된다. 이때 방열되는 응축열로 물이나 공기를 가열하여 난방에 이용하는 장치이다.
③ EHP(Electric Heat Pump)는 압축식 냉동기의 원리를 이용한 열펌프이다.
④ 열펌프를 이용한 성적계수(COP_h)가 냉동기로 이용한 성적계수(COP)보다 1만큼 크다.

23. 개방식 축열수조에 관한 설명으로 옳지 않은 것은?

① 수전 전력이 증가된다.
② 심야전력을 이용할 수 있다.
③ 공조기용 2차 펌프의 양정이 증가한다.
④ 대기에 개방되므로 수질 관리가 필요하다.

[해설] 축열수조는 수전설비 용량 축소 및 계약 전력이 감소된다.
※ 빙축열 시스템은 냉각을 위한 냉동기, 축열을 위한 빙축열조, 외부와의 열교환을 위한 열교환기로 구성된다.

24. 공기조화기의 에어필터에 관한 설명으로 옳지 않은 것은?

① 송풍기의 흡입측이면서 코일의 흡입측에 설치한다.
② 필터에 공기의 흐름방향이 있는 경우에는 역방향으로 설치한다.
③ 필터의 설치위치 전후에는 점검과 보수를 위한 충분한 공간과 점검문을 설치한다.
④ 유닛형 필터를 여러 개 조합하여 설치하는 경우에는 지그재그로 하여 통과면적을 크게 한다.

[해설] 필터에 공기의 흐름방향이 있는 경우에는 역방향으로 설치되지 않도록 한다.
※ 지그재그 형태로 설치된 유니트형 필터를 여러 개 설치하는 경우 통과면적을 최대로 하므로 집진효율이 우수하다.

25. 보일러의 상용출력을 가장 올바르게 표현한 것은?

① 난방부하 + 급탕부하
② 난방부하 + 급탕부하 + 예열부하
③ 난방부하 + 급탕부하 + 배관부하
④ 난방부하 + 급탕부하 + 배관부하 + 예열부하

[해설] 보일러부하(H)
㉠ 정격출력 = 난방부하(H_R) + 급탕부하(H_W)
  + 배관손실(H_P) + 예열부하(H_E)
  = 상용출력×1.25 = 방열기용량×1.35
㉡ 상용출력 = 난방부하(H_R) + 급탕부하(H_W)
  + 배관손실(H_P)
  = 방열기용량×1.2

㉢ 방열기용량(정미출력)
  = 난방부하(H_R) + 급탕부하(H_W)
㉣ 난방부하
※ 정격출력은 연속해서 운전할 수 있는 보일러의 능력으로서 난방부하, 급탕부하, 배관부하, 예열부하의 합이며, 보통 보일러 선정시 기준이 된다.

26. 다음 중 스케일이 보일러에 미치는 영향과 가장 거리가 먼 것은?

① 보일러의 전열면이 과열된다.
② 워터 햄머(water hammer)를 일으킨다.
③ 열의 전달을 방해하여 보일러 효율을 저하시킨다.
④ 보일러의 철판이나 관 등을 부식시키는 원인이 된다.

[해설] 경도가 높은 물을 보일러에 사용하면 내면에 스케일(물때) 생성되어 열의 전달을 방해하여 보일러 효율을 저하시키며, 보일러의 전열면 과열의 원인 및 보일러의 철판이나 관 등을 부식시키는 원인이 되어 보일러의 수명이 단축된다.

27. 몰리에르 선도상에서 히트펌프의 난방시 성적계수를 산정하는 식은?

① $\dfrac{증발기\ 출구엔탈피 - 증발기\ 입구엔탈피}{압축일}$

② $\dfrac{응축기\ 입구엔탈피 - 응축기\ 출구엔탈피}{압축일}$

③ $\dfrac{압축기\ 입구엔탈피 - 압축기\ 출구엔탈피}{압축일}$

④ $\dfrac{응축기\ 출구엔탈피 - 증발기\ 입구엔탈피}{압축일}$

[해설] 열 펌프의 성적계수

$\epsilon_h = \dfrac{응축기의\ 방출\ 열량}{압축일}$

$= \dfrac{q+AL}{AL} = \dfrac{q}{AL} + 1$

∴ 열펌프의 성적계수(COP_h)는 냉동기의 성적계수(COP_c)보다 1만큼 크다.
※ 몰리에르 선도상에서 히트펌프의 난방시 성적계수 산정식

$= \dfrac{응축기\ 입구엔탈피 - 응축기\ 출구엔탈피}{압축일}$

 23. ① 24. ② 25. ③ 26. ② 27. ②

28. 내경 80mm인 원관 속을 흐르는 물의 유량이 40m³/h, 관의 길이가 10m일 경우 마찰손실은? (단, 관마찰계수는 0.02이다.)

① 9.9kPa   ② 8.3kPa
③ 6.1kPa   ④ 5.4kPa

[해설] 마찰손실수두(H_f) 계산

㉠ 먼저, $Q = Av$ 에서 $v = \dfrac{Q}{A}$

$A = \dfrac{\pi d^2}{4}$ 이므로

$v = \dfrac{Q}{\dfrac{\pi d^2}{4}} = \dfrac{\dfrac{40}{3,600}}{\dfrac{3.14 \times 0.08^2}{4}} = 2.21 \text{m/s}$

㉡ $P_f = \lambda \cdot \dfrac{l}{d} \cdot \dfrac{\rho v^2}{2}$ [Pa]

$P_f = 0.02 \times \dfrac{10}{0.08} \times \dfrac{1,000 \times 2.21^2}{2} = 6,100 \text{[Pa]} = 6.1 \text{kPa}$

29. 공기조화배관의 배관회로방식에 관한 설명으로 옳지 않은 것은?

① 개방회로방식에서는 펌프의 양정에 실양정이 포함된다.
② 개방회로방식은 개방식 냉각탑의 냉각수배관 등에 응용된다.
③ 개방회로방식에는 물의 팽창을 위한 팽창탱크를 반드시 갖추어야 한다.
④ 밀폐회로방식에서는 순환수가 공기와 접촉하지 않으므로 물처리비가 적게 든다.

[해설] 개방회로배관과 밀폐회로배관

분류	특징
개방회로배관	물의 순환경로가 대기 중의 수조에 개방되어 있는 회로 ① 순환펌프 양정계산시 물탱크에서 배관 최상단 부분까지 정수두를 계산하여야 한다. ② 환수관에서 사이폰현상, 진동, 소음 등이 발생할 우려가 있다. ③ 관경이 밀폐형보다 커서 설비비가 증가한다. ④ 밀폐형보다 배관부식의 우려가 크다.
밀폐회로배관	물의 순환경로가 대기 중의 수조에 개방되어 있지 않은 회로 ① 팽창탱크(E.T)를 반드시 설치하여 이상 압력을 흡수하여야 한다. ② 안정된 수류를 얻을 수 있다. ③ 관경이 작아져서 설비비가 감소한다. ④ 배관의 부식이 적다.

※ 밀폐회로 방식에 대해서는 1개의 순환계통에 팽창탱크는 1기로 한다.

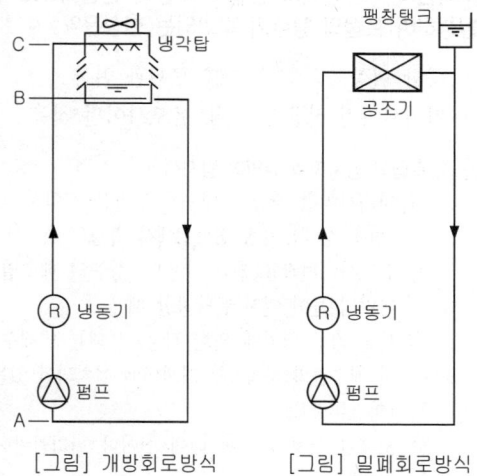

[그림] 개방회로방식   [그림] 밀폐회로방식

30. 코일선정에 관한 설명으로 옳지 않은 것은?

① 냉수코일의 전면풍속은 2.0~3.0m/s의 범위 내로 하고 온수코일의 전면 풍속은 2.0~3.5m/s의 범위 내로 한다.
② 냉수코일의 경우 풍속이 2.5m/s를 초과하면 코일에 부착된 응축수가 날려서 흡입구 쪽으로 들어오기 때문에 엘리미네이터를 설치한다.
③ 튜브 내의 물의 속도는 1.0m/s 전후로 하는 것이 배관이나 설비비 효율상 적당하다.
④ 공기의 흐름방향과 코일 내에 있는 냉온수의 흐름방향은 평행류가 대향류보다 전열효과가 크다.

[해설] 공기의 흐름방향과 코일 내에 있는 냉온수의 흐름방향은 대향류가 평행류보다 전열효과가 크다.

31. 회전차 주위에 디퓨저인 안내 날개를 가지고 있는 터보형 펌프는?

① 터빈 펌프   ② 베인 펌프
③ 마찰 펌프   ④ 볼류트 펌프

[해설] 터빈펌프는 날개의 바깥쪽에 가이드베인(guide vane, 안내날개)을 설치하여 속도 에너지를 압력 에너지로 효율을 좋게 변환하여 고양정에 사용한다.

32. 수직관 상부에서 일시에 다량의 물이 낙하하면 그 수직관과 수평관과의 연결부 부근에 순간적으로 부압이 발생하여 트랩의 봉수가 파괴되는 현상은?

① 증발 현상
② 모세관 현상
③ 자기사이펀 작용
④ 유도사이펀 작용

[해설] 트랩의 봉수파괴 원인과 방지책
㉠ 자기사이펀 작용 : 배수가 관속을 꽉차서 흐를 때 (만수 상태), 주로 S트랩에서 발생
㉡ 유도사이펀작용(흡출 작용) : 상층의 배수입관에서 다량의 물이 일시에 낙하할 때
㉢ 분출 작용(역압에 의한 작용) : 대규모 배수설비에서 배수관의 하저곡부 가까이에 설치되어 있는 경우 (피스톤작용)
㉣ 모세관 작용 : 트랩 내에 실이나 머리카락이 들어갈 때
㉤ 증발 : 위생기구의 사용빈도가 적을 때, 기름을 한 방울 떨어뜨리면 방지된다.
㉥ 물의 운동량에 의한 관성 : 배수구에 격자(석쇠)를 설치
☞ 봉수파괴 방지 : 통기관을 설치
☞ 봉수파괴 방지 : ㉠, ㉡, ㉢의 경우 통기관을 설치한다.

33. 대변기의 세정방식 중 세정밸브식에 관한 설명으로 옳지 않은 것은?

① 소음이 큰 편이다.
② 연속사용이 가능하다.
③ 최저 필요 수압의 제한이 있다.
④ 급수관경이 최소 20mm 이상 필요하다.

[해설] 세정소음이 크나, 대변기의 연속사용이 가능하다.

34. 다음 중 원심형 송풍기로서 날개가 전곡형(前曲形)인 것은?

① 다익형
② 튜브형
③ 터보형
④ 프로펠러형

[해설] 다익형 송풍기(sirocco fan, 시로코팬)는 날개의 끝부분이 회전방향으로 굽은 전곡형(前曲形)이다.

35. 동일 송풍기에서 회전수를 2배로 했을 경우 풍량, 정압 및 소요동력의 변화량으로 옳은 것은?

① 풍량 1배, 정압 2배, 소요동력 4배
② 풍량 1배, 정압 2배, 소요동력 6배
③ 풍량 2배, 정압 4배, 소요동력 6배
④ 풍량 2배, 정압 4배, 소요동력 8배

[해설] 송풍기의 송풍량은 임펠러의 회전수에 비례하고, 양정은 회전수의 제곱에 비례하며, 축동력은 회전수의 세제곱에 비례한다.
∴ 회전수가 2배로 되면 풍량은 2배, 정압은 2^2=4배, 동력은 2^3=8배가 된다.

36. 다음과 같은 열교환 방식을 갖는 폐열회수기의 종류는?

> 환기되는 공기에 포함한 열이 환기 쪽의 작동 유체를 가열하여 증발시키면 증발된 작동 유체는 급기 쪽으로 이동하여 급기에 열을 전달하는 방식

① 판형 열교환식
② 로터형 열교환식
③ 히트파이프형 열교환식
④ 모세 송풍기형 열교환식

[해설] 히트 파이프(Heat pipe)형 열교환기
환기되는 공기에 포함한 열이 환기 쪽의 작동 유체를 가열하여 증발시키면 증발된 작동 유체는 급기 쪽으로 이동하여 급기에 열을 전달하는 방식이다.
㉠ 증발부, 단열부, 응축부로 구성된다.
㉡ 밀봉된 용기, 위크구조체, 작동유체가 필요하다.
㉢ 히트 파이프(Heat pipe)는 현열 교환만 가능하다.
㉣ 폐열회수, 태양열 집열장치 등에 이용된다.

37. 건물의 급탕량 산정과 가장 거리가 먼 것은?

① 용도별 사용온도
② 기구수
③ 사용인원
④ 건물의 용도

[해설] 건물의 급탕량 산정은 급탕 대상 인원수, 위생기구수, 건물의 용도에 따라 결정된다.

정답 32. ④ 33. ④ 34. ① 35. ④ 36. ③ 37. ①

38. 다음은 공기조화기와 주위 덕트 구성을 나타낸 것이다. Ⓐ와 같이 설치되는 기기는?

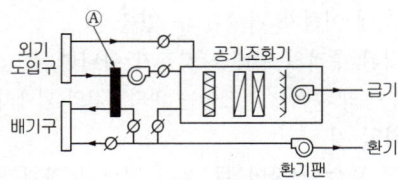

① 에어필터
② 전열교환기
③ 공기청정기
④ 유해가스 감지센터

[해설] 전열교환기는 배기되는 공기와 도입 외기 사이에 공기의 교환을 통하여 배기가 지닌 열량을 회수하거나 도입 외기가 지닌 열량을 제거하여 도입외기를 실내 또는 공기조화기로 공급하는 전열교환장치이다. 공기 대 공기의 열교환기로서 현열은 물론 잠열까지도 교환되는 엔탈피 교환하는 장치로서 공조시스템에서 배기와 도입되는 외기와의 전열교환으로 공조기는 물론 보일러나 냉동기의 용량을 줄일 수 있다.

39. 헌터의 부하곡선에서 구할 수 있는 것은?

① 압력
② 마찰계수
③ 손실수두
④ 동시 사용유량

[해설] 마찰저항선도에 의한 관경의 결정
급수 배관 속에 흐르는 수량과 허용마찰로 관경을 구하는 방법
㉠ 동시사용 유수량 계산(헌터 선도)
㉡ 허용마찰손실수두 계산
㉢ 관경 결정 : 동시사용 유수량[L/min]과 허용마찰손실수두 R[mmAq/m]을 이용하여 관경을 구한다.

40. 급수배관의 설계 및 시공상의 주의점으로 옳지 않은 것은?

① 고가수조에서의 수평주관은 하향기울기로 한다.
② 수평배관에는 공기나 오물이 정체하지 않도록 한다.
③ 급수주관으로부터 분기하는 경우에는 반드시 엘보(elbow)를 사용한다.
④ 주배관에는 적당한 위치에 플랜지 이음을 하여 보수 점검을 용이하게 한다.

[해설] 급수주관으로부터 분기하는 경우에는 티이(tee), 크로스(cross)를 사용한다.

제3과목 건축설비관련법규

41. 다음은 허가 대상 건축물이라 하더라도 미리 특별자치시장·특별자치도지사 또는 시장·군수·구청장에게 국토교통부령으로 정하는 바에 따라 신고를 하면 건축허가를 받은 것으로 보는 경우에 관한 기준 내용이다. ( ) 안에 알맞은 것은?

> 바닥면적의 합계가 ( ) 이내의 증축·개축 또는 재축. 다만, 3층 이상 건축물인 경우에는 증축·개축 또는 재축하려는 부분의 바닥면적의 합계가 건축물 연면적의 10분의 1 이내인 경우로 한정한다.

① $30m^2$
② $50m^2$
③ $85m^2$
④ $100m^2$

[해설] 신고대상 행위
허가 대상 건축물이라 하더라도 다음에 해당하는 경우에는 미리 특별자치시장·특별자치도지사 또는 시장·군수·구청장에게 국토교통부령으로 정하는 바에 따라 신고를 하면 건축허가를 받은 것으로 본다.
㉠ 바닥면적의 합계가 $85m^2$ 이내의 증축·개축 또는 재축(3층 이상 건축물인 경우에는 증축·개축 또는 재축하려는 부분의 바닥면적의 합계가 건축물 연면적의 1/10 이내인 경우로 한정)
㉡ 국토의 계획 및 이용에 관한 법률에 따른 관리지역, 농림지역 또는 자연환경보전지역에서 연면적이 $200m^2$ 미만이고 3층 미만인 건축물의 건축(단, 지구단위계획구역의 건축과 방재지구와 붕괴위험지역의 건축은 제외)
㉢ 연면적이 $200m^2$ 미만이고 3층 미만인 건축물의 대수선
㉣ 주요구조부의 해체가 없는 대수선
㉤ 기타 소규모 건축물
  • 연면적의 합계가 $100m^2$ 이하인 건축물
  • 건축물의 높이를 3m 이하의 범위에서 증축하는 건축물
  • 표준설계도서에 의한 건축물 중 조례로 정한 건축물 등

42. 건축물의 피난·방화구조 등의 기준에 관한 규칙에 따라 채광 및 환기를 위한 창문 등이나 설비를 설치하여야 하는 대상에 속하지 않는 것은?

① 의료시설의 병실
② 공동주택의 거실
③ 종교시설의 집회실
④ 교육연구시설 중 학교의 교실

[해설] 거실의 채광 및 환기

구분	건축물의 용도	창문 등의 면적	예외규정
채광	• 단독주택의 거실 • 공동주택의 거실 • 학교의 교실 • 의료시설의 병실 • 숙박시설의 객실	거실 바닥면적의 1/10 이상	거실의 용도에 따른 조도기준 [별표 1]의 조도 이상의 조명
환기		거실 바닥면적의 1/20 이상	기계장치 및 중앙관리방식의 공기조화설비를 설치한 경우

43. 피난안전구역의 설치에 관한 기준 내용으로 옳지 않은 것은?

① 피난안전구역의 높이는 2.1m 이상일 것
② 피난안전구역의 내부마감재료는 불연재료로 설치할 것
③ 비상용 승강기는 피난안전구역에서 승하차할 수 있는 구조로 설치할 것
④ 건축물의 내부에서 피난안전구역으로 통하는 계단은 피난계단의 구조로 설치할 것

[해설] 건축물의 내부에서 피난안전구역으로 통하는 계단은 특별피난계단의 구조로 설치할 것

44. 건축법령상 다중주택이 갖춰야 할 요건에 속하지 않는 것은?

① 19세대 이하가 거주할 수 있을 것
② 독립된 주거의 형태를 갖추지 아니한 것
③ 1개 동의 주택으로 쓰이는 바닥면적의 합계가 660m² 이하일 것
④ 학생 또는 직장인 등 여러 사람이 장기간 거주할 수 있는 구조로 되어 있는 것

[해설] 다중주택
1) 학생 또는 직장인 등 여러 사람이 장기간 거주할 수 있는 구조로 되어 있는 것
2) 독립된 주거의 형태를 갖추지 아니한 것(각 실별로 욕실은 설치할 수 있으나, 취사시설은 설치하지 아니한 것을 말함)
3) 연면적이 660m² 이하이고 층수가 3층 이하인 것
※ 단독주택
 ㉠ 단독주택
 ㉡ 다중주택(연면적 660m² 이하, 3층 이하)
 ㉢ 다가구주택(바닥면적합계 660m² 이하, 3개층 이하, 19세대 이하)
 ㉣ 공관

45. 건축물의 피난·방화구조 등의 기준에 관한 규칙상 내화구조에 속하지 않는 것은?

① 철골조 계단
② 벽돌조로서 두께가 19cm인 벽
③ 철근콘크리트조로서 두께가 8cm인 바닥
④ 작은 지름이 25cm인 철근콘크리트조 기둥

[해설] 철근콘크리트조, 철골철근콘크리트조의 내화구조 기준
 ㉠ 벽 : 두께 10cm 이상
 ㉡ 외벽 중 비내력벽 : 두께 7cm 이상
 ㉢ 기둥 : 최소 지름이 25cm 이상
 ㉣ 바닥 : 두께 10cm 이상
 ㉤ 보, 지붕, 계단 : 두께 기준이 없다.
 ※ 철골조의 계단은 내화구조로 본다.

정답 42. ③ 43. ④ 44. ① 45. ③

46. 건축물을 특별시나 광역시에 건축하고자 하는 경우 특별시장이나 광역시장의 허가를 받아야 하는 건축물의 규모 기준으로 옳은 것은?

① 층수가 11층 이상이거나 연면적의 합계가 10,000m² 이상인 건축물
② 층수가 11층 이상이거나 연면적의 합계가 100,000m² 이상인 건축물
③ 층수가 21층 이상이거나 연면적의 합계가 10,000m² 이상인 건축물
④ 층수가 21층 이상이거나 연면적의 합계가 100,000m² 이상인 건축물

[해설] 특별시장·광역시장의 허가 대상

사전승인 대상 건축물의 규모	허가권자
① 21층 이상 건축물 ② 연면적 10만m² 이상 건축물(공장, 창고 및 지방건축위원회의 심의를 거친 건축물은 제외) ③ 연면적 3/10 이상의 증축으로 인하여 ①, ②의 대상이 되는 경우	특별시장·광역시장

47. 국토교통부령으로 정하는 기준에 따라 채광 및 환기를 위한 창문 등이나 설비를 설치하여야 하는 대상에 속하지 않는 것은?

① 공동주택의 거실
② 의료시설의 병실
③ 종교시설의 집회실
④ 교육연구시설 중 학교의 교실

[해설] 거실의 채광 및 환기

구분	건축물의 용도	창문 등의 면적	예외규정
채광	·단독주택의 거실 ·공동주택의 거실 ·학교의 교실	거실 바닥면적의 1/10 이상	거실의 용도에 따른 조도기준 [별표 1]의 조도 이상의 조명
환기	·의료시설의 병실 ·숙박시설의 객실	거실 바닥면적의 1/20 이상	기계장치 및 중앙관리방식의 공기조화설비를 설치한 경우

48. 건축물에 설치하는 방화벽의 구조에 관한 기준 내용으로 옳지 않은 것은?

① 내화구조로서 홀로 설 수 있는 구조일 것
② 방화벽에 설치하는 출입문은 30분방화문을 설치할 것
③ 방화벽에 설치하는 출입문의 너비 및 높이는 각각 2.5m 이하로 할 것
④ 방화벽의 양쪽 끝과 위쪽 끝을 건축물의 외벽면 및 지붕면으로부터 0.5m 이상 튀어 나오게 할 것

[해설] 방화벽에 설치하는 출입문은 60+방화문 또는 60분방화문을 설치할 것

49. 문화 및 집회시설 중 공연장으로서 6층 이상의 실 면적의 합계가 8,000m² 인 건축물에 설치해야 하는 승용승강의 최소 대수는? (단, 8인승 승강기의 경우)

① 3대 ② 4대
③ 5대 ④ 6대

[해설] 문화 및 집회시설(공연장·관람장·집회장), 판매시설(도매시장·소매시장·상점), 의료시설(병원·격리병원)의 용도 경우
3,000m² 이하까지 2대, 3,000m² 초과하는 2,000m² 당 1대를 가산한 대수로 하므로
$$2 + \frac{8,000 - 3,000}{2,000} = 4.5 = 5대$$
∴ 5대 (소수점 이하는 1대로 본다)

50. 건축물의 특별피난계단에 설치하는 배연설비의 구조에 관한 기준 내용으로 옳지 않은 것은?

① 배연구 및 배연풍도는 불연재료로 할 것
② 배연구는 평상시에는 닫힌 상태를 유지할 것
③ 배연구가 외기에 접하지 아니하는 경우에는 배연기를 설치할 것
④ 배연구 및 배연풍도는 화재가 발생한 경우 원활하게 배연시킬 수 있는 규모로서 평상시에 사용하는 굴뚝에 연결할 것

[해설] 배연구 및 배연풍도는 불연재료로 하고, 화재가 발생한 경우 원활하게 배연시킬 수 있는 규모로서 외기 또는 평상시에 사용하지 아니하는 굴뚝에 연결할 것

정답 46. ④ 47. ③ 48. ② 49. ③ 50. ④

51. 피난층이 있는 비상용 승강기의 승강장 출입구로부터 도로 또는 공지(공원·광장 기타 이와 유사한 것으로서 피난 및 소화를 위한 당해 대지에의 출입에 지장이 없는 것을 말한다)에 이르는 거리는 최대 얼마 이하로 하여야 하는가?

① 10m ② 20m
③ 30m ④ 40m

[해설] 피난층이 있는 비상용 승강기 승강장의 출입구(승강장이 없는 경우에는 승강로의 출입구)로부터 도로 또는 공지에 이르는 거리가 30m 이하일 것

52. 건축물에 설치하는 지하층의 비상탈출구에 관한 기준 내용으로 옳지 않은 것은?

① 비상탈출구의 유효너비는 0.75m 이상으로 할 것
② 비상탈출구의 문은 피난방향으로 열리도록 할 것
③ 비상탈출구는 출입구로부터 3m 이상 떨어진 곳에 설치할 것
④ 비상탈출구에서 피난층 또는 지상으로 통하는 복도나 직통계단까지 이르는 피난통로의 유효 너비는 최소 0.9m 이상으로 할 것

[해설] 비상탈출구에서 피난층 또는 지상으로 통하는 복도나 직통계단까지 이르는 피난통로의 유효너비는 최소 0.75m 이상으로 할 것
※ 비상탈출구의 크기 : 유효너비는 0.75m 이상으로 하고, 유효높이는 1.5m 이상

53. 건축물의 거실(피난층의 거실 제외)에 국토교통부령으로 정하는 기준에 따라 배연설비를 하여야 하는 대상 건축물에 속하지 않는 것은? (단, 6층 이상인 건축물의 경우)

① 종교시설 ② 판매시설
③ 운동시설 ④ 공동주택

[해설] 배연설비의 설치대상
① 6층 이상의 건축물로서 다음의 용도에 해당되는 건축물의 거실
제2종 근린생활시설 중 공연장, 종교집회장, 인터넷컴퓨터게임시설제공업소 및 다중생활시설(공연장, 종교집회장 및 인터넷컴퓨터게임시설제공업소는 해당 용도로 쓰는 바닥면적의 합계가 각각 300m² 이상인 경우), 문화 및 집회시설, 종교시설, 판매시설, 운수시설, 의료시설(요양병원 및 정신병원은 제외), 교육연구시설 중 연구소, 노유자시설 중 아동관련시설·노인복지시설(노인요양시설은 제외), 수련시설 중 유스호스텔, 운동시설, 업무시설, 숙박시설, 위락시설, 관광휴게시설, 장례식장
[예외] 피난층인 경우
② 다음에 해당하는 용도로 쓰는 건축물
㉠ 의료시설 중 요양병원 및 정신병원
㉡ 노유자시설 중 노인요양시설·장애인 거주시설 및 장애인 의료재활시설
[예외] 피난층인 경우

54. 신축 또는 리모델링하는 경우 시간당 0.5회 이상의 환기가 이루어질 수 있도록 자연환기설비 또는 기계환기설비를 설치하여야 하는 대상 공동주택의 세대수 기준은?

① 20세대 이상의 공동주택
② 30세대 이상의 공동주택
③ 50세대 이상의 공동주택
④ 100세대 이상의 공동주택

[해설] 공동주택 및 다중이용시설의 환기설비
신축 또는 리모델링하는 다음에 해당하는 주택 또는 건축물은 시간당 0.5회 이상의 환기가 이루어질 수 있도록 자연환기설비 또는 기계환기설비를 설치하여야 한다.
㉠ 30세대 이상의 공동주택
㉡ 주택을 주택 외의 시설과 동일건축물로 건축하는 경우로서 주택이 30세대 이상인 건축물

정답 51. ③ 52. ④ 53. ④ 54. ②

55. 건축물의 냉방설비에 대한 설치 및 설계기준 통계적으로 연중 최대냉방부하를 갖는 날을 기준으로 기타 시간에 필요한 냉방열량 중에서 이용이 가능한 냉열량이 차지하는 비율로 정의되는 것은?

① 축열률　　② 냉방률
③ 수용률　　④ 이용률

해설 축열률이라 함은 통계적으로 연중 최대냉방부하를 갖는 날을 기준으로 기타 시간에 필요한 냉방열량 중에서 이용이 가능한 냉열량이 차지하는 비율을 말한다.

$$축열률(\%) = \frac{이용이\ 가능한\ 냉열량(kcal)}{기타시간에\ 필요한\ 냉방열량(kcal)}$$

56. 녹색건축 인증의 유효기간으로 옳은 것은?

① 녹색건축 인증서를 발급한 날부터 3년
② 녹색건축 인증서를 발급한 날부터 5년
③ 녹색건축 인증서를 발급한 날부터 10년
④ 녹색건축 인증서를 발급한 날부터 15년

해설 인증기관 지정의 유효기간은 녹색건축 인증기간 지정서를 발급한 날로부터 5년으로 한다.

57. 건축물 에너지효율등급 인증 등급의 구분 등급수는?

① 3개 등급　　② 5개 등급
③ 7개 등급　　④ 10개 등급

해설 건축물 에너지효율등급 인증 및 제로에너지건축물 인증의 등급
1. 건축물 에너지효율등급 인증 : 1+++등급부터 7등급까지의 10개 등급
2. 제로에너지건축물 인증 : 1등급부터 5등급까지의 5개 등급

58. 건축물에 대한 구조의 안전을 확인하는 경우 건축구조기술사의 협력을 받아야 하는 대상 건축물 기준으로 옳지 않은 것은?

① 다중이용건축물
② 6층 이상인 건축물
③ 기둥과 기둥 사이의 거리가 10m 이상인 건축물
④ 한쪽 끝은 고정되고 다른 끝은 지지되지 아니한 구조로 된 차양 등이 외벽의 중심선으로부터 3m 이상 돌출된 건축물

해설 건축구조기술사에 의한 구조계산
다음 건축물을 건축하거나 대수선할 경우의 구조계산은 구조기술사의 구조계산에 의해야 한다.
㉠ 6층 이상 건축물
㉡ 내민구조의 차양길이가 3m 이상인 건축물
㉢ 경간 20m 이상 건축물
㉣ 특수한 설계·시공·공법 등이 필요한 건축물
㉤ 다중이용건축물
㉥ 지진구역의 건축물 중 국토교통부령으로 정하는 건축물

59. 건축물의 에너지절약설계기준상 외기에 직접 면하고 1층 또는 지상으로 연결된 출입문 중 방풍구조로 하지 않을 수 있는 출입문의 너비 기준은?

① 1.2m 이하　　② 1.5m 이하
③ 1.8m 이하　　④ 2.1m 이하

해설 외기에 직접 면하고 1층 또는 지상으로 연결된 출입문은 방풍구조로 하여야 한다.
예외 다음에 해당하는 경우
㉠ 바닥면적 300m² 이하의 개별 점포의 출입문
㉡ 주택의 출입문(기숙사는 제외)
㉢ 사람의 통행을 주목적으로 하지 않는 출입문
㉣ 너비 1.2m 이하의 출입문
※ 방풍구조라 함은 출입구에서 실내외 공기 교환에 의한 열출입을 방지할 목적으로 설치하는 완충공간(방풍실) 또는 회전문 등을 설치한 방식을 말한다.

 55. ①　56. ②　57. ④　58. ③　59. ①

60. 다음 중 지능형 건축물로 인증을 받은 경우 건축법 완화적용에 해당되지 않는 것은?

① 조경설치 면적 ② 용적률
③ 건폐율   ④ 건축물의 높이

[해설] 허가권자는 지능형 건축물로 인증을 받은 건축물에 대하여 다음과 같이 건축기준을 완화하여 적용할 수 있다.

완화 규정	완화 기준
대지 안의 조경(법 제42조)	$\dfrac{85}{100}$ 범위 안에서 완화적용
용적률(법 제56조) 건축물의 높이(법 제60조)	$\dfrac{115}{100}$ 범위 안에서 완화적용

60. ③

과년도출제문제

2024. 2회 건축설비산업기사

■■■ 제1과목 건축설비계획

1. 다음 중 공기조화 설비계획에서 일반적으로 사용되는 조닝 방법과 가장 거리가 먼 것은?

① 층별 조닝
② 방위별 조닝
③ 계절별 조닝
④ 부하 특성별 조닝

[해설] 공기조화설비의 조닝(zoning)
  1) 대략 같은 조건의 구역(zone)마다 건물을 구획하고 공기조화를 하는 것
  2) 부하별 조닝, 용도별 조닝, 사용시간별 조닝, 방위별 조닝이 있다.
  3) 공기조화방식, 열원방식, 열원공급방식을 결정하는데 중요 요인
  4) 특징
    ㉠ 에너지 절약에 유리
    ㉡ 효율적인 운전관리
    ㉢ 부하변동에 쉽게 대응
    ㉣ 실내 열환경조절에 유리
    ㉤ 구역의 세분화로 설비비 증가

2. 다음 중 열역학 제 0법칙의 설명이 맞는 것은?

① 열은 고온에서 저온으로 한 방향으로만 전달된다.
② 인위적인 방법으로 어떤 계를 절대온도 0도에 이르게 할 수 없다.
③ 전체 사이클에 걸친 열의 합이 전체 사이클의 일의 합과 같다는 것을 의미한다.
④ 두 물체의 온도가 제3의 물체의 온도와 같으면 두 물체의 온도는 동일하다.

[해설] ① : 열역학 제2법칙
  ② : 열역학 제3법칙
  ③ : 열역학 제1법칙

3. 베르누이의 정리에 따른 전압, 정압 및 동압에 관한 설명으로 옳은 것은?

① 동압에서 정압을 뺀 것이 전압이다.
② 압력수두에서의 압력은 전압을 의미한다.
③ 배관의 관경이 증가하면 동압은 감소한다.
④ 배관 내 마찰저항이 증가하면 정압은 증가한다.

[해설] ① 동압에서 정압을 더한 것이 전압이다.
  ② 압력수두에서의 압력은 정압을 의미한다.
  ④ 배관 내 마찰저항이 증가하면 정압은 감소한다.
  ※ 베르누이 정리
    에너지보존의 법칙을 유체의 흐름에 적용한 것으로서 유체가 갖고 있는 운동에너지, 중력에 의한 위치에너지 및 압력에너지의 총합은 흐름 내 어디에서나 일정하다.

4. 냉·난방 설계용 외기온도를 결정할 때 냉·난방기간 중 외기 설정온도 밖으로 벗어나는 비율(%)로 정한 온도는?

① 표준온도
② 유효온도
③ TAC온도
④ 상당외기온도

[해설] TAC온도
  냉·난방 설계용 외기온도를 결정할 때 냉·난방기간 중 외기 설정온도 밖으로 벗어나는 비율(%)로 정한 온도
  ※ 위험률(TAC)
    열원설비의 용량을 산정하기 위해서는 냉·난방부하 계산을 하여야 하며 이를 위해서는 설계용 외기온도가 필요하다. 연중 가장 더운 시간 또는 추운 시간의 외기온도를 부하계산에 적용하면 설비용량이 과대해질 우려가 있으므로 부하계산에서는 최고 또는 최저온도의 피크 값을 일정비율 제외한 외기온도를 사용하게 되는데, 피크 값을 제외시키는 비율을 위험률(TAC)이라고 한다.

정답 1. ③ 2. ④ 3. ③ 4. ③

과년도출제문제

5. 습공기의 엔탈피에 관한 설명으로 옳지 않은 것은?

① 현열은 온도의 변화에 따라 출입하는 열로 공기의 정압비열에 온도를 곱해서 구한다.
② 잠열은 상태의 변화에 따라 출입하는 열로 수증기의 증발잠열에 절대습도를 곱해서 구한다.
③ 20℃일 때 건공기의 엔탈피를 100으로 하여 습공기 1kg이 지니고 있는 열량으로 나타낸다.
④ 건조공기가 그 상태에서 가지고 있는 현열과 동일한 온도에서 수증기가 갖고 있는 잠열과의 합이다.

[해설] 습공기 엔탈피는 공기가 갖는 전열량으로 현열 $[C_{pa} \cdot t]$과 잠열 $[(\gamma_0 + C_{pw} \cdot t) \cdot x]$의 합이다.

6. 조명 설계에서 연색성이 의미하는 것으로 옳은 것은?

① 인공광원의 빛의 세기
② 인공광원의 눈부심
③ 인공광원의 명암
④ 사물의 색에 대한 인공광원의 구현능력

[해설] 연색성
광원에 의해 조명되어 나타나는 물체의 색을 연색이라 하고, 태양광(주광)을 기준으로 하여 어느 정도 주광과 비슷한 색상을 연출을 할 수 있는가를 나타내는 지표를 연색성이라 한다. 백열전구나 메탈 할라이트등, 할로겐등은 연색성이 좋다.

7. 벽체의 크기가 4m×5m, 두께가 200mm인 콘크리트 벽의 실내측 표면온도가 20℃, 실외측 표면온도 10℃일 때 실내 공기와 실내측 표면 사이의 전달열량은? (단, 실내온도는 22℃, 실외온도 5℃, 내표면 열전달률 α_i = 8W/m²·K, 외표면열전달률 α_0 = 20W/m²·K 이다.)

① 320W ② 640W
③ 1,600W ④ 3,200W

[해설] 구조체를 통한 열전달량
$Q = 8 \times (4 \times 5) \times (22-20) = 320W$

8. 실내 음환경에서 잔향 시간에 관한 설명으로 옳은 것은?

① 음향 청취를 목적으로 하는 공간에서의 잔향 시간은 음성 전달을 목적으로 하는 공간에서의 잔향 시간보다 짧아야 한다.
② 음의 잔향 시간은 실의 용적에 비례하며 벽면의 흡음력에 따라 결정된다.
③ 실의 형태를 변경하면 잔향 시간은 조정이 가능하다.
④ 영화관은 전기 음향 설비가 주가 되므로 잔향 시간은 길수록 좋다.

[해설] 잔향시간(Sabin의 잔향이론)

㉠ $RT = K\dfrac{V}{A}$ 의 식에서
  RT : 잔향시간(sec)
  K : 비례상수(0.162)
  V : 실의 용적(m³)
  A : 흡음력=$\overline{\alpha}$(평균흡음률)×S(실내표면적)(m²)
  잔향시간은 실용적에 비례하고 실의 흡음력에 반비례한다.
㉡ 요소 : 실용적, 실내 표면적, 실의 평균 흡음률
㉢ 잔향시간은 음원의 위치, 측정의 위치, 흡음재료의 위치와 무관하다.
☞ 잔향시간은 실의 용적에 비례하고 흡음력에 반비례한다. 사용목적에 따라 적당한 실의 용적을 가져야만 일반적으로 양호한 잔향시간을 가질 수 있으나, 하나의 공간을 여러 용도로 사용하기 위해서는 각 용도에 적당하도록 잔향시간을 조절해야 한다.

9. 실내 취득 현열량이 50,000W 일 때, 실내의 온도를 26℃로 유지하기 위해 실내에 공급하여야 할 풍량은? (단, 공기의 비열은 1.01kJ/kg·K, 공기의 밀도는 1.2kg/m³이고 실내에 공급되는 공기의 온도는 14.1℃ 이다.)

① 약 9,250m³/h ② 약 10,450m³/h
③ 약 12,480m³/h ④ 약 15,115m³/h

[정답] 5. ③ 6. ④ 7. ① 8. ② 9. ③

해설 $q_s = \rho Q C(t_i - t_o)$ [kJ/h]

$$Q = \frac{q_s}{\rho C(t_i - t_o)} \text{ [m}^3\text{/h]}$$

$$Q = \frac{q_s}{\rho C(t_i - t_o)}$$

$$= \frac{50,000 \times 3.6}{1.2 \times 1.01 \times (26 - 14.1)} = 12,480.2 \text{ [m}^3\text{/h]}$$

※ 1W=1J/s=3,600J/h=3.6kJ/h

10. 다음 설명에 알맞은 공기조화부하와 관련된 용어는?

환기를 위해 외기를 공조기로 도입하여 실내의 온·습도 상태까지 냉각·감습하거나 가열·가습하는데 필요한 열량을 말한다.

① 외기부하 ② 열원부하
③ 공조기부하 ④ 예냉/예열부하

해설 외기부하
실내 거주자에 의한 호흡이나 담배연기 등에 의하여 실내공기가 오염되어 있으므로 일정한 양의 외기를 도입하여 환기시켜야 하는데 이때 도입되는 외기의 온도나 습도는 실내공기와는 차이가 나므로 온도차에 의한 현열과 습도차에 의한 잠열의 부하가 필요로 하게 되는데, 이 2가지를 합한 부하를 외기부하라 한다.
[외기부하 = 현열과 잠열의 합]

11. 다음 중 앵글밸브의 도시 기호는?

① 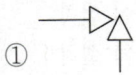 ②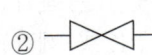
③ 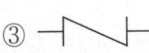 ④

해설 ② 게이트 밸브
③ 역지 밸브
④ 다이어프램 밸브

12. 다음과 같은 조건에 있는 실의 필요환기량은?

[조건]
• 실내 발열량 300,000W
• 실내온도 33℃, 외기온도 27℃
• 공기의 비열 1.21kJ/m³·K

① 124,420m³/h ② 148,760m³/h
③ 182,624m³/h ④ 196,640m³/h

해설 발열량에 의한 환기량 계산

$$Q = \frac{H_s}{C_p \times \rho \times (t_i - t_o)} \text{ 에서}$$

먼저, 1W=1J/s=3,600J/h=3.6kJ/h이므로
300,000W×3.6kJ/h=10,800,000kJ/h

$$\therefore Q = \frac{H_s}{C_p \times \rho \times (t_i - t_o)}$$

$$= \frac{1,080,000 \text{kJ/h}}{1.01 \text{kJ/kg} \cdot \text{K} \times 1.2 \text{kg/m}^3 \times (33-27) \text{K}}$$

$$= 148,760 \text{m}^3\text{/h}$$

※ 공기의 단위체적당 비열
=1.01kJ/kg·K×1.2kg/m³=1.21kJ/m³·K

13. 물의 경도는 물 속에 녹아있는 칼슘, 마그네슘 등의 염류의 양을 무엇의 농도로 환산하여 나타낸 것인가?

① 탄산칼슘 ② 탄산나트륨
③ 염화나트륨 ④ 염화마그네슘

해설 물의 경도(硬度)
물 속에 녹아 있는 칼슘(Ca), 마그네슘(Mg) 등의 양을 이것에 대응하는 탄산칼슘(CaCO₃)의 100만분율(ppm : parts per million)로 환산하여 표시한 것

분류	CaCO₃의 함유량	특징
극연수 (極軟水)	0ppm	증류수나 멸균수로서 연관이나 황동관을 부식
연수(軟水)	90ppm 이하	세탁, 염색, 보일러용에 적합
적수(適水)	90~110ppm	
경수(硬水)	110ppm 이상	물, 음료용, 세탁, 표백, 염색에는 부적합

※ ppm(parts per million)은 농도 단위로서 100만분의 1의 양을 말한다.

정답 10. ① 11. ① 12. ② 13. ①

14. 대규모 건물에서 간접가열식 중앙식 급탕방식에 관한 설명으로 옳지 않은 것은?

① 직접가열식에 비해 열효율이 높다.
② 가열보일러는 난방보일러와 겸용할 수 있다.
③ 직접가열식에 비해 구조가 약간 복잡해진다.
④ 고온의 탕을 얻기 위해서는 증기 또는 고온수 보일러를 사용한다.

[해설] 직접가열식은 온수보일러에서 직접 가열한 물을 저탕조에 저장해 두었다가 필요 개소에 공급하는 방식이기 때문에 열효율은 높은 편이어서 열효율 면에서는 경제적이다. 그러나, 간접가열식은 열교환기를 거치는 과정이 있으므로 열효율은 직접가열식에 비해 낮은 편이다.

15. 다음이 공기조화방식 중 전공기방식에 해당하는 것은?

① 유인 유닛방식
② 멀티존 유닛방식
③ 패키지 유닛방식
④ 팬코일 유닛방식

[해설] 열매의 종류에 의한 공기조화 방식의 분류
㉠ 전공기식(공기) : 단일덕트방식(정풍량방식, 변풍량방식), 이중덕트방식, 멀티존유닛방식, 각층유닛방식
㉡ 공기·수식(공기+물) : 유인유닛방식, 팬코일유닛방식(외기덕트병용), 복사냉난방방식(외기덕트병용)
㉢ 전수식(물) : 팬코일유닛방식, 복사냉난방방식
㉣ 냉매식 : 패키지형방식

16. 변풍량방식에 사용되는 변풍량유닛(VAV unit)에 관한 설명으로 옳지 않은 것은?

① 바이패스형은 송풍덕트 내의 정압제어가 필요 없다.
② 바이패스형은 덕트계통의 증설이나 개설에 대한 적응성이 적다.
③ 슬롯형은 부하의 감소에 따라 교축기구에 의해 풍량을 조절한다.
④ 유인형은 다른 방식에 비하여 덕트 치수가 커지나 고압의 송풍기가 필요 없다는 장점이 있다.

[해설] 유인형 변풍량 유닛(VAV unit)
저온의 고압 1차 공기 또는 팬으로 고온의 실내 또는 천장내 공기를 유인하여 부하에 따른 혼합비로 변화시켜 공급하는 방식이다.
㉠ 장점 : 다른 방식에 비하여 덕트 치수가 작아지고, 난방시에는 실내발생열을 열원으로 이용할 수 있다.
㉡ 단점 : 고압의 송풍기가 필요하고, 적용범위가 제한되며, 실내의 오염물 제거 성능이 낮다.

17. 다음은 건축설비적산 시 직접공사비 계산에 대한 설명이다. ( ) 안에 들어갈 내용으로 옳은 것은?

> 공내역서에 명시된 수량과 단가에 의한 재료비와 노무비를 계산하고, 잡재료 및 소모재료비는 주재료의 ( )를 계상할 수 있으며, 공구손료는 직접노무비의 ( )까지 계상할 수 있다.

① 1~2%, 2%
② 2~3%, 2%
③ 2~5%, 3%
④ 5~10%, 3%

[해설] 직접공사비 계산
공내역서에 명시된 수량과 단가에 의한 재료비와 노무비를 계산하고, 잡재료 및 소모재료비는 주재료의 2~5%를 계상할 수 있으며, 공구손료는 직접노무비의 3%까지 계상할 수 있다.

18. 겨울철 중력환기를 위한 급기구와 배기구의 설치 위치로 가장 알맞은 것은?

① 급기구 및 배기구를 모두 낮은 곳에 설치
② 급기구 및 배기구를 모두 높은 곳에 설치
③ 급기구는 낮은 곳, 배기구는 높은 곳에 설치
④ 급기구는 높은 곳, 배기구는 낮은 곳에 설치

[해설] 온도차에 의한 환기(중력환기)
건물의 실내외부에 온도차에 있으면 공기밀도의 차이로 압력차가 발생하고 이에 따라 자연배기가 발생한다.
㉠ 상부 : 실내공기 배출
㉡ 하부 : 외기 유입
㉢ 중성대 : 실내외 압력차가 0(공기의 유출입이 없는 면)
 - 고층건물 : 건물높이의 50 ~ 70% 지점
 - 일반주택 : 천정높이의 중앙부위

※ 굴뚝효과(stack effect : 연돌효과) : 실 외벽에 개구부가 있으면 실내 공기는 위쪽으로 나가고 실외 공기는 아래로 유입되는 현상으로 연돌효과라고도 한다. 굴뚝효과는 실내 공기의 유동이 거의 없을 때에도 환기를 일으킨다. 고층 건물의 엘리베이터실과 계단실에는 천정이 높아 큰 압력차가 생겨 강한 바람이 불게 된다.

19. 배수입상관의 통기에 관한 설명으로 옳지 않은 것은?

① 5개 이상의 횡지관이 있는 배수입상관에는 통기입상관을 설치한다.
② 위생배관의 통기관은 위생배관 통기 이외 다른 목적으로 사용해서는 안된다.
③ 여러 개의 통기관을 입상관 상부 끝에서 공통 헤더로 연결하여 한 곳에서 대기에 개방해서는 안된다.
④ 10개 이상의 횡지관이 있는 배수입상관에는 입상관 상부에서 10개의 지관마다 도피통기관을 설치한다.

[해설] 여러 개의 통기관을 입상관 상부 끝에서 공통 헤더로 연결하여 한 곳에서 대기에 개방한다.

20. 경질 염화 비닐관에 관한 설명으로 옳지 않은 것은?

① 금속관에 비해 열에 약하다.
② 금속관에 비해 전기 절연성이 크다.
③ 금속관에 비해 산, 알칼리에 약하다.
④ 금속관에 비해 온도변화로 인한 신축이 크다.

[해설] 경질 염화 비닐관(합성수지관)
㉠ 내산성·내알칼리성이 있으며, 가공이 쉽다.
㉡ 온도의 변화에 의해 강도가 떨어진다.
㉢ 내면이 매끄러워 마찰저항이 작다.
㉣ 내수성이 크고 염산, 황산, 가성소다 등의 부식성 약품에 의해 거의 부식되지 않는다.
㉤ 전기 전열성이 크고 금속관과 같은 전식작용을 일으키지 않는다.
㉥ 저온에 약하며 한랭지에서는 외부로부터 조금만 충격을 주어도 파괴되기 쉽다.

■■■ 제2과목 건축설비설계

21. 흡수식 냉동기의 사이클로 옳은 것은?

① 증발기 - 재생기 - 흡수기 - 응축기
② 증발기 - 흡수기 - 재생기 - 응축기
③ 흡수기 - 응축기 - 재생기 - 증발기
④ 흡수기 - 증발기 - 응축기 - 재생기

[해설] 냉동기의 냉동사이클

구분	종류	구성 요소
압축식	왕복동식, 터보식, 회전식	압축기 - 응축기 - 팽창밸브 - 증발기
흡수식	흡수식	증발기 - 흡수기 - 발생기(재생기) - 응축기

22. 냉동기에 관한 설명으로 옳은 것은?

① 흡수식 냉동기는 압축식 냉동기에 비해 소음 및 진동이 심하다.
② 왕복동식 냉동기는 주로 대규모의 중앙식 공조에서 냉방용으로 사용된다.
③ 흡수식 냉동기는 증발기, 흡수기, 재생기(또는 발생기), 응축기로 구성된다.
④ 압축식 냉동기는 기계적 에너지가 아닌 열에너지에 의해 냉동효과를 얻는다.

[해설] ① 압축식 냉동기는 흡수식 냉동기에 비해 소음 및 진동이 심하다.
② 왕복동식 냉동기는 주로 중소규모의 중앙식 공조에서 냉방용으로 사용된다.
④ 압축식 냉동기는 열 에너지가 아닌 기계적 에너지에 의해 냉동효과를 얻는다.

23. 냉각탑의 종류를 공기 흐름에 따라 분류한 방식에 속하는 것은?

① 흡입식   ② 밀폐형
③ 필름형   ④ 직교류형

[해설] 직교류형은 공기를 수류와 직각으로 흐르게 하는 방식으로 대항류형에 비해 구조상 점검·보수가 용이하고, 팬 소요동력이 적다. 또한 탑 내 기류분포가 나쁘며, 탑높이가 낮아 설치면적이 크고 냉각효율이 낮다.

정답 19. ③ 20. ③ 21. ② 22. ③ 23. ④

과년도 출제문제

24. 냉동기를 냉각 목적으로 할 경우의 성적계수를 COP_C, 히트펌프로 사용될 경우의 성적계수를 COP_H라 할 때, 다음 식 중 옳은 것은?

① $COP_H = COP_C$
② $COP_H = 1/COP_C$
③ $COP_H = COP_C - 1$
④ $COP_H = COP_C + 1$

[해설] 성적계수(COP)

$Q = q + AL$: 냉동기의 특징

→ 저온 쪽에서 흡수되는 열량(q)보다 고온 쪽에서 방출하는 열량(Q)이 더 크다.

ⓐ 냉동기의 성적계수(COP) = $\dfrac{냉동효과(q)}{압축일(AL)}$

  = $\dfrac{냉동능력}{소요능력}$

ⓑ 열펌프의 성적계수(COP_h)

  = $\dfrac{응축기의방출열량}{압축일} = \dfrac{q+AL}{AL} = \dfrac{q}{AL} + 1$

∴ 열펌프를 이용한 성적계수(COP_h)가 냉동기로 이용한 성적계수(COP)보다 1만큼 크다.

☞ 저온측과 고온측의 양온도차가 작아질수록 성적계수는 커진다.

25. 크린룸, 바이오크린룸의 공기여과에 사용되며 세균이나 SO_2, NO_2의 제거에도 효과가 좋고 $0.3\mu m$ 입자의 제진 효율이 99.9% 이상의 성능을 가진 필터는?

① 석면 필터
② 활석 필터
③ HEPA 필터
④ 활성탄 필터

[해설] 필터의 종류

㉠ HEPA 필터(high efficiency particle air filter) : $0.3\mu m$의 입자 포집률이 99.97% 이상 제거 효율을 가지는 초고성능 에어 필터이다. 클린룸, 병원의 수술실, 방사성물질 취급시설, 바이오 클린룸 등에 사용된다.

㉡ ULPA 필터(ultra low penetration air filter) : $0.1\mu m$의 부유 미립자에 대해 99.99% 이상 제거 효율을 가지는 것으로서 완전무균에 가까운 조건을 창출하기 위한 필터로 최근 반도체 공장의 초청정 클린룸에서 사용된다.

26. 공기세정기(에어워셔) 속의 플러딩 노즐(flooding nozzle)의 역할은?

① 분무수의 분무
② 엘리미네이터 청소
③ 균일한 공기흐름 유지
④ 기류에 물방울의 혼입방지

[해설] 공기세정기(에어워셔) 속의 플러딩 노즐(flooding nozzle)은 세정기 출구 측의 엘리미네이터에 물을 뿌려 청소하는 역할을 한다.

27. 매시 36m³의 물을 고가수조에 양수하려고 할 때 유속을 1.5m/sec라 하면, 펌프의 호칭구경으로 적당한 것은?

① 50A
② 65A
③ 100A
④ 125A

[해설] $Q = AV = \dfrac{\pi V d^2}{4}$

∴ $d = \sqrt{\dfrac{4Q}{V\pi}} = \sqrt{\dfrac{4 \times 36/3,600}{1.5 \times \pi}}$

= 0.0922m = 92.16mm

≒ 100mm

28. 다음 설명에 알맞은 보일러는?

- 수직으로 세운 드럼 내에 연관 또는 수관이 있는 소규모의 패키지형으로 되어 있다.
- 설치면적이 작고, 취급이 용이하며, 수처리가 필요 없다.
- 사용압력이 낮고, 용량이 적으며 효율도 낮다.

① 연관보일러
② 입형 보일러
③ 수관 보일러
④ 주철제 보일러

[해설] 입형 보일러(수직형 보일러)

㉠ 수직으로 세운 드럼 내에 연관 또는 수관이 있는 소규모의 패키지형으로 되어 있다.
㉡ 설치면적이 적고 취급이 간단하며 가격이 싸다.
㉢ 사용압력이 낮고, 용량이 적으며 효율도 낮다.
㉣ 소규모 사무소, 점포, 주택 등에서 널리 사용된다.

[정답] 24. ④ 25. ③ 26. ② 27. ③ 28. ②

29. 증발량 100kg/h인 증기보일러에서 발생 증기의 엔탈피가 2,800kJ/kg, 보일러 입구에서 물의 엔탈피가 340kJ/kg일 때, 이 보일러의 환산증발량은?(단, 100℃에서 물의 증발잠열은 2,257kJ/kg 이다.)

① 98kg/h ② 102kg/h
③ 109kg/h ④ 123kg/h

해설 환산증발량(상당증발량, equivalent evaporation) G_e [kg/h]
환산증발량이란 발생열량, 즉 보일러에서 1시간당 받아들인 열량을 100℃의 수증기량 G_e [kg/h]로 환산한 것을 말한다.

$$G_e = \frac{G_s(h_2 - h_1)}{2,257} \text{ [kg/h]}$$

여기서,
G_s : 발생 수증기량[kg/h]
h_2 : 발생 증기의 엔탈피[kJ/kg]
h_1 : 보일러 입구에서 물의 엔탈피(급수의 엔탈피) [kJ/kg]
γ : 100℃에서 물의 증발잠열(2,257kJ/kg)

$\therefore G_e = \frac{G_s(h_2 - h_1)}{2,257} = \frac{100(2,800 - 340)}{2,257}$
$= 108.9 \fallingdotseq 109$ [kg/h]

30. 전열교환기에 관한 설명으로 옳지 않은 것은?

① 현열과 잠열을 동시에 교환한다.
② 공기조화용 송풍량이 비교적 많은 곳에서 유리하다.
③ 열회수율이 좋고, 고온측 및 저온측 유체의 누설이 없는 것을 사용한다.
④ 배열회수에 이용되는 배기는 원칙적으로 주방 및 보일러의 배기가스를 이용한다.

해설 공조시스템의 전열교환기
㉠ 전열교환기는 공기 대 공기의 열교환기로서 현열 및 잠열의 교환이 가능하다.
㉡ 구조는 외기가 들어와서 급기되는 윗부분과 환기가 배기되는 아래 부분으로 나누어지고, 각각 덕트에 접속된다.
㉢ 공조시스템에서 배기와 도입되는 외기의 전열교환으로 공조기의 용량을 줄일 수 있다.
㉣ 공기방식의 중앙공조 시스템이나 공장 등에서 환기에서의 에너지 회수방식으로 사용된다.
㉤ 전열교환기를 사용한 공조시스템에서 중간기(봄, 가을)를 제외한 냉방기와 난방기의 열회수량은 실내외의 온도차가 클수록 많다.

31. 다음 중 기구급수 부하단위가 가장 큰 것은? (단, 개인용의 경우)

① 욕조 ② 샤워
③ 세면기 ④ 세정밸브식 대변기

해설 기구급수부하단위(F.U)는 1~10으로 구분하며 기본단위 F.U 1은 세면기이다. 가장 큰 값인 F.U 10은 대변기(세정밸브식)이다.
※ 기구급수부하단위법(fixture unit)는 소요유량에 동시사용율을 적용한 방법으로 간편하며 신뢰성을 가지기 때문에 전반적으로 대규모 시설에서 이용된다.

32. 수격작용에 관한 설명으로 옳지 않은 것은?

① 수격압은 관내의 유속과 반비례한다.
② 수격작용은 밸브를 급속도로 개폐할 때 발생한다.
③ 수격작용으로 인하여 배관이 진동되고 소음이 발생되기도 한다.
④ 수격작용의 발생을 방지하기 위하여 위생기구 근처에 공기실을 설치한다.

해설 수격압은 관내의 유속과 비례한다.

33. 어떤 배관계 전체에 20℃인 물 10,000L가 있다. 이 물을 60℃까지 가열할 경우 물의 팽창량은? (단, 20℃ 물의 밀도는 998.2kg/m³, 60℃ 물의 밀도는 987.5kg/m³이다.)

① 약 87L ② 약 108L
③ 약 137L ④ 약 152L

해설 팽창수량(Δ_v)

$$\Delta_v = \left(\frac{1}{\rho_2} - \frac{1}{\rho_1}\right)V$$

Δ_v : 온수의 팽창량[L]
ρ_1 : 온도 변화 전의 물의 밀도[kg/L]
ρ_2 : 온도 변화 후의 물의 밀도[kg/L]
v : 장치 내의 전수량[L]

$\Delta_v = \left(\frac{1}{0.9875} - \frac{1}{0.9982}\right) \times 10,000 \fallingdotseq 108$L

정답 29. ③ 30. ④ 31. ④ 32. ① 33. ②

34. 각종 펌프의 비속도를 크기 순서에 따라 올바르게 나타낸 것은?

① 터빈펌프 < 볼류트펌프 < 사류펌프 < 축류펌프
② 볼류트펌프 < 사류펌프 < 축류펌프 < 터빈펌프
③ 사류펌프 < 축류펌프 < 터빈펌프 < 볼류트펌프
④ 축류펌프 < 터빈펌프 < 볼류트펌프 < 사류펌프

해설 **펌프의 비속도**
㉠ 펌프의 형식을 결정하는 척도, 즉 회전차의 형상을 나타내는 척도로 사용된다.
펌프의 성능을 나타내거나 적합한 회전수를 결정하는 데 이용되는 값이다.
㉡ $\eta_s = N \cdot \dfrac{Q^{1/2}}{H^{3/4}}$

여기서, η_s : 비속도, N : 회전수(rpm)
Q : 토출량(m³/min), H : 양정
η_s(비속도)는 회전수(N)와 $Q^{1/2}$에 비례하고 $H^{3/4}$에 반비례한다.
㉢ 형태가 완전히 같은 펌프는 크기와 관계없이 비속도가 일정하다.
㉣ 대유량·저양정일수록 비속도가 크고, 소유량·고양정일수록 비속도는 작아진다.
㉤ 비속도 크기 순서
축류펌프(1100rpm 이상) > 사류펌프(500~1200rpm) > 볼류트펌프(300~700rpm) > 터빈펌프(300rpm 이하)

35. 어느 송풍기의 회전수가 750rpm일 때 송풍량이 100m³/min, 축동력이 1.5kW, 송풍기 전압이 400Pa이다. 이 송풍기의 회전수를 900rpm으로 변화시켰을 때 전압은 얼마로 되는가?

① 400Pa ② 576Pa
③ 711.1Pa ④ 941.1Pa

해설 송풍기 전압(P_2)
회전수비의 2제곱에 비례하여 변화한다.
$P_2 = \left(\dfrac{N_2}{N_1}\right)^2 P_1 = \left(\dfrac{900}{750}\right)^2 \times 400 = 576\text{Pa}$

36. 증기트랩 중 기계식 트랩으로만 나열된 것은?

① 버킷 트랩, 플로트 트랩
② 버킷 트랩, 벨로즈 트랩
③ 플로트 트랩, 열동식 트랩
④ 바이메탈 트랩, 열동식 트랩

해설 기계식 증기트랩은 응축수량에 의해 작동하는 것으로 버킷 트랩, 플로트 트랩이 있고, 열로 작동하는 것으로는 방열기 트랩(열동 트랩), 벨로우즈 트랩, 바이메탈 트랩이 있다.

37. 마찰저항과 국부손실저항을 무시할 경우, 덕트의 단면적이 축소되거나 확대되더라도 변화가 없는 것은?

① 풍속 ② 동압
③ 정압 ④ 전압

해설 마찰저항과 국부손실저항을 무시할 경우, 덕트의 단면적이 축소되거나 확대되더라도 변화가 없다. 즉, 전압(P_t)은 정압(P_s)과 동압(P_v)의 합계로 일정하다.

38. 전열 교환기의 선정 시 유의사항으로 옳지 않은 것은?

① 압력손실이 클 것
② 운전용 동력이 작을 것
③ 가격이 저렴하고 시스템이 복잡하지 않을 것
④ 열 회수율이 좋고, 고온측 저온측 유체의 누설이 없을 것

해설 전열교환기는 배기되는 공기와 도입 외기 사이에 공기의 교환을 통하여 배기가 지닌 열량을 회수하거나 도입외기가 지닌 열량을 제거하여 도입외기를 실내 또는 공기조화기로 공급하는 전열교환장치이다.
☞ 압력손실이 적을 것

39. 배수·통기 배관의 검사 및 시험방법 중 위생기구 등의 설치가 완료된 후에 실시하는 것으로 시험을 하고 있는 사람의 후각을 마비시킬 우려가 있기 때문에 누설에 대한 판단이나 누설부분의 발견이 어렵다는 단점이 있는 것은?

① 만수시험 ② 박하시험
③ 연기시험 ④ 기압시험

해설 박하시험
위생기구 등의 설치가 완료된 후에 실시하는 최종시험으로, 시험을 하고 있는 사람의 후각을 마비시킬 우려가 있기 때문에 누설에 대한 판단이나 누설부분의 발견이 어렵다.

40. 다음 중 위생기구에 연결되는 급수관의 접속관경으로 가장 부적합한 것은?

① 세면기 - 15mm
② 소변기(세정밸브) - 20mm
③ 대변기(세정탱크) - 15mm
④ 대변기(세정밸브) - 20mm

해설 세정밸브(F.V)식 대변기
㉠ 세정밸브(F.V)식의 접속 급수관경 : 최소 25mm
㉡ 세정밸브(F.V)식의 최소 필요압력 : 0.07MPa
㉢ 세정소음이 크나, 대변기의 연속사용이 가능하다.
㉣ 일반 가정용으로는 거의 사용하지 않는다.

■■■ 제3과목 건축설비관련법규

41. 건축법령상 건축허가신청에 필요한 설계도서에 속하지 않는 것은?

① 투시도   ② 배치도
③ 소방설비도 ④ 건축계획서

해설 건축허가신청에 필요한 기본설계도서의 종류
① 건축계획서 ② 배치도 ③ 평면도
④ 입면도   ⑤ 단면도
⑥ 구조도(구조안전 확인 또는 내진설계 대상 건축물)
⑦ 구조계산서(구조안전 확인 또는 내진설계 대상 건축물)
⑧ 소방설비도

42. 다음 중 신고 대상에 속하는 용도변경은?

① 위락시설에서 판매시설로의 용도변경
② 수련시설에서 숙박시설로의 용도변경
③ 의료시설에서 장례시설로의 용도변경
④ 업무시설에서 교육연구시설로의 용도변경

해설 허가대상 및 신고대상의 용도변경

분류	시설군
㉠ 자동차관련 시설군	• 자동차관련시설
㉡ 산업등 시설군	• 운수시설 • 창고시설 • 공장 • 위험물저장 및 처리시설 • 자원순환관련시설 • 묘지관련시설 • 장례식장
㉢ 전기통신시설군	• 방송통신시설 • 발전시설
㉣ 문화집회시설군	• 문화 및 집회시설 • 종교시설 • 위락시설 • 관광휴게시설
㉤ 영업시설군	• 판매시설 • 운동시설 • 숙박시설 • 제2종 근린생활시설 중 다중생활시설
㉥ 교육 및 복지시설군	• 의료시설 • 교육연구시설 • 노유자시설 • 수련시설 • 야영장시설
㉦ 근린생활시설군	• 제1종 근린생활시설 • 제2종 근린생활시설 (다중생활시설은 제외)
㉧ 주거업무시설군	• 단독주택 • 공동주택 • 업무시설 • 교정 및 군사시설
㉨ 기타 시설군	• 동물 및 식물관련시설

※ 절차
1. 허가대상 : 상위시설군(오름차순)에 해당하는 용도로 변경하는 행위
2. 신고대상 : 하위시설군(내림차순)에 해당하는 용도로 변경하는 행위
3. 건축물대장 기재변경 신청 : 동일한 시설군내에서 용도변경 하는 행위

정답 39. ② 40. ④ 41. ① 42. ①

과년도 출제문제

43. 연면적 200m²을 초과하는 건축물에 설치하는 계단에 관한 기준 내용으로 옳지 않은 것은?

① 높이가 3m를 넘는 계단에는 높이 3m 이내마다 너비 1.2m 이상의 계단참을 설치하여야 한다.
② 계단의 단높이가 15cm 이하이고, 계단의 단너비가 30cm 이상인 계단에는 중간난간의 설치가 필요없다.
③ 높이가 1m를 넘는 계단 및 계단참의 양옆에는 난간(벽 또는 이에 대치되는 것을 포함)을 설치하여야 한다.
④ 계단의 유효높이(계단의 바닥 마감면부터 상부 구조체의 하부 마감면까지의 연직방향의 높이)는 1.8m 이상으로 하여야 한다.

[해설] 계단의 유효높이(계단의 바닥 마감면부터 상부 구조체의 하부 마감면까지의 연직방향의 높이)는 2.1m 이상으로 하여야 한다.

44. 건축물의 바깥쪽에 설치하는 피난계단의 구조에 관한 기준 내용으로 옳지 않은 것은?

① 계단의 유효너비는 0.9m 이상으로 할 것
② 계단실에는 예비전원에 의한 조명설비를 할 것
③ 계단은 내화구조로 하고 지상까지 직접 연결되도록 할 것
④ 건축물의 내부에서 계단으로 통하는 출입구에는 60+방화문 또는 60분방화문을 설치할 것

[해설] 건축물 바깥쪽에 설치하는 피난계단의 구조(옥외피난계단)
  ㉠ 계단은 그 계단으로 통하는 출입구 외의 창문 등으로부터 2m 이상 거리를 두고 설치할 것
    [예외] 망입유리 붙박이창으로서 그 면적이 각각 1m² 이하인 것
  ㉡ 옥내로부터 계단으로 통하는 출입구에는 60+방화문 또는 60분방화문을 설치할 것
  ㉢ 계단의 유효너비는 0.9m 이상으로 할 것
  ㉣ 계단은 내화구조로 하고 지상까지 직접 연결되도록 할 것
  ㉤ 돌음계단으로 해서는 안 된다.

45. 건축법령상 제1종 근린생활시설에 속하지 않는 것은?

① 치과의원   ② 변전소
③ 일반음식점   ④ 공중화장실

[해설] 일반음식점은 제2종 근린생활시설에 속한다.

46. 건축법령상 다음과 같이 정의되는 것은?

> 건축물이 천재지변이나 그 밖의 재해로 멸실된 경우 그 대지에 종전과 같은 규모의 범위에서 다시 축조하는 것

① 신축   ② 증축
③ 재축   ④ 개축

[해설] 개축과 재축의 공통점과 차이점
• 공통점 : 동일한 규모범위 안에서 다시 축조하는 행위
• 차이점
  - 개축 : 인위적으로 해체하고 다시 축조하는 행위(自意)
  - 재축 : 천재지변 등의 재해로 인해 축조하는 행위(他意)
☞ 단, 규모를 초과하면 신축행위로 본다.

47. 다음은 직통계단의 설치에 관한 기준 내용이다. ( ) 안에 알맞은 것은?

> 초고층 건축물에는 피난층 또는 지상으로 통하는 직통계단과 직접 연결되는 피난안전구역을 지상층으로부터 최대 ( ) 층마다 1개소 이상 설치하여야 한다.

① 10개   ② 20개
③ 30개   ④ 40개

[해설] 피난안전구역의 설치
  ㉠ 초고층 건축물에는 피난층 또는 지상으로 통하는 직통계단과 직접 연결되는 피난안전구역(건축물의 피난·안전을 위하여 건축물 중간층에 설치하는 대피공간을 말함)을 지상층으로부터 최대 30개 층마다 1개소 이상 설치하여야 한다.
  ㉡ 준초고층 건축물에는 피난층 또는 지상으로 통하는 직통계단과 직접 연결되는 피난안전구역을 해당 건축물 전체 층수의 1/2에 해당하는 층으로부터 상하 5개층 이내에 1개소 이상 설치하여야 한다.

정답 43. ④ 44. ② 45. ③ 46. ③ 47. ③

48. 공동주택과 오피스텔의 난방설비를 개별난방방식으로 하는 경우에 관한 기준 내용으로 옳지 않은 것은?

① 보일러실의 윗부분에는 그 면적이 0.5m² 이상인 환기창을 설치할 것
② 보일러의 연도는 내화구조로서 공동연도로 설치할 것
③ 기름보일러를 설치하는 경우에는 기름저장소를 보일러실외의 다른 곳에 설치할 것
④ 보일러를 설치하는 곳과 거실 사이의 경계벽은 출입구를 제외하고는 방화구조의 벽으로 구획할 것

[해설] 개별난방설비 등
공동주택과 오피스텔의 난방설비를 개별난방방식으로 하는 경우에는 다음의 기준에 적합하여야 한다.

구분	기준
① 보일러 설치 위치	• 거실 외의 곳에 설치 • 보일러실과 거실 사이의 경계벽은 내화구조의 벽으로 구획(출입구 제외)
② 보일러실의 환기	• 윗부분에 0.5m² 이상의 환기창 설치 • 지름 10cm 이상의 공기흡입구 및 배기구를 항상 열려진 상태로 외기와 접하도록 설치(단, 전기보일러 경우는 제외)
③ 기름저장소	기름보일러의 기름저장소는 보일러실 외에 설치할 것
④ 오피스텔의 난방구획	방화구획으로 구획할 것
⑤ 보일러실의 연도	• 내화구조로서 공동연도로 설치할 것
⑥ 가스보일러	• 보일러실과 거실 사이 출입구는 출입구가 닫힌 경우 가스가 거실에 들어갈 수 없는 구조일 것 • 중앙집중공급방식으로 공급하는 경우에는 ①의 규정에도 불구하고 관계법령이 정하는 기준에 의함

49. 기계환기설비를 설치하여야 하는 다중이용시설에 해당하는 것은?

① 의료시설 중 연면적이 2,000m²인 의료기관
② 문화 및 집회시설 중 연면적이 2,000m²인 미술관
③ 문화 및 집회시설 중 연면적이 2,000m²인 박물관
④ 교육연구 복지시설 중 연면적이 2,000m²인 도서관

[해설] ② 문화 및 집회시설 중 연면적 3,000m² 이상인 미술관
③ 문화 및 집회시설 중 연면적 3,000m² 이상인 박물관
④ 교육연구 및 복지시설 중 연면적 3,000m² 이상인 도서관

50. 건축물 에너지효율등급 인증기관 지정의 유효기간은?

① 지정서를 발급한 날부터 3년
② 지정서를 발급한 날부터 5년
③ 지정서를 발급한 날부터 7년
④ 지정서를 발급한 날부터 10년

[해설] 건축물 에너지효율등급 인증기관 지정의 유효기간은 인증기관 지정서를 발급한 날부터 5년으로 한다.

51. 공동주택과 오피스텔의 난방설비를 개별난방 방식으로 하는 경우에 관한 기준 내용으로 옳지 않은 것은?

① 보일러의 연도는 내화구조로서 공동연도로 설치할 것
② 오피스텔의 경우에는 난방구획을 방화구획으로 구획할 것
③ 보일러실의 윗부분에는 그 면적이 0.5m² 이상인 환기창을 설치할 것
④ 보일러실의 윗부분에는 공기흡입구를 평상시에 닫혀 있는 상태가 되도록 설치할 것

[해설] 공동주택과 오피스텔의 난방설비를 개별난방방식으로 하는 경우의 보일러실 환기
㉠ 윗부분에 0.5m² 이상의 환기창 설치
㉡ 지름 10cm 이상의 공기흡입구 및 배기구를 항상 열려진 상태로 외기와 접하도록 설치(단, 전기보일러 경우는 제외)

52. 배연설비의 설치에 관한 기준 내용으로 옳지 않은 것은?

① 배연창의 유효면적은 1.5m² 이상으로 할 것
② 배연구는 예비전원에 의하여 열 수 있도록 할 것
③ 배연구는 연기감지기 또는 열감지기에 의하여 자동으로 열 수 있는 구조로 할 것
④ 관련 규정에 따라 건축물이 방화구획으로 구획된 경우에는 그 구획마다 1개소 이상의 배연창을 설치할 것

[해설] 배연설비에서의 배연창의 유효면적은 1m² 이상으로 당해 건축물 바닥면적의 1/100 이상으로 한다.

53. 다음 중 방화벽의 구조 기준으로 옳지 않은 것은?

① 내화구조로서 홀로 설 수 있는 구조일 것
② 방화벽에 설치하는 출입문에는 60+방화문, 60분방화문 또는 30분방화문을 설치할 것
③ 방화벽에 설치하는 출입문의 너비 및 높이는 각각 2.5m 이하로 할 것
④ 방화벽의 양쪽 끝과 윗쪽 끝을 건축물의 외벽면 및 지붕면으로부터 0.5m 이상 튀어 나오게 할 것

[해설] 방화벽의 구조
  ㉠ 내화구조로서 홀로 설 수 있는 구조일 것
  ㉡ 방화벽의 양쪽 끝과 위쪽 끝을 건축물의 외벽면 및 지붕면으로부터 0.5m 이상 튀어나오게 할 것
  ㉢ 방화벽에 설치하는 출입문의 폭 및 높이는 각각 2.5m 이하로 하고, 출입문의 구조는 60+방화문 또는 60분방화문으로 할 것
  ㉣ 방화벽에 설치하는 60+방화문 또는 60분방화문은 언제나 닫힌 상태를 유지하거나 화재시 연기발생, 온도상승에 의하여 자동적으로 닫히는 구조로 할 것
  ㉤ 급수관, 배전관 등의 관이 방화벽을 관통하는 경우 관과 방화벽과의 틈을 시멘트모르타르 등의 불연재료로 메워야 한다.

54. 건축물의 옥상에 설치하는 대피공간에 관한 기준 내용으로 옳지 않은 것은?

① 특별피난계단 또는 피난계단과 연결되도록 할 것
② 대피공간의 면적은 지붕 수평투영면적의 15분의 1 이상일 것
③ 관리사무소 등과 긴급 연락이 가능한 통신 시설을 설치할 것
④ 출입구는 유효너비 0.9m 이상으로 하고, 그 출입구에는 60+방화문 또는 60분방화문을 설치할 것

[해설] 경사지붕 아래에 설치하는 대피공간의 기준(옥상에 설치하는 대피공간)
  ㉠ 대피공간의 면적은 지붕 수평투영면적의 1/10 이상일 것
  ㉡ 특별피난계단 또는 피난계단과 연결되도록 할 것
  ㉢ 출입구·창문을 제외한 부분은 해당 건축물의 다른 부분과 내화구조의 바닥 및 벽으로 구획할 것
  ㉣ 출입구는 유효너비 0.9m 이상으로 하고, 그 출입구에는 60+방화문 또는 60분방화문을 설치할 것
  ㉤ 내부마감재료는 불연재료로 할 것
  ㉥ 예비전원으로 작동하는 조명설비를 설치할 것
  ㉦ 관리사무소 등과 긴급 연락이 가능한 통신시설을 설치할 것

55. 다음과 같은 병원에 설치하여야 하는 승용승강기의 최소 대수는?

- 층수 : 11층
- 각 층의 바닥면적 : 3,000m²
- 각 층의 거실면적 : 2,500m²
- 15인승 승강기 설치

① 4대 ② 5대
③ 8대 ④ 9대

[해설] 문화 및 집회시설(공연장·관람장·집회장), 판매시설(도매시장·소매시장·상점), 의료시설(병원·격리병원)의 용도 경우
3,000m² 이하까지 2대, 3,000m² 초과하는 2,000m²당 1대를 가산한 대수로 하므로
$2 + \dfrac{(2,500 \times 6) - 3,000}{2,000} = 8$대
※ 8인승 이상 15인승 이하를 기준으로 산정하며 16인승 이상의 승강기는 2대로 산정한다.

정답 52. ① 53. ② 54. ② 55. ③

56. 녹색건축물 인증 등급에서 우량등급은?

① 그린1등급　　② 그린2등급
③ 그린3등급　　④ 그린4등급

[해설] 녹색건축 인증 등급은 최우수(그린1등급), 우수(그린2등급), 우량(그린3등급) 또는 일반(그린4등급)으로 한다.

57. 상업지역 및 주거지역에서 건축물에 설치하는 냉방시설 및 환기시설의 배기구는 도로면으로부터 최소 얼마 이상의 높이에 설치하여야 하는가?

① 1.5m　　② 1.8m
③ 2.0m　　④ 2.5m

[해설] 상업지역 및 주거지역에서 도로(막다른 도로로서 그 길이가 10m 미만인 경우 제외)에 접한 대지의 건축물에 설치하는 냉방시설 및 환기시설의 배기구는 도로면으로부터 2m 이상의 위치에 설치하거나 배기장치의 열기가 보행자에게 직접 닿지 아니하도록 설치하여야 한다.

58. 건축물의 에너지절약 설계기준에서 사용되는 용어의 정의가 옳지 않은 것은?

① 거실의 외벽이라 함은 거실의 벽 중 외기에 직접 면하는 부위만을 말한다.
② 외기에 직접 면하는 부위라 함은 바깥쪽이 외기이거나 외기가 직접 통하는 공간에 면한 부위를 말한다.
③ 외피라 함은 거실 또는 거실 외 공간을 둘러싸고 있는 벽·지붕·바닥·창 및 문 등으로서 외기에 직접 면하는 부위를 말한다.
④ 방풍구조라 함은 출입구에서 실내외 공기 교환에 의한 열출입을 방지할 목적으로 설치하는 방풍실 또는 회전문 등을 설치한 방식을 말한다.

[해설] 거실의 외벽
거실의 벽 중 외기에 직접 또는 간접 면하는 부위를 말한다. 다만, 복합용도의 건축물인 경우에는 해당 용도로 사용하는 공간이 다른 용도로 사용하는 공간과 접하는 부위를 외벽으로 볼 수 있다.

59. 건축물의 냉방설비에 대한 설치 및 설계기준상 다음과 같이 정의되는 것은?

> 저장된 냉열을 냉방에 이용할 경우에만 가동되는 냉수 순환펌프, 공조용 순환펌프 등의 설비

① 1차측 설비　　② 2차측 설비
③ 부분축냉설비　　④ 전체축냉설비

[해설] ② 2차측 설비 : 저장된 냉열을 냉방에 이용할 경우에만 가동되는 냉수순환펌프, 공조용 순환펌프 등의 설비를 말한다.
③ 부분축냉방식 : 그 밖의 시간에 필요한 냉방열량의 일부를 심야시간에 생산하여 축열조에 저장하였다가 이를 이용하는 냉방방식을 말한다.
④ 전체축냉방식 : 그 밖의 시간에 필요한 냉방열량의 전부를 심야시간에 생산하여 축열조에 저장하였다가 이를 이용하는 냉방방식을 말한다.

60. 지능형 건축물의 인증에 관한 설명으로 옳지 않은 것은?

① 지능형 건축물 인증기준에는 인증표시 홍보기준, 유효기간 등의 사항이 포함된다.
② 산업통상자원부장관은 지능형 건축물의 인증을 위하여 인증기관을 지정할 수 있다.
③ 국토교통부장관은 지능형 건축물의 건축을 활성화하기 위하여 지능형 건축물 인증제도를 실시한다.
④ 허가권자는 지능형 건축물로 인증 받은 건축물에 대하여 조경설치면적을 100분의 85까지 완화하여 적용할 수 있다.

[해설] 국토교통부장관은 지능형건축물의 인증을 위하여 인증기관을 지정할 수 있다.

과년도출제문제

2024. 3회 건축설비산업기사

■■■ 제1과목 건축설비계획

1. 건물 에너지 절약을 위하여 고려하여야 할 사항으로 옳지 않은 것은?

① 고기밀·고단열 창호의 적용
② 주광을 적극적으로 이용하는 조명 방식
③ 열전도율이 높은 단열재 사용
④ 자연 에너지의 이용

[해설] 열전도율이 낮은 것, 열전도저항이 큰 것으로 사용하는 것이 열적으로 유리하다.

2. 냉난방 부하계산 시 최저 또는 최고 기온을 적용하지 않고 TAC온도를 적용하는 가장 주된 이유는?

① 대수분리 제어
② 과대용량 억제
③ 비정상 부하계산
④ 계산의 용이성 확보

[해설] 냉난방 설계용 외기온도 설정 시 TAC 온도를 적용하면 과대 장치용량을 지양하게 되므로 에너지 절약으로 공조설비는 축소되어 합리적 적용이 가능하나, 그에 따른 적정온도 유지가 곤란하게 되어 위험성은 증가한다.
☞ 위험률[TAC(Technical Advisory Committee, 초과확률)]

3. 고층건물의 급수시스템을 저층건물과 같이 단일계통으로 할 경우의 문제점과 가장 거리가 먼 것은?

① 저층부 수질 저하
② 저층부 소음 증대
③ 저층부 수압 과대 작용
④ 저층부 워터 해머 발생

[해설] 고층건물의 급수시스템을 저층건물과 같이 단일계통으로 할 경우 저층부 수압 과대 작용, 저층부 워터 해머 발생, 저층부 소음 증대 등의 문제점이 발생한다.

4. 습공기선도에 관한 설명으로 옳은 것은?

① 습공기의 상태변화에 따른 열량변화를 파악할 수 있다.
② 습공기의 상태변화에 따른 유속변화를 파악할 수 있다.
③ 습공기의 상태변화에 따른 소요환기횟수를 파악할 수 있다.
④ 습공기의 상태변화에 따른 공기조화기의 크기를 파악할 수 있다.

[해설] 습공기선도
 ㉠ 습공기선도를 구성하는 요소 : 건구온도, 습구온도, 노점온도, 절대습도, 상대습도, 수증기 분압, 비용적, 엔탈피, 현열비 등
 ㉡ 습공기선도를 구성하는 있는 요소들 중 2가지만 알면 나머지 모든 요소들을 알아낼 수 있다.
 ㉢ 습공기의 상태변화에 따른 열량변화를 파악할 수 있다.

5. 천창채광방식에 관한 설명으로 옳지 않은 것은?

① 통풍과 차열에 불리하다.
② 조도 분포가 균일하다.
③ 채광량면에서 매우 우수하다.
④ 구조와 시공이 용이하며, 빗물처리에 탁월한 효과가 있다.

[해설] 천창 채광(top lighting) 형식은 건물의 지붕부분에 채광 또는 환기를 목적으로 수평면이나 약간의 경사면을 두어 상부 채광하는 형태로 최소의 크기로 최대의 빛을 받아들이는데 효과적이다. 천창 채광은 조도 분포가 균일하지만, 폐쇄된 분위기가 되며 통풍 및 차열에 불리하며 구조, 시공, 빗물처리 등이 어렵다.

정답 1. ③ 2. ② 3. ① 4. ① 5. ④

6. 2가지 음이 동시에 귀에 들어와서 한쪽의 음 때문에 다른 쪽의 음이 작게 들리는 현상을 무엇이라 하는가?

① 명료도
② 정재파 현상
③ 마스킹 효과
④ 반향

해설 마스킹(masking) 효과(은폐 현상)
㉠ 2가지 음이 동시에 귀에 들어와서, 한 쪽의 음 때문에 다른 쪽의 음이 작게 들리는 현상을 말한다.
㉡ dB이 높은 음과 낮은 음이 공존할 때 낮은 음이 강한 음에 가로막혀 숨겨져 들리지 않게 되는 현상으로 어떤 음이 다른 음을 들리기 곤란하게 하는 것은 매스킹 효과 때문이다.
※ 정재파(定在波, standing wave) 현상 : 진행되는 음파가 반사면에 부딪칠 때 반대방향으로 되돌아오는 음파의 중첩으로 음압의 변동이 중복되면서 실내에 머물러있는 상태를 말한다.

7. 실내 손실 현열량이 20,000W일 때, 실내의 온도를 19℃로 유지하기 위한 취출공기의 온도는?(단, 공기의 비열은 1.01kJ/kg·K, 취출공기량은 10,000kg/h 이다.)

① 21.3℃
② 23.2℃
③ 26.1℃
④ 28.6℃

해설 취출공기의 온도
$q_s = GC(t_d - t_i)$ [kJ/h]
$\therefore t_d = \dfrac{q_s}{GC} + t_i = \dfrac{20 \times 3,600}{10,000 \times 1.01} + 19 = 26.1℃$

8. 다음의 냉방부하 중 실내 취득열량에 해당하지 않는 것은?

① 인체의 발생열량
② 유리로부터의 취득열량
③ 극간풍에 의한 취득열량
④ 외기의 도입으로 인한 취득열량

해설 외기의 도입으로 인한 취득열량(외기부하) 실내 공기의 오염을 희석시키기 위하여 공조기로 도입되는 외기로 인하여 발생하는 부하이다.

9. 5,000W의 열을 발산하는 기계실의 온도를 26℃로 유지시키기 위한 필요 환기량(m³/h)은? (단, 외기온도 6℃, 공기의 밀도 1.2kg/m³, 공기의 정압비열 1.01kJ/kg·K, 기계실의 열전달 손실은 무시한다.)

① 225.0m³/h
② 396.8m³/h
③ 594.1m³/h
④ 742.6m³/h

해설 발열량에 의한 환기량 계산
$H_s = \rho QC(t_i - t_o)$ [kJ/h]
H_s : 실의 현열부하[kJ/h]
ρ : 공기의 밀도[1.2kg/m³]
Q : 환기량[m³/h]
C : 공기의 정압비열[1.01kJ/kg·K]
t_i : 실내 공기온도[℃]
t_o : 송풍 공기온도[℃]

$Q = \dfrac{H_s}{\rho C(t_i - t_o)}$

$= \dfrac{5,000 \times 3.6}{1.2 \times 1.01 \times (26-6)} = 742.6$ m³/h

10. 물의 경도에 대한 설명 중 옳지 않은 것은?

① 경도가 큰 물을 경수, 경도가 낮은 물을 연수라 한다.
② 경수는 연관이나 황동관을 부식시키며, 연수는 배관 내에 스케일을 발생시킨다.
③ 물의 경도는 물 속에 녹아있는 칼슘, 마그네슘 등의 염류의 양을 탄산칼슘의 농도로 환산하여 나타낸 것이다.
④ 일반적으로 지표수는 연수, 지하수는 경수로 간주하지만, 물이 접하고 있는 지층의 종류에 따라 좌우된다.

해설 극연수는 연관이나 황동관을 부식시키며, 경수는 배관 내에 스케일을 발생시킨다.
※ 경도가 높은 물을 보일러에 사용하면 내면에 스케일(물때) 생성되고, 전열효율 저하되며, 과열의 원인 및 보일러의 수명 단축의 원인이 된다.
☞ 극연수(極軟水)는 CaCO₃의 함유량 0ppm인 증류수나 멸균수로서 연관이나 황동관을 부식하므로 관 내부를 도금한 것으로 사용한다.

정답 6. ③ 7. ③ 8. ④ 9. ④ 10. ②

과년도 출제문제

11. 온수난방에 관한 설명으로 옳은 것은?
① 온수순환펌프는 반드시 진공펌프를 사용한다.
② 증기난방보다 열용량이 적으므로 예열시간이 짧다.
③ 증기난방에 비하여 난방부하 변동에 따른 온도 조절이 어렵다.
④ 보일러 정지 후에도 여열이 남아 있어 실내 난방이 어느 정도 지속된다.

[해설] 온수난방
현열을 이용한 난방방식으로, 100℃ 이상은 고온수난방, 이하는 보통온수난방으로 한다.
① 장점
 ㉠ 난방부하의 변동에 따라 온수온도와 온수의 순환량 조절이 쉽다.
 ㉡ 현열을 이용한 난방이므로 증기난방에 비해 쾌감도가 높다.
 ㉢ 방열기 표면 온도가 낮으므로 표면에 붙은 먼지의 연소에 의한 불쾌감이 없다.
 ㉣ 난방을 정지하여도 난방효과가 지속된다.
 ㉤ 보일러 취급이 용이하고 안전하다.
② 단점
 ㉠ 예열시간이 길다.
 ㉡ 증기난방에 비해 방열면적과 배관경이 커야 하므로 설비비가 많다.
 ㉢ 열용량이 크므로 온수 순환 시간이 길다.
 ㉣ 한랭시, 난방 정지시 동결이 우려된다.

12. 다음 중 열역학 제1법칙과 관계가 먼 것은?
① 밀폐계가 임의의 사이클을 이룰 때 열전달의 합은 이루어진 일의 총합과 같다.
② 열은 본질적으로 일과 같은 에너지의 일종으로서 일을 열로 변환할 수 있다.
③ 어떤 계가 임의의 사이클을 겪는 동안 그 사이클에 따라 열을 적분한 것이 그 사이클에 따라서 일을 적분한 것에 비례한다.
④ 두 물체가 제3의 물체와 온도의 동등성을 가질 때 두 물체도 역시 서로 온도의 동등성을 갖는다.

[해설] ④의 경우는 열역학 제0법칙 : 열평형 법칙(온도계의 원리)에 대한 설명이다.

13. 저수조에 물이 5m 높이까지 채워져 있을 경우, 수조 바닥면에서 받는 압력은?
① 약 0.5kPa   ② 약 5kPa
③ 약 50kPa   ④ 약 500kPa

[해설] ※ 1MPa = 10kgf/cm² = 100mAq
 1MPa = 1,000kPa = 1,000,000Pa
※ 1mAq = 10kPa
∴ 5m = 5mAq = 50kPa

14. 공기조화방식 중 전수방식의 일반적 특징으로 옳지 않은 것은?
① 반송동력이 적게 든다.
② 덕트 스페이스가 필요 없다.
③ 개별제어, 개별운전이 가능하다.
④ 송풍량이 많아서 실내 공기의 오염이 거의 없다.

[해설] 전수방식(all water system)
① 종류 : FCU(Fan Coil Unit) 방식, 복사냉난방방식
② 장점
 ㉠ 덕트 스페이스가 필요 없다.
 ㉡ 열운반 동력이 작다.
 ㉢ 개별제어, 개별운전이 가능하다.
③ 단점
 ㉠ 실내공기의 오염 우려(실내 공기의 재순환)
 ㉡ 실내 배관에 의한 누수 염려
 ㉢ 유닛의 방음, 방진에 유의
 ㉣ 유닛의 실내설치로 인한 건축계획상 지장
☞ 전공기식은 송풍량이 많아서 실내 공기의 오염이 거의 없다.

15. 고층건물에서 배수수직관 내의 압력변화를 방지 또는 완화하기 위하여, 배수수직관으로부터 분기·입상하여 통기수직관에 접속하는 통기관은?
① 신정통기관   ② 공용통기관
③ 결합통기관   ④ 각개통기관

[해설] 결합통기관
 ㉠ 배수수직관 내의 압력변화를 방지 또는 완화하기 위해, 배수수직관으로부터 분기·입상하여 통기수직관에 접속하는 통기관
 ㉡ 통기 수직관에 접속하는 통기관으로 층수가 많을 경우에는 5개 층마다 통기관을 취하는 방법이다.

정답 11. ④ 12. ④ 13. ③ 14. ④ 15. ③

16. 다음 중 환기공간과 배출요소의 연결이 옳지 않은 것은?

① 전기실 – 열
② 화장실 – 분진
③ 주방 – 수증기
④ 주차장 – 배기가스

[해설] 제3종 환기(흡출식)
㉠ 자연송풍+강제배풍
㉡ 실내의 압력이 부압(-), 실내의 냄새나 유해 물질을 다른 실로 흘려보내지 않는다.
㉢ 주방, 화장실, 유해가스 발생장소에 사용한다.
※ 오염원이 있는 실에는 배기(배풍)를 위주로 설계하며 실내의 압력이 부압(-압)으로 유지되도록 한다.

17. 급수설비에 사용되는 저수 및 고가탱크와 같은 상수 탱크에 관한 설명으로 옳지 않은 것은?

① 상수 탱크에 설치하는 뚜껑은 유효안지름 1,000mm 이상의 것으로 한다.
② 상수관 이외의 관은 상수용 탱크를 관통하거나 상부를 횡단해서는 안 된다.
③ 상수 탱크의 천장·바닥 또는 주변 벽은 건축물의 구조부분과 겸용하여 설치한다.
④ 청소 시 급수에 지장이 있을 경우에 대비하여 분할하여 설치하거나 또는 칸막이를 설치한다.

[해설] 탱크에 유해물질 침입에 다른 침입에 따른 오염방지를 위하여 건축물 구조체의 이용을 피한다.

18. 설비적산에서 원형덕트 철판의 소요면적 시 설계 도면에서 원형덕트의 직경별로 직관부와 부속류를 산출하며, 직관부는 절단이나 접속 등에 의한 손실을 고려하여 얼마 정도 가산하는 것이 바람직한가?

① 10%
② 20%
③ 25%
④ 28%

[해설] 원형덕트 철판의 소요면적
설계도면에서 원형덕트의 직경별로 직관부와 부속류를 산출하며, 직관부는 절단이나 접속 등에 의한 손실을 고려하여 10% 정도 가산하는 것이 바람직하다.

19. 덕트에 대한 설명으로 옳은 것은?

① 저속덕트와 고속덕트는 주덕트내 풍속 25m/s를 기준으로 구분한다.
② 장방형 덕트는 주로 고속덕트에, 원형 덕트는 저속덕트에 사용한다.
③ 덕트의 치수 결정법 중 등마찰손실법은 덕트 내의 풍속을 일정하게 유지할 수 있도록 덕트치수를 결정하는 방법이다.
④ 같은 양의 공기가 덕트를 통해 송풍될 때 풍속을 높게 하면 덕트의 단면치수가 작아도 되므로 설치 스페이스를 적게 차지한다.

[해설] ① 저속덕트와 고속덕트는 주덕트내 풍속 15m/s를 기준으로 구분한다.
② 장방형 덕트는 주로 저속덕트에, 원형 덕트는 고속덕트에 사용한다.
③ 등마찰손실법은 덕트 내의 정압(마찰손실)을 일정하게 유지할 수 있도록 덕트치수를 결정하는 방법이다.

20. 다음 기호와 설명이 맞지 않는 것은?

① ▷◁ : 게이트 밸브
② ─⌒─ : 팽창 조인트
③ ─✕─ : 파이프 앵커
④ ─┤├─ : 유니언

[해설] ─┤├─ : 플랜지
─┤├─ : 유니언

제2과목 건축설비설계

21. 다음 중 성적계수가 가장 낮은 냉동기는?

① 흡수식 냉동기
② 원심식 냉동기
③ 왕복동식 냉동기
④ 전기식 히트펌프

[해설] 흡수식 냉동기는 압축식 냉동기(왕복동식, 터보식, 회전식)에 비해 성적계수가 낮다.

22. 2중효용 흡수식 냉동기에 관한 설명으로 옳은 것은?

① 저압흡수기와 고압흡수기로 구성된다.
② 고온증발기와 저온증발기로 구성된다.
③ 저압응축기와 고압응축기로 구성된다.
④ 고온발생기와 저온발생기로 구성된다.

[해설] 2중 효용 흡수식 냉동기
㉠ 흡수식 냉동기는 발생기의 형식에 따라 단효용식과 2중효용식이 있다.
㉡ 단효용 흡수식 냉동기의 응축기에서 버리던 증기의 응축열을 효율적으로 이용한 것이다.
㉢ 냉매증기는 수증기이고 증기보일러와 연동하여 구동한다.
㉣ 고온발생기와 저온발생기가 있어 단효용 흡수식에 비해 효율이 높다.
㉤ 저온발생기는 고온발생기보다 압력이 낮다.
㉥ 단효용 흡수식 냉동기보다 에너지 절약적이고 냉각탑 용량을 줄일 수 있다.
※ 냉동 사이클 : 증발기 - 흡수기 - 발생기(재생기) - 응축기

23. 다음 중 펌프 운전시 캐비테이션을 방지하기 위한 대책으로 가장 알맞은 것은?

① 흡입양정을 낮춘다.
② 토출양정을 낮춘다.
③ 에어챔버를 설치한다.
④ 마찰손실수두를 줄인다.

[해설] 캐비테이션(cavitation)
펌프의 흡입구로 들어온 물 중에 함유되었던 증기의 기포는 임펠러(펌프의 날개)를 거쳐 토출구로 넘어가면 갑자기 압력이 상승되므로 기포는 물속으로 다시 소멸된다. 이때 소멸 순간에 격심한 소음과 진동을 수반하면서 일어나는 현상으로서, 흡입양정에서 발생한다.
※ 공동현상(cavitation)을 방지하려면 펌프의 유효흡입양정(NPSH)을 낮추어 흡입구의 압력이 항상 흡입구의 포화증기압력 이상으로 유지되도록 하는 것이 바람직하다.

24. 히트펌프에 관한 설명으로 옳지 않은 것은?

① 저온측과 고온측의 온도차가 커질수록 성적 계수는 커진다.
② 장치내를 순환하는 작동매체인 냉매는 증발→압축→응축→팽창→증발의 변화를 반복한다.
③ 냉동사이클에서 응축기의 방열량을 이용하기 위한 것으로 공기조화에서는 난방용으로 응용된다.
④ 기본적인 구성요소는 저온부의 열교환기인 증발기, 고온부의 열교환기인 응축기, 압축기, 팽창밸브 등이다.

[해설] 성적계수(COP)
$Q = q + AL$: 냉동기의 특징
→ 저온 쪽에서 흡수되는 열량(q)보다 고온 쪽에서 방출하는 열량(Q)이 더 크다.

ⓐ 냉동기의 성적계수(COP) = $\dfrac{냉동효과(q)}{압축일(AL)}$
= $\dfrac{냉동능력}{소요능력}$

ⓑ 열펌프의 성적계수(COP_h)
= $\dfrac{응축기의방출열량}{압축일} = \dfrac{q+AL}{AL} = \dfrac{q}{AL}+1$

∴ 열펌프를 이용한 성적계수(COP_h)가 냉동기로 이용한 성적계수(COP)보다 1만큼 크다.
☞ 저온측과 고온측의 양온도차가 작아질수록 성적계수는 커진다.

정답 21. ① 22. ④ 23. ④ 24. ①

25. 송풍기에 관한 설명으로 옳지 않은 것은?

① 방사형은 자기 청소(self cleaning)의 특성이 있다.
② 축류형은 낮은 풍압에 많은 풍량을 송풍하는데 적합하다.
③ 후곡형은 효율이 높고 논오버로드(nonover load) 특성이 있다.
④ 다익형은 다른 형식에 비해 동일 용량에 대해서 회전수가 가장 많다.

[해설] 다익형 송풍기(sirocco fan, 시로코팬)
여러 개의 전향날개를 설치한 형식의 송풍기로 공조 및 환기용으로 가장 많이 사용한다.
㉠ 저속덕트용, 저압용으로 사용된다.
㉡ 날개의 끝부분이 회전방향으로 굽은 전곡형(前曲形)이다.
㉢ 동일 용량에 대해서 회전수가 적어 송풍기 용량이 적다.

26. 송풍기의 풍량제어방식 중 축동력이 가장 많이 소요되는 방식은?

① 회전수제어 ② 토출댐퍼제어
③ 흡입베인제어 ④ 흡입댐퍼제어

[해설] 동력절감률(에너지절약)이 높은 것에서 낮은 순서 :
회전수제어(가변속제어) > 가변피치제어 > 흡인베인제어 > 흡인댐퍼제어 > 토출댐퍼제어
※ 회전수 제어 : 송풍기 풍량제어의 대표적인 방법으로 에너지절감 비율이 가장 높다.
※ 제어방식의 결정은 풍량조정범위, 동력절감률, 설비비 등을 고려하여 정한다.

27. 보일러의 발생열량이 420,000kJ/h이고, 연료의 소비량이 15kg/h일 때의 보일러의 효율은?
(단, 연료의 저위발열량은 40,000kJ/kg이다.)

① 30% ② 50%
③ 70% ④ 80%

[해설] 보일러의 효율(η_B)[kg/h, Nm³/h]

$$\eta_B = \frac{G(h_2 - h_1)}{G_f \cdot H_f} \times 100\%$$

$$= \frac{420,000}{15 \times 40,000} \times 100\% = 70\%$$

28. 지역난방에 관한 기술로 옳은 것은?

① 열원기기의 고효율 운전이 어렵다.
② 열원설비의 용량은 개개의 건물에 설치할 경우에 비하여 커진다.
③ 코-제너레이션 시스템(co-generation system)을 적용할 수 있다.
④ 지역난방은 건물의 밀집도가 낮은 농촌 지역에 적합하다.

[해설] 열병합발전설비(Cogeneration system)는 지역난방의 일종으로 국내산업용, 대규모 아파트 단지에 적용된다.
※ 열병합방식 : 일반 화력발전소에서 발전에 사용되고 버려지는 열을 회수하여 냉·난방, 급탕용으로 재이용하는 방식

29. 중앙공조기의 전열교환기에서는 다음 중 어느 공기가 서로 열교환을 하는가?

① 외기와 실내배기
② 환기와 실내배기
③ 실내배기와 실내급기
④ 외기와 실내급기

[해설] 전열교환기는 배기되는 공기와 도입 외기 사이에 공기의 교환을 통하여 배기가 지닌 열량을 회수하거나 도입 외기가 지닌 열량을 제거하여 도입외기를 실내 또는 공기조화기로 공급하는 전열교환장치이다.

30. 다음 중 건물의 급수량 계산에 고려할 사항과 가장 관계가 먼 것은?

① 급수기구의 종류 ② 급수기구의 수
③ 건물의 용적률   ④ 사용 인원수

[해설] 급수설비 설계시 가장 먼저 결정해야 할 사항은 급수량의 산정이다.
※ 급수량 산정 방법
㉠ 급수 대상 인원수에 의한 방법
㉡ 위생기구수에 의한 방법
㉢ 건물의 유효면적(연면적)에 의한 방법

정답 25. ④ 26. ② 27. ③ 28. ③ 29. ① 30. ③

과년도출제문제

31. 다음 중 공조기(AHU)에 내장된 전열교환기에 대한 설명으로 가장 알맞은 것은?
① 환기와 배기의 현열교환 장치
② 환기와 배기의 잠열교환 장치
③ 배기와 도입되는 외기와의 잠열교환 장치
④ 배기와 도입되는 외기와의 현열 및 잠열교환 장치

[해설] 공조시스템의 전열교환기
㉠ 전열교환기는 공기 대 공기의 열교환기로서 현열 및 잠열의 교환이 가능하다.
㉡ 구조는 외기가 들어와서 급기되는 윗부분과 환기가 배기되는 아래 부분으로 나누어지고, 각각 덕트에 접속된다.
㉢ 공조시스템에서 배기와 도입되는 외기의 전열교환으로 공조기의 용량을 줄일 수 있다.
㉣ 공기방식의 중앙공조 시스템이나 공장 등에서 환기에서의 에너지 회수방식으로 사용된다.
㉤ 전열교환기를 사용한 공조시스템에서 중간기(봄, 가을)를 제외한 냉방기와 난방기의 열회수량은 실내외의 온도차가 클수록 많다.

32. 가열코일을 통과하는 풍량이 30,000kg/h, 정면 풍속이 2.5m/s일 때 코일의 정면면적은?
① 1.47m² ② 2.78m²
③ 3.33m² ④ 4.95m²

[해설] 풍량과 유속
단면적을 $A[m^2]$, 유속을 $v\,[m/s]$, 풍량을 $Q\,[m^3/s]$라면
$Q = Av$ 에서 $A = \dfrac{Q}{v}$
$A = \dfrac{\left(\dfrac{30{,}000}{1.2}\right) \div 3{,}600}{2.5} = 2.78\,m^2$
※ 정면면적 : 코일 입구에서 공기가 통과하는 부분의 면적(m²)

33. 다음 중 공기여과기용 에어필터의 선정 시 고려사항과 가장 거리가 먼 것은?
① 압력손실 ② 필터의 중량
③ 분진포집 효율 ④ 적용분진 입자경

[해설] 에어필터(air filter, 공기여과기) 선정 시 고려사항
㉠ 분진포집 효율을 기준으로 에어필터 종류
㉡ 적용분진 입자경 - HEPA필터에서는 프리필터(Prefilter)를 2단으로 선정
㉢ 에어필터 통과면의 풍속 - 2.5m/s로 선정
㉣ 치수, 공기저항치 결정
㉤ 에어필터 압력손실 - 초기 공기 저항치의 1.5~2배

34. 보일러 주변배관에 하트포트 접속법을 사용하는 가장 주된 목적은?
① 보일러의 압력초과방지
② 보일러의 일정압력유지
③ 보일러의 안전수면유지
④ 보일러의 스케일 발생 방지

[해설] 하트포드 연결법(hartford connection)
저압증기보일러에서 중력환수방식일 경우
㉠ 보일러 내의 수면이 안전수위 아래로 내려가고
㉡ 환수관의 일부가 파손되어 물이 샐 때
→ 밸런스관을 달고 안전저수면보다 높은 위치에 환수관을 접속하는 연결법

35. 장방형 덕트 단면의 아스펙트비는 최대 얼마 이하로 하는 것이 원칙인가?
① 2 : 1 ② 3 : 1
③ 4 : 1 ④ 5 : 1

[해설] 아스펙트비가 클수록 장방형이 되므로 덕트 높이를 작게 할 수 있어 층고를 작게 차지하나 마찰저항 등을 고려하여 일반적으로 4:1 이하가 바람직하다.
※ 아스펙트비가 클수록 재료는 많이 든다.

정답 31. ④ 32. ② 33. ② 34. ③ 35. ③

36. 보일러의 출력 중 난방부하와 급탕부하를 합한 용량으로 표시되는 것은?

① 상용출력　　② 정미출력
③ 정격출력　　④ 과부하출력

해설 보일러의 출력표시

출력	표시방법
과부하출력	운전 초기나 과부하가 발생했을 때는 정격출력의 10~20% 정도 증가하여 운전할 때의 출력으로 한다.
정격 출력	연속해서 운전할 수 있는 보일러의 능력으로서 난방부하, 급탕부하, 배관부하, 예열부하의 합이며, 보통 보일러 선정시에는 정격출력에 기준을 둔다.
상용 출력	정격출력에서 예열부하를 뺀 값으로 정미출력에 5~10%를 가산한다.
정미 출력	난방부하와 급탕부하를 합한 용량으로 표시한다.

※ 보일러의 능력표시는 일반적으로 정격출력을 사용한다.

37. 건축물 지붕의 수평투영 면적이 600m²인 경우, 4개의 우수수직관을 설치하고자 한다. 최대 강우량이 130mm/h 일 때 우수수직관의 관경으로 가장 적당한 것은? (단, 허용최대 지붕면적은 강우량이 100mm/h일 경우이다.)

관경	허용최대 지붕면적(m²)
50	67
65	121
75	204
100	427
125	804

① 65mm　　② 75mm
③ 100mm　　④ 125mm

해설 어느 지방의 최대강우량이 130mm/h인 경우

환산 지붕면적 = 실제 지붕투영면적 × $\frac{130}{100}$

= $600 \times \frac{130}{100}$ = 780m²

4개의 우수수직관을 설치한 경우이므로 1개의 우수수직관은 780m² ÷ 4 = 195m²이다.

∴ 표(100mm/h 경우)에서 최대허용지붕면적 195m²을 충분히 흘러줄 수 있는 관경은 75mm가 적당하다.

38. 급수설비에 관한 설명으로 옳은 것은?

① 펌프의 흡상 높이는 수온이 상승에 따라 높아진다.
② 급수배관을 콘크리트에 매설할 경우 주로 연관이 사용된다.
③ 급수관내 물의 흐름을 급격히 정지하면 수격 작용이 발생하기 쉽다.
④ 압력수조식 급수방법은 고가수조식 급수방법보다 유지 관리가 비교적 용이하고 고장이 적다.

해설 ① 펌프의 흡상 높이는 수온이 상승에 따라 낮아진다.
② 급수배관시 굴곡이 많은 수도 인입관에 연관이 사용된다.
④ 압력수조식 급수방법은 고가수조식 급수방법보다 시설비 및 유지관리비가 많이 들고 고장률이 높다.

39. 급탕설비에 관한 설명으로 옳지 않은 것은?

① 배관은 적정한 압력손실 상태에서 피크시를 충족시킬 수 있어야 한다.
② 냉수, 온수를 혼합 사용해도 압력차에 의한 온도변화가 없도록 하여야 한다.
③ 개방형 급탕시스템에는 온도상승에 의한 압력을 도피시킬 수 있는 팽창탱크를 설치하여야 한다.
④ 배관거리가 30m를 초과하는 중앙급탕방식에서는 배관으로부터 열 손실을 보상하고 일정한 급탕온도 유지를 위하여 환탕관과 순환펌프를 설치한다.

해설 밀폐형 급탕시스템에는 온도상승에 의한 압력을 도피시킬 수 있는 팽창탱크 등의 장치를 설치한다.

40. 위생설비 유니트화의 효과에 관한 설명으로 옳지 않은 것은?

① 현장 작업량 감소
② 일정 수준의 품질 유지
③ 현장 작업 스페이스의 증가
④ 대량생산으로 인한 비용 절감

해설 위생기구 유니트화
㉠ 공사 기간 단축
㉡ 공정의 단순화 및 합리화
㉢ 시공의 정밀도의 향상
㉣ 재료 및 인건비의 절감

정답　36. ②　37. ②　38. ③　39. ③　40. ③

제3과목 건축설비관련법규

41. 건축법령에 따른 용어의 정의가 옳지 않은 것은?

① 준초고층 건축물이란 고층건축물 중 초고층 건축물이 아닌 것을 말한다.
② 건축이란 건축물을 신축·증축·개축·재축하거나 건축물을 이전하는 것을 말한다.
③ 대수선이란 건축물의 노후화를 억제하거나 기능 향상 등을 위하여 일부 증축하는 행위를 말한다.
④ 지하층이란 건축물의 바닥이 지표면 아래에 있는 층으로서 바닥에서 지표면까지 평균 높이가 해당 층 높이의 1/2 이상인 것을 말한다.

[해설] 리모델링이란 건축물의 노후화를 억제하거나 기능 향상 등을 위하여 일부 증축하는 행위를 말한다.

42. 건축물 관련 건축기준의 허용오차범위가 옳지 않은 것은?

① 벽체두께 : 2% 이내
② 출구너비 : 2% 이내
③ 반자높이 : 2% 이내
④ 건축물 높이 : 2% 이내

[해설] 건축허용오차

0.5% 이내	1% 이내	2% 이내	3% 이내
건폐율	용적률	높이 출구너비 반자높이 평면길이	후퇴거리 인동거리 벽체두께 바닥판두께

43. 지능형 건축물의 인증 유효기간은?

① 인증일부터 3년
② 인증일부터 5년
③ 인증일부터 7년
④ 인증일부터 10년

[해설] 지능형 건축물 인증 유효기간은 인증일부터 5년으로 한다.

44. 공동주택에서 리모델링이 쉬운 구조에 관한 기준 내용으로 옳지 않은 것은?

① 공동주택의 층수, 건축면적 또는 연면적을 변경할 수 있을 것
② 구조체에서 건축설비, 내부 마감재료 및 외부마감재료를 분리할 수 있을 것
③ 개별 세대 안에서 구획된 실(室)의 크기, 개수 또는 위치 등을 변경할 수 있을 것
④ 각 세대는 인접한 세대와 수직 또는 수평 방향으로 통합하거나 분할할 수 있을 것

[해설] 리모델링이 쉬운 공동주택의 구조
리모델링이 쉬운 구조의 공동주택의 건축을 촉진하기 위하여 공동주택을 다음의 구조로 하여 건축허가를 신청하는 경우
㉠ 각 세대는 인접한 세대와 수직 및 수평으로 통합하거나 분할할 수 있을 것
㉡ 구조체와 건축설비, 내부 마감재료와 외부 마감재료는 분리할 수 있을 것
㉢ 개별 세대 안에서 구획된 실(室)의 크기, 개수 또는 위치 등을 변경할 수 있을 것

45. 문화 및 집회시설 중 공연장의 관람실과 접하는 복도의 유효너비는 최소 얼마 이상으로 하여야 하는가? (단, 해당 층에서 해당 용도로 쓰는 바닥면적의 합계가 1,000m²인 경우)

① 1.5m
② 1.8m
③ 2.1m
④ 2.4m

[해설] 문화 및 집회시설(종교집회장·공연장·집회장·관람장·전시장에 한함), 노유자시설(아동관련시설·노인복지시설에 한함)·수련시설(생활권수련시설에 한함), 위락시설 중 유흥주점 및 장례식장의 관람실 또는 집회실과 접하는 복도의 유효너비는 다음에서 정하는 너비로 하여야 한다.

당해 층의 바닥면적의 합계	복도의 유효너비
500m² 미만	1.5m 이상
500m² 이상 1,000m² 미만	1.8m 이상
1,000m² 이상	2.4m 이상

정답 41. ③ 42. ① 43. ② 44. ① 45. ④

46. 다음은 거실등의 방습에 관한 기준 내용이다. ( ) 안에 알맞은 것은?

> 숙박시설의 욕실의 바닥과 그 바닥으로부터 높이 ( )까지의 안벽의 마감은 이를 내수 재료로 하여야 한다.

① 0.5m　　② 1m
③ 1.2m　　④ 1.5m

[해설] 내수재료(耐水材料)
㉠ 내수재료란 벽돌, 자연석, 인조석, 콘크리트, 아스팔트, 도자기질 재료, 유리 등의 내수성 건축재료를 말한다.
㉡ 내수재료의 마감
제1종 근린생활시설 중 일반목욕장과 휴게음식점 및 제과점의 조리장, 제2종 근린생활시설 중 일반음식점과 휴게음식점 및 제과점의 조리장과 숙박시설의 욕실부분에는 그 바닥으로부터 높이 1m까지의 안벽의 마감을 내수재료로 하여야 한다.

47. 건축허가신청에 필요한 설계도서에 해당되지 않는 것은?

① 배치도　　② 구조계산서
③ 조감도　　④ 소방설비도

[해설] 건축허가신청에 필요한 기본설계도서의 종류
① 건축계획서
② 배치도
③ 평면도
④ 입면도
⑤ 단면도
⑥ 구조도(구조안전 확인 또는 내진설계 대상 건축물)
⑦ 구조계산서(구조안전 확인 또는 내진설계 대상 건축물)
⑧ 소방설비도

48. 다음 중 피난용도로 쓸 수 있는 광장을 옥상에 설치하여야 하는 대상 건축물은?

① 5층 이상인 층이 판매시설의 용도로 사용되는 건축물
② 5층 이상인 층이 공동주택의 용도로 사용되는 건축물
③ 5층 이상인 층이 업무시설의 용도로 사용되는 건축물
④ 5층 이상인 층이 의료시설의 용도로 사용되는 건축물

[해설] 피난의 용도에 쓰이는 옥상광장의 설치
5층 이상의 층을 문화 및 집회시설(전시장, 동·식물원 제외), 제2종 근린생활시설 중 공연장·종교집회장·인터넷컴퓨터게임시설제공업소(해당 용도로 쓰는 바닥면적의 합계가 각각 300m² 이상인 경우만 해당), 종교시설, 판매시설, 위락시설 중 주점영업, 장례식장의 용도에 쓰는 경우에는 피난의 용도에 쓸 수 있는 옥상광장을 설치하여야 한다.

49. 다음은 피난계단의 설치에 관한 기준 내용이다. ( ) 안에 알맞은 것은? (단, 갓복도식 공동주택이 아닌 경우)

> 공동주택의 ( ) 이상인 층(바닥면적이 400m² 미만인 층은 제외한다)으로부터 피난층 또는 지상으로 통하는 직통계단은 특별피난계단으로 설치하여야 한다.

① 6층　　② 11층
③ 16층　　④ 21층

[해설] 특별피난계단의 설치대상
㉠ 건축물(갓복도식 공동주택 제외)이 11층(공동주택은 16층) 이상으로부터 피난층 또는 지상으로 통하는 직통계단
  [예외] 바닥면적 400m² 미만인 층
㉡ 지하 3층 이하의 층으로부터 피난층 또는 지상으로 통하는 직통계단
  [예외] 바닥면적 400m² 미만인 층

정답 46. ② 47. ③ 48. ① 49. ③

50. 다음은 건축물 에너지효율등급 인증에 관한 내용이다. ( ) 안에 해당되는 내용은?

> 건축물 에너지효율등급 인증기관의 장은 사용승인 또는 사용검사를 받은 날부터 ( )이 지난 건축물에 대해서 건축물 에너지효율등급 인증을 하려는 경우에는 건축주등에게 건축물 에너지효율 개선방안을 제공하여야 한다.

① 2년 ② 3년
③ 5년 ④ 10년

[해설] 건축물 에너지효율등급 인증기관의 장은 사용승인 또는 사용검사를 받은 날부터 3년이 지난 건축물에 대해서 건축물 에너지효율등급 인증을 하려는 경우에는 건축주등에게 건축물 에너지효율 개선방안을 제공하여야 한다.

51. 비상용승강기의 승강장 및 승강로의 구조에 관한 기준 내용으로 옳지 않은 것은?

① 승강로는 당해 건축물의 다른 부분과 내화구조로 구획할 것
② 승강장의 바닥면적은 비상용승강기 1대에 대하여 5m² 이상으로 할 것
③ 각층으로부터 피난층까지 이르는 승강로를 단일구조로 연결하여 설치할 것
④ 승강장은 각층의 내부와 연결될 수 있도록 하되, 그 출입구(승강로의 출입구를 제외 한다)에는 60+방화문 또는 60분방화문을 설치할 것

[해설] 승강장의 바닥면적은 비상용승강기 1대에 대하여 6m² 이상으로 할 것
   [예외] 옥외에 승강장을 설치하는 경우

52. 바닥면적이 300m²인 주거용 건축물에 설치하는 음용수 급수관의 지름은 최소 얼마 이상이어야 하는가?

① 15mm ② 20mm
③ 25mm ④ 30mm

[해설] 주거용 건축물 급수관의 지름 기준

가구 또는 세대수	1	2~3	4~5	6~8	9~16	17 이상
급수관 최소지름	15	20	25	32	40	50

1. 가구수나 세대수가 불분명한 경우에는 주거에 쓰이는 바닥면적의 합계에 따라 다음과 같이 가구수를 산정한다.
   ① 바닥면적 85m² 이하 : 1가구
   ② 바닥면적 85m² 초과, 150m² 이하 : 3가구
   ③ 바닥면적 150m² 초과, 300m² 이하 : 5가구
   ④ 바닥면적 300m² 초과, 500m² 이하 : 16가구
   ⑤ 바닥면적 500m² 초과 : 17가구
2. 가압설비 등을 설치하여 급수시 각 기구에서 압력이 1cm²당 0.7kg 이상인 경우는 상기 1의 기준을 적용하지 않는다.

53. 다음 중 6층 이상의 거실면적의 합계가 2,000m²인 경우, 승용승강기를 최소 2대 이상 설치하여야 하는 건축물의 용도는? (단, 8인승 승강기 사용)

① 위락시설
② 숙박시설
③ 의료시설
④ 문화 및 집회시설 중 전시장

[해설] 승용승강기의 설치대수를 가장 많이 하여야 하는 용도 (최소 2대 이상)
 - 문화 및 집회시설(공연장·관람장·집회장)
 - 판매시설(도매시장·소매시장·상점)
 - 의료시설(병원·격리병원)

[대수 산정식] $N = 2 + \dfrac{A - 3{,}000\text{m}^2}{2{,}000\text{m}^2}$

정답 50. ② 51. ② 52. ③ 53. ③

54. 건축물에 급수·배수(配水)·배수(排水), 환기·난방 등의 설비를 설치하는 경우 건축기계설비기술사 또는 공조냉동기계기술사의 협력을 받아야 하는 대상 건축물에 속하지 않는 것은?

① 아파트
② 다세대주택
③ 의료시설로서 해당 용도에 사용되는 바닥 면적의 합계가 2,000m²인 건축물
④ 숙박시설로서 해당 용도에 사용되는 바닥 면적의 합계가 2,000m²인 건축물

[해설] 건축설비기술사·공조냉동기계기술사의 협력을 받아야 하는 에너지 대량소비 건축물 대상(바닥면적 합계 기준)
㉠ 500m² 이상 : 냉동냉장시설, 항온항습시설, 특수청정시설
㉡ 규모에 관계없이 : 아파트 및 연립주택
㉢ 500m² 이상 : 목욕장(제1종 근린생활시설), 실내수영장(운동시설), 실내물놀이형시설
㉣ 2,000m² 이상 : 기숙사, 병원(의료시설), 유스호스텔(수련시설), 숙박시설
㉤ 3,000m² 이상 : 연구소(교육연구시설), 업무시설, 판매시설
㉥ 10,000m² 이상 : 문화 및 집회시설(동·식물원 제외), 종교시설, 장례식장, 교육연구시설(연구소 제외)

55. 거실의 바닥면적이 50m² 이상인 지하층에 설치하는 비상탈출구에 관한 기준 내용으로 옳지 않은 것은? (단, 주택의 경우 제외)

① 비상탈출구는 출입구로부터 3m 이내의 장소에 설치할 것
② 비상탈출구의 유효너비는 0.75m 이상으로 하고, 유효높이는 1.5m 이상으로 할 것
③ 비상탈출구의 문은 피난방향으로 열리도록 하고, 실내에서 항상 열 수 있는 구조로 할 것
④ 비상탈출구는 피난층 또는 지상으로 통하는 복도나 직통계단에 직접 접하거나 통로 등으로 연결될 수 있도록 설치할 것

[해설] 비상탈출구는 출입구로부터 3m 이상 떨어진 곳에 설치할 것

56. 다음은 건축물의 에너지절약설계기준에 따른 용어의 정의이다. ( ) 안에 알맞은 것은?

> "중앙집중식 냉·난방설비"라 함은 건축물의 전부 또는 냉난방 면적의 ( ) 이상을 냉방 또는 난방함에 있어 해당 공간에 순환펌프, 증기난방설비 등을 이용하여 열원 등을 공급하는 설비를 말한다.

① 40% ② 50%
③ 60% ④ 70%

[해설] 중앙집중식 냉방 또는 난방설비
중앙집중식 냉방 또는 난방설비라 함은 건축물의 전부 또는 냉난방 면적의 60% 이상을 냉방 또는 난방함에 있어 해당 공간에 순환펌프, 증기난방설비 등을 이용하여 열원 등을 공급하는 설비를 말한다. 단, 산업통상자원부 고시 「효율관리기자재 운용 규정」에서 정한 가정용 가스보일러는 개별 난방설비로 간주한다.

57. 축냉식 전기냉방설비의 설계기준 내용으로 옳지 않은 것은?

① 축열조는 보온을 철저히 하여 열손실과 결로를 방지하여야 한다.
② 열교환기는 시간당 최대냉방열량을 처리할 수 있는 용량 이하로 설치하여야 한다.
③ 자동제어설비는 필요할 경우 수동조작이 가능하도록 하여야 하며 감시기능 등을 갖추어야 한다.
④ 축열조는 축냉 및 방냉운전을 반복적으로 수행하는데 적합한 재질의 축냉재를 사용하여야 한다.

[해설] 축냉식 전기냉방설비의 설치기준에서 열교환기는 시간당 최대냉방열량을 처리할 수 있는 용량 이상으로 설치하여야 한다. 열교환기는 보온을 철저히 하여 열손실과 결로를 방지하여야 하며, 점검을 위한 부분은 해체와 조립이 용이하도록 하여야 한다.

정답 54. ② 55. ① 56. ③ 57. ②

58. 숙박시설의 용도로 쓰는 건축물로서 방송 공동수신설비를 설치하여야 하는 건축물의 바닥면적 기준은?

① 바닥면적의 합계가 1,000m² 이상인 건축물
② 바닥면적의 합계가 2,000m² 이상인 건축물
③ 바닥면적의 합계가 5,000m² 이상인 건축물
④ 바닥면적의 합계가 10,000m² 이상인 건축물

[해설] 건축물에는 방송수신에 지장이 없도록 공동시청 안테나, 유선방송 수신시설, 위성방송 수신설비, 에프엠(FM)라디오방송 수신설비 또는 방송 공동수신설비를 설치할 수 있다.
다만, 다음 건축물에는 방송 공동수신설비를 설치하여야 한다.
㉠ 공동주택
㉡ 바닥면적의 합계가 5,000m² 이상으로서 업무시설이나 숙박시설의 용도로 쓰는 건축물

59. 다중이용시설을 신축하는 경우에 설치하여야 하는 기계환기설비의 구조 및 설치에 관한 기준 내용으로 옳지 않은 것은?

① 기계환기설비 용량은 시설의 연면적을 기준으로 산정할 것
② 다중이용시설로 공급되는 공기의 분포를 최대한 균등하게 하여 실내 기류의 편차가 최소화될 수 있도록 할 것
③ 공기배출체계 및 배기구는 배출되는 공기가 공기공급 체계 및 공기흡입구로 직접 들어가지 아니하는 위치에 설치할 것
④ 공기공급체계·공기배출체계 또는 공기흡입구·배기구 등에 설치되는 송풍기는 외부의 기류로 인하여 송풍 능력이 떨어지는 구조가 아닐 것

[해설] 다중이용시설의 기계환기설비 용량기준은 시설이용 인원당 환기량을 원칙으로 산정할 것

60. 녹색건축물 조성지원법에서 정하고 있는 건축물 에너지효율등급 인증대상 건축물로 틀린 것은?

① 업무시설
② 기숙사
③ 냉방면적이 400m² 이상인 판매시설
④ 연립주택

[해설] 녹색건축물 조성 지원법 및 녹색건축물 조성 지원법 시행령에 따른 건축물 에너지효율등급 인증 및 제로에너지건축물 인증 건축물 대상
1. 단독주택, 다중주택, 다가구주택, 공관
2. 아파트, 연립주택, 다세대주택, 기숙사
3. 업무시설
4. 냉방 또는 난방 면적이 500m² 이상인 건축물

과년도 출제문제

2025. 1회 건축설비산업기사

■■■ 제1과목 건축설비계획

1. 고층건물의 급수시스템을 저층건물과 같이 단일계통으로 할 경우의 문제점과 가장 거리가 먼 것은?

① 저층부 수질 저하
② 저층부 소음 증대
③ 저층부 수압 과대 작용
④ 저층부 워터 해머 발생

[해설] 고층건물의 급수시스템을 저층건물과 같이 단일계통으로 할 경우 저층부 수압 과대 작용, 저층부 워터 해머 발생, 저층부 소음 증대 등의 문제점이 발생한다.

2. 실의 용적이 5,000m³이고 실내의 총흡음력이 500m²일 경우, Sabine의 잔향식에 의한 잔향시간은?

① 0.4초 ② 1.0초
③ 1.6초 ④ 2.2초

[해설] 잔향시간(Sabin의 잔향이론)

잔향시간 $RT = K \dfrac{V}{A}$ 에서

RT : 잔향시간(sec)
K : 비례상수(0.162)
V : 실의 용적(m³)
A : 흡음력 = $\overline{\alpha}$(평균흡음률) × S(실내표면적)(m²)

∴ $RT = 0.162 \times \dfrac{5,000}{500} = 1.6$초

3. 열용량에 관한 설명으로 옳지 않은 것은?

① 열용량이 큰 물체는 일반적으로 비열이 작다.
② 열용량이 큰 물체로 둘러싸인 실은 시간지연 효과가 상대적으로 크다.
③ 열용량이 큰 물체는 온도를 올리기 위해 보다 많은 열량을 필요로 한다.
④ 열용량이 큰 물체는 가열된 후 식는 데에도 상대적으로 시간이 많이 소요된다.

[해설] 열용량이 큰 물체는 일반적으로 비열이 크다.
※ 열용량과 열량
① 열용량[C] ≧ 질량[kg] × 비열[kJ/kg℃] = $m \cdot c$ [kJ/℃]
② 열량[Q] = 열용량[kJ/℃] × 온도차[℃]
→ 열량[Q] = 질량[kg] × 비열[kcal/kg℃] × 온도차[℃]
   = $m \cdot c \cdot \Delta t$ [kcal]
   = 질량[kg] × 비열[kJ/kg℃] × 온도차[℃]
   = $m \cdot c \cdot \Delta t$ [kJ]

Q : 열량(kJ), m : 질량(kg)
c : 비열(kJ/kg℃), Δt : 온도차(℃ 또는 K)

4. 전기히터를 사용하여 습공기를 가열할 경우에 관한 설명으로 옳은 것은?

① 습구온도와 절대습도가 낮아진다.
② 건구온도는 높아지고 엔탈피는 일정하다.
③ 절대습도는 일정하고 상대습도는 낮아진다.
④ 절대습도는 높아지고 상대습도는 일정하다.

[해설] 습공기를 가열하면 상대습도는 낮아지고, 습공기를 냉각하면 상대습도는 높아진다.
→ 절대습도의 변화는 없다.
※ 습공기선도상에서 건구온도가 일정할 경우 상대습도가 높을수록 절대습도는 높아진다.

5. 어떤 실의 난방부하를 계산한 결과 현열부하 q_s = 15kW, 잠열부하 q_L = 3kW였다. 실내 송풍량을 10,000kg/h라 하면 이때 필요한 취출공기의 온도는? (단, 실내조건은 실내온도 20℃, 상대습도 50%이며, 공기의 정압비열은 1.01kJ/kg·K이다.)

① 25.3℃ ② 26.3℃
③ 27.5℃ ④ 29.2℃

정답 1. ① 2. ③ 3. ① 4. ③ 5. ①

[해설] 송풍량과 송풍온도 결정

$q_s = GC(t_d - t_i)$ [kJ/h]

q_s : 실의 현열부하[kJ/h]
G : 송풍량[kg/h]
C : 공기의 정압비열[1.01kJ/kg·K]
t_d : 취출공기온도[℃]
t_i : 실내공기온도[℃]

∴ $t_d = \dfrac{q_s}{GC} + t_i = \dfrac{15 \times 3,600}{10,000 \times 1.01} + 20 = 25.3$

[주] ※ $G(\text{kg/h}) = \rho(1.2\text{kg/m}^3) \cdot Q(\text{m}^3/\text{h}) = 1.2Q(\text{kg/h})$
※ $1W = 1J/s = 3,600J/h = 3.6kJ/h$

6. 단면적이 214cm²인 배관에 매분 4.5m³의 물이 흐를 경우, 물의 속도를 계산하면 얼마인가?

① 0.00024m/sec   ② 0.014m/sec
③ 3.5m/sec   ④ 4.5m/sec

[해설] $Q = Av$ 에서 $v = \dfrac{Q}{A}$

단면적 : A [m²], 유속 : v [m/s], 유량 : Q [m³/s]

$v = \dfrac{Q}{A} = \dfrac{\frac{4.5}{60}}{\frac{214}{10,000}} = 3.5 \text{m/s}$

7. TAC 온도에 관한 설명으로 옳지 않은 것은?

① 기간부하를 계산할 경우에 이용한다.
② 에너지 효율적 이용을 위한 것이다.
③ TAC는 Technical Advisory Committee의 약자이다.
④ 위험률 2.5%란 확률적으로 2.5%에 해당하는 시간은 설계용 외기온도를 벗어난다는 것을 의미한다.

[해설] TAC온도
냉·난방 설계용 외기온도를 결정할 때 냉·난방기간 중 외기 설정온도 밖으로 벗어나는 비율(%)로 정한 온도

※ 위험률(TAC)
열원설비의 용량을 산정하기 위해서는 냉·난방부하 계산을 하여야 하며 이를 위해서는 설계용 외기온도가 필요하다. 연중 가장 더운 시간 또는 추운 시간의 외기온도를 부하계산에 적용하면 설비용량이 과대해질 우려가 있으므로 부하계산에서는 최고 또는 최저온도의 피크 값을 일정비율 제외한 외기온도를 사용하게 되는데, 피크 값을 제외시키는 비율을 위험률(TAC)이라고 한다.

8. 습공기의 엔탈피에 관한 설명으로 옳지 않은 것은?

① 현열은 온도의 변화에 따라 출입하는 열로 공기의 정압비열에 온도를 곱해서 구한다.
② 잠열은 상태의 변화에 따라 출입하는 열로 수증기의 증발잠열에 절대습도를 곱해서 구한다.
③ 20℃일 때 건공기의 엔탈피를 100으로 하여 습공기 1kg이 지니고 있는 열량으로 나타낸다.
④ 건조공기가 그 상태에서 가지고 있는 현열과 동일한 온도에서 수증기가 갖고 있는 잠열과의 합이다.

[해설] 습공기 엔탈피는 공기가 갖는 전열량으로 현열[$C_{pa} \cdot t$]과 잠열[$(\gamma_0 + C_{pw} \cdot t) \cdot x$]의 합이다.

9. 다음과 같은 조건에 있는 실의 필요환기량은?

[조 건]
• 실내 발열량 300,000W
• 실내온도 33℃, 외기온도 27℃
• 공기의 비열 1.21kJ/m³·K

① 124,420m³/h   ② 148,760m³/h
③ 182,624m³/h   ④ 196,640m³/h

[해설] 발열량에 의한 환기량 계산

$Q = \dfrac{H_s}{C_p \times \rho \times (t_i - t_0)}$ 에서

먼저, $1W = 1J/s = 3,600J/h = 3.6kJ/h$이므로
$300,000W \times 3.6kJ/h = 10,440$

∴ $Q = \dfrac{H_s}{C_p \times \rho \times (t_i - t_0)}$

$= \dfrac{1,080,000kJ/h}{1.01kJ/kg \cdot K \times 1.2kg/m^3 \times (33-27)K}$

$= 148,760 m^3/h$

정답 6. ③ 7. ① 8. ③ 9. ②

Industrial Engineer Building Facilities

10. 복사난방에 관한 설명으로 옳지 않은 것은?

① 실내 상하의 온도차가 작다.
② 증기난방에 비하여 쾌적감이 높다.
③ 열용량이 작아 간헐난방에 적합하다.
④ 외기 침입이 있는 곳에서도 난방감을 얻을 수 있다.

[해설] 복사난방은 구조체를 가열하므로 열용량이 커서 방열량 조절이 어려우며, 간헐난방에는 부적합하다.

11. clo는 다음 중 어느 것을 나타내는 단위인가?

① 착의량 ② 대사량
③ 복사열량 ④ 수증기량

[해설] 1clo의 조건
 ㉠ 기온 21.2℃, 상대습도 50%, 기류 0.1m/s의 실내에서 착석, 휴식 상태의 쾌적 유지를 위한 의복의 열저항을 1clo로 하고 있다.
 ※ 1clo = 6.5W/m²·K(5.6Kcal/m²h℃)의 열관류율 값(또는 0.155m²·K/W의 열관류저항 값)에 해당하는 단열성능을 나타낸다.
 ㉡ 실온이 약 6.8℃ 내려갈 때마다 1clo의 의복을 겹쳐 입는다.
 ㉢ 착의량의 총 clo값은 각각의 clo값을 합산한 후 0.82를 곱한 값이 된다.
  착의량의 총 clo = $0.82 \times \sum$(각 의복의 clo)
 ☞ 착의 상태(의복의 단열값, clo)

12. 실의 체적이 20m³이고 환기량이 60m³/h일 때, 이 실의 환기횟수는?

① 1.2회/h ② 3회/h
③ 12회/h ④ 30회/h

[해설] 환기량(Q)
 $Q = nV$
 Q : 환기량(m³/h)
 n : 환기회수(회/h)
 v : 실용적(m³)
 $n = \dfrac{Q}{V} = \dfrac{60}{20} = 3$회/h

13. 다음이 공기조화방식 중 전공기방식에 해당하는 것은?

① 유인 유닛방식 ② 멀티존 유닛방식
③ 패키지 유닛방식 ④ 팬코일 유닛방식

[해설] 열매의 종류에 의한 공기조화 방식의 분류
 ㉠ 전공기식(공기) : 단일덕트방식(정풍량방식, 변풍량방식), 이중덕트방식, 멀티존유닛방식, 각층유닛방식
 ㉡ 공기·수식(공기+물) : 유인유닛방식, 팬코일유닛방식(외기덕트병용), 복사냉난방방식(외기덕트병용)
 ㉢ 전수식(물) : 팬코일유닛방식, 복사냉난방방식
 ㉣ 냉매식 : 패키지형방식

14. 급수방식 중 수도직결방식에 관한 설명으로 옳지 않은 것은?

① 급수압력이 일정하다.
② 고층으로의 급수가 어렵다.
③ 정전으로 인한 단수의 염려가 없다.
④ 위생성 측면에서 바람직한 방식이다.

[해설] 고가수조방식은 급수공급 압력이 일정하고, 취급이 용이하여 대규모 급수에 적합하다.

15. 다음은 건축설비적산 시 직접공사비 계산에 대한 설명이다. ( ) 안에 들어갈 내용으로 옳은 것은?

> 공내역서에 명시된 수량과 단가에 의한 재료비와 노무비를 계산하고, 잡재료 및 소모재료비는 주재료의 ( )를 계상할 수 있으며, 공구손료는 직접 노무비의 ( )까지 계상할 수 있다.

① 1~2%, 2% ② 2~3%, 2%
③ 2~5%, 3% ④ 5~10%, 3%

[해설] 직접공사비 계산
 공내역서에 명시된 수량과 단가에 의한 재료비와 노무비를 계산하고, 잡재료 및 소모재료비는 주재료의 2~5%를 계상할 수 있으며, 공구손료는 직접노무비의 3%까지 계상할 수 있다.

정답 10. ③ 11. ① 12. ② 13. ② 14. ① 15. ③

과년도 출제문제

16. 급탕설비의 가열방식에 관한 설명으로 옳지 않은 것은?

① 직접가열식은 간접가열식보다 열효율이 높다.
② 직접가열식은 보일러 안에 스케일 부착의 우려가 있다.
③ 간접가열식은 일반적으로 규모가 큰 건물의 급탕에 사용된다.
④ 직접가열식에서 가열보일러는 난방용 보일러와 일반적으로 겸용하여 사용된다.

[해설] 중앙식 급탕법의 직접가열식과 간접가열식의 비교

구 분	직접 가열식	간접 가열식
보일러	급탕용보일러, 난방용보일러 각각 설치	난방용 보일러로 급탕까지 가능
보일러내의 스케일	많이 낀다.	거의 끼지 않는다.
보일러내의 압력	고 압	저 압
규 모	소규모 건축물	대규모 건축물
저탕조내의 가열코일	불필요	필 요

☞ 간접가열식에서 가열보일러는 난방용 보일러와 일반적으로 겸용하여 사용된다.

17. 공기조화방식 중 변풍량 방식에 사용되는 변풍량 유닛에 관한 설명으로 옳지 않은 것은?

① 바이패스형은 천장 내의 조명으로 인한 발생열을 제거할 수 있다.
② 유인형은 고압의 송풍기가 필요하고 실내의 오염물 제거 성능이 낮다.
③ 슬롯형은 송풍덕트 내의 정압제어가 필요 없고, 유닛의 소음 발생이 적다.
④ 바이패스형은 송풍동력의 절감이 어렵고, 덕트 계통의 증설이나 개설에 대한 적응성이 적다.

[해설] 교축형(슬롯형)
부하가 감소하면 내부의 콘(cone)이라 불리는 부분이 좌우로 이동하면서 기류가 통과하는 통로를 넓혔다 좁혔다 하는 작용으로 풍량을 조절하는 형식이다.

㉠ 풍량이 감소하게 되면 그와 연동되어 송풍기의 풍량도 감소되어 송풍기 동력도 절감된다.
㉡ 정풍량 기능을 가지므로 덕트계의 설계와 운전조절이 용이하다.
㉢ 덕트의 정압변화에 대응할 수 있는 정압제어가 필요하다.

18. 환기방식 중 열기나 유해물질이 실내에 널리 산재되어 있거나 이동되는 경우에 급기로 실내의 전체 공기를 희석하여 배출하는 방식은?

① 자연환기   ② 전체환기
③ 집중환기   ④ 국소환기

[해설] 환기 영역에 따른 분류
㉠ 희석 환기(전체 환기) : 어떤 특정한 실내의 공기를 환기하여 전체 공기를 신선한 공기로 대체하는 환기 방법
㉡ 국소 환기 : 오염이 생긴 장소에서 오염이 실 전반에 확산되기 전 배기하는 방법으로 가장 효율이 좋은 오염 제거 방법이다.
[예] 후드(hood), 퓸 후드(fume hood), 공장, 드래프트 챔버(실험실) 등

19. 각종 밸브에 관한 설명으로 옳지 않은 것은?

① 앵글밸브는 유체의 흐름방향을 90°로 전환시킬 수 있다.
② 글로브 밸브는 유체가 밸브내의 아래에서 위쪽으로 흐르도록 설치된다.
③ 체크밸브에서 리프트형은 수평배관 및 흐름방향이 상향인 수직배관에 사용되며, 스윙형은 수평배관에만 사용된다.
④ 게이트 밸브는 밸브를 완전히 열면 배관경과 밸브의 구경이 동일하므로 유체의 저항이 적으나, 부분 개폐 상태에서는 밸브판이 침식되어 완전히 닫아도 누설될 우려가 있다.

[해설] 체크밸브(check valve : 역지밸브)
㉠ 유체의 흐름을 한쪽 방향으로만 흐르게 할 때 쓰인다.
㉡ 리프트형(수평배관), 스윙형(수평, 수직배관)이 있다.

정답 16. ④ 17. ③ 18. ② 19. ③

20. 다음 도시기호 중에서 급수관 표시는?

① ───── ② ───·───
③ ───··─── ④ ·············

[해설] ① 배 수 관 : ─────
② 급 수 관 : ───·───
③ 우물물관 : ───··───
④ 통 기 관 : ·············

■■■ 제2과목 건축설비설계

21. 압축식 냉동기의 냉동사이클로 옳은 것은?

① 팽창밸브 – 증발기 – 압축기 – 응축기
② 압축기 – 팽창밸브 – 증발기 – 응축기
③ 증발기 – 압축기 – 팽창밸브 – 응축기
④ 응축기 – 증발기 – 압축기 – 팽창밸브

[해설] 냉동기의 냉동사이클

구 분	구성 요소
압축식 냉동기	압축기 – 응축기 – 팽창밸브 – 증발기
흡수식 냉동기	증발기 – 흡수기 – 발생기(재생기) – 응축기

22. 포집기의 종류와 그 사용 용도의 연결이 옳지 않은 것은?

① 오일 포집기 - 주유소의 배수
② 모발용 포집기 - 미용실의 배수
③ 런드리 포집기 - 치과 병원의 배수
④ 그리스 포집기 - 영업용 조리장의 배수

[해설] 특수 용도의 배수용 트랩(저집기)
㉠ 그리스 트랩 : 호텔 주방의 조리실 바닥 배수용
㉡ 가솔린 트랩 : 세차장
㉢ 플라스터(석고) 트랩 : 치과 기공실, 정형외과 기브스실
㉣ 헤어 트랩 : 이용소, 미용소
㉤ 차고 트랩(garage trap) : 차고 내의 바닥 배수용
※ 포집기(저집기) : 배수관을 막히게 하는 유지분, 모발, 섬유 부스러기 및 인화 위험 물질 등을 물리적으로 수거하기 위하여 설치하는 것

23. 스크류식 냉동기에 관한 설명으로 옳지 않은 것은?

① 증기압축식 냉동기이다.
② 구조가 간단하여 고장이 적다.
③ 왕복운동 부분이 없어서 소음 및 진동이 적다.
④ 임펠러의 원심력에 의해 냉매가스를 압축하는 형식이다.

[해설] 회전식(스크류식) 냉동기
㉠ 고가이므로 냉방 전용으로 부적합하다.
㉡ 압축비가 높은 경우에 적합하다.
㉢ 용량 제어성이 좋다
㉣ 왕복운동 부분이 없어 소음 및 진동이 적다.
㉤ 용도 : 공기 열원 히트 펌프
☞ 임펠러의 원심력에 의해 냉매가스를 압축하는 것은 터보식 냉동기이다.

24. 다음 중 위생기구에 연결되는 급수관의 접속관경으로 가장 부적합한 것은?

① 세면기 – 15mm
② 소변기(세정밸브) – 20mm
③ 대변기(세정탱크) – 15mm
④ 대변기(세정밸브) – 20mm

[해설] 세정밸브(F.V)식 대변기
㉠ 세정밸브(F.V)식의 접속 급수관경 : 최소 25mm
㉡ 세정밸브(F.V)식의 최소 필요압력 : 0.07MPa
㉢ 세정소음이 크나, 대변기의 연속사용이 가능하다.
㉣ 일반 가정용으로는 거의 사용하지 않는다.

25. 전열면적이 크고 고압 대용량에 적합하지만, 고도의 수처리가 요구되는 보일러는?

① 관류 보일러 ② 입형 보일러
③ 수관 보일러 ④ 주철제 보일러

[해설] **수관식 보일러**
㉠ 드럼과 드럼 간에 여러 개의 수관을 연결하고, 관 내에 흐르는 물을 가열하므로 온수 및 증기를 발생시킨다.
㉡ 예열시간이 짧고, 열효율이 좋으며 보유수량이 적다.
㉢ 증기발생이 빠르고 대용량이다.
㉣ 고가이며 수처리가 복잡하다.
㉤ 사용압력(1.0MPa 이상)이 연관식보다 높고, 부하변동에 대한 추종성이 높다.
㉥ 용도 : 대형건물 또는 병원이나 호텔 등, 지역난방용

26. 보일러의 실제 증발량이 2,000kg/h이고, 발생증기의 엔탈피는 2,768.8kJ/kg, 보일러에 보급되는 급수의 엔탈피는 335.2kJ/kg이다. 이 보일러의 환산증발량(상당증발량)은? (단, 100℃에서 물의 증발잠열은 2,257kJ/kg이다.)

① 약 1,000kg/h
② 약 1,078kg/h
③ 약 1,124kg/h
④ 약 2,156kg/h

[해설] $G_e = \dfrac{G_s(h_2 - h_1)}{2,257}$

$= \dfrac{2,000(2,768.8 - 335.2)}{2,257}$

$= 2,156.4 ≒ 2,156\text{kg/h}$

27. 냉각탑 주위의 배관에 관한 설명으로 옳지 않은 것은?

① 냉각탑 주위의 세균 감염에 유의하여야 한다.
② 냉각탑 입구측 배관에는 스트레이너를 설치하여야 한다.
③ 냉각수의 출입구측 및 보급수관의 입구측에 플렉시블 조인트를 설치한다.
④ 냉각탑을 중간기 및 동절기에 사용하는 경우 냉각수의 동결방지 및 냉각수온도 제어를 고려한다.

[해설] **냉각탑**
㉠ 응축기에서 냉각수가 빼앗은 열량을 냉각 순환시켜 대기 중으로 방출하기 위한 장치이다.
㉡ 냉각수 배관은 일반적으로 개방회로이다.
㉢ 펌프의 위치는 응축기 흡입 측에 설치한다.
㉣ 개방된 냉각탑의 출구 측에는 배관에 스트레이너(strainer)를 설치하여 이물질의 유입을 막는다.

28. 다음 중 대단위 아파트 단지에 지역난방을 택하는 이유와 가장 관계가 먼 것은?

① 연료관리가 합리적이다.
② 보일러의 열효율이 높다.
③ 각 세대의 개별제어가 쉽다.
④ 운전관리를 전문화시킬 수 있다.

[해설] 지역난방은 중앙식 보일러실에서 어떤 지역 내의 여러 건물에 증기 또는 고온수를 보내서 난방하는 방식으로 초기 시설 투자비가 많아지고, 열원기기의 용량 제어가 힘들며, 배관에서의 열손실이 많고, 고도의 숙련된 기술자가 필요한 것이 단점이다.

29. 다음 중 펌프의 분류상 터보형 펌프의 속하지 않는 것은?

① 마찰 펌프
② 사류 펌프
③ 볼류트 펌프
④ 디퓨져 펌프

[해설] **터보형 펌프**
케이싱 내에서 회전차(Impeller)가 회전하므로 에너지의 교환이 이루어지는 펌프이다. 회전차(Impeller)의 형상에 따라 원심식 펌프, 사류식 펌프, 축류식 펌프로 분류한다.
㉠ 원심식 펌프 : 급수, 급탕, 배수 등에 주로 사용 - 볼류트 펌프, 터빈 펌프
㉡ 사류식 펌프 : 상하수도용, 냉각수순환용, 공업용수용
㉢ 축류식 펌프 : 양정이 낮고(10m 이하) 송출량이 많은 경우

30. 유량 2m³/min, 양정 50mAq인 펌프의 축동력은? (단, 펌프의 효율은 0.6으로 한다.)

① 16.3kW
② 22.2kW
③ 25.3kW
④ 27.2kW

[해설] 펌프 축동력(L_s) $= \dfrac{WQH}{KE}$ [kW]에서

Q : 양수량(m³/min) → 2m³/min
H : 전양정(m) → 50m
W : 액체 1m³의 중량(kg/m³) → 물은 1,000kg/m³
E : 효율(%) → 60%
K : 정수(kW) → 6,120

∴ 펌프의 축동력(L_s) $= \dfrac{1,000 \times 2 \times 50}{6,120 \times 0.6} = 27.2\text{kW}$

정답 26. ④ 27. ② 28. ③ 29. ① 30. ④

31. 다음 중 원심식 송풍기에 속하지 않는 것은?

① 다익 송풍기 ② 터보 송풍기
③ 튜브형 송풍기 ④ 리밋로드 송풍기

[해설] 송풍기의 종류
  ㉠ 원심형 : 다익형(시로코팬), 터보형(후곡형), 익형, 리미트로드형, 플레이트형, 방사형
  ㉡ 축류형 : 프로펠러형, 튜브형, 베인형
  ㉢ 횡류형(관류형)

32. 공조기용 코일에 관한 설명으로 옳지 않은 것은?

① 냉수코일의 전면풍속은 2.0~3.0m/s의 범위내로 하는 것이 좋다.
② 튜브내의 유속은 1.0m/s 전후로 하는 것이 배관이나 펌프의 설비비 및 효율상 적당하다.
③ 냉수코일과 온수코일을 겸용으로 사용하는 경우, 선정은 온수코일을 기준으로 하는 것이 원칙이다.
④ 냉수코일에 부착된 응축수가 날려서 송풍기의 흡입구측으로 들어오는 것을 막기 위해 코일 출구쪽에 엘리미네이터를 설치한다.

[해설] 냉수코일과 온수코일을 겸용으로 사용하는 경우, 선정은 냉수코일을 기준으로 한다.

33. 중앙식 공기조화기에서 가습방식의 분류 중 수분무식에 속하지 않는 것은?

① 원심식 ② 분무식
③ 초음파식 ④ 적외선식

[해설] 가습방식
건조한 실내에 습도를 높이기 위한 방법으로 크게 증기식, 물분무식, 기화식으로 구분한다.
  ㉠ 증기식 : 분무식, 전열식, 전극식, 적외선식
  ㉡ 수분무식 : 노즐 분무식, 원심식, 초음파식
  ㉢ 기화식(증발식) : 적하식, 회전식, 모세관식

34. 다음의 송풍기 풍량제어법 중 축동력이 가장 적게 소요되는 것은?

① 회전수 제어 ② 흡입베인 제어
③ 흡입댐퍼 제어 ④ 토출댐퍼 제어

[해설] 송풍기의 특성곡선에서 흡입측 댐퍼를 조이거나 회전수를 감소시키면 압력과 송풍량은 감소하게 되고, 축동력은 회전수 제어가 가장 적게 소요되고 토출댐퍼가 가장 많이 소요된다.
※ 동력절감률(에너지절약)이 높은 것에서 낮은 순서 : 회전수제어(가변속제어) > 가변피치제어 > 흡인베인제어 > 흡인댐퍼제어 > 토출댐퍼제어

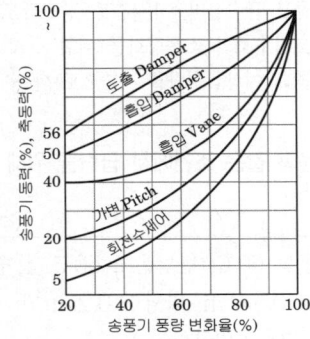

[그림] 송풍기 풍량변화율에 따른 송풍기 동력비율의 변화

35. 배관의 마찰저항에 관한 설명으로 옳은 것은?

① 유속의 제곱에 비례한다.
② 관의 길이에 반비례한다.
③ 관 내경의 제곱에 비례한다.
④ 유체의 점성이 클수록 감소한다.

[해설] 마찰손실수두(H_f)

$$H_f = \lambda \cdot \frac{L}{d} \cdot \frac{v^2}{2g} \text{ [mAq]}$$

여기서, H_f : 길이 1m의 직관에 있어서의 마찰손실수두 (mAq)
  λ : 관마찰계수(강관 0.02)
  g : 중력가속도(9.8m/sec^2)
  d : 관의 내경(m)
  L : 직관의 길이(m)
  v : 관내 평균 유속(m/s)
※ 마찰손실수두(H_f)는 관마찰계수(λ), 관의 길이(L) 및 유속(v)의 제곱에 비례하고, 관의 내경(d) 및 중력가속도(g)에 반비례한다.

정답 31. ③ 32. ③ 33. ④ 34. ① 35. ②

과년도 출제문제

36. 고가수조에 관한 설명으로 옳지 않은 것은?

① 재질로서 강판, 스테인리스, FRP 등이 사용된다.
② 정기적인 청소를 위해 중간에 칸막이를 설치할 필요가 있다.
③ 양수관, 급수관, 오버플로우관, 배수관, 통기관 등을 구비한다.
④ 고가수조의 용량은 고가수조로 송수하는 양수 펌프의 양수량과 관계가 없다.

[해설] 고가수조 용량(V)
고가수조 용량(V) = 1시간 최대예상급수량 × 1~3시간(m³)
(대규모 급수설비 : 1시간분, 중소규모 : 2~3시간분)
※ 고가수조의 소용량화를 위한 설계를 할 때는 순간 최대 예상급수량을 기준으로 할 수 있다.

37. 다음과 같은 조건에서 급탕을 위해 필요한 직접가열량은?

- 급탕온도 60℃, 반탕온도 50℃, 급수온도 10℃
- 급탕량 0.5m³/h, 반탕량 0.25m³/h
- 물의 비열 4.2KJ/kg·K

① 10,500kJ/h ② 15,000kJ/h
③ 52,500kJ/h ④ 63,000kJ/h

[해설] 급탕부하는 시간당 필요한 온수를 얻기 위해 소요되는 가열량을 말한다. 급탕온도의 온도차(Δt)는 보통 60℃를 기준으로 하며, kJ 또는 kW(kJ/s)로 나타낸다.
열량[Q] = 질량[kg] × 비열[kJ/kg·K] × 온도차[K]
= $m \cdot c \cdot \Delta t$ [kJ/h]
㉠ 급탕량[Q] = 500kg × 4.2kJ/kg·K × (60−10)K
= 105,000[kJ/h]
㉡ 반탕량[Q] = 250kg × 4.2kJ/kg·K × (50−10)K
= 42,000[kJ/h]
∴ 직접가열량 = 105,000 − 42,000 = 63,000[kJ/h]

38. 취출구의 취출기류 4영역 중 취출거리의 대부분을 차지하며, 1차공기(취출공기)가 취출풍속에 의해 도착되는 한계영역은?

① 제1영역 ② 제2영역
③ 제3영역 ④ 제4영역

[해설] 취출기류의 제3영역은 취출구로부터 더욱 멀리 떨어지면 주위 공기와 충분히 혼합되는 부분으로 취출거리의 대부분을 차지하며, 이 영역은 취출구의 종류에 따라 특성이 현저하다.
제3영역은 취출기류가 0.25m/s까지 감소되는 곳으로서 1차공기(취출공기)가 취출풍속에 의해 도착되는 한계영역이다.
※ 취출기류의 제1영역은 기류 중심부분의 속도가 취출구에서의 기류 취출속도와 동일한 구간으로 취출구에서 분출되는 공기는 아주 짧은 거리에서 속도의 변화가 없다. 이 구간의 거리는 취출구 직경(취출구 폭)의 2~6배 정도의 범위가 된다.
※ 취출기류의 제2영역은 기류 중심부분의 속도가 취출구로부터의 거리의 제곱근에 반비례하는 구간으로 천이구역이라고도 한다. 아스펙트비(aspect ratio)가 큰 취출구일수록 이 구간이 길어진다. 일반적으로 취출구 직경(취출구 폭)의 4배 정도에서 길이의 4배 정도 범위가 된다.

39. 보일러의 부속설비로서 연소실에서 연도까지 배치된 배치순서를 바르게 나타낸 것은?

① 절탄기 − 과열기 − 공기예열기
② 과열기 − 절탄기 − 공기예열기
③ 공기예열기 − 과열기 − 절탄기
④ 절탄기 − 공기예열기 − 과열기

[해설] 보일러의 부속설비의 연소실에서 연도까지의 배치순서
과열기 − 재열기 − 절탄기(급수예열기) − 공기예열기

40. 대향류 물−물 열교환기가 정상상태에서 작동 중이다. 이때 더운 물의 입·출구 온도는 90[℃]와 70[℃]이고, 찬 물의 입·출구 온도는 각각 30[℃]와 65[℃]이다. 이 열교환기의 대수평균온도차(LMTD)는 얼마인가?

① 30.5[℃] ② 31.9[℃]
③ 32.3[℃] ④ 33.5[℃]

[해설] 대수평균온도차(대향류일 때)

$$\text{MTD} = \frac{\Delta_1 - \Delta_2}{l_n \dfrac{\Delta_1}{\Delta_2}}$$

$$\therefore \text{MTD} = \frac{(90-65)-(70-30)}{l_n \dfrac{(90-65)}{(70-30)}}$$

$$= 31.9[℃]$$

정답 36. ④ 37. ④ 38. ③ 39. ② 40. ②

제3과목 건축설비관련법규

41. 건축법령에 따른 용어의 정의가 옳지 않은 것은?

① 준초고층 건축물이란 고층건축물 중 초고층 건축물이 아닌 것을 말한다.
② 건축이란 건축물을 신축·증축·개축·재축하거나 건축물을 이전하는 것을 말한다.
③ 대수선이란 건축물의 노후화를 억제하거나 기능 향상 등을 위하여 일부 증축하는 행위를 말한다.
④ 지하층이란 건축물의 바닥이 지표면 아래에 있는 층으로서 바닥에서 지표면까지 평균 높이가 해당 층 높이의 1/2 이상인 것을 말한다.

[해설] 리모델링이란 건축물의 노후화를 억제하거나 기능 향상 등을 위하여 일부 증축하는 행위를 말한다.

42. 건축물의 피난시설과 관련하여 건축물 바깥쪽으로 나가는 출구를 설치하는 경우 관람석의 바닥면적의 합계가 300m² 이상인 집회장 또는 공연장에 있어서는 주된 출구 외에 보조출구 또는 비상구를 몇 개소 이상 설치하여야 하는가?

① 1개소 이상
② 2개소 이상
③ 3개소 이상
④ 4개소 이상

[해설] 건축물 바깥쪽으로의 출구 설치 대상
문화 및 집회시설(전시장 및 동·식물원을 제외), 판매시설(도매시장·소매시장 및 상점), 장례식장, 업무시설 중 국가 또는 지방자치단체의 청사, 위락시설, 연면적이 5,000m² 이상인 창고시설, 교육연구시설 중 학교, 승강기를 설치하여야 하는 건축물

[예외] 관람석의 바닥면적의 합계가 300m² 이상인 집회장 또는 공연장은 바깥쪽으로 주된 출구 외에 보조출구 또는 비상구를 2개소 이상 설치하여야 한다.

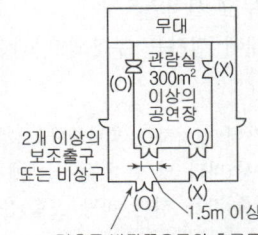

[그림] 문화 및 집회시설 등의 출구

43. 방화구획의 설치기준으로 옳지 않은 것은?

① 10층 이하의 층은 바닥면적 1,000m² 이내마다 구획할 것
② 10층 이하의 층은 스프링클러 기타 이와 유사한 자동식 소화설비를 설치한 경우에는 바닥면적 3,000m² 이내마다 구획할 것
③ 지하층은 바닥면적 200m² 이내마다 구획할 것
④ 11층 이상의 층은 바닥면적 200m² 이내마다 구획할 것

[해설] 방화구획의 기준
주요구조부가 내화구조 또는 불연재료로 된 건축물로 연면적이 1,000m²를 넘는 것은 다음의 기준에 의한 내화구조의 바닥, 벽 및 갑종방화문(자동방화셔터 포함)으로 구획하여야 한다.

건축물의 규모		구 획 기 준
10층 이하의 층		바닥면적 1,000m²(3,000m²) 이내마다 구획
3층 이상의 층, 지하층		층마다 구획(면적에 무관) [단, 지하 1층에서 지상으로 직접 연결하는 경사로 부위는 제외]
11층 이상의 층	실내마감이 불연재료의 경우	바닥면적 500m² (1,500m²) 이내마다 구획
	실내마감이 불연재료가 아닌 경우	바닥면적 200m² (600m²) 이내마다 구획

* ( ) 안의 면적은 스프링클러 등의 자동식 소화설비를 설치한 경우임.

44. 건축법령상 건축허가신청에 필요한 설계도서에 속하지 않는 것은?

① 투시도
② 배치도
③ 소방설비도
④ 건축계획서

[해설] 건축허가신청에 필요한 기본설계도서의 종류
① 건축계획서 ② 배치도 ③ 평면도
④ 입면도 ⑤ 단면도
⑥ 구조도(구조안전 확인 또는 내진설계 대상 건축물)
⑦ 구조계산서(구조안전 확인 또는 내진설계 대상 건축물)
⑧ 소방설비도

과년도출제문제

45. 다음 중 허가 대상에 속하는 용도변경은?

① 전기통신시설군 → 영업시설군으로 변경
② 근린생활시설군 → 그 밖의 시설군으로 변경
③ 교육 및 복지시설군 → 근린생활시설군으로 변경
④ 주거업무시설군 → 문화 및 집회시설군으로 변경

[해설] 허가대상 및 신고대상의 용도변경

분류	시설군
㉠ 자동차관련 시설군	• 자동차관련시설
㉡ 산업등 시설군	• 운수시설 • 창고시설 • 공장 • 위험물저장 및 처리시설 • 자원순환관련시설 • 묘지관련시설 • 장례식장
㉢ 전기통신시설군	• 방송통신시설 • 발전시설
㉣ 문화집회시설군	• 문화 및 집회시설 • 종교시설 • 위락시설 • 관광휴게시설
㉤ 영업시설군	• 판매시설 • 운동시설 • 숙박시설 • 제2종 근린생활시설 중 다중 생활시설
㉥ 교육 및 복지시설군	• 의료시설 • 교육연구시설 • 노유자시설 • 수련시설 • 야영장시설
㉦ 근린생활시설군	• 제1종 근린생활시설 • 제2종 근린생활시설 (다중생활시설은 제외)
㉧ 주거업무시설군	• 단독주택 • 공동주택 • 업무시설 • 교정 및 군사시설
㉨ 기타 시설군	• 동물 및 식물관련시설

※ 절차
1. 허가대상 : 상위시설군(오름차순)에 해당하는 용도로 변경하는 행위
2. 신고대상 : 하위시설군(내림차순)에 해당하는 용도로 변경하는 행위
3. 건축물대장 기재변경 신청 : 동일한 시설군내에서 용도변경 하는 행위

46. 녹색건축 인증의 유효기간으로 옳은 것은?

① 녹색건축 인증서를 발급한 날부터 3년
② 녹색건축 인증서를 발급한 날부터 5년
③ 녹색건축 인증서를 발급한 날부터 10년
④ 녹색건축 인증서를 발급한 날부터 15년

[해설] 녹색건축 인증기준
 ㉠ 녹색건축 인증은 해당 전문분야별로 국토교통부장관과 환경부장관이 공동으로 정하여 고시하는 인증기준에 따라 부여된 종합점수를 기준으로 심사하여야 한다.
 ㉡ 녹색건축 인증 등급은 최우수(그린1등급), 우수(그린2등급), 우량(그린3등급) 또는 일반(그린4등급)으로 한다.
 ㉢ 인증기관의 장은 지정된 전문기관에서 운영하는 일정한 교육과정을 이수한 사람이 인증대상 건축물의 설계에 참여한 경우 또는 혁신적인 설계방식을 도입한 경우 등 녹색건축 관련 기술의 발전을 위하여 필요하다고 인정하는 경우에는 국토교통부장관과 환경부장관이 공동으로 정하여 고시하는 바에 따라 가산점을 부여할 수 있다.
 ※ 녹색건축 인증의 유효기간 : 녹색건축 인증서를 발급한 날부터 5년

47. 건축물의 내부에 설치하는 피난계단의 구조에 관한 기준으로 옳지 않은 것은?

① 계단실은 창문·출입구 기타 개구부를 제외한 당해 건축물의 다른 부분과 내화구조의 벽으로 구획할 것
② 계단실에는 예비전원에 의한 조명설비를 할 것
③ 계단실의 바깥쪽과 접하는 창문등은 당해 건축물의 다른 부분에 설치하는 창문 등으로부터 2m 이상의 거리를 두고 설치 할 것
④ 계단실의 실내에 접하는 부분의 마감은 난연재료로 할 것

[해설] 건축물의 내부에 설치하는 피난계단의 계단실의 실내에 접하는 부분(바닥 및 반자 등 실내에 면하는 모든 부분)의 마감(마감을 위한 바탕 포함)은 불연재료로 할 것

정답 45. ④ 46. ② 47. ④

48. 건축물의 바닥면적 합계가 450m²인 경우 주요구조부를 내화구조로 하여야 하는 건축물이 아닌 것은?

① 의료시설
② 노유자시설 중 노인복지시설
③ 업무시설 중 오피스텔
④ 창고시설

[해설] 건축물의 2층이 단독주택 중 다중주택, 다가구주택, 공동주택, 제1종 근린생활시설(의료의 용도에 쓰이는 시설), 제2종 근린생활시설 중 다중생활시설, 의료시설, 노유자시설 중 아동관련시설, 노인복지시설 및 수련시설 중 유스호스텔, 업무시설 중 오피스텔, 숙박시설, 장례식장은 해당 용도의 바닥면적의 합계가 400m² 이상인 경우에는 주요구조부를 내화구조로 하여야 한다.
☞ 창고시설 : 해당 용도의 바닥면적의 합계가 500m² 이상

49. 건축법령상 의료시설에 속하는 것은?

① 한의원
② 요양병원
③ 치과의원
④ 동물병원

[해설] 의료행위를 하는 시설
㉠ 제1종 근린생활시설 : 의원·치과의원·한의원·침술원·안마원·접골원·조산원·산후조리원·안마원·보건소
㉡ 제2종 근린생활시설 : 안마시술소·동물병원
㉢ 의료시설 : 종합병원·병원·치과병원·한방병원·정신병원·요양병원·마약진료소

50. 거실의 반자높이를 최소 4m 이상으로 하여야 하는 대상에 속하지 않는 것은? (단, 기계환기장치를 설치하지 않은 경우)

① 종교시설의 용도에 쓰이는 건축물의 집회실로서 그 바닥면적이 200m² 이상인 것
② 위락시설 중 유흥주점의 용도에 쓰이는 건축물의 집회실로서 그 바닥면적이 200m² 이상인 것
③ 문화 및 집회시설 중 전시장의 용도에 쓰이는 건축물의 집회실로서 그 바닥면적이 200m² 이상인 것
④ 문화 및 집회시설 중 공연장의 용도에 쓰이는 건축물의 관람석으로서 그 바닥면적이 200m² 이상인 것

[해설] 거실의 반자높이

거실의 종류	반자높이	예외규정
① 일반용도의 거실	2.1m 이상	공장, 창고시설, 위험물저장 및 처리시설, 동물 및 식물 관련시설, 자원순환관련시설, 묘지관련시설
② 문화 및 집회시설(전시장 및 동·식물원 제외), 종교시설, 장례식장, 유흥주점의 용도에 쓰이는 건축물의 관람석 또는 집회실로서 바닥면적이 200m² 이상인 것	4m 이상	기계환기장치를 설치한 경우
③ '②'의 노대 아랫부분	2.7m 이상	

51. 건축물의 에너지절약설계기준상 단열계획에 대한 건축부문의 권장사항으로 옳지 않은 것은?

① 외벽 부위는 내단열로 시공한다.
② 외피의 모서리 부분은 열교가 발생하지 않도록 단열재를 연속적으로 설치한다.
③ 건물의 창 및 문은 가능한 작게 설계하고, 특히 열손실이 많은 북측 거실의 창 및 문의 면적은 최소화한다.
④ 태양열 유입에 의한 냉·난방부하를 저감할 수 있도록 일사조절장치, 태양열취득률, 창 및 문의 면적비 등을 고려한 설계를 한다.

[해설] 건축부문의 권장사항(단열계획)
㉠ 건축물 외벽, 천장 및 바닥으로의 열손실을 방지하기 위하여 기준에서 정하는 단열 두께보다 두껍게 설치하여 단열부위의 열저항을 높이도록 한다.
㉡ 외벽 부위는 외단열로 시공한다.
㉢ 발코니 확장을 하는 공동주택이나 창호면적이 큰 건물에는 단열성이 우수한 로이(Low-E) 복층창이나 삼중창 이상의 단열성능을 갖는 창호를 설치한다.
㉣ 태양열 유입에 의한 냉·난방부하를 저감할 수 있도록 일사조절장치, 태양열취득률, 창 및 문의 면적비 등을 고려한 설계를 한다.

정답 48. ④ 49. ② 50. ③ 51. ①

과년도 출제문제

52. 건축물의 냉방설비에 대한 설치 및 설계기준상 다음과 같이 정의되는 것은?

> 포접화합물(Clathrate) 이나 공융염(Eutectic Salt) 등의 상변화물질을 심야시간에 냉각시켜 동결한 후 그 밖의 시간에 이를 녹여 냉방에 이용하는 냉방설비

① 빙축열식 냉방설비
② 수축열식 냉방설비
③ 잠열축열식 냉방설비
④ 현열축열식 냉방설비

[해설] 축냉식 전기냉방설비

구 분	내 용
빙축열식 냉방설비	심야시간에 얼음을 제조하여 축열조에 저장하였다가 기타시간에 이를 녹여 냉방에 이용하는 냉방설비를 말한다.
수축열식 냉방설비	심야시간에 물을 냉각시켜 축열조에 저장하였다가 기타시간에 이를 냉방에 이용하는 냉방설비를 말한다.
잠열축열식 냉방설비	포접화합물(Clathrate)이나 공융염(Eutectic Salt) 등의 상변화물질을 심야시간에 냉각시켜 동결한 후 기타 시간에 이를 녹여 냉방에 이용하는 냉방 설비를 말한다.

53. 건축물에 설치하는 급수·배수 등의 용도로 쓰는 배관설비의 설치 및 구조에 관한 기준으로 옳지 않은 것은?

① 배관설비를 콘크리트에 묻는 경우 부식의 우려가 있는 재료는 부식방지조치를 할 것
② 건축물의 주요부분을 관통하여 배관하는 경우에는 건축물의 구조내력에 지장이 없도록 할 것
③ 승강기의 승강로 안에는 승강기의 운행에 필요한 배관설비 외에도 건축물 유지에 필요한 배관설비를 모두 집약하여 설치하도록 할 것
④ 압력탱크 및 급탕설비에는 폭발 등의 위험을 막을 수 있는 시설을 설치할 것

[해설] 급수·배수 등의 용도로 쓰는 배관설비의 설치 및 구조
㉠ 배관설비를 콘크리트에 묻는 경우 부식의 우려가 있는 재료는 부식방지 조치를 할 것
㉡ 건축물의 주요부분을 관통하여 배관하는 경우에는 건축물의 구조내력에 지장이 없도록 할 것
㉢ 승강기의 승강로 안에는 승강기의 운행에 필요한 배관설비 외의 배관설비를 설치하지 아니할 것
㉣ 압력탱크 및 급탕설비에는 폭발 등의 위험을 막을 수 있는 시설을 설치할 것

54. 층수가 15층이고, 6층 이상의 거실면적의 합계가 10,000m²인 업무시설에 설치하여야 하는 승용승강기의 최소 대수는? (단, 8인승 승강기의 경우)

① 4대   ② 5대
③ 6대   ④ 7대

[해설] 문화 및 집회시설(전시장, 동·식물원), 업무시설, 숙박시설, 위락시설의 용도 경우
3,000m² 이하까지 1대, 3,000m² 초과하는 2,000m² 당 1대를 가산한 대수로 하므로

$1 + \dfrac{10,000 - 3,000}{2,000} = 4.5 ≒ 5$대 (소수점 이하는 1대로 본다)

※ 8인승 이상 15인승 이하를 기준으로 산정하며 16인승 이상의 승강기는 2대로 산정한다.

55. 건축물 에너지효율등급 인증기관 지정의 유효기간은?

① 지정서를 발급한 날부터 3년
② 지정서를 발급한 날부터 5년
③ 지정서를 발급한 날부터 7년
④ 지정서를 발급한 날부터 10년

[해설] 건축물 에너지효율등급 인증기관 지정의 유효기간은 인증기관 지정서를 발급한 날부터 5년으로 한다.

정답 52. ③ 53. ③ 54. ② 55. ②

56. 다음 중 공동주택의 개별난방설비 설치기준으로 옳지 않은 것은?

① 보일러의 연도는 내화구조로서 공동연도로 설치할 것
② 보일러실 윗부분에는 그 면적이 최소 1.0m² 이상인 환기창을 설치할 것
③ 보일러를 설치하는 곳과 거실 사이의 경계벽은 출입구를 제외하고는 내화구조의 벽으로 구획할 것
④ 기름보일러를 설치하는 경우에는 기름저장소를 보일러실 외의 다른 곳에 설치할 것

해설 공동주택과 오피스텔의 난방설비를 개별난방 방식으로 하는 경우 보일러실의 환기
㉠ 윗부분에 0.5m² 이상의 환기창 설치
㉡ 지름 10cm 이상의 공기흡입구 및 배기구를 항상 열려진 상태로 외기와 접하도록 설치(단, 전기보일러 경우는 제외)

57. 다음 중 지능형 건축물로 인증을 받은 경우 건축법 완화적용에 해당되지 않는 것은?

① 조경설치 면적 ② 용적률
③ 건폐율   ④ 건축물의 높이

해설 허가권자는 지능형 건축물로 인증을 받은 건축물에 대하여 다음과 같이 건축기준을 완화하여 적용할 수 있다.

완화 규정	완화 기준
대지 안의 조경(법 제42조)	$\dfrac{85}{100}$ 범위 안에서 완화적용
용적률(법 제56조) 건축물의 높이(법 제60조)	$\dfrac{115}{100}$ 범위 안에서 완화적용

58. 신축 또는 리모델링하는 경우, 시간당 0.5회 이상의 환기가 이루어질 수 있도록 자연환기 설비 또는 기계환기설비를 설치하여야 하는 대상 공동주택의 최소 세대수는?

① 30세대   ② 50세대
③ 100세대 ④ 200세대

해설 공동주택 및 다중이용시설의 환기설비
신축 또는 리모델링하는 다음에 해당하는 주택 또는 건축물은 시간당 0.5회 이상의 환기가 이루어질 수 있도록 자연환기설비 또는 기계환기설비를 설치하여야 한다.
㉠ 30세대 이상의 공동주택
㉡ 주택을 주택 외의 시설과 동일건축물로 건축하는 경우로서 주택이 30세대 이상인 건축물

59. 비상용승강기의 승강장 및 승강로의 구조에 관한 기준 내용으로 옳지 않은 것은?

① 승강장은 각층의 내부와 연결될 수 있도록 할 것
② 각층으로부터 피난층까지 이르는 승강로는 단일구조로 연결하여 설치할 것
③ 옥내 승강장의 바닥면적은 비상용승강기 1대에 대하여 6m² 이상으로 할 것
④ 피난층이 있는 승강장의 출입구로부터 도로 또는 공지에 이르는 거리가 50m 이하일 것

해설 비상용승강기 승강장은 피난층이 있는 승강장의 출입구(승강장이 없는 경우에는 승강로의 출입구)로부터 도로 또는 공지에 이르는 거리가 30m 이하일 것

60. 급수·배수(配水)·배수(排水)·환기·난방 설비를 건축물에 설치하는 경우 관계전문기술자(건축기계설비기술사 또는 공조냉동기계기술사)의 협력을 받아야 하는 대상 건축물에 속하지 않는 것은? (단, 해당 용도에 사용되는 바닥면적의 합계가 2,000m²인 건축물의 경우)

① 판매시설   ② 연립주택
③ 숙박시설   ④ 유스호스텔

해설 건축설비기술사·공조냉동기계기술사의 협력을 받아야하는 에너지 대량소비 건축물 대상(바닥면적 합계 기준)
㉠ 바닥면적 합계 500m² 이상의 냉동냉장시설, 항온항습시설, 특수청정시설
㉡ 규모에 관계없이 : 아파트 및 연립주택
㉢ 500m² 이상 : 목욕장(제1종 근린생활시설), 실내수영장(운동시설)
㉣ 2,000m² 이상 : 기숙사, 병원(의료시설), 유스호스텔(수련시설), 숙박시설
㉤ 3,000m² 이상 : 연구소(교육연구시설), 업무시설, 판매시설
㉥ 10,000m² 이상 : 문화 및 집회시설(동·식물원 제외), 종교시설, 장례식장, 교육연구시설(연구소 제외)

정답 56. ② 57. ③ 58. ① 59. ④ 60. ①

과년도 출제문제

2025. 2회 건축설비산업기사

■■■ 제1과목 건축설비계획

1. 다음 중 냉난방 설계용 외기온도 설정 시 TAC 온도를 적용하는 이유와 가장 관계가 먼 것은?

① 과대 장치용량 지양
② 에너지 절약
③ 위험성 축소
④ 합리적 적용

[해설] 냉난방 설계용 외기온도 설정 시 TAC 온도를 적용하면 과대 장치용량을 지양하게 되므로 에너지 절약으로 공조설비는 축소되어 합리적 적용이 가능하나, 그에 따른 적정온도 유지가 곤란하게 되어 위험성은 증가한다.
※ ASHRAE의 TAC(Technical Advisory Committee, 온도위험률)에서는 위험률 2.5~10% 범위 내에서 설계 조건을 삼을 것을 추천하고 있다. 예를 들어 위험률 2.5%의 의미는 어느 지역의 난방시간이 4개월이라면, 이 기간 중 2.5%에 해당하는 72시간은 난방 설계 외기 조건을 초과할(낮을) 수 있다는 것을 의미한다. [추울 수 있다.]

2. 설비시스템의 공조실 공간계획에 관한 설명으로 옳지 않은 것은?

① 실의 넓이는 풍량에 따른 공기조화기의 크기와 보수, 점검을 위한 공간을 고려하여 결정한다.
② 공기조화기(AHU)를 설치하는 실로서 일반적으로 지하, 옥상, 각층 또는 몇 개층에 하나씩 설치한다.
③ 공조실이 많이 협소하여 기성품 공기조화기 설치가 불가능한 경우에는 공조실 자체를 공조기 유닛으로 하여 팬, 코일, 필터를 내장시키는 방법을 사용한다.
④ 형태상 수직형, 수평형, 복합형으로 구분되며 층고가 높고 면적이 좁을 때는 수평형을 사용하고 층고가 낮을 때는 수직형을 사용한다.

[해설] 공조실은 형태상 수직형, 수평형, 복합형으로 구분되며 층고가 높고 면적이 좁을 때는 수직형을 사용하고 층고가 낮을 때는 수평형을 사용한다.

3. 다음 공기의 성질 중 가열했을 때 변하지 않는 것은?

① 건구온도
② 습구온도
③ 절대습도
④ 상대습도

[해설] 공기를 냉각하면 상대습도는 높아지고, 공기를 가열하면 상대습도는 낮아진다. → 절대습도의 변화는 없다.

4. 열수분비를 올바르게 표현한 것은?

① $\dfrac{\text{엔탈피의 변화량}}{\text{절대습도의 변화량}}$
② $\dfrac{\text{절대습도의 변화량}}{\text{엔탈피의 변화량}}$
③ $\dfrac{\text{현열량의 변화량}}{\text{절대습도의 변화량}}$
④ $\dfrac{\text{절대습도의 변화량}}{\text{현열량의 변화량}}$

[해설] 열수분비(U)
습공기를 가습할 경우 상태변화 과정을 나타내는 요소로 엔탈피 변화량과 절대습도의 변화량에 대한 비를 말한다.

5. 다음의 냉방부하 중 현열부하만 발생하는 것은?

① 인체의 발생열량
② 유리로부터의 취득열량
③ 극간풍에 의한 취득열량
④ 실내 기구로부터의 발생열량

[해설] 냉방부하 계산
① 현열 부하만 계산 : 벽체로부터의 취득열량, 유리로부터의 취득열량, 조명 및 기기로부터의 취득열량, 재열부하, 송풍기와 덕트로부터의 취득열량
② 현열과 잠열을 동시에 계산해 주어야 할 부하요소
 ㉠ 극간풍(틈새바람)에 의한 취득열량
 ㉡ 인체의 발생열량
 ㉢ 기구로부터의 발생열량
 ㉣ 외기의 도입으로 인한 취득열량

정답 1. ③ 2. ④ 3. ③ 4. ① 5. ②

6. 다음 중 열역학 제0법칙의 설명이 맞는 것은?

① 열은 고온에서 저온으로 한 방향으로만 전달된다.
② 인위적인 방법으로 어떤 계를 절대온도 0도에 이르게 할 수 없다.
③ 전체 사이클에 걸친 열의 합이 전체 사이클의 일의 합과 같다는 것을 의미한다.
④ 두 물체의 온도가 제3의 물체의 온도와 같으면 두 물체의 온도는 동일하다.

[해설] ① : 열역학 제2법칙
② : 열역학 제3법칙
③ : 열역학 제1법칙

7. 내경 50mm인 급수관에 물이 1.5m/sec로 흐르고 있을 때 유량은?

① 약 152 L/min ② 약 177 L/min
③ 약 194 L/min ④ 약 212 L/min

[해설] $Q = Av = \dfrac{\pi d^2}{4} \times v = \dfrac{3.14 \times 0.05^2}{4} \times 1.5$
$= 0.0029 \, [\text{m}^3/\text{s}] = 0.1766 \, [\text{m}^3/\text{min}] ≒ 177 \, [\text{L/min}]$

8. 10m×8m×3m의 크기의 강의실의 환기회수가 1.2회/h 일 때, 이 실의 환기량은? (단, 공기의 밀도는 1.2kg/m³ 이다.)

① 240.0kg/h ② 288.0kg/h
③ 345.6kg/h ④ 468.8kg/h

[해설] 환기량(Q)
$Q = nV$
　Q : 환기량(m³/h)
　n : 환기회수(회/h)
　v : 실용적(m³)
$Q = 1.2$회/h$\times (10 \times 8 \times 3) \text{m}^3 = 288 \text{m}^3/\text{h}$
∴ $288 \text{m}^3/\text{h} \times 1.2 \text{kg/m}^3 = 345.6 \text{kg/h}$

9. 온수난방에 대한 설명으로 옳은 것은?

① 온수순환펌프는 반드시 진공펌프를 사용한다.
② 증기난방보다 열용량이 적으므로 예열시간이 짧다.
③ 증기난방과는 달리 배관의 신축은 고려하지 않아도 된다.
④ 증기난방에 비하여 난방부하 변동에 따른 온도조절이 용이하다.

[해설] 온수난방
현열을 이용한 난방방식으로, 100℃ 이상은 고온수난방, 이하는 보통온수난방으로 한다.
① 장점
　㉠ 난방부하의 변동에 따라 온수온도와 온수의 순환량 조절이 쉽다.
　㉡ 현열을 이용한 난방이므로 증기난방에 비해 쾌감도가 높다.
　㉢ 방열기 표면 온도가 낮으므로 표면에 붙은 먼지의 연소에 의한 불쾌감이 없다.
　㉣ 난방을 정지하여도 난방효과가 지속된다.
　㉤ 보일러 취급이 용이하고 안전하다.
② 단점
　㉠ 예열시간이 길다.
　㉡ 증기난방에 비해 방열면적과 배관경이 커야 하므로 설비비가 많다.
　㉢ 열용량이 크므로 온수 순환 시간이 길다.
　㉣ 한랭시, 난방 정지시 동결이 우려된다.

10. 다음 공기조화방식 중 냉매방식에 속하는 것은?

① 룸 쿨러방식
② 단일덕트방식
③ 멀티존 유닛방식
④ 팬코일 유닛방식

[해설] 냉매식
패키지형 방식, 룸 쿨러 방식, 멀티유니트 방식

11. 공기조화방식 중 2중덕트방식에 관한 설명으로 옳지 않은 것은?

① 혼합상자에서 소음과 진동이 생긴다.
② 덕트가 2개의 계통이므로 설비비가 많이 든다.
③ 냉·온풍의 혼합손실이 없으므로 에너지 절약적이다.
④ 부하특성이 다른 다수의 실이나 존에도 적용할 수 있다.

[해설] 이중덕트방식(double duct system)
전공기방식에 속하며, 냉풍과 온풍을 각각 별개의 덕트를 통해 각 실이나 존으로 송풍하고, 냉·난방 부하에 따라 냉풍과 온풍을 혼합상자에서 혼합하여 취출시키는 공기조화 방식이다.
냉·온풍의 혼합으로 인한 혼합손실이 있어서 에너지 다소비형 방식이다.

12. 벽체의 크기가 4m×5m, 두께가 200mm인 콘크리트벽의 실내측 표면온도가 20℃, 실외측 표면온도 10℃일 때 실내 공기와 실내측 표면 사이의 전달열량은? (단, 실내온도는 22℃, 실외온도 5℃, 내표면 열전달률 α_i = 8W/m²·K, 외표면열전달률 α_0 = 20W/m²·K이다.)

① 320W
② 640W
③ 1,600W
④ 3,200W

[해설] 구조체를 통한 열전달량
$$Q = 8 \times (4 \times 5) \times (22-20) = 320W$$

13. 겨울철 벽체의 표면결로 방지 대책으로 옳지 않은 것은?

① 실내의 환기횟수를 줄인다.
② 실내의 발생 수중기량을 줄인다.
③ 벽체의 실내측 표면온도를 높인다.
④ 벽체의 단열결함 부위와 열교발생 부위를 줄인다.

[해설] 표면결로
1) 실내의 습기가 내벽, 최상층의 천장, 유리창과 같은 저온의 실내측 표면에 닿아 이슬이 맺히는 현상으로 공기의 포화절대습도가 노점온도보다 낮게 될 때 초과 수중기량이 벽체 표면에서 응축되어 발생한다.
2) 표면결로 원인 : 실내 습기 발생, 실내 환기량 부족, 벽체의 단열성 부족
3) 표면결로 방지대책
㉠ 실내의 환기량을 늘인다.
㉡ 벽체 표면온도를 접촉하고 있는 공기의 노점온도보다 높게 한다.
㉢ 직접가열이나 기류 촉진에 의해 표면온도를 상승시킨다.
㉣ 수증기 발생이 많은 부엌이나 화장실에 배기구나 배기팬을 설치한다.
㉤ 실내의 벽이나 천장을 방습층으로 시공한다.
㉥ 구조재의 단열이 취약한 부분을 없도록 한다.

14. 정풍량시스템에 비하여 변풍량시스템을 적용할 경우 설비기기의 용량을 작게 할 수 있는 이유로 가장 알맞은 것은?

① 침입외기의 영향을 적게 받기 때문이다.
② 외벽의 관류열부하가 감소하기 때문이다.
③ 실내 토출공기의 혼합손실을 감소시키기 때문이다.
④ 동시부하율을 고려하여 기기의 용량을 결정하기 때문이다.

[해설] 정풍량시스템에 비하여 변풍량시스템을 적용할 경우 동시사용률을 고려하여 기기용량을 결정할 수 있으므로 설비용량을 적게 할 수 있다.

15. 다음 중 주광률을 가장 올바르게 설명한 것은?

① 복사로서 전파하는 에너지의 시간적 비율
② 시야 내에 휘도의 고르지 못한 정도를 나타내는 값
③ 실내의 조도가 옥외의 조도 몇 %에 해당하는가를 나타내는 값
④ 빛을 발산하는 면을 어느 방향에서 보았을 때 그 밝기를 나타내는 정도

[해설] 주광률(Daylight factor : DF)
㉠ 실내의 조도를 채광에 의해서 얻는 경우 야외의 주광 조도는 시시각각으로 변화하므로 실내의 조도도 이에 따라 변한다. 채광 설계에 있어서 이와 같이 변화하는 조도를 실내밝기의 기준으로 하는 것은 불합리하므로 이에 대신하는 것으로서 주광률이 사용된다.
㉡ 주광률은 실내의 조도가 옥외의 조도 몇 %에 해당하는가를 나타내는 값
$$DF = \frac{\text{실내한지점의 작업면조도}(E)}{\text{실외의 수평면조도(설계용 전천공조도)}(E_S)} \times 100(\%)$$

16. 전공기 방식에 관한 설명으로 옳지 않은 것은?

① 덕트 스페이스가 필요하다.
② 중간기에 외기냉방이 불가능하다.
③ 단일덕트방식 각층 유닛방식 등이 있다.
④ 실내에 배관으로 인한 누수의 우려가 없다.

[해설] 전공기 방식(all air system)
① 종류 : 단일덕트방식(정풍량방식, 변풍량방식), 이중덕트방식, 멀티존유닛방식, 각층유닛방식
② 장점
  ㉠ 송풍량이 많아 실내공기오염이 적다.
  ㉡ 중간기에 외기냉방이 가능하다.
  ㉢ 실내유효면적 증가
  ㉣ 실내에 배관으로 인한 누수의 염려가 없다.
  ㉤ 폐열회수장치 사용이 용이하다.(전열교환기 등의 설치)
③ 단점
  ㉠ 큰 덕트 스페이스가 필요하다.
  ㉡ 팬의 소요동력(반송동력)이 크다.
  ㉢ 공조실이 넓어야 한다.

17. 그림과 같은 배관도에서 엘보와 티의 수량은?

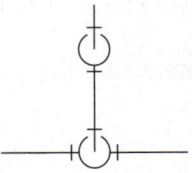

① 엘보 2개, 티 1개
② 엘보 2개, 티 2개
③ 엘보 3개, 티 1개
④ 엘보 3개, 티 2개

[해설] 평면도를 입체도(겨냥도)로 그려보면 다음과 같으며 엘보 3개, 티 1개이다.

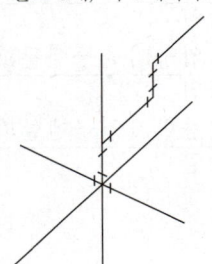

18. 급수설비에서 크로스 커넥션의 방지 대책으로 가장 알맞은 것은?

① 설비 내에 버큠 브레이커 및 역류방지 장치를 부착한다.
② 관내 유속을 억제하고, 설비 내에 써지 탱크(surge tank) 및 안전밸브를 설치한다.
③ 배관 계통별로 색깔을 구분하여 오접합을 방지하며 통수시험에 의해 체크한다.
④ 수평배관에는 공기나 오물이 정체하지 않도록 하며, 어쩔 수 없이 공기정체가 일어나는 곳에는 공기빼기 밸브를 설치한다.

[해설] 세정밸브형 대변기에는 급수오염(크로스 커넥션, cross connection)을 방지하기 위하여 진공방지기(vacuum breaker), 토수구 등을 설치하여 역사이펀 작용을 방지한다.

19. 환기 방식 중 정확한 환기량과 급기량 변화에 의해 실내압을 정압 또는 부압으로 유지할 수 있는 것은?

① 자연환기 방식
② 급기팬과 배기팬의 조합
③ 급기팬과 자연배기의 조합
④ 자연급기와 배기팬의 조합

[해설] 제1종 환기(압입흡출병용방식)
배기량과 급기량의 변화에 의해 실내압을 정압(+) 또는 부압(-)으로 유지할 수 있어 실내외의 압력차가 없는 가장 양호한 환기법이다. 설비비, 운전비가 비싸다.

20. 덕트에 대한 설명으로 옳은 것은?

① 저속덕트와 고속덕트는 주덕트내 풍속 25m/s를 기준으로 구분한다.
② 장방형 덕트는 주로 고속덕트에, 원형 덕트는 저속덕트에 사용한다.
③ 덕트의 치수 결정법 중 등마찰손실법은 덕트 내의 풍속을 일정하게 유지할 수 있도록 덕트치수를 결정하는 방법이다.
④ 같은 양의 공기가 덕트를 통해 송풍될 때 풍속을 높게 하면 덕트의 단면치수가 작아도 되므로 설치 스페이스를 적게 차지한다.

[해설] ① 저속덕트와 고속덕트는 주덕트내 풍속 15m/s를 기준으로 구분한다.
② 장방형 덕트는 주로 저속덕트에, 원형 덕트는 고속 덕트에 사용한다.
③ 등마찰손실법은 덕트 내의 정압(마찰손실)을 일정하게 유지할 수 있도록 덕트치수를 결정하는 방법이다.

■■■ 제2과목 건축설비설계

21. 흡수식 냉동기에서 동작물질로 물과 LiBr을 사용할 경우 냉매의 역할을 하는 것은?

① LiBr
② 물
③ NH_3
④ $LiBr+H_2O$

[해설] 흡수식 냉동기의 냉매와 흡수액
㉠ 냉매 : 물(H_2O), 암모니아(NH_3)
㉡ 흡수액 : 브롬화리튬(LiBr), 물(H_2O)

22. 히트펌프에 관한 설명으로 옳지 않은 것은?

① 1대의 기기로 냉방과 난방을 겸용할 수 있다.
② 냉동사이클에서 응축기의 방열을 난방에 이용한다.
③ 냉동기의 성적계수가 히트펌프의 성적계수보다 1만큼 크다.
④ 히트펌프의 성적계수를 향상시키기 위해 지열 등을 이용할 수 있다.

[해설] 히트펌프(Heat Pump)
㉠ 낮은 온도의 열원으로부터 높은 온도의 열로 펌프하듯 끌어올려 이용할 수 있기 때문에 히트펌프라고 한다.
㉡ 압축기를 동력원으로 압축→응축→팽창→증발의 사이클로 순환
㉢ 여름엔 냉방용으로 운전, 겨울철에는 냉매의 흐름 방향을 바꾸어 난방용으로 운전
㉣ 냉매의 흐름이 바뀌면, 증발기는 응축기로, 응축기는 증발기로 그 기능이 변환
※ 열펌프를 이용한 성적계수(COP_h)가 냉동기로 이용한 성적계수(COP_c)보다 1만큼 크다.
$COP_h = COP_c + 1$
☞ EHP(Electric Heat Pump)는 압축식 냉동기의 원리를 이용한 열펌프이다.

23. 보일러의 실제 증발량이 1,000kg/h이고, 발생증기의 엔탈피는 2,768.8kJ/kg, 보일러에 보급되는 급수의 엔탈피는 335.2kJ/kg이다. 이 보일러의 환산증발량(상당증발량)은?(단, 100℃에서 물의 증발잠열은 2,257kJ/kg이다.)

① 약 1,000kg/h
② 약 1,078kg/h
③ 약 1,124kg/h
④ 약 1,152kg/h

[해설] 환산증발량(상당증발량, equivalent evaporation) G_e[kg/h]
환산증발량이란 발생열량, 즉 보일러에서 1시간당 받아들인 열량을 100℃의 수증기량 G_e[kg/h]로 환산한 것을 말한다.

$$G_e = \frac{G_s(h_2 - h_1)}{2,257} \text{ [kg/h]}$$

여기서,
G_e : 발생 수증기량[kg/h]
h_2 : 발생 증기의 엔탈피[kJ/kg]
h_1 : 보일러 입구에서 물의 엔탈피(급수의 엔탈피) [kJ/kg]
γ : 100℃에서 물의 증발잠열(2,257kJ/kg)

$$\therefore G_e = \frac{G_s(h_2 - h_1)}{2,257}$$
$$= \frac{1,000(2,768.8 - 335.2)}{2,257}$$
$$= 1,078.25 ≒ 1,078\text{kg/h}$$

24. 몰리에르 선도상에서 히트펌프의 난방시 성적계수를 산정하는 식은?

① $\dfrac{\text{증발기 출구엔탈피} - \text{증발기 입구엔탈피}}{\text{압축일}}$

② $\dfrac{\text{응축기 입구엔탈피} - \text{응축기 출구엔탈피}}{\text{압축일}}$

③ $\dfrac{\text{압축기 입구엔탈피} - \text{압축기 출구엔탈피}}{\text{압축일}}$

④ $\dfrac{\text{응축기 출구엔탈피} - \text{증발기 입구엔탈피}}{\text{압축일}}$

정답 21. ② 22. ③ 23. ② 24. ②

[해설] 열 펌프의 성적계수

$$\epsilon_h = \frac{\text{응축기의 방출 열량}}{\text{압축일}}$$

$$= \frac{q+AL}{AL} = \frac{q}{AL} + 1$$

∴ 열펌프의 성적계수(COP_h)는 냉동기의 성적계수 (COP_c)보다 1만큼 크다.

※ 몰리에르 선도상에서 히트펌프의 난방시 성적계수 산정식

$$= \frac{\text{응축기 입구엔탈피} - \text{응축기 출구엔탈피}}{\text{압축일}}$$

25. 다음 중 공기여과기용 에어필터의 선정 시 고려사항과 가장 거리가 먼 것은?

① 압력손실
② 필터의 중량
③ 분진포집 효율
④ 적용분진 입자경

[해설] 에어필터(air filter, 공기여과기) 선정 시 고려사항
㉠ 분진포집 효율을 기준으로 에어필터 종류
㉡ 적용분진 입자경 – HEPA필터에서는 프리필터(Prefilter)를 2단으로 선정
㉢ 에어필터 통과면의 풍속 – 2.5m/s로 선정
㉣ 치수, 공기저항치 결정
㉤ 에어필터 압력손실 – 초기 공기 저항치의 1.5~2배

26. 다음 중 에어와셔에 엘리미네이터(eliminator)를 설치하는 이유로 가장 알맞은 것은?

① 기내의 기류분포를 고르게 하기 위해
② 섬유 등의 먼지를 효율적으로 제거하기 위해
③ 공기의 감습이 효과적으로 이루어지게 하기 위해
④ 분무된 물방울이 밖으로 나가지 못하도록 하기 위해

[해설] 엘리미네이터(eliminator)
㉠ '통과 공기 중의 물방울이 공기 세정기에서 빠져나가는 것을 방지
㉡ 4~6번 접은 아연, 철판, 염화비닐 코팅판 등을 이용
※ 수분무의 경우 가습효율이 낮고 물방울이 비산하기 때문에 엘리미네이터를 설치하여 사용한다.
☞ 엘리미네이터는 수분무식 가습기 경우 물을 직접 공기 중에 분무하여 가습하므로 대용량에 적합하지 않고 정밀한 가습이 어려우므로 가습량이 많지 않고 제어범위가 비교적 넓어도 무방한 곳에 사용한다.

27. 다음과 같은 조건에 있는 증기난방 방식의 건물에서 보일러의 정격출력은?

[조 건]
㉠ 방열기의 상당방열면적(EDR) : 1,000m²
㉡ 급탕량 : 2,000L/h
㉢ 급탕온도 : 70℃, 급수온도 : 10℃
㉣ 온수비열 : 4.2kJ/kg·K
㉤ 배관부하 : 난방과 급탕부하 합계의 20%
㉥ 예열부하 : 상용출력의 25%

① 994.5kW
② 1,344kW
③ 1,642.5kW
④ 1,760kW

[해설] 정격출력=난방부하+급탕부하+배관부하+예열부하
㉠ 난방부하=1,000m²×0.756kW/m²=756kW
㉡ 급탕부하=2,000kg/h×4.2kJ/kg·K×(70−10)K
=504,000kJ/h=140kW
㉢ 배관부하=(㉠+㉡)×0.2=896×0.2=179.2kW
㉣ 예열부하=(㉠+㉡+㉢)×0.25=268.8kW
∴ 정격출력=㉠+㉡+㉢+㉣이므로 1,344kW가 된다.

28. 펌프의 회전수 제어 시 펌프의 회전수 20% 증가시키면 유량은 얼마나 증가하겠는가?

① 10%
② 20%
③ 44%
④ 78%

[해설] 펌프의 상사법칙
펌프의 양수량은 임펠러의 회전수에 비례하고, 양정은 회전수의 제곱에 비례하며, 축동력은 회전수의 세제곱에 비례한다.
• 펌프의 회전수($N_1 \to N_2$)로 변할 때 또는 임펠러의 직경($D_1 \to D_2$)로 변할 때

㉠ 유량(Q) : $Q_2 = Q_1 \dfrac{N_2}{N_1} = Q_1 \left(\dfrac{D_2}{D_1}\right)^3$

㉡ 양정(H) : $H_2 = H_1 \left(\dfrac{N_2}{N_1}\right)^2 = H_1 \left(\dfrac{D_2}{D_1}\right)^2$

㉢ 동력(L) : $L_2 = L_1 \left(\dfrac{N_2}{N_1}\right)^3 = L_1 \left(\dfrac{D_2}{D_1}\right)^5$

☞ 펌프의 양수량(유량)은 임펠러의 회전수에 비례하므로 20% 증가한다.

정답 25. ② 26. ④ 27. ② 28. ②

29. 동일 송풍기에서 회전수를 2배로 했을 경우 풍량, 정압 및 소요동력의 변화량으로 옳은 것은?

① 풍량 2배, 정압 4배, 소요동력 8배
② 풍량 2배, 정압 8배, 소요동력 4배
③ 풍량 4배, 정압 2배, 소요동력 8배
④ 풍량 4배, 정압 8배, 소요동력 2배

해설 송풍기 회전수($N_1 \to N_2$) [송풍기의 법칙]
㉠ 풍량 : 회전수비에 비례하여 변화한다.
㉡ 정압 : 회전수비의 2제곱에 비례하여 변화한다.
㉢ 동력 : 회전수비의 3제곱에 비례하여 변화한다.
∴ 동일 송풍기에서 회전수를 2배로 했을 경우 풍량은 2배, 정압은 4배, 동력은 8배 변화한다.

30. 용량이 386kW인 터보 냉동기에 순환되는 냉수량은? (단, 냉각기 입구의 냉수온도 12℃, 출구의 냉수온도 6℃, 물의 비열 4.2kJ/kg·K)

① 약 46m³/h ② 약 55m³/h
③ 약 231m³/h ④ 약 332m³/h

해설 순환수량(Q_W)[L/min]

$$Q_W = \frac{H_{CT}}{60 C \Delta t} \text{[L/min]}$$

H_{CT} : 냉동기용량
C : 비열(4.19kJ/kg·K)
Δt : 냉각수의 냉각탑의 출입구 온도차(℃)
먼저, 1kW = 1,000W = 860kcal/h = 1kJ/s
= 3,600kJ/h이므로
386kW = 386 × 3,600kJ/h = 1,389,600kJ/h

$$Q_W = \frac{1,389,600}{60 \times 4.2 \times (10-6)} = 919 \text{L/min}$$

= 0.919m³/min = 55.14m³/h ≒ 55m³/h

31. 대변기의 세정방식 중 플러시 밸브식에 관한 설명으로 옳지 않은 것은?

① 대변기의 연속사용이 가능하다.
② 일반 가정용으로는 사용이 곤란하다.
③ 세정음은 유수음도 포함되기 때문에 소음이 크다.
④ 레버의 조작에 의해 낙차에 의한 수압으로 대변기를 세척하는 방식이다.

해설 세정밸브식(Flush Valve)식 대변기
㉠ 접속 급수관경 25mm 이상 필요하다.
㉡ 최저 필요 수압 0.07MPa(70kPa) 이상 확보할 수 있는 경우에 사용 가능하다.
㉢ 세정소음이 크나, 대변기의 연속사용이 가능하다.
㉣ 일반 가정용으로는 거의 사용하지 않는다.

32. 축열시스템에 관한 설명으로 옳지 않은 것은?

① 심야전력의 이용이 가능하다.
② 냉동기의 용량을 감소시킬 수 있다.
③ 호텔의 공공부분과 같이 간헐운전이 심한 경우에는 적용할 수 없다.
④ 빙축열 시스템은 냉각을 위한 냉동기, 축열을 위한 빙축열조, 외부와의 열교환을 위한 열교환기 등으로 구성된다.

해설 축열시스템은 호텔의 공공부분과 같이 간헐운전이 심한 경우에 적용할 수 있다.

33. 송풍기 운전점을 A에서 B로 변환시키기 위한 방법으로 옳은 것은?

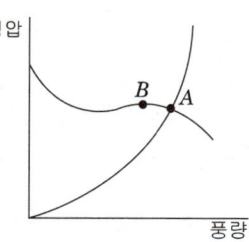

① 회전수를 높이면서 토출측 댐퍼를 조인다.
② 회전수를 낮추면서 흡입측 댐퍼를 조인다.
③ 회전수와 관계없이 흡입측 댐퍼를 조인다.
④ 회전수를 일정하게 유지하면서 토출측 댐퍼를 조인다.

[해설] 송풍기의 특성곡선에서 토출측 댐퍼를 조이면 저항이 증가하여 운전점이 A점에서 B점으로 이동하며 송풍량은 감소하고 송풍압력은 증가하게 된다.
송풍기의 특성곡선에서 흡입측 댐퍼를 조이거나 회전수를 감소시키면 압력과 송풍량은 감소하게 되고, 축동력은 회전수 제어가 가장 적게 소요되고 토출댐퍼가 가장 많이 소요된다.
※ 동력절감률(에너지절약)이 높은 것에서 낮은 순서
: 회전수제어(가변속제어) > 가변피치제어 > 흡인베인제어 > 흡인댐퍼제어 > 토출댐퍼제어

34. 고가수조의 유효용량 산정 시 기준이 되는 급수량은?

① 1일 급수량
② 시간평균예상급수량
③ 순간최대예상급수량
④ 시간최대예상급수량

[해설] 고가수조의 유효용량 산정 시 순간최대예상급수량을 기준으로 한다.

35. 급수설비에 관한 설명으로 옳은 것은?

① 펌프의 흡상 높이는 수온이 상승에 따라 높아진다.
② 급수배관을 콘크리트에 매설할 경우 주로 연관이 사용된다.
③ 급수관내 물의 흐름을 급격히 정지하면 수격 작용이 발생하기 쉽다.
④ 압력수조식 급수방법은 고가수조식 급수방법보다 유지 관리가 비교적 용이하고 고장이 적다.

[해설] ① 펌프의 흡상 높이는 수온이 상승에 따라 낮아진다.
② 급수배관시 굴곡이 많은 수도 인입관에 연관이 사용된다.
④ 압력수조식 급수방법은 고가수조식 급수방법보다 시설비 및 유지관리비가 많이 들고 고장률이 높다.

Industrial Engineer Building Facilities

36. 시간당 200L의 급탕을 필요로 하는 건물에서 전기온수기를 사용하여 급탕을 하는 경우 필요 전력은? (단, 물의 비열은 4.2kJ/kg·K, 급수온도는 10℃, 급탕온도는 60℃, 전기온수기의 가열효율은 95% 이다.)

① 11.1kW ② 11.7kW
③ 12.3kW ④ 13.5kW

[해설] ㉠ $Q = m \cdot c \cdot \Delta t$
여기서 Q : 가열량(kJ), m : 질량(kg)
c : 비열(kJ/kg℃), Δt : 온도차(℃)
∴ $Q = m \cdot c \cdot \Delta t = 200 \times 4.2 \times (60-10)$
$= 42,000$ kJ/h $= 11.67$ kJ/s
㉡ 온수기 용량 $= \dfrac{\text{가열량}}{\text{효율}} = \dfrac{11.67}{0.95} = 12.3$ kJ/s
$= 12.3$ kW

37. 길이가 10m, 내경 50mm인 원형관 속을 평균유속 2m/s로 물이 흐르고 있다. 관의 관마찰계수가 0.02일 경우 마찰손실은?

① 4kPa ② 6kPa
③ 8kPa ④ 10kPa

[해설] 압력손실수두(P_f)

$$P_f = \lambda \cdot \frac{l}{d} \cdot \frac{\rho v^2}{2} \text{[Pa]}$$

여기서, P_f : 압력손실수두(Pa)
λ : 관마찰계수(강관 0.02)
g : 중력가속도(9.8m/sec²)
d : 관의 내경(m)
ℓ : 직관의 길이(m)
v : 관내 평균 유속(m/s)
ρ : 물의 밀도(1,000kg/m³)

$P_f = 0.02 \times \dfrac{10}{0.05} \times \dfrac{1,000 \times 2^2}{2}$
$= 8,000$ [Pa] $= 8$ kPa

34. ③ 35. ③ 36. ③ 37. ③

과년도출제문제

38. 대향류형 열교환기에 물의 입출구 온도가 각각 5℃, 10℃이고, 공기의 입출구 온도가 각각 28℃, 14℃일 경우 대수 평균 온도차(MTD)는 약 얼마인가?

① 3.3℃ ② 5.0℃
③ 9.0℃ ④ 13.0℃

[해설] 대수평균온도차(대향류형일 때)

$$MTD = \frac{\Delta_1 - \Delta_2}{l_n \frac{\Delta_1}{\Delta_2}}$$

$$\therefore MTD = \frac{\Delta_1 - \Delta_2}{l_n \frac{\Delta_1}{\Delta_2}} = \frac{(28-10)-(14-5)}{l_n \frac{(28-10)}{(14-5)}} = 13℃$$

39. 에너지절감을 목적으로 사용하는 전열교환기는 어떤 열을 회수하는 장치인가?

① 복사열 ② 대류열
③ 엔탈피 ④ 엔트로피

[해설] 공조시스템의 전열교환기는 배기되는 공기와 도입 외기 사이에 공기의 교환을 통하여 배기가 지닌 열량을 회수하거나 도입외기가 지닌 열량을 제거하여 도입외기를 실내 또는 공기조화기로 공급하는 전열교환장치이다.
☞ 엔탈피 : 현열과 잠열의 합

40. 트랩이 구비해야 할 조건으로 옳지 않은 것은?

① 가동부분이 있을 것
② 자정 작용이 가능할 것
③ 기구내장 트랩의 내벽 및 배수로의 단면 형상에 급격한 변화가 없을 것
④ 봉수부의 소제구는 나사식 플러그 및 적절한 가스켓을 이용한 구조일 것

[해설] 배수트랩은 구조가 간단하며 자기세정 작용을 하여야 하며, 2중 트랩이 되지 않도록 배관하고 가동부분이 없어야 한다.

■■■ 제3과목 건축설비관련법규

41. 대형 건축물의 건축허가 사전승인 신청 시 제출도서의 종류 중 설비분야의 도서에 해당되지 않는 것은?

① 소방설비도 ② 상하수도 계통도
③ 건축설비도 ④ 주요 설비 계획

[해설] 사전승인신청시의 제출도서(규칙[별표 3])

구 분	분 야	도서의 종류
건축계획서	건 축	가. 설계설명서 나. 구조계획서 다. 지질조사서 라. 시방서
기본설계도서	건 축	가. 투시도 또는 투시도 사진 나. 평면도(주요층, 기준층) 다. 2면 이상의 입면도 라. 2면 이상의 단면도 마. 내외마감표 바. 주차장 평면도
	설 비	가. 건축설비도 나. 소방설비도 다. 상·하수도 계통도
	기 타	필요한 도면

42. 공사감리자가 필요하다고 인정하는 경우에 공사시공자로 하여금 상세시공도면을 작성하도록 요청할 수 있는 공사의 규모 기준은?

① 연면적의 합계가 3,000m² 이상인 건축공사
② 연면적의 합계가 5,000m² 이상인 건축공사
③ 연면적의 합계가 10,000m² 이상인 건축공사
④ 연면적의 합계가 12,000m² 이상인 건축공사

[해설] 상세시공도면 작성 요청
연면적 합계 5,000m² 이상인 건축공사의 공사감리자는 필요하다고 인정하는 경우 공사시공자로 하여금 상세시공도면을 작성하도록 요청할 수 있다.
※ 상세시공도면의 작성은 시공자, 검토 확인은 공사감리자의 업무사항이다.

정답 38. ④ 39. ③ 40. ① 41. ④ 42. ②

43. 건축물 내부에 설치하는 피난계단의 구조 기준으로 옳지 않은 것은?

① 계단은 내화구조로 하고 피난층 또는 지상까지 직접 연결되도록 한다.
② 계단실에는 예비전원에 의한 조명설비를 한다.
③ 계단실의 실내에 접하는 부분의 마감은 난연재료로 한다.
④ 건축물의 내부에서 계단실로 통하는 출입구의 유효너비는 0.9m 이상으로 한다.

[해설] 건축물 내부에 설치하는 피난계단의 구조에서 계단실의 마감 계단실의 실내에 접하는 부분(바닥 및 반자 등 실내에 면하는 모든 부분)의 마감(마감을 위한 바탕 포함)은 불연재료로 할 것

44. 다음의 지하층과 피난층 사이의 개방공간 설치에 관한 기준 내용 중 ( ) 안에 알맞은 것은?

> 바닥면적의 합계가 ( ) 이상인 공연장·집회장·관람장 또는 전시장을 지하층에 설치하는 경우에는 각 실에 있는 자가 지하층 각 층에서 건축물 밖으로 피난하여 옥외계단 또는 경사로 등을 이용하여 피난층으로 대피할 수 있도록 천장이 개방된 외부공간을 설치하여야 한다.

① 1,000m²　　② 2,000m²
③ 3,000m²　　④ 4,000m²

[해설] 지하층과 피난층 사이의 개방공간 설치
바닥면적의 합계가 3,000m² 이상인 공연장·집회장·관람장 또는 전시장을 지하층에 설치하는 경우에는 각 실에 있는 자가 지하층 각 층에서 건축물 밖으로 피난하여 옥외 계단 또는 경사로 등을 이용하여 피난층으로 대피할 수 있도록 천장이 개방된 외부 공간을 설치하여야 한다.

45. 다음은 건축물 에너지효율등급 인증에 관한 내용이다. ( ) 안에 해당되는 내용은?

> 건축물 에너지효율등급 인증기관의 장은 사용승인 또는 사용검사를 받은 날부터 ( )이 지난 건축물에 대해서 건축물 에너지효율등급 인증을 하려는 경우에는 건축주등에게 건축물 에너지효율 개선방안을 제공하여야 한다.

① 2년　　② 3년
③ 5년　　④ 10년

[해설] 건축물 에너지효율등급 인증기관의 장은 사용승인 또는 사용검사를 받은 날부터 3년이 지난 건축물에 대해서 건축물 에너지효율등급 인증을 하려는 경우에는 건축주등에게 건축물 에너지효율 개선방안을 제공하여야 한다.

46. 건축법상 지능형 건축물 인증제도에 관한 설명 중 가장 부적당한 것은?

① 지능형 건축물 인증기관은 국토교통부장관이 정한다.
② 지능형 건축물의 인증은 국토교통부장관에게 신청한다.
③ 지능형 건축물에 대해서는 대지 안의 조경기준에 대하여 85/100 까지 적용한다.
④ 지능형 건축물에 대해서는 용적률 기준에 대하여 115/100 범위 안에서 적용한다.

[해설] 지능형 건축물의 인증은 인증기관에 신청하여야 한다.

47. 건축물의 거실에 국토교통부령으로 정하는 기준에 따라 배연설비를 하여야 하는 대상 건축물에 속하지 않는 것은?(단, 피난층의 거실은 제외하며, 6층 이상인 건축물의 경우)

① 숙박시설　　② 판매시설
③ 위락시설　　④ 공동주택

[해설] 배연설비의 설치대상
① 6층 이상의 건축물로서 다음의 용도에 해당되는 건축물의 거실
제2종 근린생활시설 중 공연장, 종교집회장, 인터넷컴퓨터게임시설제공업소 및 다중생활시설(공연장, 종교집회장 및 인터넷컴퓨터게임시설제공업소는 해당 용도로 쓰는 바닥면적의 합계가 각각 300m² 이상인 경우), 문화 및 집회시설, 종교시설, 판매시설, 운수시설, 의료시설(요양병원 및 정신병원은 제외), 교육연구시설 중 연구소, 노유자시설 중 아동 관련시설·노인복지시설(노인요양시설은 제외), 수련시설 중 유스호스텔, 운동시설, 업무시설, 숙박시설, 위락시설, 관광휴게시설, 장례식장
[예외] 피난층인 경우
② 다음에 해당하는 용도로 쓰는 건축물
㉠ 의료시설 중 요양병원 및 정신병원·산후조리원
㉡ 노유자시설 중 노인요양시설·장애인 거주시설 및 장애인 의료재활시설
[예외] 피난층인 경우

48. 피난용승강기의 설치에 관한 기준 내용으로 옳지 않은 것은?

① 예비전원으로 작동하는 조명설비를 설치할 것
② 승강장의 바닥면적은 승강기 1대당 5m² 이상으로 할 것
③ 각 층으로부터 피난층까지 이르는 승강로를 단일구조로 연결하여 설치할 것
④ 승강장의 출입구 부근의 잘 보이는 곳에 해당 승강기가 피난용승강기임을 알리는 표지를 설치할 것

[해설] 피난용승강기 승강장의 구조
㉠ 승강장의 출입구를 제외한 부분은 해당 건축물의 다른 부분과 내화구조의 바닥 및 벽으로 구획할 것
㉡ 승강장은 각 층의 내부와 연결될 수 있도록 하되, 그 출입구에는 60+방화문 또는 60분방화문을 설치할 것. 이 경우 방화문은 언제나 닫힌 상태를 유지할 수 있는 구조이어야 한다.
㉢ 실내에 접하는 부분(바닥 및 반자 등 실내에 면한 모든 부분을 말함)의 마감(마감을 위한 바탕을 포함)은 불연재료로 할 것

㉣ 예비전원으로 작동하는 조명설비를 설치할 것
㉤ 승강장의 바닥면적은 피난용승강기 1대에 대하여 6m² 이상으로 할 것
㉥ 승강장의 출입구 부근에는 피난용승강기임을 알리는 표지를 설치할 것
㉦ 승강장의 바닥은 1/100 이상의 기울기로 설치하고 배수용 트렌처를 설치할 것
㉧ 건축물의 설비기준 등에 관한 규칙(제14조)에 따른 배연설비를 설치할 것
㉨ 소방시설 설치유지 및 안전관리에 관한 법률 시행령(제15조)에 따른 소화활동설비(제연설비만 해당)를 설치할 것

49. 건축법령상 다중주택이 갖춰야 할 요건에 속하지 않는 것은?

① 19세대 이하가 거주할 수 있을 것
② 독립된 주거의 형태를 갖추지 아니한 것
③ 1개 동의 주택으로 쓰이는 바닥면적의 합계가 660m² 이하일 것
④ 학생 또는 직장인 등 여러 사람이 장기간 거주할 수 있는 구조로 되어 있는 것

[해설] 다중주택
㉮ 학생 또는 직장인 등 여러 사람이 장기간 거주할 수 있는 구조로 되어 있는 것
㉯ 독립된 주거의 형태를 갖추지 아니한 것(각 실별로 욕실은 설치할 수 있으나, 취사시설은 설치하지 아니한 것을 말함)
㉰ 연면적이 660m² 이하이고 층수가 3층 이하인 것

※ 단독주택
㉠ 단독주택
㉡ 다중주택(연면적 660m² 이하, 3층 이하)
㉢ 다가구주택(바닥면적합계 660m² 이하, 3개층 이하, 19세대 이하)
㉣ 공관

정답 48. ② 49. ①

50. 철근콘크리트 구조로서 내화구조가 아닌 것은?

① 두께가 8cm인 바닥
② 두께가 10cm인 벽
③ 보
④ 지붕

[해설] 철근콘크리트조, 철골철근콘크리트조의 내화구조 기준
  ㉠ 벽 : 두께 10cm 이상
  ㉡ 외벽 중 비내력벽 : 두께 7cm 이상
  ㉢ 기둥 : 최소 지름이 25cm 이상
  ㉣ 바닥 : 두께 10cm 이상
  ㉤ 보, 지붕, 계단 : 두께 기준이 없다.
  ※ 철골조의 계단은 내화구조로 본다.

51. 급수, 배수, 환기 난방 등의 건축설비를 설치하는 경우 건축기계설비기술사 또는 공조냉동기계기술사의 협력을 받아야 하는 대상 건축물에 속하지 않는 것은?

① 아파트
② 기숙사로서 해당 용도에 사용되는 바닥면적의 합계가 2,000m²인 건축물
③ 판매시설로서 해당 용도에 사용되는 바닥면적의 합계가 2,000m²인 건축물
④ 의료시설로서 해당 용도에 사용되는 바닥면적의 합계가 2,000m²인 건축물

[해설] 건축설비기술사·공조냉동기계기술사의 협력을 받아야 하는 에너지 대량소비 건축물 대상(바닥면적 합계 기준)
  ㉠ 500m² 이상 : 냉동냉장시설, 항온항습시설, 특수청정시설
  ㉡ 규모에 관계없이 : 아파트 및 연립주택
  ㉢ 500m² 이상 : 목욕장(제1종 근린생활시설), 실내수영장(운동시설)
  ㉣ 2,000m² 이상 : 기숙사, 병원(의료시설), 유스호스텔(수련시설), 숙박시설
  ㉤ 3,000m² 이상 : 연구소(교육연구시설), 업무시설, 판매시설
  ㉥ 10,000m² 이상 : 문화 및 집회시설(동·식물원 제외), 종교시설, 장례식장, 교육연구시설(연구소 제외)

52. 건축물의 에너지절약설계기준에 따른 용어의 정의가 옳지 않은 것은?

① "효율"이라 함은 설비기기에 공급된 에너지에 대하여 출력된 유효에너지의 비를 말한다.
② "태양열취득률(SHGC)"이라 함은 입사된 태양열에 대하여 실내로 유입된 태양열취득의 비율을 말한다.
③ "비례제어운전"이라 함은 기기를 여러 대 설치하여 부하상태에 따라 최적 운전상태를 유지할 수 있도록 기기를 조합하여 운전하는 방식을 말한다.
④ "이코노마이저시스템"이라 함은 중간기 또는 동계에 발생하는 냉방부하를 실내 엔탈피보다 낮은 도입 외기에 의하여 제거 또는 감소시키는 시스템을 말한다.

[해설] 비례제어운전이라 함은 기기의 출력값과 목표값의 편차에 비례하여 입력량을 조절하여 최적운전상태를 유지할 수 있도록 운전하는 방식을 말한다.

53. 축냉식 전기냉방설비의 설계기준 내용으로 옳지 않은 것은?

① 열교환기는 시간당 최소냉방열량을 처리할 수 있는 용량 이상으로 설치하여야 한다.
② 자동제어설비는 축냉운전, 방냉운전 또는 냉동기와 축열조를 동시에 이용하여 냉방운전이 가능한 기능을 갖추어야 한다.
③ 축열조는 보온을 철저히 하여 열손실과 결로를 방지해야 하며, 맨홀 등 점검을 위한 부분은 해체와 조립이 용이하도록 하여야 한다.
④ 부분축냉방식의 경우에는 냉동기가 축냉운전과 방냉운전 또는 냉동기와 축열조의 동시운전이 반복적으로 수행하는데 아무런 지장이 없어야 한다.

[해설] 축냉식 전기냉방설비의 설치기준에서 열교환기는 시간당 최대냉방열량을 처리할 수 있는 용량 이상으로 설치하여야 한다. 열교환기는 보온을 철저히 하여 열손실과 결로를 방지하여야 하며, 점검을 위한 부분은 해체와 조립이 용이하도록 하여야 한다.

정답 50. ① 51. ③ 52. ③ 53. ①

54. 주거에 쓰이는 바닥면적의 합계가 550m²인 주거용 건축물의 음용수용 급수관 지름은 최소 얼마 이상이어야 하는가?

① 20mm ② 30mm
③ 40mm ④ 50mm

[해설] 주거용 건축물 급수관의 지름 기준

가구 또는 세대수	1	2~3	4~5	6~8	9~16	17 이상
급수관 최소지름	15	20	25	32	40	50

※ 가구수나 세대수가 불분명한 경우 주거에 쓰이는 바닥면적의 합계에 따라 가구수를 산정
  ㉠ 바닥면적 85m² 이하 : 1가구
  ㉡ 바닥면적 85m² 초과, 150m² 이하 : 3가구
  ㉢ 바닥면적 150m² 초과, 300m² 이하 : 5가구
  ㉣ 바닥면적 300m² 초과, 500m² 이하 : 16가구
  ㉤ 바닥면적 500m² 초과 : 17가구

구 분	기 준
① 보일러 설치위치	• 거실 외의 곳에 설치 • 보일러실과 거실 사이의 경계벽은 내화구조의 벽으로 구획(출입구 제외)
② 보일러실의 환기	• 윗부분에 0.5m² 이상의 환기창 설치 • 지름 10cm 이상의 공기흡입구 및 배기구를 항상 열려진 상태로 외기와 접하도록 설치(단, 전기보일러 경우는 제외)
③ 기름저장소	• 기름보일러의 기름저장소는 보일러실 외에 설치할 것
④ 오피스텔의 난방구획	• 방화구획으로 구획할 것
⑤ 보일러실의 연도	• 내화구조로서 공동연도로 설치할 것
⑥ 가스보일러	• 보일러실과 거실 사이 출입구는 출입구가 닫힌 경우 가스가 거실에 들어갈 수 없는 구조일 것 • 중앙집중공급방식으로 공급하는 경우에는 ①의 규정에도 불구하고 관계법령이 정하는 기준에 의함

55. 공동주택과 오피스텔의 난방설비를 개별난방방식으로 하는 경우에 관한 기준 내용으로 옳은 것은?

① 보일러의 연도는 내화구조로서 공동연도로 설치할 것
② 공동주택의 경우에는 난방구획을 방화구획으로 구획할 것
③ 보일러실의 윗부분에는 그 면적이 1m² 이상인 환기창을 설치할 것
④ 기름보일러를 설치하는 경우에는 기름저장소를 보일러실에 설치할 것

[해설] 개별난방설비 등
공동주택과 오피스텔의 난방설비를 개별난방방식으로 하는 경우에는 다음의 기준에 적합하여야 한다.

56. 건축물의 설비기준 등에 관한 규칙에 따라 피뢰설비를 설치하여야 하는 대상 건축물의 높이 기준은?

① 20m 이상 ② 30m 이상
③ 40m 이상 ④ 50m 이상

[해설] 낙뢰의 우려가 있는 건축물 또는 높이 20m 이상의 건축물 또는 공작물로서 높이 20m 이상의 공작물(건축물에 공작물을 설치하여 그 전체높이가 20m 이상인 것 포함)에는 건축물의 설비기준 등에 관한 규칙에 적합하게 피뢰설비를 설치하여야 한다.

57. 녹색건축물 인증기관의 장은 신청서와 신청서류가 접수된 날부터 며칠 이내에 인증을 처리하여야 하는가?

① 20일 ② 30일
③ 40일 ④ 60일

[해설] 인증기관의 장은 신청서와 신청서류가 접수된 날부터 40일 이내에 인증을 처리하여야 한다. 다만, 인증대상 건축물이 단독주택(30세대 미만인 경우만 해당)인 경우에는 20일 이내에 처리하여야 한다.

정답 54. ④ 55. ① 56. ① 57. ③

58. 건축물에 설치하는 지하층의 구조 및 설비에 관한 기준 내용으로 옳지 않은 것은?

① 거실의 바닥면적의 합계가 1,000m² 이상인 층에는 환기설비를 설치할 것
② 지하층의 바닥면적이 300m² 이상인 층에는 식수공급을 위한 급수전을 1개소 이상 설치할 것
③ 지하층의 비상탈출구의 유효너비는 0.75m 이상으로 하고, 유효높이 1.5m 이상으로 할 것
④ 바닥면적이 1,000m² 이상인 층에는 피난층 또는 지상으로 통하는 직통계단을 방화구획으로 구획되는 각 부분마다 1개소 이상 설치하되, 이를 반드시 특별피난계단의 구조로 할 것

[해설] 바닥면적 1,000m² 이상인 층에는 방화구획으로 구획하는 각 부분마다 1 이상의 피난계단 또는 특별피난계단 설치하여야 한다.

59. 피난층 또는 지상으로 통하는 직통계단을 2개소 이상 설치해야 하는 용도가 아닌 것은? (단, 피난층 외의 층으로써 해당 용도로 쓰는 바닥면적의 합계가 500m²일 경우)

① 단독주택 중 다가구주택
② 문화 및 집회시설 중 전시장
③ 제2종 근린생활시설 중 공연장
④ 교육연구시설 중 학원

[해설] 문화 및 집회시설(전시장 및 동·식물원 제외), 300m² 이상인 공연장, 종교집회장, 종교시설, 장례식장, 위락시설 중 주점영업의 용도로 쓰는 층으로서 그 층의 관람석 또는 집회실의 바닥면적 합계가 200m² 이상인 경우, 피난층 또는 지상으로 통하는 직통계단을 2개소 이상 설치하여야 한다.

60. 문화 및 집회시설 중 공연장의 개별관람석 바닥면적이 550m²인 경우 관람석의 최소 출구개수는? (단, 각 출구의 유효너비는 1.5m로 한다.)

① 2개소 ② 3개소
③ 4개소 ④ 5개소

[해설] 공연장의 개별 관람석 출구의 유효폭의 합계는 개별 관람석의 바닥면적 100m² 마다 0.6m 이상의 비율로 산정한 폭 이상일 것

∴ 개별 관람석 출구의 유효폭의 합계 $= \dfrac{550m^2}{100m^2} \times 0.6m$
$= 3.3m$

$3.3m \div 1.5m = 2.2 ≒ 3개소$

과년도출제문제

2025. 3회 건축설비산업기사

■■■ 제1과목 건축설비계획

1. 습공기에 관한 설명으로 옳은 것은?

① 수증기 함유량이 많을수록 엔탈피는 작아진다.
② 노점온도가 낮을수록 공기 중의 수증기 함유량은 많아진다.
③ 습공기 중의 수증기 함유량이 많을수록 수증기 분압이 커진다.
④ 동일온도에서는 수증기 함유량이 많을수록 건구온도와 습구온도의 차이는 커진다.

[해설] ① 수증기 함유량이 많을수록 엔탈피는 커진다.
② 노점온도가 낮을수록 공기 중의 수증기 함유량은 작아진다.
④ 동일온도에서는 수증기 함유량이 많을수록 건구온도와 습구온도의 차이는 작아진다.

2. 그림과 같은 습공기 선도에 표시된 P점의 상태량이 옳지 않은 것은?

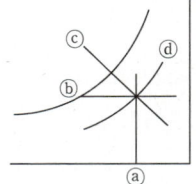

① ⓐ : 건구온도   ② ⓑ : 노점온도
③ ⓒ : 엔탈피   ④ ⓓ : 절대습도

[해설] ⓓ : 상대습도

3. 냉난방 부하계산 시 최저 또는 최고 기온을 적용하지 않고 TAC온도를 적용하는 가장 주된 이유는?

① 대수분리 제어
② 과대용량 억제
③ 비정상 부하계산
④ 계산의 용이성 확보

[해설] 냉난방 설계용 외기온도 설정 시 TAC 온도를 적용하면 과대 장치용량을 지양하게 되므로 에너지 절약으로 공조설비는 축소되어 합리적 적용이 가능하나, 그에 따른 적정온도 유지가 곤란하게 되어 위험성은 증가한다.
☞ 위험률[TAC(Technical Advisory Committee, 초과확률)]

4. 다음 중 공조시스템을 조닝(zoning) 하는 이유와 가장 거리가 먼 것은?

① 설비비 절감   ② 에너지 절감
③ 방위별 대응   ④ 실내 열환경 제어 용이

[해설] 공기조화설비의 조닝(zoning)
1) 대략 같은 조건의 구역(zone)마다 건물을 구획하고 공기조화를 하는 것
2) 부하별 조닝, 용도별 조닝, 사용시간별 조닝, 방위별 조닝이 있다.
3) 공기조화방식, 열원방식, 열원공급방식을 결정하는 데 중요 요인
4) 특징
 ㉠ 에너지 절약에 유리
 ㉡ 효율적인 운전관리
 ㉢ 부하변동에 쉽게 대응
 ㉣ 실내 열환경조절에 유리
 ㉤ 구역의 세분화로 설비비 증가

5. 다음과 같은 조건에 있는 사무실의 환기에 의한 손실열량(현열)은?

[조 건]
• 사무실의 크기 : 7m×5m×3.5m
• 실내온도 : 20℃
• 외기온도 : 5℃
• 사무실의 환기횟수 : 2회/h
• 공기의 밀도 : 1.2kg/m³
• 공기의 정압비열 : 1.01kJ/kg·K

① 842.01W   ② 1,075.78W
③ 1,237.25W ④ 4,274.03W

정답 1. ③ 2. ④ 3. ② 4. ① 5. ③

[해설] 손실열량(H)
$= \rho \cdot Q \cdot C_p \cdot (t_i - t_o)$
$= 1.2 \times 2 \times (7 \times 5 \times 3.5) \times 1.01 \times (20-5)$
$= 4,454.1 \text{kJ/h} = 1,237.25 \text{W}$

※ 환기량 $Q = nV$
※ $1\text{W} = 1\text{J/s} = 3,600\text{J/h} = 3.6\text{kJ/h}$
   $1\text{kW} = 1,000\text{W} = 1\text{kJ/s} = 3,600\text{kJ/h}$

6. 가로×세로×높이가 각각 8m×7m×3m인 실내의 바닥, 천장, 벽의 흡음률이 각각 0.1, 0.3, 0.2일 때, 잔향시간은? (단, sabine의 잔향공식 사용)

① 약 0.7초   ② 약 1.5초
③ 약 2.5초   ④ 약 3.3초

[해설] $RT = K\dfrac{V}{A}$ 의 식에서

비례상수 K : 0.162
실용적 $V = 8 \times 7 \times 3 = 168\text{m}^3$
실내총흡음력 A = 실내표면적 × 평균흡음률
A_1 바닥 : $8 \times 7 = 56$에서 $56 \times 0.1 = 5.6\text{m}^2$
A_2 천정 : $8 \times 7 = 56$에서 $56 \times 0.3 = 16.8\text{m}^2$
A_3 벽 : $(2 \times 8 \times 3) + (2 \times 7 \times 3) = 160\text{m}^2$에서
            $90 \times 0.2 = 18$
∴ $RT = \dfrac{0.162 \times 168}{(5.6 + 16.8 + 18)} = 0.67 ≒ 0.7$초

7. 다음 중 열역학 제1법칙과 관계가 먼 것은?

① 밀폐계가 임의의 사이클을 이룰 때 열전달의 합은 이루어진 일의 총합과 같다.
② 열은 본질적으로 일과 같은 에너지의 일종으로서 일을 열로 변환할 수 있다.
③ 어떤 계가 임의의 사이클을 겪는 동안 그 사이클에 따라 열을 적분한 것이 그 사이클에 따라서 일을 적분한 것에 비례한다.
④ 두 물체가 제3의 물체와 온도의 동등성을 가질 때는 두 물체도 역시 서로 온도의 동등성을 갖는다.

[해설] ④의 경우는 열역학의 제0법칙 : 열평형의 법칙(온도계의 원리)에 대한 설명이다.

8. 베르누이의 정리에 따른 전압, 정압 및 동압에 관한 설명으로 옳은 것은?

① 동압에서 정압을 뺀 것이 전압이다.
② 압력수두에서의 압력은 전압을 의미한다.
③ 배관의 관경이 증가하면 동압은 감소한다.
④ 배관 내 마찰저항이 증가하면 정압은 증가한다.

[해설] ① 동압에서 정압을 더한 것이 전압이다.
② 압력수두에서의 압력은 정압을 의미한다.
④ 배관 내 마찰저항이 증가하면 정압은 감소한다.
※ 베르누이 정리
   에너지보존의 법칙을 유체의 흐름에 적용한 것으로서 유체가 갖고 있는 운동에너지, 중력에 의한 위치에너지 및 압력에너지의 총합은 흐름 내 어디에서나 일정하다.

9. 다음과 같은 조건에서 요구되는 수도 본관의 최저 압력은?

[조 건]
• 급수방식 : 수도직결방식
• 수도본관에서 최상층 기구까지의 높이 : 7m
• 전 마찰손실수두 : 실양정의 20%
• 최상층 기구 : 샤워기(70kPa)

① 0.084MPa   ② 0.154MPa
③ 0.84MPa   ④ 1.54MPa

[해설] 수도본관의 압력 : $P_o \geq P + P_f + \dfrac{H}{100}$ [MPa]

P_o : 수도본관의 압력[MPa]
P : 수전 또는 기구의 필요압력[MPa]
  → $70\text{kPa} = 0.07\text{MPa}$
P_f : 본관에서 기구에 이르는 사이의 저항[MPa]
  → $7 \times 0.2 = 1.4\text{m} = 0.014\text{MPa}$
H : 기구의 높이[m] → $7\text{m} = 0.07\text{MPa}$

$P_o \geq P + P_f + \dfrac{H}{100} = 0.07 + 0.014 + \dfrac{7}{100}$
  $= 0.154\text{MPa}$

※ 수압 $P = 0.01H$[MPa]
※ $100\text{m} = 1.0\text{MPa} = 1,000\text{kPa}$

정답 6. ① 7. ④ 8. ③ 9. ②

과년도 출제문제

2025. 3회 건축설비산업기사

10. 건물 외벽의 한 쪽 표면에서 다른 쪽 표면으로 열이 이동되는 현상, 즉 벽체 내부에서 열이 이동하는 현상은?

① 열전도
② 열복사
③ 열관류
④ 열전환

[해설] 전열이론
㉠ 열전달 : 유체와 벽체(고체) 표면 사이의 전열
열전달률(α) : 고체 벽에서 이에 접촉하는 공기층으로의 이동(W/m²·K)
㉡ 열전도 : 벽체 내의 열의 흐름
열전도율(λ) : 고체 내부에서 고온측으로부터 저온측으로의 이동(W/m·K)
㉢ 열관류 : 열전달+열전도+열전달
열관류율(K) : 고체 벽을 사이에 둔 양 유체 사이의 열 이동
즉, 전달+전도+전달의 과정(W/m²·K)

11. 실내 공기 오염의 원인이 아닌 것은?

① 온도의 상승
② 산소의 증가
③ 먼지의 증가
④ 이산화탄소의 증가

[해설] 실내에서 발생하는 오염물질
㉠ 호흡에 필요한 산소의 부족
㉡ CO_2 가스의 증가
㉢ 실내에서 열이 발생
㉣ 실내에서 수증기 발생
㉤ 분진 및 유해가스의 발생
㉥ 인체 및 실내에서 발생되는 각종 냄새(배기, 끽연 등) 발생
㉦ 쾌적한 환경조성에 필요한 적절한 기류
㉧ CO, 라돈가스 등의 발생

12. 고층건물에서 배수수직관 내의 압력변화를 방지 또는 완화하기 위하여, 배수수직관으로부터 분기·입상하여 통기수직관에 접속하는 통기관은?

① 신정통기관
② 공용통기관
③ 결합통기관
④ 각개통기관

[해설] 결합통기관
㉠ 배수수직관 내의 압력변화를 방지 또는 완화하기 위해, 배수수직관으로부터 분기·입상하여 통기수직관에 접속하는 통기관
㉡ 통기 수직관에 접속하는 통기관으로 층수가 많은 경우에는 5개 층마다 통기관을 취하는 방법이다.

13. 덕트의 배치방식에 관한 설명으로 옳지 않은 것은?

① 수평덕트방식은 각개입상덕트방식에 비하여 덕트 스페이스를 적게 차지한다.
② 간선덕트방식은 주덕트인 입상덕트로부터 각 층에서 분기되어 각 취출구로 연결한다.
③ 개별덕트방식은 입상덕트에서 각개의 취출구로 각개의 덕트를 통해 분산하여 송풍하는 방식 이다.
④ 환상덕트방식은 2개의 덕트 말단을 루프(loop) 상태로 연결함으로써 양쪽 덕트의 정압이 균일하게 된다.

[해설] 입상덕트방식은 천장고를 높일 수 있지만 건물의 유효면적은 줄어드는 방식으로 수평덕트방식에 비하여 덕트 스페이스는 적게 차지한다.

14. 다음 기호와 설명이 맞지 않는 것은?

① ─▷◁─ : 게이트 밸브
② ─⌒─ : 팽창 조인트
③ ─╳─ : 파이프 앵커
④ ─┤├─ : 유니언

[해설]
─┤├─ : 플랜지
─┤├─ : 유니언

정답 10. ① 11. ② 12. ③ 13. ① 14. ④

15. 건축설비적산에 관한 설명으로 옳지 않은 것은?

① 공사원가, 일반관리비 및 이윤, 부가가치세를 회계 예규에 정한 바에 따라 공사비를 계산한다.
② 원형덕트 철판의 소요면적 산출시 설계도면의 덕트 직경별로 직관부와 부속류를 산출하며, 직관부는 절단이나 접속 등에 의한 손실을 고려하여 10% 정도 가산하는 것이 바람직하다.
③ 급수설비 탱크류 산정 시 설계도면과 시방서의 사양에 따라 제조회사로부터 견적을 받으며 소규모의 표준품은 물가시세표에서 금액을 산출한다.
④ 급탕설비의 급탕용 보일러는 일반적으로 난방용과 별도로 사용한다.

해설 급탕설비의 급탕용 보일러는 일반적으로 난방용과 겸용으로 사용한다.

16. 5,000W의 열을 발산하는 기계실의 온도를 26℃로 유지시키기 위한 필요 환기량(m³/h)은? (단, 외기온도 6℃, 공기의 밀도 1.2kg/m³, 공기의 정압비열 1.01kJ/kg·K, 기계실의 열전달 손실은 무시한다.)

① 225.0m³/h　② 396.8m³/h
③ 594.1m³/h　④ 742.6m³/h

해설 발열량에 의한 환기량 계산
$H_s = \rho Q C(t_i - t_o)$ [kJ/h]
H_s : 실의 현열부하[kJ/h]
ρ : 공기의 밀도[1.2kg/m³]
Q : 환기량[m³/h]
C : 공기의 정압비열[1.01kJ/kg·K]
t_i : 실내 공기온도[℃]
t_o : 송풍 공기온도[℃]

$Q = \dfrac{H_s}{\rho C(t_i - t_o)}$

$= \dfrac{5,000 \times 3.6}{1.2 \times 1.01 \times (26-6)} = 742.6 \text{m}^3/\text{h}$

17. 전공기 방식에 관한 설명으로 옳지 않은 것은?

① 덕트 스페이스가 필요하다.
② 중간기에 외기냉방이 불가능하다.
③ 단일덕트방식 각층 유닛방식 등이 있다.
④ 실내에 배관으로 인한 누수의 우려가 없다.

해설 전공기 방식(all air system)
① 종류 : 단일덕트방식(정풍량방식, 변풍량방식), 이중덕트방식, 멀티존유닛방식, 각층유닛방식
② 장점
　㉠ 송풍량이 많아 실내공기오염이 적다.
　㉡ 중간기에 외기냉방이 가능하다.
　㉢ 실내유효면적 증가
　㉣ 실내에 배관으로 인한 누수의 염려가 없다.
　㉤ 폐열회수장치 사용이 용이하다.(전열교환기 등의 설치)
③ 단점
　㉠ 큰 덕트 스페이스가 필요하다.
　㉡ 팬의 소요동력(반송동력)이 크다.
　㉢ 공조실이 넓어야 한다.

18. 정풍량시스템에 비하여 변풍량시스템을 적용할 경우 설비기기의 용량을 작게 할 수 있는 이유로 가장 알맞은 것은?

① 침입외기의 영향을 적게 받기 때문이다.
② 외벽의 관류열부하가 감소하기 때문이다.
③ 실내 토출공기의 혼합손실을 감소시키기 때문이다.
④ 동시부하율을 고려하여 기기의 용량을 결정하기 때문이다.

해설 정풍량시스템에 비하여 변풍량시스템을 적용할 경우 동시사용률을 고려하여 기기용량을 결정할 수 있으므로 설비용량을 적게 할 수 있다.

과년도 출제문제

2025. 3회 건축설비산업기사

19. 건축물의 환기설비계획에 관한 설명으로 옳지 않은 것은?

① 파이프 샤프트는 공간절약을 위해 환기덕트로 이용한다.
② 외기도입구는 가급적 도로에서 떨어진 위치에 설치한다.
③ CO_2 제어방식으로 급기량을 조절하는 경우 거실의 필요환기량을 확보한다.
④ 공장 등에서 자연환기로 다량의 환기량을 얻고자 할 경우 벤틸레이터 등을 지붕에 설치한다.

[해설] 공조장치의 환기덕트는 독립적으로 설치해야 한다.
※ 루프 벤틸레이터는 보조 환기장치로 바람의 흡인작용에 의해 환기를 촉진시키며, 풍향에 좌우되지 않으므로 항상 부압되는 지붕 위쪽에 설치해야 한다.

20. 음료수의 정화 방법 중 물 속에 분해되어 있는 암모니아, 황화수소, 탄산가스 등 유독가스를 제거하기 위하여 행하는 방법은?

① 멸균법　　② 침전법
③ 여과법　　④ 폭기법

[해설] ㉠ 음료수의 정화 순서 : 침전 → 여과 → 폭기 → 소독(멸균)
㉡ 폭기법 : 수중에 포함된 탄산제일철[$Fe(HCO_3)_2$], 수산화제일철[$Fe(OH)_2$] 또는 황산제일철[$FeSO_4$]을 제거하기 위해 폭기(曝氣)에 의해 물을 공기에 잘 접촉시킨 후 이것을 산화시켜 불용해성 수산화제이철[$Fe(OH)_3$]로 만든 다음 소독·여과에 의해 제거하는 방법이다.

■■■ 제2과목 건축설비설계

21. 냉각탑에서 응축기로 물을 보내기 위한 배관의 명칭은?

① 냉각수 공급관　　② 냉각수 환수관
③ 냉수 공급관　　　④ 냉수 환수관

[해설] 냉동기의 응축기와 냉각탑으로 흐르는 물을 냉각수라고 하며, 이 냉각수관(냉각수 공급관)은 냉각탑으로의 연결배관으로 보온하지 않고 단열시공을 하지 않아도 된다.
☞ 냉각수 공급관 : 냉각탑에서 응축기로 물을 보내기 위한 배관

22. 축열시스템에 관한 설명으로 옳지 않은 것은?

① 심야전력의 이용이 가능하다.
② 냉동기의 용량을 감소시킬 수 있다.
③ 호텔의 공공부분과 같이 간헐운전이 심한 경우에는 적용할 수 없다.
④ 빙축열 시스템은 냉각을 위한 냉동기, 축열을 위한 빙축열조, 외부와의 열교환을 위한 열교환기 등으로 구성된다.

[해설] 축열시스템은 호텔의 공공부분과 같이 간헐운전이 심한 경우에 적용할 수 있다.

23. 공기여과장치에서 입구 측의 오염도가 $0.5mg/m^3$, 출구층의 오염도가 $0.14mg/m^3$일 때, 이 공기여과장치의 여과효율은?

① 67%　　② 72%
③ 77%　　④ 82%

[해설] 여과효율(η)
$$= \frac{통과전의 오염농도(C_1) - 통과후의 오염농도(C_2)}{통과전의 오염농도(C_1)} \times 100(\%)$$
$$\therefore \eta = \frac{0.5 - 0.14}{0.5} \times 100 = 72\%$$

정답　19. ①　20. ④　21. ①　22. ③　23. ②

24. 공기조화설비의 각종 코일에 관한 설명으로 옳지 않은 것은?

① 예열코일 – 가습효율을 낮추는 역할을 한다.
② 직접팽창코일 – 관내에 냉매를 통하게 한다.
③ 더블서킷코일 – 유량이 많아 유속이 클 때 사용한다.
④ 습코일 – 코일표면온도가 공기의 노점온도보다 낮다.

[해설] 예열코일
　　　난방시 외기를 예열하여 가열코일의 용량을 적게 한다.

25. 양수펌프의 흡수면으로부터 토출수면까지의 실제 높이는 20m이고, 흡입관과 토출관의 관경이 같은 경우 펌프의 전양정은?(단, 관로의 전손실수두는 실양정의 20%로 한다.)

① 20m　　② 22m
③ 24m　　④ 26m

[해설] ㉠ 전양정(H)=흡입양정(H_S)+토출양정(H_d)
　　　　　　+관내마찰손실수두(H_f)
　　　㉡ 실양정(H_a)=흡입양정(H_S)+토출양정(H_d)
　　　∴ 전양정=실양정(H_a)+관내마찰손실수두(H_f)
　　　　　　=20+(20×0.2)=24m

26. 보일러의 상용출력을 가장 올바르게 표현한 것은?

① 난방부하 + 급탕부하
② 난방부하 + 급탕부하 + 예열부하
③ 난방부하 + 급탕부하 + 배관부하
④ 난방부하 + 급탕부하 + 배관부하 + 예열부하

[해설] 보일러부하(H)
　　㉠ 정격출력=난방부하(H_R)+급탕부하(H_W)
　　　　　　+배관손실(H_P)+예열부하(H_E)
　　　　　　=상용출력×1.25=방열기용량×1.35
　　㉡ 상용출력=난방부하(H_R)+급탕부하(H_W)
　　　　　　+배관손실(H_P)
　　　　　　=방열기용량×1.2
　　㉢ 방열기용량(정미출력)
　　　　　　=난방부하(H_R)+급탕부하(H_W)

　　㉣ 난방부하
　　※ 정격출력은 연속해서 운전할 수 있는 보일러의 능력으로서 난방부하, 급탕부하, 배관부하, 예열부하의 합이며, 보통 보일러 선정시 기준이 된다.

27. 보일러의 발생열량이 420,000kJ/h이고, 연료의 소비량이 15kg/h일 때의 보일러의 효율은? (단, 연료의 저위발열량은 40,000kJ/kg이다.)

① 30%　　② 50%
③ 70%　　④ 80%

[해설] 보일러의 효율(η_B)[kg/h, Nm³/h]
$$\eta_B = \frac{G(h_2 - h_1)}{G_f \cdot H_f} \times 100\%$$
$$= \frac{420,000}{15 \times 40,000} \times 100\% = 70\%$$

28. 다음 중 성적계수가 가장 낮은 냉동기는?

① 흡수식 냉동기
② 원심식 냉동기
③ 왕복동식 냉동기
④ 전기식 히트펌프

[해설] 흡수식 냉동기는 압축식 냉동기(왕복동식, 터보식, 회전식)에 비해 성적계수가 낮다.

29. 흡수식 냉동기에 관한 설명으로 옳지 않은 것은?

① 증발기, 흡수기, 발생기, 응축기 등으로 구성되어 있다.
② 기계적 에너지가 아닌 열에너지에 의해 냉동효과를 얻는다.
③ 냉방용의 흡수식 냉동기는 물과 브롬화리튬(LiBr)의 혼합용액을 사용한다.
④ 단효용 흡수식 냉동기의 발생기는 고온발생기와 저온발생기로 구성되어 있다.

정답　24. ①　25. ③　26. ③　27. ③　28. ①　29. ④

[해설] 2중 효용 흡수식 냉동기
- ㉠ 흡수식 냉동기는 발생기의 형식에 따라 단효용식과 2중효용식이 있다.
- ㉡ 냉매증기는 수증기이고 증기보일러와 연동하여 구동한다.
- ㉢ 고온발생기와 저온발생기가 있어 단효용 흡수식에 비해 효율이 높다.
- ㉣ 저온발생기는 고온발생기보다 압력이 낮다.
- ㉤ 단효용 흡수식 냉동기보다 에너지 절약적이고 냉각탑 용량을 줄일 수 있다.
- ※ 냉동 사이클 : 증발기 - 흡수기 - 발생기(재생기) - 응축기

30. 냉동기를 냉각 목적으로 할 경우의 성적계수를 COP_c, 히트펌프로 사용될 경우의 성적계수를 COP_h라 할 때, 다음 식 중 옳은 것은?

① $COP_h = COP_c$
② $COP_h = 1/COP_c$
③ $COP_h = COP_c - 1$
④ $COP_h = COP_c + 1$

[해설] 성적계수(COP)

$Q = q + A_L$: 냉동기의 특징

→ 저온 쪽에서 흡수되는 열량(q)보다 고온 쪽에서 방출하는 열량(Q)이 더 크다.

㉠ 냉동기의 성적계수(COP) = $\dfrac{냉동효과(q)}{압축일(A_L)}$

　　　　　　　　　　　= $\dfrac{냉동능력}{소요능력}$

㉡ 열펌프의 성적계수(COP_h)

= $\dfrac{응축기의방출열량}{압축일} = \dfrac{q + A_L}{A_L} = \dfrac{q}{A_L} + 1$

∴ 열펌프를 이용한 성적계수(COP_h)가 냉동기로 이용한 성적계수(COP)보다 1만큼 크다.
☞ 저온측과 고온측의 양온도차가 작아질수록 성적계수는 커진다.

31. 전열교환기에 관한 설명으로 옳지 않은 것은?

① 현열만이 교환된다.
② 공기 대 공기의 열교환기이다.
③ 공조시스템에서 보일러나 냉동기의 용량을 줄일 수 있다.
④ 공장 등에서 환기에서의 에너지 회수방식으로 사용된다.

[해설] 공조시스템의 전열교환기
- ㉠ 전열교환기는 공기 대 공기의 열교환기로서 현열 및 잠열의 교환이 가능하다.
- ㉡ 구조는 외기가 들어와서 급기되는 윗부분과 환기가 배기되는 아래 부분으로 나누어지고, 각각 덕트에 접속된다.
- ㉢ 공조시스템에서 배기와 도입되는 외기의 전열교환으로 공조기의 용량을 줄일 수 있다.
- ㉣ 공기방식의 중앙공조 시스템이나 공장 등에서 환기에서의 에너지 회수방식으로 사용된다.
- ㉤ 전열교환기를 사용한 공조시스템에서 중간기(봄, 가을)를 제외한 냉방기와 난방기의 열회수량은 실내외의 온도차가 클수록 많다.

32. 급수배관의 관경 결정법에 관한 설명으로 옳지 않은 것은?

① 같은 급수기구 중에서도 개인용과 공중용에 대한 기구급수부하단위는 공중용이 개인용보다 값이 크다.
② 유량선도에 의한 방법으로 관경을 결정하고자 할 때의 부하유량(급수량)은 기구급수부하 단위로 산정한다.
③ 소규모 건물에는 유량선도에 의한 방법이, 중규모 이상의 건물에는 관균등표에 의한 방법이 주로 이용된다.
④ 기구급수부하단위는 각 급수기구의 표준토수량, 사용빈도, 사용시간을 고려하여 1개의 급수기구에 대한 부하의 정도를 예상하여 단위화한 것이다.

[해설] 대규모 건물에는 유량선도에 의한 방법이, 중규모 이하의 건물에는 관균등표에 의한 방법이 주로 이용된다.

정답 30. ④　31. ①　32. ③

33. 강제순환식 급탕설비에서 온수의 공급온도가 60℃이고 반송온도가 57℃이며, 배관 전계통의 열손실이 5,000W일 경우 순환펌프의 순환수량은? (단, 물의 비열은 4.2kJ/kg·K이다.)

① 16.7L/min ② 23.8L/min
③ 166.7L/min ④ 250.0L/min

[해설] 온수순환펌프의 수량

$$W = \frac{Q}{60c\Delta t} \text{[L/min]}$$

Q : 배관과 펌프 및 기타 손실 열량[kJ/h]
W : 순환수량[L/min]
C : 탕의 비열[4.19kJ/kg·K]
ρ : 탕의 밀도[kg/m³]
Δt : 급탕·반탕의 온도차[℃] (Δt는 강제순환식일 때 5~10℃ 정도임.)

$$\therefore W = \frac{Q}{60c\Delta t} = \frac{5,000 \times 3.6}{60 \times 4.2 \times (60-57)} = 23.8 \text{L/min}$$

※ 1W = 3.6kJ/h

34. 배수배관에 관한 설명 중 옳지 않은 것은?

① 배수관의 구배는 오물이나 스케일의 부착을 방지하기 위해 배관의 설치공간이 허용되는 한 크게 한다.
② 배수수직관의 관경은 최하부부터 최상부까지 동일하게 한다.
③ 기구배수관의 관경은 이것에 접속하는 위생기구의 트랩 구경 이상으로 한다.
④ 배수관이 45° 이상의 각도로 방향을 바꾸는 곳에는 원칙적으로 청소구(clean out)를 설치한다.

[해설] 배수의 구배가 완만하면 유속이 느려져 오물이나 스케일이 부착하게 되고, 배수 관경을 필요 이상으로 크게 하면 할수록 배수능력은 저하된다. 배수관의 관경은 관경의 10배의 역수를 표준물매로 하며, 일반적으로 옥내배수관의 구배는 유속이 0.6~1.5m/s 정도가 되도록 잡는다.

35. 세정밸브식 대변기에 버큠 브레이커(vacuum breaker)를 설치하는 가장 주된 이유는?

① 소음을 작게 하기 위해서
② 세정력을 크게 하기 위해서
③ 세정수의 역류를 방지하기 위해서
④ 세정밸브의 수리나 점검을 용이하게 하기 위해서

[해설] 세정밸브형 대변기에는 버큠 브레이커(vacuum breaker, 진공방지기), 토수구 등을 설치하여 역사이펀 작용을 방지하여 급수오염을 방지한다.

36. 펌프의 양정이 20mAq, 회전속도가 1,500rpm, 배출량이 1.5m³/min일 때, 이 펌프의 비교회전수(rpm·m³/min·m)는?

① 125 ② 194
③ 210 ④ 248

[해설] 비교회전수(비속도)

$$\eta_s = N \cdot \frac{Q^{1/2}}{H^{3/4}}$$

여기서, η_s : 비속도, N : 회전수(rpm)
Q : 토출량(m³/min), H : 양정

η_s(비속도)는 회전수(N)와 $Q^{1/2}$에 비례하고 $H^{3/4}$에 반비례한다.

$$\therefore \eta_s = N \cdot \frac{Q^{1/2}}{H^{3/4}} = 1,500 \times \frac{1.5^{1/2}}{20^{3/4}}$$
$$= 194.25 \text{(rpm·m}^3/\text{min·m)}$$

37. 어느 송풍기의 회전속도가 500rpm일 때 송풍량은 50m³/min이었다. 이 송풍기의 회전속도를 750rpm으로 변화시켰을 때 송풍량은?

① 75m³/min ② 87m³/min
③ 95m³/min ④ 107m³/min

[해설] 송풍기의 법칙에서 송풍량은 임펠러의 회전수에 비례하고, 압력은 회전수의 제곱에 비례하며, 축동력은 회전수의 세제곱에 비례한다.

500rpm : 50m³/min = 750rpm : x
∴ $x = 75$m³/min

38. 어느 송풍기의 회전수가 750rpm일 때 송풍량이 100m³/min, 축동력 1.5kW, 송풍기 전압 400Pa이다. 이 송풍기의 회전수를 1,000rpm으로 변화시켰을 때 전압은 얼마로 되는가?

① 400Pa
② 533.3Pa
③ 711.1Pa
④ 941.1Pa

[해설] 송풍기의 법칙
공기 비중이 일정하고 같은 덕트 장치에 사용할 때
[회전 속도 $N_1 \to N_2$ (비중 = 일정)]

㉠ $Q_2 = \dfrac{N_2}{N_1} Q_1$ ㉡ $P_2 = \left(\dfrac{N_2}{N_1}\right)^2 P_1$

㉢ $L_2 = \left(\dfrac{N_2}{N_1}\right)^3 L_1$

Q : 송풍량(m³/min)
N : 임펠러의 회전수(rpm)
P : 송풍기에 의해 생긴 정압 또는 전압(Pa, mmAq)
L : 송풍기의 소요 동력(kW, PS)
D : 송풍기 날개의 직경(mm)

송풍기 전압(P_2)은 회전수비의 2제곱에 비례하여 변화하므로

$P_2 = \left(\dfrac{N_2}{N_1}\right)^2 P_1 = \left(\dfrac{1,000}{750}\right)^2 \times 400 = 711.1\text{Pa}$

39. 증기난방설비에 사용되는 플래시 탱크(flash tank)의 역할로 가장 알맞은 것은?

① 고온, 고압의 응축수로부터 재증발 증기를 회수한다.
② 스팀보일러로부터 발생한 증기를 각 계통으로 분배한다.
③ 환수주관보다 높은 위치에 진공펌프를 설치할 때 사용한다.
④ 보일러의 저수위면이 안전수위 이하로 내려가는 것을 방지한다.

[해설] 플래시 탱크(Flash Tank, 증발탱크)
증기난방에서 고압환수관과 저압환수관 사이에 설치하는 탱크이다. 고압 증기의 드레인을 모아 감압하여 저압의 증기(재증발 증기)를 발생시키는 탱크이다.(고압 응축수로 저압의 증기를 만드는 탱크)

40. 덕트 내에 흐르는 공기의 풍속이 15m/sec, 정압이 250Pa일 경우 동압(P_v) 및 전압(P_T)은?

① $P_v = 135$Pa, $P_T = 115$Pa
② $P_v = 135$Pa, $P_T = 385$Pa
③ $P_v = 13.7$Pa, $P_T = 236.3$Pa
④ $P_v = 13.7$Pa, $P_T = 263.7$Pa

[해설] 덕트의 전압(P_T) = 정압(P_s) + 동압(P_v)

먼저, 동압(P_v) = $\dfrac{v^2}{2g}\gamma$(mmAq) = $\dfrac{v^2}{2}\rho$(Pa)

여기서, v : 관내 유속(m/s)
γ : 공기의 비중량(1.2kgf/m³)
g : 중력가속도(9.8m/s²)
ρ : 공기의 밀도(1.2kg/m³)

동압(P_v) = $\dfrac{v^2}{2}\rho = \dfrac{15^2}{2} \times 1.2 = 135$Pa

∴ 덕트의 전압(P_T) = 정압(P_s) + 동압(P_v)
= 250 + 135 = 385Pa

■■■ **제3과목 건축설비관련법규**

41. 건축법령에 따른 용도별 건축물의 종류 중 의료시설에 속하지 않는 것은?

① 한의원
② 한방병원
③ 치과병원
④ 요양병원

[해설] 의료행위를 하는 시설
㉠ 제1종 근린생활시설 : 의원·치과의원·한의원·침술원·안마원·접골원·조산원·산후조리원·안마원·보건소
㉡ 제2종 근린생활시설 : 안마시술소·동물병원
㉢ 의료시설 : 종합병원·병원·치과병원·한방병원·정신병원·요양병원·마약진료소

42. 건축법령상 초고층 건축물의 정의로 옳은 것은?

① 층수가 30층 이상이거나 높이가 90m 이상인 건축물
② 층수가 30층 이상이거나 높이가 120m 이상인 건축물
③ 층수가 50층 이상이거나 높이가 150m 이상인 건축물
④ 층수가 50층 이상이거나 높이가 200m 이상인 건축물

해설

초고층 건축물	층수가 50층 이상이거나 높이가 200m 이상인 건축물
준초고층 건축물	고층건축물 중 초고층 건축물이 아닌 것
고층 건축물	층수가 30층 이상이거나 높이가 120m 이상인 건축물

43. 건축물의 일부를 완공하여 임시로 사용하고자 할 때 임시사용승인의 기간은 몇 년 이내를 원칙으로 하는가?

① 1년 ② 2년
③ 3년 ④ 4년

해설 건축물의 일부를 완공하여 임시로 사용하고자 할 때 임시사용승인의 기간은 2년 이내로 한다.
예외 허가권자는 대형 건축물 또는 암반공사 등으로 인하여 공사기간이 긴 건축물에 대하여는 그 기간을 연장할 수 있다.

44. 녹색건축물 인증 등급에서 우량등급은?

① 그린1등급 ② 그린2등급
③ 그린3등급 ④ 그린4등급

해설 녹색건축 인증 등급은 최우수(그린1등급), 우수(그린2등급), 우량(그린3등급) 또는 일반(그린4등급)으로 한다.

45. 건축물 에너지효율등급 인증 등급의 구분 등급수는?

① 3개 등급 ② 5개 등급
③ 7개 등급 ④ 10개 등급

해설 건축물 에너지효율등급 인증 및 제로에너지건축물 인증의 등급
1. 건축물 에너지효율등급 인증 : 1+++등급부터 7등급까지의 10개 등급
2. 제로에너지건축물 인증 : 1등급부터 5등급까지의 5개 등급

46. 건축물의 높이기준이 60m인 건축물이 있다. 건축물 높이에 대한 최대 허용 오차는?

① 0.6m ② 0.9m
③ 1.0m ④ 1.2m

해설 건축물관련 건축기준의 허용오차

항 목	허용되는 오차의 범위	
건축물높이	2% 이내	1m를 초과할 수 없다.
출구너비		—
반자높이		—
평면길이		건축물 전체길이는 1m를 초과할 수 없고, 벽으로 구획된 각 실은 10cm를 초과할 수 없다.
벽체두께	3% 이내	
바닥판두께		

건축물의 높이는 2% 이내로서 1m를 초과할 수 없다.
∴ 60m×0.02=1.2m > 1.0m이므로 허용하는 최대오차는 1.0m이다.

47. 건축물에 설치하는 특별피난계단의 구조에 관한 기준으로 옳지 않은 것은?

① 계단실에는 노대 또는 부속실에 접하는 부분 외에는 건축물의 내부와 접하는 창문 등을 설치하지 아니할 것
② 건축물의 내부에서 노대 또는 부속실로 통하는 출입구에는 30분방화문을 설치할 것
③ 계단은 내화구조로 하되, 피난층 또는 지상까지 직접 연결되도록 할 것
④ 출입구의 유효너비는 0.9m 이상으로 하고 피난의 방향으로 열 수 있을 것

해설 특별피난계단의 출구구 설치
 ㉠ 건축물의 안쪽으로부터 노대, 부속실로 통하는 출입구에는 60+방화문 또는 60분방화문을 설치할 것
 ㉡ 노대, 부속실로부터 계단실로 통하는 출입구에는 60+방화문, 60분방화문 또는 30분방화문을 설치할 것
 ㉢ 출입구의 유효너비는 0.9m 이상으로 하고 피난방향으로 열 수 있을 것

48. 문화 및 집회시설 중 공연장의 개별관람석의 출구에 관한 설명으로 옳은 것은? (단, 개별관람석의 바닥면적은 900m^{2}이다.)

① 각 출구의 유효너비는 1.2m 이상이어야 한다.
② 관람석별로 최소 4개소 이상 설치하여야 한다.
③ 관람석으로부터 바깥쪽으로의 출구로 쓰이는 문은 안여닫이로 하여야 한다.
④ 개별관람석 출구의 유효너비 합계는 최소 5.4m 이상으로 하여야 한다.

해설 공연장의 개별 관람석의 출구기준
 관람석의 바닥면적이 300m^2 이상인 경우의 출구는 다음 조건에 적합하여야 한다.
 ㉠ 관람석별로 2개소 이상 설치할 것
 ㉡ 각 출구의 유효폭은 1.5m 이상일 것
 ㉢ 개별 관람석 출구의 유효폭의 합계는 개별 관람석의 바닥면적 100m^{2}마다 0.6m 이상의 비율로 산정한 폭 이상일 것

출구유효폭 $\geq \dfrac{\text{당해 용도 최대층의 바닥면적(m}^2)}{100\text{m}^2} \times 0.6\text{m}$

∴ 출구유효폭 $\geq \dfrac{900\text{m}^2}{100\text{m}^2} \times 0.6\text{m} = 5.4\text{m}$

※ 관람석으로부터 바깥쪽으로의 출구로 쓰이는 문은 안여닫이로 해서는 안 된다.

49. 건축물에 급수, 배수, 환기, 난방 설비 등의 건축설비를 설치하는 경우 건축기계설비기술사 또는 공조냉동기계기술사의 협력을 받아야 하는 대상 건축물의 연면적 기준은? (단, 창고시설을 제외)

① 연면적 5천 제곱미터 이상인 건축물
② 연면적 1만 제곱미터 이상인 건축물
③ 연면적 5만 제곱미터 이상인 건축물
④ 연면적 10만 제곱미터 이상인 건축물

해설 연면적 10,000m^2 이상인 건축물(창고시설은 제외) 또는 에너지를 대량으로 소비하는 건축물에 건축설비를 설치하는 경우에는 구분에 따른 관계전문기술자(건축전기설비기술사 또는 발송배전기술사와 건축기계설비기술사 또는 공조냉동기계기술사)의 협력을 받아야 한다.

50. 건축물의 층수가 23층이고 각 층의 거실면적이 1,000m^{2}인 숙박시설에 설치하여야 하는 승용승강기의 최소 대수는? (단, 8인승 승용승강기의 경우)

① 7대 ② 8대
③ 9대 ④ 10대

해설 문화 및 집회시설(전시장, 동·식물원), 업무시설, 숙박시설, 위락시설의 용도 경우
3,000m^2 이하까지 1대, 3,000m^2 초과하는 2,000m^{2}당 1대를 가산한 대수로하므로
$1 + \dfrac{(1{,}000 \times 18) - 3{,}000}{2{,}000} = 8.5$대 = 9대(소수점 이하는 1대로 본다)
※ 8인승 이상 15인승 이하를 기준으로 산정하며, 16인승 이상의 승강기는 2대로 산정한다.

정답 47. ② 48. ④ 49. ② 50. ③

51. 건축물의 출입구에 설치하는 회전문은 계단이나 에스컬레이터로부터 최소 얼마 이상의 거리를 두어야 하는가?

① 2m 이상 ② 3m 이상
③ 4m 이상 ④ 5m 이상

[해설] 회전문의 설치
  ㉠ 계단이나 에스컬레이터로부터 2m 이상의 거리를 둘 것
  ㉡ 회전문의 중심축에서 회전문과 문틀 사이의 간격을 포함한 회전문날개 끝부분까지의 길이는 140cm 이상이 되도록 할 것
  ㉢ 회전문의 회전속도는 분당회전수가 8회를 넘지 아니하도록 할 것

52. 바닥면적이 100m²인 의료시설의 병실에서 채광을 위하여 설치하여야 하는 창문등의 최소면적은?

① 5m²   ② 10m²
③ 20m² ④ 30m²

[해설] 거실의 채광 및 환기

구분	건축물의 용도	창문 등의 면적	예외규정
채광	• 단독주택의 거실 • 공동주택의 거실 • 학교의 교실 • 의료시설의 병실 • 숙박시설의 객실	거실 바닥면적의 1/10 이상	거실의 용도에 따른 조도기준 [별표 1]의 조도 이상의 조명
환기		거실 바닥면적의 1/20 이상	기계장치 및 중앙관리방식의 공기조화설비를 설치한 경우

∴ 채광면적 = 100m² × 1/10 = 10m²

53. 건축물의 주요구조부를 내화구조로 하여야 하는 대상 건축물에 속하지 않는 것은? (단, 해당 용도로 쓰는 바닥면적의 합계가 500m²인 경우)

① 판매시설
② 수련시설
③ 업무시설 중 사무소
④ 문화 및 집회시설 중 전시장

[해설] 문화 및 집회시설 중 전시장 및 동·식물원, 판매시설, 운수시설, 교육연구시설에 설치하는 체육관·강당, 수련시설, 운동시설 중 체육관 및 운동장, 위락시설(주점영업 제외), 창고시설, 위험물 저장 및 처리시설, 자동차관련시설, 방송국·전신전화국 및 촬영소, 묘지관련시설 중 화장장, 관광휴게시설은 해당 용도의 바닥면적의 합계가 500m² 이상인 경우에는 주요구조부를 내화구조로 하여야 한다.

54. 비상용승강기의 승강장에 설치하는 배연설비의 구조에 관한 기준 내용으로 옳지 않은 것은?

① 배연기에는 예비전원을 설치할 것
② 배연구가 외기에 접하지 아니하는 경우에는 배연기를 설치할 것
③ 배연구는 평상시에는 열린 상태를 유지하고, 배연에 의한 기류에 의해 닫히도록 할 것
④ 배연기는 배연구의 열림에 따라 자동적으로 작동하고, 충분한 공기배출 또는 가압능력이 있을 것

[해설] 배연구는 평상시에는 닫힌 상태를 유지하고, 연 경우에는 배연에 의한 기류로 인하여 닫히지 아니하도록 할 것

55. 건축물의 에너지절약 설계기준상 외기에 직접 면하고 1층 또는 지상으로 연결된 출입문을 방풍구조로 하지 않을 수 있는 경우에 속하지 않는 것은?

① 기숙사의 출입문
② 너비가 1.2m인 출입문
③ 바닥면적이 200m²인 개별 점포의 출입문
④ 사람의 통행을 주목적으로 하지 않는 출입문

[해설] 외기에 직접 면하고 1층 또는 지상으로 연결된 출입문은 방풍구조로 하여야 한다.

  [예외] 다음에 해당하는 경우
  ㉠ 바닥면적 300m² 이하의 개별 점포의 출입문
  ㉡ 주택의 출입문(기숙사는 제외)
  ㉢ 사람의 통행을 주목적으로 하지 않는 출입문
  ㉣ 너비 1.2m 이하의 출입문
  ※ 방풍구조라 함은 출입구에서 실내외 공기 교환에 의한 열출입을 방지할 목적으로 설치하는 완충공간(방풍실) 또는 회전문 등을 설치한 방식을 말한다.

[정답] 51. ① 52. ② 53. ③ 54. ③ 55. ①

56. 다음의 축냉식 전기냉방 설비의 설계기준에 관한 설명 중 옳지 않은 것은?

① 축열조는 보온을 철저히 하여 열손실과 결로를 방지해야 하며, 맨홀 등 점검을 위한 부분은 해체와 조립이 용이하도록 하여야 한다.
② 자동제어설비는 축냉운전, 방냉운전 또는 냉동기와 축열조를 동시에 이용하여 냉방운전이 가능한 기능을 갖추어야 한다.
③ 부분축냉방식의 경우에는 냉동기가 축냉운전과 방냉운전 또는 냉동기와 축열조의 동시운전이 반복적으로 수행하는데 아무런 지장이 없어야 한다.
④ 열교환기는 시간당 최소냉방열량을 처리할 수 있는 용량 이상으로 설치하여야 한다.

[해설] 축냉식 전기냉방설비의 설치기준에서 열교환기는 시간당 최대냉방열량을 처리할 수 있는 용량이상으로 설치하여야 한다. 열교환기는 보온을 철저히 하여 열손실과 결로를 방지하여야 하며, 점검을 위한 부분은 해체와 조립이 용이하도록 하여야 한다.

57. 지능형 건축물의 인증에 관한 설명으로 옳지 않은 것은?

① 지능형 건축물 인증기준에는 인증표시 홍보 기준, 유효기간 등의 사항이 포함된다.
② 산업통상자원부장관은 지능형 건축물의 인증을 위하여 인증기관을 지정할 수 있다.
③ 국토교통부장관은 지능형 건축물의 건축을 활성화하기 위하여 지능형 건축물 인증제도를 실시한다.
④ 허가권자는 지능형 건축물로 인증 받은 건축물에 대하여 조경설치면적을 100분의 85까지 완화하여 적용할 수 있다.

[해설] 지능형건축물의 인증
(1) 지능형건축물 인증제도
  ㉮ 국토교통부장관은 지능형건축물[Intelligent Building]의 건축을 활성화하기 위하여 지능형건축물 인증제도를 실시한다.
  ㉯ 국토교통부장관은 지능형건축물의 인증을 위하여 인증기관을 지정할 수 있다.

(2) 지능형건축물 인증기준
  ㉮ 국토교통부장관은 건축물을 구성하는 설비 및 각종 기술을 최적으로 통합하여 건축물의 생산성과 설비 운영의 효율성을 극대화할 수 있도록 다음 각 호의 사항을 포함하여 지능형건축물 인증기준을 고시한다.
    ㉠ 인증기준 및 절차
    ㉡ 인증표시 홍보기준
    ㉢ 유효기간
    ㉣ 수수료
    ㉤ 인증 등급 및 심사기준 등
  ㉯ 허가권자는 지능형건축물로 인증을 받은 건축물에 대하여 다음과 같이 건축기준을 완화하여 적용할 수 있다.

완화 규정	완화 기준
대지 안의 조경(법 제42조)	$\dfrac{85}{100}$ 범위 안에서 완화적용
용적률(법 제56조) 건축물의 높이(법 제60조)	$\dfrac{115}{100}$ 범위 안에서 완화적용

58. 주거에 쓰이는 바닥면적의 합계가 550m²인 주거용건축물에 배관하여야 할 급수관의 최소지름은?

① 15mm ② 20mm
③ 40mm ④ 50mm

[해설] 주거용 건축물 급수관의 지름 기준

가구 또는 세대수	1	2~3	4~5	6~8	9~16	17 이상
급수관 최소지름	15	20	25	32	40	50

※ 가구수나 세대수가 불분명한 경우 주거에 쓰이는 바닥면적의 합계에 따라 가구수를 산정
① 바닥면적 85m² 이하 : 1가구
② 바닥면적 85m² 초과, 150m² 이하 : 3가구
③ 바닥면적 150m² 초과, 300m² 이하 : 5가구
④ 바닥면적 300m² 초과, 500m² 이하 : 16가구
⑤ 바닥면적 500m² 초과 : 17가구

정답 56. ④ 57. ② 58. ④

59. 건축물에 설치하여야 하는 배연설비에 관한 기준 내용으로 틀린 것은? (단, 기계식 배연설비를 하지 않는 경우)

① 배연구는 예비전원에 의하여 열 수 있도록 할 것
② 배연구는 연기감지기 또는 열감지기에 의하여 자동으로 열 수 있는 구조로 할 것
③ 건축물이 방화구획으로 구획된 경우에는 그 구획마다 1개소 이상의 배연창을 설치할 것
④ 배연창의 유효면적은 $0.7m^2$ 이상으로서 그 면적의 합계가 당해 건축물의 바닥면적의 200분의 1 이상이 되도록 할 것

해설 배연설비의 구조기준에서 배연창의 유효면적은 $1m^2$ 이상으로서 그 면적의 합계가 해당 건축물의 바닥면적의 1/100 이상으로 하여야 한다.

60. 지능형 건축물의 인증 유효기간은?

① 인증일부터 3년
② 인증일부터 5년
③ 인증일부터 7년
④ 인증일부터 10년

해설 지능형 건축물 인증 유효기간은 인증일부터 5년으로 한다.

정답 59. ④ 60. ②

PART 5
실전 모의고사

01 제1회 실전 모의고사

02 제2회 실전 모의고사

03 제3회 실전 모의고사

04 제4회 실전 모의고사

05 제5회 실전 모의고사

제1회 실전 모의고사

■■■ **제1과목 건축설비계획**

1. 중앙식 급탕법 중 직접가열식에 관한 설명으로 옳지 않은 것은?

① 열효율이 높다.
② 보일러 안에 스케일이 부착될 우려가 있다.
③ 건물높이에 관계없이 저압보일러가 사용된다.
④ 저탕조와 보일러를 직결하여 순환 가열하는 방식이다.

[해설] 직접가열식은 온수보일러에서 직접 가열한 물을 저탕조에 저장해 두었다가 필요 개소에 공급하는 방식이기 때문에 열효율은 높은 편이어서 열효율 면에서는 경제적이지만 건물의 높이에 상당하는 수압이 걸리므로 고압 보일러가 필요하다. (고층 건물에는 강판제 보일러를 사용한다.)

2. 다음과 같은 조건에 있는 실의 필요환기량은?

[조건]
- 실내 발열량 300,000W
- 실내온도 33℃, 외기온도 27℃
- 공기의 비열 1.21kJ/m³·K

① 124,420m³/h ② 148,760m³/h
③ 182,624m³/h ④ 196,640m³/h

[해설] 발열량에 의한 환기량 계산

$$Q = \frac{H_s}{Cp \times \rho \times (t_i - t_0)}$$ 에서

먼저, 1W=1J/s=3,600J/h=3.6kJ/h이므로
300,000W×3.6kJ/h=10,800,000kJ/h

$$\therefore Q = \frac{H_s}{Cp \times \rho \times (t_i - t_0)}$$

$$= \frac{1,080,000 \text{kJ/h}}{1.01 \text{kJ/kg·K} \times 1.2 \text{kg/m}^3 \times (33-27)\text{K}}$$

$$= 148,760 \text{m}^3/\text{h}$$

3. 증기난방에 관한 설명으로 옳지 않은 것은?

① 방열면적을 온수난방보다 작게 할 수 있다.
② 부하변동에 따른 실내 방열량의 제어가 용이하다.
③ 증발잠열을 이용하기 때문에 열의 운반 능력이 크다.
④ 예열시간이 온수난방에 비해 짧고 증기의 순환이 빠르다.

[해설] 증기난방(steam heating)
증기의 잠열을 이용한 난방방식으로 사무소, 백화점, 학교, 극장, 일반공장 등에 이용한다.
① 장점
  ㉠ 증발 잠열을 이용하므로 열의 운반능력이 크다.
  ㉡ 예열시간이 온수난방에 비해 짧고 증기의 순환이 빠르다.
  ㉢ 방열면적은 온수난방보다 작게 할 수 있으며, 관경이 가늘어도 된다.
  ㉣ 설비비와 유지비가 싸다.
② 단점
  ㉠ 방열기의 표면온도가 높아 난방의 쾌감도가 낮다.
  ㉡ 난방부하의 변동에 따라 방열량 조절이 곤란하다.
  ㉢ 소음이 많이 난다.(steam hammering)
  ㉣ 보일러 취급에 기술을 요한다.

4. 다음이 공기조화방식 중 전공기방식에 해당하는 것은?

① 유인 유닛방식 ② 멀티존 유닛방식
③ 패키지 유닛방식 ④ 팬코일 유닛방식

[해설] 열매의 종류에 의한 공기조화 방식의 분류
  ㉠ 전공기식(공기) : 단일덕트방식(정풍량방식, 변풍량방식), 이중덕트방식, 멀티존유닛방식, 각층유닛방식
  ㉡ 공기·수식(공기+물) : 유인유닛방식, 팬코일유닛방식(외기덕트병용), 복사냉난방방식(외기덕트병용)
  ㉢ 전수식(물) : 팬코일유닛방식, 복사냉난방방식
  ㉣ 냉매식 : 패키지형방식

[정답] 1. ③ 2. ② 3. ② 4. ②

5. 배수입상관의 통기에 관한 설명으로 옳지 않은 것은?

① 5개 이상의 횡지관이 있는 배수입상관에는 통기입상관을 설치한다.
② 위생배관의 통기관은 위생배관 통기 이외 다른 목적으로 사용해서는 안된다.
③ 여러 개의 통기관을 입상관 상부 끝에서 공통 헤더로 연결하여 한 곳에서 대기에 개방해서는 안된다.
④ 10개 이상의 횡지관이 있는 배수입상관에는 입상관 상부에서 10개의 지관마다 도피통기관을 설치한다.

[해설] 여러 개의 통기관을 입상관 상부 끝에서 공통 헤더로 연결하여 한 곳에서 대기에 개방한다.

6. 실내공기 오염을 평가하는 종합적인 지표로서 이산화탄소 농도를 사용하는 가장 주된 이유는?

① 이산화탄소가 인체에 가장 유해하므로
② 이산화탄소의 측정이 비교적 쉬우므로
③ 이산화탄소의 양이 다른 오염물질보다 많으므로
④ 이산화탄소의 양에 비례해서 다른 오염원의 정도가 변화된다고 판단되므로

[해설] 이산화탄소(CO_2)의 함유량에 비례해서 다른 오염원의 정도가 변화되므로 실내 공기의 오염정도를 판단하는 척도로 이산화탄소[탄산가스(CO_2)] 농도를 사용한다.

7. 다음 중 기구의 최저필요압력이 가장 낮은 것은?

① 샤워
② 일반수전
③ 대변기 세정밸브
④ 스톨형 소변기 세정밸브

[해설] 기구의 최소 필요압력(MPa)
 ㉠ 세정밸브 : 0.07
 ㉡ 자동밸브 : 0.07
 ㉢ 샤워 : 0.07
 ㉣ 보통밸브(일반수전) : 0.03
 ㉤ 블로우아웃식 대변기 : 0.1

8. 인체의 열쾌적에 영향을 미치는 요소를 물리적 변수와 개인적 변수로 분류할 때 물리적 변수에 속하지 않는 것은?

① 기온   ② 습도
③ 활동량   ④ 기류

[해설] 인체의 온열감각에 영향을 주는 열적요소
 ㉠ 물리적 변수(physical variables, 열환경의 4요소)
   - 온도, 습도, 기류, 복사열
 ㉡ 개인적 변수 (personal variables) - 주관적
   - 활동량, 착의량, 나이, 성별

9. 결로의 원인으로 보기 어려운 것은?

① 생활습관에 의한 잦은 환기 실시
② 시공직후 콘크리트, 모르타르 등의 미건조 상태
③ 실내와 실외의 큰 온도차
④ 실내 습기의 과다 발생

[해설] 결로의 원인
 다음의 여러 가지 원인이 복합적으로 작용하여 발생한다.
 ① 실내외 온도차 : 실내외 온도차가 클수록 많이 생긴다.
 ② 실내 습기의 과다발생 : 가정에서 호흡, 조리, 세탁 등으로 하루 약 12kg의 습기 발생
 ③ 생활 습관에 의한 환기부족 : 대부분의 주거활동이 창문을 닫은 상태인 야간에 이루어짐
 ④ 구조체의 열적 특성 : 단열이 어려운 보, 기둥, 수평지붕
 ⑤ 시공불량 : 단열시공의 불완전
 ⑥ 시공직후의 미건조 상태에 따른 결로 : 콘크리트, 모르타르, 벽돌
 ※ 열전달률, 열전도율, 열관류율이 클수록 결로현상은 심하다.

10. 저수조에 물이 5m 높이까지 채워져 있을 경우, 수조바닥면에서 받는 압력은?

① 약 0.5kPa   ② 약 5kPa
③ 약 50kPa   ④ 약 500kPa

[해설] ※ $1MPa = 10kgf/cm^2 = 100mAq$
    $1MPa = 1,000kPa = 1,000,000Pa$
 ※ $1mAq = 10kPa$
 ∴ $5m = 5mAq = 50kPa$

정답 5. ③ 6. ④ 7. ② 8. ③ 9. ① 10. ③

제1회 실전 모의고사

11. 다음 중 냉난방 설계용 외기온도 설정 시 TAC 온도를 적용하는 이유와 가장 관계가 먼 것은?

① 과대 장치용량 지양 ② 에너지 절약
③ 위험성 축소   ④ 합리적 적용

[해설] 냉난방 설계용 외기온도 설정 시 TAC 온도를 적용하면 과대 장치용량을 지양하게 되므로 에너지 절약으로 공조설비는 축소되어 합리적 적용이 가능하나, 그에 따른 적정온도 유지가 곤란하게 되어 위험성은 증가한다.
※ ASHRAE의 TAC(Technical Advisory Committee, 온도위험률)에서는 위험률 2.5~10% 범위 내에서 설계 조건을 삼을 것을 추천하고 있다. 예를 들어 위험률 2.5%의 의미는 어느 지역의 난방시간이 4개월이라면, 이 기간 중 2.5%에 해당하는 72시간은 난방 설계 외기 조건을 초과할(낮을) 수 있다는 것을 의미한다.[추울 수 있다.]

12. 설비시스템 공간계획에서 기계실 면적은 냉동기·보일러·공조기 등을 이용한 공조방식인 경우 연면적의 몇 % 정도를 차지하는가?

① 약 2% 정도   ② 약 3% 정도
③ 약 5% 정도   ④ 약 7% 정도

[해설] 기계실 면적은 냉동기·보일러·공조기 등을 이용한 공조방식인 경우는 연면적의 약 4~6%, 급수·급탕·화장실 난방·소화시설만 설치할 경우는 약 2% 정도이다.

13. 광속이 3,000[lm]인 백열전구로부터 1m 떨어진 책상에서 조도가 400[lx]로 측정되었다. 이 책상을 백열전구로부터 2m 떨어진 곳에 놓았을 때 조도는?

① 200[lx]   ② 100[lx]
③ 50[lx]   ④ 40[lx]

[해설] 조도(거리 역제곱의 법칙)
㉠ 표면에 도달하는 광의 밀도(1m² 당 1 lm의 광속이 들어 있는 경우 1lux)
㉡ 단위 : 룩스(lux, lx)
㉢ 조도 = 광도/(거리)²
조도(E)는 광도(I)에 비례하고 거리(d)의 제곱에 반비례의 관계를 가진다.
∴ $E = \dfrac{I}{d^2} = \dfrac{400}{2^2} = 100[lx]$

14. 두 물체가 제3의 물체와 온도가 같을 때는 두 물체도 역시 서로 온도가 같다는 것을 말하는 법칙으로 온도측정의 기초가 되는 것은?

① 열역학의 제0법칙   ② 열역학의 제1법칙
③ 열역학의 제2법칙   ④ 열역학의 제3법칙

[해설] 열역학의 법칙
• 열역학의 제0법칙 : 열평형의 법칙(온도계의 원리)
• 열역학의 제1법칙 : 에너지보존의 법칙(엔탈피의 법칙, 제1종 영구기관 제작 불가능의 법칙)
• 열역학의 제2법칙 : 냉동기(히트펌프)의 원리, 에너지의 방향성, 가역과 비가역, 엔트로피의 원리, 제2종 영구기관 제작 불가능의 법칙
• 열역학의 제3법칙 : 네른스트의 법칙(엔트로피의 절대값, 절대온도 0[K]의 원리)

15. 다음의 습공기에 대한 설명 중 옳지 않은 것은?

① 건공기와 수증기의 혼합기체로 구성되어 있다.
② 습공기를 가습할 경우 엔탈피와 비체적은 커진다.
③ 비오는 날의 공기는 습공기, 맑은 날의 공기는 건공기이다.
④ 건구온도, 습구온도, 노점온도, 비체적, 엔탈피 등의 상태량을 가지고 있다.

[해설] 비오는 날의 공기와 맑은 날의 공기는 습공기(건공기+수증기)이며 습도의 차이가 있다.

16. 다음의 냉방부하 중 실내 취득열량에 해당하지 않는 것은?

① 인체의 발생열량
② 유리로부터의 취득열량
③ 극간풍에 의한 취득열량
④ 외기의 도입으로 인한 취득열량

[해설] 외기의 도입으로 인한 취득열량(외기부하) 실내 공기의 오염을 희석시키기 위하여 공조기로 도입되는 외기로 인하여 발생하는 부하이다.

정답 11. ③ 12. ③ 13. ② 14. ① 15. ③ 16. ④

17. 기구 소요압력 150kPa, 수도 본관에서 최고층 급수기구까지 높이 5m, 전마찰손실수두압 50kPa 일 때 수도 본관의 최저 필요 압력은?

① 약 150kPa ② 약 200kPa
③ 약 250kPa ④ 약 500kPa

해설 수도본관의 압력 : $P_o \geq P + P_f + \dfrac{H}{100}$ [MPa]

P : 수전 또는 기구의 필요압력[MPa]
  → 세정밸브(F.V) : 150kPa=0.15MPa
P_f : 본관에서 기구에 이르는 사이의 저항[mAq]
  → 50kPa=0.05MPa
H : 기구의 높이[m] → 5m= 0.05MPa

∴ $P_o \geq 0.15 + 0.05 + \dfrac{5}{100} = 0.25$MPa=250kPa

※ 수압 $P=0.01H$[MPa]
※ 0.1kgf/cm² = 1mAq = 10kPa
  1MPa = 10kgf/cm² = 100mAq
  1MPa = 1,000kPa = 1,000,000Pa

18. 다음 도시기호 중에서 체크 밸브(check valve)를 표시한 것은?

① 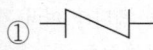   ②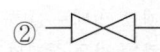
③ 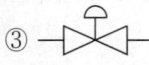   ④

해설 ① 체크밸브, ② 슬루스 밸브, ③ 다이어프램 밸브
  ④ 전자 밸브

19. 실내 취득 현열량이 50,000W 일 때, 실내의 온도를 26℃로 유지하기 위해 실내에 공급하여야 할 풍량은?(단, 공기의 비열은 1.01kJ/kg·K, 공기의 밀도는 1.2kg/m³이고 실내에 공급되는 공기의 온도는 14.1℃이다.)

① 약 9,250m³/h   ② 약 10,450m³/h
③ 약 12,480m³/h   ④ 약 15,115m³/h

해설 $q_s = \rho Q C(t_i - t_o)$ [kJ/h]

$Q = \dfrac{q_s}{\rho C(t_i - t_o)}$ [m³/h]

$Q = \dfrac{q_s}{\rho C(t_i - t_o)} = \dfrac{50,000 \times 3.6}{1.2 \times 1.01 \times (26 - 14.1)}$
  $= 12,480.2$ [m³/h]

※ 1W=1J/s=3,600J/h=3.6kJ/h

20. 설비적산 시 주의사항의 내용 중 옳지 않은 것은?

① 기계설비 표준품셈의 적용기준에 따라 재료 및 노무인력에 대하여 할증 또는 할감을 적용한다.
② 잡재료비는 설계내역상에서 제외한다.
③ 도면에 표기되지 않은 부속기기와 입상관의 산출에 주의해야 한다.
④ 장비 및 기기의 요구사항을 명확히 파악하고 합당한 단가를 적용해야 한다.

해설 잡재료 및 소모재료비와 공구손료는 설계내역상에 계상한다.

■■■■ 제2과목 건축설비설계

21. 압축식 냉동기의 냉동사이클로 옳은 것은?

① 팽창밸브 - 증발기 - 압축기 - 응축기
② 압축기 - 팽창밸브 - 증발기 - 응축기
③ 증발기 - 압축기 - 팽창밸브 - 응축기
④ 응축기 - 증발기 - 압축기 - 팽창밸브

해설 냉동기의 냉동사이클

구 분	구성 요소
압축식 냉동기	압축기 - 응축기 - 팽창밸브 - 증발기
흡수식 냉동기	증발기 - 흡수기 - 발생기(재생기) - 응축기

22. 보일러에 관한 설명으로 옳지 않은 것은?

① 입형보일러는 사용압력이 높아 규모가 큰 건물에 주로 사용된다.
② 노통 연관보일러는 보유수면이 넓어서 급수 조절이 용이하다.
③ 관류보일러는 수관보일러와 같이 수관으로 되어 있으나 드럼이 없다.
④ 수관보일러는 대형 건물 또는 병원이나 호텔 등과 같이 고압증기를 다량 사용하는 곳이나 지역난방 등에 사용된다.

해설 입형보일러(수직형 보일러)는 사용압력이 낮고, 용량이 적으며 효율도 낮아 소규모 사무소, 점포, 주택 등에서 널리 사용된다.

정답 17. ③ 18. ① 19. ③ 20. ② 21. ① 22. ①

제1회 실전 모의고사

23. 양수량이 200L/min, 전양정이 50m, 효율이 60%인 양수 펌프의 축동력은?

① 1.63kW   ② 2.72kW
③ 3.70kW   ④ 4.22kW

[해설] 펌프 축동력(Ls) = $\dfrac{WQH}{KE}$ [kW]에서

- Q : 양수량[m³/min] → 200L/min = 0.2m³/min
- H : 전양정[m] → 50m
- W : 액체 1m³의 중량[kg/m³] → 물은 1,000kg/m³
- E : 효율[%] → 60%
- K : 정수[kW] → 6,120

∴ 펌프의 축동력(Ls) = $\dfrac{1{,}000 \times 0.2 \times 50}{6{,}120 \times 0.6}$ = 2.72kW

---

24. 열펌프(heat pump)에 관한 설명으로 옳지 않은 것은?

① 공기조화에서 냉방 또는 난방기능을 수행한다.
② 냉동사이클에서 응축기의 방열량을 이용하기 위한 것이다.
③ EHP(Electric Heat Pump)는 흡수식 냉동기의 원리를 이용한 열펌프이다.
④ 냉동기를 냉각목적으로 할 경우의 성적계수보다 열펌프로 사용될 경우의 성적계수가 크다.

[해설] 히트펌프(Heat Pump)
- ㉠ 낮은 온도의 열원으로부터 높은 온도의 열로 펌프하듯 끌어올려 이용할 수 있기 때문에 히트펌프라고 한다.
- ㉡ 압축기를 동력원으로 압축 → 응축 → 팽창 → 증발의 사이클로 순환
- ㉢ 여름엔 냉방용으로 운전, 겨울철에는 냉매의 흐름방향을 바꾸어 난방용으로 운전
- ㉣ 냉매의 흐름이 바뀌면, 증발기는 응축기로, 응축기는 증발기로 그 기능이 변환
- ※ 열펌프를 이용한 성적계수(COP_h)가 냉동기로 이용한 성적계수(COP_c)보다 1만큼 크다.
  $COP_h = COP_c + 1$
- ☞ EHP(Electric Heat Pump)는 압축식 냉동기의 원리를 이용한 열펌프이다.

---

25. 펌프의 흡입양정이 3m, 토출양정이 10m, 관내 마찰 손실이 0.02MPa일 때 전양정은?

① 12m   ② 13m
③ 15m   ④ 20m

[해설] 전양정(H) = 3+10+2 = 15m
※ 1MPa=100m

---

26. 공기조화기의 에어필터에 관한 설명으로 옳지 않은 것은?

① 송풍기의 흡입측이면서 코일의 흡입측에 설치한다.
② 필터에 공기의 흐름방향이 있는 경우에는 역방향으로 설치한다.
③ 필터의 설치위치 전후에는 점검과 보수를 위한 충분한 공간과 점검문을 설치한다.
④ 유닛형 필터를 여러 개 조합하여 설치하는 경우에는 지그재그로 하여 통과면적을 크게 한다.

[해설] 필터에 공기의 흐름방향이 있는 경우에는 역방향으로 설치되지 않도록 한다.
※ 지그재그 형태로 설치된 유니트형 필터를 여러 개 설치하는 경우 통과면적을 최대로 하므로 집진효율이 우수하다.

---

27. 몰리에르 선도상에서 히트펌프의 난방시 성적계수를 산정하는 식은?

① $\dfrac{증발기\ 출구엔탈피 - 증발기\ 입구엔탈피}{압축일}$

② $\dfrac{응축기\ 입구엔탈피 - 응축기\ 출구엔탈피}{압축일}$

③ $\dfrac{압축기\ 입구엔탈피 - 압축기\ 출구엔탈피}{압축일}$

④ $\dfrac{응축기\ 출구엔탈피 - 증발기\ 입구엔탈피}{압축일}$

[해설] 열 펌프의 성적계수

$$\epsilon_h = \dfrac{응축기의\ 방출\ 열량}{압축일} = \dfrac{q+AL}{AL} = \dfrac{q}{AL} + 1$$

∴ 열펌프의 성적계수(COP_h)는 냉동기의 성적계수(COP_c)보다 1만큼 크다.

정답 23. ②   24. ③   25. ③   26. ②   27. ②

※ 몰리에르 선도상에서 히트펌프의 난방시 성적계수 산정식

= $\dfrac{\text{응축기 입구엔탈피} - \text{응축기 출구엔탈피}}{\text{압축일}}$

28. 개방식 축열수조에 관한 설명으로 옳지 않은 것은?

① 수전 전력이 증가된다.
② 심야전력을 이용할 수 있다.
③ 공조기용 2차 펌프의 양정이 증가한다.
④ 대기에 개방되므로 수질 관리가 필요하다.

[해설] 축열수조는 수전설비 용량 축소 및 계약 전력이 감소된다.
※ 빙축열 시스템은 냉각을 위한 냉동기, 축열을 위한 빙축열조, 외부와의 열교환을 위한 열교환기로 구성된다.

29. 보일러의 실제 증발량이 2,000kg/h이고, 발생증기의 엔탈피는 2,768.8kJ/kg, 보일러에 보급되는 급수의 엔탈피는 335.2kJ/kg이다. 이 보일러의 환산증발량(상당증발량)은?(단, 100℃에서 물의 증발잠열은 2,257kJ/kg이다.)

① 약 1,000kg/h   ② 약 1,078kg/h
③ 약 1,124kg/h   ④ 약 2,156kg/h

[해설] 환산증발량(상당증발량, equivalent evaporation) G_e [kg/h]
환산증발량이란 발생열량, 즉 보일러에서 1시간당 받아들인 열량을 100℃의 수증기량 G_e [kg/h]로 환산한 것을 말한다.

$G_e = \dfrac{G_s(h_2 - h_1)}{2,257}$ [kg/h]

여기서,
G_s : 발생 수증기량[kg/h]
h_2 : 발생 증기의 엔탈피[kJ/kg]
h_1 : 보일러 입구에서 물의 엔탈피
   (급수의 엔탈피) [kJ/kg]
γ : 100℃에서 물의 증발잠열(2,257kJ/kg)

$G_e = \dfrac{G_s(h_2 - h_1)}{2,257} = \dfrac{2,000(2,768.8 - 335.2)}{2,257}$
= 2,156.4 ≒ 2,156kg/h

30. 에너지절감을 목적으로 사용하는 전열교환기는 어떤 열을 회수하는 장치인가?

① 복사열   ② 대류열
③ 엔탈피   ④ 엔트로피

[해설] 공조시스템의 전열교환기는 배기되는 공기와 도입 외기 사이에 공기의 교환을 통하여 배기가 지닌 열량을 회수하거나 도입외기가 지닌 열량을 제거하여 도입외기를 실내 또는 공기조화기로 공급하는 전열교환장치이다.
☞ 엔탈피 : 현열과 잠열의 합

31. 가열코일을 통과하는 풍량이 30,000kg/h, 정면 풍속이 2.5m/s일 때 코일의 정면면적은?

① 1.47m²   ② 2.78m²
③ 3.33m²   ④ 4.95m²

[해설] 풍량과 유속
단면적을 A [m²], 유속을 v [m/s], 풍량을 Q [m³/s]라면
$Q = Av$ 에서 $A = \dfrac{Q}{v}$

$A = \dfrac{\left(\dfrac{30,000}{1.2}\right) \div 3,600}{2.5} = 2.78\,\text{m}^2$

※ 정면면적 : 코일 입구에서 공기가 통과하는 부분의 면적(m²)

32. 연면적이 10,000m²인 사무소 건물에 필요한 1일당 급수량은?(단, 유효면적비율은 60%, 1인 1일당 급수량은 100L, 유효면적당 거주인원은 0.2인/m² 이다.)

① 12m³   ② 20m³
③ 120m³   ④ 200m³

[해설] $Q_d = A \times k \times n \times q$ [L/d]
= 10,000m² × 0.6 × 0.2인/m² × 100L/d
= 12,000L/d = 120m³

정답 28. ① 29. ④ 30. ③ 31. ② 32. ③

33. 다음 설명에 알맞은 송풍기의 종류는?

- 프로펠러형의 브레이드가 기체를 축방향으로 송풍한다.
- 낮은 풍압에 많은 풍량을 송풍하는데 적합하다.

① 후곡형 ② 방사형
③ 축류형 ④ 관류형

[해설] 송풍기의 종류
① 원심형 : 다익형, 터보형, 익형, 리미트로드형
② 축류형 : 프로펠러형, 튜브형, 베인형
③ 관류형(횡류형)
※ 다익형 송풍기(sirocco fan, 시로코팬)
여러 개의 전향날개를 설치한 형식의 송풍기로 공조 및 환기용으로 가장 많이 사용한다.
㉠ 저속덕트용으로 사용된다.
㉡ 동일 용량에 대해서 송풍기 용량이 적다.
㉢ 날개의 끝부분이 회전방향으로 굽은 전곡형이다.

34. 송풍기 운전점을 A에서 B로 변환시키기 위한 방법으로 옳은 것은?

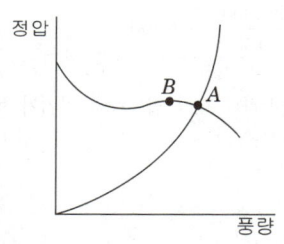

① 회전수를 높이면서 토출측 댐퍼를 조인다.
② 회전수를 낮추면서 흡입측 댐퍼를 조인다.
③ 회전수와 관계없이 흡입측 댐퍼를 조인다.
④ 회전수를 일정하게 유지하면서 토출측 댐퍼를 조인다.

[해설] 송풍기의 특성곡선에서 토출측 댐퍼를 조이면 저항이 증가하여 운전점이 A점에서 B점으로 이동하며 송풍량은 감소하고 송풍압력은 증가하게 된다.
송풍기의 특성곡선에서 흡입측 댐퍼를 조이거나 회전수를 감소시키면 압력과 송풍량은 감소하게 되고, 축동력은 회전수 제어가 가장 적게 소요되고 토출댐퍼가 가장 많이 소요된다.
※ 동력절감률(에너지절약)이 높은 것에서 낮은 순서
: 회전수 제어(가변속제어) > 흡입베인제어 > 흡입댐퍼제어 > 토출댐퍼제어

35. 급수설비에서 워터해머를 방지하기 위한 배관 구성 방법으로 옳지 않은 것은?

① 관내의 수압은 평상시 높아지지 않도록 구획한다.
② 배관에 전자밸브, 모터밸브 등 급폐형 밸브를 설치한다.
③ 배관은 가능한 한 우회하지 않고 직선이 되도록 계획한다.
④ 계획적 배려가 곤란한 경우에는 워터해머 흡수기를 적절하게 설치한다.

[해설] 워터해머를 방지하기 위해 배관에 자동수압 조절밸브를 설치하고, 펌프의 토출측에 릴리프밸브나 스모렌스키 체크밸브를 설치한다.(압력상승 방지)

36. 배관의 마찰저항에 관한 설명으로 옳은 것은?

① 유속의 제곱에 비례한다.
② 관의 길이에 반비례한다.
③ 관 내경의 제곱에 비례한다.
④ 유체의 점성이 클수록 감소한다.

[해설] 마찰손실수두(H_f)

$$H_f = \lambda \cdot \frac{L}{d} \cdot \frac{v^2}{2g} \text{ [mAq]}$$

여기서,
H_f : 길이 1m의 직관에 있어서의 마찰손실수두(mAq)
λ : 관마찰계수(강관 0.02)
g : 중력가속도(9.8m/sec²)
d : 관의 내경(m)
L : 직관의 길이(m)
v : 관내 평균 유속(m/s)
※ 마찰손실수두(H_f)는 관마찰계수(λ), 관의 길이(L) 및 유속(v)의 제곱에 비례하고, 관의 내경(d) 및 중력가속도(g)에 반비례한다.

[정답] 33. ③ 34. ④ 35. ② 36. ①

37. 다음과 같은 조건에서 전기순간 온수기를 사용하여 매시 500L/h의 급탕을 할 경우 전기소모량은?

[조 건]
- 급탕온도 : 60℃, 급수온도 : 10℃
- 온수기의 효율 : 96%
- 물의 비열 : 4.2kJ/kg · K

① 10.5kW　　② 20.2kW
③ 25.3kW　　④ 30.4kW

해설 ㉠ $Q = \dfrac{500(kg/h) \times 4.2(kJ/kg \cdot K) \times (60-10)(K)}{3,600(s/h)}$

= 29.17[kW]

㉡ 전기소모량 = $\dfrac{가열량}{효율} = \dfrac{29.17}{0.96} = 30.38$

= 30.4[kW]

☞ 사용전력(kW) = $\dfrac{mc\Delta t}{\eta \times 3,600}$

※ 1kW=3,600kJ/h

38. 덕트의 방향전환을 위해 사용되는 장방형 단면의 원호형 엘보의 국부저항손실계수가 0.22일 때, 이 엘보에 발생하는 국부저항손실은?(단, 풍속은 10m/s, 공기의 밀도는 1.2kg/m³이다.)

① 11.0Pa　　② 13.2Pa
③ 15.4Pa　　④ 19.6Pa

해설 국부저항에 의한 압력손실(ΔPd)

$\Delta Pd = \xi \dfrac{v^2}{2} \rho$ [Pa] $= 0.22 \times \dfrac{10^2}{2} \times 1.2 = 13.2$Pa

ξ : 국부저항계수
v : 공기의 속도(m/s)
ρ : 공기의 밀도(kg/m³)

39. 대변기의 세정방식에 관한 설명으로 옳은 것은?

① 로 탱크식은 연속사용이 가능하다.
② 하이 탱크식과 로 탱크식은 급수압이 낮아도 사용이 가능하다.
③ 플러시 밸브식은 급수관경에 제한이 없어 일반 가정용으로 주로 사용된다.
④ 로 탱크식은 하이 탱크식에 비해 세정소음이 크나, 화장실 면적을 넓게 사용할 수 있다는 장점이 있다.

해설 하이 탱크식과 로우 탱크식
1) 하이 탱크식
바닥으로부터 1.6m 이상 높은 위치(표준높이는 1.9m)에 설치하고, 볼탭을 통하여 공급된 일정량의 물을 저장하고 있다가 핸들 또는 레버의 조작에 의해 낙차에 의한 수압으로 대변기를 세척하는 방식이다.
㉠ 탱크의 용량은 15L 정도이다.
㉡ 변기의 설치면적은 작다.
㉢ 세정시 소리가 크다.(사무실 및 공공 건축물에 이용)
㉣ 탱크 내의 고장이 있을 때에 불편하다.
2) 로우 탱크식
탱크로의 급수압력에 관계없이 대변기로의 공급수량이나 압력이 일정하며, 양호한 세정효과와 소음이 적어 일반 주택에서 주로 사용되는 대변기 세정수의 급수방식이다.

40. 배수트랩이 갖추어야할 요건에 속하지 않는 것은?

① 자정 작용이 가능할 것
② 봉수깊이는 50mm 이상 100mm 이하일 것
③ 기구내장 트랩의 내벽 및 배수로의 단면 형상에 급격한 변화가 없을 것
④ 유수의 힘으로 가동부분이 열리고 유수가 끝나면 자동으로 닫히게 되는 구조일 것

해설 배수용 트랩
㉠ 내부 치수가 동일한 S트랩은 사용하지 말 것
㉡ 하나의 배수관에 직렬로 2개 이상의 트랩을 설치하지 말 것
㉢ 2중 트랩이 되지 않도록 배관하고 가동부분이 없을 것
㉣ 유수의 힘으로 가동부분이 열리고 유수가 끝나면 자동으로 닫히게 되는 구조는 봉수파괴 우려가 있다.
㉤ 수봉식 트랩은 중력식 배수방식에서 하수가스 침입 방지 장치로 안전하다.

정답 37. ④　38. ②　39. ②　40. ④

제1회 실전 모의고사

■■■ 제3과목 건축설비관련법규

41. 문화 및 집회시설 중 공연장의 개별관람석의 출구에 관한 기준 내용으로 옳지 않은 것은?(단, 개별관람석의 바닥면적이 300m² 이상인 경우)

① 관람석별로 2개소 이상 설치할 것
② 각 출구의 유효너비는 1.5m 이상일 것
③ 개별관람석으로부터 바깥쪽으로의 출구로 쓰이는 문은 안여닫이로 하지 않을 것
④ 개별 관람석 출구의 유효너비의 합계는 개별 관람석의 바닥면적 100m²마다 0.5m의 비율로 산정한 너비 이상으로 할 것

[해설] 공연장의 개별 관람석의 출구기준
관람석의 바닥면적이 300m² 이상인 경우의 출구는 다음 조건에 적합하여야 한다.
㉠ 관람석별로 2개소 이상 설치할 것
㉡ 각 출구의 유효폭은 1.5m 이상일 것
㉢ 개별 관람석 출구의 유효폭의 합계는 개별 관람석의 바닥면적 100m²마다 0.6m 이상의 비율로 산정한 폭 이상일 것
※ 개별 관람석 출구의 유효너비의 합계는 최소 3.0m 이상으로 한다.

42. 기계환기설비를 설치하여야 하는 다중이용시설에 해당하는 것은?

① 의료시설 중 연면적이 2,000m²인 의료기관
② 문화 및 집회시설 중 연면적이 2,000m²인 미술관
③ 문화 및 집회시설 중 연면적이 2,000m²인 박물관
④ 교육연구 복지시설 중 연면적이 2,000m²인 도서관

[해설] ② 문화 및 집회시설 중 연면적 3,000m² 이상인 미술관
③ 문화 및 집회시설 중 연면적 3,000m² 이상인 박물관
④ 교육연구 및 복지시설 중 연면적 3,000m² 이상인 도서관

43. 급수·배수(配水)·배수(排水)·환기·난방설비를 건축물에 설치하는 경우, 건축기계설비기술사 또는 공조냉동기계기술사의 협력을 받아야 하는 대상 건축물에 속하지 않는 것은?(단, 해당 용도에 사용되는 바닥면적의 합계가 2,000m²인 건축물의 경우)

① 업무시설   ② 의료시설
③ 숙박시설   ④ 유스호스텔

[해설] 건축설비기술사·공조냉동기계기술사의 협력을 받아야하는 에너지 대량소비 건축물 대상(바닥면적 합계 기준)
㉠ 500m² 이상 : 냉동냉장시설, 항온항습시설, 특수청정시설
㉡ 규모에 관계없이 : 아파트 및 연립주택
㉢ 500m² 이상 : 목욕장(제1종 근린생활시설), 실내수영장(운동시설), 실내물놀이형시설
㉣ 2,000m² 이상 : 기숙사, 병원(의료시설), 유스호스텔(수련시설), 숙박시설
㉤ 3,000m² 이상 : 연구소(교육연구시설), 업무시설, 판매시설
㉥ 10,000m² 이상 : 문화 및 집회시설(동·식물원 제외), 종교시설, 장례식장, 교육연구시설(연구소 제외)

44. 녹색건축물 인증 등급에서 우량등급은?

① 그린1등급   ② 그린2등급
③ 그린3등급   ④ 그린4등급

[해설] 녹색건축 인증 등급은 최우수(그린1등급), 우수(그린2등급), 우량(그린3등급) 또는 일반(그린4등급)으로 한다.

45. 피난층이 있는 비상용 승강기의 승강장 출입구로부터 도로 또는 공지(공원·광장 기타 이와 유사한 것으로서 피난 및 소화를 위한 당해 대지에의 출입에 지장이 없는 것을 말한다)에 이르는 거리는 최대 얼마 이하로 하여야 하는가?

① 10m   ② 20m
③ 30m   ④ 40m

[해설] 피난층이 있는 비상용 승강기 승강장의 출입구(승강장이 없는 경우에는 승강로의 출입구)로부터 도로 또는 공지에 이르는 거리가 30m 이하일 것

46. 공동주택과 오피스텔의 난방설비를 개별난방 방식으로 하는 경우에 관한 기준 내용으로 옳지 않은 것은?

① 보일러의 연도는 내화구조로서 공동연도로 설치할 것
② 오피스텔의 경우에는 난방구획을 방화구획으로 구획할 것
③ 보일러실의 윗부분에는 그 면적이 $0.5m^2$ 이상인 환기창을 설치할 것
④ 보일러실의 윗부분에는 공기흡입구를 평상시에 닫혀있는 상태가 되도록 설치할 것

[해설] 공동주택과 오피스텔의 난방설비를 개별난방방식으로 하는 경우의 보일러실 환기
  ㉠ 윗부분에 $0.5m^2$ 이상의 환기창 설치
  ㉡ 지름 10cm 이상의 공기흡입구 및 배기구를 항상 열려진 상태로 외기와 접하도록 설치(단, 전기보일러 경우는 제외)

47. 다음은 건축물의 에너지절약설계기준에 따른 용어의 정의이다. ( ) 안에 알맞은 것은?

> "중앙집중식 냉·난방설비"라 함은 건축물의 전부 또는 냉난방 면적의 ( ) 이상을 냉방 또는 난방함에 있어 해당 공간에 순환펌프, 증기난방설비 등을 이용하여 열원 등을 공급하는 설비를 말한다.

① 40% ② 50%
③ 60% ④ 70%

[해설] 중앙집중식 냉방 또는 난방설비
  중앙집중식 냉방 또는 난방설비라 함은 건축물의 전부 또는 냉난방 면적의 60% 이상을 냉방 또는 난방함에 있어 해당 공간에 순환펌프, 증기난방설비 등을 이용하여 열원 등을 공급하는 설비를 말한다. 단, 산업통상자원부 고시「효율관리기자재 운용 규정」에서 정한 가정용 가스보일러는 개별 난방설비로 간주한다.

48. 다음 중 신고대상에 속하는 건축물의 용도변경은?

① 운동시설에서 수련시설로의 용도변경
② 숙박시설에서 종교시설로의 용도변경
③ 위락시설에서 방송통신시설로의 용도변경
④ 운수시설에서 자동차 관련 시설로의 용도변경

[해설] 허가대상 및 신고대상의 용도변경

분류	시설군
㉠ 자동차관련 시설군	• 자동차관련시설
㉡ 산업등 시설군	• 운수시설 • 창고시설 • 공장 • 위험물저장 및 처리시설 • 자원순환관련시설 • 묘지관련시설 • 장례식장
㉢ 전기통신시설군	• 방송통신시설 • 발전시설
㉣ 문화집회시설군	• 문화 및 집회시설 • 종교시설 • 위락시설 • 관광휴게시설
㉤ 영업시설군	• 판매시설 • 운동시설 • 숙박시설 • 제2종 근린생활시설 중 다중생활시설
㉥ 교육 및 복지시설군	• 의료시설 • 교육연구시설 • 노유자시설 • 수련시설 • 야영장시설
㉦ 근린생활시설군	• 제1종 근린생활시설 • 제2종 근린생활시설 (다중생활시설은 제외)
㉧ 주거업무시설군	• 단독주택 • 공동주택 • 업무시설 • 교정 및 군사시설
㉨ 기타 시설군	• 동물 및 식물관련시설

※ 절차 :
1. 허가대상 : 상위시설군(오름차순)에 해당하는 용도로 변경하는 행위
2. 신고대상 : 하위시설군(내림차순)에 해당하는 용도로 변경하는 행위
3. 건축물대장 기재변경 신청 : 동일한 시설군내에서 용도변경 하는 행위

49. 건축법령에 따른 용어의 정의가 옳지 않은 것은?

① 준초고층 건축물이란 고층건축물 중 초고층 건축물이 아닌 것을 말한다.
② 건축이란 건축물을 신축·증축·개축·재축하거나 건축물을 이전하는 것을 말한다.
③ 대수선이란 건축물의 노후화를 억제하거나 기능 향상 등을 위하여 일부 증축하는 행위를 말한다.
④ 지하층이란 건축물의 바닥이 지표면 아래에 있는 층으로서 바닥에서 지표면까지 평균 높이가 해당 층 높이의 1/2 이상인 것을 말한다.

정답 46. ④ 47. ③ 48. ① 49. ③

제1회 실전 모의고사

[해설] 리모델링이란 건축물의 노후화를 억제하거나 기능 향상 등을 위하여 일부 증축하는 행위를 말한다.

50. 건축물의 피난·안전을 위하여 초고층 건축물 중간층에 설치하는 대피공간인 피난안전구역의 높이는 최소 얼마 이상이어야 하는가?

① 1.8m
② 2.1m
③ 2.4m
④ 4.0m

[해설] 피난안전구역의 높이는 2.1m 이상일 것
※ 피난안전구역의 설치
　㉠ 초고층 건축물에는 피난층 또는 지상으로 통하는 직통계단과 직접 연결되는 피난안전구역(건축물의 피난·안전을 위하여 건축물 중간층에 설치하는 대피공간을 말함)을 지상층으로부터 최대 30개 층마다 1개소 이상 설치하여야 한다.
　㉡ 준초고층 건축물에는 피난층 또는 지상으로 통하는 직통계단과 직접 연결되는 피난안전구역을 해당 건축물 전체 층수의 1/2에 해당하는 층으로부터 상하 5개층 이내에 1개소 이상 설치하여야 한다.

51. 건축물의 출입구에 설치하는 회전문의 설치 기준으로 틀린 것은?

① 계단이나 에스컬레이터로부터 2m 이상의 거리를 둘 것
② 회전문의 회전속도는 분당회전수가 15회를 넘지 아니하도록 할 것
③ 출입에 지장이 없도록 일정한 방향으로 회전하는 구조로 할 것
④ 회전문의 중심축에서 회전문과 문틀 사이의 간격을 포함한 회전문 날개 끝부분까지의 길이는 140cm 이상이 되도록 할 것

[해설] 회전문의 설치
　㉠ 계단이나 에스컬레이터로부터 2m 이상의 거리를 둘 것
　㉡ 회전문의 중심축에서 회전문과 문틀 사이의 간격을 포함한 회전문날개 끝부분까지의 길이는 140cm 이상이 되도록 할 것
　㉢ 회전문의 회전속도는 분당회전수가 8회를 넘지 아니하도록 할 것

52. 소리를 차단하는데 장애가 되는 부분이 없도록 건축물의 피난·방화구조 등의 기준에 관한 규칙에서 정하는 구조로 하여야 하는 대상에 속하지 않는 것은?

① 숙박시설의 객실 간 경계벽
② 의료시설의 병실 간 경계벽
③ 업무시설의 사무실 간 경계벽
④ 교육연구시설 중 학교의 교실 간 경계벽

[해설] 경계벽 구조

대상 건축물의 용도	구획 부분	구조 제한 기준
• 다가구주택 • 공동주택(기숙사 제외)	각 가구간 또는 세대간의 경계벽 (발코니 부분은 제외)	차음구조 및 내화구조로 하고 지붕밑 또는 바로 윗층 바닥판까지 닿게 하여야 한다.
• 학교의 교실 • 의료시설의 병실 • 숙박시설의 객실 • 기숙사의 침실	각 거실간의 경계벽	
• 제2종 근린생활시설 중 다중생활시설	호실 간 경계벽	
• 노유자시설 중 노인복지주택	세대 간 경계벽	
• 노유자시설 중 노인요양시설	호실 간 경계벽	

53. 건축물의 에너지절약설계기준에 따른 건축부문의 권장사항으로 옳지 않은 것은?

① 외벽 부위는 외단열로 시공한다.
② 건축물은 대지의 향, 일조 및 주풍향 등을 고려하여 배치하며, 남향 또는 남동향 배치를 한다.
③ 건물의 창 및 문은 가능한 작게 설계하고, 특히 열손실이 많은 북측 거실의 창 및 문의 면적은 최소화한다.
④ 거실의 층고 및 반자 높이는 실의 용도와 기능에 지장을 주지 않는 범위 내에서 가능한 높게 한다.

[해설] 평면계획
　㉠ 거실의 층고 및 반자 높이는 실의 용도 및 기능에 지장을 주지 않는 범위 내에서 가능한 낮게 한다.
　㉡ 건축물의 체적에 대한 외피면적의 비 또는 연면적에 대한 외피면적의 비는 가능한 작게 한다.
　㉢ 실의 용도 및 기능에 따라 수평, 수직으로 조닝계획을 한다.

 50. ②　51. ②　52. ③　53. ④

54. 지능형 건축물의 인증에 관한 설명으로 옳지 않은 것은?

① 지능형 건축물 인증기준에는 인증표시 홍보기준, 유효기간 등의 사항이 포함된다.
② 산업통상자원부장관은 지능형 건축물의 인증을 위하여 인증기관을 지정할 수 있다.
③ 국토교통부장관은 지능형 건축물의 건축을 활성화하기 위하여 지능형 건축물 인증제도를 실시한다.
④ 허가권자는 지능형 건축물로 인증 받은 건축물에 대하여 조경설치면적을 100분의 85까지 완화하여 적용할 수 있다.

해설 국토교통부장관은 지능형건축물의 인증을 위하여 인증기관을 지정할 수 있다.

55. 다음 중 철근콘크리트조로서 두께와 상관없이 내화구조로 인정되는 것에 속하지 않는 것은?

① 보
② 계단
③ 바닥
④ 지붕

해설 철근콘크리트조, 철골철근콘크리트조의 내화구조 기준
㉠ 벽 : 두께 10cm 이상
㉡ 외벽 중 비내력벽 : 두께 7cm 이상
㉢ 기둥 : 최소 지름이 25cm 이상
㉣ 바닥 : 두께 10cm 이상
㉤ 보, 지붕, 계단 : 두께 기준이 없다.
※ 철골조의 계단은 내화구조로 본다.

56. 건축법령에 따른 리모델링이 쉬운 구조에 속하지 않는 것은?

① 구조체가 철골구조로 구성되어 있을 것
② 구조체에서 건축설비, 내부 마감재료 및 외부 마감재료를 분리할 수 있을 것
③ 개별 세대 안에서 구획된 실의 크기, 개수 또는 위치 등을 변경할 수 있을 것
④ 각 세대는 인접한 세대와 수직 또는 수평방향으로 통합하거나 분할할 수 있을 것

해설 리모델링이 쉬운 공동주택의 구조
리모델링이 쉬운 구조의 공동주택의 건축을 촉진하기 위하여 공동주택을 다음의 구조로 하여 건축허가를 신청하는 경우
① 각 세대는 인접한 세대와 수직 및 수평으로 통합하거나 분할할 수 있을 것
② 구조체와 건축설비, 내부 마감재료와 외부 마감재료는 분리할 수 있을 것
③ 개별 세대 안에서 구획된 실(室)의 크기, 개수 또는 위치 등을 변경할 수 있을 것

57. 6층 이상의 거실 면적의 합계가 10000m²인 업무시설에 설치하여야 하는 승용승강기의 최소 대수는? (단, 15인승 승강기의 경우)

① 4대
② 5대
③ 6대
④ 7대

해설 문화 및 집회시설(전시장, 동·식물원), 업무시설, 숙박시설, 위락시설의 용도 경우
3,000m² 이하까지 1대, 3,000m² 초과하는 2,000m²당 1대를 가산한 대수로 하므로
$1 + \dfrac{10,000 - 3,000}{2,000} = 4.5 ≒ 5$대 (소수점 이하는 1대로 본다.)
∴ 16인승 이상의 승강기는 2대로 산정하므로 2대를 설치하면 된다.
※ 8인승 이상 15인승 이하를 기준으로 산정하며 16인승 이상의 승강기는 2대로 산정한다.

58. 건축물 에너지효율등급 인증기관 지정의 유효기간은?

① 지정서를 발급한 날부터 3년
② 지정서를 발급한 날부터 5년
③ 지정서를 발급한 날부터 7년
④ 지정서를 발급한 날부터 10년

해설 건축물 에너지효율등급 인증기관 지정의 유효기간은 인증기관 지정서를 발급한 날부터 5년으로 한다.

정답 54. ② 55. ③ 56. ① 57. ② 58. ②

59. 다음은 건축법령상 건축설비 설치의 원칙에 관한 기준 내용이다. (   ) 안에 알맞은 것은?

> 건축물에 설치하는 급수·배수·냉방·난방·환기·피뢰 등 건축설비의 설치에 관한 기술적 기준은 (㉠)으로 정하되, 에너지 이용 합리화와 관련한 건축설비의 기술적 기준에 관여하는 (㉡)과 협의하여 정한다.

① ㉠ 국토교통부령, ㉡ 산업통상자원부장관
② ㉠ 국토교통부령, ㉡ 과학기술정보통신부장관
③ ㉠ 산업통상자원부령, ㉡ 국토교통부장관
④ ㉠ 산업통상자원부령, ㉡ 과학기술정보통신부장관

해설 건축물에 설치하는 급수·배수·냉방·난방·환기·피뢰 등 건축설비의 설치에 관한 기술적 기준은 국토교통부령으로 정하되, 에너지 이용 합리화와 관련한 건축설비의 기술적 기준에 관하여는 산업통상자원부장관과 협의하여 정한다.

60. 건축법령상 제2종 근린생활시설에 속하지 않는 것은?

① 독서실   ② 한의원
③ 동물병원 ④ 일반음식점

해설 한의원은 제1종 근린생활시설에 해당된다.

정답 59. ① 60. ②

제2회 실전 모의고사

■■■ 제1과목 건축설비계획

1. 다음은 에너지 절약을 위한 실내온습도 설계조건이다. 가장 적당한 것은?

① 난방용 실내온도를 26℃로 유지한다.
② 냉방용 실내온도를 24℃로 유지한다.
③ 난방용 실내 상대습도를 40%로 유지한다.
④ 냉방용 실내 상대습도를 45%로 유지한다.

[해설] 보건용 공기조화의 기준에 의하면 상대습도는 40% 이상 70% 이하 정도를 권장하고 있다. 난방의 경우 실내 상대습도를 40% 정도는 적당하나, 냉방의 경우 실내 상대습도를 45% 정도 유지는 에너지 소비가 다소 많은 편이다.

2. 다음 중 유효온도의 구성요소로 옳은 것은?

① 온도, 습도, 복사열
② 온도, 습도, 기류
③ 온도, 습도, 착의량
④ 온도, 기류, 복사열

[해설] 유효온도(Effective Temperature : ET)
㉠ 유효온도는 온도(또는 흑구온도), 습도, 기류를 조합한 감각 지표로서 감각온도, 실효온도 또는 체감온도라고도 한다.
㉡ 1923년 미국에서 Hougton과 Yaglou에 의해 처음 창안되어 공기조화(덕트식 냉난방)시의 평가에 널리 사용되었다.
㉢ 복사열에 대한 영향은 고려되지 않았다.
※ CET : 복사열에 대한 영향을 고려한 수정유효온도

3. 다음 중 열역학 제 0법칙의 설명이 맞는 것은?

① 열은 고온에서 저온으로 한 방향으로만 전달된다.
② 인위적인 방법으로 어떤 계를 절대온도 0도에 이르게 할 수 없다.
③ 전체 사이클에 걸친 열의 합이 전체 사이클의 일의 합과 같다는 것을 의미한다.
④ 두 물체의 온도가 제3의 물체의 온도와 같으면 두 물체의 온도는 동일하다.

[해설] ① : 열역학 제2법칙
② : 열역학 제3법칙
③ : 열역학 제1법칙

4. 관내 유량을 구하는 공식 $Q = \dfrac{\pi d^2}{4} v$ 에서 d가 의미하는 것은?

① 관경
② 유속
③ 관 길이
④ 마찰손실

[해설] 유량과 유속
단면적을 A [m²], 유속을 v [m/s], 유량을 Q [m³/s]라면
$Q = A_1 v_1 = A_2 v_2$ …… 일정
또 관경을 d [m]라 하면 단면적 $A = \dfrac{\pi d^2}{4}$ 이다.
㉠ $Q = Av = \dfrac{\pi d^2}{4} v$ ㉡ $d = \sqrt{\dfrac{4Q}{v\pi}}$

5. 단일덕트방식에 관한 설명으로 옳지 않은 것은?

① 전공기방식의 특성이 있다.
② 냉풍과 온풍을 혼합하는 혼합상자가 필요 없다.
③ 각 실이나 존의 부하변동에 즉시 대응할 수 있다.
④ 2중덕트방식에 비해 덕트 스페이스를 적게 차지한다.

[해설] 단일덕트방식은 각 실이나 존의 부하변동에 즉시 대응하기가 곤란하므로 부하특성이 다른 여러 개의 실이나 존이 있는 건물에는 부적당하다.

6. 실내외의 온도차에 의한 공기의 밀도차가 원동력이 되는 환기는?

① 풍력환기
② 중력환기
③ 기계환기
④ 동력환기

[해설] 온도차에 의한 환기(중력환기)
건물의 실내외부에 온도차에 있으면 공기밀도의 차이로 압력차가 발생하고 이에 따라 자연배기가 발생한다.
㉠ 상부 : 실내공기 배출
㉡ 하부 : 외기 유입
㉢ 중성대 : 실내외 압력차가 0 (공기의 유출입이 없는 면)
 – 고층건물 : 건물높이의 50 ~ 70% 지점
 – 일반주택 : 천정높이의 중앙부위

[정답] 1. ③ 2. ② 3. ④ 4. ① 5. ③ 6. ②

제2회 실전 모의고사

7. 급수방식 중 수도직결방식에 관한 설명으로 옳지 않은 것은?

① 급수압력이 일정하다.
② 고층으로의 급수가 어렵다.
③ 정전으로 인한 단수의 염려가 없다.
④ 위생성 측면에서 바람직한 방식이다.

[해설] 고가수조방식은 급수공급 압력이 일정하고, 취급이 용이하여 대규모 급수에 적합하다.

8. 급수 배관에 관한 설명으로 옳지 않은 것은?

① 상향 급수배관 방식의 경우 수평배관은 진행방향에 따라 올라가는 기울기로 한다.
② 하향 급수배관 방식의 경우 수평배관은 진행방향에 따라 내려가는 기울기로 한다.
③ 배수관과 급수관을 동일한 장소에 매설할 경우 배수관은 반드시 급수관 위에 매설한다.
④ 공기가 모일 수 있는 부분에는 공기빼기밸브, 물이 고일 수 있는 부분에는 퇴수밸브를 설치한다.

[해설] 급수관과 배수관을 교차 매설은 가능한 피하는 것이 좋으며 부득이 한 경우에는 급수관을 배수관의 윗방향에 매설한다.

9. 설비시스템 공간계획에서 기계실 설치 시의 고려사항으로 거리가 먼 것은?

① 샤프트(PS, DS)와 인접하여 배관이 단순해야 한다.
② 장비의 반출입을 위한 공간 및 통로를 확보할 수 있는 곳이어야 한다.
③ 굴뚝과의 거리는 떨어져 있는 것이 유리하다.
④ 주거실과 격리되어 소음과 진동을 차단해야 한다.

[해설] 기계실 설치 시의 고려사항
㉠ 샤프트(PS, DS)와 인접하여 배관이 단순해야 한다.
㉡ 주거실과 격리되어 소음과 진동을 차단해야 한다.
㉢ 관리실과 인접하여 사고를 미연에 방지하고 유지관리를 편리하게 한다.
㉣ 장비의 반출입을 위한 공간 및 통로를 확보할 수 있는 곳이어야 한다.
㉤ 연소공기공급 및 환기가 용이한 위치이어야 한다.
☞ 굴뚝과 인접해야 한다.

10. 습공기의 엔탈피에 관한 설명으로 옳지 않은 것은?

① 현열은 온도의 변화에 따라 출입하는 열로 공기의 정압비열에 온도를 곱해서 구한다.
② 잠열은 상태의 변화에 따라 출입하는 열로 수증기의 증발잠열에 절대습도를 곱해서 구한다.
③ 20℃일 때 건공기의 엔탈피를 100으로 하여 습공기 1kg이 지니고 있는 열량으로 나타낸다.
④ 건조공기가 그 상태에서 가지고 있는 현열과 동일한 온도에서 수증기가 갖고 있는 잠열과의 합이다.

[해설] 습공기 엔탈피는 공기가 갖는 전열량으로 현열$[C_{pa} \cdot t]$과 잠열$[(\gamma_0 + C_{pw} \cdot t) \cdot x]$의 합이다.

11. 실내 손실 현열량이 20,000W일 때, 실내의 온도를 19℃로 유지하기 위한 취출공기의 온도는?(단, 공기의 비열은 1.01kJ/kg·K, 취출공기량은 10,000kg/h 이다.)

① 21.3℃
② 23.2℃
③ 26.1℃
④ 28.6℃

[해설] 취출공기의 온도
$q_s = GC(t_d - t_i)$ [kJ/h]
$\therefore t_d = \dfrac{q_s}{GC} + t_i = \dfrac{15 \times 3,600}{10,000 \times 1.01} + 19 = 26.1$ ℃

12. 냉방부하의 종류 중 현열과 잠열을 동시에 보유하고 있지 않은 것은?

① 인체부하
② 외기부하
③ 조명기구부하
④ 틈새바람부하

[해설] 기구로부터의 발생열량은 공조부하를 계산할 때 현열과 잠열을 동시에 계산해 주어야 할 부하요소이다.
기구에는 주방기구, 조명기구 등이 있으며 주방기구(커피포트, 밥솥 등)에는 현열과 잠열이 발생하지만 실내조명기구인 경우에는 현열(온도)만 발생하고 잠열(습도)은 발생하지 않는다.

정답 7. ① 8. ③ 9. ③ 10. ③ 11. ③ 12. ③

13. 벽체의 크기가 4m×5m, 두께가 200mm인 콘크리트벽의 실내측 표면온도가 20℃, 실외측 표면온도 10℃ 일 때 실내 공기와 실내측 표면 사이의 전달열량은?(단, 실내온도는 22℃, 실외온도 5℃, 내표면 열전달률 $\alpha_i = 8W/m^2 \cdot K$, 외표면열전달률 $\alpha_0 = 20W/m^2 \cdot K$ 이다.)

① 320W
② 640W
③ 1,600W
④ 3,200W

[해설] 구조체를 통한 열전달량
$Q = \alpha \cdot A \cdot (t_i - t_s)$
여기서, Q : 열전달열량[W]
α : 열전달율[W/m·K]
A : 전열면적[m²]
t_i : 실내 온도[℃]
t_s : 벽체의 실내표면온도[℃]
$Q = 8 \times (4 \times 5) \times (22-20) = 320W$

14. 실내 음환경에서 잔향 시간에 관한 설명으로 옳은 것은?

① 음향 청취를 목적으로 하는 공간에서의 잔향 시간은 음성 전달을 목적으로 하는 공간에서의 잔향 시간보다 짧아야 한다.
② 음의 잔향 시간은 실의 용적에 비례하며 벽면의 흡음력에 따라 결정된다.
③ 실의 형태를 변경하면 잔향 시간은 조정이 가능하다.
④ 영화관은 전기 음향 설비가 주가 되므로 잔향 시간은 길수록 좋다.

[해설] 잔향시간(Sabin의 잔향이론)
㉠ $RT = K\dfrac{V}{A}$ 의 식에서
RT : 잔향시간(sec)
K : 비례상수(0.162)
V : 실의 용적(m³)
A : 흡음력 = $\overline{\alpha}$ (평균흡음률)×S(실내표면적) (m²)
잔향시간은 실용적에 비례하고 실의 흡음력에 반비례한다.
㉡ 요소 : 실용적, 실내 표면적, 실의 평균 흡음률
㉢ 잔향시간은 음원의 위치, 측정의 위치, 흡음재료의 위치와 무관하다.

☞ 잔향시간은 실의 용적에 비례하고 흡음력에 반비례한다. 사용목적에 따라 적당한 실의 용적을 가져야만 일반적으로 양호한 잔향시간을 가질 수 있으나, 하나의 공간을 여러 용도로 사용하기 위해서는 각 용도에 적당하도록 잔향시간을 조절해야 한다.

15. 외기 CO_2 농도는 350ppm 이며, 실내 CO_2의 허용농도를 1,000ppm으로 할 때, 호흡시의 1인당 CO_2 배출량이 0.02m³/h 일 경우 1인당 요구되는 필요 환기량은?

① 24.9m³/h·인
② 27.5m³/h·인
③ 30.8m³/h·인
④ 35.6m³/h·인

[해설] 환기량
$Q = \dfrac{K}{P_i - P_o}$
Q : 필요환기량(m³/h)
K : 실내에서의 CO_2 발생량(m³/h)
P_i : CO_2 허용 농도(m³/m³)
P_o : 신선공기 CO_2 농도(m³/m³)
$\therefore Q = \dfrac{K}{P_i - P_o} = \dfrac{0.02}{(1,000-350) \times 10^{-6}}$
$= \dfrac{0.02 \times 10^6}{650} = 30.76 ≒ 30.8 m^3/h$
※ 1ppm=10^{-6}(m³/m³)

16. 온수난방에 대한 설명으로 옳은 것은?

① 온수순환펌프는 반드시 진공펌프를 사용한다.
② 증기난방보다 열용량이 적으므로 예열시간이 짧다.
③ 증기난방과는 달리 배관의 신축은 고려하지 않아도 된다.
④ 증기난방에 비하여 난방부하 변동에 따른 온도조절이 용이하다.

[해설] 온수난방
현열을 이용한 난방방식으로, 100℃ 이상은 고온수난방, 이하는 보통온수난방으로 한다.
① 장점
㉠ 난방부하의 변동에 따라 온수온도와 온수의 순환량 조절이 쉽다.

정답 13. ① 14. ② 15. ③ 16. ④

제2회 실전 모의고사

ⓒ 현열을 이용한 난방이므로 증기난방에 비해 쾌감도가 높다.
ⓒ 방열기 표면 온도가 낮으므로 표면에 붙은 먼지의 연소에 의한 불쾌감이 없다.
② 난방을 정지하여도 난방효과가 지속된다.
ⓜ 보일러 취급이 용이하고 안전하다.
② 단점
  ㉠ 예열시간이 길다.
  ㉡ 증기난방에 비해 방열면적과 배관경이 커야 하므로 설비비가 많다.
  ㉢ 열용량이 크므로 온수 순환 시간이 길다.
  ㉣ 한랭시, 난방 정지시 동결이 우려된다.

17. 다음은 재료의 할증률에 관한 기술 중 틀린 것은?

① 유리 - 1%   ② 스테인리스 강관 - 3%
③ 붉은벽돌 - 3%   ④ 동판 - 10%

[해설] 재료의 할증률 5%
원형철근, 시멘트벽돌, 강관, 봉강, 형강(소형, 경량), 파이프, 리벳, 일반볼트, 스테인리스 강관, 동판, 프레스접합식 스테인리스강관이음부속류, 석고보드, 코르크판, 기와

18. 급탕설비의 가열방식에 관한 설명으로 옳지 않은 것은?

① 직접가열식은 간접가열식보다 열효율이 높다.
② 직접가열식은 보일러 안에 스케일 부착의 우려가 있다.
③ 간접가열식은 일반적으로 규모가 큰 건물의 급탕에 사용된다.
④ 직접가열식에서 가열보일러는 난방용 보일러와 일반적으로 겸용하여 사용된다.

[해설] 중앙식 급탕법의 직접가열식과 간접가열식의 비교

구 분	직접 가열식	간접 가열식
보일러	급탕용보일러, 난방용보일러 각각 설치	난방용 보일러로 급탕까지 가능
보일러내의 스케일	많이 낀다.	거의 끼지 않는다.
보일러내의 압력	고 압	저 압
규 모	소규모 건축물	대규모 건축물
저탕조내의 가열코일	불필요	필 요

☞ 간접가열식에서 가열보일러는 난방용 보일러와 일반적으로 겸용하여 사용된다.

19. 다음과 같은 특징을 갖는 밸브는?

- 유체의 흐름을 단속하는 밸브이다.
- 유량 조절용으로는 사용이 곤란하다.
- 밸브를 완전히 열면 배관경과 밸브의 구경이 동일하므로 유체의 저항이 적다.

① 게이트 밸브   ② 글로브 밸브
③ 체크 밸브   ④ 앵글 밸브

[해설] 밸브의 종류
㉠ 게이트 밸브(gate valve) : 밸브의 통로에 변화가 없어 유체의 저항손실이 가장 적다. 일명 슬루스 밸브(sluice valve)라고도 한다.
㉡ 글로브 밸브(globe valve) : 유체의 저항손실이 가장 크다. 일명 스톱 밸브(stop valve)라고도 한다.
㉢ 체크밸브(check valve : 역지밸브)
  • 유체의 흐름을 한쪽 방향으로만 흐르게 할 때 쓰인다.
  • 리프트형(수평배관), 스윙형(수평, 수직배관)이 있다.
㉣ 앵글밸브(angle valve) : 글로브 밸브의 일종으로 유체의 입구와 출구가 이루는 각이 90°이다.

20. 다음 중 앵글밸브의 도시 기호는?

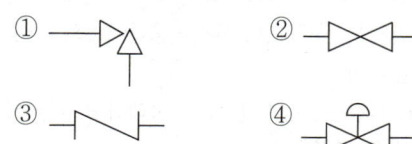

[해설] ② 게이트 밸브, ③ 역지 밸브, ④ 다이어프램 밸브

■■■ 제2과목 건축설비설계

21. 급탕설비에서 순환펌프의 순환수량 결정 방법으로 가장 알맞은 것은?

① 사용 수량과 같게 한다.
② 급수부하 단위의 3/4으로 한다.
③ 급탕량의 15~25%의 범위에서 산출한다.
④ 배관 및 기기로부터의 열손실량으로 산출한다.

[해설] 대규모 건물의 중앙식 급탕법은 급탕관 내의 탕의 온도가 내려가는 것을 방지하기 위하여 온수순환펌프를 이용하여 급탕관 및 반탕관 내의 탕을 강제적으로 순환시킨다. 순환펌프의 순환량은 배관 등에서의 방열손실량으로 산출한다.

정답 17. ② 18. ④ 19. ① 20. ① 21. ④

22. 다음 설명에 알맞은 배수 트랩의 종류는?

- 가옥트랩 또는 메인트랩이라고도 한다.
- 건물 내의 배수수평주관 끝에 설치한다.

① U트랩 ② S트랩
③ P트랩 ④ 드럼 트랩

해설 배수트랩의 종류
㉠ P-trap : 일반적으로 가장 널리 쓰이는 비교적 이상적인 트랩, 세면기
㉡ S-trap : 대변기, 소변기(벽걸이형), 세면기 등에 부착한다. 봉수가 빠질 염려가 있다.
㉢ U트랩 : 가옥 배수 횡주관 말단에 설치하여 공공하수도관으로부터 악취의 유입을 방지하며 '가옥트랩', '메인트랩'이라고도 한다.
㉣ 드럼트랩(drum trap, 주머니트랩) : 욕조, 싱크 등의 물 사용량이 많은 곳
㉤ 벨트랩(bell trap) : 바닥배수용 트랩

23. 다음 중 터빈 펌프에서 안내날개를 설치하는 이유로 가장 알맞은 것은?

① 진동을 감소시키기 위해서
② 소음을 감소시키기 위해서
③ 펌프 내에 스케일 발생을 감소시키기 위해서
④ 속도 에너지를 압력 에너지로 효율 좋게 변환하기 위해서

해설 건축설비 분야에서는 원심(와권)식 펌프(볼류트 펌프, 터빈 펌프, 보어홀 펌프 등)가 주로 사용된다. 터빈펌프는 날개의 바깥쪽에 가이드베인(guide vane, 안내날개)을 설치하여 속도 에너지를 압력 에너지로 효율을 좋게 변환하여 고양정에 사용한다.

24. 관속에 유량 36m³/h의 물이 흐르고 있다. 이때 유속이 2m/sec 이내가 되도록 관경을 결정하려 한다. 관의 안지름은 최소 얼마 이상이 되어야 하는가?

① 65mm ② 80mm
③ 150mm ④ 475mm

해설 펌프의 양수량(Q)

$$Q = \frac{\pi}{4} v d^2$$

Q : 양수량[m³/sec]
V : 펌프의 관 속을 흐르는 유체의 속도[m/sec]
d : 펌프의 구경 $d = \sqrt{\frac{4Q}{v\pi}}$

$$\therefore d = \sqrt{\frac{4Q}{v\pi}} = \sqrt{\frac{4 \times 36/3600}{2 \times 3.14}} = 0.08\text{m} = 80\text{mm}$$

25. 흡수식 냉동기의 사이클로 옳은 것은?

① 증발기 - 재생기 - 흡수기 - 응축기
② 증발기 - 흡수기 - 재생기 - 응축기
③ 흡수기 - 응축기 - 재생기 - 증발기
④ 흡수기 - 증발기 - 응축기 - 재생기

해설 냉동기의 냉동사이클

구 분	구성 요소
압축식 냉동기	압축기 - 응축기 - 팽창밸브 - 증발기
흡수식 냉동기	증발기 - 흡수기 - 발생기(재생기) - 응축기

26. 흡수식 냉동기에서 동작물질로 물과 LiBr을 사용할 경우 냉매의 역할을 하는 것은?

① LiBr ② 물
③ NH_3 ④ LiBr+H_2O

해설 흡수식 냉동기의 냉매와 흡수액
㉠ 냉매 : 물(H_2O), 암모니아(NH_3)
㉡ 흡수액 : 브롬화리튬(LiBr), 물(H_2O)

27. 열펌프(heat pump)에 관한 설명으로 옳은 것은?

① 공기조화에서 주로 냉방용으로 응용된다.
② 냉동사이클에서 응축기의 방열량을 이용하기 위한 것이다.
③ EHP(Electric Heat Pump)는 흡수식 냉동기의 원리를 이용한 열펌프이다.
④ 냉동기를 냉각 목적으로 할 경우의 성적계수보다 열펌프로 사용될 경우의 성적계수가 작다.

정답 22. ① 23. ④ 24. ② 25. ② 26. ② 27. ②

[해설] ① 열펌프는 냉동기의 압축기에서 토출된 고온·고압의 냉매증기는 응축기에서 방열하고 액화된다. 이때 방열되는 응축열로 물이나 공기를 가열하여 난방에 이용하는 장치이다.
③ EHP(Electric Heat Pump)는 압축식 냉동기의 원리를 이용한 열펌프이다.
④ 열펌프를 이용한 성적계수(COP_h)가 냉동기로 이용한 성적계수(COP)보다 1만큼 크다.

28. 지역난방에 관한 설명으로 옳지 않은 것은?

① 연료비가 절감된다.
② 대기오염을 줄일 수 있다.
③ 보일러 설비가 대용량이 된다.
④ 각 세대의 설비 스페이스가 증대된다.

[해설] 지역난방
중앙식 보일러실에서 어떤 지역 내의 여러 건물에 증기 또는 고온수를 보내서 난방하는 방식이다.
① 장점
 ㉠ 대규모 설비이므로 관리가 용이하고 열효율 면에서 유리하다.
 ㉡ 연료비와 인건비가 절감된다.
 ㉢ 각 건물에서는 위험물을 취급하지 않으므로 화재의 위험이 적다.
 ㉣ 건물 내의 유효면적이 증대된다.
 ㉤ 설비의 고도화에 따라 도시의 대기오염 방지에 도움이 된다.
② 단점
 ㉠ 초기 시설 투자비가 많아진다.
 ㉡ 열원기기의 용량 제어가 힘들다.
 ㉢ 배관에서의 열손실이 많다.
 ㉣ 고도의 숙련된 기술자가 필요하다.
 ㉤ 요금의 분배가 어렵다.
 ㉥ 저부하시 조절이 곤란하다.
 ㉦ 지역 배관을 위한 도시계획상의 사전계획이 필요하다.

29. 전손실열량이 15kW인 사무실에 설치할 증기난방용 방열기의 필요 섹션수는?(단, 표준상태이며, 표준방열량은 0.756kW/m^2, 방열기 섹션 1개의 방열면적은 0.02m^2이다.)

① 80섹션 ② 90섹션
③ 100섹션 ④ 120섹션

[해설] 증기난방의 절수(N_W) = $\dfrac{H_L}{0.756 a_0}$ = $\dfrac{15}{0.756 \times 0.2}$
= 99.2 ≒ 100섹션
여기서, H_L : 손실열량(kW), a_0 : 1절당 방열면적(m^2)

30. 고가수조에 관한 설명으로 옳지 않은 것은?

① 재질로서 강판, 스테인리스, FRP 등이 사용된다.
② 정기적인 청소를 위해 중간에 칸막이를 설치할 필요가 있다.
③ 양수관, 급수관, 오버플로우관, 배수관, 통기관 등을 구비한다.
④ 고가수조의 용량은 고가수조로 송수하는 양수 펌프의 양수량과 관계가 없다.

[해설] 고가수조 용량(V)
고가수조 용량(V)=1시간 최대예상급수량×1~3시간(m^3)
(대규모 급수설비 : 1시간분, 중소규모 : 2~3시간분)
※ 고가수조의 소용량화를 위한 설계를 할 때는 순간 최대 예상급수량을 기준으로 할 수 있다.

31. 보일러의 상용출력을 가장 올바르게 표현한 것은?

① 난방부하 + 급탕부하
② 난방부하 + 급탕부하 + 예열부하
③ 난방부하 + 급탕부하 + 배관부하
④ 난방부하 + 급탕부하 + 배관부하 + 예열부하

[해설] 보일러부하(H)
 ㉠ 정격출력 = 난방부하(H_R) + 급탕부하(H_W)
    + 배관손실(H_P) + 예열부하(H_E)
    = 상용출력×1.25 = 방열기용량×1.35
 ㉡ 상용출력 = 난방부하(H_R) + 급탕부하(H_W)
    + 배관손실(H_P)
    = 방열기용량×1.2
 ㉢ 방열기용량(정미출력) = 난방부하(H_R)
    + 급탕부하(H_W)

정답 28. ④ 29. ③ 30. ④ 31. ③

㉣ 난방부하
※ 정격출력은 연속해서 운전할 수 있는 보일러의 능력으로서 난방부하, 급탕부하, 배관부하, 예열부하의 합이며, 보통 보일러 선정시 기준이 된다.

32. 어느 송풍기의 회전수가 750rpm일 때 송풍량이 100m³/min, 축동력이 1.5kW, 송풍기 전압이 400Pa이다. 이 송풍기의 회전수를 900rpm으로 변화시켰을 때 전압은 얼마로 되는가?

① 400Pa　　　　② 576Pa
③ 711.1Pa　　　④ 941.1Pa

해설 송풍기 전압(P_2) : 회전수비의 2제곱에 비례하여 변화한다.
$$P_2 = \left(\frac{N_2}{N_1}\right)^2 P_1 = \left(\frac{900}{750}\right)^2 \times 400 = 576\text{Pa}$$

33. 송풍기의 풍량제어방식 중 축동력이 가장 많이 소요되는 방식은?

① 회전수제어　　② 토출댐퍼제어
③ 흡입베인제어　④ 흡입댐퍼제어

해설 동력절감률(에너지절약)이 높은 것에서 낮은 순서 :
회전수제어(가변속제어) > 흡입베인제어 > 흡입댐퍼제어 > 토출댐퍼제어
※ 회전수 제어 : 송풍기 풍량제어의 대표적인 방법으로 에너지절감 비율이 가장 높다.
※ 제어방식의 결정은 풍량조정범위, 동력절감률, 설비비 등을 고려하여 정한다.

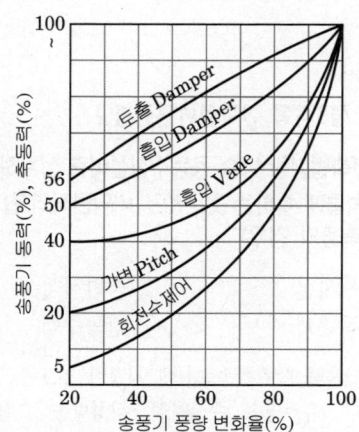

[그림] 송풍기 풍량변화율에 따른 송풍기 동력비율의 변화

34. 계산된 냉온수량을 수송하기 위한 적정 관경을 마찰저항선도를 사용하여 선정할 때, 필요한 값은?

① 레이놀드수와 배관길이
② 배관길이와 사용배관재의 조도
③ 수력반경과 유체의 동점성 계수
④ 제반 손실을 고려한 관마찰 저항과 유속

해설 마찰저항선도에 의한 관경의 결정
배관 속에 흐르는 유량과 유속, 허용마찰손실(관마찰저항)로 관경을 구하는 방법이다.
㉠ 동시사용 유량 계산(헌터 선도)
㉡ 허용마찰손실수두 계산
㉢ 관경 결정 : 동시사용유량[L/min]과 허용마찰손실수두 R[mmAq/m]을 이용하여 관경을 구한다.

35. 다음 중 공동주택 단지의 급수설계를 할 때 가장 먼저 이루어져야 할 사항은?

① 급수량의 산정
② 수수조의 크기 산정
③ 급수관 재료의 결정
④ 수도 인입관의 관경 선정

해설 급수설비 설계시 가장 먼저 결정해야 할 사항은 급수량의 산정이다. 급수량의 산정은 건물의 연면적에 대한 유효면적의 비율과 유효면적당 인원수 및 1일 1인당 사용수량을 기준으로 산정한다.

36. 공기조화설비의 공기청정장치에 관한 설명으로 옳지 않은 것은?

① 원칙적으로 부유분진에는 에어워셔를 설치한다.
② 에어필터(HEPA필터 제외)의 면풍속은 2.5m/s를 표준으로 한다.
③ 에어필터(HEPA필터 제외)의 공기저항은 초기저항의 2배를 표준으로 한다.
④ 일반적인 사무용 건축물에 설치하는 경우에는 주로 부유분진을 주처리 대상으로 한다.

해설 에어워셔(air washer, 공기세정기)는 아주 작은 물방울과 공기를 직접 접촉시킴으로써 공기를 냉각하거나 또는 감습, 가습하기 위하여 사용하는 장치이다.

정답 32. ② 33. ② 34. ④ 35. ① 36. ①

제2회 실전 모의고사

37. 취출구의 취출기류 4영역 중 취출거리의 대부분을 차지하며, 1차공기(취출공기)가 취출풍속에 의해 도착되는 한계영역은?

① 제1영역　　② 제2영역
③ 제3영역　　④ 제4영역

해설) 취출기류의 제3영역은 취출구로부터 더욱 멀리 떨어지면 주위 공기와 충분히 혼합되는 부분으로 취출거리의 대부분을 차지하며, 이 영역은 취출구의 종류에 따라 특성이 현저하다.
제3영역은 취출기류가 0.25m/s까지 감소되는 곳으로서 1차공기(취출공기)가 취출풍속에 의해 도착되는 한계영역이다.
※ 취출기류의 제1영역은 기류 중심부분의 속도가 취출구에서의 기류 취출속도와 동일한 구간으로 취출구에서 분출되는 공기는 아주 짧은 거리에서 속도의 변화가 없다. 이 구간의 거리는 취출구 직경(취출구 폭)의 2~6배 정도의 범위가 된다.
※ 취출기류의 제2영역은 기류 중심부분의 속도가 취출구로부터의 거리의 제곱근에 반비례하는 구간으로 천이구역이라고도 한다. 아스펙트비(aspect ratio)가 큰 취출구일수록 이 구간이 길어진다. 일반적으로 취출구 직경(취출구 폭)의 4배 정도에서 길이의 4배 정도 범위가 된다.

38. 다음은 공기조화기와 주위 덕트 구성을 나타낸 것이다. Ⓐ와 같이 설치되는 기기는?

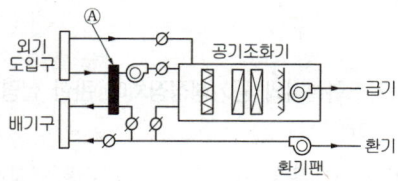

① 에어필터　　② 전열교환기
③ 공기청정기　　④ 유해가스 감지센터

해설) 전열교환기는 배기되는 공기와 도입 외기 사이에 공기의 교환을 통하여 배기가 지닌 열량을 회수하거나 도입외기가 지닌 열량을 제거하여 도입외기를 실내 또는 공기조화기로 공급하는 전열교환장치이다. 공기 대 공기의 열교환기로서 현열은 물론 잠열까지도 교환되는 엔탈피 교환하는 장치로서 공조시스템에서 배기와 도입되는 외기와의 전열교환으로 공조기는 물론 보일러나 냉동기의 용량을 줄일 수 있다.

39. 냉수코일에서 코일입구공기의 온도를 28℃, 출구 공기온도를 14℃, 입구수온은 7℃, 출구수온은 12℃라 할 때 대수평균온도차 MTD는 얼마인가?(단, 공기와 냉수의 흐름은 평행류이다.)

① 5.78℃　　② 8.08℃
③ 10.88℃　　④ 22.98℃

해설) 대수평균 온도차(Mean Temperature Difference)

$$MTD = \frac{\Delta_1 - \Delta_2}{ln\frac{\Delta_1}{\Delta_2}}$$

$$MTD = \frac{\Delta_1 - \Delta_2}{ln\frac{\Delta_1}{\Delta_2}} = \frac{(28-7)-(14-12)}{ln\frac{(28-7)}{(14-12)}} = 8.08℃$$

40. 위생설비 유니트화의 효과에 관한 설명으로 옳지 않은 것은?

① 현장 작업량 감소
② 일정 수준의 품질 유지
③ 현장 작업 스페이스의 증가
④ 대량생산으로 인한 비용 절감

해설) 위생기구 유니트화
㉠ 공사 기간 단축
㉡ 공정의 단순화 및 합리화
㉢ 시공의 정밀도의 향상
㉣ 재료 및 인건비의 절감

제3과목 건축설비관련법규

41. 건축법령상 방송 공동수신설비를 설치하여야 하는 대상 건축물에 속하는 것은?(단, 바닥면적의 합계가 3000m² 인 건축물의 경우)

① 업무시설　　② 숙박시설
③ 공동주택　　④ 단독주택

해설) 건축물에는 방송수신에 지장이 없도록 공동시청 안테나, 유선방송 수신시설, 위성방송 수신설비, 에프엠(FM)라디오방송 수신설비 또는 방송 공동수신설비를 설치할 수 있다.

다만, 다음 건축물에는 방송 공동수신설비를 설치하여야 한다.
㉠ 공동주택
㉡ 바닥면적의 합계가 5,000m² 이상으로서 업무시설이나 숙박시설의 용도로 쓰는 건축물

42. 기계환기설비를 설치하여야 하는 다중이용시설 중 판매시설의 필요 환기량 기준은?

① 25m³/인·h 이상   ② 27m³/인·h 이상
③ 29m³/인·h 이상   ④ 36m³/인·h 이상

[해설] 각 시설의 필요 환기량

구분		필요 환기량 (m³/인·h)	비고
가. 지하시설	1) 지하역사	25 이상	
	2) 지하도상가	36 이상	매장(상점) 기준
나. 문화 및 집회시설		29 이상	
다. 판매시설		29 이상	
라. 운수시설		29 이상	
마. 의료시설		36 이상	
바. 교육연구시설		36 이상	
사. 노유자시설		36 이상	
아. 업무시설		29 이상	
자. 자동차 관련 시설		27 이상	
차. 장례식장		36 이상	
카. 그 밖의 시설		25 이상	

43. 다음 중 건축법상 내화구조의 기준으로 옳은 것은?

① 철근콘크리트조의 벽으로 두께가 10cm 이상인 것
② 외벽 중 철근콘크리트조의 비내력벽으로 두께가 5cm 이상인 것
③ 철근콘크리트조 바닥으로 두께가 8cm 이상인 것
④ 철근콘크리트조 기둥으로 그 작은 지름이 20cm 이상인 것

[해설] 철근콘크리트조, 철골철근콘크리트조의 내화구조 기준
㉠ 벽 : 두께 10cm 이상
㉡ 외벽 중 비내력벽 : 두께 7cm 이상
㉢ 기둥 : 최소 지름이 25cm 이상
㉣ 바닥 : 두께 10cm 이상
㉤ 보, 지붕, 계단 : 두께 기준이 없다.
※ 철골조의 계단은 내화구조로 본다.

44. 다음은 건축물의 에너지절약설계기준에 따른 에너지성능지표의 판정에 관한 기준 내용이다. ( ) 안에 알맞은 것은?

에너지성능지표는 평점합계가 ( ) 이상일 경우 적합한 것으로 본다. 다만, 공공기관이 신축하는 건축물(별동이나 증축하는 건축물을 포함한다)은 74점 이상일 경우 적합한 것으로 본다.

① 65점   ② 72점
③ 84점   ④ 90점

[해설] 에너지성능지표 검토서의 판정
에너지성능지표 검토서는 에너지성능지표 검토서의 평점합계가 65점 이상(공공기관은 74점)일 경우 적합한 것으로 본다.

45. 건축법령상 초고층 건축물의 정의로 옳은 것은?

① 층수가 50층 이상이거나 높이가 150m 이상인 건축물
② 층수가 50층 이상이거나 높이가 200m 이상인 건축물
③ 층수가 60층 이상이거나 높이가 180m 이상인 건축물
④ 층수가 60층 이상이거나 높이가 240m 이상인 건축물

[해설]

초고층 건축물	층수가 50층 이상이거나 높이가 200m 이상인 건축물
준초고층 건축물	고층건축물 중 초고층 건축물이 아닌 것
고층 건축물	층수가 30층 이상이거나 높이가 120m 이상인 건축물

46. 피뢰설비를 설치하여야 하는 대상 건축물의 높이 기준은?

① 10m 이상   ② 20m 이상
③ 30m 이상   ④ 40m 이상

[해설] 낙뢰의 우려가 있는 건축물 또는 높이 20m 이상의 건축물 또는 공작물로서 높이 20m 이상의 공작물(건축물에 공작물을 설치하여 그 전체높이가 20m 이상인 것 포함)에는 건축물의 설비기준 등에 관한 규칙에 적합하게 피뢰설비를 설치하여야 한다.

정답 42. ③   43. ①   44. ①   45. ②   46. ②

제2회 실전 모의고사

47. 각 층의 바닥면적이 1,500m²인 도매시장의 피난층에 설치하는 건축물의 바깥쪽으로의 출구의 유효너비 합계는 최소 얼마 이상이어야 하는가?

① 6.0m ② 7.5m
③ 9.0m ④ 10.5m

[해설] 판매시설의 피난층에 설치하는 출구 유효폭
판매시설의 피난층에 설치하는 건축물 바깥쪽으로의 출구는 해당 용도에 쓰이는 바닥면적이 최대인 층의 바닥면적 100m² 마다 0.6m 이상의 비율로 산정한 너비 이상으로 한다.

출구유효폭 ≥ $\dfrac{\text{당해 용도 최대층의 바닥면적}(m^2)}{100m^2} \times 0.6m$

∴ 출구유효폭 ≥ $\dfrac{1,500m^2}{100m^2} \times 0.6m = 9m$

48. 녹색건축 인증에 관한 규칙에 따라 공공업무시설이 취득하여야 할 최소 녹색건축인증 등급은?

① 최우수 등급   ② 우수등급
③ 우량 등급   ④ 일반 등급

[해설] 공공업무시설은 우수 등급(그린2등급) 이상을 취득하여야 한다.

49. 건축법령상 다음과 같이 정의되는 주택의 종류는?

> 주택으로 쓰는 1개 동의 바닥면적 합계가 660m² 이하이고, 층수가 4개 층 이하인 주택

① 다중주택   ② 연립주택
③ 다세대주택 ④ 다가구주택

[해설] 주택의 분류
① 단독주택
 ㉠ 단독주택
 ㉡ 다중주택(연면적 660m² 이하, 3층 이하)
 ㉢ 다가구주택(바닥면적합계 660m² 이하, 3개층 이하, 19세대 이하)
 ㉣ 공관

② 공동주택
 ㉠ 다세대주택 : 4개층 이하, 동당 연면적 660m² 이하
 ㉡ 연립주택 : 4개층 이하, 동당 연면적 660m² 초과
 ㉢ 아파트 : 5개층 이상
 ㉣ 기숙사

50. 피난 용도로 쓸 수 있는 광장을 옥상에 설치하여야 하는 대상에 속하지 않는 것은?

① 5층 이상인 층이 종교시설의 용도로 쓰는 경우
② 5층 이상인 층이 판매시설의 용도로 쓰는 경우
③ 5층 이상인 층이 문화 및 집회시설 중 공연장의 용도로 쓰는 경우
④ 5층 이상인 층이 문화 및 집회시설 중 전시장의 용도로 쓰는 경우

[해설] 피난의 용도에 쓰이는 옥상광장의 설치
5층 이상의 층을 문화 및 집회시설(전시장, 동·식물원 제외), 제2종 근린생활시설 중 공연장·종교집회장·인터넷컴퓨터게임시설제공업소(해당 용도로 쓰는 바닥면적의 합계가 각각 300m² 이상인 경우만 해당), 종교시설, 판매시설, 위락시설 중 주점영업, 장례식장의 용도에 쓰는 경우에는 피난의 용도에 쓸 수 있는 옥상광장을 설치하여야 한다.

51. 건축물의 내부에 설치하는 피난계단의 구조에 관한 기준으로 옳지 않은 것은?

① 계단실의 실내에 접하는 부분의 마감은 불연 재료로 할 것
② 계단은 내화구조로 하고 피난층 또는 지상까지 직접 연결되도록 할 것
③ 건축물의 내부에서 계단실로 통하는 출입구의 유효너비는 0.6m 이상으로 할 것
④ 계단실은 창문·출입구 기타 개구부를 제외한 당해 건축물의 다른 부분과 내화구조의 벽으로 구획할 것

[해설] 건축물의 내부에서 계단실로 통하는 출입구의 유효너비는 0.9m 이상으로 할 것

정답 47. ③ 48. ② 49. ③ 50. ④ 51. ③

52. 6층 이상의 거실면적의 합계가 5,000m²인 경우, 설치하여야 하는 승용 승강기의 최소 대수가 가장 많은 것은?(단, 8인승 승강기의 경우)

① 업무시설 ② 숙박시설
③ 위락시설 ④ 의료시설

[해설] 승용승강기의 설치대상
층수가 6층 이상으로서 연면적 2,000m² 이상인 건축물
※ 승용승강기 설치대수(강 > 약 순서)
문화 및 집회시설(공연장·집회장·관람장), 판매시설(도매시장·소매시장·상점), 의료시설 > 문화 및 집회시설(전시장, 동·식물원), 업무시설, 숙박시설, 위락시설 > 공동주택, 교육연구시설, 노유자시설, 기타 시설

53. 다음 중 배수용으로 쓰이는 배관설비에 관한 기준 내용으로 옳지 않은 것은?

① 우수관과 오수관은 통합하여 배관할 것
② 배관설비에는 배수트랩·통기관을 설치하는 등 위생에 지장이 없도록 할 것
③ 배관설비의 오수에 접하는 부분은 내수재료를 사용할 것
④ 지하실등 공공하수도로 자연배수 할 수 없는 곳에는 배수용량에 맞는 강제배수시설을 설치할 것

[해설] 우수관과 오수관은 분리하여 배관할 것

54. 녹색건축물 조성지원법에서 정하고 있는 건축물 에너지효율등급 인증대상 건축물로 틀린 것은?

① 업무시설
② 기숙사
③ 냉방면적이 400m² 이상인 판매시설
④ 연립주택

[해설] 녹색건축물 조성 지원법 및 녹색건축물 조성 지원법 시행령에 따른 건축물 에너지효율등급 인증 및 제로에너지건축물 인증 건축물 대상
1. 단독주택, 다중주택, 다가구주택, 공관
2. 아파트, 연립주택, 다세대주택, 기숙사
3. 업무시설
4. 냉방 또는 난방 면적이 500m² 이상인 건축물

55. 건축시 특별시장 또는 광역시장의 허가를 받아야 하는 건축물의 층수 및 연면적 기준은?

① 층수가 21층 이상이거나 연면적의 합계가 5만 제곱미터 이상인 건축물
② 층수가 21층 이상이거나 연면적의 합계가 10만 제곱미터 이상인 건축물
③ 층수가 31층 이상이거나 연면적의 합계가 5만 제곱미터 이상인 건축물
④ 층수가 31층 이상이거나 연면적의 합계가 10만 제곱미터 이상인 건축물

[해설] 특별시장·광역시장의 허가 대상

사전승인 대상 건축물의 규모	허가권자
① 21층 이상 건축물 ② 연면적 10만m² 이상 건축물(공장, 창고 및 지방건축위원회의 심의를 거친 건축물은 제외) ③ 연면적 3/10 이상의 증축으로 인하여 ①,②의 대상이 되는 경우	특별시장·광역시장

56. 다음 중 주요구조부를 내화구조로 하여야 하는 대상 건축물에 속하지 않는 것은?

① 종교시설의 용도로 쓰는 건축물로서 집회실의 바닥면적의 합계가 200m²인 건축물
② 장례식장의 용도로 쓰는 건축물로서 집회실의 바닥면적의 합계가 200m²인 건축물
③ 위락시설 중 주점영업의 용도로 쓰는 건축물로서 집회실의 바닥면적의 합계가 200m²인 건축물
④ 문화 및 집회시설 중 전시장의 용도로 쓰는 건축물로서 그 용도로 쓰는 바닥면적의 합계가 400m²인 건축물

[해설] 문화 및 집회시설 중 전시장 및 동·식물원, 판매시설, 운수시설, 교육연구시설에 설치하는 체육관·강당, 수련시설, 운동시설 중 체육관 및 운동장, 위락시설(주점영업 제외), 창고시설, 위험물 저장 및 처리시설, 자동차 관련시설, 통신시설 중 방송국·전신전화국 및 촬영소, 묘지관련시설 중 화장장, 관광휴게시설의 용도로 쓰이는 건축물로서 바닥면적의 합계가 500m² 이상인 건축물은 주요구조부를 내화구조로 하여야 한다.

정답 52. ④ 53. ① 54. ③ 55. ② 56. ④

제2회 실전 모의고사

57. 건축물의 에너지절약 설계기준상 다음과 같이 정의되는 용어는?

> 중간기 또는 동계에 발생하는 냉방부하를 실내 엔탈피보다 낮은 도입 외기에 의하여 제거 또는 감소시키는 시스템

① 변풍량제어시스템 ② 이코노마이저시스템
③ 비례제어운전시스템 ④ 대수분할운전시스템

[해설] 기계설비부문 용어의 정의

부문	내용
이코노마이저시스템	중간기 또는 동계에 발생하는 냉방부하를 실내 엔탈피보다 낮은 도입 외기에 의하여 제거 또는 감소시키는 시스템
중앙집중식 냉방 또는 난방설비	건축물의 전부 또는 일부를 냉방 또는 난방함에 있어 해당 공간에 대한 열원 등을 공유하는 설비를 말하며, 건물(또는 해당 용도)의 냉방 또는 난방설비 용량의 60% 이상을 중앙집중식으로 설치하는 경우 그 건물(또는 해당 용도)을 중앙집중식 냉방 또는 난방 건물로 본다.

58. 비상용승강기의 승강장 및 승강로의 구조에 관한 기준 내용으로 옳지 않은 것은?

① 승강장의 바닥면적은 비상용승강기 1대에 대하여 $5m^2$ 이상으로 할 것
② 각층으로부터 피난층까지 이르는 승강로를 단일구조로 연결하여 설치 할 것
③ 승강장에는 노대 또는 외부를 향하여 열 수 있는 창문이나 배연설비를 설치할 것
④ 승강장은 각층의 내부와 연결될 수 있도록 하되, 그 출입구에는 60+방화문 또는 60분방화문을 설치할 것

[해설] 승강장의 바닥면적은 비상용승강기 1대에 대하여 $6m^2$ 이상으로 할 것

59. 다음 중 지능형 건축물로 인증을 받은 경우 건축법 완화적용에 해당되지 않는 것은?

① 조경설치 면적 ② 용적률
③ 건폐율 ④ 건축물의 높이

[해설] 허가권자는 지능형 건축물로 인증을 받은 건축물에 대하여 다음과 같이 건축기준을 완화하여 적용할 수 있다.

완화 규정	완화 기준
대지 안의 조경(법 제42조)	$\frac{85}{100}$ 범위 안에서 완화적용
용적률(법 제56조) 건축물의 높이(법 제60조)	$\frac{115}{100}$ 범위 안에서 완화적용

60. 공동주택과 오피스텔의 난방설비를 개별난방방식으로 하는 경우에 대한 기준 내용으로 옳은 것은?

① 보일러실의 연도는 방화구조로서 개별연도로 설치할 것
② 보일러실의 윗부분과 아랫부분에는 지름 5cm 이상의 공기흡입구 및 배기구를 설치한 것
③ 보일러를 설치하는 곳과 거실사이의 경계벽은 출입구를 제외하고는 내화구조의 벽으로 구획할 것
④ 전기보일러를 사용하는 경우, 보일러실의 윗부분에는 그 면적이 $1m^2$ 이상인 환기창을 설치할 것

[해설] 개별난방설비 등
공동주택과 오피스텔의 난방설비를 개별난방방식으로 하는 경우에는 다음의 기준에 적합하여야 한다.

구분	기준
① 보일러 설치위치	• 거실 외의 곳에 설치 • 보일러실과 거실 사이의 경계벽은 내화구조의 벽으로 구획(출입구 제외)
② 보일러실의 환기	• 윗부분에 $0.5m^2$ 이상의 환기창 설치 • 지름 10cm 이상의 공기흡입구 및 배기구를 항상 열려진 상태로 외기와 접하도록 설치(단, 전기보일러 경우는 제외)
③ 기름저장소	• 기름보일러의 기름저장소는 보일러실 외에 설치할 것
④ 오피스텔의 난방구획	• 방화구획으로 구획할 것
⑤ 보일러실의 연도	• 내화구조로서 공동연도로 설치할 것
⑥ 가스보일러	• 보일러실과 거실 사이 출입구는 출입구가 닫힌 경우 가스가 거실에 들어갈 수 없는 구조일 것 • 중앙집중공급방식으로 공급하는 경우에는 ①의 규정에도 불구하고 관계법령이 정하는 기준에 의함

정답 57. ② 58. ① 59. ③ 60. ③

제3회 실전 모의고사

■■■ 제1과목 건축설비계획

1. 외기의 이산화탄소(CO_2) 함유량이 300ppm, 사람의 호흡 시 1인당 CO_2 배출량이 0.017m³/h인 경우, 1인당 필요한 환기량은?(단, CO_2의 실내허용농도는 1000ppm이다.)

① 24.3m³/h·인 ② 25.9m³/h·인
③ 26.7m³/h·인 ④ 28.3m³/h·인

해설 필요 환기량
$Q = nV$
Q : 환기량(m³/h)
n : 환기회수(회/h)
V : 실용적(m³)

또한 $Q = \dfrac{K}{P_i - P_o}$

Q : 필요환기량(m³/h)
K : 실내에서의 CO_2 발생량(m³/h)
P_i : CO_2 허용 농도(m³/m³)
P_o : 신선공기 CO_2 농도(m³/m³)

∴ $Q = \dfrac{K}{P_i - P_o}$
$= \dfrac{0.017}{(1,000-300) \times 10^{-6} ppm}$
$= \dfrac{0.017 \times 10^6}{700} = \dfrac{17000}{700} = 24.3$m³/h·인

※ 1ppm = 10^{-6}(m³/m³)

2. 온수난방에 관한 설명으로 옳지 않은 것은?

① 증기난방에 비하여 예열시간이 길다.
② 한냉지에서는 동결의 위험성이 있다.
③ 일반적으로 증기난방에 비하여 방열기의 크기가 작다.
④ 증기난방에 비하여 난방부하 변동에 따른 온도조절이 비교적 용이하다.

해설 온수난방
현열을 이용한 난방방식으로, 100℃ 이상은 고온수난방, 이하는 보통온수난방으로 한다.
① 장점
 ㉠ 난방부하의 변동에 따라 온수온도와 온수의 순환량 조절이 쉽다.
 ㉡ 현열을 이용한 난방이므로 증기난방에 비해 쾌감도가 높다.
 ㉢ 방열기 표면 온도가 낮으므로 표면에 붙은 먼지의 연소에 의한 불쾌감이 없다.
 ㉣ 난방을 정지하여도 난방효과가 지속된다.
 ㉤ 보일러 취급이 용이하고 안전하다.
② 단점
 ㉠ 예열시간이 길다.
 ㉡ 증기난방에 비해 방열면적과 배관경이 커야 하므로 설비비가 많다.
 ㉢ 열용량이 크므로 온수 순환 시간이 길다.
 ㉣ 한랭시, 난방 정지시 동결이 우려된다.

3. 수도직결방식의 급수방식에서 수도 본관의 압력이 160kPa, 수전의 높이가 6m, 마찰손실수두가 2mAq일 때, 이 수전이 받는 압력은?

① 약 40kPa   ② 약 80kPa
③ 약 152kPa ④ 약 240kPa

해설 $P_o \geq P + P_f + \dfrac{H}{100}$

$0.16 = P + 0.02 + \dfrac{6}{100}$

∴ $P = 0.16 - 0.02 - 0.06 = 0.08$MPa = 80kPa

4. 각종 공기조화방식에 관한 설명으로 옳은 것은?

① 전수방식은 외기도입이 용이하다.
② 전공기방식은 배열회수가 용이하다.
③ 냉매방식은 부분운전이 불가능하다.
④ 공기·수방식에는 팬코일유닛방식 등이 있다.

해설 전공기 방식(all air system)
① 종류 : 단일덕트방식(정풍량방식, 변풍량방식), 이중덕트방식, 멀티존유닛방식, 각층유닛방식
② 장점
 ㉠ 송풍량이 많아 실내공기오염이 적다.
 ㉡ 중간기에 외기냉방이 가능하다.
 ㉢ 실내유효면적 증가
 ㉣ 실내에 배관으로 인한 누수의 염려가 없다.

정답 1. ① 2. ③ 3. ② 4. ②

제3회 실전 모의고사

ⓓ 폐열회수장치 사용이 용이하다.(전열교환기 등의 설치)
③ 단점
　ⓐ 큰 덕트 스페이스가 필요하다.
　ⓑ 팬의 소요동력(반송동력)이 크다.
　ⓒ 공조실이 넓어야 한다.

5. 환기방식 중 열기나 유해물질이 실내에 널리 산재되어 있거나 이동되는 경우에 급기로 실내의 전체 공기를 희석하여 배출하는 방식은?

① 자연환기　　② 전체환기
③ 집중환기　　④ 국소환기

[해설] 환기 영역에 따른 분류
① 희석 환기(전체 환기) : 어떤 특정한 실내의 공기를 환기하여 전체 공기를 신선한 공기로 대체하는 환기 방법
② 국소 환기 : 오염이 생긴 장소에서 오염이 실 전반에 확산되기 전 배기하는 방법으로 가장 효율이 좋은 오염 제거 방법이다.
[예] 후드(hood), 퓸 후드(fume hood), 공장, 드래프트 챔버(실험실) 등

6. 내부결로의 방지대책으로 옳지 않은 것은?

① 단열재를 가능한 한 벽의 내측에 설치
② 벽체 내부온도를 그 부분의 노점온도보다 높게 할 것
③ 실내의 수증기 발생 억제
④ 벽체 내부의 수증기압을 포화수증기압보다 작게 할 것

[해설] 내부결로를 방지하기 위해서 단열공법은 열적으로 유리한 외단열공법으로 시공하고, 단열재는 저온측인 외부에 두며, 방습재는 고온측 내부에 둔다.

7. 실내의 조도가 옥외 조도의 몇 퍼센트에 해당하는가를 나타내는 값으로 실내의 밝기 정도를 표시하는 것은?

① 반사율　　② 광속
③ 주광률　　④ 휘도

[해설] 주광률(Daylight factor : DF)
㉠ 실내의 조도를 채광에 의해서 얻는 경우 야외의 주광 조도는 시시각각으로 변화하므로 실내의 조도도 이에 따라 변한다. 채광 설계에 있어서 이와 같이 변화하는 조도를 실내밝기의 기준으로 하는 것은 불합리하므로 이에 대신하는 것으로서 주광률이 사용된다.
㉡ 주광률은 실내의 조도가 옥외의 조도 몇 %에 해당하는가를 나타내는 값

$$DF = \frac{\text{실내 한 지점의 작업면 조도}(E)}{\text{실외의 수평면 조도(설계용 전천공 조도)}(E_s)} \times 100(\%)$$

8. 열역학 제1법칙은 어떤 과정에서 성립하는가?

① 가역과정에서만 성립한다.
② 비가역과정에서만 성립한다.
③ 가역 등온과정에서만 성립한다.
④ 가역이나 비가역 과정을 막론하고 성립한다.

[해설] 열역학의 제1법칙
에너지보존의 법칙(엔탈피의 법칙, 제1종 영구기관 제작 불가능의 법칙)으로 가역이나 비가역 과정을 막론하고 성립한다.

9. 단면적이 214cm²인 배관에 매분 4.5m³의 물이 흐를 경우, 물의 속도를 계산하면 얼마인가?

① 0.00024m/sec　　② 0.014m/sec
③ 3.5m/sec　　④ 4.5m/sec

[해설] $Q = Av$ 에서 $v = \dfrac{Q}{A}$
단면적: A[m²], 유속: v [m/s], 유량: Q [m³/s]

$$v = \frac{Q}{A} = \frac{\frac{4.5}{60}}{\frac{214}{10,000}} = 3.5\text{m/s}$$

10. 냉·난방 설계용 외기온도를 결정할 때 냉·난방기간 중 외기 설정온도 밖으로 벗어나는 비율(%)로 정한 온도는?

① 표준온도　　② 유효온도
③ TAC온도　　④ 상당외기온도

[정답] 5. ②　6. ①　7. ③　8. ④　9. ③　10. ③

[해설] TAC온도
냉·난방 설계용 외기온도를 결정할 때 냉·난방기간 중 외기 설정온도 밖으로 벗어나는 비율(%)로 정한 온도
※ 위험률(TAC)
열원설비의 용량을 산정하기 위해서는 냉·난방부 하계산을 하여야 하며 이를 위해서는 설계용 외기 온도가 필요하다. 연중 가장 더운 시간 또는 추운 시간의 외기온도를 부하계산에 적용하면 설비용량 이 과대해질 우려가 있으므로 부하계산에서는 최고 또는 최저온도의 피크 값을 일정비율 제외한 외기 온도를 사용하게 되는데, 피크 값을 제외시키는 비율을 위험률(TAC)이라고 한다.

11. 설비시스템의 공조실 공간계획에 관한 설명으로 옳지 않은 것은?

① 실의 넓이는 풍량에 따른 공기조화기의 크기와 보수, 점검을 위한 공간을 고려하여 결정한다.
② 공기조화기(AHU)를 설치하는 실로서 일반적으로 지하, 옥상, 각층 또는 몇 개층에 하나씩 설치한다.
③ 공조실이 많이 협소하여 기성품 공기조화기 설치가 불가능한 경우에는 공조실 자체를 공조기 유닛으로 하여 팬, 코일, 필터를 내장시키는 방법을 사용한다.
④ 형태상 수직형, 수평형, 복합형으로 구분되며 층고가 높고 면적이 좁을 때는 수평형을 사용하고 층고가 낮을 때는 수직형을 사용한다.

[해설] 공조실은 형태상 수직형, 수평형, 복합형으로 구분되며 층고가 높고 면적이 좁을 때는 수직형을 사용하고 층고가 낮을 때는 수평형을 사용한다.

12. 급탕설비에 관한 설명으로 옳지 않은 것은?

① 배관은 적정한 압력손실 상태에서 피크시를 충족시킬 수 있어야 한다.
② 냉수, 온수를 혼합 사용해도 압력차에 의한 온도변화가 없도록 하여야 한다.
③ 개방형 급탕시스템에는 온도상승에 의한 압력을 도피시킬 수 있는 팽창탱크를 설치하여야 한다.
④ 배관거리가 30m를 초과하는 중앙급탕방식에서는 배관으로부터 열손실을 보상하고, 일정한 급탕온도 유지를 위하여 환탕관과 순환펌프를 설치한다.

[해설] 밀폐형 급탕시스템에는 온도상승에 의한 압력을 도피시킬 수 있는 팽창탱크 등의 장치를 설치한다.

13. 건축설비적산 과정을 열거한 내용 중 그 순서가 옳게 된 것은?

① 공종별 물량 집계 ② 일위대가표 작성
③ 공내역서 작성   ④ 공사비 계산
⑤ 직접공사비 계산

① ① - ② - ③ - ④ - ⑤
② ② - ① - ③ - ⑤ - ④
③ ① - ② - ③ - ⑤ - ④
④ ② - ① - ⑤ - ③ - ④

[해설] 건축설비적산 과정
일위대가표 작성 - 공종별 물량 집계 - 공내역서 작성 - 직접공사비 계산 - 공사비 계산

14. BOD에 관한 설명으로 옳은 것은?

① 생물화학적 산소요구량을 말한다.
② 화학적 산소요구량을 말한다.
③ 오수 중에 떠있는 부유물질을 말한다.
④ 수중의 염소이온의 양을 말한다.

[해설] BOD(Biochemical Oxygen Demand)
오수 중의 분해 가능한 유기물이 용존 산소의 존재 하에 미생물의 작용에 의해 산화분해되어 안정한 물질로 변해갈 때 소비하는 생물화학적 산소요구량으로 수질의 오염정도의 측정치가 된다.

15. 건구온도 20℃, 절대습도 0.015kg/kg′ 인 습공기의 엔탈피는?(단, 건공기의 정압비열 1.01kJ/kg·K, 수증기의 정압비열 1.85kJ/kg·K, 0℃에서 포화수의 증발잠열 2,501kJ/kg)

① 23.15kJ/kg   ② 35.24kJ/kg
③ 58.27kJ/kg   ④ 67.36kJ/kg

[해설] 습공기의 엔탈피(i)
$i = C_{pa} \cdot t + (\gamma_0 + C_{pw} \cdot t) \cdot x$
$= 1.01t + (2,501 + 1.85t)x$
$= 1.01 \times 20 + (2,501 + 1.85 \times 20) \times 0.015$
$= 58.27$ kJ/kg

정답 11. ④ 12. ③ 13. ② 14. ① 15. ③

제3회 실전 모의고사

16. 건구온도 25℃의 공기 1,000m³를 32℃로 가열하기 위해 필요한 열량은?(단, 공기의 비열은 1.01kJ/kg·K 이고, 공기의 밀도는 1.2kg/m³이다.)

① 7,070kJ ② 8,484kJ
③ 9,642kJ ④ 9,854kJ

해설 가열량(q_s) = $\rho \cdot Q \cdot C \cdot \Delta t$
= 1.2×1,000×1.01×(32-25)
= 8,484kJ

17. 다음 중 열관류율의 단위로 옳은 것은?

① kcal/kg·℃ ② m·℃/kcal
③ W/m·℃   ④ W/m²·K

해설 전열이론
㉠ 열전달 : 유체와 벽체(고체) 표면 사이의 전열
 - 열전달률(α) : 고체 벽에서 이에 접촉하는 공기층으로의 이동(W/m²·K)
㉡ 열전도 : 벽체 내의 열의 흐름
 - 열전도율(λ) : 고체 내부에서 고온측으로부터 저온측으로의 이동(W/m·K)
㉢ 열관류 : 열전달+열전도+열전달
 - 열관류율(K) : 고체 벽을 사이에 둔 양 유체 사이의 열 이동
  즉 전달+전도+전달의 과정(W/m²·K)
※ 열관류율 K (W/m²·K)
 ㉠ 전달+전도+전달이 동시에 복합적으로 일어나는 열의 이동 정도를 표시한다.
 ㉡ 벽 표면적 1m², 단위 시간당 1℃의 온도차가 있을 때 흐르는 열량이다.
 ㉢ 열관류율이 적은 벽을 만들려면 열전도율이 적은 재료를 사용한다.

18. 공조부하에 관한 설명으로 옳지 않은 것은?

① 공조기부하는 공기 냉각기나 가열기 등에서 처리해야 할 열부하를 말한다.
② 현열부하는 공기의 건구온도를 변화시키기 위하여 가열 또는 냉각하는 열부하를 말한다.
③ 최대열부하는 공조기부하에 펌프 및 배관 등의 열부하를 더한 것으로 냉동기나 보일러 용량을 결정하는데 이용된다.
④ 외기부하는 환기를 위해 외기를 공조기로 도입하여 실내의 온·습도 상태까지 냉각·감습하거나, 가열·가습하는데 필요한 열량을 말한다.

해설 냉방부하의 기기 용량
- 실내취득열량 ┐
- 기기로부터의 취득열량 ┘ 송풍량 결정 ┐
- 재열부하   냉각코일의 용량 결정 ┐
- 외기부하 ┘   냉동기의 용량 결정
- 냉수펌프 및 배관부하

※ 열원부하는 장치부하에 열원기기를 기준으로 한 요소, 즉 열원기기와 공조기를 연결하는 배관에서의 열손실과 열원기기에서 만들어진 냉온수를 공조기에 보내는 역할을 하는 펌프에서의 발열까지 포함시킨 것을 말한다.

19. 급수설비에 사용되는 저수 및 고가탱크와 같은 상수 탱크에 관한 설명으로 옳지 않은 것은?

① 상수 탱크에 설치하는 뚜껑은 유효안지름 1,000mm 이상의 것으로 한다.
② 상수관 이외의 관은 상수용 탱크를 관통하거나 상부를 횡단해서는 안 된다.
③ 상수 탱크의 천장·바닥 또는 주변 벽은 건축물의 구조부분과 겸용하여 설치한다.
④ 청소 시 급수에 지장이 있을 경우에 대비하여 분할하여 설치하거나 또는 칸막이를 설치한다.

해설 탱크에 유해물질 침입에 다른 침입에 따른 오염방지를 위하여 건축물 구조체의 이용을 피한다.

정답 16. ② 17. ④ 18. ③ 19. ③

20. 다음 배관의 도시기호 중 공기빼기 밸브(air vent valve)는?

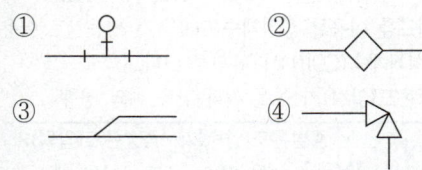

[해설] ② 콕크, ③ 공기배관, ④ 앵글 밸브

■■■ 제2과목 건축설비설계

21. 다음 중 대단위 아파트 단지에 지역난방을 택하는 이유와 가장 관계가 먼 것은?

① 연료관리가 합리적이다.
② 보일러의 열효율이 높다.
③ 각 세대의 개별제어가 쉽다.
④ 운전관리를 전문화시킬 수 있다.

[해설] 지역난방은 중앙식 보일러실에서 어떤 지역 내의 여러 건물에 증기 또는 고온수를 보내서 난방하는 방식으로 초기 시설 투자비가 많아지고, 열원기기의 용량 제어가 힘들며, 배관에서의 열손실이 많고, 고도의 숙련된 기술자가 필요한 것이 단점이다.

22. 공기세정기(에어워셔) 속의 플러딩 노즐(flooding nozzle)의 역할은?

① 분무수의 분무
② 엘리미네이터 청소
③ 균일한 공기흐름 유지
④ 기류에 물방울의 혼입방지

[해설] 공기세정기(에어워셔) 속의 플러딩 노즐(flooding nozzle)은 세정기 출구 측의 엘리미네이터에 물을 뿌려 청소하는 역할을 한다.

23. 공조용 감습장치 중 여름철 일반적으로 주택에서 사용하는 룸에어컨의 감습방법은?

① 냉각 감습
② 압축 감습
③ 흡수식 감습
④ 흡착식 감습

[해설] 감습기
여름철 냉방시에 잠열부하를 제거하는 감습장치로서 일반적으로 냉각분무의 공기세정기나 공기냉각 코일 등을 사용하여 냉각하며, 동시에 그 속에 포함되어 있는 수증기를 응축시켜서 소요 절대습도까지 감습한다.
㉠ 냉각 감습법 : 습공기를 노점온도 이하까지 냉각해서 공기 중의 수증기량을 응축 제거하는 방법으로 가장 많이 사용한다. 공조 등 대풍량을 취급하는 경우 사용되며, 감습만을 목적으로 하는 경우에는 재열이 필요해서 비경제적이다.
㉡ 압축 감습법 : 온도가 일정할 때 공기 중의 포화절대습도는 압력상승에 따라 저하하며 수분으로 응축 액화한다. 감습만을 목적으로 할 경우에는 소요동력이 커서 비경제적이다.
㉢ 흡수식 : 액상 흡습제에 의해 감습하는 방법이다. 연속적으로 대용량에도 적용할 수 있다.
㉣ 흡착식 : 다공성 물질 표면에 흡착시키는 것으로 재생 사용이 가능하다. 주로 소용량에 사용된다.
※ 여름철 일반적으로 주택에서 사용하는 룸에어컨의 감습방법은 냉각 감습법이다.

24. 다음 설명에 알맞은 보일러는?

- 수직으로 세운 드럼 내에 연관 또는 수관이 있는 소규모의 패키지형으로 되어 있다.
- 설치면적이 작고, 취급이 용이하며, 수처리가 필요 없다.
- 사용압력이 낮고, 용량이 적으며 효율도 낮다.

① 연관보일러
② 입형 보일러
③ 수관 보일러
④ 주철제 보일러

[해설] 입형 보일러(수직형 보일러)
㉠ 수직으로 세운 드럼 내에 연관 또는 수관이 있는 소규모의 패키지형으로 되어 있다.
㉡ 설치면적이 적고 취급이 간단하며 가격이 싸다.
㉢ 사용압력이 낮고, 용량이 적으며 효율도 낮다.
㉣ 소규모 사무소, 점포, 주택 등에서 널리 사용된다.

정답 20. ① 21. ③ 22. ② 23. ① 24. ②

제3회 실전 모의고사

25. 다음 중 일반적인 난방용 보일러용량 산정 시 고려하지 않아도 되는 요소는?

① 예열부하　　② 난방부하
③ 배관부하　　④ 재열부하

[해설] 보일러부하 즉, 정격출력은 연속해서 운전할 수 있는 보일러의 능력으로서 난방부하, 급탕부하, 배관부하, 예열부하의 합이며, 보통 보일러 선정시 기준이 된다.
※ 냉방부하 중 재열부하는 재열기기의 가열량(취득열량)으로 냉각시킨 공기를 취출온도까지 가열하는 부하를 의미한다. 장마철 등 잠열부하가 많은 경우 때 습도를 제거하기 위해 과냉각한 경우에 취출온도까지 가열하는 부하로 현열부하이다. 또 가열한 부하는 냉각코일에서 다시 제거해야 하는 과정을 거쳐야 하므로 냉각코일의 용량은 커지게 된다.

26. 양수량이 1m³/min, 양정이 80m인 펌프에서 회전수를 원래보다 10% 증가시켰을 경우, 회전수 변화 후의 양수량은?

① 1.1m³/min　　② 1.21m³/min
③ 1.33m³/min　　④ 1.46m³/min

[해설] 펌프의 양수량은 회전수에 비례, 양정은 회전수의 제곱에 비례, 축동력은 회전수의 세제곱에 비례한다.
∴ 양수량(Q) = 1m³/min×1.1=1.1m³/min

27. 냉동기의 성적계수에 관한 설명으로 옳지 않은 것은?

① 냉동기의 성적계수는 증발온도가 낮을수록 커진다.
② 냉동기의 성적계수는 응축온도가 커질수록 적어진다.
③ 냉동기의 냉동능률은 성적계수 값이 클수록 좋아진다.
④ 일반적으로 냉동기의 성적계수는 1보다 큰 값을 갖는다.

[해설] 성적계수(COP)
㉠ 냉동기의 성적계수(COP) = $\dfrac{냉동효과(q)}{압축일(AL)}$
　　　　　　　　　　　　＝ $\dfrac{냉동능력}{소요능력}$

㉡ 열펌프의 성적계수(COP_h)
＝ $\dfrac{응축기의방출열량}{압축일}$ = $\dfrac{q+AL}{AL}$ = $\dfrac{q}{AL}+1$

∴ 열펌프를 이용한 성적계수(COP_h)가 냉동기로 이용한 성적계수(COP)보다 1만큼 크다.

※ 증발온도(압력)가 높을 때와 낮을 때의 영향

	증발온도(압력)가 높을 때	증발온도(압력)가 낮을 때
압축비	감소	증대 (실린더 과열)
토출가스 온도	강하	상승
냉동효과	증대	감소
성적계수(COP)	증가	감소
냉매순환량	증가 (비체적 감소)	감소 (비체적 증대)

☞ 냉동기의 성적계수는 증발온도가 낮을수록 작아진다.

28. 펌프의 양정이 20mAq, 회전속도가 1,500rpm, 배출량이 1.5m³/min일 때, 이 펌프의 비교회전수(rpm·m³/min·m)는?

① 125　　② 194
③ 210　　④ 248

[해설] 비교회전수(비속도)

$$\eta_s = N \cdot \dfrac{Q^{1/2}}{H^{3/4}}$$

여기서, η_s : 비속도, N : 회전수(rpm)
　　　　Q : 토출량(m³/min), H : 양정

η_s (비속도)는 회전수(N)와 $Q^{1/2}$에 비례하고 $H^{3/4}$에 반비례한다.

∴ $\eta_s = N \cdot \dfrac{Q^{1/2}}{H^{3/4}}$
= $1,500 \times \dfrac{1.5^{1/2}}{20^{3/4}}$ = 194.25 = 194 (rpm·m³/min·m)

29. 다음과 같은 특징을 갖는 냉동기는?

- 임펠러의 원심력에 의해 냉매가스를 압축한다.
- 대용량에서는 압축효율이 좋고 비례 제어가 가능하다.
- 대·중형 규모의 중앙식 공조에서 냉방용으로 사용된다.

① 터보식 냉동기　　② 흡수식 냉동기
③ 왕복동식 냉동기　　④ 스크루식 냉동기

정답　25. ④　26. ①　27. ①　28. ②　29. ①

[해설] 터보식 냉동기
① 원리 : 임펠러의 원심력에 의해 냉매가스를 압축하는 것
② 특징
  ㉠ 수명이 길고, 유지 및 보수가 쉬우며, 가격도 싸다.
  ㉡ 대용량에서는 압축효율이 좋고 비례제어가 가능하다.
  ㉢ 냉매는 고압가스가 아니므로 취급이 용이하다.
  ㉣ 흡수식에 비해 소음 및 진동이 심하다.(왕복동식에 비하면 진동이 적다.)
  ㉤ 30% 이하의 출력에서는 서징(surging)현상이 일어나므로 운전이 곤란하다.
  ㉥ 대규모 공조 및 냉동에 적합하며 일반적으로 많이 사용한다.

30. 직교류식 냉각탑에서 cooling range를 바르게 표시한 것은?

① 냉각탑 입구수온 - 외기 습구온도
② 냉각탑 출구수온 - 외기 습구온도
③ 외기 습구온도 - 냉각탑 입구수온
④ 냉각탑 입구수온 - 냉각탑 출구수온

[해설] 쿨링 레인지(cooling range)
냉각탑의 입구수온과 출구수온의 차이다.
※ 어프로치(approach) : 냉각탑의 출구의 수온과 입구공기의 습구온도의 차이다.

31. 그림과 같은 전열교환기의 전열효율을 올바르게 나타낸 것은?(단, 난방의 경우이며 X_1, X_2, X_3, X_4는 각 공기상태의 엔탈피를 나타낸다.)

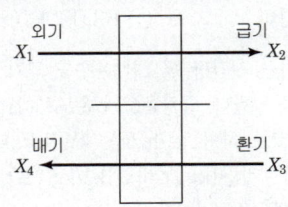
전열교환기

① $\eta = \dfrac{X_3 - X_1}{X_2 - X_1}$ ② $\eta = \dfrac{X_3 - X_4}{X_2 - X_4}$

③ $\eta = \dfrac{X_2 - X_1}{X_3 - X_1}$ ④ $\eta = \dfrac{X_3 - X_4}{X_3 - X_1}$

[해설] 전열교환기의 효율
㉠ 외기와 환기의최대 엔탈피차($X_3 - X_1$)에 대한 실제 전열 엔탈피차($X_2 - X_1$)의 비율을 전열교환기 효율(η)라고 한다.
㉡ 전열교환기 효율 $\eta = \dfrac{X_2 - X_1}{X_3 - X_1}$

32. 급수배관에 관한 설명으로 옳지 않은 것은?

① 급수기구수가 증가하면 동시사용률도 증가한다.
② 직관의 마찰손실수두는 배관의 길이에 비례한다.
③ 백플로(back flow) 현상이 발생되지 않도록 설계한다.
④ 수격작용 방지를 위하여 한계유속 이내로 흐르게 한다.

[해설] 기구의 동시사용률[%]

기구수	2	3	4	5	10	15	20	30	50	100
동시사용률[%]	100	80	75	70	53	48	44	40	36	33

※ 동시사용률
전체 수전 개수에 대하여 어떤 시각에 건물 내부에 있는 위생기구와 급수 밸브 등이 동시에 사용되는가를 예측한 수전 개수의 비율이다. 배관의 직경과 소요되는 물량을 결정하기 위하여 사용하며 기구수에 대하여 %로 표시한다.
☞ 급수기구수가 증가하면 동시사용률은 감소한다.

33. 포집기의 종류와 그 사용 용도의 연결이 옳지 않은 것은?

① 오일 포집기 - 주유소의 배수
② 모발용 포집기 - 미용실의 배수
③ 런드리 포집기 - 치과 병원의 배수
④ 그리스 포집기 - 영업용 조리장의 배수

[해설] 특수 용도의 배수용 트랩(저집기)
㉠ 그리스 트랩 : 호텔 주방의 조리실 바닥 배수용
㉡ 가솔린 트랩 : 세차장
㉢ 플라스터(석고) 트랩 : 치과 기공실, 정형외과 기브스실
㉣ 헤어 트랩 : 이용소, 미용소

정답 30. ④ 31. ③ 32. ① 33. ③

ⓓ 차고 트랩(garage trap) : 차고 내의 바닥 배수용
※ 포집기(저집기) : 배수관을 막히게 하는 유지분, 모발, 섬유 부스러기 및 인화 위험 물질 등을 물리적으로 수거하기 위하여 설치하는 것

34. 사이폰작용에 물의 회전운동을 주어 와류작용을 가한 것으로서, 세척시 소음이 적으며 주로 일체형 대변기로서 고급호텔 등에 많이 설치되는 것은?

① 세락식 대변기
② 블로우 아웃식 대변기
③ 사이폰 제트식 대변기
④ 사이폰 볼텍스식 대변기

해설 사이펀 볼텍스식 대변기는 세정수의 와류 작용과 함께 사이펀 작용을 발생시켜 오물을 배출하는 탱크와 변기 일체형 방식으로 진공브레이커를 설치하여 역류를 방지하고 있으며 세정시 소음이 작다.

35. 다음 중 원심형 송풍기로서 날개가 전곡형(前曲形)인 것은?

① 다익형   ② 튜브형
③ 터보형   ④ 프로펠러형

해설 다익형 송풍기(sirocco fan, 시로코팬)는 날개의 끝부분이 회전방향으로 굽은 전곡형(前曲形)이다.

36. 덕트의 설계순서로 가장 알맞은 것은?

㉠ 취출구와 흡입구의 위치 결정
㉡ 덕트경로 결정
㉢ 송풍기 선정
㉣ 설계도 작성
㉤ 송풍량 결정
㉥ 덕트의 치수 결정

① ㉤-㉠-㉡-㉥-㉢-㉣
② ㉤-㉢-㉠-㉡-㉥-㉣
③ ㉠-㉢-㉡-㉥-㉤-㉣
④ ㉠-㉡-㉥-㉢-㉤-㉣

해설 덕트의 설계순서
송풍량 결정 → 취출구와 흡입구의 위치 결정 → 덕트경로 결정 → 덕트의 치수 결정 → 송풍기 선정 → 설계도 작성
※ 덕트 설계시 가장 먼저 이루어져야 할 사항은 송풍량의 결정이다.

37. 급수배관에 관한 설명으로 옳지 않은 것은?

① 수평배관에서 물이 고일 수 있는 부분에는 진공방지밸브를 설치하여야 한다.
② 수평배관에서 공기가 모일 수 있는 부분에는 공기빼기밸브를 설치하여야 한다.
③ 수평배관은 상향 급수배관 방식의 경우 진행 방향에 따라 올라가는 기울기로 한다.
④ 수평배관은 하향 급수배관 방식의 경우 진행 방향에 따라 내려가는 기울기로 한다.

해설 수평배관에서 물이 고일 수 있는 부분에는 퇴수밸브를 설치한다.

38. 다음과 같은 조건에서 급탕을 위해 필요한 직접가열량은?

[조 건]
• 급탕온도 60℃, 반탕온도 50℃, 급수온도 10℃
• 급탕량 0.5m³/h, 반탕량 0.25m³/h
• 물의 비열 4.2KJ/kg·K

① 10,500kJ/h   ② 15,000kJ/h
③ 52,500kJ/h   ④ 63,000kJ/h

해설 급탕부하는 시간당 필요한 온수를 얻기 위해 소요되는 가열량을 말한다. 급탕온도의 온도차(Δt)는 보통 60℃를 기준으로 하며, kJ/h 또는 kW(kJ/s)로 나타낸다.
열량[Q] = 질량[kg]×비열[kJ/kg·K]×온도차[K] = $m \cdot c \cdot \Delta t$ [kJ/h]
㉠ 급탕량[Q] = 500kg × 4.2kJ/kg·K × (60-10)K = 105,000[kJ/h]
㉡ 반탕량[Q] = 250kg × 4.2kJ/kg·K × (50-10)K = 42,000[kJ/h]
∴ 직접가열량 = 105,000 - 42,000 = 63,000[kJ/h]

정답 34. ④ 35. ① 36. ① 37. ① 38. ④

39. 어느 송풍기의 회전수가 750rpm일 때 송풍량이 100m³/min, 축동력 1.5kW, 송풍기 전압 400Pa이다. 이 송풍기의 회전수를 1,000rpm으로 변화시켰을 때 전압은 얼마로 되는가?

① 400Pa   ② 533.3Pa
③ 711.1Pa ④ 941.1Pa

해설 송풍기의 법칙
공기 비중이 일정하고 같은 덕트 장치에 사용할 때[회전속도 $N_1 \rightarrow N_2$(비중=일정)]

㉠ $Q_2 = \dfrac{N_2}{N_1} Q_1$ ㉡ $P_2 = \left(\dfrac{N_2}{N_1}\right)^2 P_1$ ㉢ $L_2 = \left(\dfrac{N_2}{N_1}\right)^3 L_1$

Q : 송풍량(m³/min)
N : 임펠러의 회전수(rpm)
P : 송풍기에 의해 생긴 정압 또는 전압(Pa, mmAq)
L : 송풍기의 소요 동력(kW, PS)
D : 송풍기 날개의 직경(mm)

송풍기 전압(P_2)은 회전수비의 2제곱에 비례하여 변화하므로

$P_2 = \left(\dfrac{N_2}{N_1}\right)^2 P_1 = \left(\dfrac{1,000}{750}\right)^2 \times 400 = 711.1\text{Pa}$

40. 다음과 같은 열교환 방식을 갖는 폐열회수기의 종류는?

환기되는 공기에 포함한 열이 환기 쪽의 작동 유체를 가열하여 증발시키면 증발된 작동 유체는 급기 쪽으로 이동하여 급기에 열을 전달하는 방식

① 판형 열교환식
② 로터형 열교환식
③ 히트파이프형 열교환식
④ 모세 송풍기형 열교환식

해설 히트 파이프(Heat pipe)형 열교환기
환기되는 공기에 포함한 열이 환기 쪽의 작동 유체를 가열하여 증발시키면 증발된 작동 유체는 급기 쪽으로 이동하여 급기에 열을 전달하는 방식이다.
㉠ 증발부, 단열부, 응축부로 구성된다.
㉡ 밀봉된 용기, 위크구조체, 작동유체가 필요하다.
㉢ 히트 파이프(Heat pipe)는 현열 교환만 가능하다.
㉣ 폐열회수, 태양열 집열장치 등에 이용된다.

■■■ **제3과목 건축설비관련법규**

41. 다음의 배연설비에 관한 기준 내용 중 ( )안에 해당되지 않는 건축물의 용도는?

6층 이상인 건축물로서 ( )의 거실에는 국토교통부령으로 정하는 기준에 따라 배연설비를 하여야 한다. 다만, 피난층인 경우에는 그러하지 아니하다.

① 공동주택   ② 종교시설
③ 의료시설   ④ 숙박시설

해설 배연설비의 설치대상
① 6층 이상의 건축물로서 제2종 근린생활시설 중 300m² 이상인 공연장·종교집회장·인터넷컴퓨터게임시설제공업소 및 다중생활시설, 문화 및 집회시설, 종교시설, 판매시설, 운수시설, 의료시설(요양병원 및 정신병원은 제외), 연구소, 아동관련시설·노인복지시설(노인요양시설은 제외), 유스호스텔, 운동시설, 업무시설, 숙박시설, 위락시설, 관광휴게시설, 장례시설의 용도에 해당되는 건축물의 거실
예외 피난층인 경우
② 요양병원 및 정신병원, 노인요양시설·장애인 거주시설 및 장애인 의료재활시설의 용도에 해당되는 건축물
예외 피난층인 경우

42. 건축물에 설치하는 굴뚝의 옥상 돌출부는 지붕면으로부터의 수직거리를 최소 얼마 이상으로 하여야 하는가?

① 0.5m   ② 1m
③ 1.5m   ④ 2m

해설 건축물에 설치하는 굴뚝에 관한 기준
㉠ 굴뚝의 옥상 돌출부는 지붕면으로부터의 수직거리를 1m 이상으로 할 것
㉡ 굴뚝의 상단으로부터 수평거리 1m 이내에 다른 건축물이 있는 경우에는 그 건축물의 처마보다 1m 이상 높게 할 것
㉢ 금속제 또는 석면제 굴뚝으로서 건축물의 지붕속·반자위 및 가장 아랫바닥 밑에 있는 굴뚝의 부분은 금속 외의 불연재료로 덮을 것
㉣ 금속제 또는 석면제 굴뚝은 목재 기타 가연재료로부터 15cm 이상 떨어져서 설치할 것

정답 39. ③ 40. ③ 41. ① 42. ②

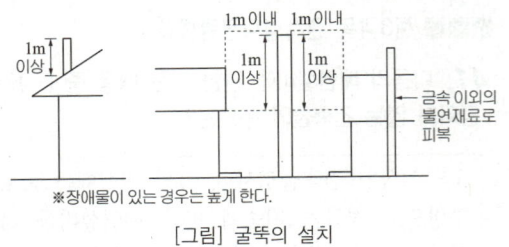

※장애물이 있는 경우는 높게 한다.
[그림] 굴뚝의 설치

43. 녹색건축 인증에 관한 기술 중 가장 부적합한 것은?

① 건축주 등이 녹색건축 인증을 받으려면 녹색건축 인증신청서 등의 서류를 인증기관의 장에게 제출하여야 한다.
② 녹색건축 인증신청은 원칙적으로 건축법의 건축허가 후 또는 주택법의 사용승인 후 신청하여야 한다.
③ 단독주택(30세대 미만인 경우)에 따른 인증처리기간은 신청서류가 접수된 날로부터 20일 이내이다.
④ ③항의 경우 인증기관의 장은 20일의 범위 안에서 인증심사기간을 한 차례만 연장할 수 있다.

[해설] 인증신청시기
건축법의 사용승인 후 또는 주택법의 사용검사 후

44. 다음 중 공동주택과 오피스텔의 난방설비를 개별난방방식으로 하는 경우에 관한 기준 내용으로 옳지 않은 것은?

① 오피스텔의 경우에는 난방구획은 방화구획으로 구획할 것
② 보일러의 연도는 내화구조로서 공동연도로 설치할 것
③ 전기보일러의 경우, 보일러실의 윗부분에 지름 10cm 이상의 공기흡입구를 설치할 것
④ 보일러실의 윗부분에는 그 면적이 $0.5m^2$ 이상인 환기창을 설치할 것

[해설] 공동주택과 오피스텔의 난방설비를 개별난방방식으로 하는 경우의 보일러실 환기
㉠ 윗부분에 $0.5m^2$ 이상의 환기창 설치
㉡ 지름 10cm 이상의 공기흡입구 및 배기구를 항상 열려진 상태로 외기와 접하도록 설치(단, 전기보일러 경우는 제외)

45. 문화 및 집회시설 중 공연장의 개별관람석의 출구에 관한 설명으로 옳지 않은 것은?(단, 개별관람석의 바닥면적은 $500m^2$ 이다.)

① 관람석별로 2개소 이상 설치하여야 한다.
② 각 출구의 유효너비는 1.2m 이상으로 하여야 한다.
③ 바깥쪽으로의 출구로 쓰이는 문은 안여닫이로 하여서는 안된다.
④ 개별관람석 출구의 유효너비의 합계는 3m 이상으로 하여야 한다.

[해설] 공연장의 개별 관람석의 출구기준
관람석의 바닥면적이 $300m^2$ 이상인 경우의 출구는 다음 조건에 적합하여야 한다.
① 관람석별로 2개소 이상 설치할 것
② 각 출구의 유효폭은 1.5m 이상일 것
③ 개별 관람석 출구의 유효폭의 합계는 개별 관람석의 바닥면적 $100m^2$마다 0.6m 이상의 비율로 산정한 폭 이상일 것
※ 개별 관람석 출구의 유효너비의 합계는 최소 3.0m 이상으로 한다.

46. 세대수가 4세대인 주거용 건축물의 먹는물용 급수관 지름의 최소 기준은?(단, 가압설비 등을 설치하지 않은 경우)

① 20mm   ② 25mm
③ 32mm   ④ 40mm

[해설] 주거용 건축물 급수관의 지름 기준

가구 또는 세대수	1	2~3	4~5	6~8	9~16	17 이상
급수관 최소지름	15	20	25	32	40	50

1. 가구수나 세대수가 불분명한 경우에는 주거에 쓰이는 바닥면적의 합계에 따라 다음과 같이 가구수를 산정한다.
   ① 바닥면적 $85m^2$ 이하 : 1가구
   ② 바닥면적 $85m^2$ 초과, $150m^2$ 이하 : 3가구
   ③ 바닥면적 $150m^2$ 초과, $300m^2$ 이하 : 5가구
   ④ 바닥면적 $300m^2$ 초과, $500m^2$ 이하 : 16가구
   ⑤ 바닥면적 $500m^2$ 초과 : 17가구
2. 가압설비 등을 설치하여 급수시 각 기구에서 압력이 $1cm^2$당 0.7kg 이상인 경우는 상기 1의 기준을 적용하지 않는다.

정답 43. ② 44. ③ 45. ② 46. ②

47. 건축법령상 다음과 같이 정의되는 용어는?

> 건축물의 실내를 안전하고 쾌적하며 효율적으로 사용하기 위하여 내부 공간을 칸막이로 구획하거나 벽지, 천장재, 바닥재, 유리 등 대통령령으로 정하는 재료 또는 장식물을 설치하는 것

① 실내건축 ② 실내장식
③ 리모델링 ④ 실내디자인

[해설] 실내건축
건축물의 실내를 안전하고 쾌적하며 효율적으로 사용하기 위하여 내부 공간을 칸막이로 구획하거나 벽지, 천장재, 바닥재, 유리 등 대통령령으로 정하는 다음의 재료 또는 장식물을 설치하는 것을 말한다.
㉠ 벽, 천장, 바닥 및 반자틀의 재료
㉡ 실내에 설치하는 난간, 창호 및 출입문의 재료
㉢ 실내에 설치하는 전기·가스·급수(給水), 배수(排水)·환기시설의 재료
㉣ 실내에 설치하는 충돌·끼임 등 사용자의 안전사고 방지를 위한 시설의 재료

48. 건축물에 대한 구조의 안전을 확인하는 경우 건축구조기술사의 협력을 받아야 하는 대상 건축물 기준으로 옳지 않은 것은?

① 다중이용건축물
② 6층 이상인 건축물
③ 기둥과 기둥 사이의 거리가 10m 이상인 건축물
④ 한쪽 끝은 고정되고 다른 끝은 지지되지 아니한 구조로 된 차양 등이 외벽의 중심선으로부터 3m 이상 돌출된 건축물

[해설] 건축구조기술사에 의한 구조계산
다음 건축물을 건축하거나 대수선할 경우의 구조계산은 구조기술사의 구조계산에 의해야 한다.
㉠ 6층 이상 건축물
㉡ 내민구조의 차양길이가 3m 이상인 건축물
㉢ 경간 20m 이상 건축물
㉣ 특수한 설계·시공·공법 등이 필요한 건축물
㉤ 다중이용건축물
㉥ 지진구역의 건축물 중 국토교통부령으로 정하는 건축물

49. 상업지역 및 주거지역에서 건축물에 설치하는 냉방시설 및 환기시설의 배기구는 도로면으로부터 최소 얼마 이상의 높이에 설치하여야 하는가?

① 1m ② 2m
③ 3m ④ 4m

[해설] 상업지역 및 주거지역에서 도로(막다른 도로로서 그 길이가 10m 미만인 경우 제외)에 접한 대지의 건축물에 설치하는 냉방시설 및 환기시설의 배기구는 도로면으로부터 2m 이상의 위치에 설치하거나 배기장치의 열기가 보행자에게 직접 닿지 아니하도록 설치하여야 한다.

50. 건축물을 특별시나 광역시에 건축하는 경우 특별시장이나 광역시장의 허가를 받아야 하는 대상 건축물의 층수 기준은?

① 7층 이상 ② 15층 이상
③ 21층 이상 ④ 25층 이상

[해설] 특별시장·광역시장의 허가 대상

사전승인 대상 건축물의 규모	허가권자
① 21층 이상 건축물 ② 연면적 10만m² 이상 건축물(공장, 창고 및 지방건축위원회의 심의를 거친 건축물은 제외) ③ 연면적 3/10 이상의 증축으로 인하여 ①,②의 대상이 되는 경우	특별시장·광역시장

51. 건축물의 용도변경과 관련된 시설군 중 문화집회시설군에 속하지 않는 것은?

① 종교시설 ② 위락시설
③ 수련시설 ④ 관광휴게시설

[해설] 허가대상 및 신고대상의 용도변경

분류	시설군
㉠ 자동차관련 시설군	• 자동차관련시설
㉡ 산업등 시설군	• 운수시설 · 창고시설 · 공장 • 위험물저장 및 처리시설 • 자원순환관련시설 • 묘지관련시설 · 장례식장

[정답] 47. ① 48. ③ 49. ② 50. ③ 51. ③

제3회 실전 모의고사

분류	시설 군
㉢ 전기통신시설군	• 방송통신시설 • 발전시설
㉣ 문화집회시설군	• 문화 및 집회시설 • 종교시설 • 위락시설 • 관광휴게시설
㉤ 영업시설군	• 판매시설 • 운동시설 • 숙박시설 • 제2종 근린생활시설 중 다중생활시설
㉥ 교육 및 복지시설군	• 의료시설 • 교육연구시설 • 노유자시설 • 수련시설 • 야영장시설
㉦ 근린생활시설군	• 제1종 근린생활시설 • 제2종 근린생활시설 (다중생활시설은 제외)
㉧ 주거업무시설군	• 단독주택 • 공동주택 • 업무시설 • 교정 및 군사시설
㉨ 기타 시설군	• 동물 및 식물관련시설

※ 절차:
1. 허가대상 : 상위시설군(오름차순)에 해당하는 용도로 변경하는 행위
2. 신고대상 : 하위시설군(내림차순)에 해당하는 용도로 변경하는 행위
3. 건축물대장 기재변경 신청 : 동일한 시설군내에서 용도변경 하는 행위

52. 건축물의 에너지절약설계기준에 따른 용어의 정의가 옳지 않은 것은?

① 일사조절장치라 함은 태양열의 실내 유입을 조절하기 위한 목적으로 설치하는 장치를 말한다.
② 태양열취득률(SHGC)이라 함은 입사된 태양열에 대하여 실내로 유입된 태양열취득의 비율을 말한다.
③ 투광부라 함은 창, 문면의 30% 이상이 투과체로 구성된 문, 유리블럭, 플라스틱패널 등과 같이 투과재료로 구성되며, 외기에 접하여 채광이 가능한 부위를 말한다.
④ 거실의 외벽이라 함은 거실의 벽 중 외기에 직접 또는 간접 면하는 부위를 말한다.

[해설] "투광부"라 함은 창, 문면적의 50% 이상이 투과체로 구성된 문, 유리블럭, 플라스틱패널 등과 같이 투과재료로 구성되며, 외기에 접하여 채광이 가능한 부위를 말한다.

53. 지능형 건축물의 인증 유효기간은?

① 인증일부터 3년 ② 인증일부터 5년
③ 인증일부터 7년 ④ 인증일부터 10년

[해설] 지능형 건축물 인증 유효기간은 인증일부터 5년으로 한다.

54. 다음은 건축설비 설치의 원칙에 관한 기준 내용이다. ( ) 안에 알맞은 것은?

> 연면적이 ( ) 이상인 건축물의 대지에는 국토교통부령으로 정하는 바에 따라「전기사업법」제2조제2호에 따른 전기사업자가 전기를 배전(配電)하는데 필요한 전기설비를 설치할 수 있는 공간을 확보하여야 한다.

① 100m² ② 200m²
③ 500m² ④ 1,000m²

[해설] 연면적이 500m² 이상인 건축물의 대지에는 국토교통부령으로 정하는 바에 따라「전기사업법」제2조 제2호에 따른 전기 사업자가 전기를 배전(配電)하는 데 필요한 전기설비를 설치할 수 있는 공간을 확보하여야 한다.

55. 층수가 10층이며, 각 층의 거실면적이 2,000m²인 백화점에 설치하여야 하는 승용승강기의 최소 대수는? (단, 16인승 승용승강기의 경우)

① 2대 ② 3대
③ 5대 ④ 6대

[해설] 문화 및 집회시설(공연장·관람장·집회장), 판매시설(도매시장·소매시장·상점), 의료시설(병원·격리병원)의 용도 경우
3,000m² 이하까지 2대, 3,000m² 초과하는 2,000m²당 1대를 가산한 대수로 하므로

$2 + \dfrac{(2,000 \times 5) - 3,000}{2,000} = 5.5 \rightarrow 6$대 (소수점 이하는 1대로 본다)

∴ 16인승 이상의 승강기는 2대로 산정하므로 3대를 설치하면 된다.

정답 52. ③ 53. ② 54. ③ 55. ②

56. 건축물의 에너지절약설계기준에 따른 건축부문의 권장사항으로 옳지 않은 것은?

① 공동주택은 인동간격을 넓게 하여 저층부의 일사 수열량을 증대시킨다.
② 건축물의 체적에 대한 외피면적의 비 또는 연면적에 대한 외피면적의 비는 가능한 작게 한다.
③ 거실의 층고 및 반자 높이는 실의 용도와 기능에 지장을 주지 않는 범위 내에서 가능한 높게 한다.
④ 건물 옥상에는 조경을 하여 최상층 지붕의 열저항을 높이고, 옥상면에 직접 도달하는 일사를 차단하여 냉방부하를 감소시킨다.

[해설] 평면계획
㉠ 거실의 층고 및 반자 높이는 실의 용도와 기능에 지장을 주지 않는 범위 내에서 가능한 낮게 한다.
㉡ 건축물의 체적에 대한 외피면적의 비 또는 연면적에 대한 외피면적의 비는 가능한 작게 한다.
㉢ 실의 용도 및 기능에 따라 수평, 수직으로 조닝계획을 한다.

57. 거실의 바닥면적이 50m² 이상인 지하층에 설치하는 비상탈출구에 관한 기준 내용으로 옳지 않은 것은? (단, 주택의 경우 제외)

① 비상탈출구는 출입구로부터 3m 이내의 장소에 설치할 것
② 비상탈출구의 유효너비는 0.75m 이상으로 하고, 유효높이는 1.5m 이상으로 할 것
③ 비상탈출구의 문은 피난방향으로 열리도록 하고, 실내에서 항상 열 수 있는 구조로 할 것
④ 비상탈출구는 피난층 또는 지상으로 통하는 복도나 직통계단에 직접 접하거나 통로 등으로 연결될 수 있도록 설치할 것

[해설] 비상탈출구는 출입구로부터 3m 이상 떨어진 곳에 설치할 것

58. 건축법령상 의료시설에 속하지 않는 것은?

① 한의원　　② 치과병원
③ 한방병원　④ 요양병원

[해설] 의료행위를 하는 시설
㉠ 제1종 근린생활시설 : 의원 · 치과의원 · 한의원 · 침술원 · 안마원 · 접골원 · 조산소 · 보건소
㉡ 제2종 근린생활시설 : 안마시술소 · 동물병원
㉢ 의료시설 : 종합병원 · 병원 · 치과병원 · 한방병원 · 정신병원 · 요양병원 · 마약진료소

59. 녹색건축물 조성지원법에서 정하고 있는 건축물 에너지효율등급 인증대상 건축물로 틀린 것은?

① 아파트
② 다가구주택
③ 난방면적이 300m² 이상인 업무시설
④ 난방면적이 300m² 이상인 판매시설

[해설] 녹색건축물 조성 지원법 및 녹색건축물 조성 지원법 시행령에 따른 건축물 에너지효율등급 인증 및 제로에너지건축물 인증 건축물 대상
1. 단독주택, 다중주택, 다가구주택, 공관
2. 아파트, 연립주택, 다세대주택, 기숙사
3. 업무시설
4. 냉방 또는 난방 면적이 500m² 이상인 건축물

60. 옥내에 있는 계단 및 계단참의 유효너비를 최소 120cm 이상으로 하여야 하는 것은?(단, 연면적 200m²를 초과하는 건축물의 경우)

① 중학교의 계단
② 초등학교의 계단
③ 고등학교의 계단
④ 판매시설의 계단

[해설] 계단 및 계단참의 너비(옥내계단에 한함)·단높이·단너비

(단위 : cm)

계단의 종류	계단 및 계단참의 폭	단높이	단너비
• 초등학교의 계단	150 이상	16 이하	26 이상
• 중·고등학교의 계단	150 이상	18 이하	26 이상
• 문화 및 집회시설(공연장, 집회장, 관람장에 한함) • 판매시설(도매시장·소매시장·상점에 한함) • 바로 위층 거실 바닥면적 합계가 200m² 이상인 계단 • 거실의 바닥면적 합계가 100m² 이상인 지하층의 계단 • 기타 이와 유사한 용도에 쓰이는 건축물의 계단	120 이상	–	–
• 기타의 계단	60 이상	–	–
• 작업장에 설치하는 계단(산업안전보건법에 의한)	산업안전기준에 관한 규칙에 의함.		

제4회 실전 모의고사

■■■ 제1과목 건축설비계획

1. 음료수의 정화 방법 중 물 속에 분해되어 있는 암모니아, 황화수소, 탄산가스 등 유독가스를 제거하기 위하여 행하는 방법은?

① 멸균법 ② 침전법
③ 여과법 ④ 폭기법

[해설] ㉠ 음료수의 정화 순서 : 침전 → 여과 → 폭기 → 소독(멸균)
㉡ 폭기법 : 수중에 포함된 탄산제일철[$Fe(HCO_3)_2$], 수산화제일철[$Fe(OH)_2$] 또는 황산제일철[$FeSO_4$]을 제거하기 위해 폭기(曝氣)에 의해 물을 공기에 잘 접촉시킨 후 이것을 산화시켜 불용해성 수산화제이철[$Fe(OH)_3$]로 만든 다음 소독·여과에 의해 제거하는 방법이다.

2. 건물 에너지 절약을 위하여 고려하여야 할 사항으로 옳지 않은 것은?

① 고기밀·고단열 창호의 적용
② 주광을 적극적으로 이용하는 조명 방식
③ 열전도율이 높은 단열재 사용
④ 자연 에너지의 이용

[해설] 열전도율이 낮은 것, 열전도저항이 큰 것으로 사용하는 것이 열적으로 유리하다.

3. 실내 환기 횟수의 정의로 옳은 것은?

① 환기량(m^3/h)×실용적(m^3)
② 환기량(m^3/h)×실용적(m^3)×2
③ $\dfrac{환기량(m^3/h)}{실용적(m^3)}$
④ $\dfrac{실용적(m^3)}{환기량(m^3/h)}$

[해설] • 환기량(Q)=환기횟수(n)×실용적(V)
• 환기횟수(n)= $\dfrac{환기량(m^3/h)}{실용적(m^3)}$
• 실용적(m^3)= $\dfrac{환기량(m^3/h)}{환기횟수(회/h)}$

4. 다음과 가장 관계가 깊은 것은?

> 에너지보존의 법칙을 유체의 흐름에 적용한 것으로서 유체가 갖고 있는 운동에너지, 중력에 의한 위치에너지 및 압력에너지의 총합은 흐름 내 어디에서나 일정하다.

① 줄의 법칙 ② 파스칼의 원리
③ 베르누이의 정리 ④ 뉴턴의 점성법칙

[해설] 베르누이 정리[Bernoulli's theorem, 1738년]
점성과 압축성이 없는 이상적인 유체가 규칙적으로 흐르는 경우에 대해 유체가 흐르는 속도와 압력, 높이의 관계를 수량적으로 나타낸 법칙이다. 유체의 위치에너지와 운동에너지의 합이 항상 일정하다는 성질을 이용한 것으로, 완전유체가 규칙적으로 흐르는 경우에 대해 정리한 것이다.

※ 베르누이 방정식
압력수두, 속도수두, 위치수두의 합은 일정하다.
압력에너지 + 속도에너지 + 위치에너지 = 0

$$\dfrac{P_1}{\gamma}+\dfrac{V_1}{2g}+Z_1 = \dfrac{P_2}{\gamma}+\dfrac{V_2}{2g}+Z_2 [m]$$

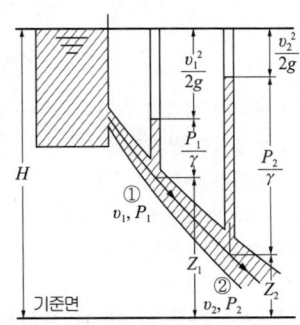

[그림] 베르누이의 정리

5. 다음 중 냉난방 설계용 외기온도 설정 시 TAC 온도를 적용하는 이유와 가장 관계가 먼 것은?

① 에너지 절약
② 합리적 적용
③ 과대 장치용량 지양
④ 혹한기나 혹서기 대비

정답 1. ④ 2. ③ 3. ③ 4. ③ 5. ④

제4회 실전 모의고사

[해설] TAC온도
　냉·난방 설계용 외기온도를 결정할 때 냉·난방기간 중 외기 설정온도 밖으로 벗어나는 비율(%)로 정한 온도
　※ 위험률(TAC)
　　열원설비의 용량을 산정하기 위해서는 냉·난방부하계산을 하여야 하며 이를 위해서는 설계용 외기온도가 필요하다. 연중 가장 더운 시간 또는 추운 시간의 외기온도를 부하계산에 적용하면 설비용량이 과대해질 우려가 있으므로 부하계산에서는 최고 또는 최저온도의 피크 값을 일정비율 제외한 외기온도를 사용하게 되는데, 피크 값을 제외시키는 비율을 위험률(TAC)이라고 한다.

6. 다음 중 공조시스템을 조닝(zoning) 하는 이유와 가장 거리가 먼 것은?

① 설비비 절감　　② 에너지 절감
③ 방위별 대응　　④ 실내 열환경 제어 용이

[해설] 공기조화설비의 조닝(zoning)
• 대략 같은 조건의 구역(zone)마다 건물을 구획하고 공기조화를 하는 것
• 부하별 조닝, 용도별 조닝, 사용시간별 조닝, 방위별 조닝이 있다.
• 공기조화방식, 열원방식, 열원공급방식을 결정하는데 중요 요인
　※ 특징
　㉠ 에너지 절약에 유리
　㉡ 효율적인 운전관리
　㉢ 부하변동에 쉽게 대응
　㉣ 실내 열환경조절에 유리
　㉤ 구역의 세분화로 설비비 증가

7. 그림과 같은 습공기 선도에 표시된 P점의 상태량이 옳지 않은 것은?

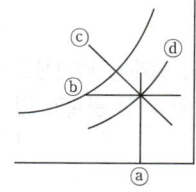

① ⓐ : 건구온도　　② ⓑ : 노점온도
③ ⓒ : 엔탈피　　　④ ⓓ : 절대습도

[해설] ⓓ : 상대습도

8. 전시장의 자연채광 방법 중 지붕을 통해 들어온 자연광을 지붕과 천장사이에서 조정하여 실내전체를 조명하는 형식은?

① 측광 형식　　② 정광형 형식
③ 고측광 형식　④ 정측광 형식

[해설] 정광창 형식(top light)
　지붕 또는 천장의 중앙에 천창을 통한 채광 방식
　㉠ 전시실 중앙을 밝게 하여 조도 분포가 균일하지만 폐쇄된 분위기가 된다.
　㉡ 천창의 직접 광선을 막기 위해 천창 부분에 루버를 설치하거나 2중으로 한다.
　㉢ 구조, 시공, 빗물처리 등이 어렵다.
　㉣ 채광량이 많아(측창의 3배 정도) 조각품 전시에 적합하고, 유리창 내의 공예품 전시에는 부적합하다.

9. 다음 중 열역학 제1법칙과 관계가 먼 것은?

① 밀폐계가 임의의 사이클을 이룰 때 열전달의 합은 이루어진 일의 총합과 같다.
② 열은 본질적으로 일과 같은 에너지의 일종으로서 일을 열로 변환할 수 있다.
③ 어떤 계가 임의의 사이클을 겪는 동안 그 사이클에 따라 열을 적분한 것이 그 사이클에 따라서 일을 적분한 것에 비례한다.
④ 두 물체가 제3의 물체와 온도의 동등성을 가질 때는 두 물체도 역시 서로 온도의 동등성을 갖는다.

[해설] ④의 경우는 열역학의 제0법칙 : 열평형의 법칙(온도계의 원리)에 대한 설명이다.

10. 공기량 300kg/h, 절대습도 0.006kg/kg인 공기를 0.012kg/kg까지 가습하는 경우 필요한 공급 수량은?

① 0.9kg/h　　② 1.8kg/h
③ 2.7kg/h　　④ 3.6kg/h

[해설] 가습수량(L) = $G \cdot \Delta x = \rho \cdot Q \cdot \Delta x$ [kg/h]
　　　　　= 300×(0.012−0.006)
　　　　　= 1.8[kg/h]

11. 유리창을 통한 일사취득량을 줄이기 위한 방법으로 옳지 않은 것은?

① 입사각을 작게 한다.
② 투과율을 작게 한다.
③ 반사유리를 사용한다.
④ 차폐계수를 작게 한다.

[해설] 유리창을 통한 취득열량을 줄이기 위해서 열관류율이 적고 반사율이 큰 것이 유리하며, 차폐계수 및 투과율이 작은 것이 취득열량이 적어 유리하다.

12. 급수설비에 관한 설명으로 옳지 않은 것은?

① 펌프직송방식에서 급수량 제어는 정속방식과 변속방식으로 구분된다.
② 압력수조방식에서 양정은 실양정, 배관의 마찰손실만을 고려하여 결정한다.
③ 고가수조방식의 양수펌프는 실양정, 배관의 마찰손실, 토출수압을 고려하여 결정한다.
④ 고가수조방식에서 양수펌프의 실양정이란 지하저수조의 수면에서 양수관의 최고 높이까지의 수직높이이다.

[해설] 압력수조방식에서 양정은 실양정, 배관의 마찰손실, 기구의 필요압력 등을 고려하여 결정한다.

13. 배수배관에 통기관을 설치하는 목적과 가장 관계가 먼 것은?

① 배수의 흐름을 원활하게 한다.
② 관 내의 기압을 높여 악취를 배출한다.
③ 배수계통 내의 공기의 흐름을 원활하게 한다.
④ 자기사이펀 작용, 유도사이펀 작용 등으로부터 봉수를 보호한다.

[해설] 통기관의 설치 목적
  ㉠ 트랩의 봉수 보호
  ㉡ 배수관 내의 배수 흐름 원활
  ㉢ 배수관 내의 환기 역할
  ㉣ 배수관 내의 기압을 일정하게 유지

14. 동 및 동합금관에 관한 설명으로 옳지 않은 것은?

① 연수에 내식성은 크나 담수에는 부식된다.
② 아세톤, 에테르, 프레온 가스, 휘발유에는 침식되지 않는다.
③ 암모니아수, 습한 암모니아가스, 초산, 진한 황산에는 심하게 침식된다.
④ 상온공기 중에서는 변하지 않으나 탄산가스를 포함한 공기 중에서는 푸른 녹이 생긴다.

[해설] 동관
  ㉠ 전성·연성이 풍부하여 가공이 용이하다.
  ㉡ 전기 및 열의 전도성이 우수하다.
  ㉢ 일반적으로 내식성이 좋고 수명이 길다.
  ㉣ 염류, 산, 알칼리 등의 수용액이나 유기화합물에 대한 내식성이 높아 부식이 적으나, 암모니아에는 심하게 부식한다.
  ㉤ 상온 공기 속에서는 변하지 않으나 탄산가스를 포함한 공기 중에는 푸른 녹이 생긴다.
  ㉥ 용도 : 전기 및 열의 전도율이 좋아 전기 재료, 열교환기, 급수관 등에 이용되고 있다.
  ㉦ 접합 방법 : 납땜 접합, 플레어 접합, 플랜지 접합, 용접 접합, 경납땜
  ※ 동관(황동관)은 증류수나 극연수에는 부식되어 주석도금하여 사용한다.

15. 다음 제도용지에 관한 설명 중 틀린 것은?

① 설계도에 적당한 도면의 크기는 A_1, A_2가 적당하다.
② 도면은 길이 방향을 상·하로 놓는 위치를 정위치로 한다.
③ 접는 도면의 크기는 210×297mm가 적당하다.
④ 제도용지의 크기는 KS A 5201이 종이의 재단치수 $A_0 \sim A_6$에 따른다.

[해설] 도면의 길이방향을 좌·우방향으로 놓는 위치를 정위치로 한다.

정답 11. ① 12. ② 13. ② 14. ① 15. ②

16. 그림과 같은 배관도에서 엘보와 티의 수량은?

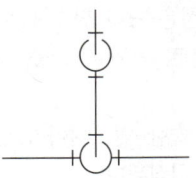

① 엘보 2개, 티 1개 ② 엘보 2개, 티 2개
③ 엘보 3개, 티 1개 ④ 엘보 3개, 티 2개

해설 평면도를 입체도(겨냥도)로 그려보면 다음과 같으며 엘보 3개, 티 1개이다.

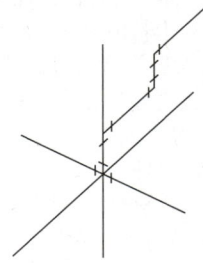

17. 실내공기오염의 종합적 지표로 사용되는 오염 물질은?

① 미세먼지   ② 이산화탄소
③ 포름알데히드   ④ 휘발성 유기화합물

해설 이산화탄소(CO_2)의 함유량에 비례해서 다른 오염원의 정도가 변화되므로 실내 공기의 오염정도를 판단하는 척도로 이산화탄소[탄산가스(CO_2)] 농도를 사용한다.

18. 복사난방에 관한 설명으로 옳지 않은 것은?

① 실내 상하의 온도차가 적다.
② 열용량이 작기 때문에 간헐난방에 적합하다.
③ 천정고가 높은 공간에서도 난방감을 얻을 수 있다.
④ 실내에 방열기를 설치하지 않으므로 바닥이나 벽면을 유용하게 이용할 수 있다.

해설 복사난방은 구조체를 가열하므로 열용량이 커서 방열량 조절이 어려우며, 간헐난방에는 부적합하다.
  ※ 간헐난방 : 일시적으로 하는 난방으로서 간헐적으로 열을 공급하는 증기, 온풍 등의 난방방식에 적당하다. 복사난방은 구조체를 덥히게 되므로 예열시간이 길어져 일시적으로 쓰는 방에는 부적당하다.

19. 공기조화방식에 관한 설명으로 옳은 것은?

① 전수방식은 외기도입이 용이하다.
② 냉매방식은 부분운전이 불가능하다.
③ 공기·수방식에는 이중덕트방식 등이 있다.
④ 전공기방식은 중간기에 외기냉방이 가능하다.

해설 전공기 방식(all air system)은 일정량의 외기를 송풍량의 30% 정도 도입해서 희석하고 또한 동시에 공기청정기를 장치해 실내 공기의 오염이 적어지므로 공기의 청정화를 도모한다.

20. 환기에 관한 설명으로 옳지 않은 것은?

① 제3종 환기는 화장실, 욕실 등의 환기에 적합하다.
② 대규모 주차장의 경우 전체환기보다 국소환기가 바람직하다.
③ 희석환기는 열기나 유해물질이 실내에 널리 산재되어 있거나 이동되는 경우에 채용된다.
④ 제1종 환기는 정확한 환기량과 급기량 변화에 의해 실내압을 정압(+) 또는 부압(−)으로 유지할 수 있다.

해설 대규모 주차장의 경우 국소환기보다 전체환기가 바람직하다.

■■■ 제2과목 건축설비설계

21. 다음 중 기구급수 부하단위가 가장 큰 것은?(단, 개인용의 경우)

① 욕조   ② 샤워
③ 세면기   ④ 세정밸브식 대변기

해설 기구급수부하단위(F.U)는 1~10으로 구분하며 기본단위 F.U 1은 세면기이다. 가장 큰 값인 F.U 10은 대변기(세정밸브식)이다.
  ※ 기구급수부하단위법(fixture unit)는 소요유량에 동시사용율을 적용한 방법으로 간편하며 신뢰성을 가지기 때문에 전반적으로 대규모 시설에서 이용된다.

정답 16. ③ 17. ② 18. ② 19. ④ 20. ② 21. ④

22. 기구 배수 시에 배수가 트랩 내를 만수상태로 흘러 트랩 내의 봉수가 배수관 쪽으로 흡입되는 현상은?

① 증발 작용 ② 모세관 작용
③ 자기 사이펀 작용 ④ 분출 작용

[해설] 자기 사이펀 작용은 배수시에 트랩 및 배수관은 사이펀관을 형성하여 기구에 만수된 물이 일시에 흐르게 되면 트랩 내의 물이 자기 사이펀 작용에 의해 모두 배수관 쪽으로 흡입되어 배출하게 된다. 이 현상은 S 트랩의 경우에 특히 심하다. 방지책으로 기구배수관 관경을 트랩 구경보다 크게 하여 만류(滿流)가 되지 않도록 한다.

23. 다음 중 성적계수가 가장 낮은 냉동기는?

① 흡수식 냉동기 ② 원심식 냉동기
③ 왕복동식 냉동기 ④ 전기식 히트펌프

[해설] 흡수식 냉동기는 압축식 냉동기(왕복동식, 터보식, 회전식)에 비해 성적계수가 낮다.

24. 펌프의 회전수 제어 시 펌프의 회전수 20% 증가시키면 유량은 얼마나 증가하겠는가?

① 10% ② 20%
③ 44% ④ 78%

[해설] 펌프의 상사법칙
펌프의 양수량은 임펠러의 회전수에 비례하고, 양정은 회전수의 제곱에 비례하며, 축동력은 회전수의 세제곱에 비례한다.

- 펌프의 회전수($N_1 \to N_2$)로 변할 때 또는 임펠러의 직경($D_1 \to D_2$)로 변할 때

  ㉠ 유량(Q) : $Q_2 = Q_1 \dfrac{N_2}{N_1} = Q_1 \left(\dfrac{D_2}{D_1}\right)^3$

  ㉡ 양정(H) : $H_2 = H_1 \left(\dfrac{N_2}{N_1}\right)^2 = H_1 \left(\dfrac{D_2}{D_1}\right)^2$

  ㉢ 동력(L) : $L_2 = L_1 \left(\dfrac{N_2}{N_1}\right)^3 = L_1 \left(\dfrac{D_2}{D_1}\right)^5$

☞ 펌프의 양수량(유량)은 임펠러의 회전수에 비례하므로 20% 증가한다.

25. 다음 중 급수설비에서 수격작용의 발생이 가장 우려되는 경우는?

① 급수관의 지름이 클 경우
② 물을 과도하게 사용할 경우
③ 급수관 내의 유속이 느릴 경우
④ 급수관내에서 물의 흐름을 갑자기 정지할 경우

[해설] 수격작용(water hammering)
관내 유속이 빠르거나 혹은 밸브, 수전 등의 관내 흐름을 순간적으로 폐쇄하면, 관내에 압력이 상승하면서 생기는 배관 내의 마찰음 현상이다.

① 원 인
  ㉠ 유속이 빠를 때
  ㉡ 관경이 적을 때
  ㉢ 밸브 수전을 급히 잠글 때
  ㉣ 굴곡 개소가 많을 때
  ㉤ 감압 밸브를 사용하지 않을 때

② 방지책
  ㉠ 관내 유속을 될 수 있는 대로 느리게 하고 관경을 크게 한다.
  ㉡ 폐수전을 폐쇄하는 시간을 느리게 한다.
  ㉢ 기구류 가까이에 air chamber를 설치하여 chamber 내의 공기를 압축시킨다.
  ㉣ water hammer 방지기를 water hammer의 발생 원인이 되는 밸브 근처에 부착시킨다.
  ㉤ 굴곡 배관을 억제하고 될 수 있는 대로 직선배관으로 한다.
  ㉥ 펌프의 토출측에 릴리프밸브나 스모렌스키 체크밸브를 설치한다.(압력상승 방지)
  ㉦ 자동수압 조절밸브를 설치한다.

26. 강제순환식 급탕설비에서 온수의 공급온도가 60℃이고 반송온도가 57℃이며, 배관 전계통의 열손실이 5,000W일 경우 순환펌프의 순환수량은?(단, 물의 비열은 4.2kJ/kg·K 이다.)

① 16.7L/min ② 23.8L/min
③ 166.7L/min ④ 250.0L/min

[해설] 온수순환펌프의 수량

$$W = \dfrac{Q}{60c\Delta t} \ [\ell/min]$$

Q : 배관과 펌프 및 기타 손실 열량[kJ/h]
W : 순환수량[ℓ/min]

정답 22. ③ 23. ① 24. ② 25. ④ 26. ②

C : 탕의 비열[4.19kJ/kg·K]
ρ : 탕의 밀도(kg/m³)
Δt : 급탕·반탕의 온도차[℃] (Δt는 강제순환식일 때 5~10℃ 정도임.)

∴ $W = \dfrac{Q}{60c\Delta t} = \dfrac{5,000 \times 3.6}{60 \times 4.2 \times (60-57)} = 23.8\text{L/min}$

※ 1W=3.6kJ/h

27. 다음 중 펌프의 특성곡선에 나타나지 않는 것은?

① 유속　　② 양정
③ 효율　　④ 축동력

해설 펌프의 특성 곡선
펌프가 어느 일정한 속도로 물을 양수할 때 토출량의 변화에 따라 양정[m], 축동력(PS, kW), 효율[%]의 변화를 선도로 표시한 것을 말한다.
이와 같은 특성 곡선의 보양은 펌프의 종류에 따라 다르게 나타나며, 이 곡선에 의해 운전 조건에 따른 성능을 예측할 수 있다.
※ 펌프의 양수량은 임펠러의 회전수에 비례하고, 양정은 회전수의 제곱에 비례하며, 축동력은 회전수의 3승에 비례한다.

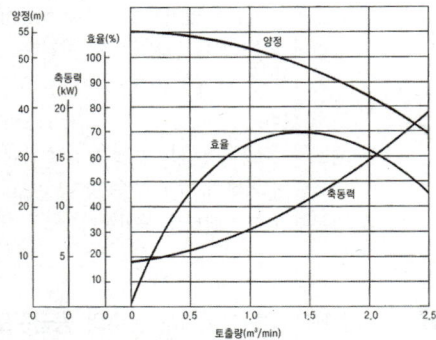

[그림] 펌프의 특성 곡선

28. 로 탱크식 대변기에 관한 설명으로 옳지 않은 것은?

① 하이 탱크식에 비해 세정소음이 크다.
② 볼탭에 의해 탱크 내에 급수하는 방식이다.
③ 우리나라의 아파트에서 널리 채용되고 있다.
④ 탱크로의 급수압력에 관계없이 대변기 세정 압력은 일정하다.

해설 로 탱크 방식 대변기
㉠ 설치면적을 많이 차지한다.
㉡ 고장 시 수리보수가 비교적 용이하다.
㉢ 하이탱크 방식에 비하여 소음이 작다.
㉣ 수도직결의 경우 저압의 지역에서 사용이 가능하다.
㉤ 탱크로의 급수압력에 관계없이 세정 시 대변기로의 공급압력이 일정하다.
㉥ 일반 주택, 아파트에서 주로 사용되는 대변기 세수의 급수방식이다.

29. 등압법으로 설계할 경우 단일 덕트 내에서 많은 풍량이 송풍되면 여러 가지 문제점이 유발될 수 있어 일정 풍량 이상이면 등속법으로 설계하는데 그 이유로 가장 알맞은 것은?

① 소음이 커진다.
② 마찰저항이 커진다.
③ 덕트길이가 길어진다.
④ 부유분진의 비상이 많아진다.

해설 풍량 10,000m³/h 이상에서 등압법(정압법, 등마찰손실법)으로 설계하면 풍속이 7~10m/s 정도 증가하여 소음발생이나 덕트의 강도상 문제가 발생하므로 등속법(정속법)으로 설계한다. 등속법은 주로 분진이나 산업용 분말 등을 배출시키기 위한 배기 덕트의 설계법으로 적당하다.

30. 다음 중 스케일이 보일러에 미치는 영향과 가장 거리가 먼 것은?

① 보일러의 전열면이 과열된다.
② 워터 햄머(water hammer)를 일으킨다.
③ 열의 전달을 방해하여 보일러 효율을 저하시킨다.
④ 보일러의 철판이나 관 등을 부식시키는 원인이 된다.

해설 경도가 높은 물을 보일러에 사용하면 내면에 스케일(물때) 생성되어 열의 전달을 방해하여 보일러 효율을 저하시키며, 보일러의 전열면 과열의 원인 및 보일러의 철판이나 관 등을 부식시키는 원인이 되어 보일러의 수명이 단축된다.

정답 27. ① 28. ① 29. ① 30. ②

31. 증기압축식 냉동기의 주요구성장치 중 이용하고자 하는 냉수나 차가운 공기를 실제로 만드는 부분은?

① 압축기　　② 응축기
③ 증발기　　④ 팽창장치

해설 압축식 냉동 사이클(냉동기의 순환 원리) → $p-i$ 선도 (Mollier 선도)
- ㉠ 압축기(compressor) : 증발기에서 넘어온 저온 저압의 냉매 가스를 응축 액화하기 쉽도록 압축하여 응축기로 보낸다.
- ㉡ 응축기(condenser) : 고온·고압의 냉매액을 공기나 물을 접촉시켜 응축 액화시키는 역할을 한다.
- ㉢ 팽창 밸브(expansion valve) : 고온 고압의 냉매액을 증발기에서 증발하기 쉽도록 하기 위해 저온·저압으로 팽창시키는 역할을 한다.
- ㉣ 증발기(evaporator) : 팽창 밸브를 지난 저온 저압의 냉매가 실내 공기로부터 열을 흡수하여 증발함으로 냉동이 이루어진다.

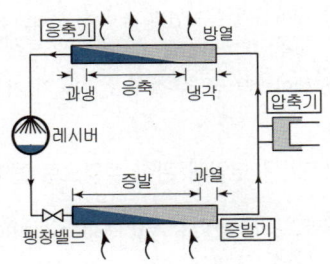

(a) 냉동사이클

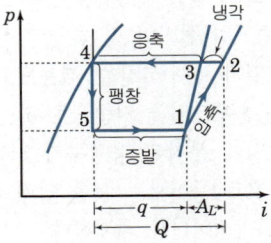

(b) $p-i$ 선도상의 사이클

32. 히트펌프에 관한 설명으로 옳지 않은 것은?

① 저온측과 고온측의 온도차가 커질수록 성적 계수는 커진다.
② 장치내를 순환하는 작동매체인 냉매는 증발→압축→응축→팽창→증발의 변화를 반복한다.
③ 냉동사이클에서 응축기의 방열량을 이용하기 위한 것으로 공기조화에서는 난방용으로 응용된다.
④ 기본적인 구성요소는 저온부의 열교환기인 증발기, 고온부의 열교환기인 응축기, 압축기, 팽창밸브 등이다.

해설 성적계수(COP)
  $Q = q + AL$: 냉동기의 특징
  → 저온 쪽에서 흡수되는 열량(q)보다 고온 쪽에서 방출하는 열량(Q)이 더 크다.
  ⓐ 냉동기의 성적계수(COP)
  $= \dfrac{냉동효과(q)}{압축일(AL)} = \dfrac{냉동능력}{소요능력}$
  ⓑ 열펌프의 성적계수(COP$_h$)
  $= \dfrac{응축기의방출열량}{압축일} = \dfrac{q+AL}{AL}$
  $= \dfrac{q}{AL} + 1$
  ∴ 열펌프를 이용한 성적계수(COP$_h$)가 냉동기로 이용한 성적계수(COP)보다 1만큼 크다.
  ☞ 저온측과 고온측의 양온도차가 작아질수록 성적계수는 커진다.

33. 송풍량 300m³/min, 정압 30mmAq 인 송풍기의 회전수를 높여 풍량을 360m³/min로 변화시킬 경우 정압은?

① 36mmAq　　② 43.2mmAq
③ 51.8mmAq　　④ 64.6mmAq

해설 송풍기의 법칙에서 송풍량은 임펠러의 회전수에 비례하고, 압력은 회전수의 제곱에 비례하며, 축동력은 회전수의 세제곱에 비례한다.
$P_2 = P_1 \left(\dfrac{N_2}{N_1}\right)^2 = P_1 \times \left(\dfrac{Q_2}{Q_1}\right)^2 = 30 \times \left(\dfrac{360}{300}\right)^2$
$= 43.2\text{mmAq}$
☞ 송풍량은 회전수에 비례한다.

34. 그림과 같은 전열교환기에서 전열효율은?

공기	건구온도	절대습도	엔탈피
OA	t_{OA}	x_{OA}	h_{OA}
SA	t_{SA}	x_{SA}	h_{SA}
EA	t_{EA}	x_{EA}	h_{EA}
RA	t_{RA}	x_{RA}	h_{RA}

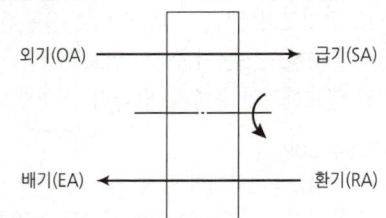

① $\eta = \dfrac{h_{SA} - h_{OA}}{h_{RA} - h_{OA}}$ ② $\eta = \dfrac{x_{SA} - x_{OA}}{x_{RA} - x_{OA}}$

③ $\eta = \dfrac{t_{SA} - t_{OA}}{t_{RA} - t_{OA}}$ ④ $\eta = 1 - \dfrac{h_{SA} - h_{OA}}{h_{RA} - h_{OA}}$

[해설] 전열교환기의 효율
㉠ 외기와 환기의 최대 엔탈피차($X_3 - X_1$)에 대한 실제 전열 엔탈피차($X_2 - X_1$)의 비
㉡ 전열교환기 효율 $\eta = \dfrac{X_2 - X_1}{X_3 - X_1} = \dfrac{h_1 - h_2}{h_1 - h_3}$

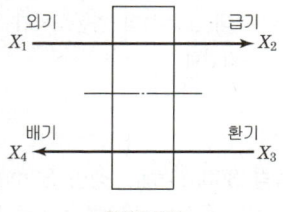

전열교환기

35. 용량이 386kW인 터보 냉동기에 1시간동안 순환되는 냉각수량은?(단, 냉각기 입구의 냉수온도 10℃, 출구의 냉수온도 5℃, 물의 비열 4.2kJ/kg·K)

① 55.3m³/h ② 58.9m³/h
③ 64.9m³/h ④ 66.2m³/h

[해설] 순환수량(Q_W)[L/min]

$Q_W = \dfrac{H_{CT}}{60 C \Delta t}$ [L/min]

H_{CT} : 냉동기용량
C : 비열(4.19kJ/kg·K)
Δt : 냉각수의 냉각탑의 출입구 온도차(℃)
먼저, 1kW=1,000W=860kcal/h=1kJ/s=3,600kJ/h
이므로
386kW=386×3,600kJ/h=1,389,600kJ/h

$Qw = \dfrac{1,389,600}{60 \times 4.19 \times (10-5)}$
=1,105L/min=1.105m³/min=66.3m³/h

36. 공기여과기용 에어필터의 선정시 고려사항과 가장 거리가 먼 것은?

① 압력손실 ② 필터의 중량
③ 분진포집 효율 ④ 적용분진 입자경

[해설] 에어필터(air filter, 공기여과기) 선정시 고려사항
㉠ 분진포집 효율을 기준으로 에어필터 종류
㉡ 적용분진 입자경 – HEPA필터에서는 프리필터(Prefilter)를 2단으로 선정
㉢ 에어필터 통과면의 풍속 - 2.5m/s로 선정
㉣ 치수, 공기저항치 결정
㉤ 에어필터 압력손실 - 초기 공기 저항치의 1.5~2배

37. 공조기용 코일에 관한 설명으로 옳지 않은 것은?

① 냉수코일의 전면풍속은 2.0~3.0m/s의 범위내로 하는 것이 좋다.
② 튜브내의 유속은 1.0m/s 전후로 하는 것이 배관이나 펌프의 설비비 및 효율상 적당하다.
③ 냉수코일과 온수코일을 겸용으로 사용하는 경우, 선정은 온수코일을 기준으로 하는 것이 원칙이다.
④ 냉수코일에 부착된 응축수가 날려서 송풍기의 흡입구측으로 들어오는 것을 막기 위해 코일 출구쪽에 엘리미네이터를 설치한다.

[해설] 냉수코일과 온수코일을 겸용으로 사용하는 경우, 선정은 냉수코일을 기준으로 한다.

38. 펌프설치 시 유효흡입양정을 고려하는 이유는?

① 고양정을 얻기 위해서
② 대유량을 얻기 위해서
③ 수격작용을 방지하기 위해서
④ 캐비테이션을 방지하기 위해서

정답 34. ① 35. ④ 36. ② 37. ③ 38. ④

[해설] NPSH(Net Positive Suction Head : 유효흡입양정)
  ㉠ 캐비테이션이 일어나지 않는 유효 흡입양정을 수주로 표시한 것
  ㉡ 펌프의 설치 상태 및 유체의 온도 등에 따라 다르다.
  ㉢ 설치에서 얻어지는 NPSH는 펌프 자체가 필요로 하는 NPSH보다 커야 캐비테이션이 일어나지 않는다.
  ☞ 펌프설치시 유효흡입양정을 고려하는 이유는 캐비테이션을 방지하기 위함이다.

39. 증기난방설비에 사용되는 플래시 탱크(flash tank)의 역할로 가장 알맞은 것은?

① 고온, 고압의 응축수로부터 재증발 증기를 회수한다.
② 스팀보일러로부터 발생한 증기를 각 계통으로 분배한다.
③ 환수주관보다 높은 위치에 진공펌프를 설치할 때 사용한다.
④ 보일러의 저수위면이 안전수위 이하로 내려가는 것을 방지한다.

[해설] 플래시 탱크(Flash Tank, 증발탱크)
증기난방에서 고압환수관과 저압환수관 사이에 설치하는 탱크이다. 고압 증기의 드레인을 모아 감압하여 저압의 증기(재증발 증기)를 발생시키는 탱크이다.(고압응축수로 저압의 증기를 만드는 탱크)

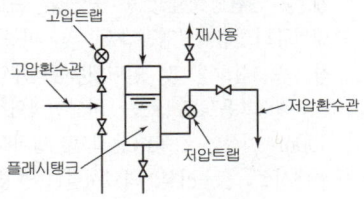

40. 보일러의 실제 증발량이 1,000kg/h이고, 발생증기의 엔탈피는 2,768.8kJ/kg, 보일러에 급수되는 급수의 엔탈피는 335.2kJ/kg이다. 이 보일러의 환산증발량(상당증발량)은?(단, 100℃에서 물의 증발잠열은 2,257kJ/kg이다.)

① 약 1,000kg/h   ② 약 1,078kg/h
③ 약 1,124kg/h   ④ 약 1,152kg/h

[해설] 환산증발량(상당증발량, equivalent evaporation) G_e [kg/h]
환산증발량이란 발생열량, 즉 보일러에서 1시간당 받아들인 열량을 100℃의 수증기량 G_e [kg/h]로 환산한 것을 말한다.

$$G_e = \frac{G_s(h_2 - h_1)}{2,257} \text{ [kg/h]}$$

여기서,
G_s : 발생 수증기량[kg/h]
h_2 : 발생 증기의 엔탈피[kJ/kg]
h_1 : 보일러 입구에서 물의 엔탈피(급수의 엔탈피) [kJ/kg]
γ : 100℃에서 물의 증발잠열(2,257kJ/kg)

$$\therefore G_e = \frac{G_s(h_2 - h_1)}{2,257} = \frac{1,000(2,768.8 - 335.2)}{2,257}$$
$$= 1,078.25 ≒ 1,078\text{kg/h}$$

■■■ 제3과목 건축설비관련법규

41. 건축법령상 다음과 같이 정의되는 것은?

> 건축물이 천재지변이나 그 밖의 재해로 멸실된 경우 그 대지에 종전과 같은 규모의 범위에서 다시 축조하는 것

① 신축   ② 증축
③ 재축   ④ 개축

[해설] 개축과 재축의 공통점과 차이점
• 공통점 : 동일한 규모범위 안에서 다시 축조하는 행위
• 차이점 : 개축 – 인위적으로 해체하고 다시 축조하는 행위(自意)
     재축 – 천재지변 등의 재해로 인해 축조하는 행위(他意)
☞ 단, 규모를 초과하면 신축행위로 본다.

42. 공동주택과 오피스텔의 난방설비를 개별난방방식으로 하는 경우에 대한 기준 내용으로 옳은 것은?

① 보일러실의 연도는 방화구조로서 개별연도로 설치할 것
② 보일러실의 윗부분과 아랫부분에는 지름 5cm 이상의 공기흡입구 및 배기구를 설치한 것
③ 보일러를 설치하는 곳과 거실사이의 경계벽은 출입구를 제외하고는 내화구조의 벽으로 구획할 것
④ 전기보일러를 사용하는 경우, 보일러실의 윗부분에는 그 면적이 1m² 이상인 환기창을 설치할 것

정답 39. ① 40. ② 41. ③ 42. ③

[해설] 개별난방설비 등
공동주택과 오피스텔의 난방설비를 개별난방방식으로 하는 경우에는 다음의 기준에 적합하여야 한다.

구 분	기 준
① 보일러 설치위치	• 거실 외의 곳에 설치 • 보일러실과 거실 사이의 경계벽은 내화구조의 벽으로 구획(출입구 제외)
② 보일러실의 환기	• 윗부분에 0.5m² 이상의 환기창 설치 • 지름 10cm 이상의 공기흡입구 및 배기구를 항상 열려진 상태로 외기와 접하도록 설치(단, 전기보일러 경우는 제외)
③ 기름저장소	• 기름보일러의 기름저장소는 보일러실 외에 설치할 것
④ 오피스텔의 난방구획	• 방화구획으로 구획할 것
⑤ 보일러실의 연도	• 내화구조로서 공동연도로 설치할 것
⑥ 가스보일러	• 보일러실과 거실 사이 출입구는 출입구가 닫힌 경우 가스가 거실에 들어갈 수 없는 구조일 것 • 중앙집중공급방식으로 공급하는 경우에는 ①의 규정에도 불구하고 관계법령이 정하는 기준에 의함

43. 특별피난계단의 구조에 관한 기준 내용으로 옳지 않은 것은?

① 출입구의 유효너비는 0.8m 이상으로 할 것
② 계단실에는 예비전원에 의한 조명설비를 할 것
③ 계단은 내화구조로 하되, 피난층 또는 지상까지 직접 연결되도록 할 것
④ 건축물의 내부에서 노대 또는 부속실로 통하는 출입구에는 60+방화문 또는 60분방화문을 설치할 것

[해설] 출입구의 유효너비는 0.9m 이상으로 할 것

44. 건축법령상 문화 및 집회시설에 속하지 않는 것은?

① 기념관   ② 박람회장
③ 종교집회장   ④ 산업전시장

[해설] • 종교집회장 : 종교시설
• 바닥면적의 합계가 500m² 미만의 종교집회장 : 제2종 근린생활시설

45. 건축물 관련 건축기준의 허용오차가 2% 이내가 아닌 것은?

① 출구너비   ② 반자높이
③ 바닥판두께   ④ 건축물높이

[해설] 건축허용오차

0.5% 이내	1% 이내	2% 이내	3% 이내
건폐율	용적률	높 이 출구너비 반자높이 평면길이	후퇴거리 인동거리 벽체두께 바닥판두께

46. 국토교통부령으로 정하는 기준에 따라 거실에 배연설비를 설치하여야 하는 대상 건축물에 속하지 않는 것은?(단, 6층 이상의 건축물)

① 의료시설
② 위락시설
③ 수련시설 중 유스호스텔
④ 교육연구시설 중 대학교

[해설] 배연설비의 설치대상
① 6층 이상의 건축물로서 다음의 용도에 해당되는 건축물의 거실
제2종 근린생활시설 중 공연장, 종교집회장, 인터넷컴퓨터게임시설제공업소 및 다중생활시설(공연장, 종교집회장 및 인터넷컴퓨터게임시설제공업소는 해당 용도로 쓰는 바닥면적의 합계가 각각 300m² 이상인 경우), 문화 및 집회시설, 종교시설, 판매시설, 운수시설, 의료시설(요양병원 및 정신병원은 제외), 교육연구시설 중 연구소, 노유자시설 중 아동관련시설·노인복지시설(노인요양시설은 제외), 수련시설 중 유스호스텔, 운동시설, 업무시설, 숙박시설, 위락시설, 관광휴게시설, 장례시설
[예외] 피난층인 경우
② 다음에 해당하는 용도로 쓰는 건축물
㉠ 의료시설 중 요양병원 및 정신병원
㉡ 노유자시설 중 노인요양시설·장애인 거주시설 및 장애인 의료재활시설
[예외] 피난층인 경우

정답 43. ① 44. ③ 45. ③ 46. ④

47. 건축물의 주계단·피난계단 또는 특별피난계단에 설치하는 난간 및 바닥을 아동의 이용에 안전하고 노약자 및 신체장애인의 이용에 편리한 구조로 하여야 하는 대상 건축물에 속하지 않는 것은?

① 판매시설　　② 위락시설
③ 문화 및 집회시설　④ 공동주택 중 기숙사

해설 노약자 및 신체장애인의 난간 및 바닥 설치 대상 건축물
공동주택(기숙사 제외), 제1종 근린생활시설, 제2종 근린생활시설, 문화 및 집회시설, 판매시설, 의료시설, 노유자시설, 업무시설, 숙박시설, 위락시설, 관광휴게시설의 용도에 쓰이는 건축물

※ 난간 및 바닥의 설치기준
㉠ 아동의 이용에 안전하고 노약자 및 신체장애인의 이용에 편리한 구조로 하여야 하며, 양쪽에 벽 등이 있어 난간이 없는 경우에는 손잡이를 설치하여야 한다.
㉡ 손잡이는 최대 지름이 3.2cm 이상 3.8cm 이하인 원형 또는 타원형의 단면으로 할 것
㉢ 손잡이는 벽 등으로부터 5cm 이상 떨어지도록 하고, 계단으로부터의 높이는 85cm가 되도록 할 것
㉣ 계단이 끝나는 수평부분에서의 손잡이는 바깥쪽으로 30cm 이상 나오도록 설치할 것

48. 다음의 옥상광장의 설치에 관한 기준 내용 중 (　) 안에 들어갈 수 없는 건축물의 용도는?

5층 이상인 층이 (　)의 용도로 쓰는 경우에는 피난 용도로 쓸 수 있는 광장을 옥상에 설치하여야 한다.

① 숙박시설　　② 종교시설
③ 판매시설　　④ 장례식장

해설 피난의 용도에 쓰이는 옥상광장의 설치
5층 이상의 층을 문화 및 집회시설(전시장, 동·식물원 제외), 제2종 근린생활시설 중 공연장·종교집회장·인터넷컴퓨터게임시설제공업소(해당 용도로 쓰는 바닥면적의 합계가 각각 300m² 이상인 경우만 해당), 종교시설, 판매시설, 위락시설 중 주점영업, 장례식장의 용도에 쓰는 경우에는 피난의 용도에 쓸 수 있는 옥상광장을 설치하여야 한다.

49. 다음은 건축법상 건축허가에 관한 기준 내용이다. (　) 안에 알맞은 것은?

건축물을 건축하거나 대수선하려는 자는 특별자치시장·특별자치도지사 또는 시장·군수·구청장의 허가를 받아야 한다. 다만, (　) 이상의 건축물 등 대통령령으로 정하는 용도 및 규모의 건축물을 특별시나 광역시에 건축하려면 특별시장이나 광역시장의 허가를 받아야 한다.

① 10층　　② 16층
③ 21층　　④ 41층

해설 건축허가
건축물을 건축 또는 대수선 하고자 하는 자는 특별자치시장·특별자치도지사 또는 시장·군수·구청장의 허가를 받아야 한다.
단서 층수가 21층 이상이거나 연면적의 합계가 10만m² 이상인 건축물[공장, 창고 및 지방건축위원회의 심의를 거친 건축물은 제외(단, 이 심의대상 건축물은 특별시 또는 광역시의 건축조례로 정하는 바에 따라 해당 지방건축위원회의 심의사항으로 할 수 있는 건축물에 한정하며, 초고층건축물은 제외)]의 건축(연면적의 3/10 이상을 증축하여 층수가 21층 이상으로 되거나 연면적의 합계가 10만m² 이상으로 되는 경우를 포함)은 특별시장 또는 광역시장의 허가를 받아야 한다.

50. 공동주택의 거실에서 채광을 위하여 설치하는 창문등의 면적은 그 거실의 바닥면적의 최소 얼마 이상이어야 하는가?(단, 거실의 용도에 따른 조도 기준 이상의 조명장치를 설치하지 않은 경우)

① 5분의 1　　② 10분의 1
③ 20분의 1　　④ 30분의 1

해설 거실의 채광 및 환기

구분	건축물의 용도	창문 등의 면적	예외 규정
채광	• 단독주택의 거실 • 공동주택의 거실 • 학교의 교실 • 의료시설의 병실 • 숙박시설의 객실	거실 바닥면적의 1/10 이상	거실의 용도에 따른 조도기준 [별표 1]의 조도 이상의 조명
환기		거실 바닥면적의 1/20 이상	기계장치 및 중앙관리방식의 공기조화설비를 설치한 경우

정답　47. ④　48. ①　49. ③　50. ②

제4회 실전 모의고사

51. 건축물의 에너지절약설계기준상 다음과 같이 정의 되는 용어는?

> 냉(난)방기간 동안 또는 연간 총시간에 대한 온도 출현분포 중에서 가장 높은(낮은) 온도 쪽으로부터 총시간의 일정 비율에 해당하는 온도를 제외시키는 비율

① 위험률 ② 온도율
③ 부분부하율 ④ 최대부하율

[해설] 위험률
냉(난)방기간 동안 또는 연간 총시간에 대한 온도출연 분포 중에서 가장 높은(낮은) 온도 쪽으로부터 총시간 의 일정 비율에 해당하는 온도를 제외시키는 비율

52. 건축물 에너지효율등급 인증 등급의 구분 등급수는?

① 3개 등급 ② 5개 등급
③ 7개 등급 ④ 10개 등급

[해설] 건축물 에너지효율등급 인증 및 제로에너지건축물 인증의 등급
1. 건축물 에너지효율등급 인증 : 1+++등급부터 7등 급까지의 10개 등급
2. 제로에너지건축물 인증 : 1등급부터 5등급까지의 5 개 등급

53. 녹색건축 인증에 관한 기술 중 가장 부적합한 것은?

① 건축주 등이 녹색건축 인증을 받으려면 녹색건축 인증신청서 등의 서류를 인증기관의 장에게 제출 하여야 한다.
② 녹색건축 인증신청은 원칙적으로 건축법의 건축허 가 후 또는 주택법의 사용승인 후 신청하여야 한다.
③ 단독주택(30세대 미만인 경우)에 따른 인증처리기 간은 신청서류가 접수된 날로부터 20일 이내이다.
④ ③항의 경우 인증기관의 장은 20일의 범위 안에서 인증심사기간을 한 차례만 연장할 수 있다.

[해설] 인증신청시기
건축법의 사용승인 후 또는 주택법의 사용검사 후

54. 축냉식 전기냉방설비의 설계기준 내용으로 옳지 않은 것은?

① 축열조는 보온을 철저히 하여 열손실과 결로를 방 지해야 한다.
② 열교환기에서 점검을 위한 부분은 해체와 조립이 용이하도록 하여야 한다.
③ 열교환기는 시간당 최대냉방열량을 처리할 수 있 는 용량 이상으로 설치하여야 한다.
④ 자동제어설비는 수동조작을 할 수 없도록 하여야 하며 감시기능 등을 갖추어야 한다.

[해설] 축냉식 전기냉방설비의 설치기준에서 자동제어설비는 축냉운전, 방냉운전 또는 냉동기와 축열조를 동시에 이용하여 냉방운전이 가능한 기능을 갖추어야 하고, 필요할 경우 수동조작이 가능하도록 하여야 하며 감시 기능 등을 갖추어야 한다.

55. 상업지역 및 주거지역에서 건축물에 설치하는 냉 방시설 및 환기시설의 배기구는 도로면으로부터 최소 얼마 이상의 높이에 설치하여야 하는가?

① 1.5m ② 1.8m
③ 2.0m ④ 2.5m

[해설] 상업지역 및 주거지역에서 도로(막다른 도로로서 그 길이가 10m 미만인 경우 제외)에 접한 대지의 건축물 에 설치하는 냉방시설 및 환기시설의 배기구는 도로면 으로부터 2m 이상의 위치에 설치하거나 배기장치의 열기가 보행자에게 직접 닿지 아니하도록 설치하여야 한다.

56. 건축물에 설치하는 방화벽에 관한 기준 내용으로 옳지 않은 것은?

① 내화구조로서 홀로 설 수 있는 구조일 것
② 방화벽에 설치하는 출입문에 60+방화문 또는 60 분방화문을 설치할 것
③ 방화벽에 설치하는 출입문의 너비 및 높이는 각각 3.0m 이하로 할 것
④ 방화벽의 양쪽 끝과 윗쪽 끝을 건축물의 외벽면 및 지붕면으로부터 0.5m 이상 튀어 나오게 할 것

정답 51. ① 52. ④ 53. ② 54. ④ 55. ③ 56. ③

[해설] 방화벽의 구조
㉠ 내화구조로서 홀로 설 수 있는 구조일 것
㉡ 방화벽의 양쪽 끝과 위쪽 끝을 건축물의 외벽면 및 지붕면으로부터 0.5m 이상 튀어나오게 할 것
㉢ 방화벽에 설치하는 출입문의 폭 및 높이는 각각 2.5m 이하로 하고, 출입문의 구조는 60+방화문 또는 60분방화문으로 할 것
㉣ 방화벽에 설치하는 60+방화문 또는 60분방화문은 언제나 닫힌 상태를 유지하거나 화재시 연기발생, 온도상승에 의하여 자동적으로 닫히는 구조로 할 것
㉤ 급수관, 배전관 등의 관이 방화벽을 관통하는 경우 관과 방화벽과의 틈을 시멘트모르타르 등의 불연재료로 메워야 한다.

57. 층수가 10층이고, 각 층의 거실면적이 1,000m²인 업무시설에 설치하여야 하는 승용승강기의 최소 대수는? (단, 16인승 승강기인 경우)

① 1대 ② 2대
③ 3대 ④ 4대

[해설] 문화 및 집회시설(전시장, 동·식물원), 업무시설, 숙박시설, 위락시설의 용도 경우
3,000m² 이하까지 1대, 3,000m² 초과하는 2,000m²당 1대를 가산한 대수로 하므로
$1 + \dfrac{(1,000 \times 5) - 3,000}{2,000} = 2$대 (8인승)

∴ 16인승 이상의 승강기는 2대로 산정하므로 1대를 설치하면 된다.

※ 8인승 이상 15인승 이하를 기준으로 산정하며 16인승 이상의 승강기는 2대로 산정한다.

58. 신축 또는 리모델링하는 30세대 이상의 공동 주택은 시간당 최소 몇 회 이상의 환기가 이루어질 수 있도록 자연환기설비 또는 기계환기설비를 설치하여야 하는가?

① 0.5회 ② 0.7회
③ 1.2회 ④ 1.5회

[해설] 신축 또는 리모델링하는 다음에 해당하는 주택 또는 건축물은 시간당 0.5회 이상의 환기가 이루어질 수 있도록 자연환기설비 또는 기계환기설비를 설치하여야 한다.
㉠ 30세대 이상의 공동주택
㉡ 주택을 주택 외의 시설과 동일건축물로 건축하는 경우로서 주택이 30세대 이상인 건축물

59. 녹색건축 인증에 관한 기술 중 가장 부적합한 것은?

① 인증심사결과서를 작성한 인증기관의 장은 인증심의위원회의 심의를 거쳐 인증 여부 및 인증등급을 결정한다.
② 인증심사단은 해당 전문분야 중 5개 이상의 분야 (에너지 및 환경오염 분야를 포함하여야 한다)별 1명 이상의 심사전문인력으로 구성한다.
③ 인증심의위원회는 해당 전문분야 중 5개 이상의 분야별 1명 이상의 전문가로 구성한다.
④ 녹색건축 인증 등급은 최우수(그린1등급), 우수(그린2등급), 우량(그린3등급)또는 일반(그린4등급)으로 한다.

[해설] 인증심의위원회는 해당 전문분야 중 4개 이상의 분야별 1명 이상의 전문가로 구성한다.

60. 건축물의 바깥쪽으로 나가는 출구로 쓰이는 문을 안여닫이로 해도 되는 건축물의 용도는?

① 판매시설 ② 장례식장
③ 위락시설 ④ 종교시설

[해설] 문화 및 집회 시설(전시장 및 동·식물원 제외), 종교시설, 위락시설, 장례식장의 용도에 쓰이는 건축물의 바깥쪽으로의 출구에 쓰이는 문은 안여닫이로 해서는 아니된다.

정답 57. ① 58. ① 59. ③ 60. ①

제5회 실전 모의고사

■■■ 제1과목 건축설비계획

1. 실내 공기 오염의 원인이 아닌 것은?

① 온도의 상승　　② 산소의 증가
③ 먼지의 증가　　④ 이산화탄소의 증가

[해설] 실내에서 발생하는 오염물질
　㉠ 호흡에 필요한 산소의 부족
　㉡ CO_2 가스의 증가
　㉢ 실내에서 열이 발생
　㉣ 실내에서 수증기 발생
　㉤ 분진 및 유해가스의 발생
　㉥ 인체 및 실내에서 발생되는 각종 냄새(배기, 끽연 등) 발생
　㉦ 쾌적한 환경조성에 필요한 적절한 기류
　㉧ CO, 라돈가스 등의 발생

2. 물의 경도에 대한 설명 중 옳지 않은 것은?

① 경도가 큰 물을 경수, 경도가 낮은 물을 연수라 한다.
② 경수는 연관이나 황동관을 부식시키며, 연수는 배관 내에 스케일을 발생시킨다.
③ 물의 경도는 물 속에 녹아있는 칼슘, 마그네슘 등의 염류의 양을 탄산칼슘의 농도로 환산하여 나타낸 것이다.
④ 일반적으로 지표수는 연수, 지하수는 경수로 간주하지만, 물이 접하고 있는 지층의 종류에 따라 좌우된다.

[해설] 극연수는 연관이나 황동관을 부식시키며, 경수는 배관 내에 스케일을 발생시킨다.
　※ 경도가 높은 물을 보일러에 사용하면 내면에 스케일(물때) 생성되고, 전열효율 저하되며, 과열의 원인 및 보일러의 수명 단축의 원인이 된다.
　☞ 극연수(極軟水)는 $CaCO_3$의 함유량 0ppm인 증류수나 멸균수로서 연관이나 황동관을 부식하므로 관 내부를 도금한 것으로 사용한다.

3. 급수방식 중 펌프직송방식에 관한 설명으로 옳지 않은 것은?

① 자동제어에 드는 설비 비용이 많다.
② 하향급수 배관방식이 주로 이용된다.
③ 전력 차단시에는 급수가 불가능 하다.
④ 작동방식에는 정속방식과 변속방식이 있다.

[해설] 펌프직송방식(Tankless booster system)
　물을 지하실 등의 저수탱크에 물을 받은 후 배관 내 압력변동 등을 감지하여 자동급수펌프에 의하여 수전까지 직송하는 방식
　㉠ 옥상탱크나 압력탱크가 필요 없다.
　㉡ 정전이나 단수시 압력탱크와 동일하다.
　㉢ 설비비가 고가이고, 펌프의 단락이 잦다. → 최근에는 압력탱크가 있는 부스터방식을 채용
　㉣ 자동제어 시스템[병렬제어(펌프의 대수 제어운전), 회전수 제어]이어서 고장시 수리가 어렵다.
　㉤ 전력소비가 많다.
　㉥ 20m 이상의 건물에는 전력소모가 커서 비효율적이다.

4. 5kg의 물을 20℃에서 60℃로 올리는데 필요한 열량 값은?(단, 물의 비열은 4.2kJ/kg · ℃이다.)

① 420kJ　　② 630kJ
③ 840kJ　　④ 1050kJ

[해설] 열량[Q] = 질량[kg]×비열[kJ/kg℃]×온도차[℃]
　　　　　= m · c · Δt [kJ]
　Q : 열량(kJ), m : 질량(kg), c : 비열(kJ/kg · ℃)
　Δt : 온도차(℃ 또는 K)
　∴ 열량[Q] = 5kg×4.2kJ/kg · ℃×(60−20)℃
　　　　　 = 840kJ

5. 내경이 25mm인 매끈한 관을 통하여 물을 1.5m/s의 속도로 보내는 경우, 마찰손실압력은?(단, 관마찰계수 0.03, 관의 길이 40m인 경우)

① 5.4kPa　　② 54kPa
③ 540kPa　　④ 5.4MPa

정답　1. ②　2. ②　3. ②　4. ③　5. ②

[해설] 압력손실(압력강하, P_f)

$$P_f = \lambda \cdot \frac{\ell}{d} \cdot \frac{\rho v^2}{2} \ [\text{Pa}]$$

여기서, P_f : 길이 1m의 직관에 있어서의 마찰손실수두(Pa)
  λ : 관마찰계수(강관 0.02)
  d : 관의 내경(m)
  ℓ : 직관의 길이(m)
  v : 관내 평균 유속(m/s)
  ρ : 물의 밀도(1,000kg/m³)

$$\therefore P_f = \lambda \cdot \frac{\ell}{d} \cdot \frac{\rho v^2}{2} \ [\text{Pa}]$$

$$= 0.03 \times \frac{40}{0.025} \times \frac{1,000 \times 1.5^2}{2}$$

$$= 54,000\text{Pa} = 54\text{kPa}$$

6. 급수설비의 조닝방식 중 중간수조방식에 관한 설명으로 옳은 것은?

① 정밀한 조닝이 용이하다.
② 중간수조실 및 양수펌프가 필요 없다.
③ 수압이 일정하지 않고 변화가 심하다.
④ 감압밸브 방식에 비해 에너지 절약을 꾀할 수 있다.

[해설] 중간수조방식
  ㉠ 중간수조를 많이 둘수록 수압이 일정하다.
  ㉡ 감압밸브 방식에 비해 에너지 절약을 꾀할 수 있다.
  ㉢ 수조의 위치에 따라 수압차가 생기므로 정밀한 조닝이 어렵다.
  ㉣ 중간수조방식은 중간수조실 및 양수펌프가 필요하다.

7. 건축설비적산에 관한 설명으로 옳지 않은 것은?

① 공사원가, 일반관리비 및 이윤, 부가가치세를 회계예규에 정한 바에 따라 공사비를 계산한다.
② 원형덕트 철판의 소요면적 산출시 설계도면의 덕트 직경별로 직관부와 부속류를 산출하며, 직관부는 절단이나 접속 등에 의한 손실을 고려하여 10% 정도 가산하는 것이 바람직하다.
③ 급수설비 탱크류 산정 시 설계도면과 시방서의 사양에 따라 제조회사로부터 견적을 받으며 소규모의 표준품은 물가시세표에서 금액을 산출한다.
④ 급탕설비의 급탕용 보일러는 일반적으로 난방용과 별도로 사용한다.

[해설] 급탕설비의 급탕용 보일러는 일반적으로 난방용과 겸용으로 사용한다.

8. 습공기에 관한 설명으로 옳은 것은?

① 습공기를 가열하면 비체적은 감소한다.
② 습공기를 가열하면 엔탈피는 감소한다.
③ 습공기를 가열하면 상대습도는 증가한다.
④ 습공기를 가열해도 절대습도는 일정하다.

[해설] • 습공기를 가열 : 상대습도는 감소, 엔탈피와 비체적은 증가, 절대습도는 일정
  • 습공기를 냉각 : 상대습도는 증가, 엔탈피와 비체적은 감소, 절대습도는 일정(과냉각시 절대습도는 감소)
  ※ 습공기를 냉각하여 노점온도 이하가 되면(과냉각) 절대습도는 감소한다.

9. 실내취득 현열량이 48,800W일 때 실내의 온도를 26℃로 유지하려면 실내에 공급하여야 할 풍량은?(단, 공기의 비열은 1.01 kJ/kg·K, 공기의 밀도는 1.2kg/m³, 실내에 공급되는 공기의 온도는 12℃ 이다.)

① 1,984m³/h   ② 10,354m³/h
③ 12,455m³/h   ④ 13,250m³/h

[해설] $q_s = \rho Q C (t_i - t_o)$ [kJ/h]
  q_s : 실의 현열부하[W]
  ρ : 공기의 밀도[1.2kg/m³]
  Q : 송풍량[m³/h]
  C : 공기의 정압비열[1.01kJ/kg·K]
  t_i : 실내 공기온도[℃]
  t_o : 송풍 공기온도[℃]

$$Q = \frac{q_s}{\rho C(t_i - t_o)} = \frac{48,800 \times 3.6}{1.2 \times 1.01 \times (26-12)}$$

$$= 10,354 \text{m}^3/\text{h}$$

※ 1W=1J/s=3,600J/h=3.6kJ/h

10. 다음과 같이 정의되는 통기관의 종류는?

2개 이상의 트랩을 보호하기 위하여 기구 배수관이 배수수평 지관에 접속하는 지점의 바로 하류에서 취출하여, 통기입상관에 연결하는 통기관

① 각개통기관   ② 회로통기관
③ 신정통기관   ④ 결합통기관

정답 6. ④ 7. ④ 8. ④ 9. ② 10. ②

[해설] 루프통기관(loop vent pipe, 회로통기관, 환상통기관)
최상류에 있는 위생기구 기구배수관이 배수수평지관과 연결되는 바로 하류의 수평지관에 접속시켜 통기수직관 또는 신정통기관으로 연결
㉠ 2개 이상의 트랩을 보호하기 위하여 최상류 기구의 하류 배수 수평지관에서 통기관을 취하며, 이 통기관을 신정 통기관에 접속하는 것을 환상 통기, 또 통기 수직관에 접속하는 것을 회로 통기라 한다. 이 양자를 합쳐서 루프 통기라 한다.
㉡ 루프 통기로 통기할 수 있는 최대 기구의 수는 2개 이상 8개 이내이다.
㉢ 통기 수직관과 최상류 기구까지의 루프 통기관의 연장 길이는 7.5m 이내이다.

11. 냉난방 부하계산 시 최저 또는 최고 기온을 적용하지 않고 TAC온도를 적용하는 가장 주된 이유는?

① 대수분리 제어
② 과대용량 억제
③ 비정상 부하계산
④ 계산의 용이성 확보

[해설] 냉난방 설계용 외기온도 설정 시 TAC 온도를 적용하면 과대 장치용량을 지양하게 되므로 에너지 절약으로 공조설비는 축소되어 합리적 적용이 가능하나, 그에 따른 적정온도 유지가 곤란하게 되어 위험성은 증가한다.
☞ 위험률[TAC(Technical Advisory Committee, 초과확률)]

12. 어느 유리창의 일사에 의한 흡수율이 5.3%이고, 반사율은 10.9%이다. 일사량이 300W/m²일 때 투과량은?

① 251.4W/m²
② 293.3W/m²
③ 323.6W/m²
④ 353.9W/m²

[해설] 유리창을 투과되는 일사열량(It)은 전체 일사량(I) 중에서 반사량(Ir)과 흡수량(Is)을 제외한 량이 되므로
∴ 유리창 투과 일사량(It)
= 전체 일사량(I) × {1−반사량(Ir)−흡수량(Is)}
= 300 × (1−0.109−0.053)
= 251.4W/m²

13. 다음과 같은 특징을 갖는 공기조화방식은?

- 잠열부하가 많은 경우나 장마철 등의 공조에 적합하다.
- 여름에도 보일러의 운전이 필요하다.

① 2중덕트방식
② 각층유니트방식
③ 팬코일유니트방식
④ 단일덕트재열방식

[해설] 단일덕트 재열방식(single duct reheater system)
단일덕트 정풍량방식의 단점을 보완한 것으로 단일덕트방식이 다실공조에 채용된 경우, 각 실의 부하변동에 대응하는 방법으로 고안된 것으로 제어되는 각 실 또는 존마다 재열기(reheater)를 설치하고 실내의 서모스탯으로 실온을 제어하는 방식이다.
㉠ 각 실 및 존의 개별제어가 쉽다.
㉡ 재열기의 설치 공간이 필요하다.
㉢ 여름에도 보일러의 운전이 필요하다.
㉣ 잠열부하가 많은 경우나 장마철 등의 공조에 적합하다.

14. 태양으로부터 방사되는 전 에너지 중 46%를 차지하며, 파장이 약 380~760mm 범위에 있는 것은?

① 가시광선
② 자외선
③ 적외선
④ X선

[해설] 일조와 위생
㉠ 적외선 : 780~3,000nm, 열환경 효과, 기후를 지배하는 요소, "열선"이라고 함
㉡ 가시광선 : 380~780nm, 채광의 효과, 낮의 밝음을 지배하는 요소
㉢ 자외선 : 200~380nm, 보건위생적 효과, 건강효과 및 광합성의 효과, "화학선"이라고 함
290~320nm(2900~3,200Å) − 도르노선(건강선)
※ 1nm = 10Å
※ 1nm = 1/100만mm

15. 실표면의 총 흡음량이 160m² 이고, 실의 크기가 10m×18m×4m인 학교 교실에서 세이빈(Sabine)의 공식을 이용하여 구한 잔향시간은?

① 0.42초
② 0.52초
③ 0.62초
④ 0.72초

정답 11. ② 12. ① 13. ④ 14. ① 15. ④

[해설] 잔향시간(Sabin의 잔향이론)

잔향시간 RT = $K\dfrac{V}{A}$ 에서

RT : 잔향시간(sec) K : 비례상수(0.16)
V : 실의 용적(m^3)
A : 흡음력 = $\bar{\alpha}$(평균흡음률)×S(실내표면적)(m^2)

∴ RT = $0.16 \times \dfrac{(10 \times 18 \times 4)}{160}$ = 0.72초

16. 환기 방식 중 정확한 환기량과 급기량 변화에 의해 실내압을 정압 또는 부압으로 유지할 수 있는 것은?

① 자연환기 방식
② 급기팬과 배기팬의 조합
③ 급기팬과 자연배기의 조합
④ 자연급기와 배기팬의 조합

[해설] 제1종 환기(압입흡출병용방식)

배기량과 급기량의 변화에 의해 실내압을 정압(+) 또는 부압(−)으로 유지할 수 있어 실내외의 압력차가 없는 가장 양호한 환기법이다. 설비비, 운전비가 비싸다.

17. 복사난방에 관한 설명으로 옳지 않은 것은?

① 실내 상하의 온도차가 작다.
② 증기난방에 비하여 쾌적감이 높다.
③ 열용량이 작아 간헐난방에 적합하다.
④ 외기 침입이 있는 곳에서도 난방감을 얻을 수 있다.

[해설] 복사난방은 구조체를 가열하므로 열용량이 커서 방열량 조절이 어려우며, 간헐난방에는 부적합하다.

18. 배관 이음쇠 중 관을 직선으로 접합할 때 사용되는 것은?

① 소켓   ② 엘보
③ 플러그   ④ 크로스

[해설] 강관 이음쇠
 ㉠ 배관을 휠 때 : 엘보우(elbow), 벤드(bend)
 ㉡ 분기관을 뽑을 때 : T(tee), 크로스(cross), Y
 ㉢ 직관의 접합 : 소켓, 플랜지, 유니언, 니플

 ㉣ 구경이 다른 관 접합 : 이경소켓(reducer), 이경엘보, 이경티, 부싱, 리듀서
 ㉤ 배관의 말단부 : 플러그(plug), 캡(cap)
※ 유니언(union)과 플랜지(flange) : 관의 교체나 펌프의 고장 수리시 사용한다.
 ㉠ 유니언(union) : 50mm 이하의 관(소구경)에 사용한다.
 ㉡ 플랜지(flange) : 65mm 이상의 관(대구경)에 사용한다.

19. 다음 기호와 설명이 맞지 않는 것은?

① ─▷◁─ : 게이트 밸브
② ─⌒─ : 팽창 조인트
③ ─✕─ : 파이프 앵커
④ ─┤├─ : 유니언

[해설] ─┤├─ : 플랜지

─┤╫├─ : 유니언

20. 지하역사의 경우 미세먼지(PM10)의 실내 공기질 유지 기준은?

① $100\mu g/m^3$ 이하   ② $150\mu g/m^3$ 이하
③ $200\mu g/m^3$ 이하   ④ $250\mu g/m^3$ 이하

[해설] 실내공기질(IAQ)관리법 기준에 의하면 지하철 역사인 경우 미세먼지(PM10)는 $100\mu g/m^3$ 이하, HCHO는 $100\mu g/m^3$ 이하, CO_2 함유율은 1,000ppm 이하로 규정하고 있다.

제2과목 건축설비설계

21. 헌터의 부하곡선에서 구할 수 있는 것은?

① 압력   ② 마찰계수
③ 손실수두   ④ 동시 사용유량

정답 16. ② 17. ③ 18. ① 19. ④ 20. ① 21. ④

제5회 실전 모의고사

[해설] 마찰저항선도에 의한 관경의 결정
급수 배관 속에 흐르는 수량과 허용마찰로 관경을 구하는 방법
㉠ 동시사용 유수량 계산(헌터 선도)
㉡ 허용마찰손실수두 계산
㉢ 관경 결정 : 동시사용 유수량[L/min]과 허용마찰손실수두 R[mmAq/m]을 이용하여 관경을 구한다.

22. 급수 배관에 관한 설명으로 옳지 않은 것은?

① 급수관과 배수관을 매설하는 경우, 급수관은 배수관 아래에 매설한다.
② 수평배관의 공기가 모일 수 있는 부분에는 공기빼기 밸브를 설치한다.
③ 수평배관은 상향 급수배관 방식의 경우, 진행방향에 따라 올라가는 기울로 한다.
④ 수직배관에는 체크 밸브를 설치하여 유동·정지시의 역류에너지의 작용을 분산한다.

[해설] 급수관과 배수관을 교차 매설은 가능한 피하는 것이 좋으며 부득이 한 경우에는 급수관을 배수관의 윗방향에 매설한다.

23. 냉동기의 압축기에서 토출된 고온·고압의 냉매증기는 응축기에서 방열하고 액화된다. 이 때 방열되는 응축열로 물이나 공기를 가열하여 난방에 이용하는 장치는?

① 열펌프   ② 냉각탑
③ 빙축열조   ④ 팬코일 유닛

[해설] 열펌프(Heat Pump)
㉠ 낮은 온도의 열원으로부터 높은 온도의 열로 펌프하듯 끌어올려 이용할 수 있기 때문에 히트펌프라고 한다.
㉡ 압축기를 동력원으로 압축 → 응축 → 팽창 → 증발의 사이클로 순환
㉢ 여름엔 냉방용으로 운전, 겨울철에는 냉매의 흐름방향을 바꾸어 난방용으로 운전
㉣ 냉매의 흐름이 바뀌면, 증발기는 응축기로, 응축기는 증발기로 그 기능이 변환

24. 냉각탑에서 어프로치(approach)에 관한 설명으로 옳은 것은?

① 냉각탑 출구와 입구 수온의 온도차
② 냉각탑 입구와 출구 공기의 습구온도차
③ 냉각탑 입구의 수온과 출구공기의 습구온도와의 차
④ 냉각탑 출구의 수온과 입구공기의 습구온도와의 차

[해설] 어프로치(approach) : 냉각탑의 출구의 수온과 입구 공기의 습구온도의 차이다.
냉각탑에 의해 냉각되는 물의 출구 온도는 외기 입구의 습구(濕球) 온도에 따라 바뀌는데, 이때의 물 온도와 외기의 습구 온도차를 말하며, 냉각탑의 설계에 따라 크게 영향을 받는 값으로, 너무 작게 잡으면 냉각탑이 크게 되어 건설비, 운전비 등이 늘어나 비경제적이므로 보통 4~6℃(5℃) 부근으로 한다.

25. 고온수를 이용한 지역난방에 관한 기술 중 옳지 않은 것은?

① 저온수에 비해 순환펌프의 동력을 줄일 수 있다.
② 고압증기를 이용한 지역난방에 비해 높은 위치까지의 공급이 용이하다.
③ 유황분이 많은 저질유 사용시 저온부식의 위험이 있다.
④ 예열시간이 길어 연료 소비량이 크다.

[해설] 고온수는 높은 위치에서 고압을 필요로 하므로 공급이 용이하지 않다.

26. 공기조화기의 에어필터에 대한 설명 중 옳지 않은 것은?

① 필터에 공기의 흐름방향이 있는 경우에는 역방향으로 설치되지 않도록 한다.
② 고성능의 HEPA 필터의 경우에는 송풍기의 출구측에 설치하여서는 안된다.
③ 유닛형 필터를 여러 개 조합하여 설치하는 경우에는 지그재그로 하여 통과면적을 크게 한다.
④ 필터의 설치위치 전후에는 보수를 위한 충분한 공간과 점검문을 설치한다.

정답 22. ① 23. ① 24. ④ 25. ② 26. ②

[해설] 고성능의 HEPA 필터, 초고성능 ULPA 필터의 경우에는 저항이 커서 송풍기의 흡입측에 걸리는 지나친 부압을 방지하기 위하여 송풍기의 출구측에 설치하는 것이 좋다.
※ • HEPA 필터 : 0.3μm 입자에 대해 99.97% 이상 제거 효율
• ULPA 필터 : 0.1μm 입자에 대해 99.99% 이상 제거 효율

27. 다음의 가습방식 중 물을 공기 중에 직접 분무하는 수분무식에 속하지 않는 것은?

① 원심식 ② 분무식
③ 초음파식 ④ 과열증기식

[해설] 가습기
건조한 실내에 습도를 높이기 위한 방법으로 크게 증기식, 물분무식, 기화식으로 구분한다.
㉠ 증기식 : 분무식, 전열식, 전극식, 적외선식
㉡ 수분무식 : 분무식, 원심식, 초음파식
㉢ 기화식(증발식) : 적하식, 회전식, 모세관식

28. 다음의 전열 교환기에 관한 설명 중 옳지 않은 것은?

① 현열 뿐 아니라 공기 중의 잠열도 교환한다.
② 고정형과 회전형이 있다.
③ 외기측과 배기측의 풍량이 동일한 경우 풍속이 빠르면 효율도 증가한다.
④ 공조기에 공급되는 외기를 예열하여 에너지 절감을 할 수 있다.

[해설] 전열교환기
㉠ 전열교환기는 배기되는 공기와 도입 외기 사이에 공기의 교환을 통하여 배기가 지닌 열량을 회수하거나 도입외기가 지닌 열량을 제거하여 도입외기를 실내 또는 공기조화기로 공급하는 전열교환장치이다.
㉡ 공기 대 공기의 열교환기로서 현열은 물론 잠열까지도 교환되는 엔탈피 교환하는 장치로서 공조시스템에서 배기와 도입되는 외기와의 전열교환으로 공조기는 물론 보일러나 냉동기의 용량을 줄일 수 있다.

㉢ 연료비를 절약할 수 있는 에너지절약 기기로 공기방식의 중앙공조시스템이나 공장 등에서 환기에서의 에너지 회수방식으로 많이 사용된다.
㉣ 전열교환기를 사용한 공조시스템에서 중간기(봄, 가을)를 제외한 냉방기와 난방기의 열회수량은 실내·외의 온도차가 클수록 많다.
☞ 외기측과 배기측의 풍량이 동일한 경우 풍속이 빠르면 효율도 감소한다.

29. 펌프의 흡입높이에 관한 설명으로 옳은 것은?

① 해발이 높아질수록 펌프의 흡입높이도 높아진다.
② 기압이 높아질수록 펌프의 흡입높이는 낮아진다.
③ 펌프의 진공도가 낮을수록 펌프의 흡입높이는 높아진다.
④ 물의 온도가 높아질수록 펌프의 흡입높이는 낮아진다.

[해설] 펌프의 흡입높이
펌프의 흡입양정은 진공에 의한 것으로 표준기압 하에서 이론적으로 10.33m이나 실제의 흡입양정은 6~7m 정도에 불과하다. 흡입양정은 대기의 압력, 유체의 온도에 따라 달라진다.

30. 급탕설비에 관한 설명으로 옳지 않은 것은?

① 배관은 적정한 압력손실 상태에서 피크시를 충족시킬 수 있어야 한다.
② 냉수, 온수를 혼합 사용해도 압력차에 의한 온도변화가 없도록 하여야 한다.
③ 개방형 급탕시스템에는 온도상승에 의한 압력을 도피시킬 수 있는 팽창탱크를 설치하여야 한다.
④ 배관거리가 30m를 초과하는 중앙급탕방식에서는 배관으로부터 열 손실을 보상하고 일정한 급탕온도 유지를 위하여 환탕관과 순환펌프를 설치한다.

[해설] 밀폐형 급탕시스템에는 온도상승에 의한 압력을 도피시킬 수 있는 팽창탱크 등의 장치를 설치한다.

정답 27. ④ 28. ③ 29. ④ 30. ③

제5회 실전 모의고사

31. 배수배관에 관한 설명 중 옳지 않은 것은?

① 배수관의 구배는 오물이나 스케일의 부착을 방지하기 위해 배관의 설치공간이 허용되는 한 크게 한다.
② 배수수직관의 관경은 최하부부터 최상부까지 동일하게 한다.
③ 기구배수관의 관경은 이것에 접속하는 위생기구의 트랩 구경 이상으로 한다.
④ 배수관이 45° 이상의 각도로 방향을 바꾸는 곳에는 원칙적으로 청소구(clean out)를 설치한다.

[해설] 배수의 구배가 완만하면 유속이 느려져 오물이나 스케일이 부착하게 되고, 배수 관경을 필요 이상으로 크게 하면 할수록 배수능력은 저하된다. 배수관의 관경은 관경의 10배의 역수를 표준물매로 하며, 일반적으로 옥내배수관의 구배는 유속이 0.6~1.5m/s 정도가 되도록 잡는다.

32. 다음 중 펌프의 비교회전수가 가장 적은 것은?

① 사류펌프 ② 축류펌프
③ 터빈펌프 ④ 볼류트펌프

[해설] 펌프의 비속도(비교회전수) 크기 순서
축류펌프(1100rpm 이상) > 사류펌프(500~1200rpm) > 볼류트펌프(300~700rpm) > 터빈펌프(300rpm 이하)

33. 송풍기에 관한 설명으로 옳지 않은 것은?

① 방사형은 자기 청소(self cleaning)의 특성이 있다.
② 축류형은 낮은 풍압에 많은 풍량을 송풍하는데 적합하다.
③ 후곡형은 효율이 높고 논오버로드(nonover load) 특성이 있다.
④ 다익형은 다른 형식에 비해 동일 용량에 대해서 회전수가 가장 많다.

[해설] 다익형 송풍기(sirocco fan, 시로코팬)
여러 개의 전향날개를 설치한 형식의 송풍기로 공조 및 환기용으로 가장 많이 사용한다.
㉠ 저속덕트용, 저압용으로 사용된다.
㉡ 날개의 끝부분이 회전방향으로 굽은 전곡형(前曲形)이다.
㉢ 동일 용량에 대해서 회전수가 적어 송풍기 용량이 적다.

34. 동일 송풍기에서 회전수를 2배로 했을 경우 풍량, 정압 및 소요동력의 변화량으로 옳은 것은?

① 풍량 1배, 정압 2배, 소요동력 4배
② 풍량 1배, 정압 2배, 소요동력 6배
③ 풍량 2배, 정압 4배, 소요동력 6배
④ 풍량 2배, 정압 4배, 소요동력 8배

[해설] 송풍기의 송풍량은 임펠러의 회전수에 비례하고, 양정은 회전수의 제곱에 비례하며, 축동력은 회전수의 세제곱에 비례한다.
∴ 회전수가 2배로 되면 풍량은 2배, 정압은 2^2=4배, 동력은 2^3=8배가 된다.

35. 냉동기에 관한 설명으로 옳은 것은?

① 흡수식 냉동기는 전기가 주 에너지원이다.
② 흡수식 냉동기는 압축식 냉동기에 비해 소음 진동이 적다.
③ 설비비의 면에서는 압축식 냉동기가 흡수식에 비해서 불리하다.
④ 흡수식 냉동기의 냉동사이클은 압축 → 응축 → 증발 → 팽창의 순이다.

[해설] ① 흡수식 냉동기는 도시가스가 주 에너지원이다.
③ 설비비의 면에서는 압축식 냉동기가 흡수식에 비해서 유리하다.
④ 흡수식 냉동기의 냉동사이클은 증발기 → 흡수기 → 발생기 → 응축기의 순이다.

36. 덕트 내에 흐르는 공기의 풍속이 15m/sec, 정압이 250Pa일 경우 동압(P_v) 및 전압(P_T)은?

① P_v=135Pa, P_T=115Pa
② P_v=135Pa, P_T=385Pa
③ P_v=13.7Pa, P_T=236.3Pa
④ P_v=13.7Pa, P_T=263.7Pa

[해설] 덕트의 전압(P_T) = 정압(P_s)+동압(P_v)

먼저, 동압(P_v) = $\dfrac{v^2}{2g}\gamma$(mmAq) = $\dfrac{v^2}{2}\rho$(Pa)

여기서, v : 관내 유속(m/s)
γ : 공기의 비중량(1.2kgf/m³)

정답 31. ① 32. ③ 33. ④ 34. ④ 35. ② 36. ②

g : 중력가속도(9.8m/s²)
γ : 공기의 밀도(1.2kg/m³)

동압(Pv) = $\frac{v^2}{2}\rho = \frac{15^2}{2} \times 1.2 = 135\text{Pa}$

∴ 덕트의 전압(P_T) = 정압(Ps) + 동압(Pv)
= 250 + 135 = 385Pa

37. 대학교 강의실의 구조체 손실열량이 20,000W이고, 환기에 의한 손실열량이 3,000W이다. 이 강의실에 증기난방을 공급할 경우 필요한 주철제 방열기의 상당방열면적(EDR)은?(단, 표준상태이며, 주철제 방열기의 표준방열량은 756W/m²이다.)

① 약 20m² ② 약 30m²
③ 약 40m² ④ 약 50m²

[해설] 상당방열면적(EDR)

$\text{EDR} = \frac{손실부하(난방부하)}{표준방열량}$ 이므로

∴ EDR = $\frac{(20,000 + 3,000)\text{W}}{756\text{W/m}^2}$ = 30.4 ≒ 30m²

※ 표준방열량
증기 : 0.756kW/m², 온수 : 0.523kW/m²

38. 아네모스탯형 취출구에 관한 설명으로 옳지 않은 것은?

① 확산형 취출구이다.
② 확산반경이 크고 도달거리가 짧다.
③ 주로 벽체 하부에 설치되어 사용된다.
④ 1차 공기에 의한 2차 공기의 유인성능이 좋다.

[해설] 아네모스탯(anemostat)형
㉠ 주로 천장에 설치하여 기류를 방사형태로 취출시키는 복류형 취출구로 일반적인 건축물에서 가장 많이 사용하고 있다.
㉡ 확산형 취출구의 일종으로 몇 개의 콘(cone)이 있어서 1차공기에 의한 2차공기의 유인성능이 좋다.
㉢ 확산반경이 크고 도달거리가 짧기 때문에 천장 취출구로 많이 사용된다.
㉣ 원형, 각형이 있고 미적인 감각은 떨어진다.

39. 다음 중 위생기구에 연결되는 급수관의 접속관경으로 가장 부적합한 것은?

① 세면기 - 15mm
② 소변기(세정밸브) - 20mm
③ 대변기(세정탱크) - 15mm
④ 대변기(세정밸브) - 20mm

[해설] 세정밸브(F.V)식 대변기
㉠ 세정밸브(F.V)식의 접속 급수관경 : 최소 25mm
㉡ 세정밸브(F.V)식의 최소 필요압력 : 0.07MPa
㉢ 세정소음이 크나, 대변기의 연속사용이 가능하다.
㉣ 일반 가정용으로는 거의 사용하지 않는다.

40. 다음과 같은 조건에 있는 증기난방 방식의 건물에서 보일러의 정격출력은?

[조 건]
㉠ 방열기의 상당방열면적(EDR) : 1,000m²
㉡ 급탕량 : 2,000L/h
㉢ 급탕온도 : 70℃, 급수온도 : 10℃
㉣ 온수비열 : 4.2kJ/kg·K
㉤ 배관부하 : 난방과 급탕부하 합계의 20%
㉥ 예열부하 : 상용출력의 25%

① 994.5kW ② 1,344kW
③ 1,642.5kW ④ 1,760kW

[해설] 정격출력 = 난방부하 + 급탕부하 + 배관부하 + 예열부하
① 난방부하 = 1,000m² × 0.756kW/m² = 756kW
② 급탕부하 = 2,000kg/h × 4.2kJ/kg·K × (70 - 10)K
= 504,000kJ/h = 140kW
③ 배관부하 = (①+②) × 0.2 = 896 × 0.2 = 179.2kW
④ 예열부하 = (①+②+③) × 0.25 = 268.8kW
∴ 정격출력 = ①+②+③+④이므로 1,344kW가 된다.

■■■ 제3과목 건축설비관련법규

41. 다음 중 건축법령상 건축물의 주요구조부에 속하지 않는 것은?

① 기둥 ② 내력벽
③ 주계단 ④ 옥외 계단

정답 37. ② 38. ③ 39. ④ 40. ② 41. ④

[해설] 주요구조부란 내력벽, 기둥, 바닥, 보, 지붕틀 및 주계단을 말한다.
[예외] 사잇벽, 사잇기둥, 최하층바닥, 작은보, 차양, 옥외계단, 기타 이와 유사한 것으로서 건축물의 구조상 중요하지 아니한 부분 및 기초는 주요구조부에서 제외된다.

42. 다음은 피난계단의 설치에 관한 기준 내용이다. ( ) 안에 알맞은 것은?(단, 갓복도식 공동주택이 아닌 경우)

> 공동주택의 ( ) 이상인 층(바닥면적이 400m² 미만인 층은 제외한다)으로부터 피난층 또는 지상으로 통하는 직통계단은 특별피난계단으로 설치하여야 한다.

① 6층　　　② 11층
③ 16층　　　④ 21층

[해설] 특별피난계단의 설치대상
㉠ 건축물(갓복도식 공동주택 제외)이 11층(공동주택은 16층) 이상으로부터 피난층 또는 지상으로 통하는 직통계단
　[예외] 바닥면적 400m² 미만인 층
㉡ 지하 3층 이하의 층으로부터 피난층 또는 지상으로 통하는 직통계단
　[예외] 바닥면적 400m² 미만인 층

43. 다음 중 방화에 장애가 되는 용도의 제한과 관련하여 같은 건축물에 함께 설치할 수 없는 것은?

① 기숙사와 오피스텔
② 위락시설과 공연장
③ 아동관련시설과 노인복지시설
④ 공동주택과 제2종 근린생활시설 중 다중생활시설

[해설] 방화에 장애가 되는 용도제한
① 같은 건축물 안에는 ㉠ 용도와 ㉡ 용도의 건축물을 함께 설치할 수 없다.

대상 건축물
㉠ 의료시설, 노유자시설(아동관련시설 및 노인복지시설만 해당), 장례식장 또는 공동주택, 산후조리원
㉡ 위락시설, 위험물저장 및 처리시설, 공장, 자동차관련시설(정비공장만 해당)

② 다음에 해당하는 용도의 시설은 같은 건축물에 함께 설치할 수 없다.
㉠ 노유자시설 중 아동관련시설 또는 노인복지시설과 판매시설 중 도매시장 또는 소매시장
㉡ 단독주택(다중주택, 다가구주택에 한정), 공동주택, 제1종 근린생활시설 중 조산원·산후조리원과 제2종 근린생활시설 중 다중생활시설

44. 건축관련법령상 건축물의 배관설비에 관한 규정으로 옳지 않은 것은?

① 배관설비를 콘크리트에 묻는 경우 부식의 우려가 있는 재료는 부식방지조치를 할 것
② 승강기의 승강로 안에는 승강기의 운행에 필요한 배관설비 외에 필요한 경우 기타 배관설비를 설치할 것
③ 건축물의 주요부분을 관통하여 배관하는 경우에는 구조 내력에 지장이 없도록 할 것
④ 압력탱크 및 급탕설비에는 폭발 등의 위험을 막을 수 있는 시설을 설치할 것

[해설] 승강기의 승강로 안에는 승강기의 운행에 필요한 배관설비 외의 배관설비를 설치하지 아니할 것

45. 다음과 같은 병원에 설치하여야 하는 승용승강기의 최소 대수는?

> • 층수 : 11층
> • 각 층의 바닥면적 : 3,000m²
> • 각 층의 거실면적 : 2,500m²
> • 15인승 승강기 설치

① 4대　　　② 5대
③ 8대　　　④ 9대

[해설] 문화 및 집회시설(공연장·관람장·집회장), 판매시설(도매시장·소매시장·상점), 의료시설(병원·격리병원)의 용도 경우 3,000m² 이하까지 2대, 3,000m² 초과하는 2,000m²당 1대를 가산한 대수로 하므로

$$2 + \frac{(2,500 \times 6) - 3,000}{2,000} = 8대$$

※ 8인승 이상 15인승 이하를 기준으로 산정하며 16인승 이상의 승강기는 2대로 산정한다.

 42. ③　43. ④　44. ②　45. ③

46. 건축물의 에너지절약설계기준에 따른 용어의 정의가 옳지 않은 것은?

① "효율"이라 함은 설비기기에 공급된 에너지에 대하여 출력된 유효에너지의 비를 말한다.
② "태양열취득률(SHGC)"이라 함은 입사된 태양열에 대하여 실내로 유입된 태양열취득의 비율을 말한다.
③ "비례제어운전"이라 함은 기기를 여러 대 설치하여 부하상태에 따라 최적 운전상태를 유지할 수 있도록 기기를 조합하여 운전하는 방식을 말한다.
④ "이코노마이저시스템"이라 함은 중간기 또는 동계에 발생하는 냉방부하를 실내 엔탈피보다 낮은 도입 외기에 의하여 제거 또는 감소시키는 시스템을 말한다.

[해설] 비례제어운전이라 함은 기기의 출력값과 목표값의 편차에 비례하여 입력량을 조절하여 최적운전상태를 유지할 수 있도록 운전하는 방식을 말한다.

47. 건축물의 출입구에 설치하는 회전문에 관한 기준 내용으로 옳지 않은 것은?

① 계단이나 에스컬레이터로부터 2m 이상의 거리를 둘 것
② 출입에 지장이 없도록 일정한 방향으로 회전하는 구조로 할 것
③ 회전문의 회전속도는 분당회전수가 10회를 넘지 아니하도록 할 것
④ 회전문의 중심축에서 회전문과 문틀 사이의 간격을 포함한 회전문날개 끝부분까지의 길이는 140cm 이상이 되도록 할 것

[해설] 회전문의 회전속도는 분당회전수가 8회를 넘지 아니하도록 할 것

48. 건축허가신청에 필요한 설계도서 중 평면도에 표시하여야 할 사항에 속하지 않는 것은?

① 승강기의 위치
② 공개공지 및 조경계획
③ 기둥·벽·창문 등의 위치
④ 방화구획 및 방화문의 위치

[해설] 건축허가신청에 필요한 기본설계도서 중 평면도의 범위
1. 1층 및 기준층 평면도
2. 기둥·벽·창문 등의 위치
3. 방화구획 및 방화문의 위치
4. 복도 및 계단의 위치
5. 승강기의 위치
☞ 공개공지 및 조경계획은 배치도의 범위에 해당된다.

49. 다중이용시설을 신축하는 경우에 설치하여야 하는 기계환기설비의 구조 및 설치에 관한 기준 내용으로 옳지 않은 것은?

① 기계환기설비 용량은 시설의 연면적을 기준으로 산정할 것
② 다중이용시설로 공급되는 공기의 분포를 최대한 균등하게 하여 실내 기류의 편차가 최소화될 수 있도록 할 것
③ 공기배출체계 및 배기구는 배출되는 공기가 공기공급 체계 및 공기흡입구로 직접 들어가지 아니하는 위치에 설치할 것
④ 공기공급체계·공기배출체계 또는 공기흡입구·배기구 등에 설치되는 송풍기는 외부의 기류로 인하여 송풍 능력이 떨어지는 구조가 아닐 것

[해설] 다중이용시설의 기계환기설비 용량기준은 시설이용 인원당 환기량을 원칙으로 산정할 것

50. 건축물 관련 건축기준의 허용오차범위가 옳지 않은 것은?

① 벽체두께 : 2% 이내　② 출구너비 : 2% 이내
③ 반자높이 : 2% 이내　④ 건축물 높이 : 2% 이내

정답　46. ③　47. ③　48. ②　49. ①　50. ①

[해설] 건축허용오차

0.5% 이내	1% 이내	2% 이내	3% 이내
건폐율	용적률	높이 출구너비 반자높이 평면길이	후퇴거리 인동거리 벽체두께 바닥판두께

51. 다음은 건축물 에너지효율등급 인증에 관한 내용이다. ( ) 안에 해당되는 내용은?

> 건축물 에너지효율등급 인증기관의 장은 사용승인 또는 사용검사를 받은 날부터 ( )이 지난 건축물에 대해서 건축물 에너지효율등급 인증을 하려는 경우에는 건축주등에게 건축물 에너지효율 개선방안을 제공하여야 한다.

① 2년 ② 3년
③ 5년 ④ 10년

[해설] 건축물 에너지효율등급 인증기관의 장은 사용승인 또는 사용검사를 받은 날부터 3년이 지난 건축물에 대해서 건축물 에너지효율등급 인증을 하려는 경우에는 건축주등에게 건축물 에너지효율 개선방안을 제공하여야 한다.

52. 건축법령상 시·군·구에 두는 건축위원회의 심의 사항에 속하지 않는 것은?

① 건축선의 지정에 관한 사항
② 다중이용 건축물의 구조안전에 관한 사항
③ 특수구조 건축물의 구조안전에 관한 사항
④ 건축물의 건축등과 관련된 분쟁의 조정 또는 재정에 관한 사항

[해설] 지방건축위원회의 주요 심의사항
　㉠ 건축선(建築線)의 지정에 관한 사항
　㉡ 건축 조례(해당 지방자치단체의 장이 발의하는 조례만 해당)의 제정·개정 및 시행에 관한 중요 사항
　㉢ 다중이용 건축물 및 특수구조 건축물의 구조안전에 관한 사항

　㉣ 다른 법령에서 지방건축위원회의 심의를 받도록 한 경우 해당 법령에서 규정한 심의사항
　☞ 건축물의 건축·대수선·용도변경, 건축설비의 설치 또는 공작물의 축조와 관련된 분쟁의 조정 또는 재정에 관한 사항은 중앙건축위원회의 심의사항이다.

53. 아파트에 설치하여야 하는 대피공간에 관한 기준 내용으로 옳지 않은 것은?

① 대피공간은 바깥의 공기와 접할 것
② 대피공간은 실내의 다른 부분과 방화구획으로 구획될 것
③ 대피공간의 바닥면적은 각 세대별로 설치하는 경우에는 최소 $2m^2$ 이상일 것
④ 대피공간의 바닥면적은 인접 세대와 공동으로 설치하는 경우에는 최소 $4m^2$ 이상일 것

[해설] 대피공간의 바닥면적은 인접 세대와 공동으로 설치하는 경우에는 최소 $3m^2$ 이상일 것

54. 비상용승강기의 승강장의 바닥면적은 비상용 승강기 1대에 대하여 최소 얼마 이상으로 하여야 하는가? (단, 승강장을 옥내에 설치하는 경우)

① $3m^2$ ② $6m^2$
③ $9m^2$ ④ $12m^2$

[해설] 승강장의 바닥면적은 비상용승강기 1대에 대하여 $6m^2$ 이상으로 할 것. 다만, 옥외에 승강장을 설치하는 경우에는 그러하지 아니하다.
※ 비상용승강기의 승강장 및 승강로의 구조에 관한 규정
　㉠ 승강장의 구조 : 내화구조, 불연재료, 60+방화문 또는 60분방화문, 배연설비, 조명설비
　㉡ 승강로의 구조
　㉢ 승강장의 바닥면적 : $6m^2$/대 이상

정답 51. ② 52. ④ 53. ④ 54. ②

55. 다음은 건축물의 에너지절약설계기준상 기밀 및 결로방지 등을 위한 조치에 관한 내용이다. 밑줄 친 각 호의 내용으로 옳지 않은 것은?

> 외기에 직접 면하고 1층 또는 지상으로 연결된 출입문은 방풍구조로 하여야 한다. 다만, 다음 <u>각 호</u>에 해당하는 경우에는 그러하지 아니하다.

① 주택의 출입문
② 너비 1.5m 이하의 출입문
③ 사람의 통행을 주목적으로 하지 않는 출입문
④ 바닥면적 300m² 이하의 개별 점포의 출입문

[해설] 외기에 직접 면하고 1층 또는 지상으로 연결된 출입문은 방풍구조로 하여야 한다.
　[예외] 다음에 해당하는 경우
　　㉠ 바닥면적 300m² 이하의 개별 점포의 출입문
　　㉡ 주택의 출입문(기숙사는 제외)
　　㉢ 사람의 통행을 주목적으로 하지 않는 출입문
　　㉣ 너비 1.2m 이하의 출입문
　※ 방풍구조라 함은 출입구에서 실내외 공기 교환에 의한 열출입을 방지할 목적으로 설치하는 완충공간(방풍실) 또는 회전문 등을 설치한 방식을 말한다.

구 분	기 준
① 보일러 설치위치	• 거실 외의 곳에 설치 • 보일러실과 거실 사이의 경계벽은 내화구조의 벽으로 구획(출입구 제외)
② 보일러실의 환기	• 윗부분에 0.5m² 이상의 환기창 설치 • 지름 10cm 이상의 공기흡입구 및 배기구를 항상 열려진 상태로 외기와 접하도록 설치(단, 전기보일러 경우는 제외)
③ 기름저장소	• 기름보일러의 기름저장소는 보일러실 외에 설치할 것
④ 오피스텔의 난방구획	• 방화구획으로 구획할 것
⑤ 보일러실의 연도	• 내화구조로서 공동연도로 설치할 것
⑥ 가스보일러	• 보일러실과 거실 사이 출입구는 출입구가 닫힌 경우 가스가 거실에 들어갈 수 없는 구조일 것 • 중앙집중공급방식으로 공급하는 경우에는 ①의 규정에도 불구하고 관계법령이 정하는 기준에 의함

56. 공동주택과 오피스텔의 난방설비를 개별난방방식으로 하는 경우에 관한 기준 내용으로 옳지 않은 것은?

① 보일러실의 윗부분에는 그 면적이 0.5m² 이상인 환기창을 설치할 것
② 보일러의 연도는 내화구조로서 공동연도로 설치할 것
③ 기름보일러를 설치하는 경우에는 기름저장소를 보일러실외의 다른 곳에 설치할 것
④ 보일러를 설치하는 곳과 거실 사이의 경계벽은 출입구를 제외하고는 방화구조의 벽으로 구획할 것

[해설] 개별난방설비 등
공동주택과 오피스텔의 난방설비를 개별난방방식으로 하는 경우에는 다음의 기준에 적합하여야 한다.

57. 녹색건축물 인증기관의 장은 신청서와 신청서류가 접수된 날부터 며칠 이내에 인증을 처리하여야 하는가?

① 20일　② 30일
③ 40일　④ 60일

[해설] 인증기관의 장은 신청서와 신청서류가 접수된 날부터 40일 이내에 인증을 처리하여야 한다. 다만, 인증대상 건축물이 단독주택(30세대 미만인 경우만 해당)인 경우에는 20일 이내에 처리하여야 한다.

58. 다음은 건축물의 냉방설비에 대한 설치 및 설계기준에 따른 축열률의 정의이다. ( ) 안에 알맞은 것은?

> 축열률이라 함은 통계적으로 ( )을 기준으로 그 밖의 시간에 필요한 냉방열량 중에서 이용이 가능한 냉열량이 차지하는 비율을 말하며 백분율(%)로 표시한다.

① 연중 최소냉방부하를 갖는 날
② 연중 최대냉방부하를 갖는 날
③ 연중 최소냉방부하를 갖는 달
④ 연중 최대냉방부하를 갖는 달

해설 "축열률"이라 함은 통계적으로 연중 최대냉방부하를 갖는 날을 기준으로 그 밖의 시간에 필요한 냉방열량 중에서 이용이 가능한 냉열량이 차지하는 비율을 말하며 백분율(%)로 표시한다.

59. 주요구조부를 내화구조로 하여야 하는 건축물은?

① 종교시설의 용도로 쓰는 건축물로서 집회실의 바닥면적의 합계가 100m²인 건축물
② 창고시설의 용도로 쓰는 건축물로서 그 용도로 쓰는 바닥면적의 합계가 300m²인 건축물
③ 공장의 용도로 쓰는 건축물로서 그 용도로 쓰는 바닥면적의 합계가 1500m²인 건축물
④ 위험물저장 및 처리시설의 용도로 쓰는 건축물로서 그 용도로 쓰는 바닥면적의 합계가 500m²인 건축물

해설 문화 및 집회시설 중 전시장 및 동·식물원, 판매시설, 운수시설, 교육연구시설에 설치하는 체육관·강당, 수련시설, 운동시설 중 체육관 및 운동장, 위락시설(유흥주점 제외), 창고시설, 위험물 저장 및 처리시설, 자동차 관련시설, 방송국·전신전화국 및 촬영소, 묘지관련시설 중 화장장, 관광휴게시설은 해당 용도의 바닥면적의 합계가 500m² 이상인 경우에는 주요구조부를 내화구조로 하여야 한다.

60. 다음은 지하층과 피난층 사이의 개방공간 설치에 관한 기준 내용이다. ( ) 안에 알맞은 것은?

> 바닥면적의 합계가 ( ) 이상인 공연장·집회장·관람장 또는 전시장을 지하층에 설치하는 경우에는 각 실에 있는 자가 지하층 각 층에서 건축물 밖으로 피난하여 옥외 계단 또는 경사로 등을 이용하여 피난층으로 대피할 수 있도록 천장이 개방된 외부 공간을 설치하여야 한다.

① 1,000m²
② 2,000m²
③ 3,000m²
④ 4,000m²

해설 지하층과 피난층 사이의 개방공간 설치
바닥면적의 합계가 3,000m² 이상인 공연장·집회장·관람장 또는 전시장을 지하층에 설치하는 경우에는 각 실에 있는 자가 지하층 각 층에서 건축물 밖으로 피난하여 옥외 계단 또는 경사로 등을 이용하여 피난층으로 대피할 수 있도록 천장이 개방된 외부 공간을 설치하여야 한다.

건축설비산업기사 4주완성 ❷권

定價 40,000원

저 자	남 재 호
발행인	이 종 권

2023年　1月　19日　초 판 발 행
2024年　1月　9日　1차개정발행
2025年　1月　16日　2차개정발행
2026年　1月　6日　3차개정발행

發行處　(주) 한솔아카데미

(우)06775 서울시 서초구 마방로10길 25 트윈타워 A동 2002호
TEL : (02)575-6144/5   FAX : (02)529-1130
〈1998. 2. 19 登錄 第16-1608號〉

※ 본 교재의 내용 중에서 오타, 오류 등은 발견되는 대로 한솔아카데미 인터넷 홈페이지를 통해 공지하여 드리며 보다 완벽한 교재를 위해 끊임없이 최선의 노력을 다하겠습니다.

※ 파본은 구입하신 서점에서 교환해 드립니다.

www.inup.co.kr / www.bestbook.co.kr

ISBN 979-11-6654-745-4 14540
ISBN 979-11-6654-743-0 (세트)

한솔아카데미 발행도서

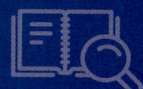

**건축기사시리즈
①건축계획**
이종석, 이병억 공저
432쪽 | 27,000원

**건축기사시리즈
②건축시공**
김형중, 한규대, 이명철 공저
570쪽 | 27,000원

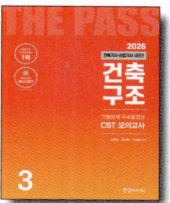

**건축기사시리즈
③건축구조**
안광호, 홍태화, 고길용 공저
796쪽 | 27,000원

**건축기사시리즈
④건축설비**
오병칠, 권영철, 오호영 공저
564쪽 | 27,000원

**건축기사시리즈
⑤건축법규**
현정기, 조영호, 한옥규, 김주석 공저
622쪽 | 27,000원

**건축기사 필기 10개년
핵심 과년도문제해설**
안광호, 백종엽, 이병억 공저
1,028쪽 | 45,000원

건축기사 4주완성
남재호, 송우용 공저
1,412쪽 | 47,000원

건축산업기사 4주완성
남재호, 송우용 공저
1,136쪽 | 44,000원

**7개년 기출문제
건축산업기사 필기**
한솔아카데미 수험연구회
868쪽 | 38,000원

건축설비기사 4주완성
남재호 저
1,088쪽 | 46,000원

**건축설비산업기사
4주완성**
남재호 저
872쪽 | 40,000원

**10개년 핵심
건축설비기사 과년도**
남재호 저
1,148쪽 | 40,000원

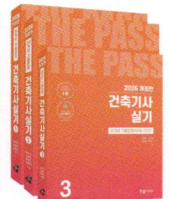

건축기사 실기
한규대, 김형중, 안광호, 이병억 공저
1,708쪽 | 53,000원

**건축기사 실기
(The Bible)**
안광호, 백종엽, 이병억 공저
1,000쪽 | 41,000원

**건축기사 실기 14개년
과년도**
안광호, 백종엽, 이병억 공저
688쪽 | 34,000원

건축산업기사 실기
한규대, 김형중, 안광호, 이병억 공저
696쪽 | 33,000원

**건축산업기사 실기
(The Bible)**
안광호, 백종엽, 이병억 공저
300쪽 | 30,000원

실내건축기사 4주완성
남재호 저
1,320쪽 | 39,000원

**실내건축산업기사
4주완성**
남재호 저
1,096쪽 | 32,000원

**시공실무
실내건축(산업)기사 실기**
안동훈, 이병억 공저
422쪽 | 30,000원

Hansol Academy

건축사 과년도출제문제 1교시 대지계획
한솔아카데미 건축사수험연구회
346쪽 | 33,000원

건축사 과년도출제문제 2교시 건축설계1
한솔아카데미 건축사수험연구회
192쪽 | 33,000원

건축사 과년도출제문제 3교시 건축설계2
한솔아카데미 건축사수험연구회
436쪽 | 33,000원

건축물에너지평가사 ①건물 에너지 관계법규
건축물에너지평가사 수험연구회
852쪽 | 32,000원

건축물에너지평가사 ②건축환경계획
건축물에너지평가사 수험연구회
516쪽 | 30,000원

건축물에너지평가사 ③건축설비시스템
건축물에너지평가사 수험연구회
708쪽 | 32,000원

건축물에너지평가사 ④건물 에너지효율설계·평가
건축물에너지평가사 수험연구회
648쪽 | 32,000원

건축물에너지평가사 2차실기(상)
건축물에너지평가사 수험연구회
940쪽 | 45,000원

건축물에너지평가사 2차실기(하)
건축물에너지평가사 수험연구회
905쪽 | 50,000원

토목기사시리즈 ①응용역학
안광호, 김창원, 염창열, 정용욱 공저
540쪽 | 28,000원

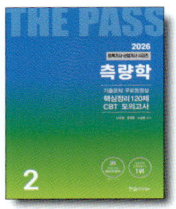
토목기사시리즈 ②측량학
남수영, 정경동, 고길용 공저
392쪽 | 28,000원

토목기사시리즈 ③수리학 및 수문학
심기오, 노재식, 한웅규 공저
396쪽 | 28,000원

토목기사시리즈 ④철근콘크리트 및 강구조
정경동, 정용욱, 고길용, 김지우 공저
464쪽 | 28,000원

토목기사시리즈 ⑤토질 및 기초
안진수, 박광진, 김창원, 홍성협 공저
588쪽 | 28,000원

토목기사시리즈 ⑥상하수도공학
노재식, 이상도, 한웅규, 정용욱 공저
544쪽 | 28,000원

10개년 핵심 토목기사 과년도문제해설
김창원 외 5인 공저
1,076쪽 | 46,000원

토목기사 4주완성 핵심 및 과년도문제해설
이상도, 고길용, 안광호, 한웅규, 홍성협, 김지우 공저
1,054쪽 | 45,000원

토목산업기사 4주완성 과년도문제해설
이상도, 정경동, 고길용, 안광호, 한웅규, 홍성협 공저
752쪽 | 42,000원

토목기사 실기
김태선, 박광진, 홍성협, 김상욱, 이상도, 한웅규 공저
1,540쪽 | 52,000원

토목기사 실기 과년도문제해설
김태선, 이상도, 한웅규, 홍성협, 김상욱, 김지우 공저
892쪽 | 38,000원

www.bestbook.co.kr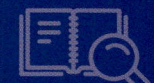

콘크리트기사 · 산업기사 4주완성(필기)
정용욱, 고길용, 전지현, 김지우 공저
856쪽 | 39,000원

콘크리트기사 과년도(필기)
정용욱, 고길용, 김지우 공저
684쪽 | 30,000원

콘크리트기사 · 산업기사 3주완성(실기)
정용욱, 한웅규, 홍성협, 전지현 공저
784쪽 | 33,000원

건설재료시험기사 4주완성(필기)
박광진, 이상도, 김지우, 전지현 공저
742쪽 | 39,000원

건설재료시험기사 과년도(필기)
고길용, 정용욱, 홍성협, 전지현 공저
692쪽 | 32,000원

건설재료시험기사 3주완성(실기)
고길용, 홍성협, 전지현, 김지우 공저
728쪽 | 33,000원

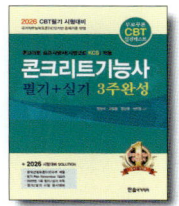
콘크리트기능사 3주완성(필기+실기)
정용욱, 고길용, 염창열, 전지현 공저
538쪽 | 27,000원

지적기능사(필기+실기) 3주완성
염창열, 정병노 공저
640쪽 | 30,000원

측량기능사 3주완성
염창열, 정병노, 고길용 공저
580쪽 | 29,000원

전산응용토목제도기능사 필기 3주완성
김지우, 최진호, 전지현 공저
632쪽 | 28,000원

건설안전기사 4주완성 필기
지준석, 조태연 공저
1,388쪽 | 38,000원

산업안전기사 4주완성 필기
지준석, 조태연 공저
1,560쪽 | 38,000원

공조냉동기계기사 필기
조성안, 이승원, 강희중 공저
1,358쪽 | 41,000원

공조냉동기계산업기사 필기
조성안, 이승원, 강희중 공저
1,236쪽 | 36,000원

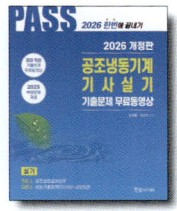
공조냉동기계기사 실기
조성안, 강희중 공저
1,040쪽 | 38,000원

조경기사 · 산업기사 필기
이윤진 저
1,464쪽 | 49,000원

조경기사 · 산업기사 실기
이윤진 저
784쪽 | 45,000원

조경기능사 필기
이윤진 저
682쪽 | 29,000원

조경기능사 실기
이윤진 저
360쪽 | 29,000원

조경기능사 필기
한상엽 저
712쪽 | 28,000원

Hansol Academy

조경기능사 실기
한상엽 저
823쪽 | 30,000원

산림기사·산업기사 1권
이윤진 저
888쪽 | 27,000원

산림기사·산업기사 2권
이윤진 저
974쪽 | 27,000원

전기기사시리즈(전6권)
대산전기수험연구회
2,240쪽 | 131,000원

전기기사 5주완성
전기기사수험연구회
2,140쪽 | 43,000원

전기산업기사 5주완성
전기산업기사수험연구회
1,964쪽 | 43,000원

전기공사기사 5주완성
전기공사기사수험연구회
2,096쪽 | 43,000원

전기공사산업기사 5주완성
전기공사산업기사수험연구회
1,606쪽 | 43,000원

전기(산업)기사 실기
대산전기수험연구회
766쪽 | 43,000원

전기기사 실기 20개년 과년도문제해설
대산전기수험연구회
992쪽 | 38,000원

전기기사시리즈(전6권)
김대호 저
3,230쪽 | 136,000원

전기기사 실기 기본서
김대호 저
964쪽 | 39,000원

전기기사 실기 기출문제
김대호 저
1,340쪽 | 43,000원

전기산업기사 실기 기본서
김대호 저
920쪽 | 39,000원

전기산업기사 실기 기출문제
김대호 저
1,076쪽 | 41,000원

전기기사/전기산업기사 실기 마인드 맵
김대호 저
232 | 15,000원

CBT 전기기사 단기완성
이승원, 김승철, 윤종식 공저
1,244쪽 | 42,000원

전기기능사 3단계 핵심 및 과년도
김승철, 신면순, 오용환, 이승원 공저
876쪽 | 28,000원

전기기능사 3주완성
이승철, 김승철, 윤종식 공저
532쪽 | 27,000원

소방설비기사 기계분야 필기
김흥준, 윤중오 공저
1,212쪽 | 40,000원

www.bestbook.co.kr

소방설비기사 전기분야 필기
김홍준, 신면순 공저
1,148쪽 | 40,000원

공무원 건축계획
이병억 저
800쪽 | 37,000원

7·9급 토목직 응용역학
정경동 저
1,192쪽 | 42,000원

응용역학개론 기출문제
정경동 저
686쪽 | 40,000원

측량학(9급 기술직/ 서울시·지방직)
정병노, 염창열, 정경동 공저
756쪽 | 29,000원

응용역학(9급 기술직/ 서울시·지방직)
이국형 저
628쪽 | 23,000원

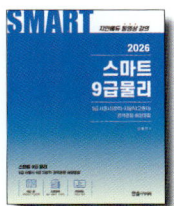
스마트 9급 물리 (서울시·지방직)
신용찬 저
422쪽 | 23,000원

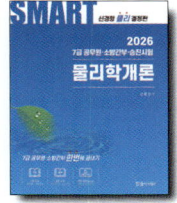
7급 공무원 스마트 물리학개론
신용찬 저
996쪽 | 45,000원

1종 운전면허
도로교통공단 저
110쪽 | 13,000원

2종 운전면허
도로교통공단 저
110쪽 | 13,000원

지게차 운전기능사
건설기계수험연구회 편
216쪽 | 15,000원

굴삭기 운전기능사
건설기계수험연구회 편
224쪽 | 15,000원

지게차 운전기능사 3주완성
건설기계수험연구회 편
338쪽 | 12,000원

굴삭기 운전기능사 3주완성
건설기계수험연구회 편
356쪽 | 12,000원

초경량 비행장치 무인멀티콥터
권희춘, 김병구 공저
258쪽 | 22,000원

시각디자인 산업기사 4주완성
김영애, 서정술, 이원범 공저
1,102쪽 | 36,000원

시각디자인 기사·산업기사 실기
김영애, 이원범 공저
508쪽 | 35,000원

토목 BIM 설계활용서
김영휘, 박형순, 송윤상, 신현준, 안서현, 박진훈, 노기태 공저
388쪽 | 30,000원

BIM 전문가 토목 2급자격(필기+실기)
BIM전문가 토목연구회 공저
324쪽 | 32,000원

BIM 구조편
(주)알피종합건축사사무소 (주)동양구조안전기술 공저
536쪽 | 32,000원

Hansol Academy

BIM 기본편
(주)알피종합건축사사무소
402쪽 | 32,000원

BIM 기본편 2탄
(주)알피종합건축사사무소
380쪽 | 28,000원

BIM 건축계획설계 Revit 실무지침서
BIMFACTORY
607쪽 | 35,000원

전통가옥에서 BIM을 보며
김요한, 함남혁, 유기찬 공저
548쪽 | 32,000원

BIM 주택설계편
(주)알피종합건축사사무소
박기백, 서창석, 함남혁, 유기찬 공저
514쪽 | 32,000원

BIM 활용편 2탄
(주)알피종합건축사사무소
380쪽 | 30,000원

BIM 건축전기설비설계
모델링스토어, 함남혁
572쪽 | 32,000원

BIM 토목편
송현혜, 김동욱, 임성순, 유자영, 심창수 공저
278쪽 | 25,000원

디지털모델링 방법론
이나래, 박기백, 함남혁, 유기찬 공저
380쪽 | 28,000원

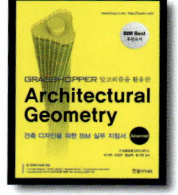
건축디자인을 위한 BIM 실무 지침서
(주)알피종합건축사사무소
박기백, 오정우, 함남혁, 유기찬 공저
516쪽 | 30,000원

BIM 전문가 건축 2급자격(필기+실기)
모델링스토어
760쪽 | 36,000원

BIM 전문가 토목 2급 실무활용서
채재현, 김영휘, 박준오, 소광영, 김소희, 이기수, 조수연
614쪽 | 35,000원

BE Architect
유기찬, 김재준, 차성민, 신수진, 홍유찬 공저
282쪽 | 20,000원

BE Architect 라이노&그래스호퍼
유기찬, 김재준, 조준상, 오주연 공저
288쪽 | 22,000원

BE Architect AUTO CAD
유기찬, 김재준 공저
400쪽 | 25,000원

건축관계법규(전3권)
최한석, 김수영 공저
3,544쪽 | 110,000원

건축법령집
최한석, 김수영 공저
1,490쪽 | 60,000원

건축법해설
김수영, 이종석, 김동화, 김용환, 조영호, 오호영 공저
918쪽 | 32,000원

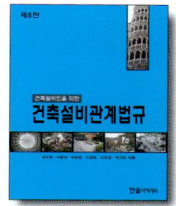
건축설비관계법규
김수영, 이종석, 박호준, 조영호, 오호영 공저
790쪽 | 34,000원

건축계획
이순희, 오호영 공저
422쪽 | 23,000원

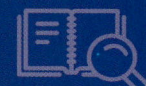

www.bestbook.co.kr

건축시공학
이찬식, 김선국, 김예상, 고성석, 손보식, 유정호, 김태완 공저
776쪽 | 30,000원

현장실무를 위한 토목시공학
남기천,김상환,유광호,강보순, 김종민,최준성 공저
1,212쪽 | 45,000원

알기쉬운 토목시공
남기천, 유광호, 류명찬, 윤영철, 최준성, 고준영, 김연덕 공저
818쪽 | 28,000원

Auto CAD 오토캐드
김수영, 정기범 공저
364쪽 | 25,000원

친환경 업무매뉴얼
정보현, 장동원 공저
352쪽 | 30,000원

건축시공기술사 기출문제
배용환, 서갑성 공저
1,146쪽 | 69,000원

합격의 정석 건축시공기술사
조민수 저
904쪽 | 67,000원

건축시공기술사 용어해설
조민수 저
1,438쪽 | 70,000원

건축전기설비기술사 (상,하)
서학범 저
1,532쪽 | 65,000원(각권)

디테일 기본서 PE 건축시공기술사
백종엽 저
730쪽 | 62,000원

디테일 마법지 PE 건축시공기술사
백종엽 저
504쪽 | 50,000원

용어설명1000 PE 건축시공기술사(상,하)
백종엽 저
2,148쪽 | 70,000원(각권)

역학의 정석
김성민, 김성범 공저
788쪽 | 52,000원

합격의 정석 토목시공기술사
김무섭, 조민수 공저
874쪽 | 60,000원

건설안전기술사
이태엽 저
776쪽 | 60,000원

소방기술사 上
윤정득, 박견용 공저
656쪽 | 55,000원

소방기술사 下
윤정득, 박견용 공저
730쪽 | 55,000원

소방시설관리사 1차 (상,하)
김흥준 저
1,630쪽 | 63,000원

건축에너지관계법해설
조영호 저
614쪽 | 27,000원

ENERGYPULS
이광호 저
236쪽 | 25,000원

Hansol Academy

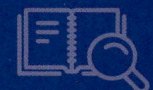

수학의 마술(2권)
아서 벤저민 저, 이경희, 윤미선, 김은현, 성지현 옮김
206쪽 | 24,000원

스트레스, 과학으로 풀다
그리고리 L. 프리키온, 애너이브 코비치, 앨버트 S.윰 저
176쪽 | 20,000원

행복충전 50Lists
에드워드 호프만 저
272쪽 | 16,000원

지치지 않는 뇌 휴식법
이시카와 요시키 저
188쪽 | 12,800원

지능형홈관리사
김일진, 이의신, 송한춘, 황준호, 장우성 공저
500쪽 | 35,000원

스마트 건설, 스마트 시티, 스마트 홈
김선근 저
436쪽 | 19,500원

e-Test 엑셀 ver.2016
임창인, 조은경, 성대근, 강현권 공저
268쪽 | 17,000원

e-Test 파워포인트 ver.2016
임창인, 권영희, 성대근, 강현권 공저
206쪽 | 15,000원

e-Test 한글 ver.2016
임창인, 이권일, 성대근, 강현권 공저
198쪽 | 13,000원

e-Test 엑셀 2010(영문판)
Daegeun-Seong
188쪽 | 25,000원

e-Test 한글+엑셀+파워포인트
성대근, 유재휘, 강현권 공저
412쪽 | 28,000원

재미있고 쉽게 배우는 포토샵 CC2020
이영주 저
320쪽 | 23,000원

건축설비기사 4주완성

남재호
1,088쪽 | 46,000원

10개년 건축설비기사 과년도

남재호
1,148쪽 | 40,000원

※ 구입처는 **전국대형서점**에서 구매하실 수 있습니다.